U0195914

给水排水设计手册
第三版

第 10 册
技 术 经 济

上海市政工程设计研究总院（集团）有限公司　主编

中国建筑工业出版社

图书在版编目(CIP)数据

给水排水设计手册 第 10 册 技术经济/上海市政
工程设计研究总院（集团）有限公司主编. —3 版.
北京：中国建筑工业出版社，2012.3 （2023.5重印）
ISBN 978-7-112-13837-1

Ⅰ.①给… Ⅱ.①上… Ⅲ.①建筑-给水工程-技术
经济-技术手册②建筑-排水工程-技术经济-技术手册
Ⅳ.①TU82-62

中国版本图书馆 CIP 数据核字（2011）第 251151 号

本书为《给水排水设计手册》（第三版）第 10 册，主要内容包括：建
设工程造价计价基础、工程量计算及相关资料、给水工程投资估算指标、
排水工程投资估算指标、建设工程造价的确定、货币时间价值的计算、建
设项目经济评价、费用模型与方案比选和经济设计、工程建设项目招标投
标和资产评估、市政工程公私合作项目投融资决策、有关文件、规定及
附录。

本书可供给水排水专业设计人员使用，也可供相关专业技术人员及大
专院校师生参考。

* * *

责任编辑：于　莉　田启铭
责任设计：李志立
责任校对：陈晶晶　王雪竹

给水排水设计手册
第三版
第 10 册
技术经济
上海市政工程设计研究总院（集团）有限公司　主编

*

中国建筑工业出版社出版、发行(北京西郊百万庄)
各地新华书店、建筑书店经销
北京红光制版公司制版
天津翔远印刷有限公司印刷

*

开本：787×1092 毫米　1/16　印张：41½　字数：1032 千字
2012 年 5 月第三版　　2023 年 5 月第十四次印刷
定价：136.00 元
ISBN 978-7-112-13837-1
(21608)

《给水排水设计手册》第三版编委会

《技术经济》第三版编写组

主　编：王　梅

成　员：陆勇雄　肖菊仙　陈贻胜　袁　弘　郭宇飙

　　　　李宝凯　陈　忠　方　路　蔡　隽　仲扣宝

　　　　江丽丽　沙玉平

序

　　给水排水勘察设计是城市基础设施建设重要的前期性工作，广泛涉及到项目规划、技术经济论证、水源选择、给水处理技术、污水处理技术、管网及输配、防洪减灾、固废处理等诸多内容。广大工程设计工作者，肩负着保障人民群众身体健康和环境生存质量的重任，担当着将最新科研成果转化成实际工程应用技术的重要角色。

　　改革开放以来，特别是近 10 年来，我国给水排水等基础设施建设事业蓬勃发展，国外先进水处理技术和工艺的引进，大批面向工程应用的科研成果在实际中的推广，使得给水排水设计从设计内容到设计理念都已发生了重大变化；此间，大量的给水排水工程标准、规范进行了全面或局部的修订，在深度和广度方面拓展了给水排水设计规范的内容。同时，我国给水排水工程设计也面临着新的形势和要求，一方面，水源污染问题十分突出，而饮用水卫生标准又大幅度提升，给水处理技术作为饮用水安全的最后屏障，在相当长的时间内必须应对极其严峻的挑战；另一方面，公众对水环境质量不断提高的期望以及水环境保护及污水排放标准的日益严格，又对排水和污水处理技术提出了更高的要求。在这些背景下，原有的《给水排水设计手册》无论是设计方法还是设计内容，都需要一定程度的补充、调整与更新。为此，住房和城乡建设部与中国建筑工业出版社组织各主编单位进行了《给水排水设计手册》第三版的修订工作，以更好地满足广大工程设计者的需求。

　　《给水排水设计手册》第三版修订过程中，保持了整套手册原有的依据工程设计内容而划分的框架结构，重点更新书中的设计理念和设计内容，首次融入"水体污染控制与治理"科技重大专项研究成果，对已经在工程实践中有应用实例的新工艺、新技术在科学筛选的基础上，兼收并蓄，从而为今后给水排水工程设计提供先进适用和较为全面的设计资料和设计指导。相信新修订的《给水排水设计手册》，将在给水排水工程勘察、设计、施工、管理、教学、科研等各个方面发挥重要作用，成为行业内具有权威性的大型工具书。

住房和城乡建设部副部长　　　　　博士

第 三 版 前 言

《给水排水设计手册》系由原城乡建设环境保护部设计局与中国建筑工业出版社共同策划并组织各大设计研究院编写。1986年、2000年分别出版了第一版和第二版，并曾于1988年获得全国科技图书一等奖。

《给水排水设计手册》自出版以来，深受广大读者欢迎，在给水排水工程勘察、设计、施工、管理、教学、科研等各个方面发挥了重要作用，成为行业内最具指导性和权威性的设计手册。

随着我国基础设施建设的蓬勃发展，国外先进水处理技术和工艺的引进，大批面向工程应用的科研成果在实际中的推广，使得给水排水设计从设计内容到设计理念都已发生了重大变化；与此同时，大量的给水排水工程标准、规范进行了全面或局部的修订，在深度和广度方面拓展了给水排水设计规范中新的内容。由于这套手册第二版自出版至今已经10多年了，其知识内容已显陈旧、设计理念已显落后。为了使这套给水排水经典设计手册满足现今的给水排水工程建设和设计工作的需要，中国建筑工业出版社组织各主编单位进行《给水排水设计手册》第三版的修订工作。

第三版修订的基本原则是：整套手册保持原有的依据工程设计内容而划分的框架结构，更新书中的设计理念和设计内容，遴选收录了已在工程实践中有应用实例的新工艺、新技术，融入"水体污染控制与治理"科技重大专项研究成果，为现今工程设计提供权威的和全面的设计资料和设计指导。

为了《给水排水设计手册》第三版修订工作的顺利进行，在编委会领导下，各册由主编单位负责具体修编工作。各册的主编单位为：第1册《常用资料》为中国市政工程西南设计研究院；第2册《建筑给水排水》为中国核电工程有限公司；第3册《城镇给水》为上海市政工程设计研究总院（集团）有限公司；第4册《工业给水处理》为华东建筑设计研究院；第5册《城镇排水》、第6册《工业排水》为北京市市政工程设计研究总院；第7册《城镇防洪》为中国市政工程东北设计研究院；第8册《电气与自控》为中国市政工程中南设计研究院；第9册《专用机械》、第10册《技术经济》为上海市政工程设计研究总院（集团）有限公司；第11册《常用设备》为中国市政工程西北设计研究院；第12册《器材与装置》为中国市政工程华北设计研究总院和中国城镇供水排水协会设备材料工作委员会。在各主编单位的大力支持下，修订编写任务圆满完成。在修订过程中，还得到了国内有关科研、设计、大专院校和企业界的大力支持与协助，在此一并致以衷心感谢。

《给水排水设计手册》第三版编委会

编　者　的　话

　　《技术经济》（第二版）自 2000 年出版以来，受到了同行业界的广泛欢迎，成为工程设计咨询人员广为应用的有力工具，至今已达十多年之久。

　　近几年来，我国为迎接 2008 年北京奥运会，2010 年中国上海世博会的成功举办，在北京、上海等城市兴建了一大批有国际影响的市政基础设施工程，极大地改善了城市的基础设施建设标准，同时，在我国城镇化建设过程中，全国各地都加大了对城市基础设施建设的力度，也相应提高了建设的标准，在工程投融资及经济评价方面，累积了丰富的经验和成果，为本次修编工作奠定了坚实的基础。

　　本次修编工作原则上仍遵循第二版的编写宗旨，但在建设程序、造价计价、投资估算指标、投资估算编制办法、设计概算编制办法、经济评价、招标投标、资产评估和附录等方面，编制的内容进行了较大调整，增加了市政工程公私合作项目投融资决策和工程量清单章节，主要反映近几年在新一轮工程建设高潮中所取得的新进展。

　　本册主编单位为上海市政工程设计研究总院（集团）有限公司。在编写过程中得到上海、北京、天津、河北等省市有关定额管理部门和市政设计院以及同济大学等单位的大力支持和帮助，并参考引用了有关规定、范本和文献资料，谨此表示诚挚的谢意。

　　虽然本次修编工作进行了大量的准备工作，但限于水平，不足之处在所难免，敬请读者批评指正。

目　　录

1 建设工程造价计价基础 ……………………………………………………… 1
  1.1 建设程序和工程造价的控制 …………………………………………… 1
    1.1.1 建设程序 ……………………………………………………………… 1
    1.1.2 工程造价的确定 ……………………………………………………… 4
    1.1.3 建设各阶段中工程造价的控制 ……………………………………… 7
  1.2 建设项目的划分和建设项目总投资的组成 …………………………… 8
    1.2.1 建设项目的划分 ……………………………………………………… 8
    1.2.2 建设项目总投资的组成 ……………………………………………… 9
    1.2.3 建筑安装工程费的组成 ……………………………………………… 10
  1.3 设备和工器具购置费的确定 …………………………………………… 13
    1.3.1 设备的分类 …………………………………………………………… 13
    1.3.2 设备购置费的计算 …………………………………………………… 14
    1.3.3 工器具购置费的确定 ………………………………………………… 15
    1.3.4 设备与材料的划分 …………………………………………………… 15
2 工程量计算及相关资料 …………………………………………………… 19
  2.1 建筑面积计算 …………………………………………………………… 19
  2.2 土（石）方工程 ………………………………………………………… 21
    2.2.1 工程量计算 …………………………………………………………… 21
    2.2.2 定额基础资料 ………………………………………………………… 24
    2.2.3 基坑与沟槽开挖参考数据 …………………………………………… 28
    2.2.4 沟槽支撑、基坑围护和井点降水 …………………………………… 30
    2.2.5 施工围堰 ……………………………………………………………… 33
  2.3 打桩工程 ………………………………………………………………… 35
    2.3.1 工程量计算 …………………………………………………………… 35
    2.3.2 定额基础资料和计算参考数据 ……………………………………… 36
  2.4 砌筑工程 ………………………………………………………………… 44
    2.4.1 工程量计算 …………………………………………………………… 44
    2.4.2 定额基础资料和参考数据 …………………………………………… 45
  2.5 脚手架工程 ……………………………………………………………… 48
    2.5.1 工程量计算 …………………………………………………………… 48
    2.5.2 定额基础资料 ………………………………………………………… 49
  2.6 混凝土及钢筋混凝土工程 ……………………………………………… 51
    2.6.1 工程量计算 …………………………………………………………… 51

　　　　2.6.2　定额基础资料 ··· 53
　　　　2.6.3　工程量计算参考数据 ·· 65
　　2.7　预制混凝土及金属结构构件场外运输、安装工程 ················· 74
　　　　2.7.1　工程量计算 ··· 74
　　　　2.7.2　定额基础资料 ··· 75
　　2.8　木结构工程 ··· 77
　　　　2.8.1　工程量计算 ··· 77
　　　　2.8.2　木材分类及出材率 ·· 79
　　2.9　楼地面工程 ··· 82
　　　　2.9.1　工程量计算 ··· 82
　　　　2.9.2　定额基础资料 ··· 82
　　2.10　屋面工程 ·· 85
　　　　2.10.1　工程量计算 ·· 85
　　　　2.10.2　各种瓦的规格及搭接长（宽）度 ··································· 85
　　2.11　耐酸、防腐、保温工程 ·· 87
　　　　2.11.1　工程量计算 ·· 87
　　　　2.11.2　定额基础资料 ··· 88
　　2.12　金属结构制作工程 ··· 89
　　　　2.12.1　工程量计算 ·· 89
　　　　2.12.2　常用金属结构件质量 ·· 90
　　2.13　装饰工程 ·· 91
　　　　2.13.1　工程量计算 ·· 91
　　　　2.13.2　工程量计算参考数据 ·· 93
　　2.14　构筑物工程 ··· 98
　　　　2.14.1　工程量计算 ·· 98
　　　　2.14.2　定额基础资料 ·· 101
　　2.15　长距离输送管道工程计算 ·· 105
　　2.16　管材尺寸和质量 ··· 108
　　　　2.16.1　铸铁管及球墨铸铁管 ·· 108
　　　　2.16.2　钢管 ·· 117
　　　　2.16.3　预应力钢筋混凝土管 ·· 119
　　　　2.16.4　预应力钢筒混凝土管 ·· 123
　　　　2.16.5　离心浇铸玻璃钢管 ··· 131
　　　　2.16.6　玻璃纤维增强塑料夹砂管 ··· 133
　　2.17　各类铸铁管件和钢制管件的计算质量 ··································· 133
　　　　2.17.1　各类铸铁管件计算质量 ·· 133
　　　　2.17.2　各类钢制管件计算质量 ·· 133
3　给水工程投资估算指标 ··· 141
　　3.1　给水管道工程估算指标 ·· 143

　　　　3.1.1　给水管道工程综合指标 ··· 145

　　　　3.1.2　给水管道工程分项指标 ··· 146

　　3.2　给水厂站及构筑物估算指标 ··· 163

　　　　3.2.1　给水厂站及构筑物综合指标 ··· 164

　　　　3.2.2　给水构筑物分项指标 ··· 167

4　排水工程投资估算指标 ·· 238

　　4.1　排水管道工程估算指标 ··· 238

　　　　4.1.1　排水管道工程综合指标 ··· 241

　　　　4.1.2　排水管道工程分项指标 ··· 242

　　4.2　排水厂站及构筑物估算指标 ··· 249

　　　　4.2.1　排水厂站工程综合指标 ··· 250

　　　　4.2.2　排水构筑物分项指标 ··· 254

5　建设工程造价的确定 ·· 277

　　5.1　可行性研究投资估算的编制 ··· 277

　　　　5.1.1　投资估算编制的基本要求 ··· 277

　　　　5.1.2　投资估算文件的组成 ··· 277

　　　　5.1.3　投资估算的编制方法 ··· 279

　　　　5.1.4　引进技术和进口设备项目投资估算编制办法 ······························· 288

　　5.2　设计概算的编制 ··· 294

　　　　5.2.1　设计概算的基本要求 ··· 294

　　　　5.2.2　设计概算文件的组成 ··· 295

　　　　5.2.3　设计概算的编制方法 ··· 296

　　5.3　施工图预算的编制 ··· 301

　　　　5.3.1　施工图预算的作用、编制依据和内容 ······································ 301

　　　　5.3.2　施工图预算编制方法 ··· 302

　　5.4　工程量清单的编制 ··· 302

　　　　5.4.1　工程量清单的一般规定和内容 ··· 302

　　　　5.4.2　工程量清单计价 ··· 304

　　　　5.4.3　工程量清单计价模式与定额计价模式的异同 ······························· 311

　　5.5　竣工决算的编制 ··· 312

6　货币时间价值的计算 ·· 315

　　6.1　货币时间价值计算方法的基本形式 ··· 315

　　6.2　货币时间价值计算中几个名词的涵义 ··· 316

　　6.3　计算货币时间价值的基本公式 ··· 317

7　建设项目经济评价 ·· 329

　　7.1　可行性研究和可行性研究报告的编制 ··· 329

　　　　7.1.1　可行性研究的阶段划分、内容和步骤 ······································ 329

　　　　7.1.2　可行性研究报告的编制 ··· 331

　　7.2　经济评价概要 ··· 332

　　　7.2.1　经济评价的含义、作用、依据和基本原则 ·············· 332
　　　7.2.2　项目分类 ·············· 334
　　　7.2.3　经济评价的深度规定、计算期和价格的采用 ·············· 335
　　　7.2.4　给水排水项目基础资料 ·············· 337
　7.3　财务效益与费用估算 ·············· 338
　　　7.3.1　需求分析 ·············· 338
　　　7.3.2　财务效益估算 ·············· 340
　　　7.3.3　建设投资、流动资金和税费估算 ·············· 341
　　　7.3.4　成本费用估算 ·············· 343
　7.4　资金来源与融资方案 ·············· 350
　　　7.4.1　融资主体和融资方式 ·············· 350
　　　7.4.2　项目资本金 ·············· 351
　　　7.4.3　债务资金 ·············· 352
　　　7.4.4　资金成本分析 ·············· 356
　　　7.4.5　融资风险分析 ·············· 358
　7.5　财务分析 ·············· 358
　　　7.5.1　财务分析的内容 ·············· 358
　　　7.5.2　市政三类项目财务分析的重点 ·············· 363
　　　7.5.3　从政府角度与从社会投资者角度分析的重点 ·············· 364
　　　7.5.4　其他应注意的问题 ·············· 364
　　　7.5.5　财务分析报表及评价参数 ·············· 365
　7.6　经济费用效益分析 ·············· 371
　　　7.6.1　经济费用效益分析的作用和目的 ·············· 371
　　　7.6.2　经济费用效益分析方法 ·············· 372
　　　7.6.3　经济费用效益分析指标和报表 ·············· 377
　7.7　费用效果分析 ·············· 381
　　　7.7.1　费用效果分析的特点和作用 ·············· 381
　　　7.7.2　费用和效果的定义 ·············· 381
　　　7.7.3　费用效果分析的原则 ·············· 381
　　　7.7.4　费用效果分析步骤 ·············· 382
　　　7.7.5　费用的计算 ·············· 382
　　　7.7.6　效果的计算 ·············· 382
　　　7.7.7　费用效果分析指标 ·············· 383
　　　7.7.8　费用效果分析的基本方法 ·············· 383
　　　7.7.9　增量分析法的步骤 ·············· 383
　7.8　不确定性分析与风险分析 ·············· 383
　　　7.8.1　盈亏平衡分析 ·············· 384
　　　7.8.2　敏感性分析 ·············· 384
　7.9　方案经济比选 ·············· 387

　　　7.9.1　备选方案条件及注意事项 ·············· 388

　　　7.9.2　方案经济比选可采用的方法 ·············· 388

　　　7.9.3　方案经济比选的类型 ·················· 389

　　　7.9.4　不确定性因素下的方案比选 ·············· 390

　　7.10　改扩建项目经济评价 ···················· 390

　　　7.10.1　改扩建项目的特点 ·················· 390

　　　7.10.2　改扩建项目五种状态数据的识别与估算 ······· 390

　　　7.10.3　项目效益与费用的范围界定 ············· 391

　　　7.10.4　改扩建项目两个分析层次 ·············· 391

　　　7.10.5　改扩建项目经济评价的简化处理 ··········· 392

　　　7.10.6　改扩建项目经济评价应注意的问题 ·········· 392

8　费用模型与方案比选和经济设计 ·············· 394

　　8.1　费用模型 ·························· 394

　　　8.1.1　费用模型的建立 ··················· 394

　　　8.1.2　给水排水费用模型的开发和研究成果 ········· 396

　　　8.1.3　费用模型的应用 ··················· 402

　　8.2　设计方案的技术经济比较 ·················· 403

　　　8.2.1　设计方案比较的原则和步骤 ············· 403

　　　8.2.2　方案比选的综合评价方法 ·············· 404

　　8.3　给水排水工程的经济设计 ·················· 413

　　　8.3.1　工程设计的优化方法 ················· 413

　　　8.3.2　给水排水工程系统优化的一般程序 ·········· 414

　　　8.3.3　给水排水管、渠道设计的优化 ············ 416

　　　8.3.4　水处理工程的经济设计 ··············· 422

9　工程建设项目招标投标和资产评估 ·············· 430

　　9.1　工程建设项目招标投标要点 ················· 430

　　　9.1.1　工程建设项目总承包的招标投标 ··········· 430

　　　9.1.2　工程建设项目勘察、设计的招标投标 ········· 431

　　　9.1.3　工程建设施工招标投标 ··············· 434

　　　9.1.4　公开招标基本程序 ·················· 441

　　9.2　国际工程承包报价 ····················· 442

　　　9.2.1　工程承发包方式 ··················· 442

　　　9.2.2　FIDIC 招标投标程序和文件 ············· 445

　　　9.2.3　国际工程承包的投标报价 ·············· 448

　　9.3　资产评估 ·························· 459

　　　9.3.1　资产评估的概念及其特点 ·············· 459

　　　9.3.2　资产评估的假设与原则 ··············· 462

　　　9.3.3　资产评估的依据与程序 ··············· 465

　　　9.3.4　资产评估的基本方法 ················· 468

10 市政工程公私合作项目投融资决策 ·············· 482

10.1 概论 ·· 482

    10.1.1 PPP 模式的基本概念 ···················· 482

    10.1.2 PPP 模式的适用范围 ···················· 484

    10.1.3 PPP 模式的主要组织模式分析 ············ 485

    10.1.4 世界银行对给水项目 PPP 模式的评述 ······ 493

10.2 市政工程 PPP 项目的运作程序及组织模式 ········ 494

    10.2.1 外包类项目的运作程序及组织模式 ········ 495

    10.2.2 特许经营类项目的运作程序及组织模式 ···· 501

    10.2.3 民营化类项目的运作程序及组织模式 ······ 508

10.3 特许协议 ···································· 512

    10.3.1 特许经营模式的合同和协议结构 ·········· 512

    10.3.2 特许协议条款内容 ······················ 513

11 有关文件、规定及附录 ······················ 522

11.1 法律、行政法规 ······························ 522

    11.1.1 中华人民共和国招投标法 ················ 522

    11.1.2 建设工程勘察设计管理条例 ·············· 529

11.2 综合性规章及规范性文件 ···················· 533

    11.2.1 建筑工程施工发包与承包计价管理办法 ···· 533

    11.2.2 财政部、建设部关于印发《建设工程价款结算暂行办法》
的通知 ···································· 536

    11.2.3 工程建设项目施工招标投标办法 ·········· 542

    11.2.4 评标委员会和评标方法暂行规定 ·········· 554

    11.2.5 工程建设项目招标范围和规模标准规定 ···· 560

    11.2.6 工程建设项目货物招标投标办法 ·········· 562

    11.2.7 《标准施工招标资格预审文件》和《标准施工招标文件》
试行规定 ·································· 571

    11.2.8 住房和城乡建设部关于发布国家标准《建设工程工程量
清单计价规范》的公告 ···················· 573

    11.2.9 国家计划委员会印发《关于控制建设工程造价的若干规定》
的通知 ···································· 573

    11.2.10 建设部、财政部关于印发《建筑安装工程费用项目组成》
的通知 ···································· 576

    11.2.11 建设部关于印发《建筑工程安全防护、文明施工措施费用
及使用管理规定》的通知 ·················· 587

    11.2.12 财政部关于印发《中央基本建设投资项目预算编制暂行办法》
的通知 ···································· 591

    11.2.13 国务院关于固定资产投资项目试行资本金制度的通知 ·········· 595

    11.2.14 中国国际工程咨询公司关于统一项目资本金计算口径的通知 ··· 597

11.2.15　国务院关于调整固定资产投资项目资本金比例的通知　·········　597

11.2.16　国家发展改革委关于加强中央预算内投资项目概算调整管理

的通知　·········　598

11.2.17　国家计委关于加强对基本建设大中型项目概算中"价差

预备费"管理有关问题的通知　·········　599

11.2.18　国家发展改革委关于印发中央政府投资项目后评价管理办法

（试行）的通知　·········　600

11.3　特许经营有关文件及示范文本　·········　603

11.3.1　市政公用事业特许经营管理办法　·········　603

11.3.2　国家计委、电力部、交通部关于试办外商投资特许权项目审批

管理有关问题的通知　·········　606

11.3.3　城市供水特许经营协议示范文本　·········　608

11.4　间断复利与年金系数表　·········　628

主要参考文献·········　648

1 建设工程造价计价基础

1.1 建设程序和工程造价的控制

1.1.1 建设程序

工程项目建设程序是指建设工程项目从策划决策、勘察设计、建设准备、施工、生产准备、竣工验收和考核评价的全过程中，各项工作必须遵循的先后次序。工程项目建设程序是人们在认识客观规律的基础上制定出来的，是工程项目科学决策和顺利实施的重要保证。

按照工程项目发展的内在联系和发展过程，建设程序分成若干阶段，这些发展阶段有严格的先后次序，可以合理交叉，但不能任意颠倒。

我国工程项目建设程序依次分为策划决策、勘察设计、建设准备、施工、生产准备、竣工验收和考核评价七个阶段。

1. 策划决策阶段

项目策划决策阶段包括编报项目建议书和可行性研究报告两项工作内容。依据可行性研究报告进行项目评估，根据项目评估情况，对建设工程项目进行决策。

（1）编报项目建议书。对于政府投资工程项目，编报项目建议书是项目建设最初阶段的工作。项目建议书是要求建设某一具体工程项目的建议文件，是投资决策前对拟建项目的轮廓设想。其主要作用是为了推荐建设项目，以便在一个确定的地区或部门内，以自然资源和市场预测为基础，选择建设项目。

项目建议书经批准后，可进行可行性研究工作，但并不表明项目非上不可，项目建议书不是项目的最终决策。

（2）可行性研究。可行性研究是在项目建议书被批准后，对项目在技术上和经济上是否可行所进行的科学分析和论证。

可行性研究主要评价项目技术上的先进性和适用性、经济上的盈利性和合理性、建设的可能性和可行性，它是确定建设项目、进行初步设计的根本依据。

可行性研究是一个由粗到细的分析研究过程，可以分为初步可行性研究和详细可行性研究两个阶段。

1）初步可行性研究。初步可行性研究的目的是对项目初步评估进行专题辅助研究，广泛分析、筛选方案，界定项目的选择依据和标准，确定项目的初步可行性。通过编制初步可行性研究报告，判定是否有必要进行下一步的详细可行性研究。

2）详细可行性研究。详细可行性研究为项目决策提供技术、经济、社会及商业方面的依据，是项目投资决策的基础。研究的目的是对建设项目进行深入细致的技术经济论证，重点对建设项目进行财务效益和经济效益的分析评价，经过多方案比较选择最佳方案，确定建设项目的最终可行性。本阶段的最终成果为可行性研究报告。

可行性研究工作完成后，需要编写出反映其全部工作成果的"可行性研究报告"。一般工业项目的可行性研究报告应包括以下内容：

① 项目提出的背景、项目概况及投资的必要性；

② 产品需求、价格预测及市场风险分析；

③ 资源条件评价（对资源开发项目而言）；

④ 建设规模及产品方案的技术经济分析；

⑤ 建厂条件与厂址方案；

⑥ 技术方案、设备方案和工程方案；

⑦ 主要原材料、燃料供应；

⑧ 总图、运输与公共辅助工程；

⑨ 节能、节水措施；

⑩ 环境影响评价；

⑪ 劳动安全卫生与消防；

⑫ 组织机构与人力资源配置；

⑬ 项目实施进度；

⑭ 投资估算及融资方案；

⑮ 财务分析和经济费用效益分析；

⑯ 社会评价和风险分析。

根据《国务院关于投资体制改革的决定》（国发〔2004〕20号），对于政府投资项目，采用直接投资和资本金注入方式的，政府投资主管部门需要从投资决策角度审批项目建议书和可行性研究报告。可行性研究报告经过审批通过之后，方可进入下一阶段的建设工作。

对于不使用政府资金建设的企业项目，一律不再实行审批制，区别不同情况实行核准制或登记备案制。其中，政府仅对重大项目和限制类项目从维护社会公共利益角度进行核准，其他项目无论规模大小，均改为备案制。企业投资建设实行核准制的项目，仅需向政府提交项目申请报告，不再经过批准项目建议书、可行性研究报告和开工报告的程序。

2. 勘察设计阶段

（1）勘察阶段。根据建设项目初步选址建议，进行拟建场地的岩土、水文地质、工程测量、工程物探等方面的勘察，提出勘察报告，为设计做好充分准备。勘察报告主要包括拟建场地的工程地质条件、拟建场地的水文地质条件、场地、地基的建筑抗震设计条件、地基基础方案分析评价及相关建议、地下室开挖和支护方案评价及相关建议、降水对周围环境的影响、桩基工程设计与施工建议、其他合理化建议等内容。

（2）设计阶段。落实建设地点、通过设计招标或设计方案比选确定设计单位后，即开始初步设计文件的编制工作。根据建设项目的不同情况，设计过程一般划分为两个阶段，即初步设计阶段和施工图设计阶段。对于大型复杂项目，可根据不同行业的特点和需要，在初步设计之后增加技术设计阶段（扩大初步设计阶段）。初步设计是设计的第一步，如果初步设计提出的总概算超过可行性研究报告投资估算的10％以上或其他主要指标需要变动时，要重新报批可行性研究报告。初步设计经主管部门审批后，建设项目被列入国家固定资产投资计划，可进行下一步的施工图设计。

根据《建筑工程施工图设计文件审查暂行办法》（建设〔2000〕41号）规定，建设单位应当将施工图报送建设行政主管部门，由建设行政主管部门委托有关审查机构，进行结构安全和强制性标准、规范执行情况等内容的审查。审查的主要内容包括：

1）建筑物的稳定性、安全性，包括地基基础和主体结构体系是否安全、可靠；

2）是否符合消防、节能、环保、抗震、卫生、人防等有关强制性标准、规范；

3）施工图是否达到规定的深度要求；

4）是否损害公众利益。

施工图一经审查批准，不得擅自进行修改，如遇特殊情况需要进行涉及审查主要内容的修改时，必须重新报请原审批部门，由原审批部门委托审查机构审查后再批准实施。

3. 建设准备阶段

广义的建设准备阶段包括对项目的勘察、设计、施工、资源供应、咨询服务等方面的采购及项目建设各种批文的办理。采购的形式包括招标采购和直接发包采购两种。鉴于勘察、设计的采购工作已落实于勘察设计阶段，此处的建设准备阶段的主要内容包括：落实征地、拆迁和平整场地，完成施工用水、电、通信、道路等接通工作，组织选择监理、施工单位及材料、设备供应商，办理施工许可证、质量监督注册等手续。按规定做好建设准备，具备开工条件后，建设单位申请开工，即可进入施工阶段。

4. 施工阶段

建设工程具备了开工条件并取得施工许可证后方可开工。通常，项目新开工时间，按设计文件中规定的任何一项永久性工程第一次正式破土开槽时间而定，不需开槽的以正式打桩作为开工时间，铁路、公路、水库等以开始进行土石方工程作为正式开工时间。

施工阶段主要工作内容是组织土建工程施工及机电设备安装工作。在施工安装阶段，主要工作任务是按照设计进行施工安装，建成工程实体，实现项目质量、进度、投资、安全、环保等目标。具体内容包括：做好图纸会审工作，参加设计交底，了解设计意图，明确质量要求；选择合适的材料供应商；做好人员培训；合理组织施工；建立并落实技术管理、质量管理体系和质量保证体系；严格把好中间质量验收和竣工验收环节。

5. 生产准备阶段

对于生产性建设项目，在其竣工投产前，建设单位应适时地组织专门班子或机构，有计划地做好生产或动用前的准备工作，包括招收、培训生产人员；组织有关人员参加设备安装、调试、工程验收；落实原材料供应；组建生产管理机构，健全生产规章制度等。生产准备是由建设阶段转入经营的一项重要工作。

6. 竣工验收阶段

工程竣工验收是全面考核建设成果、检验设计和施工质量的重要步骤，也是建设工程项目转入生产和使用的标志。根据国家规定，建设工程项目的竣工验收按规模大小和复杂程度分为初步验收和竣工验收两个阶段进行。规模较大、较复杂的建设工程项目应先进行初验，然后进行整个项目的竣工验收。验收时可组成验收委员会或验收小组，由银行、物资、环保、劳动、规划、统计及其他有关部门组成，建设单位、接管单位、施工单位、勘察设计单位、监理单位参加验收工作。验收合格后，建设单位编制竣工决算，项目正式投入使用。

7. 考核评价阶段

建设工程项目考核评价是工程项目竣工投产、生产运营一段时间后，对项目的立项决策、设计施工、竣工投产、生产运营和建设效益等进行系统评价的一种技术活动，是固定资产管理的一项重要内容，也是固定资产投资管理的最后一个环节。建设工程项目考核主要从影响评价、经济效益评价、过程评价三个方面进行评价，采用的基本方法是对比法。通过建设工程项目考核评价，可以达到肯定成绩、总结经验、研究问题、吸取教训、提出建议、改进工作、不断提高项目决策水平和投资效益的目的。

1.1.2 工程造价的确定

1. 工程建设不同阶段的造价文件

由于建设工程工期长、规模大、造价高，需要按程序分段建设，因此，在不同阶段需要多次计价，以保证工程造价的科学性。不同阶段的造价文件如图 1-1 所示。

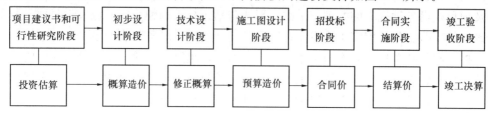

图 1-1 建设工程造价类型

按照工程建设的不同阶段，建设工程造价分为以下类型：

（1）投资估算。投资估算一般是指在工程项目前期策划决策阶段（项目建议书、可行性研究）为估算投资总额而编制的造价文件。投资估算是论证拟建项目在经济上是否合理的重要文件，是决策、筹资和控制造价的主要依据。

（2）设计概算和修正概算。设计概算是设计文件的重要组成部分。它是由设计单位根据初步设计图纸、概算定额或概算指标规定的工程量计算规则和设计概算编制办法，预先测定工程造价的文件。设计概算文件较投资估算准确性有所提高，但又受投资估算的控制。修正概算是在扩大初步设计或技术设计阶段对概算进行的修正调整，较概算造价准确，但受概算造价控制。

（3）施工图预算。施工图预算是指在工程开工前，根据已批准的施工图纸，在施工方案（或施工组织设计）已确定的前提下，按照预算定额、工程量清单计价规范或国家发布的其他计价文件编制的工程造价文件。施工图预算造价较概算造价更为详尽和准确，但同样要受概算造价的控制。

（4）合同价。合同价是指在工程招投标阶段通过签订总承包合同、建筑安装工程承包合同、设备材料采购合同，以及技术和咨询服务合同所确定的价格。合同价属于市场价格，它是由承发包双方根据市场行情共同议定和认可的成交价格，但它并不等同于实际工程造价。按计价方式不同，建设工程合同一般表现为三种类型，即总价合同、单价合同和成本加酬金合同。对于不同类型的合同，其合同价的内涵也有所不同。

（5）结算价。工程结算价是指一个单项工程、单位工程、分部工程或分项工程完工后，经发包单位及有关部门验收并办理验收手续后，承包单位根据工程计价标准和办法、建设项目的合同、补充协议、变更签证，以及经承发包双方认可的其他有效文件，在工程结算时按合同调价范围和调价方法，对实际发生的工程量增减、设备和材料价差等进行调整后计算和确定的价格。结算价是该结算工程的实际价格。

(6) 竣工决算。竣工决算是指在竣工验收后，由建设单位编制的建设项目从筹建到建设投产或使用的全部实际成本的技术经济文件。竣工决算是最终确定的实际工程造价。

2. 建设工程定额计价

建设工程定额计价是指在工程计价时，以定额为依据，按定额规定的分部分项子目，逐项计算工程量，套用定额（或单位估价表）确定直接工程费，然后按规定取费标准确定构成工程价格的其他费用和利税，获得建筑安装工程造价。建设工程概预算就是根据设计图纸和国家规定的定额、指标及各项费用标准等资料，预先计算和确定的新建、扩建、改建工程全部投资额的技术经济文件。

(1) 建设工程定额及其分类

建设工程定额是指按照国家有关的产品标准、设计规范和施工验收规范、质量评定标准，并参考行业、地方标准以及有代表性的工程设计、施工资料确定的工程建设过程中完成规定计量单位产品所消耗的人工、材料、机械等消耗量的标准。建设工程定额是生产建筑产品消耗资源的限额标准，反映的是一种社会平均消耗水平。

建设工程定额可从不同的角度进行分类：

1) 按定额反映的生产要素划分，可分为劳动定额、机械台班使用定额和材料消耗定额三种定额。

2) 按定额的编制程序和用途划分，可分为工序定额、施工定额、预算定额、概算定额、概算指标、投资估算指标等。

3) 按适用专业划分，可分为建筑工程定额、设备安装工程定额、市政工程定额、仿古建筑及园林定额、公路工程定额、铁路工程定额和井巷工程定额等。

4) 按主编单位和执行范围划分，可分为全国统一定额、行业统一定额、地区统一定额、企业定额和补充定额等。我国过去主要采用全国、行业、地区统一定额，随着社会经济的发展，在工程量的计算和人工、材料、机械台班的消耗量计算中，将逐渐以全国统一定额为依据，而单价的确定，将逐渐为企业定额所替代。

(2) 常用建设工程定额

1) 施工定额。施工定额是直接用于建设工程施工管理中的定额，是建筑安装企业的生产定额。它是以同一性质的施工过程为标定对象，以工序定额为基础，综合规定出完成单位合格产品的人工、材料、机械台班消耗的数量标准。施工定额由劳动定额、材料消耗定额和机械台班使用定额三部分组成。

为了适应组织生产和管理的需要，施工定额的划分很细，是建设工程定额中分项最细、定额子目最多的一种定额，也是工程建设中的基础性定额。施工定额是编制预算定额的基础。

2) 预算定额。预算定额是指在正常合理的施工条件下规定完成一定计量单位的分部分项工程或结构构件和建筑配件所必需的人工、材料和施工机械台班的消耗量标准。在拟定预算定额的基础上，根据所在地区的人工工资、物价水平确定人工工资单价、材料预算单价、机械台班单价，并计算拟定预算定额中每一分项工程的预算定额单价的过程称为单位估价表的编制过程，有些地区将预算定额和单位估价表合为一体，统称为预算定额。预算定额是在施工定额的基础上经过综合扩大编制而成的。预算定额反映在一定的施工方案和一定的资源配置条件下建筑企业在某个具体工程上的施工水平和管理水平，作为施工中各项资源的直接消耗、编制施工计划和施工图预算，核算工程造价的依据。预算定额是编制概算定额和概算指标的基础。

3）概算定额和概算指标

① 概算定额。又称扩大结构定额，是规定完成一定计量单位的扩大分项工程或扩大结构构件所需人工、材料、机械台班消耗量和货币价值的数量标准。

概算定额是在相应预算定额的基础上，根据有代表性的设计图纸和标准图等资料，经过适当的综合、扩大以及合并后编制而成的，每一分项概算定额都包括了数项预算定额的工作内容，计量单位也作了扩大；在消耗水平上，与预算定额之间留有一定的幅度差，以便根据概算定额编制的设计概算对施工图预算起控制作用。概算定额是编制设计概算和概算指标的依据，其粗细程度介于预算定额和概算指标之间。

② 概算指标。概算指标是以建筑面积（m^2 或 $100m^2$）或建筑体积（m^3 或 $100m^3$）、构筑物以座为计量单位，规定所需人工、材料、机械台班消耗量和资金数量的定额指标。概算指标是以整个建筑物或构筑物为对象编制的，比概算定额更加综合。概算指标一般是在概算定额和预算定额的基础上编制的，通常适用于初步设计阶段工程概算的编制。

4）投资估算指标。投资估算指标是在项目建议书阶段和可行性研究阶段编制投资估算、计算投资需要量时使用的一种定额。该指标往往以独立的单项工程或完整的工程项目为计算对象，其概略程度与可行性研究相适应。投资估算指标的编制基础仍然离不开预算定额、概算定额。

5）建筑安装工程费用定额。建筑安装工程费用定额中一般包括建筑安装工程费用构成中除直接工程费之外的其他费用项目的取费标准，如各项措施费费用标准、规费费率、企业管理费费率。各地区或国务院有关专业主管部门工程造价管理机构可根据国务院建设主管部门统一规定的《建筑安装工程费用参考计算方法》和《建筑安装工程计价程序》自行制定。

6）工程建设其他费用定额。工程建设其他费用定额是指从工程筹建到工程竣工验收交付使用的整个建设期间，建设单位除了建筑安装工程、设备和工器具购置外的为保证工程建设顺利完成和交付使用后能正常发挥效用而发生的各项费用开支标准。

3. 工程量清单计价

工程量清单计价是指在建设工程招标投标中，招标人按照《建设工程工程量清单计价规范》GB 50500—2008 编制反映工程实体消耗和措施消耗的工程量清单，作为招标文件的一部分提供给投标人，由投标人依据工程量清单，根据各种渠道所获得的工程造价信息和经验数据，结合企业定额自主报价的计价方式。我国建设主管部门发布的工程预算定额消耗量和有关费用以及相应价格是按照社会平均水平编制的，以此为依据形成的工程造价基本上属于社会平均价格。这种平均价格可作为市场竞争的参考价格，但不能充分反映参与竞争企业的实际消耗和技术管理水平。采用工程量清单计价方式，能够反映出工程个别成本，有利于企业自主报价和公平竞争，同时也有利于规范招标人的计价行为。

目前，我国建设工程造价实行"双轨制"计价办法，即定额计价和工程量清单计价。

工程量清单计价作为一种市场价格的形成机制，主要在工程招投标和结算阶段应用。

1.1.3 建设各阶段中工程造价的控制

（1）工程造价必须按建设程序实行层层控制：在建设全过程中，批准的可行性研究报告中的投资估算，是拟建项目的国家计划控制造价；批准的初步设计总概算是控制工程造价的最高限额，其后各阶段的工程造价均应控制在上阶段确定的造价额度之内，无特殊情况不得任意突破；如必须超支，应重新报原审批部门或单位审批。

（2）工程设计阶段是控制工程造价的关键环节：

1）设计单位应严格执行国家的有关技术、经济政策，对设计文件的质量，承担技术和经济责任。

2）各阶段的设计均应开展优化设计。设计人员和工程经济人员应密切配合，在降低和控制工程造价上下功夫。工程经济人员在设计过程中应对工程造价进行分析对比，并及时反馈给设计人员，以保证有效地控制造价。

3）积极推行限额设计。既要按照批准的设计任务书及投资估算控制初步设计概算，按照批准的初步设计及总概算控制施工图设计及预算，又要在保证工程功能要求的前提下，按各专业分配的造价限额进行设计，保证估算、概算起到层层控制的作用，不突破造价限额。

4）设计单位必须保证设计文件的完整性。设计概预算是设计文件不可分割的组成部分。初步设计、技术简单项目的设计方案均应有概算；技术设计应有修正概算；施工图设计应有预算。概、预算均应附有主要材料表；施工图应有钢材明细表。

（3）投资主管单位及建设单位必须对造价控制负责：

1）投资主管单位应通过项目招标投标，择优选定建设单位（工程总承包单位），签订承包合同。签约双方应严格履行合同，管好用好投资，以保证不突破工程总造价限额。

2）建设单位（工程总承包单位）应对建设全过程造价控制负责。应认真组织设计方案招标、施工招标和设备采购招标，通过签订承包合同价把设计概预算落实到实处，做到投资估算、设计概算、设计预算和承包合同价之间相互衔接，避免脱节。

（4）在施工阶段，要严格控制设计变更，必要的设计变更应经设计单位同意。对因为设计变更而造成总造价突破批准限额的，必须报经原初步设计审批单位批准后，方可变更。设计单位、审批单位应认真把关，严禁通过设计变更不合理地扩大建设规模、增加建设内容、提高建设标准，致使造价突破限额。

施工企业的投标报价应按照国家法律、法规、规章要求，在主管部门发布的计价依据的指导下进行。施工企业有权根据企业情况和建筑市场状况，按照国家有关规定自行报价。承发包双方签订的承发包合同，受国家法律保护，应严格执行。施工过程中，施工企业应实行内部责任制，通过科学管理，采用新技术以降低过程成本，提高经济效益。

（5）为充分调动参与工程建设各有关单位降低工程造价的积极性，增强造价意识，在确保建设项目的建设标准、质量和工期的前提下，采用合理化建议而降低工程造价的部分，可按照《基本建设项目投资包干责任制办法》，由各直接参与单位，依照商定的比例分成。对提出合理化建议个人，可按国家有关规定给予奖励。

（6）为有效控制工程造价，除按规定列入建设工程总造价的费用项目外，要增列其他费用必须有国务院或其授权部门补充明确规定，方可列入工程造价，除此以外均为不合理收费。对不合理收费，建设单位、设计单位、施工单位均有权抵制，并可向收费单位上级部门投诉；经办银行也应拒绝拨款。

1.2 建设项目的划分和建设项目总投资的组成

1.2.1 建设项目的划分

为便于工程造价的计价，需对建设项目进行分类。根据国内的现行规定，建设项目一般划分为以下几类：

（1）工程建设项目：一般是指具有项目建议书和总体设计、经济上实行独立核算、管理上具有独立组织形式的工程建设项目。在给水排水工程建设项目中通常是指城市或工业区的给水工程建设项目或排水工程建设项目。一个工程建设项目中，可以有几个单项工程。

（2）单项工程：是指具有独立的设计文件，建成后能够独立发挥生产能力或工程效益的工程项目。给水排水的单项工程或称枢纽工程项目，它是工程建设项目的组成部分。

给水工程中的枢纽工程有取水工程、输水管渠、净水厂、配水管网工程等；排水工程中的枢纽工程有雨水管网、污水管网、截流干管、污水处理厂、污水排放工程等。

（3）单位工程：是指具有单独设计，可以独立组织施工的工程。一个单位工程，按照其构成，可以分为土建工程、设备及其安装工程、配管工程等部分。

在给水单项工程项目中，单位工程划分为取水工程中的管井、取水口、取水泵房等；净水厂工程中的混合絮凝池、沉淀池、澄清池、滤池、清水池、投药间、送水泵房、变配电间等。其中每个单位工程又可分解为土建、配管、设备及安装工程等部分。

在排水单项工程项目中，单位工程可划分雨污水管网工程中的排水管道、排水泵房等；

污水处理厂工程中的污水泵房、沉砂池、初次沉淀池、曝气池、二次沉淀池、投药间、消化池与控制室、污泥脱水干化机房等。

每一个单位工程由许多单元结构或更小的分部工程组成。

（4）分部工程：它是按工程部位、设备种类和型号、使用材料和工种等的不同所作出的分类，主要用于计算工程量和套用预算定额时的分类分部。

给水排水工程中的土建工程，其分部工程项目与一般建筑工程类同。如：土石方工程、桩基础工程、砌筑工程、混凝土及钢筋混凝土工程、木结构工程、金属结构工程、混凝土及钢结构安装和运输工程、楼地面工程、屋面工程、耐酸防腐工程、装饰工程、构筑物工程等。

（5）分项工程：通过较为简单的施工过程就可以生产出来并可用适当计量单位进行计算的建筑工程或安装工程称为分项工程。如每立方米砖基础工程、每立方米钢筋混凝土（不同强度等级）工程、每10m或100m某种口径和不同接口形式的铸铁管铺设等。构成分项工程的定额人工、材料、施工机械台班的消耗，即是概预算定额。分项工程单价是概预算最基本的计价单位。

1.2.2　建设项目总投资的组成

（1）建设项目总投资：是指拟建项目从筹建到竣工验收以及试车投产的全部建设费用，应包括建设投资、固定资产投资方向调节税、建设期利息和铺底流动资金。建设投资由工程费用、工程建设其他费用及预备费用三部分组成。建设项目总投资的组成见图 1-2。

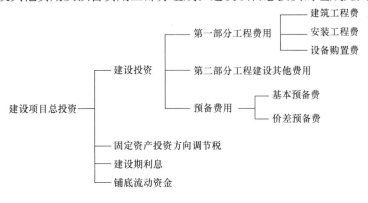

图 1-2　建设项目总投资

（2）建设项目总投资按其费用项目性质分为静态投资、动态投资和铺底流动资金三部分。静态投资是指建设项目的建筑安装工程费用、设备购置费用（含工器具）、工程建设其他费用和基本预备费以及固定资产投资方向调节税。动态投资是指建设项目从估（概）算编制期到工程竣工期间由于物价、汇率、税费率、劳动工资、贷款利率等发生变化所需增加的投资额。主要包括建设期利息、汇率变动及价差预备费。

（3）第一部分工程费用，是指直接构成固定资产的工程项目，按各个枢纽工程（如给水工程按取水工程、浑水输水工程、净水工程、清水输水及配水工程）的单位工程进行编制。

工程费用由建筑工程费、安装工程费和设备购置费三部分组成。

建筑工程费包括：各种房屋和构筑物的建筑工程；各种室外管道铺设工程；总图竖向布置、大型土石方工程等。

安装工程费包括：各种机电设备、专用设备、仪器仪表等设备的安装及配线；工艺、供热、给水排水等各种管道、配件和闸门以及供电外线安装工程。

设备的购置费包括：需安装和不需安装的全部设备购置费；工器具及生产家具购置费；备品备件购置费。

（4）工程建设其他费用系指工程费用以外的建设项目必须支出的费用。其他费用计列的项目及内容，应结合工程项目的实际情况，予以确定，一般计列的项目有：建设用地费、建设管理费、建设项目前期工作咨询费、研究试验费、勘察设计费、环境影响咨询服务费、劳动安全卫生评审费、场地准备及临时设施费、生产准备费及开办费、联合试运转费、专利及专有技术使用费、招标代理服务费、施工图审查费、市政公用设施费、引进技术和进口设备项目的其他费用等。

（5）预备费包括基本预备费和价差预备费两部分：

1）基本预备费：指在可行性研究投资估算中难以预料的工程和费用，其中包括实行按施工图预算加系数包干的预算包干费用，其用途如下：

①在进行初步设计、技术设计、施工图设计和施工过程中，在批准的建设投资范围内所增加的工程和费用。

②由于一般自然灾害所造成的损失和预防自然灾害所采取的措施费用。

③在上级主管部门组织竣工验收时，验收委员会（或小组）为鉴定工程质量，必须开挖和修复隐蔽工程的费用。

2）价差预备费：指项目建设期间由于价格可能发生上涨而预留的费用。

1.2.3 建筑安装工程费的组成

根据建设部、财政部建标〔2003〕206号《关于印发建筑安装工程费用项目组成的通知》，建筑安装工程费由直接费、间接费、利润和税金组成。

（1）直接费的组成

直接费由直接工程费和措施费组成。

1）直接工程费是指施工过程中耗费的构成工程实体和部分有助于工程形成的各项费用，包括人工费、材料费和施工机械使用费。

①人工费

人工费是指直接从事建筑安装工程施工的生产工人开支的各项费用，内容包括

a. 基本工资：是指发放给生产工人的基本工资。

b. 工资性补贴：是指按规定标准发放的物价补贴，煤、燃气补贴，交通补贴，住房补贴，流动施工津贴等。

c. 生产工人辅助工资：是指生产工人年有效施工天数以外非作业天数的工资，包括职工学习、培训期间的工资，调动工作、探亲、休假期间的工资，因气候影响停工期间的工资，女工哺乳期间的工资，病假在六个月以内的工资及产、婚、丧假期的工资。

d. 职工福利费：是指按规定标准计提的职工福利费。

e. 生产工人劳动保护费：是指按规定标准发放的劳动保护用品的购置费及修理费、徒工服装补贴、防暑降温费、在有碍身体健康环境中施工的保健费用等。

人工费以定额人工工日数乘以每工日人工费计算，每工日人工费可按工程所在地工程造价管理部门发布的标准计算。

②材料费

材料费是指施工过程中耗费的构成工程实体的原材料、辅助材料、构配件、零件、半成品的费用。内容包括：

a. 材料原价（或供应价格）。

b. 材料运杂费：是指材料自来源地运至工地仓库或指定堆放地点所发生的全部费用。

c. 运输损耗费：是指材料在运输装卸过程中不可避免的损耗。

d. 采购及保管费：是指为组织采购、供应和保管材料过程中所需要的各项费用。包括：采购费、仓储费、工地保管费、仓储损耗。

e. 检验试验费：是指对建筑材料、构件和建筑安装物进行一般鉴定、检查所发生的费用，包括自设试验室进行试验所耗用的材料和化学药品等费用。不包括新结构、新材料的试验费和建设单位对具有出厂合格证明的材料进行检验，对构件做破坏性试验及其他特殊要求检验试验的费用。

材料单价的取定可根据工程具体特点及市场情况，参照工程造价管理部门发布的市场信息价格。

③施工机械使用费

施工机械使用费是指施工机械作业所发生的机械使用费以及机械安拆费和场外运费。

施工机械台班单价由下列七项费用组成：

a. 折旧费：指施工机械在规定的使用年限内，陆续收回其原值及购置资金的时间价值。

b. 大修理费：指施工机械按规定的大修理间隔台班进行必要的大修理，以恢复其正常功能所需的费用。

c. 经常修理费：指施工机械除大修理以外的各级保养和临时故障排除所需的费用。包括为保障机械正常运转所需替换设备与随机配备工具附具的摊销和维护费用，机械运转中日常保养所需润滑与擦拭的材料费用及机械停滞期间的维护和保养费用等。

d. 安拆费及场外运费：安拆费指施工机械在现场进行安装与拆卸所需的人工、材料、机械和试运转费用以及机械辅助设施的折旧、搭设、拆除等费用；场外运费指施工机械整体或分体自停放地点运至施工现场或由一施工地点运至另一施工地点的运输、装卸、辅助材料及架线等费用。

e. 人工费：指机上司机（司炉）和其他操作人员的工作日人工费及上述人员在施工机械规定的年工作台班以外的人工费。

f. 燃料动力费：指施工机械在运转作业中所消耗的固体燃料（煤、木柴）、液体燃料（汽油、柴油）及水、电等。

g. 道路建设车辆通行费及车船使用税：指施工机械按照国家规定和有关部门规定应缴纳的道路建设车辆通行费、车船使用税、保险费及年检费等。

施工机械使用费以定额施工机械台班数乘以施工机械台班单价计算。

2）措施费

措施费是指为完成工程项目施工，发生于该工程施工前和施工过程中非工程实体项目的费用。

①安全防护、文明施工措施费的组成

根据建设部建办［2005］89 号《关于印发〈建筑工程安全防护、文明施工措施费用及使用管理规定〉的通知》，安全防护、文明施工措施费项目内容包括文明施工与环境保护（指安全警示标志牌、现场围挡、场容场貌、材料堆放、现场防火、垃圾清运等）、临时设施、安全施工及其他。

1）环境保护费：是指施工现场为达到环保部门要求所需要的各项费用。

2）文明施工费：是指施工现场文明施工所需要的各项费用。

3）安全施工费：是指施工现场安全施工所需要的各项费用。

4）临时设施费：是指施工企业为进行建筑工程施工所必须搭设的生活和生产用的临时建筑物、构筑物和其他临时设施费用等。

临时设施包括：临时宿舍、文化福利及公用事业房屋与构筑物，仓库、办公室、加工厂以及规定范围内道路、水、电、管线等临时设施和小型临时设施。

临时设施费用包括：临时设施的搭设、维修、拆除费或摊销费。

②施工措施费的组成

施工措施费是指施工企业为完成建筑产品时，为承担社会义务、施工准备、施工方案所发生的措施费用（不包括已列定额子目和管理费用所包括的费用）。

施工措施费一般包括：冬雨期施工措施费、夜间施工费、施工干扰费、港监及交通纠察费用、原有建筑物、构筑物、公用管线等设施保护、加固等措施费、特殊条件下施工技术措施费、赶工措施费、深基坑、降水、模板支架等高危作业措施费及其他等。

a. 冬雨期施工措施费：是指施工企业在冬雨期施工期间，为了确保工程质量所采取的防冻、防风、防雨、防滑等措施所增加的人工费、材料费和设施费用。

b. 夜间施工费：是指因夜间施工所发生的夜班补助费、夜间施工降效、夜间施工照明设备摊销及照明用电等费用。

c. 二次搬运费：是指因施工场地狭小等特殊情况而发生的二次搬运费用。

d. 大型机械设备进出场及安拆费：是指机械整体或分体自停放场地运至施工现场或由一个施工地点运至另一个施工地点，所发生的机械进出场运输及转移费用及机械在施工现场进行安装、拆卸所需的人工费、材料费、机械费、试运转费和安装所需的辅助设施的费用。

e. 混凝土、钢筋混凝土模板及支架费：是指混凝土施工过程中需要的各种钢模板、木模板、支架等的支、拆、运输费用及模板、支架的摊销（或租赁）费用。

f. 脚手架费：是指施工需要的各种脚手架搭、拆、运输费用及脚手架的摊销（或租赁）费用。

g. 已完工程及设备保护费：是指竣工验收前，对已完工程及设备进行保护所需费用。

h. 施工排水、降水费：是指为确保工程在正常条件下施工，采取各种排水、降水措施所发生的各种费用。

i. 生产工具用具使用费是指施工生产所需且不属于固定资产的生产工具及检验用具等购置、摊销和维护费，以及支付给工人自备工具补贴费。

j. 工程点交、场地清理费是指施工企业在工程竣工点交、施工现场清理所需的费用，若出现本书未列的项目，可根据工程实际情况补充。

（2）间接费

间接费由规费和企业管理费组成。

1）规费的组成

规费是指法律、法规、规章、规程，规定施工企业必须缴纳的费用（简称规费），包括：

①工程排污费：是指施工现场按规定缴纳的工程排污费。

②社会保障费

a. 养老保险费：是指企业按规定标准为职工缴纳的基本养老保险费。

b. 失业保险费：是指企业按照国家规定标准为职工缴纳的失业保险费。

c. 医疗保险费：是指企业按照规定标准为职工缴纳的基本医疗保险费。

d. 住房公积金：是指企业按规定标准为职工缴纳的住房公积金。

e. 危险作业意外伤害保险：是指按照建筑法规定，企业为从事危险作业的建筑安装施工人员支付的意外伤害保险费。

2）企业管理费用的组成

企业管理费用是指建筑安装企业为组织施工生产和经营管理所需费用。内容包括管理人员工资、办公费、差旅交通费、非生产性固定资产使用费、工具用具使用费、劳动保险费、工会经费、职工教育经费、财产保险费用、财务费税金和其他组成。

a. 管理人员工资：是指管理人员的基本工资、工资性补贴、职工福利费、劳动保护费等。

b. 办公费：是指企业管理办公用的文具、纸张、账表、印刷、邮电、书报、会议、水电、烧水和集体取暖（包括现场临时宿舍取暖）用煤等费用。

c. 差旅交通费：是指职工因公出差、调动工作的差旅费、住勤补助费，市内交通费和误餐补助费，职工探亲路费，劳动力招募费，职工离退休、退职一次性路费，工伤人员就医路费，工地转移费以及管理部门使用的交通工具的油料、燃料、道路建设车辆通行费。

d. 固定资产使用费：是指管理和试验部门及附属生产单位使用的属于固定资产的房屋、设备仪器等的折旧、大修、维修或租赁费。

e. 工具用具使用费：是指管理使用的不属于固定资产的生产工具、器具、家具、交通工具和检验、试验、测绘、消防用具等的购置、维修和摊销费。

f. 劳动保险费：是指由企业支付离退休职工的异地安家补助费、职工退职金、六个月以上的病假人员工资、职工死亡丧葬补助费、抚恤费、按规定支付给离休干部的各项经费。

g. 工会经费：是指企业按职工工资总额计提的工会经费。

h. 职工教育经费：是指企业为职工学习先进技术和提高文化水平，按职工工资总额计提的费用。

i. 财产保险费：是指施工管理用财产、车辆保险。

j. 财务费：是指企业为筹集资金而发生的各种费用。

k. 税金：是指企业按规定缴纳的房产税、车船使用税、土地使用税、印花税等。

l. 其他：包括技术转让费、技术开发费、业务招待费、绿化费、广告费、公证费、法律顾问费、审计费、咨询费等。

（3）利润的组成

利润是指施工企业完成所承包工程获得的盈利。

（4）税金

税金是指国家税法规定应计入建筑安装工程造价的营业税、城市维护建设税和教育费附加等。

1.3　设备和工器具购置费的确定

1.3.1　设备的分类

列入建设项目或单项工程设计文件所附设备清单内的各种机电设备、仪器仪表、起重运输、动力、通信等设备，按其运转形态和使用功能，可分为需要安装和不需要安装的两类。

需要安装的设备，是指整体和分部件到货经组装或拼装后，安装在设备基础或设备支架等固定位置上运转使用的设备，如各类机械加工机床、各类压缩机械、桁架式起重机、变压器，各种反应器、塔、槽、罐等。在需要安装的设备中，又可分为按定型图纸批量生产，列入国家主管部门产品目录的标准设备和由用户提供图纸、委托或自行加工制造的非标准设备两种。

不需要安装的设备，是指不需要安装在固定位置上即可运转使用的设备，如各类机动运输车辆、船舶等。

设备按其供货来源又可分为国产设备和进口设备两种。

1.3.2 设备购置费的计算

(1) 国产设备购置费的计算：应以建设项目或单项工程为对象，依其设计文件所附设备清单列明的设备名称、规格、型号、数量、来源，分别计算。价格应由设备原价（设备制造厂出厂价或合同价格）及运至安装（或使用）现场指定地点的运杂费等组成。设备运杂费用由于运输方式、运输环节多变，事先难以确定，一般采用以占设备原价的一定百分率预计，等设备到货，再按实际发生的费用核算后，列入设备购置费内，即可按式（1-1）、式（1-2）计算：

$$设备购置费 = 设备原价 \times （1 + 设备运杂费率） \tag{1-1}$$

如经设备成套部门负责订货并组织供应时，还应增加成套部门的服务费用，则

$$设备购置费 = 原价 \times （1 + 成套服务费率） \times （1 + 设备运杂费率） \tag{1-2}$$

(2) 非标设备的估价

1) 重量估价法（又名指标估价法）：根据各制造厂商提供的各种非标准设备制造价格资料，经过统计分析，综合平均得出各种类型设备每吨的价格，再根据这个价格，进行非标准设备的估算。

2) 成本计算估价法：设备制造成本系由设备主要材料费、辅助材料费、加工费（加工费一般包括燃料动力费、车间经费、企业管理费等）、专用工具费、废品损失费、外购件费和包装费等组成，加上利润税金即构成设备的出厂价格。成本计算估价法准确度高，计算也不复杂，是目前应用最广的估价方法。

3) 分部组合法：根据设备组成的部件，分别计算而后汇总成设备价格，常适用于外购部件较多的设备，如电气设备。

(3) 引进设备价格的计算：在国际贸易活动中，引进设备由于交货地点不同，其价格形式也有所不同，根据合同条件，一般常用的有以下几种价格形式：

1) 内陆交货价：指内陆接壤国家之间买卖双方合同约定地点的交货价格。主要有：

① 约定在铁路交货地点交货的交货价（FOR）；

② 约定在工厂交货，指卖方在出口国制造厂交货的交货价（EXW）；

③ 约定在公路（即汽车运输）交货地点交货的交货价（FOT）；

④ 约定在装运港船边交货的交货价（FAS）。

2) 装运港交货价：指卖方在出口国的装运港船上交货的交货价，主要有：

① 离岸价：即装运港船上交货的价格（FOB），是以货物装上载运工具之上为条件的价格。

② 离岸运输价：即包括海运费用在内的交货价格（C&F），是以卖方将货物装上运载工具并支付了运输费用在内为条件的价格。

③ 到岸价：即包括运输及运输保险费在内的交货价格（CIF），是以卖方将货物装上运载工具之上并支付了运输及运输保险费为条件的价格。

3）引进设备购置费：一般由原价（按供货合同条件为供货国口岸的离岸价格）、运输费、运输保险费、关税、增值税、银行手续费、外贸手续费、商检费和国内运杂费所组成。

1.3.3 工器具购置费的确定

工器具购置费是指新建项目为保证生产初期正常生产所必需的、不构成固定资产的设备、仪器仪表、工具、量具、模具、卡具、刃具、器具以及生产用工作台、工具箱（柜）、药品柜及低值易耗品等购置费，不包括应列入设备费的设备备品、备件及随设备到货的专用工具、附具。在编制投资估算和设计概算时，工器具购置费可按第一部分工程费用内设备购置费总值的比例数估列。

1.3.4 设备与材料的划分

为统一建设工程计价活动中的设备与材料合理划分，规范建设项目的工程计价，2009年由住房和城乡建设部、国家质量监督检验检疫总局联合发布了《建设工程计价设备材料划分标准》GB/T 50531—2009，现摘录如下：

1. 术语

（1）设备

经过加工制造，由多种部件按各自用途组成独特结构，具有生产加工、动力、传送、储存、运输、科研、容量及能量传递或转换等功能的机器、容器和成套装置等。

（2）建筑设备

房屋建筑及其配套的附属工程中电气、采暖、通风空调、给水排水、通信及建筑智能等为房屋功能服务的设备。

（3）工艺设备

为工业、交通等生产性建设项目服务的各类固定和移动设备。

（4）标准设备

按国家或行业规定的产品标准进行批量生产并形成系列的设备。

（5）非标准设备

没有国家或行业标准，非批量生产的，一般要进行专门设计、由设备制造厂家特别制造或施工企业在工厂或施工现场进行加工制作的特殊设备。

（6）工艺性主要材料

工业、交通等生产性工程项目中作为工艺或装置的主要材料，如：长输管道、长输电缆、长输光纤电缆，以及达到规定规格、压力、材质要求的阀门、器具等。

（7）材料

为完成建筑、安装工程所需的，经过工业加工的原料和设备本体以外的零配件、附件、成品、半成品等。

2. 设备材料划分原则

（1）在划分设备与材料时，应根据其供货范围、特性等情况，以及对设备、材料的定义分别确定，不应仅依据物品的品名而划分。

（2）对于难以统一确定组成范围或成套范围的某些设备，应以制造厂的文件及供货范围为准。凡是设备制造厂的文件上列出的清单项目，且实际供应的，应属于设备范围。

（3）设备应按生产和生活使用目的分为工艺设备和建筑设备；应按是否定型生产分为标准设备和非标准设备。

（4）设备除包括建筑设备、工艺设备外，还包括工艺性主要材料。

（5）设备的范围除应包括设备本体外，一般还应包括以下内容：

1）随设备购置的配件、备件等；

2）依附于设备或与设备成套的管、线、仪器仪表等；

3）附属于设备本体并随设备制造厂配套供货的梯子、平台、栏杆、防护罩等；

4）为设备检验、维修、保养、计量等要求随设备供货的专用设备、器具、仪器仪表等；

5）附属于设备本体并随设备订货的油类、化学药品、填料等材料。

（6）工业、交通等生产性建设项目中的生产性建筑与非生产性建筑共用的建筑设备应纳入工艺设备。

（7）若仍难以区分设备或材料的，凡非现场制作的可界定为设备，部分非现场制作而进行现场组装的应界定为设备，采购定型产品现场制作的可界定为材料。

3. 设备材料划分分类

（1）通用设备安装工程的类别应分为：机械设备工程，电气设备工程，热力设备工程，炉窑砌筑工程，静置设备及工艺金属结构制作工程，管道工程，电子信息工程，给排水及燃气、采暖工程，通风空调工程，自动化控制仪表工程。通用设备安装工程设备材料划分应按表 1-1 执行。

通用设备安装工程设备材料划分　　　　　　　　　　表 1-1

类　别	设　备	材　料
机械设备工程	机加工设备、延压成型设备、起重设备、输送设备、搬运设备、装载设备、给料和取料设备、电梯、风机、泵、压缩机、气体站设备、煤气发生设备、工业炉设备、热处理设备、矿山采掘及钻探设备、破碎筛分设备、洗选设备、污染防治设备、冲灰渣设备、液压润滑系统设备、建筑工程机械、衡器、其他机械设备、附属设备等及其全套附属零部件	设备本体以外的行车轨道、滑触线、电梯的滑轨、金属构件等； 设备本体进、出口第一个法兰阀门以外的配管、管件、密封件等
电气设备工程	发电机、电动机、变频调速装置； 变压器、互感器、调压器、移相器、电抗器、高压断路器、高压熔断器、稳压器、电源调整器、高压隔离开关、油开关； 装置式（万能式）空气开关、电容器、接触器、继电器、蓄电池、主令（鼓型）控制器、磁力启动器、电磁铁、电阻器、变阻器、快速自动开关、交直流报警器、避雷器； 成套供应高低压、直流、动力控制柜、屏箱、盘及其随设备带来的母线、支持瓷瓶； 太阳能光伏，封闭母线，35kV 及以上输电线路工程电缆； 舞台灯光、专业灯具等特殊照明装置	电缆、电线、母线、管材、型钢、桥架、立柱、托臂、线槽、灯具、开关、插座、按钮、电扇、铁壳开关、电笛、电铃、电表； 刀型开关、保险器、杆上避雷针、绝缘子、金具、电线杆、铁塔、锚固件、支架等金属构件； 照明配电箱、电度表箱、插座箱、户内端子箱的壳体； 防雷及接地导线； 一般建筑、装饰照明装置和灯具，景观亮化饰灯

续表

类　别	设　备	材　料
热力设备工程	成套或散装到货的锅炉及其附属设备、汽轮发电机及其附属设备、热交换设备； 热力系统的除氧器水箱和疏水箱、工业水系统的工业水箱、油冷却系统的油箱、酸碱系统的酸碱储存槽； 循环水系统的旋转滤网、启闭装置的启闭机械、水处理设备	钢板闸门及拦污栅、启闭装置的启闭架等； 随锅炉墙砌筑时埋置的铸铁块、预埋件、挂钩、支架及金属构件等
炉窑砌筑工程	依附于炉窑本体的金属铸件、锻件、加工件及测温装置、仪器仪表、消烟、回收、除尘装置； 安置在炉窑中的成品炉管、电机、鼓风机、推动炉体的拖轮、齿轮等传动装置和提升装置； 与炉窑配套的燃料供应和燃烧设备； 随炉供应的金具、耐火衬里、炉体金属预埋件	现场砌筑、制作与安装用的耐火、耐酸、保温、防腐、捣打料、绝热纤维、白云石、玄武岩、金具、炉管、预埋件、填料等
静置设备及工艺金属结构制作工程	制造厂以成品或半成品形式供货的各种容器、反应器、热交换器、塔器、电解槽等非标设备； 工艺设备在试车必须填充的一次性填充材料、药品、油脂等	由施工企业现场制作的容器、平台、梯子、栏杆及其金属结构件等
管道工程	压力≥10MPa，且直径≥600mm 的高压阀门； 直径≥600mm 的各类阀门、膨胀节、伸缩器； 各类电动阀门，工艺有特殊要求的合金阀、真空阀及衬特别耐磨、耐腐蚀材料的专用阀门	一般管道、管件、阀门、法兰、配件及金属结构等
电子信息工程	雷达设备、导航设备、计算机信息设备、通信设备、音频视频设备、监视监控和调度设备、消防及报警设备、建筑智能设备、遥控遥测设备、电源控制及配套设备、防雷接地装置、电子生产工艺设备、成套供应的附属设备； 通信线路工程光缆	铁塔、电线、电缆、光缆、机柜、插头、插座、接头、支架、桥架、立杆、底座、灯具、管道、管件等； 现场制作安装的探测器、模块、控制器、水泵接合器等
给水排水、燃气、采暖工程	加氯机、水射器、管式混合器、搅拌器等投药、消毒处理设备； 曝气器、生物转盘、压力滤池、压力容器罐、布水器、射流器、离子交换器、离心机、萃取设备、碱洗塔等水处理设备； 除污机、清污机、捞毛机等拦污设备； 吸泥机、撇渣机、刮泥机等排泥、撇渣、除砂设备，脱水机、压榨机、压滤机、过滤机等污泥收集、脱水设备； 开水炉、电热水器、容积式热交换器、蒸汽—水加热器、冷热水混合器、太阳能集热器、消毒器（锅）、饮水器、采暖炉、膨胀水箱； 燃气加热设备、成品凝汽缸、燃气调压装置	设备本体以外的各种滤网、钢板闸门、栅板及启闭装置的启闭架等； 管道、阀门、法兰、卫生洁具、水表、自制容器、支架、金属构件等； 散热器具，燃气表、气嘴、燃气灶具、燃气管道和附件等
通风空调工程	通风设备、除尘设备、空调设备、风机盘管、热冷空气幕、暖风机、制冷设备； 定制的过滤器、消声器、工作台、风淋室、静压箱	调节阀、风管、风口、风帽、散流器、百叶窗、罩类、法兰及其配件，支吊架、加固框等； 现场制作的过滤器、消声器、工作台、风淋室、静压箱等
自动化控制仪表工程	成套供应的盘、箱、柜、屏及随主机配套供应的仪表； 工业计算机、过程检测、过程控制仪表，集中检测、集中监视与控制装置及仪表； 金属温度计、热电阻、热电偶	随管、线同时组合安装的一次部件、元件、配件等； 电缆、电线、桥架、立柱、托臂、支架、管道、管件、阀门等

（2）运输和装运设备材料划分

1）运输和装运包括车辆及装运设备、工业项目铁路专用线。

2）运输和装运设备材料划分执行表 1-2 的具体规定。

运输和装运设备材料划分　　　　　　　　　　表 1-2

车辆及装运设备	成套购置或组装的各类载客或运输车辆和随车辆购置的备胎、随车工具； 装载机、卸车装置、爬斗及其钢绳、滑轮； 振动给矿机，放矿闸门，前装机，挖掘机、推土机、犁土机； 翻车机、推车机、阻车器，摇台、矿车、电机车、爬车机、调度绞车、架空索道及其驱动装置	钢轨、道岔、车挡、滑触线，油料等
工业项目铁路专用线	机车车辆和随车辆购置的附件、随车工具； 集闭及微机连锁装置、各种盘箱	钢轨、道岔、车挡、滑触线、油料等， 线路工具、电瓷、电缆、道岔、量轨器等

2 工程量计算及相关资料

2.1 建 筑 面 积 计 算

2005 年，建设部发布了《建筑工程建筑面积计算规范》GB/T 50353—2005，主要内容如下：

（1）本规范适用于新建、扩建、改建的工业与民用建筑工程的面积计算。

（2）术语

1）层高 story height 上下两层楼面或楼面与地面之间的垂直距离。

2）自然层 floor 按楼板、地板结构分层的楼层。

3）架空层 empty space 建筑物深基础或坡地建筑吊脚架空部位不回填土石方形成的建筑空间。

4）走廊 corridor gallery 建筑物的水平交通空间。

5）挑廊 overhanging corridor 挑出建筑物外墙的水平交通空间。

6）檐廊 eaves gallery 设置在建筑物底层出檐下的水平交通空间。

7）回廊 cloister 在建筑物门厅、大厅内设置在二层或二层以上的回形走廊。

8）门斗 foyer 在建筑物出入口设置的起分隔、挡风、御寒等作用的建筑过渡空间。

9）建筑物通道 passage 为道路穿过建筑物而设置的建筑空间。

10）架空走廊 bridge way 建筑物与建筑物之间，在二层或二层以上专门为水平交通设置的走廊。

11）勒脚 plinth 建筑物的外墙与室外地面或散水接触部位墙体的加厚部分。

12）围扩结构 envelop enclosure 围合建筑空间四周的墙体、门、窗等。

13）围护性幕墙 enclosing curtain wall 直接作为外墙起围护作用的幕墙。

14）装饰性幕墙 decorative faced curtain wall 设置在建筑物墙体外起装饰作用的幕墙。

15）落地橱窗 french window 突出外墙面根基落地的橱窗。

16）阳台 balcony 供使用者进行活动和晾晒衣物的建筑空间。

17）眺望间 view room 设置在建筑物顶层或挑出房间的供人们远眺或观察周围情况的建筑空间。

18）雨篷 canopy 设置在建筑物进出口上部的遮雨、遮阳篷。

19）地下室 basement 房间地平面低于室外地平面的高度超过该房间净高的 1/2 者为地下室。

20）半地下室 semi basement 房间地平面低于室外地平面的高度超过该房间净高的 1/3，且不超过 1/2 者为半地下室。

21）变形缝 deformation joint 伸缩缝（温度缝）、沉降缝和抗震缝的总称。

22）永久性顶盖 permanent cap 经规划批准设计的永久使用的顶盖。

23）飘窗 bay window 为房间采光和美化造型而设置的突出外墙的窗。

24）骑楼 overhang 楼层部分跨在人行道上的临街楼房。

25）过街楼 arcade 有道路穿过建筑空间的楼房。

（3）计算建筑面积的规定

1）单层建筑物的建筑面积，应按其外墙勒脚以上结构外围水平面积计算。并应符合下列规定：

①单层建筑物高度在 2.20m 及以上者应计算全面积；高度不足 2.20m 者应计算 1/2 面积。

②利用坡屋顶内空间时，顶板下表面至楼面的净高超过 2.10m 的部位应计算全面积；净高在 1.20～2.10m 的部位应计算 1/2 面积；净高不足 1.20m 的部位不应计算面积。

2）单层建筑物内设有局部楼层者，局部楼层的二层及以上楼层，有围护结构的应按其围护结构外围水平面积计算，无围护结构的应按其结构底板水平面积计算。层高在 2.20m 及以上者应计算全面积；层高不足 2.20m 者应计算 1/2 面积。

3）多层建筑物首层应按其外墙勒脚以上结构外围水平面积计算；二层及以上楼层应按其外墙结构外围水平面积计算。层高在 2.20m 及以上者应计算全面积；层高不足 2.20m 者应计算 1/2 面积。

4）多层建筑坡屋顶内和场馆看台下，当设计加以利用时净高超过 2.10m 的部位应计算全面积；净高在 1.20～2.10m 的部位应计算 1/2 面积；当设计不利用或室内净高不足 1.20m 时不应计算面积。

5）地下室、半地下室（车间、商店、车站、车库、仓库等），包括相应的有永久性顶盖的出入口，应按其外墙上口（不包括采光井、外墙防潮层及其保护墙）外边线所围水平面积计算。层高在 2.20m 及以上者应计算全面积；层高不足 2.20m 者应计算 1/2 面积。

6）坡地的建筑物吊脚架空层、深基础架空层，设计加以利用并有围护结构的，层高在 2.20m 及以上的部位应计算全面积；层高不足 2.20m 的部位应计算 1/2 面积。设计加以利用、无围护结构的建筑吊脚架空层，应按其利用部位水平面积的 1/2 计算；设计不利用的深基础架空层、坡地吊脚架空层、多层建筑坡屋顶内、场馆看台厂的空间不应计算面积。

7）建筑物的门厅、大厅按一层计算建筑面积。门厅、大厅内设有回廊时，应按其结构底板水平面积计算。回廊层高在 2.20m 及以上者应计算全面积；层高不足 2.20m 者应计算 1/2 面积。

8）建筑物间有围护结构的架空走廊，应按其围护结构外围水平面积计算，层高在 2.20m 及以上者应计算全面积；层高不足 2.20m 者应计算 1/2 面积。有永久性顶盖无围护结构的应按其结构底板水平面积的 1/2 计算。

9）立体书库、立体仓库、立体车库，无结构层的应按一层计算，有结构层的应按其结构层面积分别计算。层高在 2.20m 及以上者应计算全面积；层高不足 2.20m 者应计算 1/2 面积。

10）有围护结构的舞台灯光控制室，应按其围护结构外围水平面积计算。层高在 2.20m 及以上者应计算全面积；层高不足 2.20m 者应计算 1/2 面积。

11）建筑物外有围护结构的落地橱窗、门斗、挑廊、走廊、檐廊，应按其围护结构外围水平面积计算。层高在 2.20m 及以上者应计算全面积；层高不足 2.20m 者应计算 1/2 面积。有永久性顶盖无围护结构的应按其结构底板水平面积的 1/2 计算。

12）有永久性顶盖无围护结构的场馆看台应按其顶盖水平投影面积的 1/2 计算。

13）建筑物顶部有围护结构的楼梯间、水箱间、电梯机房等，层高在 2.20m 及以上者应计算全面积；层高不足 2.20m 者应计算 1/2 面积。

14）设有围护结构不垂直于水平面而超出底板外沿的建筑物，应按其底板面的外围水平面积计算。层高在 2.20m 及以上者应计算全面积；层高不足 2.20m 者应计算 1/2 面积。

15）建筑物内的室内楼梯间、电梯井、观光电梯井、提物井、管道井、通风排气竖井、垃圾道、附墙烟囱应按建筑物的自然层计算。

16）雨篷结构的外边线至外墙结构外边线的宽度超过 2.10m 者，应按雨篷结构板的水平投影面积的 1/2 计算。

17）有永久性顶盖的室外楼梯，应按建筑物自然层的水平投影面积的 1/2 计算。

18）建筑物的阳台均应按其水平投影面积的 1/2 计算。

19）有永久性顶盖无围护结构的车棚、货棚、站台、加油站、收费站等，应按其顶盖水平投影面积的 1/2 计算。

20）高低联跨的建筑物，应以高跨结构外边线为界分别计算建筑面积；其高低跨内部连通时，其变形缝应计算在低跨面积内。

21）以幕墙作为围护结构的建筑物，应按幕墙外边线计算建筑面积。

22）建筑物外墙外侧有保温隔热层的，应按保温隔热层外边线计算建筑面积。

23）建筑物内的变形缝，应按其自然层合并在建筑物面积内计算。

24）下列项目不应计算面积：

①建筑物通道（骑楼、过街楼的底层）。

②建筑物内的设备管道夹层。

③建筑物内分隔的单层房间，舞台及后台悬挂幕布、布景的天桥、挑台等。

④屋顶水箱、花架、凉棚、露台、露天游泳池。

⑤建筑物内的操作平台、上料平台、安装箱和罐体的平台。

⑥勒脚、附墙柱、垛、台阶、墙面抹灰、装饰面、镶贴块料面层、装饰性幕墙、空调室外机搁板（箱）、飘窗、构件、配件、宽度在 2.10m 及以内的雨篷以及与建筑物内不相连通的装饰性阳台、挑廊。

⑦无永久性顶盖的架空走廊、室外楼梯和用于检修、消防等的室外钢楼梯、爬梯。

⑧自动扶梯、自动人行道。

⑨独立烟囱、烟道、地沟、油（水）罐、气柜、水塔、贮油（水）池、贮仓、栈桥、地下人防通道、地铁隧道。

2.2 土(石)方工程

2.2.1 工程量计算

1. 人工土方工程

（1）人工挖土方、地槽、地坑及回填土，均以挖掘前的天然密实体积以立方米计算。

（2）平整场地是指厚度在±30cm 以内的就地挖、填、找平。其工程量按建筑物（构筑物）底层外边线长宽各加 2m 计算。围墙按其中心线每边各加 1m 计算。

凡已按设计竖面布置进行挖、填及找平的场地，可不再计算平整场地工程量。

（3）凡设计槽底宽度在 3m 以内，槽长大于槽宽 3 倍以上的为地槽。其长度，外墙按图示的中心线，内墙按图示槽底净长线和图示槽深计算。其突出部分并入地槽工程量内计算。

（4）凡设计坑底面积在 20m² 以内的为挖地坑。

（5）凡平整场地厚度在 30cm 以上，设计坑底面积在 20m² 以上及槽底宽度在 3m 以上的均为挖土方。

（6）挖地槽、坑及土方，其深度不同时，应分别计算。地下室挖墙基地槽，其深度应从地下室坑底算至槽底。

（7）挖地槽、坑及土方需要放坡时，可按表 2-1 规定计算。

放坡起点，有垫层的由垫层上表面开始放坡；无垫层的由底面开始放坡。

挖土方、地槽、地坑放坡起点及放坡系数　　　　　表 2-1

土壤类别	人工挖土	机械挖土		放坡起点深度（m）
		在槽、坑或沟底挖土	在槽、坑或沟边挖土	
一、二类土	0.5	0.33	0.75	1.20
三类土	0.33	0.25	0.67	1.50
四类土	0.25	0.10	0.33	2.00

同一槽、坑内，如遇不同土壤类别时，应根据工程地质资料分别计算。其放坡系数可按各类土壤放坡系数与各类土壤占其全部深度的百分比加权平均计算。

（8）基础工程施工需要增加的工作面，可按下列规定计算：

1）砖基础，每边各增加工作面 200mm。

2）砌筑毛石基础，每边各增加工作面 150mm。

3）混凝土基础需支模板的，每边各增加工作面 300mm。

4）卷材或抹防水砂浆的，每边各增加工作面 800mm（防水层面）。

（9）回填土区别夯填或松填，分别以立方米计算。其数量可按式（2-1）计算：

$$回填土体积＝挖土体积－设计室外地坪以下埋入的砌筑体积 \tag{2-1}$$

埋入的砌筑体积包括：基础垫层、墙基、柱基、基础梁、管道基础及直径大于500mm 的管道、室内地沟体积等。

（10）余土运输，其运距按单项工程的中心点至卸（或取）土场地的中心点确定。

余土（或取土）数量可按式（2-2）或式（2-3）计算：

$$余土外运体积＝挖土体积－回填土体积 \tag{2-2}$$

$$取土回填体积＝回填土体积－挖土体积 \tag{2-3}$$

2. 机械土方工程

（1）机械平整场地，按图示碾压面积以平方米计算。

（2）推土机推土（石碴）、铲运机运土重车上坡。坡度大于 5% 时，其运距按坡长乘以

表 2-2 系数计算：

重车上坡运距计算系数　　　　表 2-2

坡度（%）	5～10	15 以内	20 以内	25 以内
系数	1.75	2.00	2.25	2.50

推土机运距，按挖方区重心至填方区重心的直线距离计算。铲运机运距，按铲土重心至卸土重心加转向距离 45m 计算。自卸汽车运距，按挖方区重心至填方区重心之间的最短行驶距离计算。

(3) 机械挖土方，其总体积的 90% 按机械挖土计算，10% 按人工挖土计算。

3. 石方工程

(1) 石方开挖，区别不同石质按图示尺寸以立方米计算。

(2) 开挖沟槽及地坑石方，按图示尺寸加允许超挖量以立方米计算。允许超挖量按开挖的坡面积乘以允许超挖厚度计算。

允许超挖量：五、六类岩石为 200mm；七、八类岩石为 150mm。

4. 长距离输送管道管道沟土方工程

(1) 长距离输送管道工程中，凡管径在 273mm 以上的管道沟，按机械挖土计算；管径在 273mm 以下的管道沟，按人工挖土计算；并应执行工程所在地区的相应定额。

(2) 管道沟槽挖土，应以管道中心线长度乘以图示沟槽截面积以立方米计算。如设计未规定沟槽截面时，管道沟槽底宽可按式（2-4）计算：

$$B = DN + K \qquad (2\text{-}4)$$

式中　B——沟槽底宽（m）；

　　　DN——管道公称直径（m）；

　　　K——沟槽底工作面宽度（m），沟槽底工作面宽度按表 2-3 规定计算。

长距离输送管道沟槽工作面宽度　　　　表 2-3

施工方法	沟上组装焊接			沟下组装焊接		
地质条件	旱地	沟内有积水	岩石	旱地	沟内有积水	岩石
K 值（m）	0.5	0.7	0.6	0.8	1.0	0.9

1) 机械挖管道沟槽土方需要放坡时，放坡系数可按表 2-4 规定计算。

长距离输送管道沟槽挖土放坡系数　　　　表 2-4

土址类别	放坡起点（m）	放坡系数
普通土	1.20	0.75
竖　土	1.50	0.67
砂砾坚土	2.00	0.33

2) 计算管道沟槽回填土方量时，均不扣除管道所占体积。

(3) 大、中型河流水下管沟爆破：大、中型河流裸露药包串爆破水下管沟，采用全断面爆破方法，按各岩层平均厚度分层爆破计算。其分层工程量按式（2-5）计算：

$$\frac{L}{100} = f\left(n\,\frac{H_0}{H} \right) \qquad (2\text{-}5)$$

式中　L——该岩层的全断面长度（m）；

　　　100——折合定额单位爆破长度（100m）；

　　　f——土壤及岩石的坚实系数，见表2-5；

　　　n——分层爆破次数，$n = \dfrac{\delta}{H}$；

　　　δ——需要爆破岩层的平均厚度（m）；

　　　H——该岩层每爆破一次（层）的漏斗破碎深度（m）；

　　　H_0——以枯水位面为准，量取至岩层的平均水深（m）。

大、中型河流水下管沟裸露爆破，翻板船定位浮筒组装拆卸，按通航河流以"次"为计量单位计算。

河流类型按下列规定确定：

1）大型：适用于河宽40m以上，枯水位平均水深2.5m以上。

2）中型：适用于河宽40m以上，枯水位平均水深2.5m以内。

3）小型：河宽40m以内。

2.2.2　定额基础资料

1. 土的工程分类

（1）土的工程分类：在建筑安装工程统一劳动定额中，按土壤及岩石坚硬程度和开挖方法及使用工具，将土壤及岩石分为7类，见表2-5。

土壤及岩石（普氏）分类表

表2-5

土石分类	普氏分类	土壤及岩石名称	天然湿度下平均密度（kg/m³）	极限压碎强度（kg/cm²）	用轻钻孔机钻进1m耗时（min）	开挖方法及工具	紧固系数 f
一、二类土壤	I	砂	1500			用尖锹开挖	0.5~0.6
		砂壤土	1600				
		腐殖土	1200				
		泥炭	600				
	II	轻壤和黄土类土	1600			用揪开挖并少用镐开挖	0.6~0.8
		潮湿而松散的黄土，软的盐渍土和碱土	1600				
		平均15mm以内的松散而软的砾石	1700				
		含有草根的密实腐殖土	1400				
		含有直径在30mm以内根类的泥炭和腐殖土	1100				
		掺有卵石、碎石和石屑的砂和腐殖土	1650				
		含有卵石或碎石杂质的胶结成块的填土	1750				
		含有卵石、碎石和建筑料杂质的砂壤土	1900				

续表

土石分类	普氏分类	土壤及岩石名称	天然湿度下平均密度（kg/m³）	极限压碎强度（kg/cm²）	用轻钻孔机钻进 1m 耗时（min）	开挖方法及工具	紧固系数 f
三类土壤	Ⅲ	肥黏土其中包括石炭纪、侏罗纪的黏土和冰黏土	1800			用尖锹并同时用镐开挖（30%）	0.8～1.0
		重壤土、粗砾石，粒径为 15～40mm 的碎石和卵石	1750				
		干黄土和掺有碎石或卵石的自然含水量黄土	1790				
		含有直径大于 30mm 根类的腐殖土或泥炭	1400				
		掺有碎石或卵石和建筑碎料的土壤	1900				
四类土壤	Ⅳ	土含碎石重黏土其中包括侏罗纪和石英纪的硬黏土	1950			用尖锹并同时用镐和撬根开挖（30%）	1.0～1.5
		含有碎石、卵石、建筑碎料和重达 25kg 的顽石（总体积 10% 以内）等杂质的肥黏土和重壤土	1950				
		冰渍黏土，含有质量在 50kg 以内的巨砾，其含量为总体积 10% 以内	2000				
		泥板岩	2000				
		不含或含有质量达 10kg 的顽石	1950				
松石	Ⅴ	含有质量在 50kg 以内的巨砾（占体积 10% 以内）的冰渍石	2100	小于 200	小于 3.5	部分用凿工具，部分用爆破开挖	1.5～2.0
		矽藻岩和软白垩岩	1800				
		胶结力弱的砾岩	1900				
		各种不坚实的片岩	2600				
		石膏	2200				
次坚石	Ⅵ	凝灰岩和浮石	1100	200～400	3.5	用风镐和爆破法开挖	2～4
		松软多孔和裂隙严重的石灰岩和介质石灰岩	1200				
		中等硬变的片岩	2700				
		中等硬变的泥灰岩	2300				
	Ⅶ	石灰石胶结的带有卵石和沉积岩的砾石	2200	400～600	6.0	用爆破方法开挖	4～6
		风化的和有大裂缝的黏土质砂岩	2000				
		坚实的泥板岩	2800				
		坚实的泥灰岩	2500				
	Ⅷ	砾质花岗岩	2300	600～800	8.5		6～8
		泥灰质石灰岩	2300				
		黏土质砂岩	2200				
		砂质云母片岩	2300				
		硬石膏	2900				

续表

土石分类	普氏分类	土壤及岩石名称	天然湿度下平均密度（kg/m³）	极限压碎强度（kg/cm²）	用轻钻孔机钻进 1m 耗时（min）	开挖方法及工具	紧固系数 f
普坚石	IX	严重风化的软弱的花岗岩、片麻岩和正长岩	2500	800~1000	11.5	用爆破方法开挖	8~10
		滑石化的蛇纹岩	2400				
		致密的石灰岩	2500				
		含有卵石、沉积岩的渣质胶结的砾岩	2500				
		砂岩	2500				
		砂质石灰质片岩	2500				
		菱镁矿	3000				
	X	白云石	2700	1000~1200	15.0		10~12
		坚固的石灰岩	2700				
		大理石	2700				
		石灰胶结的致密砾石	2600				
		坚固砂质片岩	2600				
	XI	粗花岗岩	2800	1200~1400	18.5		12~14
		非常坚硬的白云岩	2900				
		蛇纹岩	2600				
		石灰质胶结的含有火成岩之卵石的砾石	2800				
		石英胶结的坚固砂岩	2700				
		粗粒正长岩	2700				
	XII	具有风化痕迹的安山岩和玄武岩	2700	1400~1600	22.0		14~16
		片麻岩	2600				
		非常坚固的石灰岩	2900				
		硅质胶结的含有火成岩之卵石的砾岩	2900				
		粗石岩	2600				
	XIII	中粒花岗岩	3100	1600~1800	27.5		16~18
		坚固的片麻岩	2800				
		辉绿岩	2700				
		玢岩	2500				
		坚固的粗面岩	2800				
		中粒正长岩	2800				
	XIV	非常坚硬的细粒花岗岩	3300	1800~2000	32.5		18~20
		花岗岩麻岩	2900				
		闪长岩	2900				
		高硬度的石灰岩	3100				
		坚固的玢岩	2700				

续表

土石分类	普氏分类	土壤及岩石名称	天然湿度下平均密度（kg/m³）	极限压碎强度（kg/cm²）	用轻钻孔机钻进1m耗时（min）	开挖方法及工具	紧固系数 f
普坚石	XV	安山岩、玄武岩、坚固的角页岩	3100	2000～2500	46.0	用爆破方法开挖	20～25
		高硬度的辉绿岩和闪长岩	2900				
		坚固的辉长岩和石英岩	2800				
	XVI	拉长玄武岩和橄榄玄武岩	3300	大于2500	大于60		大于25
		特别坚固的辉长辉绿岩、石英石和玢岩	3300				

（2）土石方体积应按挖掘前的天然密实体积计算。如需按天然密实体积折算时，应按表 2-6 系数计算。

土石方体积折算系数表 表 2-6

天然密实度体积	虚方体积	夯实后体积	松填体积
1.00	1.30	0.87	1.08
0.77	1.00	0.67	0.83
1.15	1.49	1.00	1.24
0.93	1.20	0.81	1.00

2. 常用土方机械适用作业项目

常用土方机械适用作业项目，参见表 2-7。

常用土方机械适用作业项目 表 2-7

机械名称	适用的作业项目		
	施工准备工作	基本土方作业	施工辅助作业
推土机	1. 修筑临时道路 2. 推倒树木，拔除树根 3. 铲除草皮 4. 清除积雪 5. 清理建筑碎屑 6. 推缓陡坡地形 7. 翻挖回填井、坟、陷穴	1. 高度 3m 以内的路堤和路堑土方工程 2. 运距 10～100m 以内的土方挖运与铺填及压实 3. 傍山坡的半填半挖路基土方	1. 路基缺口土方的回填 2. 路基面粗平 3. 取土坑及弃土堆平整工作 4. 配合铲运机作助铲顶推动力 5. 斜坡上推挖台阶
拖式铲运机	铲除草皮	运距 60～700m 以内的土方挖运、铺填及碾压作业（填挖高度不限）	1. 路基面及场地粗平 2. 取土坑及弃土堆整理工作
自动平地机	1. 铲除草皮 2. 清理积雪 3. 疏松土壤	1. 修筑 0.75m 以下的路堤及 0.6m 以下的路堑土方 2. 傍山坡半填半挖路基土	1. 开挖排水沟及山坡截水沟 2. 平整场地及路基 3. 修刮边坡
拖式松土机	1. 翻松旧路的路面 2. 清除树根、小树墩及灌木丛		1. 在含有砾石及坚硬的Ⅲ～Ⅳ类土中作疏松工作 2. 破碎及揭开 0.5m 以内的冻土层

续表

机械名称	适用的作业项目		
	施工准备工作	基本土方作业	施工辅助作业
正铲及拖斗挖土机		1. 半径为 7m 以内的土壤挖掘及卸弃 2. 用自卸汽车作 500～1000m 以上的土方远运	1. 开挖沟槽及基坑 2. 水下捞土（以上用反铲、拉铲式蛤蚌式挖土机）

2.2.3 基坑与沟槽开挖参考数据

1. 基坑边坡坡度

(1)《给水排水构筑物工程施工及验收规范》GB 50141—2008 等规范规定：地质条件良好、土质均匀，地下水位低于基坑底面高程，且挖方深度在 5m 以内边坡不加支撑的边坡最陡坡度应符合表 2-8 的规定。

(2) 全国建筑安装工程预算定额提供的土方工程量计算人工挖基槽的最大边坡（不加支撑），可参见表 2-9。

深度在 5m 以内的基坑边坡的最陡坡度   表 2-8

土的类别[①,②]	边坡坡度（高：宽）		
	坡顶无荷载	坡顶有静载	坡顶有动载
中密的砂土	1：1.00	1：1.25	1：1.50
中密的碎石类土（填充物为砂土）	1：0.75	1：1.00	1：1.25
硬塑的黏质粉土	1：0.67	1：0.75	1：1.00
中密的碎石类土（填充物为黏性土）	1：0.50	1：0.67	1：0.75
硬塑的粉质黏土	1：0.33	1：0.50	1：0.67
老黄土	1：0.10	1：0.25	1：0.33
软土（经井点降水后）	1：1.00	—	—

① 当有成熟施工经验时，可不受本表限制；

② 在软土基坑顶不宜设置静载或动载，需要设置时，应对土的承载力和边坡的稳定性进行验算。

人工挖基槽的最大边坡（不加支撑）   表 2-9

土质种类	边坡坡度（高：宽）	
	挖方深度 3m 以内	挖方深度 3～6m
砂土	1：1	1：1.50
砂质粉土	1：0.67	1：1.00
含砂砾卵石土	1：0.67	1：0.75
黏土	1：0.33	1：0.50
干黄土	1：0.25	1：0.33
泥灰岩、白垩土	1：0.33	1：0.67
有裂隙的岩石	1：0.10	1：0.25
坚实的岩石	1：0.10	1：0.10

注：挖基槽时应留出 15～20cm 厚原土暂不挖，以防止破坏自然土质结构，并防止雨季雨水灌沟，挖槽时抛土应离沟边 0.5m 之外。

2. 填方的边坡坡度

填方的边坡坡度，可参见表 2-10。

填方的边坡坡度（高：宽） 表 2-10

土 的 种 类	临 时 填 方		永 久 性 填 方	
	填方高度（m）	边坡坡度	填方高度（m）	边坡坡度
黏土	8	1：1.25	6	1：1.5
粉质黏土、泥灰岩土	8	1：1.25	6～7	1：1.5
砂质粉土、细砂	8	1：1.25	6～8	1：1.5
黄土、类黄土	6	1：1.50	6	1：1.5
中砂、粗砂	12	1：1.25	10	1：1.5
砾石，碎石土	12	1：1.25	10～12	1：1.5
易风化的岩石	—	—	12	1：1.5
轻微风化的，尺寸在 25cm 以内的石料	6	1：0.75	6 以内	1：1.33
			6～12	1：1.5
轻微风化的，尺寸大于 25cm 的石料，边坡选用最大石块，分排整齐铺砌	5	1：0.50	12 以内	1：1.5～1：0.75
轻微风化的，尺寸大于 40cm 的石料，其边坡分排整齐，坚密铺砌	—	—	5 以内	1：0.50
			5～10	1：0.65
			大于 10	1：1

3. 管沟边坡坡度

管沟的边坡在几种有关的规范中所规定数值基本相同，可根据土壤分类酌情选用。摘录《输油输气管道线路工程施工技术规范》Q/CNPC 59—2001 及《铁路给水排水施工技术指南》TZ 209—2009 的规定，管沟挖深 5m 以内的边坡坡度同表 2-8。

4. 管沟宽度

（1）沟槽底部的宽度应保证管道和接头安装以及管道胸腔回填、夯实的方便。

（2）管沟沟底宽度的确定。当管沟深度≤3m 时，管沟底宽按式（2-6）确定：

$$b = D + K \qquad (2-6)$$

式中 b——沟底宽度（m）；

D——钢管：管道公称直径（m），石棉水泥管：管道外径（m）；

K——沟底加宽系数，钢管见表 2-11；石棉水泥管（公称直径小于等于 500mm）见表 2-12。

钢管沟底加宽系数 表 2-11

施工方法	沟上组装焊接			沟下组装焊接		
地质条件	旱 地	沟内有积水	岩 石	旱 地	沟内有积水	岩 石
K 值	0.5	0.7	0.6	0.8	1.0	0.9

石棉水泥管沟底加宽系数 表 2-12

管沟深（m）	＜1.5	1.5	＞1.5
K 值	0.5	0.6	0.8

(3) 当管沟深度大于 3m 而小于 5m 时，沟底宽度应加宽 0.2m；若管沟需加支撑，则在决定底宽时应考虑支撑结构的厚度。当管沟深度超过 5m 时，则根据土壤类别及物理力学的性质确定管沟底宽。用机械开挖管沟时，沟底宽度应根据挖土机械的切削尺寸而定，但不得小于上面条款的规定。

(4) 若需要特殊设备安装接头时，则必须挖好接头工作坑。

5. 管道施工路面修复宽度

(1) 采用井点抽水：单排井管为 0.8m，双排井管为 1.6m。

(2) 采用开槽埋管：

1) 管径≤50mm：修路平均宽度 0.8m。

2) 管径 75mm：修路平均宽度 1.0m。

3) 管径≥100mm：按标准沟槽宽度增加 1m。

(3) 采用顶管：顶进坑长度方向增加 2m，接收坑长度方向增加 1m；宽度方向均增加 1m。

2.2.4 沟槽支撑、基坑围护和井点降水

1. 沟槽支撑形式的选择

沟槽支撑应根据土的性质、地下水位、沟槽深度、施工方法等合理选用。各种支撑形式的适用范围，见表 2-13。

各种支撑形式的适用范围 表 2-13

土 类	地下水情况	沟槽深度（m）			
		1.5 以内	1.5～3	3～6	＞6
砂砾土	正常湿度	一般不设支撑，遇特殊情况时，可设井字撑或疏撑	疏撑	疏撑	一般设竖式密撑或板桩撑
	少量地下水		密撑	密撑	
	大量地下水		密撑	板桩	
黏 土 粉质黏土	正常湿度		井字撑	疏撑	
	高湿度或少量地下水		疏撑	疏撑	
砂质粉土	正常湿度		井字撑	疏撑	
	高湿度或少量地下水		疏撑	密撑	
	大量地下水		密撑	板桩	
细 砂	正常湿度	井字或无支撑	井字撑	疏撑	一般设竖式密撑或板桩撑
	少量地下水	疏撑	密撑	板桩	
	大量地下水	密撑	板桩	板桩	
淤 泥		密撑	板桩	板桩	

2. 钢板桩基坑围护

钢板桩一般采用槽钢或拉森板桩，槽钢长度 6～12m，拉森板桩长度为 10～20m。

用作基坑围护的钢板桩型号、长度，按土质资料和基坑开挖深度进行计算来选择。

一般情况下可按下列规定选用：

(1) 若基坑开挖深度为 3～4.5m，钢板桩入土深度与基坑开挖深度之比，不宜小于

0.4 基坑开挖深度，宜用[22～[25 槽钢。

（2）若基坑开挖深度为 4.5～6.0m，钢板桩入土深度与基坑开挖深度之比，宜为 0.5～0.7 基坑开挖深度，宜用[25 以上槽钢。

（3）若基坑开挖深度在 6m 以上，宜选用锁口钢板桩，或[30 以上槽钢，钢板桩入土深度与基坑开挖深度之比，宜大于 0.7 基坑开挖深度。

3. 井点降水

（1）各种井点适用范围及降水深度：各种井点的适用范围及降水深度，见表 2-14。

各种井点适用范围及降水深度 表 2-14

序号	井点类别	适用地质条件	降低水位深度（m）
1	单层轻型井点	黏质粉土、砂性土	3～6
2	双层轻型井点	黏质粉土、砂性土	6～9
3	喷射井点 10m 深	黏质粉土、砂性土	6～9
4	喷射井点 15m 深	黏质粉土、砂性土	10～14
5	喷射井点 20m 深	黏质粉土、砂性土	15～19
6	喷射井点 30m 深	黏质粉土、砂性土	20～29
7	喷射井点 15m 深	淤泥质	10～14
8	管井井点	土层渗透系数 20～200m/d	3～5
9	深井泵	土层渗透系数 10～80m/d	>15
10	大口径井点 15m 深	黏质粉土、黏性土、夹薄层粉砂	10～14
11	水平井点 25m 深	黏质粉土、砂性土	局部降水

（2）上海市市政工程预算定额对井点降水的工程量计算规则（以上海为例，各地可参考）

1）各类井点，每套井点设备的规定

①轻型井点——井点管间距为 1.2m，以 50 根井管、相应总管 60m 及排水设备。

②喷射井点——井点管间距为 2.5m，以 30 根井管、相应总管 75m 及排水设备。

③大口径井点——井点管间距为 10m，以 10 根井管、相应总管 100m 及排水设备。

④水平井点——以 10 根井管、相应总管及排水设备。

⑤电渗井点——以 15m 喷射井点，30 根井管为阴极和 60 根井管为阳极。

2）井点使用定额单位为套·d，累计尾数不足一套者计作一套，1d 按 24h 计算。

3）井点布置

① 排水管道：顶管基坑按外侧加 1.5m 环状布置。开槽埋管除特殊情况需根据批准的施工组织设计按双排布置外，其余均按单排布置。

② 泵站沉井（顶管沉井基坑）：按沉井外壁直径（不计刃脚与外壁的凸口厚度）加 4m 作直径环状布置。

③ 其他工程：按批准的施工组织设计布置。

4）井点使用周期

① 排水管道：采用轻型井点按表 2-15 计算。

每 100 延米排水管道采用轻型井点使用周期 表 2-15

管 径 （mm）	开槽埋管（套·d）	顶管（套·d）	管 径 （mm）	开槽埋管（套·d）	顶管（套·d）
300～600	22		1600	32	32
800	25		1800	34	33
1000	27	28	2000	40	33
1200	28	30	2200	42	34
1400	30	32	2400	42	35

注：采用喷射井点时，按上表减少 5.4 套·d 计算。

②泵站沉井：沉井内径小于或等于 15m 时，为 50 套·d；沉井直径大于 15m 时，井点使用周期为 55d，套数按实际长度计算。矩形沉井按相当的圆面积折算。

顶管沉井基坑的井点使用周期均按 30 套·d 计算。

③ 隧道工程：盾构工作井沉井、暗埋段连续沉井和通风井的井点使用周期均按 50d 计算；大型支撑深基坑开挖，采用大口径井点按 114d 计算，井点套数应按批准的施工组织设计取定。

（3）井点布置

1）轻型井点布置

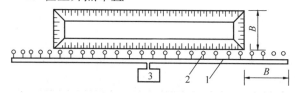

图 2-1 单排线状井点平面布置
1—总管；2—井点管；3—抽水设备

① 平面布置：当横列板沟槽宽度 ＜4m，砂性土层中钢板桩沟槽宽度＜ 3.5m，且降水深度为 3～6m 时，可用单排线状井点平面布置，井点宜设在地下水流的上游一侧，两端延伸长度宜不小于槽宽 B，如图 2-1 所示。

当横列板槽宽≥4m，钢板桩槽宽≥3.5m 时，一般应采用双排线状井点。

当基坑面积较大，应采用环状井点，为便于挖土机和运输车辆出入基坑，可布置成 U 形。井点距离槽壁一般应大于 1m。井点管的间距，根据地下水情况选用 0.8m、1.2m 或 1.6m。

一台干式真空泵井点可按总管长度为 60～80m，井点管根数约 50 根左右，一台射流泵可按总管长度在 30～40m，井点管约 30 根。

② 高程布置：井点管埋设深度（不包括滤网）根据施工降低地下水位的需要，应满足式（2-7）要求：

$$H \geqslant H_1 + h + IL + 0.2 \qquad (2\text{-}7)$$

式中　H_1——井点管埋设面至槽底的距离（m）；

　　　h——降低后的地下水位至槽底的最小距离，一般应≥500mm；

　　　I——地下水降落坡度，环状井点为 $\frac{1}{10}$，线状井点为 $\frac{1}{3} \sim \frac{1}{4}$；

　　　L——井点管至需要降低地下水位的水平距离。如环状或双排井点为井点管至沟槽中心线的距离；单排井点为井点管至沟槽对侧底的距离，如图 2-2 所示，图中 l 为滤管长度。

H 值＜6m 可用单层井点，达到 6m 时可采用单层井点并适当降低抽水设备和进水总管的中心标高，当抽水机放置到地下水位以下时，应先采取坑内明排水的方法避免机组浸水；单层井点达不同降水深度要求时，应采用双层井点。

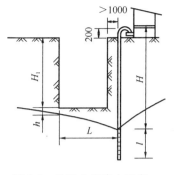

2）喷射井点布置：基坑宽度小于10m时，可作单排布置，大于10m宜作双排布置，基坑面积较大时，应作环形布置。

井点管距离坑壁应≥1.2m，井点管的间距根据地下水情况选用1.6m、2.4m或3.2m，各套进水总管均应用阀门隔开，各套回水总管应分开。

图 2-2　单排井点降水示意

3）电渗井点布置：

① 阴极可用原有的井点管，阳极可用直径25mm以上的钢筋或其他金属材料制成，并应考虑电蚀量；

② 阴、阳极的数量宜相等，必要时阳极数量可多于阴极数量。阳极的设置深度宜较井点管深约500mm，露出地面为200～400mm；

③ 阴、阳极应分别用电线或钢筋连接成电路，并接至直流电源的相应极上；

④ 阴、阳极的一般距离：采用轻型井点时，为0.8～1.0m；采用喷射井点时，为1.2～1.5m，工作电压不宜大于60V，土中通电时电流密度宜为0.5～1A/m²。

4）管井井点布置：管井井点是沿沟槽或基坑外侧每隔一定距离（约10～30m）设置一个管井，内设一台水泵。

滤水井管材料可用钢管或混凝土管，钢管宜用 DN200 以上，混凝土管宜用 DN400mm 以上混凝土管套接。

管井可用钻孔法成孔，孔径应较井管直径大200mm以上，井管与土壁间应填过滤层。

2.2.5　施工围堰

《给水排水构筑物工程施工及验收规范》GB 50141—2008、《市政排水管道工程施工及验收规程》DBJ 08-220-1996、《市政排水构筑物工程施工及验收规程》DBJ 08-224-1996、《电力建设施工及验收技术规范（建筑工程篇）》SDJ 69—1987 等对围堰施工作了若干规定。

1. 围堰类型的选择

围堰类型的选择应根据河道的水文、地形、地质及地方材料、施工技术和装备等因素，经综合技术经济比较确定，并应符合表2-16的规定。

围堰的适用范围　　　　　　　　　　　　　表 2-16

围堰类型	适 用 条 件	
	最大水深（m）	最大流速（m/s）
土围堰	2	0.5
草捆土围堰	5	3
草（麻）袋围堰	3.5	2
钢板桩围堰	—	3
间隔有桩围堰	3.5～4	
双排木板桩围堰	4～6	
双排圆木桩围堰	3～5	

注：土、草捆土、草（麻）袋围堰适用于土质透水性较小的河床。

2. 土、草捆土、草（麻）袋围堰

草捆土围堰有其就地取材、土法上马，适用于水深及流速较大的优点。但也有工程量大，需要劳动力多的缺点。

（1）土、草（麻）袋围堰的顶面高程，宜高出施工期间的最高水位 0.5～0.7m，草捆土围堰的顶面高程宜高出施工期间的最高水位 1.0～1.5m。

（2）土、草捆土、草（麻）袋围堰应采用松散的黏性土，不得含有石块、垃圾、木块等杂物。冬期施工时不应使用冻土。

（3）土围堰堰顶宽度，当不行驶机动车辆时不应小于 1.5m。堰内边坡坡度不宜陡于 1:1；堰外边坡坡度不宜陡于 1:2。当流速较大时，外坡面宜用草皮、柴排（树枝）、毛石或装土草袋等予以防护。

（4）草捆土围堰应采用未经碾压的新鲜稻草或麦秸，其长度不应小于 50cm。

（5）草捆土围堰深度宽度宜为水深的 2.5～3 倍。堰体的草与土应铺筑平整，厚度均匀。

（6）草捆土围堰的施工应符合下列规定：

1）每个草捆长度宜为 150～180cm；直径宜为 40～50cm。迎水面和转变处草捆应用麻绳捆扎，其他部位宜采用草绳捆扎。

2）草捆层上面宜用散草先将草捆间的凹处填平，再垂直于草捆铺设散草，其厚度宜为 20cm。

3）散草层上面的铺土，应将散草全部覆盖，其厚度宜为 30～40cm。

（7）草（麻）袋围堰的施工应符合下列规定：

1）堰顶宽度宜为 1～2m。堰外边坡坡度视水深及流速确定，宜为 1:0.5～1:1.0；堰内边坡坡度宜为 1:0.2～1:0.75。

2）草（麻）袋装土量宜为草（麻）袋容量的 1/2～2/3，袋口应缝合，不得漏土。

3）土袋堆码时应平整密实，相互错缝。

4）草（麻）袋围堰可采用黏土填心防渗。在流速较大处，堰外边坡草（麻）袋内可填装粗砂或砾石。

（8）土、草捆土、草（麻）袋围堰填筑时，应由上游开始至下游合拢。拆除时应由下游开始，由堰顶至堰底、背水面至迎水面，逐步拆除。如采用爆破法拆除时，应采取安全措施。

3. 土石围堰

（1）建筑土石围堰不得使用易受水分解和流动性的土壤（如淤泥、粉砂等），宜选用下列土壤：

1）干筑围堰可选用砂质粉土、粉质黏土、石碴及含有砂土和黏土的砾石土壤。

2）水中抛土填筑围堰可选用砂土、黏质砂土及石碴。

（2）设计土石围堰可参考当地已建类似工程的经验作为初拟断面，然后进行下列计算：

1）边坡稳定计算，必要时还应进行围堰基底稳定计算。

2）地基及堰身的渗透计算。

（3）土石围堰抗渗设施的选用要适合筑堰方法。当为干筑围堰时，可选用黏土斜墙防渗层、塑料薄膜防渗层或黏土心墙防渗层。当为水中填筑围堰时，可选用板桩防渗层或黏土斜墙防渗层。

（4）当用砂砾土、砾石等填料干筑围堰选用黏土斜墙防渗层时，应沿坡面铺一层 0.3～0.5m 厚的砂垫层，其上铺黏土防渗层后，再覆盖一层无黏性的土料作为保护层。

（5）黏土斜墙防渗层自顶向底逐渐加厚，其厚度应满足抗渗和边坡稳定的要求及施工的方便，其顶部的厚度不宜小于 0.5m。

4. 钢板桩围堰

（1）槽型钢板桩围堰宽度，应根据水深、水流速度，围堰的长宽比来决定，一般为 2.5～3.0m。

（2）插打钢板桩方式，可在支架上、船上，木排上进行。应根据施工要求来决定选用作业船的吨位或木排铺设层厚与平面大小。

（3）堰身邻水面应设置水平连系围图，并用螺栓对拉，使钢板桩连成一个整体。

5. 间隔有桩围堰

（1）间隔有桩围堰的宽度，一般不应小于 2.5m，桩的间距应根据桩的材质与规格，入土深度、堰身高度、土质条件等因素而定，一般桩与桩之间的净距不大于 0.75m；桩的入土深度与出土部分的桩长相当。

（2）筒木桩或钢板桩在堰身外侧应设置水平围图，连系围图可采用 [22 槽钢和木板，将内外排桩用钢拉条连成一体，以增加堰身稳定，拉条间距应不大于 2～2.5m。为防止堰身外倾，应在岸上设锚拉设施。

（3）在筒木或钢板桩围堰的内侧，应有挡土设施，以确保填入堰内的土方不致流失。

2.3 打 桩 工 程

2.3.1 工程量计算

（1）桩基础工程的土壤级别的划分，应根据工程地质资料中的土层构造和土壤物理、力学性能的有关指标，参照纯沉桩时间确定。凡遇有砂夹层者，应按砂层情况确定上级。无砂层者，按土壤物理力学性能指标并参照每米平均纯沉桩时间确定。用土壤力学性能指标鉴别土质级别时，桩长在 12m 以内，相当于桩长的 1/3 的土层厚度应达到所规定的指标。土质鉴别可按表 2-17 执行。

土壤级别划分 表 2-17

内　　容		一 级 土	二 级 土
砂夹层	砂层连续厚度（m）	<1	>1
	砂层中卵石含量（%）	—	<15
物理性能	压缩系数	>0.02	<0.02
	孔隙比	>0.70	<0.70
力学性能	静力触探值	<50	>50
	动力触探系数	<12	>12

续表

内　　容	一级土	二级土
每米纯沉桩时间平均值（min）	<2	>2
说　明	桩经外力作用较易沉入的土，土壤中夹有较薄的砂层	桩经外力作用，较难沉入的土，土壤中夹有不超过 3m 的连续厚度砂层

（2）打预制钢筋混凝土桩的体积，按设计全长，包括桩尖（不扣除桩尖虚体积）乘以桩截面面积计算。管桩的空心体积应扣除。

（3）送桩：按截面面积乘以送桩长度计算（桩长度为打桩架底至桩顶面高度或自桩顶面至自然地坪另加 50cm）。

（4）现场灌注桩的单桩体积，按设计规定的桩长包括桩尖（不扣除虚体积）增加25cm 乘以桩尖外径截面面积计算。扩大桩的体积按单桩体积乘以复打次数计算。现场灌注混凝土桩的钢筋笼按设计规定重量计算。

（5）长螺旋钻孔灌注桩的单桩体积，按设计规定的桩长，包括钻头（不扣除虚体积）增加 25cm 乘以钻杆外径截面面积计算。

（6）泥浆运输工程量按钻孔体积以立方米计算。

2.3.2   定额基础资料和计算参考数据

1. 桩的适用范围

（1）各种桩的适用范围，参见表 2-18。

各种桩的适用范围   表 2-18

名　称	材　料	操作与基本原理	适用范围	附　注
钢筋混凝土预制桩	钢筋、混凝土、打桩机具	用打桩机或人工打桩机架打桩，靠桩的摩擦力及端承力以达到加固天然基础	桥梁基础及重要的建筑物地基	桩身长≥3m 桩中心距≥3D
混凝土灌注桩	成孔机具、钢筋混凝土	用钻机成孔后，拔出套管，下钢筋，灌混凝土，原理同上并改变其自然基础强度	深基础、软地基等	桩身长≥2.5m 桩中心距>3D
爆扩桩	炸药、钢筋混凝土扩孔桩具	用打桩机或钻机成孔后，下炸药，灌混凝土，扩爆底部大头，再下钢筋及灌混凝土到桩面。原理同上	深基础及软地基等	在土质均匀无地下水的情况也可用钢钎等打成小孔后用炸药成孔
石灰桩	桩孔 1m 左右，灌干石灰	用洛阳铲或打桩机成孔后，灌干白灰块（也可少许混合一定量的粗砂），石灰吸取土中水分，发热及胀发（可产生 40%压力）使地基脱水和挤压	软土地基的加固	
砂桩		用打桩机成孔后，灌中砂，桩距 2～4 倍孔直径，挤压密实基土	用于砂性较大的地基	
木桩		用人工或打桩机打木桩	多用在个别地段地基较差，在常年地下水位以下地区	

续表

名　称	材　料	操作与基本原理	适用范围	附　注
地下连续墙	钢筋、混凝土、挖土、混凝土灌注、吊运等机具	用机械施工方法成槽浇筑钢筋混凝土形成的地下墙体	基坑支护结构二墙合一（基坑支护结构与地下主体结构合二为一）	

（2）常用桩型及规格，参见表 2-19。

常用桩型及规格　　　　　　　　　　表 2-19

施工方法	材　料		直径或边长	长度（m）
打入桩	钢筋混凝土预制桩 混凝土：C23～C38 钢：HPB235 级、HRB335 级	方桩　实心　空心	20×20，25×25，30×30 35×35，40×40，45×45， 45×45（空心 27×27）， 50×50（空心 30×30）	10～24
		管　桩	$D=40$，55	节长 4，6，8，10，12
	钢桩：钢管、钢轨、工字钢等 木桩：松、杉、橡等坚挺木料		$D=10～40$（钢管） $D=20～26$	<15 6～16
钻孔桩	钢筋混凝土灌注桩		$D=40～120$	不限
	钢管插孔桩		$D=10～40$	<15

（3）灌注桩成孔方法适用范围，参见表 2-20。

灌注桩适用范围　　　　　　　　　　表 2-20

项　　目		适　用　范　围
泥浆护壁成孔	冲抓 冲击 回转钻	碎石土、砂土、黏性土及风化岩
	潜水钻	黏性土、淤泥、淤泥质土及砂土
干作业成孔	螺旋钻 钻孔扩底 机动洛阳铲（人工）	地下水位以上的黏性土、砂土及人工填土 地下水位以上的坚硬、硬塑的黏性土及中密以上 地下水位以上的砂土、一般黏性土、黄土及人工填土
套管成孔	锤击 振动	可塑、软塑、流塑的黏性土，稍密及松散的砂土
爆扩成孔		地下水位以上的黏性土、黄土、碎石土及风化岩

（4）爆扩桩成孔方法及适用范围，参见表 2-21。

爆扩桩成孔方法及适用范围　　　　　　表 2-21

成孔方法	成孔方法简述	适用地质条件	适用施工条件
人工成孔法	1. 用洛阳铲成孔 2. 用手摇钻成孔	适用于黄土类或不太坚硬的黏土	在没有电和不平整的场地，适用于小面积施工

续表

成孔方法	成孔方法简述	适用地质条件	适用施工条件
机钻成孔法	用螺旋钻机成孔	适用于透水速度较小的黏性土	大小面积均可，并可施工斜桩
打拔管成孔法	用打桩机把桩管打入土中，然后拔出桩管成孔	适用各种土质条件，如地下水位高的新填土、软弱黏性土、流动性淤泥等	适用于大面积施工
冲抓锥成孔法	用冲抓锥冲击和抓土成孔	适用于含有坚硬夹杂物的黏性土、大块碎石类土、砂卵石类土	大小面积施工均可
爆扩成孔法	用洛阳铲、钻岩机或手摇麻花钻、触探仪等打成导孔，放入炸药，爆扩成孔	适用一般没有地下水的黏性土	大小面积施工均可，并可施工斜桩

（5）灌注桩成孔工艺选择，参见表 2-22。

灌注桩成孔工艺选择 表 2-22

成孔工艺 项目名称			螺旋钻成孔	潜水钻成孔	锤击沉管成孔	振动沉管成孔
桩径（cm）			30～60	50～80	27～48	27～40
桩长（m）			≤12	≤50	≤23	≤20
穿越土层	一般黏性土及其填土		适合	适合	适合	适合
	黄 土	非自重湿陷	适合	可能	适合	适合
		自重湿陷	可能	不能	适合	适合
	冻土、膨胀土		适合	可能	可能	可能
	淤泥和淤泥质土		不能	适合	可能	可能
	砂 土		可能	可能	可能	可能
	碎石土		不能	不能	不能	不能
进入持力层	硬黏性土		适合	适合	适合	适合
	密实砂土		适合	适合	适合	可能
	碎石土		可能	可能	可能	可能
	软质和风化石		不能	可能	可能	可能
地下水位	以上		适合	可能	适合	适合
	以下		不能	适合	适合	适合

2. 地基加固

地基加固适用范围参见表 2-23。

地基加固适用范围 表 2-23

名 称	材 料	操作与基本原理	适用范围	附 注
深度搅拌桩	搅拌机具，固化剂（水泥为主）	以水泥作为固化剂的主剂，通过特制的深层搅拌机械，将固化剂和地基土强制搅拌，使软土硬结成具有整体性、水稳定性和一定强度的桩体的地基处理方法	水泥土搅拌法形成的水泥土加固体，可作为竖向承载的复合地基；基坑工程围护挡墙、被动区加固、防渗帷幕；大体积水泥稳定土等	搅拌机具主要有：双相搅拌机三相搅拌机
SMW 工法搅拌桩	搅拌机具，固化剂（水泥为主），型钢	在连续套接的水泥土搅拌桩中插入型钢形成复合挡土止水结构	基坑支扩结构	
高压施工连桩	硬化剂（水泥为主）旋喷钻孔机具	用高压水泥浆通过钻杆由水平方向的喷嘴喷出，形成喷射流，以此切割土体并与土搅和形成水泥土加固体的地基处理方法	高压喷射注浆法可用于既有建筑和新建建筑地基加固，深基坑、地铁等工程的土层加固或防水	根据机具设备条件分为：单重管双重管三重管

3. 桩工程量计算

（1）预制钢筋混凝土方桩体积，见表 2-24。

预制钢筋混凝土方桩体积 表 2-24

桩截面（mm）	桩尖长（mm）	桩全长（m）	混凝土体积（m³）	
			①	②
250×250	400	2.50	0.140	0.156
		3.00	0.171	0.188
		3.50	0.202	0.219
		4.00	0.233	0.250
		5.00	0.296	0.312
		6.00	0.358	0.375
		每增减 0.50	0.031	0.031
300×300	400	2.50	0.201	0.225
		3.00	0.246	0.270
		3.50	0.291	0.315
		4.00	0.336	0.360
		5.00	0.426	0.450
		6.00	0.516	0.540
		每增减 0.50	0.045	0.045

续表

桩截面 (mm)	桩尖长 (mm)	桩全长 (m)	混凝土体积 (m³)	
			①	②
320×320	400	2.50	0.229	0.256
		3.00	0.280	0.307
		3.50	0.331	0.358
		4.00	0.382	0.410
		5.00	0.385	0.512
		6.00	0.587	0.614
		每增减0.50	0.051	0.051
350×350	400	2.50	0.273	0.306
		3.00	0.335	0.368
		3.50	0.396	0.429
		4.00	0.457	0.490
		5.00	0.580	0.613
		6.00	0.702	0.735
		每增减0.50	0.061	0.061
400×400	400	3.00	0.437	0.480
		3.50	0.517	0.560
		4.00	0.597	0.640
		5.00	0.757	0.800
		6.00	0.917	0.960
		每增减0.50	0.080	0.080

注：1. 混凝土体积栏中：①栏为理论计算体积。②栏为按工程量计算的体积。

2. 桩长包括桩尖长度，混凝土体积理论计算公式为

$$V=(L\times A)+\frac{1}{3}A\times H$$

式中　A—桩截面面积；L—桩长（不包括桩尖长）；H—尖长。

(2) 爆扩桩体积，见表 2-25。

爆 扩 桩 体 积 表 2-25

桩身直径 (mm)	桩头直径 (mm)	桩 长 (m)	混凝土量 (m³)	桩身直径 (mm)	桩头直径 (mm)	桩 长 (m)	混凝土量 (m³)
250	800	3.0	0.376	250 每增减		0.50	0.025
		3.5	0.401	300	800	3.0	0.424
		4.0	0.425				
		4.5	0.451			3.5	0.459
		5.0	0.474			4.0	0.494
250	1000	3.0	0.622				
		3.5	0.647			4.5	0.530
		4.0	0.671				
		4.5	0.696			5.0	0.565
		5.0	0.720				

续表

桩身直径 (mm)	桩头直径 (mm)	桩 长 (m)	混凝土量 (m³)	桩身直径 (mm)	桩头直径 (mm)	桩 长 (m)	混凝土量 (m³)
300	900	3.0	0.530	300	1200	4.5	1.138
		3.5	0.566			5.0	1.174
		4.0	0.601	300 每增减		0.50	0.036
		4.5	0.637	400	1000	3.0	0.775
		5.0	0.672			3.5	0.838
300	1000	3.0	0.665			4.0	0.901
		3.5	0.701			4.5	0.964
		4.0	0.736			5.0	1.027
		4.5	0.771	400	1200	3.0	1.156
		5.0	0.807			3.5	1.219
300	1200	3.0	1.032			4.0	1.282
		3.5	1.068			4.5	1.345
		4.0	1.103			5.0	1.408
				400 每增减		0.50	0.064

注：1. 桩长系指桩的全长，包括桩头。

　2. 爆扩桩体积计算公式为

$$V = A(L-D) + (1/6\pi D^2)$$

式中　A—断面积；L—桩长（包括桩尖）；D—球体直径。

（3）混凝土灌注桩体积，见表2-26。

混凝土灌注桩体积　　　　表2-26

桩直径 (mm)	套管外径 (mm)	桩全长 (m)	混凝土体积 (m³)	桩直径 (mm)	套管外径 (mm)	桩全长 (m)	混凝土体积 (m³)
300	325	3.00	0.2489	300	351	5.00	0.4838
		3.50	0.2904			5.50	0.5322
		4.00	0.3318			6.00	0.5806
		4.50	0.3733			每增减0.10	0.0097
		5.00	0.4148	400	459	3.00	0.4965
		5.50	0.4563			3.50	0.5793
		6.00	0.4978			4.00	0.6620
		每增减0.10	0.0083			4.50	0.7448
300	351	3.00	0.2903			5.00	0.8275
		3.50	0.3387			5.50	0.9103
		4.00	0.3870			6.00	0.9930
		4.50	0.4354			每增减0.10	0.0165

注：混凝土体积 $= \pi r^2 = 3.1416 \times$ 套管外径半径的平方。

4. 拉森钢板桩规格

拉森钢板桩规格见表 2-27。

拉森钢板桩规格　　　　　　　　　　　　　　　表 2-27

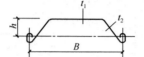

型　号	截面尺寸（mm）				每延长米面积（cm²）	每延长米质量（kg）	每延长米截面矩（cm³）
	B	h	t_1	t_2			
拉森 Ⅱ	400	100	10.5		61.18	48	874
拉森 Ⅲ	400	145	13.0	8.5	198	60	1600
拉森 Ⅳ	400	155	15.5	11.0	236	74	2037
拉森 Ⅴ	420	180	20.5	12.0	303	100	3000
拉森 Ⅵ	420	220	22.0	14.0	370	121.8	4200
鞍 Ⅳ	400	155	15.5	10.5	247	77	2042

注：1. 拉森型钢板桩长度有 12m、18m、30m 三种，根据需要可焊接接长；

　　2. 鞍Ⅳ型属拉森型。

5. 桩锤的适用范围及选择

（1）桩锤的适用范围，参见表 2-28。

桩锤适用范围　　　　　　　　　　　　　　　表 2-28

桩锤种类	适　用　范　围	优　缺　点
落锤	1. 适宜于打木桩及细长尺寸的混凝土桩 2. 在一般土壤及黏土，含有砾石的土壤均可使用	构造简单，使用方便，冲击力大，能随意调整落距，但锤打速度慢（每分钟 6～20 次），效率较低
单动气锤	1. 适宜于打各种桩 2. 最适宜于打就地灌注混凝土桩	结构简单，落距短，对设备和桩头不易损坏，打桩速度及冲击较落锤大，效率较高
双动气锤	1. 适宜于打各种桩 2. 可用于打斜桩 3. 适宜于水下打桩，可兼作拔桩机用 4. 可吊锤打桩	冲击次数多，冲击力大，工作效率高，可不用桩架打桩。但设备笨重，移动较困难
柴油桩锤	1. 打木桩、钢板桩最适宜 2. 在软弱地基打 12m 以下的细长尺寸的混凝土桩	配有桩架，动力等设备，机架轻，移动便利，打桩快，燃料消耗少，但桩架高度低，遇硬土及软土不宜使用
振动桩锤	1. 适宜于打钢板桩、打入式灌注桩，长度在 15m 以内 2. 不适宜于斜桩 3. 宜用于粉质黏土、松散砂土、黄土和软土，不宜用于岩石、砾石和密实的黏性土地基	沉桩速度快，适应性大，施工操作简易安全；能打各种桩并能帮助卷扬机拔桩

续表

桩锤种类	适 用 范 围	优 缺 点
水冲法灌桩	1. 常与锤击法联合使用，适用于打大断面混凝土桩和空心管桩 2. 可用于多种土壤，而以砂土砂砾石或其他坚硬的土层最适用 3. 不能用于粗卵石、极坚硬的黏土层或厚度超过 0.5m 的泥岩层 4. 承受引拔或水平荷重之桩或离建筑物很近的桩不宜使用	能用于坚硬土层，打桩效率高，桩不易损坏；但设备较多；当附近有建筑物时，水流易使建筑物沉陷；并不能用于打斜桩
静力压桩	1. 适用于软土地基及打桩振动会影响邻近建筑物或设备的情况 2. 可压断面 40cm 以下的钢筒混凝土空心管桩	压桩无振动，对周围无干扰，不需要打桩设备；桩配筋简单，短桩可接，便于运输，节约钢材；但不能适应多种土壤情况，需要塔架设备，自重大，运输安全不便

（2）桩锤的选择，参见表 2-29。

桩 锤 选 择　　　　　　　　　　　　　　　表 2-29

锤　型		蒸汽锤（单动）			柴　油　锤				
		3～4t	7t	10t	1.8t	2.5t	3.2t	4t	7t
锤型资料	冲击部分重（t）	3～4	5.5	9	1.8	2.5	3.2	4.5	7.2
	锤总重（t）	3.5～4.5	6.7	11	4.2	6.5	7.2	9.6	18
锤冲击力（kN）		～2300	～3000	3500～4000	～2000	1800～2000	3000～4000	4000～5000	6000～10000
常用冲程（m）		0.6～0.8	0.5～0.7	0.4～0.6	1.8～2.3	1.8～2.3	1.8～2.3	1.8～2.3	1.8～2.3
适用的桩规格	预制方桩、管桩的边长或直径（cm）	35～45	40～45	40～50	30～40	35～45	40～50	45～55	55～60
	钢管桩直径（cm）				40	40	40	60	90
黏性土	一般进入深度（m）	1～2	1.5～2.5	2～3	1～2	1.5～2.5	2～3	2.5～3.5	3～5
	桩尖可达到静力触探 P_s 平均值（MPa）	3	4	5	3	4	5	>5	>5
砂土	一般进入深度（m）	0.5～1	1～1.5	1.5～2	0.5～1	0.5～1	1～2	1.5～2.5	2～3
	桩尖可达到标准贯入击数 N 值	15～25	20～30	30～40	15～25	20～30	30～40	40～45	50
岩石（软质） 桩尖可进入深度（m）	强风化		0.5	0.5～1		0.5	0.5～1	1～2	2～3
	中等风化			表层			表层	0.5～1	1～2
锤的常用控制贯入度（cm/10 击）		3～5	3～5	3～5	2～3	2～3	2～3	3～5	4～8
设计单桩极限承载力（kN）		600～1400	1500～3000	2500～4000	400～1200	800～1600	2000～3600	3000～5000	5000～10000

注：1. 适用于预制桩长度 20～40m 钢管桩长度 40～60m，且桩尖进入硬土层一定深度，不适用于桩尖处于软土层的情况；
　　2. 标准贯入击数 N 值为未修正的数值；
　　3. 本表仅供选锤参考，不能作为设计确定贯入度的承载力的依据。

2.4　砌　筑　工　程

2.4.1　工程量计算

（1）标准砖墙砌体厚度，按表 2-30 规定计算。

标准砖墙砌体厚度　　　　　　　　　　表 2-30

墙厚（砖）	1/4	1/2	3/4	1	$1\frac{1}{2}$	2	$2\frac{1}{2}$	3
计算厚度（mm）	53	115	180	240	365	490	615	740

（2）基础与墙身的划分：砖基础与砖墙以设计室内地坪为界（有地下室者，以地下室室内设计地面为界），设计室内地坪以下为基础，以上为墙身。如墙身与基础为两种不同材料的，以材料为分界线。毛石基础与墙身的划分：内墙以设计室内地坪为界；外墙以设计室外地坪为界，分界线以下为基础，分界线以上为墙身。砖石围墙以设计室外地坪为分界线。

（3）砖石基础以图示尺寸按立方米计算。砖石基础长度：外墙墙基按外墙中心线长度，内墙墙基按内墙基净长计算。砖石基础大方脚的 T 形接头处的重叠部分，嵌入基础的钢筋、铁件、管道、基础防潮层等所占的体积，不予扣除，但靠墙暖气沟的挑砖亦不增加。

（4）通过墙基的孔洞，其洞口面积每个在 0.3m² 以内者，不予扣除；洞口上的砖平碹亦不另计算。超过 0.3m² 以上的孔洞应予扣除。

（5）外墙长度按外墙中心线长度，内墙长度按内墙净长计算。

（6）计算实砌砖石墙身时，应扣除门窗洞口、过人洞、空圈、嵌入墙身的钢筋混凝土柱、梁、过梁、圈梁、板头、砖平碹、钢筋砖过梁和暖气包壁龛。不扣除每个面积在 0.3m² 以下的孔洞、梁头、梁垫、檩头、垫木、木楞头、沿椽木、木砖、门窗走头、墙内的加固钢筋或木筋、铁件等所占的体积。突出墙面的窗台虎头砖、压顶线、山墙泛水、烟囱板、门窗套，三皮砖以下的腰线、挑檐等体积，亦不增加。

墙身高度可按下列规定计算：

1）外墙墙身的高度：斜（坡）屋面无檐口顶棚者算至屋面板底；有屋架，且室内外均有顶棚者，算至屋架下弦底面另加 20cm；无顶棚者，算至屋架下弦底加 30cm；平屋面算至钢筋混凝土顶板面。

2）内墙墙身的高度：内墙位于屋架下者，高度算至屋架底；无屋架者，算至顶棚底另加 10cm。有钢筋混凝土楼隔层者，算至钢筋混凝土楼板面；有框架梁时算至梁底面；如同一墙上板高不同时，可按平均高度计算；内、外山墙按平均高度计算。

（7）砖垛、三皮砖以上的挑檐、砖砌腰线的体积，并入所依附的墙身体积内计算。

（8）附墙烟囱、通风道、垃圾道，按其外形体积计算，并入所依附的墙身体积内。不扣除每孔洞横断面积在 0.1m² 以内的体积，孔洞内的抹灰工料亦不增加。如每一孔洞横断面积超过 0.1m² 时，应扣除孔洞所占体积，孔洞内的抹灰可另列项目计算。

（9）框架结构间砌墙，区别内、外墙及不同墙厚，以框架间的净空面积乘墙厚计算。

框架外表面镶包砖部分并入框架间墙的体积内计算。

（10）女儿墙分别不同墙厚以立方米计算。其高度自顶板算至图示高度。

（11）砖砌围墙分别不同墙厚以立方米计算，砖垛和压顶等并入墙身内计算。

（12）暖气沟及其他砖砌沟道不分基础和沟身，合并计算。

（13）砖砌地沟不分墙身、墙基合并以立方米计算，石砌地沟按其中心线长度以延长米计算。

（14）砖砌地垄墙以立方米计算。

（15）砖柱不分柱身和柱基，可合并计算。

（16）空斗墙按外形体积，以立方米计算。扣除门窗洞口、钢筋混凝土过梁、圈梁所占的体积。

（17）多孔砖墙按外形体积，以立方米计算。扣除门窗洞口、钢筋混凝土过梁、圈梁所占的体积。

（18）填充墙按外形体积，以立方米计算。扣除门窗洞口、钢筋混凝土过梁、圈梁所占的体积。

（19）空花墙按空花部分外形体积，以立方米计算，不扣除空花部分。实砌部分，以立方米计算。

（20）毛石墙、方整石墙，按图示尺寸以立方米计算。

（21）砖平碹、钢筋砖过梁，均按图示尺寸以立方米计算。如图纸无规定时，钢筋砖过梁长度按门窗洞口宽度两端共加 50cm，高度按 44cm 计算，砖平碹长度可按门窗洞口宽度两端共加 10cm，高度按 24cm 计算。

（22）零星砌体指厕所蹲台、水槽腿、灯箱、垃圾箱、台阶、台阶挡墙、阳台栏板、花台、花池、房上烟囱、毛石墙的门窗口立边，窗台虎头砖等，均按图示实砌体，以立方米计算。

（23）加气混凝土砌块、硅酸盐砌块，按图示尺寸以立方米计算。扣除门窗洞口、钢筋混凝土过梁、圈梁等所占的体积。

（24）墙面勾缝按墙面垂直投影面积扣除墙裙和墙面抹灰所占的面积计算。不扣除门窗洞口及门窗套、腰线等零星抹灰所占的面积，但垛和门窗洞口侧壁的勾缝面积亦不增加。独立柱、房上烟囱勾缝，按图示尺寸以平方米计算。

（25）火墙、锅台、炉灶按外形面积或体积计算，不扣除空隙及炉腔体积。

2.4.2　定额基础资料和参考数据

1. 砖基础大放脚

（1）砖墙基础大放脚折算高度及面积，见表 2-31。

砖墙基础大放脚折算高度及面积表　　　　　　　　　　　表 **2-31**

大放脚层数	各种墙基厚度的折算高度（m）							大放脚面积（m²）
	放脚形式	0.115	0.180	0.240	0.365	0.490	0.615	
一	等高式	0.137	0.087	0.066	0.043	0.032	0.026	0.01575
	间隔式	0.137	0.087	0.066	0.043	0.032	0.026	0.01575

大放脚层数		各种墙基厚度的折算高度（m）						大放脚面积（m²）
	放脚形式	0.115	0.180	0.240	0.365	0.490	0.615	
二	等高式	0.411	0.262	0.197	0.113	0.096	0.077	0.04725
	间隔式	0.342	0.219	0.164	0.108	0.080	0.064	0.03938
三	等高式	0.822	0.525	0.394	0.269	0.193	0.154	0.09450
	间隔式	0.685	0.437	0.328	0.216	0.161	0.128	0.07875

（2）砖柱基础大放脚增加体积，见表 2-32。

砖柱基础大放脚增加体积表（m³）　　　　　表 2-32

类型	砖柱水平断面（mm×mm）	放脚层数					
		一层	二层	三层	四层	五层	六层
间隔式	240×240	0.010	0.028	0.062	0.110	0.179	0.270
	240×365	0.012	0.033	0.071	0.126	0.203	0.302
	365×365	0.014	0.038	0.081	0.141	0.227	0.334
	365×490	0.015	0.043	0.091	0.157	0.250	0.367
	490×490	0.017	0.048	0.101	0.173	0.274	0.400
	490×615	0.019	0.053	0.111	0.189	0.298	0.432
	615×615	0.021	0.057	0.121	0.204	0.321	0.464
	615×740	0.023	0.062	0.130	0.220	0.345	0.497
	740×740	0.025	0.067	0.140	0.236	0.368	0.529
等高式	240×240	0.010	0.033	0.073	0.135	0.222	0.338
	240×365	0.012	0.038	0.085	0.154	0.251	0.379
	365×365	0.014	0.044	0.097	0.174	0.281	0.421
	365×490	0.015	0.050	0.108	0.194	0.310	0.462
	490×490	0.017	0.056	0.120	0.213	0.340	0.503
	490×615	0.019	0.062	0.132	0.233	0.369	0.545
	615×615	0.021	0.068	0.144	0.253	0.399	0.586
	615×740	0.023	0.074	0.156	0.273	0.429	0.627
	740×740	0.025	0.080	0.167	0.292	0.458	0.669

2. 标准砖砌体材料用量

（1）实砌砖墙：标准砖规格为 240mm×115mm×53mm，其体积为 0.0014628m³，不同厚度的砖墙，其每立方米砌体用砖及砂浆量，可按式（2-8）、式（2-9）计算：

1）净用砖数量：

$$A=\frac{1}{墙厚×（砖长＋灰缝）×（砖厚＋灰缝）}×K \tag{2-8}$$

式中　A——单位净用砖数量；

　　　K——以砖数表示的墙厚×2。

2）净用砂浆数量：

$$B = 1 - 砖数量 \times 每块砖体积 \qquad (2-9)$$

式中　B——单位砂浆用量。

纵、横灰缝均以 10mm 计算。

每立方米砌体的材料用量，参见表 2-33。

每立方米砌体材料参考用量　　　　表 2-33

项　　目		单位	0.5 砖	0.75 砖	1 砖	1.5 砖	2 砖	3 砖以内
砖基础	砖	块			527	521	519	516
	砂浆	m³			0.252	0.26	0.26	0.268
砖墙	砖	块	559	555	535	527	522	
	砂浆	m³	0.208	0.217	0.246	0.256	0.261	

项　　目	单位	方　　桩			圆　柱
		1.5×1.5 砖以内	2×2.5 砖以内	2×2.5 砖以外	
砖	块	592	553	548	589
砂浆	m³	0.234	0.248	0.258	0.280

项　　目	单位	砖基础砖烟囱	烟囱囱身高在 20m 以内	烟囱囱身高在 40m 以内	烟囱囱身高在 40m 以外
砖	块	514	690	620	604
砂浆	m³	0.277	0.239	0.246	0.241

（2）矩形砖柱：标准砖不同截面矩形柱，其每立方米砌体用砖量，可按式（2-10）计算，净用砂浆数量可按式（2-9）计算：

$$净用砖数量 = \frac{一层砖砌体块数}{长 \times 宽 \times (一层砖厚 + 灰缝)} \qquad (2-10)$$

每层砖砌体的块数，见表 2-34。

标准砖方形柱每层砖所需砖数　　　　表 2-34

砖柱截面	1×1	1×1½	1½×1½	1½×2	2×2	2×2½	2½×2½	2½×3	3×3	3½×3½	4×4
砖数（块/层）	2	3.5（3）	5（4.5）	6.5（6）	9（8）	11（10）	13.5（12.5）	16（15）	20（18）	28（25）	32

注：括号内数字为计算砂浆扣减实体积砖数。

（3）圆形砖柱：标准砖不同直径圆形柱，其每立方米用砖及砂浆量，可按式（2-11）、式（2-12）计算：

$$净用砖数量 = \frac{1}{\pi/4 \times 长 \times 宽 \times 每层砖数} \qquad (2-11)$$

$$净用砂浆数量 = (\pi/4 \times 长 \times 宽 + 灰缝 \times 砖厚) \times 灰缝厚 \div \pi/4 \times 长 \times 宽 \times (砖厚 + 灰缝)$$
$$\qquad (2-12)$$

每层砖砌体的块数，见表 2-35。

标准砖圆柱及多边柱每层砖数、灰缝长度   表 2-35

项目 \ 直径（cm）	36.5	49	61.5	74	86.5
砖数（块/层）	6	8	13	18	24
缝长（m）	1.06	1.79	3.12	4.52	6.75

3. 硅酸盐砌块规格及单位数量

硅酸盐砌块规格及单位数量，参见表 2-36。

硅酸盐砌块规格及单位数量   表 2-36

序号	规格（cm）	单位数量（m³/块）	单位数量（块/m³）
1	28×38×24	0.025536	39.16
2	43×38×24	0.039216	25.5
3	58×38×24	0.052896	18.91
4	88×38×24	0.080256	12.46
5	28×38×18	0.019152	52.23
6	38×38×18	0.025992	38.47
7	58×38×18	0.039672	25.21
8	78×38×18	0.053352	18.74
9	88×38×18	0.060192	16.61
10	98×38×18	0.067032	14.93
11	118×38×18	0.080712	12.39

注：硅酸盐砌块按密度（1500kg/m³）计。

4. 砌体工程砌筑砂浆分类

$$\text{砌体工程}\atop\text{砌筑砂浆}\begin{cases}\text{生产工艺}\atop\text{的不同}\begin{cases}\text{预拌砌筑砂浆（RM）：标记符号按其类别、强度等级、}\\\text{水泥品种符号、稠度和凝结时间组合表示。}\\\text{干粉砌筑砂浆（DM）：标记符号按其类别、强度等级、}\\\text{水泥品种符号组合表示。}\end{cases}\\\text{使用功能}\atop\text{的不同}\begin{cases}\text{普通砌筑砂浆：用于砖砌体、石材和砌块等块材砌筑。}\\\text{特种砌筑砂浆：用于如单排孔混凝土和轻骨料混凝土}\\\text{砌块、轻质保温砌块砌筑。}\end{cases}\end{cases}$$

2.5 脚 手 架 工 程

2.5.1 工程量计算

1. 砌筑用脚手架

凡砌体（包括内外墙，柱及围墙等）高度在 1.2m 以上者，均应计算脚手架。

（1）外墙脚手架，按外墙外围长度乘以设计室外地坪至墙中心线的顶面高度，以平方米计算。山墙部分以山墙的平均高度计算。带女儿墙的高度算至女儿墙顶。

地下室外墙脚手架的高度，按地下室室内地坪面至地下室墙的顶面高度以平方米计算。

（2）内墙脚手架，按内墙净长乘高度以平方米计算。高度按设计室外地坪或楼板面至楼板底或梁底的高度计算。

计算内、外脚手架时，均不扣除门、窗洞口及穿过建筑物的车马通道的空洞面积。

（3）砖围墙脚手架，高度从自然地坪至围墙顶面，长度按围墙中心线以平方米计算。不扣除围墙门所占的面积，门柱砌筑用脚手架也不增加。

（4）独立柱按图示结构外围周长另加 3.6m，乘以柱高以平方米计算。

2. 装饰用脚手架

（1）凡室内高度超过 3.6m 的抹灰顶棚或吊顶顶棚，可计算满堂脚手架。高度超过 3.6m 的屋面板底勾缝、喷浆及屋架刷油等按活动脚手架计算。满堂脚手架、活动脚手架均以水平投影面积计算，不扣除垛、柱所占的面积。满堂脚手架的高度自室内地坪至顶棚为准；无顶棚者可算至楼板底或屋面板底。坡屋面按室内山墙平均高度计算。

（2）满堂脚手架的基本层高为 3.6m，其操作高度为 5.2m（即基本层高 3.6m 加入的高度 1.6m）。增加层高为 1.2m，凡顶棚高度超过 5.2m 时可计算增加层。计算增加层脚手架时，超高部分在 0.6m 以内者（包括 0.6m）舍去不计，超过 0.6m 者，计算一个增加层。

（3）高度在 3.6m 以内的内墙面抹灰（不包括内墙裙、腰线、黑板）、钉木间壁、顶棚及顶棚抹灰等作业，应按表 2-37 中的规定计算脚手架。

高度在 3.6m 以内的内墙面抹灰等作业计算脚手架的规定　　　　表 2-37

项 目 名 称	计 算 方 法	适用种类	说 明
单面木间壁墙（包括护壁板）	墙面面积乘以系数 1.1	墙面简易脚手架	不扣除门窗洞口及空洞面积
双面木间壁墙	按单面墙面面积乘以系数 2.2		
内墙面抹灰、镶贴块料面层	按墙面抹灰面积乘以系数 1.1		
柱面抹灰、镶贴块料面层	按柱面抹灰面积乘以系数 2.24		
吊顶顶棚、抹灰顶棚	顶棚面积	顶棚简易脚手架	

2.5.2　定额基础资料

1. 脚手架选用条件

脚手架选用条件，参见表 2-38。

脚手架选用条件参考　　　　表 2-38

种　类	选 用 条 件
双排外脚手架	1. 外墙砌筑高度（设计室外地坪至檐口或女儿墙上表面）在 15m 以上
	2. 外墙砌筑高度虽不足 15m，但外墙面门窗及装饰面积占全部外墙面积超过 60%
	3. 距地坪高度 1.2m 以上的贮水（油）池或大型设备基础
	4. 砌筑贮仓；现浇钢筋混凝土框架柱、梁；采用竹制脚手架

种 类	选 用 条 件
单排脚手架	1. 外墙砌筑高度在 15m 以下，并且门窗及装饰面积占外墙面积的 60％以内
	2. 围墙或内墙砌筑高度在 3.6m 以上
	3. 石砌墙体砌筑高度超过 1.0m，但不足 15m
满堂脚手架	1. 室内顶棚装饰面距室内地坪在 3.6m 以上
	2. 整体满堂钢筋混凝土基础，其宽度超过 3.0m
里脚手架	围墙砌筑高度在 3.6m 以下
支柱式里脚手架	砌筑高度在 3.6m 以内的
外装修用金属挂架	采用里脚手架砌筑的实心墙体，外墙面有 25％以下面积作粉刷的
挑脚手架	只作外檐檐口装修的
活动升降脚手架	外墙面部分装修及屋架油漆喷浆

2. 脚手架定额步距和高度计算

（1）脚手架、斜道、上料平台立杆间距和步高，见表 2-39。

脚手架、斜道、上料平台立杆间距和步高参考 表 2-39

项 目	木脚手架	竹脚手架	钢脚手架
立杆间距（m）	1.5	1.5	1.5
每步高度（m）	1.2	1.6	1.3
宽 度（m）	1.4～1.5	1.4	

（2）脚手架高度计算

1）木、钢脚手架的高度、按每步高度乘以步数另加操作高度可按式（2-13）计算：

$$脚手架高度(m)＝步高×步数＋1.2 \tag{2-13}$$

2）竹脚手架高度：一般第一步高度取 2.45m，其高度可按式（2-14）计算：

$$竹脚手架高度(m)＝2.45＋步高×(步数－1)＋1.2 \tag{2-14}$$

（3）脚手架定额高度与步数的确定：脚手架定额高度与步数的关系，见表 2-40。

脚手架定额高度与步数的关系 表 2-40

项 目	木脚手架		竹脚手架		钢管脚手架	
	步数	取定高度（m）	步数	取定高度（m）	步数	取定高度（m）
高度在 16m 以内	9	12	7	13.2	8	12
高度在 30m 以内	21	26.4	15	26.0	19	25.9
高度在 45m 以内	32	39.6	23	38.8	29	38.9
满堂脚手架基本层	2	3.6	—	—	—	—

（4）脚手板层数的确定：高度在 16m 以内的脚手架，脚手板按一层计算；高度在 16m 以外的脚手架，考虑交叉作业的需要，按双层计算。

2.6　混凝土及钢筋混凝土工程

2.6.1　工程量计算

混凝土及钢筋混凝土的各种构件，均根据设计图示尺寸以构件的实体积计算。不扣除钢筋混凝土中的钢筋、铁件、螺栓所占的体积。

混凝土及钢筋混凝土墙、板等，均不扣除 0.3m² 以内的孔洞。

1. 现浇混凝土

（1）基础

1）带形基础：钢筋混凝土带形基础，应区别有梁式或无梁式，均按图示断面积乘以中心线长度计算。有梁式带形基础，其梁是指基础扩大顶面至梁顶面的高度超过 1.2m 时，其基础底板按无梁式计算，扩大顶面以上部分按墙计算。

2）满堂基础：无梁式满堂基础有扩大或角锥形柱墩时，应并入无梁式满堂基础内计算。箱式满堂基础应分别按无梁式满堂基础、墙、柱、梁或顶板计算。

3）设备基础：块体设备基础、区别不同体积分别计算；框架式设备基础，按基础、柱、梁、板墙分别计算。柱的高度，由底板或柱基的上表面算至肋形板的上表面。梁的长度按净跨计算；梁的悬臂部分并入梁内计算。肋形板包括板、主梁及次梁。楼层上的设备基础按有梁板计算。同一设备基础，部分为块体，部分为框架时，应分别计算。

4）地脚螺栓套孔，分别不同深度以"个"为单位计算。

5）二次灌浆，按实体积计算，不扣除地脚螺栓套孔。

（2）柱：按断面或断面直径乘以柱高计算。有梁楼板或框架柱的柱高应自柱基上表面或楼板上表面至柱顶上表面的高度计算。无梁楼板的柱高，应自柱基上表面至柱头（帽）的下表面的高度计算。依附于柱上的牛腿并入柱体积内计算。构造柱按图示断面尺寸乘柱的高度计算，包括与砖墙咬接部分的体积，柱高自柱基上表面至柱顶面的高度计算。

（3）梁：按图示断面乘以梁长计算。

梁的长度按下列规定计算：

1）梁与柱交接时，算至柱侧面。次梁与主梁交接时，次梁长度算至主梁侧面。伸入墙内的梁头或梁垫，并入梁的体积内计算。

2）圈梁按图示断面乘以中心线长度计算。通过门窗洞口时，可按门窗洞口宽度加长50cm 按过梁计算。

3）迭合梁应按设计图示的二次浇筑部分的体积计算。

（4）墙：墙体积应扣除门窗洞口及 0.3m² 以上的孔洞体积。大钢模墙板中的混凝土圈梁、过梁，均并入墙身体积内计算。

（5）板

1）凡带有梁（包括主、次梁）的板为有梁板。梁和板的体积合并计算。四边直接支承在墙上的板为平板。平板与有梁板连接时，以墙中心线为分界线。无梁楼板，板与柱头（帽）合并计算。伸入墙内的板头体积并入所在的相应板内计算。

2）叠合板：按图示二次浇灌混凝土体积计算。

(6) 其他

1) 整体楼梯：按楼梯和楼梯休息平台的水平投影面积计算。楼梯与楼板的划分以楼梯梁的内边缘为界。楼梯井宽度在 50cm 以上时，扣除其空间面积。

2) 阳台、雨篷：按图示伸出墙外的水平投影面积计算。阳台、雨篷如伸出墙外超过 1.5m 时，按有梁板计算。阳台、雨篷四周外边沿的弯起高度超过 6cm 时，应另按栏板计算。

3) 阳台、楼梯等栏板：按图示实体积计算。

4) 台阶：分别按垫层面层计算。当台阶与平台连接时，以最上层踏步外边缘加 30cm 计算。

5) 挑檐天沟：按图示实体积计算。当其与楼板连接时，以墙身外边缘分界；当其与圈梁连接时，以圈梁外边缘分界。

6) 预制钢筋混凝土板之间的板缝，现浇混凝土，板缝下口宽度在 2cm 以上 20cm 以下时，按补现浇板缝计算；板缝宽度超过 20cm 者，按平板计算。

2. 预制混凝土

(1) 预制构件的制作，按图示尺寸实体积计算，不扣除小于 30cm×30cm 以内孔洞面积。安装另按规定增加损耗量计算。

(2) 后张法生产的预应力钢筋混凝土构件，其预留孔道的混凝土体积不扣除，孔道灌浆亦不增加。

3. 钢筋

(1) 钢筋应按设计长度乘以钢筋单位重量计算。图纸已注明的钢筋接头长度，按设计搭接长度计算；图纸未注明的搭接长度可不另外计算，已包括在钢筋的损耗率之内。

(2) 先张法预应力钢筋，按设计图规定的预应力钢筋设计长度乘以钢筋的单位重量计算。

(3) 后张法预应力钢筋，根据图纸规定穿入预应力钢筋的预留孔道长度，另按锚具种类增加或减少下列长度计算：

1) 低合金钢筋两端采用螺丝端杆锚具时，预应力钢筋长度应减少 0.35m。

2) 低合金钢筋一端采用镦头插片，另一端采用帮条锚具时，预应力钢筋长度应增加 0.15m。

3) 低合金钢筋一端采用镦头插片，另一端采用螺丝端杆时，预应力钢筋长度按预留孔道长度计算。

4) 低合金钢筋一端采用镦粗头，另一端采用 JM 锚具时，预应力钢筋长度增加 0.95m。

5) 低合金钢筋采用后张混凝土自锚固时，预应力钢筋长度增加 0.35m。

6) 低合金钢筋或钢绞线采用 JX、XM、QM 锚具，孔道长度在 20m 以内时，预应力钢筋长度增加 1.0m。

7) 低合金钢筋或钢绞线采用 JM、XM、QM 锚具，孔道长度在 20m 以外或曲线孔道时，预应力钢筋或钢绞线长度增加 1.8m。

8) 碳素钢丝采用锥形锚具，孔道长度在 20m 以内时，预应力钢丝长度增加 1.0m。

9) 碳素钢丝采用锥形锚具，孔道长度在 20m 以外或曲线孔道时，预应力钢丝长度增加 1.8m。

10) 碳素钢丝，两端采用镦粗头时，预应力钢丝长度增加 0.35m。

2.6.2 定额基础资料

1. 模板定额摊销量计算

(1) 模板一次使用量按式(2-15)计算

$$模板一次使用量 = 每 10m^3 构件净用量 \times (1+操作损耗率) \tag{2-15}$$

(2) 模板周围使用量和摊销量的计算：

1) 木模板周转使用量和摊销量的计算：

① 现浇混凝土构件：用木模的周转使用量按式(2-16)～式(2-20)计算：

$$周转使用量 = 一次使用量 \times K_1 \tag{2-16}$$

式中　K_1——周转使用系数；

$$K_1 = \frac{1+(周转使用次数-1)\times 补损率}{周转次数} \tag{2-17}$$

$$摊销量 = 一次使用量 \times (K_1 - K_2) \tag{2-18}$$

其中　(K_1-K_2)——摊销量系数，$K_2 = \frac{(1-补损率)\times 回收折价率}{周转次数 \times (1+间接费率)}$ (2-19)

设：回收折价率为 50%，间接费率为 18.2%，即为

$$\frac{0.5}{1+0.182} = 0.423$$

则　　　　　$$K_1 - K_2 = K_1 - \frac{1-补耗率}{周转次数} \times 0.423 \tag{2-20}$$

木模板工日周转次数的补损率及周转使用系数、摊销量系数，参见表 2-41。

木模板摊销量计算参考　　　　　　　　　　表 2-41

周转次数	补损率（%）	周转使用系数 K_1	摊销量系数 K_1-K_2
4	15	0.3625	0.2726
5	10	0.2800	0.2039
5	15	0.3200	0.2481
6	10	0.2500	0.1866
6	15	0.2917	0.2318
8	10	0.2125	0.1649
8	15	0.2563	0.2114
10	10	0.1900	0.1519

现浇混凝土木模板用量计算数据，参见表 2-42。

② 预制混凝土构件用木模的摊销量，按式（2-21）计算：

$$摊销量 = \frac{一次使用量}{周转次数} \tag{2-21}$$

预制混凝土构件木模板用料参考数据，见表 2-43。

现浇混凝土木模板用量计算参考数据 表 2-42

项目名称	定额单位	每10m³混凝土模板接触面积（m²）	每10m²接触面积需模板量（m³）		一次使用量（m³）			周转次数	补损率（%）	摊销量（m³）		
			支柱大枋	枋板	支柱大枋	枋板	合计			大枋	枋板	合计
1	2	3	4	5	6=4×3	7=5×3	8=6+7	9	10	11	12	13=11+12
带形基础　毛石混凝土	10m³	35.4		0.636			2.251	8	10			0.371
带形基础　无筋混凝土	10m³	35.4		0.636			2.251	8	10			0.371
带形基础　有筋混凝土	10m³	35.4		0.727			2.574	8	10			0.424
独立柱基础　毛石混凝土	10m³	20		0.904			1.808	6	10			0.337
独立柱基础　无筋混凝土	10m³	20		0.904			1.808	6	10			0.337
独立柱基础　有筋混凝土	10m³	20		0.904			1.808	6	10			0.337
杯形基础	10m³	28.9		0.668			1.931	5	10			0.36
满堂基础　有梁式	10m³	14.1		0.668			0.942	5	10			0.192
满堂基础　无梁式	10m³	2.61		0.668			0.174	5	10			0.035
满堂基础　箱式	10m³	29.63		0.403			1.194	5	10			0.243
桩承台　带形	10m³	28.2		0.752			2.121	5	10			0.432
桩承台　独立	10m³	35.51		0.447			1.587	5	10			0.324
设备基础毛石混凝土5m³内	10m³	34.47		0.634			2.185	6	10			0.408
设备基础毛石混凝土20m³内	10m³	30.19		0.582			1.757	6	10			0.328
设备基础毛石混凝土100m³内	10m³	16.79		0.739			1.421	6	10			0.265
设备基础毛石混凝土100m³外	10m³	9.91		0.739			0.732	6	10			0.137
设备基础无筋混凝土5m³内	10m³	34.47		0.634			2.185	6	10			0.408
设备基础无筋混凝土20m³内	10m³	30.91		0.582			1.757	6	10			0.328
设备基础无筋混凝土100m³内	10m³	16.79		0.739			1.421	6	10			0.265
设备基础无筋混凝土100m³外	10m³	9.91		0.739			0.732	6	10			0.137
设备基础有筋混凝土5m³内	10m³	52.4		0.634			3.322	6	10			0.620
设备基础有筋混凝土20m³内	10m³	34.47		0.582			2.006	6	10			0.374
设备基础有筋混凝土100m³内	10m³	16.79		0.739			1.421	6	10			0.265
设备基础有筋混凝土100m³外	10m³	9.91		0.739			0.732	6	10			0.137
二次灌浆	10m³	无资料										
矩形柱周长1.2m以内	10m³	131		0.584			7.650	5	15			1.898
矩形柱周长1.8m以内	10m³	119		0.525			6.248	5	15			1.550
矩形柱周长1.8m以外	10m³	79		0.604			4.772	5	15			1.184
圆形、多角形柱直径0.5m以内	10m³	113		0.666			7.576	5	15			1.867
圆形、多角形柱直径0.5m以外	10m³	50		0.666			3.330	5	15			0.826
基础梁	10m³	77		0.752			5.790	8	15			1.224

续表

项 目 名 称	定额单位	每10m³混凝土模板接触面积（m²）	每10m²接触面积需模板量（m³）		一次使用量（m³）			周转次数	补损率（%）	摊销量（m³）		
			支柱大枋	枋板	支柱大枋	枋板	合计			大枋	枋板	合计
1	2	3	4	5	6=4×3	7=5×3	8=6+7	9	10	11	12	13=11+12
单梁和连续梁	10m³	90	0.215	0.827	1.935	7.443	9.378	6	15	0.097	1.725	1.822
异形梁（T、十、L形等）	10m³	98	0.327	1.252	3.205	12.27	15.475	6	15	0.160	2.844	3.004
圈梁、过梁	10m³	96		0.705			6.768	8	10			1.431
叠合梁	10m³	84		0.678			5.695	8	10			0.939
有梁板厚10m以内	10m³	129	0.225	0.618	2.903	7.972	10.875	6	10	0.145	1.488	1.633
有梁板厚10m以外	10m³	93	0.225	0.618	2.09	5.747	7.833	6	10	0.105	1.072	1.171
平板厚10m以内	10m³	108	0.336	0.599	3.629	6.469	10.098	6	10	0.181	1.207	1.388
平板厚10m以外	10m³	94	0.336	0.599	3.158	5.631	8.789	6	10	0.158	1.051	1.209
无梁板厚20m以内	10m³	41	0.171	0.875	0.701	3.588	4.289	6	15	0.035	0.832	0.867
无梁板厚20m以外	10m³	33	0.171	0.875	0.564	2.888	3.452	6	15	0.028	0.669	0.697
直形墙厚10cm以内	10m³	252		0.689			17.363	10	10			2.637
直形墙厚20cm以内	10m³	170		0.689			11.713	10	10			1.779
直形墙厚20cm以外	10m³	100		0.689			6.892	9	10			1.047
挡土墙、地下室墙毛石混凝土	10m³	28		0.735			2.058	10	10			0.313
挡土墙、地下室墙无筋混凝土	10m³	28		0.735			2.058	10	10			0.313
挡土墙、地下室墙有筋混凝土	10m³	60		0.735			4.410	10	10			0.670
轻质混凝土墙	10m³	100		0.689			6.890	10	10			1.047
雨篷	10m²					0.44	1.097	1.141	5	10	0.022	0.244	0.246
阳台	10m²				0.66	1.126	1.726	5	10	0.030	0.230	0.260
整体楼梯	10m²	24.5					2.119	5	15			0.526
栏板	10m	17					0.870	5	15			0.216
栏杆	10m	11					0.521	4	15			0.143
挑檐天沟	10m³	166		0.549			9.113	6	15			2.112
压顶	10m³	115		0.746			8.579	8	10			1.416
暖气沟、电缆沟	10m³	62		0.577			3.577	6	10			0.677
池槽	10m³	300		0.591			17.73	5	10			3.615
门框	10m³	121		0.975			11.798	5	10			2.406
台阶	10m²	7		0.695			0.487	5	15			0.121
抗震构造柱	10m³	57		0.971			5.529	5	15			1.372
零星构件	10m³	232		1.157			26.242	5	10			5.473
设备基础螺丝套1m以内	10个											0.20
设备基础螺丝套1m以外	10个											0.42
电梯井壁	10m³	105		0.691			7.256	10	10			1.102

预制混凝土构件木模板用料计算参考数据 表 2-43

项　目　名　称	定额单位	每 10m³ 混凝土模板接触面积（m²）		每 10m² 接触面积需用模板数（m³）	一次用量		木（钢）模摊销量			地（胎）模
		木模	地（胎）模		木模（m³）	钢模（kg）	周转次数	木模（m³）	钢模（kg）	面积利用系数
1	2	3	4	5	6=3×5	7	8	9=6÷8	10=7÷8	11
方桩	10m³	76		0.908	6.901		30	0.230		
板桩	10m³	130		1.0502	13.653		30	0.456		
桩尖	10m³	150		0.943	14.145		20	0.707		
矩形梁 2m³ 以内	10m³	94		0.945	8.883		20	0.444		
矩形梁 2m³ 以外	10m³	73		0.86	6.278		20	0.314		
工字柱	10m³	114		0.998	11.377		15	0.758		
双肢柱	10m³	80		1.1448	9.158		20	0.458		
空格柱	10m³	95		1.1448	10.875		20	0.544		
多节柱	10m³	68	27	0.945	6.426		20	0.321		3
空心柱	10m³	90		1.022	9.198	997.36	20/1000	0.460	0.67	
围墙柱	10m³	110	50	0.86	9.46		30	0.315		3
基础梁	10m³	91	24	0.807	7.344		30	0.245		3
矩形梁 0.5m³ 以内	10m³	111	21	1.082	12.01		30	0.400		3
矩形梁 0.5m³ 以外	10m³	93	16	1.082	10.63		30	0.335		3
异形梁（T、+、L 等）	10m³	105	14	0.87	9.135		25	0.365		3
吊车梁 T 形	10m³	94		0.948	8.911		25	0.356		
吊车梁 鱼腹式	10m³	120		1.13	13.56		20	0.678		
三形角（锯齿）屋架	10m³	110		1.105	12.155		30	0.405		
托架梁	10m³	101		0.9765	9.863		15	0.658		
过梁	10m³	88	44	1.074	9.451		30	0.315		3
拱形（梯形）屋架	10m³	160		1.3188	21.101		15	1.417		
组合屋架	10m³	60	68	1.071	6.426		20	0.321		3
门式刚架	10m³	85		2.127	18.08		20	0.904		
天窗架	10m³	104	75	0.683	7.103		20	0.355		3
天窗端壁	10m³	100	200	0.576	5.76		15	0.384		2
平板	10m³	40	150	0.746	2.984		40	0.075		2
空心板	10m³	58	90	1.607	9.321	4685	30	0.311	156	3
槽形、单肋肋形板	10m³	85	200	0.76	6.46		30	0.215		2
大型屋面板、双 T 板	10m³	68	220	1.05	7.14		40	0.179		2
楼梯段 实心	10m³	42	80	1.027	4.313		30	0.144		2
槽瓦板、盖脊瓦板	10m³	10	300	0.317	0.317		30	0.01		2

续表

项目名称	定额单位	每10m³混凝土模板接触面积(m²)		每10m²接触面积需用模板数(m³)	一次用量		木(钢)模摊销量			地(胎)模
		木模	地(胎)模		木模(m³)	钢模(kg)	周转次数	木模(m³)	钢模(kg)	面积利用系数
1	2	3	4	5	6=3×5	7	8	9=6÷8	10=7÷8	11
檩条、支撑、天窗上下挡	10m³	215	90	0.435	7.353		30	0.312		2
天沟、挑檐板	10m³	190	120	0.938	17.822		30	0.594		2
楼梯斜梁	10m³	69	95	1.596	11.012		30	0.367		2
楼梯踏步	10m³	139	260	0.569	7.909		40	0.198		2
阳台、雨篷	10m³	57	120	0.746	4.252		30	0.142		2
地沟、盖板	10m³	55	180	0.746	4.103		40	0.103		2
烟道、垃圾、通风道	10m³	109	16	0.666	7.259		30	0.242		3
花格、栏杆复杂	10m²		10		0.717		30	0.024		2
花格、栏杆简单	10m²		6		0.127		30	0.004		2
门框	10m²	15		0.914	1.371		30	0.046		
窗框	10m²	11		0.914	1.005		30	0.034		
架空隔热板	10m³	80	330	1.18	9.44		40	0.236		2
薄腹屋架	10m³	156		0.91	14.196		15	0.946		
零星构件 有筋	10m³	133	70	0.783	10.414		30	0.347		2
零星构件 无筋	10m³	95	50	0.783	7.439		30	0.248		2
预应力矩形梁 实腹	10m³	110	21	1.082	10.82		30	0.361		3
预应力矩形梁 空腹	10m³	400	200	0.343	13.72		30	0.457		3
预应力异形梁(T、U、十等)	10m³	105	14	0.87	7.344		30	0.245		3
预应力吊车梁 T形	10m³	94		0.948	8.911		25	0.356		
预应力吊车梁 鱼腹式	10m³	120		1.13	13.56		20	0.678		
预应力拱形屋架	10m³	160		1.3188	21.101		15	1.417		
预应力三角屋架	10m³	110		1.105	12.155		30	0.405		
预应力薄腹屋架	10m³	170		0.91	15.47		15	1.031		
预应力托架梁	10m³	100		0.9765	9.765		12	0.651		
预应力折板	10m³	280		0.6027	16.876		30	0.5625		
预应力平板	10m³	30	160	0.746	2.238		40	0.056		3
预应力多孔板 4m以外	10m³	90	140	1.607	14.463	10812	40	0.362	270.8	3
预应力大型屋面板双T板	10m³	90	225	1.05	9.45		40	0.236		2
预应力槽板、肋形板	10m³	84	300	0.76	6.384		40	0.160		2
预应力挂瓦板、檩条板	10m³	30	30	0.351	1.053		30	0.035		3
预应力檩条	10m³	360	230	0.343	12.348		30	0.412		3
预应力天沟、挑檐板	10m³	190	130	0.936	17.822		30	0.594		3

2) 组合钢模板摊销量的计算

① 组合钢模板摊销量按式（2-22）计算：

$$组合钢模板摊销量 = \frac{一次使用量}{周转次数}\qquad(2\text{-}22)$$

现浇混凝土组合钢模板一次使用量，参见表 2-44。

表 2-44

现浇混凝土组合钢模板一次使用量参考

（单位：10m³ 混凝土）

序号	项目			模板种类	模板面积		一次使用量			
					接触面积	露明面积	工具式钢模板	零星卡具	支撑系统	模板木材
					(m²)			(kg)		(m³)
1	带型基础	毛石混凝土		钢	27.9	5.0	991.00	88.75	129.00	1.165
2		无筋混凝土		钢	33.2	5.0	1177.00	105.25	153.00	1.385
3		有筋混凝土	有梁式	钢	27.6	5.0	1000.00	287.50	778.50	0.990
4			无梁式	钢	9.8	5.0	375.00	10.00		0.225
5	独立基础	毛石混凝土		钢	20.4	5.0	700.00	110.00		0.970
6		无筋混凝土		钢	28.3	5.0	1270.00	138.00		2.560
7		钢筋混凝土		钢	17.6	5.0	655.00	30.00		0.605
8	杯型基础			钢	17.5	6.0	586.00	49.25	264.00	0.700
9	满堂基础	无梁式		钢	2.6	34.0	85.50	5.75		0.085
10		有梁式		钢	15.2	25.0	578.50	92.00	242.25	0.080
11	桩承台	带型		钢	37.3	14.0	1281.00	50.25	1445.25	0.160
12		独立		钢	22.3	18.0	682.00	89.50	175.50	0.655
13	设备基础	毛石混凝土（块体 m³）	5 以内	钢	29.1	9.0	920.00	139.50	353.20	0.420
14			20 以内	钢	23.3	5.0	910.00	140.00	96.00	0.920
15			100 以内	钢	15.0	3.0	547.50	82.50	123.75	0.475
16			100 以外	钢	8.0	3.0	292.00	44.00	66.00	0.265
17	设备基础	无筋混凝土（块体 m³）	5 以内	钢	29.1	9.0	920.00	139.50	353.25	0.420
18			20 以内	钢	22.3	5.0	910.00	140.00	96.00	0.920
19			100 以内	钢	15.0	3.0	547.50	82.50	123.75	0.475
20			100 以外	钢	8.0	3.0	292.20	44.00	66.00	0.265
21		钢筋混凝土（块体 m³）	5 以内	钢	29.1	9.0	920.00	139.50	353.20	0.420
22			20 以内	钢	22.3	5.0	910.00	140.00	96.00	0.920
23			100 以内	钢	15.0	3.0	547.50	82.50	123.75	0.475
24			100 以外	钢	8.0	3.0	292.00	44.00	66.00	0.265
25	设备螺栓套（m）		1 以内	木						0.800
26			1 以外	木						1.680
27	矩形柱	断面周长（m）	1.2 以内	钢	147.2	7.0	7059.00	2401.95	13754.25	2.500
28			1.8 以内	钢	93.0	6.0	3870.30	1155.15	6019.88	1.832
29			1.8 以外	钢	67.7	4.0	2254.85	563.55	2767.88	1.070

续表

序号	项 目			模板种类	模板面积		一次使用量				
					接触面积	露明面积	工具式钢模板	零星卡具	支撑系统	大钢模板	模板木材
					(m²)		(kg)				(m³)
30	基础梁			钢	80.6	19.0	3175.95	656.13	1856.63		1.800
31	单梁、连续梁			钢	86.8	23.0	3538.05	1010.38	7414.43		2.420
32	圈梁			钢	66.7	66.6	3312.60	134.88	5960.63		
33	过梁			钢木	1268	67.3	3093.65	344.25			12.100
34	钢筋混凝土墙	墙厚 (cm)	10 以内	钢	256.1	11.0	8670.85	2280.73	9108.98		0.290
35			20 以内	钢	1363	10.0	4624.30	1216.35	4827.83		0.170
36			20 以外	钢	82.0	5.0	2774.45	729.80	2914.87		0.110
37	电梯井壁			钢	147.7	5.0	4181.40	1132.98	3984.45		9.190
38	大钢模板墙			钢	132.0	8.0				12356.37	0.320
39	挡土墙和地下室墙		毛石	钢	34.2	3.0	1155.95	304.23	1226.33		0.035
40			无筋	钢	51.2	3.0	1734.15	456.20	1821.83		0.055
41			有筋	钢	68.3	3.0	2312.40	608.18	2429.33		0.070
42	有梁板板厚 (cm)		10 以内	钢	107.0	103.0	3093.15	1353.03	8837.03		1.665
43			10 以外	钢	80.7	80.0	2332.60	1020.25	6664.50		1.265
44	无梁板			钢	42.0	33.0	1166.05	317.98	1433.18		1.370
45	平板	板厚 (cm)	10 以内	钢	120.6	111.0	4172.80	1505.53	6993.98		0.145
46			10 以外	钢	80.4	99.0	2182.05	1003.68	4662.45		0.800

预制混凝土组合钢模板一次使用量，参见表 2-45。

预制混凝土组合钢模板一次使用量参考（单位：10m³ 混凝土） 表 2-45

序号	项 目			模板种类	模板面积				一次使用量					
					接触面积	砖（混凝土）地模	砖（混凝土）胎模	露明面积	组合钢模板	零星卡具	支撑系统	模板木材	砖（混凝土）地模	砖（混凝土）胎模
					(m²)				(kg)			(m³)	(m²)	
1	方桩			钢	58.9	28.2	—	52.0	2137.00	576.50	1078.50	0.400	49.9	—
2	矩形柱	每一构件体积 (m³)	2 以内	钢	70.9	33.3	—	33.3	2752.00	386.00	1777.50	0.570	69.5	—
3			2 以上	钢	26.5	25.0	—	25.0	800.00	120.00	540.00	0.950	33.1	—
4	工形柱			钢	95.4	—	47.0	34.0	1830.00	275.00	855.00	2.500	—	67.6
5	双肢柱			钢	44.4	—	17.0	17.0	1460.00	145.00	585.00	0.420	—	34.5
6	空格柱			钢	52.9	—	17.0	17.0	1733.00	170.00	694.50	0.500	—	34.5
7	空心柱			钢	36.4	30.0	—	30.0	1110.00	145.00	750.00	0.875	36.8	—
8	矩形梁	每一构件体积 (m³)	0.5 以内	钢	87.3	25.0	—	25.0	3038.51	352.17	1598.93	0.555	56.0	—
9			0.5 以上	钢	84.0	17.0	—	17.0	2070.00	235.00	1050.00	0.150	24.6	—

预制混凝土构件定型钢模板一次使用量参见表 2-46。

预制混凝土构件定型钢模板一次参考使用量（单位：10m³ 混凝土） 表 2-46

序号	项 目		模板种类	模板面积（m²）				一次使用量			
				接触面积	砖（混凝土）地模	砖（混凝土）胎模	露明面积	定型钢模（kg）	模板木材（m³）	砖（混凝土）地模	砖（混凝土）胎模（m²）
1	空心板	板长（m） 4 以内	钢	324.0	(129.0)	—	123.0	34288.00	—	(549.0)	—
2		4 以外	钢	335.0	(114.0)	—	110.0	30270.00	—	(444.0)	—
3	空心楼梯段		钢	309.0	—	—	102.0	42509.57	—	—	—
4	预应力空心板	4 以内	钢	324.0	(129.0)	—	122.0	68256.96	—	(549.0)	—
5		4 以外	钢	335.0	(113.0)	—	110.0	52723.00	—	(444.0)	—

② 组合钢模板周长转次数：组合钢模板包括平面模板、阴阳角模板、联接角模板；零星卡具包括 U 形卡、L 形插销、钩头螺栓、紧固螺栓、蝶形扣件等；支撑系统包括桁架、连杆、直（斜）顶柱等。其周转次数，参见表 2-47。

③ 组合钢模板残值率：组合钢模板及支撑系统的回收残值率为 2%，可在其价格中扣除，即

$$组合钢模板预算价格＝供应价格×(1－残值率) \qquad (2-23)$$

④ 组合钢模板维修费：组合钢模板维修费的计算，可按组合钢模板及支撑系统销量之和的 8%，作为使用一次的维修数量，维修费用可参照供应价格计算，即

$$维修费＝(模板摊销量＋支撑系统摊销量)×0.08×供应价格 \qquad (2-24)$$

组合钢模板、零星卡具及支撑系统周转次数 表 2-47

名 称		周转次数		施工损耗（%）
		现浇构件	预制构件	
组合钢模板（平面模板、阴阳角模、固定角模）		50	150	1
零星卡具	U 形卡（迴形卡）3 形扣件	25	50	5
	L 形插销	50	100	2
	钢管扣件、对拉螺栓（外螺栓）	25	—	1
	螺栓（包括连接、固定螺栓）	25	50	1
支撑系统	梁、柱卡具	100	150	1
	顶柱（包括直顶柱、斜顶柱）	120	—	1
	连杆（包括纵横连杆）	150	—	1
	桁架	75	—	1
镶填木模		5	5	5
铁钉		1	1	2
埋入铁件（包括内螺栓）		1	1	2

2. 钢筋分类和热轧钢筋的力学性能

(1) 钢筋分类：用于钢筋混凝土工程的钢筋，可分为如下四类：

1) 按外形分 —— 光面圆钢筋
螺纹钢筋 —— 人字纹 / 螺旋纹 / 月牙纹

2) 按机械性能分（屈服强度）—— HPB235 级 / HRB335 级 / HRB400 级 / RRB400 级

3) 按钢种分
普通碳素钢钢筋 —— 低碳钢（$W_c \leq 0.25\%$）/ 中碳钢（$0.25\% \leq W_c \leq 0.60\%$）/ 低碳钢（$W_c > 0.60\%$）
普通低合金钢钢筋，又分 —— 低合金钢（合金元素总含量$\leq 5\%$）/ 中合金钢（合金元素总含量 $5\% \sim 10\%$）/ 高合金钢（合金元素总含量$>10\%$）

4) 钢丝及其制品
预应力混凝土结构用碳素钢丝——系用优质碳素结构圆盘条冷拔而成，可作钢弦、钢丝束、钢丝网等
预应力混凝土结构用刻痕钢丝——系用预应力混凝土结构用碳素钢丝经刻痕而成
预应力钢筋混凝土用钢绞线——系用预应力混凝土结构用碳素钢丝绞捻而成
冷拔低碳钢丝——系用普通低碳钢热轧圆盘条冷拔而成

（2）热轧钢筋的力学性能：热轧钢筋的力学性能，见表 2-48。

热轧钢筋力学性能 表 2-48

品 种		型 号	符号	公称直径 d（mm）	屈服强度 f_{yk}（N/mm²）	抗拉强度 f_y（N/mm²）	伸长率 δ_p（%）	冷 弯	
外 形	强度等级				不 小 于			弯曲角度（°）	试样直径
光圆钢筋	HPB235	Q235	Φ	≤12	235	210	11	180	d
变形钢筋	HRB335	20MnSi	Φ	8～25	335	300	10	90	$3d$
				28～40				90	$4d$
	HRB400	20MnSiV、20MnSiNb、20MnTi	Φ	8～25	400	360	8	90	$5d$
				28～40					$6d$
	RRB400	K20MnSi	Φ^R	10～25	400	360	6	90	$6d$
				28～32				90	$7d$

3. 常用水泥的选用和适用范围
（1）常用水泥选用范围，参见表 2-49 和表 2-50。

常用水泥种类 表 2-49

项次	水泥名称	标准编号	原料	代号	特性	强度等级	备注
1	硅酸盐水泥		硅酸盐水泥熟料、0～5％的石灰石或粒化高炉矿渣、适量石膏磨细制成的水硬性胶凝材料	P·Ⅰ P·Ⅱ	早期强度及后期强度都较高，在低温下强度增长比其他种类的水泥快，抗冻、耐磨性都好，但水化热较高，抗腐蚀性较差	42.5、42.5R、52.5、52.5R、62.5、62.5R	
2	普通硅酸盐水泥		硅酸盐水泥熟料、6％～15％的石灰石或粒化高炉矿渣、适量石膏磨细制成的水硬性胶凝材料	P·O	除早期强度比硅酸盐水泥稍低，其他性能接近硅酸盐水泥	32.5、32.5R、42.5、42.5R、52.5、52.5R	
3	矿渣硅酸盐水泥		硅酸盐水泥熟料和20％～70％粒化高炉矿渣、适量石膏磨细制成的水硬性胶凝材料	P·S	早期强度较低，在低温环境中强度增长较慢，但后期强度增长较快，水化热较低，抗硫酸盐侵蚀性较好，耐热性较好，低干缩变形较大，析水性较大，耐磨性较差	32.5、32.5R、42.5、42.5R、52.5、52.5R	
4	火山灰质硅酸盐水泥	GB 175—2007/XG 1—2009	硅酸盐水泥熟料和20％～50％火山灰质混合材料、适量石膏磨细制成	P·P	早期强度较低，在低温环境中强度增长较慢，在高温潮湿环境中（如蒸汽养护）强度增长较快，水化热较低，抗硫酸盐侵蚀性较好，但干缩变形较大，析水性较大，耐磨性较差	32.5、32.5R、42.5、42.5R、52.5、52.5R	R系指早强型水泥
5	粉煤灰硅酸盐水泥		硅酸盐水泥熟料和20％～40％粉煤灰、适量石膏磨细制成	P·F	早期强度较低，水化热比火山灰水泥还低，和易性好，抗腐蚀性好，干缩性也较小，但抗冻、耐磨性较差	32.5、32.5R、42.5、42.5R、52.5、52.5R	
6	复合硅酸盐水泥		硅酸盐水泥熟料、15％～50％两种或两种以上规定的混合材料、适量石膏磨细制成的水硬性胶凝材料	P·C	介于普通水泥与火山灰水泥，矿渣水泥以及粉煤灰水泥性能之间，当复掺混合材料较少（小于20％）时，它的性能与普通水泥相似，随着混合材料复掺量的增加，性能也趋向所掺混合材料的水泥	32.5、32.5R、42.5、42.5R、52.5、52.5R	

常用水泥的选用　　　　　　　　　　　　　　表 2-50

混凝土工程特点 或所处环境条件		优先选用	可以使用	不得使用
环境条件	在普通气候环境中的混凝土	普通硅酸盐水泥	矿渣硅酸盐水泥、火山灰质硅酸盐水泥、粉煤灰硅酸盐水泥	
	在干燥环境中的混凝土	普通硅酸盐水泥	矿渣硅酸盐水泥	火山灰质硅酸盐水泥、粉煤灰硅酸盐水泥
	在高湿度环境中或永远处在水下的混凝土	矿渣硅酸盐水泥	普通硅酸盐水泥、火山灰质硅酸盐水泥、粉煤灰硅酸盐水泥	
	严寒地区的露天混凝土、寒冷地区的处在水位升降范围内的混凝土	普通硅酸盐水泥	矿渣硅酸盐水泥	火山灰质硅酸盐水泥、粉煤灰硅酸盐水泥
	严寒地区处在水位升降范围内的混凝土	普通硅酸盐水泥		火山灰质硅酸盐水泥、粉煤灰硅酸盐水泥、矿渣硅酸盐水泥
	受侵蚀性环境水或侵蚀性气体作用的混凝土	根据侵蚀性介质的种类、浓度等具体条件按专门（或设计）规定选用		
	厚大体积的混凝土	粉煤灰硅酸盐水泥、矿渣硅酸盐水泥	普通硅酸盐水泥、火山灰质硅酸盐水泥	硅酸盐水泥、快硬硅酸盐水泥
工程特点	要求快硬的混凝土	快硬硅酸盐水泥、硅酸盐水泥	普通硅酸盐水泥	矿渣硅酸盐水泥、火山灰质硅酸盐水泥、粉煤灰硅酸盐水泥
	高强（大于 C60）的混凝土	硅酸盐水泥	普通硅酸盐水泥、矿渣硅酸盐水泥	火山灰质硅酸盐水泥、粉煤灰硅酸盐水泥
	有抗渗性要求的混凝土	普通硅酸盐水泥、火山灰质硅酸盐水泥		不宜使用矿渣硅酸盐水泥
	有耐磨性要求的混凝土	硅酸盐水泥、普通硅酸盐水泥	矿渣硅酸盐水泥	火山灰质硅酸盐水泥、粉煤灰硅酸盐水泥

注：1. 蒸汽养护时用的水泥品种，宜根据具体条件通过试验确定；
　　2. 复合硅酸盐水泥选用应根据其混合材的比例确定。

（2）不同品种水泥的适用范围，参见表 2-51。

各种水泥的适用范围　　　　　　　　　　　　　表 2-51

项次	水泥名称	标准编号	基本用途	可用范围	不适用范围	使用注意事项
1	硅酸盐水泥	GB 175—2007 /XG1—2009	混凝土、钢筋混凝土和预应力混凝土的地上、地下和水中结构		受侵蚀水（海水、矿物水、工业废水等）及压力水作用的结构	使用加气剂可提高抗冻能力
2	普通硅酸盐水泥					

项次	水泥名称	标准编号	基本用途	可用范围	不适用范围	使用注意事项
3	矿渣硅酸盐水泥	GB 175—2007 /XG1—2009	混凝土和钢筋混凝土的地上、地下和水中的结构以及抗硫酸盐侵蚀的结构		需早期发挥强度的结构	加强洒水养护，冬期施工注意保温
4	火山灰质硅酸盐水泥			高温条件下的地上一般建筑	1. 受反复冻融及干湿循环作用的结构 2. 干燥环境中的结构	
5	粉煤灰硅酸盐水泥		混凝土和钢筋混凝土的地上、地下和水中的结构；抗硫酸盐侵蚀的结构；大体积水工混凝土		需早期发挥强度的结构	
6	抗硫酸盐硅酸盐水泥	GB 748—2005	受硫酸盐水溶液侵蚀，反复冻融及干湿循环作用的混凝土及钢筋混凝土结构	受硫酸盐（SO_4^{2-}离子浓度在 2500mg/L 以下）水溶液侵蚀的混凝土及钢筋混凝土结构		配制混凝土的水灰比应小结
7	高抗硫酸盐水泥			受硫酸盐（SO_4^{2-}离子浓度在 2500～10000mg/L 以下）水溶液侵蚀的混凝土及钢筋混凝土结构		严格控制水灰比
8	高强硅酸盐水泥		要求快硬、高强的混凝土、钢筋混凝土和预应力混凝土结构			1. 贮存过久，易风化变质 2. 需强烈搅拌，并最好采用预振和加压振捣
9	矾土水泥（高铝水泥）	GB 201—2000	1. 耐热（＜1300℃）混凝土 2. 抗腐蚀（如弱酸性腐蚀、硫酸盐、镁盐腐蚀）的混凝土和钢筋混凝土	1. 特殊需要的抢修抢建工程 2. 在−5℃以上施工的工程	1. 蒸汽养护的混凝土 2. 连续浇筑的大体积混凝土 3. 与碱液接触的工程 4. 不宜制作薄壁构件	1. 后期强度有下降，混凝土应以最低强度稳定值作为设计强度 2. 不得与硅酸盐水泥、石灰及碱性物质混合 3. 未经试验不得使用外掺剂 4. 钢筋混凝土结构的钢筋保护层应加大 1～2cm 5. 在混凝土硬化过程中，环境温度不得超过 30℃

4. 混凝土早强剂成分及使用量

混凝土早强剂成分及使用量参见表 2-52。

混凝土早强剂成分及使用量　　　　　　　表 2-52

项次	早 强 剂 名 称	使用掺量 （占水泥质量的％）	适 用 范 围	使 用 效 果
1	氯化钙（$CaCl_2$）	2	低温或常温硬化	7d 强度与不掺者对比约可提高 20％～40％
2	硫酸钠	1～2	低温硬化	7d 强度可提高 28％～34％
3	硫酸钾	0.5～2	低温硬化	7d 强度可提高 20％～40％
4	三乙醇胺［$N(C_2H_4OH)_3$］	0.05	常温硬化	3～5d 可达到设计强度的 70％
5	三异丙醇胺［$N(C_3H_6OH)_3$］ 硫酸亚铁（$FeSO_4 \cdot 7H_2O$）	0.03 0.5	常温硬化	5～7d 可达到设计强度的 70％
6	硫酸钠（Na_2SO_4） 亚硝酸钠（$NaNO_2$）	3 4	低温硬化	在 $-5℃$ 条件下，28d 可达到设计强度的 70％
7	三乙醇胺 硫酸钠 亚硝酸钠	0.03 3 6	低温硬化	在 $-10℃$ 条件下，1～2d 可达到设计强度的 70％
8	硫酸钠 石膏（$CaSO_4 \cdot 2H_2O$）	2 1	蒸汽养护	蒸汽养护 6h，与不掺者对比，强度约可提高 30％～100％
9	硫酸钠 蔗糖一钙（$C_{12}H_{22}O_{11} \cdot CaO_2$）	2 0.05	常温硬化	3～5d 可达设计强度的 70％

注：1. 以上配方均可用于混凝土及钢筋混凝土工程中；

　　2. 使用氯化钙或其他氯化物作早强剂时，尚应遵守施工验收规范的有关规定。

2.6.3　工程量计算参考数据

1. 钢筋混凝土构件参考含钢量及规格

（1）捣制 $10m^3$ 钢筋混凝土构件参考含钢量及规格，见表 2-53。

捣制 $10m^3$ 钢筋混凝土构件参考含钢量及规格　　　　表 2-53

项　目		含钢量 （t）	其　中									
			Φ6	Φ8	Φ10	Φ12	Φ14	Φ16	Φ18	Φ20	Φ22	Φ25
基础	柱基	0.40	0.014			0.285				0.101		
	杯形基础	0.20		0.200								
	带形基础	0.70	0.140			0.105			0.455			
梁	单梁	1.35	0.182			0.394					0.774	
	框架连续梁	1.29	0.085	0.205	0.107	0.186	0.196		0.135	0.296		0.079
柱	周长 1.2m 内	1.20	0.164					0.191			0.845	
	周长 1.8m 内	1.20	0.164					0.191			0.845	

续表

项目		含钢量(t)	其中									
			Φ6	Φ8	Φ10	Φ12	Φ14	Φ16	Φ18	Φ20	Φ22	Φ25
肋形板	工业用	1.25	0.139	0.238		0.147			0.276		0.185	
	民用	0.70	0.470	0.080	0.060			0.090				0.264
过梁圈梁压顶	过梁	1.00	0.238			0.762						
	圈梁	0.78	0.184			0.596						
	压顶	0.50	0.500									
平板	6~8cm厚	0.90	0.151			0.749						
	8~12cm厚	0.85	0.142			0.708						
楼梯	工业用	0.19/m²	0.064			0.051		0.076				
	民用	0.12/m²	0.064		0.028	0.027		0.010				
阳台、雨篷	阳台	0.22/10m²	0.049		0.127	0.045						
	雨篷	0.10/10m²	0.010	0.057		0.032						
挑檐、天沟	挑檐	0.95			0.950							
	天沟	0.98	0.107			0.121	0.044			0.707		
盥洗槽	简单	0.50	0.500									
	复杂	0.80	0.800									
墙	地下室墙	0.90		0.450		0.455						
	防震墙	1.00		0.500		0.500						
沟	暖气沟	0.88	0.455	0.425								
	电缆沟	0.92	0.475	0.444								
栏板	平板式	0.045/10m	0.016	0.029								
	花格式	0.020/10m	0.007	0.013								

（2）预制 10m³ 钢筋混凝土构件参考含钢量及规格，见表 2-54。

预制 10m³ 钢筋混凝土构件参考含钢量及规格　　　　表 2-54

项目	含钢量(t)	其中												冷拔丝
		Φ6	Φ8	Φ10	Φ12	Φ14	Φ16	Φ18	Φ20	Φ22	Φ25	Φ28	Φ30	
矩形柱	1.634		0.278						1.356					
其他柱	1.437		0.201				0.072				1.164			
吊车梁	1.555	0.311		0.156					1.088					
T形梁、工字梁	1.340	0.268		0.134					0.938					
过梁、矩形梁	1.763	0.264							1.499					
支架	1.662			0.349			0.053			0.412		0.848		
拱形桁架、人字架	3.047	0.286		0.280		0.706					1.875			
锯齿形屋架	2.140	0.092	0.210	0.199	0.263							1.376		
混合屋架	1.581	0.149		0.145		0.315					0.972			

续表

项 目	含钢量 (t)	其 中												冷拔 丝
		Φ6	Φ8	Φ10	Φ12	Φ14	Φ16	Φ18	Φ20	Φ22	Φ25	Φ28	Φ30	
天窗架、端壁	1.128	0.142	0.018	0.259	0.567			0.028			0.113			
上下坎、檩条、支撑	0.761	0.065	0.100					0.182	0.301					0.113
挑檐、天沟	0.351			0.316		0.035								
空心板	0.444			0.221	0.069									0.154
平板	0.473	0.237	0.236											
肋形、槽形板	0.887			0.657										0.230
薄壳板	0.878	0.439	0.439											
楼梯	0.962	0.192	0.353	0.024	0.086					0.307				
其他小型构件	0.800	0.800												
预应力吊车梁	0.462	0.092		0.046					0.324					
预应力组合屋架	0.780	0.073		0.072		0.155					0.48			
预应力 18m 双拼拱架	1.661	0.156		0.153		0.330					1.022			
预应力 30m 双拼拱架	1.605	0.152		0.148		0.319					0.986			

2. 各类结构钢筋长度计算

(1) 梁柱开口箍筋长度，见表 2-55。

梁柱开口箍筋长度（cm） 表 2-55

箍形：开口箍

加构尺寸，$H \leqslant 35$cm 时，加 10cm

$H \leqslant 50$cm 时，加 12cm

$H > 50$cm 时，加 15cm

梁宽 梁高	8	10	12	15	18	20	22	25	30
20	46	48	50	—	—	—	—	63	—
25	56	58	60	63	—	—	—	73	—
30	66	68	70	73	75	—	—	83	—
35	—	—	80	83	85	88	—	93	—
40	—	—	—	95	98	100	102	105	110
45	—	—	—	105	108	110	112	115	120
50	—	—	—	—	118	120	122	125	130
55	—	—	—	—	131	133	135	138	143
60	—	—	—	—	—	143	145	148	153
65	—	—	—	—	—	—	155	158	163
70	—	—	—	—	—	—	—	168	173
75	—	—	—	—	—	—	—	178	183

（2）箍筋弯钩增加长度，见表2-56。

表 2-56

箍筋弯钩增加长度（mm）

受力钢筋直径 (mm)	箍 筋 直 径（mm）				
	5	6	8	10	12
10～25	50	64	72	80	108
28～32	—	84	92	100	138

注：表中为两个弯钩的增加长度，已扣除了三个90°弯曲时的伸长值。下料长度＝箍筋周长＋表中数值。

（3）圆形柱螺旋钢筋长度，见表2-57。

表 2-57

每米高圆形柱螺旋钢筋长度

柱径 D (cm)	20	25	30	35	40	45	50	55
保护层 d (cm)	2.5	2.5	2.5	2.5	2.5	2.5	2.5	2.5
螺旋距 (cm) / 钢筋长度 (m)								
5	10.11	12.64	15.79	18.93	22	25.18	28.33	31.43
6	8.42	10.53	13.15	15.77	18.37	20.98	23.6	26.19
8	6.32	7.95	9.12	11.89	13.84	15.8	17.76	19.7
10	5.09	6.36	7.93	9.51	10.07	12.64	14.21	15.76
15	3.39	4.25	5.29	6.34	7.39	8.43	9.48	10.21

（4）直钢筋两端弯起长度，见表2-58。

表 2-58

直钢筋两端弯起长度（△值）（mm）

直径 (mm) / △值 (mm)	保护层（mm）			直径 (mm) / △值 (mm)	保护层（mm）		
	$a=10$	$a=15$	$a=20$		$a=10$	$a=15$	$a=20$
4	30	20	—	19			188
5	43	33	13	20			200
6	55	45	25	22			225
8	80	70	50	24			250
9	93	83	63	25			263
10	105	95	75	26			275
12	130	120	100	28			300
14		145	125	30			325
16		170	150	32			350
18			175	35			388

注：钢筋长＝$L+\triangle$（L为混凝土构件长）

$\triangle=12.5d-2a$

式中 d——钢筋直径；a——保护层。

（5）弯起钢筋长度，见表 2-59。

弯起钢筋长度计算 表 2-59

弯起钢筋形状	H (cm)	α=30°			H (cm)	α=45°			H (cm)	α=60°		
		S	L	S−L		S	L	S−L		S	L	S−L
	6	12	10	2	20	28	20	8	75	86	44	42
	7	14	12	2	25	35	25	10	80	92	46	46
	8	16	14	2	30	42	30	12	85	98	49	49
	9	18	16	2	35	49	35	14	90	104	52	52
	10	20	17	3	40	56	40	16	95	109	55	54
	11	22	19	3	45	63	45	18	100	115	58	57
	12	24	21	3	50	71	50	21	105	121	61	60
	13	26	22	4	55	78	55	23	110	127	64	63
	14	28	24	4	60	85	60	25	115	132	67	65
	15	30	26	4	65	92	65	27	120	138	70	68
α (°)	S	L	S−L	16	32	28	4	70	99	70	29	125	144	73	71
30	2.00H	1.73H	0.27H	17	34	29	5	75	106	75	31	130	150	75	75
45	1.41H	1.00H	0.41H	18	36	31	5	80	113	80	33	135	155	78	77
60	1.15H	0.58H	0.57H	19	38	33	5	85	120	85	35	140	161	81	80

注：表内为减去保护层弯起钢筋之净高。

（6）板内弯筋增加长度：双弯见表 2-60，单弯见表 2-61。

板内弯筋（双弯）增加长度（Δ双） 表 2-60

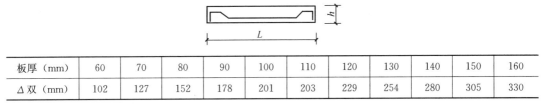

板厚（mm）	60	70	80	90	100	110	120	130	140	150	160
Δ双（mm）	102	127	152	178	201	203	229	254	280	305	330

注：钢筋长=L+Δ双，Δ双=2.54h−5.08a（钢筋端头如不到板底则再减 2a），

其中　a——保护层厚，弯起角=30°；

当 h≤100mm 时，a=10；h>100mm 时，a=15。

板内弯筋（单弯）增加长度（Δ单）（mm） 表 2-61

板厚 h（mm） ＼ Δ单（mm） ＼ 直径 d（mm）	60	70	80	90	100	110	120	130	140	150	160
4	66	79	92	104	117	113	125	138	151	164	176
5	72	85	98	110	123	119	131	144	157	170	182

续表

板厚 h（mm） $\triangle$ 单（mm） 直径 d（mm）	60	70	80	90	100	110	120	130	140	150	160
6	79	92	105	117	130	126	138	151	164	177	189
8	91	104	117	129	142	138	150	163	176	189	201
9	97	110	123	135	148	144	156	169	182	195	207
10	104	117	130	142	155	151	163	176	189	202	214
12	116	129	142	154	167	163	175	187	200	214	226
14	141	124	154	167	180	175	187	200	213	226	238

注：钢筋长＝L＋△单，△单＝1.27h＋6.25d－3.54a（直弯钩端头不到板底时则再减 1a），

其中 a——保护层厚，弯起角＝30°；

当板厚 h≤100mm 时，a＝10；h＞100mm 时，a＝15。

（7）梁内弯起钢筋增加长度，见表 2-62。

梁内弯起钢筋增加长度（△单） 表 2-62

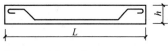

说明：钢筋长＝L＋△梁，a 为保护层厚 25mm，△梁＝2（h－2a）×0.414＋12.5d－2a＝0.828h＋12.5d－91.4，弯起角＝45。本表用于单排钢筋

梁高 h(mm) △值(mm) 直径 d(mm)	150	200	250	300	350	400	450	500	550	600	650	700	800	900
12	183	224	266	307	348	390	431	473	514	555	597			
14	208	249	291	332	373	415	456	498	539	580	622	663		
16	233	274	316	357	398	440	481	523	564	605	647	688	764	
18	258	299	341	382	423	465	506	548	589	630	672	713	789	870
19	271	312	354	395	436	478	519	561	602	643	685	726	804	885
20	283	324	366	407	448	490	531	573	614	655	697	738	814	895
22		349	391	432	473	515	556	598	639	680	722	763	839	920
24				457	498	540	581	623	664	705	747	788	864	945
25				470	511	553	594	636	677	718	760	801	879	960
26						606	648	689	730	772	813	889	970	
28						631	673	714	755	797	838	914	995	
30							698	739	780	822	863	939	1020	
32							723	764	805	847	888	964	1045	
35							763	804	845	887	928	1002	1083	

（8）钢筋弯钩搭接长度，见表 2-63。

钢筋弯钩搭接长度 表 2-63

形式	平筋搭接	平筋弯钩	竖筋搭接	斜筋挑钩	弯钩搭接	直插铁直钩
钢筋搭接长度 直径(mm) 倍数 长度(cm)	30d	6.25d	20d	38d	36.25d	3d
6	18.0	3.750	12.0	22.8	21.750	1.8
8	24.0	5.000	16.0	30.4	29.000	2.4
9	27.0	5.625	18.0	34.2	32.625	2.7
10	30.0	6.250	20.0	38.0	36.250	3.0
12	36.0	7.500	24.0	45.6	43.500	3.6
14	42.0	8.750	28.0	53.2	50.750	4.2
16	48.0	10.000	32.0	60.8	58.000	4.8
18	54.0	11.250	36.0	68.4	65.250	5.4
19	57.0	11.870	38.0	72.2	68.875	5.7
20	60.0	12.500	40.0	76.0	72.750	6.0
22	66.0	13.750	44.0	83.6	79.250	6.6
25	75.0	15.625	50.0	95.0	90.250	7.5
28	84.0	17.500	56.0	106.4	101.500	8.4
32	96.0	20.000	64.0	121.6	116.000	9.6
36	108.0	22.500	72.0	136.8	130.500	10.8

（9）钢筋弯钩增加长度，见表 2-64。

钢筋弯钩增加的长度 表 2-64

弯曲角度（°）	180	135	90
增加长度	6.25d	4.9d	3.5d

注：弯钩内径 2.5d，平直部分 3d。

（10）钢筋弯曲伸长值，见表 2-65。

钢筋弯曲伸长值（量度差值） 表 2-65

弯曲角度（°）	30	45	60	90	135
伸长值	0.35d	0.5d	0.75d	1.75d	2.5d

注：1. d 为钢筋直径；

2. 钢筋量度差值的含意是：钢筋设计图示尺寸，一般为外包长度，钢筋弯曲时，内皮收缩，外皮延伸，而钢筋轴线长度不变，外包尺寸大于中心线长度，他们之间的差值，即所谓量度差值。量度差值又称钢筋弯曲伸长值，或标弯曲调整值。

（11）光面钢筋弯钩、搭接长度及质量，见表 2-66。

光面钢筋弯钩、搭接长度及质量　　　　　　　　　　　　　　　表 2-66

钢筋直径 （mm）	弯钩6.25d （m）	弯钩12.5d （m）	搭接30d （m）	搭接20d （m）	焊接5d （m）	对头焊2d （m）	截面积 （cm²）	理论质量 （kg/m）
5	0.031	0.063	0.15	0.1	0.025	0.01	0.196	0.154
6	0.038	0.075	0.18	0.12	0.03	0.012	0.283	0.222
8	0.05	0.1	0.24	0.16	0.04	0.016	0.503	0.395
9	0.056	0.113	0.27	0.18	0.045	0.018	0.636	0.499
10	0.063	0.125	0.3	0.2	0.05	0.02	0.785	0.617
12	0.075	0.15	0.36	0.24	0.06	0.024	1.131	0.888
15	0.094	0.188	0.45	0.3	0.075	0.03	1.767	1.39
16	0.1	0.2	0.48	0.32	0.08	0.032	2.011	1.58
19	0.119	0.238	0.57	0.38	0.095	0.038	2.835	2.23
20	0.125	0.25	0.6	0.4	0.1	0.04	3.142	2.47
22	0.138	0.275	0.66	0.44	0.11	0.044	3.801	2.98
25	0.156	0.313	0.75	0.5	0.125	0.05	4.909	3.85
28	0.175	0.35	0.84	0.56	0.14	0.056	6.158	4.83
30	0.188	0.375	0.9	0.6	0.15	0.06	7.069	5.55
32	0.2	0.4	0.96	0.64	0.16	0.064	8.042	6.31
34	0.213	0.425	1.02	0.68	0.17	0.068	9.079	7.13
36	0.225	0.45	1.08	0.72	0.18	0.072	10.18	7.99
38	0.238	0.475	1.14	0.76	0.19	0.076	11.34	8.9
40	0.25	0.5	1.2	0.8	0.2	0.08	12.57	9.87

3. 钢筋、钢丝规格及质量

（1）螺纹及竹节钢筋规格及质量，见表 2-67、表 2-68。

螺纹钢筋规格及质量　　　　　　　　　　　　　　　表 2-67

直径 （mm）	截面积 （cm²）	质量 （kg/m）	直径 （mm）	截面积 （cm²）	质量 （kg/m）
6	0.283	0.222	28	6.16	4.83
7	0.385	0.302	32	8.04	6.31
8	0.503	0.395	36	10.18	7.99
9	0.636	0.500	40	12.57	9.87
10	0.785	0.62	45	15.90	12.48
12	1.131	0.89	50	19.63	15.41
14	1.54	1.21	55	23.76	18.65
16	2.01	1.58	60	28.27	22.19
18	2.54	2.00	70	38.48	30.21
20	3.14	2.47	80	50.27	39.46
22	3.80	2.98	90	63.62	49.94
25	4.91	3.85			

竹节钢筋规格及质量　　　　　　表 2-68

直径 (mm)	圆 (kg/m)	方 (kg/m)	直径 (mm)	圆 (kg/m)	方 (kg/m)
5	0.222	0.283	20	2.470	3.140
9	0.499	0.636	22	2.980	3.800
10	0.617	0.785	25	3.850	4.910
12	0.888	1.130	28	4.830	6.150
16	1.580	2.010	30	5.550	7.070
19	2.230	2.830	32	6.310	8.040

（2）低碳钢丝、电镀锌钢丝规格及质量，见表 2-69。

低碳钢丝、电镀锌钢丝的规格及质量　　　　　　表 2-69

型号	公称直径（mm）		理论质量	每捆质量	型号	公称直径（mm）		理论质量	每捆质量
	低碳钢丝	电镀、热镀锌钢丝	(kg/100m)	(kg)		低碳钢丝	电镀、热镀锌钢丝	(kg/100m)	(kg)
	0.16		0.0158		19	1.00	1.00	0.617	25
	0.18		0.0200		18	1.20	1.20	0.888	25、50
33	0.20	0.20	0.0247	[10]、[5]	17	1.40	1.40	1.21	25、50
32	0.22	0.22	0.0298	(10)	16	1.60	1.60	1.58	25、50
31	0.25	0.25	0.0385	[10]、[5]	15	1.80	1.80	2.00	25、50
30	0.28	0.28	0.0483	(10)	14	2.00	2.00	2.47	25、50
29	0.30	0.3	0.0555	(10)、[5]	13	2.20	2.20	2.98	50
28	0.35	0.35	0.0755	15、(10)、[5]	12	2.50	2.50	3.85	50
27	0.40	0.40	0.0987	15、(10)、[5]	11	2.80	2.80	4.82	50
26	0.45	0.45	0.125	15、(10)、[5]	10	3.0	3.0	5.55	50
25	0.50	0.50	0.154	15、(10)、[5]	9	3.5	3.5	7.55	50
24	0.55	0.55	0.187	25	8	4.0	4.0	9.87	50
23	0.60	0.60	0.222	25	7	4.5	4.5	12.50	50
22	0.70	0.70	0.302	25	6	5.0	5.0	15.40	50
21	0.80	0.80	0.395	25	5	5.50	5.50	18.70	50
20	0.90	0.90	0.499	25	4	6.0	6.0	22.20	50

注：1. 低碳钢丝的规格为 0.16～10mm，本表仅列常用规格；

2. 理论的数值未计镀层的质量；

3. 热镀锌公称直径中没有 0.22、0.28、0.55mm 三种规格、括号（　）和 [　] 分别为电镀锌和热镀锌每捆质量，其他均与低碳钢丝相同。

2.7 预制混凝土及金属结构构件场外运输、安装工程

2.7.1 工程量计算

1. 构件运输

(1) 构件运输按表 2-70 进行分类计算。

构 件 运 输 分 类 表 2-70

构件分项		内 容
钢筋混凝土及金属结构构件	Ⅰ类	各类屋架, 桁架, 托架梁, 9m 以上的薄腹梁、梁、柱、桩, 门式刚架
	Ⅱ类	9m 以内的薄腹梁、梁、柱、桩, 各类支架, 大型屋面板, TTIF 型板, 槽形板, 肋形板, 空心板, 平板, 檩条, 水平支撑, 天沟板, 楼梯段, 楼梯斜梁, 休息台, 阳台, 雨篷, 踏步板, 挑檐板, 过梁, 垃圾道, 烟道, 通风道, 围墙柱, 加气混凝土板, 桩尖, 沟盖板, 隔热板, 花格, 井圈, 井盖, 预制水磨石零件等
	Ⅲ类	天窗架, 天窗端壁, 挡风架, 侧板, 垂直支撑、上下挡, 钢筋混凝土门、窗框, 木板大门的钢骨架, 特种钢大门, 钢平台, 钢栏杆, 钢扶梯
	Ⅳ类	工业墙板, 全装配内外墙板, 大楼板, 拱板, 折板

(2) 由加工厂或现场制作的成品堆置场至安装地点的水平运输距离, 可按自加工厂或现场堆置中心点至建筑物中心点间的距离计算。

(3) 构件自现场加工地点或现场制作的成品堆置场至建筑物中心点的距离, 定额内一般已包括 150m 的运输费用, 超过 150m 时方可计算运输费。

(4) 由加工厂运至现场的构件或现场就位制作的构件, 如确因条件限制, 不能按照规定位置堆放或制作, 造成构件二次运输时, 可按 1km 以内构件运输定额计算。

(5) 预制混凝土构件的运输工程量, 即等于预制混凝土构件的制作工程量, 运输及安装损耗按定额规定计算; 金属结构构件的运输工程量, 即等于金属构件的安装工程量。

(6) 加气混凝土板运输, 按每 1m³ 加气混凝土板折合 0.4m³ 钢筋混凝土计算。

2. 构件安装

(1) 预制钢筋混凝土柱、梁焊接组成的框架结构, 柱安装按框架柱计算, 梁安装按框架梁计算。

(2) 预制钢筋混凝土柱不分工型、矩型、空腹、双肢、空心柱等, 均按柱安装计算。

(3) 多节预制钢筋混凝土柱安装, 首层柱按柱安装计算, 首层以上的柱安装按柱接柱计算。

(4) 预制混凝土柱接柱如设计规定采用钢筋焊接, 现浇柱接点时, 其现浇混凝土体积按图示现浇钢筋土柱接头体积计算。

(5) 组合屋架系指上弦为钢筋混凝土, 下弦为型钢组合而成。计算工程量时, 应按混凝土体积计算, 钢杆件部分不另计算。

(6) 小型构件安装适用于遮阳板、通风道、垃圾道、烟道、围墙柱、楼梯踏步、壁柜、吊柜隔板、隔断板以及单体体积小于 0.1m³ 的构件安装。

(7) 预制花格安装, 按小型构件安装定额计算; 其体积按设计外形面积乘厚度以 m³

计算，不扣除镂空体积。

(8) 预制构件安装工程量，不应包括构件运输及安装损耗，应按施工图示实体积计算。

(9) 全程配壁板接头灌缝的工程量，按下列规定计算：

1) 外墙板空腔防水，分别根据外墙的厚度，按外墙板的实体积计算（包括混凝土及保温材料的厚度，不包括抹灰厚度，下同）。

2) 外墙板空腔灌缝（包括立缝及水平空腔灌缝）按外墙板的实体积计算。

3) 内墙板空腔灌缝，按内墙板的实体积计算。

4) 外墙板勾缝，按外墙面垂直投影面积计算，不扣除门窗洞口及空圈等所占的面积。

5) 大楼板接头灌缝，按大楼板实体积计算。

3. 金属结构构件安装

(1) 金属结构构件拼装及安装工程量，应按构件制作工程量另加 1.5% 焊条重量计算。

(2) 平台安装工程量，包括平台柱、平台梁、平台板、平台斜撑等安装。依附于平台上的扶梯及栏杆应另列项目计算。

(3) 墙架安装工程量，包括墙架柱、墙架梁、连系拉杆和拉筋等。墙架上的防风桁架应另列项目计算。

(4) 梯子安装包括板式踏步、篦式踏步扶梯及直式爬梯、U 形爬梯的重量。

2.7.2 定额基础资料

1. 构件分类及装载系数

装载系数是指因构件外形体积与其实体积的差异以及尚未达到规定强度，装运时不能叠压等原因造成的实际装载量与车辆额定吨位数之比。即

$$装载系数 = \frac{实际装载吨位}{车辆额定吨位} \tag{2-25}$$

构件分类及其装载系数，参见表 2-71。

构件分类及装载系数　　　　　　　　　　　表 2-71

类别	项　　目	计量单位	装载系数		选　用		每车装卸时间 (min)
			混凝土构件	钢构件	车　种	吨位	
I	各类屋架、桁架、托架、9m 以上薄腹架	10t	0.55	0.47	拖车	20	45
II	柱、梁、桩、9m 以内薄腹梁、大型屋面板、槽形板、肋形板、天沟板、空心楼板、平板、小型配套构件、檩条、楼梯、阳台	10t	0.88	0.74	单机	4	20
						8	30
						15	38
					拖车	10	30
						20	38
III	天窗架、挡风架、端壁板、侧板、上下挡、各种支撑、V 型折板	10t	0.7	0.6	单机	4	30
						8	45
						15	57
					拖车	10	45
						20	60

续表

类别	项目	计量单位	装载系数		选用		每车装卸时间(min)
			混凝土构件	钢构件	车种	吨位	
Ⅳ	框架墙板、工业墙板	车次	—	—	专用车	内插	45
						外驼	30
Ⅴ 全装配	外墙板、承重内墙板、大楼板、电梯间板、管道层内外墙板	车次	—	—	驼架专用车	7	38
	内墙板、隔墙板				拖板、解放半挂、驼架专用车	7	45
	配套构件、休息台、挑檐板、阳台栏板、小楼板、通风道、垃圾道、雨篷	10t	0.9	—			

2. 运输机械

(1) 常用构件运输载重汽车规格,见表 2-72。

常用构件运输载重汽车规格 表 2-72

厂牌型号 / 参数	东风		黄河	解放	长征	斯达-斯太尔		交通
	EQ1130F (EQ144)	EQ1141G (EQ153)	JN163	CA1141Tz	T815	1491-280 1043	1291-260/56	SH1261-4 (SH161A-4)
载重量(t)	8	8	10	8	15	21	11	15
主要尺寸(mm) 外形尺寸 长	8163	7730	10140	8745	8874	9196	10196	10280
宽	2470	2470	2495	2476	2500	2458	2458	2600
高	2493	2710	2955	2425	3130	2956	2096	2965
货台尺寸 长	5300	5300	6731	5740	6232	7462	7760	7000
宽	2294	2294	2270	2300	2300	2368	2372	2500
高	550	550	550	550	550	620	600	650
最高时速(km/h)	80	88	83	85	88	85	90	75
最大爬坡度(%)	18	28	24	20	43.3	35.1	43.9	29
最小转弯半径(m)	10	8	11	10.2	10	10	11	11.5

(2) 常用构件运输平板型拖车规格,见表 2-73 和表 2-74。

牵引车(拖车头)技术参数 表 2-73

技术参数 \ 厂型	捷克 T813	长征 XD980	汉阳 HY462	汉阳 HY471	汉阳 HY473
牵引重量(t)	100	100	32	61	62
主要尺寸(mm) 长	7760	7650	5545	6895	7245
宽	2500	2580	2500	2580	2580
高	2620	2550	2765	2765	2900
轴距	1650 2700	3500	3200	3200+1350	3500+1350
最小离地高	380	290	340		

续表

技术参数＼厂型	捷克 T813	长征 XD980	汉阳 HY462	汉阳 HY471	汉阳 HY473
最小转弯半径（m）	9.75	9.2	7.25	10	10
最高时速（km/h）	70	37.8	60	62	64
发动机型号（功率）（hp）	T930 250	12V110F	抗发 X6130	道依兹 F10L413F	道依兹 F12L413F

牵引平板技术参数   表 2-74

参数＼型号	半 挂							全 挂	
	GNBG 17.13	GNBG 17.13A	GNBG 17.13B	HY 955	HY 951B	HY 960	HY 962	SSG 880	QG 150
配用牵引车头	解放或东风			HY462	HY462	HY471	HY473	XD160	SH980 220HD
载重量（t）	10	10	10	20	25	50	50	80	150
外形尺寸（mm） 长	10800	12000	13650	9150	10070	10945	10945	11995	14800
宽	2500	2500	2500	2440	3050	3220	3220	3550	3700
高	2400	2400	2400	1970	1950	3075	2920	2050	1600
货台尺寸（mm） 长	7100	8000	9900	9020	7000	6965	6965	7000	12600
宽	2300	2300	2300	2350	3050	3220	3220	3500	3560
高	500	500	500	540	1140	1150	1150	1298	1432
最高行驶速度（km/h）	70	65	65	61	61	62	64		
爬坡能力（%）	18	18	18	18	15	18	24		
最小转弯半径（m）	7.2	8	8	9	9.75	11	14	10.7	10.4

2.8 木 结 构 工 程

2.8.1 工程量计算

1. 普通木门窗及工业木窗

(1) 普通木门窗框及工业木窗框的制作及安装，应区别单、双裁口，按图示框外围长度计算。框的余长和伸入窗内部分及安装用的木砖，不另计算。

(2) 普通木门窗扇、工业窗扇及厂库房大门扇等制作及安装，按图示门窗尺寸，以每平方米扇面积计算。

(3) 普通木门窗、工业木窗，如设计规定为部分框上安玻璃时，扇的制作、安装应与框上安玻璃分别计算。框上安玻璃应以安玻璃部分的框外围面积计算。

(4) 天窗木框架制作、安装，以图示竣工木料立方米计算。天窗上、下封口板，按图示封口板实钉面积计算。

（5）门连窗的窗扇和门扇制作、安装，其窗扇和门扇应分别计算。

（6）普通钢门窗上安玻璃，按框外围面积计算。钢门部分安玻璃时，按安玻璃部分的框外围面积计算。

（7）木窗台板，按图示窗台板长度和宽度计算。设计未注明，可按窗框的外围宽度加10cm 计算，凸出墙面的宽度可按抹灰面外加 5cm 计算。

（8）窗帘盒和窗帘棍，按图示尺寸以延长米计算。如设计未规定时，可按窗框的外围宽度加 30cm 计算。

（9）挂镜线，按图示长度的延长米计算。当其与门窗贴脸或窗帘盒连接时，应扣除门窗框宽度或窗帘盒的长度。

（10）门窗贴脸，按门窗框的外围以延长米计算。双面钉贴脸加倍计算。

（11）暖气罩、玻璃黑板，按图示边框外围尺寸以垂直投影面积计算。

2. 间壁墙

（1）间壁墙按图示尺寸以平方米计算。应扣除门窗洞口面积，不扣除面积在 0.3m² 以内的孔洞。

（2）木墙裙、护壁板，按图示净铺面积以平方米计算。

（3）木间壁、木墙裙及护壁板钉压条，按图示长度延长米计算。

（4）厕、浴木隔断，按图示长度及高度，以平方米计算（门扇面积并入隔断面积内）。其高度自下横枋底面算至上横枋顶面。

（5）预制钢筋混凝土厕、浴隔断上的门扇，按普通木门扇制作、安装的相应计算规则计算。

（6）半截玻璃间壁，上部玻璃间壁部分和下部砖墙或其他间壁部分应分别计算。

3. 吊顶顶棚

（1）吊顶顶棚以主墙间吊顶面积计算，不扣除间壁墙、检查洞及穿过顶棚的柱、垛和附墙烟囱等所占的面积。

（2）檐口顶棚按设计宽度以延长米计算。

4. 木地板木楼梯

（1）木地板以主墙间的净面积计算。不扣除间壁墙和穿过木地板的柱、垛以及附墙烟囱等所占的面积。门和空圈的开口部分亦不增加。

（2）木踢脚板，按图示宽度和长度以平方米计算。计算长度时不扣除门洞口和空圈处的长度，但侧壁部分亦不增加。柱、垛踢脚板合并计算。

（3）木楼梯，按图示水平投影面积计算。楼梯井宽度超过 30cm 时应予扣除。

（4）栏杆和扶手，均按图示长度以延长米计算。如设计未规定长度时，其长度可按全部水平投影长度乘以系数 1.15 计算。

5. 木结构

（1）屋架按图示竣工木料以立方米计算。屋架设计规定需刨光时，按加刨光损耗（一面刨光增加 3mm，两面刨光增加 5mm）后的毛料计算。附属于屋架的木夹板、垫木等不另计算；与屋架连接的挑檐木、支撑等，均按竣工木料并入屋架体积内计算。

（2）带气楼屋架的气楼部分及马尾、折角和正交部分的半屋架，并入相连接的正屋架的竣工材积内计算。

（3）屋架的跨度，按屋架支点两端上、下弦中心线交点之间的长度计算。

（4）檩木，按图示规格及其长度，按竣工木料以立方米计算。檩垫木或钉在屋架上的檩托木不另计算。简支檩长度按设计规定计算，如设计未规定时，按屋架或山墙中距增加20cm接头计算（两端出山墙檩条算至搏风板）。连续檩的长度按设计长度计算，如设计未规定时，其接头长度按全部连续檩的总长度增加5%计算。

（5）檐子、挂瓦条、檩木上钉屋面板等木基层，均按屋面的斜面积计算。天窗挑檐重叠部分按设计规定增加，屋面烟囱及斜沟部分所占的面积不予扣除。

（6）无檐口顶棚的封檐板，按檐口的外围长度计算：搏风板按其水平投影长度乘屋面坡度的延长系数后每头加 50cm 计算。

2.8.2　木材分类及出材率

（1）木材按材种的分类，见表 2-75。

木 材 材 种 分 类　　　　　　　　　　　　表 2-75

分类名称	说　　　　明	主　要　用　途
原条	系指已经除去皮、根、树梢的木料，但尚未按一定尺寸加工成规定的材类	建筑工程的脚手架，建筑用材，家具等
原木	系指已经除去皮、根、树梢的木料，并已按一定尺寸加工成规定直径和长度的材料	1. 直接使用的原木，用于建筑工程（如屋架、檩、椽等）、桩木、电杆、坑木等 2. 加工原木：用于胶合板、造船、车辆、机械模型及一般加工用材等
板枋材	系指已经加工锯解成材的木料。凡宽度为厚度三倍或三倍以上的，称为板材，不足三倍的称为枋材	建筑工程，桥梁，家具，造船，车辆，包装箱板等
枕木	系指按枕木断面和长度加工而成的成材	铁道工程，工厂专用线

注：目前原木、原条，有的去皮，有的不去皮。但不去皮者，其皮不计在木材材积以内。

（2）原木分类，参见表 2-76。

原 木 分 类　　　　　　　　　　　　表 2-76

材　种	用　　途		径　级（mm）	长　度（m）
直接用原木	电杆	（普通）	120～180	6～8.5
		（特级）	180～240	9～12
	桩木	（普通）	180～240	6～8.5
		（特级）	200～230	9～12
加工用原木（一般用材）	结构、门窗、家具、地板、屋面板、模板		>200	针叶树 2～8 阔叶树 2～6
加工用原木（特殊用材）	胶合板材		>260	2；4；5；6；7；8
	造船材		>240	针叶树>6 阔叶树 3～6
	车辆材		针叶树>240	3；6
			阔叶树>200	2～6

（3）板材、方材制材分类，参见表 2-77。

板材、方材制材分类   表 2-77

材　种	板　材	方　材
区分	按比例分： $b:d \geqslant 3$　　　　中板 $d=19\sim35$ 按厚度分（mm）：　厚板 $d=36\sim65$ 薄板 $d\leqslant18$　　　特厚板 $d\geqslant66$	按比例分： $b:d<3$　　　　中方 $=55\sim100$ 按乘积分（cm²）：　大方 $=101\sim225$ 小方 <54　　　特大方 >226
长度（m）	针叶树：$1\sim8$　　　阔叶树：$1\sim6$	

（4）板材、方材宽度、厚度划分标准，参见表 2-78。

板材、方材宽度、厚度划分标准   表 2-78

材种		厚度 (mm)	50	60	70	80	90	100	120	150	180	210	240	270	300	材种
板材		10	—	—	—	—	—	—	—	—	—	—				薄板
		12	—	—	—	—	—	—	—	—	—	—				
		15	—	—	—	—	—	—	—	—	—	—	—			
方材	小方	18	□	—	—	—	—	—	—	—	—	—	—			中板
		21	□	□	—	—	—	—	—	—	—	—	—			
		25	□	□	□	—	—	—	—	—	—	—	—	—		
		30	□	□	□	□	—	—	—	—	—	—	—	—	—	
		35	□	□	□	□	□	—	—	—	—	—	—	—	—	
		40	□	□	□	□	□	□	—	—	—	—	—	—	—	厚板
		45	□	□	□	□	□	□	□	—	—	—	—	—	—	
		50	□	□	□	□	□	□	□	—	—	—	—	—	—	
		55		□	□	□	□	□	□	□	—	—	—	—	—	
		60		□	□	□	□	□	□	□	—	—	—	—	—	
		65			□	□	□	□	□	□	—	—	—	—	—	
		70			□	□	□	□	□	□	□	—	—	—	—	特厚板
		75				□	□	□	□	□	□	□	—	—	—	
	中方	80				□	□	□	□	□	□	□	—	—	—	
		85					□	□	□	□	□	□	□	—	—	
		90					□	□	□	□	□	□	□	—	—	
		100						□	□	□	□	□	□	□	—	
	大方	120							□	□	□	□	□	□	□	方材
		150								□	□	□	□	□	□	
	特大方	160									□	□	□	□	□	
		180									□	□	□	□	□	
		200										□	□	□	□	
		220											□	□	□	
		240											□	□	□	
		250												□	□	
		270												□	□	
		300													□	

注：□方材；—板材。

（5）木材出材率

不同树种圆木加工成不同成材，其出材率，参见表2-79～表2-81。

杉木出材率参考　　　　　　　　　　　　　　　　　　表2-79

产品名称	混合出材率（%）	其中					薪材	锯末	耗料倍数	
		工程用材（%）	其中			毛边板材			整材（倍）	工程用材（倍）
			整材	小瓦条	灰条					
薄板	66.71	60.53	49.40	7.30	3.83	6.18	15.13	18.16	2.02	1.65
中板	77.42	69.27	58.60	7.05	3.62	8.15	10.26	12.32	1.70	1.44
厚板	83.84	71.67	55.65	8.07	7.95	12.17	7.30	8.86	1.80	1.39
特厚板	80.80	69.05	56.63	3.25	9.17	11.75	8.73	10.41	1.76	1.45
小方	73.44	65.97	50.76	7.11	8.14	7.47	12.17	14.30	1.97	1.51
中方	78.40	71.13	53.24	3.27	14.62	7.27	9.82	11.78	1.88	1.40
大方	78.98	76.63	53.29	3.34	20.00	2.35	9.58	11.44	1.71	1.30
特大方	84.81	67.80	55.30	3.50	9.00	16.61	7.08	8.50	1.80	1.47
平均数	78.00	69.01	54.11	5.36	9.54	8.99	10.00	12.00	1.83	1.45

东北红、白松出材率参考　　　　　　　　　　　　　表2-80

产品名称	出材率（%）					
	混合出材率	正产品	副产品	联产品	薪材	锯末
薄板	66.89	45.55	9.30	12.04	5.83	27.28
中板	80.60	58.00	10.55	12.05	2.01	17.39
厚板	83.36	56.00	12.36	15.00	1.34	15.30
特厚板	73.00	50.32	9.93	12.75	2.07	24.93
小方	73.83	48.49	12.05	13.29	3.97	22.20
中方	78.86	55.69	8.98	14.19	2.55	18.59
大方	84.36	58.88	10.30	15.18	1.35	14.29
特大方	83.00	57.22	11.29	14.49	2.22	14.79
平均数	78.00	53.77	10.60	13.63	2.66	19.34

桦木出材率参考　　　　　　　　　　　　　　　　　表2-81

产品名称	出材率（%）					
	正产品	副产品	薪材	锯末	耗料倍数	混合出材率
中板	40.00	11.40	34.20	14.40	2.50	51.40
中方	40.00	10.00	35.00	15.00	2.50	50.00
薄板	35.00	7.85	23.55	33.60	2.85	42.85
平均数	38.33	9.75	30.92	21.00	2.62	48.08

（6）加工 $1m^3$ 成材需耗用原木数量，参见表2-82。

加工 1m³ 成材需耗用原木数量   表 2-82

项　　目		解 板 料（厚度：cm）					锯 枋 料			
		薄板	中板	厚板	3.4	5.6	小枋	中枋	大枋	特大枋
耗用原木（m³）	人工加工	—	—	—	1.54	1.52	—	1.5	1.43	1.36
	机械加工　圆锯机	2.06	1.69	1.67	—	—	1.79	1.55	1.47	1.40
	带锯机	2.0	1.65	1.63	—	—	1.77	1.53	—	—

注：1. 原木消耗以二等材为准，如系一等材应乘 0.95 系数，三等材乘 1.04 系数；
　　2. 用杉木解锯时原木用量乘 1.13 系数。

2.9 楼 地 面 工 程

2.9.1 工程量计算

（1）楼地面层、找平层：按主墙间的净空面积计算，应扣除凸出地面的构筑物、设备基础及室内铁道及不作面层的地沟盖板等所占的面积，不扣除柱、垛、间壁墙、附墙烟囱及 0.3m² 以内孔洞所占的面积。门洞、空圈和暖气槽、壁龛的开口部分亦不增加。

（2）垫层：楼地面垫层，按楼地面面积乘以设计规定厚度，以立方米计算。

（3）防潮层：地面防潮层与地面面积算法相同，与墙面连接处高在 50cm 以内的并入平面计算。超过 50cm 的，其立面部分全部按墙面计算。墙基防潮层，外墙长度以外墙中心线，内墙按内墙净长线乘宽度计算；墙身防潮按图示尺寸，不扣除 0.3m² 以内的孔洞面积，以平方米计算。

（4）伸缩缝：屋面、墙面及地面伸缩缝，按不同材料分别以延长米计算。外墙伸缩缝内外双面填缝时，按双面计算。

（5）踢脚线：按不同材料及作法以平方米计算。其长度不扣除门洞口及空圈处的长度，侧壁部分亦不增加，柱的踢脚线合并计算。

（6）水泥砂浆及水磨石楼梯面层包括踏步和中间休息平台。楼梯与楼面以楼梯梁内边缘为界。楼梯井宽度超过 50cm 时应予扣除。

（7）楼梯防滑条按设计规定长度计算。如设计未规定时，可按踏步长度两边共减 30cm 计算。

（8）墙脚护坡可按外墙的外围长度加四个护坡的宽度以平方米计算。穿过护坡的踏步和花台等面积应予扣除。

（9）防滑坡道按斜面积计算。坡道与台阶相连处，以台阶外围面积为分界。

（10）剁假石台阶，按图示尺寸以展开面积计算。

2.9.2 定额基础资料

（1）楼地面垫层材料压实系数，参见表 2-83。

楼地面垫层材料压实系数　　　　　　　　　　表 2-83

名　　称	虚铺厚（cm）	压实厚（cm）	压实系数
黏土	21	15	1.4
砂			1.13
碎（砾）石			1.08
天然级配砂石			1.2
人工级配砂石			1.04
碎砖			1.3
干铺炉渣			1.2
灰土	15～25	10～15	1.6
碎砖三、四合土	14.5	10	1.45
碎（砾）石三、四合土	14.5	10	1.45
石灰、炉（矿）渣	16	11	1.46
水泥、石灰、炉（矿）渣	16	11	1.46

（2）卷材防水层刷油厚度，参见表 2-84。

卷材防水层刷油厚度（mm）　　　　　　　　表 2-84

项　　目		卷材防潮层						刷热沥青		刷玛琋脂		刷冷底子油	
		沥青			玛琋脂			第一遍	每增一遍	第一遍	每增一遍	第一遍	第二遍
		底层	中层	面层	底层	中层	面层						
平　面		1.7	1.3	1.2	1.9	1.5	1.4	1.6	1.3	1.7	1.4	0.13	0.16
立面	砖墙面	—	—	—	—	—	—	1.9	1.6	2.0	1.7	—	—
	抹灰混凝土面	1.8	1.4	1.3	2.0	1.6	1.5	1.7	1.4	1.8	1.5	0.13	0.16

（3）整体面层做法及厚度参见表 2-85。

整体面层做法及厚度　　　　　　　　　　表 2-85

项目名称	厚　度（cm）			说　　明
	底　层	面　层	总　厚	
水泥砂浆面层			2	
一次抹光（加浆）			1	
水磨石地面	1.5	1.2	2.7	另加磨耗 2mm
楼梯水泥砂浆抹面			2	
楼梯水磨石	1.5	1.2	2.7	另加磨耗 2mm
水泥砂浆踢脚线	1.5	1	2.5	另加底层嵌灰缝 0.7mm
水磨石踢脚线	1.5	1.2	2.7	另加磨耗 2mm
菱苦土面层	1.5	1.0	2.5	
砖（混凝土）台阶			2	砖 台 阶 另 加 嵌 灰 缝 0.7mm
坡道			2.5	
斩假石	1.5	1	2.5	

（4）块料面层做法及材料用量计算

1）块料面层做法：块料面层做法及分层厚度，参见表 2-86。

块料面层做法及分层厚度　　　　　　　　　　　　表 2-86

序号	项　目			块料规格（cm）	灰　缝（cm）		结合层厚（cm）	底层（找平）（cm）
					宽	深		
1	方整石	砂缝砂结合层		20×30×12	0.5	12	2	—
2		砂浆缝砂浆结合层		20×30×12	0.5	12	1.5	—
3	红（青）砖	砂缝砂结合层	平铺	24×11.5×5.3	0.5	5.3	1.5	—
4			侧铺	24×11.5×5.3	0.5	11.5	1.5	—
5	缸砖	砂缝结合层		15×15×1.5	0.2	1.5	0.5	2.00
6		沥青结合层		15×15×1.5	0.2	1.5	0.4	—
7	水泥砂浆结合层	陶瓷锦砖（马赛克）		—	—		0.5	2.00
8		混凝土板		40×40×6	0.6	6	0.5	2.00
9		水泥砖		20×20×2.5	0.2	2.5	0.5	2.00
10		大理石板		50×50×2	0.1	2	0.5	2.00
11		菱苦土板		25×25×2	0.3	2	0.5	2.00
12		水磨石板	地面	30.5×30.5×5	0.2	2	0.5	2.00
13			楼梯面	—			0.3	2.00
14			踢脚板	—			0.3	2.00
15	红砖	砂浆缝、砂浆结合层	平铺	24×11.5×5.3	0.5	5.3	1.5	
16			侧铺	24×11.5×5.3	0.5	11.5	1.5	
17	红砖	沥青缝、沥青结合层	平铺	24×11.5×5.3	0.2	5.3	1.5	
18			侧铺	24×11.5×5.3	0.2	11.5	1.5	
19	铸石板、砂缝、砂垫层			30×30×6	0.2	0.6	4.0	
20	陶瓷锦砖、沥青结合层				0.2	0.5	1.5	

2）块料面层材料用量计算

① 块料板（砖）单位用量：每 100m² 楼地面面积块料板（砖）用量，可按式（2-26）计算，即

$$块料用量 = \frac{100}{（块料长度＋灰缝宽度）×（块料宽度＋灰缝宽度）} ×（1＋损耗率）\quad (2\text{-}26)$$

② 结合层材料用量：每 100m² 楼地面面积块料面层的结合层材料用量，可按（2-27）计算，即

$$结合层材料用量 = 100m² × 结合层厚度 ×（1＋损耗率）\quad (2\text{-}27)$$

③ 灰缝材料用量：每 100m² 楼地面面积块料面层的灰缝材料用量，可按式（2-28）计算，即

灰缝材料用量 =（块料长度×块料宽度）× 每 100m² 块料用量 × 灰缝深度 ×（1＋损耗率）

$$水泥（强度等级 42.5）：涂料色浆：面层罩光涂料 = 1：0.5：0.17 \quad (2\text{-}28)$$

面层罩光涂料加颜色时，其配合比为：

铁红色　罩光涂料：氧化铁＝10：1

橘红色　罩光涂料：氧化铁红：氧化铁黄＝10：0.5：0.5

橘黄色　罩光涂料：氧化铁红：氧化铁黄＝10：0.3：0.7

每 10m² 面层涂料参考用量约为 1.8kg 左右。

2.10　屋　面　工　程

2.10.1　工程量计算

(1) 保温层：按图示尺寸面积乘以平均厚度，以立方米计算。不扣除房上烟囱、风帽底座所占体积。

(2) 瓦屋面：按图示尺寸的水平投影面积乘以屋面延尺系数，以平方米计算。不扣除房上烟囱、风帽底座、风道、屋面小气窗和斜沟等所占面积。屋面小气窗出檐与屋面重叠部分的面积亦不增加。但天窗出檐部分重叠的面积，应并入相应屋面面积内计算。

(3) 卷材屋面：按图示尺寸的水平投影面积乘以屋面延尺系数，以平方米计算。不扣除房上烟囱、风帽底座、风道、斜沟等所占面积。平屋面的女儿墙和天窗等处弯起部分和天窗出檐部分重叠的面积，应按图示尺寸，并入相应屋面面积内计算；弯起部分应按图示尺寸计算。如图纸无规定时，伸缩缝、女儿墙的弯起部分可按 25cm 计算，天窗弯起部分可按 50cm 计算。各部位的附加层已包括在定额内，不得另计。

(4) 铁皮排水：以图示尺寸按展开面积计算。如图纸无规定时，可按表 2-87 计算。水落管的长度，应由水斗的下口算至设计室外地坪。泄水口的弯起部分不另增加。当水落管遇有外墙腰线，设计规定必须采用弯管绕过时，每个弯管折长按 25cm 计算。

铁皮排水单体零件工程量折算 　　表 2-87

名　　　　　称	单位	圆形水落管(m)	方形水落管(m)	檐沟(m)	水斗(个)	漏斗(个)	下水口(个)	备　注
水落管、檐沟、漏斗、水斗、下水口	m²	0.32	0.40	0.30	0.40	0.16	0.45	系带铁件部分

名　　　　　称	单位	天沟(m)	斜沟天窗窗台泛水(m)	天窗侧面泛水(m)	烟囱泛水(m)	通气管泛水(m)	檐头滴水(m)	滴水(m)	备　注
天沟、斜沟、天窗窗台泛水、天窗侧面泛水、烟囱泛水、通气管泛水、滴水	m²	1.30	0.50	0.70	0.80	0.22	0.24	0.11	系不带铁件部分

(5) 滴水线按设计规定计算。设计无规定时，瓦屋面可另加 5cm 计算，铁皮屋面有滴水线时，应另加 7cm 计算。

2.10.2　各种瓦的规格及搭接长（宽）度

(1) 各种平瓦规格及搭接长（宽）度，参见表 2-88。

各种平瓦规格及搭接尺寸 表 2-88

项 目	规 格 (mm)	搭接（mm） 长 向	搭接（mm） 短 向	有效面积 (m²/块)	每平方米用量 (块/m²)
青瓦（带埂或筒瓦）	(170~230)×(150~210)	80	—	0.0135~0.0315	74~32
青瓦（不带埂或筒瓦）	(170~230)×(150~210)	80	30	0.0108~0.027	92~37
黏土平瓦	(360~400)×(220~250)	75	20	0.057~0.074	17.5~13.5
水泥平瓦	(385~400)×(235~250)	85	33	0.0606~0.068	16.5~14.7
硅酸盐平瓦	400×240	85	33	0.065	15.4
炉渣平瓦	390×230	85	33	0.06	16.7
水泥炉渣平瓦	400×240	85	33	0.065	15.4
碳化灰砂瓦	380×215	85	33	0.054	18.5
煤矸石平瓦	390×240	85	33	0.063	15.9
煤矸石平瓦	350×250	85	33	0.058	17.2

（2）脊瓦规格及搭接长度，参见表 2-89。

脊瓦规格及搭接长度 表 2-89

名 称	规格（mm）	质量（kg）	每米屋脊（块）	搭接长度（mm）
黏土脊瓦	455×190×20	3.0	2.4	50
水泥脊瓦	455×165×15 455×170×15 465×175×15	3.3	2.4	55

（3）石棉瓦规格及搭接长（宽）度，见表 2-90。

石棉瓦规格及搭接长（宽）度 表 2-90

种类	长 L	宽 B	厚 D	波距 F	波高 H	边距 C₁	边距 C₂	波数 （个）	面积 (m²)	质量 (kg)	搭接（mm） 长向	搭接（mm） 短向	有效面积 (m²/块)
大波瓦	2800	994	8	166	50	55	95	6	2.78	48	150	166	1.863
	1650	994	6	166	50	55	95	6	1.64	28	150	166	1.242
中波瓦	2400	745	6.5	131	33	45	45	5.5	1.79	22	150	131	1.382
	1800	745	6	131	33	45	45	5.5	1.34	15	150	131	1.013
	1200	745	6	131	33	45	45	5.5	0.89	10	150	131	0.645
	900	745	6	131	33	45	45	5.5	0.67	7.5	150	131	0.461
小波瓦	2134	720	5	63	14~17	20	50	11.5	1.54	20	150	63	1.303
	1820	720	5	63	14~17	20	50	11.5	1.31	15	150	63	1.097
	1820	720	8	63	14~17	20	50	11.5	1.31	20	150	63	1.097

（4）石棉脊瓦规格及搭接长度，见表 2-91。

石棉脊瓦规格及搭接长度 表2-91

| 种　类 | 规　格　（mm） | | | | 角度 α | 质量 W | 搭接长度 |
	瓦体长 L	接头长 L_1	宽度 B	厚度 D	（°）	（kg）	（mm）
小波瓦	780	70	180×2	8	125	4.0	70
大、中波瓦	780	70	230×2	6	125	4.0	70

（5）瓦垄铁规格，见表2-92。

瓦垄铁规格 表2-92

名　称	型　号	长×宽（mm）	厚　度（mm）
镀锌平薄钢板	22 号	（1830～2134）×910	0.7
	24 号		0.57
	26 号		0.44
	28 号		0.35
镀锌波形薄钢板	3.5	1420×710	0.44
	4.0		0.51
	4.5		0.57
	5.0		0.63
	5.5		0.70
	6.0		0.76

注：镀锌波型薄钢板的型号按 kg/张计。

瓦垄铁搭接长度为100mm，长边搭接以1.5个波距为准。

（6）玻璃钢瓦规格，见表2-93。

玻璃钢瓦规格 表2-93

| 名　称 | 规　格 | 波长 | 波高 | 波数 | 搭接（mm） | | 有效面积 |
	（mm）	（mm）	（mm）	（个）	长向	短向	（m²/块）
波形瓦（PB75—0.8）	1800×740×0.8	75	20	10	150	110	1.04
波形瓦（PB75—1.2）	1800×740×1.2	75	20	10	150	110	1.04
波形瓦（PB75—1.6）	1800×740×1.6	75	20	10	150	110	1.04
波形瓦（PB75—2）	1800×740×2	75	20	10	150	110	1.04

2.11 耐酸、防腐、保温工程

2.11.1 工程量计算

（1）整体防腐面层、块料防腐面层及沟槽防腐，均按图示尺寸以平方米计算，扣除 $0.3m^2$ 以上的孔洞及突出地面的设备基础等所占的面积。

（2）踢脚线按净长乘高以平方米计算，扣除门、洞口所占的长度，侧壁的长度亦应增加。

（3）平面砌双层耐酸块料，按单面加倍计算。

(4) 保温隔热部分

1) 保温隔热体按图示隔热材料净厚度（不包括胶结材料的厚度）计算。外墙长度，按沿围护结构的隔热体中心线长度计算，高度按图示尺寸计算。内墙长度，按内墙净长计算，高度由地坪面算到楼板底或顶棚底面止。

2) 地坪隔热层，按围护结构墙体间净面积计算，不扣除承重柱、洞、台所占的面积。

3) 软木、泡沫塑料板、沥青稻壳板，按其长度（按隔热材料展开长度的中心线）乘图示高度及厚度，以立方米计算。软木、泡沫塑料板铺贴在混凝土板下时，以图示长、宽、厚，以立方米计算。

2.11.2 定额基础资料

(1) 玻璃钢面层的一般构造，参见表 2-94。

玻璃钢面层的一般构造 表 2-94

名 称	各 层 构 造	名 称	各 层 构 造
纯环氧地面	1. 环氧煤沥青砂浆 5～7mm 2. 四层环氧胶料贴三层玻璃布 3. 环氧胶料底子一道 4. 混凝土基层水泥砂浆压光	纯环氧地面	1. 环氧砂浆 5～7mm 2. 四层环氧胶料贴三层玻璃布 3. 环氧胶料底子一道 4. 混凝土基层水泥砂浆压光
环氧呋喃地面	1. 环氧呋喃砂浆 5～7mm 2. 四层环氧煤焦油胶料贴三层玻璃布 3. 环氧煤焦油胶料底子一道 4. 混凝土基层水泥砂浆压光	环氧煤焦油地面	1. 环氧煤焦油砂浆 5～7mm 2. 四层环氧煤焦油胶料贴三层玻璃布 3. 环氧煤焦油胶料底子一道 4. 混凝土基层水泥砂浆压光
环氧地面	1. 环氧砂浆 5～7mm 2. 四层环氧沥青胶料贴三层玻璃布 3. 环氧煤沥青胶料底子一道 4. 混凝土基层水泥砂浆压光		

(2) 常用耐腐蚀块体材料规格，参见表 2-95。

常用耐腐蚀块体材料规格参考 表 2-95

材料名称	规格（mm）		质量要求			耐腐蚀性能
	长×宽	厚	耐酸率（%）不小于	吸水率（%）不大于	热稳定性	
耐酸瓷砖	230×113 230×113 230×113 200×98	40, 65, 50 $\frac{65}{55}, \frac{65}{45}, \frac{55}{45}$ （侧面楔形） $\frac{65}{55}, \frac{65}{45}, \frac{55}{45}$ （端面楔形） 20, 30	98	2	合格	除氢氟酸、硅氟酸、热磷酸及强碱外，对各种有机、无机酸及中等浓度的各种碱均耐腐蚀
缸砖	230×113	65, 75	94	7	合格	

续表

材料名称	规格（mm）		质量要求			耐腐蚀性能
	长×宽	厚	耐酸率（%）不小于	吸水率（%）不大于	热稳定性	
耐酸瓷板	100×100 100×50 150×150 150×75 200×98	10，20 10，20 20，30 20，30 20	98	2	合格	除氢氟酸、硅氟酸、热磷酸及强碱外，对各种有机、无机酸及中等浓度的各种碱均耐腐蚀
耐酸陶板	100×100 150×150 200×200	10，15 13，15 16，20，40	97	7	合格	
铸石板	150×110 180～110 400～300 600～400	15～20 15，18，20 30～40 40以内	98	—	—	除氢氟酸及沸腾磷酸、熔融碱外，能耐各种强酸碱
不透性石墨板	110×50 110×70 150×70 200×90 240×120	10 15 10 20 50				除强氧化性酸和碱外，对大部分酸类均耐腐蚀
天然石砖	230×113 500×500	65 65，110，113	94	1.5	合格	能耐各种有机、无机酸及一定的碱腐蚀
天然石板	180×110 150×150 100×100	15～50	94	1.5	合格	

2.12 金属结构制作工程

2.12.1 工程量计算

（1）金属结构构件制作，按图示尺寸以质量"吨"为单位计算，不扣除孔眼、切肢、切边的质量，多边形钢板以其最大对角线乘以最大宽度的矩形计算。

（2）射线防护门、钢管铁丝网门制作，按门扇的外围面积计算。

（3）钢柱制作，依附于柱上的牛腿及悬臂梁的质量，应并入柱的质量内。

（4）吊车梁制作，依附于吊车梁上的连接钢板质量，并入吊车梁质量内。

（5）钢屋架制作，依附于屋架上的檩托、角钢质量，并入钢屋架质量内。

（6）钢托架制作，依附于托架上的牛腿或悬臂梁的质量，并入钢托架质量内。

（7）钢墙架制作，墙架柱、墙架梁及连系拉杆质量，并入钢墙架质量内。

（8）天窗挡风架制作，柱侧挡风板及挡雨板支架质量，并入天窗挡风架质量内。天窗架制作，天窗架上的横挡支爪、檩条爪，应并入天窗架质量内计算。

（9）钢檩条区分组成式及型钢式，以"t"为单位计算。圆钢式檩条按组成式钢檩条制作定额执行。

（10）钢支撑（拉杆）制作，包括柱间、屋架间水平及垂直支撑（拉杆），以"t"为单位计算。

（11）钢平台制作，平台柱、平台梁、平台板（花纹板或篦式的）、平台斜撑等质量，应并入钢平台质量内。

（12）钢扶梯制作，包括梯梁、踏步、依附于扶梯上的扶手及栏杆质量，应并入钢扶梯质量内。

2.12.2　常用金属结构件质量

（1）钢平台及栏杆质量计算，见表 2-96。

钢平台及栏杆质量计算　　　　表 2-96

构件类别	钢平台平台板组成			栏　杆
	钢　板	扁钢篦子板	圆钢篦子板	圆钢及型钢
单位质量（kg/m²）	85	71	92	9

（2）钢吊车梁（实腹式）质量计算，见表 2-97。

钢吊车梁（实腹式）质量计算（kg/根）　　　　表 2-97

吊车梁跨度（m）	吊车工作制	吊车跨度（m）	吊车最大起质量（t）							
			5	10	15	20	30	50	75	100
5.5	中	10.5～11	659	718	730	765	1069	—	—	—
		13～17	659	718	730	808	1069	—	—	—
		19～20	659	718	765	808	1162	—	—	1879
6		22～24	659	718	765	850	1162	1389	—	1918
		25～27	659	769	825	850	1162	—	—	—
		28～30	659	769	825	984	1162	1591	—	—
		31～32	817	834	850	984	1236	—	—	—
12	级	10～11	1803	1965	2435	2569	3262	—	—	—
		13～14	1803	2112	2435	2569	3262	—	—	—
		16～17	1803	2112	2435	2706	3495	—	—	—
		19～21	1803	2112	2569	3119	3495	—	5005	5379
		22～23	1900	2247	2569	3119	3495	—	—	5510
		25～26	1900	2247	2706	3119	3813	—	—	—
		28～30	2118	2309	2706	3262	3813	4677	—	5649
		31～32	2118	2435	3119	3262	3813	—	—	—
5.5	重	22	—	—	—	—	—	—	—	—
		16	805	1008	—	—	1269	—	1789	—
6		22～23	969	1294	—	—	1500	—	—	—
		25～26	974	—	—	—	—	—	—	—
		28～29	—	—	—	—	1544	—	—	—
12	级	16～17	—	2749	—	—	—	4787	—	—
		22～26	2403	3025	—	—	4139	—	—	—
		28～30	—	—	—	—	4788	—	5161	—

（3）金属悬挂单轨质量计算，见表 2-98。

金属悬挂单轨质量计算　　　　表 2-98

工字钢型号	20a	22a	24a	27a	30a	33a	36a	40a
单位质量（kg/m）	40.3	45.4	49.8	55.2	60.4	65.8	72.3	100.0

（4）钢门窗质量计算，见表 2-99。

钢门窗质量计算　　　　　　　　　　　　　　　　　　　　表 2-99

钢　　门	横　芯			横芯带纱门			十字芯			十字芯带纱门		
	主 材 规 格（厚度 cm）											
	2.5	3.2	3.8	2.5	3.2	3.8	2.5	3.2	3.8	2.5	3.2	3.8
	每 1m² 钢门质量（kg）											
有亮子半截玻璃门	—	28.06	32.94	—	42.71	47.59	—	29.28	34.16	—	43.93	48.81
无亮子半截玻璃门	—	25.62	30.50	—	40.27	45.14	—	26.84	31.72	—	41.49	46.37
有亮子玻璃钢窗	19.52	24.40	—	25.36	30.26	—	20.74	25.62	—	26.60	31.48	—
无亮子玻璃钢窗	17.08	21.96	—	22.94	27.82	—	18.30	23.18	—	24.16	29.04	—

钢翻窗	圆　　形		方　　形	
	主 材 规 格（厚度 cm）			
	3.2	3.8	3.2	3.8
	每 1m² 翻窗质量（厚度 cm）			
玻璃钢翻窗	17.08	24.40	18.30	25.62

2.13　装　饰　工　程

2.13.1　工程量计算

1. 顶棚抹灰

（1）顶棚抹灰，按主墙间的净空面积计算。有坡度及拱形的顶棚，按展开面积计算。带有钢筋混凝土梁的顶棚，梁的侧面抹灰面积，并入顶棚抹灰面积内计算。不扣除间壁墙、垛、柱、附墙烟囱、附墙通风道、检查孔、管道及灰线等所占面积。

（2）带密肋的小梁及井字梁的顶棚抹灰，以展开面积计算。

（3）檐口顶棚抹灰，按图示长、宽计算。

（4）楼梯底面抹灰，按其水平投影面积计算。

（5）槽形板、大型屋面板、折板下勾缝、喷浆，按水平投影面积乘以系数 1.4 计算。平板、空心板下勾缝，按水平投影面积计算。

（6）阳台、雨篷、挑沿下抹灰，按设计图示尺寸计算。

2. 外墙面抹灰

（1）外墙面、墙裙抹灰，按外墙周长乘以高度，以平方米计算。扣除门窗洞口、空圈、腰线、挑沿、门窗口套、遮阳板所占的面积；不扣除 0.3m² 以内的孔洞面积。门窗洞口及空圈的侧壁和垛的侧壁，按展开面积计算，并入相同的墙面抹灰面积内。

（2）带压顶的女儿墙，其压顶部分按展开面积计算。

（3）独立柱应按柱周长和柱高展开面积计算。

（4）腰线按图示尺寸展开面积计算。

（5）天沟、泛水、阳台栏板、外窗台板、压顶、窗间墙及窗下墙、烟囱帽、烟囱根及烟囱眼、垃圾箱、通风口、上人孔，按图示尺寸展开面积计算。

3. 内墙面抹面

（1）内墙面抹灰面积，应扣除门窗口、空圈所占的面积，不扣除踢脚板、挂镜线、

0.3m^2 以内的孔洞和墙与构件交接处的面积，洞口侧壁和顶面亦不增加。垛的侧面抹灰面积并入墙面抹灰面积内计算。其长度，以主墙间的图示净长计算。其高度：有墙裙的，自墙裙顶点算至顶棚底面或板底面；无墙裙的，自室内地坪面或楼板面算至顶棚底面或板底面。

（2）内墙裙抹灰面积，以内墙净长度乘图示高度计算，扣除门窗洞口和空圈所占面积，也不增加门窗洞口和空圈的侧壁和顶面的面积。柱抹灰，按周长及柱高展开面积计算。柱与梁接头的面积，不予扣除。

4. 镶贴块料面层

镶贴块料面层根据图示面积计算。

5. 油漆涂料、壁纸

（1）木材面油漆：区别不同油漆种类及刷油部位，按定额规定或参照表 2-100 各类系数以平方米或延长米计算。

（2）金属面油漆，分别不同油漆种类及刷油部分，按定额规定或参照表 2-101 工程量系数以 m^2 或 t 计算。

木材面油漆工程量的系数　　　　　　　　　　表 2-100

	项　　目	系数	计　算　方　法
1	单层木窗或部分带框上安玻璃	1.00	框外围面积
2	双层木玻璃窗或部分带框上安玻璃	1.60	
3	单层木窗带纱扇（一玻一纱）	1.36	
4	单层木窗部分带纱扇	1.28	
5	单层木窗部分带纱扇部分带框上安玻璃	1.14	
6	木百叶窗	1.46	
7	单层木板门或单层玻璃镶板门	1.00	
8	单层全玻璃门	0.83	
9	单层半截玻璃门	0.83	
10	纱门扇及纱亮子双层木门（一玻一纱）	1.36	
11	半截百叶门	1.25	
12	全百叶门	1.40	
13	厂库房大门	1.10	
14	特种门（包括冷藏门）	1.00	
15	单层木组合窗或部分带框上安玻璃	0.83	
16	双层木组合窗或部分带框上安玻璃	1.60	
17	单层木组合窗带纱扇	1.40	
18	单层木组合窗部分带纱扇	1.28	
19	单层木组合窗部分固定部分带纱扇	1.14	
20	木扶手（不带托板）	1.00	延长米
21	木扶手（带托板）	2.50	
22	窗帘盒	2.00	
23	封檐板、博风板	1.70	
24	挂衣板、黑板框、宣传栏框	0.50	
25	挂镜线、窗帘棍、顶棚压条、电线槽板	0.40	
26	木板、胶合板、纤维板顶棚	1.00	长×宽
27	屋面板、带檩条	1.10	斜长×宽
28	清水板条檐口顶棚	1.10	长×宽
29	吸音板墙面或顶棚	0.87	
30	鱼鳞板墙	2.40	

	项　　目	系数	计　算　方　法
31	暖气罩	1.30	
32	屋顶上人孔盖板、检查口	0.87	长×宽
33	筒子板	0.83	
34	木护墙、木墙裙	0.91	
35	壁橱	0.83	各面投影面积之和，不展开
36	方木屋架	1.77	跨度×中高×1/2
37	木地板	1.00	长×宽
38	木楼梯	2.30	水平投影（不包括底面）
39	木踢脚板	0.16	延长 m

金属面油漆工程量的系数　　　　　　　　表 2-101

	项　　目	系数	计　算　方　法
1	普通单层钢门窗	1.00	
2	普通单层钢门窗带纱或双层钢门窗	1.48	
3	普通单层钢门窗部分带纱扇	1.30	
4	钢平开折叠推拉大门及射线防护门	1.70	框外围面积
5	钢半截百叶门	2.22	
6	钢百叶门窗	2.74	
7	钢丝（板）网大门	0.81	
8	间壁	1.85	长×宽
9	钢屋架、天窗架、挡风架、屋架梁、支撑、檩条	1.00	
10	钢墙架	0.70	
11	钢柱、吊车梁、花式梁、柱	0.63	
12	钢操作台、走台、制动梁、车挡	0.71	
13	钢栅栏门、栏杆、窗栅	1.71	t
14	钢爬梯及踏步式钢扶梯	1.18	
15	轻型钢屋架	1.42	
16	零星铁件	1.32	
17	平铁皮屋面	1.00	斜长×宽
18	瓦垄铁皮屋面	1.20	
19	包镀锌铁皮门	2.20	框外围面积
20	吸气罩	1.63	水平投影面积
21	铁皮排水、伸缩缝盖板	1.00	利用相应工程量

（3）抹灰面油漆、喷（刷）浆，可按相应的抹灰面积计算。

（4）贴壁纸：墙面、顶棚、柱面贴壁纸，按图示尺寸以实铺面积计算。

2.13.2　工程量计算参考数据

（1）顶棚粉刷工程量计算系数，见表 2-102。

（2）现浇钢筋混凝土构件粉刷工程量面积计算，见表 2-103。

（3）预制钢筋混凝土构件粉刷工程量面积计算，见表 2-104。

顶棚粉刷工程量计算系数　　　　　　　　　　　表 2-102

项　　目	单　位	工程量系数	备　　注
钢筋混凝土肋形板顶棚底粉刷	m²	1.20	按水平投影面积×系数
钢筋混凝土密肋小梁顶棚底粉刷	m²	1.40	按水平投影面积×系数
钢筋混凝土雨篷、阳台顶台粉刷	m²	1.70	按水平投影面积×系数
钢筋混凝土雨篷、阳台底面粉刷	m²	0.80	按水平投影面积×系数
钢筋混凝土栏板粉刷	m²	2.10	按垂直投影面积×系数

现浇钢筋混凝土构件粉刷工程量　　　　　　　　表 2-103

项　　目	单　位	粉刷面积（m²）	备　　注
无筋混凝土柱	m³	10.0	每 1m³ 构件的粉刷面积
钢筋混凝土柱	m³	10.0	每 1m³ 构件的粉刷面积
钢筋混凝土圆柱	m³	10.0	每 1m³ 构件的粉刷面积
钢筋混凝土单梁、连续梁	m³	12.0	每 1m³ 构件的粉刷面积
钢筋混凝土吊车梁	m³	1.9/8.1	金属屑/刷白（每 1m³ 构件）
钢筋混凝土异形梁	m³	8.7	每 1m³ 构件的粉刷面积
钢筋混凝土墙	m³	8.3	单面（外面与内面同）
无筋混凝土墙	m³	8.3	单面（外面与内面同）
无筋混凝土挡土墙、地下室墙	m³	5.0	单面（外面与内面同）
毛石挡土墙及地下室墙	m³	5.0	单面（外面与内面同）
钢筋混凝土挡土墙、地下室墙	m³	5.0	单面（外面与内面同）
钢筋混凝土压顶	m³	0.67	每延长米粉刷面积
钢筋混凝土暖气沟、电缆沟	m³	14.0/9.6	内面与外面
钢筋混凝土贮仓料斗	m³	7.5/7.5	内面与外面
无筋混凝土台阶	m³	20.0	

预制钢筋混凝土构件粉刷工程量　　　　　　　　表 2-104

项　　目	单位	粉刷面积（m²）	备　　注	项　　目	单位	粉刷面积（m²）	备　　注
矩形柱、圆形柱	m³	10.0	每 1m³ 构件的粉刷面积	平板	m³	12.0	
工形柱	m³	19.0	每 1m³ 构件的粉刷面积	薄腹屋面梁	m³	12.0	
双肢柱	m³	10.0	每 1m³ 构件的粉刷面积	桁架	m³	20.0	
矩形梁	m³	12.0	每 1m³ 构件的粉刷面积	三角屋架	m³	25.0	
吊车梁	m³	1.9/8.1	金属屑/刷白	檩条	m³	28.0	
T 形梁	m³	19.0		天窗端壁	m³	30.0	双面
大型屋面板	m³	44.0	单面（即底面）	天窗支架	m³	30.0	
密肋形屋面板	m³	24.0		气楼檐口	m³	25.0	
泡沫混凝土保温板（无筋）	m³	24.0	单面	楼梯段	m³	14.0/11.6	面层/底层
				楼梯踏步	m³	16.6/14.4	面层/底层
泡沫混凝土屋面板（有筋）	m³	24.0	单面	压顶	m³	28.0	
				阳台	m³	14.2/6.6	面层/底层

续表

项　目	单位	粉刷面积 (m²)	备　注	项　目	单位	粉刷面积 (m²)	备　注
地沟盖板	m³	24.0	单面	支撑、支架	m³	25.0	
厕所踏板	m³	16.7	双面	皮带走廊框架	m³	10.0	
空花栏板	m³	3.0		皮带走廊箱子	m³	7.5	单面（内、外面相同）
大型墙板	m³	30.0	双面	槅栅	m³	28.0	
间壁	m³	25.0	双面	雨篷	m³	12.0/6.5	面层/底层

（4）外窗台抹灰面积，见表2-105。

外窗台抹灰面积（m²）　　　　　　　　　　　　　　　　　　　　　　　　　表2-105

窗宽 B（m） 墙厚（m）	0.56	0.60	0.66	0.80	0.90	1.00	1.20	1.42
0.240	0.274	0.288	0.310	0.360	0.396	0.432	0.504	0.583
0.365	0.365	0.384	0.413	0.480	0.528	0.576	0.672	0.778
0.490	0.456	0.480	0.516	0.600	0.660	0.720	0.840	0.972

窗宽 B（m） 墙厚（m）	1.50	1.74	1.80	2.40	3.00	3.60	4.80	6.00
0.240	0.612	0.698	0.720	0.936	1.152	1.368	1.800	2.232
0.365	0.816	0.931	0.960	1.248	1.536	1.824	2.400	2.976
0.490	1.020	1.164	1.200	1.560	1.920	2.280	3.000	3.720

（5）抹灰砂浆种类分层厚度，参见表2-106。

抹灰砂浆种类及分层厚度　　　　　　　　　　　　　　　　　　　　　　表2-106

石　灰　砂　浆								

项　目			底　层		中　层		面　层		总厚度 (mm)
			砂　浆	厚度 (mm)	砂　浆	厚度 (mm)	砂　浆	厚度 (mm)	
天 棚	普通	混凝土	水泥石灰纸筋砂浆	7			纸筋灰浆	2.5	9.5
		板　条	石灰柴泥浆	15			纸筋灰浆	2.5	17.5
	中级	混凝土	水泥纸筋灰浆	3	石灰砂浆1:2.5	7	纸筋灰浆	2.5	12.5
		钢丝网	混合砂浆1:1:4	7	石灰砂浆1:2.5	8	纸筋灰浆	2.5	17.5
		板　条	石灰砂浆1:2.5	8	石灰砂浆1:2.5	7	纸筋灰浆	2.5	17.5
	高级	混凝土	水泥砂浆1:1	3	混合砂浆1:1:4	9	纸筋灰浆	2.5	14.5
		钢丝网	混合砂浆1:1:4	9	混合砂浆1:1:4	7	纸筋灰浆	2.5	18.5
		板　条	石灰砂浆1:2.5	9	石灰砂浆1:2.5	7	纸筋灰浆	2.5	18.5
	装饰 线	三道内	水泥纸筋灰浆				纸筋灰浆		
		五道内	水泥纸筋灰浆				纸筋灰浆		

续表

石灰砂浆

项目			底层		中层		面层		总厚度(mm)
			砂浆	厚度(mm)	砂浆	厚度(mm)	砂浆	厚度(mm)	
墙面		毛石墙	石灰砂浆1:3	22	石灰砂浆1:3	8	纸筋灰浆	2.5	32.5
	普通	砖墙	石灰柴泥浆	16			纸筋灰浆	2.5	18.5
		混凝土	混合砂浆1:1:6	10			纸筋灰浆	2.5	12.5
		板条	石灰柴泥浆	16			纸筋灰浆	2.5	18.5
	中级	砖墙	石灰砂浆1:3	9	石灰砂浆1:3	8	纸筋灰浆	2.5	19.5
		混凝土	混合砂浆1:1:6	8	混合砂浆1:1:6	8	纸筋灰浆	2.5	18.5
		钢丝网	混合砂浆1:1:6	8	石灰砂浆1:3	9		纸筋灰浆2.5	19.5
		板条	石灰砂浆1:3	9	石灰砂浆1:3	8		纸筋灰浆2.5	19.5
	高级	砖墙	石灰砂浆1:3	9	石灰砂浆1:3	9	纸筋灰浆1	纸筋灰浆2.5	21.5
		混凝土	混合砂浆1:1:6	8	混合砂浆1:1:6	9	纸筋灰浆1	纸筋灰浆2.5	20.5
		钢丝网	混合砂浆1:1:6	9	混合砂浆1:1:6	9	纸筋灰浆1	纸筋灰浆2.5	21.5
		板条	石灰砂浆1:3	9	石灰砂浆1:3	9	纸筋灰浆1	纸筋灰浆2.5	21.5
梁柱	中级	混凝土梁、柱	混合砂浆1:1:6	8	混合砂浆1:1:6	8		纸筋灰浆2.5	18.5
		砖柱	石灰砂浆1:2.5	9	石灰砂浆1:2.5	8		纸筋灰浆2.5	19.5
	高级	混凝土梁、柱	混合砂浆1:1:4	8	混合砂浆1:1:4	9	纸筋灰浆2	纸筋灰浆2.5	21.5
		砖柱	石灰砂浆1:2.5	9	石灰砂浆1:2.5	9	纸筋灰浆2	纸筋灰浆2.5	22.5
砖内墙	两遍石灰砂浆		石灰砂浆1:3	13			石灰砂浆1:2.5厚7		20
砖外墙			石灰砂浆1:3	12			石灰砂浆1:2.5厚8		20

水泥砂浆及混合砂浆

项目			底层		面层		总厚度(mm)
			砂浆	厚度(mm)	砂浆	厚度(mm)	
天棚		钢板网	混合砂浆1:1:4	9	水泥砂浆1:2.5	8	17
	混凝土	水泥砂浆	水泥石灰纸筋砂浆	7	水泥砂浆1:2.5	8	15
		混合砂浆	混合砂浆1:1:4	7	混合砂浆1:1:4	8	15
		混合砂浆一次抹面			混合砂浆1:1:4	8	8
		预制板下勾缝	水泥纸筋灰浆				
墙面	砖墙	水泥砂浆	水泥砂浆1:3	12	水泥砂浆1:2.5	8	20
		混合砂浆	混合砂浆1:1:6	12	混合砂浆1:1:6	8	20
		水泥白石屑浆	水泥砂浆1:3	12	水泥白石屑砂浆1:2	8	20
	混凝土墙	水泥砂浆	水泥砂浆1:3	12	水泥砂浆1:2.5	7	19
		混合砂浆一次抹面			混合砂浆1:1:6	5	5
	轻质墙	水泥砂浆	混合砂浆1:1:6	13	水泥砂浆1:2.5	7	20
		混合砂浆	混合砂浆1:1:6	13	混合砂浆1:1:6	7	20

续表

项　目			水泥砂浆及混合砂浆			
			底　层		面　层		总厚度 (mm)
			砂　浆	厚度 (mm)	砂　浆	厚度 (mm)	

项　目			底层砂浆	底层厚度	面层砂浆	面层厚度	总厚度(mm)
墙面	毛石墙	水泥砂浆	水泥砂浆 1:3	22	水泥砂浆 1:2.5	10	32
		混合砂浆	混合砂浆 1:1:6	22	混合砂浆 1:1:6	10	32
	钢板网墙	水泥砂浆	水泥砂浆 1:3	13	水泥砂浆 1:2.5	7	20
		混合砂浆	混合砂浆 1:1:6	13	混合砂浆 1:1:6	7	20
	内墙裙	砖墙	水泥砂浆 1:3	15	水泥砂浆 1:2.5	10	25
	内墙裙	石墙	水泥砂浆 1:3	25	水泥砂浆 1:2.5	10	35
	外墙裙	砖墙	水泥砂浆 1:3	15	水泥砂浆 1:2.5	7	22
		石墙	水泥砂浆 1:3	25	水泥砂浆 1:2.5	9	34
挑沿、天沟、腰线、窗台线、门窗套		水泥砂浆	水泥砂浆 1:2.5	13	水泥砂浆 1:2	10	23
			水泥砂浆 1:2.5	13	水泥砂浆 1:2	10	23
梁、柱			水泥砂浆 1:3	12	水泥砂浆 1:2.5	8	20
阳台、雨篷	平面		水泥砂浆 1:2.5	20			20
	顶面		水泥石灰纸筋砂浆	10	纸筋灰浆	2.5	12.5
	侧面		水泥砂浆 1:3	15	水泥砂浆 1:2	7	22
遮阳板、栏板			水泥砂浆 1:3	15	水泥砂浆 1:2	7	22
黑　板			水泥砂浆 1:3	15	水泥砂浆 1:2	10	25
池槽、水箱、漏斗			水泥砂浆 1:3	15	水泥砂浆 1:2	10	25
小型砌体及设备基础			水泥砂浆 1:3	15	水泥砂浆 1:2.5	7	22

			装　饰　抹　灰				
干粘石	墙面、墙裙		水泥砂浆 1:3	13	水泥纸筋灰浆	7	20
	挑沿、腰线、栏杆、扶手		水泥砂浆 1:2.5	13	水泥纸筋灰浆	7	20
	窗台线、门窗套及其他		水泥砂浆 1:2.5	13	水泥纸筋灰浆	7	20
	梁、柱		水泥砂浆 1:3	13	水泥纸筋灰浆	7	20
	阳台、雨篷	平面	水泥砂浆 1:2	20			20
		顶面	水泥石灰纸筋砂浆	10	纸筋灰浆	2.5	12.5
		侧面	水泥砂浆 1:3	15	水泥纸筋灰浆	7	22
	遮阳板、栏板		水泥砂浆 1:3	13	水泥纸筋灰浆	7	20
剁假石	墙面、墙裙		水泥砂浆 1:3	15	水泥石屑浆 1:2	10	25
	挑沿、腰线、栏杆、扶手		水泥砂浆 1:2.5	15	水泥石屑浆 1:2	10	25
	窗台线、门窗套及其他		水泥砂浆 1:2.5	15	水泥石屑浆 1:2	10	25
	梁、柱		水泥砂浆 1:3	15	水泥石屑浆 1:2	10	25
	阳台、雨篷	平面	水泥砂浆 1:2	20			20
		顶面	水泥石灰纸筋砂浆	10	纸筋灰浆	2.5	12.5
		侧面	水泥砂浆 1:3	15	水泥纸筋灰浆	10	25

续表

项　　　目		底　　层		面　　层		总厚度 (mm)
		砂　浆	厚度 (mm)	砂　浆	厚度 (mm)	
水刷石	墙面、墙裙	水泥砂浆 1:3	15	水泥白石子浆 1:2	10	25
	梁、柱	水泥砂浆 1:3	15	水泥白石子浆 1:2	10	25
	挑沿、腰线、栏杆、扶手	水泥砂浆 1:2.5	15	水泥白石子浆 1:2	10	25
	窗台线、门窗套及其他	水泥砂浆 1:2.5	15	水泥白石子浆 1:2	10	25
	阳台、雨篷 平面	水泥砂浆 1:2	20			20
	顶面	水泥石灰纸筋砂浆	10	纸筋灰浆	2.5	12.5
	侧面	水泥砂浆 1:3	15	水泥白石子浆 1:2	10	25
	遮阳板、栏板	水泥砂浆 1:3	15	水泥白石子浆 1:2	10	25
水磨石	墙面、墙裙	水泥砂浆 1:3	15	水泥白石子浆 1:1.5	10	25
	梁、柱	水泥砂浆 1:3	15	水泥白石子浆 1:1.5	10	25
	窗台线、门窗套及其他	水泥砂浆 1:2.5	15	水泥白石子浆 1:1.5	10	25
	厕所蹲台、小便槽	水泥砂浆 1:2.5	15	水泥白石子浆 1:1.5	10	25
拉毛	墙面 石灰拉毛	水泥砂浆 1:3	14	纸筋灰浆	6	20
	水泥拉毛	混合砂浆 1:1:6	14	混合砂浆 1:0.5:1	6	20
	天棚 石灰拉毛	混合砂浆 1:1:6	12	纸筋灰浆	6	18
	水泥拉毛	混合砂浆 1:1:6	12	混合砂浆 1:0.5:1	6	18
马赛克	墙面、墙裙	水泥砂浆 1:3	15	水泥砂浆 1:1	5	20
	池槽、其他	水泥砂浆 1:3	15	水泥砂浆 1:1	5	20
水磨石板	墙面、墙裙	水泥砂浆 1:3	25	水泥砂浆 1:3		25
	柱面、其他	水泥砂浆 1:3	25	水泥砂浆 1:3		25
瓷砖	墙面、墙裙	水泥砂浆 1:3	12	混合砂浆 1:0.3:3	8	20
	池槽、其他	水泥砂浆 1:3	12	混合砂浆 1:0.3:3	8	20
面砖	不勾缝	水泥砂浆 1:3	15	混合砂浆 1:0.2:2	8	23
	勾缝	水泥砂浆 1:3	15	混合砂浆 1:0.2:2	8	23

水泥砂浆及混合砂浆

（6）各种墙面抹灰嵌缝砂浆用量，参见表 2-107。

每 100m² 墙面嵌缝砂浆用量参考   表 2-107

结构类型	砖　墙	板条苇箔	钢　网	木丝板	毛　石
数　量（m³）	0.07	0.32	0.50	0.25	0.30

2.14　构　筑　物　工　程

2.14.1　工程量计算

1. 烟囱

（1）烟囱基础

1) 砖基础与砖筒身，以砖基础大放脚的扩大顶面为界。砖基础以图示中心线长度，按 m³ 计算。混凝土或钢筋混凝土底板，按混凝土及钢筋混凝土项目计算。

2) 钢筋混凝土烟囱基础，包括基础底板及筒座，以图示尺寸实体积计算。

(2) 砖烟囱筒身

1) 烟囱筒身，不论圆形、方形，均以图示中心线长度乘以筒壁厚，实砌体积计算，应扣除钢筋混凝土圈梁、过梁等所占体积。

2) 砖烟囱的钢筋混凝土圈梁和过梁，应按图示实体积计算。

(3) 砖烟囱加固：砖烟囱砌体内加固钢筋，根据设计规定规格、长度，以重量计算。

(4) 烟囱内衬及内表面涂抹隔绝层

1) 烟囱内衬，按图示内衬中心线长度及厚度，以实体积计算，扣除各种孔洞所占体积。

2) 填料按图示烟囱筒身与内衬之间的空隙中心线长度及厚度，以实体积计算，扣除各种孔洞所占的体积，不扣除连接横砖（防沉带）的体积。

3) 烟囱内表面涂抹隔绝层，按筒身内壁面积计算，扣除孔洞面积。

(5) 烟道砌砖

1) 烟道与炉体的划分，以第一道闸门为准。炉体内的烟道，应列入炉体砌体量内。

2) 烟道中钢筋混凝土构件，应按混凝土及钢筋混凝土项目计算。

3) 钢筋混凝土烟道，按图示尺寸基础、墙、顶盖，分别以实体积计算。

4) 烟囱的铁梯、围栏及砖烟囱紧箍圈的制作、安装，按图示规格尺寸以重量计算。

(6) 砖烟囱脚手架

1) 砖烟囱外脚手架，以室外地坪面至烟囱顶部的筒身高度，按"座"计算。

2) 滑模钢筋混凝土烟囱，不另计算脚手架。

2. 水塔

(1) 基础：钢筋混凝土水塔基础包括基础底板和筒座，以图示实体积计算。

混凝土及钢筋混凝土水塔基础，以图示实体积计算。筒身与基础划分：砖水塔混凝土基础以混凝土与砖砌体交接处为分界线；钢筋混凝土水塔基础与筒身、塔身，以筒座上表面或基础底板上表面为分界线；柱式水塔基础与塔身，以柱脚与基础底板或梁交接处为分界线。水塔柱与基础底板相连的梁，并入基础体积内计算。

(2) 筒身：

1) 砖水塔筒身砌体，按图示中心线长度乘以砌体厚度及筒高，以 m³ 计算，扣除门窗洞口和混凝土构件所占体积。筒身与槽底的分界，以与槽底相连的圈梁底为界。圈梁底以上为槽底，以下为筒身。

2) 钢筋混凝土筒式塔身，以图示实体积计算。扣除门窗洞口所占体积，依附于筒身的过梁、雨篷、挑檐等并入筒壁体积内计算；柱式塔身，不分柱、梁和直柱、斜柱，均以实体积合并计算。

(3) 塔顶及槽底

1) 钢筋混凝土塔顶及槽底，按图示尺寸以实体积合并计算。塔顶包括顶板和圈梁；槽底包括底板、挑出斜壁和圈梁。

2) 塔壁、塔顶如铺填保温材料时，另按图示规定计算。

（4）水槽内外壁：水槽内外壁，按图示尺寸以实体积计算。

1）与塔顶、槽底（或斜壁）相连系的圈梁之间的直壁，为水槽内外壁。保温水槽外保护壁为外壁；直接承受水侧压力之水槽壁为内壁。非保温水塔之水槽壁按内壁计算。

2）水槽内外壁，均按图示尺寸以实体积计算，扣除门窗孔洞所占体积。依附于外壁的柱、梁等，均并入外壁体积中计算。

3）砖水槽不分内外壁及壁厚，均以图示实体积计算。

（5）水塔脚手架：水塔脚手架，区别不同塔高以座计算。水塔高度系指设计室外地坪至塔顶的全高。

3. 贮水（油）池

混凝土、钢筋混凝土贮水（油）池池底、壁、盖等，均以图示实体积计算。具体划分如下：

（1）平底池的池底体积，应包括池壁下部的扩大部分。池底如带有斜坡时，斜坡部按坡度计算。

（2）锥形底应算至壁基梁底面。无壁基梁时，算至锥形底坡的上口。

（3）壁基梁系指池壁与坡底或锥底上口相衔接的池壁基础梁。壁基梁的高度为梁底至池壁下部的底面。如与锥形底连接时，应算至梁的底面。

（4）无梁盖柱的柱高，应自池底表面算至池盖的下表面。包括柱座、柱帽的体积。

（5）池壁厚度按平均厚度计算，其高度不包括池壁上下处的扩大部分。无扩大部分时，则自池底上表面算至池盖下表面。

（6）无梁盖应包括与池壁相连的扩大部分的体积；肋形盖应包括主、次梁及盖部分的体积；球形盖应自池壁顶面以上，包括边侧梁的体积在内。

（7）无梁盖池包括柱帽及柱座，可合并计算。

（8）沉淀池水槽，系指池壁上的环形溢水槽及纵横 U 形水槽，但不包括与水槽连接的矩形梁。矩形梁可按混凝土及钢筋混凝土矩形梁计算。

4. 地沟

（1）钢筋混凝土及混凝土的现浇无肋地沟的底、壁、顶，不论方形（封闭式）槽形（开口式）、阶梯形（变截面式），均以图示实体积计算。

（2）沟壁与底的分界，以底板上表面为界。沟壁与顶的分界，以顶板的下表面为界。变截面沟壁按平均厚度计算；八字角部分的数量并入沟壁体积内计算。

5. 贮仓

（1）矩形仓

1）矩形仓立壁和漏斗斜壁，按图示不同厚度分别以立方米计算。立壁和斜壁的分界线以其水平线的交点为分界线；壁上圈梁并入斜壁体积内。基础、支承漏斗的柱和柱间的连系梁分别按混凝土及钢筋混凝土项目计算。

2）仓壁耐磨层：按图示面积以平方米计算。

（2）圆库

1）圆库库基础板、库底板、库顶板、库壁等，分别按图示尺寸以立方米计算。

2）库基础底板与库底板之间的钢筋混凝土柱，包括上下柱头，按混凝土及钢筋混凝土柱的相应项目计算。

3）库顶板的梁与库顶板合并，按库顶板计算。

4）库基础板及反梁合并，按混凝土及钢筋混凝土满堂基础计算。

6. 支架

(1) 各种钢筋混凝土支架，均以图示实体积计算。框架型支架的柱、梁及支架带操作平台板，可合并计算。

(2) 支架基础，应按混凝土及钢筋混凝土相应项目计算。

2.14.2　定额基础资料

(1) 构筑物混凝土木模板用量，可按式(2-29)~式(2-31)计算：

1）一次使用量：

$$一次使用量＝每1m^3混凝土模板净用量×(1＋损耗率) \tag{2-29}$$

2）周转使用量：

$$周转使用量＝一次使用量×\frac{1＋(周转次数－1)×每次损耗率}{周转次数} \tag{2-30}$$

3）摊销量：

$$摊销量＝一次使用量×\left(\frac{1＋(周转次数－1)×每次损耗率}{周转次数}－\frac{(1－损耗率)×回收折价率}{周转次数×(1＋施工管理费率)}\right)$$

$$\tag{2-31}$$

每 10m³ 构筑物混凝土木模板参考数据，参见表 2-108。

每 10m³ 构筑物混凝土木模板参考数据　　　　表 2-108

序号	构 件 名 称			接触面积 (m²)	露面面积 (m²)	周转次数 (次)	每次损耗率	模板用量 (m²)			12号钢丝用量 (kg)	铁钉用量 (kg)		
								一次使用量	周转使用量	摊销量		摊销总量	制作用量	安装每次
1	烟囱	基础	毛石混凝土基础	9.48	5.63	中板 6 中枋 10	15 15	0.258 0.601	0.075 0.141	0.061 0.121	0.95	1.31	0.29	1.21
2			混凝土基础	9.48	5.63	中板 6 中枋 10	15 15	0.258 0.601	0.075 0.141	0.061 0.121	0.95	1.31	0.29	1.21
3			钢筋混凝土基础	6.92	6.60	中板 6 中枋 10	15 15	0.188 0.424	0.055 0.100	0.044 0.085	0.69	0.96	0.21	0.81
4		砖烟囱混凝土箍及帽		70.00		薄板 1 中枋 1		0.550 0.521	0.550 0.521	0.550 0.521		4.17		
5		砌砖烟道		35.0		薄板 5 中板 5 中枋 10	15 15 15	0.141 0.197 0.692	0.045 0.063 0.163	0.035 0.049 0.139		2.50		
6	水塔	钢筋混凝土基础	砖水塔用	5.00	15.40	中板 6 厚板 6 中枋 6	15 15 15	0.125 0.080 0.137	0.036 0.023 0.040	0.029 0.019 0.032	0.68	0.155	0.625	
7			钢筋混凝土水塔用	13.20	19.20	中板 6 中枋 6	15 15	0.338 0.599	0.099 0.175	0.079 0.140	1.31	1.786	0.409	1.65

续表

序号	构件名称			接触面积（m²）	露面面积（m²）	周转次数（次）		每次损耗率	模板用量（m²）			12号钢丝用量（kg）	铁钉用量（kg）		
									一次使用量	周转使用量	摊销量		摊销总量	制作用量	安装每次
8		塔顶、槽底		84.80	70.90	中板 厚板 中枋	6 3 8	15 20 15	2.446 0.533 3.113	1.141 0.249 0.798	0.875 0.191 0.665	3.06	11.62	16.40	3.69
9	水塔	水槽壁	内壁	150.7		中板 中枋	4 4	20 20	4.58 3.535	1.832 1.414	1.459 1.126	6.04	17.31	15.60	11.28
10			外壁	227.80		中板 中枋	4 4	20 20	6.923 5.344	2.769 2.138	2.206 1.703	9.13	26.16	23.50	16.75
11		塔身	筒式	124		中板 中枋	6	回收33%折价50%	0.698 0.568	0.698 0.568	0.549 0.426	4.97	10.90	13.16	9.12
12			柱式	115.30		中板 厚板 中枋	5 5 10	15 15 15	5.161 0.489 3.695	1.652 0.516 0.868	1.297 0.122 0.742		18.23		
13		水塔回廊及平台		120	97	中板 中枋	4 4	20 20	3.941 4.099	1.576 1.199	1.255 0.984		11.62	4.43	7.19
14	贮水（油）池	底	钢筋混凝土平底	5.30	75	中板 厚板 中枋	5 5 10	20 20 15	0.263 0.290 0.146	0.095 0.104 0.034	0.078 0.086 0.029		1.93	0.49	1.42
15			混凝土平底	10.40	68	中板 厚板 中枋	5 10 10	20 15 15	0.517 0.474 0.281	0.186 0.111 0.066	0.153 0.095 0.057		1.43	0.38	1.10
16			混凝土坡底	9.30	67	中板 厚板 中枋	5 10 10	20 15 15	0.479 0.443 0.255	0.172 0.104 0.060	0.141 0.089 0.052		1.28	0.34	0.97
17		圆形	钢筋混凝土圆形壁（壁厚15cm以内）	154	2.50	中板 厚板 中枋	5 10 10	20 15 15	4.157 2.120 5.103	1.497 0.498 1.199	1.227 0.426 1.025	6.70	24.70	5.69	22.10
18			壁厚20cm以内	113.40	2.30	中板 厚板 中枋	5 10 5	20 15 20	2.863 1.867 2.069	1.031 0.439 0.652	0.845 0.376 0.540	4.90	16.10	4.20	13.62
19			壁厚30cm以内	81.60	1.70	中板 厚板 中枋	5 10 5	20 15 20	2.203 1.122 1.578	0.793 0.264 0.424	0.650 0.225 0.357	3.60	15.60	3.02	14.16
20		方形	壁厚15cm以内	166.70	2.10	中板 中枋 大枋	6 6 10	10 10 15	4.864 9.983 0.412	1.216 2.496 0.097	0.926 1.882 0.083	7.20	26.10	6.17	23.97
21			壁厚25cm以内	95	2	中板 中枋 大枋	6 6 10	10 10 15	2.778 5.701 0.236	0.688 1.425 0.055	0.529 1.075 0.057	4.40	17.70	3.52	16.51

序号	构件名称		接触面积（m²）	露面面积（m²）	周转次数（次）		每次损耗率	模板用量（m²）			12号钢丝用量（kg）	铁钉用量（kg）		
								一次使用量	周转使用量	摊销量		摊销总量	制作用量	安装每次
22	贮水（油）池		壁厚40cm以内	72.2	1.80	中板	6	10	2.121	0.526	0.404	3.2	13.50	2.69	12.61
						中枋	6	10	4.357	1.089	0.821				
						大枋	10	15	0.181	0.043	0.036				
23		池盖	无梁盖圆形	82	77	中板	5	20	2.121	0.746	0.626		7.4	3.03	6.76
						厚板	10	15	1.534	0.360	0.328				
						中枋	5	20	1.696	0.611	0.501				
						大枋	10	15	0.477	0.112	0.096				
24			肋形盖圆形	71.10	78	中板	5	20	2.050	0.74	0.607		15.20	3.34	13.18
						厚板	10	15	1.437	0.346	0.296				
						中枋	10	15	0.719	0.169	0.144				
25			球形盖	122.30	86	中板	5	20	4.786	1.723	1.413		18.00	4.13	16.35
						厚板	10	15	2.984	0.701	0.600				
						中枋	5	20	1.225	0.441	0.362				
						大枋	10	15	1.749	0.441	0.351				
26			无梁盖、池柱	125		中板	5	20	2.754	0.991	0.813		16.90	4.62	14.95
						中枋	10	15	10.332	2.428	2.077				
						大枋	10	15	0.874	0.205	0.176				
27			沉淀池水槽	211	69	中板	5	20	7.403	2.665	2.186		26.90	7.81	23.80
						中枋	10	15	12.633	2.969	2.539				
28			沉淀池壁基梁	43	10	中板	5	20	1.263	0.455	0.373		8.40	0.75	3.07
						中枋	5	20	3.137	1.129	0.957				
29	地沟		混凝土沟底	13.50	25	中板	6	15	0.366	0.107	0.086		1.70	0.49	1.51
						中枋	10	15	0.159	0.037	0.033				
30			混凝土沟壁	98	5	中板	6	15	2.703	0.788	0.633		11	3.20	9.96
						厚板	6	15	1.188	0.346	0.278				
						中枋	6	15	2.297	0.605	0.50				
31			混凝土沟顶板	50	50	中板	6	15	1.528	0.446	0.358		6.20	1.80	5.60
						中枋	10	15	0.748	0.188	0.158				
						厚板	10	15	0.775	0.182	0.156				
32	贮仓		贮仓矩形立壁厚20cm以内	100	4.80	中板	5	15	2.791	0.893	0.706	铁件 10.17	15.43	3.70	14.10
						中枋	5	15	1.875	0.600	0.470				
33			贮仓矩形立壁厚30cm以内	66.70	7.20	中板	5	15	1.869	0.598	0.462	铁件 7.66	12.22	2.07	9.40
						中枋	5	15	1.272	0.407	0.319				
34			贮仓斜壁厚12~15cm	101.60	3.50	中板	4	15	2.222	0.805	0.612	2.04	15.83	3.76	14.33
						厚板	4	15	0.066	0.024	0.018				
						中枋	4	15	1.359	0.493	0.374				
						圆木	12	15	3.968	0.877	0.757				

续表

序号	构件名称		接触面积 (m²)	露面面积 (m²)	周转次数 (次)		每次损耗率	模板用量（m²）			12号钢丝用量 (kg)	铁钉用量（kg）		
								一次使用量	周转使用量	摊销量		摊销总量	制作用量	安装每次
35	贮仓	贮仓斜壁厚25cm以内	81.53	3.55	中板	4	15	1.788	0.648	0.491	1.65	15.07	3.02	11.50
					厚板	4	15	0.031	0.011	0.008				
					中枋	4	15	1.197	0.434	0.329				
					圆木	1	15	1.665	0.368	0.326				
36		圆形底板	20	16.70	厚板	6	10	0.875	0.214	0.162		3.80	0.75	3.55
					中板	6	15	1.093	0.319	0.256				
					中枋	9	15	0.675	0.165	0.139				
37		圆形顶板	83	62	中板	滑模		0.698	0.698	0.698		9.60	9.60	
					厚板	滑模		0.253	0.253	0.253				
					中枋	滑模		0.05	0.05	0.029				
					大枋	滑模		0.733	0.733	0.425				
					特大枋	滑模		1.191	1.191	0.696				
38	支架	预制框架式	130	25	厚板	15		7.815		0.526		3.30	38.74	
					小枋	15		2.715		0.183				
39		T形式	100	32	厚板	15		6.015		0.405		2.50	29.30	
					小枋	15		2.085		0.14				
40	窨井及化粪池	钢筋混凝土井（池）底	23		中板	5	15	0.612	0.196	0.154		3.20	0.26	2.86
					小枋	5	15	0.622	0.199	0.156				
41		钢筋混凝土井（池）壁	133		中板	5	15	4.100	1.312	1.027	5.90	20.90	1.73	18.8
					厚板	10	15	0.628	0.148	0.126				
					中枋	5	15	4.269	1.247	1.000				
42		钢筋混凝土井（池）顶	21		中板	5	15	1.704	0.545	0.427		3.40	0.61	2.74
					厚板	5	15	0.368	0.118	0.092				
					中枋	5	15	1.337	0.393	0.335				

（2）构筑物混凝土组合钢模板用量：构筑物每 10m³ 混凝土用组合钢模板参考数据，参见表 2-109。

每 10m³ 构筑物混凝土组合钢模板参考数据　　　　表 2-109

项目	使用钢木模比例	模板接触面积 (10m²)	露明面积 (10m²)	钢模一次投入量（kg）				每10m² 接触面积摊销量			
				小计	组合钢模	另星卡具	支撑系统	小计	组合钢模	另星卡具	支撑系统
钢筋混凝土水塔基础	80：20	1.056	1.92	985.24	405.5	44.35	535.39	12.56	7.68	1.5	3.38
柱式筒身	80：20	9.224		11255.77	4030.89	1146.73	6078.15	18.91	8.74	4.44	5.73
贮水（油）池矩形15cm内	80：20	13.336	0.21	10774.03	4847.64	1187.44	4738.95	13.54	7.27	3.18	3.09

续表

项目	使用钢木模比例	模板接触面积（10m²）	露明面积（10m²）	钢模一次投入量（kg）				每10m²接触面积摊销量			
				小计	组合钢模	另星卡具	支撑系统	小计	组合钢模	另星卡具	支撑系统
贮水（油）池矩形 25cm内	80：20	7.616	0.2	6151.9	2768.42	678.13	2705.35	13.54	7.27	3.18	3.09
贮水（油）池矩形 40cm内	80：20	5.776	0.18	4666.38	2099.58	514.3	2052.5	13.54	7.27	3.18	3.09
无梁盖、池柱	80：20	10		12979.5	3635	1260	8084.5	18.8	7.27	4.5	7.03
预制支架、框架式	70：30	9.1	2.5	5674.5	3495	418.5	1761	4.75	2.56	0.92	1.27
预制工、T、十、Y形	70：30	7	3.2	4364.5	2688	322	1354.5	4.75	2.56	0.92	1.27
捣制支架	70：30	8.61		11263.99	3724	836.64	6703.35	18.89	8.65	3.47	6.77
捣制支架带操作平台	70：30	8.89		11630.65	3845	863.8	6921.85	18.89	8.65	3.47	6.77
钢筋混凝土地沟底	70：30	0.945	2.5	881.69	362.88	39.69	479.12	12.56	7.68	1.5	3.38
钢筋混凝土地沟壁	70：30	6.23	0.5	5033.16	2264.61	554.72	2213.83	13.54	7.27	3.18	3.09
钢筋混凝土地沟顶	70：30	3.5	5	4542.83	1272.25	441	2829.58	18.8	7.27	4.5	7.03

2.15　长距离输送管道工程计算

（1）管道沟土方程，见2.2节土（石）方工程。

（2）管段预制和沥青绝缘防腐

1）直管预制，区别不同管径、壁厚、材质，按设计中心线长度，以米为计量单位。山区管段预制所需的预制组装焊接的弯头（斜口）的组装焊接工程量，按图纸数量，以个为计量单位，另行计算。

管材的实际长度与定额中的进厂长度出入较大，其预制焊口数超过定额±5％时（按一条整体管线的预制焊口统计），可按实际焊口数调整。

定额管段预制长度及焊口数量取定，见表2-110。

定额管段预制长度及焊口数量取定　　　　　　表 2-110

管　材	管　径 DN (mm)	进厂平均长度 (m/根)	切割坡口 (个/km)	二接一焊口 (个/km)	出厂平均长度 (m/根)
无缝钢管	108～219	6	344	84	12
无缝钢管	273～426	10	210		10
螺纹钢管	273～820	10	210		10

2）管段沥青绝缘防腐，按不同管径、不同等级的防腐绝缘，以米为计量单位计算。

（3）防腐管段运输和布管

1）防腐管段运输，指管段自预制防腐厂至沿管线施工工地指定堆管地点的运输及装卸。包括弯头，按不同管径以米为计量单位计算。防腐厂至管线起点，按实际运距计算；管线起点至终点运距，按管线全长中间地点为平均运距计算。

2）冷弯防腐钢管运输，按不同管径，以米为计量单位计算。

3）拖拉机运、布管，系指把防腐管段自工地堆管地点运至管沟沟边一侧组装位置（包括装管、倒运管、卸管和布管以及平整施工便道和沟边一侧道路），按不同管径以米为计量单位计算。定额运输距离综合取定为 300m，超过或不足均不作调整。

4）人工抬管运输，按当地人力运输定额的有关规定执行。

5）防腐管段运输及拖拉机运、布管，应加 1.5％的管材损耗。

（4）防腐管段安装

1）防腐管段安装，按不同管径、壁厚，以米为计量单位计算。

2）每 1000m 防腐管段安装焊口数的取定，无缝钢管（二接一）为 84 个口，螺纹钢管为 100 个口。如管道焊口总数超过 ±5％时（按一条整体管线的预计焊口统计），可按实际焊口数量调整。

3）管道超声波探伤和 X 光透视，应按设计图纸和施工及验收的技术规范规定，工艺金属结构工程及其计算规则计算。探伤和 X 光透视的焊口数量、X 光透视拍片张数，按工艺管道工程有关计算规则计算。

4）防腐管道安装，按设计长度扣除线路各个站（场）和穿（跨）管线长度后的实际长度计算；线路管道中的阀门和管件所占长度一律不予扣除。管段安装定额中，包括管件安装（管件主材费另计），但不包括阀门安装。

5）线路与站（场）的划分，以进站（场）的第一个阀井为界；如无阀井则以站（场）外的第一个连接点为界。

（5）管线补口补伤：管线补口补伤按不同管径和防腐绝缘等级，以米为计量单位计算。

（6）管线吊管下沟：管线吊管下沟，以防腐管段组装后，用电火花检漏仪检漏、清沟、吊管下沟为准，按不同管径以米为计量单位计算。

（7）埋地给水铸铁管敷设

1）长距离给水管敷设，仅适用于平原地区施工的线路敷设，不包括线路构筑物和河流、公路、铁路的穿越工程。如遇有构筑物工程，另执行地区相应定额及其计算规则。各种穿越工程，按批准的施工组织设计另行计算。

2）铸铁管段敷设，定额以每根长度 6m 为准。如单根管长不同时，可根据定额编制说明调整，按不同管径和接口种类分别计算，以米为计量单位计算，不扣除各种阀门、管件所占长度。但阀门、管件及附件的自身价格应另行计算。

3）铸铁管运输（包括装卸），指自贮管场运至工地指定堆放地点，按不同管径分别以米为计量单位计算。

4）铸铁管线分段试水压，以米为计量单位计算。操作压力为 1MPa（10kg/cm^2），试验压力以操作压力的 1.25 倍为准。

（8）管段穿越工程

1）穿越河流工程的场地平整，河堤推平和恢复，河滩修路以及护坡、堡坎等工程，按工程所在地相应定额及其计算规则计算。

2）穿越直管段组装焊接，按不同管径和壁厚以米为计量单位计算。复壁管穿越直管段组装焊接，按内外管不同管径和壁厚以米为计量单位计算，内管超长管段按穿越直管段计算。

3）穿越管段拖管过河（包括有发送道和无发送道），不分单管、混凝土加重套管、复壁管，一律按河流宽度（河流宽度分为 150m、300m、450m、600m 四种）和穿越管段质量（t），以此为计量单位计算。当河流宽度介于上述四种之间时，可按比例内插法换算。发送道和拖管头制作与安装应另按相应定额计算。

4）小型河流（河宽 20～40m）穿越管段组装焊接和拖管过河，分别不同管径以处为计量单位计算，但不包括水下管沟开挖、回填及稳管。

（9）管道跨越工程

1）中、步型跨越管桥

① 单拱跨管桥预制组装焊接，按不同管径和壁厚以米为计量单位计算。其附件制作与安装，以千克为计量单位计算，执行相应定额。拱桥预制组装定额，以每 10m 含 4.494 个焊口为准。如实际有出入时，按式（2-32）调整：

$$调整焊口数量 = \frac{实际每 10m 焊口数}{4.494} \tag{2-32}$$

② ∏ 形跨越管桥组装焊接（包括附件制作与安装），以座为计量单位计算。基段焊口焊接和每增加一个焊口的焊接，包括弯头焊口数量。每增加一个焊口，系指 ∏ 形管桥的直管段，因延长需接管段所增加的焊口数量。

③ 中、小型跨越管段吊装，不分管径，按不同跨度（两个支墩间距），以"处"为计量单位计算。

2）斜拉索、悬索跨越

① 跨越直管段组装焊接，按不同管径和壁厚计算，以米为计量单位计算。

② 补偿器制作与安装，按不同直径计算，以"组"为计量单位计算。

③ 铁塔制作拼装，依结构形式相近，按净重以吨为计量单位计算。塔体重量不包括附属的平台、梯子、栏杆、滑轮索鞍支座以及塔顶桅杆的重量。

④ 铁塔整体吊装，吊装重量包括铁塔本身及附属构件重量，但不包括塔顶桅杆，塔顶桅杆属高空安装。

⑤ 管桥发送道制作、吊装、拆除，按设计图示尺寸，以吨为计量单位计算；设计无规定时，可执行以米为计量单位定额项目。发送道滚轮为成品件，执行发送道制作定额

时，应扣除其重量，但计算发送道吊装和拆除时，应计算其重量。

⑥ 钢丝绳预拉下料与防腐，适用于主索、风索等永久性钢丝绳。分别不同钢丝绳直径以米为计量单位计算。

⑦ 载重索头灌锌，按设计规定灌锌总重量以千克为计量单位计算。

⑧ 施工主索安装、拆卸，按管桥的中间跨度和批准的施工组织设计规定的安装施工主索根数，以根为计量单位计算。

⑨ 管桥中跨吊装，按管桥的中间跨度，不分管径以"处"为计量单位计算。

⑩ 主绳架设安装，按设计图示，分别不同跨度，按主绳长度以根为计量单位计算。

⑪ 斜拉索安装及调试，按斜拉索不同直径和长度，以根为计量单位计算。

⑫ 施工主索滑轮支座及斜拉索牛腿制作与安装：滑轮支座，按每个跨越工程计算一次；牛腿制作与安装，按净重吨计算。

⑬ 边跨管桥吊装，不分管径，按边跨管桥长度，以处为计量单位计算。

（10）穿越公路和铁路：人工开挖路面穿越公路，按开挖不同路面，以平方米为计量单位计算。

人工开挖带套管穿越公路，除按人工开挖路面、恢复路貌外，另按直管段组装焊接（系指内管）和带钢套管计算穿越部分管道。

顶管穿越公路和铁路，按穿越管直径，以米为计量单位计算。

2.16 管材尺寸和质量

2.16.1 铸铁管及球墨铸铁管

1. 连续铸铁管

（1）形状与尺寸见图 2-3 和表 2-111（按 GB/T 3422—2008）。

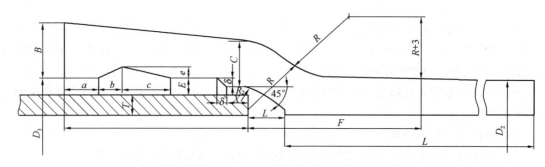

连续铸铁管承插口连接部分尺寸 单位为毫米

公称直径	各部尺寸			
DN	a	b	c	e
75～450	15	10	20	6
500～800	18	12	25	7
900～1200	20	14	30	8
注：$R=C+2E$；$R_2=E$				

图 2-3 连续铸铁管

连续铸铁管承口尺寸（mm） 表 2-111

公称直径 DN	承口内径 D_3	B	C	E	P	L	F	δ	X	R
75	113.0	26	12	10	90	9	75	5	13	32
100	138.0	26	12	10	95	10	75	5	13	32
150	189.0	26	12	10	100	10	75	5	13	32
200	240.0	28	13	10	100	11	77	5	13	33
250	293.6	32	15	11	105	12	83	5	18	37
300	344.8	33	16	11	105	13	85	5	18	38
350	396.0	34	17	11	110	13	87	5	18	39
400	447.6	36	18	11	110	14	89	5	24	40
450	498.8	37	19	11	115	14	94	5	24	41
500	552.0	40	21	12	115	15	97	6	24	45
600	654.8	44	23	12	120	16	101	6	24	47
700	757.0	48	26	12	125	17	106	6	24	50
800	860.0	51	28	12	130	18	111	6	24	52
900	963.0	56	31	12	135	19	115	6	24	55
1000	1067.0	60	33	13	140	21	121	6	24	59
1100	1170.0	64	36	13	145	22	126	6	24	62
1200	1272.0	68	38	13	150	23	130	6	24	64

（2）壁厚与质量，见表 2-112。

（3）标记示例：公称直径为 500mm、壁厚为 A 级、有效长度为 5000mm 的连续铸造灰口铸铁直管，其标记为：连铸管 A-500-5000 GB/T 3422—2008。

连续铸铁管的壁厚及质量 表 2-112

公称直径 DN (mm)	外径 D_2 (mm)	壁厚 T (mm)			承口凸部质量 (kg)	直部 1m 质量 (kg)			有效长度 L (mm)								
									4000			5000			6000		
									总质量 (kg)								
		LA级	A级	B级		LA级	A级	B级	LA级	A级	B级	LA级	A级	B级	LA级	A级	B级
75	93.0	9.0	9.0	9.0	4.8	17.1	17.0	17.1	73.2	73.2	73.2	90.3	90.3	90.3			
100	118.0	9.0	9.0	9.0	6.23	22.2	22.2	22.2	95.1	95.1	95.1	117	117	117			
150	169.0	9.0	9.2	10.0	9.09	32.6	33.3	36.0	139.5	142.3	153.1	172.1	175.6	189	205	209	225
200	220.0	9.2	10.1	11.0	12.56	43.9	48.0	52.0	188.2	204.6	220.6	232.1	252.6	273	276	301	325

续表

公称直径 DN (mm)	外径 D_2 (mm)	壁厚 T (mm)			承口凸部质量 (kg)	直部 1m 质量 (kg)			有效长度 L (mm)								
									4000			5000			6000		
									总质量 (kg)								
		LA级	A级	B级		LA级	A级	B级	LA级	A级	B级	LA级	A级	B级	LA级	A级	B级
250	271.6	10.0	11.0	12.0	16.54	59.2	64.8	70.5	253.3	275.7	298.5	312.5	340.5	369	372	405	440
300	322.8	10.8	11.9	13.0	21.86	76.2	83.7	91.1	326.7	356.7	386.3	402.9	440.4	477	479	524	568
350	374.0	11.7	12.8	14.0	26.96	95.9	104.6	114.0	410.6	445.4	483	506.5	550	597	602	655	711
400	425.6	12.5	13.8	15.0	32.78	116.8	128.5	139.3	500	546.8	590	616.8	675.3	729	734	804	869
450	476.8	13.3	14.7	16.0	40.14	139.4	153.7	166.8	597.7	654.9	707.3	737.1	808.6	874	877	962	1041
500	528.0	14.2	15.6	17.0	46.88	165.0	180.8	196.5	706.9	770	832.9	871.9	951	1029	1037	1132	1226
600	630.8	15.8	17.4	19.0	62.71	219.8	241.4	262.9	941.9	1028	1114	1162	1270	1377	1382	1511	1640
700	733.0	17.5	19.3	21.0	81.19	283.2	311.6	338.2	1214	1328	1434	1497	1639	1772	1780	1951	2110
800	836.0	19.2	21.1	23.0	102.63	354.7	388.9	423.0	1521	1658	1795	1876	2047	2218	2231	2436	2641
900	939.0	20.8	22.9	25.0	127.05	432.0	474.5	516.9	1855	2025	2195	2287	2499	2712	2719	2974	3228
1000	1041.0	22.5	24.8	27.0	156.46	518.4	570.0	619.3	2230	2436	2634	2748	3006	3253	3266	3576	3872
1100	1144.0	24.2	26.6	29.0	194.04	613.0	672.3	731.4	2646	2883	3120	3259	3556	3851	3872	4228	4582
1200	1246.0	25.8	28.4	31.0	223.46	712.0	782.2	852.0	3071	3352	3631	3783	4134	4483	4495	4916	5335

注　1. 计算质量时，铸铁相对密度采用 7.20，承口质量为近似值；

　　2. 总质量＝直部 1m 质量×有效长度＋承口凸部质量（计算结果，四舍五入，保留三位有效数字）。

2. 梯唇型橡胶圈接口铸铁管（按 GB/T 6483—2008）

（1）形状，见图 2-4。

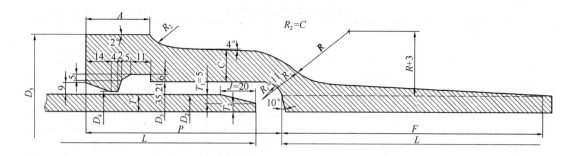

图 2-4　梯唇型橡胶圈接口铸铁管

（2）尺寸、壁厚与质量，见表 2-113。

（3）直管的壁厚及质量，见表 2-114。

梯唇型橡胶圈接口铸铁管尺寸和质量

表 2-113

公称直径 D₁ (mm)	外径 D₂ (mm)	壁厚 T (mm)			承口尺寸 (mm)								承口凸部质量	质量 (kg) 直部1m			总质量 (kg) 有效长度 L (mm)						橡胶圈工作直径 D₀ (mm)
																	5000			6000			
		LA级	A级	B级	D_3	D_4	D_5	A	C	P	F	R		LA级	A级	B级	LA级	A级	B级	LA级	A级	B级	
75	93.0	9.0	9.0	9	115	101	169	36	14	90	70	25	6.69	17.1	17.1	17.1	92	92	92	109	109	109	116.0
100	118.0	9.0	9.0	9	140	126	194	36	14	95	70	25	8.28	22.2	22.2	22.2	119	119	119	141	141	141	141.0
150	169.0	9.2	9.2	10	191	177	245	36	14	100	70	25	11.4	32.6	33.3	36.0	174	178	191	207	211	227	193.0
200	220.0	9.2	10.1	11	242	228	300	38	15	100	71	26	15.5	43.9	48.0	52.0	235	255	275	279	308	327	244.5
250	271.6	10.0	11.0	12	294	280	376	38	16	105	73	26	19.9	59.2	64.8	70.5	316	344	372	375	409	443	297.0
300	322.8	10.8	11.9	13	345	331	411	38	18	105	75	27	24.4	76.2	87.7	91.1	405	443	480	482	527	571	348.5
400	425.6	12.5	13.8	15	448	434	520	40	19	110	78	29	36.5	116.8	128.5	139.3	620	679	733	737	808	872	452.0
500	528.0	14.2	15.6	17	550	536	629	40	19	115	82	30	50.1	165.0	180.8	196.5	875	954	1033	1040	1135	1229	556.0
600	630.8	15.8	17.4	19	653	639	737	42	20	120	84	31	65.0	219.8	241.4	262.9	1165	1273	1380	1384	1514	1643	659.5

注: 1. 计算质量时，铸铁密度采用 7.20，承口质量为近似值；
2. 总质量＝直部 1m 质量×有效长度＋承口凸部质量（计算结果，保留整数）；
3. 胶圈工作直径 $D_0=1.01D_3$（计算结果取整到 0.5）mm。

直管的壁厚及质量

表 2-114

公称直径 DN(mm)	外径 D₄(mm)	壁厚 T (mm)			承口凸部质量	质量 (kg) 直部 1m			总质量 (kg) 有效长度 L (mm)								
									4000			5000			6000		
		LA级	A级	B级		LA级	A级	B级	LA级	A级	B级	LA级	A级	B级	LA级	A级	B级
100	118.0	9.0	9.0	9.0	11.5	22.2	22.2	22.2	100	100	100	123	123	123	145	145	145
150	169.0	9.0	9.2	10.0	15.5	32.6	33.3	36.0	146	149	160	179	182	196	211	215	232
200	220.0	9.2	10.1	11.0	20.6	43.9	48.0	52.0	196	213	229	240	261	281	284	309	333
250	271.6	10.0	11.0	12.0	29.2	59.2	64.8	70.5	266	288	311	325	353	382	384	418	454
300	322.8	10.8	11.9	13.0	36.2	76.2	83.7	91.1	341	371	401	417	455	492	493	538	583
350	374.0	11.7	12.8	14.0	42.7	95.9	104.6	114.0	426	461	499	522	566	613	618	670	723
400	425.6	12.5	13.8	15.0	52.5	116.8	128.5	139.3	520	567	670	637	695	809	753	824	883
450	476.8	13.3	14.7	16.0	62.1	139.4	153.7	166.8	620	677	729	759	831	896	899	984	1060
500	528.0	14.2	15.6	17.0	74.0	165.0	180.8	196.5	734	797	860	899	978	1060	1070	1160	1250
600	630.8	15.8	17.4	19.0	100.6	219.8	241.4	262.9	980	1070	1150	1200	1310	1420	1420	1550	1680

注：1. 计算质量时，铸铁相对密度采用7.20，承口凸部质量为近似值；
2. 总质量=直部1m质量×有效长度+承口凸部质量（计算结果，四舍五入，保留三位有效数字）。

3. 球墨铸球管

在 GB/T 13295—2008 标准中，规定了以任何铸造工艺类型或加铸造形式生产的球墨铸铁管、管件和附件的定义、技术要求、试验方法、检验规则、标记及质量证明书等。

（1）分类及分级

1）分类：

球墨铸铁管按接口型式可分为滑入式柔性接口（T型）、机械柔性接口（K型、N_1型、S型）和法兰接口等型式（N_1型和S型常用于燃气管道）。经供需双方协商，也可采用其他的接口型式。

2）分级

① 球墨铸铁管与管件的公称壁厚 T 按公称直径 DN 的一次函数式计算，即

$$e = K(0.5 + 0.001DN) \tag{2-33}$$

式中　e——公称壁厚（mm）；

　　DN——公称直径（mm）；

　　K——壁厚级别系数，取……9、10、11、12……。

② 离心球墨铸铁管的最小公称壁厚为 6mm，非离心球墨铸铁管和管件的最小公称壁厚为 7mm。

（2）形状和尺寸：T型接口球墨铸铁管的型式和尺寸，应符合图 2-5、图 2-6 和表 2-115 的规定。

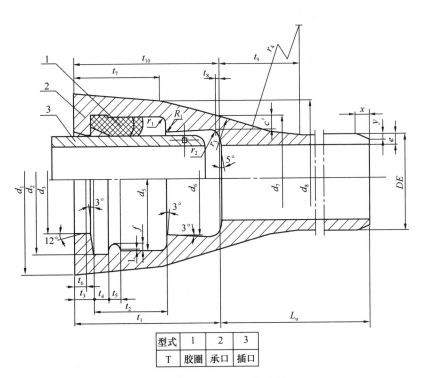

型式	1	2	3
T	胶圈	承口	插口

图 2-5　$DN40 \sim DN1200$ T 型接口

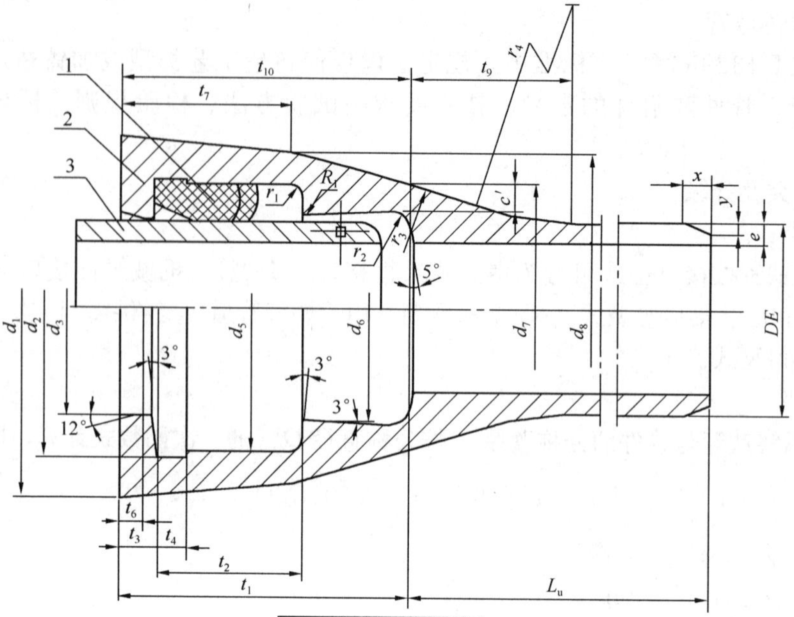

型式	1	2	3
T	胶圈	承口	插口

图 2-6　*DN*1400T 型接口

（3）长度和质量：T 型滑入式接口球墨铸铁管的长度和质量，应符合表 2-115 和表 2-116 的规定。

T 型接口球墨铸铁管公称尺寸（mm）　　**表 2-115**

DN	*DE*		d_1	d_2		d_3		d_5		d_6	
100	118	+1 −2.8	163	143	±1	120.5	±1	138.9	±	123.4	±2
125	144		190	169		146.5		164.8		150	
150	170	+1 −2.9	217	195		172.5		190.6		175.3	
200	222	+1 −3	278	250	+1.5 −1	224.5	+1.5 −1	245.2	+1.5 −1	227.8	
250	274	+1 −3.1	336	301.5		276.5		296.9		279.7	
300	326	+1 −3.3	393	356.5	+1.8 −1	328.5	+1.8 −1	351.7	+1.8 −1	332.1	
350	378	+1 −3.4	448	408		380.5		403.4		383.8	
400	429	+1 −3.5	500	462	+2.1 −1	431.5	+2.1 −1	457.2	+2.1 −1	435.8	±2.5
450	480	+1 −3.6	540	514	+2.2 −1	482.5	+2.2 −1	509	+2.2 −1	487	
500	532	+1 −3.8	604	568	+2.4 −1	534.5	+2.4 −1	562.6	+2.4 −1	539.4	±3
600	635	+1 −4	713	673.4	+2.7 −1	637.5	+2.7 −1	668	+2.7 −1	642.6.	

续表

DN	DE		d_1	d_2		d_3		d_5		d_6	
700	738	$+1$ -4.2	824	788	$+3.5$ -1	740.5	$+3.5$ -1	779.3	$+3.5$ -1	745.8	±3.5
800	842	$+1$ -4.5	943	894	$+3.8$ -1	844.5	$+3.8$ -1	885.9	$+3.8$ -1	850	±3.8
900	945	$+1$ -4.8	1052	1000	$+4.1$ -1	947.5	$+4.1$ -1	991.3	$+4.1$ -1	953.2	±4.1
1000	1048	$+1$ -5	1158	1105	$+4.4$ -1	1050.5	$+4.4$ -1	1097.1	$+4.4$ -1	1056.4	±4.4
1100	1152	$+1$ -5.2	1267	1211	$+4.7$ -1	1155	$+4.7$ -1	1202.5	$+4.7$ -1	1160.2	±4.7
1200	1255	$+1$ -5.5	1377	1317	$+5$ -1	1258	$+5$ -1	1308	$+5$ -1	1264	±5
1400	1462	$+1$ -6	1610	1529	$+5.6$ -1	1465	$+5.6$ -1	1509	$+5.6$ -1	1471	±5.6

DN	d_7	d_8	c'	f	t_1	t_2	t_3	t_4	t_5	t_6
100	142	155.7	8.4	3.5	88	40	12	6	5	8
125	170.7	183	8.8	3.5	91	40	12	6	5	8
150	195.6	209	9.1	3.5 (0 / -0.8)	94	40	12	6	5	8
200	251	265	9.8	4	100	45	15	7	6	10
250	305	323	10.5	4	105	47	15	7	6	10
300	368.5	384	11.2	4.5	110	50	17	8.5	7	12
350	410.3	433	11.9	4.5	110	50	17	8.5 (0 / -0.5)	7	12
400	463	482.4	12.6	5	110	55	19	9.5	8	14
450	518.4	533	13.3	5 (0 / -1)	120	55	19	9.5	8	15
500	569.7	590.6	14	5.5	120	60	21	11	9	16
600	676.7	698.8	15.4	6	120	65	21	12	10	16
700	789	813	16.8	7	150	80	21	18	12	16
800	892.2	922.3	18.2	8	160	85	21	18	14	16
900	999.2	1030.5	19.6	9 (0 / -1.2)	175	90	21	20	16	16
1000	1106	1139	21	9	185	95	22	20 (0 / -0.8)	16	16
1100	1213.5	1247.3	22.4	10	200	100	24	23	18	16
1200	1321	1355.6	23.8	10	215	105	25	23	18	17
1400	1535	1584.5	26.2	—	239	115	27	25	—	18

续表

DN	t_7	t_8	t_9	t_{10}	r_1	r_2	r_3	r_4	x	y
100	48	5	39	88	4	5	17	68	9	3
125	48	5	41	91	4	5	19	61	9	3
150	48	5	43	94	4	5	18.5	74	9	3
200	56	6.2	48	100	4	6	35	70	9	3
250	58	6.8	48	105	4	6	36	72	9	3
300	61	7.2	56	110	6	7	37	74	9	3
350	61	5.1	55	113	6	7	24.5	98	9	3
400	68	5.1	58	116	6	8	26	104	9	3
450	68	6	66	120	6	8	28	105	9	3
500	75	7	63	120	6	10	29	116	9	3
600	80	9.2	62	120	6	10	32	128	9	3
700	90	10.6	77	150	8	10	35	140	15	5
800	96.5	12.4	86.5	160	8	10	38	160	15	5
900	103	14.2	92.5	175	8	10	42	175	15	5
1000	110	16	103	185	8	10	45	200	15	5
1100	116	17	107.5	200	10	12	46.5	207.5	15	5
1200	122	17.8	112	215	10	12	48	215	15	5
1400	125	—	129	239	10	12	100	205	20	7

注：表中给出偏差的尺寸为验收尺寸，其他尺寸仅供参考。

T 型接口球墨铸铁管的质量（K9 级）　　表 2-116

DN (mm)	e (mm)	承口凸部质量 (kg)	直管每米质量 (kg)	标准工作长度 L_u（m）							
				3	4	5	5.5	6	7	8.15	9
				总质量（kg）							
40		1.8	6.6	22	—	—	—	—	—	—	—
50		2.1	8	26					—	—	—
60		2.4	9.4	—	40	49	54	59	—	—	—
65	6	2.5	10.1	—	43	53	58	63	—	—	—
80		3.4	12.2	—	52	64	71	77	—	—	—
100		4.3	14.9	—	64	79	86	95	—	—	—
125		5.7	18.3	—	79	97	106	119	—	—	—
150	6	7.1	21.8		94	116	127	144	—	—	—
200	6.3	10.3	30.1		131	161	176	194	—	—	—
250	6.8	14.2	40.2		175	215	235	255	—	—	—
300	7.2	18.6	50.8		222	273	298	323	—	—	—
350	7.7	23.7	63.2		276	340	371	403	—	—	—
400	8.1	29.3	75.5		331	407	445	482	—	—	—
450	8.6	38.3	89.7		397	487	532	575	—	—	—
500	9	42.8	104.3	—	460	564	616	669	—	—	—
600	9.9	59.3	137.3	—	608	746	814	882	—	—	—
700	10.8	79.1	173.9	—	775	949	1036	1123	1296	—	—
800	11.7	102.6	215.2	—	963	1179	1286	1394	1609	—	—
900	12.6	129.9	260.2	—	1171	1431	1561	1691	1951	2251	2472
1000	13.5	161.3	309.3	—	1398	1708	1862	2017	2326	2682	2945
1100	14.4	194.7	362.8	—	1646	2009	2190	2372	2734	3152	3460
1200	15.3	237.7	420.1	—	1918	2338	2548	2758	3178	3661	4019
1400	17.1	385.3	547.2	—	2574	3121	3395	3669	4216	4845	5310

注：计算质量时，球墨铸铁密度为 7050kg/m³。

2.16.2　钢管

（1）水、煤气输送钢管规格及理论质量，参见表 2-117。

<h3 align="center">水、煤气输送钢管规格及理论质量</h3>

表 2-117

公称直径		钢 管 螺 纹								每米钢管分配的管接头质量（以每6m一个管接头计算）(kg)
(mm)	(英寸)	外径(mm)	普通管		加厚管		基本面外径(mm)	每英寸扣数	退刀部分前的螺纹长度(mm)		
			壁厚(mm)	理论质量(不计管接头)(kg/m)	壁厚(mm)	理论质量(不计管接头)(kg/m)			锥形螺纹	圆柱形螺纹	
6	1/8	10	2	0.39	2.5	0.46	—	—	—	—	—
8	1/4	13.5	2.25	0.62	2.75	0.73	—	—	—	—	—
10	3/8	17	2.25	0.82	2.75	0.97	—	—	—	—	—
15	1/2	21.25	2.75	1.25	3.25	1.44	20.956	14	12	14	0.01
20	3/4	26.75	2.75	1.63	3.5	2.01	26.442	14	14	16	0.02
25	1	33.5	3.25	2.42	4	2.91	33.250	11	15	18	0.03
32	1¼	42.25	3.25	3.13	4	3.77	41.912	11	17	20	0.04
40	1½	48	3.5	3.84	4.25	4.58	47.805	11	19	22	0.06
50	2	60	3.5	4.88	4.5	6.16	59.616	11	22	24	0.09
65	2½	75.5	3.75	6.64	4.5	7.88	75.187	11	23	27	0.13
80	3	88.5	4	8.34	4.75	9.81	87.887	11	32	30	0.2
100	4	114	4	10.85	5	13.44	113.034	11	38	36	0.4
125	5	140	4.5	15.04	5.5	18.24	138.435	11	41	38	0.6
150	6	165	4.5	17.81	5.5	21.63	163.836	11	45	42	0.8

注：1. 钢管的长度：无螺纹的黑铁管为 4~12m，带螺纹的黑铁管和镀锌管为 4~9m；

　　2. 钢管尺寸的允许偏差：外径≤48mm 的为±0.5mm，外径>48mm 的为±1%，壁厚为$^{+12\%}_{-15\%}$；

　　3. 钢管的理论质量（钢的相对密度为 7.85）按公称尺寸计算，镀锌管比不镀锌管重 3%~6%。

（2）钢板直缝钢管规格及质量，见表 2-118。

<h3 align="center">钢板直缝钢管规格及质量</h3>

表 2-118

公称直径（mm）	200		250		300		350		400		450	
外径（mm）	219		273		325		377		426		478	
壁厚（mm）	6	8	6	8	6	8	6	8	6	8	6	8
质量（kg/m）	31.52	41.63	39.51	52.28	47.20	62.54	54.89	72.80	62.14	82.46	69.84	92.72

公称直径（mm）	500			600			700			800		
外径（mm）	530			630			720			820		
壁厚（mm）	6	8	10	6	8	10	6	8	10	6	8	10
质量（kg/m）	77.53	102.79	128.00	92.33	122.71	152.89	105.64	140.46	175.09	120.44	160.19	199.80

公称直径（mm）	900				1000			1100			1200		
外径（mm）	920				1020			1120			1220		
壁厚（mm）	6	8	10	12	8	10	12	8	10	8	10	12
质量（kg/m）	135.24	179.92	224.41	268.70	199.66	249.07	298.29	219.38	273.73	239.10	298.39	357.47

续表

公称直径（mm）	1300		1400		1500		1600		1800	
外径（mm）	1320		1420		1520		1620		1820	
壁厚（mm）	8	12	8	12	8	12	10	14	10	14
质量（kg/m）	258.83	387.06	278.56	416.66	298.29	446.25	397.03	554.5	446.35	623.50

（3）螺旋缝电焊钢管规格及质量，见表 2-119。

螺旋缝电焊钢管的规格及质量　　　　　表 2-119

公称直径 DN (mm)	外径 D (mm)	壁　厚（mm）			
		6	7	8	9
		质　量（kg/m）			
200	219	31.52	36.60	41.63	—
250	273	39.51	45.92	52.28	—
300	352	47.20	54.39	62.54	—
350	377	54.89	63.87	72.80	—
400	426	62.14	72.25	82.46	—
450	478	69.84	81.30	92.7	—
500	529	77.38	90.11	102.78	—
600	630	92.33	107.54	122.71	—
700	720	105.64	123.08	140.46	157.80

注：1. 管长：DN200 为 7～12m，其余为 8～18m；

　　2. 常用材料为 Q215、Q235、B2、B3、16Mn。

2.16.3　预应力钢筋混凝土管

GB 5696—2006 标准对预应力混凝土管的分类、规格和尺寸规定如下。

1. 产品分类

预应力混凝土管按管子的成型工艺可分为一阶段管（如 YYG、YYGS）和三阶段管（如 SYG、SYGL）；按管子的接头密封形式又可为滚动密封胶圈柔性接头（如 YYG、YYGS、SYG）和滑动密封胶圈柔性接头（如 SYGL）。

2. 规格和尺寸

预应力钢筋混凝土管的基本尺寸应符合图 2-7～图 2-10 和表 2-120～表 2-123 的规定。

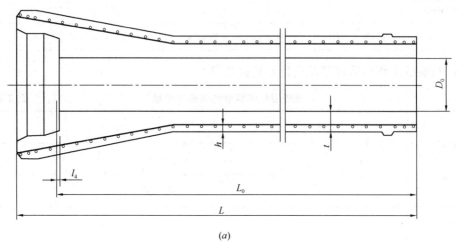

(a)

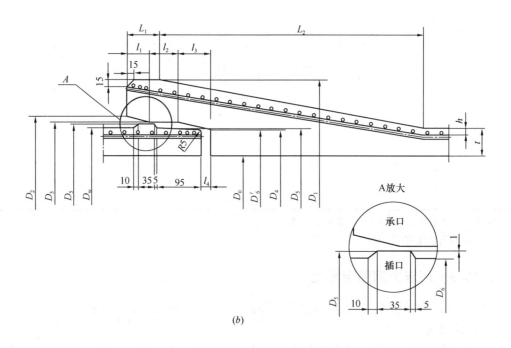

(b)

图 2-7   一阶段管（YYG）管子外形及接头图
（a）管子外形；（b）管子接头

单位为毫米

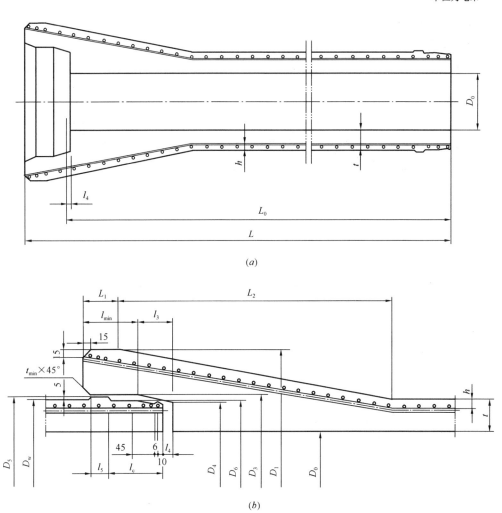

图 2-8 一阶段逊他布管（YYGS）管子外形及接头图

（a）管子外形；（b）管子接头

单位为毫米

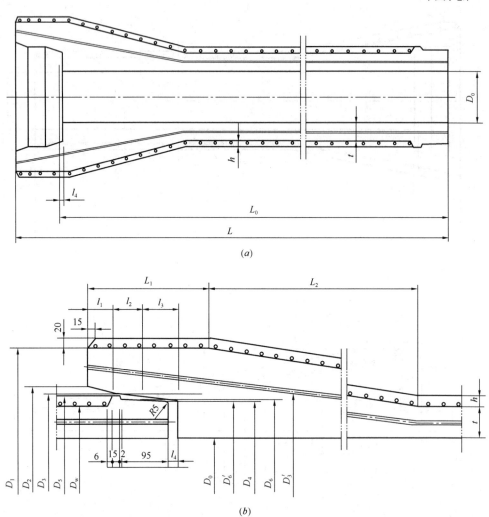

图 2-9　三阶段管（SYG）管子外形及接头图

（a）管子外形；（b）管子接头

单位为毫米

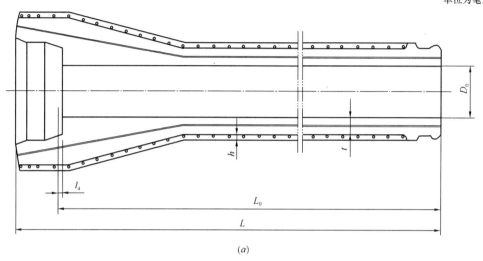

(a)

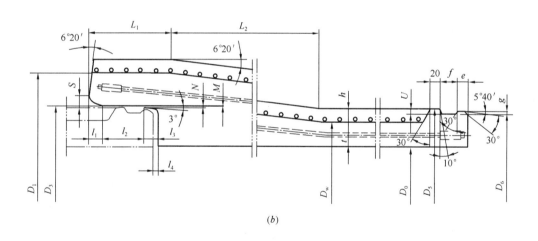

(b)

图 2-10 三阶段罗克拉管（SYGL）管子外形及接头图
(a) 管子外形；(b) 管子接头

2.16.4 预应力钢筒混凝土管

GB/T 19685—2005 标准对预应钢筒混凝土管的分类、规格和尺寸规定如下。

1. 产品分类

预应力钢筒混凝土管（PCCP）按其结构分为内衬式预应力钢筒混凝土管（PCCPL）和埋置式预应力钢筒混凝土管（PCCPE）。

2. 规格和尺寸预应力钢筒混凝土管的基本尺寸应分别符合图 2-11、图 2-12 和表 2-124～表 2-126 的规定。

表 2-120

一阶段管(YYG)基本尺寸

公称内径 D_0	管壁厚度 t	保护层厚度 h	有效长度 L_0	管体长度 L	管体外径 D_w	承口细部尺寸									插口细部尺寸			安装间隙 l_4	参考质量 (t)
						承口外径 D_1	外导坡直径 D_2	工作面直径 D_3	内倒坡直径 D_4	平直段长度 L_1	斜坡投影长度 L_2	l_1	l_2	l_3	工作面直径 D_6	工作面直径 D'_6	止胶台外径 D_5		
400	50	15	5000	5160	500	684	548	524	494	70	504	50	60	70	500	492	516	20	1.0
500	50	15	5000	5160	600	784	648	624	594	70	504	50	60	70	600	592	616	20	1.2
600	55	15	5000	5160	710	904	758	734	704	70	504	50	60	70	710	702	726	20	1.6
700	55	15	5000	5160	810	1004	858	834	804	70	532	50	60	70	810	802	826	20	1.8
800	60	15	5000	5160	920	1124	968	944	914	70	560	50	60	70	920	912	936	20	2.3
900	65	15	5000	5160	1030	1248	1082	1056	1024	80	599	50	60	70	1030	1022	1048	20	2.8
1000	70	15	5000	5160	1140	1368	1192	1166	1134	80	626	50	60	70	1140	1132	1158	20	3.3
1200	80	15	5000	5160	1360	1608	1412	1386	1354	80	682	50	60	70	1360	1352	1378	20	4.6
1400	90	15	5000	5160	1580	1850	1636	1608	1574	80	714	50	60	70	1580	1572	1600	20	6.0
1600	100	20	5000	5160	1800	2098	1866	1838	1802	90	740	60	60	70	1808	1800	1830	20	7.6
1800	115	20	5000	5160	2030	2352	2100	2066	2030	90	770	60	60	70	2032	2024	2058	20	9.8
2000	130	20	5000	5160	2260	2602	2330	2296	2260	90	800	60	60	70	2262	2254	2288	20	12.3

注：除参考质量外，其余尺寸单位为毫米。

表 2-121

一阶段逆他布管（YYGS）基本尺寸

公称内径 D_0	管壁厚度 t	保护层厚度 h	有效长度 L_0	管体长度 L	管体外径 D_w	承口细部尺寸								插口细部尺寸				安装间隙 l_4	参考质量 (t)
						承口外径 D_1	外导坡长度 t_{min}	工作面直径 D_3	内倒坡直径 D_4	平直段长度 L_1	斜坡投影长度 L_2	L_{min}	l_3	工作面直径 D_6	插口长度 l_c	止胶台宽度 l_5	止胶台外径 D_5		
400	50	15	5000	5160	500	684	13	524	494	25	574	110	70	500	110	35	516	20	1.0
500	50	15	5000	5160	600	784	13	624	594	25	574	110	70	600	110	35	616	20	1.2
600	65	15	5000	5165	730	955	13	754	722	25	650	150	35	730	121	24	748	20	2.0
700	65	15	5000	5165	830	1060	13	854	822	25	655	150	35	830	121	24	848	20	2.3
800	65	15	5000	5175	930	1165	13	954	922	25	670	150	45	930	126	29	948	20	2.6
900	70	15	5000	5175	1040	1275	13	1064	1032	25	685	150	45	1040	126	29	1058	20	3.2
1000	75	15	5000	5175	1150	1395	13	1174	1142	25	715	150	45	1150	126	29	1168	20	3.8
1200	85	15	5000	5175	1370	1640	13	1396	1362	25	780	150	45	1370	126	29	1390	20	5.1
1400	95	15	5000	5195	1590	1890	15	1616	1582	25	855	160	55	1590	136	29	1610	20	6.7
1600	105	20	5000	5205	1810	2135	15	1836	1802	25	925	160	65	1810	141	29	1830	20	8.5
1800	115	20	5000	5205	2030	2375	15	2056	2022	25	985	160	65	2030	141	29	2050	20	10.5
2000	125	20	5000	5205	2250	2620	15	2276	2242	25	1045	160	65	2250	141	29	2270	20	12.8

注：除参考质量外，其余尺寸单位为毫米。

三阶段管（SYG）基本尺寸

表 2-122

公称内径 D_0	管芯厚度 t	保护层厚度 h	有效长度 L_0	管体长度 L	管芯外径 D_w	承口细部尺寸										插口细部尺寸				参考质量 (t)
						承口外径 D_1	外导坡直径 D_2	工作面直径 D_3	D'_3	内倒坡直径 D_4	平直段长度 L_1	斜坡投影长度 L_2	l_1	i_2	l_3	工作面直径 D_6	D'_6	止胶台外径 D_5	安装间隙 l_4	
400	38	20	5000	5160	476	644	545	524	518	494	220	554	50	65	65	500	492	516	20	1.18
500	38	20	5000	5160	576	764	650	624	618	594	220	612	50	65	65	600	592	616	20	1.46
600	43	20	5000	5160	686	882	760	734	728	704	230	648	50	65	65	710	702	726	20	1.89
700	43	20	5000	5160	786	1004	860	834	828	804	230	726	50	60	70	810	802	826	20	2.23
800	48	20	5000	5160	896	1120	970	944	938	914	240	740	50	60	70	920	912	936	20	2.72
900	54	20	5000	5160	1008	1228	1080	1056	1050	1024	240	756	50	60	70	1030	1022	1048	20	3.29
1000	59	20	5000	5160	1118	1348	1199	1166	1160	1134	240	790	50	60	70	1140	1132	1158	20	3.90
1200	69	20	5000	5160	1338	1580	1410	1386	1380	1354	240	864	50	60	70	1360	1352	1378	20	5.25
1400	80	20	5000	5160	1560	1818	1634	1608	1602	1574	240	900	50	60	70	1580	1572	1600	20	6.67
1600	95	20	5000	5160	1790	2081	1864	1838	1832	1802	190	1075	50	110	20	1808	1800	1830	20	9.86
1800	109	20	4000	4170	2018	2320	2088	2066	2060	2028	190	1140	60	110	20	2032	2024	2058	20	9.61
2000	124	20	4000	4170	2248	2556	2318	2296	2290	2258	190	1230	60	110	20	2262	2254	2288	20	11.00
2200	120	25	4000	4170	2440	2782	2528	2498	2492	2454	195	1356	60	120	20	2458	2450	2490	30	13.50
2400	135	25	4000	4215	2670	3048	2773	2728	2722	2682	240	1475	90	120	20	2688	2680	2720	30	16.70
2600	150	25	4000	4200	2900	3308	3004	2958	2952	2912	250	1620	90	120	20	2916	2908	2950	30	19.95
2800	165	25	4000	4200	3130	3568	3230	3188	3182	3141	260	1740	90	120	20	3145	3137	3180	30	23.70
3000	180	25	4000	4200	3360	3828	3464	3418	3412	3370	260	1860	90	120	20	3374	3366	3410	30	27.76

注：除参考质量外，其余尺寸单位为毫米。

三阶段罗克拉管(SYGL)基本尺寸

公称内径 D_0	管芯厚度 t	保护层厚度 h	有效长度 L_0	管芯外径 D_w	胶圈直径 d	外导坡高度 S	承口外径 D_1	承口细部尺寸 工作面直径 D_3	平直段长度 L_1	斜坡投影长度 L_2	M	N	l_1	l_2	l_3	e	f	g	插口细部尺寸 胶槽深度 U	止胶台外径 D_5	工作面直径 D_6	安装间隙 l_4	管子质量 (t)
620	40	26	5000	700	22	14	879	759	160	806	2.5	2	30	76	26	20	35	7	11	752	730	6	2.1
700	45	26	5000	790	22	14	973	849	161	824	2.5	2	30	80	26	20	35	7	11	842	820	6	2.49
800	50	26	5000	900	22	14	1089	959	165	850	2.5	2	30	84	26	20	35	7	11	952	930	6	3.02
900	55	26	5000	1010	22	14	1205	1069	175	883	2.5	2	30	94	26	20	35	7	11	1062	1042	6	3.63
1000	60	26	5000	1120	25	16	1324	1180	185	918	3	2	36	95	29	22	40	8	13	1172	1146	7	4.26
1200	70	26	5000	1340	25	16	1560	1400	190	990	3	2	36	105	29	22	40	8	13	1392	1366	7	5.70
1400	80	26	5000	1560	25	16	1798	1620	200	1071	3	2	36	110	29	22	40	8	13	1612	1586	7	7.34
1500	85	26	5000	1690	28	17	1917	1731	212	1113	3.5	2	39	115	33	25	43	9	14	1722	1694	7	8.30
1600	90	26	5000	1780	28	17	2036	1841	215	1152	3.5	2	39	118	33	25	43	9	14	1832	1804	8	9.37

注：除参考质量外，其余尺寸单位为毫米。

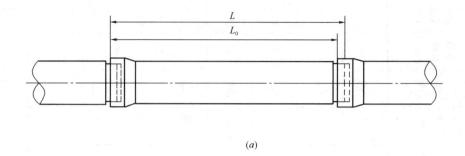

(a)

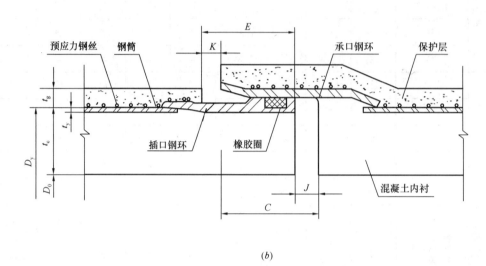

(b)

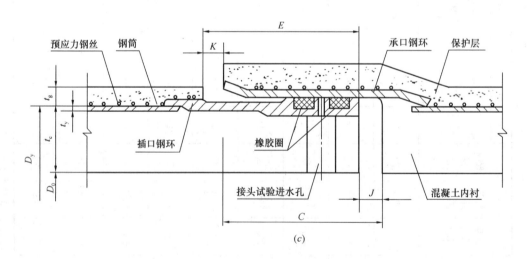

(c)

图 2-11 内衬式预应力钢筒混凝土管（PCCPL）示意图

(a) PCCPL 管子外形图；(b) PCCPSL 管子接头图；(c) PCCPDL 管子接头图

注：钢筒也可焊接在承插口钢环的外侧，钢筒外径 D_y 由设计确定。

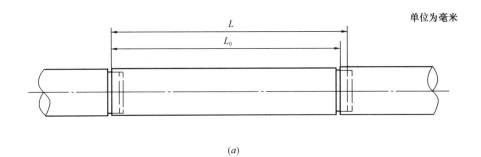

单位为毫米

(a)

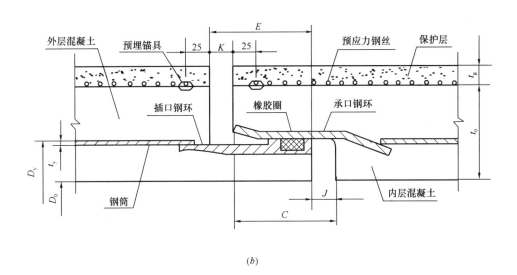

(b)

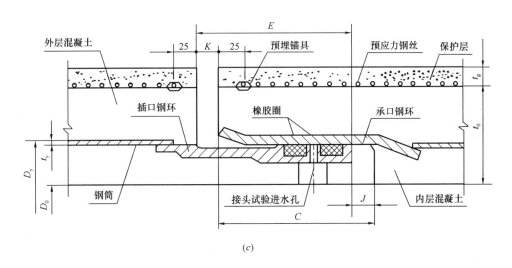

(c)

图 2-12 埋置式预应力钢筒混凝土管（PCCPE）示意图

(a) PCCPE 管子外形图；(b) PCCPSE 管子接头图；(c) PCCPDE 管子接头图

注：钢筒也可焊接在承插口钢环的内侧，钢筒外径 D_y 由设计确定。

内衬式预应力钢筒混凝土管（PCCPL）基本尺寸　　　　表 2-124

管子种类	公称内径 D_0	最小管芯厚度 t_c	保护层净厚度	钢筒厚度 t_y	承口深度 C	插口长度 E	承口工作面内径 B_b	插口工作面外径 B_s	接头内间隙 J	接头外间隙 K	胶圈直径 d	有效长度 L_0	管子长度 L	参考质量 (t/m)
单胶圈	400	40	20	1.5	93	93	493	493	15	15	20	5000 6000	5078 6078	0.23
	500	40					593	593						0.28
	600	40					693	693						0.31
	700	45					803	803						0.41
	800	50					913	913						0.50
	900	55					1023	1023						0.60
	1000	60					1133	1133						0.70
	1200	70					1353	1353						0.94
	1400	90					1593	1593						1.35
双胶圈	1000	60	20	1.5	160	160	1133	1133	25	25	20	5000 6000	5135 6135	0.70
	1200	70					1353	1353						0.94
	1400	90					1593	1593						1.35

注：除参考质量外，其余尺寸单位为毫米。

埋置式预应力钢筒混凝土管（PCCPE）基本尺寸（单胶圈接头）　　　　表 2-125

公称内径 D_0	最小管芯厚度 t_c	保护层净厚度	钢筒厚度 t_y	承口深度 C	插口长度 E	最小承口工作面内径 B_b	最小插口工作面外径 B_s	接头内间隙 J	接间外间隙 K	胶圈直径 d	有效长度 L_0	管子长度 L	参考质量 (t/m)
1400	100	20	1.5	108	108	1503	1503	25	25	20	5000 6000	5083 6083	1.48
1600	100					1703	1703						1.67
1800	115					1903	1903						2.11
2000	125					2103	2103						2.52
2200	140					2313	2313						3.05
2400	150					2513	2513						3.53
2600	165					2713	2713						4.16
2800	175	20	1.5	150	150	2923	2923	25	25	20	5000 6000	5125 6125	4.72
3000	190					3143	3143						5.44
3200	200					3343	3343						6.07
3400	220					3553	3553						7.05
3600	230					3763	3763						7.77
3800	245					3973	3973						8.69
4000	260					4183	4183						9.67

注：除参考质量外，其余尺寸单位为毫米。

埋置式预应力钢筒混凝土管（PCCPE）基本尺寸（双胶圈接头）　　表 2-126

公称内径 D_0	最小管芯厚度 t_c	保护层净厚度	钢筒厚度 t_y	承口深度 C	插口长度 E	最小承口工作面内径 B_b	最小插口工作面外径 B_s	接头内间隙 J	接头外间隙 K	胶圈直径 d	有效长度 L_0	管子长度 L	参考质量 (t/m)
1400	100					1503	1503						1.48
1600	100					1703	1703						1.67
1800	115					1903	1903						2.11
2000	125	20	1.5	160	160	2103	2103	25	25	20	5000 6000	5135 6135	2.52
2200	140					2313	2313						3.05
2400	150					2513	2513						3.53
2600	165					2713	2713						4.16
2800	175					2923	2923						4.72
3000	190					3143	3143						5.44
3200	200					3343	3343						6.07
3400	220	20	1.5	160	160	3553	3553	25	25	20	5000 6000	5135 6135	7.05
3600	230					3763	3763						7.77
3800	245					3973	3973						8.69
4000	260					4183	4183						9.67

注：除参考质量外，其余尺寸单位为毫米。

2.16.5　离心浇铸玻璃钢管

离心浇铸玻璃钢管（HOBAS 管）又称离心浇铸玻璃纤维增强树脂砂浆管或称 HOBAS 管，按其刚度大小分为 SN2500N/m²、SN5000N/m² 及 SN10000N/m² 三种管型。SN5000N/m² 管可埋设在道路下，允许连续通过 10t 以下的车载；SN10000N/m² 管可用于 10t 以上车载的道路上；SN2500 N/m² 管通常用作衬里管。管道压力分非承压管、PN4kg/m²、6kg/m²、10kg/m²、16kg/m² 及 20kg/m² 等多种。目前产品的壁厚和质量，可参见表 2-127～表 2-129，每根管道长度为 6m。

承压离心浇铸玻璃钢管壁厚与质量　　表 2-127

公称直径 (mm)	外径 (mm)	PN4 SN2500		PN6 SN5000		PN10 SN5000		PN10 SN10000		PN16 SN10000	
		壁厚 (mm)	质量 (kg/m)	壁厚 (mm)	质量 (kg/m)	壁厚 (mm)	质量 (kg/m)	壁厚 (mm)	质量 (kg/m)	壁厚 (mm)	质量 (kg/m)
500	530	8.2	23	9.8	28	9.6	27	11.9	34	11.7	30
600	616	9.4	31	11.2	37	10.9	36	13.7	46	13.4	41
800	820	12.1	54	14.5	65	14.2	62	17.8	81	17.4	71
1000	1026	14.8	84	17.8	100	17.4	96	22.0	125	21.5	110
1200	1229	17.5	120	21.1	145	20.7	135	26.1	180	25.5	155

续表

公称直径(mm)	外径(mm)	PN4 SN2500		PN6 SN5000		PN10 SN5000		PN10 SN10000		PN16 SN10000	
		壁厚(mm)	质量(kg/m)	壁厚(mm)	质量(kg/m)	壁厚(mm)	质量(kg/m)	壁厚(mm)	质量(kg/m)	壁厚(mm)	质量(kg/m)
1400	1439	20.3	165	24.5	195	24.0	185	30.4	240	30.0	224
1600	1638	22.9	210	27.7	250	27.1	240	34.4	320	34.4	286
1800	1842	25.7	270	31.0	320	30.0	299	38.0	389	38.0	361
2000	2047	28.4	330	34.4	390	34.0	371	43.0	481	42.0	444

非承压离心浇铸玻璃钢管壁厚与质量　　　　表 2-128

公称直径(mm)	外径(mm)	SN2500		SN5000		SN10000	
		壁厚(mm)	质量(kg/m)	壁厚(mm)	质量(kg/m)	壁厚(mm)	质量(kg/m)
500	530	8.2	23	10.0	29	12.3	35
600	616	9.4	31	11.5	39	14.1	47
800	820	12.1	54	14.9	67	18.4	83
1000	1026	14.8	84	18.3	105	22.8	130
1200	1229	17.5	120	21.7	150	27.0	185
1400	1439	20.3	165	25.2	200	31.5	250
1600	1638	22.9	210	28.5	260	35.7	330
1800	1842	25.7	270	31.9	330	40.0	410
2000	2047	28.4	330	35.3	410	44.2	510

离心浇铸玻璃钢管管接头规格　　　　表 2-129

公称直径(mm)	PN1-PN5			PN10			PN16		
	接头长(mm)	外径(mm)	质量(kg)	接头长(mm)	外径(mm)	质量(kg)	接头长(mm)	外径(mm)	质量(kg)
500	200	550	8	200	550	8	200	550	8
600	200	670	11	200	670	14	250	670	15
800	250	870	17	250	870	17	250	880	24
1000	250	1080	22	250	1080	26	290	1100	39
1200	250	1280	26	250	1300	32	290	1320	55
1400	250	1480	31	290	1500	51			
1600	290	1690	49	290	1710	65			
1800	290	1900	60	310	1920	83			
2000	290	2110	69	340	2130	99			

2.16.6　玻璃纤维增强塑料夹砂管

玻璃纤维增强塑料夹砂管（FRPM 管）是以玻璃纤维及其制品为增强材料，以不饱和聚酯树脂等为基体材料，以石英砂及碳酸钙等无机非金属颗粒材料为填料，采用定长缠绕工艺（Ⅰ）、离心浇铸工艺（Ⅱ）、连续缠绕工艺（Ⅲ）方法制成的管道。适用于公称直径为 100～4000mm，压力等级为 0.1～2.5MPa，环刚度等级为 1250～10000N/m^2 地下和地面用给水排水、水利、农田灌溉等管道工程用 FRPM 管，介质最高温度不超过 50℃。

1. 定长缠绕工艺

在长度一定的管模上，采用螺旋缠绕和/或环向缠绕工艺在管模长度内由内至外逐层制造管材的一种生产方法。

2. 离心浇铸工艺

用喂料机把玻璃纤维、树脂、石英砂等按一定要求浇铸到旋转着的模具内，固化后形成管材的一种生产方法。

3. 连续缠绕工艺

在连续输出的模具上，把树脂、连续纤维、短切纤维和石英砂按一定要求采用环向缠绕方法连续铺层，并经固化后切割成一定长度的管材产品的一种生产方法。

玻璃纤维增强塑料夹砂管的有效长度为 3m、4m、5m、6m、9m、10m、12m。如果需要特殊长度的管，在订货时由供需双方商定。

FRPM 管的标记方法如下：

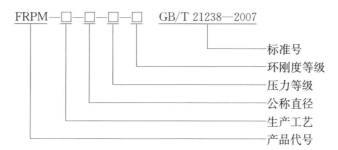

示例：采用定长缠绕工艺生产、公称直径为 1200mm、压力等级为 0.6MPa、环刚度等级为 5000N/m^2，按本标准生产的 FRPM 管标记为：

FRPM—Ⅰ—1200—0.6—5000　GB/T 21238—2007

2.17　各类铸铁管件和钢制管件的计算质量

2.17.1　各类铸铁管件计算质量

1. 灰口铸铁管件计算质量可详见 GB/T 3420—2008。
2. 球墨铸铁管件可详见 GB/T 13295—2008。

2.17.2　各类钢制管件计算质量

各类钢制管件的计算质量，参见表 2-130。

钢制管件质量

表 2-130

钢制弯头

公称直径 DN (mm)	外径 D (mm)	壁厚 δ (mm)	90° 管长	90° 质量	60° 管长	60° 质量	45° 管长	45° 质量	30° 管长	30° 质量	22°30′ 管长	22°30′ 质量
80	89	4	170	2.33	120	1.85	100	1.25	80	1.24	70	1.07
100	108	4	200	3.34	140	2.62	110	2.1	90	1.72	75	1.41
125	133	4	230	4.82	155	3.61	125	2.94	95	2.26	85	1.99
150	159	4.5	250	7.10	165	5.15	135	4.41	100	3.21	90	2.88
200	219	6	300	15.20	200	11.47	155	8.95	120	7.1	100	5.8
250	273	8	310	26.20	200	18.82	160	14.3	120	11.5	105	9.8
300	325	8	310	31.1	200	22.52	160	18.3	120	13.7	105	11.9
350	377	9	350	45.8	225	32.83	175	26.1	130	19.5	110	16.2
400	426	9	400	59.2	255	42.57	195	33.2	145	24.8	120	20.2
450	480	9	450	66	280	52.71	215	41.4	155	30	130	24.8
500	530	9	500	92	310	63.87	235	50.4	170	36.8	140	29.8
600	630	9	540	118	335	83.52	255	65	180	48	150	38.4
700	720	9	590	148	365	105	275	80.5	195	58	160	47.1
800	820	9	690	198	420	138	315	106	220	75.2	175	59.2
900	920	9	730	235	445	164	335	126	235	90.5	185	70.5
1000	1020	9	780	279	470	193	355	149	245	105	195	82.7
1200	1220	10	910	434	560	307	420	236	295	169	240	136
1400	1420	11	1030	630	630	444	470	338	330	243	270	197
1600	1620	12	1110	846	680	587	510	455	360	327	290	262
1800	1820	14	1210	1210	740	847	555	652	390	467	315	375
2000	2020	14	1310	1458	800	1020	600	845	420	566	340	451

管长 (mm) 和质量 (kg/件)

钢制喇叭口

DN：$DN_1 = 1 : 1.5 \sim 1.6$，$1 : 1.8 \sim 2.5$

公称直径	喇叭口直径	尺寸 (mm) 喇叭口直径	壁厚	高度	质量 (kg/件) 1:1.5~1.6	质量 (kg/件) 1:1.8~2.5
50	80	125	3.5	130	0.62	0.78
80	125	200	4	160	1.24	1.78
100	150	250	4	180	1.75	2.56
125	190	300	4	210	2.63	3.08
150	225	375	4.5	260	4.05	5.72
200	300	500	6	310	10.18	9.73
250	375	625	8	360	15.03	14.46
300	450	750	8	410	24.48	36.18
350	525	800	9	510	36.28	47.21
400	600	900	9	560	45.13	59.94
450	675	1000	9	610	55.23	73.54
500	750	1100	9	660	65.32	87.2
600	900	1300	9	810	96.58	119.55
700	1050	1400	9	910	125.13	150.62
800	1200	1500	9	1010	159.44	179.98
900	1350	1650	9	1110	196.45	225.38
1000	1500	1800	9	1210	237.09	266.67

续表

钢制三通、四通、排气三通 管长(mm)和质量(kg/件)

主管直径 DN (mm)	支管直径 DN_1 (mm)	主管外径 D (mm)	主管壁厚 δ (mm)	支管直径 D_1 (mm)	支管壁厚 δ_1 (mm)	主管长	支管长	三通质量	四通质量	排气三通质量	90°渐缩异径管 长度	90°渐缩异径管 质量	异径管 长度	异径管 质量	偏心异径管 长度	偏心异径管 质量
50	50	57	3.5	57	3.5	300	150	1.9	2.4							
70	50	73	4	57	3.5	300	150	2.5	3.0							
70	70	73	4	73	4	300	150	2.9	3.8							
80	50	89	4	57	3.5	300	150	3.0	3.4		175	1.48	320	1.42	320	1.29
80	70	89	4	73	4	300	150	3.2	3.8		175	1.72	280	1.28	280	1.09
80	80	89	4	89	4	300	150	3.3	4.0							
100	50	108	4	57	3.5	300	150	3.5	3.9	2.5	205	2.1	360	1.93	360	1.79
100	70	108	4	73	4	300	175	3.9	5.0		205	2.26	310	1.44	310	3.74
100	80	108	4	89	4	350	175	4.6	5.4	2.9	205	2.48	300	1.76	300	1.51
100	100	108	4	108	4	400	200	5.5	6.8							
125	50	133	4	57	3.5	400	175	5.6	6.1	3.0						
125	80	133	4	89	4	400	175	5.5	6.7	3.5						
125	100	133	4	108	4	400	175	6.1	7.0		235	3.52	330	2.28	330	1.93
125	150	133	4	159	4.5	500	250	11.3	14.0							
150	50	159	4.5	57	3.5	400	200	7.4	8.7	4.6						
150	80	159	4.5	89	4	400	200	7.3	8.7	5.0						
150	100	159	4.5	108	4	400	200	8.0	9.1		255	4.94	380	3.57	380	3.21
150	125	159	4.5	133	4	400	200	7.8	8.7		255	5.53	330	3.12	330	2.63
150	150	159	4.5	159	4.5	500	250	11.3	14.0							
200	100	219	6	108	4	400	225	13.7	14.5	(DN_2[1]=50)8.3	305	10	495	8.10	495	8.05
200	125	219	6	133	4	400	225	13.8	14.7	(DN_2[1]=80)8.8	305	11	445	7.46	445	7.21
200	150	219	6	159	4.5	400	225	14.1	15.4		305	11.5	395	6.65	395	6.23
200	200	219	6	219	6	600	300	24.2	29.2							
250	100	273	8	108	4	400	250	21.9	22.7	(DN_2[1]=50)13.6	315	15.5	595	14.34	595	16.7
250	125	273	8	133	4	400	250	22.0	22.6	(DN_2[1]=80)14.0	315	16.6	545	13.55	545	15.5
250	150	273	8	159	4.5	400	250	22.2	23.1		315	17.6	495	12.75	495	14.2
250	200	273	8	219	6	500	275	29.2	31.7		315	20	405	10.46	405	11
250	250	273	8	273	8	600	300	35.6	39.2							

续表

主管直径 DN (mm)	支管直径 DN_1 (mm)	主管外径 D (mm)	主管壁厚 δ (mm)	支管直径 D_1 (mm)	支管壁厚 δ_1 (mm)	主管长	支管长	三通质量	四通质量	排气三通	90°渐缩异径管 长度	90°渐缩异径管 质量	异径管 长度	异径管 质量	偏心异径管 长度	偏心异径管 质量
300	100	325	8	108	4	500	275	32.5	33.2	$(DN_2$①$=50)18.2$						
	125			133	4	500	275	31.5	30.8	$(DN_2$①$=80)19.7$	315	19	645	21.76	645	22.5
	150			159	4.5	500	275	32.5	33.6		315	20	595	21.00	595	21.2
	200			219	6	600	300	33.9	36		315	22	505	18.50	505	17.9
	250			273	8	600	300	42.4	46.5	$(DN_2$①$=50)25.0$	315	25	405	14.41	405	13.2
	300			325	8	600	300	43.5	48.7	$(DN_2$①$=80)25.4$						
350	100	377	9	108	4	500	300	40.1	40.9							
	125			133	4	500	300	40.4	40.7							
	150			159	4.5	500	300	40.5	41.2		355	29	700	32.09	700	32.9
	200			219	6	500	300	41.0	42.2		355	32	610	29.34	610	29.4
	250			273	8	600	325	52.0	56		355	34	510	24.75	510	24.1
	300			325	8	600	325	52.4	56.6		355	37	410	18.88	410	17.5
	350			377	9	700	350	64.7	73							
400	100	426	9	108	4	500	325	45.4	45.9							
	125			133	4	500	325	45.4	45.9							
	150			159	4.5	500	325	45.5	46.2							
	200			219	6	600	350	56.5	58.6		405	40	710	51.43	710	39.4
	250			273	8	600	350	58.4	62.2		405	43	610	34.33	610	34.1
	300			325	8	600	350	57.1	59.6		405	47	510	28.70	510	27.3
	350			377	9	700	375	80.4	83.9		405	50	410	21.70	410	19.5
	400			426	9	800	400	84.3	95.2	42.9						
450	100	480	9	108	4	600	350	62.2	62.8	$(DN_2$①$=50)37.5$						
	125			133	4	600	350	62.2	62.8	$(DN_2$①$=80)38.0$						
	150			159	4.5	600	350	62.3	63.0							
	200			219	6	700	375	74.2	76.2		455	53	720	45.55	720	45.7
	250			273	8	700	375	76.0	79.8	$(DN_2$①$=50)42.3$	455	57	620	39.76	620	38.9
	300			325	8	800	400	88.4	94.0	$(DN_2$①$=80)42.0$						

钢制三通、四通、排气三通 管长 (mm) 和质量 (kg/件)

续表

主管直径 DN (mm)	支管直径 DN₁ (mm)	主管外径 D (mm)	主管壁厚 δ (mm)	支管直径 D₁ (mm)	支管壁厚 δ₁ (mm)	钢制三通、四通、排气三通 管长(mm)和质量					90°渐缩异径管(kg/件)		异径管		偏心异径管	
						主管长	支管长	三通质量	四通质量	排气三通质量	长度	质量	长度	质量	长度	质量
450	350	480	9	377	9	800	400	91.9	101.0		455	60	520	32.74	520	30.8
	400			426	9	800	400	91.5	99.2		455	64	420	24.60	420	21.3
	450			480	9	900	450	108.1	122.5							
500	100	530	9	108	4	600	375	68.8	69.3	47.3						
	125			133	4	600	375	68.8	69.4	($DN_2$①＝50)46.7						
	150			159	4.5	600	375	68.9	69.5	($DN_2$①＝80)47.1						
	200			219	6	700	400	82.0	83.9							
	250			273	8	700	400	83.5	87.5							
	300			325	8	800	425	97.2	102.6		505	68	720	51.81	720	51.3
	350			377	9	800	425	100.4	109.2		505	72	620	44.77	620	43.1
	400			426	9	800	425	99.7	107.6		505	76	520	36.30	520	35.5
	450			480	9	900	450	113.8	125.0		505	80	420	26.90	420	22.6
	500			530	9	1000	500	133.0	150.6							
600	150	630	9	159	4.5	700	450	96.2	97.2	71.0						
	200			219	6	700	450	97.3	99.4	($DN_2$①＝80)67.8						
	250			273	8	700	450	98.7	102.3	($DN_2$①＝100)70.2						
	300			325	8	800	475	114.5	119.7							
	350			377	9	800	475	117.4	125.6		545	88	820	72.46	820	72.3
	400			426	9	900	500	133.0	142.7		545	92	720	64.20	720	62.6
	450			480	9	900	500	133.8	144.4		545	96	620	54.98	620	51.6
	500			530	9	900	500	134.2	145.1		545	100	520	44.51	520	39.1
	600			630	9	1000	550	156.2	175.1							
700	150	720	9	159	4.5	800	500	126.2	127.4	81.0						
	200			219	6	800	500	127.3	129.5	($DN_2$①＝80)79.9						
	250			273	8	800	500	128.8	132.5	($DN_2$①＝100)80.2						
	300			325	8	900	525	145.7	150.2							
	350			377	9	900	525	152.4	155.6							

续表

主管直径 DN (mm)	支管直径 DN₁ (mm)	主管外径 D (mm)	主管壁厚 δ (mm)	支管直径 D₁ (mm)	支管壁厚 δ₁ (mm)	钢制三通、四通、排气三通 管长 (mm) 和质量					90°渐缩异径管		异径管		偏心异径管	
						主管长	支管长	三通质量	四通质量	排气三通	长度	质量	长度	质量	长度	质量
700	400	720	9	426	9	900	525	148.7	156.2		595	110	910	95.35	910	97.9
	450			480	9	1000	550	167.8	178.3		595	115	810	86.33	810	87.7
	500			530	9	1000	550	168.1	178.8		595	119	710	75.95	710	75.8
	600			630	9	1000	550	168.2	179.2		595	129	510	51.88	510	48.5
	700			720	9	1200	600	209.2	229.2							
	200			219	6	800	550	145.0	147.2	(DN₂①=80)91.0						
	250			273	8	800	550	146.4	150.3	(DN₂①=100)91.3						
	300			325	8	900	575	148.7	153.6	(DN₂①=150)92.1						
	350			377	9	900	575	168.1	176.2							
800	400	820	9	426	9	900	575	167.1	174.3							
	450			480	9	1000	600	189.1	199.0		695	148	1010	123.06	1010	126.6
	500			530	9	1000	600	190.4	201.6		695	153	910	112.44	910	114.7
	600			630	9	1200	625	229.7	244.0		695	164	710	88.36	710	87.1
	700			720	9	1200	625	230.3	245.3		695	174	510	59.36	510	55.2
	800			820	9	1400	700	287.6	308.0							
	200			219	6	800	600	161.9	163.9	(DN₂①=100)122.8						
	250			273	8	800	600	162.8	165.5	(DN₂①=150)123.9						
	300			325	8	900	625	185.6	191.1							
900	350	920	9	377	9	900	625	188.4	196.8							
	400			426	9	1000	650	209.9	219.1							
	450			480	9	1000	650	215.8	221.1							
	500			530	9	1000	650	210.7	220.7		735	176	1120	153.61	1120	158.5
	600			630	9	1200	675	255.0	268.4		735	187	920	129.45	920	130.3
	700			720	9	1200	675	257.5	273.3		735	197	720	100.19	720	98.6
	800			820	9	1400	700	267.7	293.7		735	209	520	67.14	520	61.7
	900			920	9	1600	750	352.6	382.0							

续表

主管直径 DN (mm)	支管直径 DN_1 (mm)	主管外径 D (mm)	主管壁厚 δ (mm)	支管直径 D_1 (mm)	支管壁厚 δ_1 (mm)	钢制三通、四通、排气三通 主管长	支管长	三通质量	四通质量	排气三通	90°渐缩异径管 长度	质量	异径管 长度	质量	偏心异径管 长度	质量
1000	250	102	9	273	8	900	675	202.4	204.8	($DN_2$①=100)136.2						
	300			325	8	900	675	205.2	211.3	($DN_2$①=150)137.2						
	350			377	9	900	675	207.8	215.8							
	400			426	9	1000	700	232.9	242.7							
	450			480	9	1000	700	232.9	242.7							
	500			530	9	1000	700	232.9	242.7				1120	175.14	1120	179.2
	600			630	9	1200	725	282.0	295.1		785	216	920	145.73	920	146.6
	700			720	9	1400	750	340.0	366.5		785	229	720	112.54	720	109.5
	800			820	9	1600	800	388.5	416.9		785	237	520	74.94	520	67.6
	900			920	9	1600	800	388.9	417.7		785	250				
	1000			1020	9	1600	800	382.4	394.7							
1200	700	122	10	720							920	324	1125	232.00	1125	238.7
	800			820							920	338	925	192.79	925	201.3
	900			920							920	354	735	160.68	735	151.9
	1000			1020							920	370	535	97.05	535	97.5
1400	800	142	11	820							1040	466	1150	298.94	1150	325.7
	900			920							1040	484	960	247.82	960	269.5
	1000			1020							1040	503	760	191.20	760	208.4
	1200			1220							1040	542	560	128.49	560	124.7
1600	900	162	12	920							1120	621	1160	375.69	1160	423.7
	1000			1020							1120	643	960	311.81	960	355.3
	1200			1220							1120	686	760	242.87	760	263.4
	1400			1420							1120	731	570	161.43	570	155.3
1800	1000	182	14	1020							1220	882	1170	444.26	1170	583.8
	1200			1220							1220	937	970	359.40	970	476.5
	1400			1420							1220	991	780	260.69	780	349.7
	1600			1620							1220	1182	580	182.89	580	204.9
2000	1200	202	14	1220							1320	1083	1170	468.56	1170	664.8
	1400			1420							1320	1143	980	407.10	980	537.7
	1600			1620							1320	1202	780	311.94	780	396.1
	1800			1820							1320	1267	580	204.30	580	227.8

管长(mm)和质量(kg/件)

① DN_2为排气口的直径(mm)。

续表

公称直径 DN (mm)	套管直径 D₂ (mm)	壁厚 δ (mm)	钢 制 穿 墙 套 管 长度 L=300mm (kg/只)	L 每增100mm (kg)	长度 L=600mm (kg/只)	L 每增100mm (kg)
100	162	8	14.98	3.36		
150	213	8	20.51	4.36		
200	264	8	26.86	5.37		
250	318	8	39.49	6.47		
300	377	10	46.55	9.54		
400	480	10	61.44	12.08		
500	584	10	73.74	14.65		
600	687	10	85.95	17.19		
700	793	12	130.61	23.82		
800	896	12	146.5	26.87		
900	999	12	162.39	29.92		
1000	1107	12	180.64	33.15		
1200	1316	12			（穿铸铁管）463.8	39.3
1200	1224	14			499.8	45.3
1350	1474	14			（穿铸铁管）565.4	51.4
1400	1502	14			575.9	52.4
1500	1628	14			（穿铸铁管）622.8	56.7
1600	1706	14			726.7	59.4
1800	1910	16			868.8	76
2000	2118	16			960.9	84.2

3 给水工程投资估算指标

给水工程投资估算指标系根据建设部 2007 年发布的《市政工程投资估算指标》（HGZ 47—103—2007）第三册给水工程进行缩编和摘选。

（1）指标的作用和适用范围：给水工程投资估算指标是项目建议书、可行性研究报告阶段编制投资估算的依据，是多方案比选、优化设计、合理确定投资的基础，是开展项目评价、控制初步设计概算、推行限额设计的参考。

本指标适用于城镇地面、地下水取水工程和输水、配水管网工程、给水厂站及构筑物工程。

（2）指标的费用组成：给水工程投资估算指标分为综合指标和分项指标。

综合指标包括建筑安装工程费、设备购置费、工程建设其他费用、基本预备费。

分项指标包括建筑安装工程费、设备购置费。

1）建筑安装工程费：由直接费和综合费用组成。

① 直接费：由人工费、材料费、机械费组成。将《建筑安装工程费用项目组成》中的措施费（环境保护、文明施工、安全施工、临时设施、夜间施工的内容）按比例分别摊入人工费、材料费和机械费，给水工程措施费费率为 6%，计费基数为人工费、材料费与机械费之和，其中人工费 8%，材料费 87%，机械费 5%，分别按比例计算。二次搬运、大型机械设备进出场及安装拆除、混凝土和钢筋混凝土模板及支架、脚手架编入直接工程费。

② 综合费用：由间接费、利润和税金组成。

2）设备购置费：依据设计文件规定，其价格由设备原价＋设备运杂费组成，设备运杂费指除设备原价之外的设备采购、运输、包装及仓库保管等方面支出费用的总和。

3）工程建设其他费用：包括建设管理费、可行性研究费、研究试验费、勘察设计费、环境影响评价费、场地准备及临时设施费、工程保险费、联合试运转费、生产准备及开办费。按国家现行有关统一规定程序计算。

4）预备费：包括基本预备费和价差预备费。基本预备费系指在投资估算阶段不可预见的工程费用。

（3）指标的编制期价格、费率取定：

1）价格取定：人工工资综合单价按北京地区 2004 年 31.03 元/工日；材料价格、机械台班单价按北京地区 2004 年价格。

2）费率取定

① 给水工程综合费用费率为 21.30%。

② 工程建设其他费用费率为 12%，计费基数为建筑安装工程费＋设备购置费。

③ 基本预备费费率为 8%，计费基数为建筑安装工程费＋设备购置费＋工程建设其他费用。

（4）综合、分项指标计算程序（表3-1、表3-2）：

综合指标计算程序　　　　　　　　　　　表3-1

序　号	项　　目	取费基数及计算式
	指标基价	一＋二＋三＋四
一	建筑安装工程费	4＋5
1	人工费小计	—
2	材料费小计	—
3	机械费小计	—
4	直接费小计	1＋2＋3
5	综合费用	4×综合费用费率
二	设备购置费	原价＋设备运杂费
三	工程建设其他费用	（一＋二）×工程建设其他费用费率
四	基本预备费	（一＋二＋三）×8％

分项指标计算程序　　　　　　　　　　　表3-2

序　号	项　　目	取费基数及计算式
	指标基价	一＋二
一	建筑安装工程费	（四）＋（五）
1	人工费	—
2	措施费分摊	（1＋3＋5）×措施费费率×8％
（一）	人工费小计	1＋2
3	材料费	—
4	措施费分摊	（1＋3＋5）×措施费费率×87％
（二）	材料费小计	3＋4
5	机械费	—
6	措施费分摊	（1＋3＋5）×措施费费率×5％
（三）	机械费小计	5＋6
（四）	直接费小计	（一）＋（二）＋（三）
（五）	综合费用	（四）×综合费用费率
二	设备购置费	原价＋设备运杂费

（5）指标的选用和调整

本指标中的人工、材料、机械费的消耗量原则上不作调整。使用本指标时可按指标消耗量及工程所在地当时当地市场价格并按照规定的计算程序和方法调整指标，费率可参照指标确定，也可按各级建设行政主管部门发布的费率调整。

具体调整办法如下：

1）建筑安装工程费的调整：

①人工费：以指标人工工日数乘以当时当地造价管理部门发布的人工单价确定。

②材料费：以指标主要材料消耗量乘以当时当地造价管理部门发布的相应材料价格

确定。

$$其他材料费 = 指标其他材料费 \times \frac{调整后的主要材料费}{指标(材料费小计 - 其他材料费 - 材料费中措施费分摊)}$$

③ 机械费：列出主要机械台班消耗量的调整方式：以指标主要机械台班消耗量乘以当时当地造价管理部门发布的相应机械台班价格确定。

$$其他机械费 = 指标其他机械费 \times \frac{调整后的主要机械费}{指标(机械费小计 - 其他机械费 - 机械费中措施费分摊)}$$

未列出主要机械台班消耗量的调整方式：

$$机械费 = 指标机械费 \times \frac{调整后的(人工费 + 材料费)}{指标(人工费 + 材料费)}$$

④ 直接费：调整后的直接费为调整后的人工费、材料费、机械费之和。

⑤ 综合费用：综合费用的调整应按当时当地不同工程类别的综合费率计算。计算公式如下：

$$综合费用 = 调整后的直接费 \times 当时当地的综合费率$$

⑥ 建筑安装工程费

$$建筑安装工程费 = 调整后的(直接费 + 综合费用)$$

2）设备购置费的调整：指标中列有设备购置费的，按主要设备清单，采用当时当地的设备价格或上涨幅度进行调整。

3）工程建设其他费用的调整：工程建设其他费用的调整，按国家规定的不同工程类别的工程建设其他费用费率计算。计算公式如下：

$$工程建设其他费用 = 调整后的(建筑安装工程费 + 设备购置费) \times$$
$$国家规定的工程建设其他费用费率$$

4）基本预备费的调整

$$基本预备费 = 调整后的(建筑安装工程费 + 设备购置费 + 工程建设其他费用) \times$$
$$基本预备费费率$$

5）指标基价的调整：

$$指标基价 = 调整后的(建筑安装工程费 + 设备购置费 + 工程建设其他费用 +$$
$$基本预备费)$$

3.1 给水管道工程估算指标

（1）指标内容：本指标分综合指标和分项指标两部分。

1）综合指标分为输水管道工程和配水管道工程，指标的规模按设计最高日供水量划分为：1 万 m^3/d 以下、5 万 m^3/d 以下、10 万 m^3/d 以下、10 万～20 万 m^3/d、20 万 m^3/d 以上五类。

2）分项指标包括开槽（放坡、支撑）埋管工程、顶管工程、桥管工程、倒虹管工程及管道防腐工程。

开槽埋设分别按开槽支撑埋设与开槽放坡埋设两种施工方式列项；管道埋设深度（管顶至地面深度）分别按 1.5m 及 2.0m 考虑。本手册仅摘选了给水工程中常用的球墨铸铁管和钢管支撑埋设指标。

（2）编制指标的基础数据

1）每100m管道阀门数量见表3-3。

每100m管道阀门数量

表3-3

口径（mm）	φ100以内	φ300以内	φ500以内	φ800以内	φ1200以内	φ1600以内	φ1600以上
阀门数量（个）	0.50	0.45	0.40	0.38	0.21	0.13	0.10

2）每100m管道排气阀、泄水管、消火栓数量见表3-4。

每100m管道排气阀、泄水管、消火栓数量

表3-4

项 目	口 径	数 量
排气阀	φ1400以内	0.10
泄水管	0	0.05
消火栓	φ400以内	0.83

3）每100m球墨铸铁管管道接头零件数量见表3-5。

每100m球墨铸铁管管道接头零件数量

表3-5

管径（mm）	φ150以内	φ200以内	φ300以内	φ500以内	φ800以内	φ1200以内	φ1600以内	φ1600以上
零件数量（个）	11.0	8.0	6.0	3.0	2.0	1.5	0.9	0.6

4）每100m预应力钢筋混凝土管管道零件数量见表3-6。

每100m预应力钢筋混凝土管管道零件数量

表3-6

管径（mm）	300以内	500以内	800以内	1000以内	1200以内	1600以内	1800以内
零件数量（个）	6.15	3.60	2.86	2.17	1.82	1.76	1.20

（3）指标材料价格，见表3-7。

指标材料价格

表3-7

序 号	名 称	规 格	单 位	价格（元）
1	水泥	综合	t	350.00
2	砂		m³	43.26
3	碎石		t	39.05
4	钢板卷管		t	4500.00
5	钢管件		t	8200.00
6	组合钢模板		kg	4.30
7	型钢		t	3400.00
8	球墨铸铁管	DN150	m	120.00
9	球墨铸铁管	DN200	m	161.65
10	球墨铸铁管	DN300	m	319.00
11	球墨铸铁管	DN400	m	411.00

序 号	名 称	规 格	单 位	价格（元）
12	球墨铸铁管	DN500	m	542.00
13	球墨铸铁管	DN600	m	712.00
14	球墨铸铁管	DN700	m	887.00
15	球墨铸铁管	DN800	m	1095.00
16	球墨铸铁管	DN900	m	1322.00
17	球墨铸铁管	DN1000	m	1545.00
18	球墨铸铁管	DN1200	m	2117.00
19	球墨铸铁管	DN1400	m	2412.00
20	球墨铸铁管	DN1600	m	2650.00

（4）工程量计算方法

1）管道安装工程量按设计管道中心线长度，不扣除管件和阀门长度。

2）开槽埋管工程地质条件按三类土无地下水情况取定，施工余土外运按10km综合取定。

3）管道防腐工程分为管道内防腐、外防腐，按现行通用工艺做法单独列项，实际使用中可依据所采用的防腐工艺套用相应子目或据实调整相关费用，防腐工程分别按内、外展开面以"m²"为单位计算。

4）桥管工程分为安装与土建两部分，分别以"座"为单位计算。

5）倒虹管按河宽跨度以"处"为单位计算。

6）管道挖土是按干土考虑的，如遇湿土时，指标基价中人工费、机械费乘以1.2系数。

3.1.1 给水管道工程综合指标

给水管道综合指标见表3-8。其工程内容：包括挖土、运土、回填、管道、阀门、管件安装、防腐、试压、消毒冲洗。

给水管道工程综合指标 [m³/（d·km）] 表3-8

指标编号		3Z-001	3Z-002	3Z-003	3Z-004	3Z-005	3Z-006	3Z-007	3Z-008	3Z-009	3Z-010
项 目	单位	输水管道　水量（m³/d）					配水管道　水量（m³/d）				
		1万以下	5万以下	10万以下	10万～20万	20万以上	1万以下	5万以下	10万以下	10万～20万	20万以上
指标基价	元	11686	6074	4092	3222	2884	12629	6453	4702	4009	3063
建筑安装工程费	元	9661	5022	3383	2664	2384	10440	5334	3887	3314	2532
工程建设其他费用	元	1159	603	406	320	286	1253	640	466	398	304
基本预备费	元	866	450	303	239	214	935	478	348	297	227

指标编号		单位	3Z-001	3Z-002	3Z-003	3Z-004	3Z-005	3Z-006	3Z-007	3Z-008	3Z-009	3Z-010
项 目			输水管道 水量（m³/d）					配水管道 水量（m³/d）				
			1万以下	5万以下	10万以下	10万～20万	20万以上	1万以下	5万以下	10万以下	10万～20万	20万以上
建筑安装工程费												
直接费	人工费	人工费	工日	30	12	7	5	4	26	9	5	4	3
		措施费分摊	元	38	20	13	11	9	41	21	15	13	8
		人工费小计	元	976	393	227	167	124	855	302	169	124	91
	材料费	钢板卷管	m	6.92	1.73	0.77	0.44	0.25	1.39	0.36	0.16	0.09	0.06
		预应力混凝土管	m	6.83	1.72	0.77	0.43	0.25	1.37	0.30	0.16	0.09	0.06
		球墨铸铁管	m						10.93	2.74	1.22	0.69	0.39
		其他材料费	元	2782	1464	874	662	522	2642	1340	832	663	493
		措施费分摊	元	416	216	146	115	103	449	230	167	143	109
		材料费小计	元	6102	3351	2310	1815	1669	7161	3853	2880	2480	1886
	机械费	卷板机 20×2500	台班	0.0253	0.008	0.0036	0.0017	0.0006	0.0051	0.0016	0.0007	0.0003	0.0001
		反铲挖掘机 1 m³	台班	0.1892	0.07	0.041	0.0383	0.0261	0.0408	0.0157	0.0093	0.0075	0.0055
		电动夯实机 20～62N·m	台班	6.0382	2.1738	1.2161	0.8492	0.75	1.3131	0.4934	0.28	0.1974	0.0142
		汽车式起重机 5t	台班	0.1413	0.0387	0.0017	0.001	0.0005	0.0283	0.0077	0.0003	0.0001	0.0001
		电动双梁起重机 5t	台班	0.0546	0.0159	0.006	0.0023	0.0006	0.0109	0.0032	0.0012	0.0005	0.0001
		自卸汽车 15t	台班	0.1808	0.1177	0.0905	0.0824	0.0451	0.0505	0.0316	0.0237	0.0213	0.0165
		其他机械费	元	397	182	120	100	99	456	182	115	95	88
		措施费分摊	元	23	12	8	7	6	26	13	10	8	6
		机械费小计	元	887	396	252	214	173	591	244	155	128	110
	直接费小计		元	7965	4140	2789	2196	1966	8607	4398	3205	2732	2087
综合费用			元	1696	882	594	468	419	1833	937	683	582	445
合 计			元	9661	5022	3383	2664	2384	10440	5334	3887	3314	2532

3.1.2 给水管道工程分项指标

3.1.2.1 管道开槽支撑埋设工程分项指标

（1）承插球墨铸铁管分项指标，见表 3-9。其工程内容：包括挖土、运土、回填、管道、阀门、管件安装、防腐、试压、消毒冲洗。

（2）钢板卷管分项指标，见表 3-10。其工作内容：包括挖土、运土、回填、管道、阀门、管件安装、试压、消毒冲洗。

承插球墨铸铁管分项指标（单位：100m）　　　　　　表 3-9

	指标编号		3F-001	3F-002	3F-003	3F-004	3F-005	3F-006	3F-007	3F-008	3F-009	3F-010
	项　目	单位	埋深1.5m									
			DN 100	DN 150	DN 200	DN 300	DN 400	DN 500	DN 600	DN 700	DN 800	DN 900
	指标基价	元	33691	37299	45510	74255	98616	121234	156722	190933	228870	260690
建筑安装工程费												
直接费	人工费	人工费	工日	133	139	147	154	171	187	206	235	245	251
		措施费分摊	元	127	148	180	294	390	480	620	756	906	1032
		人工费小计	元	4254	4461	4741	5073	5696	6283	7012	8048	8508	8821
	材料费	球墨铸铁管	m	100.00	100.00	100.00	100.00	100.00	100.00	100.00	100.00	100.00	100.00
		钢配件	t	0.32	0.37	0.44	0.63	1.14	1.24	1.25	1.27	1.37	1.56
		法兰阀门	个	0.50	0.45	0.45	0.45	0.40	0.40	0.38	0.38	0.38	0.21
		平焊法兰	片	1.08	0.97	0.97	0.97	0.86	0.86	0.82	0.82	0.82	0.45
		钢板	kg	0.88	2.66	2.66	4.18	5.12	6.50	7.48	9.50	9.50	11.31
		钢挡土板	t	0.30	0.30	0.30	0.30	0.30	0.30	0.30	0.30	0.30	0.30
		板方材	m³	0.19	0.19	0.19	0.19	0.19	0.19	0.19	0.19	0.19	0.19
		砂砾	m³	14.52	22.53	31.45	51.41	74.54	100.55	148.48	184.01	222.42	264.15
		橡胶圈	个	43.05	43.05	36.37	31.92	25.25	25.25	23.03	23.03	23.03	21.91
		扒钉	kg	29.61	29.61	29.61	29.61	29.61	29.61	29.61	29.61	29.61	29.61
		钢套管	kg	50.59	50.59	50.59	50.59	50.59	50.59	50.59	50.59	50.59	50.59
		商品混凝土 C15	m³	0.16	0.17	0.17	4.26	8.96	10.79	11.48	16.80	21.48	15.82
		商品混凝土 C20	m³	0.26	0.26	0.26	0.26	0.26					
		商品混凝土 C25	m³	1.10	1.18	1.30	1.30	2.35	2.06	1.95	2.22	2.22	1.23
		消火栓	个	0.83	0.83	0.83	0.83	0.83					
		排气阀	个	0.11	0.11	0.11	0.11	0.11	0.11	0.11	0.11	0.11	0.11
		泄水管	个	0.05	0.05	0.05	0.05	0.05	0.05	0.05	0.05	0.05	0.05
		井盖	套	1.44	1.38	1.38	1.38	1.33	0.46	0.41	0.41	0.41	0.23
		其他材料费	元	2234	2702	2825	4305	3788	3204	3674	4851	5007	4765
		措施费分摊	元	1450	1605	1958	3195	4244	5217	6744	8217	9849	11219
		材料费小计	元	21834	24448	30755	53262	72186	89650	116996	143320	173346	198614
	机械费	自卸汽车 15t	台班	0.44	0.56	0.71	1.03	1.43	1.84	2.60	3.22	3.85	4.43
		反铲挖掘机 1m³	台班	0.37	0.40	0.44	0.51	0.59	0.67	0.87	0.98	1.10	1.22
		电动夯实机 20～62N·m	台班	12.55	13.65	14.82	17.25	19.87	22.65	29.28	32.61	36.10	39.79
		光轮压路机 15t	台班										
		载重汽车 6t	台班	1.13	1.13	1.13	1.13	1.14	1.14	1.14	1.14	1.14	1.14
		其他机械费	元	436	450	471	988	1112	1287	1623	1865	2028	2081
		措施费分摊	元	83	92	113	184	244	300	388	472	566	645
		机械费小计	元	1687	1840	2023	2881	3417	4013	5194	6038	6826	7476
	直接费小计		元	27775	30749	37519	61216	81299	99946	129202	157406	188681	214913
综合费用			元	5916	6550	7992	13039	17317	21288	27520	33527	40189	45777
合　计			元	33691	37299	45510	74255	98616	121234	156722	190933	228870	260690

续表

指标编号		单位	3F-011	3F-012	3F-013	3F-014	3F-015	3F-016	3F-017	3F-018	3F-019	3F-020
项　目			埋深 1.5m				埋深 2.0m					
			DN 1000	DN 1200	DN 1400	DN 1600	DN 100	DN 150	DN 200	DN 300	DN 400	DN 500
指标基价		元	303699	402149	455623	516011	36271	39900	48266	76244	99681	122443
建筑安装工程费												
人工费	人工费	工日	279	319	343	401	161	167	176	183	197	219
	措施费分摊	元	1202	1591	1803	2042	144	158	191	302	394	485
	人工费小计	元	9859	11490	12446	14485	5140	5340	5652	5980	6507	7281
直接费	球墨铸铁管	m	100.00	100.00	100.00	100.00	100.00	100.00	100.00	100.00	100.00	100.00
	钢配件	t	1.64	1.64	1.77	1.77	0.32	0.37	0.44	0.63	1.14	1.24
	法兰阀门	个	0.21	0.21	0.13	0.13	0.50	0.45	0.45	0.45	0.40	0.40
	平焊法兰	片	0.45	0.45	0.28	0.28	1.08	0.97	0.97	0.97	0.86	0.86
	钢板	kg	11.31	13.56	15.83	18.09	0.88	2.66	2.66	4.18	5.12	6.50
	钢挡土板	t	0.30	0.30	0.30	0.30	0.40	0.40	0.40	0.40	0.40	0.40
	板方材	m³	0.19	0.19	0.19	0.19	0.26	0.26	0.26	0.26	0.26	0.26
	砂砾	m³	309.05	407.4	517.56	640.48	14.52	22.53	31.45	51.41	74.54	100.55
	橡胶圈	个	21.91	21.91	20.58	20.58	43.05	43.05	36.37	31.92	25.25	25.25
	扒钉	kg	29.61	29.61	29.61	29.61	39.48	39.48	39.48	39.48	39.48	39.48
	钢套管	kg	50.59	50.59	50.59	50.59	67.45	67.45	67.45	67.45	67.45	67.45
	商品混凝土 C15	m³	17.28	21.88	17.15	22.83	0.16	0.17	0.17	2.37	4.92	6.54
	商品混凝土 C20	m³					0.26	0.26	0.26	0.26	0.26	
	商品混凝土 C25	m³	2.90	2.90	1.80	2.46	1.16	1.23	1.34	1.34	2.38	2.06
	消火栓	个					0.83	0.83	0.83	0.83	0.83	
	排气阀	个	0.11	0.11	0.11		0.11	0.11	0.11	0.11	0.11	0.11
	泄水管	个	0.05	0.05	0.05		0.05	0.05	0.05	0.05	0.05	0.05
	井盖	套	0.23	0.23	0.14	0.14	1.44	1.38	1.38	1.38	1.33	0.43
	其他材料费	元	5824	7290	7279	11251	2831	3002	3566	4058	4011	3858
	措施费分摊	元	13069	17306	19607	22206	1561	1717	2077	3281	4290	5269
	材料费小计	元	231232	308903	349695	394987	22713	25331	31731	53595	71868	89258
机械费	自卸汽车 15t	台班	5.28	6.92	8.59	10.69	0.49	0.63	0.77	1.08	1.50	1.84
	反铲挖掘机 1m³	台班	1.34	1.62	1.91	2.24	0.49	0.53	0.58	0.67	0.76	0.85
	电动夯实机 20～62N·m	台班	43.66	51.92	60.74	7.03	16.45	17.78	19.15	22.02	23.00	28.29
	光轮压路机 15t	台班				6.46						
	载重汽车 6t	台班	1.14	1.14	1.13	1.14	1.51	1.51	1.51	1.51	1.51	1.51
	其他机械费	元	3084	3359	4071	4547	447	459	479	1000	1125	1159
	措施费分摊	元	751	995	1127	1276	90	99	119	189	247	303
	机械费小计	元	9279	11139	13475	15929	2049	2223	2408	3281	3802	4404
直接费小计		元	250370	331532	375616	425401	29902	32893	39791	62856	82177	100942
综合费用		元	53329	70616	80006	90610	6369	7006	8475	13388	17504	21501
合　计		元	303699	402149	455623	516011	36271	39900	48266	76244	99681	122443

续表

指标编号			3F-021	3F-022	3F-023	3F-024	3F-025	3F-026	3F-027	3F-028
项　目		单位	埋深 2.0m							
			DN 600	DN 700	DN 800	DN 900	DN 1000	DN 1200	DN 1400	DN 1600
指标基价		元	157888	191360	229581	261834	305228	403475	457556	517839
建筑安装工程费										
直接费	人工费	人工费 工日	241	269	281	286	317	358	382	443
		措施费分摊 元	625	757	908	1036	1208	1597	1811	2049
		人工费小计 元	8103	9104	9627	9911	11045	12706	13664	15795
	材料费	球墨铸铁管 m	100.00	100.00	100.00	100.00	100.00	100.00	100.00	100.00
		钢配件 t	1.25	1.27	1.37	1.56	1.64	1.64	1.77	1.77
		法兰阀门 个	0.38	0.38	0.38	0.21	0.21	0.21	0.13	0.13
		平焊法兰 片	0.82	0.82	0.82	0.45	0.45	0.45	0.28	0.28
		钢板 kg	7.48	9.50	9.50	11.31	11.31	13.56	15.83	18.09
		钢挡土板 t	0.40	0.40	0.40	0.40	0.40	0.40	0.40	0.40
		板方材 m³	0.26	0.26	0.26	0.26	0.26	0.26	0.26	0.26
		砂砾 m³	148.48	184.01	222.42	264.15	309.05	407.4	517.56	640.59
		橡胶圈 个	23.03	23.03	18.58	18.58	18.58	21.91	20.58	20.58
		扒钉 kg	39.48	39.48	39.48	39.48	39.48	39.48	39.48	39.48
		钢套管 kg	67.45	67.45	67.45	67.45	67.45	67.45	67.45	67.45
		商品混凝土 C15 m³	6.64	10.02	15.17	10.79	12.89	16.68	13.52	18.46
		商品混凝土 C20 m³								
		商品混凝土 C25 m³	1.95	2.22	2.22	1.23	2.90	2.90	1.80	2.46
		消火栓 个								
		排气阀 个	0.11	0.11	0.11	0.11	0.11	0.11	0.11	
		泄水管 个	0.05	0.05	0.05	0.05	0.05	0.05	0.05	
		井盖 套	0.41	0.41	0.41	0.23	0.23	0.23	0.14	0.14
		其他材料费 元	4126	5007	5426	5166	6271	8458	7483	11437
		措施费分摊 元	6795	8235	9880	11268	13135	17363	19690	22284
		材料费小计 元	116417	142164	172326	197968	230779	308211	349461	394534
	机械费	自卸汽车 15t 台班	2.60	3.22	3.85	4.43	5.28	6.92	8.59	10.69
		反铲挖掘机 1m³ 台班	1.09	1.21	1.34	1.48	1.62	1.92	2.24	2.60
		电动夯实机 20~62N·m 台班	36.21	39.12	43.91	48.03	52.34	61.47	71.15	8.16
		光轮压路机 15t 台班								7.50
		载重汽车 6t 台班	1.51	1.51	1.51	1.50	1.52	1.52	1.52	1.52
		其他机械费 元	1635	1873	2043	2092	3099	3377	4084	4544
		措施费分摊 元	390	473	568	648	755	998	1132	1281
		机械费小计 元	5643	6489	7314	7978	9808	11708	14082	16576
	直接费小计	元	130163	157757	189267	215856	251631	332625	377211	426909
综合费用		元	27725	33602	40314	45977	53597	70849	80345	90931
合　计		元	157888	191360	229581	261834	305228	403475	457556	517839

钢板卷管分项指标（单位：100m）   表 3-10

指标编号		3F-029	3F-030	3F-031	3F-032	3F-033	3F-034	3F-035	3F-036	3F-037
项 目	单位	埋深 1.5m								
		D219×8	D325×8	D428×8	D529×10	D630×10	D720×10	D820×10	D920×10	D1020×12
指标基价	元	52957	71708	95294	127244	154144	178160	201466	239419	267656
建筑安装工程费										
人工费 人工费	工日	172	191	216	255	288	315	334	336	370
措施费分摊	元	202	272	374	478	605	681	769	959	1070
人工费小计	元	5539	6199	7076	8391	9542	10455	11133	11385	12551
材料费 钢板卷管	m	101.40	101.30	101.20	101.10	101.05	101.00	100.95	100.90	100.85
角钢	kg	1.78	1.88	1.78	1.77	1.77	1.95	1.95	1.91	1.91
砂砾	m³	28.12	42.79	57.46	89.06	108.11	125.65	145.91	166.62	188.09
商品混凝土 C15	m³	0.17	4.26	8.99	10.79	11.48	16.80	21.48	15.82	17.28
商品混凝土 C20	m³	0.26	0.26	0.26	0.00					
商品混凝土 C25	m³	1.30	1.30	2.64	2.06	1.95	2.22	2.22	1.23	2.90
阀门	个	0.45	0.45	0.45	0.40	0.38	0.38	0.38	0.21	0.21
钢配件	t	0.44	0.57	1.01	1.04	1.12	1.20	1.30	1.48	1.50
泄水管	个	0.05	0.05	0.05	0.05	0.05	0.05	0.05	0.05	0.05
排气阀	个	0.11	0.11	0.11	0.11	0.11	0.11	0.11	0.11	0.11
消火栓	个	0.83	0.83							
井盖	套	1.38	1.38	0.49	0.43	0.41	0.41	0.41	0.23	0.23
其他材料费	元	6196	6808	9096	8791	9747	10811	11389	8936	10912
措施费分摊	元	2218	3012	4002	5372	6520	7540	8532	10295	11484
材料费小计	元	34428	48394	66020	90068	109605	127504	145211	175337	195849
直接费 机械费 履带式推土机 75kW	台班	0.11	0.16	0.20	0.28	0.35	0.41	0.48	0.56	0.65
履带式推土机 90kW	台班	0.03	0.03	0.03	0.03	0.03	0.03	0.03	0.03	0.03
履带式单斗液压挖掘机 1m³	台班	0.03	0.03	0.03	0.03	0.03	0.03	0.03	0.03	0.03
光轮压路机 15t	台班									
电动夯实机 20～62N·m	台班	14.79	16.99	19.13	24.85	27.23	29.40	31.84	34.32	36.83
汽车式起重机 5t	台班	0.12	0.82	0.90	1.28	2.05	0.24	0.12	0.11	0.12
汽车式起重机 16t	台班	0.01	0.01	0.01	0.01	0.01	0.01	0.01	0.01	0.01
电动双梁起重机 5t	台班	0.91	0.80	0.91	0.78	0.93	0.86	0.78	0.79	0.42
载重汽车 6t	台班	1.29	1.37	1.45	1.53	1.61	1.68	1.75	1.82	1.90
自卸汽车 15t	台班	0.82	1.10	1.52	2.18	2.72	3.29	3.90	4.48	5.28
卷板机 20×2500	台班	0.35	0.37	0.57	0.48	0.47	0.46	0.49	0.47	0.27
试压泵 60MPa	台班	0.22	0.32	0.32	0.32	0.32	0.32	0.32	0.54	0.54
电焊机（综合）	台班	14.76	14.17	16.52	13.88	18.75	17.39	14.90	15.36	7.71
反铲挖掘机 1m³	台班	0.44	0.52	0.61	0.79	0.89	0.99	1.11	1.23	1.35
其他机械费	元	652	885	1116	1341	1595	2825	3220	3455	4854
措施费分摊	元	127	173	230	309	375	433	490	592	660
机械费小计	元	3691	4523	5465	6440	7930	8916	9745	10656	12257
直接费小计	元	43658	59117	78560	104900	127077	146876	166089	197377	220656
综合费用	元	9299	12592	16733	22344	27067	31285	35377	42041	47000
合 计	元	52957	71708	95294	127244	154144	178160	201466	239419	267656

续表

指标编号			3F-038	3F-039	3F-040	3F-041	3F-042	3F-043	3F-044	3F-045	3F-046
项目		单位	埋深 1.5m								
			$D1220\times12$	$D1420\times14$	$D1620\times16$	$D1820\times16$	$D2020\times16$	$D2420\times18$	$D2620\times18$	$D2820\times18$	$D3020\times18$
指标基价		元	319980	397974	512603	568321	642971	850770	923692	1010913	1065472
建筑安装工程费											
直接费 人工费	人工费	工日	429	465	529	599	645	817	903	990	1090
	措施费分摊	元	1256	1577	2031	2253	2554	3336	3610	3947	4191
	人工费小计	元	14568	16006	18446	20842	22570	28690	31632	34670	38017
材料费	钢板卷管	m	100.80	100.75	100.70	100.65	100.60	100.50	100.45	100.40	100.35
	角钢	kg	3.37	3.34	4.06	4.05	4.05	6.56	6.56	6.56	6.56
	砂砾	m^3	232.85	280.32	330.22	382.84	438.03	556.26	619.32	684.94	753.13
	商品混凝土 C15	m^3	21.88	17.15	22.83	22.62	23.21	23.21	23.21	23.21	23.21
	商品混凝土 C20	m^3									
	商品混凝土 C25	m^3	2.90	1.80	2.46	1.89	1.89	1.89	1.89	1.89	1.89
	阀门	个	0.21	0.13	0.13	0.10	0.10	0.10	0.10	0.10	0.10
	钢配件	t	1.52	1.56	1.66	1.77	1.77	1.77	1.77	1.77	1.77
	泄水管	个	0.05	0.05	0.05	0.05	0.05	0.05	0.05	0.05	0.05
	排气阀	个	0.11	0.11							
	消火栓	套	0.23	0.14	0.14	0.11	0.11	0.11	0.11	0.11	0.11
	井盖										
	其他材料费	元	12674	11944	18157	18128	26198	44027	48040	50984	54208
	措施费分摊	元	13771	17235	22054	24667	27886	36287	39393	43122	45571
	材料费小计	元	234340	293938	381793	420039	473902	629322	681261	745048	784001
机械费	履带式推土机 75kW	台班	0.84	1.05	1.28	1.54	1.82	2.45	2.79	3.16	3.56
	履带式推土机 90kW	台班	0.03	0.03	0.03	0.03	0.03	0.03	0.03	0.03	0.03
	履带式单斗液压挖掘机 $1m^3$	台班	0.03	0.03	0.03	0.03	0.03	0.03	0.03	0.03	0.66
	光轮压路机 15t	台班			4.84	5.35	5.88	6.97	7.54	8.12	8.71
	电动夯实机 20～62N·m	台班	41.97	47.26	5.27	5.83	6.40	7.59	8.21	8.84	9.49
	汽车式起重机 5t	台班	0.12	0.11	0.12	1.20	0.12	0.12	0.12	0.12	1.37
	汽车式起重机 16t	台班	0.01	3.66	4.99	0.10	0.01	0.01	0.01	0.01	0.01
	电动双梁起重机 5t	台班	0.54	0.55	0.29	0.41	0.53	0.44	0.45	0.39	0.34
	载重汽车 6t	台班	2.05	2.19	2.35	2.49	2.64	2.94	3.09	3.23	3.38
	自卸汽车 15t	台班	6.94	8.63	10.70	12.61	15.18	20.53	23.48	26.64	37.10
	卷板机 20×2500	台班	0.41	0.40	0.27	0.43	0.61	0.57	0.55	0.53	0.53
	试压泵 60MPa	台班	0.54	0.54	0.54	0.54	0.54	0.65	0.65	0.65	0.65
	电焊机（综合）	台班	9.98	9.52	4.97	7.06	9.39	7.80	8.37	7.08	6.40
	反铲挖掘机 1 m^3	台班	1.63	1.92	2.24	2.59	2.97	3.79	4.23	4.70	5.27
	其他机械费	元	5603	4151	5129	11824	15542	20117	22402	24476	17704
	措施费分摊	元	791	991	1267	1418	1603	2085	2264	2478	2619
	机械费小计	元	14884	18146	22352	27643	33595	43365	48600	53680	56360
直接费小计		元	263792	328090	422591	468525	530066	701377	761493	833399	878378
综合费用		元	56188	69883	90012	99796	112904	149393	162198	177514	187094
合计		元	319980	397974	512603	568321	642971	850770	923692	1010913	1065472

续表

指标编号		3F-047	3F-048	3F-049	3F-050	3F-051	3F-052	3F-053	3F-054	3F-055
项　目	单位	埋深 1.5m								
		D219×8	D325×8	D428×8	D529×10	D630×10	D720×10	D820×10	D920×10	D1020×12
指标基价	元	55683	73106	94022	128968	155405	179181	202747	240525	269905
建筑安装工程费										
人工费　人工费	工日	201	204	225	285	319	345	365	361	405
人工费　措施费分摊	元	202	295	370	506	606	698	790	966	1055
人工费　人工费小计	元	6439	6625	7352	9350	10505	11403	12116	12168	13622
直接费　材料费　钢板卷管	m	101.40	101.30	101.20	101.10	101.05	101.00	100.95	100.90	100.85
直接费　材料费　角钢	kg	1.78	1.78	1.77	1.77	1.77	1.95	1.95	1.91	1.91
直接费　材料费　砂砾	m³	28.12	42.79	57.46	89.06	108.11	125.65	145.91	166.62	188.09
直接费　材料费　商品混凝土 C15	m³	0.17	2.37	4.95	6.54	6.64	10.03	15.17	10.79	12.89
直接费　材料费　商品混凝土 C20	m³	0.26	0.26	0.26						
直接费　材料费　商品混凝土 C25	m³	1.34	1.34	2.67	2.06	1.95	2.22	2.22	1.23	2.90
直接费　材料费　阀门	个	0.45	0.45	0.40	0.40	0.38	0.38	0.38	0.21	0.21
直接费　材料费　钢配件	t	0.44	0.57	0.95	1.04	1.12	1.20	1.30	1.48	1.50
直接费　材料费　泄水管	个	0.05	0.05	0.05	0.05	0.05	0.05	0.05	0.05	0.05
直接费　材料费　排气阀	个	0.11	0.11	0.11	0.11	0.11	0.11	0.11	0.12	0.11
直接费　材料费　消火栓	个	0.83	0.83							
直接费　材料费　井盖	套	1.38	1.38	0.43	0.43	0.41	0.41	0.41	0.23	0.23
直接费　材料费　其他材料费	元	7030	7461	9153	9783	10473	11849	12419	9689	11930
直接费　材料费　措施费分摊	元	2328	3069	3950	5442	6572	7582	8584	10340	11576
直接费　材料费　材料费小计	元	35386	48594	64381	89953	109040	126707	144542	174741	195742
直接费　机械费　履带式推土机 75kW	台班	0.13	0.18	0.21	0.30	0.37	0.43	0.51	0.59	0.68
直接费　机械费　履带式推土机 90kwW	台班	0.03	0.03	0.03	0.03	0.03	0.03	0.03	0.03	0.03
直接费　机械费　履带式单斗液压挖掘机 1m³	台班	0.03	0.03	0.03	0.03	0.03	0.03	0.03	0.03	0.03
直接费　机械费　光轮压路机 15t	台班									
直接费　机械费　电动夯实机 20～62N·m	台班	19.18	21.84	24.42	31.43	34.26	36.81	39.69	42.59	45.54
直接费　机械费　汽车式起重机 5t	台班	0.12	0.82	0.96	1.28	2.05	0.24	0.12	0.11	0.12
直接费　机械费　汽车式起重机 16t	台班	0.01	0.01	0.01	0.01	0.01	0.01	0.01	0.01	0.01
直接费　机械费　电动双梁起重机 5t	台班	0.91	0.80	0.91	0.78	0.93	0.86	0.78	0.79	0.42
直接费　机械费　载重汽车 6t	台班	1.67	1.75	1.46	1.91	1.98	2.05	2.12	2.05	2.28
直接费　机械费　自卸汽车 15t	台班	0.80	1.07	1.59	2.18	2.72	3.29	3.90	4.48	5.32
直接费　机械费　卷板机 20×2500	台班	0.35	0.37	0.57	0.48	0.47	0.46	0.49	0.47	0.27
直接费　机械费　试压泵 60MPa	台班	0.22	0.32	0.32	0.32	0.32	0.32	0.32	0.54	0.54
直接费　机械费　电焊机（综合）	台班	14.76	14.17	16.52	13.88	18.75	17.39	14.90	15.36	7.71
直接费　机械费　反铲挖掘机 1m³	台班	0.59	0.69	0.61	1.00	1.11	1.22	1.35	1.49	1.63
直接费　机械费　其他机械费	元	718	1068	1237	1490	1788	3048	3475	3705	5182
直接费　机械费　措施费分摊	元	134	176	227	313	378	436	493	594	665
直接费　机械费　机械费小计	元	4080	5049	5779	7018	8572	9608	10488	11376	13146
直接费小计	元	45905	60268	77512	106321	128116	147718	167145	198289	222510
综合费用	元	9778	12837	16510	22646	27289	31464	35602	42236	47395
合　计	元	55683	73106	94022	128968	155405	179181	202747	240525	269905

续表

指标编号		3F-056	3F-057	3F-058	3F-059	3F-060	3F-061	3F-062	3F-063	3F-064
项 目	单位	埋深 1.5m								
		$D1220 \times 12$	$D1420 \times 14$	$D1620 \times 16$	$D1820 \times 16$	$D2020 \times 16$	$D2420 \times 18$	$D2620 \times 18$	$D2820 \times 18$	$D3020 \times 18$
指标基价	元	324011	401113	515744	569093	645320	853358	926402	1013348	1070449
建筑安装工程费										
人工费 / 人工费	工日	468	502	567	620	686	862	949	1037	1124
人工费 / 措施费分摊	元	1270	1585	2055	2264	2575	3331	3623	3970	4189
人工费 / 人工费小计	元	15792	17162	19649	21505	23864	30082	33073	36151	39071
直接费 / 材料费 / 钢板卷管	m	100.80	100.75	100.70	100.65	100.60	100.50	100.45	100.40	100.35
直接费 / 材料费 / 角钢	kg	3.37	3.35	4.06	4.05	4.05	6.56	6.56	6.56	6.56
直接费 / 材料费 / 砂砾	m³	232.85	280.32	330.22	382.84	438.03	556.26	619.32	684.94	753.13
直接费 / 材料费 / 商品混凝土 C15	m³	21.88	13.52	18.46	18.45	19.40	19.40	19.40	19.40	19.40
直接费 / 材料费 / 商品混凝土 C20	m³									
直接费 / 材料费 / 商品混凝土 C25	m³	2.90	1.80	2.46	1.89	1.89	1.89	1.89	1.89	1.89
直接费 / 材料费 / 阀门	个	0.21	0.13	0.13	0.10	0.10	0.10	0.10	0.10	0.10
直接费 / 材料费 / 钢配件	t	1.52	1.56	1.66	1.77	1.77	1.77	1.77	1.77	1.77
直接费 / 材料费 / 泄水管	个	0.05	0.05	0.05	0.05	0.05	0.05	0.05	0.05	0.05
直接费 / 材料费 / 排气阀	个	0.11	0.11							
直接费 / 材料费 / 消火栓	套	0.23	0.14	0.14	0.11	0.11	0.11	0.11	0.11	0.11
直接费 / 材料费 / 井盖	元	13669	12941	19099	17690	26982	44807	48824	51476	54695
直接费 / 材料费 / 其他材料费										
直接费 / 材料费 / 措施费分摊	元	13934	17362	22181	24699	27981	36392	39503	43221	45644
直接费 / 材料费 / 材料费小计	元	235498	294057	381650	418477	473724	629150	681098	744582	783504
直接费 / 机械费 / 履带式推土机 75kW	台班	0.87	1.08	1.32	1.58	1.86	2.49	2.84	3.21	3.60
直接费 / 机械费 / 履带式推土机 90kW	台班	0.03	0.03	0.03	0.03	0.03	0.03	0.03	0.03	0.03
直接费 / 机械费 / 履带式单斗液压挖掘机 1m³	台班	0.03	0.03	0.03	0.03	0.03	0.03	0.03	0.03	0.03
直接费 / 机械费 / 光轮压路机 15t	台班			5.87	6.47	7.07	8.32	8.97	9.63	10.30
直接费 / 机械费 / 电动夯实机 20~62N·m	台班	51.54	57.69	6.40	7.04	7.70	9.07	9.49	10.49	11.22
直接费 / 机械费 / 汽车式起重机 5t	台班	0.12	0.11	0.12	0.12	0.12	0.12	0.12	0.12	0.12
直接费 / 机械费 / 汽车式起重机 16t	台班	0.01	3.66	4.99	0.01	0.01	0.01	0.01	0.01	0.01
直接费 / 机械费 / 电动双梁起重机 5t	台班	0.54	0.55	0.29	0.41	0.53	0.44	0.45	0.38	0.34
直接费 / 机械费 / 载重汽车 6t	台班	2.42	2.56	2.72	2.86	3.01	3.31	3.46	3.61	3.76
直接费 / 机械费 / 自卸汽车 15t	台班	6.94	8.63	10.70	12.62	15.18	20.53	23.48	26.64	30.00
直接费 / 机械费 / 卷板机 20×2500	台班	0.41	0.40	0.27	0.43	0.61	0.57	0.55	0.52	0.52
直接费 / 机械费 / 试压泵 60MPa	台班	0.54	0.54	0.54	0.54	0.54	0.65	0.65	0.65	0.65
直接费 / 机械费 / 电焊机(综合)	台班	9.98	9.52	4.97	7.06	9.39	7.80	8.37	6.99	6.32
直接费 / 机械费 / 反铲挖掘机 1 m³	台班	1.93	2.25	2.60	2.97	3.37	4.25	4.72	5.22	5.74
直接费 / 机械费 / 其他机械费	元	5979	4859	5918	13075	15528	20103	22577	24456	26411
直接费 / 机械费 / 措施费分摊	元	801	998	1275	1419	1608	2091	2270	2484	2623
直接费 / 机械费 / 机械费小计	元	15826	19460	23881	29179	34415	44278	49557	54673	59906
直接费 / 直接费小计	元	267116	330678	425180	469161	532003	703510	763728	835406	882481
综合费用	元	56896	70434	90563	99931	113317	149848	162674	177941	187968
合 计	元	324011	401113	515744	569093	645320	853358	926402	1013348	1070449

3.1.2.2 钢管管道顶进工程分项指标

钢管管道顶进工程分项指标见表 3-11。其工程内容：包括开挖顶管坑、接收坑土方、筑钢筋混凝土基础、管坑钢桩支撑、顶管设备安装和拆除、钢管顶进、轻型井点抽水、覆土等。

钢管管道顶进工程分项指标（单位：100m）   表 3-11

指标编号			3F-233	3F-234	3F-235	3F-236	3F-237	3F-238	3F-239	3F-240
项　目		单位	管外径（mm）							
			D1020×12	D1220×12	D1420×14	D1620×16	D1820×16	D2020×16	D2420×18	D2620×18
指标基价		元	445878	511107	622649	781719	880953	980915	1229666	1341471
建筑安装工程费										
直接费	人工费	人工费	工日	2255	2368	2537	2785	3051	3192	3338	3494
		措施费分摊	元	1670	1927	2329	2936	3298	3087	4612	5016
		人工费小计	元	71643	75406	81052	89355	97971	102735	108190	113435
	材料费	钢板卷管	m	101.50	101.50	101.50	101.50	101.50	101.50	101.50	101.50
		商品混凝土 C20	m³	19.95	20.79	23.16	27.42	39.66	42.92	45.08	47.33
		其他材料费	元	46302	55409	73267	95557	107215	120739	160669	173943
		措施费分摊	元	18153	20809	25350	31826	35866	39936	50064	54616
		材料费小计	元	224677	267368	351250	455896	515314	577062	763790	827186
	机械费	机械费	元	70219	77388	79555	97371	110914	126577	138882	162152
		措施费分摊	元	1043	1196	1457	1829	2061	2295	2877	3139
		机械费小计	元	71262	78584	81012	99200	112975	128872	141759	165291
	直接费小计		元	367583	421358	513313	644451	726260	808669	1013739	1105912
综合费用		元	78295	89749	109336	137268	154693	172246	215927	235559
合　计		元	445878	511107	622649	781719	880953	980915	1229666	1341471

3.1.2.3 桥管工程分项指标

（1）桥管安装工程（跨度 15m 以内）分项指标，见表 3-12。其工程内容：包括钢管、管件预安装、泄气阀安装、安全栏安装、整体吊装等。

（2）桥管土建工程（跨度 15m 以内）分项指标，见表 3-13。其工程内容：包括土方开挖、回填、水上（陆上）搭拆支架、打桩、筑钢筋混凝土承台、预制钢筋混凝土桩、围堰及养护等。

（3）桥管安装工程（跨度 25m 以内）分项指标，见表 3-14。其工程内容：包括钢管、管件预安装、泄气阀安装、安全栏安装、整体吊装等。

（4）桥管土建工程（跨度 25m 以内）分项指标，见表 3-15。其工程内容：包括土方开挖、回填、水上（陆上）搭拆支架、打桩、筑钢筋混凝土承台、预制钢筋混凝土桩、围堰及养护等。

（5）桥管安装工程（跨度 40m 以内）分项指标，见表 3-16。其工程内容：包括钢管、管件预安装、泄气阀安装、安全栏安装、整体吊装等。

（6）桥管土建工程（跨度 40m 以内）分项指标，见表 3-17。其工程内容：包括土方开挖、回填、水上（陆上）搭拆支架、打桩、筑钢筋混凝土承台、预制钢筋混凝土桩、围堰及养护等。

桥管安装工程（跨度15m以内）分项指标（单位：座）

表3-12

指标编号		单位	3F-247	3F-248	3F-249	3F-250	3F-251	3F-252	3F-253	3F-254	3F-255	3F-256	3F-257	3F-258	3F-259	3F-260
项目			公称直径（mm）													
			DN300	DN400	DN500	DN600	DN700	DN800	DN900	DN1000	DN1200	DN1400	DN1600	DN1800	DN2000	DN2400
指标基价		元	16808	21588	31831	37896	43881	49923	65821	73340	86267	114902	147909	170503	190093	247491
建筑安装工程费																
人工费 人工费	人工费	工日	37	47	55	68	81	93	111	137	140	189	243	272	334	384
	措施费分摊	元	52	81	107	155	161	196	234	263	311	426	565	653	702	917
	人工费小计	元	1200	1539	1814	2265	2674	3082	3678	4514	4655	6291	8105	9093	11066	12833
直接费 材料费	钢板卷管	m	31.24	31.24	31.24	31.24	31.24	31.24	31.24	31.24	31.24	31.24	31.24	31.24	31.24	31.24
	铜阀门DN40	个	1.00	1.00												
	铜阀门DN50	个			1.00	1.00	1.00	1.00	1.00	1.00	1.00	1.00	1.00	1.00	1.00	1.00
	其他材料费	元	858	1065	1618	1940	2253	2578	3234	3472	3961	4912	5909	7507	8084	9122
	措施费分摊	元	684	879	1296	1543	1787	2033	2680	2986	3512	4678	6022	6942	7739	10076
	材料费小计	元	11106	14534	22389	26814	31163	35615	47612	52769	62996	83365	108094	122591	136904	181145
机械费	机械费	元	1511	1724	2039	2162	2237	2342	2819	3007	3265	4801	5391	8480	8743	10054
	措施费分摊	元	39	51	74	89	103	117	154	172	202	269	346	399	445	579
	机械费小计	元	1550	1724	2039	2162	2339	2459	2973	3179	3467	5069	5737	8879	8743	10054
直接费小计		元	13856	17797	26242	31242	36176	41157	54263	60462	71118	94725	121936	140563	156713	204032
综合费用		元	2951	3791	5590	6655	7705	8766	11558	12878	15148	20176	25972	29940	33380	43459
合计		元	16808	21588	31831	37896	43881	49923	65821	73340	86267	114902	147909	170503	190093	247491

桥管土建工程（跨度15m以内）分项指标（单位：座）

表 3-13

指标编号	单位	3F-261	3F-262	3F-263	3F-264	3F-265	3F-266	3F-267	3F-268	3F-269	3F-270	3F-271	3F-272
项目 公称直径（mm）		DN500	DN600	DN700	DN800	DN900	DN1000	DN1200	DN1400	DN1600	DN1800	DN2000	DN2400
指标基价	元	117483	117576	117710	128421	128527	128613	174411	174793	174861	175140	279766	280397
人工费 人工费 工日	工日	598	598	598	641	641	641	854	854	854	854	1378	1378
人工费 措施费分摊	元	432	432	432	476	476	477	660	662	662	663	1045	1048
人工费小计	元	18988	18988	18989	20366	20366	20367	27160	27162	27162	27163	43804	43807
直接费 材料费 商品混凝土C20	m³	37.21	37.21	37.21	48.71	48.71	48.71	89.29	89.29	89.29	89.29	148.82	148.82
钢材	t	4.20	4.20	4.20	4.83	4.83	4.83	5.95	5.95	5.95	5.95	9.53	9.53
木材	m³	12.03	12.03	12.03	12.03	12.03	12.03	11.90	11.90	11.90	11.90	11.90	11.90
其他材料费	元	4872	4944	5048	5234	5317	5383	1443	1741	1795	2012	12802	13294
措施费分摊	元	4783	4787	4792	5228	5233	5236	7101	7116	7119	7130	11390	11416
材料费小计	元	48575	48652	48761	54875	54962	55031	68488	68801	68857	69086	113687	114205
机械费 机械费	元	29290	29290	29290	30630	30330	30329	47729	47728	47728	47727	72494	72493
机械费 措施费分摊	元	275	275	275	300	301	301	408	409	409	410	655	656
机械费小计	元	29290	29290	29290	30630	30630	30630	48137	48137	48137	48137	73149	73149
直接费小计	元	96853	96930	97040	105871	105958	106028	143785	144100	144156	144386	230640	231160
综合费用	元	20630	20646	20670	22550	22569	22584	30626	30693	30705	30754	49126	49237
合计	元	117483	117576	117710	128421	128527	128613	174411	174793	174861	175140	279766	280397

建筑安装工程费

表 3-14

桥管安装工程（跨度 25m 以内）分项指标（单位：座）

项　目	单位	3F-273	3F-274	3F-275	3F-276	3F-277	3F-278	3F-279	3F-280	3F-281	3F-282	3F-283	3F-284
指标编号 公称直径（mm）		DN500	DN600	DN700	DN800	DN900	DN1000	DN1200	DN1400	DN1600	DN1800	DN2000	DN2400
指标基价	元	42956	51141	59035	68008	88009	99320	117742	154655	199541	226467	254007	330684
建筑安装工程费													
人工费	工日	86	106	123	144	166	198	220	269	341	386	470	517
措施费分摊	元	146	205	208	240	339	362	456	578	753	843	965	1238
人工费小计	元	2815	3494	4025	4708	5490	6506	7283	8925	11334	12821	15549	17281
钢板卷管	m	43.50	43.50	43.50	43.50	43.50	43.50	43.50	43.50	43.50	43.50	43.50	43.50
铜阀门 DN50	个	1.00	1.00	1.00	1.00	1.00	1.00	1.00	1.00	1.00	1.00	1.00	1.00
其他材料费	元	1922	2167	2394	2990	2990	3689	4212	4865	5261	5729	6086	6827
措施费分摊	元	1749	2082	2404	2769	3583	4044	4794	6297	8124	9220	10341	13463
材料费小计	元	30760	36709	42538	48905	64611	72196	86296	113870	147272	165519	185016	245789
机械费	元	1737	1838	1967	2294	2247	2946	3212	4342	5429	7830	8245	8773
措施费分摊	元	101	120	138	159	206	232	275	362	467	530	594	774
机械费小计	元	1838	1958	2105	2453	2453	3178	3487	4704	5896	8360	8839	9546
直接费用	元	35413	42161	48669	56066	72555	81880	97067	127498	164502	186700	209404	272617
综合费用	元	7543	8980	10366	11942	15454	17440	20675	27157	35039	39767	44603	58067
合　计	元	42956	51141	59035	68008	88009	99320	117742	154655	199541	226467	254007	330684

桥管土建工程（跨度25m以内）分项指标（单位：座）

表 3-15

指标编号	单位	3F-285	3F-286	3F-287	3F-288	3F-289	3F-290	3F-291	3F-292	3F-293	3F-294	3F-295	3F-296
项目 公称直径（mm）		DN500	DN600	DN700	DN800	DN900	DN1000	DN1200	DN1400	DN1600	DN1800	DN2000	DN2400
指标基价	元	308528	308589	308678	322980	324150	324237	366339	366731	366802	367086	476187	476836
建筑安装工程费													
人工费　人工费	工日	1713	1713	1713	1768	1785	1785	1931	1931	1931	1931	2638	2638
人工费　措施费分摊	元	1160	1160	1160	1212	1225	1225	1357	1358	1358	1359	1771	1773
人工费　人工费小计	元	54314	54314	54314	56073	56614	56614	61276	61277	61277	61278	83628	83630
材料费　商品混凝土C20	m³	115.32	115.32	115.32	125.98	125.98	125.98	147.83	147.83	147.83	147.83	247.19	247.19
材料费　铜材	t	11.40	11.40	11.40	11.92	11.92	11.92	11.92	11.92	11.92	11.92	14.31	14.31
材料费　木材	m³	26.96	26.96	26.96	26.96	26.96	26.96	26.96	26.96	26.96	26.96	26.96	26.96
材料费　其他材料费	元	8791	8839	8908	9113	9490	9557	11122	11428	11483	11704	13147	13653
材料费　措施费分摊	元	12561	12564	12567	13150	13197	13201	14915	14931	14934	14945	19387	19413
材料费　材料费小计	元	124669	124719	124792	130457	130881	130952	140616	140938	140996	141229	184265	184798
机械费　机械费	元	74646	74646	74646	78979	78977	78976	99262	99261	99261	99260	123562	123561
机械费　措施费分摊	元	722	722	722	756	758	759	857	858	858	859	1114	1116
机械费　机械费小计	元	75368	75368	75368	79735	79735	79735	100119	100119	100119	100119	124676	124676
直接费用	元	254351	254401	254475	266266	267230	267301	302011	302334	302392	302627	392570	393105
综合费用	元	54177	54188	54203	56715	56920	56935	64328	64397	64410	64460	83617	83731
合计	元	308528	308589	308678	322980	324150	324237	366339	366731	366802	367086	476187	476836

表 3-16

桥管安装工程（跨度 40m 以内）分项指标（单位：座）

指标编号		单位	3F-297	3F-298	3F-299	3F-300	3F-301	3F-302	3F-303	3F-304	3F-305	3F-306	3F-307	3F-308
项 目			公称直径（mm）											
			DN500	DN600	DN700	DN800	DN900	DN1000	DN1200	DN1400	DN1600	DN1800	DN2000	DN2400
指标基价		元	57925	69041	80252	91795	126441	141238	167162	219355	283633	330618	362083	469534
			建筑安装工程费											
	人工费	工日	163	204	240	278	325	377	419	519	665	984	916	1007
	措施费分摊	元	240	279	310	362	487	524	625	825	1074	1245	1348	1747
人工费	人工费小计	元	5298	6609	7757	8988	10572	12222	13627	16930	21709	31779	29771	32994
	钢板卷管	m	61.07	61.07	61.07	61.07	61.07	61.07	61.07	61.07	61.07	61.07	61.07	61.07
	铜阀门 DN50	个	1.00	1.00	1.00	1.00	1.00	1.00	1.00	1.00	1.00	1.00	1.00	1.00
材料费	其他材料费	元	2584	2779	3317	3682	4095	4795	5412	6101	6821	7669	8529	9083
	措施费分摊	元	2481	2957	3437	3931	5148	5750	6806	8931	11548	13461	14742	19116
直接费	材料费小计	元	40585	48319	56217	64226	90695	101018	120701	159201	206313	232496	259936	344768
	机械费	元	1728	1820	1934	2236	2676	2866	3089	4193	5142	7513	7949	8225
机械费	措施费分摊	元	143	170	198	226	296	330	391	513	664	774	847	1099
	机械费小计	元	1871	1990	2132	2461	2972	3197	3481	4706	5805	8287	8796	9324
直接费小计		元	47753	56918	66160	75676	104239	116437	137809	180837	233827	272562	298502	387085
综合费用		元	10171	12123	14092	16119	22203	24801	29353	38518	49805	58056	63581	82449
合 计		元	57925	69041	80252	91795	126441	141238	167162	219355	283633	330618	362083	469534

表 3-17

桥管土建工程（跨度40m以内）分项指标（单位：座）

指标编号		单位	3F-309	3F-310	3F-311	3F-312	3F-313	3F-314	3F-315	3F-316	3F-317	3F-318	3F-319	3F-320
项目			公称直径（mm）											
			DN500	DN600	DN700	DN800	DN900	DN1000	DN1200	DN1400	DN1600	DN1800	DN2000	DN2400
指标基价		元	489741	489849	490022	517531	517727	517885	681800	682512	682638	683156	840687	841860
			建筑安装工程费											
直接费	人工费	人工费	工日	2970	2970	2970	3188	3188	3188	3992	3992	3992	3992	5800	5800
		措施费分摊	元	1831	1831	1832	1938	1939	1939	2541	2544	2544	2546	3162	3166
		人工费小计	元	93990	93990	93991	100862	100863	100863	126413	126416	126416	126418	183136	183140
	材料费	商品混凝土C20	m³	191.75	191.75	191.75	226.10	226.10	226.10	392.50	392.50	392.50	392.50	392.50	392.50
		铜材	t	21.46	21.46	21.46	21.54	21.54	21.54	26.61	26.61	26.61	26.61	28.27	28.27
		木材	m³	60.71	60.71	60.71	60.71	60.71	60.71	60.71	60.71	60.71	60.71	63.20	63.20
		其他材料费	元	17038	17123	17257	17856	18009	18132	21322	21878	21976	22380	34239	35153
		措施费分摊	元	19939	19943	19950	21070	21078	21085	27758	27787	27792	27813	34227	34275
		材料费小计	元	235426	235515	235657	247670	247831	247960	323713	324297	324400	324826	351607	352569
	机械费	机械费	元	73181	73181	73181	76911	76911	76910	110356	110354	110354	110353	156354	156351
		措施费分摊	元	1146	1146	1147	1211	1211	1212	1595	1597	1597	1598	1967	1970
		机械费小计	元	74327	74327	74327	78122	78122	78122	111951	111951	111951	111951	158321	158321
直接费小计		元	403743	403833	403975	426654	426815	426946	562077	562665	562768	563195	693064	694031
综合费用		元	85997	86016	86047	90877	90912	90939	119722	119848	119870	119961	147623	147829
合计		元	489741	489849	490022	517531	517727	517885	681800	682512	682638	683156	840687	841860

3.1.2.4 倒虹管工程分项指标

(1) 倒虹管土建安装工程（河宽 15m 以内）分项指标，见表 3-18。其工程内容：包括场地整理、驳船挖泥、潜水员冲吸泥、打定位桩、河床抛石、管道陆上预制作、倒虹管铺设等。

倒虹管土建安装工程（河宽 15m 以内）分项指标（单位：处） 表 3-18

指标编号			3F-321	3F-322	3F-323	3F-324	3F-325	3F-326	3F-327	3F-328
项 目		单位	公称直径（mm）							
			DN800	DN1000	DN1200	DN1400	DN1600	DN1800	DN2000	DN2400
指标基价		元	384290	421477	503545	557731	586259	689255	750014	794819
建筑安装工程费										
直接费	人工费	人工费 工日	3491	3726	4942	5343	5656	7032	7692	8373
		措施费分摊 元	1425	1582	1888	2081	2193	2577	2800	2983
		人工费小计 元	109751	117200	155238	167874	177699	220780	241483	262797
	材料费	钢板卷管 m	23.80	23.80	23.80	23.80	23.80	23.80	23.80	23.80
		商品混凝土 C20 m³	85.32	85.32	97.20	97.20	97.20	102.60	118.80	129.60
		铜配件 t	8.32	8.32	9.18	9.18	9.18	9.18	9.72	9.72
		木材 m³	20.52	20.52	20.52	20.52	20.52	20.52	20.52	20.52
		块石 m³	34.56	34.56	39.96	43.20	45.36	45.36	56.16	64.80
		其他材料费 元	5864	6432	7067	7758	8550	9234	10022	10022
		措施费分摊 元	15646	17209	20501	22707	23868	28062	30535	32360
		材料费小计 元	160393	179847	203677	226110	236518	267515	291669	302181
	机械费	机械费 元	45767	50419	55031	64505	67724	78316	83407	88413
		措施费分摊 元	899	989	1178	1305	1372	1613	1755	1860
		机械费小计 元	46666	51408	56209	65810	69095	79929	85162	90273
	直接费小计	元	316809	347467	415124	459794	483313	568224	618314	655250
综合费用		元	67480	74010	88421	97936	102946	121032	131701	139568
合 计		元	384290	421477	503545	557731	586259	689255	750014	794819

(2) 倒虹管土建安装工程（河宽 25m 以内）分项指标，见表 3-19。其工程内容：包括场地整理、驳船挖泥、潜水员冲吸泥、打定位桩、河床抛石、管道陆上预制作、倒虹管铺设等。

倒虹管土建安装工程（河宽 25m 以内）分项指标（单位：处）　　**表 3-19**

指标编号			单位	3F-329	3F-330	3F-331	3F-332	3F-333	3F-334	3F-335	3F-336
项　目				公称直径（mm）							
				DN800	DN1000	DN1200	DN1400	DN1600	DN1800	DN2000	DN2400
指标基价			元	531229	602558	684668	772575	788265	915305	975258	1026844
建筑安装工程费											
直接费	人工费	人工费	工日	4966	5347	6699	7359	7832	9471	10310	11337
		措施费分摊	元	1984	2259	2571	2896	3052	3519	3755	3944
		人工费小计	元	156079	168176	210441	231246	246079	297404	323674	355731
	材料费	钢板卷管	m	32.60	32.60	32.60	32.60	32.60	32.60	32.60	32.60
		商品混凝土 C20	m³	121.50	129.60	137.70	143.10	148.50	151.20	156.60	172.80
		铜配件	t	11.88	11.88	11.88	11.88	11.88	11.88	11.88	11.88
		木材	m³	21.60	21.60	21.60	21.60	21.60	21.60	21.60	21.60
		块石	m³	47.52	54.00	54.00	56.16	61.56	64.80	66.96	75.60
		其他材料费	元	7437	8317	9146	12158	12855	13520	13807	14678
		措施费分摊	元	21628	24532	27875	31454	33133	38431	40939	42976
		材料费小计	元	206124	245466	262799	298539	291570	327968	346895	349416
	机械费	机械费	元	74500	81699	89601	105320	112199	129207	133436	141385
		措施费分摊	元	1243	1410	1602	1808	1904	2209	2353	2470
		机械费小计	元	75743	83109	91203	107128	112199	129207	133436	141385
	直接费小计		元	437946	496751	564442	636913	649847	754579	804005	846532
综合费用			元	93283	105808	120226	135662	138417	160725	171253	180311
合　计			元	531229	602558	684668	772575	788265	915305	975258	1026844

（3）倒虹管土建安装工程（河宽 40m 以内）分项指标，见表 3-20。其工程内容：包括场地整理、驳船挖泥、潜水员冲吸泥、打定位桩、河床抛石、管道陆上预制作、倒虹管铺设等。

倒虹管土建安装工程（河宽 40m 以内）分项指标（单位：处）　　**表 3-20**

指标编号			单位	3F-337	3F-338	3F-339	3F-340	3F-341	3F-342	3F-343	3F-344
项　目				公称直径（mm）							
				DN800	DN1000	DN1200	DN1400	DN1600	DN1800	DN2000	DN2400
指标基价			元	619690	695561	799392	905684	931954	1129926	1194642	1251192
建筑安装工程费											
直接费	人工费	人工费	工日	5958	6416	8038	8831	9398	11365	11848	12999
		措施费分摊	元	2410	2706	3107	3511	3602	4367	4612	4917
		人工费小计	元	187287	201794	252526	277537	295222	357023	372255	408276
	材料费	钢板卷管	m	52.20	52.20	52.20	52.20	52.20	52.20	52.20	52.20
		商品混凝土 C20	m³	135.00	140.40	145.80	151.20	156.60	162.00	172.80	183.60
		铜配件	t	12.96	12.24	12.96	12.96	12.96	12.96	12.96	12.96
		木材	m³	25.92	25.92	25.92	25.92	25.92	25.92	25.92	25.92
		块石	m³	54.00	54.00	58.32	58.32	60.48	66.96	71.28	75.60
		其他材料费	元	9193	9674	10470	11582	12627	13536	15256	17572
		措施费分摊	元	26093	29327	33641	38129	39115	47543	50285	53515
		材料费小计	元	237588	277017	302790	347585	346534	428352	459039	460463
	机械费	机械费	元	85999	94611	103704	121527	126549	146138	153572	162746
		措施费分摊	元	1500	1685	1933	2191	2248	2732	2890	3076
		机械费小计	元	85999	94611	103704	121527	126549	146138	153572	162746
	直接费小计		元	510874	573422	659020	746648	768305	931513	984866	1031486
综合费用			元	108816	122139	140371	159036	163649	198412	209776	219706
合　计			元	619690	695561	799392	905684	931954	1129926	1194642	1251192

3.2 给水厂站及构筑物估算指标

1. 指标内容

本指标分为给水厂站综合指标和给水构筑物分项指标两个部分。

（1）综合指标

1）综合指标按枢纽工程分为取水、净水两种。

①取水工程根据水源的不同分为地面水、地下水两种取水工程。

地面水源（如江、河、湖、水库以及海水等）取水工程，根据取水结构类型和构筑物的复杂程度，分为复杂和简单两种。复杂取水工程指水位变化大、河床不稳定、结构复杂的取水构筑物，如深井式取水、江心取水、复杂岸边取水、桥墩式取水、斗槽取水等；简单取水工程系指水位变化不大、河床稳定、结构简单的取水构筑物，如简易岸边取水、浮动式取水。

地下水源：分深层和浅层两种。取水构筑物深度（管井）超过地面以下 70m 为深层水源，深度小于 70m（包括大口井、渗渠、泉水等）为浅层取水。

②净水工程按处理工艺划分为沉淀净化和过滤净化两种。

沉淀净化指原水只经过一次或两次沉淀的生产用水；过滤净化指原水经过沉淀后过滤或不经过沉淀直接进行过滤和消毒的水。

2）本指标按设计最高日供水量划分为：地面水简单取水与地面水复杂取水工程，规模分为 20 万 m³/d 以下、20 万～40 万 m³/d、40 万 m³/d 以上三类；地下水浅层取水工程与地下水深层取水工程，规模分为 1 万～2 万 m³/d、2 万～10 万 m³/d、10 万 m³/d 以上三类。

净水工程规模分为 2.5 万 m³/d 以下、5 万 m³/d 以下、10 万 m³/d 以下、20 万 m³/d、20 万～40 万 m³/d 及 40 万 m³/d 以上六类。

（2）分项指标

1）分项指标按给水工程输、配水及净水厂各类不同结构与功能的单项构筑物及建筑物，区别不同规模、工艺标准和结构特征测算编制而成。

2）分项指标内列有各类构筑物及建筑物的工程特征描述，当自然条件相差较大、设计标准不同时，可按工程实际情况进行调整换算。

2. 枢纽工程包含的内容

（1）取水工程：包括水源地总图布置，各种取水构筑物、井间联络管、自流管或虹吸管、一级泵房、河岸整治工程、水源地其他构筑物或附属建筑物（不包括生活设施）等。取用水库水时，水库本身的工程及其造价不包括在内。

（2）净水工程：包括净水厂全部的构筑物和建筑物（但不包括设于净水厂内的一级泵房、污泥处理费用、家属宿舍及其生活设施）。

3. 指标材料价格

本指标材料价格的取定，见表 3-21。

给水厂站及构筑物估算指标材料价格（北京地区 2004 年价格）　　表 3-21

序　号	项目名称	单　位	单价（元）
1	钢筋 φ10 以内	t	3450.00
2	钢筋 φ10 以外	t	3550.00
3	商品混凝土 C15	m³	277.24
4	商品混凝土 C20	m³	292.24
5	商品混凝土 C25	m³	307.24
6	商品混凝土 C30	m³	327.24
7	商品混凝土 C35	m³	347.24
8	商品混凝土 C40	m³	367.24
9	抗渗商品混凝土 C25	m³	392.24
10	抗渗商品混凝土 C30	m³	412.24
11	抗渗商品混凝土 C35	m³	427.24
12	标准砖	千块	290.00
13	板方材	m³	1452.00
14	中砂	m³	43.26
15	碎石	t	39.05
16	块石	m³	57.80
17	钢管件	t	8200.00

4. 工程量计算方法

（1）给水工程综合指标以设计最高日供水量（m³/d）计算。分项指标以座计算。

（2）建筑面积的计算：单层建筑物的建筑面积按外墙勒脚以上结构外围水平面积计算，多层建筑物首层应按其外墙勒脚以上结构外围水平面积计算，二层及以上楼层应按其外墙结构外围水平面积计算。

（3）建筑体积是建筑面积与房屋高度的乘积，房屋高度指室内地坪至天棚的高度，无天棚者至檐高，多层建筑物不扣除楼板厚度。

（4）除沉砂池、沉淀池、吸水井、清水池，以设计容积计算外，其他生产性构筑物的容积指建筑容积，包括水池的超高及沉淀部分。

（5）本指标中，材料费只列出了主要大宗材料、设备明细，其余材料合并列入其他材料费。

（6）滤池的面积是指过滤工作面积。

3.2.1　给水厂站及构筑物综合指标

3.2.1.1　取水工程综合指标

取水工程综合指标，见表 3-22。

3.2.1.2　净水工程综合指标净水工程综合指标，见表 3-23。

取水工程综合指标（单位：m³/d）

表3-22

指标编号	单位	地面水简单取水工程			地面水复杂取水工程			地下水深层取水工程			地下水浅层取水工程		
项　目		3Z-011	3Z-012	3Z-013	3Z-014	3Z-015	3Z-016	3Z-017	3Z-018	3Z-019	3Z-020	3Z-021	3Z-022
		20万 m³/d 以下	20万~40万 m³/d	40万 m³/d 以上	20万 m³/d 以下	20万~40万 m³/d	40万 m³/d 以上	1万~2万 m³/d	2万~10万 m³/d	10万 m³/d 以上	1万~2万 m³/d 以下	2万~10万 m³/d	10万 m³/d 以上
指标基价	元	108.30~131.04	95.26~104.46	80.04~94.55	185.27~209.55	145.57~185.27	122.27~159.19	495.42~608.02	417.65~496.29	334.95~415.00	481.70~585.89	396.78~481.70	332.56~393.85
一、建筑安装工程费	元	70.03~84.33	60.75~66.86	52.67~60.17	118.67~134.24	91.85~118.67	77.78~103.11	312.07~384.16	264.28~312.80	212.41~262.09	305.23~370.37	253.03~305.23	211.94~250.61
二、设备购置费	元	19.50~24.00	18.00~19.50	13.50~18.00	34.50~39.00	28.50~34.50	23.30~28.50	97.50~118.50	81.00~97.50	64.50~81.00	93.00~114.00	75.00~93.00	63.00~75.00
三、工程建设其他费用	元	10.74~13.00	9.45~10.36	7.94~9.38	18.38~20.79	14.44~18.38	12.31~15.79	49.15~60.32	41.43~49.24	33.23~41.17	47.79~58.12	39.36~47.79	32.99~39.07
四、基本预备费	元	8.01~9.71	7.06~7.74	5.93~7.00	13.72~15.52	10.78~13.72	9.06~11.79	36.70~45.04	30.94~36.76	24.81~30.74	35.68~43.40	29.39~35.68	24.63~29.17
建筑安装工程费													
人工费　人工费	工日	0.42~0.523	0.385~0.42	0.325~0.383	0.554~0.585	0.49~0.554	0.42~0.485	0.96~1.16	0.75~0.96	0.61~0.75	1.67~2.02	1.25~1.67	1.12~1.25
人工费　措施费分摊	元	0.26~0.31	0.22~0.25	0.18~0.20	0.45~0.49	0.37~0.45	0.20~0.39	1.16~1.43	0.99~1.17	0.92~0.99	1.10~1.38	0.90~1.10	0.53~0.90
人工费　人工费小计	元	13.29~16.54	12.17~13.28	12.26~12.08	17.64~18.64	15.57~17.64	13.23~15.44	30.87~37.49	24.26~30.87	19.85~24.26	52.92~63.95	39.69~52.92	35.28~39.69
直接费　材料费　钢材	kg	1.05~1.365	0.945~1.05	0.803~0.945	3.36~4.05	2.73~3.36	2.32~2.73	0.63~0.74	0.53~0.63	0.42~0.53	2.63~3.78	2.10~2.63	1.89~2.10
商品混凝土	m³	0.015~0.019	0.013~0.015	0.011~0.013	0.046~0.057	0.041~0.046	0.035~0.041	0.04~0.05	0.03~0.04	0.02~0.03	0.03~0.03	0.02~0.03	0.02~0.02
铸铁管及管件	kg	1.20~1.50	1.10~1.20	0.935~1.10	0.60~0.65	0.50~0.60	0.425~0.50	5.00~6.50	4.00~5.00	3.00~4.00	3.00~3.50	2.50~3.00	1.50~2.50
钢管及管件	kg	0.35~0.40	0.20~0.25	0.17~0.20	1.45~1.55	1.35~1.45	1.15~1.35	3.00~3.70	2.50~3.00	2.00~2.50	3.60~4.40	2.90~3.60	2.40~2.90
阀门	kg	0.35~0.45	0.30~0.35	0.255~0.30	0.50~0.55	0.45~0.50	0.38~0.45	2.80~3.50	2.50~2.80	2.20~2.50	2.20~2.60	2.00~2.20	1.80~2.00
其他材料费	元	6.00~12.00	6.00~6.00	5.10~6.00	14.00~16.00	12.00~14.00	10.00~12.00	26.00~30.00	22.00~26.00	16.00~22.00	26.00~32.00	22.00~26.00	18.00~20.00
措施费分摊	元	2.84~3.33	2.46~2.71	2.14~2.45	4.82~5.45	3.72~4.92	3.16~4.19	12.67~15.60	10.73~12.70	8.62~10.64	12.39~15.04	10.27~12.39	8.60~10.17
材料费小计	元	39.04~47.48	34.32~38.14	30.06~34.32	71.19~81.23	52.94~71.19	44.79~62.36	198.20~246.81	168.41~198.20	137.26~168.41	169.91~205.38	145.51~169.91	119.64~143.51
机械费　机械费	元	5.24~5.30	3.46~3.54	2.98~3.06	8.72~10.49	7.00~8.72	5.92~6.96	27.47~31.50	24.58~28.07	17.50~22.79	28.09~35.14	22.81~28.09	19.31~22.82
机械费　措施费分摊	元	0.16~0.20	0.14~0.16	0.12~0.14	0.28~0.31	0.21~0.28	0.18~0.24	0.73~0.90	0.62~0.73	0.50~0.61	0.71~0.86	0.59~0.71	0.49~0.58
机械费　机械费小计	元	5.40~5.50	3.60~3.70	3.10~3.20	9.00~10.80	7.21~9.00	6.10~7.20	28.20~32.40	25.20~28.80	18.00~23.40	28.80~36.00	23.40~28.80	19.80~23.40
直接费小计	元	57.73~69.52	50.09~55.12	43.42~49.60	97.83~110.67	75.72~97.83	64.12~85.00	257.27~316.70	217.87~257.87	175.11~216.70	251.63~305.33	208.60~251.63	174.72~206.60
综合费用	元	12.30~14.81	10.67~11.74	9.25~10.57	20.84~23.57	16.13~20.84	13.66~18.11	54.80~67.46	46.41~54.93	37.30~46.02	53.60~65.04	44.43~53.60	37.22~44.01
合　计	元	70.03~84.33	60.75~66.86	52.67~60.17	118.67~134.24	91.85~118.67	77.78~103.11	312.07~384.16	264.28~312.80	212.41~262.09	305.23~370.37	253.03~305.23	211.94~250.61

净水工程综合指标(单位:m³/d)

表3-23

指标编号		3Z-023	3Z-024	3Z-025	3Z-026	3Z-027	3Z-028	3Z-029	3Z-030	3Z-031	3Z-032	3Z-033	3Z-034
项 目	单位	地面水沉淀净化工程						地面水过滤净化工程					
		2.5万m³/d以下	5万m³/d以下	10万m³/d以下	20万m³/d以下	20万～40万m³/d	40万m³/d以上	2.5万m³/d以下	5万m³/d以下	10万m³/d以下	20万m³/d以下	20万～40万m³/d	40万m³/d以上
指标基价	元	554.40~635.27	499.44~572.32	445.94~511.60	391.18~448.24	334.41~388.24	275.40~327.22	950.07~1062.71	855.77~957.32	764.23~854.80	670.36~749.83	585.18~670.36	511.10~592.37
一、建筑安装工程费	元	322.27~370.00	290.32~333.34	259.22~297.62	227.39~261.07	193.96~224.96	158.68~188.02	519.71~578.81	468.07~521.40	418.05~465.57	366.70~408.40	318.78~366.70	280.74~324.72
二、设备购置费	元	136.06~155.19	122.57~139.81	109.44~124.83	96.00~109.50	82.50~96.00	69.60~82.50	265.73~299.75	239.41~270.04	213.75~241.11	187.50~211.50	165.00~187.50	141.80~165.00
三、工程建设其他费用	元	55.00~63.03	49.55~56.78	44.24~50.70	38.81~44.47	33.18~38.52	27.32~32.46	94.25~105.43	84.90~94.97	75.82~84.80	66.50~74.39	58.05~66.50	50.70~58.77
四、基本预备费	元	41.07~47.05	37.00~42.39	33.04~37.85	28.98~33.20	24.77~28.76	20.40~24.24	70.38~78.72	63.39~70.91	56.61~63.32	49.66~55.54	43.35~49.66	37.86~43.88
建筑安装工程费													
人工费 人工日	工日	1.18~1.365	1.05~1.23	0.94~1.10	0.825~0.964	0.69~0.826	0.38~0.475	1.35~1.542	1.21~1.39	1.08~1.24	0.95~1.09	0.81~0.95	0.68~0.81
措施费分摊	元	0.88~1.39	1.20~1.25	0.99~1.06	0.86~0.96	0.72~0.84	0.56~0.70	1.86~2.15	1.75~1.86	1.68~1.73	1.39~1.46	1.33~1.39	0.95~1.33
人工费小计	元	37.50~43.75	33.78~39.42	30.16~35.19	26.46~30.87	22.05~26.46	12.35~15.44	43.75~50.00	39.42~44.99	35.19~40.21	30.87~35.28	26.46~30.87	22.05~26.46
直接材料费 钢材	kg	13.10~14.14	11.80~12.74	10.53~11.37	9.24~9.975	8.19~9.24	7.30~8.19	17.86~20.83	16.09~18.77	14.36~16.76	12.60~14.70	11.025~12.60	9.187~11.025
商品混凝土	m³	0.10~0.11	0.09~0.10	0.08~0.09	0.07~0.08	0.06~0.07	0.05~0.06	0.17~0.20	0.15~0.18	0.14~0.16	0.12~0.14	0.11~0.12	0.09~0.11
铸铁管及管件	kg	4.11~4.96	3.70~4.47	3.31~3.99	2.90~3.50	2.50~2.90	2.00~2.50	3.26~3.54	2.94~3.19	2.62~2.86	2.30~2.50	2.00~2.30	1.85~2.00
钢管及管配件	kg	3.54~4.25	3.19~3.83	2.85~3.42	2.50~3.00	2.00~2.50	1.50~2.00	9.07~9.64	8.17~8.68	7.30~7.75	6.40~6.80	5.50~6.40	5.00~5.60
阀门	kg	0.85~0.92	0.76~0.83	0.68~0.74	0.60~0.65	0.50~0.60	0.425~0.50	1.69~1.84	1.53~1.66	1.34~1.48	1.20~1.30	1.00~1.20	0.95~1.10
其他材料费	元	36.85~39.68	33.20~35.75	29.64~31.92	26.00~28.00	22.00~24.00	20.00~22.00	68.03~76.53	61.29~68.95	54.72~61.56	48.00~54.00	42.00~48.00	36.00~42.00
措施费分摊	元	13.08~15.02	11.79~13.53	10.52~12.08	9.23~10.60	7.87~9.13	6.44~7.63	21.10~23.50	19.01~21.17	16.97~18.90	14.89~16.58	12.94~14.40	11.40~13.18
材料费小计	元	205.22~233.22	184.88~210.11	165.07~187.60	144.80~164.56	123.45~142.80	106.77~125.16	338.78~376.15	305.21~338.88	272.51~302.57	239.04~265.41	207.54~239.04	184.19~212.44
机械费 机械费	元	22.21~27.20	20.00~24.50	17.87~21.88	15.67~19.19	13.95~15.68	11.33~13.96	44.71~49.67	40.28~44.75	35.96~39.95	31.54~35.05	28.06~31.54	24.54~28.04
措施费分摊	元	0.75~0.86	0.68~0.78	0.60~0.69	0.53~0.61	0.45~0.52	0.37~0.44	1.21~1.35	1.09~1.22	0.98~1.09	0.86~0.95	0.74~0.86	0.66~0.76
机械费小计	元	22.96~28.06	20.68~25.28	18.47~22.57	16.20~19.80	14.40~16.20	11.70~14.40	45.92~51.02	41.37~45.97	36.94~41.04	32.40~36.00	28.80~32.40	25.20~28.80
直接费小计	元	265.68~305.03	239.34~274.81	213.70~245.36	187.46~215.23	159.90~185.46	130.82~155.00	428.45~477.17	385.88~429.84	344.64~383.82	302.31~336.69	262.80~302.31	231.44~267.70
综合费用	元	56.59~64.97	50.98~58.53	45.52~52.26	39.93~45.84	34.06~39.50	27.86~33.02	91.26~101.64	82.19~91.56	73.41~81.75	64.39~71.71	55.98~64.39	49.35~57.02
合 计	元	322.27~370.00	290.32~333.34	259.22~297.62	227.39~261.07	193.96~224.96	158.68~188.02	519.71~578.81	468.07~521.40	418.05~465.57	366.70~408.40	318.78~366.70	280.74~324.72

3.2.2 给水构筑物分项指标

3.2.2.1 地表水一级泵房分项指标

地表水一级泵房分项指标，见表3-24。

地表水一级泵房分项指标　　　　　　　　　　表 3-24

指标编号	3F-356		构筑物名称	岸边半地下式一级泵房
设计水量	187000m³/d	建筑体积	4098m³	
项　目	单位	构筑物（座）	容积指标（元/m³）	矩形半地下式泵房（附配电值班室），泵房平面尺寸为 33.48m× 10.48m，地下部分深 3.9m，地上部分高 5m，配电值班室平面尺寸 16.48m×10.48m，高 5m 和 6.3m。6 台水泵并排并联布置，吸水管为 DN1000mm，两条共 59m；地下部分为钢筋混凝土结构，壁厚 200mm，底板厚 300mm；地面部分一砖半外墙，预制混凝土屋面板，三毡四油防水，珍珠岩保温
指标基价	元	4377292		
一、建筑安装工程费	元	2082320		
二、设备购置费	元	2294972		

直接费和主要工料数量

直　接　费				土建工料数量			配管主要工料数量		
项　目		单位	数量	项　目	单位	数量	项　目	单位	数量
人工费	人工	工日	5303	商品混凝土 C15	m³	28.69	钢管	t	37.86
				商品混凝土 C20	m³	163.92	钢管件	t	5.78
	措施费分摊	元	6547	抗渗商品混凝土 C25	m³	409.80	球阀 DN50	个	18.00
				钢筋 φ10 以内	t	17.58	球阀 DN100	个	4.00
				钢筋 φ10 以外	t	74.42	蝶阀 DN600	个	4.00
				标准砖	千块	122.94	蝶阀 DN700	个	2.00
				水泥（综合）	t	81.96			
材料费	主要材料费	元	1088562	中砂	t	120.65			
	其他材料费	元	258341	碎石	t	42.46			
	措施费分摊	元	86531	组合钢模板	kg	1065.48			
机械费	主要机械费	元	36234						
	其他机械费	元	71810						
	措施费分摊	元	4092						

续表

指标编号		3F-357	构筑物名称	岸边半地下式一级泵房
设计水量	50000m³/d	建筑体积	6585.31m³	
项　目	单位	构筑物（座）	容积指标（元/m³）	
指标基价	元	3412857		矩形半地下式泵房，平面尺寸为25.44m × 9.24m，地下部分深8.35m，地面部分高11.5m，设3台24SA-18B水泵。配电室平面尺寸10.1m × 13.8m，地下部分深8.35m，地面部分高5.42m，下部为水泵间、配电室，上部为值班室、休息室、会议室，地下部分为钢筋混凝土结构，壁厚700mm，底板厚400mm，上部为混合结构，一砖外墙，塑钢窗，多孔预应力钢筋混凝土屋面板，指标不包括吸水井
一、建筑安装工程费	元	2970362		
二、设备购置费	元	442495		

直接费和主要工料数量

直　接　费				土建工料数量			配管主要工料数量		
项　目		单位	数量	项　目	单位	数量	项　目	单位	数量
人工费	人工	工日	7952	商品混凝土 C10	m³	30.75	钢管	t	62.69
	措施费分摊	元	8713	商品混凝土 C15	m³	12.64	钢管件	t	14.48
				商品混凝土 C20	m³	255.86	手动蝶阀 DN600	个	6.00
				抗渗商品混凝土 C25	m³	661.49	手动蝶阀 DN700	个	6.00
				钢筋 φ10 以内	t	13.92	手动蝶阀 DN800	个	2.00
				钢筋 φ10 以外	t	58.93	手动蝶阀 DN100	个	2.00
材料费	主要材料费	元	1571795	标准砖	千块	110.29	手动球阀 DN50	个	22.00
	其他材料费	元	341476	水泥（综合）	t	130.52	手动球阀 DN125	个	4.00
	措施费分摊	元	130820	中砂	t	210.21	电动蝶阀 DN600	个	6.00
				碎石	t	35.05	电动球阀 DN125	个	4.00
				组合钢模板	kg	1629.15	电磁阀 DN50	个	6.00
				木模板	m³	1.92	截止阀 DN32	个	6.00
							螺纹截止阀 DN15	个	12.00
							螺纹截止阀 DN32	个	2.00
							螺纹截止阀 DN40	个	2.00
机械费	主要机械费	元	68443						
	其他机械费	元	75330						
	措施费分摊	元	5445						

续表

指标编号	3F-358		构筑物名称	岸边深井式一级泵房
设计水量	50000m³/d	建筑体积	5521m³	

项 目	单位	构筑物（座）	容积指标（元/m³）	
指标基价	元	4075070		矩形岸边深井式泵房，平面尺寸为23.90m×10.4m，集水间与泵房合建，中间有钢筋混凝土墙分隔，设4台水泵，下部为钢筋混凝土结构，沉井施工，地下部分深17.9m，壁厚900～700mm，底板厚700mm；水下混凝土封闭。上部为钢筋混凝土框架结构，地面部分高5m，一砖外墙，预应力多孔屋面，金属楼梯
一、建筑安装工程费	元	3366991		
二、设备购置费	元	708079		

直接费和主要工料数量

直 接 费				土建工料数量			配管主要工料数量		
项 目		单位	数量	项 目	单位	数量	项 目	单位	数量
人工费	人工	工日	8724	商品混凝土 C15	m³	110.42	钢管	t	9.52
	措施费分摊	元	9790	商品混凝土 C20	m³	496.89	钢管件	t	2.75
				抗渗商品混凝土 C25	m³	1159.41	球阀 DN15	个	10.00
				钢筋 φ10 以内	t	31.65	球阀 DN25	个	25.00
				钢筋 φ10 以外	t	133.98	球阀 DN50	个	18.00
				标准砖	千块	60.73	蝶阀 DN600	个	4.00
材料费	主要材料费	元	1898783	水泥（综合）	t	220.84			
	其他材料费	元	470253	中砂	t	49.67			
	措施费分摊	元	12061	碎石	t	49.03			
				组合钢模板	kg	2429.24			
				木模板	m³	66.25			
机械费	主要机械费	元	48816						
	其他机械费	元	59228						
	措施费分摊	元	6118						

续表

指标编号		3F-359	构筑物名称	岸边深井式一级泵房
设计水量	170000m³/d	建筑体积	15037m³	

项目	单位	构筑物（座）	容积指标（元/m³）
指标基价	元	16398567	
一、建筑安装工程费	元	12729115	
二、设备购置费	元	3669452	

矩形深井泵房，进水间与泵房合建，中间设隔墙，平面尺寸为33m×24.5m，地下部分净高，泵房机电间10m，进水间10.9m，进水间采用上下两排窗口进水，地下部分为钢筋混凝土框架结构，横框架5榀，纵框架1榀，井墙深14.5m，墙厚下部4.6m为1.5m，中部4m为1.2m，上部4m为0.9m，纵墙1m，地上部分进水间8.5高m，水泵间7.3m，二砖外墙，预制钢筋混凝土平板及槽板屋面，三毡四油防水，珍珠岩保温

直接费和主要工料数量

直接费				土建工料数量			配管主要工料数量		
项目		单位	数量	项目	单位	数量	项目	单位	数量
人工费	人工	工日	48419	商品混凝土 C15	m³	451.11	钢管	t	53.27
	措施费分摊	元	42806	商品混凝土 C20	m³	1954.81	钢管件	t	9.35
				抗渗商品混凝土 C25	m³	3157.77	球阀 DN25	个	22.00
				钢筋 φ10 以内	t	143.66	球阀 DN50	个	13.00
				钢筋 φ10 以外	t	608.19	蝶阀 DN600	个	6.00
				标准砖	千块	150.37	蝶阀 DN700	个	6.00
材料费	主要材料费	元	6190272	水泥（综合）	t	751.85			
	其他材料费	元	1505688	中砂	t	384.95			
	措施费分摊	元	519556	碎石	t	445.10			
				组合钢模板	kg	4059.99			
				木模板	m³	16.39			
机械费	主要机械费	元	132954						
	其他机械费	元	573440						
	措施费分摊	元	26754						

指标编号			3F-360		构筑物名称	岸边深井式一级泵房
设计水量	130000m³/d		建筑体积		6496m³	圆形岸边深井式泵房，直径21m，地下部分深11.46m，沉井深13.41m，地面部分高6.05m，防冰措施有压石导凌木排，蒸汽格栅压缩空气，设有高压冲洗泵、排泥泵。地下部分为钢筋混凝土结构，沉井施工，井壁厚1000～800mm，底板厚1400mm，混凝土及砂石封底。地面部分为混合结构，一砖半外墙，木门，钢窗，钢筋混凝土肋形屋面，卷材防水，保温屋面
项　目			单位	构筑物（座）	容积指标（元/m³）	
指标基价			元	8576132		
一、建筑安装工程费			元	6598023		
二、设备购置费			元	1978109		

直接费和主要工料数量

直　接　费				土建工料数量			配管主要工料数量		
项　目		单位	数量	项　目	单位	数量	项　目	单位	数量
人工费	人工	工日	20072	商品混凝土 C15	m³	129.92	钢管	t	49.66
	措施费分摊	元	19884	商品混凝土 C20	m³	584.64	钢管件	t	4.12
				抗渗商品混凝土 C25	m³	1039.36	球阀 DN15	个	12.00
				钢筋 φ10 以内	t	42.99	球阀 DN25	个	27.00
				钢筋 φ10 以外	t	182.00	球阀 DN50	个	15.00
				标准砖	千块	64.96	蝶阀 DN600	个	7.00
材料费	主要材料费	元	3356864	水泥（综合）	t	389.76	蝶阀 DN700	个	7.00
	其他材料费	元	823711	中砂	t	498.89			
	措施费分摊	元	275581	碎石	t	288.42			
				组合钢模板	kg	2013.76			
				木模板	m³	25.98			
机械费	主要机械费	元	57436						
	其他机械费	元	270688						
	措施费分摊	元	12427						

续表

指标编号		3F-361	构筑物名称	岸边深井式一级泵房
设计水量	200000m³/d	建筑体积	9182m³	

项　目	单位	构筑物（座）	容积指标（元/m³）	
指标基价	元	10575436		圆形岸边深井泵房，泵房与吸水井合建，中间有隔墙，设 4 台水泵，直径 17.5m，地下部分深 24m，地上部分高 7.7m，下部为钢筋混凝土结构，沉井施工，刃脚高 3.5m，厚 1.05m，中隔墙厚 1m，底板厚 1.8m，上部为混合结构，一砖外墙，钢筋混凝土锥顶屋面，钢门窗
一、建筑安装工程费	元	7440360		
二、设备购置费	元	3135076		

直接费和主要工料数量

直　接　费				土建工料数量			配管主要工料数量		
项　目		单位	数量	项　目	单位	数量	项　目	单位	数量
人工费	人工	工日	23600	商品混凝土 C10	m³	316.27	钢管	t	22.31
	措施费分摊	元	26612	商品混凝土 C15	m³	63.25	钢管件	t	6.48
				商品混凝土 C20	m³	1581.25	球阀 DN50	个	22.00
				抗渗商品混凝土 C25	m³	2111.86	螺纹截止阀 DN15	个	12.00
				钢筋 φ10 以内	t	70.18	蝶阀 DN600	个	7.00
				钢筋 φ10 以外	t	297.10			
材料费	主要材料费	元	3761759	标准砖	千块	48.21			
	其他材料费	元	930002	水泥（综合）	t	790.67			
	措施费分摊	元	308549	中砂	t	306.82			
				碎石	t	318.95			
				组合钢模板	kg	3030.06			
				木模板	m³	18.36			
机械费	主要机械费	元	18						
	其他机械费	元	357970						
	措施费分摊	元	16632						

3.2.2.2 沉砂池分项指标

沉砂池分项指标，见表 3-25。

沉砂池分项指标 表 3-25

指标编号		3F-362		构筑物名称	沉 砂 池
设计水量		50000m³/d	容积	690m³	矩形钢筋混凝土沉砂池，平面尺寸 22m×10m，深 4.75m，工作水深 1.1m，设计水平流速 90mm/s，底部设排砂斗，采用手动快开闸排砂，现浇钢筋混凝土池壁底配水槽及走道板，壁厚 350mm，底板厚 450mm，炉渣混凝土填斗底，钢栏杆
项　目	单位	构筑物（座）		容积指标（元/m³）	
指标基价	元	392357		568.63	
一、建筑安装工程费	元	392357		568.63	
二、设备购置费	元	—			

直接费和主要工料数量

直　接　费				土建工料数量			配管主要工料数量		
	项　目	单位	数量	项　目	单位	数量	项　目	单位	数量
人工费	人工	工日	938	商品混凝土 C10	m³	27.60	钢管	t	8.62
	措施费分摊	元	1323	抗渗商品混凝土 C25	m³	317.40	钢管件	t	3.14
				钢筋 φ10 以内	t	1.65	电磁四通阀	个	10.00
				钢筋 φ10 以外	t	19.04	截止阀 DN25	个	10.00
				组合钢模板	kg	358.80	手动蝶阀 DN500	个	3.00
				木模板	m³	20.70	手动球阀 DN700	个	3.00
材料费	主要材料费	元	210142						
	其他材料费	元	48026						
	措施费分摊	元	16160						
机械费	主要机械费	元	16241						
	其他机械费	元	1636						
	措施费分摊	元	826						

续表

指标编号		3F-363	构筑物名称	沉　砂　池
设计水量	30000m³/d	容积	918.65m³	

项　目	单位	构筑物（座）	容积指标（元/m³）	矩形钢筋混凝土沉砂池，平面尺寸17.2m×6m，池深5m，分2格，上升流速4mm/s，池底阀排泥、水力驱动，池内塑料斜管倾角60°，池体为钢筋混凝土结构，壁厚300mm，底板厚500mm
指标基价	元	803568	874.73	
一、建筑安装工程费	元	803568	874.73	
二、设备购置费	元	—		

直接费和主要工料数量

直　接　费				土建工料数量			配管主要工料数量		
项　目		单位	数量	项　目	单位	数量	项　目	单位	数量
人工费	人工	工日	1391	商品混凝土 C10	m³	24.99	钢管	t	4.10
	措施费分摊	元	2114	抗渗商品混凝土 C25	m³	298.21	钢管件	t	1.60
				钢筋 ϕ10 以内	t	2.05	电磁四通阀	个	6.00
				钢筋 ϕ10 以外	t	23.56	截止阀 DN25	个	6.00
				组合钢模板	kg	326.77	手动蝶阀 DN500	个	2.00
				木模板	m³	3.72	水力池底阀 DN200	个	18.00
材料费	主要材料费	元	477251						
	其他材料费	元	83980						
	措施费分摊	元	26063						
机械费	主要机械费	元	21608						
	其他机械费	元	6963						
	措施费分摊	元	1321						

续表

指标编号		3F-364	构筑物名称	沉 砂 池
设计水量	100000m³/d	容积	264m³	

<table>
<tr><td rowspan="2">项 目</td><td rowspan="2">单位</td><td>构筑物（座）</td><td>容积指标（元/m³）</td><td rowspan="6">矩形钢筋混凝土沉砂池，平面尺寸 15.5m×6.5m，高 3.3m，分 2 格，工作水深 1.1m，设计水平流速 100mm/s，停留时间 2min，斗底人工排砂，池体为钢筋混凝土结构，壁和底厚 200mm。池子设在室内，房屋平面尺寸 18.5m×9.5m，高 6.54m，一砖半外墙，预制钢筋混凝土薄腹梁，大型屋面板</td></tr>
<tr><td></td><td></td></tr>
<tr><td>指标基价</td><td>元</td><td>295837</td><td>1120.59</td></tr>
<tr><td>一、建筑安装工程费</td><td>元</td><td>295837</td><td>1120.59</td></tr>
<tr><td>二、设备购置费</td><td>元</td><td>—</td><td></td></tr>
</table>

直接费和主要工料数量

<table>
<tr><td colspan="3">直 接 费</td><td colspan="3">土建工料数量</td><td colspan="3">配管主要工料数量</td></tr>
<tr><td colspan="2">项 目</td><td>单位</td><td>数量</td><td>项 目</td><td>单位</td><td>数量</td><td>项 目</td><td>单位</td><td>数量</td></tr>
<tr><td rowspan="2">人工费</td><td>人工</td><td>工日</td><td>682</td><td>商品混凝土 C10</td><td>m³</td><td>25.08</td><td>钢管</td><td>t</td><td>9.45</td></tr>
<tr><td>措施费分摊</td><td>元</td><td>941</td><td>抗渗商品混凝土 C25</td><td>m³</td><td>267.52</td><td>钢管件</td><td>t</td><td>4.16</td></tr>
<tr><td rowspan="3">材料费</td><td>主要材料费</td><td>元</td><td>161349</td><td>钢筋 φ10 以内</td><td>t</td><td>0.85</td><td>电磁四通阀</td><td>个</td><td>5.00</td></tr>
<tr><td>其他材料费</td><td>元</td><td>34855</td><td>钢筋 φ10 以外</td><td>t</td><td>9.72</td><td>截止阀 DN25</td><td>个</td><td>5.00</td></tr>
<tr><td>措施费分摊</td><td>元</td><td>12276</td><td>组合钢模板</td><td>kg</td><td>300.96</td><td></td><td></td><td></td></tr>
<tr><td rowspan="3">机械费</td><td>主要机械费</td><td>元</td><td>6214</td><td>木模板</td><td>m³</td><td>0.45</td><td></td><td></td><td></td></tr>
<tr><td>其他机械费</td><td>元</td><td>6504</td><td></td><td></td><td></td><td></td><td></td><td></td></tr>
<tr><td>措施费分摊</td><td>元</td><td>588</td><td></td><td></td><td></td><td></td><td></td><td></td></tr>
</table>

3.2.2.3　沉淀池分项指标

沉淀池分项指标，见表3-26。

沉淀池分项指标　　　　　　　　　　　　　表3-26

指标编号		3F-365	构筑物名称	斜管沉淀池
设计水量	25000m³/d	容积	2142m³	

项　目	单位	构筑物（座）	容积指标（元/m³）	圆形钢筋混凝土斜管预沉池，直径20m，池深7.22m，共2座，上部设聚氯乙烯塑料管，清水区上升流速1.33mm/s，机械刮泥，现浇钢筋混凝土壁及底板，壁厚200mm，底板厚400mm，钢制辐射槽，现浇钢筋混凝土环形水槽及支柱，指标中包括配水井及排泥井
指标基价	元	1650378	770.48	
一、建筑安装工程费	元	1108345	517.43	
二、设备购置费	元	542033	253.05	

直接费和主要工料数量

直　接　费				土建工料数量			配管主要工料数量		
项　目	单位	数量		项　目	单位	数量	项　目	单位	数量
人工费	人工	工日	2158	商品混凝土 C15	m³	73.44	钢管	t	7.98
	措施费分摊	元	4034	商品混凝土 C20	m³	0.61	钢管件	t	2.49
				抗渗商品混凝土 C25	m³	416.16	电磁阀 DN15	个	9.00
				钢筋 φ10 以内	t	14.42	手动球阀 DN15	个	2.00
				钢筋 φ10 以外	t	47.27	双法兰手动蝶阀 DN200	个	9.00
				组合钢模板	kg	1003.68	排泥阀 DN200	个	12.00
				木模板	m³	18.73			
材料费	主要材料费	元	573108						
	其他材料费	元	139415						
	措施费分摊	元	45166						
机械费	主要机械费	元	36788						
	其他机械费	元	45728						
	措施费分摊	元	2520						

续表

指标编号		3F-366	构筑物名称	斜管沉淀池
设计水量	100000m³/d	容积	3895m³	

项　目	单位	构筑物（座）	容积指标（元/m³）
指标基价	元	3163969	812.32
一、建筑安装工程费	元	2742109	704.01
二、设备购置费	元	421860	108.31

矩形钢筋混凝土反应斜管预沉池，絮凝池采用回转絮凝，流速 0.5～0.2m/s，絮凝时间 20min，斜管沉淀池采用塑料斜板，上升流速 3.6mm/s，机械刮泥，平面尺寸 45m×22.8m，深 5m，现浇钢筋混凝土池底、壁及梁、柱，预制钢筋混凝土板、钢集水槽，斜管沉淀池 462m²，壁厚 400mm，底板厚 450mm，半砖穿孔墙及导流墙

直接费和主要工料数量

直　接　费				土建工料数量			配管主要工料数量		
项　目		单位	数量	项　目	单位	数量	项　目	单位	数量
人工费	人工	工日	4609	商品混凝土 C15	m³	317.76	钢管	t	38.77
	措施费分摊	元	9823	商品混凝土 C20	m³	2.64	钢管件	t	10.02
				抗渗商品混凝土 C25	m³	1797.26	双法兰手动蝶阀 DN200	个	12.00
				钢筋 $\phi10$ 以内	t	26.21	电磁阀 DN15	个	28.00
				钢筋 $\phi10$ 以外	t	85.97			
材料费	主要材料费	元	1444641	组合钢模板	kg	4334.58			
	其他材料费	元	343953	木模板	m³	4.68			
	措施费分摊	元	111997						
机械费	主要机械费	元	168865						
	其他机械费	元	32166						
	措施费分摊	元	6139						

指标编号			3F-367		构筑物名称	斜管沉淀池
设计水量		100000m³/d	容积		10923m³	由机械混合池、折板絮凝池和斜管沉淀池组成，其中机械混合池 2 座，单池尺寸 7.1m×2.0m，有效水深 2.4m；折板絮凝池两座，平面尺寸 14.85m×18m，单池处理水量 0.613m³/s，絮凝时间 25.6min；斜管沉淀池两座，平面尺寸 15.2m×30m；现浇钢筋混凝土底板，现浇钢筋混凝土池壁，不锈钢集水槽，不锈钢折板，乙丙共聚斜管，现浇钢筋混凝土柱，总尺寸 46.25m×19.0m，深 6.7m，池壁宽 0.55m，共 2 座，设在净化间内
项 目		单位	构筑物（座）		容积指标（元/m³）	
指标基价		元	13176318		1206.29	
一、建筑安装工程费		元	9651107		883.56	
二、设备购置费		元	3525211		322.73	

直接费和主要工料数量

直 接 费					土建工料数量			配管主要工料数量		
项 目		单位	数量		项 目	单位	数量	项 目	单位	数量
人工费	人工	工日	32798		商品混凝土 C15	m³	657.76	钢管	t	39.92
					商品混凝土 C20	m³	4.80	钢管件	t	0.31
	措施费分摊	元	35604		抗渗商品混凝土 C25	m³	3723.15	电磁阀 DN15	个	56.00
					钢筋 ϕ10 以内	t	69.16	手动球阀 DN15	个	4.00
					钢筋 ϕ10 以外	t	226.78	手动蝶阀 DN200	个	56.00
					中厚钢板	kg	193.59	手动蝶阀 DN900	个	4.00
					型钢	kg	39.98			
材料费	主要材料费	元	4615887		组合钢模板	kg	8958.67			
	其他材料费	元	1143761		木模板	m³	40.81			
	措施费分摊	元	392505							
机械费	主要机械费	元	654313							
	其他机械费	元	74350							
	措施费分摊	元	22253							

续表

指标编号		3F-368	构筑物名称		斜管沉淀池
设计水量	300000m³/d	容积	21380m³		综合池由机械混合池、往复式上下翻腾隔板絮凝池和斜管沉淀池组成，共2组。混合池共2座，单池平面尺寸3.4m×10.7m，有效水深2.5m；絮凝池共4座，平面尺寸17.8m×26.8m，单池处理水量0.91m³/s，絮凝时间36min；沉淀池共4座，平面尺寸17.2m×39.3m，水平流速12.8mm/s，混凝土预制斜板；现浇钢筋混凝土结构，设在净化间内
项 目	单位	构筑物（座）	容积指标（元/m³）		
指标基价	元	31825768	1488.58		
一、建筑安装工程费	元	27871244	1303.61		
二、设备购置费	元	3954524	184.96		

直接费和主要工料数量

直 接 费				土建工料数量			配管主要工料数量		
项　目		单位	数量	项　目	单位	数量	项　目	单位	数量
人工费	人工	工日	61681	商品混凝土 C15	m³	3693.29	钢管	t	28.10
	措施费分摊	元	104117	商品混凝土 C20	m³	33.54	钢管件	t	1.00
				抗渗商品混凝土 C25	m³	9050.99	手动蝶阀 DN200	个	2.00
				钢筋 ϕ10 以内	t	238.70	排泥阀 DN200	个	72.00
				钢筋 ϕ10 以外	t	1004.34	伸缩节 DN1400	个	2.00
				组合钢模板	kg	32943.48			
				木模板	m³	151.03			
材料费	主要材料费	元	15454091						
	其他材料费	元	3867822						
	措施费分摊	元	1134136						
机械费	主要机械费	元	105922						
	其他机械费	元	331996						
	措施费分摊	元	65073						

续表

指标编号		3F-369	构筑物名称	折板反应水平沉淀池
设计水量	30000m³/d	容积	2000m³	

项　目	单位	构筑物（座）	容积指标（元/m³）	
指标基价	元	1601852	800.93	
一、建筑安装工程费	元	1349072	674.54	
二、设备购置费	元	252780	126.39	

钢筋混凝土结构，平面尺寸 52.9m×10.4m，池深 3.9m，有效水深 3.5m，水平流速 10mm/s，沉淀时间 100min，沉淀池进水采用穿孔花格墙配水，出水采用穿孔指形槽集水，预制混凝土折板，排泥采用机械排泥，现浇钢筋混凝土水池，池壁、池底均厚 250～350mm，埋深 0.65～0.75m

直接费和主要工料数量

直接费				土建工料数量			配管主要工料数量		
项目		单位	数量	项目	单位	数量	项目	单位	数量
人工费	人工	工日	4343	商品混凝土 C15	m³	180.00	钢管	t	1.79
	措施费分摊	元	5002	商品混凝土 C20	m³	1.50	钢管件	t	0.01
				抗渗商品混凝土 C25	m³	1020.00	球阀 DN15	个	4.00
				钢筋 ϕ10 以内	t	20.19	手动蝶阀 DN200	个	16.00
				钢筋 ϕ10 以外	t	66.21	手动蝶阀 DN250	个	12.00
				组合钢模板	kg	2460.00			
				木模板	m³	14.05			
材料费	主要材料费	元	650038						
	其他材料费	元	162055						
	措施费分摊	元	54825						
机械费	主要机械费	元	84996						
	其他机械费	元	17373						
	措施费分摊	元	3126						

指标编号		3F-370	构筑物名称	网格絮凝沉淀池
设计水量	150000m³/d	容积	6406.9m³	

项　目	单位	构筑物（座）	容积指标（元/m³）	由网格絮凝池及斜管沉淀池组成。絮凝池共 4 座，单池平面尺寸 13.95m × 11.10m，有效水深 4.4m，水力停留时间 22min，网格采用不锈钢网格。沉淀池共 2 座，单池平面尺寸 22.35m×23.6m，有效水深 4.65m，乙丙共聚蜂窝斜管；清水区上升流速 1.6mm/s，穿孔管排泥，现浇钢筋混凝土水池，底板厚 500mm，壁厚 350～450mm，设在净化间内
指标基价	元	8329571	1300.09	
一、建筑安装工程费	元	5646971	881.39	
二、设备购置费	元	2682600	418.70	

直接费和主要工料数量

直　接　费				土建工料数量			配管主要工料数量		
项　目		单位	数量	项　目	单位	数量	项　目	单位	数量
人工费	人工	工日	11204	商品混凝土 C10	m³	220.22	钢管	t	3.40
	措施费分摊	元	21020	抗渗商品混凝土 C25	m³	1533.71	钢管件	t	2.00
				钢筋 ϕ10 以内	t	22.37	手动蝶阀 DN200	个	60.00
				钢筋 ϕ10 以外	t	140.10	电磁阀 DN8	个	18.00
				组合钢模板	kg	3450.83	气动排泥阀 DN200	个	18.00
				木模板	m³	10.76	手动蝶阀 DN900	个	2.00
材料费	主要材料费	元	3037533						
	其他材料费	元	756169						
	措施费分摊	元	229158						
机械费	主要机械费	元	223773						
	其他机械费	元	26926						
	措施费分摊	元	13137						

续表

指标编号		3F-371		构筑物名称	平流式沉淀池
设计水量	400000m³/d		容积	1081.2m³	

项 目	单位	构筑物（座）	容积指标（元/m³）	矩形钢筋混凝土沉淀池，平面尺寸 20.35m×10.2m，有效水深 5.2m，池底板厚 450mm，池壁厚 250～350mm，集水槽、电缆沟和排泥沟均为现浇钢筋混凝土结构
指标基价	元	613653	567.57	
一、建筑安装工程费	元	553248	511.70	
二、设备购置费	元	60405	55.87	

直接费和主要工料数量

直 接 费				土建工料数量			配管主要工料数量		
项 目		单位	数量	项 目	单位	数量	项 目	单位	数量
人工费	人工	工日	1613	商品混凝土 C10	m³	29.59	钢管	t	1.06
	措施费分摊	元	1986	商品混凝土 C20	m³	12.19	钢管件	t	0.65
				抗渗商品混凝土 C25	m³	287.66	蝶阀 DN800	个	2.00
				钢筋 φ10 以内	t	1.06	蝶阀 DN1000	个	1.00
				钢筋 φ10 以外	t	44.68	蝶阀 DN100	个	10.00
材料费	主要材料费	元	276639	水泥（综合）	t	0.16	蝶阀 DN150	个	10.00
	其他材料费	元	64829	中砂	t	0.60	蝶阀 DN200	个	1.00
	措施费分摊	元	21779	碎石	t	0.32			
				组合钢模板	kg	408.47			
				木模板	m³	0.83			
机械费	主要机械费	元	34700						
	其他机械费	元	4874						
	措施费分摊	元	1241						

续表

指标编号		3F-372	构筑物名称	平流式沉淀池
设计水量	50000m³/d	容积	4682m³	

项 目	单位	构筑物（座）	容积指标（元/m³）
指标基价	元	1842460	393.52
一、建筑安装工程费	元	1842460	393.52
二、设备购置费	元	—	

矩形钢筋混凝土平流式沉淀池，隔板回转絮凝，流速 0.6～0.2m/s，絮凝时间 23min，沉淀池水平流速 15.4mm/s，停留时间 80min，采用机械吸泥，沉淀池平面尺寸 98.9m×13.2m，池深 3.5m，现浇钢筋混凝土池壁及底板，壁厚 200～250mm，底板厚350mm，预制钢筋混凝土柱、板及梁，半砖导流墙，一砖穿孔墙和隔墙

直接费和主要工料数量

直 接 费				土建工料数量			配管主要工料数量		
项 目		单位	数量	项 目	单位	数量	项 目	单位	数量
人工费	人工	工日	3567	商品混凝土 C15	m³	220.72	钢管	t	1.66
	措施费分摊	元	6878	商品混凝土 C20	m³	1.84	钢管件	t	0.25
				抗渗商品混凝土 C25	m³	1250.76	球阀 DN15	个	16.00
				钢筋 φ10 以内	t	15.76	手动蝶阀 DN200	个	13.00
				钢筋 φ10 以外	t	51.67	手动蝶阀 DN300	个	5.00
				组合钢模板	kg	3016.55			
				木模板	m³	4.68			
材料费	主要材料费	元	716932						
	其他材料费	元	178630						
	措施费分摊	元	74800						
机械费	主要机械费	元	255178						
	其他机械费	元	171527						
	措施费分摊	元	4299						

续表

指标编号		3F-373	构筑物名称	平流式沉淀池
设计水量	200000m³/d	容积	8763m³	

项 目	单位	构筑物（座）	容积指标（元/m³）
指标基价	元	2596505	296.30
一、建筑安装工程费	元	2263908	258.35
二、设备购置费	元	332597	37.95

矩形钢筋混凝土平流式沉淀池，隔板絮凝，絮凝流速 0.6～0.3m/s，絮凝时间 10.9min，沉淀池水平流速 28.6mm/s，停留时间 48min，采用机械吸泥，沉淀池平面尺寸 99.6m×27m，池深 3.6m，现浇钢筋混凝土池底、壁、楼板、梁及柱，壁厚 250mm，池底厚 300～400mm，一砖隔墙及穿孔墙，预制钢筋混凝土平板

直接费和主要工料数量

直 接 费				土建工料数量			配管主要工料数量		
项 目		单位	数量	项 目	单位	数量	项 目	单位	数量
人工费	人工	工日	2434	商品混凝土 C15	m³	180.59	钢管	t	10.22
	措施费分摊	元	8451	商品混凝土 C20	m³	1.50	钢管件	t	3.15
				抗渗商品混凝土 C25	m³	1023.35	球阀 DN25	个	34.00
				钢筋 φ10 以内	t	7.87	蝶阀 DN200	个	8.00
				钢筋 φ10 以外	t	25.83	蝶阀 DN300	个	7.00
				组合钢模板	kg	2468.08			
				木模板	m³	4.68			
材料费	主要材料费	元	1207608						
	其他材料费	元	231654						
	措施费分摊	元	91910						
机械费	主要机械费	元	477592.27						
	其他机械费	元	390939						
	措施费分摊	元	5282						

续表

指标编号		3F-374		构筑物名称		双层沉淀池
设计水量		150000m³/d	容积		4992m³	

项　目	单位	构筑物（座）	容积指标（元/m³）
指标基价	元	6293405	1260.70
一、建筑安装工程费	元	5282605	1058.22
二、设备购置费	元	1010800	202.48

钢筋混凝土矩形结构，采用双层平流式沉淀池＋斜板沉淀池形式，平面尺寸 64m×16.25m，沉淀池沿池宽方向分为 2 格，中间用格栅分开，每格宽 8m，单池设计流量 $q=0.912m³/s$，平流段沉淀时间 $t=1.0h$，水平流速 $v=12.4mm/s$，有效水深上层 $H_1=2.40m$，下层 $H_2=2.40m$，预制钢筋混凝土斜板组，不锈钢淹没式穿孔集水管集水，管径 $DN450$

直接费和主要工料数量

直　接　费				土建工料数量			配管主要工料数量		
项　目		单位	数量	项　目	单位	数量	项　目	单位	数量
人工费	人工	工日	11006	商品混凝土 C10	m³	129.79	钢材	t	30.52
	措施费分摊	元	20237	抗渗商品混凝土 C25	m³	1680.89	钢管件	t	2.26
				钢筋 $\phi10$ 以内	t	100.29	手动蝶阀 $DN300$	个	2.00
				钢筋 $\phi10$ 以外	t	280.80	手动蝶阀 $DN400$	个	2.00
				水泥（综合）	t	91.67	法兰伸缩接头 $DN300$	个	2.00
				中砂	t	2085.06	法兰伸缩接头 $DN400$	个	2.00
				组合钢模板	kg	3820.42	混凝土斜板	m³	380.00
材料费	主要材料费	元	2735819	木模板	m³	9.65	气动排泥阀 $DN300$	个	2.00
	其他材料费	元	713014						
	措施费分摊	元	222316						
机械费	主要机械费	元	58741						
	其他机械费	元	250701						
	措施费分摊	元	12648						

续表

指标编号			3F-375	构筑物名称	斜管沉淀池
设计水量		50000m³/d	容积	2292m³	

项 目	单位	构筑物（座）	容积指标（元/m³）	矩形钢筋混凝土结构，共 2 组，设混合池及絮凝池，每组平面尺寸 22.6m×8.3m，池深 4.8m，设 60°蜂窝斜管，斜管孔径 50mm，清水区上升流速 35mm/s，采用穿孔排泥管排泥，池底板厚 500～600mm，池壁厚 400mm
指标基价	元	2274198	992.23	
一、建筑安装工程费	元	2211807	965.01	
二、设备购置费	元	62391	27.22	

直接费和主要工料数量

直 接 费				土建工料数量			配管主要工料数量		
项 目		单位	数量	项 目	单位	数量	项 目	单位	数量
人工费	人工	工日	6566	商品混凝土 C15	m³	166.99	钢管	t	26.32
	措施费分摊	元	8023	商品混凝土 C20	m³	1.39	钢管件	t	7.50
				抗渗商品混凝土 C25	m³	946.27	球阀 DN20	个	26.00
				钢筋 ϕ10 以内	t	19.53	手动蝶阀 DN250	个	18.00
				钢筋 ϕ10 以外	t	81.01	手动蝶阀 DN300	个	12.00
材料费	主要材料费	元	1115967	组合钢模板	kg	2282.18			
	其他材料费	元	266787	木模板	m³	13.75			
	措施费分摊	元	90175						
机械费	主要机械费	元	130196						
	其他机械费	元	3514						
	措施费分摊	元	5014						

3.2.2.4 叠合池分项指标

叠合池分项指标，见表 3-27。

叠合池分项指标 表 3-27

指标编号	3F-376		构筑物名称	双阀滤池—清水池
设计水量	100000m³/d	容积	10000m³	

项 目	单位	构筑物（座）	容积指标（元/m³）	虹吸式双阀滤池，平面尺寸 34.24m×45.73m，滤速 8m/h，池深 3.3m，滤池分 8 格双排布置，中间为管廊，单格池平面尺寸 8m×11m，滤池下部设有清水池，平面尺寸 34.24m×45.73m，池深 3.55m，管廊平面尺寸 9.48m×45.73m，管廊下部为钢筋混凝土结构，管廊上部为操作室，层高 3.8m，属一般砌体结构
指标基价	元	9288743	928.87	
一、建筑安装工程费	元	7045382	704.54	
二、设备购置费	元	2243361	224.33	

直接费和主要工料数量

直 接 费				土建工料数量			配管主要工料数量		
	项 目	单位	数量	项 目	单位	数量	项 目	单位	数量
人工费	人工	工日	28070	商品混凝土 C15	m³	600.00	钢管	t	115.63
	措施费分摊	元	23577	商品混凝土 C20	m³	1100.00	钢管件	t	26.48
				抗渗商品混凝土 C25	m³	2800.00	塑料阀门	个	20.00
				钢筋 φ10 以内	t	35.19	蝶阀 DN100	个	12.00
				钢筋 φ10 以外	t	280.00	蝶阀 DN150	个	8.00
				组合钢模板	kg	9200.00	手动蝶阀 DN500	个	6.00
				木模板	m³	45.00	手动蝶阀 DN600	个	6.00
材料费	主要材料费	元	3455272						
	其他材料费	元	815050						
	措施费分摊	元	290455						
机械费	主要机械费	元	210790						
	其他机械费	元	127337						
	措施费分摊	元	14736						

指标编号		3F-377	构筑物名称	V形滤池—清水池
设计水量	300000m³/d	容积	15000m³	一座，双排布置，中间为管廊，单格平面尺寸 52.3m×33.5m，池深 4m，采用钢筋混凝土结构，每组滤池分为 8 格，单格过滤面积 144m²，设计滤速：10.3m/h，滤池下部设有容量为 6300m³ 清水池一座，尺寸 57.88m×37m×3.5m，管廊平面尺寸 7.0m×33.0m，上部操作室高 3.4m

项　目	单位	构筑物（座）	容积指标（元/m³）
指标基价	元	9298314	619.89
一、建筑安装工程费	元	9092208	606.15
二、设备购置费	元	206106	13.74

直接费和主要工料数量

直　接　费				土建工料数量			配管主要工料数量		
项　目		单位	数量	项　目	单位	数量	项　目	单位	数量
人工费	人工	工日	36234	商品混凝土 C15	m³	700.00	钢管	t	89.78
	措施费分摊	元	31110	商品混凝土 C20	m³	1400.00	钢管件	t	22.44
				抗渗商品混凝土 C25	m³	3500.00	塑料阀门	个	12.00
				钢筋 φ10 以内	t	42.78	球阀 DN25	个	12.00
				钢筋 φ10 以外	t	430.00	球阀 DN50	个	10.00
材料费	主要材料费	元	4424554	组合钢模板	kg	11375.00	手动蝶阀 DN100	个	8.00
	其他材料费	元	1066864	木模板	m³	67.50	手动蝶阀 DN150	个	8.00
	措施费分摊	元	373161						
机械费	主要机械费	元	7346214						
	其他机械费	元	129979						
	措施费分摊	元	19444						

续表

指标编号		3F-378	构筑物名称	沉淀池－清水池	
设计水量	50000m³/d	容积	15684m³	双层池结构形式，平面尺寸 13.8m×138.6m，埋深 3.4m，上部为反应沉淀池，下部为清水池，沉淀池中设砖混结构导流墙一条，清水池内设钢筋混凝土导流墙三道，墙厚200mm，底板厚400mm，池壁厚 400mm，池总深度为4.15m，平面尺寸 13.9m×13m，穿孔排泥管排泥口径400mm，沉淀池平面尺寸 12.3m×13.9m，池深3.7m，水平流速 14.5mm/s，沉淀时间 2h，进水采用穿孔墙配水，出水采用指形槽集水。排泥采用虹吸式吸泥机，清水池容量 6500m³，有效深度 4.5m	
项 目		单位	构筑物（座）	容积指标（元/m³）	
指标基价		元	7309679	466.06	
一、建筑安装工程费		元	6855054	437.07	
二、设备购置费		元	454625	28.99	

直接费和主要工料数量

直 接 费				土建工料数量			配管主要工料数量		
项 目		单位	数量	项 目	单位	数量	项 目	单位	数量
人工费	人工	工日	27415	商品混凝土 C15	m³	784.20	钢管	t	10.82
	措施费分摊	元	25175	商品混凝土 C20	m³	1568.40	钢管件	t	2.60
				抗渗商品混凝土 C25	m³	3921.00	塑料阀门	个	10.00
				钢筋 φ10 以内	t	35.88	球阀 DN25	个	15.00
				钢筋 φ10 以外	t	293.68	蝶阀 DN150	个	5.00
				组合钢模板	kg	12704.04	蝶阀 DN600	个	8.00
				木模板	m³	78.42	蝶阀 DN700	个	4.00
材料费	主要材料费	元	3231392						
	其他材料费	元	803193						
	措施费分摊	元	278977						
机械费	主要机械费	元	330602						
	其他机械费	元	115561						
	措施费分摊	元	15734						

指标编号			3F-379	构筑物名称	沉淀池—清水池
设计水量	100000m³/d		容积	19915m³	
项 目		单位	构筑物（座）	容积指标（元/m³）	沉淀时间 1.5h，反应时间 15min，水平流速 20mm/s，反应形式为折板反应，沉淀形式为水平沉淀，池体平面 22.2m×132.5m，下层清水池净高 2.5～3m，上层反应池净高 4.3m，下层反应池净高 3.3m，钢筋混凝土底厚 400mm，池壁厚 300～400mm
指标基价		元	9680597	486.10	
一、建筑安装工程费		元	8523473	428.00	
二、设备购置费		元	1157124	58.10	

直接费和主要工料数量

直 接 费				土建工料数量			配管主要工料数量		
项 目		单位	数量	项 目	单位	数量	项 目	单位	数量
人工费	人工	工日	36510	商品混凝土 C15	m³	929.37	钢管	t	12.08
	措施费分摊	元	31236	商品混凝土 C20	m³	1858.73	钢管件	t	3.02
				抗渗商品混凝土 C25	m³	4646.83	手动球阀 DN15	个	20.00
				钢筋 φ10 以内	t	42.69	手动蝶阀 DN150	个	7.00
				钢筋 φ10 以外	t	428.09	手动蝶阀 DN100	个	9.00
				组合钢模板	kg	15102.21	手动蝶阀 DN600	个	1.00
				木模板	m³	59.75			
材料费	主要材料费	元	4041760						
	其他材料费	元	1006405						
	措施费分摊	元	346983						
机械费	主要机械费	元	419787						
	其他机械费	元	28173						
	措施费分摊	元	19522						

续表

指标编号		3F-380	构筑物名称	絮凝－沉淀－清水
设计水量	50000m³/d	容积	11990.34m³	

项 目	单位	构筑物（座）	容积指标（元/m³）
指标基价	元	5216640	435.07
一、建筑安装工程费	元	4836640	403.38
二、设备购置费	元	380000	31.69

矩形钢筋混凝土结构，钢筋混凝土底板及池壁，底板厚500mm，壁厚300mm，絮凝池采用孔室回转式絮凝，平面尺寸14.9m×19.1m，沉淀池采用虹吸吸泥机机械排泥，平面尺寸85.31m×19.1m，池总容积11990.34m³，其中：絮凝池6370.78m³，沉淀池4973.67m³，清水池645.89m³

直接费和主要工料数量

直 接 费				土建工料数量			配管主要工料数量		
项 目		单位	数量	项 目	单位	数量	项 目	单位	数量
人工费	人工	工日	14820	商品混凝土 C15	m³	469.26	钢管	t	34.88
	措施费分摊	元	17492	商品混凝土 C20	m³	982.87	钢管件	t	5.60
				抗渗商品混凝土 C30	m³	2435.56	手动球阀 DN15	个	20.00
				钢筋 φ10 以内	t	15.20	手动蝶阀 DN150	个	7.00
				钢筋 φ10 以外	t	285.08	手动蝶阀 DN100	个	9.00
				组合钢模板	kg	6532.69	手动蝶阀 DN600	个	1.00
				木模板	m³	36.28			
材料费	主要材料费	元	2444197						
	其他材料费	元	594711						
	措施费分摊	元	196499						
机械费	主要机械费	元	252737						
	其他机械费	元	10903						
	措施费分摊	元	10933						

3.2.2.5 澄清池分项指标

澄清池分项指标，见表 3-28。

澄清池分项指标 表 3-28

指标编号		3F-381		构筑物名称	机械搅拌澄清池
设计水量	25000m³/d		容积	2176m³	
项目	单位	构筑物（座）	容积指标（元/m³）		圆形钢筋混凝土机械搅拌澄清池，直径 21.8m，深直部高 1.85m，锥部高 4.2m，分离室上升流速 1m/s。现浇钢筋混凝土水池，池壁厚 200mm，池底厚 275mm，地基承载力 6t/m²。地下水位：地面下 0.5m。池体上部为操作室，混合结构，钢门窗
指标基价	元	1712421	786.96		
一、建筑安装工程费	元	1019002	468.29		
二、设备购置费	元	693419	318.67		

直接费和主要工料数量

直接费				土建工料数量			配管主要工料数量		
	项目	单位	数量	项目	单位	数量	项目	单位	数量
人工费	人工	工日	3447	商品混凝土 C15	m³	126.00	钢管	t	3.80
	措施费分摊	元	3775	商品混凝土 C20	m³	9.00	钢管件	t	0.78
				抗渗商品混凝土 C20	m³	426.00	手动球阀 DN15	个	15.00
				钢筋 ϕ10 以内	t	28.15	手动球阀 DN25	个	2.00
				钢筋 ϕ10 以外	t	65.26	手动球阀 DN50	个	2.00
				组合钢模板	kg	1015.00			
				木模板	m³	8.00			
材料费	主要材料费	元	506367						
	其他材料费	元	125057						
	措施费分摊	元	41417						
机械费	主要机械费	元	18498						
	其他机械费	元	35635						
	措施费分摊	元	2359						

续表

指标编号		3F-382	构筑物名称	机械搅拌澄清池
设计水量	40000m³/d	容积	3554m³	
项　目	单位	构筑物（座）	容积指标（元/m³）	
指标基价	元	4248012	1195.28	
一、建筑安装工程费	元	2416769	680.02	
二、设备购置费	元	1831243	515.26	

圆形钢筋混凝土机械搅拌澄清池，直径 28m，深 8.17m，采用机械提升搅拌、机械刮泥，排泥斗 4 只，分离室上升流速 1m/s。现浇钢筋混凝土水池，直壁厚 200mm，斜壁厚 500mm，池底厚 350mm，中央机械间为现浇钢筋混凝土柱及屋面板，钢制集水槽、出水槽及辐射槽，钢丝网水泥扇形板，上层一砖外墙，建筑面积 63.62m²

直接费和主要工料数量

直　接　费				土建工料数量			配管主要工料数量		
项　目		单位	数量	项　目	单位	数量	项　目	单位	数量
人工费	人工	工日	8207	商品混凝土 C15	m³	289.00	钢管	t	8.00
	措施费分摊	元	8955	商品混凝土 C20	m³	21.00	钢管件	t	2.00
				抗渗商品混凝土 C25	m³	974.00	手动球阀 DN15	个	54.00
				钢筋 $\phi10$ 以内	t	52.17	手动球阀 DN25	个	6.00
				钢筋 $\phi10$ 以外	t	252.84			
材料费	主要材料费	元	1200020	组合钢模板	kg	2322.00			
	其他材料费	元	296505	木模板	m³	7.00			
	措施费分摊	元	98225						
机械费	主要机械费	元	66995						
	其他机械费	元	61430						
	措施费分摊	元	5597						

3.2.2.6 综合池分项指标

综合池分项指标，见表 3-29。

综合池分项指标   表 3-29

指标编号		3F-383	构筑物名称	综合池	
设计水量		450000m³/d	容积	36560m³	钢筋混凝土矩形结构，由机械混合池、水平轴机械搅拌絮凝池和异向流斜管沉淀池组成。混合池共 8 座，单池平面尺寸 1.8m×5.4m，有效水深 4.25m，设计流速 0.67m³/s，混合时间 1min；絮凝池共 8 座，单池平面尺寸 12.4m×20.2m，有效水深 4.2m，设计絮凝时间 25.3min；沉淀池共 8 座，单池平面尺寸 28m×20.2m，有效水深 4.7m，清水区上升流速 1.2mm/s，乙丙共聚蜂窝斜管；壁厚 200～400mm，底板厚 300mm
项 目	单位	构筑物（座）	容积指标（元/m³）		
指标基价	元	46482676	1271.41		
一、建筑安装工程费	元	30853212	843.91		
二、设备购置费	元	15629464	427.50		

直接费和主要工料数量

直 接 费				土建工料数量			配管主要工料数量		
项 目		单位	数量	项 目	单位	数量	项 目	单位	数量
人工费	人工	工日	76228	商品混凝土 C10	m³	1442.20	钢管	t	33.13
	措施费分摊	元	114876	商品混凝土 C15	m³	43.10	钢管件	t	10.00
				抗渗商品混凝土 C30	m³	9845.00	气动排泥阀 DN200	个	64.00
				钢筋 φ10 以内	t	222.39	手动蝶阀 DN200	个	128.00
				钢筋 φ10 以外	t	968.68	手动法兰蝶阀 DN1000	个	8.00
				水泥（综合）	t	222.60	气路二位多通电磁阀	台	64.00
材料费	主要材料费	元	16822179	碎石	t	30044.20			
	其他材料费	元	4189762	中砂	t	13288.50			
	措施费分摊	元	1253069	组合钢模板	kg	35900.50			
				木模板	m³	218.50			
机械费	主要机械费	元	134216						
	其他机械费	元	484204						
	措施费分摊	元	71798						

3.2.2.7 滤池分项指标

滤池分项指标，见表3-30。

滤池分项指标   表3-30

指标编号		3F-384		构筑物名称	虹吸滤池
设计水量		86400m³/d	滤水面积	378m²	矩形钢筋混凝土结构，双排12格布置，每格平面尺寸6.3m×5m，总滤水面积378m²。滤速10m/h，冲洗强度15L/（s·m²），小阻力布水板配水。滤层结构：单层石英砂厚700mm，支托层砾石厚300mm，钢筋混凝土水池，壁厚250mm，底厚350mm。预制钢筋混凝土多孔滤板，上铺呢绒网，管廊上部为砖混结构操作室，一砖外墙，钢门窗，预制板屋面
项　目	单位	构筑物（座）	滤水面积（元/m²）		
指标基价	元	2868740	7589.26		
一、建筑安装工程费	元	2853254	7548.29		
二、设备购置费	元	15486	40.97		

直接费和主要工料数量

直　接　费				土建工料数量			配管主要工料数量		
项　目		单位	数量	项　目	单位	数量	项　目	单位	数量
人工费	人工	工日	8651	商品混凝土 C15	m³	234.36	钢管	t	20.70
	措施费分摊	元	10510	商品混凝土 C20	m³	11.34	钢管件	t	5.18
				商品混凝土 C25	m³	2.27	滤料砂	m³	265.00
				抗渗商品混凝土 C25	m³	782.46	球阀 DN25	个	2.00
				钢筋 φ10 以内	t	22.94	球阀 DN40	个	1.00
				钢筋 φ10 以外	t	234.10	电动球阀 DN50	个	4.00
				组合钢模板	kg	1867.46	电动蝶阀 DN600	个	4.00
				木模板	m³	14.54	手动闸阀 DN150	个	4.00
材料费	主要材料费	元	1498390						
	其他材料费	元	365538						
	措施费分摊	元	116066						
机械费	主要机械费	元	79105						
	其他机械费	元	7610						
	措施费分摊	元	6569						

续表

指标编号			3F-385	构筑物名称	虹吸滤池
设计水量		100000m³/d	滤水面积	480m²	

项 目	单位	构筑物（座）	滤水面积（元/m²）
指标基价	元	6101495	12711.45
一、建筑安装工程费	元	5949174	12394.11
二、设备购置费	元	152321	317.34

矩形钢筋混凝土结构，双排12格布置，每格过滤面积40m²，滤速10m/h；滤料层结构：上层无烟煤厚400mm，中层石英砂厚400mm，下层砾石厚200mm。钢筋混凝土结构，底板厚300mm，池壁厚250mm，管廊有预制钢筋混凝土走道板，池上无其他建筑

直接费和主要工料数量

直 接 费				土建工料数量			配管主要工料数量		
项 目		单位	数量	项 目	单位	数量	项 目	单位	数量
人工费	人工	工日	12693	商品混凝土 C15	m³	554.63	钢管	t	41.40
	措施费分摊	元	21211	商品混凝土 C20	m³	30.81	钢管件	t	10.35
				商品混凝土 C25	m³	5.14	滤料砂	m³	202.00
				抗渗商品混凝土 C25	m³	1869.32	手动球阀 DN15	个	45.00
				钢筋 φ10 以内	t	53.16	手动球阀 DN25	个	5.00
				钢筋 φ10 以外	t	542.49	电动球阀 DN50	个	6.00
材料费	主要材料费	元	3267812	组合钢模板	kg	4475.60			
	其他材料费	元	798840	木模板	m³	350.77			
	措施费分摊	元	234524						
机械费	主要机械费	元	100451						
	其他机械费	元	74554						
	措施费分摊	元	13257						

续表

指标编号		3F-386	构筑物名称	四阀滤池	
设计水量	50000m³/d		滤水面积	361m²	管廊部分按10万t/d设计，平面尺寸40.5m×21.9m，池深4.3m，采用钢筋混凝土结构，滤池分成5格，单格尺寸9.5m×7.6m，滤池反冲洗采用气水反冲，滤速8m/h；冲洗强度：水冲15～30m³/(h·m²)，气冲55m³/(h·m²)，底板厚400mm，池壁厚300～400mm，滤池埋深0.75m，管廊埋深2.15m。滤层结构：单层石英砂厚800mm，支托层砾石厚300mm
项　目		单位	构筑物（座）	滤水面积（元/m²）	
指标基价		元	6421542	17788.20	
一、建筑安装工程费		元	5485643	15195.69	
二、设备购置费		元	935899	2592.51	

直接费和主要工料数量

直　接　费				土建工料数量			配管主要工料数量		
项　目		单位	数量	项　目	单位	数量	项　目	单位	数量
人工费	人工	工日	13256	商品混凝土 C15	m³	494.69	钢管	t	34.00
	措施费分摊	元	20329	商品混凝土 C20	m³	27.48	钢管件	t	8.50
				商品混凝土 C25	m³	4.58	滤料砂	m³	367.20
				抗渗商品混凝土 C25	m³	1667.28	球阀 DN25	个	22.00
				钢筋 ϕ10 以内	t	44.80	球阀 DN40	个	11.00
				钢筋 ϕ10 以外	t	457.23	手动球阀 DN25	个	32.00
材料费	主要材料费	元	2961760	组合钢模板	kg	3975.81			
	其他材料费	元	725565	木模板	m³	25.69			
	措施费分摊	元	222949						
机械费	主要机械费	元	75547						
	其他机械费	元	92187						
	措施费分摊	元	12706						

续表

指标编号		3F-387	构筑物名称	重力式双阀滤池
设计水量	5000m³/d	滤水面积	27.4m²	

项　目	单位	构筑物（座）	滤水面积（元/m²）
指标基价	元	235058	8578.76
一、建筑安装工程费	元	235058	8578.76
二、设备购置费	元	—	

矩形钢筋混凝土结构，共2格，单格平面尺寸3.7m×3.7m，滤速8m/h；冲洗强度14L/（s·m²），冲洗时间4min，反冲洗时采用"联锁器"装置；滤料结构：石英砂厚700mm，砾石厚600mm。现浇钢筋混凝土水池，底板、池壁均厚200mm，预制钢筋混凝土滤板，池上无其他建筑

直接费和主要工料数量

直　接　费				土建工料数量			配管主要工料数量		
项　目		单位	数量	项　目	单位	数量	项　目	单位	数量
人工费	人工	工日	592	商品混凝土 C15	m³	12.09	钢管	t	7.36
	措施费分摊	元	826	商品混凝土 C20	m³	0.67	钢管件	t	1.84
				商品混凝土 C25	m³	0.11	滤料砂	m³	20.00
				抗渗商品混凝土 C25	m³	40.75	球阀 DN25	个	1.00
				钢筋 φ10 以内	t	2.20	球阀 DN40	个	1.00
				钢筋 φ10 以外	t	22.42	手动球阀 DN15	个	15.00
材料费	主要材料费	元	128682	组合钢模板	kg	97.18	手动球阀 DN25	个	2.00
	其他材料费	元	28950	木模板	m³	1.16			
	措施费分摊	元	9627						
机械费	主要机械费	元	5734						
	其他机械费	元	1077						
	措施费分摊	元	516						

续表

指标编号		3F-388	构筑物名称		无阀滤池
设计水量	20000m³/d	滤水面积	104m²		
项 目	单位	构筑物（座）	滤水面积（元/m²）		矩形钢筋混凝土结构，共分8格，每2格1组，滤水面积104m²，滤速9m/h；反冲洗强度20 L/（s·m²），冲洗时间6min，单格滤池平面尺寸3.6m×3.6m，滤料为锰砂，厚800mm，砾石支托层厚200mm。钢筋混凝土水池，池壁、底板均厚200mm，预制钢筋混凝土盖板，指标未包括房屋建筑
指标基价	元	863226	8300.25		
一、建筑安装工程费	元	847265	8146.78		
二、设备购置费	元	15961	153.47		

直接费和主要工料数量

直 接 费				土建工料数量			配管主要工料数量		
项 目		单位	数量	项 目	单位	数量	项 目	单位	数量
人工费	人工	工日	2008	商品混凝土 C15	m³	47.71	钢管	t	31.53
				商品混凝土 C20	m³	2.65	钢管件	t	9.41
	措施费分摊	元	2921	商品混凝土 C25	m³	0.44	锰砂	m³	83.00
				抗渗商品混凝土 C25	m³	160.79	球阀 DN25	个	2.00
				钢筋 φ10 以内	t	3.38	球阀 DN40	个	1.00
				钢筋 φ10 以外	t	34.45	手动球阀 DN15	个	25.00
				组合钢模板	kg	383.41	手动球阀 DN25	个	3.00
				木模板	m³	3.40			
材料费	主要材料费	元	469983						
	其他材料费	元	102556						
	措施费分摊	元	34790						
机械费	主要机械费	元	21764						
	其他机械费	元	2339						
	措施费分摊	元	1826						

续表

指标编号		3F-389	构筑物名称	双阀滤池
设计水量	100000m³/d	滤水面积	712m²	

矩形钢筋混凝土结构，双排 8 布置，滤水面积 712m²，大阻力配水。冲洗强度 15 L/（s·m²），冲洗时间 5min，单格滤池平面尺寸 8.9m×10m。滤层结构：石英砂厚 700mm，砾石支托层厚 500mm。钢筋混凝土水池，池壁厚 300mm，池底厚 400mm，下部为钢筋混凝土结构，上部为混合结构，管廊及操作室外，一砖外墙，钢门窗

项　目	单位	构筑物（座）	滤水面积（元/m²）
指标基价	元	7503549	10538.69
一、建筑安装工程费	元	5712778	8023.56
二、设备购置费	元	1790771	2515.13

直接费和主要工料数量

直　接　费				土建工料数量			配管主要工料数量		
项　目		单位	数量	项　目	单位	数量	项　目	单位	数量
人工费	人工	工日	19059	商品混凝土 C15	m³	574.65	钢管	t	26.10
	措施费分摊	元	21368	商品混凝土 C20	m³	31.93	钢管件	t	3.30
				商品混凝土 C25	m³	5.32	滤料砂	m³	498.00
				抗渗商品混凝土 C25	m³	1936.79	球阀 DN25	个	25.00
				钢筋 φ10 以内	t	43.51	球阀 DN40	个	13.00
				钢筋 φ10 以外	t	443.96	手动球阀 DN25	个	38.00
材料费	主要材料费	元	2947472	组合钢模板	kg	4618.51			
	其他材料费	元	727868	木模板	m³	30.12			
	措施费分摊	元	231860						
机械费	主要机械费	元	149002						
	其他机械费	元	27301						
	措施费分摊	元	13355						

续表

指标编号	3F-390		构筑物名称	双阀滤池
设计水量	157500m³/d	滤水面积	605.52m²	矩形钢筋混凝土结构，双排12格布置，中间为管廊，滤水总面积605.52m²，滤速10m/h；双层滤料结构：无烟煤厚300mm，石英砂厚500mm，砾石厚300mm，单格滤池平面尺寸5.8m×8.7m。钢筋混凝土水池，池壁厚250mm，池底厚350mm，池上房屋为砖混结构，一砖半外墙，钢筋混凝土柱及连续梁，预制钢筋混凝土薄腹梁及预应力大型屋面板，三毡四油防水，珍珠岩保温屋面，滤池外半砖保温墙
项　　目	单位	构筑物（座）	滤水面积（元/m²）	
指标基价	元	7780763	12849.72	
一、建筑安装工程费	元	7439158	12285.57	
二、设备购置费	元	341605	564.15	

直接费和主要工料数量

直　接　费				土建工料数量			配管主要工料数量		
项　目		单位	数量	项　目	单位	数量	项　目	单位	数量
人工费	人工	工日	36993	商品混凝土 C15	m³	640.41	钢管	t	98.37
	措施费分摊	元	27238	商品混凝土 C20	m³	35.58	钢管件	t	20.14
				商品混凝土 C25	m³	5.93	滤料砂	m³	485.00
				抗渗商品混凝土 C25	m³	2158.40	滤料无烟煤	m³	182.00
				钢筋 φ10 以内	t	52.08	球阀 DN25	个	5.00
				钢筋 φ10 以外	t	531.37	球阀 DN40	个	2.00
材料费	主要材料费	元	3562225	组合钢模板	kg	5146.96	手动球阀 DN25	个	7.00
	其他材料费	元	850859	木模板	m³	36.13	双法兰电动蝶阀 DN600	个	9.00
	措施费分摊	元	302881						
机械费	主要机械费	元	126819						
	其他机械费	元	97920						
	措施费分摊	元	17024						

续表

指标编号		3F-391	构筑物名称	双阀滤池
设计水量	300000m³/d	滤水面积	547.05m²	

项　目	单位	构筑物（座）	滤水面积（元/m²）
指标基价	元	6428010	11750.32
一、建筑安装工程费	元	6226010	11381.06
二、设备购置费	元	202000	369.26

钢筋混凝土结构，单排 8 格布置，平面尺寸 25.55m×20.5m，池深 4.4m，滤水总面积 547.05m²，滤速 10m/h；反冲洗强度 15L/(s·m²)，单格滤池平面尺寸 68.38m²，滤层结构：石英砂厚 875mm，砾石厚 250mm，现浇钢筋混凝土水池，壁厚 250mm，底板厚 400mm，框架结构操作室面积 153.7 m²，一砖外墙

直接费和主要工料数量

直　接　费				土建工料数量			配管主要工料数量		
项　目		单位	数量	项　目	单位	数量	项　目	单位	数量
人工费	人工	工日	40318	商品混凝土 C10	m³	60.36	钢管	t	44.23
	措施费分摊	元	23379	商品混凝土 C20	m³	65.64	钢管件	t	8.87
				抗渗商品混凝土 C25	m³	1358.75	滤料砂	m³	395.00
				钢筋 φ10 以内	t	10.57	蝶阀 DN400	个	16.00
				钢筋 φ10 以外	t	87.70	蝶阀 DN500	个	33.00
材料费	主要材料费	元	2395524	水泥（综合）	t	38.04	蝶阀 DN100	个	17.00
	其他材料费	元	581172	中砂	t	40.30	电磁阀	个	67.00
	措施费分摊	元	252541	组合钢模板	kg	1500.18	闸阀 DN25	个	84.00
				木模板	m³	2.61	闸阀 DN200	个	3.00
机械费	主要机械费	元	358934						
	其他机械费	元	255507						
	措施费分摊	元	14612						

续表

指标编号		3F-392		构筑物名称	双阀滤池
设计水量	500000m³/d		滤水面积	2051m²	矩形钢筋混凝土结构，两组单排布置，共 24 格，单格过滤面积 85.5 m²，进水渠 2 条，两根 DN1800 出水管，管廊在水池外侧，设计滤速 10m/h，工作周期 12～24h，冲洗全过程约 25～26min，大阻力配水系统。两组滤池中，下部设冲洗泵、真空泵及排水泵，上部设操作室，屋顶为 300 m³ 冲洗水箱。钢筋混凝土满堂基础及梁、板、柱，预制钢筋混凝土水箱、水槽及大型屋面板，预应力钢筋混凝土双 T 板，一砖半面墙，钢门窗，红缸砖楼面。无烟煤厚 300mm，石英砂厚 500mm，砾石厚 300mm
项　　目		单位	构筑物（座）	滤水面积（元/m²）	
指标基价		元	25839726	12598.60	
一、建筑安装工程费		元	19277776	9399.21	
二、设备购置费		元	6561950	3199.39	

直接费和主要工料数量

直　接　费				土建工料数量			配管主要工料数量		
项　目		单位	数量	项　　　目	单位	数量	项　　目	单位	数量
人工费	人工	工日	62630	商品混凝土 C15	m³	2215.08	钢管	t	226.52
	措施费分摊	元	70682	商品混凝土 C20	m³	123.06	钢管件	t	42.65
				商品混凝土 C25	m³	20.51	滤料砂	m³	1026.00
				抗渗商品混凝土 C25	m³	7465.64	滤料无烟煤	m³	615.00
				钢筋 φ10 以内	t	172.33	球阀 DN25	个	10.00
				钢筋 φ10 以外	t	1758.47	球阀 DN40	个	5.00
材料费	主要材料费	元	10044067	组合钢模板	kg	17802.68	电动蝶阀 DN600	个	20.00
	其他材料费	元	2422399	木模板	m³	67.05	手动球阀 DN25	个	15.00
	措施费分摊	元	784725						
机械费	主要机械费	元	429217						
	其他机械费	元	153968						
	措施费分摊	元	44176						

指标编号		3F-393	构筑物名称	气浮移动钟罩滤池
设计水量	25000m³/d	滤水面积	125m²	矩形钢筋混凝土结构,共2组,每组共26格,单格平面尺寸1.55m×1.55m。滤速8.7m/h,反冲洗强度15L/(s·m²),冲洗时间5min,气浮刮沫周期12h,滤池和气浮工作由CHK-2程序制仪自动控制。滤料结构:石英砂厚700mm,砾石厚300mm。钢筋混凝土水池,壁厚200mm,底板厚300mm,池上建筑为砌体结构,毛石基础,二砖外墙,钢筋混凝土柱,预制钢筋混凝土空心板楼面及大型屋面板,三毡四油防水,沥青珍珠岩保温
项 目	单位	构筑物(座)	滤水面积(元/m²)	
指标基价	元	2434758	19478.06	
一、建筑安装工程费	元	2106903	16855.22	
二、设备购置费	元	327855	2622.84	

直接费和主要工料数量

直 接 费				土建工料数量			配管主要工料数量		
项 目		单位	数量	项 目	单位	数量	项 目	单位	数量
人工费	人工	工日	5016	商品混凝土 C15	m³	146.61	钢管	t	2.76
	措施费分摊	元	6380	商品混凝土 C20	m³	8.15	钢管件	t	0.36
				商品混凝土 C25	m³	1.36	滤料砂	m³	88.00
				抗渗商品混凝土 C25	m³	494.14	球阀 DN25	个	1.00
				钢筋 φ10 以内	t	10.98	球阀 DN40	个	1.00
				钢筋 φ10 以外	t	112.04	电动蝶阀 DN600	个	3.00
材料费	主要材料费	元	1159878	组合钢模板	kg	1178.33	手动球阀 DN25	个	2.00
	其他材料费	元	289010	木模板	m³	10.58			
	措施费分摊	元	69391						
机械费	主要机械费	元	26159						
	其他机械费	元	26483						
	措施费分摊	元	3988						

续表

指标编号		3F-394	构筑物名称	移动钟罩滤池
设计水量	75000m³/d	滤水面积	300m²	

项 目	单位	构筑物（座）	滤水面积（元/m²）
指标基价	元	2312550	7708.50
一、建筑安装工程费	元	1883970	6279.90
二、设备购置费	元	428580	1428.60

矩形钢筋混凝土结构，共 144 格，单格平面尺寸 1.44m×1.44m。滤速 11m/h，反冲洗强度 15L/(s·m²)，冲洗时间 5min，小阻力混凝土穿孔滤水板配水。滤料结构：石英砂厚 700mm，砾石厚 200mm。钢筋混凝土水池，壁厚 250mm，底板厚 300mm，预制钢筋混凝土滤水板，板上铺呢绒网

直接费和主要工料数量

直 接 费				土建工料数量			配管主要工料数量		
项 目		单位	数量	项 目	单位	数量	项 目	单位	数量
人工费	人工	工日	5858	商品混凝土 C15	m³	196.84	钢管	t	15.36
	措施费分摊	元	6957	商品混凝土 C20	m³	193.19	钢管件	t	3.14
				商品混凝土 C25	m³	1.82	滤料砂	m³	216.00
				抗渗商品混凝土 C25	m³	663.42	球阀 DN25	个	3.00
				钢筋 φ10 以内	t	17.76	球阀 DN40	个	1.00
				钢筋 φ10 以外	t	181.22	电动蝶阀 DN600	个	5.00
材料费	主要材料费	元	985801	组合钢模板	kg	1911.58	手动球阀 DN25	个	4.00
	其他材料费	元	240255	木模板	m³	15.58			
	措施费分摊	元	76609						
机械费	主要机械费	元	52028						
	其他机械费	元	5377						
	措施费分摊	元	4348						

指标编号		3F-395	构筑物名称	移动钟罩滤池
设计水量	100000m³/d	滤水面积	576m²	

项目	单位	构筑物（座）	滤水面积（元/m²）
指标基价	元	4748202	8243.41
一、建筑安装工程费	元	4267339	7408.57
二、设备购置费	元	480863	834.84

矩形钢筋混凝土结构，分4组共96格，单格平面尺寸3m×2m。采取移动虹吸钟罩进行反冲洗，冲洗强度15L/（s·m²），滤料结构：无烟煤厚350mm，石英砂厚350mm，砾石厚300mm。清水池为虹吸式出水系统，钢筋混凝土结构，壁厚250mm，底板厚350mm，移动钟罩机房为钢骨架玻璃屋面

直接费和主要工料数量

直接费				土建工料数量			配管主要工料数量		
项目		单位	数量	项目	单位	数量	项目	单位	数量
人工费	人工	工日	10346	商品混凝土 C15	m³	381.27	钢管	t	85.24
	措施费分摊	元	15449	商品混凝土 C20	m³	21.18	钢管件	t	13.31
				商品混凝土 C25	m³	3.53	滤料砂	m³	404.00
				抗渗商品混凝土 C25	m³	1285.04	滤料无烟煤	m³	404.00
				钢筋 φ10 以内	t	37.4	球阀 DN25	个	4.00
				钢筋 φ10 以外	t	381.61	球阀 DN40	个	2.00
材料费	主要材料费	元	2321329	组合钢模板	kg	3064.32	电动蝶阀 DN600	个	7.00
	其他材料费	元	549040	木模板	m³	37.66	手动球阀 DN25	个	5.00
	措施费分摊	元	174027						
机械费	主要机械费	元	120541						
	其他机械费	元	6926						
	措施费分摊	元	9656						

续表

指标编号		3F-396		构筑物名称	普通气水反冲滤池
设计水量	200000m³/d		滤水面积	1123m²	

项 目	单位	构筑物（座）	滤水面积（元/m²）	
指标基价	元	14154082	12603.81	矩形钢筋混凝土结构，双排布置，每排 6 格，滤水总面积 1123m²，单格平面尺寸 8.9m×13m。设计滤速 8m/h，冲洗强度 15L/（s·m²），水冲强度 4～8L/（s·m²），气水水冲 5min，水冲 4min，滤料结构：石英砂厚 700mm，支承层厚 100mm。钢筋混凝土水池壁厚 300mm，底板厚 350mm，管廊及控制室为框架结构。
一、建筑安装工程费	元	10676336	9506.98	
二、设备购置费	元	3477746	3096.84	

直接费和主要工料数量

直 接 费				土建工料数量			配管主要工料数量		
项 目		单位	数量	项 目	单位	数量	项 目	单位	数量
人工费	人工	工日	39015	商品混凝土 C15	m³	1095.47	钢管	t	114.54
	措施费分摊	元	39309	商品混凝土 C20	m³	60.86	钢管件	t	15.26
				商品混凝土 C25	m³	10.14	滤料砂	m³	786.00
				抗渗商品混凝土 C25	m³	3692.13	球阀 DN25	个	3.00
				钢筋 ϕ10 以内	t	100.79	球阀 DN40	个	2.00
				钢筋 ϕ10 以外	t	1028.48	电动蝶阀 DN600	个	7.00
材料费	主要材料费	元	5446804	组合钢模板	kg	8804.32	手动球阀 DN25	个	5.00
	其他材料费	元	1321621	木模板	m³	66.95			
	措施费分摊	元	434326						
机械费	主要机械费	元	235012						
	其他机械费	元	89321						
	措施费分摊	元	24568						

续表

指标编号		3F-397	构筑物名称	普通快滤池
设计水量	75000m³/d	滤水面积	510m²	

项 目	单位	构筑物（座）	滤水面积（元/m²）
指标基价	元	8453506	16575.50
一、建筑安装工程费	元	6982309	13690.80
二、设备购置费	元	1471197	2884.70

矩形钢筋混凝土结构，分为 6 格，滤水面积 510m²，单格平面尺寸 10m×8.5m。设计滤速 8m/h，冲洗强度 15L/（s·m²），冲洗时间 6min，滤料上水深 1.7m，滤池出水及冲洗蝶阀均采用电动，进水及排水采用虹吸，冲水方式为水冲洗，采用集中控制操作，管廊平面尺寸 54.05m×6.50m。滤料结构：石英砂厚 750mm，支承层砾石厚 300mm

直接费和主要工料数量

直 接 费				土建工料数量			配管主要工料数量		
项 目		单位	数量	项 目	单位	数量	项 目	单位	数量
人工费	人工	工日	16955	商品混凝土 C15	m³	556.72	钢管	t	68.17
	措施费分摊	元	25711	商品混凝土 C20	m³	30.93	钢管件	t	19.86
				抗渗商品混凝土 C25	m³	1876.36	滤料砂	m³	385.00
				钢筋 ϕ10 以内	t	47.72	球阀 DN25	个	3.00
				钢筋 ϕ10 以外	t	486.95	球阀 DN40	个	1.00
				组合钢模板	kg	4474.40	电动蝶阀 DN600	个	5.00
				木模板	m³	30.40	手动球阀 DN25	个	4.00
材料费	主要材料费	元	3779188						
	其他材料费	元	912972						
	措施费分摊	元	284044						
机械费	主要机械费	元	106729						
	其他机械费	元	105405						
	措施费分摊	元	16069						

指标编号		3F-398		构筑物名称	普通快滤池
设计水量	120000m³/d		滤水面积	882m²	矩形钢筋混凝土结构，双排布置，每排6格，滤水总面积882m²，单格平面尺寸 8.63m×10.5m。设计滤速 8m/h，冲洗强度 15L/(s·m²)，冲洗时间 6min，冲洗水箱容量 450m³，滤料结构：石英砂厚750mm，砾石厚300mm。钢筋混凝土水池壁厚 150～350mm，底板厚400mm，管廊及控制室为框架结构，钢筋混凝土框架梁及水箱，钢门窗
项 目		单位	构筑物（座）	滤水面积（元/m²）	
指标基价		元	12394036	14052.20	
一、建筑安装工程费		元	9018269	10224.80	
二、设备购置费		元	3375767	3827.40	

直接费和主要工料数量

直 接 费				土建工料数量			配管主要工料数量		
项 目		单位	数量	项 目	单位	数量	项 目	单位	数量
人工费	人工	工日	25174	商品混凝土 C15	m³	834.77	钢管	t	50.11
	措施费分摊	元	33456	商品混凝土 C20	m³	46.38	钢管件	t	18.21
				商品混凝土 C25	m³	7.73	滤料砂	m³	662.00
				抗渗商品混凝土 C25	m³	2813.49	球阀 DN25	个	3.00
				钢筋 φ10 以内	t	62.32	球阀 DN40	个	2.00
				钢筋 φ10 以外	t	635.90	电动蝶阀 DN600	个	6.00
材料费	主要材料费	元	4786278	组合钢模板	kg	6252.68	手动球阀 DN25	个	5.00
	其他材料费	元	1170385	木模板	m³	50.88			
	措施费分摊	元	366465						
机械费	主要机械费	元	184578						
	其他机械费	元	91461						
	措施费分摊	元	20910						

续表

指标编号		3F-399	构筑物名称	V型滤池
设计水量	300000m³/d	滤水面积	3864m²	矩形钢筋混凝土结构，平面尺寸 43.98m×43m，池深 4.5m，2 座池子，中间由管廊相连，单池平面尺寸 43.98m×18m，池深 4.5m，分 20 格滤池，单池过滤面积 96.6m²，设计滤速7m/h，气冲强度 15L/（s·m²），水冲强度 5L/（s·m²），扫洗强度 5L/（s·m²），滤料结构：石英砂厚 1.2m，承托层厚 0.1m。钢筋混凝土壁厚 200～300mm，底板厚 500mm，管廊及控制室为框架结构

项　目	单位	构筑物（座）	滤水面积（元/m²）	
指标基价	元	18978744	4911.68	
一、建筑安装工程费	元	15879304	4109.55	
二、设备购置费	元	3099440	802.13	

直接费和主要工料数量

直　接　费				土建工料数量			配管主要工料数量		
项　目		单位	数量	项　目	单位	数量	项　目	单位	数量
人工费	人工	工日	42051	商品混凝土 C15	m³	877.34	钢管	t	46.03
	措施费分摊	元	58872	商品混凝土 C20	m³	326.24	钢管件	t	11.50
				抗渗商品混凝土 C25	m³	5630.30	滤料砂	m³	2391.00
				钢筋 φ10 以内	t	192.76	电动法兰阀 DN100	个	20.00
				钢筋 φ10 以外	t	629.45	低压法兰阀 DN200	个	24.00
材料费	主要材料费	元	8688496	组合钢模板	kg	17577.73	电动蝶阀 DN400	个	20.00
	其他材料费	元	2150895	木模板	m³	135.53	伸缩器 DN400	个	40.00
	措施费分摊	元	645329				伸缩器 DN500	个	20.00
							电动蝶阀 DN500	个	20.00
							电动蝶阀 DN600	个	20.00
机械费	主要机械费	元	71645						
	其他机械费	元	134060						
	措施费分摊	元	36795						

续表

指标编号	3F-400		构筑物名称	V型滤池

设计水量	100000m³/d	滤水面积	700m²

项 目	单位	构筑物（座）	滤水面积（元/m²）
指标基价	元	8095157	11564.51
一、建筑安装工程费	元	7383775	10548.25
二、设备购置费	元	711382	1016.26

钢筋混凝土结构，平面尺寸 35.45m×42.0m，深5.1m，池厚0.4m，共设8格，单池过滤面积87.5m²，单池设计水量0.15m³/h，正常过滤速度6.5m/h，气水反冲洗总历时12min，承托层厚0.15m，均质石英砂滤料层厚1.2m，设在净化间内

直接费和主要工料数量

直接费				土建工料数量			配管主要工料数量		
项 目		单位	数量	项 目	单位	数量	项 目	单位	数量
人工费	人工	工日	19997	商品混凝土 C15	m³	758.75	钢管	t	25.38
	措施费分摊	元	27556	商品混凝土 C20	m³	42.98	钢管件	t	5.21
				商品混凝土 C25	m³	19.49	滤料砂	m³	880.00
				抗渗商品混凝土 C25	m³	2549.87	球阀 DN40	个	14.00
				钢筋 φ10 以内	t	49.37	止回阀 DN100	个	2.00
				钢筋 φ10 以外	t	502.60	电动蝶阀 DN450	个	24.00
				组合钢模板	kg	6074.32	手动闸阀 DN150	个	10.00
				木模板	m³	38.00	手动球阀 DN15	个	62.00
材料费	主要材料费	元	3924021						
	其他材料费	元	970754						
	措施费分摊	元	299779						
机械费	主要机械费	元	146513						
	其他机械费	元	80848						
	措施费分摊	元	17223						

续表

指标编号		3F-401	构筑物名称	气水反冲洗 V 型滤池
设计水量	150000m³/d		滤水面积	931m²

项　目	单位	构筑物（座）	滤水面积（元/m²）
指标基价	元	8556958	9191.15
一、建筑安装工程费	元	6782826	7285.53
二、设备购置费	元	1774132	1905.62

矩形钢筋混凝土结构，双排 5 格布置，中间设管廊，单座滤池有效面积 93.10m²，滤池高 4.8m，设计滤速 7m/h，强制滤速 7.7m/h，滤池采用长柄滤头气水冲洗表面扫洗，气洗强度 50m³/（h·m²），冲洗强度 16m³/（h·m²），滤料结构为单层石英砂，滤料厚度 1.2m，现浇钢筋混凝土水池底板、壁，底板厚 450mm，壁厚 400mm，设在净化间内

直接费和主要工料数量

直接费				土建工料数量			配管主要工料数量		
项　目		单位	数量	项　目	单位	数量	项　目	单位	数量
人工费	人工	工日	20993	商品混凝土 C10	m³	668.36	钢管	t	33.41
	措施费分摊	元	24813	抗渗商品混凝土 C25	m³	2245.55	钢管件	t	20.00
				钢筋 φ10 以内	t	27.22	滤料砂	m³	1117.00
				钢筋 φ10 以外	t	230.18	伸缩器	个	67.00
				组合钢模板	kg	3192.01	电磁阀 DN10	个	50.00
				木模板	m³	71.43	手动蝶阀 DN300	个	25.00
材料费	主要材料费	元	3524152				气动蝶阀 DN400	个	30.00
	其他材料费	元	855848				气动蝶阀 DN700	个	20.00
	措施费分摊	元	276195				手动蝶阀 DN700	个	12.00
机械费	主要机械费	元	174204						
	其他机械费	元	69644						
	措施费分摊	元	15508						

续表

指标编号		3F-402	构筑物名称	翻板滤池
设计水量		450000m³/d	滤水面积	2784m²

项 目	单位	构筑物（座）	滤水面积（元/m²）
指标基价	元	27953726	10040.85
一、建筑安装工程费	元	19962616	7170.48
二、设备购置费	元	7991110	2870.37

钢筋混凝土矩形结构，平面尺寸 41.95m×21.4m，设 4 组 24 格，分 2 排布置，管廊设在两排滤池中间，单格滤池面积 116m²，滤池高 4.2m，设计滤速 7m/h，强制滤速 7.3m/h，滤料层上层无烟煤层 700mm，下层石英砂层 800mm，承托层粗砂厚 450mm，壁厚 400mm，设在净化间内

直接费和主要工料数量

直 接 费				土建工料数量			配管主要工料数量		
项 目		单位	数量	项 目	单位	数量	项 目	单位	数量
人工费	人工	工日	35991	商品混凝土 C10	m³	544.59	钢管	t	119.75
	措施费分摊	元	83507	商品混凝土 C20	m³	66.78	钢管件	t	24.00
				抗渗商品混凝土 C30	m³	5750.36	滤料砂	m³	2300.00
				钢筋 ϕ10 以内	t	189.54	滤料无烟煤	m³	1950.00
				钢筋 ϕ10 以外	t	618.26	电磁阀	个	96.00
				组合钢模板	kg	23435.70	调节阀 DN15	个	96.00
				木模板	m³	369.99	旋塞阀 DN15	个	96.00
材料费	主要材料费	元	10836222				气动蝶阀 DN400	个	24.00
	其他材料费	元	3176931				手动蝶阀 DN400	个	24.00
	措施费分摊	元	795843				气动蝶阀 DN800	个	24.00
							手动蝶阀 DN800	个	30.00
							电动调节阀 DN500	个	24.00
机械费	主要机械费	元	117146						
	其他机械费	元	278587						
	措施费分摊	元	52192						

指标编号		3F-403	构筑物名称	滤池	
设计水量		150000m³/d	滤水面积	1398m²	由砂滤池和碳滤池组成，均为单排6格布置，中间设管廊；其中砂滤池为V型滤池，碳滤池为普通快滤池，设计流量6563m³/h。砂滤池6个，单池过滤面积121m²，设计流速9m/h，反冲洗方式为气水反冲洗加水平扫洗，气冲强度55m³/（h·m²），水冲强度15 m³/（h·m²），表洗强度7 m³/（h·m²）。碳滤池6个，单池过滤面积112m²，设计流速9.8m/h，采用气水反冲洗方式，气冲强度30m³/（h·m²），水冲强度30 m³/（h·m²）。碳滤池采用单层石英砂，滤料厚度1.2m，碳滤料采用活性炭，厚度1.6m。配水系统采用滤板加长柄滤头，滤站平面尺寸83.56m×50.80m，为两层建筑，上层为操作层，下层为管廊
项目	单位	构筑物（座）	滤水面积（元/m²）		
指标基价	元	14088692	10077.75		
一、建筑安装工程费	元	11769062	8418.50		
二、设备购置费	元	2319630	1659.25		

直接费和主要工料数量

直　接　费				土建工料数量			配管主要工料数量		
项　目		单位	数量	项　目	单位	数量	项　目	单位	数量
人工费	人工	工日	42230	商品混凝土 C15	m³	360.08	钢管	t	12.88
	措施费分摊	元	43284	商品混凝土 C25	m³	1767.45	钢管件	t	2.58
				抗渗商品混凝土 C25	m³	2699.33	滤料砂	m³	950.00
				钢筋 φ10 以内	t	155.14	滤料活性炭	m³	1080.00
				钢筋 φ10 以外	t	354.31	电动蝶阀 DN400	个	3.00
				组合钢模板	kg	12548.23	手动蝶阀 DN500	个	28.00
				木模板	m³	73.33	气动蝶阀 DN450	个	36.00
材料费	主要材料费	元	6195370				气动蝶阀 DN1200	个	1.00
	其他材料费	元	1514931				手动蝶阀 DN800	个	2.00
	措施费分摊	元	478858						
机械费	主要机械费	元	35768						
	其他机械费	元	96781						
	措施费分摊	元	27053						

3.2.2.8 二级泵房分项指标

二级泵房分项指标，见表 3-31。

指标编号		3F-414	构筑物名称	二级泵房
设计水量		40000m³/d	建筑体积	3360m³

矩形半地下式钢筋混凝土结构，泵房平面尺寸 27.5m×8.9m，地下部分深 3.0m，地上建筑高 6.3m。变电室平面尺寸 12.44m×22.34m，建筑高 3.9m。泵房内设 4 台泵，泵房下部为钢筋混凝土箱式结构，壁厚 300mm，底板厚 650mm；上部为钢筋混凝土框架结构，现浇钢筋混凝土梁、板、柱，一砖外墙，木门、塑钢窗。

项　目	单位	构筑物（座）	体积（元/m³）
指标基价	元	4436868	1320.50
一、建筑安装工程费	元	1877063	558.65
二、设备购置费	元	2559805	761.85

直接费和主要工料数量

直　接　费				土建工料数量			配管主要工料数量		
	项　目	单位	数量	项　目	单位	数量	项　目	单位	数量
人工费	人工	工日	7201	商品混凝土 C15	m³	68.13	钢管	t	26.25
	措施费分摊	元	7007	商品混凝土 C20	m³	111.08	钢管件	t	2.43
				商品混凝土 C25	m³	31.30	不锈钢管	m	660.39
				商品混凝土 C30	m³	259.54	电力电缆	m	449.00
				水泥（综合）	t	83.41	控制电缆	m	731.00
材料费	主要材料费	元	943957	钢筋 φ10 以外	t	26.06			
	其他材料费	元	170406	钢筋 φ10 以内	t	20.69			
	措施费分摊	元	76205	组合钢模板	kg	1290.89			
				钢板	t	1.41			
				中砂	t	392.77			
机械费	主要机械费	元	66506						
	其他机械费	元	33826						
	措施费分摊	元	4380						

续表

指标编号	3F-415		构筑物名称	二级泵房
设计水量	10000m³/d	建筑体积	3836m³	

项 目	单位	构筑物（座）	体积（元/m³）
指标基价	元	2280635	594.53
一、建筑安装工程费	元	1615764	421.21
二、设备购置费	元	664871	173.32

矩形半地下钢筋混凝土砖混结构，平面尺寸 10.24m×27.24m，地下部分深 3.5m，地上建筑高 8.1m。泵房内设 7 台水泵，双排布置。配电室平面尺寸 7.44m×18.34m，建筑高 4.4m。泵房下部为钢筋混凝土结构，壁厚 350mm，底板厚 500mm；上部为钢筋混凝土框架结构，粉煤灰砌块外墙，现浇钢筋混凝土梁、板、柱，塑钢窗、钢窗

直接费和主要工料数量

直 接 费				土建工料数量			配管主要工料数量		
项 目		单位	数量	项 目	单位	数量	项 目	单位	数量
人工费	人工	工日	7000	商品混凝土 C10	m³	55.24	钢管	t	13.42
	措施费分摊	元	6032	商品混凝土 C15	m³	12.54	钢管件	t	4.70
				商品混凝土 C20	m³	243.02	电缆	m	751.00
				商品混凝土 C30	m³	245.84	电线	m	114.00
				水泥（综合）	t	55.78			
				钢筋 ϕ10 以外	t	36.62			
材料费	主要材料费	元	750485	钢筋 ϕ10 以内	t	16.19			
	其他材料费	元	212577	组合钢模板	kg	2883.18			
	措施费分摊	元	65597	钢板	t	5.50			
				中砂	t	177.04			
				碎石	t	120.35			
机械费	主要机械费	元	47822						
	其他机械费	元	28550						
	措施费分摊	元	3770						

续表

指标编号		3F-416	构筑物名称	二级泵房
设计水量	150000m³/d	建筑体积	5731m³	

项　目	单位	构筑物（座）	体积（元/m³）
指标基价	元	7289766	1271.99
一、建筑安装工程费	元	2524341	440.47
二、设备购置费	元	4765425	831.52

矩形半地下钢筋混凝土结构，泵房平面尺寸 48m×12m，地下部分深 4.15m，地上建筑高 5.8m。泵房内设 4 台水泵，泵房下部为钢筋混凝土箱式结构，壁厚 300mm，底板厚 600mm；上部为排架结构，预制钢筋混凝土柱、薄腹梁、吊车梁、大型屋面板，塑钢门窗

直接费和主要工料数量

直　接　费				土建工料数量			配管主要工料数量		
项　目		单位	数量	项　目	单位	数量	项　目	单位	数量
人工费	人工	工日	9221	商品混凝土 C10	m³	68.30	钢管	t	18.40
	措施费分摊	元	9424	商品混凝土 C20	m³	714.10	钢管件	t	3.46
				商品混凝土 C30	m³	651.74	不锈钢管	m	855.00
				水泥（综合）	t	46.50			
				钢筋 φ10 以外	t	43.12			
				钢筋 φ10 以内	t	56.09			
				组合钢模板	kg	1029.59			
				中砂	t	124.97			
材料费	主要材料费	元	1094386						
	其他材料费	元	396074						
	措施费分摊	元	102483						
机械费	主要机械费	元	137813						
	其他机械费	元	48890						
	措施费分摊	元	5890						

续表

指标编号		3F-417	构筑物名称	二级泵房
设计水量	100000m³/d		建筑体积	5762m³

项　目	单位	构筑物（座）	体积（元/m³）	矩形半地下钢筋混凝土结构，泵房平面尺寸 42.37m×11.24m，地下部分深 3.6m，上部建筑高 8.5m。地下部分为钢筋混凝土箱式结构，墙厚 450mm，底板厚 600mm；上部为框架结构，现浇钢筋混凝土梁、板、柱，双层塑钢窗、铝合金门窗；泵房内设 5 台水泵，单排布置
指标基价	元	2823043	489.94	
一、建筑安装工程费	元	1857583	322.39	
二、设备购置费	元	965460	167.56	

直接费和主要工料数量

直　接　费				土建工料数量			配管主要工料数量		
项　目		单位	数量	项　目	单位	数量	项　目	单位	数量
人工费	人工	工日	6932	商品混凝土 C10	m³	47.13	钢管	t	14.58
	措施费分摊	元	6935	商品混凝土 C15	m³	2.89	钢管件	t	4.38
				商品混凝土 C20	m³	648.76			
				水泥（综合）	t	69.32			
材料费	主要材料费	元	837234	钢筋 φ10 以外	t	81.42			
	其他材料费	元	269644	钢筋 φ10 以内	t	3.26			
	措施费分摊	元	75414	组合钢模板	kg	1910.88			
				钢板	t	3.15			
				中砂	t	214.47			
				碎石	t	193.12			
机械费	主要机械费	元	96641						
	其他机械费	元	26107						
	措施费分摊	元	4334						

续表

指标编号		3F-418	构筑物名称	二级泵房
设计水量	100000m³/d	建筑体积	6062m³	矩形半地下钢筋混凝土结构，泵房平面尺寸40.5m×10.04m，地下部分深3.7m，上部建筑高6.7m。配电间平面尺寸13.84m×29.44m，建筑高4.5m。泵房内设6台水泵，下部为钢筋混凝土箱式结构，壁厚400mm，底板厚400mm；上部建筑为钢筋混凝土框架结构，现浇钢筋混凝土梁、板、柱，粉煤灰砌块外墙，塑钢门窗
项　目	单位	构筑物（座）	体积（元/m³）	
指标基价	元	3995334	659.08	
一、建筑安装工程费	元	2232823	368.33	
二、设备购置费	元	1762511	290.75	

直接费和主要工料数量

直　接　费				土建工料数量			配管主要工料数量		
项　目		单位	数量	项　目	单位	数量	项　目	单位	数量
人工费	人工	工日	9105	商品混凝土 C15	m³	241.66	钢管	t	12.19
	措施费分摊	元	8335	商品混凝土 C20	m³	100.12	钢管件	t	4.56
				商品混凝土 C30	m³	608.59	不锈钢管	m	1060.20
				水泥（综合）	t	62.68			
				钢筋 φ10 以外	t	82.69			
				钢筋 φ10 以内	t	38.42			
材料费	主要材料费	元	1137959	组合钢模板	kg	2216.25			
	其他材料费	元	219956	钢板	t	2.09			
	措施费分摊	元	90648	中砂	t	283.68			
				碎石	t	24.79			
机械费	主要机械费	元	72306						
	其他机械费	元	23796						
	措施费分摊	元	5210						

指标编号		3F-419	构筑物名称	二级泵房
设计水量	300000m³/d	建筑体积	7224m³	

项　　目	单位	构筑物（座）	体积（元/m³）
指标基价	元	4324823	598.67
一、建筑安装工程费	元	2942548	407.33
二、设备购置费	元	1382275	191.34

矩形半地下钢筋混凝土结构，泵房平面尺寸 54m×15m，地下部分深 3.0m，地上部分建筑高 9.2m。泵房内设 10 台水泵，地下部分为钢筋混凝土箱式结构，壁厚350mm，底板厚 450mm；上部为排架结构，预制钢筋混凝土薄腹梁、大型屋面板，铝合金门，塑钢窗

直接费和主要工料数量

直　接　费				土建工料数量			配管主要工料数量		
项　　目		单位	数量	项　　目	单位	数量	项　　目	单位	数量
人工费	人工	工日	11258	商品混凝土 C10	m³	34.30	钢管	t	61.54
	措施费分摊	元	10985	商品混凝土 C15	m³	88.47	钢管件	t	8.38
				商品混凝土 C20	m³	223.33			
				商品混凝土 C30	m³	625.08			
材料费	主要材料费	元	1451272	水泥（综合）	t	118.83			
	其他材料费	元	280689	钢筋 φ10 以外	t	74.91			
	措施费分摊	元	119461	钢筋 φ10 以内	t	61.88			
				组合钢模板	kg	1783.88			
				钢板	t	1.72			
				中砂	t	417.41			
				碎石	t	126.24			
机械费	主要机械费	元	161319						
	其他机械费	元	45923						
	措施费分摊	元	6866						

续表

指标编号		3F-420	构筑物名称	二级泵房
设计水量		400000m³/d	建筑体积	9868m³

矩形半地下钢筋混凝土结构，泵房平面尺寸 42.4m×12.5m，地下部分深 7.1m，地上部分建筑高 8.7m。配电间平面尺寸 9.5m×18.2m，建筑高 5.1m。变压器室平面尺寸 18m×4.5m，建筑高 7.55m。泵房内设 5 台水泵，单排布置，泵房地下部分为钢筋混凝土箱式结构，壁厚 500mm，底板厚 700mm；上部结构形式为钢筋混凝土框架结构，铝合金门窗；吸水井平面尺寸 33.5m×3.5m，净深 8.35m，现浇钢筋混凝土壁厚 600mm，底厚 700mm，池盖板厚 150mm

项　目	单位	构筑物（座）	体积（元/m³）
指标基价	元	4090714	414.54
一、建筑安装工程费	元	2764373	280.14
二、设备购置费	元	1326341	134.40

直接费和主要工料数量

直　接　费				土建工料数量			配管主要工料数量		
项　目		单位	数量	项　目	单位	数量	项　目	单位	数量
人工费	人工	工日	11416	商品混凝土 C10	m³	77.71	钢管	t	21.20
	措施费分摊	元	10320	商品混凝土 C25	m³	1313.07	钢管件	t	5.30
				水泥（综合）	t	84.46	不锈钢管	m	567.54
				钢筋 φ10 以外	t	31.85	电力电缆	m	4235.00
				钢筋 φ10 以内	t	18.49	控制电缆	m	1078.00
				组合钢模板	kg	3300.62	电线	m	1984.00
材料费	主要材料费	元	1172547	钢板	t	2.39			
	其他材料费	元	389443	中砂	t	303.04			
	措施费分摊	元	112228	碎石	t	11.35			
机械费	主要机械费	元	191513						
	其他机械费	元	42221						
	措施费分摊	元	6450						

续表

指标编号		3F-421	构筑物名称	二级泵房
设计水量	400000m³/d	建筑体积	24495m³	

项　目	单位	构筑物（座）	体积（元/m³）
指标基价	元	12761481	520.98
一、建筑安装工程费	元	8007841	326.92
二、设备购置费	元	4753640	194.06

矩形半地下钢筋混凝土结构，泵房平面尺寸72m×24m，地下部分深4.8m，地上建筑高6.5m。泵房内设双吸离心泵4台。泵房下部为钢筋混凝土箱式结构，壁厚500mm，底板厚600mm；上部框架结构，现浇钢筋混凝土柱，预制钢筋混凝土薄腹梁、大型屋面板，塑钢门窗。调速装置室302m²，高低压变配电间972m²，建筑高度3.9m

直接费和主要工料数量

直　接　费				土建工料数量			配管主要工料数量		
项　目		单位	数量	项　目	单位	数量	项　目	单位	数量
人工费	人工	工日	36241	商品混凝土 C10	m³	344.77	钢管	t	19.81
	措施费分摊	元	29894	商品混凝土 C15	m³	11.58	钢管件	t	6.53
				商品混凝土 C20	m³	3130.28	电力电缆	m	768.00
				商品混凝土 C30	m³	256.59	控制电缆	m	2806.00
				水泥（综合）	t	257.63			
材料费	主要材料费	元	3402810	钢筋 φ10 以外	t	190.62			
	其他材料费	元	1227038	钢筋 φ10 以内	t	180.64			
	措施费分摊	元	325102	组合钢模板	kg	11869.63			
				钢板	t	16.65			
				中砂	t	973.11			
机械费	主要机械费	元	349454						
	其他机械费	元	124140						
	措施费分摊	元	18684						

续表

指标编号		3F-422	构筑物名称	二级泵房
设计水量	450000m³/d	建筑体积	26770m³	矩形半地下钢筋混凝土混合结构，泵房平面尺寸132m×12m，地下深5.75m，地上建筑高8.6m。控制室及配电室平面尺寸33m×24m，建筑高5.1m。泵房内设9台水泵，单排布置。下部为钢筋混凝土箱式结构，底板厚400mm，壁厚350mm；上部为框架结构，一砖半外墙，塑钢门窗，预制钢筋混凝土槽型屋面板、薄腹梁，现浇钢筋混凝土柱、梁及走道板，卷材防水，珍珠岩保温，吸水井，平面尺寸51m×6m，净深7.92m，壁厚350mm，底板厚400mm，顶板厚200mm
项 目	单位	构筑物（座）	体积（元/m³）	
指标基价	元	18252574	681.83	
一、建筑安装工程费	元	11256281	420.48	
二、设备购置费	元	6996293	261.35	

直接费和主要工料数量

直 接 费				土建工料数量			配管主要工料数量		
项 目		单位	数量	项 目	单位	数量	项 目	单位	数量
人工费	人工	工日	37386	商品混凝土 C10	m³	207.42	钢管	t	116.46
	措施费分摊	元	42021	商品混凝土 C15	m³	192.98	钢管件	t	44.26
				商品混凝土 C25	m³	653.17	电力电缆	m	1000.00
				商品混凝土 C30	m³	3543.41			
材料费	主要材料费	元	5215859	水泥（综合）	t	153.21			
	其他材料费	元	1608288	钢筋 φ10 以外	t	423.53			
	措施费分摊	元	456982	钢筋 φ10 以内	t	117.65			
				组合钢模板	kg	15818.94			
				钢板	t	12.15			
				中砂	t	1181.30			
机械费	主要机械费	元	662750						
	其他机械费	元	107462						
	措施费分摊	元	26263						

3.2.2.9　清水池分项指标

清水池分项指标，见表3-32。

清水池分项指标　　　　　　　　　　　　　表3-32

指标编号	3F-427		构筑物名称	清水池
设计水量	10000m³/d	容积	1649m³	
项　目	单位	构筑物（座）	容积指标（元/m³）	矩形现浇钢筋混凝土自防水半地下结构，平面尺寸24.8m×17.5m，有效水深3.8m，池深4.1m。池体顶板、底板采用无梁板结构形式，底板厚350mm，壁厚300mm，池盖板厚180mm。一砖导流墙，池顶覆土700mm。清水池设置水位信号，信号送至中心控制室
指标基价	元	808641	490.38	
一、建筑安装工程费	元	808641	490.38	
二、设备购置费	元	—		

直接费和主要工料数量

直　接　费				土建工料数量			配管主要工料数量		
项　目		单位	数量	项　目	单位	数量	项　目	单位	数量
人工费	人工	工日	3035	商品混凝土 C10	m³	54.86	钢管	t	2.20
	措施费分摊	元	3019	商品混凝土 C25	m³	128.37	钢管件	t	0.37
				抗渗商品混凝土 C25	m³	308.29			
				水泥（综合）	t	26.37			
				中砂	t	169.99			
				钢筋 φ10 以外	t	38.00			
				钢筋 φ10 以内	t	17.74			
材料费	主要材料费	元	437649	标准砖	千块	130.67			
	其他材料费	元	77047	组合钢模板	kg	679.72			
	措施费分摊	元	32829						
机械费	主要机械费	元	14751						
	其他机械费	元	5285						
	措施费分摊	元	1887						

指标编号	3F-428		构筑物名称	清水池	
设计水量	50000m³/d		容积	3099m³	
项　目	单位	构筑物（座）	容积指标（元/m³）	矩形现浇钢筋混凝土结构，平面尺寸 28.6m × 25.8m，有效水深 4.2m。DN1000mm 进水管、溢水管和出水管，DN300mm 放水管。现浇钢筋混凝土壁厚 300mm，底板厚 350mm，池盖板厚 200mm。一砖导流墙，池顶覆土 1000mm	
指标基价	元	1352585	436.46		
一、建筑安装工程费	元	1259185	406.32		
二、设备购置费	元	93400	30.14		

直接费和主要工料数量

直　接　费				土建工料数量			配管主要工料数量		
项　目		单位	数量	项　目	单位	数量	项　目	单位	数量
人工费	人工	工日	4473	商品混凝土 C10	m³	93.11	钢管	t	5.19
	措施费分摊	元	4701	商品混凝土 C25	m³	203.05	钢管件	t	1.04
				抗渗商品混凝土 C25	m³	485.88			
				水泥（综合）	t	36.56			
				中砂	t	226.02			
				钢筋 φ10 以外	t	57.00			
				钢筋 φ10 以内	t	26.61			
材料费	主要材料费	元	720746	标准砖	千块	185.62			
	其他材料费	元	70924	组合钢模板	kg	917.94			
	措施费分摊	元	51120						
机械费	主要机械费	元	40367						
	其他机械费	元	8486						
	措施费分摊	元	2938						

续表

指标编号		3F-429		构筑物名称	清水池
设计水量	40000m³/d	容积		3969m³	

项　目	单位	构筑物 （座）	体积（元/m³）	矩形现浇钢筋混凝土结构，平面尺寸 31.5m×31.5m，有效水深 4.0m。现浇钢筋混凝土壁厚 300mm，池底厚 400mm，池盖厚 200mm，池顶覆土 700mm。清水池设置水位信号，信号送至中心控制室
指标基价	元	1698404	427.92	
一、建筑安装工程费	元	1698404	427.92	
二、设备购置费	元	—		

直接费和主要工料数量

直　接　费				土建工料数量			配管主要工料数量		
项　目		单位	数量	项　目	单位	数量	项　目	单位	数量
人工费	人工	工日	5602	商品混凝土 C10	m³	113.74	钢管	t	2.17
	措施费分摊	元	6340	商品混凝土 C25	m³	488.09	钢管件	t	0.57
				抗渗商品混凝土 C25	m³	682.51			
				水泥（综合）	t	78.33			
材料费	主要材料费	元	890243	钢筋 φ10 以外	t	101.64			
	其他材料费	元	182565	钢筋 φ10 以内	t	7.97			
	措施费分摊	元	68952	组合钢模板	kg	1193.26			
机械费	主要机械费	元	64637						
	其他机械费	元	9647						
	措施费分摊	元	3963						

续表

指标编号		3F-430		构筑物名称	清水池
设计水量	150000m³/d		容积	4586m³	

项 目	单位	构筑物 （座）	容积指标（元/m³）	
指标基价	元	1975924	430.86	矩形现浇钢筋混凝土结构，平面尺寸 36.4m×28m，池深 5.0m，有效水深 4.5m。DN1200mm 进水管、溢水管各 1 根，DN200mm 放水管，DN300mm 出水管 1 根。现浇钢筋混凝土壁厚 350mm，底板厚 450mm，池盖板厚 250mm。外墙一砖厚保温墙，池顶覆土 800mm
一、建筑安装工程费	元	1845024	402.32	
二、设备购置费	元	130900	28.54	

直接费和主要工料数量

直 接 费				土建工料数量			配管主要工料数量		
项 目		单位	数量	项 目	单位	数量	项 目	单位	数量
人工费	人工	工日	5994	商品混凝土 C15	m³	111.43	钢管	t	5.00
	措施费分摊	元	6888	商品混凝土 C30	m³	350.05	钢管件	t	1.90
				抗渗商品混凝土 C30	m³	697.05			
				水泥（综合）	t	15.87			
				钢筋 φ10 以外	t	72.80			
				钢筋 φ10 以内	t	54.06			
				组合钢模板	kg	1576.26			
材料费	主要材料费	元	991602						
	其他材料费	元	183325						
	措施费分摊	元	74904						
机械费	主要机械费	元	63899						
	其他机械费	元	10123						
	措施费分摊	元	4305						

续表

指标编号		3F-431		构筑物名称	清水池
设计水量	80000m³/d	容积	5065m³		矩形现浇钢筋混凝土结构，平面尺寸 33.5m × 36m，有效水深 4.2m。DN1200mm 进水管、溢水管各 1 根，DN400mm 出水管，DN300mm 放水管 1 根。现浇钢筋混凝土壁厚 300mm，底板厚 400mm，池盖板厚 200mm。一砖导流墙
项　目	单位	构筑物（座）	容积指标（元/m³）		
指标基价	元	2156904	425.84		
一、建筑安装工程费	元	2032140	401.21		
二、设备购置费	元	124764	24.63		

直接费和主要工料数量

直　接　费				土建工料数量			配管主要工料数量		
项　目		单位	数量	项　目	单位	数量	项　目	单位	数量
人工费	人工	工日	6412	商品混凝土 C10	m³	165.95	钢管	t	6.22
	措施费分摊	元	7586	商品混凝土 C25	m³	572.05	钢管件	t	1.18
				抗渗商品混凝土 C25	m³	798.52			
				水泥（综合）	t	77.91			
				钢筋 φ10 以外	t	121.97			
				钢筋 φ10 以内	t	9.55			
				组合钢模板	kg	1160.54			
材料费	主要材料费	元	1071293						
	其他材料费	元	213118						
	措施费分摊	元	82501						
机械费	主要机械费	元	84137						
	其他机械费	元	12947						
	措施费分摊	元	4741						

续表

指标编号		3F-432		构筑物名称	清水池
设计水量	100000m³/d		容积	6708m³	

项 目	单位	构筑物（座）	容积指标（元/m³）	
指标基价	元	2717779	405.15	矩形现浇钢筋混凝土结构，平面尺寸 43m×40m，有效水深 3.9m。DN1200mm 进水管、溢水管各 1 根，DN600mm 出水管，DN600mm 放水管 1 根。现浇钢筋混凝土壁厚 300mm，底板厚 350mm，池盖板厚 200mm。一砖导流墙，池顶覆土 800mm
一、建筑安装工程费	元	2571365	383.33	
二、设备购置费	元	146414	21.82	

直接费和主要工料数量

直 接 费				土建工料数量			配管主要工料数量		
项 目		单位	数量	项 目	单位	数量	项 目	单位	数量
人工费	人工	工日	7875	商品混凝土 C15	m³	172.52	钢管	t	9.60
	措施费分摊	元	9599	商品混凝土 C30	m³	434.23	钢管件	t	2.02
				抗渗商品混凝土 C30	m³	248.48			
				抗渗商品混凝土 C35	m³	712.72			
				水泥（综合）	t	11.63			
				钢筋 ϕ10 以外	t	198.72			
				组合钢模板	kg	1403.19			
材料费	主要材料费	元	1255224						
	其他材料费	元	395834						
	措施费分摊	元	104392						
机械费	主要机械费	元	92315						
	其他机械费	元	12093						
	措施费分摊	元	6000						

续表

指标编号		3F-433		构筑物名称	清水池
设计水量	100000m³/d	容积	8472m³		

项　目	单位	构筑物（座）	容积指标（元/m³）	矩形现浇钢筋混凝土结构，平面尺寸 42.6m×45.2m，有效水深 4.4m。DN1200mm 进水管、溢水管各 1 根，DN1000mm 溢水管，DN900mm 放水管 1 根。现浇钢筋混凝土壁厚 350mm，底板厚 400mm，池盖板厚 250mm
指标基价	元	3497721	412.86	
一、建筑安装工程费	元	3346981	395.06	
二、设备购置费	元	150740	17.80	

直接费和主要工料数量

直　接　费				土建工料数量			配管主要工料数量		
项　目		单位	数量	项　目	单位	数量	项　目	单位	数量
人工费	人工	工日	7477	商品混凝土 C15	m³	231.75	钢管	t	9.73
	措施费分摊	元	12495	商品混凝土 C30	m³	872.16	钢管件	t	3.30
				抗渗商品混凝土 C30	m³	1255.03			
				水泥（综合）	t	3.75			
				钢筋 φ10 以外	t	237.37			
				钢筋 φ10 以内	t	24.03			
				组合钢模板	kg	1077.01			
材料费	主要材料费	元	1850049						
	其他材料费	元	264399						
	措施费分摊	元	135881						
机械费	主要机械费	元	240191						
	其他机械费	元	13625						
	措施费分摊	元	7809						

续表

指标编号		3F-434	构筑物名称	清水池
设计水量	100000m³/d	容积	10073m³	

项 目	单位	构筑物（座）	容积指标（元/m³）	
指标基价	元	4241394	421.07	矩形现浇钢筋混凝土结构，平面尺寸 60.5m × 45m，有效水深 3.7m。DN900mm 进水管、溢水管各 1 根，DN900mm 出水管，DN500mm 放水管。现浇钢筋混凝土壁厚 300mm，底板厚 350mm，池盖板厚 200mm。钢筋混凝土导流墙，池顶覆土 800mm
一、建筑安装工程费	元	4075669	404.61	
二、设备购置费	元	165725	16.46	

直接费和主要工料数量

直 接 费				土建工料数量			配管主要工料数量		
项 目		单位	数量	项 目	单位	数量	项 目	单位	数量
人工费	人工	工日	9189	商品混凝土 C15	m³	345.80	钢管	t	11.47
	措施费分摊	元	15215	商品混凝土 C30	m³	876.65	钢管件	t	4.13
				抗渗商品混凝土 C30	m³	1288.27			
				水泥（综合）	t	4.78			
				中砂	t	52.17			
				钢筋 φ10 以外	t	296.71			
				钢筋 φ10 以内	t	29.98			
材料费	主要材料费	元	2371060	组合钢模板	kg	1538.59			
	其他材料费	元	192033						
	措施费分摊	元	165464						
机械费	主要机械费	元	307696						
	其他机械费	元	13857						
	措施费分摊	元	9509						

续表

指标编号			3F-435	构筑物名称	清水池
设计水量		100000m³/d	容积	13196m³	

项　目	单位	构筑物（座）	容积指标（元/m³）
指标基价	元	4908436	371.96
一、建筑安装工程费	元	4551436	344.91
二、设备购置费	元	357000	27.05

矩形现浇钢筋混凝土结构，平面尺寸 50.6m×65.2m，有效水深 4.0m。DN1600mm 进水管、溢水管各 1 根，DN1000mm 出水管，DN600mm 放水管 1 根。现浇钢筋混凝土壁厚 300mm，底板厚 400mm，池盖板厚 200mm，一砖厚导流墙

直接费和主要工料数量

直　接　费				土建工料数量			配管主要工料数量		
项　目		单位	数量	项　目	单位	数量	项　目	单位	数量
人工费	人工	工日	20156	商品混凝土 C15	m³	348.14	钢塑管 DN600	m	8.00
	措施费分摊	元	16991	商品混凝土 C30	m³	724.16	钢塑管 DN1000	m	14.00
				抗渗商品混凝土 C30	m³	369.69	钢塑管 DN1600	m	19.00
				抗渗商品混凝土 C35	m³	1432.19	塑料管 DN32	m	18.00
				水泥（综合）	t	46.35	塑料管 DN50	m	15.00
				钢筋 φ10 以外	t	164.94			
				组合钢模板	kg	2393.84			
材料费	主要材料费	元	2270759						
	其他材料费	元	459514						
	措施费分摊	元	184778						
机械费	主要机械费	元	168203						
	其他机械费	元	15897						
	措施费分摊	元	10619						

指标编号	3F-436		构筑物名称	清水池
设计水量	300000m³/d	容积	16254m³	

项　目	单位	构筑物（座）	容积指标（元/m³）	无缝无粘接预应力混凝土结构，平面尺寸 53.6m×72.2m，有效水深 4.2m，池深 4.5m。DN1400mm 进水管、DN1600 溢水管各 1 根，DN1000mm 出水管，DN600mm 放水管。现浇钢筋混凝土池底厚 400mm，壁厚 300mm，无梁池盖板厚 240mm，一砖厚导流墙
指标基价	元	7891943	485.54	
一、建筑安装工程费	元	7405243	455.60	
二、设备购置费	元	486700	29.94	

直接费和主要工料数量

直　接　费				土建工料数量			配管主要工料数量		
	项　目	单位	数量	项　目	单位	数量	项　目	单位	数量
人工费	人工	工日	25270	商品混凝土 C15	m³	408.62	塑钢管 DN600	m	7.00
	措施费分摊	元	27645	商品混凝土 C30	m³	1001.74	塑钢管 DN1000	m	53.00
				抗渗商品混凝土 C30	m³	339.67	塑钢管 DN1400	m	68.00
				抗渗商品混凝土 C35	m³	1629.47	塑钢管 DN1600	m	186.00
				水泥（综合）	t	53.29	塑料管 DN600	m	9.00
				中砂	t	108.93			
				钢筋 φ10 以外	t	208.39			
				组合钢模板	kg	2543.00			
材料费	主要材料费	元	3887425						
	其他材料费	元	809814						
	措施费分摊	元	300637						
机械费	主要机械费	元	197836						
	其他机械费	元	62229						
	措施费分摊	元	17278						

续表

指标编号			3F-437		构筑物名称	清水池
设计水量		150000m³/d		容积	20800m³	
项 目		单位	构筑物（座）	容积指标（元/m³）	矩形地下式钢筋混凝土结构，平面尺寸 80m×65m，有效水深4.0m。现浇钢筋混凝土壁厚600mm，池底厚400mm，池盖厚180mm	
指标基价		元	7347127	353.23		
一、建筑安装工程费		元	7347127	353.23		
二、设备购置费		元	—			

直接费和主要工料数量

直 接 费				土建工料数量			配管主要工料数量		
项 目		单位	数量	项 目	单位	数量	项 目	单位	数量
人工费	人工	工日	20875	商品混凝土 C10	m³	554.04	钢管	t	6.95
	措施费分摊	元	27428	商品混凝土 C30	m³	1031.25	钢管件	t	1.24
				抗渗商品混凝土 C30	m³	2915.00			
				钢筋 ϕ10 以外	t	254.79			
				钢筋 ϕ10 以内	t	486.46			
				组合钢模板	kg	2246.72			
材料费	主要材料费	元	4383913						
	其他材料费	元	526096						
	措施费分摊	元	298278						
机械费	主要机械费	元	130134						
	其他机械费	元	26243						
	措施费分摊	元	17142						

续表

指标编号		3F-438		构筑物名称	清水池
设计水量	450000m³/d		容积	43560m³	

项 目	单位	构筑物（座）	容积指标（元/m³）
指标基价	元	19749201	453.38
一、建筑安装工程费	元	19040849	437.12
二、设备购置费	元	708352	16.26

无缝无粘接预应力混凝土结构，平面尺寸121m×90m，池深4.6m，有效水深4.0m，DN2200mm进水管、溢水管，DN1200mm出水管，DN1600mm放水管。预应力混凝土池壁厚300mm，底板厚250mm，池盖厚230mm，一砖厚导流墙。顶板设不吸水保温顶板，池顶覆土640mm

直接费和主要工料数量

直 接 费				土建工料数量			配管主要工料数量		
项 目		单位	数量	项 目	单位	数量	项 目	单位	数量
人工费	人工	工日	66703	商品混凝土 C10	m³	1356.86	钢管	t	14.64
	措施费分摊	元	71082	商品混凝土 C40	m³	3773.80	钢管件	t	12.00
				抗渗商品混凝土 C40	m³	3531.85			
				水泥（综合）	t	228.43			
				中砂	t	518.56			
				钢筋 φ10 以外	t	6954.05			
				钢筋 φ10 以内	t	365.92			
材料费	主要材料费	元	8551092	标准砖	千块	413.06			
	其他材料费	元	1322377	组合钢模板	kg	12692.38			
	措施费分摊	元	773019						
机械费	主要机械费	元	2004706						
	其他机械费	元	57626						
	措施费分摊	元	44426						

续表

指标编号		3F-439		构筑物名称	清水池
设计水量		400000m³/d	容积	49326m³	

项　目	单位	构筑物（座）	容积指标（元/m³）
指标基价	元	16006098	324.50
一、建筑安装工程费	元	15507724	314.39
二、设备购置费	元	498374	10.11

矩形现浇钢筋混凝土结构，平面尺寸 146.15m×67.5m，分 2 格布置，池深 5.3m，有效水深 5.0m。DN1800mm 进水管、DN1200 溢水管各 2 根，DN2000mm 出水管 2 根，DN600mm 放水管 2 根。现浇钢筋混凝土壁厚 350mm，底板厚 450mm，池盖板厚 200mm，池内设一砖厚导流墙，池顶覆土 500mm 厚

直接费和主要工料数量

直　接　费				土建工料数量			配管主要工料数量		
项　目		单位	数量	项　目	单位	数量	项　目	单位	数量
人工费	人工	工日	43314	商品混凝土 C10	m³	1178.89	钢管	t	19.52
	措施费分摊	元	57893	商品混凝土 C25	m³	2571.51	钢管件	t	6.83
				抗渗商品混凝土 C25	m³	6328.09			
				水泥（综合）	t	257.00			
				中砂	t	890.50			
材料费	主要材料费	元	8498623	钢筋 ϕ10 以外	t	919.87			
	其他材料费	元	688736	钢筋 ϕ10 以内	t	380.91			
	措施费分摊	元	629582	组合钢模板	kg	6445.07			
机械费	主要机械费	元	871411						
	其他机械费	元	658130						
	措施费分摊	元	36183						

续表

指标编号			3F-440		构筑物名称	清水池
设计水量	10000m³/d		容积	1045m³		
项　　目		单位	构筑物（座）	容积指标（元/m³）		圆形现浇钢筋混凝土结构，直径17.8m，有效水深4.2m。进水管、出水管各1根。现浇钢筋混凝土水池，壁厚250mm，池底厚200mm，池盖厚150mm
指标基价		元	543922	520.50		
一、建筑安装工程费		元	506298	484.50		
二、设备购置费		元	37624	36.00		

直接费和主要工料数量

直　接　费				土建工料数量			配管主要工料数量		
项　目		单位	数量	项　目	单位	数量	项　目	单位	数量
人工费	人工	工日	2047	商品混凝土 C10	m³	11.51	钢管	t	2.60
	措施费分摊	元	1890	商品混凝土 C25	m³	66.28	钢管件	t	0.83
				抗渗商品混凝土 C25	m³	128.68			
				水泥（综合）	t	19.48			
				中砂	t	129.13			
				钢筋 ϕ10 以外	t	26.60			
				钢筋 ϕ10 以内	t	12.42			
				组合钢模板	kg	501.87			
材料费	主要材料费	元	286873						
	其他材料费	元	28998						
	措施费分摊	元	20555						
机械费	主要机械费	元	9906						
	其他机械费	元	4476						
	措施费分摊	元	1181						

4 排水工程投资估算指标

排水工程投资估算指标系根据建设部 2008 年发布的《市政工程投资估算指标》（HGZ 47—104—2007）第四册排水工程进行摘录及缩编；并对其中个别疏漏之处作了订正。

（1）指标的作用和适用范围：排水工程投资估算指标是市政工程投资估算指标组成内容之一，是编制排水工程建设项目建议书和项目可行性研究报告投资估算的主要依据，也可作为技术方案比较之参考依据。

本章指标适用于城市排水新建、改建和扩建工程，不适用于技术改造工程。

（2）指标的费用组成：与给水工程投资估算指标相同。

（3）指标的编制期价格、费率取定

1）价格取定：与给水工程投资估算指标相同。

2）费率取定：

①排水工程综合费用费率为 21.30%。

②工程建设其他费用费率为 15%，计费基数为建筑安装工程费＋设备购置费。

③基本预备费费率为 8%，计费基数为建筑安装工程费＋设备购置费＋工程建设其他费用。

（4）指标的计算程序：与给水工程投资估算指标相同，见表 3-1。

（5）指标的选用及总投资费用估算：与给水工程投资估算指标相同。

4.1 排水管道工程估算指标

1. 指标内容

本指标分为综合指标和分项指标两部分。

（1）综合指标分为两种：

1）污水管道工程综合指标。

2）雨水管道工程综合指标。

其内容包括：土方工程、沟槽支撑及拆除、管道铺设、砌筑检查井、沟槽排水。指标中未考虑防冻、防淤、地基加固、穿越铁路等措施，如发生时应结合具体情况进行调整。

（2）分项指标分为三种：

1）开槽埋管：分项指标按不同的接口形式，水泥砂浆接口、钢丝网水泥砂浆、"O"或"q"形橡胶圈接口分别计算。

2）顶管工程：分项指标按深度分别为 4m、6m、8m 三档。

3）现浇方管：分项指标按三种断面尺寸、三种埋深（5、6、7m）编制。

2. 编制指标的基础数据

(1) 雨水管道综合指标的设计参数：径流系数为 0.6，重现期为一年。

(2) 开槽埋管分项指标基础数据：

1）沟槽挖土：

①挖土土方按三类土计算（未计冻土与爆破开挖）。

②土方按湿土与干土及有暂存与无暂存土分别计算。

③考虑检查井部分的加宽加深增计 2.5% 的土方。

④有暂存土时，土方场内运输，按填土数量的 2 倍计，并按装载机装土、自卸汽车运土 1km 包干。余土按 5km 外运计算。

无暂存土时不计场内运输，余土按 5km 场外运输计算。

2）沟槽支撑形式，见表 4-1。

沟槽支撑形式 表 4-1

沟槽深度（m）	支撑形式	
	湿 土	
$h \leqslant 2$	密撑（木挡土板）	
$2 < h \leqslant 4$	密撑（木、钢挡土板各 50%）	
$4 < h \leqslant 8$	密撑（钢桩）	

3）管道铺设：

①按不同的接口形式，水泥砂浆接口、钢丝网水泥砂浆和"o"式"q形"橡胶圈接口分别计算。

②每 100m 管道中设置 2.5 座检查井。

4）回填土：按挖土量减去管道及基础的体积计算。

5）沟槽排水：

①沟槽深度小于 3m，按湿土排水计算（湿土量按原地面 1m 以下计算）。

②沟槽深度大于 3m，小于等于 6m，按轻型井点计算。

③沟槽深度大于 6m，小于等于 8m，按喷射井点计算。

(3) 顶管分项指标基础数据

1）每 100m 管道中，当管径 ≥ ϕ1650 时，按 2 个工作坑，2 个交汇坑计算；当管径 < ϕ1650 时，按 2 个工作坑，1 个交汇坑计算。

2）工作坑、交汇坑的基坑尺寸，见表 4-2：

工作坑、交汇坑的基坑尺寸 表 4-2

管径（mm）	工作坑尺寸（m）	交汇坑尺寸（m）
ϕ1000～ϕ1400	3.5×8.0	3.5×4.0
ϕ1650	4.0×8.0	4.0×4.0
ϕ1800～ϕ2000	4.5×8.0	4.5×4.0
ϕ2200～ϕ2400	5.0×8.0	5.0×4.0

3）每 100m 管道长度设置 2.5 座检查井。

4）基坑排水同开槽埋管。

5）基坑支撑均采用钢板桩计算。

3. 指标的材料价格

本指标排水管道工程材料价格的取定，见表 4-3。

排水管道工程材料价格

表 4-3

序号	材料名称	规格型号	单位	价格（元）
1	混凝土管	DN300	m	18.12
2	混凝土管	DN400	m	35.32
3	钢筋混凝土管	DN600	m	123.39
4	钢筋混凝土管	DN800	m	183.47
5	钢筋混凝土管	DN1000	m	279.80
6	钢筋混凝土管	DN1200	m	462.26
7	钢筋混凝土管	DN1400	m	611.59
8	钢筋混凝土管	DN1600	m	754.75
9	钢筋混凝土管	DN1800	m	804.68
10	钢筋混凝土管	DN2000	m	992.65
11	钢筋混凝土管	DN2200	m	1246.90
12	钢筋混凝土管	DN2400	m	1733.76
13	中砂		m^3	43.26
14	标准砖		千块	290.00
15	窨井盖座		套	300.00
16	水泥	（综合）	t	350.00
17	碎石		m^3	57.80
18	道碴		m^3	62.35
19	钢筋	ϕ10 以内	t	3450.00
20	钢筋	ϕ10 以外	t	3550.00
21	钢板卷管		t	4500.00
22	PVC-U 加筋管	ϕ300	m	130.66
23	PVC-U 加筋管	ϕ400	m	220.40
24	增强聚丙烯管	ϕ600	m	346.40
25	增强聚丙烯管	ϕ800	m	721.60
26	增强聚丙烯管	ϕ1000	m	1061.63
27	钢筋混凝土承插管	ϕ600	m	273.42
28	钢筋混凝土承插管	ϕ800	m	378.27
29	钢筋混凝土承插管	ϕ1000	m	528.59
30	钢筋混凝土承插管	ϕ1200	m	712.29
31	钢筋混凝土企口管	ϕ1350	m	952.12
32	钢筋混凝土企口管	ϕ1500	m	1063.51

续表

序号	材料名称	规格型号	单位	价格（元）
33	钢筋混凝土企口管	ϕ1650	m	1230.19
34	钢筋混凝土企口管	ϕ1800	m	1528.02
35	钢筋混凝土企口管	ϕ2000	m	1719.37
36	钢筋混凝土企口管	ϕ2200	m	2056.96
37	钢筋混凝土企口管	ϕ2400	m	2315.22
38	钢筋混凝土承口式管	ϕ2700	m	2913.45
39	钢筋混凝土承口式管	ϕ3000	m	3469.25
40	钢筋混凝土管	ϕ800（顶管）	m	416.10
41	钢筋混凝土管	ϕ1200（顶管）	m	783.52
42	钢筋混凝土管	ϕ1650（顶管）	m	1353.21
43	钢筋混凝土管	ϕ1800（顶管）	m	1680.82
44	钢筋混凝土管	ϕ2000（顶管）	m	1891.31
45	钢筋混凝土管	ϕ2200（顶管）	m	2262.66
46	钢筋混凝土管	ϕ2400（顶管）	m	2546.74
47	锯材		m³	1156.00

4. 工程量计算方法

（1）雨水管道工程综合指标的计算单位为 hm²/km。支管不作为计算长度。若雨水泄水面积与本指标不同时，可采用内插法计算。

（2）污水管道工程综合指标的计算单位为 m³/（d·km）。若污水设计日平均流量与本指标不同时，可采用内插法计算。

（3）开槽埋管工程分项指标：

1）开槽埋管按 100m 计，不扣除检查井所占的长度。

2）开槽埋管的埋设深度指原地面至沟槽底的距离。

3）开槽埋管按管径、埋设深度、不同的基座、接口、有无暂存土套用分项指标。

4）本指标均按有支撑直槽挖土考虑，若实际按大开挖施工时，可按实际情况进行调整。

5）若实际施工时的沟槽支撑及沟槽排水方式与本指标不同时，可按实际情况进行调整。

（4）顶管分项指标

1）顶管的埋设深度指原地面至沟管内底的距离。

2）顶管按 100m 计，不扣除检查井所占的长度。

3）顶管按管径、埋设深度套用分项指标。

4.1.1 排水管道工程综合指标

排水管道工程综合指标，见表 4-4。

排水管道工程综合指标   表 4-4

指标编号		4Z-001	4Z-002	4Z-003	4Z-004	4Z-005	4Z-006	4Z-007
项目	单位	雨水管道 泄水面积（hm²）			污水管道 平均日流量（m³/d）			
		50	100	200	10000	20000	50000	100000
指标基价	元	27145	24697	15091	12460	9351	5704	4498
建筑安装工程费	元	21856	19885	12151	10032	7529	4593	3621
工程建设其他费用	元	3278	2983	1823	1505	1129	689	543
基本预备费	元	2011	1829	1118	923	693	423	333
人工费　人工费	工日	127	95	54	60	43	24	18
人工费　措施费分摊	元	82	74	45	37	28	17	14
人工费　人工费小计	元	4017	3012	1711	1893	1366	757	576
直接费　材料费　水泥（综合）	t	2.53	2.35	1.60	0.4796	0.3597	0.3488	0.2180
直接费　材料费　钢材	t	0.19	0.19	0.09	0.1624	0.1439	0.0752	0.0660
直接费　材料费　锯材	m³	0.51	0.29	0.17	0.2910	0.1581	0.0709	0.0360
直接费　材料费　中砂	m³	10.24	13.47	6.64	7.1940	7.7826	4.7742	4.4472
直接费　材料费　碎石	m³	10.90	9.69	7.32	1.5369	1.2208	1.4280	0.5668
直接费　材料费　道碴	m³	0.27	0.17	0.12	0.0981	0.0654	0.0327	0.0218
直接费　材料费　混凝土管 φ300	m	4.72			9.3413	1.7004	0.2289	
直接费　材料费　混凝土管 φ400	m	3.08			0.6104	0.3597	0.0545	
直接费　材料费　钢筋混凝土管 φ600	m	3.72	0.66	0.18	0.9592	1.7767	0.4142	0.2071
直接费　材料费　钢筋混凝土管 φ800	m	2.33	1.83	0.41		1.6023	0.3706	0.2289
直接费　材料费　钢筋混凝土管 φ1000	m	3.90	2.56	0.88			0.0109	0.1090
直接费　材料费　钢筋混凝土管 φ1200	m	2.67	1.67	1.64			1.1009	0.3815
直接费　材料费　钢筋混凝土管 φ1400	m	0.64	1.57	0.83				
直接费　材料费　钢筋混凝土管 φ1600	m	0.73	0.99	0.59				
直接费　材料费　钢筋混凝土管 φ1800	m		0.66					
直接费　材料费　钢筋混凝土管 φ2000	m		0.58					
直接费　材料费　钢筋混凝土管 φ2200	m		0.38					
直接费　材料费　窨井盖座	套	0.60	0.23	0.15	0.2998	0.1493	0.0600	0.0600
直接费　材料费　其他材料费	元	1815	1754	1124	792	566	354	302
直接费　材料费　措施费分摊	元	889	809	494	407	306	186	147
直接费　材料费　材料费小计	元	10414	10133	6622	3918	2949	1994	1527
直接费　机械费　机械费	元	3535	3202	1656	2436	1875	1025	874
直接费　机械费　措施费分摊	元	51	46	28	23	18	11	8
直接费　机械费　机械费小计	元	3586	3248	1685	2460	1892	1035	883
直接费　直接费小计	元	18018	16393	10017	8270	6207	3786	2986
综合费用	元	3838	3492	2134	1762	1322	806	636
合　计	元	21856	19885	12151	10032	7529	4593	3621

4.1.2 排水管道工程分项指标

4.1.2.1 开槽埋管工程分项指标

其工程内容：土方工程，管道基础，支撑及拆除挡土板，管道铺设，砌筑检查井，回填砂，回填土，沟槽排水。未包括穿越铁路、河道、地基加固及出水口等特殊构筑物（表 4-5）。

开槽埋管工程分项指标（单位：100m） 表 4-5

指标编号		单位	4F-001	4F-002	4F-003	4F-004	4F-005	4F-006	4F-007	4F-008	4F-009
项 目		单位	槽深（m）								
			1.5	2.5	3.5	1.5	2.5	3.5	1.5	2.5	3.5
指标基价		元	42249	52964	144282	57783	69153	160402	91901	104783	197812
建筑安装工程费		元	42249	52964	144282	57783	69153	160402	91901	104783	197812
直接费 · 人工费	人工费	工日	160	290	1095	174	313	1117	205	361	1181
	措施费分摊	元	158	198	539	216	258	599	343	391	738
	人工费小计	元	5137	9209	34511	5613	9955	35258	6706	11588	37387
材料费	水泥（综合）	t	0.65	0.98	1.83	0.78	1.17	1.83	1.54	2.06	3.31
	中砂	m³	76.07	77.94	199.25	102.43	104.62	230.43	156.79	159.74	295.43
	碎石	m³	1.05	1.05	1.90	1.35	1.35	1.90	4.29	4.29	6.88
	砂砾	m³	58.37	58.37	68.52	64.50	64.50	74.08	83.25	83.25	84.42
	标准砖	千块	1.78	3.10	6.22	2.13	3.68	6.23	2.55	4.59	7.62
	UPVC加筋管 φ300	m	99.55	99.55	99.18						
	UPVC加筋管 φ400	m				99.61	99.61	99.61			
	增强聚丙烯管 φ600	m							97.50	97.50	97.50
	铸铁井盖井座	套	3.00	3.00	3.00	3.00	3.00	3.00	3.00	3.00	3.00
	其他材料费	元	738	880	1670	1072	1158	2003	1802	1895	2758
	措施费分摊	元	1715	2150	5858	2346	2807	6512	3731	4254	8031
	材料费小计	元	24593	29329	55668	35741	38592	66768	60079	63155	91926
机械费	主要机械费	元	1434	2308	8059	1594	2548	8382	1927	3044	9052
	其他机械费	元	3568	2694	20372	4553	5753	21454	6837	8352	24250
	措施费分摊	元	99	124	337	135	161	374	214	244	462
	机械费小计	元	5100	5125	28768	6282	8462	30210	8978	11640	33764
直接费小计		元	34830	43663	118946	47637	57010	132236	75764	86384	163077
综合费用		元	7419	9300	25336	10147	12143	28166	16138	18400	34735
合 计		元	42249	52964	144282	57783	69153	160402	91901	104783	197812

指标编号		单位	4F-010	4F-011	4F-012	4F-013	4F-014	4F-015	4F-016	4F-017	4F-018
项 目		单位	槽深（m）								
			1.5	2.5	3.5	2.5	3.5	2.5	3.5	4.5	2.5
指标基价		元	153007	167514	261779	251443	346743	111680	224875	287927	136649
建筑安装工程费		元	153007	167514	261779	251443	346743	111680	224875	287927	136649
直接费 · 人工费	人工费	工日	225	392	1224	426	1270	518	1379	1686	563
	措施费分摊	元	571	625	977	939	1294	417	839	1075	510
	人工费小计	元	7556	12782	38966	14150	40687	16490	43623	53396	17992
材料费	水泥（综合）	t	1.47	2.02	3.25	2.07	3.32	9.32	10.52	11.20	10.68
	中砂	m³	212.96	216.04	360.87	277.31	431.65	242.73	345.17	358.89	307.22
	碎石	m³	4.29	4.29	6.88	4.29	6.88	37.90	40.26	40.26	44.31
	砂砾	m³	94.11	94.11	105.99	105.20	117.57	74.01	75.02	75.02	82.80
	标准砖	千块	2.27	4.41	7.34	4.63	7.66	1.47	7.71	10.98	4.57
	增强聚丙烯管 φ800	m	97.50	97.50	97.50						
	增强聚丙烯管 φ1000	m				97.50	97.50				
	钢筋混凝土承插管 φ600	m						98.77	98.77	98.77	
	钢筋混凝土承插管 φ800	m									98.77
	铸铁井盖井座	套	3.00	3.00	3.00	3.00	3.00	3.00	3.00	3.00	3.00
	其他材料费	元	3219	3314	10628	5236	6124	1717	2801	3882	2162
	措施费分摊	元	6212	6801	4191	10208	14077	4534	9129	11689	5548
	材料费小计	元	107298	110461	139699	174549	204146	57240	93372	129390	72062
机械费	主要机械费	元	2242	3543	9716	4062	10400	4261	10109	13563	4890
	其他机械费	元	8685	10922	26819	13942	29813	13818	37758	40347	17391
	措施费分摊	元	357	391	611	587	809	261	525	672	319
	机械费小计	元	11285	14856	37146	18591	41022	18339	48392	54582	22600
直接费小计		元	126139	138099	215811	207290	285855	92069	185387	237368	112654
综合费用		元	26868	29415	45968	44153	60887	19611	39487	50559	23995
合 计		元	153007	167514	261779	251443	346743	111680	224875	287927	136649

续表

指标编号	单位	4F-019	4F-020	4F-021	4F-022	4F-023	4F-024	4F-025	4F-026	4F-027
项 目	单位	槽深（m）								
		3.5	4.5	2.5	3.5	4.5	2.5	3.5	4.5	2.5
指标基价	元	253441	317631	169467	288285	357385	204089	325282	394450	269475
建筑安装工程费	元	253441	317631	169467	288285	357385	204089	325282	394450	269475
人工费 人工费	工日	1450	1773	613	1517	1887	647	1570	1950	697
措施费分摊	元	946	1186	633	1076	1334	762	1214	1473	1006
人工费小计	元	45929	56216	19639	48144	59902	20840	49940	61967	22647
直接费 材料费 水泥（综合）	t	11.85	12.53	12.33	13.52	14.25	13.93	15.21	15.90	19.95
中砂	m³	409.17	422.93	373.70	474.97	512.08	431.97	533.47	572.86	533.58
碎石	m³	46.66	46.66	51.54	54.08	54.08	58.71	61.45	61.45	86.27
砂砾	m³	83.70	83.70	92.46	93.44	96.93	100.24	101.18	104.68	108.25
标准砖	千块	7.51	10.78	4.83	7.47	11.13	5.10	8.06	11.39	6.01
钢筋混凝土承插管 φ800	m	98.77	98.77							
钢筋混凝土承插管 φ1000	m			98.77	98.77	98.77				
钢筋混凝土承插管 φ1200	m						98.77	98.77	98.77	
钢筋混凝土企口管 φ1350	m									97.74
铸铁井盖井座	套	3.00	3.00	3.00	3.00	3.00	3.00	3.00	3.00	3.00
其他材料费	元	3243	4320	2751	3834	4942	3425	4514	5622	4791
措施费分摊	元	10289	12895	6880	11704	14509	8286	13206	16014	10940
材料费小计	元	108116	144017	91712	127787	164746	114151	150483	187412	159697
机械费 主要机械费	元	10939	15050	5556	11798	16140	6126	12524	16932	6663
其他机械费	元	43362	45833	22407	49261	53008	26659	54457	57955	32520
措施费分摊	元	591	741	395	673	834	476	759	920	629
机械费小计	元	54893	61624	28359	61732	69981	33260	67740	75807	39812
直接费小计	元	208937	261856	139709	237663	294629	168251	268163	325186	222156
综合费用	元	44504	55775	29758	50622	62756	35837	57119	69265	47319
合　计	元	253441	317631	169467	288285	357385	204089	325282	394450	269475

指标编号	单位	4F-028	4F-029	4F-030	4F-031	4F-032	4F-033	4F-034	4F-035	4F-036
项 目	单位	槽深（m）								
		3.5	4.5	3.5	4.5	5.5	3.5	4.5	5.5	3.5
指标基价	元	401251	481041	433414	515953	534486	468832	550571	568835	523438
建筑安装工程费	元	401251	481041	433414	515953	534486	468832	550571	568835	523438
人工费 人工费	工日	1632	2022	1694	2126	2354	1746	2169	2403	1799
措施费分摊	元	1498	1796	1618	1926	1995	1750	2055	2124	1954
人工费小计	元	52126	64543	54170	67908	75049	55921	69366	76694	57768
直接费 材料费 水泥（综合）	t	20.63	22.00	22.46	23.97	24.65	24.13	25.69	26.34	25.56
中砂	m³	635.91	684.91	703.23	752.23	751.52	753.54	804.59	803.48	822.07
碎石	m³	85.75	88.75	93.72	97.08	96.58	101.18	104.70	104.15	107.17
砂砾	m³	107.57	111.85	115.24	119.63	118.92	121.02	125.42	124.71	128.69
标准砖	千块	8.96	12.50	9.51	13.40	17.39	9.83	13.76	17.67	10.57
钢筋混凝土企口管 φ1350	m	97.74	97.74							
钢筋混凝土企口管 φ1500	m			97.74	97.74	97.74				
钢筋混凝土企口管 φ1650	m						97.74	97.74	97.74	
钢筋混凝土企口管 φ1800	m									97.74
铸铁井盖井座	套	3.00	3.00	3.00	3.00	3.00	3.00	3.00	3.00	3.00
其他材料费	元	6096	7483	6615	8013	8054	7278	8667	8709	8350
措施费分摊	元	16290	19529	17596	20947	21699	19034	22352	23094	21250
材料费小计	元	203206	249436	220503	267098	268467	242602	288900	290299	278330
机械费 主要机械费	元	13393	17431	13915	18320	21516	14509	19034	22223	15265
其他机械费	元	61131	64039	67708	70823	74352	72380	75307	78406	78939
措施费分摊	元	936	1122	1011	1204	1247	1094	1285	1327	1221
机械费小计	元	75460	82592	82634	90347	97115	87983	95626	101956	95425
直接费小计	元	330792	396571	357307	425353	440631	386506	453892	468949	431523
综合费用	元	70459	84470	76106	90600	93854	82326	96679	99886	91914
合　计	元	401251	481041	433414	515953	534486	468832	550571	568835	523438

续表

指标编号		单位	4F-037	4F-038	4F-039	4F-040	4F-041	4F-042	4F-043	4F-044	4F-045
项 目			槽深（m）								
			4.5	5.5	3.5	4.5	5.5	3.5	4.5	5.5	3.5
指标基价		元	606286	624448	586786	674014	814452	651657	737425	757005	705821
建筑安装工程费		元	606286	624448	586786	674014	814452	651657	737425	757005	705821
人工费	人工费	工日	2236	2479	1896	2353	2610	1973	2441	2710	2025
	措施费分摊	元	2263	2331	2191	2516	3040	2433	2753	2826	2635
	人工费小计	元	71648	79262	61030	75529	84040	63651	78505	86911	65469
直接费	材料费 水泥（综合）	t	27.20	27.80	27.73	29.43	29.99	30.20	31.41	31.92	32.69
	中砂	m³	878.14	876.33	933.26	992.05	989.50	1008.78	1027.66	1068.68	1107.63
	碎石	m³	110.94	110.36	116.63	120.62	120.00	127.29	128.89	128.22	139.84
	砂砾	m³	133.09	132.30	139.86	144.37	143.50	147.75	152.26	151.31	157.14
	标准砖	千块	14.60	18.39	11.22	15.32	18.92	12.16	16.36	19.82	12.42
	钢筋混凝土企口管 φ1800	m	97.74	97.74							
	钢筋混凝土企口管 φ2000	m			97.74	97.74	97.74				
	钢筋混凝土企口管 φ2200	m						97.74	97.74	97.74	
	钢筋混凝土企口管 φ2400	m									97.74
	铸铁井盖井座	套	3.00	3.00	3.00	3.00	3.00	3.00	3.00	3.00	3.00
	其他材料费	元	9746	9784	9409	10885	13921	10622	12052	12129	11628
	措施费分摊	元	24614	25351	23822	27364	33065	26456	29938	30733	28655
	材料费小计	元	324868	326139	313650	362827	464020	354069	401738	404308	387590
	机械费 主要机械费	元	19950	23203	16393	21317	24678	17228	22297	25579	18233
	其他机械费	元	81943	84735	91306	94413	96796	100759	103674	105512	108942
	措施费分摊	元	1415	1457	1369	1573	1900	1520	1721	1766	1647
	机械费小计	元	103307	109395	109068	117302	123375	119508	127692	132857	128822
	直接费小计	元	499824	514796	483748	555659	671436	537227	607934	624076	581881
综合费用		元	106463	109652	103038	118355	143016	114429	129490	132928	123941
合 计		元	606286	624448	586786	674014	814452	651657	737425	757005	705821

指标编号		单位	4F-046	4F-047	4F-048	4F-049	4F-050	4F-051	4F-052	4F-053
项 目			槽深（m）							
			4.5	5.5	4.5	5.5	6.5	5.5	6.5	7.5
指标基价		元	796128	813555	969717	994242	1239690	1114295	1373341	1388502
建筑安装工程费		元	796128	813555	969717	994242	1239690	1114295	1373341	1388502
人工费	人工费	工日	2524	2802	3180	3505	4129	3691	4352	4666
	措施费分摊	元	2972	3037	3620	3712	4628	4160	5127	5183
	人工费小计	元	81295	89989	102309	112485	132757	118707	140184	149959
直接费	材料费 水泥（综合）	t	34.36	34.91	102.24	102.95	105.37	125.42	128.04	128.84
	中砂	m³	1172.02	1171.68	411.60	416.15	369.09	480.36	435.19	440.18
	碎石	m³	141.81	141.08	456.58	456.58	458.29	559.54	561.25	561.25
	砂砾	m³	161.77	160.83	179.39	179.39	183.75	187.70	191.95	191.95
	标准砖	千块	17.21	20.87	17.69	21.38	37.72	22.95	41.39	45.20
	钢筋混凝土企口管 φ2400	m	97.74	97.74						
	钢筋混凝土承口式管 φ2700	m			97.25	97.25	97.25			
	钢筋混凝土承口式管 φ3000	m						97.25	97.25	97.25
	铸铁井盖井座	套	3.00	3.00	3.00	3.00	3.00	3.00	3.00	3.00
	其他材料费	元	13116	13152	15733	15779	18512	18033	20817	20865
	措施费分摊	元	32321	33029	39368	40364	50329	45238	55755	56370
	材料费小计	元	437186	438411	524443	525953	617061	601091	693909	695508
	机械费 主要机械费	元	23525	26855	25240	29755	36540	30397	37831	40855
	其他机械费	元	112466	113544	145181	149143	232752	165832	257056	255122
	措施费分摊	元	1858	1898	2263	2320	2892	2600	3204	3240
	机械费小计	元	137849	142296	172684	181218	272185	198830	298092	299216
	直接费小计	元	656330	670696	799437	819655	1022003	918628	1132185	1144684
综合费用		元	139798	142858	170280	174587	217687	195668	241155	243818
合 计		元	796128	813555	969717	994242	1239690	1114295	1373341	1388502

4.1.2.2 顶管工程分项指标

其工程内容包括：钢筋混凝土工作坑，交汇坑的制作下沉，土方工程，工作坑洞口处理，安拆顶进后座及坑内平台，安拆顶管设备及附属设施，井点降水，管道顶进，安拆中继间（表 4-6）。

顶管工程分项指标（单位：100m）　　　　　　　表 4-6

指标编号		4F-054	4F-055	4F-056	4F-057	4F-058	4F-059	4F-060	4F-061	4F-062	4F-063
项　目	单位	顶管深度（m）									
		≤4m	≤5m	≤4m	≤5m	≤5m	≤6m	≤5m	≤6m	≤7m	≤5m
指标基价	元	565193	593578	797079	824621	1005837	1036536	1223085	1272598	1319959	1182704
建筑安装工程费	元	565193	593578	797079	824621	1005837	1036536	1223085	1272598	1319959	1182704
人工费 人工费	工日	877	939	908	970	1126	1192	1341	1432	1521	1347
措施费分摊	元	2110	2216	2976	3078	3755	3870	4566	4751	4928	4415
人工费小计	元	29335	31345	31161	33184	38694	40857	46179	49196	52110	46221
直接费 材料费 水泥（综合）	t	56.50	63.61	57.06	64.17	72.70	77.00	81.12	89.01	96.90	81.85
钢材	t	22.26	24.15	24.66	26.69	24.66	27.87	38.47	43.56	48.40	38.99
锯材	m³	2.72	2.90	2.69	2.89	3.11	3.25	3.47	3.69	3.91	3.67
中砂	m³	207.64	227.40	209.68	231.65	285.66	303.16	322.49	347.10	371.71	324.75
碎石	m³	129.44	140.52	131.50	142.57	158.64	165.33	184.38	196.68	208.98	186.89
钢筋混凝土管 φ800	m	98.77	98.77								
钢筋混凝土管 φ1200	m			98.77	98.77						
钢筋混凝土管 φ1650	m					97.74	97.74				
钢筋混凝土管 φ1800	m							97.74	97.74	97.74	
钢筋混凝土管 φ2000	m										97.74
其他材料费	元	9258	9822	14032	14583	16800	17392	20493	21499	22459	21463
措施费分摊	元	22946	24098	32360	33478	40835	42081	49655	51665	53588	48015
材料费小计	元	308596	327401	467733	486085	559988	579722	683098	716630	748640	715422
机械费 主要机械费	元	107692	109833	132906	134832	193958	196796	234756	238287	241696	179029
其他机械费	元	19005	19382	23454	23794	34228	34729	41428	42051	42652	31593
措施费分摊	元	1319	1385	1860	1924	2347	2418	2854	2969	3080	2760
机械费小计	元	128015	130601	158219	160549	230532	233943	279038	283306	287428	213382
直接费小计	元	465947	489347	657113	679819	829214	854522	1008314	1049133	1088177	975024
综合费用	元	99247	104231	139965	144801	176623	182013	214771	223465	231782	207680
合　计	元	565193	593578	797079	824621	1005837	1036536	1223085	1272598	1319959	1182704

续表

指标编号			4F-064	4F-065	4F-066	4F-067	4F-068	4F-069	4F-070	4F-071	4F-072	4F-073
项 目		单位	顶管深度（m）									
			≤6m	≤7m	≤5m	≤6m	≤7m	≤8m	≤5m	≤6m	≤7m	≤8m
指标基价		元	1232467	1277309	1312429	1362159	1409355	1462999	1492315	1542101	1589592	1643204
建筑安装工程费		元	1232467	1277309	1312429	1362159	1409355	1462999	1492315	1542101	1589592	1643204
直接费	人工费	人工费	工日	1439	1527	1414	1505	1593	1699	1466	1557	1645	1751
		措施费分摊 元	4601	4768	4899	5085	5261	5462	5571	5757	5934	6134
		人工费小计 元	49239	52143	48770	51788	54684	58182	51057	54075	56991	60471
	材料费	水泥（综合） t	89.70	97.64	81.51	89.41	97.31	105.68	81.68	89.58	97.47	105.85
		钢材 t	44.11	48.93	39.55	44.66	49.47	54.38	39.78	44.86	49.70	54.60
		锯材 m³	3.89	4.11	3.65	3.87	4.10	4.32	3.64	3.86	4.08	4.30
		中砂 m³	349.27	373.97	324.69	349.30	373.91	412.54	325.75	350.36	374.97	413.60
		碎石 m³	199.12	211.48	186.13	198.43	210.73	223.77	186.76	199.06	211.35	224.39
		钢筋混凝土管 φ2000 m	97.74	97.74								
		钢筋混凝土管 φ2200 m			97.74	97.74	97.74	97.74				
		钢筋混凝土管 φ2400 m							97.74	97.74	97.74	97.74
		其他材料费 元	22474	23433	23697	24709	25669	26741	25391	26403	27366	28438
		措施费分摊 元	50036	51856	53282	55301	57217	59395	60585	62606	64534	66711
		材料费小计 元	749119	781096	789908	823646	855630	891382	846365	880114	912200	947945
	机械费	主要机械费 元	182593	184277	204195	207702	211032	215153	279959	283495	286929	291049
		其他机械费 元	32222	32520	36034	36653	37241	37968	49405	50029	50635	51362
		措施费分摊 元	2876	2980	3062	3178	3288	3413	3482	3598	3709	3834
		机械费小计 元	217691	219777	243292	247533	251562	256535	332846	337121	341273	346245
	直接费小计		元	1016049	1053016	1081970	1122967	1161876	1206100	1230268	1271311	1310463	1354661
综合费用		元	216418	224292	230460	239192	247480	256899	262047	270789	279129	288543
合 计		元	1232467	1277309	1312429	1362159	1409355	1462999	1492315	1542101	1589592	1643204

4.1.2.3 现浇方管分项指标

其工程内容包括：土方工程，沟槽支撑，井点降水，浇筑混凝土基础，钢筋混凝土底板、侧墙、顶板（均包括钢筋制作），沉降缝处理等（表4-7）。

现浇方管 分项指标（单位：100m）

表 4-7

指标编号		单位	4F-074	4F-075	4F-076	4F-077	4F-078	4F-079	4F-080	4F-081	4F-082
项　目			2400×3000 H≤5m	2400×3000 H≤6m	2400×3000 H≤7m	2100×2600 H≤5m	2100×2600 H≤6m	2100×2600 H≤7m	3500×4250 H≤5m	3500×4250 H≤6m	3500×4250 H≤7m
指标基价		元	1056194	1109005	1224828	1665460	1728157	1863100	2992909	3070586	3413610
建筑安装工程费		元	1056194	1109005	1224828	1665460	1728157	1863100	2992909	3070586	3413610
直接费 · 人工费	人工费	工日	3296	3824	4419	4492	5100	5780	6617	7342	8141
	措施费分摊	元	3943	4140	4572	6217	6451	6955	11173	11463	12743
	人工费小计	元	106215	122801	141687	145605	164708	186323	216485	239294	265351
材料费	水泥（综合）	t	283.96	283.96	283.96	443.25	443.25	443.25	775.01	775.01	775.01
	钢材	t	76.18	76.18	76.18	140.09	140.09	140.09	283.61	283.61	283.61
	锯材	m³	3.63	3.63	3.63	5.37	5.37	5.37	9.52	9.52	9.52
	中砂	m³	580.53	580.53	581.61	843.79	843.79	844.87	1383.97	1383.97	1385.05
	碎石	m³	670.24	670.24	670.24	1047.02	1047.02	1047.02	1825.93	1825.93	1825.93
	其他材料费	元	17752	17843	18525	29986	30094	30871	58080	58211	63559
	措施费分摊	元	42879	45023	49725	67614	70160	75638	121506	124659	138585
	材料费小计	元	591730	594757	617486	999546	1003130	1029040	1936005	1940370	2118643
机械费	主要机械费	元	144771	165002	210562	190376	214901	268798	261705	292884	358895
	其他机械费	元	25548	29118	37158	33596	37924	47435	46183	51685	63334
	措施费分摊	元	2464	2588	2858	3886	4032	4347	6983	7164	7965
	机械费小计	元	172783	196708	250578	227858	256858	320581	314871	351734	430194
直接费用		元	870729	914266	1009751	1373009	1424696	1535944	2467361	2531398	2814188
综合费用		元	185465	194739	215077	292451	303460	327156	525548	539188	599422
合　计		元	1056194	1109005	1224828	1665460	1728157	1863100	2992909	3070586	3413610

4.2 排水厂站及构筑物估算指标

1. 指标内容

本指标分为排水厂站综合指标和排水构筑物分项指标两个部分。

（1）综合指标：

1）综合指标按枢纽工程分为污水厂综合指标、雨污水泵站综合指标。污水处理厂按处理要求和工艺流程分为一级处理、二级处理（一）和二级处理（二）三种。

2）污水处理厂综合指标按设计日平均水量分为：1 万～2 万 m^3/d（包括 2 万 m^3/d，下同），2 万～5 万 m^3/d，5 万～10 万 m^3/d，10 万～20 万 m^3/d，20 万 m^3/d 以上五类。

3）雨污水泵站综合指标分为污水泵站和雨水泵站两种，雨水泵站按设计最大流量分为 1000～5000L/s，5000～10000L/s，10000～20000L/s，20000L/s 以上四类；污水泵站按设计最大流量分为 100～300L/s，300～600L/s，600～1000L/s，1000～2000L/s，2000L/s 以上五类。

4）综合指标未考虑湿陷性黄土区、地震设防、永久性冻土和地质情况十分复杂等地区的特殊要求；厂站设备均按国产设备考虑，未考虑进口设备。

5）综合指标的上限一般适用于工程地质条件复杂，技术要求较高，施工条件差等情况。下限适用于工程地质条件较好，技术要求一般，施工条件较好等情况。同一枢纽工程中有不同生产能力和不同处理要求时，应分别计算。

（2）分项指标：分项指标按单项构筑物和建筑物的规模、工艺标准和结构特征，选择有一定代表性的单项工程进行编制。

分项指标内列出了工程特征，当自然条件相差较大，设计标准不同时，可按工程量进行调整。

场地平整及场地排水、临时便道、堆场、临时接水接电、施工用电贴费、临时通信线路、建设单位临时用房、拆除旧有构筑物和建筑物、完工后场地清理费、渣土外运、竣工后交工养护费等其他工程费用已包含在分项指标中。

2. 工程量计算方法

（1）污水处理厂综合指标以设计日平均水量（m^3/d）计算；雨污水泵站综合指标以设计最大流量（L/s）计算；分项指标以座计算。

（2）建筑面积的计算：按《建筑工程建筑面积计算规范》GB/T 50353—2005 的规定计算。

（3）建筑体积为建筑面积和房屋高度的乘积，房屋高度指室内地坪至顶棚的高度，无顶棚者至檐高，多层建筑物不扣除楼板厚度。

（4）滤池以过滤工作面积计算。

（5）除沉砂池、沉淀池、污泥消化池、接触池、调节池等以设计容积计算外，其他容积指生产性构筑物的建筑容积，包括水池的超高及沉淀部分。

（6）指标中计算主体构筑物面积、体积、容积等数量，而附属构筑物的投资、人工、材料已包括在主体构筑物中。

3. 指标材料价格与给水厂站及构筑物估算指标的取价相同。

4.2.1 排水厂站工程综合指标

4.2.1.1 污水处理厂综合指标

污水处理厂综合指标见表4-8。

污水处理厂综合指标（单位：m³/d） 表 4-8

指标编号			4Z-008	4Z-009	4Z-010	4Z-011	4Z-012
项 目		单位	一级污水处理厂				
			水量1万～ 2万 m³/d	水量2万～ 5万 m³/d	水量5万～ 10万 m³/d	水量10万～ 20万 m³/d	水量20万 m³/d 以上
指标基价		元	1221.76～ 1381.74	1066.51～ 1221.76	916.12～ 1066.51	810.82～ 916.12	718.94～ 810.82
建筑安装工程费		元	655.05～ 741.86	573.10～ 655.06	495.07～ 573.10	438.64～ 495.07	393.01～ 438.64
设备购置费		元	328.65～ 370.65	285.60～ 328.65	242.55～ 285.60	214.20～ 242.55	185.85～ 214.20
工程建设其他费用		元	147.56～ 166.88	128.81～ 147.56	110.64～ 128.81	97.93～ 110.64	86.83～ 97.93
基本预备费		元	90.50～ 102.35	79.00～ 90.50	67.86～ 79.00	60.06～ 67.86	53.25～ 60.06
建筑安装工程费							
直接费	人工费	人工费 工日	1.97～2.22	1.67～1.97	1.38～1.67	1.18～1.38	0.98～1.18
		措施费分摊 元	2.45～2.77	2.14～2.45	1.85～2.14	1.64～1.85	1.47～1.64
		人工费小计 元	63.56～71.54	54.11～63.56	44.58～54.11	38.28～44.58	32.02～38.28
	材料费	水泥（综合） kg	136.50～168.00	120.75～136.50	110.25～120.75	99.75～110.25	94.50～99.75
		钢材 kg	21.00～26.25	18.90～21.00	16.80～18.90	14.70～16.80	12.60～14.70
		锯材 m³	0.03～0.03	0.02～0.03	0.02～0.02	0.02～0.02	0.01～0.02
		中砂 m³	0.44～0.55	0.37～0.44	0.32～0.37	0.29～0.32	0.26～0.29
		碎石 m³	0.76～0.89	0.63～0.76	0.53～0.63	0.47～0.53	0.42～0.47
		铸铁管 kg	6.30～7.35	5.25～6.30	4.20～5.25	3.15～4.20	2.10～3.15
		钢管及钢配件 kg	3.15～4.20	3.15～3.15	2.10～3.15	2.10～2.10	1.05～2.10
		钢筋混凝土管 kg	11.55～12.60	10.50～11.55	8.40～10.50	7.35～8.40	5.25～7.35
		闸阀 kg	4.20～5.25	3.15～4.20	3.15～3.15	2.10～3.15	1.05～2.10
		其他材料费 元	63.00～72.45	57.75～63.00	55.65～57.75	49.35～55.65	49.35～53.55
		措施费分摊 元	26.59～30.12	23.27～26.59	20.10～23.27	17.81～20.10	15.96～17.81
		材料费小计 元	422.44～475.32	371.87～422.44	323.55～371.87	288.71～323.55	263.76～288.71
	机械费	机械费 元	52.50～63.00	45.15～52.50	38.85～45.15	33.60～38.85	27.30～33.60
		措施费分摊 元	1.53～1.73	1.34～1.53	1.16～1.34	1.02～1.16	0.92～1.02
		机械费小计 元	54.03～64.73	46.49～54.03	40.01～46.49	34.62～40.01	28.22～34.62
	直接费小计	元	540.03～611.59	472.47～540.03	408.14～472.47	361.61～408.14	323.99～361.61
综合费用		元	115.03～130.27	100.64～115.03	86.93～100.64	77.02～86.93	69.01～77.02
合 计		元	655.05～741.86	573.10～655.05	495.07～573.10	438.64～495.07	393.01～438.64

续表

指标编号			4Z-013	4Z-014	4Z-015	4Z-016	4Z-017
项 目		单位	二级污水处理厂（一）				
			水量1万～2万 m³/d	水量2万～5万 m³/d	水量5万～10万 m³/d	水量10万～20万 m³/d	水量20万 m³/d以上
指标基价		元	1958.49～2224.07	1602.89～1958.49	1389.44～1602.89	1231.17～1389.44	1076.59～1231.17
建筑安装工程费		元	1077.09～1219.52	876.87～1077.09	761.71～876.87	677.33～761.71	595.92～677.33
设备购置费		元	499.80～571.20	413.70～499.80	357.00～413.70	313.95～357.00	270.90～313.95
工程建设其他费用		元	236.53～268.61	193.59～236.53	167.81～193.59	148.69～167.81	130.02～148.69
基本预备费		元	145.07～164.75	118.73～145.07	102.92～118.73	91.20～102.92	79.75～91.20
建筑安装工程费							
人工费	人工费	工日	2.46～2.95	2.22～2.46	1.97～2.22	1.48～1.97	1.23～1.48
	措施费分摊	元	4.02～4.55	3.27～4.02	2.84～3.27	2.53～2.84	2.22～2.53
	人工费小计	元	80.46～96.22	72.05～80.46	63.95～72.05	48.41～63.95	40.44～48.41
直接费	材料费 水泥（综合）	kg	189.00～252.00	168.00～189.00	147.00～168.00	120.75～147.00	99.75～120.75
	钢材	kg	29.40～33.60	25.20～29.40	23.10～25.20	19.95～23.10	16.80～19.95
	锯材	m³	0.03～0.03	0.02～0.03	0.02～0.02	0.02～0.02	0.01～0.02
	中砂	m³	0.40～0.50	0.35～0.40	0.30～0.35	0.26～0.30	0.23～0.26
	碎石	m³	0.65～0.84	0.57～0.65	0.50～0.57	0.42～0.50	0.37～0.42
	铸铁管	kg	11.55～13.65	9.98～11.55	8.93～9.98	8.40～8.93	6.83～8.40
	钢管及钢配件	kg	8.40～10.50	6.30～8.40	4.20～6.30	3.15～4.20	2.10～3.15
	钢筋混凝土管	kg	21.00～26.25	18.90～21.00	15.75～18.90	14.70～15.75	10.50～14.70
	闸阀	kg	4.73～5.25	4.20～4.73	3.68～4.20	3.15～3.68	2.10～3.15
	其他材料费	元	159.60～172.20	119.70～159.60	111.30～119.70	99.75～111.30	94.50～99.75
	措施费分摊	元	43.73～49.51	35.60～43.73	30.92～35.60	27.50～30.92	24.19～27.50
	材料费小计	元	708.38～801.31	575.30～708.38	498.17～575.30	448.55～498.17	392.74～448.55
机械费	机械费	元	96.60～105.00	73.50～96.60	64.05～73.50	59.85～64.05	56.70～59.85
	措施费分摊	元	2.51～2.85	2.05～2.51	1.78～2.05	1.58～1.78	1.39～1.58
	机械费小计	元	99.11～107.85	75.55～99.11	65.83～75.55	61.43～65.83	58.09～61.43
直接费小计		元	887.95～1005.37	722.89～887.95	627.95～722.89	558.39～627.95	491.28～558.39
综合费用		元	189.13～214.14	153.98～189.13	133.75～153.98	118.94～133.75	104.64～118.94
合 计		元	1077.09～1219.52	876.87～1077.09	761.71～876.87	677.33～761.71	595.92～677.33

指标编号			4Z-018	4Z-019	4Z-020	4Z-021	4Z-022
项 目		单位	二级污水处理厂（二）				
			水量 1 万～ 2 万 m³/d	水量 2 万～ 5 万 m³/d	水量 5 万～ 10 万 m³/d	水量 10 万～ 20 万 m³/d	水量 20 万 m³/d 以上
指标基价		元	2503.75～ 2934.14	2075.21～ 2503.75	1826.40～ 2075.21	1691.07～ 1826.40	1489.39～ 1691.07
建筑安装工程费		元	1359.65～ 1591.73	1129.06～ 1359.65	1000.13～ 1129.06	933.17～ 1000.13	828.54～ 933.17
设备购置费		元	656.25～ 770.70	541.80～ 656.25	470.40～ 541.80	428.40～ 470.40	370.65～ 428.40
工程建设其他费用		元	302.39～ 354.36	250.63～ 302.39	220.58～ 250.63	204.24～ 220.58	179.88～ 204.24
基本预备费		元	185.46～ 217.34	153.72～ 185.46	135.29～ 153.72	125.26～ 135.29	110.33～ 125.26
建筑安装工程费							
人工费	人工费	工日	3.69～4.43	2.95～3.69	2.46～2.95	1.97～2.46	1.48～1.97
	措施费分摊	元	5.08～5.94	4.21～5.08	3.73～4.21	3.48～3.73	3.09～3.48
	人工费小计	元	119.63～143.49	95.88～119.63	80.17～95.88	64.59～80.17	48.98～64.59
直接费 材料费	水泥（综合）	kg	273.00～325.50	210.00～273.00	178.50～210.00	147.00～178.50	115.50～147.00
	钢材	kg	54.60～65.10	44.10～54.60	37.80～44.10	29.40～37.80	25.20～29.40
	锯材	m³	0.03～0.03	0.03～0.03	0.03～0.03	0.02～0.03	0.02～0.02
	中砂	m³	0.55～0.65	0.44～0.55	0.37～0.44	0.30～0.37	0.25～0.30
	碎石	m³	0.90～1.05	0.71～0.90	0.61～0.71	0.49～0.61	0.37～0.49
	铸铁管	kg	13.23～14.91	12.08～13.23	10.50～12.08	9.45～10.50	7.35～9.45
	钢管及钢配件	kg	9.45～11.55	7.35～9.45	5.25～7.35	4.20～5.25	3.15～4.20
	钢筋混凝土管	kg	13.65～14.70	12.60～13.65	11.55～12.60	10.50～11.55	9.45～10.50
	闸阀	kg	7.35～9.45	6.30～7.35	5.25～6.30	4.20～5.25	3.15～4.20
	其他材料费	元	164.85～190.05	139.65～164.85	130.20～139.65	130.20～142.80	139.65～142.80
	措施费分摊	元	55.20～64.62	45.84～55.20	40.60～45.84	37.88～40.60	33.64～37.88
	材料费小计	元	893.10～ 1044.27	743.04～ 893.10	653.80～ 743.04	616.43～ 653.80	549.19～ 616.43
机械费	机械费	元	105.00～120.75	89.25～105.00	88.20～89.25	86.10～88.20	82.95～86.10
	措施费分摊	元	3.17～3.71	2.63～3.17	2.33～2.63	2.18～2.33	1.93～2.18
	机械费小计	元	108.17～124.46	91.88～108.17	90.53～91.88	88.28～90.53	84.88～88.28
直接费小计		元	1120.90～ 1312.23	930.80～ 1120.90	824.51～ 930.80	769.31～ 824.51	683.05～ 769.31
综合费用		元	238.75～279.50	198.26～238.75	175.62～198.26	163.86～175.62	145.49～163.86
合 计		元	1359.65～ 1591.73	1129.06～ 1359.65	1000.13～ 1129.06	933.17～ 1000.13	828.54～ 933.17

4.2.1.2 雨、污水泵站综合指标

雨、污水泵站综合指标，见表4-9。

雨、污水泵站综合指标（单位：L/s）　　　　　　表4-9

指标编号			4Z-023	4Z-024	4Z-025	4Z-026
项 目		单位	雨水泵站			
			流量1000～5000L/s	流量5000～10000L/s	流量10000～20000L/s	流量20000L/s以上
指标基价		元	3300.28～4092.83	2627.64～3300.28	2059.35～2627.64	1632.10～2059.35
建筑安装工程费		元	1700.68～2115.15	1350.20～1700.68	1052.24～1350.20	835.29～1052.24
设备购置费		元	956.55～1180.20	765.45～956.55	605.85～765.45	478.80～605.85
工程建设其他费用		元	398.58～494.30	317.35～398.58	248.71～317.35	197.11～248.71
基本预备费		元	244.47～303.17	194.64～244.47	152.54～194.64	120.90～152.54
建筑安装工程费						
直接费	人工费	人工费　工日	2.56～3.10	2.07～2.56	1.77～2.07	1.48～1.77
		措施费分摊　元	6.35～7.90	5.04～6.35	3.93～5.04	3.12～3.93
		人工费小计　元	85.83～104.18	69.20～85.83	58.95～69.20	49.00～58.95
	材料费	水泥（综合）kg	252.00～294.00	199.50～252.00	168.00～199.50	136.50～168.00
		钢材　kg	60.90～73.50	50.40～60.90	42.00～50.40	33.60～42.00
		锯材　m³	0.08～0.11	0.07～0.08	0.06～0.07	0.04～0.06
		中砂　m³	0.63～0.74	0.53～0.63	0.42～0.53	0.36～0.42
		碎石　m³	1.05～1.26	0.86～1.05	0.71～0.86	0.61～0.71
		铸铁管　kg	13.65～16.80	10.50～13.65	8.40～10.50	6.30～8.40
		钢管及钢配件　kg	9.45～10.50	7.35～9.45	5.25～7.35	4.20～5.25
		钢筋混凝土管　kg	21.00～25.20	16.80～21.00	14.70～16.80	10.50～14.70
		闸阀　kg	9.45～11.55	7.35～9.45	5.25～7.35	4.20～5.25
		其他材料费　元	228.90～296.10	174.30～228.90	126.00～174.30	102.90～126.00
		措施费分摊　元	69.04～85.87	54.82～69.04	42.72～54.82	33.91～42.72
		材料费小计　元	1170.49～1452.97	931.57～1170.49	726.27～931.57	572.56～726.27
	机械费	机械费　元	141.75～181.65	109.20～141.75	79.80～109.20	65.10～79.80
		措施费分摊　元	3.97～4.94	3.15～3.97	2.46～3.15	1.95～2.46
		机械费小计　元	145.72～186.59	112.35～145.72	82.26～112.35	67.05～82.26
	直接费小计	元	1402.05～1743.74	1113.11～1402.05	867.47～1113.11	688.61～867.47
综合费用		元	298.64～371.42	237.09～298.64	184.77～237.09	146.67～184.77
合　计		元	1700.68～2115.15	1350.20～1700.68	1052.24～1350.20	835.29～1052.24

指标编号		4Z-027	4Z-028	4Z-029	4Z-030	4Z-031
项 目	单位	污水泵站				
		流量100~300L/s	流量300~600L/s	流量600~1000L/s	流量1000~2000L/s	水量流量2000/s以上
指标基价	元	17624.32~22357.13	12720.30~17624.32	10223.35~12720.30	7919.51~10223.35	5519.71~7919.51
建筑安装工程费	元	9406.47~11941.36	6733.74~9406.47	5424.71~6733.74	4208.17~5424.71	2913.31~4208.17
设备购置费	元	4783.80~6059.55	3508.05~4783.80	2806.65~3508.05	2168.25~2806.65	1530.90~2168.25
工程建设其他费用	元	2128.54~2700.14	1536.27~2128.54	1234.70~1536.27	956.46~1234.70	666.63~956.46
基本预备费	元	1305.50~1656.08	942.24~1305.50	757.29~942.24	586.63~757.29	408.87~586.63

建筑安装工程费							
直接费	人工费	人工费	工日	8.37~9.85	6.89~8.37	5.42~6.89	4.43~5.42	3.45~4.43
		措施费分摊	元	35.12~44.58	25.14~35.12	20.25~25.14	15.71~20.25	10.88~15.71
		人工费小计	元	294.89~350.13	239.02~294.89	188.36~239.02	153.26~188.36	117.87~153.26
	材料费	水泥（综合）	kg	997.50~1260.00	861.00~997.50	682.50~861.00	535.50~682.50	378.00~535.50
		钢材	kg	273.00~346.50	210.00~273.00	157.50~210.00	120.75~157.50	94.50~120.75
		锯材	m³	0.28~0.37	0.23~0.28	0.18~0.23	0.14~0.18	0.09~0.14
		中砂	m³	2.31~2.94	1.89~2.31	1.47~1.89	1.05~1.47	0.79~1.05
		碎石	m³	3.57~4.52	2.94~3.57	2.42~2.94	1.89~2.42	1.37~1.89
		铸铁管	kg	48.30~57.75	39.90~48.30	33.60~39.90	26.25~33.60	15.75~26.25
		钢管及钢配件	kg	34.65~42.00	27.30~34.65	21.00~27.30	15.75~21.00	12.60~15.75
		钢筋混凝土管	kg	52.50~63.00	44.10~52.50	35.70~44.10	29.40~35.70	25.20~29.40
		闸阀	kg	10.50~12.60	9.45~10.50	8.40~9.45	7.35~8.40	4.20~7.35
		其他材料费	元	1846.95~2360.40	1227.45~1846.95	1010.10~1227.45	774.90~1010.10	515.55~774.90
		措施费分摊	元	381.88~484.9	273.38~381.88	220.23~273.38	170.84~220.23	118.27~170.84
		材料费小计	元	6378.43~8114.09	4583.63~6378.43	3686.28~4583.63	2856.74~3686.28	1975.72~2856.74
	机械费	机械费	元/元	1059.45~1352.40	712.95~1059.45	584.85~712.95	449.40~584.85	301.35~449.40
		措施费分摊		21.95~27.86	15.71~21.95	12.66~15.71	9.82~12.66	6.80~9.82
		机械费小计	元	1081.40~1380.26	728.66~1081.40	597.51~728.66	459.22~597.51	308.15~459.22
	直接费小计		元	7754.72~9844.49	5551.31~7754.72	4472.15~5551.31	3469.22~4472.15	2401.74~3469.22
综合费用			元	1651.75~2096.88	1182.43~1651.75	952.57~1182.43	738.94~952.57	511.57~738.94
合 计			元	9406.47~11941.36	6733.74~9406.47	5424.71~6733.74	4208.17~5424.71	2913.31~4208.17

4.2.2 排水构筑物分项指标

4.2.2.1 粗格栅及进水泵房分项指标

粗格栅及进水泵房分项指标，见表4-10。

表 4-10

粗格栅及进水泵房分项指标

指标编号	单位	4F-083	4F-084	4F-085	4F-086	4F-087	4F-088
工程特征		钢筋混凝土结构,粗格栅井 6.35m×7.3m×13m,进水泵房 16.38m×15.7m×13m	钢筋混凝土结构,沉井施工,设计流量 2 万 m³/d,泵房尺寸:$L×F×H$=14.1m×4.8m×8.15m	钢筋混凝土结构,大开挖,设计流量 0.493 m³/s 泵房尺寸 $L×F×H$=12m×6.1m×9.2m	钢筋混凝土结构,沉井施工,泵房尺寸:$L×F×H$=15.9m×5.9m×11.15m 计流量 0.653m³/s,单泵流量 218L/s,扬程 13.5m	钢筋混凝土结构,沉井施工,泵房尺寸 $L×F×H$=19.08m×9.6m×9.1m,设计流量 2896m³/h,单泵流量 268L/s,扬程 11.5m	钢筋混凝土结构,沉井施工,泵房尺寸 $L×F×H$=23m×12.5m×H=13.4m,设计流量 Q_{max}=8667m³/h
指标基价	元	7567065	2187871	2022879	2850255	3386461	7969640
一、建筑安装工程费	元	4726243	929271	1103979	1387655	2449661	3772878
二、设备购置费	元	2840822	1258600	918900	1462600	936800	4196762
建筑安装工程费							
人工费 人工费	工日	13284	2812	2953	4966	6825	19456
措施费分摊	元	17644	3469	4121	5180	9145	14085
人工费小计	元	429854	90726	95767	159273	220934	617795
商品混凝土 C30	m³	2497.01	457.97	583.96	649.38	955.89	2240.77
水泥(综合)	t	5.82	4.57	3.96	0.01	68.16	103.22
钢材	t	343.65	61.64	78.96	88.33	135.14	228.09
锯材	m³	33.09	2.38	3.31	8.46	6.78	5.49
中砂	m³	543.71	55.30	59.56	165.06	366.13	504.39
碎石	m³	70.10	15.42	13.60		230.47	167.19
其他材料费	元	388521	9934	50846	48541	299066	65025
措施费分摊	元	191876	37726	44819	56336	99451	153171
材料费小计	元	2890187	460533	622312	701152	1328423	2016073
挖土机械费	元	247964	11009	16860	40145	39743	15491
打桩机械费	元			918			
吊装机械费	元	69207	32403	43617	21499	75694	101035
其他机械费	元	248087	169254	128073	218679	348996	351172
措施费分摊	元	11027	2168	2576	3238	5716	8803
机械费小计	元	576285	214834	192044	283561	470148	476502
直接费用	元	3896325	766093	910123	1143986	2019506	3110370
综合费用	元	829917	163178	193856	243669	430155	662509
合计	元	4726243	929271	1103979	1387655	2449661	3772878

4.2.2.2 细格栅及曝气沉砂池分项指标

细格栅及曝气沉砂池分项指标，见表4-11。

细格栅及曝气沉砂池分项指标 表 4-11

指标编号		单位	4F-089	4F-090	4F-091	4F-092	4F-093	4F-094
工程特征			钢筋混凝土结构，大开挖施工，设计流量 0.493m³/s	钢筋混凝土结构，大开挖施工，污水量4万 t/d，1座，分2组，每组设计流量4 万 m³/d，最大设计流量 5.64 万 m³/d	钢筋混凝土结构，筏板基础，大开挖施工，2 万 m³/d；旋流沉砂池 2 池（与细格栅合建），设计流量：单座高峰处理能力 1.5m³/d，单池尺寸：直径 3050mm，有效水深 950mm	钢筋混凝土结构，筏板基础，大开挖施工，5 万 m³/d 旋流沉砂池共 1 座 2 格，每格处理能力 2.5 万 m³/d	钢筋混凝土结构，大开挖施工，污水量7万 m³/d	钢筋混凝土结构，大开挖施工，长×宽×高 = 49.2m × 8.4m×7m，曝气量 0.2m³ 空气 /m³ 水
指标基价		元	1497124	1679076	1778958	3247933	5493189	6312514
一、建筑安装工程费		元	721424	818511	528758	756233	2662677	2327671
二、设备购置费		元	775700	860565	1250200	2491700	2830512	3984843
建筑安装工程费								
人工费	人工费	工日	1787	2732	1585	2678	5288	6249
	措施费分摊	元	2693	3056	1974	2823	9940	8690
	人工费小计	元	58147	87830	51151	85935	174015	202581
直接费 材料费	商品混凝土 C30	m³	362.24	444.11	173.62	297.05	1233.81	1331.45
	水泥（综合）	t	5.69	0.01	8.22	8.14	22.05	65.70
	钢材	t	49.39	54.92	23.80	42.07	147.46	111.93
	锯材	m³	3.37	7.50	1.70	3.72	8.51	3.69
	中砂	m³	164.80	257.41	41.95	18.59	50.76	187.40
	碎石	m³	19.56		12.34	27.55	74.00	70.04
	其他材料费	元	95585	98835	114625	67985	586308	419474
	措施费分摊	元	29288	33230	21466	30702	108099	94499
	材料费小计	元	462213	529394	298836	379034	1745690	1495113
机械费	挖土机械费	元	1893	2477	3245	5957	4993	8372
	打桩机械费	元					35289	
	吊装机械费	元	18851	2983	8608	15912	58473	5974
	其他机械费	元	51956	50189	72836	134839	170444	201467
	措施费分摊	元	1683	1910	1234	1764	6213	5431
	机械费小计	元	74384	57558	85922	158472	275412	221244
直接费小计		元	594743	674783	435909	623440	2195117	1918938
综合费用		元	126680	143729	92849	132793	467560	408734
合 计		元	721424	818511	528758	756233	2662677	2327671

4.2.2.3 初沉池配水井分项指标

初沉池配水井分项指标，见表 4-12。

初沉池配水井分项指标 表 4-12

指 标 编 号			4F-095	4F-096
工 程 特 征		单位	钢筋混凝土结构，大开挖施工，容积 391m³	钢筋混凝土结构，大开挖施工，污水量 7 万 m³/d
指标基价		元	538957	657329
一、建筑安装工程费		元	386517	519484
二、设备购置费		元	152440	137845
建筑安装工程费				
人工费	人工费	工日	1386	908
	措施费分摊	元	1443	1939
	人工费小计	元	44437	30127
直接费	商品混凝土 C30	m³	185.08	164.95
	水泥（综合）	t		3.04
	钢材	t	23.58	23.33
材料费	锯材	m³	1.58	1.83
	中砂	m³	30.67	6.96
	碎石	m³		10.31
	其他材料费	元	41071	180934
	措施费分摊	元	15692	21090
	材料费小计	元	219211	356296
机械费	挖土机械费	元	1576	4598
	打桩机械费	元	1893	7438
	吊装机械费	元	1319	7995
	其他机械费	元	49307	20598
	措施费分摊	元	902	1212
	机械费小计	元	54997	41841
直接费小计		元	318645	428264
综合费用		元	67871	91220
合 计		元	386517	519484

4.2.2.4 初沉池分项指标

初沉池分项指标，见表 4-13。

初沉池分项指标　　　　　　　　　　　表 4-13

指　标　编　号		4F-097	4F-098	4F-099	4F-100	4F-101
工　程　特　征	单位	钢筋混凝土结构，大开挖施工，直径28m，高 4m，单池流量：Q_{max}=1175m³/h	钢筋混凝土结构，大开挖施工，直径30m，高 3.85m，单池流量 Q_{max}=1896m³/h，表面负荷 Q_{max}=2.68m³/(m²·h)	钢筋混凝土结构，大开挖施工，直径40m，表面水力负荷 2.3m³/(m²·h)，池边水深4.5m，有效水深 4.0m	预应力钢筋混凝土结构，大开挖施工，直径42m，高4.55m，单池峰值流量 Q_{max}=2437.5m³/h	预应力钢筋混凝土结构，大开挖施工，直径48m，高 4.55m，设计高峰流量 Q_{max}=8667m³/h
指标基价	元	2069621	2368220	3020826	2439720	3407638
一、建筑安装工程费	元	1344398	1614260	2156626	1878370	2642138
二、设备购置费	元	725223	753960	864200	561350	765500
建筑安装工程费						
人工费　人工费	工日	3552	3570	6122	5682	6945
措施费分摊	元	5019	6026	8051	7012	9863
人工费小计	元	115232	116792	198017	183317	225377
材料费　商品混凝土 C30	m³	802.46	722.10	1084.74	936.53	936.53
水泥（综合）	t	0.02	20.51	131.73	108.89	108.89
钢材	t	104.79	81.48	147.96	119.40	119.40
锯材	m³	9.06	3.02	4.33	11.89	11.89
中砂	m³	14.07	691.43	233.99	149.60	149.60
碎石	m³		69.54	386.96	272.68	272.68
其他材料费	元	124841	343502	226299	294190	820979
措施费分摊	元	54580	65536	87555	76258	107265
材料费小计	元	890763	1037390	1363769	1252031	1809828
机械费　挖土机械费	元	5280	11704	17922	12819	16372
吊装机械费	元	2869	27509	35097	6835	9198
其他机械费	元	91044	133638	158091	89148	111245
措施费分摊	元	3137	3766	5032	4383	6165
机械费小计	元	102330	176618	216142	113184	142980
直接费小计	元	1108325	1330800	1777927	1548532	2178185
综合费用	元	236073	283460	378699	329837	463953
合　　计	元	1344398	1614260	2156626	1878370	2642138

4.2.2.5　二沉池配水井及污泥泵房分项指标

二沉池配水井及污泥泵房分项指标，见表 4-14。

二沉池配水井及污泥泵房分项指标

表 4-14

指标编号	单位	4F-102	4F-103	4F-104	4F-105	4F-106	4F-107	4F-108	4F-109	4F-110	4F-111
工程特征		二沉池配水井，钢筋混凝土结构，大开挖施工，5万m³/d	二沉池配水井，钢筋混凝土结构，平面尺寸7.64m×7.64m，井深6.6m，埋深4.7m	剩余及回流污泥泵房，钢筋混凝土结构，大开挖施工，回流污泥量417m³/h，剩余污泥量206m³/d	配水井及污泥泵房，钢筋混凝土结构，大开挖施工，长×宽×高=10.3m×10.0m×7.10m	二沉池配水井及污泥泵房，钢筋混凝土结构，大开挖施工，净尺寸L×B×H=10.6m×9m×5.95m	回流及剩余污泥泵房，钢筋混凝土结构，大开挖施工，污水量4万m³/d	回流及剩余污泥泵房，钢筋混凝土结构，大开挖施工，5万m³/d	回流及剩余污泥泵房，钢筋混凝土结构，平面尺寸16.8m×11.8m，泵房深5.5m，污泥埋深5m，污泥比50%~100%	二沉池配水井及污泥泵房，钢筋混凝土结构，大开挖施工，7万m³/d	二沉池配水井及污泥泵房，钢筋混凝土结构，大开挖施工，容积161m³，回流污泥量66%~100%，Q=1.86m³/s
指标基价	元	267219	502185	350264	846583	1064717	1138276	1348345	1474308	2388668	3448141
一、建筑安装工程费	元	205419	376185	246064	646183	566517	577647	625245	1049268	976769	1623912
二、设备购置费	元	61800	126000	104200	200400	498200	560629	723100	425040	1411899	1824229
建筑安装工程费											
人工费	工日	705	806	725	1722	1340	1321	1559	2773	2385	4528
措施费分摊	元	767	954	919	2412	2115	2156	2334	2662	3646	6062
人工费小计	元	22638	25976	23401	55850	43688	43143	50712	88708	77658	146556
商品混凝土C30	m³	75.20	108.58	94.59	461.79	227.42	201.47	143.07	462.88	381.00	839.33
水泥	t	0.40	15.78	2.00	17.63	3.33	20.93	2.69	65.80	3.82	41.16
钢材	t	10.25	0.23	12.90	58.80	32.14	1.22	19.14	0.40	44.63	80.31
锯材	m³	0.95	15.49	0.82	2.75	2.68	21.30	1.18	40.25	4.43	19.03
中砂	m³	19.31		24.09	30.45	7.61		39.06		30.02	114.20
碎石	m³	1.36		6.84	51.47	11.28		9.11		12.93	48.01
其他材料费	元	20812	144099	30454	6103	134768	169996	181725	228027	208516	330679
措施费分摊	元	8340	10377	9990	26234	22999	23451	25384	28945	39655	65927
材料费小计	元	98460	255462	127916	442954	370047	352450	337949	680418	571255	1073452
挖土机械费	元	2350	2045	2902	5377	3903	5141	6298	14363	8042	3221
打桩机械费	元			219						13875	2970
吊装机械费	元	3097	1202	3468	1156	7523	898	5021	7338	16628	5414
其他机械费	元	42323	24846	44375	25870	40555	73234	114015	72529	115513	103354
措施费分摊	元	479	596	574	1508	1322	1348	1459	1663	2279	3789
机械费小计	元	48250	28690	51539	33911	53302	80621	126793	95893	156337	118749
直接费用	元	169348	310128	202856	532715	467038	476214	515454	865019	805250	1338757
综合费用	元	36071	66057	43208	113468	99479	101434	109792	184249	171518	285155
合计	元	205419	376185	246064	646183	566517	577647	625245	1049268	976769	1623912

4.2.2.6　二沉池分项指标

二沉池分项指标，见表 4-15。

二沉池分项指标　　　　　　　　　　　　　　　　　　　　　表 4-15

指　标　编　号			4F-112	4F-113	4F-114	4F-115	4F-116
工程特征		单位	钢筋混凝土结构，大开挖施工，直径26m，池边有效水深3.5m，单池流量 Q_{max}=400m³/h	钢筋混凝土结构，大开挖施工，表面负荷：q_{max}=0.88m³/(m²·h)，直径30m，有效水深3.5m	钢筋混凝土结构，大开挖施工，直径40m，高4.4m，单池流量 Q_{max}=1175m³/h，表面负荷 q_{max}=0.94m³/(m²·h)，q_{AV}=0.66m³/(m²·h)	钢筋混凝土结构，大开挖施工，直径40m，高4.4m，单池流量 Q_{max}=1354m³/h，表面负荷 q_{max}=0.78m³/(m²·h)，q_{AV}=0.58m³/(m²·h)	钢筋混凝土预应力结构，大开挖施工，直径42，高5.05m，单池流量 Q_{max}=1219m³/h，表面负荷 q_{max}=0.88m³/(m²·h)
指标基价		元	1451093	1764699	3491471	4112667	2946391
一、建筑安装工程费		元	1117693	1424799	2430571	3608842	2053391
二、设备购置费		元	333400	339900	1060900	503825	893000
建筑安装工程费							
人工费	人工费	工日	3108	4139	6819	5043	6439
	措施费分摊	元	4173	5319	9074	13472	7666
	人工费小计	元	100600	133767	220672	169955	207469
直接费　材料费	商品混凝土 C30	m³	500.82	805.73	1382.53	1166.94	960.78
	水泥（综合）	t	35.81	31.31	0.03	36.46	106.57
	钢材	t	64.00	124.08	169.67	138.05	124.16
	锯材	m³	3.95	4.01	17.74	3.66	12.35
	中砂	m³	120.91	86.52	82.35	139.90	142.03
	碎石	m³	123.03	106.02		169.11	257.48
	其他材料费	元	155842	43362	176819	1240621	296783
	措施费分摊	元	45376	57844	98676	146511	83363
	材料费小计	元	662286	894292	1468606	2385269	1287037
机械费	挖土机械费	元	11305	11405	28092	37593	39608
	打桩机械费	元	440			81805	
	吊装机械费	元	19218	23937	5416	50004	7826
	其他机械费	元	124971	107883	275312	242092	146090
	措施费分摊	元	2608	3324	5671	8420	4791
	机械费小计	元	158542	146549	314491	419914	198315
直接费小计		元	921428	1174608	2003769	2975137	1692821
综合费用		元	196264	250191	426803	633704	360571
合　　计		元	1117693	1424799	2430571	3608842	2053391

续表

指 标 编 号		单位	4F-117	4F-118	4F-119	4F-120	4F-121
工程特征		单位	钢筋混凝土结构，直径45m，池最深7.9m，最大埋深6.5m，表面负荷 0.71m³/(m²·h)，停留时间 4.12h	钢筋混凝土结构，大开挖施工，辐流式平底二沉池，每座二沉池直径45m，池边水深4m，表面负荷 0.91m³/(m²·h)	预应力钢筋混凝土结构，大开挖施工，直径48m，高5.05m，设计流量 $Q_{max}=$ 13000m³/h，表面负荷 0.64m³/(m²·h)	预应力钢筋混凝土结构，大开挖施工，直径50m，高4.4m，单池流量 $Q_{max}=2167$m³/h，表面负荷 1.1m³/(m²·h)	钢筋混凝土结构，大开挖施工，直径30m，池边水深4.0m，有效水深3.5m
指标基价		元	5733257	3220529	4130415	3373338	1784687
一、建筑安装工程费		元	4457507	2334729	3152440	2284267	1380387
二、设备购置费		元	1275750	885800	977975	1089071	404300
建筑安装工程费							
人工费	人工费	工日	11956	5522	6353	6397	3298
	措施费分摊	元	16641	8716	11769	8527	5153
	人工费小计	元	387632	180061	208916	207038	107505
直接费	材料费							
	商品混凝土 C30	m³	2575.05	1211.04	1362.28	1478.31	516.12
	水泥（综合）	t		60.76	100.14	127.04	35.80
	钢材	t	179.96	165.09	275.10	127.00	79.16
	锯材	m³	6.52	4.47	15.53	16.91	4.11
	中砂	m³	234.36	128.31	161.72	350.63	120.89
	碎石	m³	28.77	151.15	300.12	274.91	123.01
	其他材料费	元	673462	244102	484802	271740	288772
	措施费分摊	元	180966	94785	127983	92736	56041
	材料费小计	元	2567084	1457985	2219162	1518470	865475
	机械费							
	挖土机械费	元	93095	25370	19243	28149	11305
	打桩机械费	元	269215				433
	吊装机械费	元	100091	32017	11518	2081	20244
	其他机械费	元	247261	223877	132683	122087	129811
	措施费分摊	元	10400	5447	7355	5330	3221
	机械费小计	元	720063	286711	170800	157647	165014
	直接费小计	元	3674779	1924756	2598879	1883155	1137994
综合费用		元	782728	409973	553561	401112	242393
合 计		元	4457507	2334729	3152440	2284267	1380387

4.2.2.7　氧化沟分项指标

氧化沟分项指标，见表 4-16。

氧化沟分项指标   表 4-16

指　标　编　号		单位	4F-122	4F-123	4F-124
工　程　特　征		单位	钢筋混凝土结构，大开挖施工，1.0万 m³/d，净尺寸 60.2m × 27.2m × 4.8m，有效水深 3.8m，有效容积 7859.71m³	钢筋混凝土结构，大开挖施工，平面尺寸 58.9m × 43.6m × 4.8m，设计流量 6000m³/d，有效容积 11043m³	钢筋混凝土结构，平均设计流量 4167m³/h，有效总池容积 29631m³，平面尺寸 115.6m × 53.4m，池深 5.2m，埋深 2.4m
指标基价		元	4117152	6406505	15596017
一、建筑安装工程费		元	2972452	4372205	12629767
二、设备购置费		元	1144700	2034300	2966250
建筑安装工程费					
人工费	人工费	工日	7750	11101	32534
	措施费分摊	元	11135	16087	47149
	人工费小计	元	251626	360566	1056680
直接费	材料费	商品混凝土 C30	m³	1785.20	2749.59	9462.60
		水泥（综合）	t	44.68	69.67	
		钢材	t	270.43	360.97	913.98
		锯材	m³	13.69	19.35	75.56
		中砂	m³	102.80	160.33	4983.00
		碎石	m³	153.51	239.41	
		其他材料费	元	96372	203801	858621
		措施费分摊	元	121097	174948	512742
		材料费小计	元	1948740	2848889	8796425
	机械费	挖土机械费	元	13336	25619	235719
		打桩机械费	元			
		吊装机械费	元	52148	72168	41560
		其他机械费	元	177686	287159	252158
		措施费分摊	元	6960	10054	29468
		机械费小计	元	250130	395000	558904
	直接费小计		元	2450496	3604456	10412009
综合费用		元	521956	767749	2217758
合　　计		元	2972452	4372205	12629767

4.2.2.8　AAO 生物反应池分项指标

AAO 生物反应池分项指标，见表 4-17。

AAO生物反应池分项指标 表 4-17

指标编号		单位	4F-125	4F-126	4F-127	4F-128	4F-129	4F-130	4F-131
工程特征		单位	钢筋混凝土结构，大开挖施工，长×宽×高=53.6m×37m×7m，设计流量2万m³/d，数量1座，每座分2池	钢筋混凝土结构，大开挖施工，长×宽×高=81.9m×44.9m×7m，2池合建，每池可按2.5万m³/d单独运行	钢筋混凝土结构，大开挖施工，长×宽×高=71.7m×60.9m×7m，外回流比50%～100%，内回流比10%～200%	钢筋混凝土结构，大开挖施工，长×宽×高=107.5m×94.2m×7.5m，有效总池容积70885.5m³	钢筋混凝土结构，大开挖施工，长×宽×高=128.05m×85.5m×7.5m，有效容积73353m³	钢筋混凝土结构，大开挖施工，长×宽×高=131m×113m×7.05m，单池设计流量4.5万m³/d	钢筋混凝土结构，大开挖施工，长×宽×高=153m×124.25m×7.20m，最大供气量1800m³/min，气水比10.8:1，内回流比100%
指标基价		元	7499394	12134837	13067983	32963153	38242808	37473201	45715970
一、建筑安装工程费		元	5573194	10750537	10447560	28975685	31281219	31745501	41335520
二、设备购置费		元	1926200	1384300	2620423	3987468	6961589	5727700	4380450
建筑安装工程费									
人工费	人工费	工日	14414	25232	35074	51276	66367	127568	86769
	措施费分摊	元	20806	40133	39002	108170	116777	118510	154311
	人工费小计	元	468075	823088	1127354	1699273	2176140	4076949	2846750
直接费 / 材料费	商品混凝土 C30	m³	3055.48	5470.92	6470.76	6470.76	6470.76	3055.48	3055.48
	水泥（综合）	t	58.24	107.93	0.01	0.01	0.01	58.24	58.24
	钢材	t	493.69	773.47	909.3	909.33	909.33	493.69	493.69
	锯材	m³	13.38	23.32	51.89	51.89	51.89	13.38	13.38
	中砂	m³	133.03	509.32	262.84	262.84	262.84	133.03	133.03
	碎石	m³	197.21	365.45				197.21	197.21
	其他材料费	元	373961	1248679	348456	12249509	15116118	15824400	24709393
	措施费分摊	元	226260	436450	424149	1176353	1269953	1288801	1678136
	材料费小计	元	3644693	6762398	6124470	19362742	22322951	20157674	29432001
机械费	挖土机械费	元	35311	75417	112747	240141	208645	447569	218958
	打桩机械费	元				592661			
	吊装机械费	元	81973	138295	27034	472400	80361	52265	59662
	其他机械费	元	351499	1038486	1197011	1452798	927228	1362538	1423282
	措施费分摊	元	13003	25083	24376	67606	72986	74069	96445
	机械费小计	元	481787	1277282	1361168	2825606	1289218	1936441	1798347
直接费小计		元	4594554	8862768	8612993	23887621	25788309	26171065	34077098
综合费用		元	978640	1887770	1834567	5088063	5492910	5574437	7258422
合计		元	5573194	10750537	10447560	28975685	31281219	31745501	41335520

4.2.2.9 巴氏计量渠及加氯接触池分项指标

巴氏计量渠及加氯接触池分项指标，见表 4-18。

巴氏计量渠及加氯接触池分项指标 表 4-18

指 标 编 号	单位	4F-132	4F-133	4F-134
工 程 特 征	单位	巴氏计量渠：钢筋混凝土结构，大开挖施工，长×宽＝13.9m×1.2m，设计流量 0.493m³/s	加氯接触池：钢筋混凝土结构，大开挖施工，长×宽×高＝37.9m×16.75m×3.4m，规模 5 万 m³/d	加氯接触池：钢筋混凝土结构，大开挖施工，长×宽×高＝45.0m×15.0m×4.50m，设计参数：接触停留时间不小于 30min
指标基价	元	101785	1167009	1884740
一、建筑安装工程费	元	49285	1102109	1779640
二、设备购置费	元	52500	64900	105100

建筑安装工程费

		单位			
人工费	人工费	工日	203	2884	6298
	措施费分摊	元	184	4114	6644
	人工费小计	元	6475	93590	202081
直接费	材料费	商品混凝土 C30	m³	21.81	619.42	923.58
		水泥（综合）	t	0.74	19.09	35.26
		钢材	t	1.72	87.57	117.60
		锯材	m³	0.24	4.08	5.49
		中砂	m³	17.73	43.60	60.90
		碎石	m³	2.54	64.64	102.94
		其他材料费	元	5295	71171	202646
		措施费分摊	元	2001	44743	72250
		材料费小计	元	23828	695986	1096129
	机械费	挖土机械费	元	1540	11527	38105
		吊装机械费	元	1268	17163	3880
		其他机械费	元	7405	87743	122793
		措施费分摊	元	115	2571	4152
		机械费小计	元	10328	119004	168929
	直接费小计		元	40631	908581	1467139
综合费用			元	8654	193528	312501
合　　计			元	49285	1102109	1779640

4.2.2.10　紫外线消毒渠分项指标

紫外线消毒渠分项指标，见表 4-19。

紫外线消毒渠分项指标 表 4-19

指 标 编 号	单位	4F-135	4F-136	4F-137	4F-138
工 程 特 征	单位	钢筋混凝土结构，大开挖施工，土建 3 万 m³/d，设备安装 1 万 m³/d	钢筋混凝土结构，大开挖施工，长×宽×高＝13.32m×3.25m×5.05m	钢筋混凝土结构，平面尺寸 14.16m × 5.36m，渠最深 3.66m，最大埋深 2.6m，峰值流量 130000m³/d，平均流量 100000m³/d	钢筋混凝土结构，大开挖施工，容积 365m³，设计参数 Q_{max}＝8667m³/h
指标基价	元	628721	820328	1399152	4958124
一、建筑安装工程费	元	250521	255928	300986	760421
二、设备购置费	元	378200	564400	1098166	4197703

建筑安装工程费

		单位				
人工费	人工费	工日	784	798	886	2868
	措施费分摊	元	935	955	533	2839
	人工费小计	元	25276	25718	28039	91828
直接费	材料费 商品混凝土 C30	m³	125.11	105.79	80.58	227.53
	水泥（综合）	t	3.52	3.81		12.29
	钢材	t	18.44	13.79	11.46	16.67
	锯材	m³	1.09	1.23	0.06	1.53
	中砂	m³	8.21	8.70		53.69
	碎石	m³	11.88	12.90		11.82
	其他材料费	元	11135	37130	90811	153463
	措施费分摊	元	10171	10390	5793	30872
	材料费小计	元	141277	143637	170018	345985
	机械费 挖土机械费	元	3103	2277	3750	2059
	吊装机械费	元	6405	4031	903	3764
	其他机械费	元	29884	34727	45091	181482
	措施费分摊	元	585	597	333	1774
	机械费小计	元	39976	41632	50076	189080
	直接费小计	元	206530	210988	248134	626893
综合费用		元	43991	44940	52852	133528
合 计		元	250521	255928	300986	760421

4.2.2.11 储泥池、匀质池、污泥调蓄池分项指标

储泥池、匀质池、污泥调蓄池分项指标，见表 4-20。

储泥池、匀质池、污泥调蓄池分项指标

表 4-20

指 标 编 号		单位	4F-139	4F-140	4F-141	4F-142	4F-143	4F-144
工 程 特 征		单位	储泥池：钢筋混凝土结构，大开挖施工，污泥体积206m³/d，1池2格，单格尺寸7m×7m×3.6m	储泥池：钢筋混凝土结构，大开挖施工，长×宽×高=16.3m×8m×4.1m	储泥池：钢筋混凝土结构，大开挖施工，长×宽×高=24.3m×12m×4.3m，污泥体积2743m³/d	储泥池：钢筋混凝土结构，大开挖施工，长×宽×高=12.3m×6m×3.7m，污泥体积442m³/d，停留时间11.7h	匀质池：钢筋混凝土结构，大开挖施工，长×宽×高=12.25m×6m×4.4m	污泥调蓄池：钢筋混凝土结构，大开挖施工，长×宽×高=17.9m×9.1m×3.8m，分2格，每格平面尺寸8.5m×8.5m，有效水深3m
指标基价		元	393295	437446	664904	842330	346832	552078
一、建筑安装工程费		元	350995	290819	511887	330030	226322	406878
二、设备购置费		元	42300	146627	153017	512300	120510	145200
建筑安装工程费								
人工费	人工费	工日	983	802	1274	831	656	1151
	措施费分摊	元	1310	1086	1911	1232	845	1519
	人工费小计	元	31822	25984	41438	27020	21200	37232
直接费	材料费 商品混凝土C30	m³	170.53	147.70	363.78	109.81	111.20	201.94
	水泥（综合）	t	5.55	9.65	187.47	2.94		11.84
	钢材	t	25.16	17.99	29.29	12.98	12.41	29.57
	锯材	m³	1.00	1.03	0.73	0.82	0.36	2.76
	中砂	m³	153.11	132.28	40.53	6.71	0.00	25.99
	碎石	m³	167.36	32.69	31.03	9.94		36.91
	其他材料费	元	43397	37637	23455	87480	56393	44013
	措施费分摊	元	14250	11807	20782	13399	9188	16518
	材料费小计	元	235697	185781	366937	194661	155380	258684
机械费	挖土机械费	元	4310	2681	152	3941	445	2502
	吊装机械费	元	5422	7226	2039	4309	821	8475
	其他机械费	元	11291	17401	10241	41375	8206	27589
	措施费分摊	元	819	679	1194	770	528	949
	机械费小计	元	21842	27987	13626	50396	10000	39515
直接费小计		元	289361	239752	422001	272077	186580	335431
综合费用		元	61634	51067	89886	57952	39742	71447
合 计		元	350995	290819	511887	330030	226322	406878

4.2.2.12 污泥浓缩池、消化池、选择池分项指标

污泥浓缩池、消化池、选择池分项指标，见表 4-21。

污泥浓缩池、消化池、选择池分项指标   表 4-21

指 标 编 号		4F-145	4F-146	4F-163
工 程 特 征	单位	污泥浓缩池：钢筋混凝土结构，大开挖施工，直径 12m，高 4.5m，污泥体积 787m³/d	消化池：预应力钢筋混凝土结构，大开挖施工，直径 30m，高 25.73m，铝塑板饰面，初沉污泥含水率 95%	选择池：钢筋混凝土结构，平面尺寸 14.2m×20.2m，池深 4.3m，埋深 0.9m
指标基价	元	594123	9243485	1003820
一、建筑安装工程费	元	318083	8623485	880995
二、设备购置费	元	276040	620000	122825
建筑安装工程费				
人工费	人工费	工日	1030	20617	2124
	措施费分摊	元	1187	32193	3289
	人工费小计	元	33161	671942	69200
直接费	材料费	商品混凝土 C30	m³	175.97	22119.30	363.55
		水泥（综合）	t	0.14	558.66	
		钢材	t	23.72	2914.98	47.38
		锯材	m³	7.90	85.64	0.27
		中砂	m³	0.28	937.89	
		碎石	m³		1733.03	121.93
		其他材料费	元	29039	1268524	252632
		措施费分摊	元	12914	350096	35767
		材料费小计	元	209046	5943420	611529
	机械费	挖土机械费	元	851	16442	5066
		吊装机械费	元	547	15340	3035
		其他机械费	元	17882	441957	35409
		措施费分摊	元	742	20120	2056
		机械费小计	元	20022	493859	45566
	直接费小计		元	262229	7109221	726294
综合费用		元	55855	1514264	154701
合 计		元	318083	8623485	880995

4.2.2.13 鼓风机房分项指标

鼓风机房分项指标，见表 4-22。

鼓风机房分项指标 表 4-22

指 标 编 号		4F-147	4F-148	4F-149	4F-150
工 程 特 征	单位	钢筋混凝土框架结构，建筑面积 157m²	钢筋混凝土框架结构，建筑面积 255m²	钢筋混凝土框架结构，建筑面积 270m²	钢筋混凝土框架结构，建筑面积 549m²
指标基价	元	1088920	4859606	1660928	10476057
一、建筑安装工程费	元	371920	776106	627838	1667085
二、设备购置费	元	717000	4083500	1033090	8808972

建筑安装工程费

			单位				
直接费	人工费	人工费	工日	1733	3633	3117	7541
		措施费分摊	元	1388	2897	2344	6223
		人工费小计	元	55154	115628	99075	240219
	材料费	商品混凝土 C30	m³	119.63	185.47	187.02	380.28
		水泥（综合）	t	44.23	68.57	69.15	140.60
		钢材	t	3.80	5.89	5.94	12.08
		锯材	m³	3.37	5.23	5.27	10.72
		中砂	m³	92.49	143.40	144.60	294.03
		碎石	m³	115.49	179.06	180.56	367.15
		其他材料费	元	103724	167782	189624	383616
		措施费分摊	元	15099	31508	25489	67680
		材料费小计	元	212490	344510	361552	749056
	机械费	挖土机械费	元	94	145	131	267
		吊装机械费	元	3862	5959	5889	11974
		其他机械费	元	34144	171770	49479	368942
		措施费分摊	元	868	1811	1465	3890
		机械费小计	元	38968	179686	56965	385073
	直接费小计		元	306611	639824	517591	1374349
综合费用			元	65308	136282	110247	292736
合 计			元	371920	776106	627838	1667085

4.2.2.14 污泥浓缩脱水机房分项指标

污泥浓缩脱水机房分项指标，见表 4-23。

污泥浓缩脱水机房分项指标　　　　　　　　　　　　　表 4-23

指　标　编　号	单位	4F-151	4F-152	4F-153	4F-154
工　程　特　征	单位	进泥体积442m³/d，钢筋混凝土框架结构，建筑面积296m²	钢筋混凝土框架结构，建筑面积480m²	钢筋混凝土框架结构，建筑面积722m²	钢筋混凝土框架结构，建筑面积867m²
指标基价	元	4320020	12207936	4847247	16974383
一、建筑安装工程费	元	591020	1363736	1435372	2064103
二、设备购置费	元	3729000	10844200	3411875	14910280

建筑安装工程费

		单位				
人工费	人工费	工日	2900	6823	7382	10014
	措施费分摊	元	2206	5091	5358	7706
	人工费小计	元	92205	216814	234417	318437
直接费	**材料费**					
	商品混凝土 C30	m³	91.12	180.60	246.95	296.55
	水泥（综合）	t	54.89	108.79	148.76	178.64
	钢材	t	12.89	25.54	34.93	41.94
	锯材	m³	2.39	4.73	6.47	7.77
	中砂	m³	119.38	236.62	323.56	388.54
	碎石	m³	160.84	318.79	435.92	523.47
	其他材料费	元	90037	156811	397605	274062
	措施费分摊	元	23994	55365	58273	83798
	材料费小计	元	233838	449623	780589	747771
	机械费					
	挖土机械费	元	213	418	523	628
	吊装机械费	元	1066	2088	2850	3423
	其他机械费	元	158537	452142	161595	626577
	措施费分摊	元	1379	3182	3349	4816
	机械费小计	元	161195	457830	168318	635443
直接费小计		元	487238	1124267	1183324	1701652
综合费用		元	103782	239469	252048	362452
合　　计		元	591020	1363736	1435372	2064103

4.2.2.15　再生水提升泵房、高密度澄清池、混合反应沉淀池分项指标

再生水提升泵房、高密度澄清池、混合反应沉淀池分项指标，见表 4-24。

再生水提升泵房、高密度澄清池、混合反应沉淀池分项指标　　　　表 4-24

指 标 编 号			4F-155	4F-156	4F-157	4F-158
工 程 特 征		单位	再生水提升泵房：钢筋混凝土结构，大开挖施工，长×宽×高=5.2m×5.2m×4.5m	再生水提升泵房：钢筋混凝土结构，大开挖施工，设计水量6.6万 m³/d，泵房内净尺寸 5.8m×4.4m，深7.45m	高密度澄清池：钢筋混凝土结构，大开挖施工	混合反应池：钢筋混凝土结构，大开挖施工，设计水量 3.3 万 m³/d，混合池有效容积46m³，反应池有效容积183.5m³
指标基价		元	439514	1087842	3871187	1328357
一、建筑安装工程费		元	255144	625285	2040287	927887
二、设备购置费		元	184370	462557	1830900	400470
建筑安装工程费						
人工费	人工费	工日	790	1571	6243	3552
	措施费分摊	元	952	2334	7617	3464
	人工费小计	元	25461	51068	201331	113694
直接费	材料费	商品混凝土 C30	m³	87.27	59.73	1173.53	
		水泥（综合）	t			116.50	169.39
		钢材	t	11.43	25.02	154.33	85.66
		锯材	m³	0.38	1.06	7.89	5.34
		中砂	m³	22.75	83.30	250.58	226.17
		碎石	m³		184.27	435.99	516.39
		其他材料费	元	38680	246163	142527	148774
		措施费分摊	元	10358	25385	82831	37670
		材料费小计	元	126556	395809	1337539	592912
	机械费	挖土机械费	元	3679	34877	16295	12872
		吊装机械费	元	524	694	5394	2718
		其他机械费	元	53526	31580	116697	40591
		措施费分摊	元	595	1459	4760	2165
		机械费小计	元	58324	68610	143147	58346
	直接费小计		元	210341	515486	1682017	764952
综合费用		元	44803	109799	358270	162935
合　计		元	255144	625285	2040287	927887

4.2.2.16 滤池分项指标

滤池分项指标，见表4-25。

滤池分项指标

表4-25

指 标 编 号		单位	4F-159	4F-160	4F-161	4F-162
工 程 特 征		单位	V型滤池：钢筋混凝土结构，大开挖施工	生物滤池：钢筋混凝土结构，大开挖施工，设计水量3.3万m³/d，滤池格数：每座6格，单格滤池面积108m²	纤维滤池：钢筋混凝土结构，大开挖施工，1座6格，设计水量6.6万m³/d，滤池单格平面净尺寸2m×2.1m×5.75m，滤池深3.5m	纤维滤池：钢筋混凝土结构，大开挖施工，污水量7万m³/d，1座12格，设计水量13.8万m³/d，滤速21～27m/h
指标基价		元	4763436	9894120	9109645	15248899
一、建筑安装工程费		元	3255636	6777993	7169087	12267667
二、设备购置费		元	1507800	3116127	1940558	2981232
建筑安装工程费						
人工费	人工费	工日	9825	15469	6142	10737
	措施费分摊	元	12154	25303	26763	45797
	人工费小计	元	317026	505298	217355	378976
直接费	材料费 商品混凝土C30	m³	1812.46			1737.64
	水泥（综合）	t	115.75	1079.60	331.84	56.32
	钢材	t	257.74	362.93	106.08	228.13
	锯材	m³	31.28	15.91	14.68	14.70
	中砂	m³	248.93	1526.29	473.78	273.69
	碎石	m³	432.47	3336.77	1044.36	190.71
	其他材料费	元	291246	2541121	4632815	7017262
	措施费分摊	元	132172	275172	291050	498042
	材料费小计	元	2194385	4746418	5513457	9094003
机械费	挖土机械费	元	23002	27085	16761	65915
	打桩机械费	元				27416
	吊装机械费	元	8557	9926	4454	79779
	其他机械费	元	133388	283251	141457	438780
	措施费分摊	元	7596	15815	16727	28623
	机械费小计	元	172543	336076	179400	640513
直接费小计		元	2683954	5587793	5910212	10113493
综合费用		元	571682	1190200	1258875	2154174
合　　计		元	3255636	6777993	7169087	12267667

4.2.2.17 废水池分项指标

废水池分项指标，见表 4-26。

废水池分项指标 表 4-26

指 标 编 号		4F-164	4F-165	4F-166	4F-167	4F-168
工 程 特 征	单位	平面尺寸 13.7m×8.7m，池深 3.0m，埋深 0.45m，容积 357.57m³	钢筋混凝土结构，钢板桩围护开挖施工，容积 948.24m³	钢筋混凝土结构，大开挖施工，采用方形池，由三格组成，每格平面尺寸 6.8m×7.0m，总容积 446m³	钢筋混凝土结构，大开挖施工，长×宽×高＝47.05m×28.25m×4.5m，容积 5981.23m³	钢筋混凝土结构，大开挖施工，长×宽×高＝21.6m×6.5m×6.8m，每次反冲洗产生的最大废水量约为 330m³
指标基价	元	347119	1234611	388652	6199011	995819
一、建筑安装工程费	元	215869	587911	320717	2925074	937581
二、设备购置费	元	131250	646700	67935	3273937	58238

建筑安装工程费

			单位	4F-164	4F-165	4F-166	4F-167	4F-168
直接费	人工费	人工费	工日	297	2042	1270	7644	2830
		措施费分摊	元	806	2195	1197	10920	3500
		人工费小计	元	10031	65561	40615	248103	91324
	材料费	商品混凝土 C30	m³	39.15	280.55		1665.41	373.88
		水泥（综合）	t		3.49	84.01	104.89	5.07
		钢材	t	5.61	38.06	25.88	217.60	50.97
		锯材	m³	0.32	2.61	3.03	8.41	3.95
		中砂	m³		37.58	118.63	302.35	27.87
		碎石	m³	15.91	17.63	263.02	215.19	17.15
		其他材料费	元	110719	87573	45030	278228	88684
		措施费分摊	元	8764	23868	13020	118752	38064
		材料费小计	元	156647	367979	202746	1919571	468978
	机械费	挖土机械费	元	249	7172	4119	15183	12124
		打桩机械费	元		2611			19704
		吊装机械费	元	232	941	834	11625	30447
		其他机械费	元	10208	39039	15338	210130	148180
		措施费分摊	元	504	1372	748	6825	2188
		机械费小计	元	11284	51135	21040	243763	212642
	直接费小计		元	177963	484675	264400	2411437	772944
综合费用			元	37906	103236	56317	513636	164637
合 计			元	215869	587911	320717	2925074	937581

4.2.2.18 清水池分项指标

清水池分项指标,见表4-27。

清水池分项指标   表 4-27

指 标 编 号		4F-169	4F-170	4F-171
工 程 特 征	单位	钢筋混凝土结构,大开挖施工,长×宽×高 = 47.15m × 23.4m × 4.35m,清水池总容量 4000m³	钢筋混凝土结构,大开挖施工,清水池总容量 6350m³,平面尺寸 51.4m × 23.4m,水深 5.8m	钢筋混凝土结构,钢板桩围护开挖施工,有效容积 9146.38m³
指标基价	元	1983097	2629859	7816315
一、建筑安装工程费	元	1947665	2629859	3750015
二、设备购置费	元	35432	—	4066300

建筑安装工程费

			单位	4F-169	4F-170	4F-171
直接费	人工费	人工费	工日	6854	8761	12989
		措施费分摊	元	7271	9818	13999
		人工费小计	元	219945	281661	417042
	材料费	商品混凝土 C30	m³	1048.65		1310.81
		水泥(综合)	t	0.02	530.92	0.02
		钢材	t	139.42	273.17	174.27
		锯材	m³	6.14	15.52	6.14
		中砂	m³	67.80	750.28	67.80
		碎石	m³		1662.89	
		其他材料费	元	93006	206513	950758
		措施费分摊	元	79071	106767	152243
		材料费小计	元	1104183	1606280	2265170
	机械费	挖土机械费	元	31684	93959	61709
		打桩机械费	元			11340
		吊装机械费	元	6071	5822	12750
		其他机械费	元	239232	174204	314760
		措施费分摊	元	4544	6136	8750
		机械费小计	元	281532	280121	409309
直接费小计			元	1605660	2168062	3091521
综合费用			元	342006	461797	658494
合 计			元	1947665	2629859	3750015

4.2.2.19 出口泵房分项指标

出口泵房分项指标，见表 4-28。

出口泵房分项指标

表 4-28

指 标 编 号		单位	4F-172	4F-173	4F-174	4F-175	4F-176
工 程 特 征		单位	钢筋混凝土结构，大开挖施工，长×宽×高=23.54m×8.54m×3.4m	钢筋混凝土结构，大开挖施工，规模 Q =5万 m^3/d	钢筋混凝土结构，大开挖施工，设计水量6.3万 m^3/d，K=1.3，泵房内净尺寸8.7m×6.4m，深8.6m，地下部分深8.3m	钢筋混凝土结构，大开挖施工，长×宽×高=16.25m×13.95m×4.1m	钢筋混凝土结构，大开挖施工，长×宽×高=18.9m×11m×5.7m，设计流量：Q_{max}=8667m^3/h
指标基价		元	956175	1247531	1432613	2339710	2491596
一、建筑安装工程费		元	771496	813931	862746	1596808	936008
二、设备购置费		元	184679	433600	569867	742902	1555588
建筑安装工程费							
人工费	人工费	工日	2440	2209	1996	2973	2839
	措施费分摊	元	2880	3039	3221	5961	3494
	人工费小计	元	78586	71584	65164	98211	91595
直接费 材料费	商品混凝土C30	m^3	382.77	432.59		514.91	459.51
	水泥（综合）	t		7.85	77.90	6.25	16.56
	钢材	t	51.79	58.97	32.66	60.94	52.60
	锯材	m^3	1.55	3.45	1.27	3.94	1.33
	中砂	m^3	32.43	33.90	108.40	45.73	65.60
	碎石	m^3		26.58	239.87	21.16	20.64
	其他材料费	元	53444	35186	361947	510564	158891
	措施费分摊	元	31321	33044	35026	64827	38000
	材料费小计	元	427478	463716	558963	1012057	582178
机械费	挖土机械费	元	15179	8329	44481	18632	3276
	打桩机械费	元				23071	2669
	吊装机械费	元	4215	28846	873	19496	8232
	其他机械费	元	108765	96634	39756	141219	81514
	措施费分摊	元	1800	1899	2013	3726	2184
	机械费小计	元	129959	135707	87123	206144	97874
直接费小计		元	636023	671007	711250	1316412	771648
综合费用		元	135473	142924	151496	280396	164361
合 计		元	771496	813931	862746	1596808	936008

4.2.2.20 雨水泵房分项指标

雨水泵房分项指标，见表4-29。

雨水泵房分项指标 表4-29

指 标 编 号		单位	4F-177	4F-178	4F-179
工 程 特 征		单位	雨水泵房19m³/s：钢筋混凝土结构，沉井（排水下沉）施工，长×宽×高=27.5m×19.2m×10.8m	雨水泵房25m³/s：钢筋混凝土结构，沉井（排水下沉）施工，长×宽×高=26m×24.9m×12.1m	雨水泵房32m³/s：钢筋混凝土结构，沉井（不排水下沉）施工，长×宽×高=38.2m×28.7m×12m
指标基价		元	16319648	24694879	37802455
一、建筑安装工程费		元	5957654	7463779	15683107
二、设备购置费		元	10361994	17231100	22119348

建筑安装工程费

		单位			
人工费	人工费	工日	17356	22988	42566
	措施费分摊	元	22241	27863	58547
	人工费小计	元	560810	741171	1379385
直接费	材料费 商品混凝土C30	m³	3385.61	3501.72	9677.22
	水泥（综合）	t	40.05	15.43	14.83
	钢材	t	384.90	495.41	765.68
	锯材	m³	15.68	17.40	33.06
	中砂	m³	708.46	1054.01	929.29
	碎石	m³	143.66	531.86	63.49
	其他材料费	元	139403	179777	497322
	措施费分摊	元	241868	303014	636702
	材料费小计	元	3199840	3767278	7900321
	机械费 挖土机械费	元	99970	144703	216200
	吊装机械费	元	204848	251434	789460
	其他机械费	元	832136	1231156	2607232
	措施费分摊	元	13900	17415	36592
	机械费小计	元	1150854	1644708	3649484
	直接费小计	元	4911504	6153157	12929190
综合费用		元	1046150	1310622	2753917
合　计		元	5957654	7463779	15683107

4.2.2.21 污水泵房分项指标

污水泵房分项指标，见表4-30。

污水泵房分项指标　　　　　　　　　　　　　　　　表 4-30

指　标　编　号		4F-180	4F-181	4F-182	4F-183	4F-184	4F-185	4F-186	4F-187
工　程　特　征	单位	污水泵房0.07m³/s：钢筋混凝土结构，沉井（排水下沉）施工，长×宽×高=12m×4.6m×8.5m	污水泵房0.33m³/s：钢筋混凝土结构，沉井（排水下沉）施工，长×宽×高=11.4m×5.6m×9.8m	污水泵房0.93m³/s：钢筋混凝土结构，沉井（排水下沉）施工，长×宽×高=20.7m×17.3m×11.1m	污水泵房1.45m³/s：钢筋混凝土结构，沉井（排水下沉）施工，长×宽×高=15.8m×13.6m×10.7m	污水泵房2.24m³/s：钢筋混凝土结构，沉井（排水下沉）施工，长×宽×高=22.88m×18.2m×14.7m	污水泵房2.42m³/s：钢筋混凝土结构，大开挖施工，容积1660m³（形状不规则，8m高）	污水泵房3.18m³/s：钢筋混凝土结构，大开挖施工，容积2525m³（形状不规则，8m高）	污水泵房3.76m³/s：钢筋混凝土结构，沉井（不排水下沉）施工，长×宽×高=33.2m×14.9m×14.9m
指标基价	元	1535386	2853944	6175678	3694089	7634377	7128811	9537293	18982022
一、建筑安装工程费	元	905386	1287444	4554478	2630147	4152746	2221741	2982983	9967322
二、设备购置费	元	630000	1566500	1621200	1063942	3481631	4907070	6554310	9014700

建筑安装工程费

		单位	4F-180	4F-181	4F-182	4F-183	4F-184	4F-185	4F-186	4F-187
人工费	人工费	工日	2701	3744	11841	7500	13015	6420	8378	23036
	措施费分摊	元	3380	4806	17003	9819	15503	8294	11136	37209
	人工费小计	元	87184	120996	384426	242550	419364	207502	271097	752031
直接费	材料费 商品混凝土C30	m³	417.11	569.93	2880.95	1378.96	2727.24	883.96	1217.87	6080.00
	水泥（综合）	t	6.30	6.77	30.95	3.61	39.08	7.86	13.71	13.19
	钢材	t	52.30	81.99	311.81	168.78	367.50	127.00	174.75	547.02
	锯材	m³	2.57	3.24	14.09	8.16	13.98	4.40	5.84	18.06
	中砂	m³	171.65	181.04	515.71	352.30	515.23	91.45	116.49	504.35
	碎石	m³	26.04	27.25	112.31	12.22	123.28	24.82	43.25	52.78
	其他材料费	元	48568	72340	110408	100423	111962	499781	687444	216883
	措施费分摊	元	36757	52268	184902	106779	168593	90198	121103	404653
	材料费小计	元	455192	663001	2634381	1395443	2754474	1413415	1943043	5098233
	机械费 挖土机械费	元	12805	20524	85049	53305	126933	15797	23295	1891
	打桩机械费	元				3274		7941	9342	
	吊装机械费	元	34037	42753	164316	91916	9770	39427	52859	470265
	其他机械费	元	155072	211094	475924	375675	103303	142343	152583	1871407
	措施费分摊	元	2112	3004	10627	6137	9689	5184	6960	23256
	机械费小计	元	204026	277375	735916	530306	249695	210692	245039	2366819
	直接费小计	元	746402	1061372	3754722	2168300	3423533	1831608	2459178	8217083
综合费用		元	158984	226072	799756	461848	729213	390133	523805	1750239
合　　计		元	905386	1287444	4554478	2630147	4152746	2221741	2982983	9967322

5 建设工程造价的确定

5.1 可行性研究投资估算的编制

5.1.1 投资估算编制的基本要求

（1）给水排水工程建设项目可行性研究投资估算的编制，应遵照建设部建标［2007］164号文发布试行的《市政工程投资估算编制办法》（以下简称《编制办法》）的要求进行编制。

（2）可行性研究报告的编制单位应对投资估算全面负责。当由几个单位共同编制可行性研究报告时，主管部门应指定主体编制单位负责统一制定估算编制原则，并汇编总估算，其他单位负责编制各自所承担部分的工程估算。

（3）市政工程项目可行性研究投资估算的编制中，必须严格执行国家的方针、政策和有关法规制度，在调查研究的基础上，如实反映工程项目建设规模、标准、工期、建设条件和所需投资，合理确定和严格控制工程造价。

（4）估算编制人员应深入现场，搜集工程所在地有关的基础资料，包括人工工资、材料主要价格、运输和施工条件、各项费用标准等，并全面了解建设项目的资金筹措、实施计划、水电供应、配套工程、征地拆迁补偿等情况。对于引进技术和设备、中外合作经营的建设项目，估算编制人员应参加对外洽商交流，要求外商提供能满足编制投资估算的有关资料，以提高投资估算的质量。

（5）《编制办法》适用于新建、改建和扩建的市政工程项目可行性研究投资估算的编制。凡利用国际金融机构贷款、外国政府和政府金融机构贷款、中外合作经营项目的投资估算，应结合拟建项目的特点和要求，参照《编制办法》有关规定进行编制。

5.1.2 投资估算文件的组成

（1）根据《编制办法》第七条的规定，投资估算文件的组成应包括以下内容：

1）估算编制说明。

2）建设项目总投资估算及使用外汇额度。

3）主要技术经济指标及投资估算分析。

4）钢材、水泥（或商品混凝土）、木料总需用量。

5）主要引进设备的内容、数量和费用。

6）资金筹措、资金总额的组成及年度用款安排。

（2）估算编制说明，应包括以下主要内容：

1）工程简要概况：包括建设规模和建设范围，并明确建设项目总投资估算中所包括的和不包括的工程项目和费用，如有几个单位共同编制时，则应说明分工编制的情况。

2) 编制依据，应包括以下主要内容：

①国家和主管部门发布的有关法律、法规、规章、规程等。

②部门或地区发布的投资估算指标及建筑、安装工程定额或指标。

③工程所在地区建设行政主管部门发布的人工、设备、材料价格、造价指数等。

④国外初步询价资料及所采用的外汇汇率。

⑤工程建设其他费用内容及费率标准。

3) 征地拆迁、供电供水、考察咨询等费用的计算。

4) 其他有关问题的说明，如估算编制中存在的问题及其他需要说明的问题。

（3）总投资估算应按照"可行性研究报告总估算表"（表 5-1）和"可行性研究报告工程建设其他费用计算表"（表 5-2）编制。工程建设项目分有远期和近期时，应分别按子项编制远、近期的工程投资总估算。

可行性研究报告总估算表 表 5-1

建设项目名称：　　　　　　　　　　　　　　　　　　　　　　第 页 共 页

序号	工程或费用名称	估算金额（万元）					技术经济指标			备注
		建筑工程	安装工程	设备及工器具购置	其他费用	合计	单位	数量	单位价值（元）	
1	2	3	4	5	6	7	8	9	10	11

编制：　　　　　　　　　　　　校核：　　　　　　　　　　　　审核：

可行性研究报告工程建设其他费用计算表 表 5-2

建设项目名称：　　　　　　　　　　　　　　　　　　　　　　第 页 共 页

序号	费用名称	说明及计算式	金额（元）	备 注

编制：　　　　　　　　　　　　校核：　　　　　　　　　　　　审核：

（1）主要技术经济指标应包括投资、用地和主要材料用量，指标单位按单位生产能力

（设计规模）计算。当设计规模有远、近期不同的考虑，或者土建与安装的规模不同时，应分别计算后再行综合。

各项技术经济指标计算方法按建设部建质〔2004〕16 号颁布的《市政公用工程设计文件编制深度规定》中"技术经济指标计算办法"的要求计算。

（2）投资估算应作如下分析：

1）工程投资比例分析

①各项枢纽工程费用占第一部分工程费用即单项工程费用总计的比例。

②工程费用、工程建设其他费用、预备费用各占建设投资的比例。

③建筑工程费、安装工程费、设备购置费、其他费用各占建设项目总投资的比例。

2）分析影响投资的主要因素

（3）资金筹措和资金组成应包括以下主要内容：

1）资金筹措方式。

2）建设项目所需要资金总额的组成。

3）借入资金的借贷条件，包括借贷利率、偿还期、宽限期、贷款币种和汇率、借贷款的其他费用（管理费、代理费、承诺费等）、贷款偿还方式。

4）年度用款计划安排。

5.1.3　投资估算的编制方法

1. 工程费用的估算

（1）建筑工程费估算的编制：建筑工程估算可根据单项工程的性质采用以下方法进行编制：

1）主要构筑物或单项工程：主要构筑物或单项工程的建筑工程费估算的编制可采用以下方法：

①套用估算指标或类似工程造价指标进行编制：按照可行性研究报告所确定的主要构筑物或单项工程的设计规模、工艺参数、建设标准和主要尺寸套用相应的构筑物估算指标或类似工程的造价指标和经济分析资料。在现阶段，建设部 2007 年发布的《市政工程投资估算指标》是编制估算的主要依据之一。

应用估算指标或类似工程造价指标编制估算时，应结合工程的具体条件、考虑时间、地点、材料价格等可变因素，作以下方面调整：

a. 将人工和材料价格以及费用水平调整为工程所在地编制估算年份的市场价格和现行的费率标准。

b. 当设计构筑物或单项工程的规模（能力或建筑体积或有效容积）与套用指标的规模有较大差异时，应根据规模经济效应（即工程建设费用单位造价指标与工程规模的负相关关系）调整造价指标。

c. 根据工程建设的特点和水文地质条件，调整地基处理和施工措施费用。

d. 设计构筑物或单项工程与所套用指标项目的主要结构特征或结构断面尺寸有较大差别时，应调整相应的工程量及其费用。

②套用概（预）算定额进行编制：当设计的构筑物或单项工程项目缺乏合适的估算指标或同类工程造价指标可供套用时，则应根据设计草图计算主要工程数量套用概（预）算

定额。次要工程项目的费用可根据以往的统计分析资料按主要工程项目费用的百分比估列，但次要工程项目费用一般不应超过主要工程项目费用的 20%。

2) 室外管道铺设：室外管道铺设工程估算的编制，应首先采用当地的管道铺设概（估）算指标或预算定额，当地无此类定额或指标时，则可采用《市政工程投资估算指标》内相应的管道铺设指标，但应根据工程所在地的水文地质和施工机具设备条件，对沟槽支撑、排水、管道基础等费用项目作必要的调整，并考虑增列临时便道、路面修复、土方暂存等项费用。

3) 辅助性构筑物或非主要的单项工程：辅助性构筑物或非主要的单项工程（指对整个工程造价影响较小的单项工程），可参照估算指标或类似工程单位建筑体积或有效容积的造价指标进行编制。

人工和材料价格以及费用水平的调整可采用万元实物指标或类似工程实物指标，通过计算价差系数统一调整。

4) 辅助生产项目和生活设施的房屋建筑：辅助生产项目和生活设施的房屋建筑工程，可根据工程所在地同类型或相近建设标准的项目的面积或体积指标进行编制。

(2) 安装工程费估算的编制：安装工程费估算可根据各单项工程的不同情况采用以下方法进行编制：

1) 套用估算指标或类似工程技术经济指标进行估算：单项构筑物的管配件安装工程可根据构筑物的设计规模和工艺形式套用相应的估算指标或类似工程技术经济指标，调整人工和材料价格以及费率标准。

构筑物的管配件费用主要与设计规模（生产能力）和工艺形式有关，因此当设计规模与套用估算指标子目或类似工程项目的规模有差异时，应首先采用相同工艺形式的单位生产能力造价指标进行估算。

2) 按概（预）算定额进行估算：当单项构筑物或建筑物的安装工程缺乏相应的估算指标或类似工程技术经济指标可供套用时，可采用计算主要工程量，按概（预）算定额进行编制。

工艺设备和机械设备的安装可按每吨设备或每台设备估算；工艺管道按不同材质分别以每 100m 或每吨估算；管件按不同材质以每吨估算。

3) 按主要设备和主要材料费用的百分比进行估算：工艺设备、机械设备、工艺管道、变配电设备、动力配电和自控仪表的安装费用也可按不同工程性质以主要设备和主要材料费用的百分比进行估算。安装费用占主要设备和主要材料费的百分比可根据有关指标或同类工程的测算资料取定。

(3) 设备购置费的计算：《市政工程投资估算指标》内单项构筑物的"设备购置费指标"，往往与设计项目实际选用的设备类型、规格和台数有很大差别，因此一般不能直接套用指标，应按设计方案所确定的主要设备内容逐项计算。

设备购置费的估算可由以下费用项目组成：

1) 主要设备费用：主要设备费用按主要设备项目，采用制造厂现行出厂价格（含设备包装费）逐项计算，如用以往年度价格时，应视年份差别取不同调价系数加以调整后使用。非标准设备按国家或主管部门颁发的非标准设备指标计价或按制造厂的报价计算，也可按类似设备现行价及有关资料估价计算。

2) 备品备件购置费：备品备件购置费可按主要设备价值的 1% 估算。设备原价内如已包含备品备件时，则不应再重复计列。

3) 次要设备费用：次要设备费用可按主要设备总价的百分比计算，其百分比例可参照主管部门颁发的综合定额、扩大指标或类似工程造价分析资料取定，一般应掌握在 10% 以内。

4) 成套设备服务费：设备由设备成套公司承包供应时，可计列此项费用，根据发包单位按设计委托的成套设备供应清单进行承包供应所收取的费用。其费率一般收取设备总价（包括主要设备、次要设备和备品备件费用）的 1% 估算。

5) 设备运杂费：指设备从制造厂交货地点或调拨地点到达施工工地仓库所发生的一切费用，包括运输费、包装费、装卸费、仓库保管费等。

根据工程所在地区规定的运杂费率，按设备价格的百分比计算，列入设备购置费内。运杂费率见表 5-3：

设备运杂费率表 表 5-3

序 号	工 程 所 在 地 区	费率（%）
1	辽宁、吉林、河北、北京、天津、山西、上海、江苏、浙江、山东、安徽	6～7
2	河南、陕西、湖北、湖南、江西、黑龙江、广东、四川、重庆、福建	7～8
3	内蒙古、甘肃、宁夏、广西、海南	8～10
4	贵州、云南、青海、新疆	10～11

注：西藏边远地区和厂址距离铁路或水运码头超过 50km 时，可适应提高运杂费费率。

2. 工程建设其他费用的估算

（1）工程建设其他费用系指工程费用以外的、在建设项目的建设投资中必须支出的固定资产其他费用、无形资产费用和其他资产费用（递延资产）。

（2）工程建设其他费用的取费标准可按以下次序取定：

1) 国家发展改革委员会、住房和城乡建设部制订颁发的有关其他费用的取费标准。

2) 建设项目主管部、委制订颁发的有关其他费用的取费标准。

3) 工程所在地的省、自治区、直辖市人民政府或主管部门制订的有关费用定额。

4) 当主管部、委和工程所在地人民政府或主管部门均无明确规定时，则可参照其他部、委或邻近省市规定的取费标准计算。

以下列明的工程建设其他费用项目，是项目的建设投资中通常所发生的费用项目，并非每个项目都会发生下述费用项目，实际工作中应结合工程项目情况予以确定，不发生时不计取。

为方便投资估算的编制，对其他费用项目进行了适当简化和同类费用归并，但这种简化和归并有一个前提条件，即不影响项目的建设投资估算结果。

工程建设其他费用一般包括：建设用地费、建设管理费、建设项目前期工作咨询费、研究试验费、勘察设计费、环境影响咨询服务费、劳动安全卫生评审费、场地准备及临时设施费、工程保险费、特殊设备安全监督检验费、生产准备费及开办费、联合试运转费、专利及专有技术使用费、招标代理服务费、施工图审查费、市政公用设施费以及引进技术和进口设备项目的其他费用等。

（3）一般建设项目很少发生或一些具有较明显行业或地区特征的工程建设其他费用项目，如工程咨询费、移民安置费、水资源费、水土保持评价费、地震安全性评价费、地质灾害危险性评价费、河道占用补偿费、超限设备运输特殊措施费、航道维护费、植被恢复费、种质检测费、引种测试费等，各省（市、自治区）、各部门可在实施办法中补充或具体项目发生时依据有关政策规定计取。

（4）建设用地费：指按照《中华人民共和国土地管理法》等规定，建设项目征用土地或租用土地应支付的费用和管线搬迁及补偿费。包括：

1）土地征用及迁移补偿费：经营性建设项目通过出让方式购置的土地使用权（或建设项目通过划拨方式取得无限期的土地使用权）而支付的土地补偿费、安置补偿费、地上附着物和青苗补偿费、余物迁建补偿费、土地登记管理费等；行政事业单位的建设项目通过出让方式取得土地使用权而支付的出让金；建设单位在建设过程中发生的土地复垦费用和土地损失补偿费用；建设期间临时占地补偿费。

2）征用耕地按规定一次性缴纳的耕地占用税；征用城镇土地在建设期间按规定每年缴纳的城镇土地使用税；征用城市郊区菜地按规定缴纳的新菜地开发建设基金。

3）建设单位租用建设项目土地使用权而支付的租地费用。

4）管线搬迁及补偿费：指建设项目实施过程中发生的供水、排水、燃气、供热、通信、电力和电缆等市政管线的搬迁及补偿费用。

计算方法：

①根据应征建设用地面积、临时用地面积，按建设项目所在省、市、自治区人民政府制定颁发的土地征用补偿费、安置补助费标准和耕地占用税、城镇土地使用税标准计算。

②建设用地上的建（构）筑物如需迁建，其迁建补偿费应按迁建补偿协议计列或按新建同类工程造价计算。建设场地平整中的余物拆除清理费在"场地准备及临时设施费"中计算。

③建设项目采用"长租短付"方式租用土地使用权，在建设期间支付的租地费用计入建设用地费；在生产经营期间支付的土地使用费应进入营运成本中核算。

④根据不同种类市政管线分别按实际搬迁及补偿费用计算。

（5）建设管理费：指建设单位从项目筹建开始直至办理竣工决算为止发生的项目建设管理费用。包括：

1）建设单位管理费：指建设单位从项目开工之日起至办理竣工财务决算之日止发生的管理性的开支。包括：不在原单位发工资的工作人员工资、基本养老保险费、基本医疗保险费、失业保险费、办公费、差旅交通费、劳动保护费、工具用具使用费、固定资产使用费、零星购置费、招募生产工人费、技术图书资料费、印花税、业务招待费、施工现场津贴、竣工验收费和其他管理性开支。

计算方法：以工程总投资为基数，按照工程项目的不同规模分别确定的建设单位管理费率计算。对于改、扩建项目的取费标准，原则上应低于新建项目，如工程项目新建与改、扩建不易划分时，应根据工程实际按难易程度确定费率标准。

2）建设工程监理费：指委托工程监理单位对工程实施监理工作所需费用。包括：施工监理和勘察、设计、保修等阶段监理。

计算方法：按国家发展改革委和建设行政主管部门发布的现行工程建设监理费有关规

定估列。

①以所监理工程投资为基数，按照监理工程的不同规模分别确定的监理费率计算。

②按照参与监理工作的工日计算。

如建设管理采用工程总承包方式，其总包管理费由建设单位与总包单位根据总包工作范围在合同中商定，从建设管理费中支出。

（6）建设项目前期工作咨询费：指建设项目前期工作的咨询收费。

包括：建设项目专题研究、编制和评估项目建议书、编制和评估可行性研究报告，以及其他与建设项目前期工作有关的咨询服务收费。

计算方法：

1）建设项目估算投资额是指项目建议书或可行性报告的估算投资额。

2）建设项目的具体收费标准，根据估算投资额在相对应的区间内用插入法计算。

3）根据行业特点和各行业内部不同类别工程的复杂程度，计算咨询费用时可分别乘以行业调整系数和工程复杂程度调整系数。

（7）研究试验费：指为本建设项目提供或验证设计数据、资料进行必要的研究试验，按照设计规定在建设过程中必须进行试验所需的费用，以及支付科技成果、先进技术的一次性技术转让费，但不包括：

1）应由科技三项费用（即新产品试制费、中间试验费和重要科学研究补助费）开支的项目。

2）应由建筑安装费中列支的施工企业对建筑材料、构件和建筑物进行一般鉴定、检查所发生的费用及技术革新的研究试验费。

计算方法：按照设计提出的研究试验项目内容，编制估算。

（8）勘察设计费：指建设单位委托勘察设计单位为建设项目进行勘察、设计等所需费用，由工程勘察费和工程设计费两部分组成。

1）工程勘察费

包括：测绘、勘探、取样、试验、测试、检测、监测等勘察作业，以及编制工程勘察文件和岩土工程设计文件等收取的费用。

计算方法：可按第一部分工程费用的 $0.8\% \sim 1.1\%$ 计列。

2）工程设计费

包括：编制初步设计文件、施工图设计文件、非标准设备设计文件、施工图预算文件、竣工图文件等服务所收取的费用。

计算方法：

①以第一部分工程费用与联合试运转费用之和的投资额为基础，按照工程项目的不同规模分别确定的设计费率计算。

②施工图预算编制按设计费的 10% 计算。

③竣工图编制按设计费的 8% 计算。

（9）环境影响咨询服务费：指按照《中华人民共和国环境保护法》、《中华人民共和国环境影响评价法》对建设项目环境影响进行全面评价所需的费用。

包括：编制环境影响报告表、环境影响报告书（含大纲）和评估环境影响报告表、环境影响报告书（含大纲）。

计算方法：以工程项目投资为基数，按照工程项目的不同规模分别确定的环境影响咨询服务费率计算。

(10) 劳动安全卫生评审费：指按劳动部《建设项目（工程）劳动安全卫生监察规定》和《建设项目（工程）劳动安全卫生评价管理办法》的规定，为预测和分析建设项目存在的职业危险、危害因素的种类和危险危害程度，并提出先进、科学、合理可行的劳动安全卫生技术和管理对策的所需费用。

包括：编制建设项目劳动安全卫生预评价大纲和劳动安全卫生评价报告，以及为编制上述文件所进行的工程分析和环境现状调查等所需费用。

计算方法：按国家或主管部门发布的现行劳动安全卫生预评价委托合同计列，或按照建设项目所在省（市、自治区）劳动行政部门规定的标准计算，也可按第一部分工程费用的 0.1%～0.5%计列。

(11) 场地准备及临时设施费：包括场地准备费和临时设施费。

1) 场地准备费是指建设项目为达到工程开工条件所发生的场地平整和对建设场地余留的有碍于施工建设的设施进行拆除清理的费用。

2) 临时设施费是指为满足施工建设需要而供到场地界区的、未列入工程费用的临时水、电、路、信、气等其他工程费用和建设单位的现场临时建（构）筑物的搭设、维修、拆除、摊销或建设期间租赁费用，以及施工期间专用公路养护费、维修费。

3) 场地准备及临时设施应尽量与永久性工程统一考虑。建设场地的大型土石方工程应进入工程费用中的总图运输费用中。

计算方法：

①新建项目的场地准备和临时设施费应根据实际工程量估算，或按工程费用的比例计算，一般可按第一部分工程费用的 0.5%～2.0%计列。

②改扩建项目一般只计拆除清理费。

③发生拆除清理费时可按新建同类工程造价或主材费、设备费的比例计算。凡可回收材料的拆除采用以料抵工方式，不再计算拆除清理费。

④此费用不包括已列入建筑安装工程费用中的施工单位临时设施费用。

(12) 工程保险费：指建设项目在建设期间根据需要对建筑工程、安装工程及机器设备和人身安全进行投保而发生的保险费用。

包括：建筑安装工程一切险、人身意外伤害险和引进设备财产保险等费用。

计算方法：

1) 不同的建设项目可根据工程特点选择投保险种，根据投保合同计列保险费用。编制投资估算时可按工程费用的比例估算。

2) 不包括已列入施工企业管理费中的施工管理用财产、车辆保险费。

3) 按国家有关规定计列，也可按下式估列：

$$工程保险费 = 第一部分工程费用 \times (0.3\% \sim 0.6\%) \qquad (5\text{-}1)$$

注：不含已列入建安工程施工企业的保险费。

(13) 特殊设备安全监督检验费：指在施工现场组装的锅炉及压力容器、压力管道、消防设备、燃气设备、电梯等特殊设备和设施，由安全监察部门按照有关安全监察条例和实施细则以及设计技术要求进行安全检验，应由建设项目支付的、向安全监察部门缴纳的费用。

计算方法：按照建设项目所在省（市、自治区）安全监察部门的规定标准计算。无具体规定的，在编制投资估算时可按受检设备现场安装费的比例估算。

（14）生产准备费及开办费：指建设项目为保证正常生产（或营业、使用）而发生的人员培训费、提前进厂费以及投产使用初期必备的生产办公生活家具用具及工器具等购置费用。

包括：

1）生产准备费：包括生产职工培训及提前进厂费。

①新建企业或新增生产能力的扩建企业在交工验收前自行培训或委托其他单位培训技术人员、工人和管理人员所支出的费用。

②生产单位为参加施工、设备安装、调试等以及熟悉工艺流程、机器性能等需要提前进厂人员所支出的费用。

费用内容包括：培训人员和提前进厂人员的工资、工资性补贴、职工福利费、差旅交通费、劳动保护费、学习资料费等。

计算方法：根据培训人数（按设计定员的60%）按6个月培训期计算。为了简化计算，培训费按每人每月平均工资、工资性补贴等标准计算。

提前进厂费，按提前进厂人数每人每月平均工资、工资性补贴标准计算，若工程不发生提前进厂费的不得计算此项费用。

2）办公和生活家具购置费：指为保证新建、改建、扩建项目初期正常生产、使用和管理所必须购置的办公和生活家具用具的费用。改、扩建项目所需的办公和生活用具购置费，应低于新建项目的费用。

购置范围包括：办公室、会议室、资料档案室、阅览室、食堂、浴室和单身宿舍等的家具用具。应本着勤俭节约的精神，严格控制购置范围。

计算方法：为简化计算，可按照设计定员人数，每人按1000~2000元计算。

3）工器具及生产家具购置费：指新建项目为保证初期正常生产所必须购置的第一套不够固定资产标准的设备、仪器、工卡模具、器具等的费用，不包括其备品备件的购置费。该费用按照财政部财建〔2002〕394号文件的规定，应计入第一部分工程费用内。

计算方法：可按第一部分工程费用设备购置费总额的1%~2%估算。

（15）联合试运转费：指新建项目或新增加生产能力的工程，在竣工验收前，按照设计文件所规定的工程质量标准和技术要求，进行整个生产线或装置的负荷联合试运转或局部联动试车所发生的费用净支出。当试运转有收入时，则计列收入与支出相抵后的亏损部分，不包括应由设备安装费开支的试车调试费用，以及在试运转中暴露出来的因施工原因或设备缺陷等发生的处理费用。不发生试运转费的工程或者试运转收入和支出相抵消的工程，不列此费用项目。

试运转费用中包括：试运转所需的原料、燃料、油料和动力的消耗费用，机械使用费用，低值易耗品及其他物品的费用和施工单位参加联合试运转人员的工资以及专家指导费等。

试运转收入包括试运转产品销售和其他收入。

计算方法：

给排水工程项目：按第一部分工程费用内设备购置费总额的1%计算。

试运行期按照以下规定确定：引进国外设备项目按建设合同中规定的试运行期执行；国内一般性建设项目试运行期原则上按照批准的设计文件所规定的期限执行。个别行业的建设项目试运行期需要超过规定试运行期的，应报项目设计文件审批机关批准。试运行期一经确定，各建设单位应严格按规定执行，不得擅自缩短或延长。

(16) 专利及专有技术使用费：指建设项目使用国内外专利和专有技术支付的费用。包括：

1) 国外技术及技术资料费、引进有效专利、专有技术使用费和技术保密费。

2) 国内有效专利和专有技术使用费。

3) 商标权、商誉和特许经营权费等。

计算方法：

1) 按专利使用许可协议和专有技术使用合同的规定计列。

2) 专有技术的界定应以省、部级鉴定批准为依据。

3) 项目投资中只计需在建设期支付的专利及专有技术使用费。协议或合同规定在生产期分年支付的使用费应在生产成本中核算。

4) 一次性支付的商标权、商誉及特许经营权费按协议或合同规定计列。协议或合同规定在生产期支付的商标权或特许经营权费应在生产成本中核算。

5) 为项目配套的专用设施投资，包括专用铁路线、专用公路、专用通信设施、变送电站、地下管道、专用码头等，如由项目建设单位负责投资但产权不归属本单位的，应作无形资产处理。

(17) 招标代理服务费：指招标代理机构接受招标人委托，从事招标业务所需的费用。

包括：编制招标文件（包括编制资格预审文件和标底），审查投标人资格，组织投标人踏勘现场并答疑，组织开标、评标、定标以及提供招标前期咨询、协调合同的签订等业务。

计算方法：按国家或主管部门发布的现行招标代理服务费标准计算。

(18) 施工图审查费：指施工图审查机构受建设单位委托，根据国家法律、法规、技术标准与规范，对施工图进行审查所需的费用。

包括：对施工图进行结构安全和强制性标准、规范执行情况进行独立审查。

计算方法：按国家或主管部门发布的现行施工图审查费有关规定估列。

(19) 市政公用设施费：指使用市政公用设施的建设项目，按照项目所在地省一级人民政府有关规定建设或缴纳的市政公用设施建设配套费用，可能发生的公用供水、供气、供热设施建设的贴补费用、供电多回路高可靠性供电费用以及绿化工程补偿费用。

计算方法：

1) 按工程所在地人民政府规定标准计列。

2) 不发生或按规定免征项目不计取。

(20) 引进技术和进口设备项目的其他费用：其费用的内容和编制方法见5.1.4节引进技术和进口设备项目投资估算编制办法。

3. 预备费的计算

预备费包括基本预备费和价差预备费两部分。

（1）基本预备费：指在可行性研究投资估算中难以预料的工程和费用，其中包括实行按施工图预算加系数包干的预算包干费用，其用途如下：

1）在进行初步设计、技术设计、施工图设计和施工过程中，在批准的建设投资范围内所增加的工程和费用。

2）由于一般自然灾害所造成的损失和预防自然灾害所采取的措施费用。

3）在上级主管部门组织竣工验收时，验收委员会（或小组）为鉴定工程质量，必须开挖和修复隐蔽工程的费用。

计算方法：以第一部分"工程费用"总值和第二部分"工程建设其他费用"总额之和为基数，乘以基本预备费率8%～10%计算，预备费费率的取值应按工程具体情况在规定的幅度内确定。

（2）价差预备费：指项目建设期间由于价格可能发生上涨而预留的费用。

计算方法：以编制项目可行性研究报告的年份为基期，估算到项目建成年份为止的设备、材料等价格上涨系数，以第一部分工程费用总额为基数，按建设期分年度用款计划进行价差预备费估算。

价差预备费计算公式如下：

$$P_f = \sum_{t=1}^{n} I_t [(1+f)^{t-1} - 1] \tag{5-2}$$

式中　P_f——计算期价差预备费；

I_t——计算期第 t 年的建筑安装工程费用和设备及工器具的购置费用；

f——物价上涨系数；

n——计算期年数，以编制可行性研究报告的年份为基数，计算至项目建成的年份；

t——计算期第 t 年（以编制可行性研究报告的年份为计算期第一年）。

4. 税费、建设期利息及铺底流动资金的计算

（1）固定资产投资方向调节税：固定资产投资方向调节税应根据《中华人民共和国固定资产投资方向调节税暂行条例》及其实施细则、补充规定等文件计算。

（2）建设期利息是指筹措债务资金时，在建设期内发生的，并按规定允许在投产后计入固定资产原值的利息，即资本化利息。建设期利息包括银行借款和其他债务资金的利息以及其他融资费用。

建设期借款利息应根据资金来源、建设期年限和借款利率分别计算。

对国内借款，无论实际按年、季、月计息，均可简化为按年计息，即将名义年利率按计息时间折算成有效年利率。计算公式为：

$$有效年利率 = (1 + \frac{名义年利率}{m})^m - 1 \tag{5-3}$$

式中　m——每年计息次数。

计算建设期利息时，为了简化计算，通常假定借款均在每年的年中支用，借款当年按半年计息，其余各年份按全年计息，计算公式如下：

采用单利方式计息时：

各年应计利息 ＝（年初借款本金累计＋本年借款额／2）×名义年利率   (5-4)

采用复利方式计息时：

各年应计利息 ＝（年初借款本息累计＋本年借款额／2）×有效年利率   (5-5)

对有多种借款资金来源，每笔借款的年利率各不相同的项目，既可分别计算每笔借款的利息，也可先计算出各笔借款加权平均的年利率，并以此加权平均利率计算全部借款的利息。

建设期其他融资费用是指某些债务融资中发生的手续费、承诺费、管理费、信贷保险费等融资费用，一般情况下应将其单独计算并计入建设期利息；在项目前期研究的初期阶段，也可作粗略估算并计入工程建设其他费用；对于不涉及国外贷款的项目，在可行性研究阶段，也可作粗略估算并计入工程建设其他费用。

（3）铺底流动资金，即自有流动资金，按流动资金总额的30％作为铺底流动资金列入总投资计划。

流动资金指为维持生产所占用的全部周转资金。流动资金总额可参照类似的生产企业的扩大指标进行估算。

1）按产值（或销售收入）资金率用式（5-6）估算：

流动资金额 ＝ 年产值(或年销售收入额)×产值(或销售收入)资金率   (5-6)

产值（或销售收入）资金率可由同类企业百元产值（或销售收入）的流动资金占用额确定。

2）按年经营成本和定额流动资金周转天数用式（5-7）估算：

流动资金额 ＝（年经营成本／360）×定额流动资金周转天数   (5-7)

定额流动资金周转天数可按90d计算。

5.1.4 引进技术和进口设备项目投资估算编制办法

（1）引进技术和进口设备项目投资估算的编制，一般应以与外商签定的合同或报价的价款为依据。引进技术和进口设备项目外币部分根据合同或报价所规定的币种和金额，按合同签定日期国家外汇管理局公布的牌价（卖出价）计算。若有多项独立合同时，以主合同签定日期公布的牌价（卖出价）为准；若无合同，则按估算编制日期国家外汇管理局公布的牌价（卖出价）计算。国内配套工程费用按国内同类工程项目考虑。

（2）引进技术和进口设备的项目费用分国外和国内两部分。

1）国外部分

①硬件费：指设备、备品备件、材料、专用工具、化学品等，以外币折合成人民币，列入第一部分工程费用。

②软件费：指国外设计、技术资料、专利、技术秘密和技术服务等费用，以外币折合成人民币列入第二部分工程建设其他费用。

③从属费用：指国外运费、运输保险费，以外币折合成人民币，随货价相应列入第一部分工程费用。

④其他费用：指外国工程技术人员来华工资和生活费、出国人员费用，以外币折合成人民币列入第二部分工程建设其他费用。

2）国内部分

①从属费用：指进口关税、增值税、银行财务费、外贸手续费、引进设备材料国内检验费、工程保险费、海关监管手续费，为便于核调，单独列项，随货价和性质对应列入总估算中第一部分工程费用的设备购置费、安装工程费和其他费用栏。

②国内运杂费：指引进设备和材料从到达港口岸、交货铁路车站到建设现场仓库或堆场的运杂费及保管等费用，列入第一部分工程费用的设备购置费、安装工程费。

③国内安装费：指引进的设备、材料由国内进行施工而发生的费用，列入第一部分工程费用的安装工程费。

④其他费用：包括外国工程技术人员来华费用、出国人员费、银行担保费、图纸资料翻译复制费、调剂外汇额度差价费等，列入总估算第二部分其他费用。

（3）引进设备、材料价格及从属费用的估算方法

1）设备、材料价格：指引进的设备、材料和软件的到岸价（CIF），即离岸价（FOB）、国外运输费和运输保险费之和，按人民币计。

2）国外运输费：软件不计算国外运输费，硬件海运费可按海运费费率6%估算，陆运费按中国对外贸易运输总公司执行的《国际铁路货物联运办法》等有关规定计算。

3）运输保险费：软件不计算运输保险费，硬件按式（5-8）估算：

$$运输保险费 ＝ 离岸价(FOB) \times 运保费定额(1.062) \times 保险费费率 \qquad (5\text{-}8)$$

其中保险费费率按中国人民保险公司有关规定计算。

4）外贸手续费：按货价的1.5%估算。

5）银行财务费：按货价的0.5%估算。

6）关税：按到岸价乘以关税税率计算，关税税率按《海关税则规定》执行。

7）增值税：按式（5-9）计算：

$$增值税 ＝ (到岸价＋关税) \times 增值税税率 \qquad (5\text{-}9)$$

增值税税率按《中华人民共和国增值税条例》和《海关税则规定》执行。

上述各计算公式中所列税率、费率，在编制投资估算时应按国家有关部门公布的最新的税率、费率调整。

单独引进软件时，不计算关税，只计增值税。

（4）国内运杂费费率根据交通运输条件的不同，以硬件费（设备原价）为基数，分地区按表5-4所列百分比计算：

引进设备及材料的国内运杂费率　　　　　　　　　　　　　　表5-4

序号	工 程 所 在 地 区	％
1	上海、天津、青岛、秦皇岛、温州、烟台、大连、连云港、南通、宁波、广州、湛江、北海、厦门	1.5
2	北京、河北、吉林、辽宁、山东、江苏、浙江、广东、海南、福建	2.0
3	山西、广西、陕西、江西、河南、湖南、湖北、安徽、黑龙江	2.5
4	四川、重庆、云南、贵州、宁夏、内蒙古、甘肃	3.0
5	青海、新疆、西藏	4.0

(5) 引进设备材料国内检验费（含商检费），系根据《中华人民共和国进出口商品检验条例》规定检验的项目所发生的费用，可按式（5-10）计算：

$$设备材料检验费 = 设备材料到岸价 \times (0.5\% \sim 1\%) \tag{5-10}$$

(6) 引进项目建设保险费：在工程建成投产前，建设单位向保险公司投保建筑工程险、安装工程险、财产险和机器损坏险等应缴付的保险费，其费率按国家有关规定进行计算。

凡需赔偿外汇的保险业务，需计算保险费的外币金额，并按人民币外汇牌价（卖出价）折成人民币。

(7) 引进项目国内安装费的估算：可按引进项目硬件费的3.5%~5.0%估算，引进项目所发生的全部安装费（包括各种取费在内，如汇率上调，估算指标可适当下调）。引进项目大件、超大件的设备比较多、安装要求较高时，安装费估算指标可取上限。

(8) 列入第二部分工程建设其他费用中引进项目其他费用的编制办法：

1) 引进项目图纸资料翻译复制费、备品备件测绘费：根据引进项目的具体情况计列或按引进设备（材料）离岸价的比例估列；引进项目发生备品备件测绘费时按具体情况估列。

2) 出国人员费用，包括设计联络，出国考察、联合设计、设备材料采购、设备材料检验和培训等所发生的旅费、生活费等。

依据合同或协议规定的出国人次、期限以及相应的费用标准计算。生活费按照财政部、外交部规定的现行标准计算，旅费按中国民航公布的票价计算。

3) 来华人员费用，主要包括来华工程技术人员的现场办公费用、往返现场交通费用、接待费用等。

依据引进合同或协议有关条款及来华技术人员派遣计划进行计算。来华人员接待费用可按每人次费用指标计算。引进合同价款中已包括的费用内容不得重复计算。

4) 银行担保费：指引进项目中由国内外金融机构出面提供担保风险和责任所发生的费用，一般按承担保险金额的5‰计取。

(9) 世界银行贷款项目价差预备费的计算，可按国外惯用的年中计算的假定，即项目费用发生在每年年中、假定年物价上涨率的一半来计算每年的价格上涨预备费，计算公式（5-11）如下：

$$P_f = \sum_{t=1}^{n} BC_t \left[(1+f)^{t-1} + \frac{f}{2} - 1 \right] \tag{5-11}$$

式中　P_f——计算期价差预备费；

　　　f——物价上涨系数，各年的物价上涨系数不同时，应逐年分别计算；

　　　n——计算期年数，以编制可行性研究报告的年份为基数，计算至项目建成的年份；

　　　BC_t——第 t 年的建设费用，包括总估算的第一部分和第二部分费用以及基本预备费之和。

各年的物价上涨系数不同时，应逐年分别计算。

(10) 现行规定下工程建设其他费用计算可参考表5-5。

现行规定下工程建设其他费用计算表　　　表 5-5

序号	费用名称及内容	计算方法及指标	依　据
1		建设用地费	《中华人民共和国耕地占用税暂行条例》（国发〔1987〕27 号）、《中华人民共和国城镇土地使用税暂行条例》、《中华人民共和国城镇国有土地使用权出让和转让暂行条例》、国家物价局、财政部〔1992〕价费字 597 号、国土资源部令第 21 号通知、〔1990〕国土〔籍〕字第 93 号
	（1）土地征用及迁移补偿费	根据批准的建设用地和临时用地面积，按工程所在地人民政府颁发的费用标准并结合实际情况计算	
	（2）租地费用	建设期间支付的租地费用计入土地使用费；生产经营期支付的租地费用计入运营成本	
	（3）管线搬迁及补偿费	根据不同种类市政管线分别按实际搬迁及补偿费用计算	
2		建设管理费	
	（1）建设单位管理费	在工程可行性研究阶段，可按工程总投资（不包括建设单位管理费本身）分档计算 单位：万元 工程总投资／费率(%)／工程总投资／建设单位管理费 1000 以下　1.5　1000　1000×1.5%＝15 1001～5000　1.2　5000　15＋(5000－1000)×1.2%＝63 5001～10000　1.0　10000　63＋(10000－5000)×1%＝113 10001～50000　0.8　50000　113＋(50000－10000)×0.8%＝433 50001～100000　0.5　100000　433＋(100000－50000)×0.5%＝683 100001～200000　0.2　200000　683＋(200000－100000)×0.2%＝883 200000 以上　0.1　280000　883＋(280000－200000)×0.1%＝963 注：若为改造或扩建项目，建设单位管理费标准适当降低	财政部财建〔2002〕394 号
	（2）工程质量监督费	按城市规模、工程性质的不同计费	按国家或主管部门发布的现行工程质量监督费有关规定估列
	（3）建设工程监理费	按工程费＋联合试运转费之和的投资额计算 单位：万元 工程费＋联合试运转费／施工监理费／备注 500　16.5 1000　30.1 3000　78.1 5000　120.8 8000　181.0 10000　218.6 20000　393.4 40000　708.2 60000　991.4 80000　1255.8 100000　1507.0 200000　2712.5 400000　4882.6 600000　6835.6 800000　8658.4 1000000　10390.1 ①工程专业、复杂程度调整系数等见有关文件规定。②其他阶段相关服务费一般按相关服务工作所需工日计算	国家发改委、建设部发改价格〔2007〕670 号

序号	费用名称及内容	计算方法及指标	依据
3	建设项目前期工作咨询费	按建设项目估算投资额分档收费标准　　　　单位：万元 项目 / 3000~10000 / 10000~50000 / 50000~100000 / 100000~500000 / 500000以上 编制项目建议书 / 6~14 / 14~37 / 37~55 / 55~100 / 100~125 编制可行性研究报告 / 12~28 / 28~75 / 75~110 / 110~200 / 200~250 评估项目建议书 / 4~8 / 8~12 / 12~15 / 15~17 / 17~20 评估可行性研究报告 / 5~10 / 10~15 / 15~20 / 20~25 / 25~35 注：1. 建设项目估算投资额是指项目建议书或可行性报告的估算投资额。 　　2. 建设项目的具体收费标准，根据估算投资额在相对应的区间内用插入法计算。 　　3. 根据行业特点和各行业内部不同类别工程的复杂程度，计算咨询费用时可分别乘以行业调整系数和工程复杂程度调整系数（详见国家计委计价格〔1999〕1283号文件附表二）	国家计委计价格〔1999〕1283号
4	研究试验费	不包括 1. 应由科技三项费用（新产品试制费、中间试验费和重要科学研究补助费）开支的项目。 2. 应由建筑安装费中列支的施工企业对建筑材料、构件和建筑物进行一般鉴定、检查所发生的费用及技术革新的研究试验费	按实际需要计算

上表中间跨列标题：勘察设计费

序号	费用名称及内容	计算方法及指标	依据
5	（1）工程勘察费	可按第一部分工程费用的0.8%~1.1%计取	具体项目应按国家计委、建设部计价格〔2002〕10号的有关规定计算
	（2）工程设计费	按工程费用+联合试运转费用之和的投资额计算　　　单位：万元 工程费+联合试运转费 / 设计费 / 备注 200 / 9.0 / ①计算额处于两个数值区间的采用直线内插法确定。②施工图预算按设计费的10%计算。③竣工图按设计费的8%计算。④工程专业、复杂程度调整系数等见有关文件规定 500 / 20.9 1000 / 38.8 3000 / 103.8 5000 / 163.9 8000 / 249.6 10000 / 304.8 20000 / 566.8 40000 / 1054.0 60000 / 1515.2 80000 / 1960.1 100000 / 2393.4 200000 / 4450.8	

续表

序号	费用名称及内容	计算方法及指标	依 据
6	环境影响咨询服务费	按建设项目投资额计算　　　　　　单位：万元 表格见下	国家计委、国家环保总局计价格〔2002〕125号

按建设项目投资额计算　　单位：万元

项 目	3000 以下	3000～20000	20000～100000	100000～500000
编制环境影响报告表	1～2	2～4	4～7	7 以上
环境影响报告书（含大纲）	5～6	6～15	15～35	35～75
评估环境影响报告表	0.5～0.8	0.8～1.5	1.5～2	2 以上
环境影响报告书（含大纲）	0.8～1.5	1.5～3	3～7	7～9

序号	费用名称及内容	计算方法及指标	依 据
7	劳动安全卫生评审费	按第一部分工程费用的 0.1%～0.5% 计算	—
8	场地准备费及临时设施费	按第一部分工程费用的×（0.5%～2.0%）	—
9	工程保险费	按第一部分工程费用的×（0.3%～0.6%） 注：不含已列入建安工程施工企业的保险费	国家有关规定
10	特殊设备安全监督检验费	按受检设备现场安装费的比例估算	—
		生产准备费及开办费	
11	（1）生产准备费	按培训人员每人 1000～2000 元计算	根据规划的培训人数、提前进厂工人数、培训方法、时间和相关行业职工培训费用标准计算
	（2）办公及生活家具购置费	保证新建、改建、扩建项目初期正常生产、使用和管理所必须购置办公和生活家具用具的费用。改、扩建项目所需的办公和生活用具购置费，应低于新建项目的费用。 按设计定员每人 1000～2000 元计算	根据设计标准计算
12	联合试运转费	给排水工程项目：按第一部分工程费用内设备购置费总额的 1% 计算；	—
13	专利及专有技术使用费	1. 按专利使用许可协议和专有技术使用合同的规定计列； 2. 技术的界定应以省、部级鉴定批准为依据； 3. 投资中只计需在建设期支付的专利及专有技术使用费。协议或合同规定在生产期分年支付的使用费应在成本中核算	—

序号	费用名称及内容	计算方法及指标				依　据

| 序号 | 费用名称及内容 | | | | | 依　据 |

<table>
<tr><td rowspan="2">14</td><td rowspan="2">招标代理服务费</td><td colspan="4">按工程费用差额定率累进计费　　　　　　　　单位:%</td><td rowspan="2">国家计委计价格〔2002〕1980号</td></tr>
</table>

项　目	货物招标	服务招标	工程招标
100万元以下	1.50	1.50	1.00
100万~500万元	1.10	0.80	0.70
500万~1000万元	0.80	0.45	0.55
1000万~5000万元	0.50	0.25	0.35
5000万~10000万元	0.25	0.10	0.20
10000万~100000万元	0.05	0.05	0.05
100000万元	0.01	0.01	0.01

序号	费用名称及内容	计算方法及指标	依　据
15	施工图审查费	—	按国家或主管部门发布的现行施工图审查费有关规定估列
16	市政公用设施费	—	项目所在地有关部门发布的规定
17	引进技术和引进设备其他费用		
	（1）引进项目图纸资料翻译复制费、备品备件测绘费	根据引进项目的具体情况计列或按引进设备（材料）离岸价的比例估列；引进项目发生备品备件测绘费时按具体情况估列	—
	（2）出国人员费用	依据合同或协议规定的出国人次、期限以及相应的费用标准计算。生活费按照财政部、外交部规定的现行标准计算，旅费按中国民航公布的票价计算	—
	（3）来华人员费用	依据引进合同或协议有关条款及来华技术人员派遣计划进行计算。来华人员接待费可按每人次费用指标计算。引进合同价款中已包括的费用内容不得重复计算	外国专家局、财政部关于《外国经济专家接待工作的若干规定》
	（4）银行担保费	一般按承担保险金额的5‰计取	—

5.2　设计概算的编制

5.2.1　设计概算的基本要求

（1）设计概算或修正概算是初步设计文件或技术设计文件的重要组成部分。概算应控制在批准的建设项目可行性研究报告投资估算允许浮动幅度范围内。概算经批准后是基本建设项目投资最高限额，是编制建设项目投资计划、确定和控制建设项目投资的依据，是控制施工图设计和施工图预算的依据，是衡量设计方案经济合理性和选择最佳设计方案的依据，是考核建设项目投资效果的依据。

（2）设计概算的编制单位应对概算全面负责。当由几个单位共同编制设计概算时，主体编制单位应负责统一制定概算编制原则和依据、工程设备与材料价格、取费标准等的协调与统一，并汇编总概算，其他单位负责编制各自所承担部分的设计概算。

（3）市政工程项目设计概算的编制中，必须严格执行国家的方针、政策和有关法规制度，在调查研究的基础上，如实反映工程项目建设规模、标准、工期、建设条件和所需投资，合理确定和严格控制工程造价。

（4）设计单位应按不同的设计阶段编制概算和修正概算。概算编制人员应深入现场，搜集工程所在地有关的基础资料，包括相关定额、取费标准、工资单价、材料设备价格、运输和施工条件等，并全面了解建设项目的资金筹措、实施计划、水电供应、配套工程、征地拆迁补偿等情况。

5.2.2 设计概算文件的组成

设计概算文件由封面、扉页、概算编制说明、总概算书、综合概算和单位工程概算书组成。

（1）封面及扉页的组成

封面有项目名称，编制单位、编制日期及第几册内容，扉页有项目名称、编制单位、单位资格证书号、单位主管、审核、专业负责人和主要编制人的署名，审核和编制人员应签名并加盖执业（从业）资格印章。

（2）概算编制说明应包括以下主要内容：

1）工程简要概况：包括建设规模和建设范围，并明确建设项目总概算中所包括的和不包括的工程项目和费用，如有几个单位共同编制时，则应说明分工编制的情况。

2）编制依据，应包括以下主要内容：

①国家和主管部门发布的有关法律、法规、规章、规程等。

②批准的可行性研究报告（修正概算时为初步设计文件）等有关资料。

③初步设计（或技术设计）图纸等设计文件。

④部门或地区发布的建筑、安装、市政工程等相关定额。

⑤工程所在地的人工、材料、机械及设备价格等。

⑥国外初步询价资料及所采用的外汇汇率。

⑦与概算有关的合同、委托书、协议书、会议纪要等。

⑧工程建设其他费用内容及费率标准。

⑨工程所在地的自然、技术、经济条件等资料。

⑩其他有关资料。

3）征地拆迁、供电供水、考察咨询等费用的计算。

4）总概算金额及各项费用的构成。

5）人工、钢材、水泥（或商品混凝土）、锯材等主材总需要量情况。

6）资金筹措及分年度使用计划，如使用外汇，应说明使用外汇的种类、折算汇率及外汇的使用条件。

7）其他有关问题的说明，如概算编制中存在的问题及其他需要说明的问题。

（3）建设项目总概算由各综合概算及工程建设其他费用概算、预备费用、固定资产投资方向调节税、建设期利息和铺底流动资金组成。

（4）综合概算书是单项工程建设费用的综合文件，由专业的单位工程概算书组成。工程内容简单的项目可以由一个或几个单项工程组成汇编为一份综合概算书，也可将综合概算书内的内容直接编入总概算，而不另单独编制综合概算书。

（5）单位工程概算书是指一项独立的建（构）筑物中按专业工程计算工程费用的概算文件。

5.2.3   设计概算的编制方法

（1）建筑工程设计概算的编制可采用以下方法：

1）建筑工程宜采用定额计价形式。当工程所在地有相关规定时，也可按规定执行。

2）主要工程项目应按照国家或省、市、自治区等主管部门规定的概算定额和费用标准等文件，根据初步设计（或技术设计）图纸及说明书，按照工程所在地的自然条件和施工条件，计算工程数量套用相应的概算定额进行编制。如没有规定的概算定额时，也可按规定的预算定额编制概算，并计算零星项目费。

概算定额的项目划分和包括的工程内容较预算定额有所扩大，按概算定额计算工程量时，应与概算定额每个项目所包括的工程内容和计算规则相适应，避免内容的重复或漏算。

按预算定额编制概算时，零星项目费用可按主要项目总价的百分比计列。若缺乏相应测算资料时，也可参考表5-6计算零星项目费率，根据项目的复杂程度和规模不同，取用不同的费率标准。

建筑工程零星项目费率参考表   表 5-6

项 目 名 称	零星项目费率
建（构）筑物	3%～5%
管网工程	3%

3）辅助构筑物的建筑工程费用可参照概算指标或类似工程单位建筑体积或有效容积的造价指标进行编制。

4）构筑物的上部建筑工程、辅助生产项目和生活设施的房屋建筑工程，可根据工程所在地相应的面积或体积指标进行编制。

5）对于与主体工程配套的其他专业工程，也可采用估算列入总概算。

6）对于加固改造项目可参照市场价格进行编制。

（2）安装工程设计概算的编制可采用以下两种方法：

1）安装工程费可按照国家或省、市、自治区等主管部门规定的概算定额和费用标准等文件，根据初步设计（或技术设计）图纸及说明书，按照工程所在地的自然条件和施工条件，计算工程数量套用相应的概算定额进行编制。

如没有规定的概算定额时，也可按规定的预算定额编制概算，并计算零星项目费，零星项目费用可按主要项目总价的百分比计划。若缺乏相应测算资料时，也可参考表 5-7 计算零星项目费率，根据项目的复杂程度和规模不同，取用不同的费率标准。

安装工程零星项目费率参考表　　　　　表 5-7

项目名称	零星项目费率	项目名称	零星项目费率
机械设备	3%～5%	电气设备	3%～5%
管配件	5%～10%	自控仪表设备	3%～5%
市政管道工程	3%～5%	其他设备	3%～5%
电气材料	5%～10%		

2）安装工程费也可按占设备（材料）原价的百分比率计算。若缺乏相应测算资料时，也可参考表 5-8 计算安装工程费率，根据项目的复杂程度和规模不同，取用不同的费率标准。

安装工程费费率参考表　　　　　表 5-8

项目名称	安装工程费率	计费基数
国产机械设备	10%～12%	设备价
管配件	15%～20%	材料价
电气材料	15%～20%	材料价
电气设备	10%～12%	设备价
自控仪表设备	10%～15%	设备价

（3）设备购置费的组成和编制方法可参见"投资估算的编制方法"有关章节。

（4）给水工程设计概算编制方法

给水工程中的单项工程有取水工程、输水管渠、净水厂和配水管网工程等。其中取水工程由取水管、取水泵房等单位工程组成，净水厂由沉淀池、滤池、清水池、污泥平衡池和污泥脱水机房等单位工程组成。

1）取水和净水厂工程

①工艺管道中管道管件可按延长米、件数或折算成重量计算。

②厂区平面布置工程中各单项工程可参考类似工程技术经济指标，阀门井可按座计算，管沟可按米计算（注明尺寸），大门可按座计算，围墙可按米或面积计算，绿化按面积计算。

③土方工程场内、场外运距应根据施工组织方案的实际情况计算。

2）输配水管网工程

①土方工程场内、场外运距应根据施工组织方案的实际情况计算。

②管桥、倒虹管按设计图纸计算工程量，套用相应概算或预算定额。若设计深度未能达到定额编制深度要求时，可参考类似工程技术经济指标，按座计算。

③工作井、接收井和顶管按设计图纸计算工程量，套用相应概算或预算定额。若设计深度未能达到定额编制深度要求时，可参考类似工程技术经济指标，工作井、接收井按座计算，顶管按米计算。

④管道铺设中，如遇道路、绿化等破坏及修复工程，各类费用可参考类似工程技术经

济指标按面积计算。

3）给水工程概算项目表详见表 5-9。

给水工程概算项目表 表 5-9

序号	项目名称	单 位	备 注
一	输配水管网工程		
1	开槽埋管	m	
2	顶管	m	
3	顶管工作井/接收井	座	
4	倒虹管	处/m	
5	管桥	处/m	
	道路开挖及修复	m²	
	绿化破坏及修复	m²	
二	取水和净水厂工程		
1	单体构筑物		
	下部土建	m³	
	上部土建	m²	
	管配件/工艺管道	m³/d	
	工艺设备	m³/d	
2	建筑物		
	土建	m²	
	管配件/工艺管道	m³/d	
	工艺设备	m³/d	
3	附属建筑物	m²	
4	电气设备	m³/d	
5	仪表设备	m³/d	
6	平面布置		
	道路	m²	
	围墙	m	
	大门	座	
	绿化	m²	
	平面管道	m³/d	
	平面设备	m³/d	
	厂区土石方	m³	

注：此表仅供参考，可根据工程情况增减项目。

（5）排水工程设计概算编制方法

排水工程中的单项工程有排水管网工程和污水处理厂工程等。其中排水管网主要分为雨水收集输送管网、污水收集输送管网和排水提升输送泵站。污水处理厂由粗格栅及进水泵房、细格栅曝气沉砂池、沉淀池、反应池、污泥浓缩池、消化池、鼓风机、滤池等单位工程组成。

1）排水管网工程

①土方工程场内、场外运距应根据施工组织方案的实际情况计算。

②管道铺设根据施工组织方案，主要分为开槽埋管、箱涵、渠道、顶管和牵引管等方式排管，按设计图纸及施工组织方案计算工程量，或根据定额规定以延长米计算。

③各类检查井、排放口等可参考类似工程技术经济指标按座计算。

④工作井、接收井、特殊井、倒虹管等按设计图纸计算工程量，套用相应概算或预算定额。若设计深度未能达到定额编制深度要求时，可参考类似工程技术经济指标按座或处计算。

⑤管道铺设中，如遇道路、绿化等破坏及修复工程，各类费用可参考类似工程技术经济指标按面积计算。

2）排水提升输送泵站和污水处理厂

①工艺管道中管道管件可按延长米、件数或折算成重量计算。

②厂区平面布置工程可参考类似工程技术经济指标，阀门井可按座计算，管沟可按米计算（注明尺寸），大门可按座计算，围墙可按米或面积计算，绿化按面积计算。

③土方工程场内、场外运距应根据施工组织方案的实际情况计算。

3）排水工程概算项目表详见表 5-10。

排水工程概算项目表　　　　　　　　　　表 5-10

序号	项目名称	单　位	备　注
一	排水管网工程		
1	开槽埋管	m	
2	箱涵	m	
3	渠道	m	
4	顶管	m	
5	顶管工作井/接收井	座	
6	倒虹管	处/m	
	道路开挖及修复	m²	
	绿化破坏及修复	m²	
二	排水泵站工程	L/s 或 m³/d	
1	泵房		
	下部土建	m³	
	上部土建	m²	
	管配件/工艺管道	L/s 或 m³/d	
	工艺设备	L/s 或 m³/d	
2	建筑物		
	土建	m²	
	管配件/工艺管道	L/s 或 m³/d	
	工艺设备	L/s 或 m³/d	

序号	项目名称	单　位	备　注
3	附属建筑物	m²	
4	电气设备	L/s 或 m³/d	
5	仪表设备	L/s 或 m³/d	
6	除臭通风设备	L/s 或 m³/d	
7	平面布置		
	道路	m²	
	围墙	m	
	大门	座	
	绿化	m²	
	平面管道	L/s 或 m³/d	
	平面设备	L/s 或 m³/d	
三	污水处理厂		
1	单体构筑物		
	下部土建	m³	
	上部土建	m²	
	管配件/工艺管道	m³/d	
	工艺设备	m³/d	
2	建筑物		
	土建	m²	
	管配件/工艺管道	m³/d	
	工艺设备	m³/d	
3	附属建筑物	m²	
4	电气设备	m³/d	
5	仪表设备	m³/d	
6	除臭通风设备	m³/d	
7	平面布置		
	道路	m²	
	围墙	m	
	大门	座	
	绿化	m²	
	平面管道	m³/d	
	平面设备	m³/d	
	厂区土石方	m³	

注：此表仅供参考，可根据工程情况增减项目。

（6）工程建设其他费用的组成和编制方法可参见"投资估算的编制方法"中有关章节。

（7）设计概算的基本预备费率按 5%～8% 计算。

（8）设计概算中引进项目国内安装费可按引进项目硬件费的 3%～4.5% 计算。

5.3 施工图预算的编制

5.3.1 施工图预算的作用、编制依据和内容

（1）施工图预算的作用

1）施工图预算经审定后，是确定工程预算造价，签订建筑安装工程合同，实行建设单位和施工单位投资包干和办理工程结算的依据。

2）实行招标的工程，预算是编制工程标底的基础。

3）施工图预算也是施工单位编制计划、加强内部经济核算、控制工程成本的依据。

（2）施工图预算编制应保证编制依据的合法性、有效性和预算报告的完整性、准确性、全面性；应考虑施工现场实际情况，并结合合理的施工组织设计进行编制。施工图预算编制应控制在已批准的设计概算投资范围内。

（3）施工图预算编制的依据

1）经过批准的设计概算。

2）经过批准和审定后的全部施工图设计文件以及相关标准图集和规范。

3）合理的施工组织设计或施工方案以及现场勘察等文件。

4）现行预算定额和相应的地区单位估价表。

5）建筑工程费用定额和价差调整的有关规定。

6）工程所在地人工、材料、施工机械台班的价格及调价规定。

7）造价工作手册及有关工具书。

（4）施工图预算的主要工作内容包括单位工程施工图预算、单项工程施工图预算和建设项目施工图总预算。根据建设项目实际情况，可采用三级预算编制或两级预算编制形式。

1）三级预算编制形式设计预算文件组成：

①封面、签署页及目录。

②编制说明。

③总预算表。

④综合预算表。

⑤单位工程预算表。

⑥附件：补充单位估价表。

2）两级预算编制形式设计预算文件组成：

①封面、签署页及目录。

②编制说明。

③总预算表。

④单位工程预算表。

⑤附件：补充单位估价表。

5.3.2 施工图预算编制方法

（1）单位工程施工图预算应采用单价法和实物量法进行编制；单项工程施工图预算由组成单项工程的各单位工程施工图预算汇总而成；施工图总预算由单项工程（单位工程）施工图预算汇总而成。

（2）建筑安装工程：编制建筑安装工程预算应根据工程所在地现行的预算定额、单位估价表及规定的各项费用标准和计费顺序，按各专业设计的施工图、工程地质资料、工程所在地的自然条件和施工条件，计算工程数量，编制预算。

（3）设备费用：编制设备费用预算应按设备原价加运杂费计算。非标设备按非标设备估价办法或设备加工订货价格计算。进口设备按 5.1.4 节计算。

（4）工程建设其他费用：编制工程建设其他费用及预备费的计算与估、概算相同。施工图预算的基本预备费率按 3%～5%计算。

5.4 工程量清单的编制

5.4.1 工程量清单的一般规定和内容

1. 一般规定

（1）工程量清单应由具有编制能力的招标人或受其委托，具有相应资质的工程造价咨询人编制。

（2）采用工程量清单方式招标，工程量清单必须作为招标文件的组成部分，其准确性和完整性由招标人负责。

（3）工程量清单是工程量清单计价的基础，应作为编制招标控制价、投标报价、计算工程量、支付工程款、调整合同价款、办理竣工结算以及工程索赔等的依据之一。

（4）工程量清单应由分部分项工程量清单、措施项目清单、其他项目清单、规费项目清单、税金项目清单组成。

（5）编制工程量清单的依据：

1)《建设工程工程量清单计价规范》GB 50500—2008。

2) 国家或省级、行业建设主管部门颁发的计价依据和办法。

3) 建设工程设计文件。

4) 与建设工程项目有关的标准、规范、技术资料。

5) 招标文件及其补充通知、答疑纪要。

6) 施工现场情况、工程特点及常规施工方案。

7) 其他相关资料。

2. 分部分项工程量清单

（1）分部分项工程量清单应包括项目编码、项目名称、项目特征、计量单位和工程量。

（2）分部分项工程量清单应根据《建设工程工程量清单计价规范》GB 50500—2008中规定的项目编码、项目名称、项目特征、计量单位和工程量计算规则进行编制。

（3）分部分项工程量清单的项目编码，应采用十二位阿拉伯数字表示。一至九位应按《建设工程工程量清单计价规范》GB 50500—2008 中的规定设置，十至十二位应根据拟建工程的工程量清单项目名称设置，同一招标工程的项目编码不得有重码。

（4）分部分项工程量清单的项目名称应按《建设工程工程量清单计价规范》GB 50500—2008中的项目名称结合拟建工程的实际确定。

（5）分部分项工程量清单中所列工程量应按《建设工程工程量清单计价规范》GB 50500—2008中规定的工程量计算规则计算。

（6）分部分项工程量清单的计量单位应按《建设工程工程量清单计价规范》GB 50500—2008中规定的计量单位确定。

（7）分部分项工程量清单项目特征应按《建设工程工程量清单计价规范》GB 50500—2008中规定的项目特征，结合拟建工程项目的实际予以描述。

（8）编制工程量清单出现规定中未包括的项目，编制人应作补充，并报省级或行业工程造价管理机构备案，省级或行业工程造价管理机构应汇总报住房和城乡建设部标准定额研究所。

补充项目的编码由规定的顺序码与 B 和三位阿拉伯数字组成，并应从×B001 起顺序编制，同一招标工程的项目不得重码。工程量清单中需附有补充项目的名称、项目特征、计量单位、工程量计算规则、工程内容。

3. 措施项目清单

（1）措施项目清单应根据拟建工程的实际情况列项。通用措施项目可按表 5-11 选择列项，专业工程的措施项目可按规定的项目选择列项。若出现规范未列的项目，可根据工程实际情况补充。

通用措施项目一览表　　　　　　　　　　　　　　　　　　表 5-11

序号	项 目 名 称
1	安全文明施工（含环境保护、文明施工、安全施工、临时设施）
2	夜间施工
3	二次搬运
4	冬雨期施工
5	大型机械设备进出场及安拆
6	施工排水
7	施工降水
8	地上、地下设施，建筑物的临时保护设施
9	已完工程及设备保护

（2）措施项目中可以计算工程量的项目清单宜采用分部分项工程量清单的方式编制，列出项目编码、项目名称、项目特征、计量单位和工程量计算规则；不能计算工程量的项目清单，以"项"为计量单位。

4. 其他项目清单

（1）其他项目清单宜按照下列内容列项：

1）暂列金额。因一些不能预见、不能确定的因素的价格调整而设立。暂列金额由招标人根据工程特点，按有关计价规定进行估算确定。编制竣工结算的时候，变更和索赔项目应列一个总的调整，签证和索赔项目在暂列金额中处理。暂列金额的余额归招标人。

2）暂估价：是指招标阶段直至签订合同协议时，招标人在招标文件中提供的用于支付必然要发生但暂时不能确定价格的材料以及需另行发包的专业工程金额。包括材料暂估单价、专业工程暂估价。

3）计日工。在施工过程中，完成发包人提出的施工图纸以外的零星项目或工作，按合同中约定的综合单价计价。计日工是为了解决现场发生的对零星工作的计价而设立的。零星工作一般是指合同约定之外的或因变更而产生的、工程量清单中没有相应项目的额外工作，尤其是那些时间不允许事先商定价格的额外工作。

4）总承包服务费。是指总承包人为配合协调发包人进行的工程分包自行采购的设备、材料等进行管理、服务以及施工现场管理、竣工资料汇总整理等服务所需的费用。

（2）出现以上未列的项目，可根据工程实际情况补充。

5. 规费项目清单

（1）规费项目清单应按照下列内容列项：

1）工程排污费。

2）社会保障费：包括养老保险费、失业保险费、医疗保险费。

3）住房公积金。

4）危险作业意外伤害保险。

（2）出现以上未列项目，应根据省级政府或省级有关权力部门的规定列项。

6. 税金项目清单

（1）税金项目清单应包括下列内容：

1）营业税。

2）城市维护建设税。

3）教育费附加。

（2）出现以上未列的项目，应根据税务部门的规定列项。

5.4.2   工程量清单计价

1. 一般规定

（1）采用工程量清单计价，建设工程造价由分部分项工程费、措施项目费、其他项目费、规费和税金组成。

（2）分部分项工程量清单应采用综合单价计价。

（3）招标文件中的工程量清单标明的工程量是投标人投标报价的共同基础，竣工结算的工程量按发、承包双方在合同中约定应予以计量且实际完成的工程量确定。

（4）措施项目清单计价应根据拟建工程的施工组织设计，可以计算工程量的措施项目，应按分部分项工程量清单的方式采用综合单价计价；其余的措施项目可以"项"为单位的方式计价，应包括除规费、税金外的全部费用。

（5）措施项目清单中的安全文明施工费应按照国家或省级、行业建设主管部门的规定计价，不得作为竞争性费用。

（6）其他项目清单应根据工程特点和规范的规定计价。

（7）招标人在工程量清单中提供了暂估价的材料和专业工程属于依法必须招标的，由承包人和招标人共同通过招标确定材料单价与专业工程分包价。

若材料不属于依法必须招标的，经发、承包双方协商确认单价后计价。

若专业工程不属于依法必须招标的，由分包人、总承包人与分包人按有关计价依据进行计价。

（8）规费和税金应按国家或省级、行业建设主管部门的规定计算，不得作为竞争性费用。

（9）采用工程量清单计价的工程，应在招标文件或合同中明确风险内容及其范围（幅度），不得采用无限风险、所有风险或类似语句规定风险内容及其范围（幅度）。

2. 招标控制价

（1）国有资金投资的工程建设项目应实行工程量清单招标，并应编制招标控制价。招标控制价超过批准的概算时，招标人应将其报原概算审批部门审核。投标人的投标报价高于招标控制价的，其投标应予以拒绝。

（2）招标控制价应由具有编制能力的招标人，或受其委托具有相应资质的工程资金咨询人编制。

（3）招标控制价应根据下列依据编制：

1）《建设工程工程量清单计价规范》GB 50500—2008。

2）国家或省级、行业建设主管部门颁发的计价依据和计价办法。

3）建设工程设计文件及相关资料。

4）招标文件中的工程量清单及有关要求。

5）与建设工程项目有关的标准、规范、技术资料。

6）工程造价管理机构发布的工程造价信息；工程造价信息没有发布的参照市场价。

7）其他相关资料。

（4）分部分项工程费应根据招标文件中的分部分项工程量清单项目的特征描述及有关要求，按规范的规定确定综合单价计算。

综合单价中应包括招标文件中要求投标人承担的风险费用。

招标文件提供了暂估单价的材料，按暂估的单价计入综合单价。

（5）措施项目费应根据招标文件中的措施项目清单按规范的规定计价。

（6）其他项目费应按下列规定计价：

1）暂列金额应根据工程特点，按有关计价规定估算。

2）暂估价中的材料单价应根据工程造价信息或参照市场价格估算；暂估价中的专业工程金额应分不同专业，按有关计价规定估算。

3）计日工应根据工程特点和有关计价依据计算。

4）总承包服务费应根据招标文件列出内容和要求估算。

（7）规费和税金应按规范的规定计算。

（8）招标控制价应在招标时公布，不应上调或下浮，招标人应将招标控制价及有关资料报送工程所在地工程造价管理机构备查。

（9）投标人经复核认为招标人公布的招标控制价未按规范的规定进行编制的，应在开标前 5 天向招投标监督机构或（和）工程造价管理机构投诉。

招投标监督机构应会同工程造价管理机构对投诉进行处理，发现确有错误的，应责成招标人修改。

3. 投标价

（1）除《建设工程工程量清单计价规范》GB 50500—2008 强制性规定外，投标价由投标人自主确定，但不得低于成本。投标价应由投标人或受其委托具有相应资质的工程造价咨询人编制。

（2）投标人应按招标人提供的工程量清单填报价格。填写的项目编码、项目名称、项目特征、计量单位、工程量必须与招标人提供的一致。

（3）投标报价应根据下列依据编制：

1）《建设工程工程量清单计价规范》GB 50500—2008。

2）国家或省级、行业建设主管部门颁发的计价依据和计价办法。

3）企业定额，国家或省级、行业建设主管部门颁发的计价定额。

4）招标文件、工程量清单及其补充通知、答疑纪要。

5）建设工程设计文件及相关资料。

6）施工现场情况、工程特点及拟定的投标施工组织设计或施工方案。

7）与建设项目相关的标准、规范等技术资料。

8）市场价格信息或工程造价管理机构发布的工程造价信息。

9）其他的相关资料。

（4）分部分项工程费应依据规范中综合单价的组成内容，按招标文件中分部分项工程量清单项目的特征描述确定综合单价计算。

综合单价中应考虑招标文件中要求投标人承担的风险费用。

招标文件中提供了暂估单价的资料，按暂估的单价计入综合单价。

（5）投标人可根据工程实际情况结合施工组织设计，对投标人所列的措施项目进行增补。

措施项目费应根据招标文件中的措施项目清单及投标时拟定的施工组织设计或施工方案规范的规定自主确定。其中安全文明施工费应按照规范的规定确定。

（6）其他项目费应按下列规定报价：

1）暂列金额应按招标人在其他项目清单中列出的金额填写。

2）材料暂估价应按招标人在其他项目清单中列出的单价计入综合单价；专业工程暂估价应按招标人在其他项目清单中列出的金额填写。

3）计日工按招标人在其他项目清单中列出的项目和数量，自主确定综合单价并计算计日工费用。

4）总承包服务费根据招标文件中列出的内容和提出的要求自主确定。

（7）规费和税金应按规范的规定确定。

（8）投标总价应当与分部分项工程费、措施项目费、其他项目费和规费、税金的合计金额一致。

4. 工程合同价款的约定

（1）实行招标的工程合同价款应在中标通知书发出之日起 30 天内，由发、承包双方依据招标文件和中标人的投标文件在书面合同中约定。

不实行招标的工程合同价款，在发、承包双方认可的工程价款基础上，由发、承包双方在合同中约定。

（2）实行招标的工程，合同约定不得违背招、投标文件中关于工期、造价、质量等方面的实质性内容。招标文件与中标人投标文件不一致的地方，以投标文件为准。

（3）实行工程量清单计价的工程，宜采用单价合同。

（4）发、承包双方应在合同条款中对下列事项进行约定；合同中没有约定或约定不明的，由双方协商确定；协商不能达成一致的，按规范执行。

1）预付工程款的数额、支付时间及抵扣方式。

2）工程计量与支付工程进度款的方式、数额及时间。

3）工程价款的调整因素、方法、程序、支付及时间。

4）索赔与现场签证的程序、金额确认与支付时间。

5）发生工程价款争议的解决方法及时间。

6）承担风险的内容、范围以及超出约定内容、范围的调整办法。

7）工程竣工价款结算编制与核对、支付及时间。

8）工程质量保证（保修）金的数额、预扣方式及时间。

9）与履行合同、支付价款有关的其他事项等。

5. 工程计量与价款支付

（1）发包人应按照合同约定支付工程预付款。支付的工程预付款，按照合同约定在工程进度款中抵扣。

（2）发包人支付工程进度款，应按照合同约定计量和支付，支付周期同计量周期。

（3）工程计量时，若发现工程量清单中出现漏项、工程量计算偏差，以及工程变更引起工程量的增减，应按承包人在履行合同义务过程中实际完成的工程量计算。

（4）承包人应按照合同约定，向发包人递交已完工程量报告。发包人应在接到报告后按合同约定进行核对。

（5）承包人应在每个付款周期末，向发包人递交进度款支付申请，并附相应的证明文件。除合同另有约定外，进度款支付申请应包括下列内容：

1）本周期已完成工程的价款。

2）累计已完成的工程价款。

3）累计已支付的工程价款。

4）本周期已完成计日工金额。

5）应增加和扣减的变更金额。

6）应增加和扣减的索赔金额。

7）应抵扣的工程预付款。

8）应扣减的质量保证金。

9）根据合同应增加和扣减的其他金额。

10）本付款周期实际应支付的工程价款。

（6）发包人在收到承包人递交的工程进度款支付申请及相应的证明文件后，发包人应在合同约定时间内核对和支付工程进度款。发包人应扣回的工程预付款，与工程进度款同期结算抵扣。

(7) 发包人未在合同约定时间内支付工程进度款,承包人应及时向发包人发出要求付款的通知,发包人收到承包人通知后仍不按要求付款,可与承包人协商签订延期付款协议,经承包人同意后延期支付。协议应明确延期支付的时间和从付款申请生效后按同期银行贷款利率计算应付款的利息。

(8) 发包人不按合同约定支付工程进度款,双方又未达成延期付款协议,导致施工无法进行时,承包人可停止施工,由发包人承担违约责任。

6. 索赔与现场签证

(1) 合同一方向另一方提出索赔时,应有正当的索赔理由和有效证据,并应符合合同的相关约定。

(2) 若承包人认为非承包人原因发生的事件造成了承包人的经济损失,承包人应在确认该事件发生后,按合同约定向发包人发出索赔通知。

发包人在收到最终索赔报告后并在合同约定时间内,未向承包人作出答复,视为该项索赔已经认可。

(3) 承包人索赔按下列程序处理:

1) 承包人在合同约定的时间内向发包人递交费用索赔意向通知书。

2) 发包人指定专人收集与索赔有关的资料。

3) 承包人在合同约定的时间内向发包人递交费用索赔申请表。

4) 发包人指定的专人初步审查费用索赔申请表,符合规范规定的条件时予以受理。

5) 发包人指定的专人进行费用索赔核对,经造价工程师复核索赔金额后,与承包人协商确定并由发包人批准。

6) 发包人指定的专人应在合同约定的时间内签署费用索赔审批表,或发出要求承包人提交有关索赔的进一步详细资料的通知,待收到承包人提交的详细资料后,按有关程序进行。

(4) 若承包人的费用索赔与工期延期索赔要求相关联时,发包人在作出费用索赔的批准决定时,应结合工程延期的批准,综合作出费用索赔和工程延期的决定。

(5) 若发包人认为由于承包人的原因造成额外损失,发包人应在确认引起索赔的事件后,按合同约定向承包人发出索赔通知。

承包人在收到发包人索赔通知后并在合同约定时间内,未向发包人作出答复,视为该项索赔已经认可。

(6) 承包人应发包人要求完成合同以外的零星工作或非承包人责任事件发生时,承包人应按合同约定及时向发包人提出现场签证。

(7) 发、承包双方确认的索赔与现场签证费用与工程进度款同期支付。

7. 工程价款调整

(1) 招标工程以投标截止日前 28 天,非招标工程以合同签订前 28 天为基准日,其后国家的法律、法规、规章和政策发生变化影响工程造价的,应按省级或行业建设主管部门或其授权的工程造价管理机构发布的规定调整合同价款。

(2) 若施工中出现施工图纸(含设计变更)与工程量清单项目特征描述不符的,发、承包双方应按新的项目特征确定相应工程量清单项目的综合单价。

（3）因分部分项工程量清单漏项或非承包人原因的工程变更，造成增加新的工程量清单项目，其对应的综合单价按下列方法确定：

1）合同中已有适用的综合单价，按合同中已有的综合单价确定。

2）合同中有类似的综合单价，参照类似的综合单价确定。

3）合同中没有适用或类似的综合单价，由承包人提出综合单价，经发包人确认后执行。

（4）因分部分项工程量清单漏项或非承包人原因的工程变更，引起措施项目发生变化，造成施工组织设计或施工方案变更，原措施费中已有的措施项目，按原措施费的组价方法调整；原措施费中没有的措施项目，由承包人根据措施项目变更情况，提出适当的措施费变更，经发包人确认后调整。

（5）因非承包人原因引起的工程量增减，该项工程量变化在合同约定幅度以内的，应执行原有的综合单价；该项工程量变化在合同约定幅度以外的，其综合单价及措施项目费应予以调整。

（6）若施工期内市场价格波动超出一定幅度时，应按合同约定调整工程价款；合同没有约定或约定不明确的，应按省级或行业建设主管部门或其授权的工程造价管理机构的规定调整。

（7）因不可抗力事件导致的费用，发、承包双方应按以下原则分别承担并调整工程价款。

1）工程本身的损害、因工程损害导致第三方人员伤亡和财产损失以及运至施工场地用于施工的材料和待安装的设备的损害，由发包人承担。

2）发包人、承包人人员伤亡由其所在单位负责，并承担相应费用。

3）承包人的施工机械设备损坏及停工损失，由承包人承担。

4）停工期间，承包人应发包人要求留在施工场地的必要的管理人员及保卫人员的费用，由发包人承担。

5）工程所需清理、修复费用，由发包人承担。

（8）工程价款调整报告应由受益方在合同约定时间内向合同的另一方提出，经对方确认后调整合同价款，受益方未在合同约定时间内提出工程价款调整报告的，视为不涉及合同价款的调整。

收到工程价款调整报告的一方应在合同约定时间内确认或提出协商意见，否则，视为工程价款调整报告已经确认。

（9）经发、承包双方确定调整的工程价款，作为追加（减）合同价款与工程进度款同期支付。

8. 竣工结算

（1）工程完工后，发、承包双方应在合同约定时间内办理工程竣工结算。

（2）工程竣工结算由承包人或受其委托具有相应资质的工程造价咨询人编制，由发包人或受其委托具有相应资质的工程造价咨询人核对。

（3）工程竣工结算应依据

1）《建设工程工程量清单计价规范》GB 50500—2008。

2）施工合同。

3）工程竣工图纸及资料。

4）双方确认的工程量。

5）双方确认追加（减）的工程价款。

6）双方确认的索赔、现场签证事项及价款。

7）投标文件。

8）招标文件。

9）其他依据。

（4）分部分项工程费应依据双方确认的工程量、合同约定的综合单价计算；如发生调整的，以发、承包双方确认调整的综合单价计算。

（5）措施项目费应依据合同约定的项目和金额计算；如发生调整的，以发、承包双方确认调整的金额计算，其中安全文明施工费应按规范规定计算。

（6）其他项目费用应按下列规定计算：

1）计日工应按发包人实际签证确认的事项计算。

2）暂估价中的材料单价应按发、承包双方最终确认价在综合单价中调整；专业工程暂估价应按中标价或发包人、承包人与分包人最终确认价计算。

3）总承包服务费应依据合同约定金额计算，如发生调整的，以发、承包双方确认调整的金额计算。

4）索赔费用应依据发、承包双方确认的索赔事项和金额计算。

5）现场签证费用应依据发、承包双方签证资料确认的金额计算。

6）暂列金额应减去工程价款调整与索赔、现场签证金额计算，如有余额归发包人。

（7）规费和税金应规范规定计算。

（8）承包人应在合同约定时间内编制完成竣工结算书，并在提交竣工验收报告的同时递交给发包人。

承包人未在合同约定时间内递交竣工结算书，经发包人催促后仍未提供或没有明确答复的，发包人可以根据已有资料办理结算。

（9）发包人在收到承包人递交的竣工结算书后，应按合同约定时间核对。

同一工程竣工结算核对完成，发、承包双方签字确认后，禁止发包人又要求承包人与另一个或多个工程造价咨询人重复核对竣工结算。

（10）发包人或受其委托的工程造价咨询人收到承包人递交的竣工结算书后，在合同约定时间内，不核对竣工结算或未提出核对意见的，视为承包人递交的竣工结算书已经认可，发包人应向承包人支付工程结算价款。

承包人在接到发包人提出的核对意见后，在合同约定时间内，不确认也未提出异议的，视为发包人提出的核对意见已经认可，竣工结算办理完毕。

（11）发包人应对承包人递交的竣工结算书签收，拒不签收的，承包人可以不交付竣工工程。承包人未在合同约定时间内递交竣工结算书的，发包人要求交付竣工工程，承包人应当交付。

（12）竣工结算办理完毕，发包人应将竣工结算书报送工程所在地工程造价管理机构备案。竣工结算书作为工程竣工验收备案、交付使用的必备文件。

（13）竣工结算办理完毕，发包人应根据确认的竣工结算书在合同约定时间内向承包人支付工程竣工结算价款。

（14）发包人未在合同约定时间内向承包人支付工程结算价款的，承包人可催告发包人支付结算价款。如达成延期支付协议的，发包人应按同期银行同类贷款利率支付拖欠工程价款的利息。如未达成延期支付协议，承包人可以与发包人协商将该工程折价，或申请人民法院将该工程依法拍卖，承包人就该工程折价或拍卖的价款优先受偿。

9. 工程计价争议处理

（1）在工程计价中，对工程造价计价依据、办法以及相关政策规定发生争议事项的，由工程造价管理机构负责解释。

（2）发包人以对工程质量有异议，拒绝办理工程竣工结算的，已竣工验收或已竣工未验收但实际投入使用的工程，其质量争议按该工程保修合同执行，竣工结算按合同约定办理；已竣工未验收且未实际投入使用的工程以及停工、停建工程的质量争议，双方应就有争议的部分委托有资质的检测鉴定机构进行检测，根据检测结果确定解决方案，或按工程质量监督机构的处理决定执行后办理竣工结算，无争议部分的竣工结算按合同约定办理。

（3）发、承包双方发生工程造价合同纠纷时，应通过下列办法解决：

1）双方协商。

2）提请调解，工程造价管理机构负责调解工程造价问题。

3）按合同约定向仲裁机构申请仲裁或向人民法院起诉。

（4）在合同纠纷案件处理中，需作工程造价鉴定的，应委托具有相应资质的工程造价咨询人进行。

5.4.3 工程量清单计价模式与定额计价模式的异同

自《建设工程工程量清单计价规范》GB 50500—2008 颁布后，我国建设工程计价逐渐转向以工程量清单计价为主，定额计价为辅的模式。由于我国地域辽阔，各地的经济发展的程度存在差异，将定额计价立即转变为清单计价还存在一定困难，定额计价模式在一定时期内还会发挥作用。工程量清单计价和定额计价的异同见表 5-12。

两种计价模式的比较 表 5-12

内　　容	定　额　计　价	清　单　计　价
项目设置	定额的项目一般是按施工工序、工艺进行设置的，定额项目包括的工程内容一般是单一的	工程量清单项目的设置是以一个"综合实体"考虑的，"综合项目"一般包括多个子目工程内容
定价原则	按工程造价管理机构发布的有关规定及定额中的基价计价	按照清单的要求，企业自主报价，反映的是市场决定价格
价款构成	定额计价价款包括：直接工程费、措施费、规费、企业管理费、利润和税金	工程量清单计价价款是指完成招标文件规定的工程量清单项目所需的全部费用。包括：分部分项工程费、措施项目费、其他项目费、规费和税金
单价构成	定额计价采用定额子目基价，定额子目基价只包括定额编制时期的人工费、材料费、机械费，并没有反映施工单位的真正水平，不包括各种风险因素带来的影响	工程量清单采用综合单价。综合单价包括人工费、材料费、机械费、管理费、利润和风险金，且各项费用均由投标人根据自身情况和考虑各种风险因素自行编制

内　容	定　额　计　价	清　单　计　价
价差调整	按工程承发包双方约定的价格与定额价对比，调整价差	按工程承发包双方约定的价格直接计算，除招标文件规定外，不存在价差调整的问题
计价过程	招标方只负责编写招标文件，不设置工程项目内容，也不计算工程量。工程计价的子目和相应的工程量是由投标方根据设计文件确定。项目设置、工程量计算、工程计价等工作在一个阶段内完成	招标方必须设置清单项目并计算清单工程量，同时在清单中对清单项目的特征和包括的工程内容必须清晰、完整地告诉投标人，以便投标人报价。故清单计价模式由两个阶段组成：（1）由招标方编制工程量清单；（2）投标方拿到工程量清单后根据清单报价
人工、材料、机械消耗量	定额计价的人工、材料、机械消耗量按定额标准计算，定额一般是按社会平均水平编制的	工程量清单计价的人工、材料、机械消耗量由投标人根据企业的自身情况或企业定额自定。它真正反映企业的自身水平
工程量计算规则	按定额工程量计算规则	按清单工程量计算规则
计价方法	根据施工工序计价，即将相同施工工序的工程量相加汇总，选套定额，计算出一个子项的定额直接工程费，每一个项目独立计价	按一个综合实体计价，即子项目随主体项目计价，由于主体项目与组合项目是不同的施工工序，所以往往要计算多个子项才能完成一个清单项目的分部分项工程综合单价，每一个项目组合计价
价格表现形式	只表示工程总价，分部分项直接工程费不具有单独存在的意义	主要为分部分项工程综合单价，是投标、评标、结算的依据，单价一般不调整
适应范围	编审标底，设计概算、工程造价鉴定	全部使用国有资金投资或国有资金投资为主的大中型建设工程和需招标的小型工程

此外，我国发包与承包价计算方法中的综合单价法与工程量清单计价的综合单价有所不同，前者的综合单价为全费用单价，其内容包括直接工程费、间接费、利润和税金，综合单价形成的过程也不同于工程量清单计价中的综合单价。

5.5　竣工决算的编制

1. 建设成本和交付使用财产的概念：

（1）建设成本的概念及构成：建设成本是指建设项目从开工到竣工所发生的全部支出。包括构成交付使用财产的建筑安装工程投资和设备、工具、器具投资及其他投资，还包括转出投资、应核销投资和应核销其他支出。

应核销其他支出，是指既不计入交付使用财产价值，又不构成投资完成额，而按规定应予核销的各种支出。包括器材处理亏损、设备盘亏及毁损、调整材料调拨价格的折价、器材非常损失、坏账损失、建设投资借款利息、编外人员生活费和缴纳建筑税等八项。

应核销其他支出实际上是财政对工程造价的补贴，它与建设成本的关系为

$$建设成本＝工程造价＋应核销其他支出$$

(5-12)

（2）交付使用财产成本的形成：交付使用财产是指已经完成建造或购置过程，并已办理验收交接手续、交付给生产或使用单位的各项资产。包括固定资产和不够固定资产标准的工具、器具、家具等流动资产。

在工程造价中，只有建筑安装工程投资、设备投资和计入交付使用财产成本的其他投资为交付使用财产价值，它与工程造价的关系为

$$工程造价＝交付使用财产价值＋转出投资＋应核销投资支出 \qquad (5-13)$$

转出投资是指按规定或批准转给其他单位构成投资完成额的投资。包括拨付主办单位、统建单位、地方建筑材料基地的投资和移交其他单位的未完工程投资等。

应核销投资是指构成投资完成额但不计入交付使用的财产价值，并按规定应予核销的各种投资支出。包括生产职工培训费、施工机构迁移费、劳保基金、样品样机购置费、农业开荒费、报废工程损失费、取消项目的可行性研究费、上交包干结余、专利费、技术保密费和延期付款利息等。

2. 竣工决算的内容

竣工决算是竣工验收报告的重要组成部分，是建设项目或单项工程竣工后，建设单位向国家报告建设成果和财务状况的总结性文件。它由竣工决算报表、竣工情况说明书和竣工决算附表三部分组成，分大中型建设项目和小型建设项目两种。

（1）大中型建设项目的竣工决算报表，一般包括竣工工程概况表、竣工财务决算表、建设项目交付使用财产总表、建设项目建成交付使用后投资效益表、交付使用财产明细表等。

（2）小型建设项目可将竣工工程概况表和竣工财务决算表合并为小型建设项目竣工决算总表，将交付使用财务总表和交付使用财产明细表合并为交付使用财产明细表。

竣工决算附表包括设备材料结余明细表、应收应付款明细表、施工同固定资产明细表。竣工财务情况说明书主要内容有：工程概预算（投资包干）和建设计划及执行情况，建设拨款（贷款）的使用情况，建设成本和投资效果的分析，主要经验和存在的问题及处理意见等。

交付使用财产明细表用来反映建成交付使用的固定资产和流动资产的详细情况，作为财产交接和考核交付使用财产成本的具体依据，也是使用部门建立财产明细表和登记新增财产价值的依据。

3. 竣工决算的原始资料

（1）各原始概预算。

（2）设计图纸交底或图纸会审的会议纪要。

（3）设计变更记录。

（4）施工记录或施工签证单。

（5）各种验收资料。

（6）停工（复工）报告。

（7）竣工图。

（8）材料、设备等调差价记录。

（9）其他施工中发生的费用记录。

4. 竣工决算的编制方法

根据经审定的与施工单位竣工结算等原始资料，对原概预算进行调整，重新核定各单项工程和单位工程造价、属于增加固定资产价值的其他投资，如建设单位管理费、研究试验费、土地征用及拆迁补偿费等，应分摊于受益工程，随同受益工程交付使用的同时，一并计入新增固定资产价值。

6 货币时间价值的计算

6.1 货币时间价值计算方法的基本形式

1. 单利法和复利法：

（1）单利法：在资金运动过程中，仅是本金生息，而利息并不生息，如以 K 表示本金，i 表示利率，n 表示计息期数，则利息 I 和本利和 F 的计算式（6-1）、式（6-2）为

$$I = Kin \tag{6-1}$$

$$F = K(1 + in) \tag{6-2}$$

（2）复利法：复利法观念对于项目分析具有十分重要的意义。复利是指在资金运动过程中，不仅本金本身生息，利息也随时间的递增而生息，即利上滚利，复利的计算公式（6-3）、式（6-4）为

$$I = K[(1 + i)^n - 1] \tag{6-3}$$

$$F = K(1 + i)^n \tag{6-4}$$

2. 名义利率（nominal interest rate）和有效利率（effective interest rate）

同样的年利率，由于计息的期数不同，其利息也不同，故有名义利率与有效利率之分。所谓名义利率，就是挂名的（非有效的）利率，而有效利率则是以每年计息期数复利计算的有效利率。有效利率与名义利率的关系式（6-5）为

$$i = \left(1 + \frac{r}{c}\right)^c - 1 \tag{6-5}$$

式中　c——每年计息次数；

　　　i——年有效复利率；

　　　r——年名义复利率。

例如："6％四次复利"，它的名义利率是 6%，而有效利率是指一年按四次复利计息，每次 1.5%。由式（6-5）可求得"6％四次复利"的有效利率为

$$i = \left(1 + \frac{0.06}{4}\right)^4 - 1 = 6.14\%$$

3. 间歇利率（discrete interest rate）和连续利率（continuous interest rate）

间歇计息法是指按每隔一定计息周期（如一年、半年、一个月）进行一次复利计息，而在一个计息期内不再复利计息的方法。连续计息法则是把资金运动的周期看作为无限小，计息次数趋于无限大（∞），也就是等于没有时间间隔，资金在每一瞬间都在增值。

连续计息的有效利率可根据公式加以推导得式（6-6），即

$$i = \lim_{c \to \infty} \left(1 + \frac{r}{c}\right)^c - 1$$

因

$$\left(1 + \frac{r}{c}\right)^c = \left[\left(1 + \frac{r}{c}\right)^{\frac{c}{r}}\right]^r$$

$$\lim_{c \to \infty} \left[\left(1 + \frac{r}{c}\right)^{\frac{c}{r}} \right]^r = e^r$$

故

$$i = \lim_{c \to \infty} \left(1 + \frac{r}{c}\right)^c - 1 = e^r - 1 \tag{6-6}$$

式中 e——自然对数的底，其值为 2.71828；其余符号意义同前。

连续复利 6% 的有效利率为

$$i = e^r - 1 = (2.71828)^{0.06} - 1 = 6.1837\%$$

连续计息时，本利和的计算公式可根据同样推导得式（6-7）为

$$F = Ke^m \tag{6-7}$$

经济评价中一般都是按指定周期的间歇有效利率计算的。

6.2　货币时间价值计算中几个名词的涵义

1. 货币的时值

按照货币时间价值的观念，货币在不同时点上具有不同的价值。所谓"时值"，就是资金在运动过程中所处某一时点时刻时的价值。例如现在的资金为 P，投入流通领域，年复利率为 i，则其现在的时值为 P；一年后的时值为 $(1+i)P$；第 n 年的时值 $(1+i)^n P$。

2. 现值（persent value）和折现（discount）

现值，是指未来某一特定金额的现在价值。把将来一定时间发生的费用换算成现值的过程称为折现（或称贴现），折现计算的基本公式（6-8）为

$$现值 P = S \frac{1}{(1+i)^n} \tag{6-8}$$

式中 S——为距现在时点 n 年时发生的金额；

$\quad\quad i$——折现率；

$\dfrac{1}{(1+i)^n}$——为折现系数或现值系数。

3. 未来值或复利终值（compound amount）

未来值或复利终值，是指资金在运动过程中，现时的资金，随时间的推移而增值，经过一定时间间隔后的资金新值，也可以说是本金在约定的时限内按一定的复利利率，逐期滚算到终定期末的本金和利息的总值，故又称本利和或到期值。

4. 年金（annuities）

在某一特定时期内，每隔相同时间支付（或收入）一定数额的款项，称为年金。年金又有普通年金（ordinary annuity）和期初年金（annuity due）之分。普通年金每期分次款是在每期期末支付，期初年金比普通年金的总额需多计一期利息；计算现值时则期初金折现期数应减少一期。

5. 偿债基金（sinking fund）

偿债基金是指为在一定时间内积聚一笔预定的金额偿还债务，要求计算出在复利条件下，每年所应提存的相同的金额数，或者用来确定每年应投入多大数额的基金，以期在一项投资的使用期结束时，足以积聚该项投资的换置基金。

6.3 计算货币时间价值的基本公式

计算货币时间价值的公式，常用的有 11 个，其中复利公式是最基本的，它是形成其余公式的基础。

（1）一次偿付复利因数或称终值因素 $(1+i)^n$（single payment compound amount factor）（简称 SPCAF）。

图 6-1　一次偿付复利因数图解

如以 P 表示投资，以 i 表示利率，以 n 表示计息期，则本利和 F 的计算如图 6-1 所示。

复利公式（6-9）为

$$F = P(1+i)^n \qquad (6\text{-}9)$$

式中 $(1+i)^n$ 即一次偿付复利因数，或称复利终值系数，通常采用三种符号表示：即 SPCAF，F_{ci}，F/P。

故复利公式又可写为式（6-10）：

$$\left. \begin{aligned} &F = P_{in}\,\text{SPCAF} \\ &F = P_{in}F_{ci} \\ &F = P(F/P, i, n) \end{aligned} \right\} \qquad (6\text{-}10)$$

通常采用第三种符号，但有时为了便于公式推导和计算，也采用数学式的表示方法。

第三种符号中，括号内斜线上的符号表示所求的未知数，斜线下的符号表示已知数。这种符号表示在已知 i、n 和 P 的情况下求解 F 值。

$(1+i)^n$ 值与下面将介绍的其他复利因数值均可根据公式计算或查阅有关的复利因数值系数表（见 11.4 间断复利与年金系数表）求得。

【例 6-1】　某项投资 P 为 100 万元，投产后可获得的投资年收益率（i）为 12%，利息不取出，试求第 5a 末可得的本利和。

【解】　根据复利公式（6-9）得：

$$F = P(1+i)^n = 100(1+0.12)^5 = 176.23 \text{ 万元}$$

（2）一次偿付现值因数，或称现值因数 $\dfrac{1}{(1+i)^n}$（single payment present worth factor，简称 SPPWF）

已知未来款额 F，以复利 i 计算，求 n 期前的那时的价值 P（即现值），可按式（6-11）计算：

$$P = \frac{F}{(1+i)^n} \qquad (6\text{-}11)$$

一次偿付现值因数图解，见图 6-2。

$\dfrac{1}{(1+i)^n}$，称为一次偿付现值因数，或称复利现值系数，也称折现系数。因折现系数有几种表示方法，故式（6-

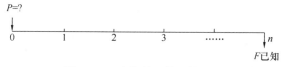

图 6-2　一次偿付现值因数图解

11) 又可写成式 (6-12) 为

$$P = F_{i-n}\text{SPPWF}$$
$$P = F_{i-n}F_{\text{pw}}$$
$$P = F(P/F, i, n)$$

或 $\qquad\qquad\qquad\qquad\qquad\qquad\qquad\qquad\qquad\qquad\qquad$ (6-12)

【例 6-2】 已知 10a 后的一笔款是 179.08 万元，如年利率为 6%。试求这笔款的现值是多少？

【解】 代入式 (6-11) 得

$$P = \frac{179.08}{(1+0.06)^{10}} = \frac{179.08}{1.7908} = 100 \text{ 万元}$$

式 (6-10)、式 (6-11) 表示了一次偿付时的现值与未来值的关系，亦即本金与本利和的关系。两式中的因数互为倒数，

即 $\qquad (F/P, i, n) = (1+i)^n, (P/F, i, n) = \frac{1}{(1+i)^n}$

故 $\qquad\qquad\qquad (F/P, i, n) = \frac{1}{(P/F, i, n)}$

（3）定额序列复利因数 $\frac{(1+i)^n - 1}{i}$

(uniform series compound amount factor)（简称 USCAF）：假如向银行按定期每期末存入等额存款 A 元，期复利率为 i，试求第 n 期末的本利和是多少？

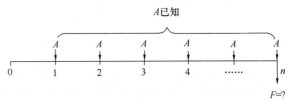

图 6-3 定额序列复利未来值图解

定额序列复利未来值图解，见图 6-3。

$$F = A[1 + (1+i) + (1+i)^2 + (1+i)^3 + \cdots + (1+i)^{n-1}]$$

两边乘以 $(1+i)$，则

$$F(1+i) = A[(1+i) + (1+i)^2 + (1+i)^3 + \cdots + (1+i)^{n-1} + (1+i)^n]$$

两式相减可得

$$F(1+i) - F = A(1+i)^n - A \quad Fi = A[(1+i)^n - 1]$$

得 $\qquad\qquad\qquad F = A\frac{(1+i)^n - 1}{i}$ $\qquad\qquad\qquad$ (6-13)

式中 $\frac{(1+i)^n - 1}{i}$ 称为定额序列复利因数，又称年金终值系数。式 (6-13) 又可写成式 (6-14) 为

$$F = A_{i-n}\text{USCAF}$$
$$F = A_{i-n}F_{rs}$$
$$F = A(F/A, i, n)$$

$\qquad\qquad\qquad\qquad\qquad\qquad\qquad\qquad\qquad\qquad\qquad$ (6-14)

【例 6-3】 某项计划投资年收益率 i 为 8%，如在 6a 内每年末投入等额资金 500 万元，试求第 6a 末所得总金额是多少？

【解】 $F = 500(F/A, 0.08, 6) = 500 \times 7.3359 = 3667.95$ 万元（7.3359 为查复利类数值系数表所得的系数）。

【例 6-4】 假如每年末年等额存款 200 元，银行年复利率为 7％，试求第 10a 末的本利和是多少？

【解】 $F = 200(F/A, 0.07, 10) = 200 \times 13.816 = 2763.2$ 元(13.816 为查表所得的系数)，即第 10a 末的本利和为 2763.2 元。

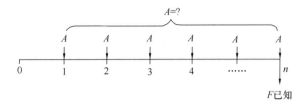

图 6-4　资金储存因数图解

（4）资金储存因数 $\dfrac{i}{(1+i)^n - 1}$ （sinking fund deposit factor）（简称 SFDF）

与式（6-14）相反，如为了在 n 期末能筹集一笔钱 F（本利和），在复利率为 i 时，试求每期期末的定额存款是多少？

资金储存因数图解见图 6-4。

因

$$F = A \frac{(1+i)^n - 1}{i}$$

故

$$A = F \frac{i}{(1+i)^n - 1} \tag{6-15}$$

或

$$\left.\begin{array}{l} A = F_{i-n} \text{SFDF} \\ A = F_{i-n} F_{\text{sr}} \\ A = F(A/F, i, n) \end{array}\right\} \tag{6-16}$$

【例 6-5】 假如某项计划投资年收益率 i 为 6％，通过每年投入等额资金的办法，在第 5a 末筹集资金（F）1900 万元，试求每年投入等额资金（A）是多少？

【解】 $A = 1900(A/F, 0.06, 5) = 1900 \times 0.1774 = 337.06$ 万元（0.1774 为查表所得的系数），即每年需投入等额资金 337.06 万元。

式（6-13）、式（6-15）表示分期偿付与分期存入的定额值与未来值的关系，即各期本金与期末本利和的关系。式中两个因数互为倒数，

即

$$(F/A, i, n) = \frac{(1+i)^n - 1}{i}$$

所以

$$(F/A, i, n) = \frac{1}{(A/F, i, n)}$$

（5）定额序列现值因数，或称年金现值因数 $\dfrac{(1+i)^n - 1}{i(1+i)^n}$ （uniform series present worth factor）（简称 USP-WF）：假如在 n 期内投资收益率为 i，每期末可得定额收益 A，试求当初投资 P 是多少？

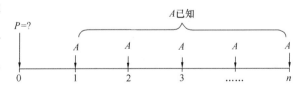

图 6-5　定额序列复利现值因数图解

定额序列复利现值因数图解，见图 6-5。

这里要求解的是 P 与 A 之间的函数关系，可根据式（6-11）、式（6-13）推导求得

$$\begin{cases} F = A\dfrac{(1+i)^n - 1}{i} \\[2mm] P = F\dfrac{1}{(1+i)^n} \end{cases}$$

将式（6-13）代入式（6-11）得式（6-17）为

$$P = A\frac{(1+i)^n - 1}{i}\frac{1}{(1+i)^n} = A\frac{(1+i)^n - 1}{i\,(1+i)^n} \tag{6-17}$$

所以

$$P = A\frac{(1+i)^n - 1}{i\,(1+i)^n}$$

式中 $\dfrac{(1+i)^n - 1}{i\,(1+i)^n}$ 称为定额序列现值因数，又称年金现值因数。式（6-17）又可写为式（6-18）。

$$\left. \begin{aligned} P &= A_{i-n}\mathrm{USPWF} \\ P &= A_{i-n}P_{rp} \\ P &= A(P/A, i, n) \end{aligned} \right\} \tag{6-18}$$

【例 6-6】　假如投资利益率（i）为 10%，在 6a 内，每年末得 500 万元的收益（A），试求当初的投资（P）为多少？

【解】　$P = 500(P/A, 0.1, 6) = 500 \times 4.3553 = 2177.65$ 万元（4.3553 为查表所得的系数）

【例 6-7】　某企业借用贷款进行设备更新，在今后 5a 内，每年年末用利润留成 200 万元归还贷款，试求现在可借多少贷款（贷款年复利率为 10%）？

【解】　$P = 200(P/A, 0.10, 5) = 200 \times 3.7908 = 758.16$ 万元（3.7908 为查表所得的系数）即现在可借款 758.16 万元

（6）资金回收因数 $\dfrac{i\,(1+i)^n}{(1+i)^n - 1}$（capital recovery factor）（简称 CRF）：与式（6-17）相反，假如当初投资（P）、投资收益率（i）均为已知，试求在 n 年内每期可得多少收益（A）？

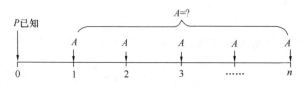

图 6-6　资金回收因数图解

资金回收因数图解，见图 6-6。

由式（6-17）可得式（6-19）、式（6-20）为

$$P = A\frac{(1+i)^n - 1}{i\,(1+i)^n}$$

故

$$A = P\frac{i\,(1+i)^n}{(1+i)^n - 1} \tag{6-19}$$

或

$$\left. \begin{aligned} A &= P_{i-n}\mathrm{CRF} \\ A &= P_{i-n}F_{pr} \\ A &= P(A/P, i, n) \end{aligned} \right\} \tag{6-20}$$

【例 6-8】　已知当初投资（P）为 10000 万元，年投资收益率（i）为 15%，这笔投资可在 7a 内全部回收，试求每年年末的定额收益是多少？

【解】　$A = 10000(A/P, 0.15, 7) = 10000 \times 0.24036 = 2403.6$ 万元（0.24036 为查表

所得的系数）

式（6-17）、式（6-19）表示了分期偿还或分期存入的定额值与现值的关系，即各期末金与期初现值的关系。两个因数在下式中互为倒数，

即
$$(P/A,i,n) = \frac{(1+i)^n - 1}{i(1+i)^n}$$

$$(A/P,i,n) = \frac{i(1+i)^n}{(1+i)^n - 1}$$

故
$$(P/A,i,n) = \frac{1}{(A/P,i,n)}$$

（7）等差级数因数 $\frac{1}{i} - \frac{n}{(1+i)^n - 1}$（Arithmetic series factor）（简称 ASF）：

在许多情况下，分期付款可能是逐期等额递增或等额递减，这就要求有相同的计算公式——等差级数因数公式。

如图 6-7 所示，第一期期末支付的基值为 A'，以后每期付款的递增额为 G，等差序列可表现为 A'，$A'+G$，$A'+2G\cdots\cdots A'+(n-2)G$，$A'+(n-1)G$。

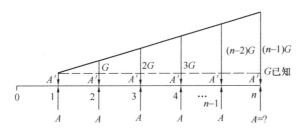

图 6-7　等差级数因数图解

设 F 为每期递增额 G 的累计未来值总数，则
$$F = G(1+i)^{n-2} + 2G(1+i)^{n-3} + 3G(1+i)^{n-4} + \cdots\cdots + (n-2)G(1+i) + (n-1)G$$

将式两边乘以 $(1+i)$，得
$$F(1+i) = G(1+i)^{n-1} + 2G(1+i)^{n-2} + 3G(1+i)^{n-3} + \cdots\cdots + (n-2)G(1+i)^2 + (n-1)G(1+i)$$

后式减前式，得
$$F(1+i) - F = Fi = G(1+i)^{n-1} + G(1+i)^{n-2} + G(1+i)^{n-3} + \cdots\cdots + G(1+i) - (n-1)G$$

将式两边乘以 $(1+i)$，得
$$Fi(1+i) = G(1+i)^n + G(1+i)^{n-1} + G(1+i)^{n-2} + \cdots\cdots + G(1+i)^2 - (n-1)G(1+i)$$

两式相减得
$$Fi(1+i) - Fi = Fi^2 = G(1+i)^n - nG(1+i) + (n-1)G = G[(1+i)^n - ni - 1]$$

$$F = \frac{G}{i^2}[(1+i)^n - ni - 1]$$

根据 SFDF 公式（6-15），$A = F\dfrac{i}{(1+i)^n - 1}$

将 F 代入，则

$$A = \frac{G}{i}\left[1 - \frac{ni}{(1+i)^n - 1}\right]$$

化简得 $\quad A = G\left[\frac{1}{i} - \frac{n}{(1+i)^n - 1}\right]$

又因 $\quad \dfrac{i}{(1+i)^n - 1} = \text{SFDF}$

故上式又可写成式（6-21）为

$$A = G\left[\frac{1 - n(\text{SFDF})}{i}\right] \qquad (6\text{-}21)$$

式中方括号内的式子即为等差级数因数，以符号 $(A/G, i, n)$ 表示。考虑到每期支付的基值 A' 以及每期支付可能为递减数列时，则上式可表现式（6-22）为

$$A = A' \pm G(A/G, i, n) \qquad (6\text{-}22)$$

【例 6-9】 当初在建立一项基金计划时，规定第一次支付额为 10000 元，在 10a 内，每年支付额按 1000 元递减，如年利率定为 8%，求 10a 内需每年等额支付多少元，才能相等于原来基金计划的金额。

【解】 根据等差级数因数可得

$$A = A' - G(A/G, i, n) = 10000 - 1000(A/G, 0.08, 10)$$
$$= 10000 - 1000 \times 3.8713 = 6128.8 \text{ 元}(3.8713 \text{ 为查表所得的系数})$$

（8）等差级数现值因素 $\dfrac{(1+i)^n - (1+in)}{i^2(1+i)^n}$ (arithmetic series present worth factor)

（简称 ASPWF）：与前述等差级数因数的情况相似，如果分期支付是逐年等额递增或等额递减，则要与这种分期支付取得相等的终值，相当于期初一次支付的现值是多少？

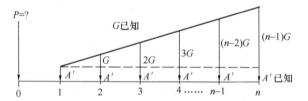

根据定额序列现值因数式（6-17），得

图 6-8 等差级数现值因素图解

$$P = A\frac{(1+i)^n - 1}{i(1+i)^n}$$

又根据等差级数因数式（6-21），得

$$A = G\left[\frac{1}{i} - \frac{n}{(1+i)^n - 1}\right]$$

可得 $\qquad P = G\left[\frac{1}{i} - \frac{n}{(1+i)^n - 1}\right]\frac{(1+i)^n - 1}{i(1+i)^n}$

$$= G\left[\frac{(1+i)^n - (1+in)}{i^2(1+i)^n}\right]$$

上式中方括号内的式子即为等差级数现值因数，可以符号 $(P/G, i, n)$ 表示。

又因为 $\qquad P/A = \dfrac{(1+i)^n - 1}{i(1+i)^n}, A/G = \dfrac{1}{i} - \dfrac{n}{i}\dfrac{i}{(1+i)^n - 1}$

故 $\qquad (P/A)(A/G) = \left[\dfrac{(1+i)^n - 1}{i(1+i)^n}\right]\left[\dfrac{1}{i} - \dfrac{n}{i}\dfrac{i}{(1+i)^n - 1}\right]$

$$= \frac{(1+i)^n - (1+in)}{i^2 (1+i)^n} = P/G$$

即
$$(P/G,i,n) = (P/A,i,n)(A/G,i,n)$$

或
$$ASPWF = ASF \cdot USPWF$$

如预定有每期支付基值 A'，等额递增或等额递减值为 G，则等额级数现值因数又可用式（6-23）表示为

$$P = A'(P/A,i,n) \pm G(P/G,i,n) \tag{6-23}$$

【例 6-10】 租用建筑物合同规定租期为 8a，每年支付 20000 元，并按 1500 元逐年递增，在每年年末支付，年利率为 7%，试求现在需一次支付多少款额，才能和 8a 的租金支付总额相等？

【解】 根据等差级数现值因数求得

$$P = 20000(P/A,0.07,8) + 1500(P/G,0.07,8)$$

$$= 20000 \times 5.9713 + 1500 \times 18.789 = 147610 \text{元}（5.9713 与 18.789 均为查表所得的}$$
系数）即现在一次支付 147610 元，相当于 8a 支付租金的总额。

又如将本例题的租金改为按 1500 元逐年递减，其余数据不变时，则

$$P = 20000 \times 5.9713 - 1500 \times 18.789 = 91243 \text{元}$$

（9）在有残值的情况下等额资金回收计算公式 $(P-L)\dfrac{i(1+i)^n}{(1+i)^n - 1} + Li$：

式（6-19）适用于当初投资 P 在 n 期内等额偿还的计算，其条件是在 n 期末没有残值。但如有残值时其计算公式就不同了。

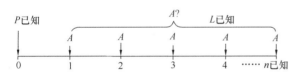

图 6-9 有残值时的资金回收公式图解

有残值时的资金回收公式图解，见图 6-9（图中 L 为期末回收残值）。

显然，这里需要每期等额偿付的并非全部投资 P，因为其中有一部分残值（L）将在 n 期期末收回。由于残值在 n 期末收回，根据式（6-15）可将其折算成 n 期内每期等额储存基金，并从式（6-19）计算的等额偿付值中扣除，即可得出有残值时的等额资金回收计算公式（6-24），即

$$A = P\frac{i(1+i)^n}{(1+i)^n - 1} - L\frac{i}{(1+i)^n - 1}$$

因
$$\frac{i}{(1+i)^n - 1} = \frac{i(1+i)^n}{(1+i)^n - 1} - i$$

得
$$A = P\frac{i(1+i)^n}{(1+i)^n - 1} - L\left[\frac{i(1+i)^n}{(1+i)^n - 1} - i\right]$$

$$A = (P-L)\frac{i(1+i)^n}{(1+i)^n - 1} + Li$$

或
$$A = (P-L)(A/P,i,n) + Li \tag{6-24}$$

【例 6-11】 某项投资现值 P 为 20000 元，10a 末残值为 5000 元，要求按资金年收益率 i 为 10% 来等额偿还投资，试求每年等额偿付多少？

【解】 $A = (20000 - 5000)(A/P,0.10,10) - 5000 \times 0.1$

$$= 15000 \times 0.16275 - 500 = 1941.25 \text{元}（0.16275 为查表所得的系数）$$

即每年等额偿付 1941.25 元

（10）资金回收期计算公式 $n = \dfrac{-\log\left(1 - \dfrac{iP}{A}\right)}{\log(1+i)}$：

在经济效果评价中，资金回收期是一个重要的指标。在方案比较中，有时可根据资金回收期的长短进行选择方案。

设 P 为一次投资金额；

i 为利率或行业基准收益率；

A 为投产后每年收益金额；

n 为自投资年份算起的资金回收期。

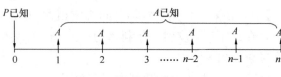

图 6-10   资金回收期公式图解

资金回收期公式图解，可用图 6-10 表示。

由式（6-19）得

$$P = A\,\frac{(1+i)^n - 1}{i\,(1+i)^n}$$

$$\frac{iP}{A} = 1 - (1+i)^{-n}$$

$$1 - \frac{iP}{A} = (1+i)^{-n}$$

取对数得

$$\log\left(1 - \frac{iP}{A}\right) = \log(1+i)^{-n} = -n\log(1+i)$$

则

$$n = \frac{-\log\left(1 - \dfrac{iP}{A}\right)}{\log(1+i)}$$

如工程在投产前的基建时期系分期等额投资，则自末期投资年份算起的资金回收期可按下列公式计算：

设 P 为投资总额；m 为基建年限；

则基建期的每年等额投资为 $\dfrac{P}{m}$，

基建期末的投资终值总额为

$$P' = \frac{P}{m}(F/A, i, m)$$

$$= \frac{P}{m}\,\frac{(1+i)^m - 1}{i}$$

则自末期投资年份算起的资金回收期为

$$n = \frac{-\log\left[1 - \dfrac{i}{A}\dfrac{P}{m}\dfrac{(1+i)^m - 1}{i}\right]}{\log(1+i)}，即$$

$$n = \frac{-\log\left\{1 - \dfrac{P\left[(1+i)^m - 1\right]}{Am}\right\}}{\log(1+i)}$$

当在资金回收中考虑企业资产残值时，则资金回收期的计算公式可推导如下：

设 B_n 为第 n 年时的企业资产残值，则得式（6-25）为

$$P(1+i)^n = A\frac{(1+i)^n - 1}{i} + B_n$$

$$(1+i)^n = \frac{B_n i - A}{iP - A}$$

$$n\log(1+i) = \log\left(\frac{iB_n - A}{iP - A}\right)$$

$$n = \frac{\log(A - iB_n) - \log(A - iP)}{\log(1+i)} \tag{6-25}$$

【例 6-12】 某企业基建期间每年投资 100 万元，3a 建成，共投资 300 万元，投产后每年可获净利 45 万元。该行业的基准收益率为每年 10%，试求该企业自末期投资年份算起的资金回收期（不考虑资产残值）。

【解】 根据题意 $P = 300$ 万元，$A = 45$ 万元，$m = 3$，$i = 0.1$

则

$$n = \frac{-\log\left\{1 - \frac{300\left[(1+0.1)^3 - 1\right]}{45 \times 3}\right\}}{\log(1+0.1)}$$

$$= \frac{-\log 0.26444}{\log 1.1} = 13.96a$$

以上投资回收期公式中的各项参数，均系假定符合一定规律进行计算的。而在实际评价建设项目时，因为客观变化的因素很多，各项数据都不可能完全符合一定的规律，所以上述公式只能适用于无确切数据时的一般评价；但在建设项目可行性研究的经济评价中，则应根据预测的各年投资及收益数据，按照经济评价方法的有关规定，逐年平衡收支数字来计算资金回收期。

（11）捐赠成分 G.E.（grant element）计算公式：当利用贷款进行建设时，如果贷款系按优惠的低利率贷给、享有一定的还款宽限期（在宽限期内每年只付利息，不还本金），并规定在确定的还款期内按等额分期归还贷款，则这笔贷款在贷款期内所支付的利息总额必然低于按一般折现率计算的利息总额。这两种利息的差额含有捐赠的意义，它的现值与贷款总额现值的比率称为捐赠成分 G.E.。

设 K 为贷款总额现值；

I 为按优惠贷款利率计息的应付利息现值总额；

I' 为按一般折现率计息的应付利息现值总额。

则根据捐赠成分的涵义 $G.E. = \dfrac{I' - I}{K}$

捐赠成分的计算公式（6-26）为

$$G.E. = \left(1 - \frac{r}{ad}\right)\left[1 - \frac{(1+d)^{-ag} - (1+d)^{-aM}}{ad(M-g)}\right] \tag{6-26}$$

式中　M——贷款偿还期（a）；

　　g——还款宽限期（a）；

　　r——优惠贷款年利率；

　　a——优惠贷款每年计息次数，每次计息的优惠利率 $= \dfrac{r}{a}$；

d——按同样计息期所采用的折现率，$d=(1+年折现率)^{1/a}-1$。

每期期末支付应付利息，宽限期满后，每期期末按等额归还贷款。

贷款、还款及付息的示意图，见图 6-11。

捐赠成分 G.E. 计算公式的推导：

如果贷款是在还款期末一次归还，则按照优惠利率，每期应付利息为 $K\dfrac{r}{a}$；但计算现值时则应按一般折现率折现，全部利息的现值为：$K\dfrac{r}{a}(P/A,d,Ma)$。现在是在还款期内

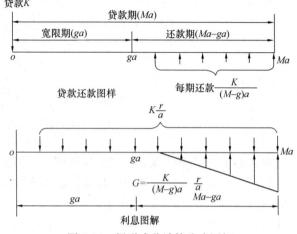

图 6-11　捐赠成分计算公式图解

分期归还本金，每期还款额为 $\dfrac{K}{(M-g)a}$，则第一期还款后可少付利息 $\dfrac{K}{(M-g)a}\dfrac{r}{a}$；第二期还款后可少付利息 $\dfrac{2K}{(M-g)a}\dfrac{r}{a}$；第三期还款后可少付利息 $\dfrac{3K}{(M-g)a}\dfrac{r}{a}$，并可按等差级数依此类推，全部贷款归还后，少付的利息按一般折现率折现后的现值为 $\dfrac{K}{(M-g)a}\dfrac{r}{a}[(P/G,d,Ma-ga)(P/F,d,ga)]$。以上两式相减，即为实付利的现值，亦即

$$I=K\frac{r}{a}\Big[(P/A,d,Ma)-\frac{1}{(M-g)a}(P/G,d,Ma-ga)(P/F,d,ga)\Big]$$

同理可求得按一般折现率计算利息时的应付利息现值总额为

$$I'=Kd\Big[(P/A,d,Ma)-\frac{1}{(M-g)a}(P/G,d,Ma-ga)(P/F,d,ga)\Big]$$

$$\frac{I}{I'}=\frac{r}{ad},\quad I=\frac{r}{ad}I',\quad I'-I=I'\Big(1-\frac{r}{ad}\Big)$$

$$G.E.=\frac{I'-I}{K}=\frac{I'}{K}\Big(1-\frac{r}{ad}\Big)$$

根据基本公式（6-9）、式（6-12）及式（6-16）可得

$$(P/A,d,Ma)=\frac{(1+d)^{Ma}-1}{d(1+d)^{Ma}}$$

$$(P/G,d,Ma-ga)=\frac{(1+d)^{Ma-ga}-[1+d(Ma-ga)]}{d^2(1+d)^{Ma-ga}}$$

$$(P/F,d,ga)=\frac{1}{(1+d)^{ga}}$$

故　　$$(P/A,d,Ma)-\frac{1}{(M-g)a}(P/G,d,Ma-ga)(P/F,d,ga)$$

$$=\frac{(1+d)^{Ma}-1}{d(1+d)^{Ma}}-\frac{1}{(M-g)a}\cdot\frac{(1+d)^{Ma-ga}-[1+d(Ma-ga)]}{d^2(1+d)^{Ma-ga}}\frac{1}{(1+d)^{ga}}$$

$$= \frac{(1+d)^{Ma}-1}{d(1+d)^{Ma}} - \frac{(1+d)^{Ma-ga}-[1+d(Ma-ga)]}{(M-g)ad^2(1+d)^{Ma}}$$

$$= \frac{ad(M-g)(1+d)^{Ma}-(1+d)^{Ma-ga}+1}{(M-g)ad^2(1+d)^{Ma}}$$

$$= \frac{1}{d} - \frac{(1+d)^{-ga}-(1+d)^{-Ma}}{(M-g)ad^2}$$

因

$$I' = Kd\left[(P/A,d,Ma) - \frac{1}{Ma-ga}(P/G,d,Ma-ga)(P/F,d,ga)\right]$$

$$= K\left[1 - \frac{(1+d)^{-ga}-(1+d)^{-Ma}}{ad(M-g)}\right]$$

故

$$G.E. = \frac{I'}{K}\left(1 - \frac{r}{ad}\right) = \left(1 - \frac{r}{ad}\right)\left[1 - \frac{(1+d)^{-ga}-(1+d)^{-Ma}}{ad(M-g)}\right]$$

捐赠成分的计算一般用于对不同条件贷款的选择。

【**例 6-13**】 某工程有 A、B 两个方面愿意提供优惠贷款，A 方贷款条件是：年利率 6%，每年付息两次，贷款期 30a，其中宽限期 10a；B 方贷款条件是：年利率 5%，每年付息一次，贷款期 30a，其中宽限期 5a。设一般年折现率按 10% 计，试问上述两笔贷款，接受哪一笔较为有利。

【**解**】 A 方贷款条件 $r = 0.06$，$a = 2$，$M = 30$，$g = 10$，$d = (1.1)^{1/2} - 1 = 0.0488$；
B 方贷款条件 $r = 0.05$，$a = 1$，$M = 30$，$g = 5$，$d = (1.1)^1 - 1 = 0.1$

则

$$G.E.(A) = \left(1 - \frac{0.06}{2 \times 0.0488}\right)\left[1 - \frac{1.0488^{-20}-1.0488^{-60}}{2 \times 0.0488 \times (30-10)}\right]$$

$$= 0.3852 \times 0.8318 = 0.3204$$

$$G.E.(B) = \left(1 - \frac{0.05}{0.1}\right)\left[1 - \frac{1.1^{-5}-1.1^{-30}}{0.1 \times (30-5)}\right]$$

$$= 0.5 \times 0.7746 = 0.3873$$

因 $G.E.(B) > G.E.(A)$

故接受 B 方贷款较接受 A 方贷款较为有利。

如果贷款为外国货币时，则在计算中所采用的一般折现率应为该外国货币的一般折现率。

多笔贷款综合捐赠成分的计算：

如果一个项目同时接受多笔贷款，各笔贷款的金额分别为 K_1、K_2、$K_3 \cdots\cdots K_m$，最早一笔贷款 K_1 与其后各笔贷款开始的间隔时期依次分别为 B_2、$B_3 \cdots\cdots B_n$ 年，各笔贷款的宽限期、还款期及优惠利率亦均已分别确定，并按此计算出各笔贷款的捐赠成分分别为 $G.E._1$、$G.E._2$、$G.E._3 \cdots\cdots G.E._n$，则这项多笔贷款的综合捐赠成分应为各笔贷款的捐赠成分分别以其贷款额折现值（折为最早一笔贷款开始的年份或其他任何固定年份）为权数的加权平均值。

计算公式（6-27）为

$$G.E.(综合) = \frac{\sum G.E._n K_n (P/F,d,B_n)}{\sum K_n (P/F,d,B_n)} \tag{6-27}$$

【**例 6-14**】某项工程同时接受三项贷款，已知：
$K_1 = 100$ 万元，$B_1 = 0$，$G.E._1 = 0.40$

$K_2 = 50$ 万元，$B_2 = 3a$，$G.E._2 = 0.50$

$K_3 = 80$ 万元，$B_3 = 5a$，$G.E._3 = 0.45$

年折现率按 10% 计算。试求同时接受这三项贷款时的综合捐赠成分。

【解】　$G.E.$（综合）

$$= \frac{0.4 \times 100 \times (P/F, 0.1, 0) + 0.5 \times 50 \times (P/F, 0.1, 3) + 0.45 \times 80 \times (P/F, 0.1, 5)}{100 \times (P/F, 0.1, 0) + 50 \times (P/F, 0.1, 3) + 80 \times (P/F, 0.1, 5)}$$

$$= \frac{0.4 \times 100 \times 1 + 0.5 \times 50 \times 0.75131 + 0.45 \times 80 \times 0.62092}{100 \times 1 + 50 \times 0.75131 + 80 \times 0.62092}$$

$$= \frac{81.14}{187.42} = 0.433 (1, 0.75131, 0.62092 \text{ 为查表所得的系数})$$

7 建设项目经济评价

7.1 可行性研究和可行性研究报告的编制

7.1.1 可行性研究的阶段划分、内容和步骤

1. 可行性研究的阶段划分及各阶段的要求：

在国际上可行性研究，一般分为三个阶段，即机会研究、初步可行性研究和可行性研究。

（1）机会研究：机会研究的任务，主要是为建设项目投资提出建议。在一个确定的地区或部门内，以自然资源和市场预测为基础，选择建设项目，寻找最有利的投资机会。

机会研究应通过分析下列各点，来鉴别投资机会：

1）自然资源情况。

2）社会经济和工农业格局。

3）基础设施现存问题的轻重缓急。

4）地区或城市的发展目标。

5）现有企业扩建的可能性，将现有企业扩建到合理的经济规模的可能性。

6）发展工业的政策，在其他国家获得成功的经验。

机会研究是比较粗略的，主要依靠笼统的估计，其投资额一般根据相类似的工程估算。机会研究的功能是提供一个可能进行建设的投资项目，要求时间短，花钱不多。如果机会研究有成果，再进行初步研究。

（2）初步可行性研究（或称预可行性研究）：有许多工程项目机会研究之后，还不能决定取舍，因此，需要进行初步可行性研究。初步可行性研究的主要目的是：

1）分析机会研究的结论，并在详细资料的基础上作出投资决定。

2）确定是否应进行下一步详细的可行性研究。

3）确定有哪些关键问题需要进行辅助性专题研究，如市场调查、科学试验、工厂试验等。

4）判明这个建设项目的设想是否有生命力。

初步可行性研究是机会研究和可行性研究之间的一个阶段，它们的区别主要在于所获资料的细节不同。如果项目机会研究有足够的数据，也可以越过初步可行性研究阶段，进入可行性研究。如果项目的经济效果不明显，就要进行初步可行性研究来断定项目是否可行。

（3）可行性研究（或称详细可行性研究）：可行性研究是建设项目投资决策的基础，是进行深入技术、经济论证的阶段，必须深入研究有关市场、生产纲领、厂址、工艺技术、设备选型、土木工程以及管理机构等各种可能的选择方案，使投资费用和生产成本减

到最低限度，以取得显著的经济效果。这个阶段一般进行 1～2 年，或更长时间，投资计算的精度要达到±10%，甚至±5%。

我国可行性研究的程序，根据规定，首先是在调查研究、收集资料、踏勘建设地点、初步分析投资效果的基础上，提出需要进行可行性研究的项目建议书。然后纳入前期工作计划，进行可行性研究的各项工作。

2. 可行性研究的内容

可行性研究的内容，概括起来，要研究和解决下面几个问题：

(1) 研究项目的社会需要性。

(2) 研究项目的技术可行性：

1) 选择既先进又适用、符合本国国情的生产技术方案。

2) 落实生产建设条件，为工程及时上马做好各项前期准备工作。

3) 分析选用方案在技术上能达到的效果和效率。

(3) 研究项目的经济合理性：

1) 详细计算项目的总投资、单位产品成本等各项指标并进行分析。

2) 详细计算投资利润率、投资回收期等综合指标，分析和评价项目的经济效果。

(4) 研究项目的财务可能性：包括：财政来源；资金如何申请、使用，逐年资金的流动情况；投资资金的利率，还本利息的偿还办法。

(5) 制订项目实施计划。

(6) 如何对资金使用和工程进度进行监督。

原建设部 2004 年颁发的《市政公用工程设计文件编制深度规定》，对给水工程、排水工程和城市防洪工程可行性研究报告的组成内容作了规定，参见第 3 章。

3. 可行性研究的步骤

编制典型的可行性研究，可分以下 6 个步骤进行：

(1) 开始筹划：这个时期要与主管部门讨论研究建设项目的范围、界限，摸清主管部门的目标和意见。

(2) 调查研究：包括产品需求量、价格、竞争能力、原材料、能源、工艺要求、运输条件、劳动力、外围工程、环境保护等各种技术经济的调查研究。每项调查研究都要分别作出评价。

(3) 优化和选择方案：将项目各个不同方面进行组合，设计出各种可供选择的方案，并经过多种方案的比较和评价，推荐出最佳方案。这个阶段对选择方案的重大原则问题，都要与主管部门进行讨论。

(4) 详细研究：在本阶段内要对选出的最佳方案进行更详细的分析研究工作，明确建设项目的范围、投资、运营费、收入估算；并对建设项目的经济和财务情况作出评价。经过分析研究应表明所选方案在设计和施工方面是可以顺利实现的；在经济上、财务上是值得投资建设的。为了检验建设项目的效果，还要进行敏感性分析，表明成本、价格、销售量等不确定因素变化时，对企业收益率所产生的影响。

(5) 编制报告书：本阶段要提出可行性研究报告书。它的形式、结构和内容，除按通常做法外，对一些特殊要求，如国际贷款机构的要求，要单独说明。

(6) 资金筹措：对建设项目资金来源的不同方案进行分析比较。在本阶段末，对建设项目的实施计划作出最后决定。

7.1.2 可行性研究报告的编制

1. 编制可行性研究报告的目的和作用

编制建设项目可行性研究报告的基本目的和作用是一致的，但各个建设项目的情况和要求不同，有时还有些特别作用。主要有以下几方面：

（1）作为建设项目投资决策的依据：可行性研究是投资建设的首要环节。国家规定，凡是没有经过可行性研究的建设项目，不能进行设计，不能列入计划。可行性研究是编制设计文件、进行建设准备工作的主要依据。它对一个建设项目的目的、建设规模、产品方案、生产方法、原材料来源、建设地点、工期、经济效益等重大问题，都要作出明确规定。

（2）作为向银行申请贷款的依据：中国投资银行明确规定，根据企业提出的可行性研究报告，对贷款项目进行全面、细致的分析评价后，才能确定能否给予贷款。世界银行等国际金融组织都将可行性研究作为建设项目申请贷款的先决条件。他们审查可行性研究以后，认为这个建设项目经济效益好、具有偿还能力、不会承担很大风险时，才能同意贷款。

（3）作为建设项目主管部门与各有关部门商谈合同、协议的依据：一个建设项目的原料、辅助材料、协作件、燃料以及供电、运输、通讯等很多方面，需要由有关部门供应、协作。这些供应的协议、合同都需要根据可行性研究签订。对于有关技术引进和设备的进口项目，国家规定，项目可行性研究报告经过审查批准后，才能据以同外国厂商正式签约。

（4）作为建设项目开展初步设计的基础：在可行性研究中，对产品方案、建设规模、厂址、工艺流程、主要设备选型、总图布置等都进行了方案比选及论证，确定了原则，推荐了建议方案。可行性研究经过批准、正式下达后，初步设计工作必须据此进行，不能另作方案比选，重新论证。

（5）作为拟采用新技术、新设备研制计划的依据：建设项目采用新技术、新设备必须慎重，经过可行性研究后，证明这些新技术、新设备是可行的，方能拟订研制计划，进行研制。

（6）作为建设项目补充地形、地质工作和补充工业性试验的依据：进行可行性研究，需要大量基础资料，有时这些资料不完整或深度不够，不能满足下个阶段工作的需要，应根据可行性研究提出的要求，进行地形、地质、工业试验等补充工作。

（7）作为安排计划、开展各项建设前期工作的参考。

（8）作为环保部门审查建设项目对环境影响的依据。

2. 编制可行性研究报告的基本要求

（1）坚持实事求是，保证可行性研究的科学性

在编制可行性研究报告时，必须实事求是，在调查研究的基础上，作多方案比较，按实际情况进行论证和评价；按科学规律、经济规律办事，绝不能先定调子；必须保持编制单位的客观立场和公正性，以保证可行性研究的科学性和严肃性。

（2）内容深度要达到标准

可行性研究的内容和深度在不同行业，视不同项目应有所侧重，但基本内容要完整，文件要齐全。其深度应能满足确定项目投资决策的要求和编制设计任务书的依据等上述各项作用的要求。

（3）编制单位要具备一定条件

可行性研究报告是起决策作用的基本文件，应该保证质量。承担编制任务的单位要具备技术力量强、实践经验丰富、有一定装备的技术手段等条件。目前，可以委托经国家正式批准颁发证书的设计单位或工程咨询公司承担。委托单位向承担单位提交项目建议书，说明对建设项目的基本设想，资金来源的初步打算，并提供基础资料。为了保证可行性研究报告的质量，应有必要的工作周期，不能采用突击方式，草率从事。编制可行性研究应采用由委托单位和承担单位签订合同的方式进行，以便对双方起制约作用，如发生问题时，可依据合同追究责任。

3. 编制可行性研究报告的依据

（1）国家经济建设的方针、政策和长远规划：一个建设项目的可行性研究，必须根据国家的经济建设方针、政策和长远规划对投资的设想来考虑。所以对产品的要求、协作配套、综合平衡等问题，都需要按长远规划的设想来安排。

（2）委托单位的设想说明：有关部门在委托进行可行性研究任务时，要对建设项目提出文字的设想说明（包括目标、要求、市场、原料、资金来源等），交给承担可行性研究的单位。

（3）经国家正式批准的资源报告、国土开发整治规划、河流流域规划、路网规划、工业基地规划等。

（4）可靠的自然、地理、气象、地质、经济、社会等基础资料：这些资料是可行性研究进行厂址选择、项目设计和技术经济评价必不可少的资料。

（5）有关的工程技术方面的标准、规范、指标等：这些工程技术的标准、规范、指标等都是项目设计的基本根据。承担可行性研究的单位，都应具备这些资料。

（6）国家公布的用于项目评价的有关参数、指标等：可行性研究在进行评价时，需要有一套参数、数据和指标，如基准收益率、折现率、社会折现率、外汇汇率等。这些参数一般都是由国家公布实行的。

7.2 经济评价概要

7.2.1 经济评价的含义、作用、依据和基本原则

1. 经济评价的含义

建设项目经济评价是项目前期研究工作（包括规划、机会研究、项目建议书、可行性研究阶段）的重要内容，是项目或方案决策科学化的重要依据。任何一个项目成立与否不仅要看它技术上是否先进可靠，同时还要看它经济上是否有效益；不仅要看单项工程效益，更重要的是要看它对整个国民经济的效益。经济评价的目的是根据国民经济与社会发展以及行业、地区发展规划的要求，在项目初步方案的基础上，采用科学、规范的分析方法，对拟建项目的财务可行性和经济合理性进行分析论证，做出全面评价，为项目的科学

决策提供经济方面的依据。

建设项目经济评价包括财务评价（也称财务分析）和国民经济评价（也称经济分析）。财务评价是在国家现行财税制度和价格体系的前提下，从项目的角度出发，计算项目范围内的财务效益和费用，分析项目的盈利能力和清偿能力，评价项目在财务上的可行性。国民经济评价是在合理配置社会资源的前提下，从国家经济整体利益的角度出发，计算项目对国民经济的贡献，分析项目的经济效益、效果和对社会的影响，评价项目在宏观经济上的合理性。

建设项目的经济评价，对于财务评价结论和国民经济评价结论都可行的建设项目，可予以通过；反之应予以否定。对于国民经济评价结论不可行的项目，一般应予以否定；对于关系公共利益、国家安全和市场不能有效配置资源的经济和社会发展的项目，如果国民经济评价结论可行，但财务评价结论不可行，应重新考虑方案，必要时可提出经济优惠措施的建议，使项目具有财务生存能力。

对于费用效益计算比较简单，建设期和运营期比较短，不涉及进出口平衡等一般项目，如果财务评价的结论能够满足投资决策需要，可不进行国民经济评价；对于关系公共利益、国家安全和市场不能有效配置资源的经济和社会发展的项目，除应进行财务评价外，还应进行国民经济评价；对于特别重大的建设项目尚应辅以区域经济与宏观经济影响分析方法进行国民经济评价。

2. 经济评价的作用

（1）建设项目前期研究是在建设项目投资决策前，对项目建设的必要性和项目备选方案的工艺技术、运行条件、环境与社会等方面进行全面的分析论证和评价工作。经济评价是项目前期研究诸多内容中的重要内容和有机组成部分。

（2）项目活动是整个社会经济活动的一个组成部分，而且要与整个社会的经济活动相融，符合行业和地区发展规划要求，因此，经济评价一般都要对项目与行业发展规划进行阐述。国务院投资体制改革决定明确规定，对属于核准制和备案制的企业投资项目，都要在行业规划的范围内进行评审。这是国家宏观调控的重要措施之一。

（3）在完成项目方案的基础上，采用科学的分析方法，对拟建项目的财务可行性（可接受性）和经济合理性进行科学的分析论证，做出全面、正确的经济评价结论，为投资者提供科学的决策依据。

（4）项目前期研究阶段要做技术的、经济的、环境的、社会的、生态影响的分析论证，每一类分析都可能影响投资决策。经济评价只是项目评价的一项重要内容，不能指望由其解决所有问题。同理，对于经济评价，决策者也不能只通过一种指标（如内部收益率）就能判断项目在财务上或经济上是否可行，而应同时考虑多种影响因素和多个目标的选择，并把这些影响和目标相互协调起来，才能实现项目系统优化，进行最终决策。

3. 经济评价的依据

（1）《建设项目经济评价方法与参数》（第三版）

（2）《市政公用设施建设项目经济评价方法与参数》

4. 经济评价的基本原则

"有无对比"原则。"有无对比"是指"有项目"相对于"无项目"的对比分析。"无项目"状态指不对该项目进行投资时，在计算期内，与项目有关的资产、费用与收益的预计发展情况；"有项目"状态指对该项目进行投资后，在计算期内，资产、费用与收益的预计情况。"有无项目"求出项目的增量效益，排除了项目实施以前各种条件的影响，突出项目活动的效果。"有项目"与"无项目"两种情况下，效益和费用的计算范围、计算期应保持一致，具有可比性。

（1）效益与费用计算口径对应一致的原则。将效益与费用限定在同一个范围内，才有可能进行比较，计算的净效益才是项目投入的真实回报。

（2）收益与风险权衡的原则。投资人关心的是效益指标，但是，对于可能给项目带来风险的因素考虑得不全面，对风险可能造成的损失估计不足，结果往往有可能使得项目失败。收益与风险权衡的原则提示投资者，在进行投资决策时，不仅要看到效益，也要关注风险，权衡得失利弊后再行决策。

（3）定量分析与定性分析相结合，以定量分析为主的原则。经济评价的本质就是要对拟建项目在整个计算期的经济活动，通过效益与费用的计算，对项目经济效益进行分析和比较。一般来说，项目经济评价要求尽量采用定量指标，但对一些不能量化的经济因素，不能直接进行数量分析，对此要求进行定性分析，并与定量分析结合起来进行评价。

（4）动态分析与静态分析相结合，以动态分析为主的原则。动态分析是指利用资金时间价值的原理对现金流量进行折现分析。静态分析是指不对现金流量进行折现分析。项目经济评价的核心是折现，所以分析评价要以折现（动态）指标为主。非折现（静态）指标与一般的财务和经济指标内涵基本相同，比较直观，但是只能作为辅助指标。

7.2.2 项目分类

建设项目可以从不同分析角度进行分类，为便于叙述，下面列举了几种分类，但没有一种分类方法可以涵盖各种属性的项目，实际工作中可以根据需要从不同的角度另行分类。

（1）按项目的目标，分为经营性项目和非经营性项目。经营性项目通过投资以实现所有者权益的市场价值最大化为目标，以投资牟利为行为趋向。绝大多数生产或流通领域的投资项目都属于这类项目。

非经营性项目不以追求营利为目标，其中包括本身就没有经营活动、没有收益的项目，如城市道路、路灯、公共绿化、航道疏浚、水利灌溉渠道、植树造林等项目，这类项目的投资一般由政府安排，营运资金也由政府支出。另外有的项目的产出直接为公众提供基本生活服务，本身有生产经营活动，有营业收入，但产品价格不由市场机制形成。在后一类项目中，有些能回收全部投资成本，项目有财务生存能力；有些不能回收全部投资成本，需要政府补贴才能维持运营；有些能够回收全部投资成本且略有节余。对于这类建设项目，国家有相应的配套政策。

（2）按项目的产品（或服务）属性，分为公共项目和非公共项目。公共项目是指为满足社会公众需要，生产或提供公共物品（包括服务）的项目，如上述第一类非经营性项目。公共物品的特征是具有非排他性或排他无效率，有很大一类物品无法或不应收费。人们一般认为，由政府生产或提供公共物品可以增进社会福利，是政府的一项合适的职能。

非公共项目是指除公共项目以外的其他项目。相对于"政府部门提供公共物品"的是"私人部门提供的商品"，其重要特征是：供应商能够向那些想消费这种商品的人收费并因此得到利润。

(3) 按项目的投资管理形式，分为政府投资项目和企业投资项目。政府投资项目是指使用政府性资金的建设项目以及有关的投资活动。政府性资金包括：财政预算投资资金（含国债资金）；利用国际金融组织和外国政府贷款的主权外债资金；纳入预算管理的专项建设资金；法律、法规规定的其他政府性资金。政府按照资金来源、项目性质和宏观调控需要，分别采用直接投资、资本金注入、投资补助、转贷、贴息等方式进行投资。

不使用政府资金的项目统称企业投资项目。

(4) 按项目与既有企业的关系，分为新建项目和改扩建项目。改扩建项目与新建项目的区别在于改扩建是在原有企业基础上进行建设的，在不同程度上利用了原有企业的资源，以较小的新增投入取得较大的新增效益。建设期内项目建设与

新设法人项目和既有法人项目。新设法人项目由新组建的项目……目投资由新设法人筹集的资本金和债务资金构成；由新……项目投产后的财务效益情况考察偿债能力。

既有法……，其特点是：拟建项目不组建新的项目法人，由既有……任和风险；拟建项目一般是在既有法人资产和信用的基础……法人的财务整体状况考察融资后的偿债能力。

(6) 在《市政公用……中，根据项目特点，将市政项目划分为三种类型：

1) 第一类项目，指按照……业改革要求，在体制上、机制上发生根本性变化，项目……以及采用特许经营模式的项目。

2) 第二类项目，指因政府性原……以补偿项目运营成本、回收投资，需要政府在一定时期……

3) 第三类项目，指不实行收费，全……补贴的项目。

由此，供水项目属市政项目分类中第二……盈利能力，在收费水平不能满足投资回收和补偿运营成本……维持运营。雨水项目目前仍然全部由政府投资建设、运……三种类型。污水项目现阶段投资渠道呈多元化，其投资……类项目：一是仍然全部由政府负责投资建设、运营和管理，采……市政第三类项目；二是由政府特定的国有企业投资建设并负责运行和管……处理费和政府适当补贴来回收投资和维持运营，实现保本微利，采用这种……目属于市政第二类项目；三是采用特许经营模式，这种项目属于市政第一类项目。

7.2.3 经济评价的深度规定、计算期和价格的采用

1. 经济评价的深度规定

(1) 项目前期研究各个阶段是对项目的内部、外部条件由浅入深、由粗到细的逐步细化过程，一般分为规划、机会研究、项目建议书和可行性研究四个阶段。由于不同研究阶

段的研究目的、内容深度和要求等不相同，因此，经济评价的内容深度和侧重点也随着项目决策不同阶段的要求有所不同。

（2）可行性研究阶段的经济评价，应按照《建设项目经济评价方法与参数》（第三版）的内容要求，对建设项目的财务可接受性和经济合理性进行详细、全面的分析论证。

（3）项目建议书阶段的经济评价，重点是围绕项目立项建设的必要性和可能性，分析论证项目的经济条件及经济状况。这个阶段采用的基础数据可适当粗略，采用的评价指标可根据资料和认识的深度适度简化。

（4）规划和机会研究是将项目意向变成简要的项目建议的过程，研究人员对项目赖以存在的客观（内外部）条件的认识还不深刻，或者说不确定性较大，在此阶段，可以用一些综合性的信息资料，计算简便的指标进行分析。

2. 项目计算期

（1）项目计算期是指经济评价中为进行动态分析所设定的期限，包括建设期和运营期。建设期是指项目资金正式投入开始到项目建成投产为止所需要的时间，可按合理工期或预计的建设进度确定；运营期分为投产期和达产期两个阶段。投产期是指项目投入生产，但生产能力尚未完全达到设计能力时的过渡阶段。达产期是指生产运营达到设计预期水平后的时间。运营前一般应以项目主要设备的经济寿命期确定。项目计算期应根据多种因素综合确定，包括行业特点、主要装置（或设备）的经济寿命等。行业有规定时，应从其规定。

（2）项目计算期的长短主要取决于项目本身的特性，因此无法对项目计算期作出统一规定。计算期不宜定得太长一方面是因为按照现金流量折现的方法，把后期的净收益折为现值的数值相对较小，很难对财务分析结论产生有决定性的影响；另一方面由于时间越长，预测的数据会越不准确。

（3）计算期较长的项目多以年为时间单位。对于计算期较短的行业项目，在较短的时间间隔内（如月、季、半年或其他日历时间间隔）现金流水平有较大变化，如油田钻井开发项目、高科技产业项目等，这类项目不宜用"年"做计算现金流量的时间单位，可根据项目的具体情况选择合适的计算现金流量的时间单位。由于折现评价指标受计算时间的影响，对需要比较的项目或方案应取相同的计算期。

（4）在《市政公用设施建设项目经济评价方法与参数》中，规定了给水排水项目的计算期：

1）给水项目建设期应参照项目建设的合理工期或项目的建设进度计划合理确定；运营期一般可采用 20 年。

2）排水项目建设期根据项目实际情况确定。鉴于排水项目构、建筑物所占比例较大，形成的固定资产折旧年限较长，经济评价中运营期一般可按 20 年考虑。当贷款偿还期有特殊要求（长于计算期）时，可将预定的贷款偿还期作为还贷计算期。采用特许经营模式的排水项目，应以特许合同规定的特许期为计算期。

3. 价格体系

（1）项目投入物和产出物的价格，是影响方案比选和经济评价结果最重要、最敏感的因素之一。项目评价都是对未来活动的估计，投入和产出都在未来一段时间发生，所以要采用预测价格对费用效益进行估算。

（2）财务分析应采用以市场价格体系为基础的预测价格。影响市场价格变动的因素很多，也很复杂，但归纳起来，不外乎两类：一是由于供需量的变化、价格政策的变化、劳动生产率变化等可能引起商品间比价的改变，产生相对价格变化；二是由于通货膨胀或通货紧缩而引起商品价格总水平的变化，产生绝对价格变动。

（3）在市场经济条件下，货物的价格因地而异，因时而变，要准确预测货物在项目计算期中的价格是很困难的。在不影响评价结论的前提下，可采取简化办法：

1）对建设期的投入物，由于需要预测的年限较短，可既考虑相对价格变化，又考虑价格总水平变动；又由于建设期投入物品种繁多，分别预测难度大，还可能增加不确定性，因此，在实践中一般以涨价预备费（价差预备费）的形式综合计算。

2）对运营期的投入物和产出物价格，由于运营期比较长，在前期研究阶段对将来的物价上涨水平较难预测，预测结果的可靠性也难以保证，因此一般只预测到经营期初价格。运营期各年采用同一的不变价格。

（4）考虑到项目可能有多种投入或产出，在不影响评价结论的前提下，只需对在生产成本中影响特别大的货物和主要产出物的价格进行预测。一般情况下，根据市场预测的结果和销售策略确定主要产出物价格。在未来市场价格信息有充分可靠判断的情况下，本着客观、谨慎的原则，也可以采用相对变动的价格，甚至考虑通货膨胀因素。在这种情况下，财务分析采用的财务基准收益率也应考虑通货膨胀因素。

（5）在经济费用效益分析中，采用以影子价格体系为基础的预测价格，影子价格体系不考虑通货膨胀因素的影响。

7.2.4 给水排水项目基础资料

基础资料是经济评价的基础，应结合工程的特点，有目的地进行搜集。搜集地域范围应包括工程所在地区和工程修建后可能受到有利和不利影响的地区。

1. 项目所在地社会经济资料

（1）当地的经济状况及发展计划。

（2）当地年度国内生产总值、人均总产值、人均国民收入、预算内财政收入、税收、企业职工月平均工资等。

（3）城市规模和基础设施状况的分布。

2. 资金筹措及使用计划

（1）资金来源、分年度使用计划及贷款的情况。

（2）项目资本金筹措计划及分年度使用计划。

（3）贷款的来源、贷款总额度、年度使用计划、汇率、年利率、有关手续费、贷款的宽限期、偿还期及还款的有关要求。

（4）确定项目的建设期、生产运营期及投产计划。

3. 建设项目经济资料

（1）概、估算编制的依据和主要定额指标。

（2）设计标准、供水量、工业用水量占总用水量的比例、万元工业产值的用水量、工业用水重复利用率、用水情况和节水情况等。

（3）各种管道、建筑材料和给水排水专业设备的价格，包括国家制订的现行价格、国际市场价格以及国内市场价格等。

（4）年运行和有关支出费用资料，包括：有关部门对动力费、维修费、管理费等年运行费的规定，类似工程实际支付的年运行费和盈亏情况。

（5）有关的财会制度，企业目前缴纳的税务税种，折旧费率等规定。

（6）有关部门关于经济分析和财务分析的规定和参考资料。

4. 工程效益计算资料

（1）工程修建后受影响地区的有关工业产品和农业作物的产量和产值、土地价值、单位用地面积实现的产值和利税等；

（2）其他为计算城镇给水排水项目效益所需的经济、财务指标资料。

5. 对搜集的资料，应按照经济计算的要求，系统地进行整理和分析。对有疑问的资料，应进行核实或进一步补充调查。重要的经济指标，应对其可能的误差做出估计。

6. 使用历史社会经济资料时，应注意不同时期的经济发展、人民生活水平提高及人口自然增长等因素，其有关的经济数据，还应考虑价格变化，尽可能地按某一年份的不变价格进行换算，使其具有可比的统一基础。

7.3　财务效益与费用估算

7.3.1　需求分析

需求分析是对项目的产出和投入的市场容量、价格，以及可能存在的风险等进行分析预测，为确定项目建设规模和产品方案提供依据。市政项目的建设规模依据城市总体规划和专项规划，结合对现状、近期、远期城市及项目功能区内产业结构、经济增长和人口增长的分析预测，合理确定。

1. 需求数据的分析和确认

项目经济评价以项目建议书和可行性研究报告确定的项目建设规模为依据，在进行财务效益和费用估算之前，应对以下内容进行分析和确认。

（1）项目产品（服务）目标市场有效需求的预测分析数据。

（2）项目建设规模、产品（服务）方案。

（3）采用的价格基点、价格体系。

（4）产品（服务）价格的预测方法和所采用价格的合理性。

2. 产品（服务）价格测算

（1）项目预期财务价格。市政项目的预期财务价格是指能保证项目自身的投资与运营成本全额回收并略有盈余时项目产出应当实现的价格。

项目预期财务价格的测算原则为"先补偿成本，在可能的条件下实现保本微利"。项目预期财务价格应考虑资源价格（在直接利用自然资源时）、工程建设投资、运营成本和费用、维持运营投资、税收和利润等因素。

1）项目预期财务价格测算，应符合下列要求：

①遵循价格形成机制；

②满足项目财务生存能力要求；

③符合国家、行业和地方的相关法规和政策；

④考虑属地资源条件、经济社会发展水平、政府的财力、消费者的支付意愿和承受能力；

⑤遵循资源节约和保护生态、环境的要求。

2）项目预期财务价格测算方法，应根据行业的特点和行业的习惯做法选择。测算方法一般包括：

①成本加成法。成本加成法是指价格等于成本、税金及利润之和。所采用的成本应控制在合理水平；利润率一般参考同类项目或根据投资方期望水平综合确定，并控制在较低水平。

②合理收益率定价法（也称价格反推法）。合理收益率定价法是指通过设定的合理收益率来反推价格。这种价格能保证项目具有财务生存能力，其收益能被政府或投资方所接受。

③类比价格法。类比价格法是指在参考行业同类项目产出价格的基础上，结合项目本身的特点和风险情况进行适当调整后的价格。

④现价调整法。现价调整法是指在现行价格基础上进行适当调整后的价格。

（2）现行价格。现行价格是指由城市政府价格主管部门经过价格决策的法定程序，核定并实施的市政产品（服务）的价格（收费标准）。

现行价格考虑了整个城市现有该类产品的提供能力，今后该类产品的需求与发展趋势，以及现在的运营成本、价格（收费标准）形成的历史沿革，用户的消费水平与承受能力等因素。

现行价格综合了厂、网、已建、在建以及行业可持续发展等多方面因素，而项目财务预期价格只考虑项目本身的因素，二者在范围和内涵上均有不同。现行价格可用于财务预期价格的分析比较。对于某些项目产出固定目标的行业，通常将现行价格作为测算财务预期价格的基础价格，当预测的行业成本水平处于平稳时期，可以现行价格作为财务预期价格；当预测的原材料、燃料动力等成本要素处于价格上升期时，需要对现行价格进行合理调整后设定为财务预期价格。

（3）含税价格与不含税价格。对于适用增值税的项目，运营期内投入与产出估算报表宜采用不含增值税价格；若采用含增值税价格，应予以说明，并调整部分表格（主要是利润与利润分配表、财务计划现金流量表、项目投资现金流量表和项目资本金现金流量表）的相关科目。

3. 运营计划

估算营业收入之前应通过制定运营计划，确定各期运营负荷。

各期运营负荷（产品或服务的数量）应根据技术的成熟度、需求量的增减变化等因素，结合行业和项目的特点，通过制定运营计划，合理确定。

4. 给水项目的需求分析

（1）给水项目需求量是指城市目标服务区内预期消费的水量，它是根据城市的水资源状况、城市人口、城市用水状况、城市性质和规模、产业结构、城市经济发展水平、居民生活水平以及再生水回用率等因素确定。在项目建议书和可行性研究报告中专有章节论述用水量和拟建项目的建设规模，一般在经济评价中可参照使用。

（2）给水项目价格测算

城市给水一般由取水系统、输水系统、净水系统和配水系统构成，现行水价综合考虑了这些系统的投资、运行成本、资金筹措、消费者支付意愿和支付能力等因素，单个给水项目只是整个城市供水网络中的一部分，项目价格因素的构成、范围等均与现行价格有所不同，在财务分析中原则上应采用项目预期价格。项目预期财务价格只针对项目本身，对于项目范围之外（如城市现有设施等）是无效的。

给水项目的预期财务价格测算一般采用成本定价法或合理收益定价法，采用成本定价法，利润率一般可按拟建项目所要求达到的利润水平或参照当地已有给水企业的利润水平确定；采用合理收益定价法，通过设定的基准收益率来反推价格，保障项目在合理收益率条件下，具有财务生存能力和偿债能力。

5. 排水项目需求分析

（1）排水项目的建设规模应根据城市供水和排水现状、城市性质、城市发展总体规划和排水规划确定。同时还要充分考虑雨、污水接管率。污水项目实际能收取费用的水量预测要结合当地收费模式、自来水普及率等因素进行。污水再生利用规模预测，要考虑当地水资源状况、消费者使用意愿、再生水管网状况、政府政策、生产经营成本以及当地经济发展水平等因素。

需求量预测的过程较为复杂，在项目建议书和可行性研究报告中有专门章节详细分析和测算，并由此确定项目的设计规模。项目经济评价可以其为依据，但在进行财务效益和费用估算前，应对相关数据和方法进行分析和确认。

（2）预期收费标准预测

政府投资且由非盈利机构管理的排水项目收费标准，应在维持项目日常运行和维护成本的基础上进行测算。

由政府特许经营的国营企业投资的污水项目预期收费标准，应按保本微利的原则测算。

采用特许经营模式的污水项目的预期收费标准，应在综合考虑行业基准收益率、投资政策、生产经营成本等因素进行测算。

7.3.2　财务效益估算

1. 营业收入

营业收入是指销售产品或提供服务所获得的收入。营业收入估算的基础数据，包括产品（服务）的数量和价格。项目评价中营业收入估算的基本假定：当期的产品（扣除自用量后）当期全部销售，即当期产品（服务）量等于当期销售商品（提供服务）量。

给水项目的产品是指给水企业将原水进行必要的净化、消毒处理，使水质符合国家规定的标准后供给用户的管道商品水（自来水）。项目的营业收入主要是指商品水的营业收入，即销售水量与水价之乘积。

给水项目的销售水量是在给水项目的出厂水量基础上，扣除输配水管道漏失量及不收费水量之后，直接提供给居民、工业、行政事业、服务业等用户的水量。

2. 补贴收入

按照《企业会计制度》规定，补贴收入是指与项目收益相关的政府补助，包括政府按销量或工作量等依据国家规定的补助定额计算并按期给予的定额补贴，以及属于国家财政扶持的领域而给予的其他形式的补贴。

按照《企业会计准则》，企业从政府无偿取得的货币性资产或非货币性资产称为政府补助，并按照是否形成长期资产区分为与资产相关的政府补助和与收益相关的政府补助。在项目财务分析中，作为运营期财务效益核算的应是与收益相关的政府补助。

按照财政部、国家税务总局《关于企业补贴收入征税等问题的通知》（财税字〔1995〕81号），企业取得国家财政性补贴和其他用途补贴收入，除国务院、财政部和国家税务总局规定不计入损益者外，应一律并入实际收到该补贴收入年度的应纳税所得额。

7.3.3　建设投资、流动资金和税费估算

1. 建设投资

在经济评价中，建设项目总投资包括建设投资、建设期利息和流动资金之和。

2. 维持运营投资

在运营期内设备、设施等需要更新的项目，应估算维持运营的投资费用，并在现金流量表中将其作为现金流出，参与内部收益率等指标的计算。同时，也应反映在财务计划现金流量表中，参与财务生存能力分析。

项目评价中，如果维持运营投资投入后延长了固定资产的使用寿命，或使产品质量实质性提高，或成本实质性降低等，使可能流入企业的经济利益增加，则该投资应予资本化，计入固定资产原值，并计提折旧。否则该投资只能费用化，不形成新的固定资产原值。

3. 流动资金

流动资金可按行业规定或前期研究的阶段选用扩大指标估算法或分项详细估算法。

（1）扩大指标估算法是参照同类企业流动资金占营业收入或经营成本的比例或者单位产量占用营运资金的数额估算流动资金。在项目初期研究阶段一般可采用扩大指标估算法。在可行性研究阶段可从行业规定或习惯做法。

（2）分项详细估算法是利用流动资产与流动负债估算项目占用的流动资金。一般先对流动资产和流动负债主要构成要素进行分项估算，进而估算流动资金。

项目评价阶段流动资产的构成要素包括存货、库存现金、应收账款和预付账款；流动负债的构成要素一般只考虑应付账款和预收账款。流动资金等于流动资产与流动负债的差额。计算公式为：

$$流动资金 = 流动资产 - 流动负债 \tag{7-1}$$

$$流动资产 = 应收账款 + 预付账款 + 存货 + 现金 \tag{7-2}$$

$$流动负债 = 应付账款 + 预收账款 \tag{7-3}$$

$$流动资金本年增加额 = 本年流动资金 - 上年流动资金 \tag{7-4}$$

流动资金估算的具体步骤是首先确定各分项要素最低周转天数，计算出周转次数，然后进行分项估算。

1）周转次数的计算

$$周转次数 = 360 天 / 最低周转天数 \tag{7-5}$$

各类流动资产和流动负债的最低周转天数可参照同类企业的平均周转天数并结合项目特点确定，或从行业规定。在确定最低周转天数时应考虑储存天数、在途天数，并考虑适

当的保障系数。

2）流动资产估算

①存货估算

市政项目评价中存货仅考虑外购原材料、燃料、其他材料、在产品和产成品，并分项进行计算。计算公式为：

$$存货 = 外购原材料、燃料费用 + 在产品 + 产成品 + 其他材料 \qquad (7-6)$$

$$外购原材料、燃料费 = 年外购原材料、燃料费用 / 分项周转次数 \qquad (7-7)$$

$$在产品 = (年外购原材料、燃料费用 + 年职工薪酬 + 年修理费 +$$
$$年其他制造费用) / 在产品周转次数 \qquad (7-8)$$

$$产成品 = (年经营成本 - 年其他营业费用) / 产成品周转次数 \qquad (7-9)$$

②应收账款估算。应收账款是指企业对外销售商品、提供服务尚未收回的资金，计算公式为：

$$应收账款 = 年经营成本 / 应收账款周转次数 \qquad (7-10)$$

③预付账款估算。预付账款是指企业为购买各类材料、半成品或服务所预先支付的款项，计算公式为：

$$预付账款 = 外购商品或服务年费用金额 / 预付账款周转次数 \qquad (7-11)$$

④现金需要量估算。项目流动资金中的现金是指为维持项目正常生产运营必须预留的货币资金，计算公式为：

$$现金 = (年职工薪酬 + 年其他费用) / 现金周转次数 \qquad (7-12)$$

$$年其他费用 = 制造费用 + 管理费用 + 营业费用 - （以上三项费用中所含的职工薪酬、$$
$$折旧费、摊销费、修理费） \qquad (7-13)$$

3）流动负债估算

在项目评价中，流动负债的估算只考虑应付账款和预收账款两项。计算公式为：

$$应付账款 = 外购原材料、燃料动力及其他材料年费用 / 应付账款周转次数 \qquad (7-14)$$

$$预收账款 = 预收的营业收入年金额 / 预收账款周转次数 \qquad (7-15)$$

（3）流动资金估算应遵循下列原则：

1）在确定最低周转天数时，应根据项目的特点、投入和产出性质、供应来源以及各分项的属性考虑确定。并适当留有余地。

2）当投入物和产出物采用不含税价格时，估算时应注意将销项税额和进项税额分别包含在相应的年费用金额中。

3）流动资金一般应在项目投产前开始筹措。为了简化计算，项目评价中流动资金可在投产第一年开始安排，并随生产运营负荷的增长逐年变化。

4）采用分项详细估算法时，需以经营成本及其中的某些科目为基数，因此其估算应在营业收入和经营成本估算之后进行。

（4）给水排水项目流动资金估算

给水排水项目中，一般可参照同类企业的相关指标，按下列方法进行估算：

1）按年产值（或年营业收入）估算：

$$流动资金 = 年产值（或年营业收入）× 流动资金占用率 \qquad (7-16)$$

式中 流动资金占用率可由同类企业百元产值（或营业收入）与中流动资金占用额确定。

2）按年经营成本的周转天数估算：

$$流动资金 = （年经营成本 /360）× 流动资金周转天数 \qquad (7-17)$$

对于改扩建项目，流动资金周转天数可参考原有企业的数据；对新建项目，流动资金周转天数可参照给水排水规模类似的可比项目取值。当缺少相关资料时，流动资金的周转天数可按 90 天估算。

当项目投资方有要求时可采用分项详细估算法。

4. 税费

给水排水项目涉及的税费主要包括关税、增值税、营业税、所得税、城市维护建设税和教育费附加等。应根据相关税法和项目的具体情况选用适宜的税种和税率。如有减免税优惠，应说明依据及减免方式并按相关规定估算。

（1）关税。项目评价中涉及引进设备、技术和进口原材料时，需估算进口关税。应按有关税法和国家的税收优惠政策，正确估算进口关税。

（2）增值税。对适用增值税的项目，财务分析应按税法规定计算增值税。采用不含（增值）税价格计算时，利润表和利润分配表以及现金流量表中不包括增值税科目；当采用含（增值）税价格计算营业收入和原材料、燃料及动力成本时，利润和利润分配表以及现金流量表中应单列增值税科目。项目评价中应明确说明采用何种计价方式。

根据现行税法规定，自来水适用增值税低税率为 6%，按简易办法依照 6% 征收率计算缴纳增值税，即：

$$增值税应纳税额 = 营业额 × 征收率 \qquad (7-18)$$

（3）营业税。市政某些行业实行营业税，应按税法规定计算营业税。营业税属于价内税，包含在营业收入之内。

（4）营业税金及附加包括城市维护建设税和教育费附加，一些地区还包括防洪基金等附加税费。城市维护建设税是一种地方附加税，目前以流转税额（包括增值税、营业税和消费税）为计税依据。教育费附加是地方收取的专项费用，计税依据也是流转税，税率由地方确定，税率一般为 3%。项目评价中应注意当地的规定。

项目评价中，可将营业税、城市维护建设税和教育费附加归集在营业税金及附加中。营业税及附加列作利润与利润分配表中的一个科目。

（5）企业所得税。项目评价中应注意按有关税法对所得税前扣除项目的要求，正确计算应纳税所得额，并采用适宜的税率计算企业所得税，同时注意正确使用有关的所得税优惠政策，并加以说明。

税收估算时应注意，对于某一经营行为，一般不会同时发生增值税和营业税。具有不同业务收入时，应分别鉴别该业务性质的应纳税种类，并按照税法规定的"混合销售行为"或"兼营非应税劳务"等情况的规定处理。

按照国家规定所得税率为 25%，对于国家或地方有减免规定的情况，按相关规定执行。

7.3.4 成本费用估算

1. 总成本费用估算

总成本费用是指在运营期内当期为生产产品或提供服务所发生的全部费用。总成本费用可以采用生产成本加期间费用估算法或生产要素法估算。

（1）生产成本加期间费用估算法：

$$总成本费用 = 生产成本 + 期间费用 \tag{7-19}$$

式中：生产成本＝直接材料费＋直接燃料和动力费＋直接生产人员职工薪酬＋其他直接支出＋制造费用

$$期间费用＝营业费用＋管理费用＋财务费用$$

其中：

1）制造费用：是指企业为生产产品和提供服务而发生的各项间接费用，包括生产单位管理人员职工薪酬、折旧费、修理费、水电费、办公费、机物料消耗、劳动保护费、季节性和修理期间的停工损失等。制造费用应按企业成本核算办法的规定，分别计入有关成本的核算对象。

2）管理费用：是指企业为组织和管理企业生产经营所发生的管理费用，包括公司经费（行政管理部门管理人员职工薪酬、修理费、物料消耗、低值易耗品摊销、办公费和差旅费等）、董事会费、聘请中介机构费、咨询费（含顾问费）、诉讼费、业务招待费、房产税、车船使用税、土地使用税、印花税、技术转让费、无形资产摊销、研究与开发费以及排污费等。

3）财务费用：是指企业为筹集与占用生产经营所需资金等而发生的费用，包括应当作为期间费用的利息净支出、汇总净损失以及相关的手续费等。

4）营业费用：是指企业在销售产品或提供服务过程中发生的费用，包括应由企业负担的运输费、装卸费、包装费、保险费、展览费和广告费，以及为销售产品而专设的销售机构的销售人员职工薪酬、业务费等经营费用。为简化计算，项目评价中将营业费用归集为销售人员职工薪酬、折旧费、修理费和其他营业费用几部分。

采用生产成本加期间费用估算法时，经营成本与总成本费用的关系如下：

$$经营成本 = 总成本费用 - 折旧费 - 摊销费 - 财务费用 \tag{7-20}$$

（2）生产要素估算法

$$\begin{aligned}总成本费用 &=外购原材料、燃料及动力费＋职工薪酬＋折旧费＋摊销费＋\\&\quad 修理费＋财务费用＋其他费用\\&=经营成本＋折旧费＋摊销费＋财务费用\end{aligned} \tag{7-21}$$

1）外购原材料、燃料及动力费用。根据相关专业提出的外购原材料和燃料动力年耗用量，以及在选定价格体系下的预测价格进行估算。该价格应按入库价格计（即到厂价格），并考虑途库损耗。采用的价格时点和价格体系应与营业收入的选取一致。

2）职工薪酬。财务分析中职工薪酬，是指企业为获得职工提供的服务而给予的各种形式的报酬。按照《企业会计准则》，职工薪酬包括：

①职工工资、奖金、津贴和补贴；

②职工福利费；

③医疗保险费、养老保险费、失业保险费、工伤保险费和生育保险费等社会保险费；

④住房公积金；

⑤工会经费和职工教育经费；

⑥非货币性福利；

⑦因解除与职工的劳动关系给予的补偿；

⑧其他与获得职工提供的服务相关的支出。

采用生产要素估算法时，所采用的职工人数为项目的全部定员。

确定职工薪酬时需考虑项目性质、项目地点、行业特点等因素。对于既有法人项目，还要考虑原企业职工薪酬水平。

根据不同项目的需要，财务分析中可视情况选择按项目全部人员年职工薪酬的平均数值计算或按照人员类型和层次分别设定不同档次的职工薪酬进行计算。

3）固定资产原值及折旧费：

①固定资产原值。固定资产原值是指项目投产时（达到预定可使用状态）按规定由投资形成固定资产的部分。

②固定资产折旧。固定资产的折旧方法可在税法允许的范围内由企业自行确定，一般采用直线法，包括年限平均法和工作量法。我国税法也允许对某些行业、某些机器设备采用快速折旧法，即双倍余额递减法和年数总和法。

固定资产折旧年限、预计净残值率可在税法允许的范围内由企业自行确定，或按行业规定。项目评价中一般应按税法明确规定的分类折旧年限，也可按行业规定的综合折旧年限。

对于融资租赁的固定资产，如能合理确定租赁期届满时承租人会取得租赁资产所有权，即可认为承租人拥有该项资产的全部尚可使用年限，并以其作为折旧年限；否则，应以租赁期与租赁资产尚可使用年限两者中较短者作为折旧年限。

固定资产折旧可采用下列方法：

a. 年限平均法：

$$年折旧率 = \frac{1-预计净残值率}{折旧年限} \times 100\% \tag{7-22}$$

$$年折旧额 = 固定资产原值 \times 年折旧率 \tag{7-23}$$

b. 双倍余额递减法

$$年折旧率 = \frac{2}{折旧年限} \times 100\% \tag{7-24}$$

$$年折旧额 = 固定资产净值 \times 年折旧率 \tag{7-25}$$

实行双倍余额递减法的，应在折旧年限到期前两年内，将固定资产净值扣除净残值后的净额平均摊销。

c. 年数总和法

$$年折旧率 = \frac{折旧年限-已使用年数}{折旧年限 \times (折旧年限+1) \div 2} \tag{7-26}$$

$$年折旧额 = (固定资产原值-预计净残值) \times 年折旧率 \tag{7-27}$$

4）修理费。修理费按修理范围的大小和修理时间间隔的长短可以分为大修理和中小修理。修理费允许直接在成本中列支，如果当期发生的修理费用数额较大，可以预提或摊销。

按生产要素法估算总成本费用时，修理费是指项目全部固定资产的修理费，可直接按固定资产原值（扣除所含的建设期利息）的一定百分数估算。百分数的选取应考虑行业和项目特点。在生产运营的各年中，修理费率的取值，一般可采用固定值，或根据项目特点采用间断性调整修理费率，开始取较低值，以后取较高值。

5）无形资产和其他资产原值及摊销费。按照现行财会制度的规定，无形资产从开始使用之日起，在有效使用期限内平均摊入成本。法律和合同规定了法定有效期限或者受益年限的，摊销年限从其规定，否则摊销年限应注意符合税法的要求。无形资产的摊销一般采用平均年限法，不计残值。

其他资产原称递延资产，《企业会计制度》所称的其他资产是指除固定资产、无形资产和流动资产之外的其他资产，如长期待摊费用。项目评价中可将生产准备费、开办费、出国人员费、来华人员费、图纸资料翻译复制费、样品样机购置费等直接形成其他资产。项目评价中其他资产的摊销可以按现行会计制度规定"先在长期待摊费用中归集，待企业开始生产经营起一次计入当期的损益。"；也可以采用平均年限法，不计残值，但摊销年限应注意符合税法的要求。

6）财务费用。在项目评价中，财务费用通常只考虑利息支出。利息支出包括长期借款利息、流动资金借款利息和短期借款利息支出三部分。

①长期借款利息是指对建设期间借款余额（含未支付的建设期利息）应在生产期支付的利息，项目评价中可以选择等额还本付息或者等额还本利息照付等方法，有时也可采用其他方法来计算长期借款利息。

a. 等额还本付息法：

$$A = I_c \times \frac{i(1+i)^n}{(1+i)^n - 1} \tag{7-28}$$

式中　　A——每年还本付息额（等额年金）；

　　　　I_c——还款起始年年初的借款余额（含未支付的建设期利息）；

　　　　i——年利率；

　　　　n——预定还款期；

$\dfrac{i(1+i)^n}{(1+i)^n - 1}$——资金回收系数。

其中：

$$每年支付利息 = 年初借款累计 \times 年利率$$
$$每年偿还本金 = A - 每年支付利息$$
$$年初借款累计 = I_c - 本年以前各年偿还的借款累计$$

b. 等额还本利息照付法：

设 A_t 为第 t 年的还本付息额，则有：

$$A_t = \frac{I_c}{n} + I_c \times \left(1 - \frac{t-1}{n}\right) \times i \tag{7-29}$$

式中　每年支付利息＝年初借款累计×年利率，即：

$$第 t 年支付的利息 = I_c \times \left(1 - \frac{t-1}{n}\right) \times i$$

$$每年偿还本金 = \frac{I_c}{n}$$

c. 其他还本付息方法：指由借贷双方商定的除上述两种方法以外的还本付息方法。

②流动资金借款利息。项目评价中流动资金借款从本质上说应归类为长期借款，但企

业往往有可能与银行达成协议，按期末偿还、期初再借的方式处理，并按一年期利率计息。流动资金借款利息可以按下式计算：

$$年流动资金借款利息 = 年初流动资金借款额 \times 流动资金借款年利率 \qquad (7\text{-}30)$$

财务分析中对流动资金的借款可以在计算期最后一年偿还，也可以在还完长期借款后安排偿还。

③短期借款（临时借款）。项目评价中的短期借款是指运营期间由于资金的临时需要而发生的短期借款，短期借款的数额应在财务计划现金流量表中得到反映，其利息应计入总成本费用表的利息支出。短期借款利息的计算方法同流动资金借款利息的计算方法，短期借款的偿还按照随借随还的原则处理，即当年借款尽可能于下年偿还。

7）其他费用。其他费用包括其他制造费用、其他管理费用和其他营业费用三项费用。其他制造费用是指由制造费用中扣除生产单位管理人员职工薪酬、折旧费、修理费以后的其余部分。项目评价中通常按固定资产原值（扣除所含的建设期利息）的百分数估算或按人员定额估算。

其他管理费用是指在管理费用中扣除行政管理部门管理人员职工薪酬、折旧费、摊销费、修理费以后的其余部分。项目评价中通常按人员定额或职工薪酬总额的倍数估算。

其他营业费用是指在营业费用中扣除销售人员职工薪酬、折旧费、修理费以后的其余部分。项目评价中通常按营业收入的百分数估算。

（3）固定成本和可变成本。根据成本费用与产量的关系可以将总成本费用分为固定成本、可变成本和半固定或半可变成本。

固定成本是指不随产品产量变化的各项成本费用，一般包括职工薪酬（计件工资除外）、折旧费、摊销费、修理费和其他费用等。

可变成本是指随产量增减而成正比例变化的各项费用，主要包括外购原材料、燃料及动力费和计件工资等。

有些成本费用属于半固定或半可变成本，如职工薪酬、营业费用和流动资金利息等也都可能既有可变因素也有固定因素。必要时可进一步分解为固定成本和可变成本。项目评价中一般可根据行业特点进行简化处理。

长期借款利息应视为固定成本，为简化计算，一般将流动资金借款利息和短期借款利息也作为固定成本。

成本费用估算两种方法可根据行业规定或结合项目特点选用。成本费用估算原则上应遵循国家现行《企业会计准则》和（或）《企业会计制度》规定的成本和费用核算方法，同时应遵循有关税法中准予在所得税前列支科目的规定。当两者有矛盾时，一般应按从税的原则处理。

2. 给水项目成本费用计算

为方便经济评价的成本核算，给水项目的总成本费用采用生产要素估算法进行估算，具体内容包括水资源费、原水费、原材料费、动力费、职工薪酬、固定资产折旧费、摊销费、修理费、其他费用和财务费用。

（1）水资源费或原水费 E_1：指供水企业利用水资源或获取原水的费用，一般按各地有关部门的规定计算。其计算式为

$$E_1 = 365Qk_1e/k_2 \qquad (7\text{-}31)$$

式中 Q——最高日供水量（m^3/d）；

k_1——考虑水厂自用水的水量增加系数；

k_2——日变化系数；

e——水资源费费率或原水单价（元/m^3）。

（2）动力费 E_2：可根据设备功率和设备运行时间计算，或近似按总扬程计算。动力费计算式为：

$$E_2 = 1.05 \frac{QHD}{\eta k_2} \tag{7-32}$$

式中 H——工作全扬程，包括一级泵房、二级泵房及增压泵房的全部扬程（m）；

D——电费单价（元/kWh）；

η——水泵和电动机的效率，一般采用 70%～80%。

根据电力部门的规定，受电变压器容量不足 315kVA 者，采用一部制电价；受电变压器容量等于或大于 315kVA 者，采用两部制电价。

一部制电价制电费计算公式如下：

电费 = 电度电费

电度电费 = 运行耗电量×综合电费单价

两部制电价制电费计算公式如下：

电费 = 基本电费 + 电度电费

基本电费 = 用户用电容量×基本电价[元/(kVA·月)]×12 月

电度电费 = 运行耗电量(kWh/年)×综合电费单价(元/kWh)

式中，用户用电容量按变压器容量或最大需量（kVA）计算。最大需量是指客户在一个电费结算周期内，每单位时间用电平均负荷的最大值。

（3）原材料费 E_3：指制水过程中所耗用的各种药剂费用，包括净水材料（如活性炭）、混凝剂、助凝剂和消毒剂等，其计算公式为：

$$E_3 = \frac{365Qk_1}{k_2 \times 10^6}(a_1b_1 + a_2b_2 + a_3b_3 + \cdots) \tag{7-33}$$

式中 a_1、a_2、a_3——各种药剂（包括混凝剂、助凝剂、消毒剂等）的平均投加量（mg/L）；

b_1、b_2、b_3——各种药剂的相应单价（元/t）。

（4）职工薪酬 E_4：指企业在一定时间内，支付给职工的劳动报酬总额，包括工资、奖金、津贴和福利等，计算公式为：

$$E_4 = 职工每人每年的平均职工薪酬×职工定员 \tag{7-34}$$

（5）固定资产折旧费 E_5，计算公式为：

$$E_5 = 固定资产原值×综合折旧率 \tag{7-35}$$

（6）修理费 E_6，计算公式为：

$$E_6 = 固定资产原值(不含建设期利息)×修理费率 \tag{7-36}$$

（7）无形资产和其他资产摊销费 E_7 计算公式为：

$$E_7 = 无形资产和其他资产值×年摊销率 \tag{7-37}$$

（8）其他费用 E_8：包括管理和销售部门的办公费、取暖费、租赁费、差旅费、研究试验费、会议费、成本中列支的税金（如房产税、车船使用税等），以及其他不属于以上项目的支出等。

其他费用可按以上（1）～（7）项总和的一定比率计算。根据有关资料，其比率一般可取 8%～12%，计算公式为：

$$E_8 = (E_1 + E_2 + E_3 + E_4 + E_5 + E_6 + E_7) \times (8\% \sim 12\%) \tag{7-38}$$

（9）财务费用 E_9：指为筹集与占用资金而发生的各项费用，包括在生产经营期应归还的长期借款利息、短期借款利息和流动资金借款利息、汇兑净损失以及相关的手续费等。

（10）年总成本 YC 的计算公式为：

$$YC = \sum_{j=1}^{9} E_j \tag{7-39}$$

式中　E_j——为上述（1）～（9）项费用之和。

（11）单位制水成本 AC 的计算公式为：

$$AC = \frac{YC}{\Sigma Q} \tag{7-40}$$

$$\Sigma Q = \frac{365Q}{k_2} \tag{7-41}$$

式中　ΣQ——全年制水量。

3. 污水项目成本费用计算

污水处理成本的计算，通常还包括污泥处理部分。构成成本计算的费用项目有以下几项：

（1）处理后污水的排放费 E_1：处理后污水排入水体如需支付排放费用时，按有关部门的规定计算，计算式为：

$$E_1 = 365Qe \tag{7-42}$$

式中　Q——平均日污水量（m^3/d）；

　　　e——处理后污水排放费率（元/m^3）。

（2）能源消耗费 E_2：包括电费、水费等在污水处理过程中消耗的能源费。工业废水处理中除电费、水费外，有时还包括蒸汽、煤等能源消耗，如消耗量不大，可略而不计，耗量大应进行计算。污水处理厂的电费计算式为：

$$E_2 = \frac{8760ND}{k} \tag{7-43}$$

式中　N——污水处理厂内的水泵、空压机或鼓风机及其他机电设备的功率总和（不包括备用设备）（kW）；

　　　k——污水量总变化系数；

　　　D——电费单价（元/kWh）。

原材料费 E_3、职工薪酬 E_4、固定资产折旧费 E_5、修理费 E_6、无形资产和其他资产摊销费 E_7、其他费用 E_8 和财务费用 E_9 的计算，一般与给水项目制水成本的计算方法相同。

（3）污水、污泥综合利用的收入，如不作为产品，且价值不大时，可在污水处理成本中减去；如作为产品，且价值较大时，应作为产品销售，减去处理成本后作为其他收入。

（4）年经营费用和年成本的计算与制水成本的计算方法类同。单位处理成本计算式中的全年处理水量 ΣQ 为 $365Q$。

4. 用于给水排水项目计算成本费用的参数

（1）固定资产折旧年限和折旧率

在给水排水项目经济评价中，固定资产折旧一般采用年限平均法计算，厂站项目综合折旧年限可为 20～22 年，其他项目综合折旧年限可适当延长，固定资产净残值可为3%～5%。当项目投资方有特定要求时，也可采用分类折旧计算法（表7-1）。

给水排水项目固定资产折旧年限（摘录）　　　　表 7-1

项目名称	年限（年）	项目名称	年限（年）
机械设备	10～14	其他非生产用设备及器具	18～22
动力设备	11～18	自来水专用设备	15～25
运输设备	6～12	变电配电设备	18～22
自动化、半自动化控制设备	8～12	其他建筑物	15～25
电子计算机	4～10	生产用房	30～40
通用测试仪器设备	7～12	受腐蚀性生产用房	20～25
工具及其他生产用具	9～14	非生产用房	35～45

（2）无形资产与其他资产的摊销

给水排水工程的无形资产与其他资产按规定期限分期摊销；没有规定期限的，无形资产按不超过 10 年，其他资产不短于 5 年分期平均摊销。

（3）修理费

根据近几年给水排水行业的统计资料分析和给水排水行业修理费的平均数据，经测算给水项目年修理费为固定资产原值（不含建设期利息）的 2%～2.5%；排水项目年修理费为固定资产原值（不含建设期利息）的 2%～3%。

（4）应收账款、应付账款、存货和现金的最低周转天数和周转次数，在缺乏原有给水、排水系统营运的财务资料时，可按表7-2估算：

应收账款、应付账款、存货和现金的最低周转天数和周转次数　　　表 7-2

项　目	最低周转天数（d）	周转次数（次）
应收账款和应付账款	60	6
存　货	120	3
现　金	45	8

（5）自用流动资金率：除在建设资金筹措时已作明确规定的项目外，一般按 30% 估算。

（6）供水损失率：当地缺乏统计资料时，可按我国城市自来水公司近年来的平均损失率 7.5% 计算。

（7）水厂自用水量增加系数：一般可按设计水量的5%计算。

7.4　资金来源与融资方案

7.4.1　融资主体和融资方式

1. 融资主体

在设定融资方案之前，应先确定项目的融资主体。确定项目的融资主体应考虑项目的投资规模和行业特点，项目与既有法人资产、经营活动的联系，既有法人财务状况，项目自身的盈利能力等因素。

2. 融资方式

按照融资主体的不同，融资方式分为既有法人融资和新设法人融资。

（1）既有法人融资方式，项目所需资金来源于既有法人内部融资、新增资本金和新增债务资金。

（2）新设法人融资方式，项目所需资金来源于项目公司股东投入的资本金和项目公司承担的债务资金。

7.4.2　项目资本金

1. 融资主体的确定

项目资本金（即项目权益资金，下同）的来源渠道和筹措方式，应根据项目融资主体的特点进行选择：

（1）既有法人融资项目的新增资本金可通过原有股东增资扩股、吸收新股东投资、发行股票、政府投资等渠道和方式筹措。

既有法人为本项目内部融资的资金可视为本项目的资本金，其渠道和方式有货币资金、资产变现、资产经营权变现、直接使用非现金资产。

（2）新设法人融资项目的资本金可通过政府投资、股东直接投资、发行股票等渠道和方式筹措。

2. 项目资本金来源渠道和筹措方式

（1）政府投资

政府投资资金，包括各财政预算投资资金（含国债资金）；利用国际金融组织和外国政府贷款的主权外债资金；纳入预算管理的专项建设资金；法律、法规规定的其他政府性资金。

政府投资方式包括直接投资、资本金注入、投资补助、转贷、贴息等。

项目评价中，对政府投资资金，应根据资金投入的不同情况区别处理：

1）全部使用政府投资的（直接投资）的，不需进行融资方案分析。

2）政府用部分直接投资吸引社会资本，与社会资本各占一定投资比例，不取回报的，作为权益投资。

3）政府投资以资本金注入方式的，作为权益投资。

4）政府投资以投资补贴、贷款贴息等方式投入的，应根据实际情况，按照财政部或地方政府的有关规定执行。

5）以转贷方式投入的政府投资（统借国外贷款），在项目评价中视为债务资金。

（2）股东直接投资

股东直接投资包括政府授权投资机构入股资金、国内外企业入股资金、社会团体和个人入股的资金以及基金投资公司入股的资金，分别构成国家资本金、法人资本金、个人资本金和外商资本金。

既有法人融资项目，股东直接投资表现为扩充既有企业的权益资金，包括原有股东增资扩股和吸收新股东投资。

新设法人融资项目，股东直接投资表现为投资者为项目提供注册资本。合资经营公司的资本金由企业的股东按股权比例认缴，合作经营公司的资本金由合作投资方按预先约定的金额投入。

采用吸收股本资金的方式筹集资金，财务风险较小，但资金成本相对较高。

（3）股票融资

无论是既有法人融资项目还是新设法人融资项目，凡符合有关规定条件的，均可以通过发行股票在资本市场募集股本资金。

根据国务院《关于固定资产投资项目试行资本金制度的通知》（国发〔1996〕35 号）的规定，作为计算项目资本金基数的总投资，是指投资项目的固定资产投资（建设投资和建设期利息之和）与铺底流动资金之和。在向有关部门申报项目时，可按要求另行估算。

7.4.3 债务资金

1. 债务资金源渠道和筹措方式

项目债务资金是项目资金来源的重要组成部分，一般来说，项目资金的大部分来源于债务资金。我国现阶段公共基础设施项目债务资金主要来源渠道有：

（1）世界银行、亚洲开发银行等国际金融组织贷款

（2）外国政府贷款和出口信贷

（3）政策性银行贷款

（4）商业银行贷款

（5）银团贷款

（6）企业债券

（7）国际债券

（8）融资租赁

2. 债务资金特点

债务资金是项目投资中除权益资金外，以负债方式从金融机构、证券市场等资本市场取得的资金。债务资金具有以下特点：

（1）资金在使用上具有时间性限制，到期必须偿还。

（2）无论项目的融资主体今后经营效果好坏，均需按期还本付息，从而形成企业的财务负担。

（3）资金成本一般比权益资金低（指股本资金），且不会分散投资者对企业的控制权。

3. 商业银行贷款

（1）银行贷款的种类

商业银行贷款的种类包括：

1）按期限分为：短期贷款，系指贷款期限在 1 年以内的贷款；中期贷款，系指贷款期限在 1 年以上（含 1 年）5 年以下的贷款；长期贷款，系指贷款期限在 5 年（含 5 年）以上的贷款。

2）按信用状况和担保要求分为信用贷款和担保贷款。信用贷款系指以借款人的信誉发放的贷款。担保贷款根据担保方式不同分为三种：

①保证贷款，系指按《担保法》规定的保证方式以第三人承诺在借款人不能偿还贷款时，按约定承担一般保证责任或者连带责任为前提而发放的贷款。

②抵押贷款，系指按《担保法》规定的抵押方式以借款人或第三人的财产作为抵押物发放的贷款。

③质押贷款，系指按《担保法》规定的质押方式以借款人或第三人的动产或权利作为质物发放的贷款。

3）自营贷款和委托贷款：

①自营贷款，系指贷款人以合法方式筹集资金自主发放的贷款，其风险由贷款人承担，并由贷款人收取本金和利息。

②委托贷款，系指由政府部门、企事业单位及个人等委托提供资金，由贷款人（即委托人）根据委托人确定的贷款对象、用途、金额、期限、利率等而代理发放、监督使用并协助收回的贷款，其风险由委托人承担，贷款人（即受托人）收取手续费，不得代垫资金。贷款人办理委托贷款的资格由中国人民银行另行规定。

4）根据贷款的用途分为：固定资产贷款、流动资金贷款。以中国工商银行为例，固定资产贷款业务种类，包括：

①自营贷款。主要办理以下种类本外币项目贷款：基本建设贷款，技术改造贷款，科技开发贷款。

②外汇转贷款。主要包括：外国政府贷款（含混合贷款）、国际金融组织贷款、外国出口信贷、国际商业贷款、在境外发行的债券等转贷款。

③银团贷款。参与或主办银团贷款业务。

（2）申请固定资产贷款的条件

在对贷款人的选择上，一般要求借款人是省（自治区、直辖市、计划单列市，下同）政府授权投资的机构或出资设立的全资或控股的企业法人，如建设投资公司等或类似性质的公司。要求借款人的经济实力雄厚、资产负债率一般较低（国家开发银行的要求是应低于60%），财务状况良好。要求企业信誉良好，银行评估的资信等级优良。

贷款担保方面，银行往往争取落实有担保资格和担保实力的保证人提供信用担保，如果对于一个项目，一个担保人实力不足，可以由几个担保人联合提供还款保证，或者承担连带责任，或者明确每个担保人担保的贷款金额。对于公路项目以收费权作质押担保的，根据实际情况可以考虑采用以新建公路的收费权作质押，也可以用已建成公路的收费权作质押，或者由交通厅用交通规费作质押。多个银行共同承办的项目，有时采取将收费权按贷款比例分期质押的办法。根据实际情况，有的商业银行还会要求地方政府、或地方财政部门、或地方发展和改革委、或地方人大、或地方主管部门出具还款承诺，作为借款合同文件的组成部分。

贷款期限方面，一般商业银行贷款期限不超过10年，基础设施的贷款期限往往较长，商业银行的评估和审查会非常严格。

以下以中国建设银行为例，说明商业银行对发放贷款的具体条款要求：

1）借款人具有良好的经营业绩和信誉，能够按期偿还贷款本息，其主要管理人员具有较高的业务水平和较强的管理协调能力。

2）持有中国人民银行颁发的《贷款证》（仅限于中国人民银行统一实施贷款证制度的

地区）。

3）建设项目符合国家产业政策和信贷政策，具有有权部门批准的项目建议书和论证通过的可行性研究报告。

4）借款人在建设银行开立基本存款账户或一般存款账户，生产经营资金全部或部分通过建设银行办理结算。

5）借款人应向项目所在地建设银行分支机构提出申请借款书面报告。

6）申请使用建设银行固定资产贷款的额度，原则上不得超过项目建设总投资的 75%。

7）借款人具有不少于正常流动资金周转需要总量 30% 的营运资金。

8）建设银行规定的固定资产投资项目（经营性）拥有一定比例的资本金：

①交通运输、煤炭项目，资本金的比例为 35% 及以上；

②钢铁、邮电、化肥项目，资本金的比例为 25% 及以上；

③电力、机电、建材、化工、石油加工、有色、轻工、纺织、商贸及其他行业项目，资本金的比例为 25% 及以上。

（3）商业银行发放贷款的程序

商业银行发放项目贷款的程序一般为：

1）文件准备——贷款申请书

向银行提供资料，介绍借款人基本情况，项目建设的必要性、建设规模、项目批复、工期安排；项目总投资及构成、资金筹措方式及落实情况、项目资本金情况；项目预计经济效益、借款人综合效益；项目市场供求状况及发展前景、财务效益、偿债能力；还贷资金来源、借款偿还计划；项目存在的主要风险和防范措施以及必要的证书和附件。

2）申请贷款

借款人在报批项目可行性报告申请立项的同时，应将可行性研究报告和相关文本送至商业银行有关部门。银行有关部门在接受项目后，将完成对项目的筛选分类。经过初审，对基本具备贷款条件的大中型基本建设项目和技术改造项目出具贷款意向承诺函，并在立项批准后正式进行项目贷款评审工作。

3）项目评审

项目评审过程中，一般评审的依据有：项目对国民经济的重要性；借款人的还款能力；借款人的资金注入数额；项目技术上和经济上的可行性；项目获得其他渠道融资的可靠性和稳定性；担保的情况及其他可以提高信用方式的可行性。

4）贷款项目的审批与承诺

银行相关部门对评审报告进行审议，提出贷款的决策意见并将决策意见报行长批准。审议通过的项目报经行长审批后，将贷款承诺函发送借款人。对拟否决的项目，向项目借款人办理贷款谢绝函。

5）贷款合同谈判与签订

贷款正式承诺后，一般由商业银行的各级分行负责贷款合同的谈判工作，贷款合同内容主要包括：借款用途、借款金额、借款期限、借款利率和利息、提款条件、提款计划（明确到年、月）、还款计划（明确到年、月、日）、项目资本金及其他配套资金的安排、招投标、工程监理、账户管理、担保方式、争议的解决等内容。

4. 资金来源可靠性分析

资金来源可靠性分析应对各类资金在币种、数量和时间要求上是否能满足项目需要进行分析。

（1）既有法人内部融资的可靠性分析

1）通过调查了解既有企业资产负债结构、现金流量状况和盈利能力，分析企业的财务状况、可能筹集到并用于拟建项目的现金数额及其可靠性。

2）通过调查了解既有企业资产结构现状及其与拟建项目的关联性，分析企业可能用于拟建项目的非现金资产数额及其可靠性。

（2）项目资本金的可靠性分析

1）采用既有法人融资方式的项目，应分析原有股东增资扩股和吸收新股东投资的数额及其可靠性。

2）采用新设法人融资方式的项目，应分析各投资者认缴的股本金数额及其可靠性。

3）采用上述两种融资方式，如通过发行股票筹集资本金，应分析其获得批准的可能性。

（3）项目债务资金的可靠性分析

1）采用债券融资的项目，应分析其能否获得国家有关主管部门的批准。

2）采用银行贷款的项目，应分析其能否取得银行的贷款承诺。

3）采用外国政府贷款或国际金融组织贷款的项目，应核实项目是否列入利用外资备选项目。

5. 资金结构合理性分析

资金结构合理性分析应分析项目资本金与债务资金的比例、项目资本金内部结构以及债务资金结构比例是否合理，并分析其实现条件。

（1）项目资本金与项目债务资金的比例

项目资本金与债务资金的比例是项目资金结构中最重要的比例关系，需要由各个参与方的利益平衡来决定，同时还取决于行业风险和项目的具体风险程度。项目资本金与项目债务资金的比例应符合下列要求：

1）符合国家法律和行政法规规定。

2）符合金融机构信贷规定及债权人有关资产负债比例的要求。

3）满足权益投资者获得期望投资回报的要求。

4）满足防范财务风险的要求。

在符合国家有关注册资本（资本金）比例规定、符合金融机构信贷规定及债权人有关资产负债比例要求的前提下，既能使项目资本金获得较高的收益率，又能较好地防范财务风险的比例是较理想的项目资本金与债务资金的比例。

（2）项目资本金结构

项目资本金内部结构比例是指投资各方的出资比例。不同的出资比例决定各投资方对项目建设和经营的决策权和承担的责任，以及项目收益的分配。确定项目资本金结构应符合下列要求：

1）采用既有法人融资方式的项目，要考虑既有法人的财务状况和筹资能力，合理确定既有法人内部融资与新增资本金在项目融资总额中所占的比例，分析既有法人内部融资与新增资本金的可能性与合理性。

2）采用新设法人融资方式的项目，应根据投资各方在资金、技术和市场开发方面的优势，通过协商确定各方的出资比例、出资形式和出资时间。

3）国内投资项目，应分析控股股东的合法性和合理性；外商投资项目，应分析外方出资比例的合法性和合理性。

（3）确定项目债务资金结构

项目债务资金结构比例反映债权各方为项目提供债务资金的数额比例、债务期限比例、内债和外债比例，以及外债中各币种债务的比例等。在确定债务资金结构比例应符合下列要求：

1）根据债权人提供债务资金的条件（包括利率、宽限期、偿还期及担保方式等）合理确定各类借款和债券的比例；

2）合理搭配短期、中长期债务比例；

3）合理安排债务资金的偿还顺序；

4）合理确定内债和外债的比例；

5）合理选择外汇币种；

6）合理确定利率结构。

7.4.4 资金成本分析

资金成本是指项目为筹集和使用资金而支付的费用，包括资金筹集费和资金占用费。资金成本是选择资金来源、拟定融资方案的依据，也是企业在进行任何同现有资产风险相同投资时要求的"最低收益率"。

资金成本通常用资金成本率表示。资金成本率是指使用资金所负担的费用与筹集资金净额之比，其公式为：

$$资金成本率 = \frac{资金占用费}{筹集资金总额 - 资金筹集费} \times 100\% \tag{7-44}$$

由于资金筹集费一般与筹集资金总额成正比，所以一般用筹集费用率表示资金筹集费，因此资金成本率公式也可以表示为：

$$资金成本率 = \frac{资金占用费}{筹集资金总额 \times (1 - 筹集费用率)} \times 100\% \tag{7-45}$$

资金成本分析应通过计算权益资金成本、债务资金成本以及加权平均资金成本（WACC），分析项目使用各种资金所实际付出的代价及其合理性，为优化融资方案提供依据。

（1）权益资金成本可采用资本资产定价模型、税前债务成本加风险溢价法和股利增长模型等方法进行计算，也可直接采用投资方的预期收益率或既有企业的净资产收益率。

1）采用资本资产定价模型法，权益资金成本的计算公式为：

$$K_s = R_f + \beta(R_m - R_f) \tag{7-46}$$

式中 K_s——权益资金成本；

　　　　R_f——社会无风险投资收益率；

　　　　β——项目的投资风险系数；

R_m——市场投资组合预期收益率。

2）采用税前债务成本加风险溢价法，权益资金成本的计算公式为：

$$K_s = K_b + RP_c \qquad (7\text{-}47)$$

式中　K_s——权益资金成本；

　　　K_b——所得税前债务资金成本；

　　　RP_c——投资者比债权人承担更大风险所要求的风险溢价。

3）采用股利增长模型法，权益资金成本的计算公式为：

$$K_s = \frac{D_1}{P_0} + G \qquad (7\text{-}48)$$

式中　K_s——权益资金成本；

　　　D_1——预期年股利额；

　　　P_0——普通股市价；

　　　G——普通股利年增长率。

（2）债务资金成本由债务资金筹集费和债务资金占用费组成。债务资金筹集费是指债务资金筹集过程中支付的费用，如承诺费、发行手续费、担保费、代理费以及债券兑付手续费等；债务资金占用费是指使用债务资金过程中发生的经常性费用，如贷款利息和债券利息。

含筹资费用的税后债务资金成本可按下式计算：

$$P_0(1-F) = \sum_{t=1}^{n} \frac{P_t + I_t \times (1-T)}{(1+K_d)^t} \qquad (7\text{-}49)$$

式中　K_d——所得税后债务资金成本；

　　　P_0——债券发行额或长期借款金额，即债务的现值；

　　　F——债务资金筹资费用率；

　　　P_t——约定的第 t 期末偿还的债务本金；

　　　I_t——约定的第 t 期末支付的债务利息；

　　　T——所得税率；

　　　n——债务期限，通常以年表示。

上式中，等号左边为债务人的实际现金流入；等号右边为债务引起的未来现金流出的现值总额。本公式中未计入债券兑付手续费（可忽略不计）。

使用该公式时应根据项目具体情况确定债务期限内各年的利息是否应乘以（$1-T$），即在项目的建设期内不应乘以（$1-T$），在项目运营期内的所得税免征年份也不应乘以（$1-T$）。

根据前期工作深度，在相关条件不具备的情况下，可简化处理：采用等额还本付息方式和银行中长期贷款利率计算。

（3）为了比较不同融资方案的资金成本，需要计算加权平均资金成本。加权平均资金成本一般是以各种资金占全部资金的比重为权数，对个别资金成本进行加权平均确定的，其计算公式为：

$$K_w = \sum_{j=1}^{n} K_j W_j \qquad (7\text{-}50)$$

式中 K_w——加权平均资金成本；

$\quad\quad K_j$——第 j 种个别资金成本；

$\quad\quad W_j$——第 j 种个别资金成本占全部资金的比重（权数）。

（4）政府投资的资金成本。市政项目评价中政府投资的资金成本应视政府投资类型而定：直接投资的项目，由财政拨款，不计算投资回报，资金成本为零；资本金注入的项目，资金成本的下限为长期国债利率；国外贷款转贷项目，资金成本为国外贷款利率加其他融资费用率；投资补助的项目，资金成本为零。

7.4.5   融资风险分析

1. 融资风险分析

融资风险是指融资活动存在的各种风险。在融资方案分析中，应对各种融资方案的融资风险进行识别、比较，并对最终推荐的融资方案提出防范风险的对策。融资风险分析中应重点考虑下列风险因素：

（1）资金供应风险

资金供应风险是指在项目实施过程中由于资金不落实，导致建设工期延长，工程造价上升，使原定投资效益目标难以实现的可能性。主要包括：

1）已承诺出资的股本投资者由于出资能力有限（或者由于拟建项目的投资效益缺乏足够的吸引力），而不能（或不再）兑现承诺。

2）原定发行股票、债券计划不能实现。

3）既有企业法人由于经营状况恶化，无力按原定计划出资。

为防范资金供应风险，必须认真做好资金来源可靠性分析。在选择股本投资者时，应当选择资金实力强、既往信用好、风险承受能力强的投资者。

（2）利率风险

利率风险是指由于利率变动导致资金成本上升，给项目造成损失的可能性。无论是采用浮动利率还是采用固定利率都存在利率风险。为了防范利率风险，应对未来利率的走势进行分析，以确定采用何种利率。

（3）汇率风险

汇率风险是指由于汇率变动给项目造成损失的可能性。为了防范汇率风险，使用外汇数额较大的项目应对人民币的汇率走势、所借外汇币种的汇率走势进行分析，以确定借用何种外汇币种以及采用何种外汇币种结算。

2. 融资方案的优选

融资方案应在初步明确项目的融资主体和资金来源的基础上，对融资方案资金来源的可靠性、资金结构的合理性、融资成本的高低和融资风险的大小进行综合分析，结合融资后财务分析比选确定。

7.5 财 务 分 析

7.5.1   财务分析的内容

财务分析应在项目财务效益与费用估算的基础上进行，通过编制财务报表，计算财务指标，分析项目的盈利能力、偿债能力和财务生存能力，判断项目财务可接受性，明确项目对财务主体的价值以及对投资者的贡献，为项目决策提供依据。

1. 盈利能力分析

（1）分析方式

1）折现方式：

①项目投资现金流量分析，是从项目投资总获利能力角度，考察项目方案设计的合理性。应考察整个计算期内项目现金流入和现金流出，编制项目投资现金流量表，计算项目投资内部收益率和净现值等指标。根据需要，可从所得税前和（或）所得税后两个角度进行考察，选择计算所得税前和（或）所得税后财务分析指标。

②项目资本金现金流量分析，是在拟定的融资方案基础上进行的息税后分析，应从项目资本金出资人整体的角度，确定其现金流入和现金流出，编制项目资本金财务现金流量表，计算项目资本金财务内部收益率指标，考察项目资本金可获得的收益水平。

③投资各方现金流量分析，是从投资各方实际收入和支出的角度，确定其现金流入和现金流出，分别编制投资各方财务现金流量表，计算投资各方的财务内部收益率指标，考察投资各方可能获得的收益水平。当投资各方不按股本比例进行分配或有其他不对等的收益时，可选择投资各方财务现金流量分析。

2）非折现方式

非折现方式是指不采取折现处理数据，主要依据利润与利润分配表，并借助现金流量表计算相关盈利能力指标，包括项目资本金净利润率（ROE）、总投资收益率（ROI）和投资回收期等。

（2）分析指标

财务盈利能力分析主要指标包括项目投资财务内部收益率和净现值、项目资本金财务内部收益率、投资回收期、总投资收益率、项目资本金净利润率等，可根据项目的特点及财务分析的目的、要求等选用。

1）财务内部收益率（FIRR）是指能使项目计算期内净现金流量现值累计等于零时的折现率，即 FIRR 作为折现率使下式成立：

$$\sum_{t=1}^{n} (CI-CO)_t (1+FIRR)^{-t} = 0 \tag{7-51}$$

式中　　　　CI——现金流入量；

　　　　　　CO——现金流出量；

　　$(CI-CO)_t$——第 t 期的净现金流量；

　　　　　　n——项目计算期。

项目投资财务内部收益率、项目资本金财务内部收益率和投资各方财务内部收益率都依据上式计算，但所用的现金流入和现金流出不同。三者可以有不同的判别基准。

2）财务净现值（FNPV）是指按设定的折现率（一般采用基准收益率 i_c）计算的项目计算期内净现金流量的现值之和，可按下式计算：

$$FNPV = \sum_{t=1}^{n} (CI-CO)_t (1+i_c)^{-t} \tag{7-52}$$

式中　i_c——设定的折现率（同基准收益率）。

一般情况下，财务盈利能力分析只计算项目投资财务净现值，可根据需要选择计算所得税前净现值或所得税后净现值。

在设定的折现率下计算的财务净现值大于等于零，项目方案在财务上可考虑接受。

3）项目投资回收期（P_t）是指以项目的净收益回收项目投资所需要的时间，一般以年为单位。项目投资回收期宜从项目建设开始年算起，若从项目投产开始年计算，应予以特别注明。项目投资回收期可采用下式表达：

$$\sum_{t=1}^{P_t} (CI - CO)_t = 0 \tag{7-53}$$

项目投资回收期可借助项目投资现金流量表计算。项目投资现金流量表中累计净现金流量由负值变为零的时点，即为项目的投资回收期，其计算公式为：

$$P_t = T - 1 + \frac{\left| \sum_{i=1}^{T-1} (CI - CO)_i \right|}{(CI - CO)_T} \tag{7-54}$$

式中　T——各年累计净现金流量首次为正值或零的年数。

投资回收期短，表明项目投资回收快，抗风险能力强。

由于累计净现金流量分税前和税后，该指标亦有税前和税后之分。

4）总投资收益率（ROI）表示总投资的盈利水平，是指项目达到设计能力后正常年份的年息税前利润或运营期内年平均息税前利润（EBIT）与项目总投资（TI）的比率，其计算公式为：

$$ROI = \frac{EBIT}{TI} \times 100\% \tag{7-55}$$

式中　EBIT——项目正常年份的年息税前利润或运营期内年平均息税前利润；
　　　　TI——项目总投资。

总投资收益率高于同行业的收益率参考值，表明用总投资收益率表示的盈利能力满足要求。

5）项目资本金净利润率（ROE）表示资本金的盈利水平，是指项目达到设计能力后正常年份的年净利润或运营期内年平均净利润（NP）与项目资本金（EC）的比率，其计算公式为：

$$ROE = \frac{NP}{EC} \times 100\% \tag{7-56}$$

式中　NP——项目正常年份的年净利润或运营期内年平均净利润；
　　　　EC——项目资本金。

项目资本金净利润率高于同行业的净利润率参考值，表明用项目资本金净利润率表示的盈利能力满足要求。

（3）判别条件

1）基准收益率在市政项目财务分析中的作用

在一般经营性项目财务分析中，行业基准收益率是判别项目在财务上可否接受的依据。由于市政项目的非经营性、属地差别以及价格（收费标准）确定机制的特殊性，行业基准收益率只具有参考性质，不作为判别项目在财务上可否接受的唯一依据，通常可作为测算项目预期财务价格，反映价格（收费标准）水平的基本参数。对于不同的现金流以及盈利性指标，应使用不同的基准收益率。

　　基准收益率在计算净现金流量时仍然起折现率的作用。在基准收益率确定以后，根据财务计划现金流量表中不长期出现短期借款，即可判断项目在财务上是可以接受的。

　　2）折现指标对应的基准收益率

　　①对应融资前税前基准收益率，选取的顺序为：首先应为资金机会成本；其次可参考行业内条件类似并风险水平相当的项目的财务内部收益率或投资者期望收益率进行确定；再次是参考行业财务基准收益率。行业基准收益率应从本行业内选取规模与风险都具有代表性的项目，通过计算这些项目财务内部收益率的加权平均值确定。采用行业基准收益率时，应考虑项目类型、风险水平、属地条件等相关因素，经过适当调整后，作为项目的融资前税前基准收益率。

　　②对应融资前税后的基准收益率，是可能的投资资金来源的所得税后加权平均资金成本。

　　③对应融资后基准收益率，项目资本金财务内部收益率的基准收益率应为权益投资者最低可接受收益率；投资各方财务内部收益率的基准收益率应为投资各方最低可接受收益率。

　　④一般以融资前税前或融资前税后基准收益率为主测算项目的产出价格。此基准收益率作为测算政府投资项目产出价格的上限。有要求时，也可根据项目的具体情况与投资方的要求，选用其他基准收益率测算产出价格。

　　3）其他应注意的问题：

　　①在设定基准收益率时是否考虑价格总水平变动因素，应与指标计算时对价格总水平变动因素的处理相一致。在项目投资现金流量表的编制中，运营期一般不考虑价格总水平变动因素，在基准收益率的设定中通常要剔除价格总水平变动因素的影响。

　　②财务分析中，一般将内部收益率的判别基准（i_c）和计算净现值的折现率采用同一数值，可使 FIRR$\geqslant i_c$ 对项目效益的判断和采用 i_c 计算的 FNPV$\geqslant 0$ 对项目效益的判断结果一致。

　　③项目的投资目标、投资者的偏好（期望收益）、项目隶属行业的投资风险对确定基准收益率或折现率有重要影响。折现率的取值应谨慎，依据不充分或可变因素较多时，可取几个不同的折现率，计算多个净现值，给决策者提供全面的信息。

　　4）非折现指标的判别

　　非折现指标应分别设定对应的基准值（可采用企业或行业的对比值），当非折现指标满足其对应的判别基准时，可认为从该指标看项目的盈利能力能够满足要求。若得出的判断结论相反，则应通过分析找出原因，得出合理结论。

　　2.偿债能力分析

　　偿债能力分析应通过计算利息备付率（ICR）、偿债备付率（DSCR）和资产负债率（LOAR）等指标，分析判断财务主体的偿债能力。

　　（1）利息备付率（ICR）。是指在借款偿还期内的息税前利润（EBIT）与应付利息（PI）的比值，它从付息资金来源的充裕性角度反映项目偿付债务利息的保障程度。其计算公式为：

$$ICR = \frac{EBIT}{PI} \tag{7-57}$$

式中   EBIT——息税前利润；

PI——计入总成本费用的全部利息。

其中，息税前利润＝利润总额＋计入总成本费用的全部利息

利息备付率应分年计算。利息备付率高，表明利息偿付能力强，风险小。

利息备付率至少应大于1，并根据以往经验结合行业特点来判断，或是根据债权人的要求确定。

（2）偿债备付率（DSCR）。是指在借款偿还期内，用于计算还本付息的资金（EBIT-DA－T_{AX}）与应还本付息金额（PD）的比值，它表示可用于计算还本付息的资金偿还借款本息的保障程度。其计算公式为：

$$DSCR = \frac{EBITDA - T_{AX}}{PD} \tag{7-58}$$

式中   EBITDA——息税前利润加折旧和摊销；

T_{AX}——企业所得税；

PD——应还本付息金额，包括还本金额和计入总成本费用的全部利息。融资租赁费用可视同借款本金偿还。运营期内的短期借款本息也应纳入计算。

如果项目在运营期内有维持运营的投资，可用于还本付息的资金应扣除维持运营的投资。

偿债备付率应分年计算。偿债备付率高，表明可用于还本付息的资金保障程度高。

偿债备付率应大于1，并结合债权人的要求确定。

（3）资产负债率（LOAR）。是指各期末负债总额（TL）同资产总额（TA）的比率。其计算公式为：

$$LOAR = \frac{TL}{TA} \times 100\% \tag{7-59}$$

式中   TL——期末负债总额；

TA——期末资产总额。

适度的资产负债率，表明企业经营安全、稳健，具有较强的筹资能力，也表明企业和债权人的风险较小。对该指标的分析，应结合国家宏观经济状况、行业发展趋势、企业所处竞争环境等具体条件判定。项目经济评价中，在长期债务还清后，可不再计算资产负债率。

3. 财务生存能力分析

财务生存能力分析，应在财务分析辅助报表和利润与利润分配表的基础上编制财务计划现金流量表，通过考察项目计算期内的投资、融资和经营活动所产生的各项现金流入和流出，计算净现金流量和累计盈余资金，分析项目是否有足够的净现金流量维持正常运营，以实现项目财务可持续性。

（1）财务可持续性应首先体现在有足够大的经营活动净现金流量，其次各年累计盈余资金不应出现负值。若出现负值，应进行短期（临时）借款，同时分析该短期借款的年份长短和数额大小，进一步判断项目的财务生存能力。短期借款应体现在财务计划现金流量

表中，其利息应计入财务费用。为维持项目正常运营，还应分析短期借款的可靠性。通常项目运营期初的还本付息负担较重，应特别注重运营期前期的财务生存能力分析。

（2）财务生存能力分析亦应结合偿债能力分析进行，如果拟安排的还款期过短，致使还本付息负担过重，导致为维持资金平衡必须筹借的短期借款过多，可以调整还款期，以减轻各年还款负担。

（3）财务生存能力分析亦可用于资金结构分析，通过调整项目资本金与债务资金结构或资本金内部结构等，使得财务计划现金流量表中不出现或少出现短期借款。

（4）财务生存能力分析可用于项目补贴收入的测算

1）如项目产出直接使用现行价格，当运营期长年发生短期借款，表明现行价格无法满足项目生存，项目本身无能力实现自身的资金平衡，则需要测算项目预期财务价格，两种价格之差即为需要政府提供给项目的补贴或需企业集团内部调剂的资金；如项目产出使用现行价格时仅在运营期初出现短期借款，则表明使用现行价格项目可以具备持续发展的能力。

2）如产出使用项目预期财务价格，因该价格按照保本微利的原则确定，则运营期通常不应出现短期借款，项目也不需要政府补贴。

7.5.2　市政三类项目财务分析的重点

市政项目财务分析的重点应根据项目类型确定，主要有：

（1）对于第一类项目，财务分析方法与一般项目基本相同，但盈利能力分析应在政府的价格政策导向和合理利润的前提下进行。

（2）对于第二类项目，财务分析重点是生存能力分析和偿债能力分析。应根据项目收入抵补支出的程度，区别对待。收入补偿费用的顺序应为：补偿生产经营耗费、缴纳流转税、偿还借款利息、计提折旧和偿还借款本金。

1）营业收入在补偿生产经营耗费、缴纳流转税、偿还借款利息、计提折旧和偿还借款本金后尚有盈余，表明项目财务有生存能力和一定的盈利能力，其财务分析方法与一般项目基本相同。

2）对一定时期内收入不足以补偿全部成本费用，但通过在运营期内价格（收费标准）逐步到位，可实现其设定的补偿生产经营耗费、缴纳流转税、偿还借款利息、计提折旧、偿还借款本金的目标，并预期在中、长期能产生盈余的项目，可只进行财务生存能力分析和偿债能力分析。由于项目运营内需要政府在一定时期内给予补贴或优惠政策扶持，应估算项目各年所需的政府补贴数额，并进行政府提供补贴的可能性分析。

3）对于某些大型企业集团实行内部调剂资金的项目，应对项目间交叉补贴的可行性进行分析和评价，以确保项目有可持续的经费来源。

（3）对于第三类项目，因没有营业收入，主要进行项目财务生存能力分析，不进行盈利能力分析。应合理构造财务方案，估算项目运营期各年所需政府补贴数额，进行资金预算平衡分析，并进行政府补贴能力的可靠性分析。对使用债务资金的项目，还应结合借款偿还要求进行分析。

7.5.3 从政府角度与从社会投资者角度分析的重点

1. 从政府的角度分析

(1) 确定政府是否应为项目出资，如果需要政府出资，应合理确定政府为项目出资的比例及出资额度。

(2) 对环境保护类项目（污水处理和垃圾处理），在资金、建设用地、税收等方面给予必要的扶持和优惠政策。如果项目需要政府长期补贴才能维持运营，应测算各年度政府补贴额，并分析政府补贴的支付能力。

(3) 对于吸引社会资金投入的项目，要从维护公共利益角度出发，合理确定项目融资前财务内部收益率，使其一般不超过基准收益率水平，以吸引长期战略投资，防止投资中的短期行为对资源造成破坏性开发，促进节约资源与能源、保护环境、安全生产的资金优先进入市政项目。

(4) 为吸引社会资金投入，政府可在投资方式（直接投资、资本金注入、投资补助）出资比例、优惠政策等方面选择向社会投资者"直接让利"、其他方式的"间接让利"或项目范围外补偿的方式"让利"。

(5) 采用特许经营模式的项目，以政府收（指政府或代理机构从用户收缴的费用）支（指政府或代理机构向特许经营商支付的费用）平衡为原则，合理确定付费量及付费价格，防止居民与财政长期负担过重，影响当地社会经济发展。有条件时，可以从政府为项目的支出和从项目得到的财务收益角度，进行政府财务现金流分析。

2. 从社会投资者的角度分析

(1) 合理确定社会投资者的投资收益率。市政项目现金流长期稳定，投资风险相对较低，项目总体收益水平也相对较低，社会投资者宜将其投资作为一种长期战略投资，而不宜按其他领域的投资收益率水平来确定其在市政项目的投资收益率。

(2) 在政府确定的价格框架内，合理估算项目的收益缺口，提出对项目的补贴要求和具体的政策建议。

(3) 优化融资方案，降低资金成本，改善项目的财务生存能力及偿还能力，提高社会投资的盈利能力。

(4) 合理安排还贷计划与利润分配方式（如还贷期间可不分红等），以保障项目的财务生存能力。

7.5.4 其他应注意的问题

1. 分期建设项目

市政项目沉淀性资产比重较大，先期投入的预留性设施如果都放在第一期评价，会压低第一期效益，对第一期评价结果产生较大影响。如后期资料能够支持，宜对分期建设项目进行总体评价，并分析比较总体评价与第一期评价的差异。

2. 网络型项目

涉及管网的市政项目，管网的配套建设是项目（单元）能够达到设计负荷和期望效益的前提条件。无论项目范围是否包含配套管网和设施，财务分析都应特别注意厂与网的配套和设施能力的协调增长问题。

若项目本身既包含处理厂又包含部分配套管网，考虑到项目建设投资和还贷的统一性，宜先进行总体评价，再单独对处理厂进行评价；也可简化处理，只做一套合并报表，在成本费用和技术经济指标等方面再对处理厂作单独反映。

3. 打捆项目

打捆项目是指两个以上不同专业项目在同一地域同时开展，并联合产生经济效益的项目。通常分为两种情况：一是以道路开发为主带动地下管线（或管廊）、地上或地下商业设施建设等城市道路打捆项目；二是在新建经济技术开发区以若干市政工程打捆建设的项目。

对前一种情况，必要时，还应对道路本身及其附带内容的费用、效益进行合理界定和分摊，并在此基础上对属于市政道路的部分单独进行经济评价，以反映市政道路建设投资的效益。

对第二种情况，视不同条件采用不同的处理方式：

（1）如果"打捆"只限于资金的统借统还，各专业子项实则独立运营，其投资和运营主体、费用和效益等都能够分开时，一般应分别进行独立的财务分析，再汇总进行总的财务分析。

（2）如果各专业子项的投资和运营主体为一家企业，费用和效益都捆在一起核算，以经营性功能专业的效益承担非经营性功能专业的年运行费用时，宜从企业整体角度出发，将"打捆"视为一个项目有多种产出，采用合并报表，进行总的财务分析和经济费用效益分析。有要求时，可辅以各专业子项的成本和专业技术经济指标作为补充。在进行分专业子项分析时，要正确识别和界定子项目范围内、范围外的各项效益和费用，并合理分摊。

7.5.5 财务分析报表及评价参数

1. 财务分析报表

（1）项目投资现金流量表（表7-3），用于计算项目投资财务内部收益率、净现值和投资回收期等财务分析指标。

（2）项目资本金现金流量表（表7-4），用于计算项目资本金财务内部收益率。

（3）投资各方现金流量表（表7-5），用于计算投资各方财务内部收益率。

（4）利润与利润分配表（表7-6），反映项目计算期内各年营业收入、总成本费用、利润总额，以及所得税后利润的分配等情况，用于计算总投资收益率、项目资本金净利润率等指标。

（5）财务计划现金流量表（表7-7），反映项目计算期各年的投资、融资及经营活动的现金流入和流出，用于计算累计盈余资金，分析项目的财务生存能力。

（6）资产负债表（表7-8），用于综合反映项目计算期内各年年末资产、负债和所有者权益的增减变化及对应关系，计算资产负债率。

（7）借款还本付息计划表（表7-9），反映项目计算期内各年借款本金偿还和利息支付情况，用于计算偿债备付率和利息备付率指标。

按以上内容完成财务分析后，还应对各项财务指标进行汇总，结合不确定性分析的结果，做出对项目的财务分析的结论。

2. 给水排水项目评价参数

在现阶段，给水项目财务基准收益率（融资前税前）的参考值为 6%，污水项目的财务基准收益率（融资前税前）的参考值为 5%。

项目投资现金流量（人民币单位：万元）   表 7-3

序号	项　　目	合计	计 算 期					
			1	2	3	4	…	n
1	现金流入							
1.1	营业收入							
1.2	补贴收入							
1.3	回收固定资产余值							
1.4	回收流动资金							
2	现金流出							
2.1	建设投资							
2.2	流动资金							
2.3	经营成本							
2.4	营业税金及附加							
2.5	维持运营投资							
3	所得税前净现金流量（1—2）							
4	累计所得税前净现金流量							
5	调整后所得税							
6	所得税后净现金流量（3—5）							
7	累计所得税后净现金流量							

计算指标：

项目投资财务内部收益率（%）（所得税前）

项目投资财务内部收益率（%）（所得税后）

项目投资财务净现值（所得税前）（i_c＝%）

项目投资财务净现值（所得税后）（i_c＝%）

项目投资回收期（年）（所得税前）

项目投资回收期（年）（所得税后）

注：1. 本表适用于新设法人项目与既有法人项目的"有项目"和增量的现金流量分析；

2. 调整所得税为以息税前利润为基数计算的所得税，区别于"利润与利润分配表"、"项目资本金现金流量表"和"财务计划现金流量表"中的所得税。

项目资本金现金流量表（人民币单位：万元）   表 7-4

序号	项　　目	合计	计 算 期					
			1	2	3	4	…	n
1	现金流入							
1.1	营业收入							
1.2	补贴收入							
1.3	回收固定资产余值							

续表

序号	项　目	合计	计　算　期					
			1	2	3	4	…	n
1.4	回收流动资金							
2	现金流出							
2.1	项目资本金							
2.2	借款本金偿还							
2.3	借款利息支付							
2.4	经营成本							
2.5	营业税金及附加							
2.6	所得税							
2.7	维持运营投资							
3	净现金流量（1−2）							
	计算指标： 项目资本金财务内部收益率（%）							

注：1. 本表适用于新设法人项目与既有法人项目的"有项目"的现金流量分析；

2. 项目资本金包括建设投资、建设期利息和部分流动资金；

3. 对外商投资项目，现金流出中应增加职工奖励及福利基金科目。

投资各方现金流量表（人民币单位：万元）　　　　表 7-5

序号	项　目	合计	计　算　期					
		.	1	2	3	4	…	n
1	现金流入							
1.1	实分利润							
1.2	资产处置收益分配							
1.3	租赁费收入							
1.4	技术转让或使用收入							
1.5	其他现金流入							
2	现金流出							
2.1	实缴资本							
2.2	租赁资产支出							
2.3	其他现金流出							
3	净现金流量（1−2）							

计算指标：

投资各方财务内部收益率（%）

注：1. 本表适用于内资企业、外商投资企业、合资企业、合作企业等。可按不同投资方分别编制；

2. 本表中现金流入是指出资方因该项目的实施将实际获得的各种收入；现金流出是指出资方因该项目的实施将实际投入的各种支出；

3. 实分利润是指投资者由项目获取的利润；

4. 资产处置收益分配是指对有明确的合营期限或合资期限的项目，在期满时对资产余值按股比例或约定比例的分配；

5. 租赁费收入是指投资方将自己的资产租赁给项目使用所获得的收入，应将资产价值作为现金流出，列为租赁资产支出科目；

6. 技术转让或使用收入是指出资方将专利或专有技术转让或允许该项目使用所获得的收入；

7. 表中科目应根据项目具体情况进行调整。

利润与利润分配表（人民币单位：万元） 表 7-6

序号	项 目	合计	计 算 期					
			1	2	3	4	⋯	n
1	营业收入							
2	营业税金及附加							
3	总成本费用							
4	补贴收入							
5	利润总额（1－2－3＋4）							
6	弥补以前年度亏损							
7	应纳税所得额（5－6）							
8	所得税							
9	净利润（5－8）							
10	期初未分配利润							
11	可供分配的利润（9＋10）							
12	提取法定盈余公积金							
13	可供投资者分配的利润（11－12）							
14	应付优先股股利							
15	提取任意盈余公积金							
16	应付普通股股利（13－14－15）							
17	各投资方利润分配：							
	其中：××方							
	××方							
18	未分配利润（13－14－15－17）							
19	息税前利润（利润总额＋利息支出）							
20	息税折旧摊销前利润（息税前利润＋折旧＋摊销）							

注：1. 对于外商投资项目，由第 11 项减去储备基金、职工奖励与福利基金和企业发展基金后，得出可供投资者分配的利润；

2. 法定盈余公积金按净利润计提。

财务计划现金流量表（人民币单位：万元） 表 7-7

序号	项 目	合计	计 算 期					
			1	2	3	4	⋯	n
1	经营活动净现金流量（1.1－1.2）							
1.1	现金流入							
1.1.1	营业收入							
1.1.2	增值税销项税额							
1.1.3	补贴收入							

序号	项　目	合计	计　算　期					
			1	2	3	4	…	n
1.1.4	其他流入							
1.2	现金流出							
1.2.1	经营成本							
1.2.2	增值税进项税额							
1.2.3	营业税金及附加							
1.2.4	增值税							
1.2.5	所得税							
1.2.6	其他流出							
2	投资活动净现金流量（2.1－2.2）							
2.1	现金流入							
2.2	现金流出							
2.2.1	建设投资							
2.2.2	维持运营投资							
2.2.3	流动资金							
2.2.4	其他流出							
3	筹资活动净现金流量（3.1－3.2）							
3.1	现金流入							
3.1.1	项目资本金投入							
3.1.2	建设投资借款							
3.1.3	流动资金借款							
3.1.4	债券							
3.1.5	短期借款							
3.1.6	其他流入							
3.2	现金流出							
3.2.1	各种利息支出							
3.2.2	偿还债务本金							
3.2.3	应付利润（股利分配）							
3.2.4	其他流出							
4	净现金流量（1＋2＋3）							
5	累计盈余资金							

注：1. 对于新设法人项目，本表投资活动的现金流入为零；

　　2. 对于既有法人项目，可适当增加科目；

　　3. 必要时，现金流出中可增加应付优先股股利科目；

　　4. 对外商投资项目，应将职工奖励与福利基金作为经营活动现金流出。

资产负债表（人民币单位：万元） 表 7-8

序号	项　　目	计　算　期					
		1	2	3	4	…	n
1	资产						
1.1	流动资产总额						
1.1.1	货币资金						
1.1.2	应收账款						
1.1.3	预付账款						
1.1.4	存货						
1.1.5	其他						
1.2	在建工程						
1.3	固定资产净值						
1.4	无形及其他资产净值						
2	负债及所有者权益（2.4＋2.5）						
2.1	流动负债总额						
2.1.1	短期借款						
2.1.2	应付账款						
2.1.3	预收账款						
2.1.4	其他						
2.2	建设投资借款						
2.3	流动资金借款						
2.4	负债小计（2.1＋2.2＋2.3）						
2.5	所有者权益						
2.5.1	资本金						
2.5.2	资本公积						
2.5.3	累计盈余公积金						
2.5.4	累计未分配利润						
	计算指标： 资产负债率（%）						

注：1. 对外商投资项目，第 2.5.3 项改为累计储备基金和企业发展基金；
　　2. 对既有法人项目，一般只针对法人编制，可按需要增加科目，此时表中资本金是指企业全部实收资本；包括原有和新增的实收资本；必要时，也可针对"有项目"范围编制；此时表中资本金仅指"有项目"范围的对应数值；
　　3. 货币资金包括现金和累计盈余资金。

借款还本付息计划表（人民币单位：万元） 表 7-9

序号	项　　目	合计	计　算　期					
			1	2	3	4	…	n
1	借款 1							
1.1	期初借款余额							
1.2	当期还本付息							
	其中：还本							

序号	项　　目	合计	计　算　期					
			1	2	3	4	…	n
	付息							
1.3	期末借款余额							
2	借款 2							
2.1	期初借款余额							
2.2	当期还本付息							
	其中：还本							
	付息							
2.3	期末借款余额							
3	债券							
3.1	期初债务余额							
3.2	当期还本付息							
	其中：还本							
	付息							
3.3	期末债务余额							
4	借款和债券合计							
4.1	期初余额							
4.2	当期还本付息							
	其中：还本							
	付息							
4.3	期末余额							
	计算指标： 利息备付率（%） 偿债备付率（%）							

注：1. 本表直接适用于新设法人项目，如有多种借款或债券，必要时应分别列出；

　　2. 对于既有法人项目，在按"有项目"范围进行计算时，可根据需要增加项目范围内原借款的还本付息计算；在计算企业层次的还本付息时，可根据需要增加项目范围外借款的还本付息计算；当简化直接进行项目层次新增借款还本付息计算时，可直接按新增数据进行计算；

　　3. 本表可另加流动资金借款的还本付息计算；

　　4. 本表与"建设期利息估算表"可合二为一。

7.6　经济费用效益分析

7.6.1　经济费用效益分析的作用和目的

经济费用效益分析是从资源合理配置的角度，分析项目投资的经济效益和对社会福利所做出的贡献，评价项目的经济合理性。对于财务现金流量不能全面、真实地反映其经济价值，需要进行经济费用效益分析的项目，应将经济费用效益分析的结论作为项目决策的主要依据之一。

经济费用效益分析的主要目的包括：

(1) 全面识别整个社会为项目付出的代价，以及项目为提高社会福利所做出的贡献，评价项目投资的经济合理性。

(2) 分析项目的经济费用效益流量与财务现金流量存在的差别，以及造成这些差别的原因，提出相关的政策调整建议。

(3) 对于市场化运作的基础设施等项目，通过经济费用效益分析来论证项目的经济价值，为制定财务方案提供依据。

(4) 分析各利益相关者为项目付出的代价及获得的收益，通过对受损者及受益者的经济分析，为社会评价提供依据。

7.6.2 经济费用效益分析方法

经济费用效益分析应通过识别经济效益与经济费用，编制经济费用效益流量表，计算经济内部收益率和经济净现值指标，分析项目的经济合理性。经济效益和经济费用可以直接识别，也可以通过调整财务效益和费用得到。

1. 直接识别和计算经济效益和费用

(1) 应对项目涉及的所有社会成员的有关费用和效益进行识别和计算，全面分析项目投资及运营活动耗用资源的经济价值（费用），以及项目为社会成员福利增加所做出的贡献（效益）。在识别和计算过程中应注意以下几点：

1) 分析体现在项目实体本身的直接费用和效益，以及项目引起的其他组织、机构或个人发生的各种外部费用和效益；

2) 分析项目的近期影响，以及项目可能带来的中期、远期影响；

3) 分析与项目主要目标直接联系的直接费用和效益，以及各种间接费用和效益；

4) 分析具有物质载体的有形费用和效益，以及各种无形费用和效益。

(2) 效益和费用的识别遵循以下原则：

1) 增量分析的原则。项目经济费用效益分析应建立在增量效益和增量费用识别和计算的基础之上，不应考虑沉没成本和已实现的效益。应按照"有无对比"增量分析的原则，通过项目的实施效果与无项目情况下可能发生的情况进行对比分析，作为计算机会成本或增量效益的依据。

2) 考虑关联效果原则。应考虑项目投资可能产生的其他关联效果。

3) 剔除转移支付的原则。转移支付代表购买力的转移行为，接受转移支付的一方所获得的效益与付出方所产生的费用相等，转移支付行为本身没有导致新增资源的发生。在经济费用效益分析中，税赋和补贴属于转移支付。转移支付应当从经济费用效益流量中剔除。

(3) 经济效益的计算应遵循支付意愿（WTP）和（或）接受补偿意愿（WTA）原则；经济费用的计算应遵循机会成本原则。

1) 项目产出的正面效果按支付意愿（WTP）的原则计算，用于分析社会成员为项目产出的效益愿意支付的价值。

2）项目产出的负面效果按接受补偿意愿（WTA）的原则计算，用于分析社会成员为接受这种不利影响所得到补偿的价值。

3）项目投入的经济费用应按机会成本的原则计算，用于分析项目所占用的所有资源的机会成本。机会成本应按资源的次优利用所产生的效益进行计算。

2. 给水排水项目效益计算

（1）给水排水项目效益计算的基本原则

1）工程项目除计算设计年的效益指标外，有时还应计算多年平均效益指标。对于城镇供水工程，还应计算特殊干旱年的效益；对于防洪工程，还应计算特大洪水年的效益。

2）计算效益时，应反映和考虑以下特点，采用相应的计算方法：

①反映水文现象的随机性。如资料允许，应尽可能采用长系列或其他某一代表期进行计算。

②考虑因国民经济的发展，项目效益相应发生的变化。如给水工程在工业生产中的间接效益，防洪工程可减免的保护范围的损失，将随国民经济的发展而不断增长，一般应根据该地区的经济发展情况，按预测的平均经济增长率，估算其经济计算期的效益。

③考虑工程效益的转移和可能的负效益。如由于修建新的工程使原有效益受到影响而又不能采取措施加以补救时，应将该项工程效益中扣除这部分损失，计算其净增的效益。

④要与包括的工程项目相适应。如给水工程中取水工程和净水厂规模不同时，应分别计算其相应的效益。对经济计算期内各年的效益，还要考虑相应配套水平和效益的增长过程。

3）一项工程如果同时具有给水、排水、防洪、治涝等两种以上综合功能时，除应分别计算分项效益外，还应计算其总效益。各分项的效益如有一部分是重复的，要注意不得以分项效益简单相加作为总效益，要剔除其重复计算部分。

4）在项目评价中，只有同时符合以下两个条件的效益才能称作间接效益（外部效益）。

①项目将对与其并无直接关联的其他项目或消费者产生效益。

②这种效益在财务报表（如现金流量表）中并没有得到反映，或者说没有将其价值量化。

通过扩大项目的"边界"范围和价格调整使"外部效果"在项目内部得到体现。已经内部化的效益，不能再作为外部效益。

5）效益的鉴定和计量可以采用前后对比法（项目兴建前与兴建后的效益进行对比）或有无对比法（有该项目与无该项目的效益进行对比）。前后对比法适用于客观条件无变化的项目；客观条件有变化的项目应采用有无对比法。

为防止外部效果计算的扩大化，需注意以下两点：

①随着时间的推移，如果不实施该项目，其"前后联"（或称上、下游）企业或消费者的生产或消费情况也会由于其他情况而发生变化，要按照有无对比的原则计算"前后联"企业和消费者的增量效果作为拟建项目外部效果的依据。

②应注意其他拟建项目是否有类似的效果。如果有，就不应把总效果全部归功于某个拟建项目，否则会引起外部效果的重复计算。

（2）城市给水工程效益计算

城市给水工程的效益可以分为两类，一是城市供水机构或部门内部的直接效益；二是非城市供水项目执行机构或部门受益的间接效益，如供水能力扩大、供水质量改善对提高工业部门的产值、利润的影响，减少受益地区人民的疾病，提高健康水平，美化环境等。

城市给水项目的主要直接效益是项目投入营运后的水费收入，但在我国目前情况下，许多城市都采取财政补贴的办法，售水价格定得偏低，不足以全部反映其真实价值，应通过校正系数将财务价格调整为经济价格，校正系数的计算式（7-60）为

$$校正系数 = \frac{销售收入 + 消费者剩余}{销售收入} \times 100\% \tag{7-60}$$

在消费者剩余难以确定的情况下，城市给水工程的经济效益，可采用以下方法计算：

1）等效替代法：按举办最优等效替代工程（扩建或开发新水源，采取节水措施等）所需的年折算费用计算。采用这一方法时，要尽可能选用最优等效的替代工程，同时在费用计算时采用同样的计算标准，以求真实反映客观的经济效益。

2）分摊系数法：根据水在工业生产中的地位，以工业净产值乘分摊系数计算。在缺水地区也可用因缺水使工业生产遭受的损失计算。供水效益的"分摊系数"可有两种含义，一是指供水效益与工业净产值的比值；另一是指供水效益与工业生产的净收益（或税利）的比值。

3）缺水损失法：按因满足工业用水后，相应减少农业用水或其他用水，而使农业生产或其他部门遭受的损失计算，这一方法主要用于水资源缺乏又无合理替代措施的地区。

4）影子水价法：在项目业主提供了该地区影子水价的情况下，直接按项目供水量乘影子水价计算。如影子价格中已体现了项目的某些外部费用和效益，则在计算间接费用和间接效益时，不得重复计算该费用和效益。

（3）城市排水工程效益的计算

城市排水工程的经济效益，如以排污费的收费计算，难以真实地反映其全部效益。因此，应按工程实施后，促进地区经济发展、减免国民经济损失、改善人民生活条件、提高社会劳动生产率等，而实现的国民经济净增效益来计算，主要内容包括：

1）减轻水质污染对工业产品质量的影响，促进地区工业经济的发展。河道水质的严重污染，不仅影响工业产品的质量，而且威胁到某些工厂的生存，制约了工业经济的进一步发展。污水经综合治理后，可提高相关产品的质量，并可改变投资环境，促进工业项目的建设和工业产值的增长。污水治理工程在这方面的效益，可按举办最优等效替代工程所需的年折算费用计算，或用因水体严重污染使工业生产遭受的损失计算。

2）农业灌溉用水水体的污染，对农作物的产量和质量均造成不良的影响。通过污水治理，改善了耕植条件，提高了蔬菜、粮食等农作物产量。

3）由于污水治理可减免水质污染对水产养殖业所造成的经济损失。

4）由于环境条件的改善而使地价的增值。计算此项效益时应只限于实施本项目后所产生的增量效益。

5）自来水厂药剂等运营费用的减少和水源改造工程费用的减免。

6）减少疾病，增进健康，提高城市卫生水平。因而提高社会劳动生产率，降低医疗费用。

7）对于旅游城市，洁净的河道可改善城市环境，增添自然风光，提高旅游收入。

8）工业废水处理过程中开展综合利用所产生的国民经济净增值。

（4）防洪工程效益的计算：

1）防洪工程的经济效益，通常是指防洪工程修建后可以减免的国民经济损失，主要内容包括：

①农、林、牧、副、渔等各类用地的损失。

②国家、集体和个人的房屋、设施、物资等财产损失。

③防汛、抢险费用。

④工矿停产和商业停业、交通中断的损失。

⑤修复水毁工程和恢复交通、工农业生产的费用等。

以上各项有的属当年的损失，有的包括第二年甚至更长时期的损失，可根据不同年份的灾害情况，在计算时加以考虑。

2）各种年型的洪水淹没损失，可根据具体情况，利用调查历史洪灾资料或采用水文水利计算结合调查的方法进行估算。利用调查的历史洪灾资料时，要考虑调查年代至计算期淹没区内社会经济条件发生的变化，对当年调查的洪灾损失进行必要的调整和修正。参用类似年份的洪灾损失时，还要考虑洪水不同特性的影响。采用水文水利计算结合调查计算洪灾损失，通常要先根据调查资料，分析不同频率洪水下的淹没水深、淹没历时和各项损失率的关系，然后根据水文水利计算成果，推求各年的各项损失和总损失值。对个人财产和公共财产的损失，原则上只考虑损失部分的修复和补救的费用。

3）防洪工程实施后，遇较大的特大洪水年份，洪灾损失仍然不能完全免除，因此，无论采用哪一种计算方法，均应分别计算有无防洪工程设施的多年平均洪灾损失，其两者的差值才是该防洪方案的多年平均防洪效益。不同洪水年份规划安排的行洪区、蓄（滞）洪区和水库等都会造成一定的淹没损失，计算时应扣除这部分损失，才是实现的防洪效益。

3. 影子价格的确定和应用

经济效益和经济费用应采用影子价格计算。运用影子价格时，项目投入物和产出物按其类型，分为外贸货物、非外贸货物、特殊投入物、资金和外汇等。

①外贸货物是指其生产、使用将直接或间接影响国家进、出口的货物。

②非外贸货物是指生产或使用将不影响进口或出口的货物。

③特殊投入物一般指劳务的投入和土地的投入。

④资金机会成本和资金时间价值的估量——社会折现率。

⑤外汇的影子价格——影子汇率。

（1）货物类型划分的原则：区分外贸货物与非外贸货物应看其主要影响国家进出口水平还是影响国内的供求关系。如属前者，应划分为外贸货物，如属后者，则应划分为非外贸货物。评价时还应考察项目计算期内外贸政策变化的可能性及国内外市场的变化趋势。

根据给水排水工程的特点，外贸货物和非外贸货物的划分可采用以下原则：

1）直接进口的投入物（机械设备、仪表、管材等），应视为外贸货物。

2）国内生产不足，以前进口过，现在也较大量进口，由于拟建项目的使用，导致进口量增加。例如钢材、木材等间接影响进出口的项目投入物，也按外贸货物处理。

3）国内生产的货物，原来确有出口机会，由于拟建项目的使用丧失了出口机会的项目投入物，也可按外贸货物处理。

4）砂、石等地方性建筑材料为天然非外贸货物。

5）给水、排水工程所提供的供、排水产品或服务，一般视为非外贸货物。

（2）外贸货物的影子价格以实际将要发生的口岸价格为基础确定，具体定价方法如下：

1）直接进口的（国外产品）：到岸价格加国内运输费和贸易费用。货物的到岸价是通过影子汇率将以外币计算的到岸价格换算为以人民币计算的到岸价。

2）间接进口的（国内产品、如钢材、木材等，以前进口过，现在也大量进口）：为简化计算，也可按直接进口考虑。假定一个进口口岸，估计项目投入物的进口到岸价以及口岸到项目地点的运费及贸易费用。

3）减少出口的（国内产品，以前出口过，现在也能出口）：离岸价格减去供应厂到港口的运输费用及贸易费用，加上供应到拟建项目的运输费用及贸易费用。供应厂难以确定时，可简化为按离岸价计算。

4）口岸价格的选取可根据《海关统计》对历年的口岸价格进行归纳和预测，或根据国际上一些组织机构编辑的出版物，分析一些重要货物的国际市场价格趋势。

（3）非外贸货物影子价格的确定原则：

1）如果项目处于竞争性市场环境中，应采用市场价格作为计算项目投入或产出的影子价格的依据。

2）如果项目的投入或产出的规模很大，项目的实施将足以影响其市场价格，导致"有项目"和"无项目"两种情况下市场价格不一致，在项目评价中，取二者的平均值作为测算影子价格的依据。

3）给水、排水建设项目的产出物或服务，从理论上说，应由消费者支付意愿的原则确定，但消费者意愿的预测难度很大，为此，项目的效益可采用项目实施后给国民经济和社会带来的经济效益来衡量，并用相应的影子价格计算。

（4）特殊投入物影子价格的计算方法：

1）土地是一种重要的资源，项目占用的土地无论是否支付费用，均应计算其影子价格。项目所占用的农业、林业、牧业、渔业及其他生产性用地，其影子价格应按照其未来对社会可提供的消费产品的支付意愿及因改变土地用途而发生的新增资源消耗进行计算；项目所占用的住宅、休闲用地等非生产性用地，市场完善的，应根据市场交易价格估算其影子价格；无市场交易价格或市场机制不完善的，应根据受偿意愿价格估算其影子价格。

2）项目因使用劳动力所付的工资，是项目实施所付出的代价。劳动力的影子工资等于劳动力机会成本与因劳动力转移而引起的新增资源消耗之和。

根据我国劳动力的状况、结构以及就业水平，对于技术劳动力，采取影子工资等于财务工资，即影子工资换算系数为1。对于非技术劳动力，推荐在一般情况下采取财务工资的 0.25～0.8 倍作为影子工资，即影子工资换算系数为 0.25～0.8。考虑到我国各地经济发展不平衡，劳动力供求关系有一定差别，规定应当按照当地非技术劳动力供给富余程度调整影子工资换算系数。

3）项目投入的自然资源，无论在财务上是否付费，在经济费用效益分析中都必须测算其经济费用。不可再生自然资源的影子价格应按资源的机会成本计算；可再生自然资源的影子价格应按资源再生费用计算。

（5）影子汇率

影子汇率是指用于外贸货物和服务进行经济费用效益分析时外币的经济价格，应能正确反映国家外汇的经济价值，其计算公式为：

$$影子汇率＝外汇牌价×影子汇率换算系数 \tag{7-61}$$

根据《建设项目经济评价方法与参数》（第三版）中的测算，目前影子汇率换算系数为1.08。

（6）社会折现率

项目经济费用效益分析采用社会折现率对未来经济效益和经济费用流量进行折现。社会折现率是项目经济费用效益分析中重要的参数，采用国家统一测算发布的数值。现阶段我国社会折现率为8%。

4. 费用与效益数值的调整

在调整财务效益和费用的基础上进行经济费用效益分析，是指利用项目投资现金流量表，将现金流量转换为经济效益与费用流量，利用表格计算相关指标，其基本步骤为：

（1）剔除财务现金流量中的通货膨胀因素，得到以实价表示的财务现金流量；

（2）剔除运营期财务现金流量中不反映真实资源流量变动状况的转移支付因素；

（3）用影子价格和影子汇率调整建设投资各项组成，并剔除其费用中的转移支付项目；

（4）调整流动资金，将流动资产和流动负债中不反映实际资源耗费的有关现金、应收账款、应付账款、预收账款和预付款项，从流动资金中剔除；

（5）调整经营费用，用影子价格调整主要原材料、燃料及动力费用、职工薪酬等；

（6）调整营业收入，对于具有市场价格的产出物，以市场价格为基础计算其影子价格；对于没有市场价格的产出，以支付意愿或受偿意愿的原则计算其影子价格；

（7）利用经济费用效益流量表计算相关指标。

7.6.3　经济费用效益分析指标和报表

1. 经济费用效益分析指标

（1）经济净现值（ENPV）。是项目按照社会折现率将计算期内各年的经济净效益流量折现到建设期初的现值之和，其计算公式为：

$$\text{ENPV} = \sum_{t=1}^{n} (B-C)_t (1+i_s)^{-t} \tag{7-62}$$

式中　B——经济效益流量；

　　　　C——经济费用流量；

　　$(B-C)_t$——第 t 期的经济净效益流量；

　　　　i_s——社会折现率；

　　　　n——项目计算期。

在经济费用效益分析中，如果经济净现值等于或大于0，表明项目可以达到社会折现率要求的效率水平，认为该项目从经济资源配置的角度可以被接受。

（2）经济内部收益率（EIRR）。是项目在计算期内经济净效益流量的现值累计等于0

时的折现率，其表达式为：

$$\sum_{t=1}^{n} (B-C)_t (1+\text{EIRR})^{-t} = 0 \qquad (7\text{-}63)$$

式中　EIRR——项目经济内部收益率。

如经济内部收益率等于或者大于社会折现率，表明项目资源配置的经济效益达到了可以被接受的水平。

（3）经济效益费用比（R_{BC}）。是项目在计算期内效益流量的现值与费用流量的现值之比，其计算公式为：

$$R_{BC} = \frac{\sum_{t=1}^{n} B_t (1+i_s)^{-t}}{\sum_{t=1}^{n} C_t (1+i_s)^{-t}} \qquad (7\text{-}64)$$

式中　B_t——第 t 期的经济效益；

C_t——第 t 期的经济费用。

如经济效益费用比大于1，表明项目资源配置的经济效益达到了可以被接受的水平。

2. 经济费用效益分析报表

（1）项目投资经济费用效益流量表（表7-10）；

（2）经济费用效益分析投资费用估算调整表（表7-11）；

（3）经济费用效益分析经营费用估算调整表（表7-12）；

（4）项目直接效益估算调整表（表7-13）；

（5）项目间接费用估算表（表7-14）；

（6）项目间接效益估算表（表7-15）。

项目投资经济费用效益流量表（人民币单位：万元）　　　　　表 7-10

序号	项　　目	合计	计　算　期					
			1	2	3	4	…	n
1	效益流量							
1.1	项目直接效益							
1.2	资产余值回收							
1.3	项目间接效益							
2	费用流量							
2.1	建设投资							
2.2	维持运营投资							
2.3	流动资金							
2.4	经营费用							
2.5	项目间接费用							
3	净效益流量（1—2）							

计算指标：

经济内部收益率（%）

经济净现值（i_s=%）

经济费用效益分析投资费用估算调整表（人民币单位：万元）　表 7-11

序号	项　目	财 务 分 析			经 济 分 析			经济费用效益分析比财务分析增减
		外币	人民币	合计	外币	人民币	合计	
1	建设投资							
1.1	建筑工程费							
1.2	安装工程费							
1.3	设备购置费							
1.4	其他费用							
1.4.1	其中：土地费用							
1.4.2	专利及专有技术费							
1.5	基本预备费							
1.6	涨价预备费							
1.7	建设期利息							
2	流动资金							
	合计（1+2）							

注：若投资费用是通过直接估算得到的，本表应略去财务分析的相关栏目。

经济费用效益分析经营费用估算调整表（人民币单位：万元）　表 7-12

序号	项　目	单位	投入量	财务分析		经济费用效益分析	
				单价（元）	成本	单价（元）	费用
1	外购原材料						
1.1	原材料 A						
1.2	原材料 B						
1.3	原材料 C						
1.4	……						
2	外购燃料及动力						
2.1	煤						
2.2	水						
2.3	电						
	……						
3	职工薪酬						
4	修理费						
5	其他费用						
	合计						

注：若经营费用是通过直接估算得到的，本表应略去财务分析的相关栏目。

项目直接效益估算调整表（人民币单位：万元） 表7-13

产出名称			投产第一期负荷（%）				投产第二期负荷（%）				...	正常生产年份（%）			
			A产品	B产品	...	小计	A产品	B产品	...	小计		A产品	B产品	...	小计
年产出量		计算单位													
		国内													
		国际													
		合计													
财务分析	国内市场	单价（元）													
		现金收入													
	国内市场	单价（美元）													
		现金收入													
经济费用效益分析	国内市场	单价（元）													
		直接效益													
	国际市场	单价（美元）													
		直接效益													
合计（万元）															

注：若直接效益是通过直接估算得到的，本表应略去财务分析的相关栏目。

项目间接费用估算表（人民币单位：万元） 表7-14

序号	项 目	合计	计 算 期					
			1	2	3	4	...	n

项目间接效益估算表（人民币单位：万元）　　　　表 7-15

序号	项 目	合计	计 算 期					
			1	2	3	4	...	n

7.7 费 用 效 果 分 析

7.7.1 费用效果分析的特点和作用

费用效果分析是通过比较项目预期的效果与所支付的费用，判断项目的费用有效性或经济合理性。对于效益难于货币化的项目，或不易于货币化的效益是项目的主要效益时，费用效益分析方法很难发挥作用，可以采用费用效果分析方法，其结论可作为项目投资决策的依据之一。

费用效果分析是项目经济评价基本分析方法之一，既可以应用于财务现金流量，也可以用于经济费用效益流量。

7.7.2 费用和效果的定义

费用效果分析中的费用是指为实现项目预定目标所付出的财务代价或经济代价，采用货币计量；效果是指项目的结果所起到的作用、效应或效能，是项目目标的实现程度。应当尽可能将项目目标转化为具体的可量化的指标，并有明确的最低要求。

按照项目要实现的目标，一个项目可选用一个或几个效果指标。在多目标情况下要分清目标的主次，选择必备目标作为考核内容，将其他次要目标作为项目的附带效果进行适当分析。

7.7.3 费用效果分析的原则

费用效果分析遵循多方案比选的原则，所分析的项目应满足下列条件：

（1）备选方案不少于两个，且为互斥方案或可转化为互斥型的方案；

(2) 备选方案应具有共同的目标，目标不同的方案、不满足最低效果要求的方案不可进行比较；

(3) 备选方案的费用应能货币化，且资金用量不突破资金限制；

(4) 效果应采用同一非货币计量单位衡量，如果有多个效果，其指标加权处理形成单一综合指标；

(5) 备选方案应具有可比的寿命周期。

7.7.4　费用效果分析步骤

费用效果分析按下列步骤进行：

(1) 确立项目目标；

(2) 构想和建立备选方案；

(3) 将项目目标转化为具体的可量化的效果指标；

(4) 识别费用与效果要素，并估算各个备选方案的费用与效果；

(5) 利用相关指标，综合比较、分析各个方案优缺点；

(6) 推荐最佳方案或提出优先采用的次序。

7.7.5　费用的计算

费用的计算强调采用寿命周期费用，即项目从建设投资开始到项目终结整个过程的期限内所发生的全部费用，包括投资、经营成本、末期资产回收和拆除、恢复环境的处置费用。费用可按现值公式或按年值公式计算：

1. 费用现值（PC）

$$PC = \sum_{t=1}^{n} (CO)_t \, (P/F, i, t) \qquad (7\text{-}65)$$

式中　　$(CO)_t$ ——第 t 期现金流出量；

　　　　n ——计算期；

　　　　i ——折现率；

$(P/F, i, t)$ ——现值系数 $\left(\dfrac{1}{(1+i)^t} \right)$。

2. 费用年值（AC）

$$AC = \left[\sum_{t=1}^{n} (CO)_t (P/F, i, t) \right] (A/P, i, n) \qquad (7\text{-}66)$$

式中　　$(A/P, i, n)$ ——资金回收系数 $\left(\dfrac{i(1+i)^n}{(1+i)^n - 1} \right)$，其他符号同前。

备选方案的计算期不一致时，应采用费用年值公式。

7.7.6　效果的计算

项目的效果可以采用有助于说明项目收效的任何量纲。项目效果计量单位的选择，既要能切实度量项目目标的实现程度，且要便于计算。若项目的目标不止一个，或项目的效果难以直接度量，需要建立次级分解目标加以度量时，需要用科学的方法确定权重，借助层次分析法对项目的效果进行加权计算，形成统一的综合指标。

7.7.7 费用效果分析指标

费用效果分析可采用效果费用比为基本指标，其计算公式为：

$$R_{E/C} = \frac{E}{C} \tag{7-67}$$

式中 $R_{E/C}$——效果费用比；

   E——项目效果；

   C——项目计算期内的费用，用现值或年值表示。

该指标表示单位费用所应达到的效果值。

有时为方便或习惯起见，也可以采用费用效果比指标，其计算公式为：

$$R_{C/E} = \frac{C}{E} \tag{7-68}$$

该指标表示为取得单位效果所支付的费用。

7.7.8 费用效果分析的基本方法

（1）最小费用法，也称固定效果法，在效果相同的条件下，选取费用最小的备选方案。

（2）最大效果法，也称固定费用法，在费用相同的条件下，选取效果最大的备选方案。

（3）增量分析法，当效果与费用均不固定，且分别具有较大幅度的差别时，应比较两个备选方案之间的费用差额和效果差额，分析获得增量效果所付出的增量费用是否值得。不应盲目选择效果费用比（$R_{E/C}$）大的方案或费用效果比（$R_{C/E}$）小的方案。这种情况下，需要首先确定效果与费用比值最低可接受的基准指标 $[E/C]_0$ 或最高可接受的单位成本指标 $[C/E]_0$，当 $\Delta E/\Delta C \geqslant [E/C]_0$ 或 $\Delta C/\Delta E \leqslant [C/E]_0$ 时，选择费用高的方案，否则，选择费用低的方案。基准指标的确定需要根据国家经济状况、行业特点、以往同类项目的 E/C 比值水平综合确定。

7.7.9 增量分析法的步骤

如果项目有两个以上的备选方案进行增量分析，宜按下列步骤选优：

（1）将方案费用由小到大排队；

（2）从费用最小的两个方案开始比较，通过增量分析选择优势方案；

（3）将优势方案与紧邻的下一个方案进行增量分析，并选出新的优势方案；

（4）重复第三步，直至最后一个方案。最终被选定的优势方案为最优方案。

7.8 不确定性分析与风险分析

项目经济评价所采用的数据大部分来自预测和估算，具有一定程度的不确定性。为分析不确定性因素变化对评价指标的影响，估计项目可能承担的风险，应进行不确定性分析与经济风险分析，提出项目风险的预警、预报和相应的对策，为投资决策服务。不确定性分析主要包括盈亏平衡分析和敏感性分析。

7.8.1　盈亏平衡分析

盈亏平衡分析是指通过计算项目达产年的盈亏平衡点（BEP），分析成本与收益的平衡关系，判断项目对产出数量变化的适应能力和抗风险能力。盈亏平衡点越低，表明项目适应产出变化的能力越大，抗风险能力越强。盈亏平衡分析只用于财务分析。

盈亏平衡点通过正常年份的产量或者销售量、可变成本、固定成本、产品价格和销售税金及附加等数据计算。可变成本主要包括原材料、燃料、动力消耗、包装费和计件工资等。固定成本主要包括职工薪酬（计件工资除外）、折旧费、无形资产及其他资产摊销费、修理费和其他费用等。为简化计算，财务费用一般也作为固定成本。正常年份应选择还款期间的第一个达产年和还款后的年份分别计算，以便分别给出最高和最低的盈亏平衡点区间范围。

盈亏平衡点可采用公式计算，也可利用盈亏平衡图求取（图 7-1）。项目评价中通常采用以产量和生产能力利用率表示的盈亏平衡点，其计算公式为：

$$\mathrm{BEP}_{生产能力利用率} = \frac{年固定成本}{年营业收入 - 年可变成本 - 年营业税金及附加} \times 100\% \quad (7\text{-}69)$$

$$\mathrm{BEP}_{产量} = \frac{年固定总成本}{单位产品价格 - 单位产品可变成本 - 单位产品营业税金及附加} \quad (7\text{-}70)$$

当采用含增值税价格时，式中分母还应扣除增值税。

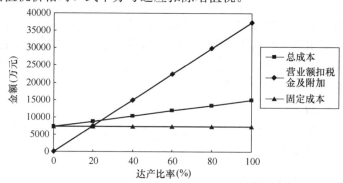

图 7-1　盈亏平衡分析图（生产能力利用率）

7.8.2　敏感性分析

敏感性分析是通过分析不确定性因素发生增减变化时，对财务或经济评价指标的影响，计算敏感度系数和临界点，找出敏感因素。

1. 单因素分析与多因素分析

敏感性分析包括单因素分析和多因素分析。单因素分析是指每次只改变一个因素的数值来进行分析；多因素分析则是同时改变两个或两个以上因素进行分析。为找出关键的敏感性因素，通常只进行单因素敏感性分析。

2. 不确定因素的选取

敏感性分析通常对那些重要的且可能对项目效益影响较大的不确定因素进行分析。经验表明，通常主要对产出价格、建设投资、主要投入物价格或可变成本、生产负荷、建设期及汇率等不确定性因素进行敏感性分析。不确定性因素的选取应根据行业和项目特点，结合经验判断，包括项目后评价的经验。

3. 不确定性因素变化程度的确定

敏感性分析一般是选择不确定因素变化的百分率为±5％、±10％、±15％、±20％等；对于不便用百分数表示的因素，例如建设期，可采用延长一段时间表示，通常延长一年。

4. 敏感性分析中项目评价指标的选取

项目经济评价有一整套指标体系，敏感性分析可选定其中一个或几个主要指标进行。最基本的分析指标是内部收益率，根据项目的实际情况也可选择净现值或投资回收期评价指标，必要时可同时针对两个或两个以上的指标进行敏感性分析。

5. 敏感度系数（S_{AF}）

敏感度系数（S_{AF}）是指项目评价指标变化的百分率与不确定性因素变化的百分率之比。其计算公式为：

$$S_{AF} = \frac{\Delta A/A}{\Delta F/F} \tag{7-71}$$

式中　S_{AF}——评价指标 A 对于不确定因素 F 的敏感系数；

$\Delta F/F$——不确定性因素 F 的变化率；

$\Delta A/A$——不确定性因素 F 发生 ΔF 变化时，评价指标 A 的相应变化率。

$S_{AF}>0$ 时，表示评价指标与不确定性因素同方向变化；$S_{AF}<0$ 时，表示评价指标与不确定性因素相反方向变化。$|S_{AF}|$ 较大者敏感度系数高。

6. 临界点（又称转换值）

临界点（又称转换值）是指不确定性因素的变化使项目由可行变为不可行的临界数值，一般采用不确定性因素相对基本方案的变化率或其对应的具体数值表示。临界点可通过敏感性分析图得到近似值，也可采用试算法求解。

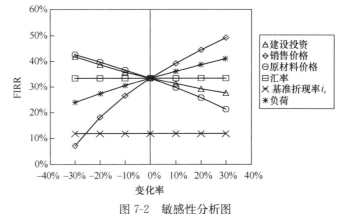

图 7-2　敏感性分析图

7. 敏感性分析结果的表示

敏感性分析的计算结果，应采用敏感性分析表（表 7-16）或敏感性分析图（图 7-2）表示；敏感度系数和临界点分析的结果，应采用敏感度系数和临界点分析表（表 7-17）表示。

敏感性分析表　　　　　　　　　　　　　　　表 7-16

变化率 变化因素	−30％	−20％	0％	10％	20％	30％
基准折现率 i_c						
建设投资						

续表

变化因素 \ 变化率	−30%	−20%	0%	10%	20%	30%
销售价格						
原材料成本						
汇率						
…						

敏感度系数和临界点分析表   表 7-17

序号	不确定因素	变化率（%）	内部收益率	敏感度系数	临界点（%）	临界值
	基本方案					
1	产品产量（生产负荷）					
2	产品价格					
3	主要原材料价格					
4	建设投资					
5	汇率					
	……					

8. 给水排水项目敏感性分析

在给水排水项目经济评价中，通常采用单因素敏感性分析，变动因素通常为售水价格、经营成本和建设投资。各主要参数或指标的浮动幅度，应根据各项工程的具体情况确定，也可参照以下数据选定：

（1）建设投资：±10%～±20%；

（2）售水价格：±10%～±20%；

（3）年经营成本：±10%～±20%。

9. 经济风险分析

风险分析是一项综合性分析，应在各技术专业做出风险因素识别、风险估计、风险防范措施的基础上，对各个风险因素最后导致的经济后果做出经济风险评价，给出经济结论和规避经济风险的对策。

（1）给水项目风险因素识别

1）市场风险

给水项目的市场风险是指市场需求、规划建设用户规模、种类等情况与实际情况的偏差较大，达不到预期供水负荷。

2）工程建设风险

给水项目的工程建设风险是指不能正常建成、建设工期延长、建设内容发生重大变化、建设投资增加以及达不到预期能力等。

3）融资风险

给水项目的融资风险是指资金不能及时到位的风险，利率、汇率变动风险及其他融资条件发生重大变化造成的损失。

4）经营风险

给水项目的经营风险又称商业风险，是指由于外部经营环境的变化，如经济的不景气、通货膨胀等因素造成的风险，生产成本风险，因干旱季节、水体污染等水源供水不足、管网运行过程中出现的风险等。

5）自然灾害风险

给水项目的自然灾害风险是指如风灾、火灾、水灾和地震等自然灾害对项目运营等产生的影响。

6）政策风险

给水项目的政策风险是指如水价、税收等政策改变对项目的影响。

7）其他风险

给水项目的其他风险是指项目在前期研究、论证审批、工程设计、施工建设、运营等各环节可能遇到的其他各种风险，包括能源政策、法律环境、投资建设环境等各种风险。

（2）排水项目风险因素识别

1）污水量预测风险

由于对项目服务区内污水产生量或接管率的预测与实际情况偏差较大，导致污水处理厂进厂污水量达不到设计规模。

2）进厂污水水质预测风险

由于对进厂污水水质的预测与实际情况偏差较大，导致达不到预期的污水处理效果。

3）雨水和洪水量预测及工程建设标准风险

由于对暴雨和洪水强度的预测与实际情况偏差较大，或者工程建设标准过高或者过低，导致投资浪费或者难以抵御洪涝灾害等。

4）政府风险

实际污水处理收费价格或政府补贴达不到预期标准，导致项目失去财务生存能力。

5）项目建设风险

建设工期长、建设内容发生重大变化、建设投资增加、建设质量达不到要求等。

6）融资风险

资金来源与供应量、利率、汇率及其他融资条件发生变化等。

7）经营风险

项目运营期投入的各种原料、材料、燃料、动力供给量与价格，以及协作单位不履行合同或者合同条件发生变化等带来的风险。

8）自然灾害风险

地震、风灾、火灾、水灾等自然灾害带来的风险。

7.9 方案经济比选

方案比选是寻求合理的经济和技术方案的必要手段，也是项目经济评价的重要内容。项目经济评价中宜对互斥方案和可转化为互斥型方案的方案进行比选。

7.9.1 备选方案条件及注意事项

1. 备选方案应满足的条件
(1) 备选方案的整体功能应达到目标要求；
(2) 备选方案的经济效益应达到可接受的水平；
(3) 备选方案包含的范围和时间应一致，效益和费用计算口径应一致。
2. 方案经济比选应注意的问题
(1) 备选方案必须是互斥关系和可转化为互斥关系的多方案比选。
(2) 同时进行财务分析和经济费用效益分析时，应按经济费用效益分析的结论选择方案。
(3) 备选方案的经济指标比较差异不大时，不能判定方案的优劣，只有经济指标的取值存在足够的差异，且估算和测算的误差不足以使评价结论出现逆转时，才能认定比较方案有显著的差异，并据此判定方案的优劣。
(4) 备选方案的计算期不同时，宜采用净年值法和费用年值法。如果采用差额投资内部收益率法，可将各方案计算期的最小公倍数作为比较方案的计算期，或者以各方案中最短的计算期作为比较方案的计算期。

7.9.2 方案经济比选可采用的方法

方案经济比选可采用效益比选法、费用比选法和最低价格法。
1. 效益比选方法
(1) 净现值比较法，比较备选方案的财务净现值或经济净现值，以净现值大的方案为优。比较净现值时应采用相同的折现率。
(2) 净年值比较法，比较备选方案的净年值，以净年值大的方案为优。其表达式为：

$$AW = \Big[\sum_{t=1}^{n} (S - I - C' + S_v + W)_t (P/F, i, t) \Big] (A/P, i, n) \tag{7-72}$$

或
$$AW = NPV(A/P, i, n) \tag{7-73}$$

式中　　　S——年销售收入；

I——年全部投资；

C'——年运营费用；

S_v——计算期末回收的固定资产余值；

W——计算期末回收的流动资金；

$(P/F, i, t)$——现值系数；

$(A/P, i, n)$——资金回收系数；

i——设定的折现率；

n——计算期；

NPV——净现值。

(3) 差额投资财务内部收益率法，使用备选方案差额现金流，其表达式为：

$$\sum_{t=1}^{n} \big[(CI - CO)_大 - (CI - CO)_小 \big]_t (1 + \Delta FIRR)^{-t} = 0 \tag{7-74}$$

式中 $(CI-CO)_大$——投资大的方案的财务净现金流量；

$\qquad$ $(CI-CO)_小$——投资小的方案的财务净现金流量；

$\qquad$ $\Delta FIRR$——差额投资财务内部收益率。

将差额投资财务内部收益率（$\Delta FIRR$），与设定的基准收益率（i_c）进行对比，当差额投资财务内部收益率大于或等于设定的基准收益率时，以投资大的方案为优，反之，投资小的方案为优。在进行多方案比较时，应先按投资大小，由小到大排序，再依次就相邻方案两两比较，从中选出最优方案。

（4）差额投资经济内部收益率（$\Delta EIRR$）法，可用经济净现金流量替代式（7-72）中的财务净现金流量，进行方案经济比选。

2. 费用比选方法

（1）费用现值比较法。计算备选方案的总费用现值并进行对比，以费用现值较低的方案为优。其表达式为：

$$PC = \sum_{t=1}^{n} (I + C' - S_v - W)_t (P/F, i, t) \qquad (7\text{-}75)$$

式中 PC——费用现值。

（2）费用年值比较法。计算备选方案的费用年值并进行对比，以费用年值较低的方案为优。其表达式为：

$$AC = \left[\sum_{t=1}^{n} (I + C' - S_v - W)_t (P/F, i, t) \right] (A/P, i, n) \qquad (7\text{-}76)$$

或 $\qquad\qquad\qquad AC = PC(A/P, i, n) \qquad\qquad\qquad (7\text{-}77)$

式中 $(A/P, i, n)$——资金回收系数。

（3）最低价格（服务收费标准）比较法。在相同产出方案比选中，以净现值为零推算备选方案的产品最低价格（P_{min}），应以最低产品价格较低的方案为优。

多方案经济比选时，应采用相同的折现率。在项目无资金约束的条件下，一般采用差额内部收益率法、净现值法和年值法；方案效益相同或基本相同时，可采用最小费用法，即费用现值比较法和费用年值法。

7.9.3 方案经济比选的类型

1. 局部比选与整体比选相结合

局部比选操作相对简单，容易提高比选结果差异的显著性，如备选方案在许多方面都存在差异，采用局部比选工作量大，而且每个局部比选结果之间出现交叉优势，比选结果呈多样性，难以提供决策，应采用整体比选方法。

2. 综合比选与专项比选相结合

一般项目方案比选是选择两个或三个备选方案进行整体的综合比选，从中选出最优方案作为推荐方案。实际过程中，往往还需要根据项目的具体情况，进行必要的局部专项方案比选，如产出规模的确定、技术路线与厂址的选择等。

3. 定性比选与定量比选相结合

定性分析较适用于方案比选的初级阶段，在比选因素较直观且不复杂情况下，采用定性分析可以满足比选要求；在较为复杂系统方案比选工作中，一般先经过定性分析，直观很难判断各个方案的优劣，再通过定量分析，论证其经济效益的大小，据以判别方案的优劣；有时，需要定性比选和定量比选相结合来判别方案的优劣。

7.9.4   不确定性因素下的方案比选

在多方案比较中，应分析不确定性因素和风险因素对方案比选的影响，判断其对比较结果的影响程度，必要时，应进行不确定性分析或风险分析，以保证比选结果的有效性。在比选时应遵循效益与风险权衡的原则。不确定性因素下的方案比选可采用下列方法：

1. 折现率调整法

调高折现率使备选方案净现值变为零，折现率变动幅度小的方案风险大，折现率变动幅度大的方案风险小。

2. 标准差法

对备选方案进行概率分析，计算出评价指标的期望值和标准差，在期望值满足要求的前提下，比较其标准差，标准差较高者，风险相对较大。

3. 累计概率法

计算备选方案净现值大于或等于零的累计概率，估计方案承受风险的程度，方案的净现值大于或等于零的累计概率值越接近于 1，说明方案的风险越小；反之，方案的风险大。

7.10   改扩建项目经济评价

7.10.1   改扩建项目的特点

改扩建项目是指既有企业利用原有资产与资源，投资形成新的生产（服务）设施，扩大或完善原有生产（服务）系统的活动，包括改建、扩建、迁建和停产复建等。改扩建项目具有以下特点：

（1）项目是既有企业的有机组成部分，项目的活动与企业的活动在一定程度上是有区别的；

（2）项目的融资主体是既有企业，项目的还款主体是既有企业；

（3）项目一般要利用既有企业的部分或全部资产与资源，而且不发生资产与资源的产权转移；

（4）建设期内既有企业生产（运营）与项目建设一般同时进行。

7.10.2   改扩建项目五种状态数据的识别与估算

改扩建项目经济评价应正确识别与估算"有项目"、"无项目"、"现状"、"新增"、"增量"等五种状态下的资产、资源、效益与费用数据。

（1）"有项目"，指既有企业进行投资活动后，在项目的经济寿命期内及项目范围内可能发生的效益与费用流量。"有项目"的流量是时间序列的数据。

（2）"无项目"，指既有企业利用拟建项目范围内的部分或全部原有资产，在项目计算期内可能发生的效益与费用流量。"无项目"的流量是时间序列的数据。

（3）"增量"，指"有项目"的流量减"无项目"的流量的差额，即通过"有无对比"得出的时间序列的数据。"有项目"投资、效益和费用与"无项目"投资、效益和费用相减，分别得到"增量"投资、效益和费用。

（4）"现状"，是项目实施前的资产与资源、效益和费用数据，也称为基本值，是一个时点数据。"现状"数据对于比较"项目前"与"项目后"的效果有重要作用。现状数据也是预测"有项目"和"无项目"的基础。现状数据一般可用实施前一年的数据，当该年数据不具有代表性时，可选用有代表性年份的数据或近几年数据的平均值。对其中生产能力的估计，应慎重取值。

（5）"新增"，是项目实施过程各时点"有项目"的流量与"现状"数据之差，也是时间序列的数据。新增投资包括建设投资和流动资金，还包括原有资产的改良支出、拆除、运输和重新安装费用。新增投资是改扩建项目筹措资金的依据。

"有项目"与"无项目"的口径与范围应当保持一致。避免效益与费用误算、漏算或重复计算。对于难于计量的效益和费用，可做定性描述。

7.10.3 项目效益与费用的范围界定

项目效益与费用的范围界定合适与否，与项目的经济效益和评价的繁简程度有直接关系。

（1）在财务分析中，效益和费用的范围是指项目活动的直接影响范围。局部改扩建项目范围只包括既有企业的一部分；整体改扩建项目范围包括整个既有企业。

（2）在经济费用效益分析中，效益与费用范围指项目活动的直接和间接影响的范围。

（3）在保证不影响分析结果的情况下应尽可能缩小项目的范围。

7.10.4 改扩建项目两个分析层次

改扩建项目财务分析采用一般建设项目财务分析的基本原理和分析指标。由于项目与既有企业既有联系又有区别，一般可进行两个层次的分析：

1. 项目层次

盈利能力分析，遵循"有无对比"的原则，利用"有项目"与"无项目"的效益与费用计算增量效益与增量费用，用于分析项目的增量盈利能力，并作为项目决策的主要依据之一；清偿能力分析，分析"有项目"的偿债能力，若"有项目"还款资金不足，应分析"有项目"还款资金的缺口，即既有企业应为项目额外提供的还款资金数额；财务生存能力分析，分析"有项目"的财务生存能力。符合简化条件时，项目层次分析可直接用"增量"数据和相关指标进行分析。

2. 企业层次

分析既有企业以往的财务状况与今后可能的财务状况，了解企业生产与经营情况、资产负债结构、发展战略、资源利用优化的必要性、企业的信用等。特别关注企业为项目的融资能力、企业自身的资金成本或同项目有关的资金机会成本。有条件时要分析既有企业包括项目债务在内的还款能力。

7. 10. 5 改扩建项目经济评价的简化处理

1. 一般规定

符合下述特定条件之一的改扩建项目,可简化处理,按新建项目经济评价:

(1) 项目的投入和产出与既有企业的生产经营活动相对独立;

(2) 以增加产出为目的的项目,增量产出占既有企业产出比例较小;

(3) 利用既有企业的资产与资源量与新增量相比较小;

(4) 效益和费用的增量流量较容易确定;

(5) 市政主网的数据难以收集和确定,历史资料的可得性和可靠性受限;

(6) 其他特定情况。

2. 给水项目界定方法

对于大城市和老城市的给水项目,如果既有企业以往资料的可得性和可靠性问题难以解决,项目单元可采用按新建项目简化处理的方法;如果可以获得既有企业的资产及运营资料,也可以按改扩建项目处理。

对于新建水厂和管网,按新建项目进行经济评价;对于在原有水厂基础上增加(或改造)部分设备能力或技术改造,按改扩建项目进行经济评价。

3. 排水项目的界定方法

以新设法人为财务主体立项建设的排水项目,按新建项目进行经济评价。

以既有法人为财务主体立项建设的排水项目,如果从建设、运营和管理上都能分离开来,界限相对清楚,并且既有企业以往资料的可得性和可靠性问题难以解决,可采用按新建项目的方法简化处理;如果是在原有项目基础上更换或者增加设备、构(建)筑物等,用以提高水处理级别或扩大规模,则应按改扩建项目进行经济评价。

7. 10. 6 改扩建项目经济评价应注意的问题

改扩建项目经济评价应处理好计算期的可比性、原有资产利用、停产减产损失、沉没成本、机会成本等问题。

1. 计算期的可比性

根据"效益与费用口径对应一致"的原则,改扩建项目经济评价的计算期一般取"有项目"情况下的计算期。如果"无项目"的计算期短于"有项目"的计算期,可以通过追加投资(局部更新或全部更新)来维持"无项目"的计算期,延长其寿命期至"有项目"的结束期,并于计算期末回收资产余值;若在经济或技术上延长寿命不可行,则适时终止"无项目"的计算期,其后各期现金流量计为零。

2. 原有资产利用的问题

改扩建项目范围内的原有资产可分为:"可利用的"与"不可利用的"两个部分。"有项目"时原"可利用的"资产与新增投资一起计入投资费用。"可利用的"资产要按其净值提取折旧和修理费。"不可利用的"资产如果变卖,其价值按变卖时间和变现价值计作现金流入(新增投资资金来源),不能冲减新增投资。如果"不可利用的"资产不变现或报废,仍然是资产的一部分,但计算项目的折旧时不予考虑。

3. 停产减产损失

改扩建活动与生产同时进行时，会造成部分生产停止或减产，导致减少"老产品"的营业收入，同时也会减少相应的生产费用。这些流量的变化均应在销售收入表和生产成本表中有所体现，最终反映在现金流量表中，因此不必单独估算。如果直接用增量费用与增量效益计算，停产和减产损失应列为项目的费用。

4. 沉没成本处理

沉没成本是既有企业过去投资决策发生的，不受现在投资决策影响，已经计入过去投资费用回收计划的费用。沉没成本是"有项目"和"无项目"都存在的成本，对于实现项目的效益不会增加额外的费用，不应当包括在项目的增量费用之中。对沉没成本的这种处理办法可能导致项目的内部收益率很高，但确实反映了当前投资决策的性质。如为弄清原来投资决策是否合理，可以计算整个项目（"有项目"状态）（包括已经建成和拟建的项目）的收益率，这时应把沉没成本计算在内。

5. 机会成本

如项目利用的现有资产，有明确的其他用途（出售、出租或有明确的使用效益），则将资产用于该用途能为企业带来的收益看作为项目使用该资产的机会成本，即无项目时的收入，按照有无对比识别效益和费用的原则，应将其作为无项目时的现金流入。

8 费用模型与方案比选和经济设计

8.1 费 用 模 型

给水排水费用模型是给水排水工程技术经济分析和经济设计的基础。费用模型，亦称经济目标函数，或称费用函数。它是通过数学关系式或图像方式来描述工程费用特征及其内在的联系。它具有以下特点：

（1）费用模型是工程费用资料的概括或抽象，既来源于工程实际资料，又高于实际。

（2）体现工程费用与主要设计因素之间的关系。

（3）易于看出费用的变化规律及其经济性态。

（4）便于数学运算，为设计的系统优化、技术经济分析研究和计算机程序编制提供有利条件。

8.1.1 费用模型的建立

（1）建立费用模型的基本要求：

1）应具有一定的精确度。不同的用途对费用模型的精确度要求亦不同，例如，用作预算性投资估算的费用模型，其精确度应较高；而用于区域性给水排水工程系统优化设计，其精确度可相对低些。由于地区条件、物价调整等因素，费用模型的精确度不仅与研究对象有关，而且与它所处的时间、状态和条件等有关。

2）要求表达形式简单。因为太复杂的费用模型难以求解，以致降低甚至失去了它的实用价值。

3）依据必须充分。编制时要有足够的费用资料作为分析依据，并按客观的经济规律来建立模型。

4）应尽量借鉴通用形式。目前国内外文献中，有关给水排水工程的费用模型，大多形式类同，多系通用形式。其方法和经验可以借鉴。

（2）建立费用模型的一般步骤：

1）明确费用模型的目的和要求。

2）数据搜集和处理。

3）分析影响因素，确定决策变量。

4）明确约束条件和适用范围。

5）用数学手段表明相关关系式，简化表达形式，并检查是否能代表所研究的问题。

（3）数据的搜集和处理：数据是建立模型的基本依据，数据的搜集和处理可以有多种方法；

1）统计分析法：统计分析法在国内外应用较为普遍，就是搜集大量已经实施的工程建设费用和（或）运行费用的资料，统计处理各项设计因素，求出费用与主要参数之间的关系。

对于收集取得的费用资料，由于各工程的地区条件、设计参数和施工方法的差异以及物价的变动，必须加以修正，剔除其不可比性和不合理的费用，以使各工程费用统一到同一基点上。

通过对大量工程实际费用资料的分析处理，不仅可以得出常规情况下的费用模型，还可看出各工程的独特因素对费用的影响，从而总结出费用模型的约束条件和修正方法。

2) 典型设计法，或称系列设计法：当建设工程实际费用资料较少时，可通过典型的系列设计，也就是拟定典型的处理工艺流程和设计原则，按不同规模进行系列设计，并按统一的费用定额求得建设费用。由于设计条件相同，所以数据质量较好，易于找出费用的内在关系，但花费的工作量较大。

3) 参数分析法：在各构筑物中，找出对费用起支配作用的参数，然后确定其建设费用。

设以 P_1 为设计参数，Q 为处理规模，V 为各构筑物所需的面积、容积等设计值，可用 $V = g(P_1，Q)$ 表示。又以 P_2 为建设参数，各构筑物的设计值和建设费用 C 之间，可表示为 $C = h(P_2，V)$，$C = h[P_2，g(P_1，Q)]$。如果 P_1、P_2 已经确定，可求得 C 与处理规模 Q 的函数关系：$C = h(V) = h[g(Q)] = f(Q)$。建设费用 C 和设计值 V 的关系，可从工程实际费用资料中分析求得。

(4) 变量的选择：费用模型是否切实可行，选择恰当的变量是重要的关键之一，变量的选择应考虑以下因素：

1) 应首先满足经济目标或使用目的。不同的经济目标要求建立不同变量的费用模型。例如，污水处理厂的建设费用模型，常以单位时间内污染物的去除量作为变量，即表示为污水流量与处理效率两者的函数，在一定的处理效率下，则可表示为污水流量的单一变量函数。各处理构筑物费用模型的变量选择，可根据其使用目的，通过费用特性和相关性态的分析，择其起决定作用的设计参数来建立费用模型。

2) 选择的变量应该是对费用起重大影响的一些参数。就构筑物的建造费用而言，其费用是由多方面的因素所决定的，因此在选择参数时，首先应将影响建造费用的主要因素一一列出，通过敏感性等分析，进而择其起决定作用的一些变量来建立费用模型。

3) 变量的选择应当便于计算、利于应用。显然，考虑的因素越多，即选择的变量越多，则由费用模型所确定的费用就越接近实际情况，适用范围也更大。但是，变量越多，模型越复杂，使设计优化工作增加了难度。因此费用模型的建立必须考虑到它的实用性，注意到模型形式的简单明了，计算方便。

(5) 费用模型的形式和常数值的确定：费用模型的建立，首先须选择模型的形式，最常用的模型形式式 (8-1)、式 (8-2) 为

$$C = aX_1^{\alpha 1} \cdot X_2^{\alpha 2} \cdot X_3^{\alpha 3} \tag{8-1}$$

或

$$C = a + bX_1^{\alpha 1} \cdot X_2^{\alpha 2} \cdot X_3^{\alpha 3} \tag{8-2}$$

式中变量 X_1、X_2、X_3 分别为各项设计参数值，变量的多少视经济目标或使用目的而定；a、b、α_1、α_2、α_3 为常数。

理论上，式 (8-1) 较为合理，即当变量 X_1、X_2、X_3 的任一项为零时，费用 $C = 0$。但根据较多的实际费用资料分析结果，费用与处理水量等主要设计参数值之间的关系更符

合于式（8-2）的模型形式。

上述各式中的常数值可以通过曲线拟合，或由最小二乘法、麦夸特算法等方法确定。

8.1.2 给水排水费用模型的开发和研究成果

近年来，国内外不少学者在给水排水费用模型的开发方面做了许多分析研究工作，择要介绍于后。

（1）给水排水管道敷设的费用模型：

1）给水管道费用模型：给水管道的埋设深度，主要是由土的冰冻情况、外部荷载和管材强度所决定。在一般条件下，埋深的变化较小，管道敷设的费用模型可以采用通用的表达式（8-3），即

$$C = a + bD^\alpha \tag{8-3}$$

式中　C——单位长度的铺设费用；

　　　D——管道直径；

a、b、α——常数。

大口径给水管道铺设的费用模型，也可采用 $C = bD^\alpha$ 的简化形式。

根据《全国市政工程投资估算指标》和 1998 年管材市场供应价格，由最小二乘法求得的费用模型为

承插铸铁管：$\qquad\qquad\qquad C = 0.221D^{1.375}$ $\qquad\qquad$ (8-4)

承插球墨铸铁管：$\qquad\qquad C = 0.545D^{1.222}$ $\qquad\qquad$ (8-5)

钢板卷管：$\qquad\qquad\qquad C = 0.623D^{1.196}$ $\qquad\qquad$ (8-6)

预应力钢筒混凝土管：$\qquad C = 0.167D^{1.381}$ $\qquad\qquad$ (8-7)

离心浇铸玻璃钢管（HOBAS 管）：$\quad C = 0.140D^{1.429}$ $\qquad\qquad$ (8-8)

上式中 C 的单位为元/m；D 的单位为 mm。铺管费用内已包括管件及闸门分摊的费用以及各项附加费率，但不包括施工便道和穿越障碍的费用。管道埋深按管道顶面覆土深度 1m 考虑。管材价格按钢管 4000 元/t、铸铁管 2900 元/t 计算，球墨铸铁管价格按管径分别为：$DN700 \sim DN900$，4600 元/t；$DN1000 \sim DN1200$，$5200 \sim 5300$ 元/t；$DN1400 \sim DN1800$，$6000 \sim 6500$ 元/t。

2）排水管道费用模型：排水管道的埋设费用受埋设深度和施工方式的影响很大，费用模型可有多种表达形式。最常见的表达式（8-9）是以管道直径 D 和埋设深度 H 为变量，即

$$C = aD^\alpha H^\beta \tag{8-9}$$

对于地下水位较高、土质较差的地区，不同埋设深度所采取的沟槽支撑形式和沟槽排水方式差别较大。因此，其费用模型需按埋设深度分几个档次确定；或分别按每种埋设深度采用 $C = aD^\alpha$ 的简化形式。例如，按照上海市排水管道估算指标、1997 年价格水平分析得出的非建成区开槽埋管费用模型为

槽底深度 3m 以内：$\qquad\qquad C = 2.14D^{0.93}$ $\qquad\qquad$ (8-10)

槽底深度 3.01~5.0m：$\qquad\quad C = 40.2D^{0.63}$ $\qquad\qquad$ (8-11)

槽底深度 5.01~7.0m：$\qquad\quad C = 3.57D^{0.99}$ $\qquad\qquad$ (8-12)

上式中 C 的单位为元/m；D 的单位为 mm。深度 5.01~7.0m 的费用模型限于管径

1000mm 以上的管道。

（2）饮用水净水费用模型：

1）美国 Robert L. Sanks 根据 30 余座给水厂的费用资料，通过绘制建设费用曲线，求得包括混凝、沉淀和过滤工艺的常规给水厂造价方程式（8-13）为

$$Y = AX^{0.71} \tag{8-13}$$

式中　Y——建造费用（10^6 美元）；

$\quad$ X——给水厂最大净水能力（万 m^3/d）；

$\quad$ A——费用常数，设计标准较高时为 1.88，中等标准时为 1.35，较低标准时为 1.00。

建设费用内未包括取水泵房、二级泵房和清水池的造价，在模型所依据的实际总建设费用中已将这些费用剔除。

2）美国 Robert M. Clark 和 Paul Dorsey 等归纳了美国环境保护局城市环境研究所饮用水研究部门对给水净水单元工艺费用资料的开发研究，得出饮用水净水工艺的建设费用和运行费用的费用模型如式（8-14）、式（8-15）为

$$OM = K_1 USRT_o^b PR^c PPI^d DHR^e NTG^f DSL^g UN^h i^{TDH} j^{MI} K^G \tag{8-14}$$

$$CC = K_2 USRT_c^l CCI^m UN^n o^{TDH} p^{MI} q^G \tag{8-15}$$

式中　　　　　OM——每年运行费用（美元/年）；

$\quad$ CC——每年分摊的建设费用，按折现率 8% 和 20 年偿还期计算（美元/年）；

$\quad USRT_o$——关于运行费的设计规模；

$\quad USRT_c$——关于建设费用的设计规模；

$\quad$ PR——电力单价 [美元/（kW·h）]；

$\quad$ PPI——劳动力价格指数除以 100；

$\quad$ DHR——直接以小时计算的工资率（美元/h）；

$\quad$ NTG——天然气价格（美元/m^3）；

$\quad$ DSL——内燃机燃料价格（美元/m^3）；

$\quad$ UN——工艺单元数；

$\quad TDH$——总动力水头（m）；

$\quad$ G——能量梯度（s^{-1}）；

$\quad MI$——距离（km）；

$\quad$ CCI——建设费用指数除以 100；

$K_1, K_2, b, c, d \cdots \cdots, p, q$——回归分析得出的常数。

3）上海市政工程设计研究总院根据《全国市政工程投资估算指标》第三分册第二篇给水厂站综合指标和上海市 1997 年人工和材料价格计算得出的给水取水和净水工程的造价公式（8-16）~式（8-19）为

地面水简单取水工程：$\qquad C = 189Q^{0.76} \tag{8-16}$

地面水复杂取水工程：$\qquad C = 305Q^{0.79} \tag{8-17}$

地面水沉淀净化工程：$\qquad C = 664Q^{0.80} \tag{8-18}$

地面水过滤净化工程：$\qquad C = 1030Q^{0.84} \tag{8-19}$

上式中 C 为工程总造价（万元），但不包括土地使用费（或征地费）、拆迁补偿费、涨价预备费和建设期贷款利息；Q 为设计最高日供水量（万 m^3/d）。

（3）污水处理系统费用模型：

1）日本龟田大武和明石哲也在《污水处理厂概算费用的调查》一文中，根据日本下水道事业团的实施设计实例进行了污水处理建设费用的分析，掌握了污水处理厂建设概算费用的计算方法。所采用的费用模型，除部分电气、仪表设备费用外，均应用式（8-20）为

$$C = aQ^b \tag{8-20}$$

式中　C——包括各项费率的基本工程综合费用（10^6 日元）；

　　　Q——最高日处理水量（万 m^3/d）；

　　　a、b——常用系数，a、b 的计算结果汇总于表 8-1。

基本工程费用的参数　　　　　　　　　　　　　　表 8-1

设 施 名 称		a	b
沉砂池、泵房	机	5.30	0.9
初次沉淀池	土	4.56	0.964
	机	7.31	0.855
曝气池	土	9.46	0.964
	机	6.14	0.359
最后沉淀池	土	7.03	0.916
	机	13.5	0.785
氯混合池	土	2.86	0.729
	机	1.00	0.964
水处理管廊	土	10.9	0.422
	机	1.32	0.737
鼓风机	机	22.0	0.60
合　计	土	29.5	0.893
	机	45.7	0.813
	合计	76.7	0.846

（水处理设施）

全部费用：
（土木）$C=39.6Q^{0.915}$
（机械）$C=103Q^{0.783}$
（土木+机械+建筑+电气）$C+334Q^{0.727}$

设 施 名 称		a	b
浓缩池	土	1.26	0.90
	机	0.88	0.90
消化池	土	6.01	0.967
	机	2.06	0.967
洗净池	土	1.21	0.90
	机	2.09	0.90
贮存池	土	0.72	0.70
	机	0.50	0.70
气罐	土	1.0	0.90
	机	1.89	0.90
脱水机　真空		15.5	0.748
加压		32.7	0.748
离心		11.0	0.748
污水管廊	土	5.13	0.60
	机	1.07	0.60
焚烧炉	机	51	0.63
合　计	土	14.3	0.886
	机	60	0.750
	合计	61.8	0.820

（污泥处理设施）

设 施 名 称	a	b
管理楼	62.3	0.442
沉砂池、泵房	55.9	0.442
鼓风机房	19.7	0.424
污泥处理房	17.3	0.598
合　计	159	0.455

（建筑设施）

设 施 名 称		a	b
接电变电	超高压	0.41Q+21	
	高压	0.41Q+115	
自行发电		9.6	0.65
控制操作		48.7	0.32
运转操作（水）		1.45Q+140	
运转操作（污泥）		22	0.62
测量仪表（水）		0.58Q+75	
测量仪表（污泥）		0.58Q+52	
共同设备		0.57Q+7	
合　计		140	0.533

（电气设备）

注：$C=aQ^b$，式中 C 为基本工程费用（10^6 日元）；Q 为日最大处理水量（万 m^3/d）；污泥处理合计及全部费用按采用真空脱水的费用计算。

调查认为，处理厂的系数 b 值总是在 $0.71\sim0.77$ 之间。如果按照规模来估算单位处理水量费用的相对比值，设以最高日处理水量 2 万 m^3/d 的单位处理水量平均费用为 1，则 5 万、10 万、20 万、30 万 m^3/d 时，其系数各为 0.78、0.64、0.53、0.48。

2）美国 Robert Smith 对城镇污水处理厂的处理费用分析，得出城镇污水处理厂的规模与建造费和运行费的关系，分别如图 8-1、图 8-2 所示。污水处理厂的建造费可用下列费用模型进行估计：

① 活性污泥法污水处理：

$$C = \frac{KQ^m (S_o/S_e)^n}{R^p} \tag{8-21}$$

②曝气氧化塘污水处理：

$$C = KQ^m (S_o/S_e)^n \tag{8-22}$$

式中　　　C——总建设费用（10^6 美元）；

　　　　　Q——污水流量〔Mgal（兆加仑）/d〕；

　　　　　S_o——入流污水的生化需氧量（mg/L）；

　　　　　S_e——处理后排放水的生化需氧量（mg/L）；

p、K、m、n——常数；

　　　　　R——基质去除率。

Smith 得出的一级处理、二级处理和洒滴滤池的系数 m 值分别为 0.67、0.69 和 0.69。

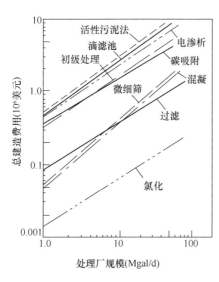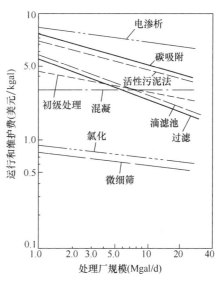

图 8-1　处理厂规模与建造费的关系　　图 8-2　处理厂规模与运行和维护费的关系

3）Arthur G. Frass 和 Vincent G. Munleg 对城市污水厂常规污染物控制费用的分析：他们用经验方法估算了处理厂功能和污水流量对基建投资、设备运行和维修费用的影响。所采用的费用方程式（8-23）为

$$C = KQ^{\beta} I^{\alpha} E^{\gamma} U^{\sigma} \tag{8-23}$$

式中　　　C——污水处理费用；

　　　　　Q——污水流量；

　　　I、E——分别为进水和出水污染物浓度；

　　　　　U——平均容量利用指数；

K、α、β、γ、σ——参数。

由式（8-23）对去除物量（R）微分，导出每去除一磅污染物所需的费用，即边际处理费用 MC 为

$$MC = \frac{\partial C}{\partial R} = \frac{\partial C}{\partial E} \frac{\partial E}{\partial R} = 0.000329 \gamma K Q^{\beta-1} I^{\alpha} E^{\gamma-1} U^{\sigma} \tag{8-24}$$

Fraas 和 Munleg 以美国环保局所研究的数据为基础，计算基建投资和运行维护费时，分别选用了 62 个和 178 个公共污水处理厂的资料，用最小二乘法求出的式（8-23）中的参数估值，如表 8-2 所列。

投资和运行维护费用的参数估值　　　　　　　　　　表 8-2

	投资参数	运行维护费参数
常 数（K）	11.29	10.17
流量指数（β）	0.89	0.79
进水浓度指数（α）	0.24	0.24
出水浓度指数（γ）	−0.16	−0.07
容量利用指数（σ）	−0.03	−0.46

4）Yakir Hasit，P. Aarne Vesilind 分析得出的污泥处理费用模型：这是利用统计解析法计算程序，通过线性回归得出各种污泥处理方法的费用模型汇列于表 8-3。建造费用已换算为等额年成本，回收期按 20 年计，折现率为 7%，均已调整到 1978 年价格水平。

污泥处理费用模型　　　　　　　　　　表 8-3

污泥处理方式	污泥处理费用模型	
	建筑费用（美元/a）	运行费用（美元/a）
重力浓缩池	$8435 + 69.8A_t$	$3507 + 131W$
浮选浓缩池	$26318 + 92.4A_t$	$3849 + 2223W$
嫌气性消化池	$1427 + 17.7V_d$	$25054 + 1102W$
好气性消化池	$89880 + 8.2V_d$	$52172 + 5434W$
干化床	$-1579 + 6.8A_{sb}$	$18779 + 1524W$
离心浓缩	$36916 + 67.6Q_c$	$56755 + 8437W$
真空脱水机	$20382 + 871.5A_f$	$92876 + 9558W$
加压脱水	$63816 + 222.7A_f$	$122706 + 13887W$
干化塘	$C_{11}A_{laq}$	$365C_{12}W$
多段焚烧炉	$179927 + 5352W$	$15624W_{20}$ 或 $365\sum\limits_{m} C_{in}W_m$

注：A_t 为浓缩池表面积（m²）；V_d 为消化池容积（m³）；A_{sb} 为干化床的砂床面积（m²）；Q_c 为离心浓缩机的入流量（m³/d）；A_f 为过滤面积（m²）；C_{11} 为土地购置和准备费，折现为现值［美元/（hm²・年）］；C_{12} 为每吨干污泥的运行费（美元/t）；A_{laq} 为干化塘面积（hm²）；W 为干固体重量（t/d）；W_{20} 为污泥浓度 20% 的干重（t/d）；C_{in} 为 m 种污泥的运行费（美元/t）；W_m 为 m 种污泥的干重（t/d）；$\sum\limits_{m} W_m = W$（燃烧温度 760℃）。

5）国内研究污水处理费用模型成果：国内在过去较长的一段时间内，由于污水处理费用的实际资料甚少。因此费用模型的建立较为困难。近几年来，随着城市污水治理工作的迅速发展，对费用模型的研究也日趋重视。20 世纪 80 年代初，傅国伟、程声通、段宁等率先就废水处理优化设计中经济目标函数的建立方法进行了探讨，继后，在北京市东南郊水污染控制的系统分析、黑龙江省松花江沿岸有机污染允排量的确定等项研究中得到了开发和应用。上海市环保局在苏州河污染综合防治规划研究中，对城市污水处理和工业废水处理设施的建设和运行费用进行了大量调查分析工作，建立了城市污水厂和印染、造纸、电镀、皮革等类工业废水处理的费用模型。其中城市污水厂费用模型系选定较为普遍的初次沉淀池、鼓风曝气、二次沉淀池作为典型的工艺流程，污泥则经消化处理和机械脱水。数据的收集采用统计归纳、参数分析和典型设计三者相结合。效率的组合采用两种方法：

第一种是以不同比例的一级处理水量和二级处理水量进行组合,得出处理效率在 30%～85% 之间的污水厂建设费用模型为

$$C = 1.03Q^{0.7878} + 3.29Q^{0.7878}\eta^{1.234} \tag{8-25}$$

式中　C——工程建设总费用(万元);

　　　Q——污水处理厂规模(万 m^3/d)

　　　η——BOD_5 去除率(%)。

第二种组合是一部分污水不经处理,另一部分污水经二级处理,然后全部经消毒后排放,得出处理效率在 0 至 85% 的费用模型为

$$C = 0.89Q^{0.7861} + 3.5Q^{0.7861}\eta^{1.35} \tag{8-26}$$

研究得出的二级处理厂运行费用为:

$$C_o = 56.158Q^{0.8015} \tag{8-27}$$

式中　C_o——年运行费用(万元);

　　　Q——污水流量规模(万 m^3/d)。

以上费用模型均以上海市 1984 年材料预算价格为计算基准。

上海市政工程设计研究总院根据《全国市政工程投资估算指标》第四分册第二篇污水处理厂综合指标和上海市 1997 年人工和材料价格计算得出的污水处理厂总造价公式为

一级污水处理厂:

$$C = 1780Q^{0.80} \tag{8-28}$$

二级污水处理厂(污泥浓缩干化):

$$C = 2600Q^{0.79} \tag{8-29}$$

二级污水处理厂(污泥消化脱水):

$$C = 3500Q^{0.78} \tag{8-30}$$

上式中 C 为污水处理厂总造价(万元),但不包括征地拆迁费、涨价预备费和建设期贷款利息;Q 为设计平均日污水量(万 m^3/d)。

综合国内外污水处理费用模型通式 $C = aQ^\beta$ 中的 β 值,示于表 8-4。可知 β 值通常是在 0.7～0.9 之间,主要与机械化和自控程度有关。这是因为土建工程的 β 值较高,约在 0.9;机械设备次之,约为 0.75;电气设备更低,仅为 0.5～0.6。国内城市污水处理厂的建设费用中,在 70、80 年代,建筑安装工程费用比例较高,约占 75%～80%,设备购置费用仅占 20%～25%,90 年代随着机械化和自动化控制水平的提高,设备购置费用的比例已提高到工程费用的 1/3 左右。而在西方国家污水厂的费用构成中,土建工程仅占 25%～30%,机械和电气设备费用却高达 60% 左右。因此,国内污水处理厂全部建设费用的 β 值较西方国家的高,大致为 0.80。

国内外研究的模型参数 β 值　　　　　　　　　　　　表 8-4

资料来源	β 值	资料来源	β 值
上海市政工程设计研究总院(20 世纪 80 年代)	0.90	Fraas 和 Munleg	0.89
上海市政工程设计研究总院(20 世纪 90 年代)	0.80	威拉米特河(美)	0.771
上海市环境保护局	0.788	流总指南(日本)	0.718
龟田大武、明石哲也	0.727	土研(日本)	0.772
Smith(一级处理)	0.67	琵琶湖调查	0.742
Smith(二级处理)	0.69		

8.1.3 费用模型的应用

按不同要求建立的费用模型，可应用于各个不同情况。工程经济中制定的模型，通常应用于以下方面：

1）概估工程造价：简明的费用模型可用于确定建设投资计划、工程规划和可行性研究阶段的工程投资估算。当概估工程造价要求有较高的正确性时，可根据工程所在地的具体条件和工程特点，对材料差价、运行参数、土地费用、地基处理、各项费率等方面进行修正。

2）用于设计方案的经济比较：在给水排水系统的厂站规划和设计前期工作中，通常都要进行多方案的经济比较，采用费用模型不仅计算简捷，而且可避免某种主观倾向性，较能真实反映客观事物的规律性。

3）检验设计经济指标，掌握设计工作中的经济动向：通过概、估算的编制，得出具体工程设计的造价后，可与常规的规模造价进行对比，从而发现与一般的造价规律有否明显的偏离现象。如果偏离较大，则应分析其原因，找出使造价过高或过低的因素，以便对设计中不合理的方面采取必要的改造，并作为今后设计的借鉴。

4）掌握设计经济规律，为优化设计创造条件：各项主要设计参数对工程造价的影响，随着费用函数的建立，可以进一步提高到规律化来认识。费用模型是优化设计和系统规划研究工作的基础。例如，在一定的进出水水量、水质条件下，可由图 8-1 和图 8-2 所示的各种不同处理方法的经济特性中寻求总费用最省的处理工艺；又如当确定处理厂的规模时，由去除效率与费用的关系曲线和处理效率的经济效应曲线（参见图 8-3、图 8-4）中可以看出，随着处理效率的增高，处理单位污染物的污水处理费用，即相应于图 8-4 中各曲线段的斜率将迅速增长（$t_3 > t_2 > t_1$）。因此，在进行区域性的污水处理系统规划时，应从全局出发，根据处理效率的经济效应和水体的自净能力，确定合理的处理程度，既使其满足水体的水质要求，又使其系统的总费用为最低。

由于费用模型不仅便于综合考虑系统的建设费用和运行费用，而且能更科学地反映系统的经济性态，所以费用模型在系统优化设计中得到了极广泛的应用。

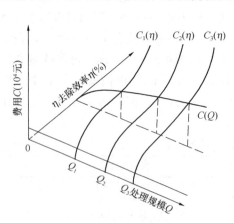

图 8-3 污水处理费用与规模和效率的关系曲线

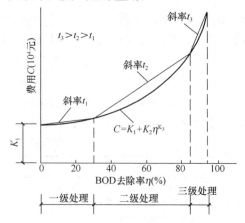

图 8-4 污水处理效率的经济性

8.2 设计方案的技术经济比较

8.2.1 设计方案比较的原则和步骤

1. 方案比较的可比条件

为了全面、正确地反映方案比较的相对经济性，必须使各方案具有共同的比较基础，可比性应包括以下四个方面：

(1) 满足项目要求和目标上的可比。

(2) 消耗费用上的可比。

(3) 计算指标上的可比。

(4) 时间上的可比。

几种方案的比较，首先必须达到同样的目的，满足相同的需要，否则就不能互相替代、互相比较。给水净水厂不同方案的比较，必须使各方案在供水水量、水质、水压等主要要求上是同一标准。若有不同，在技术经济比较中要作相应的校正。

就消耗费用和计算指标而言，各个方案采用的计算原则和方法应该统一；所采用的一系列货币指标和实物指标，其含义和范围应该相同、可比；计算投资费用所采用的定额、价格和费率标准也应一致。

各个方案的消耗费用，应从综合的观点或系统的观点出发，考虑其全部消耗，即：既包括方案本身方面的消耗费用，同时包括与方案密切相关的其他方面的消耗费用。当然，计算有关方面的消耗费用是有限度的，主要是计及密切相关的方面，对于间接的影响不能无限地扩展下去。

时间的可比对不同方案的经济比较具有重要意义。各种方案由于技术、经济等条件的限制，在投入人力、物力、财力和发挥效益的时间方面往往有所差别。工程项目建设工期的长短、投资的时间、达到设计能力的时间、服务年限等的不同，方案的经济效果也就不同。所以，方案比较时，必须考察其实现过程中的时间因素。

2. 方案比较的评价标准和指标

城市给水排水是城市的公用事业，涉及面广。因此，方案比选的评价标准应是多方面的，包括政治、社会、技术、经济和环境生态等各个方面。

工程设计首先应从国民经济整体效益出发，符合党和国家的建设方针，符合城市和工业区的总体建设规划；第二，在技术上应满足工程目标，安全可靠，管理方便，运转成本低，环境效益好；第三，充分利用当地的地形、地质等自然条件，合理使用水资源和水体的自净能力，节约用地，节省劳动力和工程造价。

方案比较的技术经济指标，应能全面反映方案的特征，以便从不同角度去分析对比，使评价趋于完善。技术经济指标可分两大类：技术指标和经济指标。技术指标不仅是工程设计和生产运行管理的重要技术条件，也是经济指标的计算基础。因此，选择技术指标和参数时，应同时考虑技术先进和经济合理的原则。

经济指标包括主要指标（即综合指标）和辅助指标两个部分。综合指标一般是综合反映投资效果的指标，如工程建设投资指标和年经营费用指标。投资指标以货币形式概括工程建设期间的全部劳动消耗，具有综合性和可比性。年经营费用指标表明工程投产后长期的生产成本或运行费用，综合地反映工程的技术水平、工艺完善程度和投资收益情况。这些指标对方案的评价和选择具有决定意义。辅助指标是从不同角度补充说明投资的经济效果，从而更充分、更全面地论证主要指标。辅助指标包括劳动力消耗、占用土地、主要材料消耗、主要动力设备以及建设期限等，可根据工程的具体条件选择采用。

此外，为了分析、考察各方案的财务状况和给国民经济带来的效益，还应计算比较有关的经济评价指标。一般方案比较采用的经济评价指标有净现值、净现值率、内部收益率、年成本、投资回收期等。这些指标的定义、评价标准和计算公式在第5章已作了详细介绍。

3. 方案比较的基本步骤

（1）明确比选对象和范围：按照预期的目标，确定比选的具体对象和范围。比选对象可以是一个系统，也可以是一个局部系统或一个枢纽工程，在必要的情况下，也可以是一项关键性的单项构筑物。

（2）确定比选准则：根据预期目标和比选对象提出比选的评价准则，这是一项十分重要的工作，因为方案的选择在很大程度上取决于此。比选准则不宜提得过多，以免使决策者无所适从。

（3）建立各种可能的技术方案：制订方案，既不应把实际可能的方案遗漏，也不应把实际上不存在或不可能实现的方案作为陪衬，而使方案比较流于形式。

（4）计算各方案的技术经济指标：根据工程项目的特点和要求，计算各方案的有关技术经济指标，以作为进一步分析对比和综合评价的基础。

（5）分析方案在技术经济方面的优缺点：必须全面、客观地分析各方案的优缺点、利弊关系及其影响因素，避免主观地、片面地强调某些优点或缺点。对优缺点的分析应实事求是、细致具体。

（6）进行财务上的比较和论证：对各方案进行财务上的比较是方案比较中极其重要的一步，常用的比较方法参照第5章。

（7）通过对各方案的综合评价，提出优选推荐方案：在上述优缺点分析、技术经济指标计算、财务分析等工作的基础上，结合方案比较评价标准，作出综合评定与决策，以确定最佳方案。

8.2.2 方案比选的综合评价方法

方案比选的综合评价旨在对每个方案进行全面审查，判别方案综合效果的好坏，并在多方案中选择综合效果最佳的方案。如前所述，综合评价一般应包括政治、国防（安全）、社会、技术、经济、环境生态、自然资源等各个方面。对于不同方案可根据具体情况和要求确定评价的主要方面。

在给水排水工程方案比选中，需考虑的主要非数量化社会效益的分析内容，一般包括以下各项：

（1）节约及合理利用国家资源（土地、水资源等）。

（2）节约能源。

（3）节约水泥、钢材和木材。

（4）节约劳动力或提供劳动就业的机会。

（5）原有设备的利用程度。

（6）管理运行的方便程度和安全程度。

（7）保证水源水质的卫生防护条件。

（8）对提高人民健康水平的影响。

（9）对环境保护和生态平衡的影响。

（10）对发展地区经济或部门经济的影响。

（11）对远景发展的影响。

（12）技术上的成熟可靠程度及对提高技术水平的影响。

（13）对水利、航运、防洪等方面的影响。

（14）对便于上马及缩短建设期限的影响。

（15）公众可接受的程度。

（16）遭受损失的风险。

（17）适应变化的灵活性。

非数量化社会效益的比选项目，应根据工程特点及具体条件确定，一般不宜过多，否则使人无所适从。

目前，国内外进行方案比选综合评价的方法日益增多，这里仅就近年来在工程设计实践中采用的一些方法择要介绍。

1. 主观判断法

主观判断法（即优缺点比较法）是常用的一种比选方法，即对各候选方案对照事前选定的比选准则（或因素），作出概要评价，分别论述其优缺点，然后根据主观判断，排除一些缺点较多的方案，提出第一或第二推荐方案。此法评议者有较大的选择自由度，容易符合一般概念，但科学性较差，往往由于各评议者所处地位和着眼点的不同，容易强调各自侧重的方面，甚至各执己见而难以集中统一。

S市污水治理工程战略研究阶段方案论证时，采用此法作示例叙述如下：

【例 8-1】 S市合流污水治理工程，在战略研究阶段共提出 7 个方案，根据工程性质和特点确定了八项评价准则，表 8-5 表示所有方案对于各个准则的概要评价。所有方案各具长处和短处，若以经济条件作基准，方案 1 明显优于其他方案。方案 1 同其他方案一样，最能达到 HP 江的水质目标，这是一个重要因素。此外，它对 YZ 江的实际不利影响很小，对天然浴场可能有不利影响，但该区已划为港区，因此可不作为一个重要的问题来考虑。在一般的舒适和环境因素意义上，它至少同其他方案一样地好。基于方案 1 在经济方面突出的优点及其工程场地条件优于其他方案，因此应作为优选方案采用。

所有方案对各个基准的概要评价　　　　表 8-5

评价基准	方案 1	方案 2	方案 3	方案 4	方案 5	方案 6	方案 7
（1）水质目标							
1）HP 江	市区江段达到目标					不能达到目标	
2）YZ 江	初期稀释区以外，可以达到目标					达到目标	
（2）工程可行性	无明显问题	不能肯定	可疑	可疑	无明显问题	可行性无问题	

续表

评价基准	方案1	方案2	方案3	方案4	方案5	方案6	方案7
（3）全部费用（亿元）	14.08	16.39	16.84	17.58	16.74	22.77	22.94
（4）使用土地与规划的矛盾	与港区的矛盾可以克服	无	同方案3	同方案1和6		处理厂的地点问题	
（5）水道改善迟早	没有明显差别						
（6）环境影响 1）水生系统							
①HP江	改善可能性最大				支流不佳	稍有影响	
②YZ江	约1km直径的混合区范围内低于二级水质标准其他符合要求					实际改善最大	
2）健康	对饮水的好处很大，对游泳有些问题				中等	对供水可能有严重影响	
3）空气污染	市区良好，YZ江可能有影响					处理和污染产生气味	
4）噪声	没有明显差别						
5）可见度	YZ江可能有小影响					无问题	
6）经济活动	没有明显差别						
7）娱乐	对游泳有影响	没有显著差别					
（7）灵活性	没有显著差别						
（8）工程分期	需有外排口，但截流管可以分期建造					容易分期	

2. 多目标权重评分法

多目标权重评分法是多目标决策方法之一。多目标决策方法的实质就是对每个评价标准用评分或百分比所得到的数值，进行相加、相乘、相除，或用最小二乘法以求得综合的单目标数值，然后根据这个数值的大小作为评价依据。其具体的工作程序如下：

（1）首先确定论证目标，然后把目标分解为若干比选准则。

（2）对各项准则按其重要程度进行级差量化（加权）处理：级差量化处理的方法较多，一般按判别准则的相对重要性分为五等，加权数按 2^{n+1} 或 $1 \sim n$ 的次序列出，见表8-6。

按重要程度的权数分等 表 8-6

重要程度		极重要	很重要	重要	应考虑	意义不大
加权数	2^{n+1}	16	8	4	2	1
	$1 \sim n$	5	4	3	2	1

Norman N. Barish 和 Seymour Kaplan 两人介绍的确定重要性值的另一方法是：

1）按每项比选准则的相对重要程度由大而小依次排列，初步评价各项准则的相对重要性值。对最重要的准则定其重要性值为100，然后按其他目标与最重要目标的相对关系，估计其下降的重要性值；

2）将第一位的最重要的准则，与列在一起的其他各项准则加在一起进行比较。考虑它是否比所有其他准则加在一起更为重要。或同等重要、或较不重要；

3) 如果确认第一位准则的重要性比其他各项准则加在一起更为重要（或同等重要），则要看其重要性值是否比其他各项准则的重要性值之和更大些（或相等）？如果不是这样，则应调整第一位准则的重要性值，使之超过（或等于）其他准则的重要性值之和；

4) 如果认为第一位准则的重要性低于其他各项准则加在一起的重要性，则同样检验其重要性值是否符合这一情况，否则就应降低第一位准则的重要性值，以使其小于其他准则重要性值之和；

5) 在第一位准则考虑确定以后，则对次重要准则进行同样的处理，即对次重要准则（即其重要性居第二位的准则）与其以下各项准则的重要性值加在一起进行比较，是更为重要或同等重要或较不重要。然后重复③、④步骤，调整次最重要准则的重要性值。

6) 重复以上步骤，直至倒数第三位准则与倒数第一、二位重要性值最低的准则比较调整完为止。

在完成上述步骤后，还应对所有的比较进行再检查，以保证后来的调整不推翻原有的关系。必要时部分的步骤可以重复。

7) 将最后调整好的重要性值加总、分别去除每项目标的重要性值，再乘以 100，即得每一项准则的最终重要性值。各项准则的最终重要性值之和应为 100。

例如，某污水治理工程，比选准则定为 4 项，按其重要性排列顺序如下：处理效率；处理成本；污水量变化适应性和运行管理方便程度。假设确定：

①处理效率的重要性比后两者加在一起重要，但不如后三者加在一起重要。

②处理成本比污水量变化适应性和运行管理方便两项加在一起更重要。在初步估计重要性值后，按照上述确定的原则，经过三次修正，最后得出各项准则的调整重要性值，见表 8-7。

准则的重要性值修正 表 8-7

评价准则	初 步 重要性值	修 正 重 要 性 值				调 整 重要性值
		1	2	3	4	
处理效率	100	125	125	150		48
处理成本	60	60	85	85		28
对于污水量变化的适应性	50	50	50	50		16
运行管理的方便程度	25	25	25	25		8

（3）对各个方案逐项剖析，评价每一方案是否有效地满足这些准则：每个方案对各自的准则有其效果值。为提高评价效果值的精确性和可靠性，可以首先认真建立若干基准点，以便为判断每一准则的效果值提供逻辑的和统一的基准。效果值可按百分制或 5 分制评分。表 8-8 为一般采用的评分法之一。

按符合准则程度评分 表 8-8

完善程度	完美	很好	可能通过	勉强	很差	不相干
评分	5	4	3	2	1	0

（4）加权计分，得分最高为推荐方案：权重评分法的优点是全部比选都采用定量计

算，可在一定程度上避免主观判断法的主观臆断性。但是，比选准则权重的确定和各方案分数的评定，是能否得出正确抉择的关键性步骤。目前，有的是采取召开专家会议集体分析研讨、各自评分的方式；也有是采取背靠背地征询意见、多次反馈的特尔斐（Delphi）法。请专家评分的方法，缺点是工作比较复杂；比较结果也有可能不符合常规概念；方案一经评定后决策者很难有回旋余地。因此，国外也有不少人反对采用多目标评分法。下面试举二例说明本方法的具体应用。

【例 8-2】 某城市给水总体规划可行性研究，在规划水量和供水压力同一目标前提下，根据新、老各给水厂的可能条件，拟定了四个候选方案。各方案的主要技术经济指标，列于表 8-9。根据该工程特点按经济性、适应性、工程实施和运行管理四个方面采用以下评价准则，列于表 8-10。

（1）经济性方面：

1）1-1 工程投资。

2）1-2 投资现值。

3）1-3 费用总现值。

4）1-4 能源消耗。

各方案主要技术经济指标 表 8-9

项 目	单位	规划方案			
		（一）	（二）	（三）	（四）
工程投资	万元	15110	15820	14680	16800
其中：一期	万元	12150	11140	8830	8680
二期	万元	2960	4680	5850	8120
常年电费					
一期	万元/年	472	482	531	531
二期	万元/年	662	628	653	628
投资现值	万元	13345	13602	12253	13679
20a 供水的电费现值	万元	7506	7385	7911	7765
费用总现值	万元	20851	20987	20164	21444

注：1. 二期工程自第 5 年开始建设；

2. 设定的折现率为 60%；价格调整系统为 3%。费用总现值为投资现值与 20a 电费现值之和。

（2）适应性方面：

1）2-1 对工业布局变化的适应性。

2）2-2 对用水增长的适应性。

（3）工程实施方面：

1）3-1 施工工期和施工难度。

2）3-2 分期实施的可能性。

（4）运行管理方面：

1）4-1 污泥的排放。

2）4-2 日常管理和维修。

各方案评分矩阵评价 表 8-10

评价项目	基准权数	(一)		(二)		(三)		(四)	
		评价	得分	评价	得分	评价	得分	评价	得分
1-1 工程投资	2	5	10	4	8	5	10	3	6
1-2 投资现值	8	3	24	2	16	5	40	2	16
1-3 费用总现值	4	4	16	4	16	5	20	3	12
1-4 能源消耗	8	5	40	5	40	3	24	4	32
2-1 对工业布局变化的适应性	4	5	20	4	16	2	8	4	16
2-2 对用水增长的适应性	8	5	40	4	32	3	24	4	32
3-1 施工工期和难度	4	4	16	4	16	5	20	4	16
3-2 分期实施可能性	2	3	6	3	6	5	10	4	8
4-1 污泥的排放	4	5	20	4	16	3	12	4	16
4-2 日常管理和维修	2	5	10	4	8	4	8	4	8
总 得 分			202		174		176		162

按上述准则在工程规划中的重要程度划分为"很重要"、"重要"和"应考虑"三个等级。列为很重要的有 1-2、1-4、2-2 三条,这是首要考虑的方面;其次是"重要"准则,计有 1-3、2-1、3-1、4-1 四条;余下的 1-1、3-2、4-2 为"应考虑"。权数按 2^{n-1} 进级,分别为:"最重要"级 8;"重要"级 4;"应考虑"级 2。然后,按各方案在评价准则中满足期望的程度或效益的大小进行五级评分,列出各方案评分矩阵评价见表 8-10。由评分结果可以看出:第一方案得分最高,为最优方案;其次是第三方案;第二方案稍次于第三方案,居第三位。

【例 8-3】 S 市污水外排工程排放口的选址论证,根据确定的选址原则提出了 5 个排放口位置方案。由三十余位各部门的有关专家组成专家论证组,统筹考虑了该工程对各方面的影响因素,拟定了河床稳定性及水深等八项评价准则,并按其重要性定出各准则的权数(各准则按百分比分配,总分满分为 100 分)。各专家从各自不同的角度和专业领域,综合考虑和分析研究各方案对于准则的适应情况。分别进行评分。然后,集中各位专家的评分结果,逐项计算出算术平均值汇列于表 8-11。综合各项因素,以方案 B 评分最高,赞成此方案的专家人数也最多,故为优选方案。总分居第二位的是方案 E、赞成该方案的专家人数也较多,可作为今后二期排放口的备选方案。

外排口选址方案评分结果 表 8-11

评价准则	百分比分配	各方案评分结果(平均值)				
		A	B	C	D	E
(1) 河床稳定性及水深	20	10.13	13.73	12.67	11.47	8.83
(2) 污水回荡对 HP 江影响	10	2.87	6.53	7.87	8.4	9.53
(3) 对港区建设和布局规划的影响	15	6.6	9.6	5.48	8.04	14.14
(4) 工程投资	20	19.6	13.87	9.2	7.14	3.6
(5) 排水口地区备用地情况	5	1.5	2.59	2.03	3.14	4.3

续表

评 价 准 则	百分比分配	各方案评分结果（平均值）				
		A	B	C	D	E
(6) 对某县取水口的影响	5	3.93	3.21	1.24	0.62	3.62
(7) 航道影响	15	4.5	10.2	5.9	8.28	10.76
(8) 施工难度（包括维修管理）	10	5.67	6.69	5.13	5.8	5.59
评价总分	100	55.45	66.93	48.79	52.42	61.5
赞成人数	32	7	14	2	2	7

注：赞成人次系取各位专家对五个比较地段评分中最高分统计。

3. 序数评价法

序数评价法的创议者 J.C. Holmes 认为，用算术运算来研究"不可计量"的评价准则是不恰当的。譬如，给水工程的供水水质评价准则，无可争辩地要比其他准则重要，但要说这一准则比其他准则重要 2 倍、3 倍或许多倍，这就误把比喻当作了真实，是对客观现象滥用了数字。因此 J.C. Holmes 不赞成以具体准则进行数字的描述，而主张采用"比……重要"、"次要于……"、"与之同等重要"的表达方式，通过序列矩阵来进行方案的评价和比选。序数所采用的字码只是表示所要的选择顺序，并不代表计算。

序数评价法的具体步骤是：

（1）列出该工程项目所需考虑的所有评价准则，然后确定各项评价准则的重要性等级。也就是把各项评价准则按重要性从最大到最小的顺序，依次排列，当两档评价准则之间在重要性方面发现明显差异时，可在两档之间划一道线，该线以上准则的重要性就比下面的准则高一等级。评价准则的分类是评价工作中最费力的工作，通常通过反馈法来调整，可能需要重要排列多次，以使分歧观点逐步取得一致，直至最后被认可。

（2）是对方案的具体评定。即对需要进行评价和比较的方案按照每项准则进行评估，确定比选方案中哪个方案最优、次优、同为第二或第三等等。评估是通过相互间的相对比较来确定，并没有用以衡量的绝对尺度。

评价准则按其重要性的依次排列以及候选方案对照准则的顺序，排列组成一个表示相对关系的矩阵。从矩阵中得出各种候选方案相对位置的得数，决标方案应是在最重要准则中居首位最多的方案，如果两个或两个以上的竞争方案在最重要的准则上居第一位的数目相同，也就是"第一相等"，那么就取决于次重要准则上的得数或第二位置上的得数。J.C. Holmes 特别强调，在序数法中任何数量的低位置，不能超过或相等于一个高位置。这就好像在奥林匹克运动会中，任何数量的银牌不能高于或等于一块金牌。只有当重要性较高等级的准则不能作出决定时，较低等级的准则才能对决定起影响。

（3）费用比较。序数法创议者是把准则比较与费用比较隔离起来进行的。准则比较主要着眼于需要获得的目的或目标；而经济比较则是表明达到这种目的所需花费的经济代价。假设某项工程有四个设计方案，采用序数法的优选结果依次是 A、B、C、D，而投资费用比较的结果与上述结果恰恰相反，最经济方案依次是 D、C、B、A。D 方案是最经济的，但从其他各方面情况看，却是令人最不满意的，显然不可能很好地达到预期的要求，坚持用最经济的方案就可能是对财力、人力和时间上的浪费；如果选用 A 方案，那么 A方案与 D 方案的费用差，就代表了由较好的方案所达到目的的价值。考虑到国内的经济制度和已往进行方案比较的习惯做法，以及城市公用设施项目的特点，准则比较和经济比较不宜完全隔离开来。因为评价准则中通常亦包含有经济方面的因素，诸如占用土、节能、钢材和木材使用量等评价准则，都具有费用的含意。所以，目的或目标上的考虑与经济上的考虑还是以结合起来统一评价为好。

序数评价法可有多种不同的应用方法。现举下例是工程目标准则和经济效益综合比较的实例之一。

【例 8-4】 工程情况同 [例 8-2]，采用序数评价法进行比较。

首先是按评价准则的相对重要性分列为Ⅰ等重要、Ⅱ等重要和Ⅲ等重要三类；然后，根据各备选方案的特点，对照准则，按顺序依次排列，构成序列矩阵，见表 8-12。由相对次序的得数看出，第一方案居第一位置的得数为 2，居第二位置的得数也是 2，领先于其他方案，故为优选方案。其后的排列次序是：第三方案、第二方案、第四方案。与 [例 8-2] 的评价结果一致。

序数评价法（非聚合式矩阵） 表 8-12

基准等级	评价项目	相对序号				
		1	2	3	4	5
Ⅰ	1-2 投资现值	（三）	—	（一）	（二）/（四）	
	1-4 能源消耗	（一）/（二）	（四）	（二）		
	2-2 对用水增长的适应性	（一）	（二）/（四）	（三）		
Ⅱ	1-3 费用总现值		（三）	（一）/（二）	（四）	—
	2-1 工业布局变化的适应性		（一）	（二）/（四）	—	（三）
	3-1 施工工期和难度		（三）	（一）/（二）/（四）	—	
	4-1 污泥的排放		（一）	（二）/（四）	（三）	
Ⅲ	1-1 工程投资			（一）/（三）	（二）	（四）
	3-2 分期实施可能性			（三）	（四）	（一）/（二）
	4-2 日常管理和维修			（一）	（二）/（三）/（四）	—
	相对次序得数					
	第（一）方案	2	2	5	0	1
	第（二）方案	1	1	4	3	1
	第（三）方案	1	2	4	2	1
	第（四）方案	0	2	3	4	1

序数评价法结合了主观判断与科学比选的优点。它只要求将各方案对照比选准则排出优劣次序，而不要求硬将不能定量的东西予以定量化。这样既可使工作得到简化，又能避免在定量化过程中所产生的偏见，比较结果较能符合常规概念，在目前亦是一种比较合理的综合比选方法。

4. 费用效益法

费用效益法是近于主观判断法的一种比选方法，工作程序与序数评价法相仿，其具体工作步骤是：

（1）明确工程项目的预期目标或目的，写成概要说明。

（2）把上述目标或目的转写成工程的、经济的、社会的及环境的细则。

（3）建立评价准则或效益衡量尺度。

（4）在可行的技术及制度范围内，建立可以达到目标的各种工程方案。

（5）进行各方案的费用计算和效益分析，并对各方案的有利点、不利点以及存在问题陈述说明。

（6）建立各个方案与效益衡量尺度相对照的矩阵。

（7）按照效益衡量尺度的序列分析对比各方案的优缺点。

（8）为在分析研究中获得必要的反馈，选择不定性因素进行敏感性分析。

（9）最后作出评价、写成文件。

现举重点说明评价准则和矩阵的建立示例如下：

【例 8-5】 某城市为半干旱地区，供水全靠抽取地下水，地下水的短缺和日益增长的供水量矛盾十分尖锐，因此要求开发一个水再用系统。

【解】 根据工程目标，明确以下方面的细则（具体内容从略）：

① 满足城市对水量及水质的需要。

② 满足农民及采矿业对水量的需要。

③ 满足卫生部有关废水再用的要求。

④ 符合投资方针，对城市而言，输水系统的费用应小于在水交换计划中获得的收益；对于交换计划中的各方，费用分配要与其所获收益成比例。

⑤ 出流废水的全部利用。

随后就是建立效益衡量尺度，包括：

① 收益差（或潜在收益）是指未来的水交换系统与现有的处理系统之间的收益差别。

② 费用差，涵义与收益差相似。

③ 环境影响因素（包括空气质量、水质特性的可能改变、生化系统、生活质量）。

④ 对未来给水的贡献。

⑤ 水质特性对人类用水或游乐用水的影响。

⑥ 不符合既定水质标准所带来的损失。

⑦ 各方案能利用废水总出流量的百分值。

⑧ 人的因素。

通过各方案的优缺点分析和费用计算，建立各方案与准则对照的矩阵，见表 8-13。在效益准则栏内，已把一套定向的环境质量准则压缩为简单的判断语，如"小"或"极小"。

费费—效益准则　　　　　　　　　表 8-13

系统方案	费用准则（万元/年）			效益准则						
	总收益	潜在收益	潜在费用	对环境破坏的可能性	为未来供水提供的水量（$10^6 m^3/a$）	交换地下水的水质	出流水利用百分率	适应变化的灵活性	遭受损失的风险	公众对系统方案的接受程度
I	+204.9	+263.3	$\frac{59.4}{97.5}$	小	55.4	最好	64	僵硬	中等	最好
II	+570.7	+698.3	$\frac{127.5}{165}$	极小	110.1	最好	100	僵硬	极小	好
III	−65.7	+13.8	$\frac{79.5}{138}$	很小	55.4	好	64	很僵硬	中等	最好
IV	+141.3	+155.4	$\frac{14.0}{24.5}$	小	35.7~359	好	30~300	僵硬	尚可	一般

注：潜在费用栏内分子按折现率为零计算；分母按折现率 6% 计算。

根据表 8-13 可以认为：系统方案 Ⅱ 除了潜在费用较其他系统高和缺乏灵活性以外，从各项准则上看来是最好的，潜在费用与总收益和潜在收益相比又是相对较小，因此可建议为优选方案。

5. 层次分析法

层次分析法（analytic hierarchy process），又称多层次权重分析决策方法。它是基于系统科学的层次性原理，首先把问题层次化，根据问题的性质和要达到的目标，将复杂的问题分解为不同的组成因素；并按照因素的相互关联影响以及隶属关系，将因素按不同层次聚集组合，形成一个多层次的分析结构模型；最后把系统分析归结成最低层（供决策的方案、措施等）相对于最高层（总目标）的相对重要性权值的确定或相对优劣次序的排序问题。工作程序与多目标权重评分法相仿。

以上介绍的 5 种综合评价方法各有其特点，亦有其不足，可结合工程具体情况选择采用。应当指出，介绍的这些方法并不意味着就是最好的方法。近年来，许多新评价方法的出现正是说明人们对现行日常所用的评价方法的不甚满意，而希望建立一套更能被人们接受的方法。同时，方法毕竟只是一种手段，正确的决策还在于殷实、可靠的数据资料；科学、细致的分析研究；全面、客观的论证评价。只有这些方面的有机结合，才能选出符合实际的最佳方案。

8.3 给水排水工程的经济设计

工程优化设计是从 20 世纪 60 年代末期开始发展起来的一种有效的、新的设计方法。

对于一项工程设计，一般都有多种可行方案。优化设计的目的是：对于一个给定的设计问题，在一定的技术和物质条件下，按照某种技术的和经济的准则，找出它的最佳的设计方案。

工程经济设计与工程优化设计，从宏观上讲，可以说是同一涵义的两种说法，主要出发点、运用的原理和方法基本上都是相同的，其区别仅在于经济设计的目标更为明确，是通过系统分析和最优化技术，以最少的投入求取最大的工程经济效益；而优化设计的目标则更为广泛，它既有偏重于经济效果的（而且往往也是以此为基本目标），也有为了优选运行工况的可靠性和稳定性，或者主要是为提高设计、运行的科学性和有效性。

8.3.1 工程设计的优化方法

设计科研人员在工程实践活动中，采用的优化方案通常有以下几种：

（1）直觉优化：直觉优化又分直觉选择性优化和直觉判断性优化。前者是设计者在设计过程中根据有限的几个方案，经过初步的分析计算，按照设计指标的好坏选择其最佳者的一种方法；后者是设计者根据经验和直觉知识，毋需通过分析计算就作判断性选择的一种方法。直觉优化方法是重要的、简易的方法，但它取决于设计者直觉知识的广泛性、经验判断的推理能力及丰富的设计技艺。

（2）试验优化：当对设计对象的机理不很清楚、或对其制造与施工经验不足、各个参数对设计指标的主次影响难以分清时，试验优化是一种可行的优化设计方法。根据模型试验所得结果，可以寻找出最优方案。

（3）价值分析优化：价值分析优化首先需要建立一个价值表，列出各项指标的技术或经济价值，然后根据各项指标的重要程度引入权系数，再计算出各种方案的各项指标的使用价值，统计出各个方案的总使用价值，其数值最大者，即为最优方案。

（4）数值计算优化：数值计算优化是指一些用数学方法来求最优方案的方法。现代的数值计算优化都是以使用计算机的数值计算为其主要特征。在工程优设计中，应用效果较好的是数学规划中的几种方法。

长期以来，给水排水工程基本上是依靠已有装置所取得的经验或模型试验所得结果进行设计、运行和管理，在不同程度上运用了直觉优化和试验优化方法。自20世纪60年代开始，国际上在总结经验和数理分析的基础上，逐渐建立起了各种给水排水工程系统或过程的数学模式，与此同时，随着系统分析方法、计算技术和电子计算机的发展，对于各种类型的给排水系统，开展了最优化的研究和实践。自20世纪70年代至今，美国、日本、前苏联和欧洲各国，在给排水管道和水处理等工程系统方面，不仅在方法学和计算机程序上取得了各种研究成果，而且日益广泛地将其所研制的各种计算机软件应用于给排水工程的计算机辅助设计和自动化运行管理上，并显示了明显的效益。

系统分析和最优化技术自国外引入以来，特别是近10多年间，国内在给水排水最优化设计方面开展了广泛的方法学及其应用的探索性研究。从发表的许多文献论著中，反映出给水净水厂和污水处理厂水处理工艺参数的最优设计、工艺流程的最优化以及单项处理构筑物的设计优化等各方面都取得了一定的进展。但是，目前可作为直接应用的最优设计数学模型、寻优方法以及成套的通用计算程序还发展得不够，优化设计所需的信息量和基础数据亦很不足，因此，不少研究成果还难以在工程设计和生产运行中实施、应用。在当前还缺少现成的各种技术和经济数学模型的情况下，利用现有的技术经济数据，采用直接数值计算或多方案模拟计算的方法来优化水处理系统的设计，仍然是值得采取的做法。

8.3.2 给水排水工程系统优化的一般程序

用数值计算方法解决给水排水系统优化问题，一般需经过的程序，见图8-5，其基本内容是：

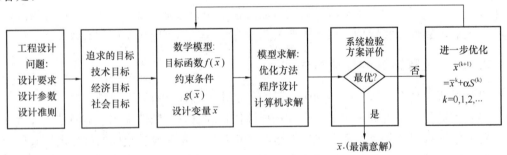

图8-5 给排水优化系统的一般程序

（1）构成问题：大多数给排水工程的实际问题，包含着很多复杂的因素，往往是一个多变量、多目标、多层次的复杂系统。如何把一个实际的给排水系统，科学地简化为一个能反映其关键要素及其基本特性，又便于进行定量表达和模拟优化的替代系统，这是优化过程的首要和关键的一步，它将在很大程度上影响优化结果的合理性。构成问题的过程，也可称"系统的概念化",简称"系统化"。

(2) 确定目标:目标的确定是给排水工程系统化的重要内容,也是系统优化的评价依据。主要是:探明该系统所涉及的各种目标和综合目标;识别各目标的相对重要性,并表达其中值得追求目标的属性指标;建立目标随基本变量(或所考虑的关键因素)变化的函数关系。

较完整的系统功能目标,可分为技术、经济、社会三类,各目标间的逻辑关系,见图8-6。

最常遇到的给排水优化问题,是在给定的技术与社会条件下,寻找系统经济性最佳时的设计、运行方案。因此,往往都以经济目标作为追求的基本目标。采用的主要经济目标可有基建投资、年成本、总费用现值等。关于费用模型的建立方法,见8.1.1节。

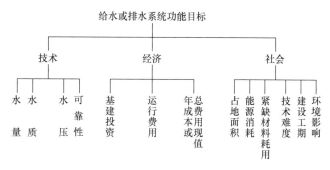

图 8-6 给水排水系统的目标树

(3) 建立数学模型:在上述两个阶段工作的基础上,建立能定量表达给排水系统的数学模型。优化设计的数学模型是设计问题抽象化了的数学形式的表现,它反映了设计问题中各主要因素间内在联系的一种数学关系。数学模型通常需引入设计变量、约束条件和目标函数三个基本要素,现分述于后。

1) 设计变量:通常一个设计方案可以用一组基本参数的数值来表示。选取哪些参数,因各设计问题而定。在设计时,有些参数可以根据工艺、运行和使用要求预先给定;而另一些则需要在设计过程中进行选择,这部分参数可看作为变量,称为设计变量。这种变量是一些相互独立的基本参数。

当设计变量不是连续变化时称为离散设计变量。然而,由于按离散变量进行优化设计比较困难,因此,目前的工程优化设计中大多数还是按连续设计变量来处理。

某项优化设计所取设计变量的多少叫做设计自由度。设计变量数愈多,自由度愈大,愈容易达到较好的优化目的。但这给优化设计增加了难度。随着优化设计维数的增加,需用计算机的计算时间相应亦要增多。

2) 约束条件:在设计空间中,所有设计方案并不是工程实际都能接受的,例如出现负值的面积、长度,或者某些设计指标已超出了规范的规定。因此,在优化设计中,必须根据实际设计要求,对设计变量的取值加以种种的限制。这种限制称为设计的约束条件(或约束)。

设计约束一般表达为设计变量的不等式约束函数和等式约束函数。

满足所有约束条件的空间称为设计的可行域,或称约束区域。

3) 目标函数:设计变量选定之后,设计所要达到的指标,如经济指标、效率指标等,可以表示成设计变量的函数,这个函数就称为目标函数,即

$$F(X) = F(X_1, X_2, \cdots \cdots X_n)$$

在工程优化设计中，被优化的目标函数有两种表述形式：目标函数的极小化和目标函数的极大化，即

$$F(X) \to \min \quad 或 \quad F(X) \to \max$$

当某项优化设计问题，期望有两项（或以上）指标同时达到最优时，最简便的方法是将此两项分目标组合成一个目标函数。例如：

$$F(X) = \alpha_1 f_1(X) + \alpha_2 f_2(X)$$

式中 α_1 和 α_2 分别为对两项分目标函数所加的权系数，使其在两项分目标中起到调整量级的作用和表明该目标在其总优化中所占的重要程度。

（4）优化模型的求解与检验：实际工作中求最优解（或满意解）可能有以下几种情况：

1）评价目标只是一个定量的指标（通常是费用），且可变的方案很多又无法简单一一列举时，则要运用最优化方法求出其最优解。

2）评价目标只是一个定量指标，而备选的方案不多，则可以较方便地逐一对备选方案进行模拟计算，并从中择优选定。

3）评价目标不止一个，多种目标之间彼此又有矛盾，这时需要运用多目标最优化方法，通过各目标之间的权衡和协调加以优选。

最优化方法可根据数学模型中的函数性质，选用合适的数值计算优化法，并作出相应的程序设计，然后利用计算机的快速分析与计算，得出最优值。

优化数学模型的最优解，只是对所有模型来说为最优，而对现实问题来说，则还可能是不完全合乎理想。优化的实际目的在于追求"满意解"而不是"最优解"。因此，采用试算法得到一连串的解，并通过灵敏度分析来确定影响求解的关键要素和参数，以便为决策者在最后选择时提供更多的信息和行动的指南，以找到一个较为合乎理想的满意解。

8.3.3 给水排水管、渠道设计的优化

（1）大型输水管、渠道的经济设计：城市缺水和给水水源严重污染已成为国内各大城市普遍存在的问题。为了改善水质和（或）供水水量，往往要通过城区间的区域调配，花费巨额投资进行远距离的引水。同时，为了减少对城市水源和环境的污染，许多城市的废、污水也须长距离输送到城市的下游或海湾排放。这些引、排水工程的投资，在整个城市供、排水设施的总投资中占着极大的比重。因此，对大型引水和排水工程的经济设计已成为给水排水工程设计优化的重要课题之一。

降低输水管、渠道工程费用的措施有以下几个方面：

1）精心做好管、渠的选线工作，减少场地准备等前期工程费用。管、渠的选线不仅关系到管线的长度和工程的直接建设费用，而且还包括农业补偿、房屋拆迁、地下管线搬迁以及构筑物加固处理等各项费用。建设场地准备费用占工程投资很大的比例，例如上海合流污水治理工程此项费用高达 43%，故在选线工作中应加强调查研究，摸清邻近建筑和地下管线状况，进行多方案的比较，尽量少占农田、减少拆迁和管线的搬移工作量，并做好各项费用的全面综合分析。

2）经济合理地选择管材，降低管材费用。管道铺设费用中，管材费用所占比重最大，通常在 60% 以上。管材的选择除技术性要求外，还应考虑产品的供应状况、耐用程度、

施工条件、运输费用、通用性以及是否适合当地的环境等因素，而最后的抉择往往取决于管材的经济性。

在当前市场价格十分活跃的情况下，不同来源的管道价格差异颇大，据江苏某市给水工程招标报价资料，管径 1600mm 钢板卷管每公里低者为 29 万美元而高者达 37 万美元，相差 27%。因此，在进行管道铺设费用的比较时，应首先正确掌握管道的产品价格、注意产品的供应和运输条件，尤其是预应力钢筋混凝土管，其运输费用可达管道出厂价格的 30%～40%。同时，长距离运输管道的损坏率也较高，故在符合技术要求的情况下，应优先考虑采用就近的产品或当地制造的可能性。如浙江某市浑水输水工程，近正常规律 1600mm 单管的造价应低于 1200mm 双管的造价，但由于该市邻近地区只能供应 1200mm 的管道，1600mm 的管道须由较远地区运往，以致出现 1600mm 单管造价高于 1200mm 双管造价的反常现象。

3）降低管道埋设深度、节约土方工程和降低地下水设施的费用。管道铺设费用中，土方工程和沟槽排水费用占有一定的比重。给水管道一般约占 10% 左右，在上海地区大口径钢管铺设工程中，可达 20%～30%；排水管道工程中，当埋设较浅，采用列板支撑时，沟槽土方、支撑及排水费用约为总铺设费用的 15%～20%，当埋设较深，采用钢板桩保护槽壁时，费用可达 40%～60%。因此，将管子埋设在较浅的地方，是节省土方工程和降低地下水施工费用的主要途径，特别是在土质较差、地下水位较高的地区，经济效果更为明显。如上海某地区排水工程，在设计复查中将部分污水管道的埋设标高提高 1m 左右，节约了工程投资近 40 万元。

在大水量的情况下，为了减少管道埋设深度、节约施工费用，可在同一沟槽内采用双管或多管代替一根大口径管道的方案。据上海黄浦江上游引水一期工程分析资料，输水量 430 万 m^3/d 时，同槽埋设 4 根管径为 2700mm 的各项技术经济指标，较 2 根管径为 3500mm 或 3 根管径为 3000mm 为优。

4）合理确定钢管壁厚，降低管道的造价：在管道铺设费用，钢管制作和安装费用通常都在 60% 以上，高者可达 80%。因此，通过精心计算，经济合理地确定钢管壁厚，尽可能采用薄壁管可降低其造价，节约大量钢材。

前苏联石油工业建筑科学院的研究工作证明，钢管的卵形隆起并不影响埋设在地下钢管的静力强度，所承受的静力同圆柱形管一样。所以认为，在计算静压时不必考虑管子的卵形隆起。此外，在钢管设计时还应根据工程的具体条件，进行螺旋缝钢管、带肋钢管等不同形式钢管的比较。

5）根据渠道的工作内压，进行合理分段设计：在渠道结构设计时，根据外荷载要求、渠道的运行工况和水力坡降，按管线沿程各段所受的内压大小，分别进行断面结构设计，可以取得较大的节约效果。如在上海某引水工程设计中，渠道工作内压原设计全线分为 0.13MPa 与 0.11MPa 两种区段，复查时经细致核算进一步分为 0.135、0.11、0.09MPa 三个区段，节约造价 500 余万元；在另一污水治理按压力流设计的管道工程中，也由于重新合理地考虑了分段，节约投资 580 万元。

6）做好渠道断面和孔数的优化：渠道断面可有矩形、梯形、马蹄形等多种形式，上海市政工程设计研究总院曾进行矩形、马蹄形、圆形等形式的多方面分析对比，认为一般以矩形断面较为适宜。

在渠道尺寸和孔数的选择方面，据北京市政设计研究总院对现浇钢筋混凝土单孔排水方沟的分析结果，单位断面面积造价和三材用量与渠道断面面积呈非增函数关系，随着断面面积的增大，单位断面积的造价和三材用量降低，断面面积在 $5\sim25m^2$ 的区间内，变化尤为明显；断面面积大于 $25m^2$ 后，曲线则趋平缓。而据上海市政工程设计研究总院近年来的工程分析资料，由于上海地区土质差、地下水位高，因此当输水断面过大时采用多孔的形式往往较单纯加大断面尺寸更为经济。

关于矩形渠道断面尺寸的优化，在黄浦江上游引水二期工程设计中，对二、四、六孔等渠道分别进行了各种高宽比的造价分析研究，绘制成每延长米造价与高宽比的关系曲线，分析结果其经济的高宽比分别是 0.70、0.87、0.95。

7）合理确定管渠道的粗糙系数：管渠道设计时，粗糙系数的取用直接关系到渠道各段设计内压的高低和全线水头损失的大小。上海某地给水引水二期工程设计时，根据一期工程的运行实践经验，将渠道的粗糙系数由原先按 0.013 计算、0.014 复核，调整为按 0.0125 计算、0.0135 复核，降低了全线的水头损失值，从而压缩了中途增压泵站等工程设施费用，取得了良好的经济效果。

8）重视渠道结构设计中取用的参数和构造措施：渠道的主体结构费用约占渠道工程费用的 65%～75%，对工程造价起决定性作用。因此，应当充分重视渠道结构厚度的优化设计。在一定限度内提高钢筋含量、适当减薄结构厚度，将有利于降低工程造价。北京市政工程设计研究总院通过若干工程剖析表明，由于采用的含筋率偏低，使结构厚度增加较多，以致工程的造价指标偏高。

同时，在大型渠道设计时应审慎地对待结构设计参数的取定和构造措施，根据组合后的内力区别情况分别对待，并适当减小断面尺寸的模数，尽量使结构的断面设计趋于经济合理。上海合流污水治理工程的渠道设计中，由于在以上方面作了精心考虑，从而节约投资 600 余万元。又在某排水工程中，采用梁柱结构代替多孔渠道的中隔墙，使双孔渠道减少混凝土量 6%、四孔渠道减少混凝土量 11%。

9）混凝土配料中掺加粉煤灰，节约水泥用量。在上海某引水工程中推广应用粉煤灰技术，在钢筋混凝土渠道及垫层的混凝土配料中掺加适量的粉煤灰，节约水泥用量 1500t。实践证明，渠道结构中掺加磨细粉煤灰，不但节约水泥、降低成本，而且便于施工，明显提高工程质量，完全达到盛水结构的抗渗、抗裂要求。

10）因地制宜地选择经济合理的施工方法。管、渠道的施工费用在工程造价中占相当大的比重，尤其在土质条件较差、地下水位较高的地区其比重更大。如上海地区的钢管铺设费用中，土方、支撑和沟槽排水费用约占工程总费用的 20%～30%，钢筋混凝土矩形渠道的土方和排水费用可达结构费用的 25%～33%。因此，应认真做好施工组织和施工方法设计，包括合理确定沟槽开挖断面、施工便道布置、地下水降低措施、暂存土的堆放等多方案的技术经济比较，因地制宜地选择合理的施工方法。例如，杭州市给水工程管径 1200mm 输水管道铺设时，由于采取积极的施工措施，避免使用井点降水，节约了工程费用 100 万元。

（2）给水管网的优化设计：给水管网是城市和工业给水系统的重要组成部分之一。城市给水管网投资很大，约占给水工程总造价的 50% 以上，而且管网设计对日常运行的动力费用也有极大影响。管网的经常运行管理费用可占制水成本的 30%～50%。因此，它在给水工程中的地位和作用，已得到充分的重视和肯定。

自 20 世纪 70 年代起，在实践和理论研究的基础上，各地逐步开展了管网优化设计，随着电子计算机的发展和应用，更为给水管网计算的可靠性、设计的合理性和工程的经济性，创造了十分有利的条件。

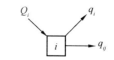

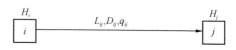

图 8-7　配水管网优化模型

1）最优管径的计算：一个配水管网达到水力学动稳态平衡时，由节点流量平衡、汇集管段端点压力相等以及管段内水头损失满足水力学能量方程的约束（参见图 8-7）下，可写出配水管网的优化模型为：

$$\min Z = \sum_i \sum_j \left(a, b D_{ij}^c L_{ij} + 1000 a_2 K L_{ij} q_{ij}^{n+1} D_{ij}^{-m}\right) \tag{8-31}$$

其约束条件为

$$Q_i - q_i - \sum_j^n q_{ij} = 0, h_{ij} = K L_{ij} q_{ij}^n D_{ij}^m$$

$$(i = 1, \cdots\cdots n, ; j = 1, \cdots\cdots n_1)$$

式中　　　　　　　Z——配水管网年总费用（包括造价和运行费）；

D_{ij}——i—j 的管径变量；

q_{ij}——i—j 管段的流量；

Q_i——i 节点的输入流量；

q_i——i 节点的输出流量；

h_{ij}——i—j 管段的水头损失；

H_i、H_j（图 8-7）——i 和 j 节点的水头；

n_1——管网节点数；

a_1〔式（8-32）〕、a_2——有关设计期限、折旧率与供水量变化的系数；

a、b、c——单位管长造价的有关系数和指数；

L_{ij}——i—j 管段的管长；

K、m、n——与能量方程有关的系数。

若配水管网已达最优，则目标函数的无约束极值应为最小，即

$$\frac{\partial Z}{\partial D_{ij}} = a_1 b c D_{ij}^{c-1} L_{ij} - 1000 a_2 K L_{ij} m q_{ij}^{n+1} D_{ij}^{-(m+1)} = 0$$

从而可导出配水管网年总费用最小时，各管段的最优管径计算公式（8-32）为

$$D_{ij}^* = \left(\frac{1000 a_2 K m}{a_1 b c} q_{ij}^{n+1}\right)^{\frac{1}{m+c}} \tag{8-32}$$

2）管网优化设计的数学模型：配水管网优化设计的目标函数，主要由管网造价（包括折旧大修）和泵房动力费用组成。要求管网设计的造价既低，相应的泵房动力费用也省，其数学模型可表达为

$$\min G(d)$$
$$\min R(H)$$

$$std, H \in \Omega$$

其中

$$\begin{cases} F(d,H,Q) = 0 \\ \Omega = d \geqslant d_{\min} \\ H \geqslant H_{\min} \end{cases}$$

$F(d,H,Q) = 0$ 为平差方程，

$$向量函数 \ F(d,H,Q) = \begin{cases} f_1(d,H,Q) \\ f_2(d,H,Q) \\ f_{n-1}(d,H,Q) \end{cases}$$

式中　　d——管径；

　　　　Q——节点流量；

　　　　H——节点压力；

　　　　n——节点数。

这是一个多目标的非线性规划课题，实际求解时一般采取以下两种转化形式，分别以式（8-33）、式（8-34）表示：

$$\min\{k_1 G(d) + k R_2(H) \mid d,H \in \Omega\} \tag{8-33}$$

这是一种加权综合法，k_1、k_2 为权系数，分别表示管网造价与动力费用在目标函数中的比重，这是常用的一种形式。

$$\min\{G(d) \mid d,H \in \Omega, R(H) \leqslant C_R\} \tag{8-34}$$

这一形式表示控制泵房的动力费用在一定的限值内设计造价最低的管网。此式实际上是把多目标中的某些目标作为约束条件处理，限制其取值在一定范围内。

上述模型可以通过虚流量法、最优压降法、非线性规划法、线性规划法等多种优化方法，求得优化结果。

杨钦、严熙世、陈霖庆等教授的许多专著对给水管网的优化理论和计算技术作了深入的研究和全面的论述，并给出了具体的数学求解方法、计算机运算程序和框图。

（3）雨（污）水管道系统的优化设计：传统的雨（污）水管道系统的设计方法是凭借规划设计人员的经验，通过对多个方案的技术经济比较，从中选出一个技术和经济上都较合理的方案。20世纪60年代以来，雨、污水管道系统的设计引入了最优化技术。据报道，雨、污水管道系统的最优化设计较常规设计可节省投资 10%～20%。傅国伟、程声通的《水污染控制系统规划》、丁宏达的《雨（污）水管道系统优化设计》、陈森发的《城市污水管网系统布局的递阶优化设计》等论著探求了雨、污管道系统的各种优化途径，并在一些工程的可行性研究中得到了应用。现就最优管径的计算方法简介如下：

1）单管段的最优管径：单管段是指流量 Q 和地面坡度 i 都不发生变化的管段。单管段的计算任务是选择适当的管径 D 和管道坡度 i，使管段的费用最小。如果把管径 D 作为决策变量，那么每选定一个 D，就可以确定一个相应的 i 和相应的管段费用 C。因为管径 D 是离散值，且等级不多，采用列点枚举法选择最优管径 D^*，既可以避免复杂的非线性迭代技术，又可以准确地选出管径。由于管径等级不多，用列点枚举法的计算很快能得到结果。

2）多管段的最优管径计算：多管段系指一条污水管线可以分成若干段，如图 8-8 所

示，每一段具有不同的设计流量或不同的地面坡降，因此，各管段具有不同的计算参数。要确定一个最优的管径组合 $\vec{D}^*$，使各个管段的费用之和为最小。

在多管段重力流管道中，每一段的起点埋深不再是常数 H_0，而是前一段终点的埋深。所以，上游每一个管段的设计参数发生变化，都会影响到下游每一个管段和整个系统的费用。

多管段系统的最优管径，可从一组初始可行解开始，用坐标轮换法寻求最优解。

初始解的选定，从上游开始，对每一个管段都作为一个独立部分，用列点枚举法求出最优管径。它的目标只是各段自身的费用最低，但要注意的是各管段起点的埋深，应等于其上游管段的终点埋深。

以初始可行解及其相应的系统总费用为基础，寻求全局最优解。寻优从最上游的管段开始，仍用列点枚举法改变该管段的管径（其他管段的管径保持不变），计算相应管段及其下游管段的相应坡度和费用，算出新的系统总费用，找出总费用中最小的解作为当前最优解（若管径改变后的费用都大于原来的费用，则保持原先的解作为最优解），这项计算从最上游推至最下游，经过一个循环得到的解的总费用与上一次循环的总费用之差小于允许迭代误差时，计算结束，输出最优解与最低费用，否则重新开始循环计算。

用列点枚举法和坐标轮换法进行计算的速度是很快的，优化效果也是很好的。

3）含分支管段的最优管径计算：如图 8-9 所示为一含分支管段的污水输送系统。这种系统除具有多管段系统的特征外，一个重要的问题在于如何处理污水的汇流点（如节点 3、4）。

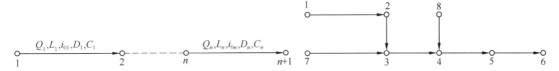

图 8-8　多管段污水管道　　　　　　　图 8-9　含分支管段的污水系统

对于图 8-9 中的管段 3—4 和 4—5 来说，其上游管段不是一个，而是两个，显然，3—4、4—5 的起点埋深应分别等于各自上游管段末端埋深中的较大者。假定 2—3 的终点埋深比 7—3 大，则 3—4 的起点埋深应取为 2—3 的终点埋深，而与 7—3 不再发生关系，也就是说，7—3 在整个系统中是一个独立管段，可以独立进行优化，同样，若 3—4 的终点埋深较 8—4 大，则 8—4 就是一个独立管段。由此看来，对一个含分支的污水系统，可以通过分解出独立管段，将一个比较复杂的系统简化成若干个多管段或单管段的系统。因此，分解独立管段或独立系统是解决含分支的污水系统的关键。

计算还是从上游管段开始，按独立管段逐步向下游推移，至汇流点中止，然后从该汇流点的另一上游管段开始向下游计算，至同一汇流点时中止，比较汇流点上游两次（或多次）得到的终点埋深，取其中较大者作为该汇流点下游管段的起点埋深，继续下游管段的计算。

由于每一次调整时，管道埋深都可能发生变化，需要校核汇流点处的埋深，若汇流点上游终点的相对埋深发生变化，则应对上游管段重新计算，原来的独立管段有可能变为非独立管段，而原来的非独立管段则有可能变为独立管段。

经过分解，一个复杂的含分支的污水输送系统，分解为若干个多管段或单管段的污水输送系统。它们的计算方法与本节所述的 1)、2) 部分相同。

8.3.4 水处理工程的经济设计

水处理工程的经济设计是一个多层次的系统优化。一般可分为三个层次进行分析：水处理系统的整体优化；水处理工艺过程的优化和单体构筑物优化。

（1）污水处理系统的整体优化

一个区域的污水处理系统是由污染源、污水处理厂、污水输送系统和接纳污水的水体所组成。系统整个优化设计的任务是协调各组成部分之间的相互关系、合理利用水体的自净能力、发挥污水处理过程的技术经济特性，在满足水质目标的前提下，使整个系统的费用最低。

城市污水处理系统的整体优化可分以下几类：

1）排放口最优化设计。以各个小区污水处理厂的厂址与规模已经确定为前提，在水体水质目标的约束下，求解各污水处理厂的污水处理效率的最优组合。

2）最优化均匀处理。以各小区污水处理厂的污水处理效率相同，且不考虑水体的水质目标约束，寻求最佳的污水处理厂位置和最佳的规模（容量）组合。

3）区域最优化处理。是前两类的综合，既要考虑污水处理厂的最佳位置和规模，又要考虑每座污水处理厂的最佳效率；既要充分发挥污水处理系统的经济效能，又要合理利用水体的自然净化能力。由于这类问题较前两种问题更为复杂，迄今还没有成熟的数值计算优化的求解方法，目前工程设计中大都采用直觉优化、方案选优等方法。

污水处理的费用，如图 8.1.3 节所述，与污水处理的规模和处理效率相关。当污水处理去除效率固定时，污水处理厂处理单位污水量的投资费用随着处理规模的增大而下降，这种负相关关系称为污水处理规模的经济效应；当污水处理厂的规模固定时，去除单位污染物所需的费用，随着污水处理效率的提高而增加，污水处理的这种特性称为污水处理厂处理效率的经济效应。由污水处理费用模型通式 $C=\alpha Q^{\beta}$ 可直接求得污水处理规模经济效应的关系式 $AC=\alpha Q^{\beta-1}$。根据日本、美国等国的研究资料，污水处理规模经济效应的幂指数 $(\beta-1)$ 值约为 $-0.2 \sim -0.3$，而据国内分析资料，约在 $-0.15 \sim -0.2$ 左右，这主要是由于国内目前污水处理厂建设费用中，土建工程费用所占比例较大，而处理单位污水量的土建费用与规模的相关影响较小的缘故。表征处理效率经济效应的幂指数值 K_3（参见图 8—4）必大于 1，据国内分析资料，K_3 值大致为 $1.2 \sim 1.4$。

另一方面，污水处理厂处理效率的确定又受到水体的稀释与自然净化能力的制约。水体的自净能力主要取决于水体自身的物理、化学和生物等方面的特性，也与排放的水质要求、排放方式有关。充分利用水体的自净能力，就可减轻污水处理负担，降低处理费用，但又应防止对水体的污染。

水体的自净能力、污水处理的规模经济效应和污水处理的效率经济效应三者对污水处理互相影响、互相制约。

为了利用污水处理的规模经济效应，则宜建设集中污水处理厂，但由于污水的集中排放，不利于合理利用水体的自净能力，以致要求集中污水处理厂具有较高的处理程度，于是又受到污水的效率经济效应的制约。因此，对于某一特定的污水处理工程项目来说，污水处理厂的最优设置数应结合污水处理厂的位置选择、各厂建设规模和处理程度的合理确定，进行全面分析和系统性的研究，以使工程的全部费用为最低，并能满足水体的水质要求，这就是污水厂系统优化的最终目标。

1972 年，A·O·Converse 对美国新英格兰州 Marri Mack 河进行了最优规划，用实际数据表明了总费用曲线的性状（见图 8-10），图中表示了实际所有可能组合条件下的最低费用的下包络线。Converse 得出的结论是，在 18 个潜在的污水处理厂中，建设 4 座集中污水处理厂最为经济。

在中国南方某城市污水治理总体规划的研究工作中，首先分析了该市水环境污染的根本原因是由于城市生活和工业排污量超过了 Z 江在该市河段内的承受能力，而排污量与各河段允许负荷量在空间分布的不平衡则又进一步加剧了污染的矛盾。由此制定了三条防治对策：

①提高和开发水环境的纳污能力。

②调整排污点位置，使与河段纳污能力分布相适应。

③处理城市污水，削减排污量。

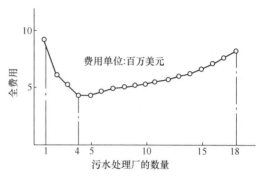

图 8-10　Marri Mack 河的规划结果

根据上述对策，提出了三个待选方案：第一方案，分建六个污水处理系统，污水全部经二级处理就近泄入 Z 江航道。第二方案为排海方案，除少量污水经二级处理后排入 Z 江外，大部分污水则经简易处理后分别排入 Z 江航道和 Z 江入海口海域。第三方案是处理与排放相结合，将排入市中心区附近和上游段的污水截流，近期经简易处理后排入下游段，远期再酌情向外海延伸，另一部分污水近期分别经一、二级处理后排放，远期视实施效果逐步提高处理程度。三个方案的经济指标和预期效果列于表 8-14。通过对各方案的综合分析比较，第一和第三方案都具有实施灵活、工程效益发挥及时，部分地区实施方案的调整牵动较小等特点。而第一方案的工程总投资和年经营费用均高于第三方案，基于该市目前的资金条件和全部城市污水都经二级处理的迫切性还不太突出，故推荐提出第三方案。

某市污水治理方案的技术经济指标和预期效果　　　　　　　　　　表 8-14

序号	项 目 名 称	单 位	第一方案	第二方案	第三方案
1	工程总投资	万元	220256	286751	180395
2	年经营费用	万元/a	21497	19262	16068
3	占地面积	hm²	250	14	190
4	使用设备功率	kW	62600	7950	44500
5	人员数	人	3900	500	2830
6	BOD$_5$ 削减量	t/d	343	73	285
7	工程实施后各航道的 EU 值：				
	前航道（东部）		1.1		1.1
	前航道（西部）		0.32	0.14	0.34
	后航道		0.42		1.14
	HP 航道		0.07	0.51	0.51

注：EU 值为水环境允许负荷量利用系数（程度），即排入河段的污染量和该河段允许污染负荷量之比。EU 值大于 1 表示河段水质未能达到预定的环境质量标准。

（2）给水处理系统总体布局的经济设计：城市或区域的给水系统，通常是由取水、净水、输水和配水四个子系统所组成，它们之间相互关联、相互制约。经济设计的任务在于协调好相互关系，充分发挥各子系统的技术经济特性，在全面满足水质、水量和水压的前提下，使整个系统的总费用为最低。由于总体优化问题层次较高，涉及因素较多，不确定性也大，尤其是大、中城市的供水扩建工程，原已建有若干座水厂，供水范围大，管网系统复杂，所增水量究竟是建设新厂还是扩建现有水厂，或者是通过扩建老厂和增建新厂相结合来解决，如何确定新建厂与扩建厂的合理规模，管网中是否考虑建造增压泵站或调节水库唧站以及新建水厂的合理位置等，都需要通过系统优化设计，才能作出正确的选择。现以某市给水工程总体规划方案比选为例，介绍运用综合评价法的择优过程。

【例 8-6】　某市原有 5 座地表水水厂，各厂规模分别为 2.5 万、3 万、7 万、6 万、0.5 万 m^3/d，拟扩建增加供水量 30 万 m^3/d。

【解】　建立方案前，先对原有管网进行现状平差计算校核，然后根据原有各厂实际条件，确定扩建的可能性，列出各种新建和扩建的规模组合，拟定了 7 个比较方案（见表 8-15）。

方案确立后，通过电算求得各水厂的出水量和出水扬程的水力学平衡。根据电算成果，计算各方案的总基建费用和年经营费用，投资效果的计算采取最低成本法，标准投资收益率取 5%，建设期考虑 2a，有效使用期定为 20a，计算结果，见表 8-16。

各方案的水厂规模组合　　　　　　　　表 8-15

方案编号	扩建后各厂供水量（万 m^3/d）						
	A 厂	B 厂	C 厂	D 厂	E 厂	新厂（1）	新厂（2）
一	3.0	3.0	7.0	6.0	0	30.0	0
二	3.5	4.0	8.0	16.0	2.0	15.0	0
三	3.5	4.0	13.5	11.0	2.0	15.0	0
四	3.5	4.0	8.5	11.0	2.0	15.0	5.0
五	3.5	9.0	8.5	11.0	2.0	15.0	0
六	3.0	3.0	19.5	16.0	0	7.5	0
七	3.0	3.0	27.0	16.0	0	0	0

各方案的基建费用、年电耗费用和成本现值　　　　　　　　表 8-16

方案编号	一	二	三	四	五	六	七
基建费用（万元）	2424	2764	2484	2378	2332	3183	3292
年电耗费用（万元）	230.7	217.2	217.9	202.8	200.2	260.5	266.3
成本现值（万元）	4862	5025	4772	4503	4431	5903	6071
相对比较（%）	109.7	113.4	107.7	101.6	100	133.2	137.0

注：相对比较是以成本现值最低的第五方案为 100% 进行比较。

方案评价参照模糊决策的概念，采用定性和定量相结合的多目标的系统评价法，根据工程特点，确定七项评价指标，采用 5 分制评分，同时按评分指标的重要性进行级差量化处理（加权），评价指标项目及加权数，列于表 8-17，评价结果，见表 8-18。总得分最高的方案也就是多目标系统的最佳方案（具体评分方法参见 8.2.2 节）。

评价指标项目及加权数 表 8-17

序　号	评价指标项目	加　权
1	投资及经营费指标（采用最低成本法）	16
2	土地（特别是农田）的占用	8
3	水源水质的环境条件	16
4	需投入的能源量和节能效果	8
5	原有设备的利用程度	4
6	施工量、难易程度及建设周期	4
7	管理运行的方便	2

各方案得分计算结果 表 8-18

方案编号	一	二	三	四	五	六	七
总得分	168	220	232	226	240	210	210

根据综合评价结果，由表 8-18 可看出，第五方案是可取的方案。其次是第三方案，各方面条件都较良好，因此，最终可在第二个方案中权衡决定。

（3）污水处理工艺系统的经济设计：城市污水处理厂的工艺系统一般包含污水处理和污泥处理两个子系统，由进水泵房、截留格栅、沉淀、生物曝气以及浓缩、污泥消化、污泥脱水等单元处理过程按一定方式组合而成。

污水处理系统和污泥处理系统通常可以分别作为独立的系统进行优化。而每一系统的经济设计必须同时解决选择处理系统的最经济方案以及确定处理系统中全部设备和构筑物的最佳结构和工艺参数。通过多方案的经济比较，以取得了良好的经济效果。例如，某市污水治理工程，污水量为 14 万 m^3/d。污水处理工艺进行了传统活性污泥法和延时曝气法两种方案的比较。通过全面的技术经济比较（表 8-19），选用了延时曝气法，节约建设资金 873 万元，并减少用地约 4.7 万 m^2。

传统法与延时法的技术经济比较 表 8-19

序号	项目	单位	传统活性污泥法	延时曝气法
1	基建投资	万元	8547	7674
2	用电功率	kW	3200～3600	3400～4000
3	单位污水量动力费	元/m^3	0.06	0.065
4	用地面积	m^2	240000	190000
5	管理人员	人	240	210
6	操作运作	—	操作方便，运行稳定	不设污泥消化，故操作简单
7	出水水质	—	差于延时法[①]	

①出水水质是以传统法不经过滤处理的水质与延时曝气法相比较。

（4）给水处理工艺系统的经济设计：给水处理构筑物的类型，在其适用范围内通常存在着多种可供选择的方案，而各构筑物的经济效果，不仅涉及加药量、水头损失、设备能耗等方面，并且关系到后续构筑物的造价；同时，每一处理过程又可以在不同效率下运转，因此，要求在保证水质和水量的条件下，运用最优化的原理和方法，确定需要前后组合的净水构筑物的最优设计参数，设计出效率最高、费用最小、能源消耗最少的给水处理工艺。现就净水构筑物的经济组合和效率优化两个环节优化的途径和现有成果扼要介绍。

1）水厂净水构筑物的经济组合：水厂净水构筑物型式的选择，首先是从工艺要求出发，即由原水水质和出水水质要求来确定所应采用的工艺。但在一定的进出水条件下，往往有多种型式的沉淀池或澄清池，以及多种型式的滤池可以选择，而且由于各种构筑物的池型不同，组合时有不同的高程布置，并影响水厂的整个布局（包括前后构筑物的埋置深度及土方平衡等）。这些不同的组合相应地反映出不同的投资和材料耗用。而且，不同类型的构筑物，其本身的水头损失，动力消耗以及药剂投加等往往也不相同；加以不同的水量，在造价和使用上又有其合适的池型。为此，水厂净水构筑物的合理组合是一个非常有意义的优化问题。这一类问题的解决，首先需要大量的造价资料作基础，建立各种净水构筑物的建设费用和运行费用的费用模型，通过电子计算机的编程和运算，可以迅速地得出各种可能组合条件下的费用总值，从而选择出最佳的组合方案。在造价资料还不是十分充分、难以建立费用模型的情况下，也可采用"决策树"方法，通过简单的分段演算，求得最佳的经济组合。图 8-11 为出水量 1 万 m³/d 净水构筑物优化组合决策树的求解示意图。根据水量规模，混凝沉淀设备可以采用机械、脉冲、水力三种型式的澄清池，过滤设备可以采用无阀、虹吸、双阀或普通四种型式的滤池，从而相应要求深埋与浅埋两种清水池及相适应的二级泵房。图中括号内的数字是该项构筑物的年成本（以每年万元计）。最优化过程从第一阶段混凝沉淀开始，由观察便可选出最低费用的比较方案（图 8-11 中示有两道斜杠"//"）。然后，通过比较选出第一、第二阶段的最低费用方案。最后，节点 1 方框内的数字就是第一、二、三阶段最低费用之和，从而得出最经济的组合方案是"机械搅拌澄清池＋无阀滤池＋浅埋清水池和二级泵房"（图 8-11 中用粗黑线表示）。该方案的年成本为 8.88 万元。

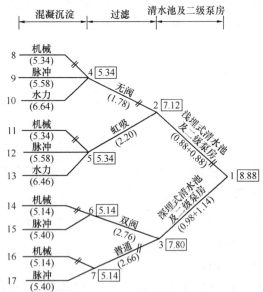

图 8-11   1 万 m³/d 净水构筑物优化组合决策树示意

2）净水构筑物处理效率的优化：净水厂构筑物处理效率的优化是在给定的约束条件下，利用各单元间的运行参数和费用特性，建立整个系统的数学模式，然后求解以获得整个系统的最优效果。由于净水系统每个处理单元（混凝、沉淀、过滤、消毒）的处理费用不仅是处理水量的函数，而且是水质标准的函数。同时，前一构筑物的处理效果又关联着后续构筑物的处理效果，各个构筑物的设计运转参数又相互有关。为此，各个构筑物处理的综合效率的优化需要通过系统的优化来实现。

最显著的例子如沉淀池（澄清池）与滤池间的参数关系。这类问题通常以进出水浊度指标作为主要的水质特性参数。假如过滤后出水水质的目标已确定，那么，增加投矾量或延长沉淀时间以提高沉淀后水质，可获得较长过滤周期，减少冲洗水量，降低滤池相应的设计指标和运转参数；反之，节约投矾量或减少沉淀时间，虽可降低沉淀池的年成本，但较高的沉淀水浊度，加重了滤池的负荷。解决的办法，或者是降低滤速、增加滤池的面积，或者是缩短滤池的工作周期，增加冲洗水量，两者都使滤池的年成本增加。因此，从两者的处理效果可以求取最佳的组合，使沉淀、过滤处理过程的总年成本为最低。这一问题，可以通过实际运转资料的分析归纳和数值计算优化等方法来解决。

（5）单体处理构筑物的经济设计：或称水处理单元过程的经济设计，包括确定某一单元过程的经济适用界限、经济合理的设计参数、经济指数或最佳分格数、构筑物的经济尺寸、结构形式以及不同机泵台数的最优组合等。在运用"分解—协调"的多层次分析方法对水处理系统进行最优化设计时，单元过程就是水处理系统中的子系统。通过单元过程的经济研究，不仅可以掌握单元过程本身的经济特性和影响因素，并有助于大系统的最优化设计。以下就最常见的几个方面择例简介。

1）相关设计参数的合理选用：处理构筑物的建造费用主要取决于构筑物的容积或有效面积，而构筑物所必需的容积或面积又与主要设计参数的采用直接有关，其中有一定的优化条件。例如，滤池的建造费用在较大程度上取决于设计滤速。但是，在一定的进、出水条件下，设计滤速的选定又与滤料粒径、滤层厚度、水头损失、冲洗周期等设计参数有关。提高滤速，将使水头损失增大，冲洗周期缩短，经常运行费用增加。因此，设计滤速、滤层结构、冲洗周期等相关参数的选定，应在最佳滤层设计的基础上，通过经济分析来确定。又如，在一定的水量、水质条件下，澄清池的造价与分离区上升流速成比例。提高上升流速，造价相应降低。但是，随着上升流速的提高，混凝剂投加量将增加，因此，经济的上升流速应使基建造价和经常药剂费用的总和为最省。上海市政工程设计研究总院根据工程设计经济资料，绘制成机构搅拌澄清池基建造价、药剂费用与上升流速之间的相关曲线，得出上升流速的经济范围大致在 $0.8 \sim 1.0$mm/s 之间。

2）处理构筑物个数和经济尺寸的决定：工程设计中这方面优化的应用颇多，下面介绍几个常见的例子。

① 机械搅拌澄清池的经济个数：水力循环澄清池和机械搅拌澄清池在不同流量和不同上升流速的条件下，均有其经济的个数。根据上海市政工程设计研究总院几十个机械搅拌澄清池的造价资料，可以归纳出如下造价公式（8-35）。

$$C = 130000 + 200Q^{1.22}v^{-0.9} \tag{8-35}$$

式中 C——机械搅拌澄清池造价（元）；

Q——设计流量（m³/h）；

v——分离区上升流速（mm/s）。

由式（8-35）可求得单池流量的经济界限公式（8-36）。

$$Q = 1004v^{-0.74} \tag{8-36}$$

据此，获得不同上升流速时的单池经济流量，见表 8-20。

机械搅拌澄清池单池水量经济界限 表 8-20

分离区上升流速（mm/s）	1.0	1.1	1.2	1.3	1.4
单池设计水量经济界限（m³/h）	1000	1080	1150	1220	1290

由表 8-20 可以看出，当 $v=1.0$mm/s 时，单池的经济流量界限为 1000m³/h，所以水厂规模在 10 万 m³/d，以分建 4 个池子为经济。国外采用澄清池的大型水厂都是成群布

置,这也是一个原因。

② 滤池的经济格数:关于滤池格数的经济比较,包含两方面的内容:

a. 单个滤池面积的大小与滤池本身造价的关系;

b. 由于滤池面积的大小引起冲洗水量的变化及由此而造成冲洗设备投资的变化。在滤池总面积已确定的情况下,单个滤池最经济的面积或滤池的经济格数是使滤池建造费用和冲洗设备费用之和为最小。

滤池经济格数公式(8-37)为

$$N = \frac{1}{\alpha} \sqrt{F} \tag{8-37}$$

式中 N——滤池的经济格数;

F——滤池总面积,(m^2);

α——经济系数。

根据国内具体的技术经济条件推导出的 α 值为:有表面冲洗时 $\alpha = 3.0$;无表面冲洗时 $\alpha = 2.5$。上海市政工程设计研究总院设计的 14 座水厂滤池的平均 α 值为 2.60。

③ 滤池长宽比的经济选定:滤池设计时,按照工艺要求确定经济格数后,还应考虑最经济的布置方式,选择合理的尺寸。结合国内的具体条件,可导出滤池长宽比的计算式(8-38)~式(8-41)如下:

滤池双行排列时:

无中央渠: $$K = \frac{NM_1 + 4NM_2}{2(N+2)M_3} \tag{8-38}$$

有中央渠: $$K = \frac{NM_1 + 4MN_2}{2(N+2)M_3 + 4MN_2} \tag{8-39}$$

滤池单行排列时:

无中央渠: $$K = \frac{NM_1 + 2NM_2}{(N+1)M_3} \tag{8-40}$$

有中央渠: $$K = \frac{NM_1 + 2NM_2}{(N+1)M_3 + 2NM_4} \tag{8-41}$$

式中 K——滤池的长宽比,即每格滤池垂直于管廊的长度与平行于管廊的宽度之比;

N——滤池格数;

M_1——单位管廊长度的造价(包括纵向管道和管廊土建费用,不包括闸门和附属设备的造价);

M_2——平行于管廊方向的池壁单位长度的造价;

M_3——垂直于管廊方向的池壁单位长度的造价;

M_4——中央渠壁单位长度的造价。

根据目前常规设计标准和上海地区造价指标,K 值的经济范围,大致如表 8-21 所示。

滤池长宽比 K 值的经济范围 表 8-21

类 型	单行排列		双行排列	
	无中央渠	有中央渠	无中央渠	有中央渠
K 值	4~6	1.7~2	3~4	1.3~6

从目前设计中所选用的 K 值来看，一般都偏小，为使造价更为经济合理，可适当提高 K 值，当然，K 值的提高还应根据现场场地情况、管件的布置、配水系统的水力条件等因素综合考虑确定。

④ 贮水池的经济高度：当贮水池的容量一定时，其经济尺寸可由最小造价法求得，根据上海市政工程设计研究总院分析资料，钢筋混凝土贮水池的经济高度约为 6m 左右。目前设计中一般采用 4m 左右，如从经济上考虑，在贮水池高度不影响其他构筑物造价的情况下，例如增压泵站中的调节水池，可考虑适当增高池子高度，以降低工程造价。又由于池高的增加，平面尺寸相应减少，因而可少占土地。

3）处理构筑物形式的经济选择：在确定构筑物的类型后，构筑物的形式通常也可有多种选择。例如清水池的平面形式可以是圆形、方形或矩形，根据上海市政工程设计研究总院分析资料，圆形和方形钢筋混凝土清水池的造价公式 C_y 和 C_f 分别为

$$C_y = 56000 + 336V^{0.97}(元) \tag{8-42}$$

$$C_f = 96000 + 316V^{0.97}(元) \tag{8-43}$$

式中 V——清水池容量（m³）。

由式（8-42）和式（8-43）可以得出圆形池和方形池的边际界限为 $V = 2530\text{m}^3$。因此，在通常条件下，钢筋混凝土清水池容量小于 2500m³ 时，从投资和材料方面考虑，以圆形为经济；超过 2500m³ 时，则以矩形或方形为经济。

又如，污水处理的初次沉淀池或二次沉淀池，通常亦有矩形和圆形两种形式。从以往的工程造价资料分析结果来看，处理水量较小时，以采用矩形多斗式为经济；单池处理水量和池容积较大时，则以采用圆形中心传动机械刮泥方式为经济，其边际条件主要与机械刮泥设备的价格有关，据近年国产设备价格水平，单池处理水量的经济界限大致为 1 万 m³/d 左右。

4）泵、风机等的优化设计：泵、风机等设备的合理选型和组合不仅关系到一次性建设投资的高低，并影响到日常的电能消耗和运行费用。在城市水厂中，泵用电约占供水用电量的 90％以上。近年来泵调速技术在城市给水厂中的应用已显示出显著的经济效益。上海的给水厂实践表明，调速后可使泵运行效率由 60％～62％提高至 72％～80％，使输送每 1000m³ 水的电耗由 160～170kWh 降到 120kWh。因此，在水泵的优化设计中，应研究解决水泵的选型、运行台数、大泵与小泵的组合、恒速泵与调速泵的搭配、不同调速装置的选择等优化问题。

9 工程建设项目招标投标和资产评估

9.1 工程建设项目招标投标要点

9.1.1 工程建设项目总承包的招标投标

1. 概述

（1）工程建设项目总承包招标的概念：建设项目总承包招标也叫建设项目全过程招标，在国外称之为"交钥匙"承包方式。它是指从项目建议书开始，包括可行性研究报告、勘察设计、设备材料询价与采购、工程施工、生产准备、投料试车，直到竣工投产、交付使用全面实行招标；工程总承包单位根据建设单位提出的工程使用要求，对项目建议书、可行性研究、勘察设计、设备询价与选购、材料订货、工程施工、职工培训、试生产、竣工投产等实行全面报价投标。

（2）总承包形式和总承包企业的资质：目前，国内的建设项目总承包有两种形式：一种是设计单位进行工程建设总承包，自 1987 年开始试点，国家计划委员会、财政部、中国人民建设银行、原国家物资部于 1987 年 4 月 20 日发布了《关于设计单位进行工程建设总承包试点有关问题的通知》；另一种是由施工企业进行工程建设总承包，建设部于 1992 年 4 月 3 日印发了《工程总承包企业资质管理暂行规定（试点）》。

设计单位进行工程建设总承包时，设计单位的等级（设计证书等级）必须与承包的工程项目的规模大小一致，各设计单位均不准越级总承包工程项目。

进行工程建设总承包的施工企业，应当具有工程设计、施工管理、材料设备采购能力，并且经过相应的建设行政主管部门批准，具备工程总承包资质条件。各级工程建设总承包的施工企业，必须在其资质登记的营业范围内进行总承包。

（3）建设单位发包项目总承包应具备的条件：

1）必须是法人或依法成立的其他组织。

2）要有项目审批机关批准的项目建议书和所需的资金。

3）若进行分阶段总承包招标时，还要具有分阶段招标的条件。

（4）总承包单位应具备的条件：

1）必须是具有法人地位的经济实体。

2）由各地区、各部门根据建设需要分别组建，并向公司所在地工商行政管理部门登记，领取企业法人营业执照。

3）总承包公司接受工程项目总承包任务后，可对勘察设计、工程施工和材料设备供应等进行招标，签订分包合同，并负责对各项分包任务进行综合协调管理和监督。

4）总承包公司应具有较高的组织管理水平、专业工程管理经验和工作效率。

2. 建设项目总承包的招标程序

（1）编制招标文件：工程建设项目具备总承包招标发包条件后，由项目主管部门或建设单位编制招标文件，其主要内容有：综合说明书；工程款项支付方式；工程质量要求；合同主要条款；投标须知及投标起止日期和定标日期、地点等。

（2）投标单位报送标书：招标文件编妥后，通过公开或邀请等方式进行招标。投标的总承包单位按招标文件内容和要求拟定标书，报送招标单位。

（3）评标和定标：招标单位收到各投标单位的标书后组织定标，通过不同方法评标，选定最佳方案和相应的总承包单位。

（4）中标单位提交可行性研究报告：中标的总承包单位在承接工程建设任务后，进行项目可行性研究，提出可行性研究报告，交招标单位，经其审查同意后，由招标单位向工程建设项目审批机关报送。

（5）总承包单位进行分包：可行性研究报告经批准后，总承包公司即可按照程序，分别组织勘察设计招标、材料设备生产供应招标和工程施工招标，并分别签订合同。

9.1.2 工程建设项目勘察、设计的招标投标

1. 概述

勘察设计招投标的概念：工程勘察设计招投标指招标单位就拟建工程的勘察、设计任务发布公告，吸引勘察设计单位参加竞争，招标单位从中择优确定中标单位交办勘察设计任务的法律行为。

为规范工程建设项目勘察设计招标投标活动，提高投资效益，保证工程质量，国家发改委联合建设部、铁道部、交通部、信息产业部、水利部、民航总局、广电总局八部委于2003年制定了《工程建设项目勘察设计招标投标办法》，其适用于我国境内进行的各类工程建设项目勘察设计招标投标活动。

2. 招标

（1）进行勘察设计招标的工程建设项目应当具备的条件：

1）按照国家有关规定需要履行项目审批手续的，已履行审批手续，取得批准。

2）勘察设计所需资金已经落实。

3）所必需的勘察设计基础资料已经收集完成。

4）法律法规规定的其他条件。

（2）进行勘察设计招标的工程建设项目范围的划分

招标人可以依据工程建设项目的不同特点，实行勘察设计一次性总体招标；也可以在保证项目完整性、连续性的前提下，按照技术要求实行分段或分项招标。但招标人不得利用前款规定将依法必须进行招标的项目化整为零，或者以其他任何方式规避招标。

（3）工程建设项目勘察设计的招标方式

工程建设项目勘察设计的招标方式分为公开招标和邀请招标。

全部使用国有资金投资或者国有资金投资占控股或者主导地位的工程建设项目，以及国务院发展和改革部门确定的国家重点项目和省、自治区、直辖市人民政府确定的地方重点项目，除符合邀请招标条件并依法获得批准外，应当公开招标。

可以进行勘察设计邀请招标的工程建设项目：

1）项目的技术性、专业性较强，或者环境资源条件特殊，符合条件的潜在投标人数

量有限的；

2）如采用公开招标，所需费用占工程建设项目总投资的比例过大的；

3）建设条件受自然因素限制，如采用公开招标，将影响项目实施时机的。

招标人采用邀请招标方式的，应保证有三个以上具备承担招标项目勘察设计的能力，并具有相应资质的特定法人或者其他组织参加投标。

（4）工程建设项目勘察设计招标文件的编制

勘察设计招标文件应当包括下列内容：

1）投标须知；

2）投标文件格式及主要合同条款；

3）项目说明书，包括资金来源情况；

4）勘察设计范围，对勘察设计进度、阶段和深度要求；

5）勘察设计基础资料；

6）勘察设计费用支付方式，对未中标人是否给予补偿及补偿标准；

7）投标报价要求；

8）对投标人资格审查的标准；

9）评标标准和方法；

10）投标有效期。

对于潜在投标人在阅读招标文件和现场踏勘中提出的疑问，招标人可以书面形式或召开投标预备会的方式解答，但需同时将解答以书面方式通知所有招标文件收受人。该解答的内容为招标文件的组成部分。

（5）工程建设项目勘察设计招标资格预审文件及招标文件的发售

招标人应当按招标公告或者投标邀请书规定的时间、地点出售招标文件或者资格预审文件。自招标文件或者资格预审文件出售之日起至停止出售之日止，最短不得少于五个工作日。

进行资格预审的，招标人只向资格预审合格的潜在投标人发售招标文件，并同时向资格预审不合格的潜在投标人告知资格预审结果。

凡是资格预审合格的潜在投标人都应被允许参加投标。

招标人不得以抽签、摇号等不合理条件限制或者排斥资格预审合格的潜在投标人参加投标。

（6）招标人应当确定潜在投标人编制投标文件所需要的合理时间。

依法必须进行勘察设计招标的项目，自招标文件开始发出之日起至投标人提交投标文件截止之日止，最短不得少于二十日。

3. 投标

（1）投标人

投标人是响应招标、参加投标竞争的法人或者其他组织。投标人应当符合国家规定的资质条件。

投标人不得以他人名义投标，也不得利用伪造、转让、无效或者租借的资质证书参加投标，或者以任何方式请其他单位在自己编制的投标文件代为签字盖章，损害国家利益、社会公共利益和招标人的合法权益。

投标人不得通过故意压低投资额、降低施工技术要求、减少占地面积，或者缩短工期等手段弄虚作假，骗取中标。

（2）投标文件

投标人应当按照招标文件的要求编制投标文件。投标文件中的勘察设计收费报价，应当符合国务院价格主管部门制定的工程勘察设计收费标准。

投标人在投标文件有关技术方案和要求中不得指定与工程建设项目有关的重要设备、材料的生产供应者，或者含有倾向或者排斥特定生产供应者的内容。

投标人在投标截止时间前提交的投标文件，补充、修改或撤回投标文件的通知，备选投标文件等，都必须加盖所在单位公章，并且由其法定代表人或授权代表签字。

（3）投标保证金

招标文件要求投标人提交投标保证金的，保证金数额一般不超过勘察设计费投标报价的百分之二，最多不超过十万元人民币。

在提交投标文件截止时间后到招标文件规定的投标有效期终止之前，投标人不得补充、修改或者撤回其投标文件，否则其投标保证金将被没收。评标委员会要求对投标文件作必要澄清或者说明的除外。

（4）联合投标体

以联合体形式投标的，联合体各方应签订共同投标协议，连同投标文件一并提交招标人。

联合体各方不得再单独以自己名义，或者参加另外的联合体投同一个标。

联合体中标的，应指定牵头人或代表，授权其代表所有联合体成员与招标人签订合同，负责整个合同实施阶段的协调工作。但是，需要向招标人提交由所有联合体成员法定代表人签署的授权委托书。

4. 开标、评标和中标

（1）开标

开标应当在招标文件确定的提交投标文件截止时间的同一时间公开进行；除不可抗力原因外，招标人不得以任何理由拖延开标，或者拒绝开标。

（2）评标

评标工作由评标委员会负责。评标委员会的组成方式及要求，按《中华人民共和国招标投标法》及《评标委员会和评标方法暂行规定》（国家计委等七部委联合令第12号）的有关规定执行。

勘察设计评标一般采取综合评估法进行。评标委员会应当按照招标文件确定的评标标准和方法，结合经批准的项目建议书、可行性研究报告或者上阶段设计批复文件，对投标人的业绩、信誉和勘察设计人员的能力以及勘察设计方案的优劣进行综合评定。

招标文件中没有规定的标准和方法，不得作为评标的依据。

评标委员会可以要求投标人对其技术文件进行必要的说明或介绍，但不得提出带有暗示性或诱导性的问题，也不得明确指出其投标文件中的遗漏和错误。

根据招标文件的规定，允许投标人投备选标的，评标委员会可以对中标人所提交的备选标进行评审，以决定是否采纳备选标。不符合中标条件的投标人的备选标不予考虑。

投标文件有下列情况之一的，应作废标处理或被否决：

　1）未按要求密封；

　2）未加盖投标人公章，也未经法定代表人或者其授权代表签字；

　3）投标报价不符合国家颁布的勘察设计取费标准，或者低于成本恶性竞争的；

　4）未响应招标文件的实质性要求和条件的；

　5）以联合体形式投标，未向招标人提交共同投标协议的。

　投标人有下列情况之一的，其投标应作废标处理或被否决：

　1）未按招标文件要求提供投标保证金；

　2）与其他投标人相互串通报价，或者与招标人串通投标的；

　3）以他人名义投标，或者以其他方式弄虚作假；

　4）以向招标人或者评标委员会成员行贿的手段谋取中标的；

　5）联合体通过资格预审后在组成上发生变化，含有未经过资格预审或者资格预审不合格的法人或者其他组织；

　6）投标文件中标明的投标人与资格预审的申请人在名称和组织结构上存在实质性差别的。

　（3）中标

　评标委员会完成评标后，应当向招标人提出书面评标报告，推荐合格的中标候选人。评标委员会推荐的中标候选人应当限定在一至三人，并标明排列顺序。使用国有资金投资或国家融资的工程建设项目，招标人一般应当确定排名第一的中标候选人为中标人。

　排名第一的中标候选人放弃中标、因不可抗力提出不能履行合同，或者招标文件规定应当提交履约保证金而在规定的期限内未能提交的，招标人可以确定排名第二的中标候选人为中标人，以此类推。

　招标人应在接到评标委员会的书面评标报告后十五日内，根据评标委员会的推荐结果确定中标人，或者授权评标委员会直接确定中标人。

　（4）签订合同

　招标人和中标人应当自中标通知书发出之日起三十日内，按照招标文件和中标人的投标文件订立书面合同。中标人履行合同应当遵守《合同法》以及《建设工程勘察设计管理条例》中勘察设计文件编制实施的有关规定。

　招标人与中标人签订合同后五个工作日内，应当向中标人和未中标人一次性退还投标保证金。招标文件中规定给予未中标人经济补偿的，也应在此期限内一并给付。

　招标人或者中标人采用其他未中标人投标文件中技术方案的，应当征得未中标人的书面同意，并支付合理的使用费。

　招标人应当在确定中标人之日起十五日内，向有关行政监督部门提交招标投标情况的书面报告。

9.1.3　工程建设施工招标投标

　1. 概述

　工程建设施工招标投标的概念：工程建设施工招投标指招标单位就拟建工程的施工任务发布公告，吸引施工单位参加竞争，招标单位从中择优确定中标单位交办建设任务的法律行为。

为规范工程建设项目施工招标投标活动，国家计委、建设部、铁道部、交通部、信息产业部、水利部、中国民用航空总局七部委于 2003 年制定了《工程建设项目施工招标投标办法》，其适用于我国境内进行的各类工程建设项目施工标投标活动。

工程施工招标投标活动应当遵循公开、公平、公正和诚实信用的原则。工程施工招标投标活动，依法由招标人负责。任何单位和个人不得以任何方式非法干涉工程施工招标投标活动。施工招标投标活动不受地区或者部门的限制。

2. 招标

（1）招标人

工程施工招标人是依法提出施工招标项目、进行招标的法人或者其他组织。

（2）进行工程施工招标的工程建设项目应当具备的条件：

1）招标人已经依法成立；

2）初步设计及概算应当履行审批手续的，已经批准；

3）招标范围、招标方式和招标组织形式等应当履行核准手续的，已经核准；

4）有相应资金或资金来源已经落实；

5）有招标所需的设计图纸及技术资料。

（3）招标准备

招标人符合法律规定的自行招标条件的，可以自行办理招标事宜，也可以委托招标代理机构办理招标事宜，招标代理机构应当在招标人委托的范围内承担招标事宜：

1）拟订招标方案，编制和出售招标文件、资格预审文件；

2）审查投标人资格；

3）编制标底；

4）组织投标人踏勘现场；

5）组织开标、评标，协助招标人定标；

6）草拟合同；

7）招标人委托的其他事项。

招标代理机构不得无权代理，不得明知委托事项违法而进行代理。

（4）发布招标（资格预审）公告

1）工程施工招标方式分为公开招标和邀请招标。

采用公开招标方式的，招标人应当发布招标公告，邀请不特定的法人或者其他组织投标。依法必须进行施工招标项目的招标公告，应当在国家指定的报刊和信息网络上发布。

国务院发展计划部门确定的国家重点建设项目和各省、自治区、直辖市人民政府确定的地方重点建设项目，以及全部使用国有资金投资或者国有资金投资占控股或者主导地位的工程建设项目，应当公开招标。

有下列情形之一的，经批准可以进行邀请招标：

①项目技术复杂或有特殊要求，只有少量几家潜在投标人可供选择的；

②受自然地域环境限制的；

③涉及国家安全、国家秘密或者抢险救灾，适宜招标但不宜公开招标的；

④拟公开招标的费用与项目的价值相比，不值得的；

⑤法律、法规规定不宜公开招标的。

采用邀请招标方式的，招标人应当向三家以上具备承担施工招标项目的能力、资信良好的特定的法人或者其他组织发出投标邀请书。

国家重点建设项目的邀请招标，应当经国务院发展计划部门批准；地方重点建设项目的邀请招标，应当经各省、自治区、直辖市人民政府批准。

全部使用国有资金投资或者国有资金投资占控股或者主导地位的并需要审批的工程建设项目的邀请招标，应当经项目审批部门批准，但项目审批部门只审批立项的，由有关行政监督部门批准。

2) 工程施工可不进行招标的建设项目：

需要审批的工程建设项目，有下列情形之一的，可以不进行施工招标：

①涉及国家安全、国家秘密或者抢险救灾而不适宜招标的；

②属于利用扶贫资金实行以工代赈需要使用农民工的；

③施工主要技术采用特定的专利或者专有技术的；

④施工企业自建自用的工程，且施工企业资质等级符合工程要求；

⑤在建工程追加的附属小型工程或者主体加层工程，原中标人仍具备承包能力的；

⑥法律、行政法规规定的其他情形。

3) 招标公告及投标邀请书应包含内容

①招标人的名称和地址；

②招标项目的内容、规模、资金来源；

③招标项目的实施地点和工期；

④获取招标文件或者资格预审文件的地点和时间；

⑤对招标文件或者资格预审文件收取和费用；

⑥对投标人的资质等级的要求。

招标人应当按招标公告或者投标邀请书规定的时间、地点出售招标文件或资格预审文件。自招标文件或者资格预审文件出售之日起至停止出售之日止，最短不得少于五个工作日。

（5）资格审查

资格审查分为资格预审和资格后审。

资格预审，是指在投标前对潜在投标人进行的资格审查。

资格后审，是指在开标后对投标人进行的资格审查。

进行资格预审的，一般不再进行资格后审，但招标文件另有规定的除外。

采取资格预审的，招标人可以发布资格预审公告，应当在资格预审文件中载明资格预审的条件、标准和方法；采取资格后审的，招标人应当在招标文件中载明对投标人资格要求的条件、标准和方法。

招标人不得改变的资格条件或者以没有载明的资格条件对潜在投标人或者投标人进行资格审查。

经资格预审后，招标人应当向资格预审合格的潜在投标人发出资格预审合格通知书，告知获取招标文件的时间、地点和方法，并同时向资格预审不合格的潜在投标人告知资格预审结果。资格预审不合格的潜在投标人不得参加投标。

经资格后审不合格的投标人的投标应作废标处理。

资格审查应主要审查潜在投标人或者投标人是否符合下列条件：

1）具有独立订立合同的权利；

2）具有履行合同的能力，包括专业、技术资格和能力，资金、设备和其他物质设施状况，管理能力，经验、信誉和相应的从业人员；

3）没有处于被责令停业，投标资格被取消，财产被接管、冻结、破产状态；

4）在最近三年内没有骗取中标和严重违约重大工程质量问题；

5）法律、行政法规规定的其他资格条件。

资格审查时，招标人不得以不合理的条件限制、排斥潜在投标人或者投标人，不得对潜在投标人或者投标人实行歧视待遇。任何单位和个人不得以行政手段或者其他不合理方式限制投标人的数量。

（6）工程施工招标文件的编制

1）招标人根据施工招标项目的特点和需要编制招标文件。

招标文件一般包括下列内容：

①投标邀请书；

②投标人须知；

③合同主要条款；

④投标文件格式；

⑤采用工程量清单招标的，应当提供工程清单；

⑥技术条款；

⑦设计图纸；

⑧评标标准和方法；

⑨投标辅助材料。

招标人应当在招标文件中规定实质性要求和条件，并用醒目的方式标明，招标文件规定的各项技术标准应符合国家强制性标准。

招标文件中规定的各项技术标准均不得要求或标明某一特定的专利、商标、名称、设计、原产地或生产供应者，不得含有倾向或者排斥潜在投标人的其他内容。

施工招标项目需要划分标段、确定工期的，招标人应当合理划分标段、确定工期，并在招标文件中载明。对工程技术上紧密相联、不可分割的单位工程不得分割标段。不得以不合理的标段或工期限制或者排斥潜在投标人或者投标人。

招标文件应当明确规定评标时除价格以外的所有评标因素，以及如何将这些因素量化或者据以进行评估。在评标过程中，不得改变招标文件中规定的评标标准、方法和中标条件。

招标文件应当规定一个适当的投标有效期，以保证招标人有足够的时间完成评标和与中标人签订合同。投标有效期从投标人提交投标文件截止之日起计算。

招标人应当确定投标人编制投标文件所需要的合理时间；但是，依法必须进行招标的项目，自招标文件开始发出之日起至投标人提交投标文件截止之日止，最短不得少于二十日。

2）踏勘现场，答疑、修改招标文件

招标人根据招标项目的具体情况，可以组织潜在投标人踏勘项目现场，向其介绍工程场地和相关环境的有关情况，对于潜在投标人在阅读招标文件和现场踏勘中提出的疑问，招标人可以书面形式或召开投标预备会的方式解答，但需同时将解答以书面方式通知所有购买招标文件的潜在投标人。该解答的内容为招标文件的组成部分。

3）招标人可根据项目特点决定是否编制标底。编制标底的，标底编制过程和标底必须保密。招标项目编制标底的，应根据批准的初步设计、投资概算，依据有关计价办法，参照有关工程定额，结合市场供求状况，综合考虑投资、工期和质量等方面的因素合理确定。标底由招标人自行编制或委托中介机构编制。一个工程只能编制一个标底。任何单位和个人不得强制招标人编制或报审标底，或干预其确定标底。招标项目可以不设标底，进行无标底招标。

3. 投标

（1）投标人

投标人是响应招标、参加投标竞争的法人或者其他组织。招标人的任何不具独立法人资格的附属机构（单位），或者为招标项目的前期准备或者监理工作提供设计、咨询服务的任何人及其任何附属机构（单位），都无资格参加该招标项目的投标。

（2）投标文件

投标人应当按照招标文件的要求编制投标文件。投标文件应当对招标文件提出的实质性要求和条件作出响应。

投标文件一般包括下列内容：

1）投标函；

2）投标报价；

3）施工组织设计；

4）商务和技术偏差表。

投标人根据招标文件载明的项目实际情况，拟在中标后将中标项目的部分非主体、非关键性工作进行分包的，应当在投标文件中载明。

投标人应当在投标文件的截止时间前，将投标文件密封送达投标地点。招标人收到投标文件后，应当向投标人出具标明签收人和签收时间的凭证，在开标前任何单位和个人不得开启投标文件。

在招标文件要求提交投标文件的截止时间后送达的投标文件，为无效的投标文件，招标人应当拒收。

提交投标文件的投票人少于三个的，招标人应当依法重新招标。重新招标后投标人仍少于三个的，属于必须审批的工程建设项目，报经原审批部门批准后可以不再进行招标；其他工程建设项目，招标人可自行决定不再进行招标。

投标人在招标文件要求提交投标文件的截止时间前，可以补充、修改、替代或者撤回已提交的投标文件，并书面通知招标人。补充、修改的内容为投标文件的组成部分。

（3）投标保证金

招标人可以在招标文件中要求投标人提交投标保证金。投标保证金除现金外，可以是银行出具的银行保函、保兑支票、银行汇票或现金支票。投标保证金一般不得超过投标总价的百分之二，但最高不得超过八十万元人民币。投标保证金有效期应当超出投标有效期三十天。投标人应当按照招标文件要求的方式和金额，将投标保证金随投标文件提交给招标人。投标人不按招标文件要求提交投标保证金的，该投标文件将被拒绝，作废标处理。

（4）联合投标体

两个以上法人或者其他组织可以组成一个联合体，以一个投标人的身份共同投标。联合体各方签订共同投标协议后，不得再以自己名义单独投标，也不得组成新的联合体或参加其他联合体在同一项目中投标。

联合体参加资格预审并获通过的，其组成的任何变化都必须在提交投标文件截止之日前征得招标人的同意。如果变化后的联合体削弱了竞争，含有事先未经过资格预审或者资格预审不合格的法人或者其他组织，或者使联合体的资质降到资格预审文件中规定的最低标准以下，招标人有权拒绝。

联合体各方必须指定牵头人，授权其代表所有联合体成员负责投标和合同实施阶段的主办、协调工作，并应当向招标人提交由所有联合体成员法定代表人签署的授权书。

联合体投标的，应当以联合体各方或者联合体中牵头人的名义提交投标保证金。以联合体中牵头人名义提交的投标保证金，对联合体各成员具有约束力。

4. 开标、评标和定标

（1）开标

开标应当在招标文件确定的提交投标文件截止时间的同一时间公开进行；开标地点应当为招标文件各确定的地点。

投标文件有下列情形之一的，招标人不予受理：

1）逾期送达的或者未送达指定地点的；

2）未按招标文件要求密封的。

投标文件有下列情形之一的，由评标委员会初审后按废标处理：

1）无单位盖章并无法定代表人或法定代表人授权的代理人签字或盖章的；

2）未按规定的格式填写，内容不全或关键字迹模糊、无法辨认的；

3）投标人递交两份或多份内容不同的投标文件，或在一份投标文件中对同一招标项目报有两个或多个报价，且未声明哪一个有效，按招标文件规定提交备选投标方案的除外；

4）投标人名称或组织结构与资格预审时不一致的；

5）未按招标文件要求提交投标保证金的；

6）联合体投标未附联合体各方共同投标协议的。

（2）评标

评标委员会可以书面方式要求投标人对投标文件中含义不明确、对同类问题表述不一致或者有明显文字和计算错误的内容作必要的澄清、说明或补正。评标委员会不得向投标人提出带有暗示性或诱导性的问题，或向其明确投标文件中的遗漏和错误。

投标文件不响应招标文件的实质性要求和条件的，招标人应当拒绝，并不允许投标人通过修正或撤销其不符合要求的差异或保留，使之成为具有响应性的投标。

评标委员会在对实质上响应招标文件要求的投标进行报价评估的，除招标文件另有约定外，应当按下述原则进行修正：

1）用数字表示的数额与用文字表示的数额不一致时，以文字数额为准；

2）单价与工程量的乘积与总价之间不一致时，以单价为准。若单价有明显的小数点错位，应以总价为准，并修改单价。

按前款规定调整后的报价经投标人确认后产生约束力。投标文件中没有列入的价格和优惠条件在评标时不予考虑。

对于投标人提交的优越于招标文件中技术标准的备选投标方案所产生的附加收益，不得考虑进评标价中。符合招标文件的基本技术要求且评标价最低或综合评分最高的投标人，其所提交的备选方案可予以考虑。

招标人设有标底的，标底在评标中应当作为参考，但不得作为评标的唯一依据。

（3）定标

评标委员会完成评标后，应向招标提出书面评标报告。评标报告由评标委员会全体成员签字。评标委员会提出书面评标报告后，招标人一般应当在十五日内确定中标人，最迟应当在投标有效期结束日三十个工作日前确定。中标通知书由招标人发出。

评标委员会推荐的中标候选人应当限定在一至三人，并标明排列顺序。招标人应当接受评标委员会推荐的中标候选人，不得在评标委员会推荐的中标候选人之外确定中标人。依法必须进行招标的项目，招标人应当确定排名第一的中标候选人为中标人。排名第一的中标候选人放弃中标，因不可抗力提出不能履行合同，或者招标文件规定应当提交履约保证金而在规定的期限内未能提交的，招标人可以确定排名第二的中标候选人为中标人。排名第二的中标候选人因前款规定的同样原因不能签订合同的，招标人可以确定排名第三的中标候选人为中标人。招标人可以授权评标委员会直接确定中标人。

招标人不得向中标人提出压低报价、增加工作量、缩短工期或其他违背中标人意愿的要求，以此作为发出中标通知书和签订合同的条件。

中标通知书对招标人和中标人具有法律效力。中标通知发出后，招标人改变中标结果的，或者中标人放弃中标项目的，应当依法承担法律责任。招标人和中标人应当自中标通知书发出之日起三十日内，按照招标文件和中标人的投标文件订立书面合同。招标人和中标人不得再行订立背离合同实质性内容的其他协议。

招标人全部或者部分使用非中标单位投标文件中的技术成果或技术方案时，需征得其书面同意，并给予一定的经济补偿。

招标文件要求中标人提交履约保证金或者其他形式履约担保的，中标人应当提交；拒绝提交的，视为放弃中标项目。招标人要求中标人提供履约保证金由其他形式履约担保的，招标人应当同时向中标人提供工程款支付担保。

招标人不得擅自提高履约保证金，不得强制要求中标人垫付中标项目建设资金。

招标人与中标人签订合同后五个工作日内，应当向未中标的投标人退还投标保证金。

合同中确定的建设规模、建设标准、建设内容、合同价格应当控制在批准的初步设计及概算文件范围内；确需超出规定范围的，应当在中标合同签订前，报原项目审批部门审查同意。凡应报经审查而未报的，在初步设计及概算调整时，原项目审批部门一律不予承认。

依法必须进行施工招标的项目，招标人应当自发出中标通知书之日起十五日内，向有关行政监督部门提交招标投标情况的书面报告。

前款所称书面报告至少应包括下列内容：

1）招标范围；

2）招标方式和发布招标公告的媒介；

3）招标文件中投标人须知、技术条款、评标标准和方法、合同主要条款等内容；

4）评标委员会的组成和评标报告；

5）中标结果。

9.1.4 公开招标基本程序

（1）工程建设项目公开招标的基本程序，见图9-1。

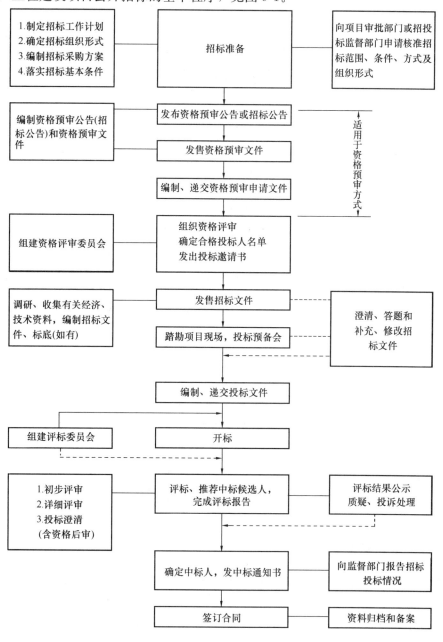

图9-1 公开招标基本程序

（2）机电产品国际招标（资格后审）基本程序（图9-2）。

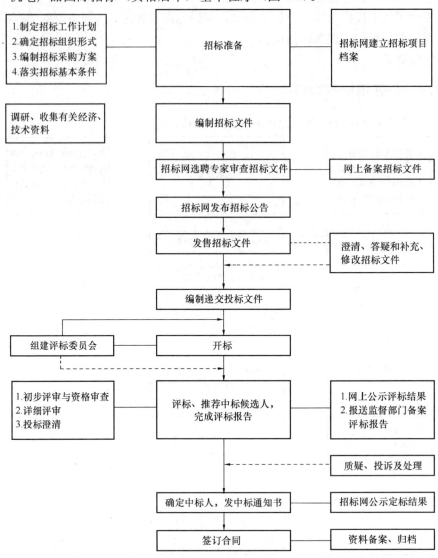

图 9-2 机电产品国际招标（资格后审）基本程序

9.2 国际工程承包报价

9.2.1 工程承发包方式

工程承发包方式是指承发包双方之间的经济关系的形式，受发包内容和具体环境的影响。承发包方式一般有下面几种：

（1）固定总价合同：又叫总价不变合同。是按商定的总价承包工程，不因工程量、设备材料价格、工资等变动而调整合同价格。这种方式对建设单位比较简便，因此，为一般建设单位所欢迎。对承包商而言，如果设计图纸和说明书相当详细，能据以精确地计算造价，不致有太大的风险，也是一种比较简便的承包方式。但如果图纸和说明书不够详细，未知数比较多，或遇到材料突然涨价以及恶劣的气候等意外情况，承包单位须承担应变的风险，为此而往往加大不可预见费用，因而不利于降低造价，最终对建设单位不利。这种承包方式通常仅适用于规模较小、技术不太复杂的工程。

（2）计量估价合同：是以工程量清单和单价表为计算报价的依据，通常由建设单位委托设计单位或专业估算师提出工程量清单，列出分部分项工程量，例如挖土若干 m^3，填土夯实若干 m^3，混凝土若干 m^3，墙面抹灰若干 m^3 等，由承包商填报单价，再计算出总价。工程量是按统一的计算规则计算的，承包商只要经过复核工程量并填上适当的单价就能得出总造价，承担风险较小。建设单位也只要审核单价是否合理即可，对双方都方便。目前国际上采用这种承包方式的较多。国内的施工图预算也属于这种类型。

（3）单价合同：在没有施工详图的情况下就需开工，或者虽有施工图而对工程的某些条件尚不完全清楚的情况下，不能精确地计算工程量，为了避免凭运气而使甲乙双方中任何一方承担过大的风险，采用单价合同是比较适宜的。这种承包可以细分为以下三种：

1）按分部分项工程单价承包：由建设单位开列分部分项工程名称和计量单位，由承包单位逐项报填单价；也可由建设单位先提出单价，再由承包单位认可或提出修订的意见作为正式报价，经双方磋商确定承包单价，然后签订合同。并根据实际完成的工程数量，按此单价结算工程价款。这种承包方式主要适用于没有施工图，或工程量不明即须开工的紧急工程和特殊工程。

2）按最终产品单价承包：按每平方米住宅，每平方米道路，每公里输电线路等最终产品的单价承包。报价方式与按分部分项工程单价承包相同，这种承包方式适用于采用标准设计的住宅、中小学校舍和通用厂房等工程。但考虑到基础工程因地质条件不同，造价变化较大的情况，对于房屋建筑工程，一般仅指地面标高以上部分，而基础工程则按计量估价承包或分部分项工程单价承包，工资和材料价格也可按指数调整，具体调整办法可在合同中明确规定。

3）按总价投标和决标，按单价结算工程价款：这种承包方式适用于设计已达到一定深度，能据以估算出分部分项工程数量的近似值，但由于某些情况不完全清楚，在实际工作中可能出现较大变化的工程，例如铁路、公路或水电建设中的隧洞开挖，可能因反常的地质条件而使土石方数量产生较大的变化，为了避免承包发包双方因此带来风险，承包单位可以按估算的工程量和填报的单价提出总报价，建设单位也以总报价和单价作为评标、决标的主要依据，并签订单价承包合同，而按实际完成的工程量和合同单价结算工程价款。

（4）成本加酬金合同：这种承包方式是按工程实际发生的成本（包括人工费、材料费、施工机械使用费、其他直接费和现场管理费，但不包括承包企业的企业管理费和应缴所得税），加上商定的企业管理费和利润，确定工程总造价。这种承包方式主要适用于开工前对工程内容尚不十分清楚，例如边设计、边施工的紧急工程，或遭受地震、战火等灾害破坏后需紧急修复的工程，一般有以下四种做法：

1）成本加固定百分数酬金，按式（9-1）计算：

$$C = C_d(1 + P) \tag{9-1}$$

式中 C——总造价；

C_d——实际发生的工程成本；

P——固定的百分数。

从计算公式可以看出，酬金 $C_d \cdot P$ 将随工程实际成本 C_d 增加而提高，显然不能鼓励承包商关心缩短工期和降低成本，因而对建设单位不利。这种承包方式现在已很少采用。

2）成本加固定酬金：工程实际成本实报实销，但酬金是事先商定的一个固定数目。其按（9-2）计算：

$$C = C_d + F \tag{9-2}$$

式中 F——酬金。

酬金 F 一般按估算的工程成本的一定百分比确定，数额固定下来不变。这种承包方式虽然不能鼓励承包商关心降低成本，但从尽快取得酬金出发，承包商将会关心缩短工期，这是可取之处。为了鼓励承包商更好地工作，也有在固定酬金之外，再根据工程质量、工期和降低成本情况另加资金的。在这种情况下，奖金所占比例的上限可大于固定酬金，以充分发挥奖励的积极作用。

3）成本加浮动酬金：这种承包方式要事先商定工程成本加酬金的预期水平。

如果，$C_d = C_0$，则 $C = C_d + F$

$C_d < C_0$，则 $C = C_d + F + \Delta F$ (9-3)

$C_d > C_0$，则 $C = C_d + F - \Delta F$ (9-4)

式中 C_0——预期成本；

ΔF——酬金增减部分。

这种承包方式中的酬金增减部分 ΔF，可以是一个百分数，也可以是一个固定的绝对数。

这种承包方式通常规定，当实际成本超支而减少酬金时，以原定的固定酬金数为减少的最高限度，也就是在最坏的情况下，承包人将得不到任何酬金，而不必承担赔偿超支的责任。从理论上讲，这种承包方式对承发包双方都没有多大的风险，又能促使承包商关心降低成本和缩短工期，但在实践中，准确估算预期成本比较困难，所以要求当事人双方具有丰富的经验。

4）目标成本加奖罚：在仅有初步设计和工程说明书即迫切要求开工的情况下，可以根据粗略估算的工程量和适当的单价编制概算，作为目标成本，随着详细设计逐步具体化，工程量和目标成本可以加以调整，另外规定一个百分数的酬金，最后结算时，如果实际成本高于目标成本并超过事先商定的界限，例如 5%，则减少酬金，如果实际成本低于目标成本并超过事先商定的界限，则增加酬金，其计算式（9-5）为

$$C = C_d + P_1 C_0 + P_2(C_0 - C_d) \tag{9-5}$$

式中 C_0——目标成本；

P_1——基本酬金百分数；

P_2——奖罚百分数。

此外，还可另加工期奖罚。这种承包方式可以促使承包商关心成本降低和缩短工期，而且目标成本是随设计的进展而加以调整才确定下来的，故建设单位和承包商双方都不会承担太大的风险，这是其优点，但是仍然要求承发包双方的估算人员具有比较丰富的经验。

（5）按投资总额或承包工作量计取酬金的合同，这种承包方式主要适用于可行性研究、勘察设计和材料采购供应等项承包业务。国际上通常的做法是，根据委托单位的要求和提供资料的情况，拟定工作项目，估计完成任务所需各种专业人员的数目和工作时间，据以计算工资、差旅费以及其他各项开支，再加上总管理费，汇总即得出承包费用总额。

（6）统包合同：即"交钥匙"合同，承包商从工程的方案选择、总体规划、可行性研究、勘察设计、施工、供应材料、设备等承担全部建设工程，对于工业项目还包括经营管理的试生产等，直至工程竣工合格后，移交给业主为止（交钥匙）。这种合同形式，由承包商对业主负责到底，一切通过友好协商的办法签订合同确定权利与义务。

9.2.2 FIDIC 招标投标程序和文件

1. 概述

国际工程承包大多数是通过投标而获得工程承包的，投标文件的编制以及投标报价的拟定是根据招标文件等资料进行编制的。许多国家、国际组织（包括 FIDIC）、国际金融机构（包括世界银行）、国际援助机构等都制定了各自的招标规则和招标程序，世界银行等机构还编制了招标文件样本。我国财政部也与世界银行共同编写了进行各种采购的招标规则和招标文件标准文本。所有国际竞争性招标程序的规定基本一致，只有一些细节上的差别。国际工程招标程序必须按规定的程序进行，其主要步骤是：准备招标文件→刊登广告→资格预审→发行招标文件→投标准备和投标→开标→评标→签订合同。这里介绍 FIDIC 招标程序中的招标文件和投标文件。

FIDIC 是指国际咨询工程师联合会（用法语表示的国际咨询工程师联合会字头组成），从 1945 年成立至今已有来自全世界各地的 50 多个成员国，代表了世界上大多数咨询工程师，是最具有权威的咨询工程师组织。它下设许多专业委员会，编制了许多规范性文件，如土木工程合同委员会编制的 FIDIC 土木工程合同条件，电气机械合同委员会编制的 FIDIC 电气和机械工程合同条件，业主咨询工程师关系委员会编制的 FIDIC 业主工程师咨询协议范本。

FIDIC 土木工程招标程序与 FIDIC 土木工程合同条件是配套的，采用竞争性招标方式选择承包商，对选择投标者、接标和评标提出了一套系统的做法，其目的是帮助业主以最少的资格限制确定可靠的有竞争性的投标人，并对其进行高效率地系统地评价。同时，也为承包商提供机会和动力，使他们对完全有资格完成的招标项目作出迅速的反应。

2. 招标文件

按照招标文件的作用，招标文件的内容应包括四大类：

（1）需要让承包商了解和掌握的全部资料或承包商必须遵守的规定和要求，包括投标邀请信、投标者须知、合同条件、技术规范和图纸。

（2）投标者必须填写的内容，主要包括：工程量清单、辅助资料表、投标书（包括附件）、授权书、投标保证金等。

（3）投标者中标后承包商填写或双方共同填写的履约担保、合同协议书、预付款或保留金、银行保证书、劳务协议书、运输协议书等。

（4）参考资料，根据项目的情况可以列入也可以不列入招标文件。在招标文件中，除投标邀请书、投标者须知和参考资料外，其他都是合同文件的组成部分。这里着重介绍投标人须知和补充资料表。

1）投标人须知：投标人须知有时又叫投标条件。其目的是告知投标人在整个投标活动中所必须遵守的各项规定、要求、投标程序、投标时应考虑和注意的全部信息或事项。投标者须知一般包括以下内容：

①招标文件的组成，投标时应提交的各种文件份数（注明正本、副本），并说明文件应如何填写，如何装封。

②一般规定，投标人不能在投标文件中附有先决条件或保留。投标人的任何先决条件和保留都会成为业主不能接受该标的因素。

③投标保函：保函就是保证书，是委托人（承包人）、权利人（业主）和保证人（一般为银行）之间的文件。委托人请求保证人出具保证书的核心内容是，以一定数量的某种货币作为委托人对权利人应尽义务的保证，如果委托人由于某种原因不能履行上述义务，权利人有权从保证金中扣除相应部分或全部，作为权利人所受损失的补偿。在承包工程中，保证书主要有投标保函、履约保函、预付款保函、维修保函等几种。

④投标书的修改、更正或撤回：投标人在提交投标书后，可以由于某种原因予以修改、更正或撤回，但是，必须在规定的开标日期以前用书面或电报向业主或业主代理人提出，任何电话或口头请求不予考虑。任何投标人均不得在规定的收标时期结束以后撤回他的投标书，除非该投标书在开标日期起的若干天（例如 90d）以内没有被业主接受。

⑤现场检查和考察：投标人应检查和考察现场及其周围环境，取得有关风险、意外事故和其他可能影响投标的各种情况和必要的资料。一般规定这种检查和考察由投标人自付费用。有的写明由业主工程师在某月某日组织投标人去现场察看，并解答投标人提出的问题。

⑥投标书的拒绝和接收：一般在投标人须知里明确规定，业主有权拒绝任何一份或所有的投标书，也有权接受任何被认为对业主有利的投标书，而不论其标价是否最低（最低的标价不一定是中标价）。

⑦投标日期和开标日期的推迟：业主有推迟投标和开标日期的权利，并向每一个投标人发出日期推迟的电报或书面通知。

⑧规定何种货币计价和支付。

2）补充资料表：补充资料是招标文件的组成部分，通过投标者填写的统一拟定好格式的各类表格，业主可以得到所需要的相当完整的信息，通过这些信息可以了解投标者的各种安排和要求，便于评标时进行比较，也可在工程实施过程中安排资金计划，计算价格调整等。

①与投标书一同递交的文件和图纸。

②现金流量表：投标者应根据初步施工计划，将工程实施期间每季度将完成的工程价值和承包商可能得到的净付款列入表中。净付款指扣除适当的预付款和保留金等。

③外汇需求：要求承包商按工程量表分月填写需要外汇支付的费用占每项总费用的百分比，各种外币的汇率及各种外币的百分比。有的还要求投标者填写外汇需求明细表，例如国外人员劳务的工资、福利、津贴、保险、医药、差旅等费用，进口材料费用，进口机械费用，管理费用等。

④价格调整：价格调整的相关指数和加权系数。

⑤施工组织机构和主要人员：充分说明为履行合同建立的领导管理机构和主要人员（含外籍人员），以及上述人员的姓名、资历、经验、现任职务等。

⑥分包商：此表的目的是审查分包商的资格。投标者应在表中填入拟雇用的分包商的名称、地址、完成类似工程的经验，包括该工程的规模、地址、造价、竣工年份以及其业主和工程师的姓名。

⑦进口的施工设备及材料：进口机械是指一定价值以上的大中型机械，要求填写设备的名称、性能、出口国、到岸价、预计到达工地的月份等。材料表主要包括材料的生产国、到岸价、数量等。

⑧当地材料：要求列出整个工程实施期间各类材料以季度为一期的材料估算量。

⑨当地劳务：要求列出整个工程实施期间各类工种以及以季度为一期的劳务估算量。

⑩其他。

3. 投标文件

一般来说，在招标文件中已能给出足够的表格和文件格式，由投标者填写。投标者填写了表格和文件，办理了必要的手续，并将原招标文件的每页均签字后，即成为投标文件。投标文件包括：投标书及其附件、标价的工程量清单、投标者应提交的证明文件、投标保证金等。

（1）投标书及其附件：投标书主要是向业主表明意愿和基本保证，内容包括总报价、开工日期和工期、愿意提供履约担保、投标报价的有效期、承认中标函的约束力。如果招标文件允许，投标者还可以写一封更为详细的致函，对自己投标和报价作出必要的说明或更灵活洽商的愿望和设想。

投标书附件用来强调或说明合同条件中的重要事项。在特殊情况下，可以列出几个投标书附件，以说明不同的重要情况，如有时也把施工方案和进度计划列为标书附件。

（2）标价的工程量清单：工程量清单是一个工程项目表，显示工程的每一类目或分项工程的名称、估计数量以及单位，并留出单价和合价的空格，由投标者填写，投标人填入单价和合价后的工程量清单叫标价的工程量清单，是投标文件的组成部分。工程量清单项目的划分和章节序号应与技术规范的章节相对应。工程量清单的工程量是由业主或其委托人填写的估计数量。FIDIC 土木工程合同条件采用重新计量方式，实际工程量与估算工程有可能不一致，这时应按实际工程量与单价之乘积计算付款金额。

工程量清单一般由序言、主要工程量表、分部工程量表和其他附表组成。在表格的序言中，一般说明工程量清单的计算方法、计量方法、章节划分办法以及其他有关事项的说明，有时还在序言中列出有关费率，如本国劳务、材料、运输、保险、税收、通信等费率，供投标人报价时参考。工程量清单包括汇总表、清单项目等。

1）工程量清单的单价及其报价：

①工程量清单的单价是包含该项目工程一切价值的价格，即包括直接费、间接费、利润。在《建筑工程量计算原则（国际通用）》中工程单价应包括：

a. 人工及其有关费用。

b. 材料、货物及其一切有关费用。

c. 机械设备的使用费。

d. 临时工程费。

e. 开办费、管理费及利润。

同时要考虑因合同而引起的一切风险、税金、关税收费和其他有关费用。

②FIDIC 合同是固定单价合同，单价一经报出就不能变更，按清单项目实际发生的工程量支付款项。当合价数与单价计算结果不一致时，以单价为准。

③所有项目均应报出单价，未报单价视为已包括在其他单价内。

④暂定金额一般由业主填写，投标者只需将暂定金额计入投标总价中。

⑤单价或总合同价在一定条件下可能得到调整，合同条件中的许多条款涉及这一问题。

2）工程量计算原则：工程量表列出的工程量是根据发包的图纸、技术说明书和特定的测定方法计算出来的。

这里所说的工程量测定方法，相当于国内的工程量计算规则，不过，国内的工程量计算规则与国际工程的工程量计算规则有不同的地方。

国际工程工程量计算规则通常是和将来签订的合同条件范本，工程实施完毕进行计量的方法是一致的，应在工程量表的序言中加以说明。目前通行的工程量计算规则（又叫工程量测量方法）有英国土木工程师学会和土木承包商联盟及咨询工程师联合会于 1976 年共同审定的《土木工程标准测量方法》（CESMM）；英国皇家特许估算师学会制定的《国际通用建筑工程量计算原则》（1979 年 6 月版为最新版本）；适用于一般房屋建筑工程的《建筑工程量计算方法》，还有英国土木工程师学会于 1974 年修订重版的《标准土木工程测量法》或其他测量方法，但大体与 CESMM 相似。建筑工程量计算原则国际通用。

（3）授权书：用来证明签署投标书代表的合法地位及投标书的有效性。授权人和受权人均需签字，并附上公证机关证明。授权范围往往不仅是签署投标书，还包括投标后的事宜。

4. 合同文件

招标文件和投标文件并不都成为合同的组成部分，因为文件之间的互为条件和互相包含的关系，使得投标者须知、投标邀请书、投标保证书等文件难以直接发挥法律效力。因此，合同文件一般包括招标文件和投标文件的主要内容及中标通知后形成的全部文件。合同文件的组成内容由业主与中标者签订的合同协议书规定。由于各文件难以避免相互之间的矛盾和歧义，合同协议书同时规定合同文件的解释优先顺序。

国内所有世界银行贷款中土建工程的国际和国内竞争性招标，必须使用财政部统一负责编制的相应的 1997 年新版"范本"作为招标文件的商务部分。"范本"的标准条款任何单位不得擅自修改。

9.2.3　国际工程承包的投标报价

1. 国际工程投标顺序

所谓投标，就是经招标人审查获得投标资格的投标人，按照招标条件和自己的能力，在规定的期限内向招标人填报投标书，并争取中标（获得承建权）达成协议的过程。

一个工程的投标过程可以用下框图表示。

决策是否投标 → 通过资格审查 → 投标准备 → 计算标价递交标书 → 谈判签约

2. 投标准备

　　决定投标后，需要立即着手大量的准备工作，准备工作的好坏对能否中标、中标后能否获得较大收益起着"奠基石"的作用。准备工作包括两大类，一类是办理一些程序性的手续，主要有登记注册、办理投标保函、雇用代理人等；另一类是为以后计算标价及可能进行的谈判签约搜集数据的、文字的情况和信息。主要工作是现场调查和市场调查。

　　在进行调查工作以前，需先熟悉招标文件，了解业主对工程及有关方面的情况，以便使调查工作更具针对性。

　　（1）现场调查：对工程所在国及工程所在地进行现场调查与勘察，了解一切可能影响投标报价和工程施工的因素，保证投标报价的准确性和施工的顺利进行。现场调查的内容包括工程所在国政治、经济、法律和自然环境等方面的情况。

　　1）政治情况：工程项目所在国的社会制度和政治制度；政治局势是否稳定，有否发生政变、内乱或内战的因素；所在国与邻国的关系；所在国与投标人本国的双边关系。

　　2）经济条件：工程所在国的经济发展情况和自然资源状况；外债规模、外汇收入和储备；港口、铁路和公路运输以及航空交通与电信联络情况；当地的科学技术水平。

　　3）法律方面：所在国的宪法；与承包活动有关的经济合同法、涉外企业法、建筑法、劳动法、税法、金融法、外汇管理法、环境保护法、招标投标法以及经济纠纷的仲裁程序等；民事和民事诉讼法；移民法和外国人管理法。

　　4）社会情况：当地的风俗习惯；居民的宗教信仰；工会的活动情况；治安状况。

　　5）自然条件：工程所在国的地理位置和地形、地貌；气象情况，包括气温、湿度、主导风向和风力、年降水量等；地震、洪水、台风等自然灾害情况。

　　6）市场情况：建筑材料、施工机械设备、燃料、动力、水和生活用品的供应情况、价格水平；劳务市场状况，包括工人的技术水平、工资水平，有关劳动保险和福利待遇的规定；外汇汇率；银行信贷利率；工程所在国承包企业和注册的外国承包企业的经营情况。

　　（2）工程项目情况调查：调查的主要内容包括：

　　1）工程性质，规模，发包范围。

　　2）工程的技术规模和对材料性能及工人技术水平的要求。

　　3）对总工期和分批竣工交付使用的要求。

　　4）工程所在地区的气象和水文资料。

　　5）施工场地的地形、土质、地下水位、交通运输、给水排水、供电、通信条件等情况。

　　6）工程项目的资金来源和业主的资信情况。

　　7）对购买器材和雇用工人有无限制条件（例如是否规定必须采购当地某种建筑材料的份额或雇用当地工人的比率等）。

　　8）对外国承包商和本国承包商有无差别待遇（例如在标价上给本国承包商以优惠等）。

　　9）工程价款的支付方式，外汇所占比率。

　　10）业主监理工程师的资历和工作作风等。

　　这些情况主要靠研究招标文件、察看现场、参加招标交底会和提请业主（工程师）答疑来了解。有时也须取得代理人的协助。

（3）对业主和投标竞争对手的调查：对工程业主的调查主要是了解工程项目的资金来源和对方支付的可靠性。如属政府建设项目，应了解其拨款是否已列入国家计划；如是利用世界银行等金融机构的贷款项目，应弄清该项目国内配套工程资金是否落实；如属私营企业投资，应对业主的资金来源和资信程度、支付能力进行更详细调查，避免发生无支付能力的现象。有些国家规定业主必须拥有足够的自有资金或取得银行保证贷款的证明，才可以进行招标和领取预售拟建工程的许可证。而有的国家对招标人无严格的财政要求，也不实行预售拟建工程许可制度。因此，投标人必须了解详细情况后，再参加投标。

对投标竞争对手应了解以下内容：

1）可能参加竞争的公司名称、国别以及在工程所在国与之合作的当地公司的名称。

2）参加工程投标竞争公司的资金情况、施工能力、人员素质和设备能力；最近几年承包的工程项目和成绩；在建工程项目和工程量；公司的整体实力、特点、优势和劣势。

3）如招标项目对所在国当地公司有优惠待遇，则应特别了解这些公司的竞争能力，或物色一个当地公司作为投标伙伴。

3. 投标价格的构成及计算

国际工程投标报价的构成，见图9-3。

（1）直接费：直接费包括人工费、材料费、永久设备费、施工机械使用费和分包费。

1）人工费计算：人工费包括工长、当地工人、国内派出工人，但不包括管理干部、后勤服务工人和施工机械司机的人工费用。

①国内派出工人工资单价计算：是指一个工人由出国准备到回国休整结束期间的全部费用，主要包括：国内工资（包括标准工资、

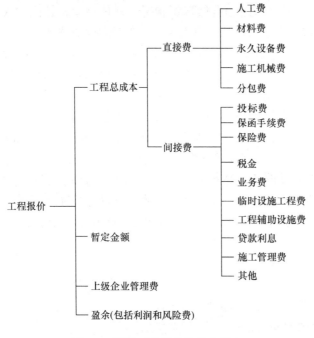

图9-3   国际工程报价的基本组成

附加工资、补贴等）。计算时间包括出国准备和回国休假时间；派出工人的企业收取的管理费；制装费；国内旅费；劳保及生活用品费；国际旅费（包括出国、回国和中间探亲开支）；国外津贴；国外伙食费；国外加班工资、奖金、零用钱；人身保险费；税金（指所得税）；其他（如医疗费、特殊补助等）。

国内派出工人每个工作日工资单价＝（一个工人出国期间费用总计）÷出国工作天数

出国工作天数＝出国工作人数每人平均工作年数×年定额工日

对于工期较长的工程，还可考虑工资上涨的因素，每年的上涨率一般可按5%～10%估计。

②雇用当地工人工资单价计算：当地工人包括工程所有国国籍的工人，也包括外籍工人。当地工人工资一般包括：日标准工资（国外一般以小时为单位）；带薪法定假日工资

（如伊斯兰国家一年有 18 个宗教休假日，各国国庆等）；夜间施工及加班工资；带薪休假工资；招募费和解雇费；上下班交通费；按规定应由雇主支付的税金、福利费、保险费等；津贴和补贴（如现场施工津贴、特殊工程如钢结构、管道、高空或地下作业等施工津贴）；上下班时间津贴（根据离家远近而定）等。

各种津贴和补贴有时高达工资费的 20%～30%。

③平均工资单价计算：平均工资单价和工效比分别按式（9-6）、式（9-7）计算：

$$平均工资单价 = 国内派出工人工资单价$$
$$\times 国内派出工人工日占总工日的百分比$$
$$+ 当地雇用工人工资单价 \times 当地工人工日占总工日的百分比$$
$$\times \frac{1}{工效比} \tag{9-6}$$

$$工效比 = 当地工人的工效 \div 国内派出工人的工效 \tag{9-7}$$

④人工费计算：按式（9-8）、式（9-9）计算：

$$人工费 = \Sigma(分项工程量 \times 基本单价中的人工费) \tag{9-8}$$

$$基本单价中的人工费 = 分项工程人工消耗量指标 \times 平均工资单价 \tag{9-9}$$

一般国际承包工程的人工费可占总造价的 20%～30%，大大高于国内工程的比率。确定合适的工资单价，对投标标价的竞争能力十分重要。

2）材料预算价格计算：

①国内采购材料：材料预算价格按式（9-10）计算，其中应把外汇比价和国际市场价结合起来综合考虑原价；全程运杂费按式（9-11）～式（9-14）计算：

$$材料预算价 = 原价 + 全程运杂费 \tag{9-10}$$

$$全程运杂费 = 国内段运杂费 + 海运段运保费 + 当地段运杂费 \tag{9-11}$$

国内段运杂费：

$$国内段运杂费 = 全程运输费 + 港口仓储费 \tag{9-12}$$

全程运输费一般可按材料原价的 10%～12% 计取。港口仓储费可按材料原价的 3%～5% 估计。

海运段运保费。

$$海运段运保费 = 基本运价 + 附加费 + 保险费 \tag{9-13}$$

基本运价按国家远洋海运局规定的运价和附加费计算，不同货物品种、等级、航线基本运价不同。附加费按运价的百分数计算。保险费按货价的 2.924% 计取。

当地段运杂费：是指材料由卸货港口运至施工现场所发生的一切费用。

$$当地运杂费 = 上岸费 + 运距 \times 运价 + 装卸费 \tag{9-14}$$

上岸费包括把材料卸船到码头仓库，并计入关税、保管费、手续费。运价及装卸费，应按当地政府及运输公司规定计算。

②当地采购材料：材料预算价按式（9-15）计算：

$$材料预算价 = 批发价 + 运杂费 \tag{9-15}$$

运杂费按批发价的 10%～12% 计取。

③第三国采购材料：材料预算价按式（9-16）计算：

$$材料预算价 = 材料到岸价(CIF) + 运杂费 \tag{9-16}$$

运杂费按材料到岸价（CIF）的 3%～5% 计取。

3）设备价格计算：承包工程设备投标报价，根据设备供应渠道可分为国内采购设备、当地采购设备和第三国采购设备。

设备采购，只要价格适当，并能保质保量，应尽量从国内采购，在确定价格时，应综合考虑有利和不利条件，结合国际市场价格决定。如果在当地采购或向第三国采购，必须落实设备、材料的货源、价格、规范和供货期限后，才能据以确定投标价格。

①国内采购设备：它的预算价格由设备原价和全程运杂费构成。

对于设备原价，应考虑为满足承包工程的质量要求和改善设备材料的包装，在现行设备价格基础上增加的费用。此外，还应包括成套公司手续费、管理费等加计的费用。

设备全程运杂费是指设备由国内供货单位仓库运抵施工现场仓库所发生的运输、装卸及仓储等全部费用，包括国内段全程运杂费、海洋段运保费及承包工程当地运杂费三部分。其费用分别按式（9-17）～式（9-19）计算：

$$国内段全程运杂费＝全程运输费＋港口仓储费$$
$$＝设备原价×（5\%～8\%）＋设备原价×（3\%～5\%） \tag{9-17}$$

$$海洋段运保费＝基本运价＋附加费＋保险费 \tag{9-18}$$

基本运价，按国家远洋海运局规定的运杂费计算，不同的货物品种、等级、航线有不同的基价。

附加费应包括，燃料附加、超重附加、超长附加、直航附加、港口附加等费用。

上述计算海洋段运保费方法太繁琐，一般在工程投标报价时，采用中国技术进出口总公司技术海运进出口费费率进行计算。

也可按中国机械进出口公司中机（91）字第 1407/5 号文《关于调整进出口商品海运费规定的通知》为依据计算海运费。

$$当地运杂费＝上岸费＋运距×运距＋装卸费 \tag{9-19}$$

②当地采购设备：设备价按式（9-20）计算：

$$设备价＝出厂价＋运杂费 \tag{9-20}$$

运杂费可按设备出厂价的 5%～8% 计取。

③第三国采购设备：设备价按式（9-21）计算：

$$设备价＝到岸价（CIF）＋运杂费 \tag{9-21}$$

运杂费按到岸价（CIF）的 3%～5% 计取。

4）施工机械使用费计算：施工机械根据工程量、工程进度、施工单位的机械化装备程度等决定国内运去、第三国采购或是国外租赁。因而其施工机械使用费计算是不相同的，投标人应根据经济分析确定费用低者。

施工机械使用费有成本组成法和定额计价法两种计算方法。

①成本组成法：施工机械使用费考虑多种费用综合组成，分别按式（9-22）～式（9-27）计算：

$$施工机械使用费＝基本折旧费＋运杂费＋安装拆卸费＋修理维护费＋动力消耗费 \tag{9-22}$$

$$新设备基本折旧费＝（机械总值－余值）×折旧率 \tag{9-23}$$

$$国内运去的机械折旧费=\frac{国内原价+国内外运杂费+国际运保费}{60\ 月}\times 实际使用月数$$

$$(9\text{-}24)$$

设备折旧国外是以经济寿命，而不是按使用寿命计算，一般均按 5a 即 60 个月计算折旧。

其余值（残值）应根据机械的不同情况分别计算；有按设备价的 5% 计算，因价值不太大，在无资料时也可略而不计。

国内运杂费按设备原价的 5%～8% 计算。海运一般均由远洋海运局承包运输，可按远洋海运价计算。

国际运保费可按式（9-25）计算：

$$海运保费=货价\times 1.062\times 1.002924 \tag{9-25}$$

式中 1.062——运杂费系数；

1.002924——保险费系数。

安装拆卸费按需安装和拆卸的机械次数采用式（9-26）计算：

$$安装拆卸费=设备原价\times（2\%～3\%）（次） \tag{9-26}$$

运杂费由厂家（或工地）运至施工现场所发生的国内外运杂费。国内运杂费可按施工机械的数量清单以施工机械原价的 5%～8% 计取。或按工程承包费的 1%～2% 计取。

修理维修费包括修理费、替换设备及工具附件费、润滑及擦拭材料以及辅助设施费等，这些费用与机械运转时间有关，一般可按国内定额所列大修理费用的 1/3 计取。当基本折旧按 5a 考虑时可以不计。

动力、燃料消耗费，其消耗量可按国内现行定额计算：

$$动力、燃料消耗费=消耗量\times 动力、燃料预算价 \tag{9-27}$$

国内租赁施工机械费：可采用当地施工机械台班租赁价格按式（9-28）计算：

$$施工机械台班使用费=\Sigma（机械台班数\times 机械租赁台班费用） \tag{9-28}$$

②定额计价法：按式（9-29）计算：

$$机械台班使用费=(3～3.6)\times 承包工程量\times 国内定额消耗量\times 国外机械台班价格$$

$$(9\text{-}29)$$

系数 3～3.6 是国内机械折旧费，一般为 15～18 年(15/5～18/5＝3～3.6)。凡工期仅 1～2 年的工程，不能采用全部报废处理。

也可根据国际惯例提出主要施工机械明细表、价格、总价，作为其他费用中的施工机械购置费。然后再根据承包工程国内定额、国外价格计算出台班费和全部施工机械使用费。再把施工机械购置费和按定额计算的全部施工机械费相加，即是全部承包工程的施工机械使用费。

5）永久设备费：永久设备费指工程建成后构成业主固定资产的设备。作为永久工程一部分的那些设备的费用，是在设备购置费的基础上加上设备安装费和运行调试费（如果在工程量清单中这两项不单列的话）以及备用件费用。

6）分包费：国际工程分包一般有三种方式：一种是由业主直接将工程划分为若干部分，由业主分别发包给若干承包商，这时工地上有一家主要承包商负责向其他承包商提供必要的工作条件，如供水、供电以及协调施工进行。这时主要承包商可向业主收取一定的管理费，有时也可把其他承包商当成分包商向他们收取管理费，这要根据招标文件来决定；另一种是一家承包商总包整个工程，其他分包商不与业主发生关系，只与承包商签订合同，对承包商负责。这时，承包商应将分包的工程范围，有关的图纸资料以及分包的条件准备好，初选定若干个分包商，比较分包商的报价和其他条件（特别是技术水平和资信），然后选定分包商，确定分包费用；第三种是指定分包商，由业主或工程师指定，或在订合同时规定的分包商。他们负责某一部分工程的实施，提供材料、设备或其他货物，进行某些服务工作等，这类分包商的费用可经由监理工程师批准在暂定金额中支付。

分包费用包括预计要支付给分包商的费用以及分包管理费。分包管理费包括分包商在施工过程中准备使用承包商的有关设施所应支付的费用。有关设施包括临时工程（如混凝土拌和楼）、生活设施（如食堂、保健站）、办公设施、实验室、仓库、风、水、电和其他动力等。

（2）间接费用：国际工程的间接费名目繁多，费率变化大，分类方法也没有统一标准，不同国家和不同公司分类计算方法也不同。一般有：投标费用、保函手续费、保险费、税金、业务费、临时设施工程费、工程辅助费、贷款利息、施工管理费等。

1）投标费用：是指在投标期间开支的费用，一般包括购置招标文件费，投标期间的差旅费、编制投标文件费和礼品及佣金等。

2）保函手续费：承包工程须出具的保函一般有投标保函、履约保函、预付款保函。

投标保证金一般为投标总价的 0.1％，并加上实耗的邮电费，如有需咨询证明者，银行再收 100 元。保函期随工程规模和业主的要求而不同，一般为 3～6 个月。

履约保证金为保函金额（一般可按合同价的 25％～30％计算）的 0.5％～1.5％计算，一般为 0.8％。履约保函一般定期调整，调整期一年一次，下一年的保函金额可扣除已完工程的费用。保函手续费用国内银行可用人民币支付，国外代理行则收取外币，并加付垫付外汇利息。

3）保险费：国际工程承包中的保险费有工程保险、施工机械保险、工程和设备缺陷索赔保险、人身意外保险、第三者责任险。

①工程保险：这是指工程建设和维护保养期间，因发生自然灾害或意外事故所造成的物质损失可得到赔偿。一般将工程保险分为建筑工程险和安装工程险，根据工程性质和资金分配的大小投保其中一项。建筑工程保险费按工程费总额的 2‰～4‰计算，安装工程险按 3‰～5‰计算，财产加保机械损坏险可按财产值的 2‰～3‰计算。保险费视工程具体情况取低费率或高费率，如当地地震频繁，紧靠森林容易发生火灾，地势低洼，易受洪水侵袭等则可按高费率计算，还可以加成，如动乱较多时，加成系数为 1.1～1.2。

工程保险费＝总标价×保险费率×加成系数

②施工机械保险：施工机械因属于承包商所有，招标书中一般不会提出施工机械的保险。

③工程和设备缺陷索赔保险：在前面已讲到缺陷责任期，有的业主采用的是维修保函的方式，有的则采用要求承包商进行保险，标书中规定了明确的期限和金额，按中国规定年费率为 0.15％～2.5％。

④人身意外保险：内容很多，如人寿险、疾病险、人身意外险等，在国际工程承包中，可仅投人身意外险。某些国家地方病流行，也可投保疾病险。按照中国人民保险公司

的规定，人身意外险的投保金额，一般可按 2 万元/人投标，此数也是赔偿的最高额，费率每人每年 1%。

$$人身意外险＝施工年平均人数×施工年数×2 万元×1\%$$

当地工人由承包商负责保险，可按当地保险规定计算。有的国家已将保险费计入人工费中，则不再计算人身意外保险费。

⑤第三者责任险：是指在进行工程建设和执行合同时造成第三者的财产损失和人身意外伤害事故，为免除赔偿责任而投保第三者责任险。在招标文件中均规定了承包商必须投保第三者责任险及投保的最低金额。有的标书规定不得少于合同价的 1%；有的则定出具体金额。按中国保险公司规定费率为 0.25%～0.35%。

在上述五类保险费中，工程保险、人身意外保险、第三者责任险是非保不可的，而施工机械保险、工程和设备缺陷索赔保险视具体工程而定，不强求必须保险。

4）税金：在投标作价阶段必须计算税金，因此要认真调查研究，按照标书的规定，搞清纳税范围、内容、税率和计算基础，据以计算标价。一般税金项目及参考税率如下：

①合同税：按合同金额征税，税率 1%～10%。

②所得税：为利润的 30%～55%。

③营业税或销售税：对工程承包公司，5%～20%。

④产业税：按公司拥有动产或不动产金额征税，5%～10%。

⑤社会福利税：为个人所得税的 10%左右。

⑥社会安全税：按个人月工资的 5%～8.4%计税。

⑦个人所得税：约为工资的 5%计税。

⑧印花税：约为凭证费用的 0.1%～1%。

⑨养路及车辆牌照税：各国计量方法不同，世界无统一标准。

⑩地方政府开征的税：

a. 市政税：利润的 1%～3%。

b. 战争义务税：利润的 1%～4%。

c. 土地使用税：各国计算方法不同。

d. 过境税：各国计算方法不同。

⑪其他税：以列入其他项目内较好，如关税、转口税、过境税等可列入设备及器材价格内。

所得税，凡属于工资的所得税，当地工人已包括在工资内，可不再计列。中国工人的工资，如缴纳所得税，则应计入工资中。

工程所得税，有的国家按盈利部分的 50%计算，作价时，只要将利润这一部分适当考虑就可以了。

有些国家规定，可以对承包商一律免征税收，这样手续简化，也可以保证承包商的利益，但必须在合同中详细订明，并经有关部门认可。国外的税收制度十分复杂，只有依靠当地专业人员才能弄清，应力争免税为宜。

5）业务费：它分有：业主工程师费、代理人佣金、咨询公司费用、法律顾问费、保安费、业主人员培训费等。

①业主工程师费：指承包商为业主工程师创造现场工作、生活条件而开支的费用。包

括办公和居住用房、居室内全部设施、用具、交通车辆等费用。有的招标文件对此有具体要求，单独列出报价，如果招标文件无明确规定，也要了解业主要求，估计列出费用。

②代理人佣金：承包人通过当地代理人协助搜集资料、通报消息、疏通环节等。有的国家的法律明确规定，外国公司必须有当地代理人，才能被批准参与当地建设项目的投资和承包。代理人佣金，一般是工程中标后，按投标报价的 1%～3% 支取，比例大小与代理人起的作用成正比，与造价成反比，也可一笔整数包干，如未能中标则不支付。

③咨询公司费用：如承包商要聘请咨询公司派人进行工程咨询、设计或施工管理时，应列此项费用。

④法律顾问、当地会计师等人员的费用：法律顾问由承包商聘请，故应列法律顾问聘金。其费用一般为固定的月薪，但遇重大纠纷，或复杂争论发生时，必须增加酬金。

⑤业主人员培训费：承包商接受业主派遣的人员进行技术培训时，提供的实习及生活费用。包括：往返两国间的旅费和接受方国境内的旅费和食宿费等；生活费（包括食宿、零用、服装、医疗、邮电和市内交通费等，必要时还考虑修缮或修建招待所的费用）；培训费（接受方进行培训人员的工资、办公费、培训时所消耗的原材料、辅助材料、设备折旧费、劳保费、教材文具等）；翻译人员服务费；招待费（文体活动费、参观游览、便餐、烟茶费等）。培训费一般不直接向业主收取，在培训费项目列支，培训期一般 3～6 个月，培训费 500～1000 美元/（人·月）。

⑥国内营业费：这是上级对外工程公司的收费项目，为承包工程，花费的人力物力，在施工期间拨出部分基金购置施工机械（运回后，产权为对外公司所有），在各地设置联络处或分公司，以及有些工程未能中标所花的费用需在中标工程中分摊等。上缴公司的营业费率根据合同价和承包范围不同而不同。100 万元以下工程，6%；100 万～400 万元工程，5%；401 万～1000 万元工程，4%；1400 万元以上工程，另定；劳务合作及技术服务，4%。

6）工程辅助费：包括工程移交前修理费、竣工整理费、试运转费。

①工程移交前维护修理费：工程施工期间陆续完工的项目，在未验收发给最终竣工书前，承包商必须负责维修的费用。由于很难预测维修的工作量，只能按每项工程标价的 1.1%～1.2% 计列。

②竣工整理费：指工程竣工后，对建设场地的建筑物和构筑物、管线等的拆除，场地清理，垃圾清运等工作所支付的费用。其费用可参照国内工程指标，按第一部分工程标价的 0.2% 计算。也可按房屋（厂房）体积计算垃圾工程量指标，工业建筑物 $0.012t/m^3$；民用建筑物 $0.016t/m^3$。运输距离和运输费用按当地规定计算。

也可以根据某一工程项目总建筑面积乘以施工渣土外运单价计算。其外运单价按工业建筑 0.4 美元/m^2，民用建筑 0.2 美元/m^2 计取。

③试运转费：指成套设备项目在移交业主之前需进行整个车间、全厂性联动的无负荷和有负荷试运转所发生的费用，一般为工程费的 0.4%～0.8%。

7）临时设施工程费：临时设施费又叫临建费用，应单独列项。有的招标文件提出临建费用与施工机械使用费应控制在 5%～15% 范围内。对于较大型的工程，临建费所占比重较大，有时可达工程直接费的 2%～8%，一般约占总造价的 1%～2%，比国内要小得多。临建的报价应按施工组织设计和施工总平面布置图中面积进行计算，尽量避免用国内的百分比方法计算，因这种方法误差太大，也不符合国外情况。临建费用应包括风、水管路、动力照明、通信线路、辅助生产用房、仓库、生活建筑、上下水道、平整场地等项目。费用计算应考虑拆除费，根据工程实际情况确定是否计算回收。宿舍的标准和面积指标必须加大，以符合当地规定或水平，每个房间只能住 2 人，住房面积在 $12m^2/$人以上，且必须有卫生间、洗脸间等。临建是采用租赁、自建或购房应进行经济比较后决定。

8）贷款利息：由于业主在开工前预付给承包商的款项只有合同价的 10%～15%，往往不能满足需要，承包商要向银行贷款，因此，在标价中应计算贷款利息。

9）施工管理费：是指除了直接用于各分部分项工程施工所需的人工、材料和施工机械等开支以外的，但又是为了实施工程所需的各项开支费用。施工管理费一般包括：工作人员费、生产工人辅助费、工资附加费、业务经营费、办公费、差旅交通费、固定资产使用费、文体宣教费、国外生活设施使用费、工具用具使用费、劳动保护费、检验试验费及其他。

施工管理中各项费用所占的大致比重为（施工管理费 100%）：工作人员费 21%～25%；生产工人辅助工资费 10%～12%；工资附加费 6%～8%；业务经营费 30%～38%；办公费 2%～3%；差旅交通费 3%～5%；文体宣教费 1%～2%；固定资产使用费 3%～4%；国外生活设施使用费 1%～2%；工具用具使用费 3%～5%；劳动保护费 2%～3%；检验试验费 1%～2%；其他 3%～5%。

（3）上级企业管理费和盈余：在这一大项中，一般包含：企业管理费、不可预见费和利润等内容。

1）上级企业管理费：在前面第 2）⑨项中所说的施工管理费中，主要是现场施工管理费，类似国内的现场管理费，在内容上不尽相同。如果在该项目中未包括上级企业管理费，就应列计。此项费用，一般约为工程总成本的 3%～5%。

2）风险费：风险费又叫不可预见费、意外费、预备费，这项费用包括的内容很多，是承包商在投标时很难准确确定的费用项目，一般按标价的 5%～8% 计算。

3）利润：国际承包工程竞争越来越激烈，利润率随市场需求变化很大，20 世纪 70 年代到 80 年代初期利润率可达 10%～15%，甚至更高。但 80 年代后期，国际工程承包市场疲软，竞争激烈，利润率下降，一般考虑以合同价的 5%～10% 为宜。

4）物价上涨调整费用：如果属于固定总价合同，就应包括此项内容。如果标书规定允许按实调整或按政府规定的指数调整，则可不列此项费用。

物价上涨费用，应根据承包地区历年的价格指数，或按政府公布的物价指数，结合国际市场动态和承包工程期限的长短，分类作出预测估算。根据国际市场动态分析，人工费年增长率为 5%～10%，材料设备上涨率一般正常情况下为 7%～10%。

（4）勘察设计费：勘察设计费作为一项独立费用单列，可按国内的有关规定执行，但对外收费，要因地因事制宜，以适应国外市场竞争激烈多变的客观情况。在计算勘察设计费时应综合考虑以下因素：

1）如果工程中涉及设计单位测试时，应增加费用。

2）如果当地规定所收费用均须缴纳税金时，应增加费用，最好在合同中订明，设计费不包括税收等因素的设计单位的净收入。

3）如果仅承担土建设计，不包括机电设备安装项目，设计费率应增加。

4）工程量小，投资少，施工现场距国内又较远者，可适当增加设计费，或将国外旅费等另列。

5）一般地讲，应增列上级管理费，因为国内的设计单位没有涉外权，必须由对外承包工程公司负责，所以要提取上级管理费。

6）如果工程条件差，招标文件要求比较苛刻，设计上承担的风险较大时，也应适当增加费用。反之，项目比较单纯，图纸也可以重复使用，设计费可适当减少。

7）投标、报价或可行性研究等前期费用可作单项，与委托方结算。

国际设计收费一般为工程造价的 8%～10%。中国对外承包工程设计收费可按 4%～6% 计算，一般都按 4% 计算。虽然承包国外工程设计，增加很多工作量及国外差旅费，但国外工程造价较高，设计单位还有 40% 的外汇结算分成，一般还是有利可图的。

4. 投标价格的确定

固定总价合同的投标价格的确定，大体上分 7 个步骤：复核（或计算）工程量，制定施工规则、计算工、料、机单价计算分项工程单价、计算间接费、确定投标价格、编制投标标书。

（1）复核（或计算）工程量：招标文件一般附有工程量表，但投标单位必须仔细复核工程量是否与图纸相符。当发现某项工程量有误时，不要随便改动，应提请业主认可后改正；如果业主当时不予改正，可在投标信中声明：某项工程量有误，将来需按实际完成量计算。有些招标文件没有现成的工程量，需要投标人根据设计图纸计算。工程量直接影响到标价的高低。无论是复核还是计算工程量，都应力求准确。特别是固定总价合同，漏算工程量（是很容易出现的错误）会给承包商带来不可挽回的损失。

（2）制定施工规划：这里所指的施工规划，其深度和广度都不及国内的施工组织设计。在投标阶段没有必要编制施工组织设计。制定施工规划是为了计算有关费用。中标后，施工规划可用以指导编制施工组织设计，也是编制施工组织设计的依据。编制施工规划的原则是在保证工程质量、工期的前提下，寻找最佳方案，使工程成本最低，投标的经济效益最好。

（3）计算分项工程基本单价：根据计算的人工、材料、设备及机械台班单价和分项工程中工、料、机消耗定额，计算分项工程基本单价。

确定分项工程中工、料、机的消耗定额，要搞清楚招标文件所选用的工程量计算原则或业主划分的分项工程的工作内容，并结合施工规划中选用的施工工艺、施工方法、施工机具来考虑。可根据国内相同或相似的分项工程消耗定额为基础，再根据具体情况加以修正，切不可完全照搬。

计算分项工程单价时，应注意以下几点：

1）要把业主在分项工程量中未包括的工作内容及其单价考虑进去，不应漏算。比如，招标文件工程量表中习惯上不列脚手架工程（并不是不需要），计算时应把脚手架的费用分摊到砌筑、浇筑、抹灰工程中去。

2）分项工程单价受市场价格波动影响，并随不同的施工工艺而变化。因此，对其单价要及时调整，不可任何工程、任何时候都套用同一单价。

3）分项工程单价必须用上述方法逐步计算，不可采用"国内单价加运费后折合成外币"的简单方法。

（4）确定投标价格：按上面计算出直接费用和间接费（有的国家包括上级企业管理费和盈余），再进行汇总，就是工程总价。但是，这样汇总的工程总价不能作为投标报价。因为上述方法算出来的工程总价与根据经验预测可能中标价格或通过各种渠道掌握的"标底"相比，往往有出入，有时可能相差很大。组成总价的各部分费用间的比例也可能不合理。造成这种"价差"的原因是计算过程中可能对某些费用估计的偏差、重复或漏算等。因此，必须对工程总价作某些必要的调整。

调整总价应当建立在对工程的盈亏预测的基础上，盈亏预测应采用类比、分析等多种方法从多种角度进行。

用类比方法，可以把工程费用按性质分成人工费、材料费、机械费、间接费，分别汇总，计算出各种费用占总价的比例，或每 $1m^2$ 造价，以便和以往类似工程相比较，从中发现问题。

用分析方法，可以把工、料、机单价，分项工程单价和间接费互相对照，看是否有漏算、重算的项目，然后分析费用的各个组成部分，看哪些地方留有余地或余地过大可以下调，哪些地方费用偏紧需增加，而哪些地方通过技术组织措施还可以降低成本，增加盈利。

利润是标价的高低，工程盈亏的关键因素，确定利润，应当贯彻"能够中标，有利可图"的原则。同时，还应考虑一标成功的得失，放眼未来的发展目标。

（5）编制标书：编制标书的核心是投标价格的表现形式。按照惯例，在标书中只出现总价、分项工程单价。对于间接费，一般不能列，或者只列其中少数几项，而大多数间接费都分摊到分项工程单价中去。分项工程单价是按全费用法编制，如何分摊间接费，对投标人来讲不仅是表现形式，也关系切身经济利益。把间接费多摊入早期完成的工程可及早收回更多的工程款。根据不同的间接费和投标人的投标策略，间接费可采取早期摊入、递减摊入、递增摊入、平均摊入等不同分摊方法。

1）递减摊入法：是将施工前期发生较多而后逐步减少的一些费用，按一定比例逐渐减少分摊的方法。这类费用主要有：履约保函手续费、贷款利息、部分临时设施费、业务费、管理费。

2）递增摊入法：这类费用主要有：物价上涨、维修保函手续费。

3）早期摊入法：是将在投标期间和开工初期发生的间接费用全部摊入早期完工的分项工程中。这些费用主要有：投标期间开支的费用、投标保函手续费、部分临时设施费。

4）平均摊入法：将费用平均分摊到所有的分项工程单价中。主要有：意外费用、利润、税金、保险费。

如有可能，有些间接费可按单列项办法，而不是分摊到分项工程中。例如，临时设施费、业主工程师费等，这样可更早地收回已发生的费用。

9.3 资 产 评 估

9.3.1 资产评估的概念及其特点

1. 资产评估的概念

资产评估的概念可以从资产评估的定义、基本要素和种类等几方面去认识。

（1）资产评估的定义

财政部颁布的《资产评估准则——基本准则》（2004）中对资产评估所下的定义是：本准则所称资产评估，是指注册资产评估师依据相关法律、法规和资产评估准则，对评估对象在评估基准日特定目的下的价值进行分析、估算并发表专业意见的行为和过程。

（2）资产评估的基本要素

一般认为，资产评估应当包括以下基本要素。

1）评估主体

资产评估工作是由专门从事资产评估的机构和人员进行的。资产评估机构和人员是资产评估的主体，是开展资产评估的主导者，必须是符合国国家有关规定、具有从事资产评估资格的机构和人员。资产评估人员只有取得相应的评估执业资格，才能开展资产评估业务。

2）评估客体

资产评估是对拟发生产权交易或变动的资产进行的评估。客户委托评估的资产是资产评估的客体，它是资产评估的具体对象，也称为评估对象。

3）评估依据

资产评估是评估人员依据有关的法律、法规和被评估资产有关信息全面了解的基础上作出的价值判断。资产评估是由专业人员对被评估资产在某一时点的价值量大小所作的判断，但这种判断不是随意的估算，必须具有科学的依据。

4）评估目的

资产评估具有明确的目的。资产评估的目的是指资产业务引发的经济行为，如企业进行股份制改造、上市、资产抵押贷款等。资产评估目的反映了资产评估结果的具体用途，它直接决定和制约资产评估价值类型和方法的选择。

5）评估原则

资产评估应当遵循一定的原则。资产评估的原则是资产评估的行为规范，是调节评估当事人各方关系、处理评估业务的行为准则，评估人员只有在一定的评估原则指导下作出评估结果，才具有可信性。

6）评估程序

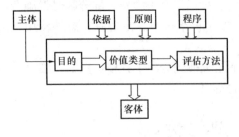

图9-4　资产评估的构成要素

资产评估必须按照一定的程序进行。评估程序是资产评估工作从开始准备到最后结束的工作顺序。为了保证资产评估结果的科学性，任何一项资产评估业务，无论是规模较大的企业整体资产，还是单独的一台设备，在进行资产评估工作时，必须按照国家有关规定，进行财产清查、市场调研、评定估算、验证结果等工作程序，否则将影响资产评估的质量。

7）资产评估价值类型

即对评估价的质的规定，它对资产评估参数的选择具有约束性。

8）资产评估方法

即资产评估所运用的特定技术，是分析和判断资产评估价值的手段和途径。

以上要素构成了资产评估活动的有机整体，如图 9-4 所示。

（3）资产评估的种类

由于资产种类的多样化和资产业务的多样化，资产评估也相应具有多种类型。通常，按照不同分类标准，可将资产评估分为下列几种形式。

1）按资产评估工作的内容不同，资产评估可具体分为一般评估、评估复核和评估咨询。

一般评估是指正常情况下的资产评估，通常以资产发生产权变动、产权交易及资产保险、纳税或其他经济行为为前提，包括市场价值评估和市场价值以外的价值评估。例如企业上市资产评估、组建合资企业资产评估、企业股份制改造资产评估、企业资产抵押贷款资产评估等。

评估复核是指在对被评估的资产已经出具评估报告的基础上，由其他评估机构和评估人员对同一被评估资产独立地进行评定和估算并出具报告的行为和过程。

评估咨询是一个较为宽泛的术语。确切地讲，评估咨询主要不是对评估标的物价值的估计和判断，它更侧重于评估标的物的利用价值、利用方式、利用效果的分析和研究，以及与此相关的市场分析、可行性研究等。

2）按资产评估与评估准则的关系不同，资产评估可具体分为完全评估和限制评估。

完全评估一般是指完全按照评估准则的要求进行资产评估，未适用准则中的背离条款。完全评估中的被评估资产通常不受某些方面的限制，评估人员可以按照评估准则和有关规定收集评估资料并对被评估资产的价值作出判断。

限制评估一般是指根据背离条款，或在允许的前提下未完全按照评估准则或规定进行的资产评估，评估结果受到某些特殊因素的影响。

3）按照资产评估对象及适用的原则不同，资产评估可分为单项资产评估和整体资产评估。

单项资产评估是指评估对象为单项可确指资产的评估。通常，机器设备评估、土地使用权评估、房屋建筑物评估、商标权评估、专利权评估等均为单项资产评估。由于单项资产评估的对象为某一类资产，不考虑其他资产的影响，通常由某一方面的专业评估人员参加即可完成资产评估任务。

整体资产评估是指以若干单项资产组成的资产综合体所具有的整体生产能力或获利能力为评估对象的资产评估。例如，以企业全部资产作为评估对象的企业整体价值评估（或称企业价值评估）、以企业某一部分或某一车间为评估对象的整体资产评估、以企业全部无形资产为评估对象的无形资产整体评估等。企业价值评估是整体资产评估最常见的形式。整体资产评估不同于单项资产评估的关键之处就在于，在整体资产评估工作中要以贡献原则为中心，考虑不同资产的相互作用及它们对企业整体生产能力或总体获利能力的影响。

2. 资产评估的特点

资产评估是资产交易等资产业务的中介环节，它是市场经济条件下资产交易和相关资产业务顺利进行的基础。这种以提供资产价值判断为主要内容的经济活动与其他经济活动相比，具有以下鲜明的特点。

(1) 市场性

资产评估是市场经济发展到一定阶段的产物，没有资产产权变动和资产交易的普遍进行，就不会有资产评估的存在。资产评估一般要估算的是资产的市场价值，因而资产评估专业人员必须凭借自己对资产性质、功能等的认识及市场经验，模拟市场对特定条件下的资产价值进行估计和判断，评估结果是否客观需要接受市场价格的检验。资产评估结论能否经得起市场检验是判断资产评估活动是否合理、规范，以及评估人员是否合格的根本标准。

(2) 公正性

资产评估的公正性主要体现在资产评估是由交易双方以外的独立的第三者，站在客观公正的立场上对被评估资产所作的价值判断，评估结果具有公正性。资产评估的结果密切关系着资产业务有关各方的经济利益，如果背离客观公正的基本要求，就会使得资产业务的一方或几方蒙受不必要的损失，资产评估就失去了其存在的前提。

资产评估的公正性要求评估人员必须站在公正的立场，采取独立、公正、客观、中立的态度，不屈服于任何外来的压力和任何一方的片面要求，客观、公正地作出价值判断。对于资产评估机构而言，资产评估的公正性也是十分重要的，只有以客观公正的评估结果，为客户提供优质的服务，才能赢得客户的信任，逐步树立自己的品牌，评估机构才能不断得到发展，否则必将逐步丧失信誉，丧失市场，最终走向破产。

(3) 专业性

资产评估人员在对被评估资产价值作出专业判断的过程中，需要依据大量的数据资料，经过复杂细致的技术性处理和必要的计算，不具备相应的专业知识就难以完成评估工作。例如在对厂房或有关建筑物进行评估时，需要对其进行测量，了解建筑构造、工程造价、使用磨损程度等情况，缺乏建筑专业基础知识则难以进行；对机器设备进行评估时，需要对被评估设备的有关技术性能、磨损程度、预计经济寿命等情况作出判断，这些都具有较强的专业技术性，不具备相关专业知识难以得出客观的评估结果。

资产评估的技术性要求评估人员应当由具备一定专业知识的专业技术人员构成，如建筑、土地、机电设备、经济、财务等。

(4) 咨询性

资产评估结论是评估人员在评估时根据所收集到的数据资料，模拟市场对资产价值所作出的主观推论和判断。不论评估人员的评估依据有多么充分，评估结论仍然是评估人员的一种主观判断，而不是客观事实。因此，资产评估不是一种给资产定价的社会经济活动，它只是一种经济咨询或专家咨询活动。评估结果本身并没有强制执行的效力，评估人员只对评估结论的客观性负责，而不对资产交易价格的确定负责。评估结果只是为资产业务提供一个参考价值，最终的成交价格取决于交易双方在交易过程中的讨价还价能力。

9.3.2 资产评估的假设与原则

1. 资产评估假设

由于认识客体的无限变化和认识主体有限能力的矛盾，人们不得不依据已掌握的数据资料对某一事物的某些特征或全部事实作出合乎逻辑的推断。这种依据有限事实，通过一系列推理，对于所研究的事物作出合乎逻辑的假定说明就称为假设。假设必须依据充分的事实，运用已有的科学知识，通过推理（包括演绎、归纳和类比）而形成。当然，无论如何严密的假设都带有推测，甚至是主观猜想的成分。但是，只要假设是合乎逻辑、合乎情理的，它对科学研究都是有重大意义的。资产评估与其他学科一样，其理论体系和方法体系的确立也是建立在一系列假设基础之上的，其中交易假设、公开市场假设、持续使用假设和清算假设是资产评估中的基本前提假设。

（1）交易假设

交易假设是资产评估得以进行的一个最基本的前提假设。交易假设是假定所有被估资产已经处在交易过程中，评估师根据待评估的交易条件等模拟市场进行估价。众所周知，资产评估其实是在资产实施交易之前进行的一项专业服务活动，而资产评估的最终结果又属于资产的交换价值范畴。为了发挥资产评估在资产实际交易之前为委托人提供资产交易底价的专家判断的作用，同时又能够使资产评估得以进行，利用交易假设将被评估资产置于"交易"当中，模拟市场进行评估就是十分必要的。

交易假设一方面为资产评估得以进行"创造"了条件，另一方面它明确限定了资产评估外部环境，即资产是被置于市场交易之中，资产评估不能脱离市场条件而孤立地进行。

（2）公开市场假设

公开市场假设是对资产拟进入的市场的条件，以及资产在这样的市场条件下接受何种影响的一种假定说明或限定。公开市场假设的关键在于认识和把握公开市场的实质和内涵。就资产评估而言，公开市场是指充分发达与完善的市场条件，指一个有自愿的买者和卖者的竞争性市场，在这个市场上，买者和卖者的地位是平等的，彼此都有获取足够市场信息的机会和时间，买卖双方的交易行为都是在自愿的、理智的，而非强制或不受限制的条件下进行的。事实上，现实中的市场条件未必真能达到上述公开市场的完善程度。公开市场假设就是假定那种较为完善的公开市场存在中，被评估资产将要在这样一种公开市场中进行交易。当然公开市场假设也是基于市场客观存在的现实，即以资产在市场上可以公开买卖这样一种客观事实为基础的。

由于公开市场假设假定市场是一个充分竞争的市场，资产在公开市场上实现的交换价值隐含着市场对该资产在当时条件下有效使用的社会认同。当然，在资产评估中，市场是有范围的，它可以是地区性市场，也可以是国内市场，还可以是国际市场。关于资产在公开市场上实现的交换价值所隐含的对资产效用有效发挥的社会认同也是有范围的，它可以是区域性的、全国性的或国际性的。

公开市场假设旨在说明一种充分竞争的市场条件，在这种条件下，资产的交换价值受市场机制的制约并由市场行情决定，而不是由个别交易决定。

公开市场假设是资产评估中的一个重要假设，其他假设都是以公开市场假设为基本参照。公开市场假设也是资产评估中使用频率较高的一种假设，凡是能在公开市场上交易、用途较为广泛或通用性较强的资产，都可以考虑按公开市场假设前提进行评估。

（3）持续使用假设

持续使用假设也是对资产拟进入的市场条件，以及在这样的市场条件下的资产状态的一种假定性描述或说明。该假设首先设定被评估资产正处于使用状态，包括正在使用中的资产和备用的资产；其次根据有关数据和信息，推断这些处于使用状态的资产还将继续使用下去。持续使用假设既说明了被评估资产面临的市场条件或市场环境，同时着重说明了资产的存续状态。按照通行的说法，持续使用假设又细分为3种具体情况：一是在用续用；二是转用续用；三是移地续用。在用续用指的是处于使用中的被评估资产在产权发生变动或资产业务发生后，将按其现行正在使用的用途及方式继续使用下去。转用续用则是指被评估资产将在产权发生变动后或资产业务发生后，改变资产现时的使用用途，调换新的用途继续使用下去。移地续用则是指被评估资产将在产权变动发生后或资产业务发生后，改变资产现在的空间位置，转移到其他空间位置上继续使用。

持续使用假设是在一定市场条件下对被评估资产使用状态的一种假定说明，在持续使用假设前提下的资产评估及其结果的适用范围常常是有限制的。在许多场合下评估结果并没有充分考虑资产用途替换，它只对特定的买者和卖者是公平合理的。

持续使用假设也是资产评估中一个非常重要的假设。尤其在我国，经济体制处于转轨时期，市场发育尚未完善，资产评估活动大多与老企业的存量资产产权变动有关。因此，被评估对象经常处于或被限定在持续使用的假设前提下。充分认识和掌握持续使用假设的内涵和实质，对于我国的资产评估来说有着重要意义。

（4）清算假设

清算假设是对资产拟进入的市场条件的一种假定说明或限定。具体而言，是对资产在非公开市场条件下被迫出售或快速变现条件的假定说明。清算假设首先是基于被评估资产面临清算或具有潜在的被清算的事实或可能性，再根据相应数据资料推定被估资产处于被迫出售或快速变现的状态。由于清算假设假定被估资产处于被迫出售或快速变现条件之下，被评估资产的评估值通常要低于在公开市场假设前提下或持续使用假设前提下同样资产的评估值。因此，在清算假设前提下的资产评估结果的适用范围是非常有限的。当然，清算假设本身的使用也是较为特殊的。

2. 资产评估的原则

（1）资产评估工作原则

1）真实性原则

真实性原则要求资产评估工作实事求是，尊重科学。一方面，资产评估机构在评估工作中必须以实体材料为基础，以确凿的事实为依据，以科学的态度为指针，实事求是地得出评估结果；另一方面，被评估单位必须实事求是地把被评估资产的情况提供给评估人员和评估机构，保证评估工作始终在占有真实资料的基础上进行。

2）科学性原则

科学性原则要求资产评估机构和评估人员必须遵循科学的评估标准，以科学的态度制定评估方案，并采用科学的评估方法进行资产评估。在整个评估工作中必须把主观评价与客观测算、静态分析与动态分析、定性分析与定量分析有机结合起来，使评估工作做到科学合理，真实可信。

3）公平性原则

公平性原则要求资产评估机构和评估人员必须坚持公平、公正的立场，不偏向任何一方，以中立的第三者身份客观地进行评估。

4）可行性原则

可行性原则要求评估机构和评估人员根据评估对象的特点和性质及当时所具备的条件，制定切实可行的评估方案，并采用合适的评估方法进行评估。所谓切实可行，是指在现实条件下能够办得到的。例如，某企业在进行资产评估时，为得到某项并不重要的设备的评估值而花费巨额资金进行仪器检测，显然这不是必要的，这样做违反了可行性原则。

5）简易性原则

简易性原则要求资产评估工作在达到相应准确度要求的前提下，尽量使评估工作简便易行，以节约人力、物力和财力，提高资产评估的效率。

（2）资产评估的经济技术原则

资产评估的经济技术原则是指在资产评估执业过程中的一些技术规范和业务准则，它们为评估人员在执业过程中的专业判断提供技术依据和保证。

1）预期收益原则

预期收益原则是以技术原则的形式概括出资产及其资产价值的最基本的决定因素。资产之所以有价值是因为它能为其拥有者或控制者带来未来经济利益，资产价值的高低主要取决于它能为其所有者或控制者带来的预期收益量的多少。预期收益原则是评估人员判断资产价值的一个最基本的依据。

2）供求原则

供求原则是经济学中关于供求关系影响商品价格原理的概括。假定在其他条件不变的前提下，商品的价格随着需求的增长而上升，随着供给的增加而下降。尽管商品价格随供求并不成固定比例变化，但变化的方向都带有规律性。供求规律对商品价格形成的作用力同样适用于资产价值的评估，评估人员在判断资产价值时也应充分考虑和依据供求原则。

3）贡献原则

从一定意义上讲，贡献原则是预期收益原则的一种具体化原则。它也要求资产价值的高低要由该资产的贡献来决定。贡献原则主要适用于构成某整体资产的各组成要素资产的贡献，或者是当整体资产缺少该项要素资产将蒙受的损失。

4）替代原则

作为一种市场规律，在同一市场上，具有相同使用价值和质量的商品，应有大致相同的交换价值。如果具有相同使用价值和质量的商品，具有不同的交换价值或价格，买者会选择价格较低者。当然，作为卖者，如果可以将商品卖到更高的价格水平，他会在较高的价位上出售商品。在资产评估中确实存在着评估数据、评估方法等的合理替代问题，正确运用替代原则是公正进行资产评估的重要保证。

5）估价日期原则

市场是变化的，资产的价值会随着市场条件的变化而不断改变。为了使资产评估得以操作，同时又能保证资产评估结果可以被市场检验，在资产评估时必须假定市场条件固定在某一时点，这一时点就是评估基准日或称估价日期，它为资产评估提供了一个时间基准。资产评估的估价日期原则要求资产评估必须有评估基准日，而且评估值就是评估基准日的资产价值。

9.3.3 资产评估的依据与程序

1. 资产评估的依据

评估事项不同，所需的评估依据也不相同。多年的评估实践表明，资产评估依据虽然多种多样，但大致可以划分为四大类：行为依据、法规依据、产权依据和取价依据。

（1）行为依据

行为依据是指评估委托人和评估人员据以从事资产评估活动的依据，如公司董事会关于进行资产评估的决议、评估委托人与评估机构签订的《资产评估业务约定书》、有关部门（如法院）对评估机构的资产评估委托书等。资产评估机构或评估人员只有在取得资产评估行为依据后，才能正式开展资产评估工作。

（2）法规依据

法规依据是指从事资产评估工作应遵循的有关法律、法规依据（如《公司法》、国务院颁发的《国有资产评估管理办法》等），以及财政部与中国资产评估协会颁发的评估准则、评估指南、评估指导意见等。

（3）产权依据

产权依据是指能证明被评估资产权属的依据，如《国有土地使用证》、《房屋所有权证》等。在资产评估中，被评估的资产必须是资产占用方拥有或控制的资产，这就要求评估委托人必须提供、评估人员必须收集被评估资产的产权依据。

（4）取价依据

取价依据是指评估人员确定被评估资产价值的依据。这类依据包括两部分：一部分是由评估委托人提供的相关资料（如会计核算资料、工程结算资料等）；另一部分是由评估人员收集的市场价格资料、统计资料、技术标准资料及其他参数资料等。

以上是从事一般资产评估工作的依据。如从事特殊类型的资产评估，还可能涉及评估项目中采用的特殊依据，这要视具体情况而定，评估人员应在评估报告中加以披露。

2. 资产评估的程序

（1）明确基本事项，签订业务约定书

资产评估机构首先要与资产评估的委托方就具体的评估业务范围及其内容、评估任务的完成期限、评估收费等进行接洽。在洽谈过程中，资产评估机构需要对委托方的有关情况、委托评估的合法性、委托方的具体要求、委托评估资产的权属状况、评估业务预期的复杂程序、评估机构胜任该评估业务的能力等进行深入细致的了解和分析评价。洽谈后双方若决定合作，则需要进一步明确评估的基本事项。需要明确的评估基本事项包括：委托方所提出的评估目的、评估对象的物质实体状况及权益状况、评估基准日、委托人要求的估价任务完成期限等。

在明确资产评估业务的基本事项后，资产评估机构与委托方要签订资产评估业务约定书（即合同）。资产评估业务约定书的内容包括签约各方的名称、委托资产评估的目的、评估范围、评估基准日、提交评估报告时间、评估收费、各方的权利与义务及违约责任等有关内容。

（2）组建项目小组、编制评估计划

在签订资产评估业务约定书后，评估机构就应着手组建以项目经理为首的资产评估项目小组。对于企业价值评估及较大的评估项目，除了选派项目经理外，还要按照资产分类分别设立专业组及其负责人，以便在分工负责的基础上进行总体协调工作。

资产评估的工作方案是指评估工作的总体思路和详细实施方案，主要包括评估的技术路线和方法、需要收集的资料及其收集渠道、预计所需要的时间和费用、工作步骤和人力资源及进度安排等。为保证评估工作在有限的时间及人力和财力条件下顺利完成委托人的要求，这一工作应按照科学的项目管理方法进行。

(3) 收集评估资料

收集与资产评估有关资料，这些资料具体包括待评估的产权证明文件、技术资料、与待评估资产相同或类似参照物的市场交易信息、有关参照物的成交时间及其当时的功能结构和新旧程度等特性、影响待评估资产市场供求状况的因素信息等。如果涉及无形资产和企业价值的评估，还应收集相关行业的资料。

产权证明文件包括：有关房地产的土地使用权证、房屋产权证；有关在建工程的土地使用权证、建设规划许可证、开工许可证；有关设备的购买合同、原始发票；有关无形资产的专利证书及专利许可证、专有技术许可证、商标注册证、版权许可证、特许权许可证；有关长短期投资合同、借款合同等。

技术资料包括：有关房地产的建成时间、设计图纸、预决算资料；在建工程的种类、开工时间、预计完成时间、承建单位、筹资单位、筹资方式、成本构成、工程基本说明或计划；有关设备的技术标准、生产能力、生产厂家、规模型号、使用时间、运行状况、修理记录、设备与工艺的配套情况；有关存货的数量、计价方式、存放地点、近期市场价格；有关长期投资的明细表；原始会计和财务报表等。

(4) 清查核实待估资产，进行实地查勘

资产评估机构在与委托人签订约定书后，一般应当向委托方提供资产清查评估登记表，该表由委托人在资产清查后填写，载明了评估对象及其基本状况。评估机构在委托方自查的基础上，以委托方提供的清查评估登记表或评估申报明细表为准，对委托评估的资产进行核实和查勘。核查的目的在于确定委托评估的资产的存在性、合法性和完整性，以及委托评估的资产与账簿、报表的一致性。核实的内容主要是各类资产是否存在，以及它们的产权状况和技术状况。对建筑物、机器设备、库存等有形资产尚需要进行实地查勘，以确定其新旧程度、运行状况、质量等技术参数。不同的评估对象进行资产勘察或现场调查的方式各不相同，资产评估机构和评估人员应根据评估对象的具体情况，确定相适应的资产勘察或现场调查方式，确保该项工作顺利进行。

(5) 选择评估方法，进行估算

根据资产评估的目的，分析确定适用于该项资产评估业务的假设条件，以及待评估资产的价值类型和价值标准。

选择哪一种估价方法，需要综合考虑该项资产评估业务的评估目的、评估对象的特点、所能收集到的资料情况。一般应尽可能同时采用多种方法，以便消除因为方法的局限性和所收集的数据的不确切性而产生的不良影响，确保评估结果的客观准确性。对运用两种以上的方法估算出的结果，要进行比较分析，综合分析评估方法的相关性及相关参数选取的合理性，确定出一个符合评估目的及估价标准的评估结果。

(6) 编制和提交评估报告

资产评估机构在完成资产评估业务后，要向委托方出具包括评估过程、方法、结论、说明及各类备查文件内容的资产评估报告。资产评估报告的基本内容和格式应当遵循中国资产评估师协会的有关专业规定。资产评估报告的主要内容包括：委托方和资产评估机构情况、资产评估目的、资产评估价值类型、资产评估基准日、评估方法、资产评估假设和限制条件等内容。

资产评估机构和评估人员应以恰当的方式将资产评估报告提交给委托方并与委托方办理评估费用清算等手续。

(7) 整理工作档案，归档工作底稿

资产评估机构与委托方办理提交报告和评估费用清算等手续后，资产评估机构和人员应将资产评估工作中形成的与资产评估工作有关的有价值的各种文字、图表、声像等资料进行归档，以便为以后从事其他资产评估业务提供参考依据。

9.3.4 资产评估的基本方法

9.3.4.1 市场法

1. 基本概念和理论依据

市场法是指通过比较被评估资产与最近售出类似资产的异同，并将类似资产的市场价格进行调整，从而确定被评估资产价值的一种资产评估方法。市场法以类似资产的近期交易价格为基础来判断资产的评估价值。任何一个正常的投资者在购置某项资产时，他所愿意支付的价格不会高于市场上有相同用途的替代品的现行市价。

采用市场法对资产进行评估的理论依据是：在市场经济条件下，商品（资产）的价格受供求规律的影响。具体来说，当宏观经济中总需求大于总供给时，资产的市场价格会上升；反之，资产的市场价格会下降。同样的道理，任何时点的商品（资产）的价格反映了当时市场的供求状况。所以，按照同类资产的市场价格判断被评估资产的价值，能够充分考虑市场供求规律对资产价格的影响，易于被资产交易双方接受。

2. 应用的前提条件

应用市场法进行资产评估，必须具备以下前提条件。

(1) 需要有一个充分活跃的资产市场

在市场经济条件下，市场交易的商品种类很多，资产作为商品，是市场发育的重要方面。资产市场上，资产交易越频繁，与被评估资产相类似资产的价格越容易获得。

(2) 参照物及其与被评估资产可比较的指标、技术参数等资料是可收集到的

运用市场途径进行资产评估，重要的是能够找到与被评估资产相同或相类似的参照物。但与被评估资产完全相同的资产是很难找到的，这就要求对类似资产参照物进行调整。有关调整的指标、技术参数能否获取，是决定市场途径运用与否的关键。

3. 操作程序

运用市场法评估资产时，一般按以下程序进行。

(1) 选择参照物

选择参照物是运用市场途径进行评估的重要环节。对参照物的要求关键是一个可比性问题，包括功能、市场条件及成交时间等。另外，就是参照物的数量问题。不论参照物与评估对象怎样相似，通常参照物应选择 3 个以上。因为运用市场途径评估资产价值，被评估资产的评估值高低取决于参照物成交价格水平，而参照物成交价又不仅仅是参照物功能自身的市场体现，同时还受买卖双方交易地位、交易动机、交易时限等因素的影响。为了避免某个参照物个别交易中的特殊因素和偶然因素对成交价及评估值的影响，运用市场途径评估资产时应尽量选择多个参照物。

(2) 在评估对象与参照物之间选择比较因素

不论何种资产，影响其价值的因素基本相同，如资产的性质、市场条件等。但具体到每一种资产时，影响资产价值的因素又各有侧重。例如，房地产主要受地理位置因素的影响，而机器设备则受技术水平的影响。根据不同种类资产价值形成的特点，选择对资产价值形成影响较大的因素作为对比指标，在参照物与评估对象之间进行比较。

（3）指标对比、量化差异

根据所选定的对比指标，在参照物及评估对象之间进行比较，并将两者的差异进行量化。例如，资产功能指标，参照物与评估对象尽管用途功能相同或相近，但是在生产能力上、在生产产品的质量方面，以及在资产运营过程中的能耗、物耗和人工消耗等方面都会有不同程度的差异。将参照物与评估对象对比指标之间的差异数量化、货币化是运用市场途径的重要环节。

（4）调整已经量化的对比指标差异

市场途径是以参照物的成交价格作为估算评估对象价值的基础。在此基础上将已经量化的参照物与评估对象对比指标差异进行调增或调减，就可以得到以每个参照物为基础的评估对象的初评结果。初评结果的数量取决于所选择的参照物个数。

（5）综合分析确定评估结果

运用市场途径通常应选择3个以上参照物，也就是说在通常情况下，运用市场途径评估的初评结果也在3个以上。按照资产评估一般惯例的要求，正式的评估结果只能是一个，评估师可以对若干个初评结果进行分析，剔除异常值，对其他较为接近的初评结果可以采用加权平均法、简单平均法等计算出平均值作为最终的评估结果；评估师也可以根据经验判断确定评估值的区间。

4. 市场法常用评估方法

（1）基本参数的确定

通常，参照物的主要差异因素有以下几个方面。

1）时间因素

时间因素是指参照物交易时间与被评估资产评估基准日时间上的不一致所导致的差异。由于大多数资产的交易价格总是处于波动之中，不同时间条件下，资产的价格会有所不同，在评估时必须考虑时间差异。一般情况下，应当根据参照物价格变动指数将参照物实际成交价格调整为评估基准日交易价格。

如果评估对象与参照物之间只有时间因素的影响，被评估资产的价值可用下式表示为

$$评估值 = 参照物价格 \times 交易时间差异修正系数$$

2）区域因素

区域因素是指资产所在地区或地段条件对资产价格的影响差异。地域因素对房地产价格的影响尤为突出。当评估对象与参照物之间只有区域因素的影响时，被评估资产的价值可用下式表示为

$$评估值 = 参照物价格 \times 区域因素修正系数$$

3）功能因素

功能因素是指资产实体功能过剩和不足对价格的影响。如一栋房屋、一台机器、一条生产线，就其特定资产实体来说效能很高、用途广泛，但购买者未来使用中不需要这样高的效能和广泛的用途，形成的剩余不能在交易中得到买方认可，因而只能按低于其功能价

值的价格来交易。通常情况下功能高，卖价就高，但买方未来若不能充分使用特定资产的效能，就不愿意多花钱去购买这项资产；功能低，卖价也就低，因为买方在购买后其功能不能满足要求，将要追加投资进行必要的技术改造，这时买主就要考虑花较少的钱购买才是经济合理的。

当评估对象与参照物之间只有功能因素的差异时，被评估资产的价值可用下式表示为

$$评估值＝参照物价格×功能差异修正系数$$

4）交易情况

交易情况主要包括交易的市场条件和交易条件。市场条件主要是指参照物成交时的市场条件与评估时的市场条件是属于公开市场或非公开市场及市场供求状况。在通常情况下，供不应求时，价格偏高；供过于求时，价格偏低。市场条件上的差异对资产价值的影响很大。交易条件主要包括交易批量、动机、时间等。交易批量不同，交易对象的价格就可能会不同；交易动机也对资产交易价格有影响；在不同时间交易，资产的交易价格也会有所不同。

当评估对象与参照物之间只有交易情况的差异时，被评估资产的价值可用上式表示为

$$评估值＝参照物价格×交易情况修正系数$$

5）个别因素

个别因素主要包括资产的实体特征和质量。资产的实体特征主要是指资产的外观、结构、规格型号等。资产的质量主要是指资产本身的建造或制造的工艺水平。

当评估对象与参照物之间只有个别因素的差异时，被评估资产的价值可用下式表示为

$$评估值＝参照物价格×个别因素修正系数$$

（2）具体方法

按照参照物与评估对象的差异程度，以及需要调整的范围，市场法可以划分为直接比较法和类比调整法。

1）直接比较法

直接比较法是指直接利用参照物价格或利用参照物的某一基本特征与评估对象的同一特征进行比较而判断评估对象价值的各种具体的评估技术方法。具体公式为

$$评估值＝参照物成交价格×单一因素修正系数$$

①现行市价法

当评估对象本身具有现行市场价格或与评估对象基本相同的参照物具有现行市场价格时，可以直接利用评估对象或参照物在评估基准日的现行市场价格作为评估对象的评估价值。例如，可上市流通的股票和债券可按其在评估基准日的收盘价作为评估价值；批量生产的设备、汽车等可按同品牌、同型号、同规格、同厂家、同批量的、现行市场价格作为评估价值。其计算公式为

$$评估值＝参照物成交价格$$

②价格指数调整法（时间因素调整）

价格指数调整法是以参照物成交价格为基础，考虑参照物的成交时间与评估对象的评估基准日之间的时间间隔对资产价值的影响，利用与资产有关的价格变动指数，调整估算被估资产价值的方法。其计算公式为

$$评估值＝参照物价格×交易时间差异修正系数$$

＝参照物价格×(1＋物价变动指数)

③功能价值类比法(功能因素调整)

功能价值类比法是以参照物的成交价格为基础,考虑参照物与评估对象之间的功能差异进行调整来估算评估对象价值的方法。根据资产的功能与其价值之间的线性关系和指数关系的区别,功能价值类比法又可分为以下两种类型。

a. 资产价值与其功能呈线性关系的情况,通常被称为生产能力比例法。

$$评估值＝参照物价格×功能差异修正系数$$
$$＝参照物价格×(评估对象生产能力/参照物生产能力)$$

当然,功能价值类比法不仅仅表现为资产的生产能力这一项指标上,它还可以通过对参照物与评估对象的其他功能指标的对比,利用参照物成交价格推算出评估对象价值。

b. 资产价值与其功能呈指数关系的情况,通常被称作规模经济效益指数法。

$$评估值＝参照物价格×功能差异修正系数$$
$$＝参照物价格×(评估对象生产能力/参照物生产能力)^x$$

式中,x 为规模经济效益指数。

c. 市价折扣法(交易情况因素调整)

市价折扣法是以参照物成交价为基础,考虑到评估对象在销售条件、销售时限等方面的不利因素,凭评估人员的经验或有关部门的规定,设定一个价格折扣率来估算评估对象价值的方法,其计算公式为

$$评估值＝参照物价格×交易情况修正系数$$
$$＝参照物价格×(1－价格折扣率)$$

d. 成新率价格调整法(个别因素调整)

成新率价格调整法是以参照物的成交价格为基础,考虑参照物评估对象新旧程度上的差异,通过成新率调整估算出评估对象的价值。其计算公式为

$$评估值＝参照物价格×个别因素修正系数$$
$$＝参照物价格×(评估对象成新率/参照物成新率)$$

资产的成新率＝资产的尚可使用年限/(资产的已使用年限＋资产的尚可使用年限)

由于直接比较法对参照物与评估对象的可比性要求较高,在具体评估过程中寻找参照物可能会受到局限,因而直接比较法的使用也相对受到制约。

2) 类比调整法

类比调整法是指在公开市场上无法找到与被评估资产完全相同的参照物时,可以选择若干个类似资产的交易案例作为参照物,通过分析比较评估对象与各个参照物成交案例的因素差异,并对参照物的价格进行差异调整,来确定被评估资产价值的方法。这种方法在资产交易频繁、市场发育较好的地区得到广泛应用。因为在资产评估过程中,完全相同的参照物几乎是不存在的,即使是一个工厂出产的相同规格、型号的设备,在不同企业中使用,由于维护保养条件、操作使用水平及利用率高低等多种因素的作用,其实体损耗也不可能是同步的,更多的情况下获得的是相类似的参照物价格,只能通过类比和调整来确定被评估资产的价值。运用类比调整法的关键是通过严格筛选,找到最适合的参照物,并进行差异调整。类比调整法的基本计算公式为

$$被评估资产评估值＝参照物价格×(1＋调整率)$$

如果评估对象与参照物之间存在上述各种差异，评估值计算公式可用下式表示为

评估值＝参照物价格×交易时间差异修正系数×区域因素修正系数

×功能差异修正系数×交易情况修正系数×个别因素修正系数

9.3.4.2　收益法

1. 基本概念与理论依据

收益法是指通过估测被评估资产未来预期收益并折算成现值，借以确定被评估资产价值的一种评估方法。收益法是基于"现值"规律，即任何资产的价值等于其预期未来收益的现值之和。一个理智的投资者在购置或投资于某一资产时，他所愿意支付或投资的货币数额不会高于他所购置或投资的资产在未来能给他带来的回报。

采用收益法对资产进行评估的理论依据是效用价值论：收益决定资产的价值，收益越高，资产的价值越大。资产的收益通常表现为一定时期内的收益流，而收益有时间价值，因此为了估算资产的现时价值，需要把未来一定时期内的收益折算为现值，这就是资产的评估值。

2. 应用的前提条件

运用收益法需要具备以下前提条件：

（1）被评估资产能够继续使用。资产只有在继续使用中才能带来预期收益。

（2）资产的未来收益可以测算。在正常情况下，投入使用中的资产总是会给所有者或控制者带来收益的。但是，有的资产可以单独产生收益，收益易于测算，如一辆单独运营中的汽车；而有的资产却必须与其他资产结合使用才能产生收益，收益不易于测算，如一台普通机床。因此，采用收益法时，要考虑被评估资产的未来收益是否可以单独进行测算。

（3）资产的预期获利年限是可以预测的产生收益的年限。资产的预期获利年限是指资产在使用中可以产生收益的年限。

（4）资产拥有者获得预期收益所承担的风险是可以预测的。所谓风险，通俗地讲，就是遭受损失的可能性。许多因素都可能对资产的获利能力产生负面影响，这种负面影响就是风险。风险的大小会直接影响到资产的预期收益。

3. 操作程序

运用收益法评估资产时，一般按以下程序进行：

（1）收益预测。收益预测是指对被评估资产未来预期收益进行预测。未来预期收益可以是有限期的收益，也可以是无限期的收益，在预测时要做一定的假设。

（2）确定折现率或本金化率。折现率或本金化率是将未来预测收益折算成现值所采用的比率，是运用收益法时不可缺少的一个指标。在资产评估中，折现率与本金化率有相同之处，即它们的实质是一种预期报酬率；也有不同之处，折现率是指将未来有限期预期收益折算成现值的比率，本金化率则是指将未来无限期预期收益折算成现值的比率。

（3）将被评估资产的未来收益通过折现率或本金化率折算成现值，该现值即为被评估资产的评估值。

4. 收益法常用评估方法

（1）基本参数的确定

运用收益途径进行评估涉及许多经济技术参数，其中最主要的参数有3个，它们是收

益额、折现率（资本化率）和收益期限。

1) 收益额

收益额是适用收益法评估资产价值的基本参数之一。

在资产评估中，资产的收益额是指根据投资回报的原理，资产在正常情况下所能得到的归其产权主体的所得额。资产评估中的收益额有两个比较明确的特点，其中，收益额是资产未来预期收益额，而不是资产的历史收益额或现实收益额；其二，在一般情况下，用于资产评估的收益额是资产的客观收益或正常收益，而并不一定是资产的实际收益。因为在一般的情况下，资产评估要求评估资产的市场价值，资产的收益额应该是资产的正常收益额或客观收益额。如果收益额使用的是资产的实际收益额或其他非正常收益额，则评估结果的价值类型可能就不是市场价值，而是非市场价值中的某一种具体价值表现形式了，评估人员就必须在评估报告中做出明确的说明。收益额的上述两个特点是非常重要的，评估人员在执业过程中应切实注意收益额的特点，以便合理运用收益途径来估测资产的价值。因资产种类较多，不同种类资产的收益额表现形式亦不完全相同，如企业的收益额通常表现为净利润或净现金流量，而房地产则通常表现为纯收益等。

2) 折现率

从本质上讲，折现率是一种期望投资报酬率，是投资者在投资风险一定的情况下，对投资所期望的回报率。折现率就其构成而言，它是由无风险报酬率和风险报酬率组成的。无风险报酬率一般是采用同期国库券利率或银行利率。风险报酬率是指超过无风险报酬率以上部分的投资回报率。在资产评估中，因资产的行业分布、种类、市场条件等的不同，其折现率亦不相同。资本化率与折现率在本质上是相同的。习惯上，人们把将未来有限期预期收益折算成现值的比率称为折现率，而把将未来永续性预期收益折算成现值的比率称为资本化率。至于资本化率与折现率在量上是否恒等，主要取决于同一资产在未来长短不同时期所面临的风险是否相同。确定折现率，首先应该明确折现的内涵。折现作为一个时间优先的概念，认为将来的收益或利益低于现在的同样收益或利益，并且，随着收益时间向将来推迟的程度而有序地降低价值。同时，折现作为一个算术过程，是把一个特定比率应用于一个预期的收益流，从而得出当前的价值。

3) 收益期限

收益期限是指资产具有获利能力持续的时间，通常以年为时间单位。它由评估人员根据评估资产自身效能及相关条件，以及有关法律、法规、契约、合同等加以测定。

(2) 具体方法

收益法实际上是在预期收益还原思路下若干具体方法的集合。从大的方面来看，收益法中的具体方法可以分为若干类：其一是针对评估对象未来预期收益有无限期的情况划分，分为有限期和无限期的评估方法；其二是针对评估对象预期收益额的情况划分，又可分为等额收益评估方法、非等额收益方法等。在实际中，收益额与未来期限存在以下4种情况：

1) 每年收益相同，未来年期无限；

2) 每年收益相同，未来年期有限；

3) 每年收益不同，未来年期无限；

4) 每年收益不同，未来年期有限。

为了便于学习收益途径中的具体方法，先对这些具体方法中所用的字符含义作统一的定义，如下所示：

P——评估值；

t——年序号；

P_n——未来第 n 年的评估值；

A——年金；

R_t——未来第 t 年的预期收益；

r——折现率或资本化率；

n——有确定收益的预期年限；

N——收益总年限。

①每年收益相同，未来年限无限

在这种假设情况下，基本计算公式为

$$资产评估值 = \frac{每年收益额}{资本化率}$$

$$P = \frac{A}{r}$$

②每年收益相同，未来年限有限

在这种假设情况下，基本计算公式为

$$资产评估值 = 每年收益额 \times 年金现值系数$$
$$P = A \times (P/A, r, n)$$

③每年收益不同，未来年限无限

在假设未来年限无限的情况下，测算每年不同的收益额，实际上是做不到的。因此，通常采用一种变通的方法——分段法，来对未来收益进行预测。所谓分段，是指先对未来若干有限年内的各年收益额进行预测，然后假设从该有限年期的最后一年起，以后各年的预期收益额均相同，对这两部分收益额分别进行折现。基本计算公式为：

资产评估值 $=\Sigma$ 前期各年收益额 $\times$ 各年复利现值系数 $+$（后期每年收益额/资本化率）

$\times$ 前期最后一年的复利现值系数

$$P = \sum_{t=1}^{n} \frac{R_t}{(1+r)^t} + \frac{A}{r(1+r)^n}$$

④每年收益不同，未来年限有限

基本计算公式为

$$资产评估值 = \Sigma（每年收益额 \times 复利现值系数）$$
$$P = \sum_{t=1}^{n} \frac{R_t}{(1+r)^n}$$

若有限年较长，也可采用分段法，基本计算公式为：

资产评估值 $=\Sigma$（前期各年收益额 $\times$ 各年复利现值系数）$+$（后期每年收益额

$\times$ 后期若干年的年金现值系数）$\times$ 前期最后一年的复利现值系数

$$P = \sum_{t=1}^{n} \frac{R_t}{(1+r)^t} + \frac{A \times (P/A, r, N-n)}{(1+r)^n}$$

9.3.4.3　成本法

1. 基本概念与理论依据

成本法是指通过估算被评估资产的重置成本，扣除从资产的形成并开始投入使用至评估基准日这段时间内的损耗，从而得到资产的评估价值的一种评估方法。它是从成本取得和成本构成的角度对被评估资产的价值进行的分析的判断，即在条件允许的情况下，任何一个潜在的投资者在决定投资某项资产时，他所愿意支付的价格不会超过购建该项资产的现行购建成本。

采用成本法对资产进行评估的理论依据是：

（1）资产的价值取决于资产的成本

资产的原始成本越高，资产的原始价值越大；反之则小。二者在质和量的内涵上是一致的。根据这一原理，采用成本法时必须首先确定资产的重置成本。重置成本是按在现行市场条件下重新购建一项全新资产所支付的全部货币总额，它与原始成本的内容构成是相同的，但二者反映的物价水平是不相同的，前者反映的是资产评估日期的市场物价水平，后者反映的是当初购建资产时的物价水平。在其他条件既定时，资产的重置成本越高，其重置价值越大。

（2）资产的价值是一个变量

资产的价值随资产本身的运动和其他因素的变化而相应变化。资产的价值损耗主要来自以下三个方面：

1）资产投入使用后，由于使用磨损和自然力的作用，其物理性能会不断下降，价值会逐渐减少。这种损耗一般称为资产的物理损耗或有形损耗，也称实体性贬值。由于被评估对象大多都不是全新状态的资产，通常情况下都会存在着实体性贬值因素。

2）新技术的推广和运用，使得企业原有资产与社会上普遍推广和运用的资产相比较，在技术上明显落后、性能降低，从而使得企业投入的费用相对增加、效益相对下降，其价值也就相应减少，这就是原有的资产相对于更新的资产所发生的功能性损耗，也称功能性贬值。

3）由于资产以外的外部环境因素（包括政治因素、宏观经济政策因素等）变化，引致资产价值降低、收益额减少，这种损耗一般称为资产的经济性损耗，也称经济性贬值。

2. 应用的前提条件

（1）被评估资产能够继续使用

被评估资产能够继续使用，说明能为其所有者或控制者带来预期收益，这样，用资产的重置成本作为估算被评估资产的价值，才具有意义，也易为他人理解和接受。

（2）某些情况下需要借助于历史成本资料

由于成本法主要是采用重置成本来估算资产的价值，因此，一般来讲，成本法与历史成本无关。但某些情况下如采用物价指数法评估资产价值时，则需要借助于历史成本资料。

3. 操作程序

运用成本法评估资产一般按下列步骤进行：

（1）确定被评估资产，收集与被评估资产有关的重置成本资料和历史成本资料。

（2）根据收集的有关资料确定被评估资产的重置成本。

（3）确定被评估资产的使用年限（包括资产的实际已使用年限、尚可使用年限及总使用年限）。

（4）估算被评估资产的损耗或贬值，包括实体性贬值、功能性贬值和经济性贬值。

（5）确定被评估资产的成新率。

（6）计算确定被评估资产的价值。

4. 成本法常用评估方法

（1）基本参数的确定

就一般意义上讲，成本法运用涉及 4 个基本参数，即资产的重置成本、资产的有形损耗、资产的功能性贬值和资产的经济性贬值。

1）资产的重置成本

简单地说，资产的重置成本就是资产的现行再取得成本。具体来说，重置成本又分为复原重置成本和更新重置成本两种。

复原重置成本是指采用与评估对象相同的材料、建筑或制造标准、设计、规格及技术等，以现时价格水平重新购建与评估对象相同的全新资产所发生的费用。

更新重置成本是指采用与评估对象不完全相同，通常是更为新式的材料、建筑或制造标准、设计、规格和技术等，以现行价格水平购建与评估具有同等功能的全新资产所需的费用。

更新重置成本和复原重置成本的相同方面在于采用的都是资产的现时价格，不同方面在于技术、设计、标准方面的差异。对于某些资产，其设计、耗费、格式常年不变，更新重置成本与复原重置成本是一样的。应该注意的是，无论更新重置成本还是复原重置成本，最关键的是资产本身的功能不变。

选择重置成本时，在同时可获得复原重置成本和更新重置成本的情况下，应选择更新重置成本。在无更新重置成本时可采用复原重置成本。一般来说，复原重置成本大于更新重置成本，原因是复原重置成本大于更新重置成本的这种差别反映了由于技术和材料方面的进步导致替代资产购建成本的减少，也就是反映了被评估资产要求投入较多的购置成本造成的自身陈旧性贬值。之所以要选择更新重置成本，主要是由于一方面随着科学技术的进步，劳动生产率的提高，新工艺、新设计被社会所普遍接受，与购建资产相关的材料及技术标准也会不断更新；另一方面，新型设计、工艺制造的资产无论从其使用性能，还是成本耗用方面都会优于旧的资产。

2）实体性贬值

资产的实体性贬值亦有形损耗，是指资产由于使用及自然力的作用导致的资产的物理性能的损耗或下降而引起的资产的价值损失。资产的有形损耗通常采用相对数计量，即

$$资产实体性贬值率 = 资产实体性贬值额/资产重置成本 \times 100\%$$

一般说来，有形损耗的决定因素有 4 个。

①使用时间。资产的已使用时间越长，其有形损耗就越大，剩余价值也就越小。

②使用率。使用率越高，资产的有形损耗就越大。不过也有例外，有些资产闲置的时间越长，反而损耗越大。

③资产本身的质量。资产本身的质量越好，在相同的使用时间和使用强度之下，有形损耗也越小。

④维修保养程度。资产在使用过程中保养得越好，其有形损耗越小，但是，要注意把日常维修保养与技术改造区分开来。技术改造属于再投资，应采用投资年限法进行估算。

3）功能性贬值

资产的功能性贬值是指由于技术进步引起的资产功能相对落后而造成的资产价值损失，包括新工艺、新材料和新技术的采用等而使原有资产的建造成本超过现行建造成本的超支额，以及原有资产的运营成本的超支额。估算功能性贬值，主要根据资产的效用，生产能力、工耗、物耗、能耗水平等功能方面的差异造成的成本增加和效益降低，相应确定功能性贬值额。同时还要重视技术进步因素，注意替代设备、替代技术、替代产品的影响，以及行业技术装备水平现状和资产更新换代的速度。

4）经济性贬值

经济性贬值是指由于被评估资产外部经济环境（包括宏观经济政策、市场供求、市场竞争、通货膨胀、环境保护）引起的达不到原设计获利能力的资产贬值，而且这种贬值往往会影响整个企业的评估结果，并非只对某一项或某一组资产的评估结果产生影响。计算经济性贬值时，主要是根据由于产品销售困难而开工不足或停止生产，形成资产的闲置得不到实现等因素，确定其贬值额。

资产评估中所涉及的经济性贬值也是无形损耗的一种，是由资产以外的各种因素所造成的贬值，影响经济性贬值的因素很多，通常只能从经济性贬值所造成的结果来考察。经济性贬值造成的结果有两个：一是使运营成本上升或收益减少；二是导致开工率不足使生产能力下降。

（2）具体方法

通过成本法评估资产的价值不可避免地要涉及被评估资产的重置成本、实体性贬值、功能性贬值和经济性贬值四大参数。成本法中的各种技术方法实际上都是在成本法总的评估思路基础上，围绕着四大参数采用不同的方式方法测算形成的。

1）重置成本的估算方法

重置成本的估算一般可以采用下列方法。

①重置核算法

重置核算法又称为细节分析法，它是利用成本核算的原理，根据重新购建资产所应发生的成本项目逐项计算并加以汇总，从而估算出资产的重置成本的一种评估方法。

重置核算法一般适用于对建筑物、大中型机器设备等的评估。建筑物的特点是市场上参照物较少，大中型机器设备的特点是有较多的附属及配套设施，基于此，采用成本法对这些资产进行评估较为适宜。

对于采用购买方式重置的资产，其重置成本包括买价、运杂费、安装调试费以及其他必要的费用等。将这些因素按现行市价测算，便可估算出资产的重置成本。

对于采用自行建造方式重置的资产，其重置成本包括重新建造资产所应消耗的料、工、费等的全部支出。将这些支出逐项加总，便可估算出资产的重置成本。

②物价指数法

物价指数是反映各个时期商品价格水准变动情况的指数。根据物价指数估算资产重置成本的具体评估方法称为物价指数法。物价指数法的一般计算式为

重置成本＝被评估资产的账面原值×适用的物价变动指数

物价变动指数包括定基物价指数和环比物价指数。

a. 定基物价指数下的物价指数法计算公式。定基物价指数是以某一年份的物价为基数确定的物价指数。

$$被估资产重置成本＝被估资产账面原值×定基物价指数$$

b. 环比物价指数下的物价指数法计算公式。环比物件指数是指逐年与前一年相比的物价指数。

$$被估资产重置成本＝被估资产账面原值×环比物价指数$$

$$环比物价指数 ＝(1＋a_1)×(1＋a_2)×(1＋a_3)×\cdots\cdots×(1＋a_n)×100\%$$

式中：a_n 为第 n 年环比物价指数，$n＝1,2,3,\cdots\cdots$

物价指数法与重置核算法是重置成本估算较常用的方法。但二者具有明显的区别，主要表现在：

a. 物价指数法估算的重置成本仅考虑了价格变动因素，因而确定的是复原重置成本，而重置核算法既考虑了价格因素，也考虑了生产技术进步和劳动生产率的变化因素，因而可以估算复原重置成本和更新重置成本；

b. 物价指数法建立在不同时期的某一种或某类甚至全部资产的物价变动水平上；而重置核算法建立在现行价格水平与购建成本费用核算的基础上。

明确物价指数法和重置核算法的区别，有助于对重置成本估算中方法的判断和选择。一项科学技术进步较快的资产，采用物价指数法估算的重置成本往往会偏高。物价指数法一般适用于数量多、价值低的大宗资产的评估。

③功能价值类比法

这种方法是通过选择同类功能的资产作参照物，根据资产功能与成本之间的内在关系，并据以估算被评估资产的重置成本的一种方法。当资产的功能变化与其价格或成本的变化呈线性关系时，功能价值类比法可以称为生产能力比例法；当资产的功能变化与其价格或成本的变化呈指数关系时，功能价值类比法则可以称为规模经济效益指数法。

a. 生产能力比例法。这种方法运用的前提条件和假设是资产的成本与其生产能力呈线性关系，生产能力越大，成本越高，而且是成比例变化。应用这种方法估算重置成本时，首先应分析资产成本与生产能力之间是否存在这种线性关系，只有两者之间存在线性关系时，才能采用这种方法估算资产的重置成本。在这种情况下其计算公式为

$$被估资产重置成本＝参照物重置成本×\frac{被估资产年产量}{参照物年产量}$$

b. 规模经济效益指数法。一项资产的生产能力的大小与其制造成本并不是一种线形，而是一种指数关系，也就是规模经济效益的作用。在这种情况下其计算公式为

$$被估资产重置成本＝参照物重置成本×\left(\frac{被估资产年产量}{参照物年产量}\right)^x$$

式中的 x 通常被称为规模经济效益指数，是一个经验数据。在美国，这个经验数据一般在 $0.4\sim1$，如加工工业一般为 0.7，房地产行业一般为 0.9。我国到目前为止尚未有统一的规模经济效益指数数据，因此评估过程中要谨慎使用这种方法。公式中参照物，一般可选择同类资产中的标准资产。

④统计分析法

在对企业整体资产及某一相同类型资产进行评估时，为了简化评估业务，节省评估时间，还可以采用统计分析法确定某类资产重置成本，这种方法运用的步骤如下。

a. 在核实资产数量的基础上，把全部资产按照适当标准划分为若干类别，如房屋建筑物按结构划分为：钢结构、钢筋混凝土结构等；机器设备按有关规定划分为专用设备、通用设备、运输设备、仪器、仪表等。

b. 在各类资产中抽样选择适量具有代表性资产，应用上述重置核算法、物价指数法、生产能力比例法或规模经济效益指数等方法估算其重置成本。

c. 依据分类抽样估算资产的重置成本额与账面历史成本，计算出分类资产的调整系数，其计算公式为

$$K = \frac{R'}{R}$$

式中，K 为资产重置成本与账面历史成本的调整系数；R' 为某类抽样资产的重置成本；R 为某类抽样资产的账面历史成本。

d. 根据调整系数 K 估算被评估资产的重置成本，计算公式为

被估资产重置成本＝Σ某类资产账面历史成本×K

2) 实体性贬值的估算方法

实体性贬值的估算，一般可以采取以下几种方法。

①观察法

观察法是指具有专业知识和丰富经验的工程技术人员，通过对资产实体各主要部位的观察以及用仪器测量等方式进行技术鉴定，再与同类或相似的全新资产进行比较，判断被评估资产的成新率来估算其有形损耗的方法。其计算公式为

实体性贬值额＝重置成本×(1－成新率)

②使用年限法

使用年限法是指通过确定被评估资产的已使用年限与总使用年限来估算其实体性贬值程度的一种具体评估方法。其计算公式为

实体性贬值额＝重置成本×$\frac{已使用年限}{总使用年限}$

公式中，已使用年限又分为名义已使用年限和实际已使用年限。名义已使用年限是指从被评估资产投入使用之日起到评估基准日所经历的年限。实际已使用年限是考虑了资产利用率后的使用年限

实际已使用年限＝名义已使用年限×资产利用率

资产利用率的计算公式为

资产利用率＝$\frac{截至评估基准日资产累计实际利用时间}{截至评估基准日资产累计标准工作时间}$

当资产利用率＞1时，表示资产超负荷运转，资产实际已使用年限比名义已使用年限要长。

当资产利用率＝1时，表示资产满负荷运转，资产实际已使用年限等于名义已使用年限。

当资产利用率＜1时，表示开工不足，资产实际已使用年限小于名义已使用年限。

公式中，总使用年限指的是实际已使用年限与尚可使用年限之和。计算公式为

总使用年限＝已使用年限＋尚可使用年限

尚可使用年限是根据资产的有形损耗因素预计资产的继续使用年限。

③修复费用估算法

修复费用估算法是通过确定被评估资产恢复原有的精度和功能所需要的费用来直接确定该项资产的实体性贬值。修复费用包括资产主要零部件的更换或者修复、改造、停工损失等费用支出。当资产通过修复到其全新状态，则该资产的实体性贬值等于其修复费用。

使用这种方法的时候，特别要注意区分有形损耗的可修复部分与不可修复部分。可修复部分的有形损耗是技术上可以修复而且经济上合算；不可修复部分的有形损耗则是技术上不能修复，或者技术上可以修复，但经济上不合算。对于可修复部分的有形损耗可依据直接支出的金额来估算；对于不可修复的有形损耗，则可运用前述的观察法或使用年限法来确定。可修复部分与不可修复部分的无形损耗之和构成被评估资产的全部有形损耗。

3）功能性贬值的估算方法

资产的功能性贬值通常体现在以下两个方面：第一，超额运营成本形成的功能性贬值，在产量相等的情况下，由于被评估资产的运营成本高于同类型技术先进的资产而导致的功能性贬值；第二，超额投资成本形成的功能性贬值，由于新工艺、新材料和新技术的采用，使得生产相同的资产所需要的社会必要劳动时间减少，技术先进资产的现行建造成本而导致的功能性贬值。

①超额运营成本形成的功能性贬值的估算

超额运营成本是指新型资产的运营成本低于原有资产的运营成本之间的差额。

资产的运营成本包括人工耗费、物料耗费和能源耗费等。新型资产的投入使用，将使各种耗费降低，从而导致原有资产的相对价值贬值。这种贬值实际上是原有资产的运营成本超过新型资产的运营成本的差额部分，这个差额被称为超额运营成本。

被评估资产由于超额运营成本而形成的贬值额的计算公式为

$$功能性贬值额＝\Sigma（被估资产年净超额运营成本 \times 折现系数）$$

②超额投资成本形成的功能性贬值的估算

超额投资成本是指由于技术进步和采用新型材料等原因，具有同等功能的新资产的制造成本低于原有资产的制造成本而形成的原有资产的价值贬值额。

由此可见，超额投资成本实质上是复原重置成本与更新重置成本之间的差额。

为使资产充分体现其功能性贬值，使被评估资产更趋于理想状态，则在选择被评估资产的重置成本时，尽量采用技术最先进的且更新重置成本最低的那种资产的重置成本。

4）经济性贬值的估算方法

评估人员首先要判断分析被评估资产是否存在经济性贬值，如认为确实存在经济性贬值，则可以估算被评估资产的经济性贬值。经济性贬值可以用相对数即经济性贬值率和绝对数即经济性贬值额两种方式加以表示。

①经济性贬值率

其计算公式为

$$经济性贬值率＝\left[1-\left(\frac{资产在评估基准日的生产能力}{资产的设计生产能力}\right)^{x}\right] \times 100\%$$

上式中 x 为生产规模经济效益指数。当存在经济性贬值时，其指数应小于1，具体取值应视情况而定。

②经济性贬值额

其计算公式为

$$经济性贬值额＝\Sigma(被估资产年收益净损失额×折现系数)$$

9.3.4.4 评估方法的选择

1. 资产评估方法之间的关系

资产评估方法之间的关系是指资产评估方法之间的替代性问题，也就是说，对某项评估对象，能否采用两种以上的方法同时进行评估。

由于资产评估方法受到评估目的、评估假设和评估对象等的制约。因此，当评估目的、评估假设、评估对象一经确定后，选择评估方法的思路也就基本确定了。即使有多种评估方法可供选择，但只有一种是相对最合理的评估方法。通过这种评估方法评估出来的结果，理论上最为合理的评估结果。但由于每种评估方法都有其局限性，评估人员可以应用其他的评估方法进行评估，当出现两个或两个以上的结果时，评估人员通过对这些结果进行分析，根据评估价值类型及评估结果对市场的适用性判断选择最终评估结论。

2. 资产评估方法的选择

在选择资产评估方法时应考虑以下因素。

(1)资产评估方法作为获得特定价值尺度的技术规程必须与资产评估价值类型相适应。资产评估价值类型与评估方法是两个不同层次的概念。前者说明评什么，是评估价值质的规定，具有排他性和对评估方法的约束性；后者说明如何评，是确定评估价值量的规定，具有多样性和替代性，且服务于评估价值类型。要明确资产评估价值类型与评估方法这两个概念的相互关系，否则就会影响资产的权益和资产评估有关当事人的利益。价值类型的准确性、评估方法的科学性及两者是否匹配是资产评估价值科学有效的保证。

(2)资产评估方法必须与评估对象相适应，即单项资产、整体资产、有形资产、无形资产等不同的评估对象要采用不同的评估方法，评估人员总是寻求最简单、最能客观地反映资产价值的方法对资产进行估价。

资产评估对象的状态不同，所采用的评估方法也不同。从评估对象看，如果评估对象能满足评估方法的诸要素，则成本法、收益法和市场法均可使用。当资产评估的价值类型为市场价值时，可以按照市场法、收益法和成本法的顺序进行评估。

(3)评估方法的选择受数据和信息资料是否可以收集到的因素的制约。各种方法的运用都要根据一系列数据、资料进行分析、处理和转换，资产评估过程实际上就是收集资料的过程。从评估对象来分析资产评估方法的适用问题，事实上就是在评估中要根据已有的资料和经济努力可获得相关数据资料的能力寻求相应的评估方法，有哪种参数比较容易获得，就可采用相适应的评估方法评估资产的价值。在评估方法中西方国家评估机构更多地采用市场法，但在我国受市场发育不完善的限制，市场法的应用远远落后于成熟市场经济国家的水平。

总之，各种评估方法作为实现评估目的的手段，在本质上是没有区别的，资产评估存在的客观经济条件既然决定了资产评估经济活动的存在，自然也就为各种评估方法的运用提供了各种必备条件。与此同时，根据上述的分析我们也应当看到，资产评估方法都具有各自使用的条件和一定的局限性，为了弥补某一种方法在评估实践中的局限性，可以在保证实现评估目的、遵循评估的前提假设和确保各种有关评估参数可取性的基础上，考虑将资产评估的各种方法配合使用，以便获得更加充分和准确的评估结论。

10 市政工程公私合作项目投融资决策

10.1 概 论

10.1.1 PPP模式的基本概念

PPP模式(Public Private Partnership,PPP)即公共部门与民营部门合作模式,主要指为了提供基础设施和公共服务(包括在公共服务领域其他服务内容)而在公共机构与民营机构之间达成伙伴关系,签署合同明确双方的权利和义务以确保这些项目的顺利完成,PPP模式的基本特征包括共享投资收益,分担投资风险和责任。在这种制度安排中,民营承包商成为公共服务的长期提供者,而政府部门更多的则成为管制者,政府把主要的精力和资源放在规划、绩效的监督、契约的管理方面,而不是放在服务的直接管理和提供方面。

PPP模式不同于一般意义上的民营化,后者除了民间拥有外,其运作主要受制于市场机制和政府一般性的规制,政府的介入和干预是十分有限的,无论在何种形式下,政府或者公共部门都发挥着实质性的作用,政府都要对公共服务的生产和提供承担责任和负责,它所强调的仍然是保护和强化公共利益。PPP模式则不同,合作各方的责任、风险和回报主要受制于合约的规定。政府在这种模式下还承担不同程度的责任:如提供土地、保证一些资源的供应,作出必要的允诺以及过程的监管。

PPP模式原来主要用于大型交通基础建设项目,包括公路、轨道交通、城市公交、海港和机场建设等,近年来,PPP模式也开始广泛应用于电力、供水、污水处理、医疗保健、教育等公共服务领域。

目前,政府和民间在就具体项目上的投资合作已成为当前世界经济中一道绚丽的风景线。一般认为,民间参与政府投资项目主要有以下几方面的积极意义:

(1)有利于提高项目的运营效率和服务质量

由于政府对于公用事业的垄断性经营和供给,导致公用事业领域缺乏竞争压力,没有利润动机的激励和有效的责任机制、监督机制,另外政府出于部门利益往往扩大对公用事业服务的供给,结果是公众承担了公用事业的额外成本,损害了公众利益。通过民营化,可以充分发挥市场在资源配置中的基础性作用,吸引民营企业通过各种方式参与公用事业的投资、建设和经营,并展开多种形式的竞争,以改善公用事业的供给质量和效率,事实证明民营企业在市场化经营方面有优于政府的多种优势,灵活的经营管理机制,对于市场信息有快速灵敏的反应能力等。正所谓竞争出质量,竞争出效益。竞争是一个选择的过程,通过竞争给予公众更多的选择机会,从而使公用事业产品的提供者努力提高效率,改善质量,降低成本,另外,通过民营化,公用事业的运行机制灵活多样,能适应社会发展的需求,对公众的需求更有回应性,具有较强的创新动力和激励机制,以较高的效率提供优质的服务，有利于提高公众的生活质量。

(2)有利于减轻政府的财政压力，提高公共物品的供给

随着经济发展，公共财政在面对公众需求的急剧上升时显得捉襟见肘。有效的引入民间参与，可以发挥政府和民营企业的各自优势，实现优势互补，风险均担，利益共享，有利于盘活公用事业的存量资产，提高运营效率，为公用事业的发展提供了新的财源，可以有效突破公用事业发展的资金"瓶颈"。通过公用事业民营化，使政府腾出更大精力，更多资金发展完善城市公用事业，既节省了政府开支，又吸纳了社会资金，推动城市公用事业的再发展。以上海市为例，在高速公路、水务以及越江工程等投资领域，政府和民间合作取得了一个又一个成功，如嘉金高速公路、竹园污水处理厂以及复兴路越江工程等。

(3)有利拓宽民间资本的投资渠道，繁荣国民经济

经过改革开放 30 多年的发展，我国民间资本迅速成长，形成了较大的资金规模。从资产规模上看，目前我国城乡居民外币储蓄余额已超过 10 万亿元，如果加上居民手中持有的现金、国债、股票等，民间金融资本存量就已超过全国国有资产 11 万亿的总规模。从投资比例上看，国内民间投资与国有投资占全社会总投资的比例分别是 47.3% 和 44.6%，民间投资已超过国有投资，而且从发展趋势上将进一步成为全社会投融资的主力军。如果能在公用事业领域放松对民营企业的限制，无疑可以激活闲置的民间资本，其释放的活力将对经济发展起到巨大的推动作用。

(4)有利于克服政府缺陷，充分发挥市场作用

在经济学意义上，政府主要被赋予了配置经济资源、分配劳动成果以及稳定社会三项职能，这在一定意义上也是政府存在的理由。而政府的配置职能则主要表现为在市场失灵的情况下，政府运用公共财政来提供公共物品，比如国家的公共基础设施建设。因而，传统上公共基础设施等公共事业都由政府单方面投资建设。

然而，政府干预经济并不是由于政府优越，而是由于市场存在缺陷。正如市场一样，政府也存在自身缺陷，如政府会出现信息陈旧、反应迟钝、效率低下等问题，政府也容易出现与公共利益的矛盾，尤其是在民主法制不健全、社会监督弱的国家和地区，政府决策往往更多代表的是个人利益或某个集团的利益。正是由于市场与政府都存在作用与弊端，经济学家的政策建议是将两者结合起来扬长避短，应该说两者不是替代关系而是互补关系。

随着社会经济和技术的发展，大多数公用事业已成为具有收费和成本补偿机制的可收费物品，其经营者可以通过这一机制获得一定的收益，另外，公用事业需求规模大而且稳定，市场广阔，一般为平均利润，逐步成为民间关注并介入的领域。民间参与政府投资项目，正成为一种成功有效的公共事业提供方式。

分清产品或服务的提供者、生产者之间的不同是有必要的。针对产品或服务的不同特征就可以分别采用不同的提供、生产机制，而并不一定是由政府或民间单独提供生产。在很多情况下，政府、民间的合作可能是最为有效的一种模式。

通过这种合作形式，政府部门和民营部门都可以达到与预期单独行动相比更为有利的结果。在参与某个项目时，政府部门并不是把项目的风险与责任全部转移给民营部门，而是由双方共同承担责任和风险。PPP 模式代表的是一个完整的公私合作的概念，这是一种以各参与方的"双赢"或"多赢"为合作理念的现代管理思想。

PPP 模式是一个大的概念范畴，有广义和狭义之分。广义的 PPP 模式泛指公共部门和私人部门为提供公共产品或服务而建立的各种合作关系；而狭义的 PPP 模式是指合作双方的责任、风险和回报由特许合同规定，私人部门参与决策，与公共部门共同承担风险和责任，或称特许权经营模式，包含 BOT、TOT（Transfer-Operate-Transfer，转让—经营—转让）、DBFO（Design-Build-Finance-Operate，设计—建造—投资—经营）等多种模式。狭义的 PPP 模式更强调合作过程中的风险分担机制和项目的资金价值（Value For Money，VFM）原则。

10.1.2 PPP 模式的适用范围

尽管许多政府都希望更多地借助 PPP 模式来建设公共基础设施和提供公共服务，但并不是所有项目都适合 PPP 模式，公共项目能否采用 PPP 模式很大程度上取决于其投资的公用物品和服务的特性，因此有必要对它们的差异情况做出分析，表 10-1 主要从四个方面进行研究：设施规模、技术复杂性、收费的难易程度、生产或消费的规模。

公用物品和服务的特性 表 10-1

	设施规模	技术复杂性	收费的难易程度	生产或消费的规模
教育	2	4	2	1—4
健康	2	5	2	4
国防	2	3—5	1	1
社会安全	1	3	1	2—5
司法	1	4	1	4
文化	2	3	4	4
交通运输				
航空	2	5	5	4
道路	5	3	4	4
铁路	4	4	5	3
水路	2	2	5	3
海运	3	3	5	4
城市运输	4	4	2	5
通信	5	5	5	2—5
电力	5	4	5	2—5
水供应	5	4	5	5
卫生	5	4	1	5
路灯	5	2	1	5
娱乐	4	2	4	5
邮政	1	2	5	3—5
宗教	2	4	2	2—5
科研	2	5	1	5

注：参见 Jean-Yves Perrot & Gautier Chatelus(2000)：Financing of Major Infrastructure and Public Service Projects：Public-Private Partnership，Presses de l'ecole nationale des onts et chaussees.

其中 1 分表示这一指标对该项服务的私人提供可能性不大，5 分表示这一指标对该项服务私人提供的可能性很大。

（1）从设施数量上看，道路运输、城市交通、通信、电力、路灯、水和卫生设施等项目比教育、健康、国防、社会安全、科研、司法等数量大，因此这些设施更适于采用公私合作形式。

（2）从技术复杂性上看，路灯、公园和开阔地、邮政等服务主要依靠直接技术，而医疗健康、航空运输、通信和科研则需要更为复杂的、更新更快的技术。像水处理等项目则需要稳定和相对成熟的技术。基于私人部门的技术优势，对需要高技术的领域，私人部门介入的程度可以大一些。

（3）从收费的难易程度上看，基于消费的公用品收费（比如水供应、通信、电力、铁路等）要比纯公共品（比如国防、路灯、卫生服务等）更为容易。当然，随着技术的不断进步，收费的可能性也得到不断的提高。一般来说，收费越容易，私人部门介入的程度越高。

（4）从生产和消费的规模上看，各项目有所不同：某些项目（比如国防或科研）是全国或全世界范围的；而其他项目（比如路灯、卫生、水供应、城市运输等）则被局限于一定的区域范围之内。如果一个项目的地方性越强，那么引入民间资本的可能性越大，这是由民间资本的地方性和区域性特征决定的。

总之，根据国内外的经验，项目需要越多的资本投资、技术越复杂、收费越容易、地方性越强、边界越清楚、提供的服务越有形，那么民间资本介入的程度就可以越高。PPP模式适用于投资额大、建设周期长、回收见效慢的项目，在国外，PPP 模式原先主要用于大型交通基建项目，其中包括公路、轨道交通、城市公交、海港和机场等。近年来，PPP 模式也开始用于电力、供水、污水处理以及供气等公用项目。尤其值得注意的是，PPP 模式不仅投资于有形的固定设施项目，而且在医疗保健、教育甚至国防等公共服务领域也得到广泛的应用。

10.1.3　PPP 模式的主要组织模式分析

PPP 模式是一种项目建设的整体理念，项目的全寿命周期的各个环节都可以采用公共民营合作方式，其中包括：项目设计、项目管理、项目建造、融资、营运和管理、维护、服务和营销等，涉及不同环节的 PPP 模式具体实现方式也会不相同，其各种运作方式如表 10-2 所示，在表中从上至下，运作模式的私有化程度逐渐加深。从公共部门转移到私营部门的风险也逐渐递增。

1. 外包类项目

外包类项目一般是由政府投资，民营部门承担整个项目中的一项或几项职能，例如只负责工程建设，或者受政府之托代为管理维护设施或提供部分服务，并通过政府付费实现收益。因此不存在收益风险。在外包类 PPP 项目中，民营部门承担的风险相对较小。具体有以下六种主要类型：

（1）服务协议（Service Contract）

政府与民营合作者签订外包服务协议，政府将公用设施的一些特殊服务项目，如公路收费、清洁等服务项目外包给民营合作者。政府公共部门仍需对设施的运营和维护负责，承担项目融资、建设、运营风险。这类协议的时间一般短于 5 年。

PPP 的各种典型模式 表 10-2

外包类 Contracting Out	模块式外包 (Component Outsourcing)	服务协议（Service Contract）	公有化程度高
		运营和维护协议（O & M Contract）	
	交钥匙（Turnkey）	设计—建造（DB）	
		承包经营（TO）	
	租赁（Leasing）	租赁—发展—运营（LDO）	
		建设—转移—运营（BTO）	
特许经营类	一般特许（国营收费模式）	扩建后经营整体工程并转移（WA）	民营化程度高
		转让—经营—转让（TOT）	
		建设—运营—转移（BOT）	
	特许权经营（民营收费模式）	特许权经营（Concession）	
民营化类	部分民营化	合资新建（JV）	
		股权转让（Divestiture）	
	完全民营化	购买—扩建—运营（BDO）	
		建设—拥有—运营（BOO）	

（2）运营和维护协议（Operation & Maintenance Contract）或管理协议（Management Contract）

政府和民营合作者签订运营和维护或管理协议，由民营合作者负责对公用设施进行运营和维护，获取商业利润。在该协议下，民营合作者承担设施运行和维护过程中的全部责任，但不承担资本风险。该模式的目的就是通过引入民营企业，提高公用设施的运营效率和服务质量。

（3）设计—建设（Design-Build）

政府部门与民营合作者签订交钥匙协议，民营合作者设计和建设符合政府标准和绩效要求的设施。设施一旦建成后，政府拥有所有权，并且负责设施的运营和管理。还有一种与此类似的模式，称为建设—回购（BT），即政府与民营合作者签订协议，由民营合作者负责公用设施的融资和建设，完工后将设施转移给政府，政府按照协议规定，一次或分次付款收回项目的所有权，并由政府组织运营、管理。实例有浦东外环绿带、地铁一号线铁路南站改造、安亭国际汽车城污水管网等。

（4）承包运营（Turnkey Operation）

政府部门与民营合作者签订交钥匙协议，政府为项目提供投资，民营合作者设计、建设，并且在一段时期内负责项目的运营；政府设定绩效目标，并且拥有所有权。民营合作者作为总承包商，按照合同约定，完成工程设计、设备材料采购、施工、试运行等服务工作，实现设计、采购、施工各阶段工作合理交叉与紧密配合，对工程的安全、质量、进度、造价全面负责，并在项目建成一段时期内负责其运营。这种形式的伙伴关系适用于这样的情形，即政府希望拥有所有权，但是又希望从私人的建设和运营中获取利益。

（5）租赁—发展—运营（Lease-Development-Operation）

政府与民营合作者签订长期的租赁协议，由民营合作者租赁业已存在的市政设施，向政府交纳一定的租赁费用，并在已有设施的基础上凭借自己的资金或融资能力对市政设施进行扩建，并负责其运营和维护，获取商业利润。政府期望私人合作者投资于设施的改建或者完善，并赋予合作者一段时期的经营权，使其能够收回投资并得到回报。在 LDO 模式中，整体基础设施的所有权属于政府。采用这种方式有利于民营合作者避税。与以上其他方式相比，民营合作者需承担商业风险，这类协议的时间一般为 5～15 年。

在法国，75％的公私合作伙伴关系的建立都是通过这种方式实现的。

（6）建设—转移—运营（Build-Transfer-Operation）

政府和民营合作者签订交钥匙协议，由民营合作者投资兴建公用设施。设施一旦建成，民营合作者便把设施的所有权转移给政府。然后，政府与民营合作者签订租赁协议，以长期租赁的方式把设施租赁给合作者，实行租赁经营。在租赁期，民营合作者有机会收回投资，并且得到合理的回报。

2. 特许经营类项目

特许经营类项目需要民营合作者参与部分或全部投资，并通过一定的合作机制与政府部门分担项目风险、共享项目收益。根据项目的实际收益情况，政府部门可能会向特许经营的民营合作者收取一定的特许经营费或给予一定补偿。这就需要政府部门协调好民营部门的利润和项目的公益性二者之间的平衡关系。因而特许经营类项目能否成功在很大程度上取决于政府相关部门的管理水平。通过建立有效的监管机制，特许经营项目能充分发挥双方各自的优势，节约整个项目的建设和经营成本，同时还能提高公共服务的质量。标准的特许经营项目的资产始终归政府部门保留，因此一般只存在经营权的移交过程，即合同结束后要求民营合作者将项目的经营权移交给政府部门。具体有以下四种主要类型：

（1）扩建后经营整体工程并转移（Wraparound Addition）

政府与民营合作者签订特许经营协议，由民营合作者负责对已有的公用设施进行扩建，并负责建设过程中的融资。完工后由民营合作者在一定的特许期内负责对整体公用设施进行经营和维护，并获得商业利润。在该模式下，民营合作者可以对扩建的部分拥有所有权，因而会影响到公用设施的公共产权问题。

（2）转让—运营—转让（Transfer-Operation-Transfer）

政府与民营合作者签订转让和特许经营协议，将建好的公用设施移交给特许经营者运营，在特许经营期内，民营合作者在国家法律、有关政策、法规的规定下和政府的监督下，独立运营项目，以项目的现金流入作为投资的回收。特许期结束，政府收回项目的特许经营权。一般转让只涉及项目的经营权。对于民营合作者来说，避免了项目开发阶段复杂的审批程序，如征用土地、城市规划等，消除了前期费用负担和开发风险。因此，对民间资本具有较大的吸引力。对于项目已进行过一段时间的运营，各方面关系已基本确定，未来收益状况也基本明朗，简化了民营合作者运营困难和运营风险，同时，也有利于政府进行监督和控制。例如福禧投资收购"沪杭高速上海段"30 年收费经营权，转让价格高达 32 亿元。

（3）建设—运营—转让（Build-Operation-Transfer）

政府部门与民营合作者签订特许经营协议，授予民营合作者来承担项目的投资、融资、建设、经营与维护，在协议规定的特许期限内，民营合作者负责开发、建设项目并经营项目获取商业利润；在项目特许期末根据协议由项目所在国政府或所属机构支付一定量资金（或无偿）取得项目。实例有高速公路项目、竹园污水处理厂、金山紫石自来水污水处理项目、安亭国际汽车城污水垃圾处理系统等，基本项目结构为民营投资者出资 30％，政府授予 20～30 年特许经营权，收费权质押银行融资，投资者承担投资风险，到期政府无偿收回资产。还有一种与此类似的模式称为建设—拥有—运营—转让（Build-Own-Operate-Transfer，BOOT），更强调特许期内民营部门拥有设施的所有权。

（4）特许权经营（Concession）

政府部门与民营合作者签订特许经营协议，民营合作者从政府部门得到排他性的特许权，负责融资、建设、经营、维护和管理公用设施，并通过使用者付费的方式，在一定的期限内，在政府的监管下，通过向用户收费收回投资实现利润。在特许经营期满后，经营权转让给政府。只有经营性的公用设施项目，并可设计成民营部门直接向用户收费的项目才能采用该模式。

3. 民营化类项目

民营化类项目则需要民营部门负责项目的全部或部分投资，而项目的所有权部分或全部归民营部门所有，民营部门在这类项目中承担的风险最大。具体有以下四种主要类型：

（1）合资新建（Joint Venture）

政府与民营合作者签订合资协议，共同成立项目公司，由项目公司负责项目的设计、融资、建设、运营管理等，政府和民营合作者按照股权比例享受权益和承担责任。

（2）股权转让（Divestiture）

政府与民营合作者签订转让协议和服务提供协议，将已有市政设施的部分股权转让给民营合作者，并要求民营合作者提供相应的公共服务。这种模式将政府和民营合作者的利益紧密结合在一起，既保证了政府对市政公用设施的控制权，又能较大程度地获得民营合作者的技术和管理经验。例如上海浦东自来水厂 50％股权国际招标转让，合资项目公司收购现有全部资产（含水厂、管网等），经营期 50 年。

（3）购买—建设—运营（BBO）

政府与民营合作者签订资产转让协议和服务提供协议，将原有的公用设施出售给有能力改造和扩建这些设施的民营合作者，由民营合作者负责对该基础设施进行改建、扩建，拥有永久性所有权，并提供相应的公共服务。政府将全部风险转移给民营部门，政府仅行使监管职能。

（4）建设—拥有—运营（BOO）

政府与民营合作者签订服务提供协议，由民营合作者负责公用设施的融资、建设，并拥有该项设施的所有权，让其进行永久性经营，提供相应的公共服务。政府将全部风险转移给民营部门，政府仅行使监管职能。

PPP 模式具有各种不同形式，这些模式各自有其优缺点，在具体的实际应用中，应根据项目的类型、特点以及面临的内外部环境，选择合适的模式。表 10-3 分析了各种模式的特征、优缺点及适合的场合。

PPP 各种模式优缺点对比 表 10-3

PPP 类型	主要特征	适用范围	优 点	缺 点
服务协议	1. 民营方提供专业技术服务 2. 政府拥有项目资产所有权 3. 政府负责为项目融资 4. 政府须承担所有风险 5. 期限几个月~5年	公用事业的一些特殊服务项目，如公路收费、抄表、垃圾收集、清洁等服务项目	1. 政府获益于民营方的专业服务 2. 潜在的节约成本 3. 提高服务的质量 4. 政府拥有所有权	1. 政府仍承担投资、运营等大部分责任 2. 服务分割进行外包，也可能增加成本
运营和维护协议	1. 民营方运营和维护公共设施 2. 政府拥有项目资产所有权 3. 政府负责为项目融资 4. 将运营风险转移给民营方 5. 政府须承担融资、建设风险、商业风险	政府的许多服务，如水厂、污水处理；垃圾处理；道路的维护；公园的维护；景观的维护；停车场等，都可以采用这种方式	1. 潜在的服务质量与运营效率提高 2. 节约成本 3. 提高服务的质量 4. 政府拥有所有权	1. 公众不同意外包 2. 一旦民营部门毁约，那么再进入服务的成本则很大 3. 存在着削弱所有者控制的可能以及降低了对公众的需求变化的反应力的可能
设计—建设 （Design-Build）	1. 根据协议，将公共设施的设计及建造交给民营机构 2. 政府拥有项目资产所有权 3. 政府负责为项目融资 4. 政府负责设施的运营和管理 5. 该模式主要目的在于转移项目设计及建造方面的风险	1. 适用于运营过程比较简单的资本项目 2. 适用于政府主管部门必须发挥运营作用的资本项目 3. 大多数公共基础设施和建设项目，包括道路、高速公路、水和污水处理厂、排水和灌溉系统等以及其他政府设施都可以运用这种形式	1. 转移了项目的设计及建造风险 2. 能够利用民营部门的经验 3. 有利于加快项目建造的进度 4. 存在着创新和降低成本的可能	1. 降低所有者的控制权 2. 有可能与规划及环境的要求相冲突 3. 可能增大项目运作过程中的风险 4. 激励作用有限，难以保证设计时采用项目全生命周期的成本计算方法 5. 较高的运营和维持成本可能抵消较低的资本成本
承包经营 （TO）	1. 民营合作者设计、建设，并且在一段时期内负责项目的运营 2. 政府拥有项目资产所有权 3. 政府负责为项目融资 4. 该模式除转移了设计及建造风险之外，同时也转移项目的运营风险	1. 适用于运营过程重要，运营责任重大的项目。因此政府希望拥有所有权，但是又希望从私人的建设和运营中获取利益 2. 这种形式也适用于大多数公共设施的建设和运营。大多数公共基础设施和建设项目，包括水和污水处理厂、垃圾处理、体育场馆等以及其他政府设施都可以运用这种形式	1. 转移了项目的设计、建造及运营风险 2. 有利于加快项目的建造进度 3. 运营的责任可以强化建设的质量 4. 风险的转移使得全生命周期成本计算方法得到应用 5. 推动私营机构进行创新以提高资金的价值及收益 6. 项目运营及维护的质量得到提高 7. 得以从整体角度全盘考虑协议条款，建立协议体系 8. 政府部门得以专注于政府的核心职责	1. 政府对设施运营的控制权降低 2. 政府可能面临融资的风险 3. 有可能与规划及环境的要求相冲突 4. 合同结构较为复杂，合同的达成需要较长时间 5. 要求建立合同管理及项目运营监管体系 6. 如运营者运营不利，公共部门需重新介入项目运营，增加了成本 7. 无法吸引足够的私人资金，需要政府部门进行长期融资

续表

PPP 类型	主要特征	适用范围	优　点	缺　点
租赁	1. 政府保留对公共基础设施的所有权和适当的控制权 2. 民营方租赁市政设施，地方政府获得稳定的现金流 3. 转移了运营和商业风险 4. 民营方还要承担项目改扩建的融资风险 5. 期限 5~15 年	适用于市政设施有独立的现金流，如交通项目、水务项目，政府又具有服务的要求，而无力投资和提供服务的情形	1. 改善运营的效率 2. 租赁的支出可能低于债务的成本 3. 具有形成"依照绩效付费"的租赁 4. 以较低的成本向公民提供服务 5. 双方都有得到和增加收入的机会	1. 减少政府对服务或者基础设施控制的可能 2. 在租赁交易过程中，资产评估难度大 3. 减税的作用 4. 租赁合同难以将未来的设施的更新包括进去 5. 可能带来设施的修理维护不当，尤其是接近于项目租赁期满
扩建后经营整体工程并转移 （Wraparound Addition）	1. 民营方特许期完成对已有设施的扩建、运营 2. 政府拥有项目资产所有权 3. 民营合作者负责为项目融资 4. 转移了运营风险 5. 民营方要承担改扩建的融资风险	大多数公共设施和公共娱乐设施都可以采用这种形式	1. 政府不用为公共设施的扩建和更新提供资金上的投入 2. 融资风险由私人合作者承担 3. 能够利用民营部门的经验 4. 政府采购的弹性化 5. 建设速度和效率的提高	1. 由于以后设施的更新不包括在契约中，这便为以后设施的建设和运营带来困难 2. 变更契约可能增进成本和费用 3. 政府需要比较复杂的契约管理程序
转让—经营—转让 （TOT）	1. 某一现存的公共设施的所有权转移到改善和扩建此设施的私人合作者的手中 2. 设施的所有权和经营权在一段时间内归私人合作者，直到其收回投资并得到合理的回报 3. 在特许经营期满后，所有权转让给政府，转移了运营风险 4. 民营方还要承担项目改扩建的融资风险	适用于大部分基础设施和其他公共设施	1. 如果与私人合作者的契约得到良好的履行的话，政府能够对标准和绩效进行一定的控制，而且不承担所有和经营的成本 2. 资产的转移能够降低政府经营的成本 3. 私人部门能够保证设施建设和经营的效率 4. 能够利用私人资本进行公共设施的建设和经营	1. 在私人合作者破产或者经营绩效不佳的情况下，要替代其存在着困难 2. 在将来，存在着政府重新成为一项公共服务或者一项公共设施提供者的可能 3. 公共部门的工作人员也可能因为暂时的民营化而失业，在民营化的过程中也可能出现其他劳动问题
建设—转让—经营 （Build-Transfer-Operate）	1. 民营合作者投资兴建公共设施和运营 2. 政府拥有项目资产所有权 3. 政府将设施租赁给民营合作者 4. 民营合作者负责为项目融资 5. 转移建设风险、融资风险、运营风险	大部分的公共设施都适用于这种模式	1. 政府能够从私人部门建设的专业经验中得到益处 2. 公共部门能够从私人的经营中得到益处并且节约成本 3. 公共部门能够保持对服务水准和付费水准的控制 4. 如果未能达到服务的水准和绩效的标准，政府可以终止契约 5. 政府可以节约建设、设计和运营的成本 6. 与建设—经营—转让模式相比，这种模式可以避免法律、管制和民事责任问题	1. 如果出现破产和绩效的欺诈问题，要替代私人合作者或者终止协议，会遇到一些困难和麻烦 2. 由于民间资本的逐利性较强，政府的购买成本也相对较高，因此，对于解决财政困难所发挥的作用也是有限的

PPP 类型	主要特征	适用范围	优 点	缺 点
建设—运营—转移（BOT）或建设—所有—经营—转让（Build-Own-Operate-Transfer）	1. 民营机构负责公共设施的设计、建造、运营及融资 2. 民营方在特许期内拥有资产所有权，并通过政府提供的补贴收回成本 3. 在特许经营期满后，所有权转让给政府 4. 民营合作者负责为项目融资 5. 该模式的主要目的在引入、利用私人资本，并转移项目的设计、建造及运营风险 6. 根据不同的权限划分及组合有多种不同的形式	1. 适用于运营过程重要，运营责任重大的项目 2. 尤其适用于道路、污水及垃圾处理项目	1. 具有 BOT 模式的一般优点 2. 对私人资本有较大吸引力 3. 较易进行债务融资 4. 项目成本相对稳定，更易预见 5. 极有可能加快项目建设的进程 6. 更多的风险转移大大刺激了私营机构采用全项目生命周期的成本计算方法	1. 有可能与规划及环境的要求相冲突 2. 设施可能在经营和管理的成本上涨时，转让给政府 3. 政府可能丧失对资本建设和运营的控制权 4. 与以上模式相比，合同结构更为复杂，合同的达成需要更多时间 5. 要求建立合同管理及项目运营监管体系 6. 如运营者运营不利，公共部门需重新介入项目运营，增加了成本 7. 可能要求资金担保 8. 需要灵活可变的管理体系
特许权经营（Concession）	1. 与一般特许模式基本相同，唯一不同的是从政府部门得到排他性的特许权，通过向使用者收费收回成本 2. 项目主要目的在于根据使用者付费原则，应用私人资本，并转移项目的设计、建造、运营风险 3. 在特许经营期满后，所有权转让给政府	1. 适用于可对使用者进行收费的项目 2. 尤其适用于高速公路、污水及燃气项目	1. 具备一般特许模式的一般优点 2. 采用了使用者付费原则 3. 能够最大限度地利用私人部门的财务资源 4. 所有项目启动时所遇到的问题都由私人部门来解决 5. 增大了需求风险转移的程度，并且提高了第三方的收益	1. 具备一般模式的缺点 2. 部分项目可能不符合政治上的要求 3. 私人部门有权决定收费的标准，而政府则无权，除非政府愿意补助 4. 由于私人部门决定使用者付费的水平，因此使用者付的费用可能高于政府控制时的费用 5. 要求提供几种供选择的经营方案并进行高效管理，如不同的运输路线，不同的垃圾处理方法
合资新建	1. 政府和民营合作者共同出资 2. 投资者通过持股拥有设施，通过选举任命董事会成员对设施的运作进行管理 3. 政府一般处于控股地位 4. 政府与民营方共同承担各种风险	适用于对地方发展有重要作用的战略性项目、对公共利益有重要影响的项目，水管网建设、通信网等、轨道交通网等	1. 能够利用民营部门的技术 2. 政府能够从私人的建设和经营中得到经验 3. 能够利用私人资本进行公共设施的建设和经营 4. 经营的风险由双方共同部门承担	1. 政府需要付出一定的资金 2. 政府控股有可能影响经营效率

续表

PPP 类型	主要特征	适用范围	优　点	缺　点
股权转让	1. 政府将现有设施的一部分所有权转让给民营合作者持有 2. 政府一般处于控股地位 3. 政府与民营方共同承担各种风险	适用于政府需要保持一定控制的项目	1. 能够利用民营部门的技术 2. 政府能够从私人的经营中得到经验 3. 能够从私人资本获得资金进行公共设施的建设和经营 4. 经营的风险由双方共同承担	政府控股有可能影响经营效率
购买—扩建—运营（BDO）	1. 私人合作者购买现有设施 2. 民营部门拥有资产所有权 3. 民营方承担项目的所有风险	1. 大多数能产生一定现金流量的公共基础设施，如电力、燃气、污水处理、机场、停车场、体育场馆等 2. 需要政府补助或提供优惠的项目难以采用该模式	1. 政府能够得到资金 2. 政府不用为设施的更新投资 3. 双方都有得到和增加收入的机会 4. 对于使用者而言，设施的更新能够使服务的质量得到改善 5. 设施建设和经营的效率也能够得到提高	1. 政府可能事实上丧失设施的实际控制权 2. 存在着评估资产价值的困难 3. 即使设施已经出售给私人合作者，失败的风险仍然是存在的，政府仍然可能成为服务或者设施的提供者 4. 此外，由于设施未来更新的成本没有写在契约中，这便为以后的工作带来麻烦和困难
建设—所有—经营（Build-Own-Operate）	1. 与民营合作者建设、融资、拥有和经营新的设施 2. 民营合作者一般要承担所有的责任 3. 民营部门拥有资产所有权 4. 民营方承担项目的所有风险	1. 通常是运营成本相对较大、项目规模相对较小、对公共利益影响也不大的项目 2. 多数未来能产生一定现金流量的公共基础设施，如电力、燃气、污水处理、机场、停车场	1. 公共部门不介入公共设施的建设或者经营 2. 公共部门能够对民营部门所提供的服务以及垄断服务的利益进行管制 3. 民营部门能够以最有效率的方式提供服务 4. 公共部门不需要进行融资和投资 5. 政府通过征收所得税和财产税，增加收入 6. 鼓励开发商投资和经营其他重大的公共项目	1. 民营部门可能不愿建设或者经营具有公共利益性质的设施或者服务 2. 公共部门缺乏有效的管制服务价格的机制 3. 由于缺乏竞争，所以有必要对经营活动制定必要的法规和规则

　　政府是 PPP 项目的选择和确定者。并不是所有的市政设施项目都适合应用 PPP 模式。因此，政府需要对市政基础设施项目应用 PPP 模式进行可行性分析，从众多项目中选择适合 PPP 模式的项目，并组织项目招标，对投标的民营组织进行综合权衡，确定最终项目开发主体。如图 10-1 所示。

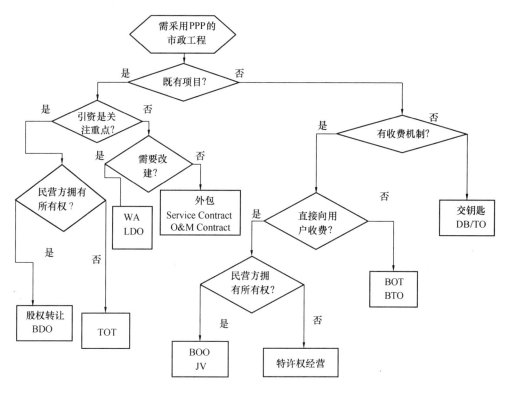

图 10-1　PPP 模式一般选择

10.1.4　世界银行对给水项目 PPP 模式的评述

世界银行在调研的基础上，列出了给水行业目前采用的 PPP 模式，分析了各类模式的特点，并介绍了政府应采用何种模式以便达到一定的目标（表 10-4）。

世界银行对给水项目 PPP 模式的评述　　　　　表 10-4

各类模式	主要特点	目前状况	主要优点	主要缺点	未来行动
地区性包含供水和污水处理公司一体化的私有化模式	水业不分供水和污水处理公司的整个行业的区域性私有化	仅深圳水务采取这种形式	1. 控制行业价值链 2. 消除水的消费与污水处理量之间潜在的矛盾 3. 彻底的水业市场化	1. 需要成熟的配套水设施 2. 仍会产生垄断 3. 政府有限的控制能力	建立成熟的水业体系；建立和完善法律结构监督和监管水业的商业操作
供水公司的私有化	1. 仅仅供水企业被商业化或市场化； 2. 政府必须安排和原水供应协议	上海浦东	1. 侧重水处理 2. 规模小，易操作 3. 历史遗留问题暂不触及	1. 有选择的 2. 单个的改革 3. 有限资金需求 4. 有限的私有化风险	1. 鼓励跨区水公司的成长 2. 避免供水公司和污水处理公司之间的潜在冲突

续表

各类模式	主要特点	目前状况	主要优点	主要缺点	未来行动
租赁和管理协议	1. 水业未实行私有化 2. 政府仅支付管理费		1. 不存在资产转让 2. 较易寻找管理者 3. 历史遗留问题暂不触及	1. 有限的转让风险 2. 不需要融资 3. 未解决行业问题	1. 建立标杆系统更好地衡量效率提高 2. 政府需要考虑此模式的长远影响
公私合作(PPP)/BOT模式	1. 由项目本身建立 2. 需要政府安排 Off-take 和原水供应协议 3. 技术能力是关键	成都六水厂,北京第十水厂,上海大场水厂	1. 有限追索融资 2. 较高风险被转让 3. 建立政府管理复杂项目能力的形象 4. 历史遗留问题暂不触及	1. 复杂的项目开发过程 2. 大量融资需求 3. 对政府机构管理能力的较高要求 4. 冗长的项目开发过程	1. 选择试点项目 2. 建立专业队伍 3. 建立标准运作程序 4. 编写标准合同文本

10.2   市政工程 PPP 项目的运作程序及组织模式

PPP 模式的一般运作程序,可以简单概括如下:

(1) 筹划阶段

在这个阶段必须对市政基础设施的性质进行定位,了解 PPP 各种模式应用的优势与劣势,并结合各地实际情况进一步认真分析与充分论证在市政基础设施采用 PPP 模式的必要性和适用性,同时必须了解国家法律、各部门规章和地方法规关于 PPP 模式在市政基础设施中应用的一些特殊规定,做好充足的准备。

(2) 鉴别阶段

对项目采用 PPP 模式的适用性进行评估,以选定适合的 PPP 模式。在这个阶段须明确政府采用 PPP 模式需要实现的目标,对实施过程中可能碰到的障碍进行充分的估计,同时预期民营合作方的兴趣与利益所在,分析应用 PPP 模式的优点和缺点。

(3) 评价阶段

根据实际情况与需求选择最适合的 PPP 模式,对项目进行财务分析、经济分析和风险分析,估计项目预算,预期 PPP 项目的运用情况。

(4) PPP 模式设计与商议阶段

根据实际情况与需求对 PPP 模式的应用范围和运作进行设计,对 PPP 模式运用的程序进行选择与设计,成立实施 PPP 模式专门指导机构,组织多方专家(包括法律、工程方面的专家)对项目的实施作战略部署,拟定特许合同,地方政府与资金供给者进行商议。

(5) 合作方接洽阶段

就项目向社会公开招投标，商请各方专家对投标书进行评估，选择最佳投标方案，确定合作伙伴。合作双方签订特许合同，在招投标过程中应贯彻公开、公正、公平的原则，避免"暗箱操作"，为日后的顺利运行提供基础条件。

（6）执行阶段

民营方建设运营公共基础设施，获取合理的利润。政府根据合同对民营合作方的经营进行合理的监督和支持，政府和民营方应经常进行沟通，建立良好的合作伙伴关系。同时政府应当对 PPP 模式在公共基础设施的应用进行后评估，总结经验教训。

下面就 PPP 模式按照上述分类分别通过各自典型模式对其过程和组织模式加以介绍。

10.2.1　外包类项目的运作程序及组织模式

业务外包的宗旨是要有效运用自身核心能力，关注战略环节，而把一般性的业务交给外部民营服务公司去做。这正体现了管理学大师汤姆·彼得斯所指出的："做你做得最好的，外包剩下的。"

10.2.1.1　服务协议

1. 服务协议的操作过程

服务协议是私有化程度非常低的一种公私合作模式，将服务外包给其他企业或部门的行为在政府之前很多企业都已经进行过类似的操作。

服务外包的运作过程一般分为以下几个阶段：

第一阶段：初选。从成千上万个有希望进行合作的服务供应商中缩小范围，挑选出可供进行评价选择的服务供应商系列。在这一阶段，政府根据可能外包的业务类型，定义经营时机，确定所需要的性能水平和关键的经营过程，开发组织经营视图并评价这些过程和性能以确定当前政府所拥有的核心条件。进行缺陷分析以确定政府核心能力之外所需的经营能力，以确定服务供应商选择的区域范围，并进行初步筛选。在这阶段政府要明确的问题有：我拥有哪些能力？我需要什么服务？

第二阶段：单目标评价。在这一阶段，通过政府对影响服务供应商选择决策的主要评价决策目标因素，进行分目标的讨论与量化计算，对潜在的合作供应商进行单目标的评价、分析与整理，同时为第三阶段的多目标综合评价优化提供依据。在这阶段政府要明确的问题有：怎样选择服务供应商？有哪些服务供应商能成为合作伙伴？

第三阶段：综合评价优化。影响服务供应商选择的决策因素有很多，而且这些因素往往是互相矛盾的，在实际操作中，为了达到最优化的选择，可以采用多目标规划的方法，加入权重因子综合进行考虑。业务类型的不同，进行服务供应商选择的出发点也大不一样，对各决策因素考虑的侧重点也不同。在进行服务供应商选择时，根据业务的要求，决定各决策因素的相对重要性，进而确定各决策因素的权重，实现多目标评价最优化的选择，以确定最佳的服务合作伙伴。在这阶段政府要明确问题有：服务供应商是否愿意共享数据和信息？服务供应商是否愿意持续不断地改进？选择一家还是多家服务供应商？

一般来说，经过以上 3 个阶段的选择，企业总可以找到适合于进行业务外包的服务供应商或供应商群。

如果在经过以上 3 个阶段的选择后，选择出的供应商仍然不太适合政府要求，可以采取以下措施来进行调整：一是放松初选过程中的关键能力需求约束条件，以扩大可供选择服务供应商的区域范围；二是调整多目标评价模型中各决策因素的权重因子，构造更为优化的选择模型；三是要求较为符合要求的服务供应商进行重组，以达到服务的要求。

2. 服务协议的组织模式

选择专家成为服务分包商的两种方法：直线约定法和系统订约法，如图 10-2 和图 10-3 所示。

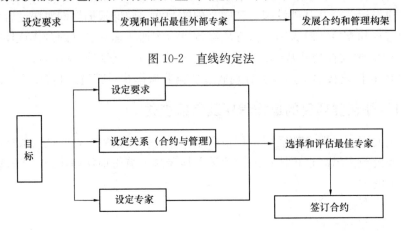

图 10-2　直线约定法

图 10-3　系统订约法

许多咨询服务业务采用图 10-2 的直线订约法，但是直线订约法常常是临时抱佛脚，缺乏规划、沟通和管理。而图 10-3 是选择专家成为服务独立供应商的较佳方法。其主要流程如图 10-4 所示：

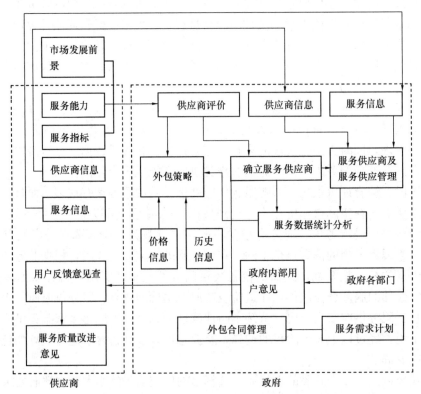

图 10-4　服务供应商管理系统工作流组织模式示意

（1）供应商评价

有关政府部门在分析市场发展前景的基础上，对提供该市政服务的各类服务供应商的服务能力和服务指标进行评价，主要分析有哪些供应商可能成为合作伙伴。

（2）确定备选服务供应商

政府部门通过供应商评价，结合所需市政服务的要求和特点，以确定政府核心能力之外所需的经营能力，以确定服务供应商选择的区域范围，并进行初步筛选，选择确定该市政服务的备选供应商。

（3）服务供应商及服务供应管理查询

政府部门通过供应商信息数据库及公共信息网络平台等信息查询工具，结合供应商信息和市场信息对备选服务供应商及其服务供应进行查询，从而获得备选服务供应商的基本信息、具体服务能力和服务指标。

（4）服务数据统计分析

相关政府部门在服务供应商及其服务信息查询的基础上进行该项市政服务数据的统计分析，以确定该市政服务的提供情况。

（5）制定外包策略

政府部门综合价格信息、历史信息、供应商评价结论及服务数据统计分析资料，制定该市政服务的外包策略，包括外包模式的选择、外包控制等。

（6）外包合同管理

相关政府部门根据所制定的服务需求计划，对所选定的服务供应商进行外包合同管理。外包合同的管理包括以下几方面内容：

1）外包合同的内容策划

2）外包承包商的选择

3）外包合同签订

4）外包项目启动

5）外包项目监理执行

6）外包项目变更控制

（7）用户反馈意见查询

市政服务供应商根据政府部门及用户的反馈意见进行用户反馈意见查询，了解该服务的质量以及政府部门和公众使用者的满意程度。

（8）服务质量改进

服务供应商根据查询所得到的反馈意见，改进其所提供的市政服务质量，从而提高该市政项目的运作效率和效益。

选择阶段必须同时追求三种东西：

1）根据合格的基准线、成长规划和趋势，选择服务规格；

2）勾画出合约管理架构，并寻找合约管理者；

3）建立评估流程和体系，并制定评估标准。

合约管理是外包业务的重要环节，组织模式中一定要有合约管理人员，或者政府部门在合作项目中有全程跟踪人员。另外，外包是一种商业决策，应该不能受主观因素干扰，应保持客观观点。选择外包服务部门，只有在双方目标彼此契合时才能顺利进行。这样就需要有服务部门评估的流程，评估流程是产出客观信息、衡量目标是否契合的工具。其内容包括：服务供应商的技术能力、目标领域的知识深度、与政府所在国文化的契合程度以及必要的财务能力，以保证政府及民营部门财务目标的实现。

10.2.1.2 交钥匙

交钥匙有设计－建设（DB）和承包经营（TO）两种模式，其运作流程如图 10-5 所示。

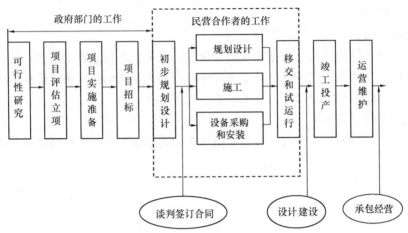

图 10-5　交钥匙工程的运作流程

（1）确定项目

在这个阶段，是政府对行业的分析，通过技术和经济分析，判断投资建议是否可行，是关于项目的前期工作。

（2）确定交钥匙模式

根据项目特点，确定项目采用的交钥匙方式。

（3）项目实施前的准备

政府在项目实施以前，需要组建项目机构、筹集资金、选定项目地址等关于项目的基础条件。由于属于工程总承包的方式，还需要对项目提出一些功能性的要求，为后期签订合同做准备，这个可以通过专业的咨询公司实现。

（4）项目招标

政府在项目立项后委托咨询公司按照项目任务书起草招标书格式等文件。政府在招标文件中只需要提出自己对工程的原则性的功能上的要求（有时还包括工艺流程图等初步的设计文件，视具体合同而定），而不需要详细的技术规范。

（5）初步规划设计

在这个阶段，民营部门需要做的就是提出初步的设计方案，在符合政府功能上要求的基础上递交投标文件。而在投标工作结束后，政府需要对民营部门提交的投标文件进行技术和财务两方面的评估，选出最终中标的民营合作者作为项目总承包商，就技术和商务两方面的问题谈判和协商，并与承包商签订合同。

（6）详细设计

承包商按照合同条件和政府要求进行方案设计、详细设计（施工图设计），并做相应的施工和供应计划。在合同的实施过程中,承包商有充分的自由按照自己选择的方式进行设计、采购和施工,但是承包商每一步设计和计划的结果以及相关的"承包商文件"都须经政府审查批准。与承包商文件相关的工程在政府的审核期满前不能开工,而且最终完成的工程必须要满足政府在合同中规定的性能标准。政府对具体工作过程的控制是非常有限的,一般不得干涉承包商的工作,除非是必要的项目变更和对承包商工作进度、质量进行检查和控制。政府可以通过任命一名政府代表或者委托专业咨询单位负责对工程的此类管理工作。政府在总承包商工作阶段,还需要按照签订的合同要求进行支付。

(7) 试运行

政府在这个阶段需要组织竣工检验和竣工后检验,如果有需要承包商马上修补工程缺陷,在检验合格后政府才接收工程,并且需要联合承包商进行试运行。根据合同要求,总承包商有时也负责培训政府人员等。

(8) 竣工投产

BT 合同实施完毕时,政府得到的应该是一个配备完毕、可以即刻投产运行的工程设施。承包商在缺陷责任期内负责工程的缺陷维修责任。

(9) 运营维护

承包运营合同需要民营合作者在一定时期内负责项目的运营维护。

10.2.1.3 租赁

1. 运作过程

市政工程中采用租赁模式时,通常有 LDO 和 BTO 两种形式,分别适用于已有市政设施的扩改建和新建市政设施项目,其运作流程可以统一归纳,一般可分为如下几个阶段:

(1) 确立项目阶段

在确定项目时应考虑两个问题:一是是否需要建设/改建该市政设施,二是该市政设施是否应采用租赁模式。由公共部门在考虑经济社会发展需要的基础上,在对某一具体市政设施项目建设的必要性和可行性进行分析研究后,确定是否有必要对该市政设施进行建设/改建。确定项目需要建设后,则从租赁模式与该项目在技术、经济、法律和国民经济整体效益等方面的相互适应性考虑是否应采用该模式进行建设/改建。

(2) 招标

在确定项目基本要求后,一般通过公开招标的方式选定民营部门。其招投标的实施过程包括四个步骤,即资格预审、邀请正式投标、投标、评标和决标。

(3) 组建项目公司并签订协议

确定中标者之后,政府部门与中标者进行谈判和合同的草签。中标的民营合作者依据法律规定,依法注册成立项目公司,再由项目公司与政府部门签订正式合同。

(4) 建造-租赁/租赁-改建

对于已有的市政设施,采用 LDO 模式。即民营合作者通过项目公司与政府签订租赁协议,租赁业已存在的市政设施,向政府交纳一定的租赁费用。同时,民营合作者凭借自有资金,并运用项目融资的各种方式融得建设资金,在已有设施的基础上对市政设施进行扩建或改建。一般情况下,民营合作者将由其组建的项目公司通过项目建设承包合同,发包给建设承包商负责项目的规划、设计、施工和设备安装等工作,最后由项目公司来验收工程与产品的质量是否符合协议与合同所规定的技术要求。

对于需要新建的市政设施，则采用 BTO 模式。即政府和民营合作者签订协议，由民营部门投资兴建该市政设施。民营合作者进行融资，资金来源一是自有资金，二是项目公司通过信贷等融资方式获得。融得资金之后，负责建设市政设施建设项目，设施一旦建成，民营合作者便把设施的所有权转移给政府。然后，政府与民营部门签订租赁协议，以长期租赁的方式把设施租赁给合作者，实行租赁经营。

（5）租赁经营阶段

在对市政设施进行建设/改建之后，则进入租赁经营阶段。投资者的投资回收、贷款偿还、支付的租金和投资者预期利润的获得，都来源于经营项目所获得的收益，项目公司可以自己直接从事项目的经营，也可以委托专门的运营维护公司从事经营管理活动。在项目的租赁经营期内，项目公司应根据租赁协议向政府交纳一定的租赁费用。

上述市政设施的租赁模式运作程序如图 10-6 所示。

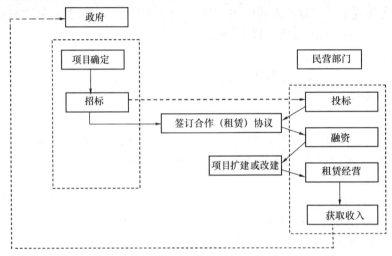

图 10-6　市政设施的租赁模式流程（LDO）

2. 组织模式

租赁模式下的市政工程项目涉及的利益方包括政府（公共部门）、项目发起人、项目公司、债权人、供应商、保险公司、运营商、建筑承包商和产品购买者等，每个利益方均与项目公司之间发生合同或协议关系，也就是说，项目公司是基于一系列协议之上的具有多种角色特征的商业组织。图 10-7 列出了租赁模式下市政设施建设各利益方的主要组织模式关系。

（1）各方投资者对项目公司进行股权投资，为其注入资金。

（2）政府部门与项目公司间签订租赁协议，规定租赁经营期内项目公司负责市政设施的运营，并向政府部门缴纳一定的租赁费用。

（3）银行机构与项目公司间签订贷款协议，为该市政项目融得建设/改建资金。

（4）保险公司与项目公司签订保险合同，安排项目保险，使市政建设项目的一部分风险得到分担。

（5）工程承包商与项目公司签订施工合同，负责项目的设计、建设和试运行。

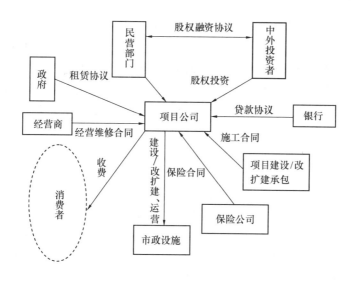

图 10-7 市政工程租赁模式的组织结构

（6）经营商与项目公司签订经营维修合同，以便在项目进入经营阶段后负责该市政设施的日常运营和维护。

（7）项目公司对市政设施进行建设/扩改建，并负责向用户收费。

10.2.1.4 外包模式中的其他模式

在外包模式中还存在管理外包这一概念，顾名思义，即为充分利用社会民营部门管理的综合或单项能力，通过一系列合约将某一或某些公用事业的管理工作外包给民营部门以充分达到资源的合理配置和利用，实现公私合作的双赢效果。但是在现代社会中，公用事业面对公众的管理已经被越来越多地看成是服务了，而政府部门内部的管理外包则与社会上已经较为成熟的企业间管理外包非常类似，故本文中将管理外包略去不计。

运营和维护协议是政府与民间企业签订协议，由民间企业对基础设施进行运营和维护并承担其责任，获取商业利润，但不承担投融资风险。其目的是引入民营企业，提高基础设施的运营效率和服务质量。同样可以这样认为，在不存在民营融资的情况下，公共部门与民营部门的外包模式关键的问题就在于合同的签订及其后续保障，也可以说外包模式相对于其他公司合作模式是比较浅显和易于操作的，相互之间的联系也相对简单。

10.2.2 特许经营类项目的运作程序及组织模式

10.2.2.1 建设－运营－转移（BOT）

BOT 方式是指政府授予私营公司或企业以一定期限的特许专营权，以合同的方式许可其融资修建和经营管理基础设施；政府根据合同，在专营期间准许经营管理公司从收费或销售产品中清偿贷款、弥补开支，赚取利润。专营权期限届满时，基础设施无偿移交给政府。

1. BOT 项目运作过程

一个典型的 BOT 投资一般要经过以下几个阶段（图 10-8）：

（1）确定项目阶段

确定项目阶段包括两个相互联系的过程：一是有建设该基础设施的需要，二是该基础设施的建设拟采用 BOT 投资方式。关于第一方面，是各国或各地出于经济发展的需要，在对某一具体基础设施项目建设的必要性和可行性进行分析研究后，如果是必要的也是可行的，则按国家基础建设管理的程序予以确定。其标志是该项目的建设已列入经济发展规划。确定项目需要建设后，如何进行建设，能否采用 BOT 投资方式进行建设，这取决于 BOT 投资方式与该项目在技术、经济、法律等方面的相互适应性，取决于 BOT 投资方式对基础设施本身、对国民经济整体效应。

（2）授权、建造阶段

在这个阶段中包括授权与建造两个先后不同的阶段：

1）授权阶段。即私人投资者取得特许权阶段。只有取得特许权之后才有建造阶段。项目的授权可以通过两种方式：一是，在确定项目基本要求后，通过招标的方式来确定授权的对象；二是，在确定项目基本要求后直接与投资者进行谈判，确定授权的对象。授权阶段完成的标志是私人投资者通过项目公司与政府签订了特许协议。签订特许协议后即进入 BOT 投资项目的正式运作阶段。在确定了项目投资者之后，获得特许之前，投资者（项目主办人）一般都先成立项目公司，由该项目公司全面开始 BOT 项目的运作。

2）建造阶段。建造阶段至少包括融资和建设两个阶段。在融资阶段，项目建设的资金来源一般包括两个渠道：一是投资者的自有资金，二是项目公司通过项目贷款等融资方式获得的资金。在项目建设的资金已有保障的情况下，即开始项目的建设阶段。

（3）经营阶段

经营阶段对于投资者来说意义重大，投资者的投资回收及贷款偿还，包括投资者预期利润的获得，都来源于经营项目所获得的收益。为此，项目公司可以自己直接从事项目的经营，而事实上项目公司更多的是委托专业的经营者从事经营管理活动。在项目的经营过程中，必须对项目进行维修以便维持项目的长期效用，因为项目最终须移交给政府，政府也会要求项目公司对项目进行维修，为此项目公司一般也会委托专业的维修公司对项目进行维修。

（4）移交阶段

项目的移交是 BOT 投资方式所特有的，在项目经营期限届满之后，项目公司须将项目的所有权无条件的移交给政府，这也是政府将项目特许项目公司进行建设、经营的对等条件。

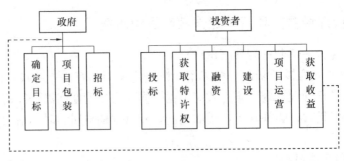

图 10-8　BOT 运作过程

2. BOT 组织模式

BOT 融资方式中，项目所在国政府与项目发起人（项目实际投资人）签订项目特许协议，项目投资人共同组建一个项目公司，再由项目公司负责组织项目的实施。其组织结构随项目类型、具体的项目特征、项目所在国的情况以及项目的承包商（合同商）情况等因素的差别而有所不同。一般结构如图 10-9 所示：

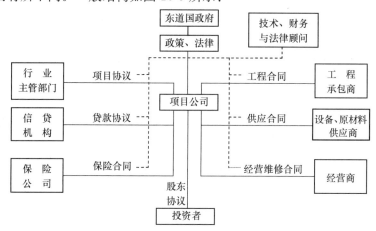

图 10-9　BOT 组织模式结构图

　　一般来说，一个以 BOT 方式投资建设的项目涉及的角色包括政府（公共部门）、项目发起人、项目公司、债权人、供应商、保险公司、运营商、建筑承包商和产品购买者等，每个角色与项目公司之间的关系都是一种双务关系，也就是说，项目公司是基于一系列协议之上的有多种角色组合而成的严密的商业组织。

　　（1）政府（项目的最终所有者）：在 BOT 方式中具有双重身份，既是公共基础设施的管理者，也是项目特许权的授予者。政府批准 BOT 项目，进行公开招标，授予私营机构以特许权，在特许权协议中，政府需承担相应义务和一定风险，并提供一定政策保证。如果东道国的法律与 BOT 的通则相抵触，或回报率满足不了要求，政府需提供进一步的支持和相应的法律措施以保证项目可行。政府对 BOT 项目的态度以及在其实施中给予的支持，将直接影响项目的成败。

　　（2）项目发起人：项目发起人是这样一些公司、实体或个人，他们提出项目，取得经营项目所必需的特许权，并将各当事人联系在一起。组成项目公司，项目发起人一般是股本投资者，即项目的实际投资者和主要承办者，并通过项目的投资活动和经营活动，获得投资收益。通过组织项目融资，实现投资项目的综合目标要求。

　　与其他项目融资模式有所不同，在 BOT 融资期间，项目发起人在法律上既不拥有项目，也不经营项目，而是通过发起项目而给项目投入一定数量的股金、从属性贷款。作为项目发起人，首先应作为股东，给项目一定金额的投入并分担项目开发费用。当然项目发起人也享有相应的权利，如股东大会投票权和特许协议中资产转让条款所规定的有关权利。

　　（3）项目公司：是项目的直接承办者，是项目发起人为建设、经营某特定基础设施项目、联络有关方面而建立的自主经营、自负盈亏的公司或合营企业。它是 BOT 项目的执行主体，在项目中处于中心地位。它直接参与项目投资和管理，直接承担项目债务责任和项目风险，所有关系到 BOT 项目的筹资、分包、建设、验收、运营以及还债和偿还利息的事项均由它负责。在法律上，项目公司是一个独立的法律实体。

(4) 项目的贷款银行或银团（债权人）：项目的贷款银行是指在项目融资中为项目提供资金的商业银行、非银行金融机构和一些国家的出口信贷机构。它可以是一家或几家银行，也可以是由几十家银行组成的银团。参与项目贷款的银行数目主要根据贷款规模和风险两个因素决定。中小型 BOT 项目，一般单个银行即可为其提供全部资金，而大型的 BOT 项目一个银行往往力不从心，从而组团提供。一些被认为是高风险的国家，即使贷款数额较小，也常常组团，其目的是分散政治风险。项目的贷款银行通常是 BOT 项目的主要出资人，由于 BOT 项目的负债率一般高达 70%～90%，所以项目贷款往往是 BOT 项目的最大资金来源。

(5) 建筑承包商：通常也是项目的股东之一，以便保证其能成为项目的主承建商。承建商应负责设计并保质保量按时完成该建设项目。

(6) 运营商：在 BOT 方式中，有时项目公司自己就是运营商，有时它可以通过合同委托其他经营商经营。独立的运营商依照约定接管竣工项目，负责对项目经营和维护，并对项目的使用收取费用，运营商也可以是项目公司的股东之一。

(7) 产品购买商或接受服务者：作为基础设施项目，项目建成后应有长期的产品购买商，并且购买商必须具有长期的赢利历史和良好的信誉保证，购买产品的期限至少与项目的贷款期相同，产品的价格也应保证使项目公司足以回收股本，支付贷款本息和股息并有利润可赚。

(8) 保险公司：其责任是对项目运行中各个角色都不愿意承担的风险进行保险，包括建筑承包商风险（主要是意外造成的）、业务中断风险、整体责任风险、政治风险等。由于这类风险不可预见性强，造成损失巨大，所以对保险公司的财力、信誉要求很高。

在 BOT 项目实务中，还有其他参加者，如供应商、金融顾问、信用评估机构、国际担保机构、实际管理者、财务部门、律师和其他专业人士，所以 BOT 项目具体的组织是一个非常复杂的体系。

在 BOT 项目中众多的当事人以合同、协议的方式联系在一个项目体系中，各角色间形成复杂而明确的协作关系，BOT 项目的成败得失完全取决于这些协作关系是否通畅。他们必须有效成功合作，才能实现总体目标。

10.2.2.2 转移—运营—转移（TOT）

1. TOT 模式的运作过程

(1) 制定 TOT 方案并报批。转让方须先根据国家有关规定编制 TOT 项目建议书，征求行业主管部门同意后，按现行规定报有关部门批准。国有企业或国有基础设施管理人只有获得国有资产管理部门批准或授权才能实施 TOT 方式。

(2) 项目发起人（同时又是投产项目的所有者）设立 SPV 或 SPC（Special Purpose Vehicle Or Special Purpose Corporation），发起人把完工项目的所有权和新建项目的所有权均转让给 SPV，以确保有专门机构对两个项目的管理、转让、建造负有全权，并对出现的问题加以协调。SPV 常常是政府设立或政府参与设立的具有特许权的机构。

(3) TOT 项目招标。按照国家规定，需要进行招标的项目，须采用招标方式选择 TOT 项目的受让方，其程序与 BOT 方式大体相同，包括招标准备、资格预审、准备招标文件、评标等。

(4) SPV 与投资者洽谈以达成转让投产运行项目在未来一定期限内全部或部分经营

权的协议，并取得资金。

（5）转让方利用获得资金，用以建设新项目。

（6）新项目投入使用。

（7）项目期满后，收回转让的项目。转让期满，资产应在无债务、未设定担保、设施状况完好的情况下移交给原转让方。当然，在有些情况下是先收回转让项目，然后新项目才投入使用的。

为了更明确地和前面所述的 BOT 相比较，TOT 运营程序可用图 10-10 表示：

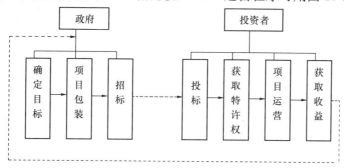

图 10-10　TOT 模式运作过程

2. TOT 项目的组织模式

在 TOT 模式中，因为不涉及直接新建基础设施，所以 TOT 模式运作过程中较少涉及与项目建设有关的主体，比如说建筑企业和项目所需设备的供货方等。此外，TOT 模式运行周期较短，投资回报率较为稳定，所需资金相对较少，因此投资者除外国大银行、大建筑公司或能源公司外，其他金融机构、基金组织和私人资本都有机会参与投资，竞争的主体及竞争的力量将会增多。而"竞争力量有助于使机会成本最大化，以及使价格最低化"，将有助于我国基础设施建设以较低成本获得较高效益。

在 TOT 运作中，应处理好如下一些问题：

（1）注意新建项目的效益，避免建设中出现效益低、半途而废等情况。首先，在目前利用 TOT 经验不足的情况下，要做好试点工作，并及时总结经验，从小到大，从单项到综合项目逐步展开。其次，建设前一定要进行全面、详细的评估、论证，充分估计到 TOT 模式的负面效应，并提出预防措施，防止盲目引进外资和重复建设。

（2）SPV 的组建问题。成功组建 SPV 是 TOT 模式能够成功运作的基本条件和关键因素。由于组建 SPV 只有在国家主权信用级别较高且具有雄厚的经济实力和良好的资产质量的国家（如美国、日本、西欧等发达国家）才能注册，SPV 也才能获得国际权威资信评估机构授予的较高资信等级。因此，我国应选择一些有实力的金融机构、投资咨询机构，通过合资、合作等方式进入国外专门为开展项目融资而设立的信用担保机构、投资保险公司、信托投资公司，使之成为其 SPV 的股东或发起人，从而为我国在国际金融市场上大规模开展 TOT 项目融资奠定良好基础。

（3）基础设施出售时的估价问题。对投资者来说，估价越低越易于接受，但会导致国有资产的流失；估价过高可能使投资者失去投资兴趣，因此必须注意基础设施资产的估价问题。借鉴国内外的经验教训，国家各级政府在采用 TOT 融资方式时应委托信用好、资质高的资产评估机构对国有资产进行客观、正确的估价，以我国相应级别的国有资产管理局和外商投资者共同认可的资产价值为转让的标的,这是 TOT 模式成功的一个重要前提条件。

(4) 投资者经营垄断的可能性问题。在 TOT 模式中,投资者往往看中项目在区域内的独特性,如果政府在协议中再辅以不竞争保证,那么该投资者即可在特许协议规定的约定期间内实施垄断经营。鉴于 TOT 方式产生垄断经营可能性的增强,政府必须在协议中对基础设施产品或服务的价格予以明确规定,在考虑投资者收益的前提下充分考虑使用者的承受能力,避免投资者肆意提高价格。

(5) 转让应和改制同步进行。现有的基础设施经营单位存在冗员和非经营性资产多、历史包袱沉重、负债多等问题。因此,企业改制是 TOT 方式前期工作中的一项重要内容。政府、企业上级、转让方以及债权人应共同研究处理好企业富余人员安置、非经营性资产剥离、企业债务安排等问题。人员安排可由转让方自行解决或由受让方拿出一笔资金进行一次性补偿,也可经培训后由投资人择优选择上岗。

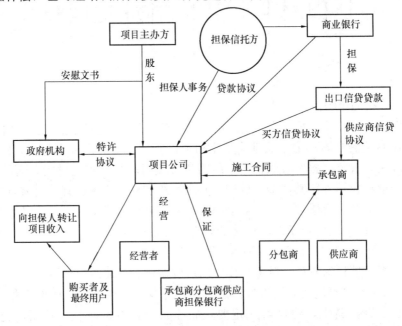

图 10-11 TOT 项目组织模式

在 TOT 模式中,参与者除了民营合作者、项目公司、债务资金提供方之外,政府也是最重要的参与者和支持者。政府批准特许权,与项目公司签订特许协议,详细规定双方的权利和义务。此外,政府通常还提供部分资金信誉、履约方面的支持等。这种 PPP 模式可避免市政设施建设期的巨大风险,融资工作量和难度大大减少和降低。期限相对较短,融资成本可以大为减少,增加了项目的赢利能力,一方面有利于吸引投资者,另一方面可以降低服务收费的标准,增加社会福利,赢得民众对政府工作的支持。

10.2.2.3 扩建后经营整体工程并转移 (Wraparound Addition)

1. WA 模式的运作过程

WA 项目融资方式的运作主要包括以下几个步骤(图 10-12):

(1) 项目方案的确定

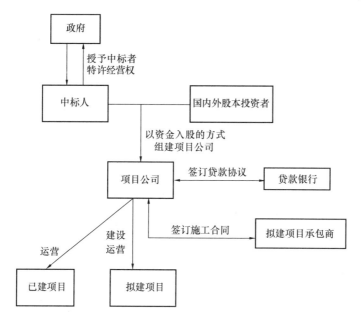

图 10-12　WA 项目的组织模式

WA 项目与单纯的 BOT 项目不同。首先，单纯的 BOT 只涉及一个项目，而 WA 则需要同时考虑已建和拟建两个项目。此时政府可以鼓励私营机构在项目构思和设计方面提出新的观点。为此政府在设计工作开始之前就可邀请投标，而且标书只是轮廓性地列出项目应达到的要求，至于如何去满足这些要求，可留给私营投标者自行解决。这种处理方法可以发挥每一个投标者的设计技巧和优势，创造性地提出方案。

（2）WA 项目的招标准备

在项目招标之前，必须做好准备工作，其中最重要的是：第一，项目技术参数研究。包括对所要解决问题的性质和规模作详细而清晰的说明；第二，招标文件的准备。须描述技术研究中提出的大量信息，对投标的类型以及投标人在标书中应包括的内容作具体规定，招标文件还应清楚地规定评标准则。

（3）WA 项目招投标过程

WA 项目招投标过程主要包括资格预审、投标、评标与决标及合同谈判四个阶段。

1）资格预审阶段

邀请对项目有兴趣的公司参加资格预审，根据这些公司提交的包括技术力量、工程经验、财务状况等方面的资料，拟定参加最终投标的备选公司名单。

2）投标阶段

邀请通过资格预审的投标者投标，投标者按招标文件的要求，提出详细的建议书。建议书应详细说明项目的类型及所提供产品或服务的性能和水平，建议项目融资结构、价格调整公式和外汇安排，并进行风险分析。

3）评标与决标阶段

为了在许多竞争者中选择，需要有一套标准来进行评标，以使项目相关指标达到最优。通常一开始就应让投标者明确知道评标方法（在招标文件中明文规定），从而使他们能据此来进行项目设计，并提出项目建议书。

4）合同谈判阶段

决标后，应邀请中标者与政府进行合同谈判。因为牵涉两个项目的一系列相关合同，WA 项目的合同谈判较单纯的 BOT 项目时间长且更为复杂。如果政府与第一中标者未能达成协议，可转向第二中标者与之进行谈判，依此类推。除此之外，WA 融资模式中还必须签署其他许多协议。如与项目贷方的信贷协议、与建筑承包商的建设合同、与供应商的设备和原材料供应合同、与保险公司的保险合同等。为了保障 WA 项目合同的顺利履行，政府应提供所需的一揽子基本保障体系。

2. WA 项目的组织模式

WA 项目的组织模式有两种方式：一是有偿转让，即政府通过 TOT 方式有偿转让已建设施的经营权。二是无偿转让，即政府将已建设施的经营权无偿转让给投资者，但条件是与 BOT 项目公司按一个递增的比例分享拟建项目建成后的经营收益。

在第一种方式中，投资者通过与政府签订 TOT 特许协议取得已建设施的特许经营权，同时政府将已建设施未来的收入一次性从投资者手中融得，政府与投资者在这个融资过程中扮演着双重角色，他们既是 TOT 的主体，又是 BOT 的主体，要签两份特许协议：一是在一定时期内转让已建设施的经营权；二是转让新建项目的建设与经营权。这两个看似独立的过程其实关系极为密切，它们相辅相成，互为补充，政府与投资者在这个过程都是受益者，达到了"双赢"的效果。

若政府以 TOT 模式无偿将已建项目设施的经营权转让，则政府将与 BOT 项目公司共同分享拟建项目建成后的运营收益，具体做法是将拟建项目建成后的运营分成几个阶段，政府在这几个阶段中将建成项目的运营收入以一个逐渐递增的比例分成，直至最后收回经营权。

10.2.3   民营化类项目的运作程序及组织模式

10.2.3.1   建设－拥有－运营（BOO）

在 BOO 方式下，由项目承担方负责建设和运营一个公共项目，并不需要把该项目的所有权最后移交给政府。政府把项目的法定所有权给予民营机构，并且不承担赎回的责任。一个 BOO 项目如果能符合政府的所有有关法规政策就可以在服务合约中享受免税待遇。

关于产权问题，在民营资本出现以前，政府对外商投资的项目担心产权完全归外商，对国家和人民有危险，所以坚持设施产权的有条件拥有和处置权，并必须于预定年限内移交政府；随着投资多元化的发展，国内资本包括民营资本、国有背景的资本在大量地成为投资方，在这种情况下，采用 BOT 的变形 BOO 模式成为可能。

1. BOO 项目的运作程序

从运作程序来看，BOO 项目与 BOT 项目是比较类似的（图 10-13），由于后期 BOO 项目并不需要把该项目的所有权移交给政府，那么二者的区别也就在于最后没有项目移交这一环，而相应的，在具体操作上政府与投资者在协议的签订上尤其是公共物品价格的管制方面也需要做出与 BOT 不同的决定。

2. BOO 项目组织模式

由于 BOO 项目涉及公共物品的最终民有民营，所以该形式目前在我国并不是比较常

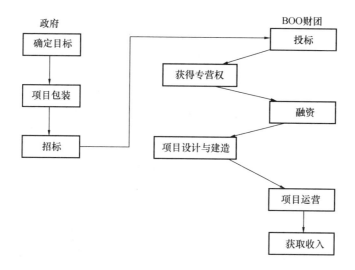

图 10-13 BOO 项目运作程序

见和成熟的融资模式,在此,结合一个具体的案例来描述 BOO 项目的组织模式。

西郊热电厂位于河北省唐山市,西郊热电厂一期工程 250MW 机组供热面积为 300 万 m²。预计到 2004 年规划容量为 300MW 供热面积可达 850 万 m²。近年来,由于城市发展迅速,经 2000 年 9 月聘请的中国节能投资咨询公司专家组实地评估论证,市中心区西部需供热面积到 2005 年将达到 1447 万 m²,已大大超过了西郊热电厂规划供热能力 850 万 m²。因此,西郊热电厂在已取得国家计委对二期扩建 2100MW 机组的批准后,准备向市项目主管部门申请,争取三期工程的立项,使发电装机规模达到 500MW,供热面积达到 1400 万 m²。

西郊热电厂项目融资的实证是 BOT 方式下的 BOO,其组织模式如图 10-14 所示:

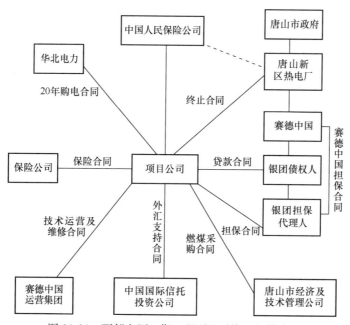

图 10-14 西郊电厂一期工程项目融资组织模式图

赛德中国是一个新进入国内市场并致力于电力建设项目开发的境外注册国际股份有限公司,其在境外项目业绩和与国际银团的良好合作关系,以及公司本身在项目开发方面的技术和经验优势,使合资双方有信心开展项目的境外融资并确信能使其获得成功。

项目组织结构是以项目公司为中心展开的。

(1) 由唐山市政府对本项目提供信贷支持函,并同时责成市国有独资电厂唐山市新区热电厂(装机规模 145MW)与项目公司和赛德中国控股有限公司三方签订了《关于为国际融资唐山西郊热电厂电价及终止性付款协议》的协议书,形成了本项目的避险结构的特点。这一特点实际是为项目外方投资人抵押了项目资产以外的新区热电厂的资产,从而使合并后的资产总值(重估)达到或超过了项目实际投资额。在这个特色环节下,由项目公司向中国人民保险公司购买了政治风险保险,从而构成了本项目的政治风险避险子系统。

(2) 赛德中国控股有限公司与银团债权人授权的银行担保代理人(日本住友银行)签署了股东担保协议。项目公司在还本付息结束日之前向银团抵押了全部权益(担保合同)从而构成了项目融资的担保子系统。

(3) 项目公司与华北电力集团公司签署了为期 20 年的《并网调度总协议》、《售电协议》,并将该协议在还本付息期间抵押给了银团,完成了产品长期购买合同关系,构成了实际还贷能力的保证子系统。

(4) 为保证正常运营,项目公司与中国人民保险公司签订了各种保险的购买合同,包括:财产一切险、机器损坏险、营业中断险、其他责任险、雇主责任险等,从而构成了运营避险子系统。

(5) 项目公司与中国国际信托投资公司签订了关于外汇支持合同,使在政府外汇主管部门批准后的换汇业务由中信公司提供服务支持,保证外汇业务的通畅,从而构成了项目的外汇支持子系统。

(6) 赛德中国控股有限公司、唐山经济及技术协作公司(受合资中方委托)以合同方式向项目公司的有效运营提供技术管理支持和燃煤的可靠供应,构成了项目的运营支持子系统。

以上各系统、环节相互联系、相互支持、相互制约,构成了整体框架的有机体。上述六个子系统的确定和生效,构成了银团向项目贷款的必要和基本条件,促成了最终银团债权人对项目公司的长期贷款协议的签订和实施,完成了整个融资总体系统的闭合。

10.2.3.2 股权转让

以某自来水厂股权转让的过程来介绍股权转让的运作程序。

(1) 某项目资本运作的主要特点为:

1) 引入市场竞争,实现国有资产价值最大化;

2) 通过盘活存量,取得大量建设资金;

3) 不设固定回报,双方共享收益、共担风险,促使外方注入先进技术和管理;

4) 规定董事长和总经理由双方轮流委派,终止前由中方管理,另设立独立董事;

5) 延续现有劳动合同,保障了员工利益;

6) 水价与市中心城区其他供水企业保持一致,以形成良性竞争局面。

(2) 项目的开展情况如图 10-15 所示。

1) 准备阶段的主要工作

①某市政府首先成立了招标委员会，招标委员会在市政管理委员会下设了招标办公室，负责招标的日常工作，并聘请项目的融资招标顾问。了解国内外资本运作经验，进行转让项目资产评估和人员重组优化。

②确定转让方法（议标或公开招标）。

图 10-15　某自来水厂股权转让运作程序图

③确定转让原则。转让价—国际通用的市场认定价值；转让比例为 50%；经营方式为共同经营、共享收益、共担风险；经营期限为 50 年。

④向市政府提交《关于某自来水公司部分股权出售的报告》经批准后实施。

2）资格预审阶段

①转让项目在产权交易所产权交易网站上挂牌公告。

②并向报名人发放《资格预审公告》、《资格预审须知》。

③报名人递交资格预审答复文件。

④对报名人进行资格预审。

⑤资格预审通告发布后，共有 34 家跨国公司或银行购买了资格预审文件，7 家联合体（共 19 家公司）提交了资格申请文件。招标委员会选择了其中的 5 家联合体（共 12 家公司）参加项目投标。

3）招商申请阶段

①组织了自来水公司招商推介会、实地踏勘、数据库资料查询三项活动。

②向资格预审合格的投资人发放招商文件：包括《招商须知》、《股权转让合同草稿》、《合资合同草稿》、《合资企业章程草稿》等内容。

③双方就招商文件和前期招商推介阶段所提供的资料进一步澄清。

④投资人提交招商文件。

⑤招商文件澄清谈判阶段。

⑥项目组成员对招商文件进行了分类整理。最终形成四个文件：三家招商申请文件的隐名版、《分类汇总对照表》、《谈判要点》和针对三家申请人的招商申请文件所提出的《问题澄清清单》。

⑦分财务、技术和组织人事组，项目组成员和投资人对招商申请文件内各个方案中不清楚和不明确的内容予以解释和说明，并形成书面的备忘录。该备忘录既是对招商申请文件的补充，也是专家评审的依据。

4）评审阶段

①公证处公证。将专家抽签办法和评审会程序等交市公证处审核并请公证处对评审会的全过程进行公证。

②以抽签形式确定专家。

③专家对投标文件进行分组讨论并根据评分表打分，同时出具专家评审意见。

④每组的召集人根据各组专家的打分情况进行汇总，出具书面的小组汇总意见。

⑤按受让价格、财务方案、技术方案、服务方案和组织人事方案等五个方面进行分值

汇总。

5）谈判

谈判工作共进行了三轮。第一轮主要是了解双方的观点，第二轮解决了水价等核心问题，第三轮解决了遗留问题（主要是对不可抗力的处理）。由于项目竞争十分激烈，政府在谈判中的地位非常主动，谈判结果在很多方面突破了国内类似项目的惯例。

10.2.3.3 其他民营类项目

其他民营类 PPP 模式有独资、合资经营等。独资经营是指非公有资本方直接组建项目公司，通过项目公司经营公用事业。经营公用事业的资格可以通过法人招标或议标获得。

10.3 特 许 协 议

10.3.1 特许经营模式的合同和协议结构

一个典型的特许经营模式的 PPP 项目，通常以特许协议为核心，另有许多的附属合同，如图 10-16。

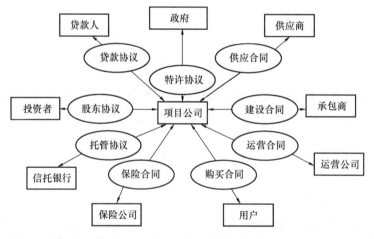

图 10-16 特许经营模式主要合同及协议

（1）特许协议：特许协议是东道国政府对民营部门投资基础设施项目的许可以及在政治风险和商业风险等方面的支持和保证。特许协议是整个 PPP 项目的依据，其他所有合同，如贷款、工程承包、经营管理、保险等合同均是以此协议为依据，为实现其内容而服务的。

（2）供应合同：指 PPP 项目建成后由项目公司与供应商签订的所属原材料供应的合同，尤其是指电站项目所需的煤或燃油。

（3）建设合同：建设合同是项目公司与工程建设承包商签订的固定价格和工期的交钥匙合同。承包商可以是项目公司股东所属的工程公司本身或东道国方的专业公司，也可以是其他具备足够实力的专业公司。

（4）运营合同：运营合同是项目公司为邀请专业经营公司来对已建好的 PPP 项目进

行正常经营管理而同经营公司签订的合同。

（5）购买合同：若 PPP 项目的直接服务对象是社会公众，则由项目公司与东道国政府管理部门或专营公司签订"特许协议"，保证项目最低需求，若 PPP 项目的直接服务对象是专营公司或东道国公用事业机构，则由项目公司与他们签订产品服务或购买协议。

（6）保险合同：保险是项目公司分散风险的一种做法，通过缴纳保险费，把保险公司可以给予承保的风险分离出去，如业务中断险、现金流中断险、厂房设备设施意外险、工伤事故补偿保险等。

（7）第三方账户协议：即托管协议。第三方账户协议是项目融资条件中贷款人广泛使用的方式，由贷款人指定的信托银行作为第三方账户，在满足某些需求（如运营、维护、缴税）以后，所有项目公司的回报直接移交给第三方账户，项目公司只有通过第三方账户才可以接到所分的份额，在第三方账户确保合理使用 PPP 项目的收益。

（8）股东协议：PPP 项目一般由多家公司组成国际性财团共同投资，组成项目公司，各家股东的出资与分成由参股协议确定。

（9）贷款协议：PPP 项目贷款多为无追索权或有限追索权贷款，即贷款人只可向项目公司行使追索权。贷款人可以是商业银行辛迪加（国际银团），也可以是出口信贷和世界银行贷款的转贷，贷款合同就是规范贷款人项目公司之间借贷关系的合同。

10.3.2 特许协议条款内容

10.3.2.1 协议主要内容及框架

PPP 项目会因为所在国不同、项目类型不同，特许协议的内容结构和条款用词也有所不同。特许协议的复杂性在很大程度上取决于国家的法律体系。因为各个国家的法律体系不同，基础设施项目的类型也不尽相同，所以不可能形成一个适合所有项目的特许协议。但是尽管这样，各个 PPP 项目特许协议中的分类条目却是基本相同或相似的。

特许协议框架一般包括四大部分：

第一部分，明确签订本协议的双方，并就项目、项目招投标及特许协议的批准、签订本协议的目的等作一简单的陈述，明确特许权及授予，定义项目中的术语和本特许协议生效的先决条件。

第二部分，按照项目实施阶段时间顺序，定义双方在获得土地、设计、建设、测试、运营与维护，一直到特许期结束时最终移交中的权利和义务，一般划分为项目建设、项目的运营与维护、项目的移交几个部分详细说明。

第三部分为双方的一般义务，如遵守法律和法规、环境保护、税收、保险等。

第四部分为关于违约的补救、协议的转让、争议的解决等方面的条款。有时也将主权豁免的放弃、适用法律等条款放在第四部分。

在特许协议的正文之后，一般还附有产品购买协议、技术规范和要求、质量控制方案和体系、性能标准和测试、维护计划、保函格式和仲裁协议等附件，与正文一起构成了完整的 PPP 项目特许协议。有的产品购买协议单独完成，作为特许协议的补充协议。

10.3.2.2 特许协议的关键条款

1. 前提条件

在正式的特许协议生效前，有些基本的前提必须落实。"前提条件"常常位于特许权条款之后，例如：合同双方应有主管部门或有关单位授予的履行合同的权利和资格，有关批文应备齐，资金应该到位等，是建设开始的必备条件。只有合同各方能证明所有的"前提条件"已具备的情况下，特许协议才能生效，建设工作才能开始。

2. 特许期限

从财务分析的角度来看，由于PPP项目的特许期限一般较长，而采用的折现率也比较高，在项目经营的后几年中，其现金流量折现值对财务分析的结果影响不大，也就是说，较长的特许期限与较高的折现率使后几年的项目收入折现后数额很小。另一方面，年限过长，不确定因素会增加，风险加大，会给管理、运营带来一系列问题。所以，因尽量缩短特许期限。然而，考虑到基础设施开始投资额大，PPP项目又只能靠项目收益来偿还贷款，股东也要依靠项目收益分取红利，项目每年产量固定，缩短特许期限会导致产品或服务的价格上升，而价格提得过高，又会减少销售量，从而会降低项目收益，使贷款方和股东都无法收回投资。

因此，特许期限的确定应考虑到项目产品价格，可以采用的做法是将预计各年的现金流量按预先约定的折现率折现，直到出现各年现金流入折现之和大于资本支出折现之和的那一年，即是特许期限。

下表10-5为一些国家或地区BOT项目的特许期限情况，可以作为我国今后规定特许期限的参考。

不同 BOT 项目的特许期限（金额单位：亿美元）　　　　　　表 10-5

国家	澳大利亚	英　国	英国/法国	中　国	马来西亚	泰　国
项目	悉尼海湾隧道	Dartford 桥	英法海底隧道	沙角电厂	南北高速公路	曼谷高速公路
费用	4.33	3.42	103	5.5	18	8.8
特许期限	30 年 (1992～2022 年)	20 年 (1988～2008 年)	55 年 (1987～2042 年)	10 年 (1987～1997 年)	30 年 (1988～2018 年)	30 年 (1988～2018 年)

3. 权利与义务条款

特许协议规定了东道国政府和项目公司在PPP项目建设、运营以及最后移交过程中的权利与义务。东道国政府享有对项目设施的终极所有权，对项目工程的审核和批准权等权利，并负有对项目融资提供支持的义务。项目公司除拥有在特许经营期限内对项目设施进行融资、建设、运营并以此获取利润的权利外，还必须对项目设施做出适当的维护以保证在特许权期结束时项目设施仍处在能继续运营的状态。特许协议还确定了风险分担的方式和范围，以及一旦遇到不可抗力风险而导致项目延期或停止，东道国政府和项目公司各自应采取的行动。

（1）东道国政府的权利

东道国政府在PPP项目融资中代表国家从事民事经济法律行为。尽管其在不同阶段有不同身份，譬如在立项招商阶段，它是项目的选择确定者，继而以招商人的身份出现；在项目成立后，它成为接受投资者，作为项目谈判签约的并兼有项目工程的发包方和经营权的转让者身份。但是，它与特许经营权被授予方——项目公司的关系是平等的民事法律关系，不存在行政隶属关系。东道国政府作为PPP项目特许协议甲方的主要权利包括：

第一，授予特许权。东道国政府根据有关法律规定授予项目公司对项目设施进行建设和运营以及征收通行费、使用费、租用费或是出卖产品的特许权。

第二,审批项目收费。东道国政府有权对项目设施各种通行费、使用费、租用费或产品出售价格的公正性和合理性予以审批。因为东道国政府既要保证国家利益不被侵害,又要使投资者得到合理的投资回报。

第三,对特许项目的监督、检查和审计权。在 PPP 项目的实施过程中,东道国政府对项目的监督、检查及审计的主要目的在于督促项目公司履行合同义务。关于项目监督,东道国政府有关部门要成立专门的监理小组,对合同规定的项目活动进行技术监督,检查项目是否按已审批的计划、规定和费用标准进行施工、运行和维护,如果监理小组发现实际情况与计划、规定和标准有所偏离或不符,将提示项目公司采取必要的改正行动。关于收费审计,为了保证通行费、使用费、租用费或产品价格等严格遵守标准,东道国政府将委托审计委员会对项目公司或其承包商、经营商的有关簿记和记录按条例规定进行审计。

第四,项目设施回收权。特许期满,东道国政府无偿收回项目设施。

第五,对违约行为的处罚权、索赔权。东道国政府对项目公司违反特许协议的行为,有权责令其做出纠正并予以处罚,对造成的经济损失,有权要求赔偿。

第六,适当变更合同权。在协议签署以后,倘若发现项目有损社会公共秩序的情形发生,东道国政府可以向项目公司提出协商要求并对协议作出适当变更。

(2)东道国政府的义务

东道国政府作为特许权协议甲方的主要义务包括:

第一,协助建设义务。在 PPP 项目融资特许经营中,政府的支持非常重要。政府不但要提供项目用地和有关设施的使用权,还要从法律、金融、财税等多方面给予津贴或协助。项目用地和有关设施的使用权应按投标文件和合同中所列的日程和要求提供。

第二,保证的义务。PPP 项目的风险远远超过一般投融资项目,因而项目公司要求政府提供保证。这类政府保证内容包括:供货保证、外汇汇出保证、不竞争保证、经营期限保证、不予征收或国有化保证等。

第三,合理补偿的义务。在发生政府基于公共秩序而变更合同的情况时,政府应本着公平合理的原则,依据合同约定对因变更合同而给投资者带来的损失给予适当的补偿。

(3)项目公司的权利

项目公司的权利主要包括:

第一,项目特许权。项目公司享有由东道国政府授予对基础设施进行建设、运营和维护以及征收通行费、使用费、租用费或出售其产品的特许权。具体地讲,项目公司对项目享有一定期限内的拥有权,包括占有权、经营权、管理权和收益权,以便能够从中收回项目的投资。关于收费和收入分成,项目公司有权根据投标文件和特许协议规定的、并经政府有关部门批准的数量标准对项目设施的用户征收通行费、使用费、租用费或其他费用。

第二,转让项目提前收回投资权。经政府部门同意和批准后,项目公司有权将协议所涉及的权利部分或全部转让,以提前收回项目投资。

第三,获得政府协助权。项目公司有权在用地、能源、原材料供应等方面获得政府的协作。

第四,利润、外汇汇出权。项目公司有权将其经营 BOT 项目设施获取的利润兑换成外汇并汇出。

　　第五，获取当地救济权。倘若政府一方违约，项目公司有权就违约行为向当地仲裁机构或司法机关提出索赔请求。

　　（4）项目公司的义务

　　项目公司作为特许协议的乙方的主要义务包括：

　　第一，项目融资、设计和建设的义务。项目公司负有为项目融资并按时投入所融得资金的义务和按时完成项目设计与工程施工的义务。项目公司应该单独对工程设计和计划的完整性承担责任，政府有关部门的批准既不减少项目公司的这一责任，也不将这一责任的任何部分转移给政府有关部门。关于施工，项目公司应该根据特许协议规定的设计标准、建设标准和技术规定以及由政府有关部门批准的详细施工计划进行项目的工程施工，在施工阶段可以使用由国外或国内建筑商提供的服务，但所雇用的建筑商必须按照与东道国政府协议约定的方法通过资格预审。

　　第二，项目设施管理、维护的义务。项目公司负有依约定在经营期间经营、管理以及维护项目设施的义务。

　　第三，特许经营期满移交项目的义务。特许经营期满，项目公司负有将项目完整交回东道国政府，并在之后一定时间内协助政府经营项目的义务。

　　4. 土地获得和使用

　　获得土地和进入场地的权利和方便往往是政府的责任。项目本身的性质和背景也决定了哪一方应对场地准备和清整负责，各方可以分担这一责任，也可将其完全交由一方负责。对于政府有获得土地责任的基本判断是：政府对于获得项目所必需的土地，具有最有利（或唯一）的条件。例如，在一项收费公路 BOT 项目中，如果由国外项目发起人负责获得土地，它也许会发现一开始的 20 公里很容易得到，并且价格也能接受。然而一旦项目公开并进入实质阶段，剩余路段的土地所有者就会漫天要价。如果政府利用其权限，以公平的市场价格征收土地，既可节约时间，也可降低项目造价，对各方都有好处。

　　5. 建设

　　在 PPP 项目中普遍的作法是签署"一揽子总承包"或固定价格的"交钥匙"工程建设合同。采取这种作法有两个原因：首先，贷款人必须识别和管理"完工风险"，建设合同是他们判断的主要依据。其次，东道国政府和项目发起人为了合理地确定特许期和为偿还项目债务以及为发起人投资和风险提供合理的回报，必须最大限度地确认项目的建设成本和项目进度。

　　在特许协议中，项目发起人将承担项目成本、进度和完工的全部责任。对设计部分，政府将确定应提供何种文件、适用何种法律和应遵循的建设标准，需特别强调的条款是质量保证和质量控制；雇佣和培训当地员工；当成本和价格具有竞争性时，应尽可能多地使用当地的设备和材料；重大问题和工程进度改变报告制度；分包商的使用和批准；政府入场检查和测试的权利。特许协议的这一部分也应包括对提前完工的奖励和对延迟完工的惩罚条款。这一个挑战性的问题是如何避免由于不可预料的提前完工而不得不向承包商支付大笔资金。解决的办法是：各方分享由于提前完工而导致的提前运营部分的收入。相反，项目公司应坚持对其违约保证金的罚款，应与其工作范围一致且不能因为不可预计的延误而被罚没。

　　另一项特许协议中有关项目公司设计、建设和运营责任的重要条款涉及环保条例，项目公司（和分包商）应有使设计、建设、运营的所有步骤符合环保要求，并确保在项目实施的自始至终保护好环境。同时，协议中也应有人为减少对环境有害的影响和恢复环境而必须采取措施的条款。

6. 完工调试和接受

特许协议将规定设备进行调试和程序方法和标准，以确认工程建设是否满足设计和建设要求。通常根据特许协议的条款，项目公司的责任在项目建设完工时通知政府，并根据双方同意的计划组成联合检查调试小组，政府将视检查结果，签发完工证明或书面通知不予签发完工证明。即使在前一种情况下，项目公司也不能因政府签发了完工证明而不承担相应的建设责任。

7. 运营和维护

合同起草中比较困难的部分是确定运营和维护标准。对电厂项目可以直接规定容量标准和电力水平，但以何种标准来规定维护要求呢？在公路项目中，项目公司应以多大的频率执行巡视工作以调度路上出现问题的车辆？公路上多远的距离应设一部紧急电话？项目公司应多长时间对公路状况进行测试以确保良好的路况，等等。对上述问题的解答没有一个标准的答案，应根据项目的性质、内容及行业等因素分别进行个案考察。

8. 财务管理

特许协议对发生的费用、收入的记录、分配的方式应予强调。在收费项目中，这种条款可能包括过路费结构、收费点设立距离（收费频率）、收费调整办法、托管账户的安排和收入分成比例等。协议中不但应涉及货币可兑换性、通货膨胀和其他经济问题，也应更多注重于财务管理。例如，项目公司提供什么样的财务报表？何时提供？以什么样的细节程度提供？是否需要一家指定的银行？是否应指定一家独立的审计机构？这些费用应由何方承担？在基础设施项目实施的每一阶段都涉及大量的资金投入，在特许协议中，双方必须就财务管理制度达成一致。

9. 移交

由于 PPP 方式在国内乃至国际上还是一个新事物，到目前为止，几乎还没有成功的 BOT 项目移交的事例发生，这方面的经验也就不多。但在特许协议中，还是应在"移交"项目下确定某些条款。

（1）移交的范围。人们倾向于只考虑设备的移交，但其他重要事项例如技术移交、运营手册、维护程序和方法、电脑软件以及其他为基础设施继续运营所必需的一切文件、资料软件等的移交，也必须写入"移交"项下。

（2）移交时设施的状况。特许协议常常要求项目发起人在移交设施时，应使设施在"良好的工作状态，通常的磨损状况"下，并符合通常的行业标准。这里的问题是：基础设施运营时间长，特许经营期多在 15～30 年之间。当项目设施开始移交时，原有的技术标准可能早已过时，一种解决办法是在"移交"项下规定项目公司必须在设施移交后一年内负责保修、更换或修理任何设施的缺陷。项目公司可以将保修成本计入"价格"。这一条规定可以鼓励项目公司在特许期内积极维护设施。对政府来说，增加的少量费用也是值得的。

（3）"移交"项下的条款应规定项目公司培训当地管理人员和操作人员的责任，以便能使设施顺利而有效地移交。

10. 特许权内的合同责任

有些和项目实施过程无关的责任，也应在特许协议中做出详细的规定。例如，政府通常的责任包括授权条款，对项目公司的税收优惠，协助项目及有关事项获得批准，以及当发生实质性法规变化时为项目公司做出补偿。项目公司通常的责任包括：遵守东道国有关公司的各项法规，符合安全和环保标准；在项目建设、运营和维护过程中，使用有竞争力的当地服务和产品。另外，即使在项目寿命期内发生法律变更等情况，双方均应保证遵守所有的相关法律和规定。

11. 其他条款

在特许协议中，由于合同各方法律制度或地位的不同，还有一些条款是必要的：如终止条款、不可抗力条款、法律选择条款和争议解决条款。其他的规定涉及：

(1) 当合同文件之间有冲突时，以何为准；

(2) 有关合同条款修正方式；

(3) 考虑有关条款被法院或仲裁机构宣布无效时的独立实施能力。

10.3.2.3　相关协议及合同

PPP 项目在参与的各方之间涉及一系列的重要合同，项目合同框架中，所有合同必须成为一体，也就是说，各项合同、协议中，对于权利、义务和风险分配的定义必须保持一致，各个合同之间及每个合同的前后条款，也应保持连续性和互补性，例如，不可抗力、法律选择和争议解决等条款必须在所有合同最大限度地保持一致。PPP 项目中没有一项合同是孤立地存在的，所有合同必须相互保持协调。

1. 咨询协议

由于政府机构缺乏 PPP 项目领域里的专业经验，特别是 PPP 项目涉及了大量的法律、金融和技术问题，因此，在国际惯例上，东道国政府均聘用有经验的咨询公司来进行 PPP 项目的立项、可行性研究，通过咨询公司来组织 PPP 项目的资格预审、编制招标文件、安排招标、投标、协助政府和项目发起人与贷款人的谈判。所以，PPP 项目中的第一个合同，就是政府和咨询公司之间签署的"咨询协议"。除了聘用咨询公司作为 PPP 项目的总协调人和代理外，政府还须聘用另外三种专家处理相关领域的专业问题：

(1) 技术顾问。涉及的专业领域是发电厂、港口、公路、水处理、桥梁、通信等。

(2) 财务顾问。涉及的专业领域是寻找可能的资金来源，设计融资结构，外汇和资本市场，财务可行性研究和处理贷款人在谈判中提出的问题，如保险、担保等。

(3) 法律顾问。涉及的工作有：协助政府构筑项目的法律框架，起草和审订项目的协议文本，对项目合同和谈判过程中涉及的法律问题及其他有关问题向政府或发起人提供法律意见。

"咨询协议"主要内容应包括咨询公司的工作范围、主要咨询专家的资格和经验、服务价格和付款方式以及双方的责任。

东道国政府在选择咨询公司时，主要应注意两方面问题。首先，咨询公司是否具备足够的专业知识，对咨询公司来说，除了必须具备相应的例如法律、金融、技术等领域的知识和人才外，特别应具备项目组织和代理工作的专业知识，例如，资格预审的程序、招标评标的基本方式等。其次，政府应看咨询公司的主要咨询专家是否具备 PPP 项目的工作经验，特别是国内 PPP 项目的工作经验。

咨询公司的收费基本上按服务时间收费，例如按小时、天或月份等收费，另外还有附加费用。国内的基本惯例是：价格＝费用十利润。另外，项目成功后，可能会收取适当的成功费。

2. 初步联合体协议

从项目发起人的角度来看，第一个合同是在不同发起人之间的"初步联合体协议"或"合资协议"。一般情况下，项目发起人之间首先签署一个"初步联合体协议"，以便作为共同的项目发起人对政府的公开招标作出反应。

"初步联合体协议"的内容包括在各方之间分担项目开发过程中的合作可行性研究、聘用专家和其他开发性工作所支出的费用，以及各方基本承诺。该协议中的主要承诺，是在项目公司成立时项目各方投入项目公司的股本金比例。如果需要的话，"初步联合体协议"中，还应规定和确认各方对备用股本金和备用贷款的支持。

"初步联合体协议"也应指出项目各方的主要工作范围，例如建设、设备供应、运营和维护等。但该协议中应写上这样的条款，即如果联合体成员不对合理的市场价格提供服务和设备、物资的话，项目公司有权寻找其他的供货商。

3. 项目公司协议

当项目公司成立时，最终的发起人联合体中会增加另外的成员。在这一阶段，项目公司成员或股东可以有建设承包商，设备和物资供应商、东道国政府机构或公用事业局、运营商、股本投资者和金融机构。"项目公司协议"就是在"初步联合体协议"的基础上，在项目协议和各方中建立长期的有约束力的合约关系。具体的承诺主要有租约、公司章程、公司法律地位、合伙协议等，其他单独的协议也可能在联合体成员之间签署，例如股东协议。

项目公司的具体形式须参照并符合东道国的公司法、税法和外国投资法等法律法规。

4. 购买协议

PPP项目的成功实施，有赖于项目自身的盈利能力，即项目收入须足够支付项目公司的运营费用，支付贷款本息和股本回报。特许协议本身，一般会有涉及项目收入的基本条款。但一般情况下，项目公司会要求与政府在"或取或付"的基础签署"购买协议"，保证以约定的价格购买项目公司最低数额的产出量。以火电厂为例，在特许期内，政府无论是否用电，应按最低购买量向项目公司支付电费，超出部分另计。贷款人关心的问题是这种"或取或付"支付方式是否能使项目正常运营和偿还银行债务。如果有问题，贷款人通常坚持以其他形式的信用来弥补可能出现的资金缺口。

以火电BOT项目为例，"购买协议"通常根据实际发电和售电情况，以不同的基数征收电量电费。这里的电价公式需考虑项目公司为获得最低利润所必须负担的可变资本。容量电费和电量，即综合电费应确保向贷款人偿还债务并确保项目正常运营、维护，并支付股本回报，并补偿投资人的投资风险；在项目取得成功，即项目收入大幅度超出各方预料的情况下，确定超出部分利润的分配办法。

"购买协议"适用于任何的购买者（如电厂、水厂、通信）提供服务和产品的长期项目。在其他情况下，例如一条收费高速公路，更多地依靠项目自身的市场条件。这时，项目公司会要求政府能保证高速公路最低车流量，以及合适的收费结构。

"购买协议"的主要条款包括：

（1）合同期限。贷款人通常要求"购买协议"的有效期限应大于贷款期限。

（2）价格。价格应足以覆盖所有融资成本，运营费用，再加上给投资人的合理回报。

（3）与其他协议中的价格等条款（如供应协议）的协调。

（4）购买方的信用状况。

（5）付款条件。如支付货币种类、外汇兑换等。

（6）不可抗力条款。

（7）法律变更和法律管辖。

5. 供应合同

供应合同的主要目的，是确保项目公司有稳定持续的原材料、燃料和设备的供应，保证项目公司的正常生产经营。项目公司会直接或间接地通过建设承包商与不同的原材料、设备和燃料供应商接触，寻求稳定可靠的供应来源。有时，项目公司会寻求和政府下面的直属供应商签署"供应协议"，并要求政府出具针对供应商的"履约保函"。总的来讲，PPP 项目中的"供应合同"，与其他传统的基础设施建设的"供应合同"并没有实质性区别。

6. 运营和维护合同

在许多的 PPP 项目中，项目的运营和维护不是由项目公司自己来做，而是外包给有经验的项目运营维护商。运营维护商对项目的日常运营和维护负责，他们可能是项目公司的股本投资者之一。"运营和维护协议"通常包括参照一定的运营维护标准而制定的惩罚条款和奖励条款。东道国政府应要求项目公司在"运营和维护协议"中包含鼓励使用当地劳动力、培训当地员工和转移技术的条款。

正如前面提到的，"运营和维护协议"也应确保其各种条款和与其他协议的连续性和互补性，并确保项目各方在项目建设、运营和维护中的权利和职责得到贯彻。

7. 保险合同

PPP 项目需要广泛的保险参与。此类保险应包括事故险、第三者责任险及其他的商业保险。国际保险市场上目前已开发出多种适用于 PPP 项目的险种。PPP 项目购买何种保险，取决于东道国政府和贷款人对保险费用的认识，以及这种费用是否可以直接或间接地打入项目的总成本中。在许多情况下，东道国政府也可以提供备用贷款，以覆盖同样的风险。另外，由于目前保险市场越来越复杂，项目各方应向有关保险专家咨询。

8. 融资协议

PPP 项目的融资过程可繁可简，其复杂程度直接取决于项目本身的风险性质和东道国内资本市场的发育程度和复杂性，项目发起人的股本承诺程度，如投入比例及其他许多因素。

在典型 PPP 项目的融资过程中，通常由商业银行组成辛迪加为项目提供建设贷款和长期融资。这两种贷款可以一开始是单独来源或有几家银行共同提供，在不同的融资阶段可能涉及不同的债务来源或结构。由于建设期以后，项目风险的程度在大大降低，因此，不同的银行均愿意在此阶段，即运营维护期内为项目公司提供长期债务。例如，当项目完工并开始运营时，由保险公司、养老基金或其他类似资金来源的长期债务，用来偿还建设期贷款。

通常情况下，为避免建设期内成本超出或建设延误，或运营期内收入大幅下降的风险，发起人会出资，以信用证或银行担保的形式，承诺提供备用贷款或备用股本金；作为交换，发起人将寻求在建设、运营和合同中以违约金来补偿一旦发生的不测事件造成的损失。违约金通常用履约保证金来保证，也可以用保险来覆盖这些风险。当东道国的资本市场发育成熟，有强大的机构投资者时，部分的 PPP 项目融资也可通过发行存单或债券解决。有些 PPP 项目可以从政府获得直接贷款，或在某种情况下当没有人愿意提供贷款时，例如发生不可抗力时，从政府那里获得备用贷款。

融资文件主要包括：

（1）贷款协议。

（2）担保文件。

（3）贷款方与其他方就项目担保所达成的内部协议。

（4）安慰信。

（5）其他融资文件。

其中贷款协议的主要内容有：资金的数量和用途；利率及偿还期限；佣金及其他费用；贷款的先决条件；项目未来收入的使用；限制性条款；适用法律；其他条款。

9. 担保文件

PPP 项目贷款人通常要求项目有较为翔实的担保安排。

第一，项目收入通常不是直接付给项目公司，而是直接汇入一个或多个托管账户（也叫第三者保管账户）。管理托管账户的通常是贷款人之中的某一家银行，它与项目公司完全无关。打入托管账户的款项再按事先约定的优先顺序，依次付给应收款的各方。贷款人通常坚持建立一个特别的托管账户，并应在支付任何股东投资回报之间，该账户上的款项应足以支付一定时间的债务（六个月或更长）。

第二，由项目公司签署的（作为合同一方）的有关合同的收益（例如，交钥匙建设合同，履约保证金、保险金等）和其他重要资产决定给担保受托方；有时是一家独立的信托公司照管。

第三，不同贷款人之间的权利和责任由它们之间签署的内部情况协议加以清楚地说明。

第四，银行一般坚持一旦项目公司的运营达不到规定的财务和技术标准时接受项目的权利，并在"破产"阶段前，引进新的承包商、供应商或运营商以完成或运营项目。

第五，为主要的、重大的风险投资投保。例如政治风险、火灾及其他不可抗力灾害的延迟完工等。

第六，对那些项目发起人无力控制，并对项目可行性有重大影响或有可能使项目失败的重大不可控制风险或国家风险，商业贷款人、出口信贷机构和多边金融机构要求政府采取具体的支持措施，以保护其免受这些风险的冲击。

担保文件应包括以下内容：对土地、房屋等不动产抵押的享有权；对动产、债务以及在建生产线抵押的享有权；对项目基本文件（如经营许可、承建合同、供应协议）给予的权利的享有权；对项目保险的享有权；对销售合同，照付不议合同、产量或者分次支付协议及营业收入的享有权；对项目现金流量的享有权；对项目公司股份的享有权；对项目管理、技术援助和顾问协议的享有权。

11 有关文件、规定及附录

11.1 法律、行政法规

11.1.1 中华人民共和国招投标法

《中华人民共和国招投标法》

(1999 年 8 月 30 日第九届全国人民代表大会常务委员会第十一次会议通过)

第一章 总 则

第一条 为了规范招标投标活动，保护国家利益、社会公共利益和招标投标活动当事人的合法权益，提高经济效益，保证项目质量，制定本法。

第二条 在中华人民共和国境内进行招标投标活动，适用本法。

第三条 在中华人民共和国境内进行下列工程建设项目包括项目的勘察、设计、施工、监理以及与工程建设有关的重要设备、材料等的采购，必须进行招标：

（一）大型基础设施、公用事业等关系社会公共利益、公众安全的项目；

（二）全部或者部分使用国有资金投资或者国家融资的项目；

（三）使用国际组织或者外国政府贷款、援助资金的项目。

前款所列项目的具体范围和规模标准，由国务院发展计划部门会同国务院有关部门制订，报国务院批准。

法律或者国务院对必须进行招标的其他项目的范围有规定的，依照其规定。

第四条 任何单位和个人不得将依法必须进行招标的项目化整为零或者以其他任何方式规避招标。

第五条 招标投标活动应当遵循公开、公平、公正和诚实信用的原则。

第六条 依法必须进行招标的项目，其招标投标活动不受地区或者部门的限制。任何单位和个人不得违法限制或者排斥本地区、本系统以外的法人或者其他组织参加投标，不得以任何方式非法干涉招标投标活动。

第七条 招标投标活动及其当事人应当接受依法实施的监督。

有关行政监督部门依法对招标投标活动实施监督，依法查处招标投标活动中的违法行为。

对招标投标活动的行政监督及有关部门的具体职权划分，由国务院规定。

第二章 招 标

第八条 招标人是依照本法规定提出招标项目、进行招标的法人或者其他组织。

第九条　招标项目按照国家有关规定需要履行项目审批手续的，应当先履行审批手续，取得批准。

招标人应当有进行招标项目的相应资金或者资金来源已经落实，并应当在招标文件中如实载明。

第十条　招标分为公开招标和邀请招标。

公开招标，是指招标人以招标公告的方式邀请不特定的法人或者其他组织投标。

邀请招标，是指招标人以投标邀请书的方式邀请特定的法人或者其他组织投标。

第十一条　国务院发展计划部门确定的国家重点项目和省、自治区、直辖市人民政府确定的地方重点项目不适宜公开招标的，经国务院发展计划部门或者省、自治区、直辖市人民政府批准，可以进行邀请招标。

第十二条　招标人有权自行选择招标代理机构，委托其办理招标事宜。任何单位和个人不得以任何方式为招标人指定招标代理机构。

招标人具有编制招标文件和组织评标能力的，可以自行办理招标事宜。任何单位和个人不得强制其委托招标代理机构办理招标事宜。

依法必须进行招标的项目，招标人自行办理招标事宜的，应当向有关行政监督部门备案。

第十三条　招标代理机构是依法设立、从事招标代理业务并提供相关服务的社会中介组织。

招标代理机构应当具备下列条件：

（一）有从事招标代理业务的营业场所和相应资金；

（二）有能够编制招标文件和组织评标的相应专业力量；

（三）有符合本法第三十七条第三款规定条件、可以作为评标委员会成员人选的技术、经济等方面的专家库。

第十四条　从事工程建设项目招标代理业务的招标代理机构，其资格由国务院或者省、自治区、直辖市人民政府的建设行政主管部门认定。具体办法由国务院建设行政主管部门会同国务院有关部门制定。从事其他招标代理业务的招标代理机构，其资格认定的主管部门由国务院规定。

招标代理机构与行政机关和其他国家机关不得存在隶属关系或者其他利益关系。

第十五条　招标代理机构应当在招标人委托的范围内办理招标事宜，并遵守本法关于招标人的规定。

第十六条　招标人采用公开招标方式的，应当发布招标公告。依法必须进行招标的项目的招标公告，应当通过国家指定的报刊、信息网络或者其他媒介发布。

招标公告应当载明招标人的名称和地址、招标项目的性质、数量、实施地点和时间以及获取招标文件的办法等事项。

第十七条　招标人采用邀请招标方式的，应当向三个以上具备承担招标项目的能力、资信良好的特定的法人或者其他组织发出投标邀请书。

投标邀请书应当载明本法第十六条第二款规定的事项。

第十八条　招标人可以根据招标项目本身的要求，在招标公告或者投标邀请书中，要求潜在投标人提供有关资质证明文件和业绩情况，并对潜在投标人进行资格审查；国家对投标人的资格条件有规定的，依照其规定。

招标人不得以不合理的条件限制或者排斥潜在投标人，不得对潜在投标人实行歧视待遇。

第十九条   招标人应当根据招标项目的特点和需要编制招标文件。招标文件应当包括招标项目的技术要求、对投标人资格审查的标准、投标报价要求和评标标准等所有实质性要求和条件以及拟签订合同的主要条款。

国家对招标项目的技术、标准有规定的，招标人应当按照其规定在招标文件中提出相应要求。

招标项目需要划分标段、确定工期的，招标人应当合理划分标段、确定工期，并在招标文件中载明。

第二十条   招标文件不得要求或者标明特定的生产供应者以及含有倾向或者排斥潜在投标人的其他内容。

第二十一条   招标人根据招标项目的具体情况，可以组织潜在投标人踏勘项目现场。

第二十二条   招标人不得向他人透露已获取招标文件的潜在投标人的名称、数量以及可能影响公平竞争的有关招标投标的其他情况。

招标人设有标底的，标底必须保密。

第二十三条   招标人对已发出的招标文件进行必要的澄清或者修改的，应当在招标文件要求提交投标文件截止时间至少十五日前，以书面形式通知所有招标文件收受人。该澄清或者修改的内容为招标文件的组成部分。

第二十四条   招标人应当确定投标人编制投标文件所需要的合理时间；但是，依法必须进行招标的项目，自招标文件开始发出之日起至投标人提交投标文件截止之日止，最短不得少于二十日。

第三章 投   标

第二十五条   投标人是响应招标、参加投标竞争的法人或者其他组织。

依法招标的科研项目允许个人参加投标的，投标的个人适用本法有关投标人的规定。

第二十六条   投标人应当具备承担招标项目的能力；国家有关规定对投标人资格条件或者招标文件对投标人资格条件有规定的，投标人应当具备规定的资格条件。

第二十七条   投标人应当按照招标文件的要求编制投标文件。投标文件应当对招标文件提出的实质性要求和条件作出响应。

招标项目属于建设施工的，投标文件的内容应当包括拟派出的项目负责人与主要技术人员的简历、业绩和拟用于完成招标项目的机械设备等。

第二十八条   投标人应当在招标文件要求提交投标文件的截止时间前，将投标文件送达投标地点。招标人收到投标文件后，应当签收保存，不得开启。投标人少于三个的，招标人应当依照本法重新招标。

在招标文件要求提交投标文件的截止时间后送达的投标文件，招标人应当拒收。

第二十九条   投标人在招标文件要求提交投标文件的截止时间前，可以补充、修改或者撤回已提交的投标文件，并书面通知招标人。补充、修改的内容为投标文件的组成部分。

第三十条 投标人根据招标文件载明的项目实际情况，拟在中标后将中标项目的部分非主体、非关键性工作进行分包的，应当在投标文件中载明。

第三十一条 两个以上法人或者其他组织可以组成一个联合体，以一个投标人的身份共同投标。

联合体各方均应当具备承担招标项目的相应能力；国家有关规定或者招标文件对投标人资格条件有规定的，联合体各方均应当具备规定的相应资格条件。由同一专业的单位组成的联合体，按照资质等级较低的单位确定资质等级。

联合体各方应当签订共同投标协议，明确约定各方拟承担的工作和责任，并将共同投标协议连同投标文件一并提交招标人。联合体中标的，联合体各方应当共同与招标人签订合同，就中标项目向招标人承担连带责任。

招标人不得强制投标人组成联合体共同投标，不得限制投标人之间的竞争。

第三十二条 投标人不得相互串通投标报价，不得排挤其他投标人的公平竞争，损害招标人或者其他投标人的合法权益。

投标人不得与招标人串通投标，损害国家利益、社会公共利益或者他人的合法权益。

禁止投标人以向招标人或者评标委员会成员行贿的手段谋取中标。

第三十三条 投标人不得以低于成本的报价竞标，也不得以他人名义投标或者以其他方式弄虚作假，骗取中标。

第四章 开标、评标和中标

第三十四条 开标应当在招标文件确定的提交投标文件截止时间的同一时间公开进行；开标地点应当为招标文件中预先确定的地点。

第三十五条 开标由招标人主持，邀请所有投标人参加。

第三十六条 开标时，由投标人或者其推选的代表检查投标文件的密封情况，也可以由招标人委托的公证机构检查并公证；经确认无误后，由工作人员当众拆封，宣读投标人名称、投标价格和投标文件的其他主要内容。

招标人在招标文件要求提交投标文件的截止时间前收到的所有投标文件，开标时都应当当众予以拆封、宣读。

开标过程应当记录，并存档备查。

第三十七条 评标由招标人依法组建的评标委员会负责。

依法必须进行招标的项目，其评标委员会由招标人的代表和有关技术、经济等方面的专家组成，成员人数为五人以上单数，其中技术、经济等方面的专家不得少于成员总数的三分之二。

前款专家应当从事相关领域工作满八年并具有高级职称或者具有同等专业水平，由招标人从国务院有关部门或者省、自治区、直辖市人民政府有关部门提供的专家名册或者招标代理机构的专家库内的相关专业的专家名单中确定；一般招标项目可以采取随机抽取方式，特殊招标项目可以由招标人直接确定。

与投标人有利害关系的人不得进入相关项目的评标委员会；已经进入的应当更换。

评标委员会成员的名单在中标结果确定前应当保密。

第三十八条 招标人应当采取必要的措施，保证评标在严格保密的情况下进行。任何单位和个人不得非法干预、影响评标的过程和结果。

第三十九条 评标委员会可以要求投标人对投标文件中含义不明确的内容作必要的澄清或者说明，但是澄清或者说明不得超出投标文件的范围或者改变投标文件的实质性内容。

第四十条 评标委员会应当按照招标文件确定的评标标准和方法，对投标文件进行评审和比较；设有标底的，应当参考标底。评标委员会完成评标后，应当向招标人提出书面评标报告，并推荐合格的中标候选人。

招标人根据评标委员会提出的书面评标报告和推荐的中标候选人确定中标人。招标人也可以授权评标委员会直接确定中标人。

国务院对特定招标项目的评标有特别规定的，从其规定。

第四十一条 中标人的投标应当符合下列条件之一：

（一）能够最大限度地满足招标文件中规定的各项综合评价标准；

（二）能够满足招标文件的实质性要求，并且经评审的投标价格最低；但是投标价格低于成本的除外。

第四十二条 评标委员会经评审，认为所有投标都不符合招标文件要求的，可以否决所有投标。

依法必须进行招标的项目的所有投标被否决的，招标人应当依照本法重新招标。

第四十三条 在确定中标人前，招标人不得与投标人就投标价格、投标方案等实质性内容进行谈判。

第四十四条 评标委员会成员应当客观、公正地履行职务，遵守职业道德，对所提出的评审意见承担个人责任。

评标委员会成员不得私下接触投标人，不得收受投标人的财物或者其他好处。

评标委员会成员和参与评标的有关工作人员不得透露对投标文件的评审和比较、中标候选人的推荐情况以及与评标有关的其他情况。

第四十五条 中标人确定后，招标人应当向中标人发出中标通知书，并同时将中标结果通知所有未中标的投标人。

中标通知书对招标人和中标人具有法律效力。中标通知书发出后，招标人改变中标结果的，或者中标人放弃中标项目的，应当依法承担法律责任。

第四十六条 招标人和中标人应当自中标通知书发出之日起三十日内，按照招标文件和中标人的投标文件订立书面合同。招标人和中标人不得再行订立背离合同实质性内容的其他协议。

招标文件要求中标人提交履约保证金的，中标人应当提交。

第四十七条 依法必须进行招标的项目，招标人应当自确定中标人之日起十五日内，向有关行政监督部门提交招标投标情况的书面报告。

第四十八条 中标人应当按照合同约定履行义务，完成中标项目。中标人不得向他人转让中标项目，也不得将中标项目肢解后分别向他人转让。

中标人按照合同约定或者经招标人同意，可以将中标项目的部分非主体、非关键性工作分包给他人完成。接受分包的人应当具备相应的资格条件，并不得再次分包。

中标人应当就分包项目向招标人负责，接受分包的人就分包项目承担连带责任。

第五章　法　律　责　任

第四十九条　违反本法规定，必须进行招标的项目而不招标的，将必须进行招标的项目化整为零或者以其他任何方式规避招标的，责令限期改正，可以处项目合同金额千分之五以上千分之十以下的罚款；对全部或者部分使用国有资金的项目，可以暂停项目执行或者暂停资金拨付；对单位直接负责的主管人员和其他直接责任人员依法给予处分。

第五十条　招标代理机构违反本法规定，泄露应当保密的与招标投标活动有关的情况和资料的，或者与招标人、投标人串通损害国家利益、社会公共利益或者他人合法权益的，处五万元以上二十五万元以下的罚款，对单位直接负责的主管人员和其他直接责任人员处单位罚款数额百分之五以上百分之十以下的罚款；有违法所得的，并处没收违法所得；情节严重的，暂停直至取消招标代理资格；构成犯罪的，依法追究刑事责任。给他人造成损失的，依法承担赔偿责任。

前款所列行为影响中标结果的，中标无效。

第五十一条　招标人以不合理的条件限制或者排斥潜在投标人的，对潜在投标人实行歧视待遇的，强制要求投标人组成联合体共同投标的，或者限制投标人之间竞争的，责令改正，可以处一万元以上五万元以下的罚款。

第五十二条　依法必须进行招标的项目的招标人向他人透露已获取招标文件的潜在投标人的名称、数量或者可能影响公平竞争的有关招标投标的其他情况的，或者泄露标底的，给予警告，可以并处一万元以上十万元以下的罚款；对单位直接负责的主管人员和其他直接责任人员依法给予处分；构成犯罪的，依法追究刑事责任。

前款所列行为影响中标结果的，中标无效。

第五十三条　投标人相互串通投标或者与招标人串通投标的，投标人以向招标人或者评标委员会成员行贿的手段谋取中标的，中标无效，处中标项目金额千分之五以上千分之十以下的罚款，对单位直接负责的主管人员和其他直接责任人员处单位罚款数额百分之五以上百分之十以下的罚款；有违法所得的，并处没收违法所得；情节严重的，取消其一年至二年内参加依法必须进行招标的项目的投标资格并予以公告，直至由工商行政管理机关吊销营业执照；构成犯罪的，依法追究刑事责任。给他人造成损失的，依法承担赔偿责任。

第五十四条　投标人以他人名义投标或者以其他方式弄虚作假，骗取中标的，中标无效，给招标人造成损失的，依法承担赔偿责任；构成犯罪的，依法追究刑事责任。

依法必须进行招标的项目的投标人有前款所列行为尚未构成犯罪的，处中标项目金额千分之五以上千分之十以下的罚款，对单位直接负责的主管人员和其他直接责任人员处单位罚款数额百分之五以上百分之十以下的罚款；有违法所得的，并处没收违法所得；情节严重的，取消其一年至三年内参加依法必须进行招标的项目的投标资格并予以公告，直至由工商行政管理机关吊销营业执照。

第五十五条　依法必须进行招标的项目，招标人违反本法规定，与投标人就投标价格、投标方案等实质性内容进行谈判的，给予警告，对单位直接负责的主管人员和其他直接责任人员依法给予处分。

前款所列行为影响中标结果的，中标无效。

第五十六条　评标委员会成员收受投标人的财物或者其他好处的，评标委员会成员或者参加评标的有关工作人员向他人透露对投标文件的评审和比较、中标候选人的推荐以及与评标有关的其他情况的，给予警告，没收收受的财物，可以并处三千元以上五万元以下的罚款，对有所列违法行为的评标委员会成员取消担任评标委员会成员的资格，不得再参加任何依法必须进行招标的项目的评标；构成犯罪的，依法追究刑事责任。

第五十七条　招标人在评标委员会依法推荐的中标候选人以外确定中标人的，依法必须进行招标的项目在所有投标被评标委员会否决后自行确定中标人的，中标无效。责令改正，可以处中标项目金额千分之五以上千分之十以下的罚款；对单位直接负责的主管人员和其他直接责任人员依法给予处分。

第五十八条　中标人将中标项目转让给他人的，将中标项目肢解后分别转让给他人的，违反本法规定将中标项目的部分主体、关键性工作分包给他人的，或者分包人再次分包的，转让、分包无效，处转让、分包项目金额千分之五以上千分之十以下的罚款；有违法所得的，并处没收违法所得；可以责令停业整顿；情节严重的，由工商行政管理机关吊销营业执照。

第五十九条　招标人与中标人不按照招标文件和中标人的投标文件订立合同的，或者招标人、中标人订立背离合同实质性内容的协议的，责令改正；可以处中标项目金额千分之五以上千分之十以下的罚款。

第六十条　中标人不履行与招标人订立的合同的，履约保证金不予退还，给招标人造成的损失超过履约保证金数额的，还应当对超过部分予以赔偿；没有提交履约保证金的，应当对招标人的损失承担赔偿责任。

中标人不按照与招标人订立的合同履行义务，情节严重的，取消其二年至五年内参加依法必须进行招标的项目的投标资格并予以公告，直至由工商行政管理机关吊销营业执照。

因不可抗力不能履行合同的，不适用前两款规定。

第六十一条　本章规定的行政处罚，由国务院规定的有关行政监督部门决定。本法已对实施行政处罚的机关作出规定的除外。

第六十二条　任何单位违反本法规定，限制或者排斥本地区、本系统以外的法人或者其他组织参加投标的，为招标人指定招标代理机构的，强制招标人委托招标代理机构办理招标事宜的，或者以其他方式干涉招标投标活动的，责令改正；对单位直接负责的主管人员和其他直接责任人员依法给予警告、记过、记大过的处分，情节较重的，依法给予降级、撤职、开除的处分。

个人利用职权进行前款违法行为的，依照前款规定追究责任。

第六十三条　对招标投标活动依法负有行政监督职责的国家机关工作人员徇私舞弊、滥用职权或者玩忽职守，构成犯罪的，依法追究刑事责任；不构成犯罪的，依法给予行政处分。

第六十四条　依法必须进行招标的项目违反本法规定，中标无效的，应当依照本法规定的中标条件从其余投标人中重新确定中标人或者依照本法重新进行招标。

第六章　附　　则

第六十五条　投标人和其他利害关系人认为招标投标活动不符合本法有关规定的,有权向招标人提出异议或者依法向有关行政监督部门投诉。

第六十六条　涉及国家安全、国家秘密、抢险救灾或者属于利用扶贫资金实行以工代赈、需要使用农民工等特殊情况,不适宜进行招标的项目,按照国家有关规定可以不进行招标。

第六十七条　使用国际组织或者外国政府贷款、援助资金的项目进行招标,贷款方、资金提供方对招标投标的具体条件和程序有不同规定的,可以适用其规定,但违背中华人民共和国的社会公共利益的除外。

第六十八条　本法自 2000 年 1 月 1 日起施行。

11.1.2　建设工程勘察设计管理条例

中华人民共和国国务院令

(第 293 号)

《建设工程勘察设计管理条例》

(2000 年 9 月 20 日国务院第 31 次常务会议通过,自 2000 年 9 月 25 日起施行)

第一章　总　　则

第一条　为了加强对建设工程勘察、设计活动的管理,保证建设工程勘察、设计质量,保护人民生命和财产安全,制定本条例。

第二条　从事建设工程勘察、设计活动,必须遵守本条例。本条例所称建设工程勘察,是指根据建设工程的要求,查明、分析、评价建设场地的地质地理环境特征和岩土工程条件,编制建设工程勘察文件的活动。本条例所称建设工程设计,是指根据建设工程的要求,对建设工程所需的技术、经济、资源、环境等条件进行综合分析、论证,编制建设工程设计文件的活动。

第三条　建设工程勘察、设计应当与社会、经济发展水平相适应,做到经济效益、社会效益和环境效益相统一。

第四条　从事建设工程勘察、设计活动,应当坚持先勘察、后设计、再施工的原则。

第五条　县级以上人民政府建设行政主管部门和交通、水利等有关部门应当依照本条例的规定,加强对建设工程勘察、设计活动的监督管理。建设工程勘察、设计单位必须依法进行建设工程勘察、设计,严格执行工程建设强制性标准,并对建设工程勘察、设计的质量负责。

第六条　国家鼓励在建设工程勘察、设计活动中采用先进技术、先进工艺、先进设备、新型材料和现代管理方法。

第二章 资 质 资 格 管 理

第七条 国家对从事建设工程勘察、设计活动的单位，实行资质管理制度。具体办法由国务院建设行政主管部门同国务院有关部门制定。

第八条 建设工程勘察、设计单位应当在其资质等级许可的范围内承揽建设工程勘察、设计业务。禁止建设工程勘察、设计单位超越其资质等级许可的范围或者以其他建设工程勘察、设计单位的名义承揽建设工程勘察、设计业务。禁止建设工程勘察、设计单位允许其他单位或者个人以本单位的名义承揽建设工程勘察、设计业务。

第九条 国家对从事建设工程勘察、设计活动的专业技术人员，实行执业资格注册管理制度。未经注册的建设工程勘察、设计人员，不得以注册执业人员的名义从事建设工程勘察、设计活动。

第十条 建设工程勘察、设计注册执业人员和其他专业技术人员只能受聘于一个建设工程勘察、设计单位；未受聘于建设工程勘察、设计单位的，不得从事建设工程的勘察、设计活动。

第十一条 建设工程勘察、设计单位资质证书和执业人员注册证书，由国务院建设行政主管部门统一制作。

第三章 建设工程勘察设计发包与承包

第十二条 建设工程勘察、设计发包依法实行招标发包或者直接发包。

第十三条 建设工程勘察、设计应当依照《中华人民共和国招标投标法》的规定，实行招标发包。

第十四条 建设工程勘察、设计方案评标，应当以投标人的业绩、信誉和勘察、设计人员的能力以及勘察、设计方案的优劣为依据，进行综合评定。

第十五条 建设工程勘察、设计的招标人应当在评标委员会推荐的候选方案中确定中标方案。但是，建设工程勘察、设计的招标人认为评标委员会推荐的候选方案不能最大限度满足招标文件规定的要求的，应当依法重新招标。

第十六条 下列建设工程的勘察、设计，经有关主管部门批准，可以直接发包：

（一）采用特定的专利或者专有技术的；

（二）建筑艺术造型有特殊要求的；

（三）国务院规定的其他建设工程的勘察、设计。

第十七条 发包方不得将建设工程勘察、设计业务发包给不具有相应勘察、设计资质等级的建设工程勘察、设计单位。

第十八条 发包方可以将整个建设工程的勘察、设计发包给一个勘察、设计单位；也可以将建设工程的勘察、设计分别发包给几个勘察、设计单位。

第十九条 除建设工程主体部分的勘察、设计外，经发包方书面同意，承包方可以将建设工程其他部分的勘察、设计再分包给其他具有相应资质等级的建设工程勘察、设计单位。

第二十条 建设工程勘察、设计单位不得将所承揽的建设工程勘察、设计转包。

第二十一条 承包方必须在建设工程勘察、设计资质证书规定的资质等级和业务范围内承揽建设工程的勘察、设计业务。

第二十二条　建设工程勘察、设计的发包方与承包方，应当执行国家规定的建设工程勘察、设计程序。

第二十三条　建设工程勘察、设计的发包方与承包方应当签订建设工程勘察、设计合同。

第二十四条　建设工程勘察、设计发包方与承包方应当执行国家有关建设工程勘察费、设计费的管理规定。

第四章　建设工程勘察设计文件的编制与实施

第二十五条　编制建设工程勘察、设计文件，应当以下列规定为依据：

（一）项目批准文件；

（二）城市规划；

（三）工程建设强制性标准；

（四）国家规定的建设工程勘察、设计深度要求。

铁路、交通、水利等专业建设工程，还应当以专业规划的要求为依据。

第二十六条　编制建设工程勘察文件，应当真实、准确，满足建设工程规划、选址、设计、岩土治理和施工的需要。编制方案设计文件，应当满足编制初步设计文件和控制概算的需要。编制初步设计文件，应当满足编制施工招标文件、主要设备材料订货和编制施工图设计文件的需要。编制施工图设计文件，应当满足设备材料采购、非标准设备制作和施工的需要，并注明建设工程合理使用年限。

第二十七条　设计文件中选用的材料、构配件、设备，应当注明其规格、型号、性能等技术指标，其质量要求必须符合国家规定的标准。除有特殊要求的建筑材料、专用设备和工艺生产线等外，设计单位不得指定生产厂、供应商。

第二十八条　建设单位、施工单位、监理单位不得修改建设工程勘察、设计文件；确需修改建设工程勘察、设计文件的，应当由原建设工程勘察、设计单位修改。经原建设工程勘察、设计单位书面同意，建设单位也可以委托其他具有相应资质的建设工程勘察、设计单位修改。修改单位对修改的勘察、设计文件承担相应责任。施工单位、监理单位发现建设工程勘察、设计文件不符合工程建设强制性标准、合同约定的质量要求的，应当报告建设单位，建设单位有权要求建设工程勘察、设计单位对建设工程勘察、设计文件进行补充、修改。建设工程勘察、设计文件内容需要作重大修改的，建设单位应当报经原审批机关批准后，方可修改。

第二十九条　建设工程勘察、设计文件中规定采用的新技术、新材料，可能影响建设工程质量和安全，又没有国家技术标准的，应当由国家认可的检测机构进行试验、论证，出具检测报告，并经国务院有关部门或者省、自治区、直辖市人民政府有关部门组织的建设工程技术专家委员会审定后，方可使用。

第三十条　建设工程勘察、设计单位应当在建设工程施工前，向施工单位和监理单位说明建设工程勘察、设计意图，解释建设工程勘察、设计文件。建设工程勘察、设计单位应当及时解决施工中出现的勘察、设计问题。

第五章 监 督 管 理

第三十一条 国务院建设行政主管部门对全国的建设工程勘察、设计活动实施统一监督管理。国务院铁路、交通、水利等有关部门按照国务院规定的职责分工，负责对全国的有关专业建设工程勘察、设计活动的监督管理。县级以上地方人民政府建设行政主管部门对本行政区域内的建设工程勘察、设计活动实施监督管理。县级以上地方人民政府交通、水利等有关部门在各自的职责范围内，负责对本行政区域内的有关专业建设工程勘察、设计活动的监督管理。

第三十二条 建设工程勘察、设计单位在建设工程勘察、设计资质证书规定的业务范围内跨部门、跨地区承揽勘察、设计业务的，有关地方人民政府及其所属部门不得设置障碍，不得违反国家规定收取任何费用。

第三十三条 县级以上人民政府建设行政主管部门或者交通、水利等有关部门应当对施工图设计文件中涉及公共利益、公众安全、工程建设强制性标准的内容进行审查。施工图设计文件未经审查批准的，不得使用。

第三十四条 任何单位和个人对建设工程勘察、设计活动中的违法行为都有权检举、控告、投诉。

第六章 罚   则

第三十五条 违反本条例第八条规定的，责令停止违法行为，处合同约定的勘察费、设计费1倍以上2倍以下的罚款，有违法所得的，予以没收；可以责令停业整顿，降低资质等级；情节严重的，吊销资质证书。未取得资质证书承揽工程的，予以取缔，依照前款规定处以罚款；有违法所得的，予以没收。以欺骗手段取得资质证书承揽工程的，吊销资质证书，依照本条第一款规定处以罚款；有违法所得的，予以没收。

第三十六条 违反本条例规定，未经注册，擅自以注册建设工程勘察、设计人员的名义从事建设工程勘察、设计活动的，责令停止违法行为，没收违法所得，处违法所得2倍以上5倍以下罚款；给他人造成损失的，依法承担赔偿责任。

第三十七条 违反本条例规定，建设工程勘察、设计注册执业人员和其他专业技术人员未受聘于一个建设工程勘察、设计单位或者同时受聘于两个以上建设工程勘察、设计单位，从事建设工程勘察、设计活动的，责令停止违法行为，没收违法所得，处违法所得2倍以上5倍以下的罚款；情节严重的，可以责令停止执行业务或者吊销资格证书；给他人造成损失的，依法承担赔偿责任。

第三十八条 违反本条例规定，发包方将建设工程勘察、设计业务发包给不具有相应资质等级的建设工程勘察、设计单位的，责令改正，处50万元以上100万元以下的罚款。

第三十九条 违反本条例规定，建设工程勘察、设计单位将所承揽的建设工程勘察、设计转包的，责令改正，没收违法所得，处合同约定的勘察费、设计费25%以上50%以下的罚款，可以责令停业整顿，降低资质等级；情节严重的，吊销资质证书。

第四十条 违反本条例规定，有下列行为之一的，依照《建设工程质量管理条例》第六十三条的规定给予处罚：

（一）勘察单位未按照工程建设强制性标准进行勘察的；

（二）设计单位未根据勘察成果文件进行工程设计的；

（三）设计单位指定建筑材料、建筑构配件的生产厂、供应商的；

（四）设计单位未按照工程建设强制性标准进行设计的。

第四十一条　本条例规定的责令停业整顿、降低资质等级和吊销资质证书、资格证书的行政处罚，由颁发资质证书、资格证书的机关决定；其他行政处罚，由建设行政主管部门或者其他有关部门依据法定职权范围决定。依照本条例规定被吊销资质证书的，由工商行政管理部门吊销其营业执照。

第四十二条　国家机关工作人员在建设工程勘察、设计活动的监督管理工作中玩忽职守、滥用职权、徇私舞弊，构成犯罪的，依法追究刑事责任；尚不构成犯罪的，依法给予行政处分。

第七章　附　　则

第四十三条　抢险救灾及其他临时性建筑和农民自建两层以下住宅的勘察、设计活动，不适用本条例。

第四十四条　军事建设工程勘察、设计的管理，按照中央军事委员会的有关规定执行。

第四十五条　本条例自公布之日（2000 年 9 月 25 日）起施行。

11.2　综合性规章及规范性文件

11.2.1　建筑工程施工发包与承包计价管理办法

中华人民共和国建设部令

（第 107 号）

建筑工程施工发包与承包计价管理办法

（自 2001 年 12 月 1 日起施行）

第一条　为了规范建筑工程施工发包与承包计价行为，维护建筑工程发包与承包双方的合法权益，促进建筑市场的健康发展，根据有关法律、法规，制定本办法。

第二条　在中华人民共和国境内的建筑工程施工发包与承包计价（以下简称工程发包计价）管理，适用本办法。

本办法所称建筑工程是指房屋建筑和市政基础设施工程。

本办法所称房屋建筑工程，是指各类房屋建筑及其附属设施和与其配套的线路、管道、设备安装工程及室内外装饰装修工程。

本办法所称市政基础设施工程，是指城市道路、公共交通、供水、排水、燃气、热力、园林、环卫、污水处理、垃圾处理、防洪、地下公共设施及附属设施的土建、管道、设备安装工程。

工程发承包计价包括编制施工图预算、招标标底、投标报价、工程结算和签订合同价等活动。

第三条 建筑工程施工发包与承包价在政府宏观调控下，由市场竞争形成。

工程发承包计价应当遵循公平、合法和诚实信用的原则。

第四条 国务院建设行政主管部门负责全国工程发承包计价工作的管理。

县级以上地方人民政府建设行政主管部门负责本行政区域内工程发承包计价工作的管理。其具体工作可以委托工程造价管理机构负责。

第五条 施工图预算、招标标底和投标报价由成本（直接费、间接费）、利润和税金构成。其编制可以采用以下计价方法：

（一）工料单价法。分部分项工程量的单价为直接费。直接费以人工、材料、机械的消耗量及其相应价格确定。间接费、利润、税金按照有关规定另行计算。

（二）综合单价法。分部分项工程量的单价为全费用单价。全费用单价综合计算完成分部分项工程所发生的直接费、间接费、利润、税金。

第六条 招标标底编制的依据为：

（一）国务院和省、自治区、直辖市人民政府建设行政主管部门制定的工程造价计价办法以及其他有关规定；

（二）市场价格信息。

第七条 投标报价应当满足招标文件要求。

投标报价应当依据企业定额和市场价格信息，并按照国务院和省、自治区、直辖市人民政府建设行政主管部门发布的工程造价计价办法进行编制。

第八条 招标投标工程可以采用工程量清单方法编制招标标底和投标报价。

工程量清单应当依据招标文件、施工设计图纸、施工现场条件和国家制定的统一工程量计算规则、分部分项工程项目划分、计量单位等进行编制。

第九条 招标标底和工程量清单由具有编制招标文件能力的招标人或其委托的具有相应资质的工程造价咨询机构、招标代理机构编制。

投标报价由投标人或其委托的具有相应资质的工程造价咨询机构编制。

第十条 对是否低于成本报价的异议，评标委员会可以参照建设行政主管部门发布的计价办法和有关规定进行评审。

第十一条 招标人与中标人应当根据中标价订立合同。

不实行招标投标的工程，在承包方编制的施工图预算的基础上，由发承包双方协商订立合同。

第十二条 合同价可以采用以下方式：

（一）固定价。合同总价或者单价在合同约定的风险范围内不可调整。

（二）可调价。合同总价或者单价在合同实施期内，根据合同约定的办法调整。

（三）成本加酬金。

第十三条 发承包双方在确定合同价时，应当考虑市场环境和生产要素价格变化对合同价的影响。

第十四条 建筑工程的发承包双方应当根据建设行政主管部门的规定，结合工程款、建设工期和包工包料情况在合同中约定预付工程款的具体事宜。

第十五条 建筑工程发承包双方应当按照合同约定定期或者按照工程进度分段进行工程款结算。

第十六条 工程竣工验收合格，应当按照下列规定进行竣工结算：

（一）承包方应当在工程竣工验收合格后的约定期限内提交竣工结算文件。

（二）发包方应当在收到竣工结算文件后的约定期限内予以答复。逾期未答复的，竣工结算文件视为已被认可。

（三）发包方对竣工结算文件有异议的，应当在答复期内向承包方提出，并可以在提出之日起的约定期限内与承包方协商。

（四）发包方在协商期内未与承包方协商或者经协商未能与承包方达成协议的，应当委托工程造价咨询单位进行竣工结算审核。

（五）发包方应当在协商期满后的约定期限内向承包方提出工程造价咨询单位出具的竣工结算审核意见。

发承包双方在合同中对上述事项的期限没有明确约定的，可认为其约定期限均为28 日。

发承包双方对工程造价咨询单位出具的竣工结算审核意见仍有异议的，在接到该审核意见后一个月内可以向县级以上地方人民政府建设行政主管部门申请调解，调解不成的，可以依法申请仲裁或者向人民法院提起诉讼。

工程竣工结算文件经发包方与承包方确认即应当作为工程决算的依据。

第十七条 招标标底、投标报价、工程结算审核和工程造价鉴定文件应当由造价工程师签字，并加盖造价工程师执业专用章。

第十八条 县级以上地方人民政府建设行政主管部门应当加强对建筑工程发承包计价活动的监督检查。

第十九条 造价工程师在招标标底或者投标报价编制、工程结算审核和工程造价鉴定中，有意抬高、压低价格，情节严重的，由造价工程师注册管理机构注销其执业资格。

第二十条 工程造价咨询单位在建筑工程计价活动中有意抬高、压低价格或者提供虚假报告的，县级以上地方人民政府建设行政主管部门责令改正，并可处以一万元以上三万元以下的罚款；情节严重的，由发证机关注销工程造价咨询单位资质证书。

第二十一条 国家机关工作人员在建筑工程计价监督管理工作中，玩忽职守、徇私舞弊、滥用职权的，由有关机关给予行政处分；构成犯罪的，依法追究刑事责任。

第二十二条 建筑工程以外的工程施工发包与承包计价管理可以参照本办法执行。

第二十三条 本办法由国务院建设行政主管部门负责解释。

第二十四条 本办法自 2001 年 12 月 1 日起施行。

11.2.2 财政部、建设部关于印发《建设工程价款结算暂行办法》的通知

财政部、建设部关于印发
《建设工程价款结算暂行办法》的通知

财建〔2004〕369号

党中央有关部门，国务院各部委、各直属机构，有关人民团体，各中央管理企业，各省、自治区、直辖市、计划单列市财政厅（局）、建设厅（委、局），新疆生产建设兵团财务局：

为了维护建设市场秩序，规范建设工程价款结算活动，按照国家有关法律、法规，我们制定了《建设工程价款结算暂行办法》。现印发给你们，请贯彻执行。

附件：建设工程价款结算暂行办法

二〇〇四年十月二十日

附件：

建设工程价款结算暂行办法

第一章 总 则

第一条 为加强和规范建设工程价款结算，维护建设市场正常秩序，根据《中华人民共和国合同法》、《中华人民共和国建筑法》、《中华人民共和国招标投标法》、《中华人民共和国预算法》、《中华人民共和国政府采购法》、《中华人民共和国预算法实施条例》等有关法律、行政法规制订本办法。

第二条 凡在中华人民共和国境内的建设工程价款结算活动，均适用本办法。国家法律法规另有规定的，从其规定。

第三条 本办法所称建设工程价款结算（以下简称"工程价款结算"），是指对建设工程的发承包合同价款进行约定和依据合同约定进行工程预付款、工程进度款、工程竣工价款结算的活动。

第四条 国务院财政部门、各级地方政府财政部门和国务院建设行政主管部门、各级地方政府建设行政主管部门在各自职责范围内负责工程价款结算的监督管理。

第五条 从事工程价款结算活动，应当遵循合法、平等、诚信的原则，并符合国家有关法律、法规和政策。

第二章 工程合同价款的约定与调整

第六条 招标工程的合同价款应当在规定时间内，依据招标文件、中标人的投标文件，由发包人与承包人（以下简称"发、承包人"）订立书面合同约定。

非招标工程的合同价款依据审定的工程预（概）算书由发、承包人在合同中约定。

合同价款在合同中约定后，任何一方不得擅自改变。

第七条 发包人、承包人应当在合同条款中对涉及工程价款结算的下列事项进行约定：

（一）预付工程款的数额、支付时限及抵扣方式；

（二）工程进度款的支付方式、数额及时限；

（三）工程施工中发生变更时，工程价款的调整方法、索赔方式、时限要求及金额支付方式；

（四）发生工程价款纠纷的解决方法；

（五）约定承担风险的范围及幅度以及超出约定范围和幅度的调整办法；

（六）工程竣工价款的结算与支付方式、数额及时限；

（七）工程质量保证（保修）金的数额、预扣方式及时限；

（八）安全措施和意外伤害保险费用；

（九）工期及工期提前或延后的奖惩办法；

（十）与履行合同、支付价款相关的担保事项。

第八条 发、承包人在签订合同时对于工程价款的约定，可选用下列一种约定方式：

（一）固定总价。合同工期较短且工程合同总价较低的工程，可以采用固定总价合同方式。

（二）固定单价。双方在合同中约定综合单价包含的风险范围和风险费用的计算方法，在约定的风险范围内综合单价不再调整。风险范围以外的综合单价调整方法，应当在合同中约定。

（三）可调价格。可调价格包括可调综合单价和措施费等，双方应在合同中约定综合单价和措施费的调整方法，调整因素包括：

1. 法律、行政法规和国家有关政策变化影响合同价款；

2. 工程造价管理机构的价格调整；

3. 经批准的设计变更；

4. 发包人更改经审定批准的施工组织设计（修正错误除外）造成费用增加；

5. 双方约定的其他因素。

第九条 承包人应当在合同规定的调整情况发生后 14 天内，将调整原因、金额以书面形式通知发包人，发包人确认调整金额后将其作为追加合同价款，与工程进度款同期支付。发包人收到承包人通知后 14 天内不予确认也不提出修改意见，视为已经同意该项调整。

当合同规定的调整合同价款的调整情况发生后，承包人未在规定时间内通知发包人，或者未在规定时间内提出调整报告，发包人可以根据有关资料，决定是否调整和调整的金额，并书面通知承包人。

第十条 工程设计变更价款调整

（一）施工中发生工程变更，承包人按照经发包人认可的变更设计文件，进行变更施工，其中，政府投资项目重大变更，需按基本建设程序报批后方可施工。

（二）在工程设计变更确定后 14 天内，设计变更涉及工程价款调整的，由承包人向发包人提出，经发包人审核同意后调整合同价款。变更合同价款按下列方法进行：

1. 合同中已有适用于变更工程的价格，按合同已有的价格变更合同价款；

2. 合同中只有类似于变更工程的价格，可以参照类似价格变更合同价款；

3. 合同中没有适用或类似于变更工程的价格，由承包人或发包人提出适当的变更价格，经对方确认后执行。如双方不能达成一致的，双方可提请工程所在地工程造价管理机构进行咨询或按合同约定的争议或纠纷解决程序办理。

（三）工程设计变更确定后14天内，如承包人未提出变更工程价款报告，则发包人可根据所掌握的资料决定是否调整合同价款和调整的具体金额。重大工程变更涉及工程价款变更报告和确认的时限由发承包双方协商确定。

收到变更工程价款报告一方，应在收到之日起14天内予以确认或提出协商意见，自变更工程价款报告送达之日起14天内，对方未确认也未提出协商意见时，视为变更工程价款报告已被确认。

确认增（减）的工程变更价款作为追加（减）合同价款与工程进度款同期支付。

第三章　工程价款结算

第十一条　工程价款结算应按合同约定办理，合同未作约定或约定不明的，发、承包双方应依照下列规定与文件协商处理：

（一）国家有关法律、法规和规章制度；

（二）国务院建设行政主管部门、省、自治区、直辖市或有关部门发布的工程造价计价标准、计价办法等有关规定；

（三）建设项目的合同、补充协议、变更签证和现场签证，以及经发、承包人认可的其他有效文件；

（四）其他可依据的材料。

第十二条　工程预付款结算应符合下列规定：

（一）包工包料工程的预付款按合同约定拨付，原则上预付比例不低于合同金额的10%，不高于合同金额的30%，对重大工程项目，按年度工程计划逐年预付。计价执行《建设工程工程量清单计价规范》GB 50500—2003的工程，实体性消耗和非实体性消耗部分应在合同中分别约定预付款比例。

（二）在具备施工条件的前提下，发包人应在双方签订合同后的一个月内或不迟于约定的开工日期前的7天内预付工程款，发包人不按约定预付，承包人应在预付时间到期后10天内向发包人发出要求预付的通知，发包人收到通知后仍不按要求预付，承包人可在发出通知14天后停止施工，发包人应从约定应付之日起向承包人支付应付款的利息（利率按同期银行贷款利率计），并承担违约责任。

（三）预付的工程款必须在合同中约定抵扣方式，并在工程进度款中进行抵扣。

（四）凡是没有签订合同或不具备施工条件的工程，发包人不得预付工程款，不得以预付款为名转移资金。

第十三条　工程进度款结算与支付应当符合下列规定：

（一）工程进度款结算方式

1. 按月结算与支付。即实行按月支付进度款，竣工后清算的办法。合同工期在两个年度以上的工程，在年终进行工程盘点，办理年度结算。

2. 分段结算与支付。即当年开工、当年不能竣工的工程按照工程形象进度，划分不同阶段支付工程进度款。具体划分在合同中明确。

（二）工程量计算

1. 承包人应当按照合同约定的方法和时间，向发包人提交已完工程量的报告。发包人接到报告后14天内核实已完工程量，并在核实前1天通知承包人，承包人应提供条件并派人参加核实，承包人收到通知后不参加核实，以发包人核实的工程量作为工程价款支付的依据。发包人不按约定时间通知承包人，致使承包人未能参加核实，核实结果无效。

2. 发包人收到承包人报告后14天内未核实完工程量，从第15天起，承包人报告的工程量即视为被确认，作为工程价款支付的依据，双方合同另有约定的，按合同执行。

3. 对承包人超出设计图纸（含设计变更）范围和因承包人原因造成返工的工程量，发包人不予计量。

（三）工程进度款支付

1. 根据确定的工程计量结果，承包人向发包人提出支付工程进度款申请，14天内，发包人应按不低于工程价款的60%，不高于工程价款的90%向承包人支付工程进度款。按约定时间发包人应扣回的预付款，与工程进度款同期结算抵扣。

2. 发包人超过约定的支付时间不支付工程进度款，承包人应及时向发包人发出要求付款的通知，发包人收到承包人通知后仍不能按要求付款，可与承包人协商签订延期付款协议，经承包人同意后可延期支付，协议应明确延期支付的时间和从工程计量结果确认后第15天起计算应付款的利息（利率按同期银行贷款利率计）。

3. 发包人不按合同约定支付工程进度款，双方又未达成延期付款协议，导致施工无法进行，承包人可停止施工，由发包人承担违约责任。

第十四条　工程完工后，双方应按照约定的合同价款及合同价款调整内容以及索赔事项，进行工程竣工结算。

（一）工程竣工结算方式

工程竣工结算分为单位工程竣工结算、单项工程竣工结算和建设项目竣工总结算。

（二）工程竣工结算编审

1. 单位工程竣工结算由承包人编制，发包人审查；实行总承包的工程，由具体承包人编制，在总承包人审查的基础上，发包人审查。

2. 单项工程竣工结算或建设项目竣工总结算由总（承）包人编制，发包人可直接进行审查，也可以委托具有相应资质的工程造价咨询机构进行审查。政府投资项目，由同级财政部门审查。单项工程竣工结算或建设项目竣工总结算经发、承包人签字盖章后有效。

承包人应在合同约定期限内完成项目竣工结算编制工作，未在规定期限内完成的并且提不出正当理由延期的，责任自负。

（三）工程竣工结算审查期限

单项工程竣工后，承包人应在提交竣工验收报告的同时，向发包人递交竣工结算报告及完整的结算资料，发包人应按以下规定时限进行核对（审查）并提出审查意见。

	工程竣工结算报告金额	审查时间
1	500 万元以下	从接到竣工结算报告和完整的竣工结算资料之日起 20 天
2	500 万元～2000 万元	从接到竣工结算报告和完整的竣工结算资料之日起 30 天
3	2000 万元～5000 万元	从接到竣工结算报告和完整的竣工结算资料之日起 45 天
4	5000 万元以上	从接到竣工结算报告和完整的竣工结算资料之日起 60 天

建设项目竣工总结算在最后一个单项工程竣工结算审查确认后 15 天内汇总，送发包人后 30 天内审查完成。

（四）工程竣工价款结算

发包人收到承包人递交的竣工结算报告及完整的结算资料后，应按本办法规定的期限（合同约定有期限的，从其约定）进行核实，给予确认或者提出修改意见。发包人根据确认的竣工结算报告向承包人支付工程竣工结算价款，保留 5％左右的质量保证（保修）金，待工程交付使用一年质保期到期后清算（合同另有约定的，从其约定），质保期内如有返修，发生费用应在质量保证（保修）金内扣除。

（五）索赔价款结算

发承包人未能按合同约定履行自己的各项义务或发生错误，给另一方造成经济损失的，由受损方按合同约定提出索赔，索赔金额按合同约定支付。

（六）合同以外零星项目工程价款结算

发包人要求承包人完成合同以外零星项目，承包人应在接受发包人要求的 7 天内就用工数量和单价、机械台班数量和单价、使用材料和金额等向发包人提出施工签证，发包人签证后施工，如发包人未签证，承包人施工后发生争议的，责任由承包人自负。

第十五条　发包人和承包人要加强施工现场的造价控制，及时对工程合同外的事项如实纪录并履行书面手续。凡由发、承包双方授权的现场代表签字的现场签证以及发、承包双方协商确定的索赔等费用，应在工程竣工结算中如实办理，不得因发、承包双方现场代表的中途变更改变其有效性。

第十六条　发包人收到竣工结算报告及完整的结算资料后，在本办法规定或合同约定期限内，对结算报告及资料没有提出意见，则视同认可。

承包人如未在规定时间内提供完整的工程竣工结算资料，经发包人催促后 14 天内仍未提供或没有明确答复，发包人有权根据已有资料进行审查，责任由承包人自负。

根据确认的竣工结算报告，承包人向发包人申请支付工程竣工结算款。发包人应在收到申请后 15 天内支付结算款，到期没有支付的应承担违约责任。承包人可以催告发包人支付结算价款，如达成延期支付协议，承包人应按同期银行贷款利率支付拖欠工程价款的利息。如未达成延期支付协议，承包人可以与发包人协商将该工程折价，或申请人民法院将该工程依法拍卖，承包人就该工程折价或者拍卖的价款优先受偿。

第十七条　工程竣工结算以合同工期为准，实际施工工期比合同工期提前或延后，发、承包双方应按合同约定的奖惩办法执行。

第四章　工程价款结算争议处理

第十八条　工程造价咨询机构接受发包人或承包人委托，编审工程竣工结算，应按合同约定和实际履约事项认真办理，出具的竣工结算报告经发、承包双方签字后生效。当事人一方对报告有异议的，可对工程结算中有异议部分，向有关部门申请咨询后协商处理，若不能达成一致的，双方可按合同约定的争议或纠纷解决程序办理。

第十九条 发包人对工程质量有异议，已竣工验收或已竣工未验收但实际投入使用的工程，其质量争议按该工程保修合同执行；已竣工未验收且未实际投入使用的工程以及停工、停建工程的质量争议，应当就有争议部分的竣工结算暂缓办理，双方可就有争议的工程委托有资质的检测鉴定机构进行检测，根据检测结果确定解决方案，或按工程质量监督机构的处理决定执行，其余部分的竣工结算依照约定办理。

第二十条 当事人对工程造价发生合同纠纷时，可通过下列办法解决：

（一）双方协商确定；

（二）按合同条款约定的办法提请调解；

（三）向有关仲裁机构申请仲裁或向人民法院起诉。

第五章 工程价款结算管理

第二十一条 工程竣工后，发、承包双方应及时办清工程竣工结算，否则，工程不得交付使用，有关部门不予办理权属登记。

第二十二条 发包人与中标的承包人不按照招标文件和中标的承包人的投标文件订立合同的，或者发包人、中标的承包人背离合同实质性内容另行订立协议，造成工程价款结算纠纷的，另行订立的协议无效，由建设行政主管部门责令改正，并按《中华人民共和国招标投标法》第五十九条进行处罚。

第二十三条 接受委托承接有关工程结算咨询业务的工程造价咨询机构应具有工程造价咨询单位资质，其出具的办理拨付工程价款和工程结算的文件，应当由造价工程师签字，并应加盖执业专用章和单位公章。

第六章 附 则

第二十四条 建设工程施工专业分包或劳务分包，总（承）包人与分包人必须依法订立专业分包或劳务分包合同，按照本办法的规定在合同中约定工程价款及其结算办法。

第二十五条 政府投资项目除执行本办法有关规定外，地方政府或地方政府财政部门对政府投资项目合同价款约定与调整、工程价款结算、工程价款结算争议处理等事项，如另有特殊规定的，从其规定。

第二十六条 凡实行监理的工程项目，工程价款结算过程中涉及监理工程师签证事项，应按工程监理合同约定执行。

第二十七条 有关主管部门、地方政府财政部门和地方政府建设行政主管部门可参照本办法，结合本部门、本地区实际情况，另行制订具体办法，并报财政部、建设部备案。

第二十八条 合同示范文本内容如与本办法不一致，以本办法为准。

第二十九条 本办法自公布之日起施行。

11.2.3　工程建设项目施工招标投标办法

中华人民共和国国家发展计划委员会
中华人民共和国建设部
中华人民共和国铁道部
中华人民共和国交通部
中华人民共和国信息产业部
中华人民共和国水利部
中国民用航空总局

（第 30 号）

工程建设项目施工招标投标办法

（自 2003 年 5 月 1 日起施行）

第一章　总　　则

第一条　为规范工程建设项目施工（以下简称工程施工）招标投标活动，根据《中华人民共和国招标投标法》和国务院有关部门的职责分工，制定本办法。

第二条　在中华人民共和国境内进行工程施工招标投标活动，适用本办法。

第三条　工程建设项目符合《工程建设项目招标范围和规模标准规定》（国家计委令第 3 号）规定的范围和标准的，必须通过招标选择施工单位。

任何单位和个人不得将依法必须进行招标的项目化整为零或者以其他任何方式规避招标。

第四条　工程施工招标投标活动应当遵循公开、公平、公正和诚实信用的原则。

第五条　工程施工招标投标活动，依法由招标人负责。任何单位和个人不得以任何方式非法干涉工程施工招标投标活动。

施工招标投标活动不受地区或者部门的限制。

第六条　各级发展计划、经贸、建设、铁道、交通、信息产业、水利、外经贸、民航等部门依照《国务院办公厅印发国务院有关部门实施招标投标活动行政监督的职责分工意见的通知》（国办发〔2000〕34 号）和各地规定的职责分工，对工程施工招标投标活动实施监督，依法查处工程施工招标投标活动中的违法行为。

第二章　招　　标

第七条　工程施工招标人是依法提出施工招标项目、进行招标的法人或者其他组织。

第八条　依法必须招标的工程建设项目，应当具备下列条件才能进行施工招标：

（一）招标人已经依法成立；

（二）初步设计及概算应当履行审批手续的，已经批准；

（三）招标范围、招标方式和招标组织形式等应当履行核准手续的，已经核准；

（四）有相应资金或资金来源已经落实；

（五）有招标所需的设计图纸及技术资料。

第九条　工程施工招标分为公开招标和邀请招标。

第十条　依法必须进行施工招标的工程建设项目，按工程建设项目审批管理规定，凡应报送项目审批部门审批的，招标人必须在报送的可行性研究报告中将招标范围、招标方式、招标组织形式等有关招标内容报项目审批部门核准。

第十一条　国务院发展计划部门确定的国家重点建设项目和各省、自治区、直辖市人民政府确定的地方重点建设项目，以及全部使用国有资金投资或者国有资金投资占控股或者主导地位的工程建设项目，应当公开招标；有下列情形之一的，经批准可以进行邀请招标：

（一）项目技术复杂或有特殊要求，只有少量几家潜在投标人可供选择的；

（二）受自然地域环境限制的；

（三）涉及国家安全、国家秘密或者抢险救灾，适宜招标但不宜公开招标的；

（四）拟公开招标的费用与项目的价值相比，不值得的；

（五）法律、法规规定不宜公开招标的。

国家重点建设项目的邀请招标，应当经国务院发展计划部门批准；地方重点建设项目的邀请招标，应当经各省、自治区、直辖市人民政府批准。

全部使用国有资金投资或者国有资金投资占控股或者主导地位的并需要审批的工程建设项目的邀请招标，应当经项目审批部门批准，但项目审批部门只审批立项的，由有关行政监督部门批准。

第十二条　需要审批的工程建设项目，有下列情形之一的，由本办法第十一条规定的审批部门批准，可以不进行施工招标：

（一）涉及国家安全、国家秘密或者抢险救灾而不适宜招标的；

（二）属于利用扶贫资金实行以工代赈需要使用农民工的；

（三）施工主要技术采用特定的专利或者专有技术的；

（四）施工企业自建自用的工程，且该施工企业资质等级符合工程要求的；

（五）在建工程追加的附属小型工程或者主体加层工程，原中标人仍具备承包能力的；

（六）法律、行政法规规定的其他情形。

不需要审批但依法必须招标的工程建设项目，有前款规定情形之一的，可以不进行施工招标。

第十三条　采用公开招标方式的，招标人应当发布招标公告，邀请不特定的法人或者其他组织投标。依法必须进行施工招标项目的招标公告，应当在国家指定的报刊和信息网络上发布。

采用邀请招标方式的，招标人应当向三家以上具备承担施工招标项目的能力、资信良好的特定的法人或者其他组织发出投标邀请书。

第十四条　招标公告或者投标邀请书应当至少载明下列内容：

（一）招标人的名称和地址；

（二）招标项目的内容、规模、资金来源；

（三）招标项目的实施地点和工期；

（四）获取招标文件或者资格预审文件的地点和时间；

（五）对招标文件或者资格预审文件收取的费用；

（六）对招标人的资质等级的要求。

第十五条 招标人应当按招标公告或者投标邀请书规定的时间、地点出售招标文件或资格预审文件。自招标文件或者资格预审文件出售之日起至停止出售之日止，最短不得少于五个工作日。

招标人可以通过信息网络或者其他媒介发布招标文件，通过信息网络或者其他媒介发布的招标文件与书面招标文件具有同等法律效力，但出现不一致时以书面招标文件为准。招标人应当保持书面招标文件原始正本的完好。

对招标文件或者资格预审文件的收费应当合理，不得以营利为目的。对于所附的设计文件，招标人可以向投标人酌收押金；对于开标后投标人退还设计文件的，招标人应当向投标人退还押金。

招标文件或者资格预审文件售出后，不予退还。招标人在发布招标公告、发出投标邀请书后或者售出招标文件或资格预审文件后不得擅自终止招标。

第十六条 招标人可以根据招标项目本身的特点和需要，要求潜在投标人或者投标人提供满足其资格要求的文件，对潜在投标人或者投标人进行资格审查；法律、行政法规对潜在投标人或者投标人的资格条件有规定的，依照其规定。

第十七条 资格审查分为资格预审和资格后审。

资格预审，是指在投标前对潜在投标人进行的资格审查。

资格后审，是指在开标后对投标人进行的资格审查。

进行资格预审的，一般不再进行资格后审，但招标文件另有规定的除外。

第十八条 采取资格预审的，招标人可以发布资格预审公告。资格预审公告适用本办法第十三条、第十四条有关招标公告的规定。

采取资格预审的，招标人应当在资格预审文件中载明资格预审的条件、标准和方法；采取资格后审的，招标人应当在招标文件中载明对投标人资格要求的条件、标准和方法。

招标人不得改变载明的资格条件或者以没有载明的资格条件对潜在投标人或者投标人进行资格审查。

第十九条 经资格预审后，招标人应当向资格预审合格的潜在投标人发出资格预审合格通知书，告知获取招标文件的时间、地点和方法，并同时向资格预审不合格的潜在投标人告知资格预审结果。资格预审不合格的潜在投标人不得参加投标。

经资格后审不合格的投标人的投标应作废标处理。

第二十条 资格审查应主要审查潜在投标人或者投标人是否符合下列条件：

（一）具有独立订立合同的权利；

（二）具有履行合同的能力，包括专业、技术资格和能力，资金、设备和其他物质设施状况，管理能力，经验、信誉和相应的从业人员；

（三）没有处于被责令停业，投标资格被取消，财产被接管、冻结，破产状态；

（四）在最近三年内没有骗取中标和严重违约及重大工程质量问题；

（五）法律、行政法规规定的其他资格条件。

资格审查时，招标人不得以不合理的条件限制、排斥潜在投标人或者投标人，不得对潜在投标人或者投标人实行歧视待遇。任何单位和个人不得以行政手段或者其他不合理方式限制投标人的数量。

第二十一条 招标人符合法律规定的自行招标条件的，可以自行办理招标事宜。任何单位和个人不得强制其委托招标代理机构办理招标事宜。

第二十二条 招标代理机构应当在招标人委托的范围内承担招标事宜。招标代理机构可以在其资格等级范围内承担下列招标事宜：

（一）拟订招标方案，编制和出售招标文件、资格预审文件；

（二）审查投标人资格；

（三）编制标底；

（四）组织投标人踏勘现场；

（五）组织开标、评标，协助招标人定标；

（六）草拟合同；

（七）招标人委托的其他事项。

招标代理机构不得无权代理、越权代理，不得明知委托事项违法而进行代理。

招标代理机构不得接受同一招标项目的投标代理和投标咨询业务；未经招标人同意，不得转让招标代理业务。

第二十三条 工程招标代理机构与招标人应当签订书面委托合同，并按双方约定的标准收取代理费；国家对收费标准有规定的，依照其规定。

第二十四条 招标人根据施工招标项目的特点和需要编制招标文件。招标文件一般包括下列内容：

（一）投标邀请书；

（二）投标人须知；

（三）合同主要条款；

（四）投标文件格式；

（五）采用工程量清单招标的，应当提供工程量清单；

（六）技术条款；

（七）设计图纸；

（八）评标标准和方法；

（九）投标辅助材料。

招标人应当在招标文件中规定实质性要求和条件，并用醒目的方式标明。

第二十五条 招标人可以要求投标人在提交符合招标文件规定要求的投标文件外，提交备选投标方案，但应当在招标文件中做出说明，并提出相应的评审和比较办法。

第二十六条 招标文件规定的各项技术标准应符合国家强制性标准。

招标文件中规定的各项技术标准均不得要求或标明某一特定的专利、商标、名称、设计、原产地或生产供应者，不得含有倾向或者排斥潜在投标人的其他内容。如果必须引用某一生产供应者的技术标准才能准确或清楚地说明拟招标项目的技术标准时，则应当在参照后面加上"或相当于"的字样。

第二十七条　施工招标项目需要划分标段、确定工期的，招标人应当合理划分标段、确定工期，并在招标文件中载明。对工程技术上紧密相连、不可分割的单位工程不得分割标段。

招标人不得以不合理的标段或工期限制或者排斥潜在投标人或者投标人。

第二十八条　招标文件应当明确规定评标时除价格以外的所有评标因素，以及如何将这些因素量化或者据以进行评估。

在评标过程中，不得改变招标文件中规定的评标标准、方法和中标条件。

第二十九条　招标文件应当规定一个适当的投标有效期，以保证招标人有足够的时间完成评标和与中标人签订合同。投标有效期从投标人提交投标文件截止之日起计算。

在原投标有效期结束前，出现特殊情况的，招标人可以书面形式要求所有投标人延长投标有效期。投标人同意延长的，不得要求或被允许修改其投标文件的实质性内容，但应当相应延长其投标保证金的有效期；投标人拒绝延长的，其投标失效，但投标人有权收回其投标保证金。因延长投标有效期造成投标人损失的，招标人应当给予补偿，但因不可抗力需要延长投标有效期的除外。

第三十条　施工招标项目工期超过十二个月的，招标文件中可以规定工程造价指数体系、价格调整因素和调整方法。

第三十一条　招标人应当确定投标人编制投标文件所需要的合理时间；但是，依法必须进行招标的项目，自招标文件开始发出之日起至投标人提交投标文件截止之日止，最短不得少于二十日。

第三十二条　招标人根据招标项目的具体情况，可以组织潜在投标人踏勘项目现场，向其介绍工程场地和相关环境的有关情况。潜在投标人依据招标人介绍情况作出的判断和决策，由投标人自行负责。

招标人不得单独或者分别组织任何一个投标人进行现场踏勘。

第三十三条　对于潜在投标人在阅读招标文件和现场踏勘中提出的疑问，招标人可以书面形式或召开投标预备会的方式解答，但需同时将解答以书面方式通知所有购买招标文件的潜在投标人。该解答的内容为招标文件的组成部分。

第三十四条　招标人可根据项目特点决定是否编制标底。编制标底的，标底编制过程和标底必须保密。

招标项目编制标底的，应根据批准的初步设计、投资概算，依据有关计价办法，参照有关工程定额，结合市场供求状况，综合考虑投资、工期和质量等方面的因素合理确定。

标底由招标人自行编制或委托中介机构编制。一个工程只能编制一个标底。

任何单位和个人不得强制招标人编制或报审标底，或干预其确定标底。

招标项目可以不设标底，进行无标底招标。

第三章　投　　标

第三十五条　投标人是响应招标、参加投标竞争的法人或者其他组织。招标人的任何不具独立法人资格的附属机构（单位），或者为招标项目的前期准备或者监理工作提供设计、咨询服务的任何法人及其任何附属机构（单位），都无资格参加该招标项目的投标。

第三十六条　投标人应当按照招标文件的要求编制投标文件。投标文件应当对招标文件提出的实质性要求和条件作出响应。

投标文件一般包括下列内容：

（一）投标函；

（二）投标报价；

（三）施工组织设计；

（四）商务和技术偏差表。

投标人根据招标文件载明的项目实际情况，拟在中标后将中标项目的部分非主体、非关键性工作进行分包的，应当在投标文件中载明。

第三十七条　招标人可以在招标文件中要求投标人提交投标保证金。投标保证金除现金外，可以是银行出具的银行保函、保兑支票、银行汇票或现金支票。

投标保证金一般不得超过投标总价的百分之二，但最高不得超过八十万元人民币。投标保证金有效期应当超出投标有效期三十天。

投标人应当按照招标文件要求的方式和金额，将投标保证金随投标文件提交给招标人。

投标人不按招标文件要求提交投标保证金的，该投标文件将被拒绝，作废标处理。

第三十八条　投标人应当在招标文件要求提交投标文件的截止时间前，将投标文件密封送达投标地点。招标人收到投标文件后，应当向投标人出具标明签收人和签收时间的凭证，在开标前任何单位和个人不得开启投标文件。

在招标文件要求提交投标文件的截止时间后送达的投标文件，为无效的投标文件，招标人应当拒收。

提交投标文件的投标人少于三个的，招标人应当依法重新招标。重新招标后投标人仍少于三个的，属于必须审批的工程建设项目，报经原审批部门批准后可以不再进行招标；其他工程建设项目，招标人可自行决定不再进行招标。

第三十九条　投标人在招标文件要求提交投标文件的截止时间前，可以补充、修改、替代或者撤回已提交的投标文件，并书面通知招标人。补充、修改的内容为投标文件的组成部分。

第四十条　在提交投标文件截止时间后到招标文件规定的投标有效期终止之前，投标人不得补充、修改、替代或者撤回其投标文件。投标人补充、修改、替代投标文件的，招标人不予接受；投标人撤回投标文件的，其投标保证金将被没收。

第四十一条　在开标前，招标人应妥善保管好已接收的投标文件、修改或撤回通知、备选投标方案等投标资料。

第四十二条　两个以上法人或者其他组织可以组成一个联合体，以一个投标人的身份共同投标。

联合体各方签订共同投标协议后，不得再以自己名义单独投标，也不得组成新的联合体或参加其他联合体在同一项目中投标。

第四十三条　联合体参加资格预审并获通过的，其组成的任何变化都必须在提交投标文件截止之日前征得招标人的同意。如果变化后的联合体削弱了竞争，含有事先未经过资格预审或者资格预审不合格的法人或者其他组织，或者使联合体的资质降到资格预审文件中规定的最低标准以下，招标人有权拒绝。

第四十四条　联合体各方必须指定牵头人，授权其代表所有联合体成员负责投标和合同实施阶段的主办、协调工作，并应当向招标人提交由所有联合体成员法定代表人签署的授权书。

第四十五条　联合体投标的，应当以联合体各方或者联合体中牵头人的名义提交投标保证金。以联合体中牵头人名义提交的投标保证金，对联合体各成员具有约束力。

第四十六条　下列行为均属投标人串通投标报价：

（一）投标人之间相互约定抬高或压低投标报价；

（二）投标人之间相互约定，在招标项目中分别以高、中、低价位报价；

（三）投标人之间先进行内部竞价，内定中标人，然后再参加投标；

（四）投标人之间其他串通投标报价的行为。

第四十七条　下列行为均属招标人与投标人串通投标：

（一）招标人在开标前开启招标文件，并将投标情况告知其他投标人，或者协助投标人撤换投标文件，更改报价；

（二）招标人向投标人泄露标底；

（三）招标人与投标人商定，投标时压低或抬高标价，中标后再给投标人或招标人额外补偿；

（四）招标人预先内定中标人；

（五）其他串通投标行为。

第四十八条　投标人不得以他人名义投标。

前款所称以他人名义投标，指投标人挂靠其他施工单位，或从其他单位通过转让或租借的方式获取资格或资质证书，或者由其他单位及其法定代表人在自己编制的投标文件上加盖印章和签字等行为。

第四章　开标、评标和定标

第四十九条　开标应当在招标文件确定的提交投标文件截止时间的同一时间公开进行；开标地点应当为招标文件中确定的地点。

第五十条　投标文件有下列情形之一的，招标人不予受理：

（一）逾期送达的或者未送达指定地点的；

（二）未按招标文件要求密封的。

投标文件有下列情形之一的，由评标委员会初审后按废标处理：

（一）无单位盖章并无法定代表人或法定代表人授权的代理人签字或盖章的；

（二）未按规定的格式填写，内容不全或关键字迹模糊、无法辨认的；

（三）投标人递交两份或多份内容不同的投标文件，或在一份投标文件中对同一招标项目报有两个或多个报价，且未声明哪一个有效，按招标文件规定提交备选投标方案的除外；

（四）投标人名称或组织结构与资格预审时不一致的；

（五）未按招标文件要求提交投标保证金的；

（六）联合体投标未附联合体各方共同投标协议的。

第五十一条　评标委员会可以书面方式要求投标人对投标文件中含义不明确、对同类问题表述不一致或者有明显文字和计算错误的内容作必要的澄清、说明或补正。评标委员会不得向投标人提出带有暗示性或诱导性的问题，或向其明确投标文件中的遗漏和错误。

第五十二条 投标文件不响应招标文件的实质性要求和条件的，招标人应当拒绝，并不允许投标人通过修正或撤销其不符合要求的差异或保留，使之成为具有响应性的投标。

第五十三条 评标委员会在对实质上响应招标文件要求的投标进行报价评估时，除招标文件另有约定外，应当按下述原则进行修正：

（一）用数字表示的数额与用文字表示的数额不一致时，以文字数额为准；

（二）单价与工程量的乘积与总价之间不一致时，以单价为准。若单价有明显的小数点错位，应以总价为准，并修改单价。

按前款规定调整后的报价经投标人确认后产生约束力。

投标文件中没有列入的价格和优惠条件在评标时不予考虑。

第五十四条 对于投标人提交的优越于招标文件中技术标准的备选投标方案所产生的附加收益，不得考虑进评标价中。符合招标文件的基本技术要求且评标价最低或综合评分最高的投标人，其所提交的备选方案方可予以考虑。

第五十五条 招标人设有标底的，标底在评标中应当作为参考，但不得作为评标的唯一依据。

第五十六条 评标委员会完成评标后，应向招标人提出书面评标报告。评标报告由评标委员会全体成员签字。

评标委员会提出书面评标报告后，招标人一般应当在十五日内确定中标人，但最迟应当在投标有效期结束日三十个工作日前确定。

中标通知书由招标人发出。

第五十七条 评标委员会推荐的中标候选人应当限定在一至三人，并标明排列顺序。招标人应当接受评标委员会推荐的中标候选人，不得在评标委员会推荐的中标候选人之外确定中标人。

第五十八条 依法必须进行招标的项目，招标人应当确定排名第一的中标候选人为中标人。排名第一的中标候选人放弃中标、因不可抗力提出不能履行合同，或者招标文件规定应当提交履约保证金而在规定的期限内未能提交的，招标人可以确定排名第二的中标候选人为中标人。

排名第二的中标候选人因前款规定的同样原因不能签订合同的，招标人可以确定排名第三的中标候选人为中标人。

招标人可以授权评标委员会直接确定中标人。

国务院对中标人的确定另有规定的，从其规定。

第五十九条 招标人不得向中标人提出压低报价、增加工作量、缩短工期或其他违背中标人意愿的要求，以此作为发出中标通知书和签订合同的条件。

第六十条 中标通知书对招标人和中标人具有法律效力。中标通知书发出后，招标人改变中标结果的，或者中标人放弃中标项目的，应当依法承担法律责任。

第六十一条 招标人全部或者部分使用非中标单位投标文件中的技术成果或技术方案时，需征得其书面同意，并给予一定的经济补偿。

第六十二条 招标人和中标人应当自中标通知书发出之日起三十日内，按照招标文件和中标人的投标文件订立书面合同。招标人和中标人不得再行订立背离合同实质性内容的其他协议。

招标文件要求中标人提交履约保证金或者其他形式履约担保的，中标人应当提交；拒绝提交的，视为放弃中标项目。招标人要求中标人提供履约保证金或其他形式履约担保的，招标人应当同时向中标人提供工程款支付担保。

招标人不得擅自提高履约保证金，不得强制要求中标人垫付中标项目建设资金。

第六十三条　招标人与中标人签订合同后五个工作日内，应当向未中标的投标人退还投标保证金。

第六十四条　合同中确定的建设规模、建设标准、建设内容、合同价格应当控制在批准的初步设计及概算文件范围内；确需超出规定范围的，应当在中标合同签订前，报原项目审批部门审查同意。凡应报经审查而未报的，在初步设计及概算调整时，原项目审批部门一律不予承认。

第六十五条　依法必须进行施工招标的项目，招标人应当自发出中标通知书之日起十五日内，向有关行政监督部门提交招标投标情况的书面报告。

前款所称书面报告至少应包括下列内容：

（一）招标范围；

（二）招标方式和发布招标公告的媒介；

（三）招标文件中投标人须知、技术条款、评标标准和方法、合同主要条款等内容；

（四）评标委员会的组成和评标报告；

（五）中标结果。

第六十六条　招标人不得直接指定分包人。

第六十七条　对于不具备分包条件或者不符合分包规定的，招标人有权在签订合同或者中标人提出分包要求时予以拒绝。发现中标人转包或违法分包时，可要求其改正；拒不改正的，可终止合同，并报请有关行政监督部门查处。

监理人员和有关行政部门发现中标人违反合同约定进行转包或违法分包的，应当要求中标人改正，或者告知招标人要求其改正；对于拒不改正的，应当报请有关行政监督部门查处。

第五章　法　律　责　任

第六十八条　依法必须进行招标的项目而不招标的，将必须进行招标的项目化整为零或者以其他任何方式规避招标的，有关行政监督部门责令限期改正，可以处项目合同金额千分之五以上千分之十以下的罚款；对全部或者部分使用国有资金的项目，项目审批部门可以暂停项目执行或者暂停资金拨付；对单位直接负责的主管人员和其他直接责任人员依法给予处分。

第六十九条　招标代理机构违法泄露应当保密的与招标投标活动有关的情况和资料的，或者与招标人、投标人串通损害国家利益、社会公共利益或者他人合法权益的，由有关行政监督部门处五万元以上二十五万元以下罚款，对单位直接负责的主管人员和其他直接责任人员处单位罚款数额百分之五以上百分之十以下罚款；有违法所得的，并处没收违法所得；情节严重的，有关行政监督部门可停止其一定时期内参与相关领域的招标代理业务，资格认定部门可暂停直至取消招标代理资格；构成犯罪的，由司法部门依法追究刑事责任。给他人造成损失的，依法承担赔偿责任。

前款所列行为影响中标结果，并且中标人为前款所列行为的受益人的，中标无效。

第七十条　招标人以不合理的条件限制或者排斥潜在投标人的，对潜在投标人实行歧视待遇的，强制要求投标人组成联合体共同投标的，或者限制投标人之间竞争的，有关行政监督部门责令改正，可处一万元以上五万元以下罚款。

第七十一条　依法必须进行招标项目的招标人向他人透露已获取招标文件的潜在投标人的名称、数量或者可能影响公平竞争的有关招标投标的其他情况的，或者泄露标底的，有关行政监督部门给予警告，可以并处一万元以上十万元以下的罚款；对单位直接负责的主管人员和其他直接责任人员依法给予处分；构成犯罪的，依法追究刑事责任。

前款所列行为影响中标结果，并且中标人为前款所列行为的受益人的，中标无效。

第七十二条　招标人在发布招标公告、发出投标邀请书或者售出招标文件或资格预审文件后终止招标的，除有正当理由外，有关行政监督部门给予警告，根据情节可处三万元以下的罚款；给潜在投标人或者投标人造成损失的，并应当赔偿损失。

第七十三条　招标人或者招标代理机构有下列情形之一的，有关行政监督部门责令其限期改正，根据情节可处三万元以下的罚款；情节严重的，招标无效：

（一）未在指定的媒介发布招标公告的；

（二）邀请招标不依法发出投标邀请书的；

（三）自招标文件或资格预审文件出售之日起至停止出售之日止，少于五个工作日的；

（四）依法必须招标的项目，自招标文件开始发出之日起至提交投标文件截止之日止，少于二十日的；

（五）应当公开招标而不公开招标的；

（六）不具备招标条件而进行招标的；

（七）应当履行核准手续而未履行的；

（八）不按项目审批部门核准内容进行招标的；

（九）在提交投标文件截止时间后接收投标文件的；

（十）投标人数量不符合法定要求不重新招标的。

被认定为招标无效的，应当重新招标。

第七十四条　投标人相互串通投标或者与招标人串通投标的，投标人以向招标人或者评标委员会成员行贿的手段谋取中标的，中标无效，由有关行政监督部门处中标项目金额千分之五以上千分之十以下的罚款，对单位直接负责的主管人员和其他直接责任人员处单位罚款数额百分之五以上百分之十以下的罚款；有违法所得的，并处没收违法所得；情节严重的，取消其一至二年的投标资格，并予以公告，直至由工商行政管理机关吊销营业执照；构成犯罪的，依法追究刑事责任。给他人造成损失的，依法承担赔偿责任。

第七十五条　投标人以他人名义投标或者以其他方式弄虚作假，骗取中标的，中标无效，给招标人造成损失的，依法承担赔偿责任；构成犯罪的，依法追究刑事责任。

依法必须进行招标项目的投标人有前款所列行为尚未构成犯罪的，有关行政监督部门处中标项目金额千分之五以上千分之十以下的罚款，对单位直接负责的主管人员和其他直接责任人员处单位罚款数额百分之五以上百分之十以下的罚款；有违法所得的，并处没收违法所得；情节严重的，取消其一至三年投标资格，并予以公告，直至由工商行政管理机关吊销营业执照。

第七十六条 依法必须进行招标的项目，招标人违法与投标人就投标价格、投标方案等实质性内容进行谈判的，有关行政监督部门给予警告，对单位直接负责的主管人员和其他直接责任人员依法给予处分。

前款所列行为影响中标结果的，中标无效。

第七十七条 评标委员会成员收受投标人的财物或者其他好处的，评标委员会成员或者参加评标的有关工作人员向他人透露对投标文件的评审和比较、中标候选人的推荐以及与评标有关的其他情况的，有关行政监督部门给予警告，没收收受的财物，可以并处三千元以上五万元以下的罚款，对有所列违法行为的评标委员会成员取消担任评标委员会成员的资格并予以公告，不得再参加任何招标项目的评标；构成犯罪的，依法追究刑事责任。

第七十八条 评标委员会成员在评标过程中擅离职守，影响评标程序正常进行，或者在评标过程中不能客观公正地履行职责的，有关行政监督部门给予警告；情节严重的，取消担任评标委员会成员的资格，不得再参加任何招标项目的评标，并处一万元以下的罚款。

第七十九条 评标过程有下列情况之一的，评标无效，应当依法重新进行评标或者重新进行招标，有关行政监督部门可处三万元以下的罚款：

（一）使用招标文件没有确定的评标标准和方法的；

（二）评标标准和方法含有倾向或者排斥投标人的内容，妨碍或者限制投标人之间竞争，且影响评标结果的；

（三）应当回避担任评标委员会成员的人参与评标的；

（四）评标委员会的组建及人员组成不符合法定要求的；

（五）评标委员会及其成员在评标过程中有违法行为，且影响评标结果的。

第八十条 招标人在评标委员会依法推荐的中标候选人以外确定中标人的，依法必须进行招标的项目在所有投标被评标委员会否决后自行确定中标人的，中标无效。有关行政监督部门责令改正，可以处中标项目金额千分之五以上千分之十以下的罚款；对单位直接负责的主管人员和其他直接责任人员依法给予处分。

第八十一条 招标人不按规定期限确定中标人的，或者中标通知书发出后，改变中标结果的，无正当理由不与中标人签订合同的，或者在签订合同时向中标人提出附加条件或者更改合同实质性内容的，有关行政监督部门给予警告，责令改正，根据情节可处三万元以下的罚款；造成中标人损失的，并应当赔偿损失。

中标通知书发出后，中标人放弃中标项目的，无正当理由不与招标人签订合同的，在签订合同时向招标人提出附加条件或者更改合同实质性内容的，或者拒不提交所要求的履约保证金的，招标人可取消其中标资格，并没收其投标保证金；给招标人的损失超过投标保证金数额的，中标人应当对超过部分予以赔偿；没有提交投标保证金的，应当对招标人的损失承担赔偿责任。

第八十二条 中标人将中标项目转让给他人的，将中标项目肢解后分别转让给他人的，违法将中标项目的部分主体、关键性工作分包给他人的，或者分包人再次分包的，转让、分包无效，有关行政监督部门处转让、分包项目金额千分之五以上千分之十以下的罚款；有违法所得的，并处没收违法所得；可以责令停业整顿；情节严重的，由工商行政管理机关吊销营业执照。

第八十三条 招标人与中标人不按照招标文件和中标人的投标文件订立合同的，招标人、中标人订立背离合同实质性内容的协议的，或者招标人擅自提高履约保证金或强制要求中标人垫付中标项目建设资金的，有关行政监督部门责令改正；可以处中标项目金额千分之五以上千分之十以下的罚款。

第八十四条 中标人不履行与招标人订立的合同的，履约保证金不予退还，给招标人造成的损失超过履约保证金数额的，还应当对超过部分予以赔偿；没有提交履约保证金的，应当对招标人的损失承担赔偿责任。

中标人不按照与招标人订立的合同履行义务，情节严重的，有关行政监督部门取消其二至五年参加招标项目的投标资格并予以公告，直至由工商行政管理机关吊销营业执照。

因不可抗力不能履行合同的，不适用前两款规定。

第八十五条 招标人不履行与中标人订立的合同的，应当双倍返还中标人的履约保证金；给中标人造成的损失超过返还的履约保证金的，还应当对超过部分予以赔偿；没有提交履约保证金的，应当对中标人的损失承担赔偿责任。

因不可抗力不能履行合同的，不适用前款规定。

第八十六条 依法必须进行施工招标的项目违反法律规定，中标无效的，应当依照法律规定的中标条件从其余投标人中重新确定中标人或者依法重新进行招标。

中标无效的，发出的中标通知书和签订的合同自始没有法律约束力，但不影响合同中独立存在的有关解决争议方法的条款的效力。

第八十七条 任何单位违法限制或者排斥本地区、本系统以外的法人或者其他组织参加投标的，为招标人指定招标代理机构的，强制招标人委托招标代理机构办理招标事宜的，或者以其他方式干涉招标投标活动的，有关行政监督部门责令改正；对单位直接负责的主管人员和其他直接责任人员依法给予警告、记过、记大过的处分，情节较重的，依法给予降级、撤职、开除的处分。

个人利用职权进行前款违法行为的，依照前款规定追究责任。

第八十八条 对招标投标活动依法负有行政监督职责的国家机关工作人员徇私舞弊、滥用职权或者玩忽职守，构成犯罪的，依法追究刑事责任；不构成犯罪的，依法给予行政处分。

第八十九条 任何单位和个人对工程建设项目施工招标投标过程中发生的违法行为，有权向项目审批部门或者有关行政监督部门投诉或举报。

第六章 附 则

第九十条 使用国际组织或者外国政府贷款、援助资金的项目进行招标，贷款方、资金提供方对工程施工招标投标活动的条件和程序有不同规定的，可以适用其规定，但违背中华人民共和国社会公共利益的除外。

第九十一条 本办法由国家发展计划委员会会同有关部门负责解释。

第九十二条 本办法自 2003 年 5 月 1 日起施行。

11.2.4 评标委员会和评标方法暂行规定

中华人民共和国国家发展计划委员会
中华人民共和国国家经济贸易委员会
中华人民共和国建设部
中华人民共和国铁道部
中华人民共和国交通部
中华人民共和国信息产业部
中华人民共和国水利部

（第 12 号）

评标委员会和评标方法暂行规定

（2001 年 7 月 5 日发布并施行）

第一章　总　　则

第一条　为了规范评标活动，保证评标的公平、公正，维护招标投标活动当事人的合法权益，依照《中华人民共和国招标投标法》，制定本规定。

第二条　本规定适用于依法必须招标项目的评标活动。

第三条　评标活动遵循公平、公正、科学、择优的原则。

第四条　评标活动依法进行，任何单位和个人不得非法干预或者影响评标过程和结果。

第五条　招标人应当采取必要措施，保证评标活动在严格保密的情况下进行。

第六条　评标活动及其当事人应当接受依法实施的监督。

有关行政监督部门依照国务院或者地方政府的职责分工，对评标活动实施监督，依法查处评标活动中的违法行为。

第二章　评 标 委 员 会

第七条　评标委员会依法组建，负责评标活动，向招标人推荐中标候选人或者根据招标人的授权直接确定中标人。

第八条　评标委员会由招标人负责组建。

评标委员会成员名单一般应于开标前确定。评标委员会成员名单在中标结果确定前应当保密。

第九条　评标委员会由招标人或其委托的招标代理机构熟悉相关业务的代表，以及有关技术、经济等方面的专家组成，成员人数为五人以上单数，其中技术、经济等方面的专家不得少于成员总数的三分之二。

评标委员会设负责人的，评标委员会负责人由评标委员会成员推举产生或者由招标人确定。评标委员会负责人与评标委员会的其他成员有同等的表决权。

第十条 评标委员会的专家成员应当从省级以上人民政府有关部门提供的专家名册或者招标代理机构的专家库内的相关专家名单中确定。

按前款规定确定评标专家，可以采取随机抽取或者直接确定的方式。一般项目，可以采取随机抽取的方式；技术特别复杂、专业性要求特别高或者国家有特殊要求的招标项目，采取随机抽取方式确定的专家难以胜任的，可以由招标人直接确定。

第十一条 评标专家应符合下列条件：

（一）从事相关专业领域工作满八年并具有高级职称或者同等专业水平；

（二）熟悉有关招标投标的法律法规，并具有与招标项目相关的实践经验；

（三）能够认真、公正、诚实、廉洁地履行职责。

第十二条 有下列情形之一的，不得担任评标委员会成员：

（一）投标人或者投标人主要负责人的近亲属；

（二）项目主管部门或者行政监督部门的人员；

（三）与投标人有经济利益关系，可能影响对投标公正评审的；

（四）曾因在招标、评标以及其他与招标投标有关活动中从事违法行为而受过行政处罚或刑事处罚的。

评标委员会成员有前款规定情形之一的，应当主动提出回避。

第十三条 评标委员会成员应当客观、公正地履行职责，遵守职业道德，对所提出的评审意见承担个人责任。

评标委员会成员不得与任何投标人或者与招标结果有利害关系的人进行私下接触，不得收受投标人、中介人、其他利害关系人的财物或者其他好处。

第十四条 评标委员会成员和与评标活动有关的工作人员不得透露对投标文件的评审和比较、中标候选人的推荐情况以及与评标有关的其他情况。

前款所称与评标活动有关的工作人员，是指评标委员会成员以外的因参与评标监督工作或者事务性工作而知悉有关评标情况的所有人员。

第三章 评标的准备与初步评审

第十五条 评标委员会成员应当编制供评标使用的相应表格，认真研究招标文件，至少应了解和熟悉以下内容：

（一）招标的目标；

（二）招标项目的范围和性质；

（三）招标文件中规定的主要技术要求、标准和商务条款；

（四）招标文件规定的评标标准、评标方法和在评标过程中考虑的相关因素。

第十六条 招标人或者其委托的招标代理机构应当向评标委员会提供评标所需的重要信息和数据。

招标人设有标底的，标底应当保密，并在评标时作为参考。

第十七条 评标委员会应当根据招标文件规定的评标标准和方法，对投标文件进行系统的评审和比较。招标文件中没有规定的标准和方法不得作为评标的依据。

招标文件中规定的评标标准和评标方法应当合理，不得含有倾向或者排斥潜在投标人的内容，不得妨碍或者限制投标人之间的竞争。

第十八条 评标委员会应当按照投标报价的高低或者招标文件规定的其他方法对投标文件排序。以多种货币报价的，应当按照中国银行在开标日公布的汇率中间价换算成人民币。

招标文件应当对汇率标准和汇率风险作出规定。未作规定的，汇率风险由投标人承担。

第十九条 评标委员会可以书面方式要求投标人对投标文件中含义不明确、对同类问题表述不一致或者有明显文字和计算错误的内容作必要的澄清、说明或者补正。澄清、说明或者补正应以书面方式进行并不得超出投标文件的范围或者改变投标文件的实质性内容。

投标文件中的大写金额和小写金额不一致的，以大写金额为准；总价金额与单价金额不一致的，以单价金额为准，但单价金额小数点有明显错误的除外；对不同文字文本投标文件的解释发生异议的，以中文文本为准。

第二十条 在评标过程中，评标委员会发现投标人以他人的名义投标、串通投标、以行贿手段谋取中标或者以其他弄虚作假方式投标的，该投标人的投标应作废标处理。

第二十一条 在评标过程中，评标委员会发现投标人的报价明显低于其他投标报价或者在设有标底时明显低于标底，使得其投标报价可能低于其个别成本的，应当要求该投标人作出书面说明并提供相关证明材料。投标人不能合理说明或者不能提供相关证明材料的，由评标委员会认定该投标人以低于成本报价竞标，其投标应作废标处理。

第二十二条 投标人资格条件不符合国家有关规定和招标文件要求的，或者拒不按照要求对投标文件进行澄清、说明或者补正的，评标委员会可以否决其投标。

第二十三条 评标委员会应当审查每一投标文件是否对招标文件提出的所有实质性要求和条件作出响应。未能在实质上响应的投标，应作废标处理。

第二十四条 评标委员会应当根据招标文件，审查并逐项列出投标文件的全部投标偏差。

投标偏差分为重大偏差和细微偏差。

第二十五条 下列情况属于重大偏差：

（一）没有按照招标文件要求提供投标担保或者所提供的投标担保有瑕疵；

（二）投标文件没有投标人授权代表签字和加盖公章；

（三）投标文件载明的招标项目完成期限超过招标文件规定的期限；

（四）明显不符合技术规格、技术标准的要求；

（五）投标文件载明的货物包装方式、检验标准和方法等不符合招标文件的要求；

（六）投标文件附有招标人不能接受的条件；

（七）不符合招标文件中规定的其他实质性要求。

投标文件有上述情形之一的，为未能对招标文件作出实质性响应，并按本规定第二十三条规定作废标处理。招标文件对重大偏差另有规定的，从其规定。

第二十六条 细微偏差是指投标文件在实质上响应招标文件要求，但在个别地方存在漏项或者提供了不完整的技术信息和数据等情况，并且补正这些遗漏或者不完整不会对其他投标人造成不公平的结果。细微偏差不影响投标文件的有效性。

评标委员会应当书面要求存在细微偏差的投标人在评标结束前予以补正。拒不补正的，在详细评审时可以对细微偏差作不利于该投标人的量化，量化标准应当在招标文件中规定。

第二十七条 评标委员会根据本规定第二十条、第二十一条、第二十二条、第二十三条、第二十五条的规定否决不合格投标或者界定为废标后，因有效投标不足三个使得投标明显缺乏竞争的，评标委员会可以否决全部投标。

投标人少于三个或者所有投标被否决的，招标人应当依法重新招标。

第四章 详 细 评 审

第二十八条 经初步评审合格的投标文件，评标委员会应当根据招标文件确定的评标标准和方法，对其技术部分和商务部分作进一步评审、比较。

第二十九条 评标方法包括经评审的最低投标价法、综合评估法或者法律、行政法规允许的其他评标方法。

第三十条 经评审的最低投标价法一般适用于具有通用技术、性能标准或者招标人对其技术、性能没有特殊要求的招标项目。

第三十一条 根据经评审的最低投标价法，能够满足招标文件的实质性要求，并且经评审的最低投标价的投标，应当推荐为中标候选人。

第三十二条 采用经评审的最低投标价法的，评标委员会应当根据招标文件中规定的评标价格调整方法，对所有投标人的投标报价以及投标文件的商务部分作必要的价格调整。

采用经评审的最低投标价法的，中标人的投标应当符合招标文件规定的技术要求和标准，但评标委员会无需对投标文件的技术部分进行价格折算。

第三十三条 根据经评审的最低投标价法完成详细评审后，评标委员会应当拟定一份"标价比较表"，连同书面评标报告提交招标人。"标价比较表"应当载明投标人的投标报价、对商务偏差的价格调整和说明以及经评审的最终投标价。

第三十四条 不宜采用经评审的最低投标价法的招标项目，一般应当采取综合评估法进行评审。

第三十五条 根据综合评估法，最大限度地满足招标文件中规定的各项综合评价标准的投标，应当推荐为中标候选人。

衡量投标文件是否最大限度地满足招标文件中规定的各项评价标准，可以采取折算为货币的方法、打分的方法或者其他方法。需量化的因素及其权重应当在招标文件中明确规定。

第三十六条 评标委员会对各个评审因素进行量化时，应当将量化指标建立在同一基础或者同一标准上，使各投标文件具有可比性。

对技术部分和商务部分进行量化后，评标委员会应当对这两部分的量化结果进行加权，计算出每一投标的综合评估价或者综合评估分。

第三十七条 根据综合评估法完成评标后，评标委员会应当拟定一份"综合评估比较表"，连同书面评标报告提交招标人。"综合评估比较表"应当载明投标人的投标报价、所作的任何修正、对商务偏差的调整、对技术偏差的调整、对各评审因素的评估以及对每一投标的最终评审结果。

第三十八条　根据招标文件的规定，允许投标人投备选标的，评标委员会可以对中标人所投的备选标进行评审，以决定是否采纳备选标。不符合中标条件的投标人的备选标不予考虑。

第三十九条　对于划分有多个单项合同的招标项目，招标文件允许投标人为获得整个项目合同而提出优惠的，评标委员会可以对投标人提出的优惠进行审查，以决定是否将招标项目作为一个整体合同授予中标人。将招标项目作为一个整体合同授予的，整体合同中标人的投标应当最有利于招标人。

第四十条　评标和定标应当在投标有效期结束日 30 个工作日前完成。不能在投标有效期结束日 30 个工作日前完成评标和定标的，招标人应当通知所有投标人延长投标有效期。拒绝延长投标有效期的投标人有权收回投标保证金。同意延长投标有效期的投标人应当相应延长其投标担保的有效期，但不得修改投标文件的实质性内容。因延长投标有效期造成投标人损失的，招标人应当给予补偿，但因不可抗力需延长投标有效期的除外。

招标文件应当载明投标有效期。投标有效期从提交投标文件截止日起计算。

第五章　推荐中标候选人与定标

第四十一条　评标委员会在评标过程中发现的问题，应当及时作出处理或者向招标人提出处理建议，并作书面记录。

第四十二条　评标委员会完成评标后，应当向招标人提出书面评标报告，并抄送有关行政监督部门。评标报告应当如实记载以下内容：

（一）基本情况和数据表；

（二）评标委员会成员名单；

（三）开标记录；

（四）符合要求的投标一览表；

（五）废标情况说明；

（六）评标标准、评标方法或者评标因素一览表；

（七）经评审的价格或者评分比较一览表；

（八）经评审的投标人排序；

（九）推荐的中标候选人名单与签订合同前要处理的事宜；

（十）澄清、说明、补正事项纪要。

第四十三条　评标报告由评标委员会全体成员签字。对评标结论持有异议的评标委员会成员可以书面方式阐述其不同意见和理由。评标委员会成员拒绝在评标报告上签字且不陈述其不同意见和理由的，视为同意评标结论。评标委员会应当对此作出书面说明并记录在案。

第四十四条　向招标人提交书面评标报告后，评标委员会即告解散。评标过程中使用的文件、表格以及其他资料应当即时归还招标人。

第四十五条　评标委员会推荐的中标候选人应当限定在一至三人，并标明排列顺序。

第四十六条　中标人的投标应当符合下列条件之一：

（一）能够最大限度满足招标文件中规定的各项综合评价标准；

（二）能够满足招标文件的实质性要求，并且经评审的投标价格最低；但是投标价格低于成本的除外。

第四十七条 在确定中标人之前，招标人不得与投标人就投标价格、投标方案等实质性内容进行谈判。

第四十八条 使用国有资金投资或者国家融资的项目，招标人应当确定排名第一的中标候选人为中标人。排名第一的中标候选人放弃中标、因不可抗力提出不能履行合同，或者招标文件规定应当提交履约保证金而在规定的期限内未能提交的，招标人可以确定排名第二的中标候选人为中标人。

排名第二的中标候选人因前款规定的同样原因不能签订合同的，招标人可以确定排名第三的中标候选人为中标人。

招标人可以授权评标委员会直接确定中标人。

国务院对中标人的确定另有规定的，从其规定。

第四十九条 中标人确定后，招标人应当向中标人发出中标通知书，同时通知未中标人，并与中标人在 30 个工作日之内签订合同。

第五十条 中标通知书对招标人和中标人具有法律约束力。中标通知书发出后，招标人改变中标结果或者中标人放弃中标的，应当承担法律责任。

第五十一条 招标人应当与中标人按照招标文件和中标人的投标文件订立书面合同。招标人与中标人不得再行订立背离合同实质性内容的其他协议。

第五十二条 招标人与中标人签订合同后 5 个工作日内，应当向中标人和未中标的投标人退还投标保证金。

第六章 罚 则

第五十三条 评标委员会成员在评标过程中擅离职守，影响评标程序正常进行，或者在评标过程中不能客观公正地履行职责的，给予警告；情节严重的，取消担任评标委员会成员的资格，不得再参加任何依法必须进行招标项目的评标，并处一万元以下的罚款。

第五十四条 评标委员会成员收受投标人、其他利害关系人的财物或者其他好处的，评标委员会成员或者与评标活动有关的工作人员向他人透露对投标文件的评审和比较、中标候选人的推荐以及与评标有关的其他情况的，给予警告，没收收受的财物，可以并处三千元以上五万元以下的罚款；对有所列违法行为的评标委员会成员取消担任评标委员会成员的资格，不得再参加任何依法必须进行招标项目的评标；构成犯罪的，依法追究刑事责任。

第五十五条 招标人在评标委员会依法推荐的中标候选人以外确定中标人的，依法必须进行招标项目在所有投标被评标委员会否决后自行确定中标人的，中标无效。责令改正，可以处中标项目金额千分之五以上千分之十以下的罚款；对单位直接负责的主管人员和其他直接责任人员依法给予处分。

第五十六条 招标人与中标人不按照招标文件和中标人的投标文件订立合同的，或者招标人、中标人订立背离合同实质性内容的协议的，责令改正；可以处中标项目金额千分之五以上千分之十以下的罚款。

第五十七条　中标人不与招标人订立合同的，投标保证金不予退还并取消其中标资格，给招标人造成的损失超过投标保证金数额的，应当对超过部分予以赔偿；没有提交投标保证金的，应当对招标人的损失承担赔偿责任。

招标人迟迟不确定中标人或者无正当理由不与中标人签订合同的，给予警告，根据情节可处一万元以下的罚款；造成中标人损失的，并应当赔偿损失。

第七章　附　　则

第五十八条　依法必须招标项目以外的评标活动，参照本规定执行。

第五十九条　使用国际组织或者外国政府贷款、援助资金的招标项目的评标活动，贷款方、资金提供方对评标委员会与评标方法另有规定的，适用其规定，但违背中华人民共和国的社会公共利益的除外。

第六十条　本规定颁布前有关评标机构和评标方法的规定与本规定不一致的，以本规定为准。法律或者行政法规另有规定的，从其规定。

第六十一条　本规定由国家发展计划委员会会同有关部门负责解释。

第六十二条　本规定自发布之日起施行。

11. 2. 5　工程建设项目招标范围和规模标准规定

中华人民共和国国家发展计划委员会

（第 3 号令）

工程建设项目招标范围和规模标准规定

（2000 年 5 月 1 日发布并施行）

第一条　为了确定必须进行招标的工程建设项目的具体范围和规模标准，规范招标投标活动，根据《中华人民共和国招标投标法》第三条的规定，制定本规定。

第二条　关系社会公共利益、公众安全的基础设施项目的范围包括：

（一）煤炭、石油、天然气、电力、新能源等能源项目；

（二）铁路、公路、管道、水运、航空以及其他交通运输业等交通运输项目；

（三）邮政、电信枢纽、通信、信息网络等邮电通信项目；

（四）防洪、灌溉、排涝、引（供）水、滩涂治理、水土保持、水利枢纽等水利项目；

（五）道路、桥梁、地铁和轻轨交通、污水排放及处理、垃圾处理、地下管道、公共停车场等城市设施项目；

（六）生态环境保护项目；

（七）其他基础设施项目。

第三条　关系社会公共利益、公众安全的公用事业项目的范围包括：

（一）供水、供电、供气、供热等市政工程项目；

（二）科技、教育、文化等项目；

（三）体育、旅游等项目；

（四）卫生、社会福利等项目；

（五）商品住宅，包括经济适用住房；

（六）其他公用事业项目。

第四条　使用国有资金投资项目的范围包括：

（一）使用各级财政预算资金的项目；

（二）使用纳入财政管理的各种政府性专项建设基金的项目；

（三）使用国有企业事业单位自有资金，并且国有资产投资者实际拥有控制权的项目。

第五条　国家融资项目的范围包括：

（一）使用国家发行债券所筹资金的项目；

（二）使用国家对外借款或者担保所筹资金的项目；

（三）使用国家政策性贷款的项目；

（四）国家授权投资主体融资的项目；

（五）国家特许的融资项目。

第六条　使用国际组织或者外国政府资金的项目的范围包括：

（一）使用世界银行、亚洲开发银行等国际组织贷款资金的项目；

（二）使用外国政府及其机构贷款资金的项目；

（三）使用国际组织或者外国政府援助资金的项目。

第七条　本规定第二条至第六条规定范围内的各类工程建设项目，包括项目的勘察、设计、施工、监理以及与工程建设有关的重要设备、材料等的采购，达到下列标准之一的，必须进行招标：

（一）施工单项合同估算价在 200 万元人民币以上的；

（二）重要设备、材料等货物的采购，单项合同估算价在 100 万元人民币以上的；

（三）勘察、设计、监理等服务的采购，单项合同估算价在 50 万元人民币以上的；

（四）单项合同估算价低于第（一）、（二）、（三）项规定的标准，但项目总投资额在 3000 万元人民币以上的。

第八条　建设项目的勘察、设计，采用特定专利或者专有技术的，或者其建筑艺术造型有特殊要求的，经项目主管部门批准，可以不进行招标。

第九条　依法必须进行招标的项目，全部使用国有资金投资或者国有资金投资占控股或者主导地位的，应当公开招标。

招标投标活动不受地区、部门的限制，不得对潜在投标人实行歧视待遇。

第十条　省、自治区、直辖市人民政府根据实际情况，可以规定本地区必须进行招标的具体范围和规模标准，但不得缩小本规定确定的必须进行招标的范围。

第十一条　国家发展计划委员会可以根据实际需要，会同国务院有关部门对本规定确定的必须进行招标的具体范围和规模标准进行部分调整。

第十二条　本规定自发布之日起施行。

11.2.6 工程建设项目货物招标投标办法

中华人民共和国国家发展和改革委员会
中华人民共和国建设部
中华人民共和国铁道部
中华人民共和国交通部
中华人民共和国信息产业部
中华人民共和国水利部
中国民用航空总局

（第 27 号）

工程建设项目货物招标投标办法

（自 2005 年 3 月 1 日起施行）

第一章 总 则

第一条 为规范工程建设项目的货物招标投标活动，保护国家利益、社会公共利益和招标投标活动当事人的合法权益，保证工程质量，提高投资效益，根据《中华人民共和国招标投标法》和国务院有关部门的职责分工，制定本办法。

第二条 本办法适用于在中华人民共和国境内依法必须进行招标的工程建设项目货物招标投标活动。

前款所称货物，是指与工程建设项目有关的重要设备、材料等。

第三条 工程建设项目符合《工程建设项目招标范围和规模标准规定》（原国家计委令第 3 号）规定的范围和标准的，必须通过招标选择货物供应单位。

任何单位和个人不得将依法必须进行招标的项目化整为零或者以其他任何方式规避招标。

第四条 工程建设项目货物招标投标活动应当遵循公开、公平、公正和诚实信用的原则。货物招标投标活动不受地区或者部门的限制。

第五条 工程建设项目货物招标投标活动，依法由招标人负责。

工程建设项目招标人对项目实行总承包招标时，未包括在总承包范围内的货物达到国家规定规模标准的，应当由工程建设项目招标人依法组织招标。

工程建设项目招标人对项目实行总承包招标时，以暂估价形式包括在总承包范围内的货物达到国家规定规模标准的，应当由总承包中标人和工程建设项目招标人共同依法组织招标。双方当事人的风险和责任承担由合同约定。

工程建设项目招标人或者总承包中标人可委托依法取得资质的招标代理机构承办招标代理业务。招标代理服务收费实行政府指导价。招标代理服务费用应当由招标人支付；招标人、招标代理机构与投标人另有约定的，从其约定。

第六条 各级发展改革、建设、铁道、交通、信息产业、水利、民航等部门依照国务院和地方各级人民政府关于工程建设项目行政监督的职责分工，对工程建设项目中所包括的货物招标投标活动实施监督，依法查处货物招标投标活动中的违法行为。

第二章 招　　标

第七条 工程建设项目招标人是依法提出招标项目、进行招标的法人或者其他组织。本办法第五条第三款总承包中标人共同招标时，也为招标人。

第八条 依法必须招标的工程建设项目，应当具备下列条件才能进行货物招标：

（一）招标人已经依法成立；

（二）按照国家有关规定应当履行项目审批、核准或者备案手续的，已经审批、核准或者备案；

（三）有相应资金或者资金来源已经落实；

（四）能够提出货物的使用与技术要求。

第九条 依法必须进行招标的工程建设项目，按国家有关投资项目审批管理规定，凡应报送项目审批部门审批的，招标人应当在报送的可行性研究报告中将货物招标范围、招标方式（公开招标或邀请招标）、招标组织形式（自行招标或委托招标）等有关招标内容报项目审批部门核准。项目审批部门应当将核准招标内容的意见抄送有关行政监督部门。

企业投资项目申请政府安排财政性资金的，前款招标内容由资金申请报告审批部门依法在批复中确定。

第十条 货物招标分为公开招标和邀请招标。

第十一条 国务院发展改革部门确定的国家重点建设项目和各省、自治区、直辖市人民政府确定的地方重点建设项目，其货物采购应当公开招标；有下列情形之一的，经批准可以进行邀请招标：

（一）货物技术复杂或有特殊要求，只有少量几家潜在投标人可供选择的；

（二）涉及国家安全、国家秘密或者抢险救灾，适宜招标但不宜公开招标的；

（三）拟公开招标的费用与拟公开招标的节资相比，得不偿失的；

（四）法律、行政法规规定不宜公开招标的。

国家重点建设项目货物的邀请招标，应当经国务院发展改革部门批准；地方重点建设项目货物的邀请招标，应当经省、自治区、直辖市人民政府批准。

第十二条 采用公开招标方式的，招标人应当发布招标公告。依法必须进行货物招标的招标公告，应当在国家指定的报刊或者信息网络上发布。

采用邀请招标方式的，招标人应当向三家以上具备货物供应的能力、资信良好的特定的法人或者其他组织发出投标邀请书。

第十三条 招标公告或者投标邀请书应当载明下列内容：

（一）招标人的名称和地址；

（二）招标货物的名称、数量、技术规格、资金来源；

（三）交货的地点和时间；

（四）获取招标文件或者资格预审文件的地点和时间；

（五）对招标文件或者资格预审文件收取的费用；

（六）提交资格预审申请书或者投标文件的地点和截止日期；

（七）对投标人的资格要求。

第十四条 招标人应当按招标公告或者投标邀请书规定的时间、地点发出招标文件或者资格预审文件。自招标文件或者资格预审文件发出之日起至停止发出之日止，最短不得少于五个工作日。

招标人发出的招标文件或者资格预审文件应当加盖印章。招标人可以通过信息网络或者其他媒介发布招标文件，通过信息网络或者其他媒介发布的招标文件与书面招标文件具有同等法律效力，出现不一致时以书面招标文件为准，但法律、行政法规或者招标文件另有规定的除外。

对招标文件或者资格预审文件的收费应当合理，不得以营利为目的。

除不可抗力原因外，招标文件或者资格预审文件发出后，不予退还；招标人在发布招标公告、发出投标邀请书后或者发出招标文件或资格预审文件后不得擅自终止招标。因不可抗力原因造成招标终止的，投标人有权要求退回招标文件并收回购买招标文件的费用。

第十五条 招标人可以根据招标货物的特点和需要，对潜在投标人或者投标人进行资格审查；法律、行政法规对潜在投标人或者投标人的资格条件有规定的，依照其规定。

第十六条 资格审查分为资格预审和资格后审。

资格预审，是指招标人出售招标文件或者发出投标邀请书前对潜在投标人进行的资格审查。资格预审一般适用于潜在投标人较多或者大型、技术复杂货物的公开招标，以及需要公开选择潜在投标人的邀请招标。

资格后审，是指在开标后对投标人进行的资格审查。资格后审一般在评标过程中的初步评审开始时进行。

第十七条 采取资格预审的，招标人应当发布资格预审公告。资格预审公告适用本办法第十二条、第十三条有关招标公告的规定。

第十八条 资格预审文件一般包括下列内容：

（一）资格预审邀请书；

（二）申请人须知；

（三）资格要求；

（四）其他业绩要求；

（五）资格审查标准和方法；

（六）资格预审结果的通知方式。

第十九条 采取资格预审的，招标人应当在资格预审文件中详细规定资格审查的标准和方法；采取资格后审的，招标人应当在招标文件中详细规定资格审查的标准和方法。

招标人在进行资格审查时，不得改变或补充载明的资格审查标准和方法或者以没有载明的资格审查标准和方法对潜在投标人或者投标人进行资格审查。

第二十条 经资格预审后，招标人应当向资格预审合格的潜在投标人发出资格预审合格通知书，告知获取招标文件的时间、地点和方法，并同时向资格预审不合格的潜在投标人告知资格预审结果。资格预审合格的潜在投标人不足三个的，招标人应当重新进行资格预审。

对资格后审不合格的投标人，评标委员会应当对其投标作废标处理。

第二十一条 招标文件一般包括下列内容：

（一）投标邀请书；

（二）投标人须知；

（三）投标文件格式；

（四）技术规格、参数及其他要求；

（五）评标标准和方法；

（六）合同主要条款。

招标人应当在招标文件中规定实质性要求和条件，说明不满足其中任何一项实质性要求和条件的投标将被拒绝，并用醒目的方式标明；没有标明的要求和条件在评标时不得作为实质性要求和条件。对于非实质性要求和条件，应规定允许偏差的最大范围、最高项数，以及对这些偏差进行调整的方法。

国家对招标货物的技术、标准、质量等有特殊要求的，招标人应当在招标文件中提出相应特殊要求，并将其作为实质性要求和条件。

第二十二条 招标货物需要划分标包的，招标人应合理划分标包，确定各标包的交货期，并在招标文件中如实载明。

第二十三条 招标人允许中标人对非主体货物进行分包的，应当在招标文件中载明。主要设备或者供货合同的主要部分不得要求或者允许分包。

除招标文件要求不得改变标准货物的供应商外，中标人经招标人同意改变标准货物的供应商的，不应视为转包和违法分包。

第二十四条 招标人可以要求投标人在提交符合招标文件规定要求的投标文件外，提交备选投标方案，但应当在招标文件中作出说明。不符合中标条件的投标人的备选投标方案不予考虑。

第二十五条 招标文件规定的各项技术规格应当符合国家技术法规的规定。

招标文件中规定的各项技术规格均不得要求或标明某一特定的专利技术、商标、名称、设计、原产地或供应者等，不得含有倾向或者排斥潜在投标人的其他内容。如果必须引用某一供应者的技术规格才能准确或清楚地说明拟招标货物的技术规格时，则应当在参照后面加上"或相当于"的字样。

第二十六条 招标文件应当明确规定评标时包含价格在内的所有评标因素，以及据此进行评估的方法。

在评标过程中，不得改变招标文件中规定的评标标准、方法和中标条件。

第二十七条 招标人可以在招标文件中要求投标人以自己的名义提交投标保证金。投标保证金除现金外，可以是银行出具的银行保函、保兑支票、银行汇票或现金支票，也可以是招标人认可的其他合法担保形式。

投标保证金一般不得超过投标总价的百分之二，但最高不得超过八十万元人民币。投标保证金有效期应当与投标有效期一致。

投标人应当按照招标文件要求的方式和金额，在提交投标文件截止之日前将投标保证金提交给招标人或其招标代理机构。

投标人不按招标文件要求提交投标保证金的，该投标文件作废标处理。

第二十八条 招标文件应当规定一个适当的投标有效期，以保证招标人有足够的时间完成评标和与中标人签订合同。投标有效期从招标文件规定的提交投标文件截止之日起计算。

在原投标有效期结束前，出现特殊情况的，招标人可以书面形式要求所有投标人延长投标有效期。投标人同意延长的，不得要求或被允许修改其投标文件的实质性内容，但应当相应延长其投标保证金的有效期；投标人拒绝延长的，其投标失效，但投标人有权收回其投标保证金。

同意延长投标有效期的投标人少于三个的，招标人应当重新招标。

第二十九条 对于潜在投标人在阅读招标文件中提出的疑问，招标人应当以书面形式、投标预备会方式或者通过电子网络解答，但需同时将解答以书面方式通知所有购买招标文件的潜在投标人。该解答的内容为招标文件的组成部分。

除招标文件明确要求外，出席投标预备会不是强制性的，由潜在投标人自行决定，并自行承担由此可能产生的风险。

第三十条 招标人应当确定投标人编制投标文件所需的合理时间。依法必须进行招标的货物，自招标文件开始发出之日起至投标人提交投标文件截止之日止，最短不得少于二十日。

第三十一条 对无法精确拟定其技术规格的货物，招标人可以采用两阶段招标程序。

在第一阶段，招标人可以首先要求潜在投标人提交技术建议，详细阐明货物的技术规格、质量和其他特性。招标人可以与投标人就其建议的内容进行协商和讨论，达成一个统一的技术规格后编制招标文件。

在第二阶段，招标人应当向第一阶段提交了技术建议的投标人提供包含统一技术规格的正式招标文件，投标人根据正式招标文件的要求提交包括价格在内的最后投标文件。

第三章 投 标

第三十二条 投标人是响应招标、参加投标竞争的法人或者其他组织。

法定代表人为同一个人的两个及两个以上法人，母公司、全资子公司及其控股公司，都不得在同一货物招标中同时投标。

一个制造商对同一品牌同一型号的货物，仅能委托一个代理商参加投标，否则应作废标处理。

第三十三条 投标人应当按照招标文件的要求编制投标文件。投标文件应当对招标文件提出的实质性要求和条件作出响应。

投标文件一般包括下列内容：

（一）投标函；

（二）投标一览表；

（三）技术性能参数的详细描述；

（四）商务和技术偏差表；

（五）投标保证金；

（六）有关资格证明文件；

（七）招标文件要求的其他内容。

投标人根据招标文件载明的货物实际情况，拟在中标后将供货合同中的非主要部分进行分包的，应当在投标文件中载明。

第三十四条 投标人应当在招标文件要求提交投标文件的截止时间前，将投标文件密封送达招标文件中规定的地点。招标人收到投标文件后，应当向投标人出具标明签收人和签收时间的凭证，在开标前任何单位和个人不得开启投标文件。

招标人不得接受以电报、电传、传真以及电子邮件方式提交的投标文件及投标文件的修改文件。

在招标文件要求提交投标文件的截止时间后送达的投标文件，为无效的投标文件，招标人应当拒收，并将其原封不动地退回投标人。

提交投标文件的投标人少于三个的，招标人应当依法重新招标。重新招标后投标人仍少于三个的，必须招标的工程建设项目，报有关行政监督部门备案后可以不再进行招标，或者对两家合格投标人进行开标和评标。

第三十五条 投标人在招标文件要求提交投标文件的截止时间前，可以补充、修改、替代或者撤回已提交的投标文件，并书面通知招标人。补充、修改的内容为投标文件的组成部分。

第三十六条 在提交投标文件截止时间后，投标人不得补充、修改、替代或者撤回其投标文件。投标人补充、修改、替代投标文件的，招标人不予接受；投标人撤回投标文件的，其投标保证金将被没收。

第三十七条 招标人应妥善保管好已接收的投标文件、修改或撤回通知、备选投标方案等投标资料，并严格保密。

第三十八条 两个以上法人或者其他组织可以组成一个联合体，以一个投标人的身份共同投标。

联合体各方签订共同投标协议后，不得再以自己名义单独投标，也不得组成或参加其他联合体在同一项目中投标；否则作废标处理。

第三十九条 联合体各方应当在招标人进行资格预审时，向招标人提出组成联合体的申请。没有提出联合体申请的，资格预审完成后，不得组成联合体投标。

招标人不得强制资格预审合格的投标人组成联合体。

第四章 开标、评标和定标

第四十条 开标应当在招标文件确定的提交投标文件截止时间的同一时间公开进行；开标地点应当为招标文件中确定的地点。

投标人或其授权代表有权出席开标会，也可以自主决定不参加开标会。

第四十一条 投标文件有下列情形之一的，招标人不予受理：

（一）逾期送达的或者未送达指定地点的；

（二）未按招标文件要求密封的。

投标文件有下列情形之一的，由评标委员会初审后按废标处理：

（一）无单位盖章并无法定代表人或法定代表人授权的代理人签字或盖章的；

（二）无法定代表人出具的授权委托书的；

（三）未按规定的格式填写，内容不全或关键字迹模糊、无法辨认的；

（四）投标人递交两份或多份内容不同的投标文件，或在一份投标文件中对同一招标货物报有两个或多个报价，且未声明哪一个为最终报价的，按招标文件规定提交备选投标方案的除外；

（五）投标人名称或组织结构与资格预审时不一致且未提供有效证明的；

（六）投标有效期不满足招标文件要求的；

（七）未按招标文件要求提交投标保证金的；

（八）联合体投标未附联合体各方共同投标协议的；

（九）招标文件明确规定可以废标的其他情形。

评标委员会对所有投标作废标处理的，或者评标委员会对一部分投标作废标处理后其他有效投标不足三个使得投标明显缺乏竞争，决定否决全部投标的，招标人应当重新招标。

第四十二条 评标委员会可以书面方式要求投标人对投标文件中含义不明确、对同类问题表述不一致或者有明显文字和计算错误的内容作必要的澄清、说明或补正。评标委员会不得向投标人提出带有暗示性或诱导性的问题，或向其明确投标文件中的遗漏和错误。

第四十三条 投标文件不响应招标文件的实质性要求和条件的，评标委员会应当作废标处理，并不允许投标人通过修正或撤销其不符合要求的差异或保留，使之成为具有响应性的投标。

第四十四条 技术简单或技术规格、性能、制作工艺要求统一的货物，一般采用经评审的最低投标价法进行评标。技术复杂或技术规格、性能、制作工艺要求难以统一的货物，一般采用综合评估法进行评标。

最低投标价不得低于成本。

第四十五条 符合招标文件要求且评标价最低或综合评分最高而被推荐为中标候选人的投标人，其所提交的备选投标方案方可予以考虑。

第四十六条 评标委员会完成评标后，应向招标人提出书面评标报告。评标报告由评标委员会全体成员签字。

第四十七条 评标委员会在书面评标报告中推荐的中标候选人应当限定在一至三人，并标明排列顺序。招标人应当接受评标委员会推荐的中标候选人，不得在评标委员会推荐的中标候选人之外确定中标人。

评标委员会提出书面评标报告后，招标人一般应当在十五日内确定中标人，但最迟应当在投标有效期结束日三十个工作日前确定。

第四十八条 使用果有资金投资或者国家融资的项目，招标人应当确定排名第一的中标候选人为中标人。排名第一的中标候选人放弃中标、因不可抗力提出不能履行合同，或者招标文件规定应当提交履约保证金而在规定的期限内未能提交的，招标人可以确定排名第二的中标候选人为中标人。

排名第二的中标候选人因前款规定的同样原因不能签订合同的，招标人可以确定排名第三的中标候选人为中标人。

招标人可以授权评标委员会直接确定中标人。

国务院对中标人的确定另有规定的，从其规定。

第四十九条 招标人不得向中标人提出压低报价、增加配件或者售后服务量以及其他超出招标文件规定的违背中标人意愿的要求，以此作为发出中标通知书和签订合同的条件。

第五十条 中标通知书对招标人和中标人具有法律效力。中标通知书发出后，招标人改变中标结果的，或者中标人放弃中标项目的，应当依法承担法律责任。

中标通知书由招标人发出，也可以委托其招标代理机构发出。

第五十一条 招标人和中标人应当自中标通知书发出之日起三十日内，按照招标文件和中标人的投标文件订立书面合同。招标人和中标人不得再行订立背离合同实质性内容的其他协议。

招标文件要求中标人提交履约保证金或者其他形式履约担保的，中标人应当提交；拒绝提交的，视为放弃中标项目。招标人要求中标人提供履约保证金或其他形式履约担保的，招标人应当同时向中标人提供货物款支付担保。

履约保证金金额一般为中标合同价的10％以内，招标人不得擅自提高履约保证金。

第五十二条 招标人与中标人签订合同后五个工作日内，应当向中标人和未中标的投标人一次性退还投标保证金。

第五十三条 必须审批的工程建设项目，货物合同价格应当控制在批准的概算投资范围内；确需超出范围的，应当在中标合同签订前，报原项目审批部门审查同意。项目审批部门应当根据招标的实际情况，及时作出批准或者不予批准的决定；项目审批部门不予批准的，招标人应当自行平衡超出的概算。

第五十四条 依法必须进行货物招标的项目，招标人应当自确定中标人之日起十五日内，向有关行政监督部门提交招标投标情况的书面报告。

前款所称书面报告至少应包括下列内容：

（一）招标货物基本情况；

（二）招标方式和发布招标公告或者资格预审公告的媒介；

（三）招标文件中投标人须知、技术条款、评标标准和方法、合同主要条款等内容；

（四）评标委员会的组成和评标报告；

（五）中标结果。

第五章 罚 则

第五十五条 招标人或者招标代理机构有下列情形之一的，有关行政监督部门责令其限期改正，根据情节可处三万元以下的罚款：

（一）未在规定的媒介发布招标公告的；

（二）不符合规定条件或虽符合条件而未经批准，擅自进行邀请招标或不招标的；

（三）依法必须招标的货物，自招标文件开始发出之日起至提交投标文件截止之日止，少于二十日的；

（四）应当公开招标而不公开招标的；

（五）不具备招标条件而进行招标的；

（六）应当履行核准手续而未履行的；

（七）未按审批部门核准内容进行招标的；

（八）在提交投标文件截止时间后接收投标文件的；

（九）投标人数量不符合法定要求不重新招标的；

（十）非因不可抗力原因，在发布招标公告、发出投标邀请书或者发售资格预审文件或招标文件后终止招标的。

具有前款情形之一，且情节严重的，应当依法重新招标。

第五十六条　招标人以不合理的条件限制或者排斥资格预审合格的潜在投标人参加投标，对潜在投标人实行歧视待遇的，强制要求投标人组成联合体共同投标的，或者限制投标人之间竞争的，责令改正，可以处一万元以上五万元以下的罚款。

第五十七条　评标过程有下列情况之一，且影响评标结果的，有关行政监督部门可处三万元以下的罚款：

（一）使用招标文件没有确定的评标标准和方法的；

（二）评标标准和方法含有倾向或者排斥投标人的内容，妨碍或者限制投标人之间公平竞争；

（三）应当回避担任评标委员会成员的人参与评标的；

（四）评标委员会的组建及人员组成不符合法定要求的；

（五）评标委员会及其成员在评标过程中有违法违规、显失公正行为的。

具有前款情形之一的，应当依法重新进行评标或者重新进行招标。

第五十八条　招标人不按规定期限确定中标人的，或者中标通知书发出后，改变中标结果的，无正当理由不与中标人签订合同的，或者在签订合同时向中标人提出附加条件或者更改合同实质性内容的，有关行政监督部门给予警告，责令改正，根据情节可处三万元以下的罚款；造成中标人损失的，并应当赔偿损失。

中标通知书发出后，中标人放弃中标项目的，无正当理由不与招标人签订合同的，在签订合同时向招标人提出附加条件或者更改合同实质性内容的，或者拒不提交所要求的履约保证金的，招标人可取消其中标资格，并没收其投标保证金；给招标人的损失超过投标保证金数额的，中标人应当对超过部分予以赔偿；没有提交投标保证金的，应当对招标人的损失承担赔偿责任。

第五十九条　招标人不履行与中标人订立的合同的，应当双倍返还中标人的履约保证金；给中标人造成的损失超过返还的履约保证金的，还应当对超过部分予以赔偿；没有提交履约保证金的，应当对中标人的损失承担赔偿责任。

因不可抗力不能履行合同的，不适用前款规定。

第六十条　中标无效的，发出的中标通知书和签订的合同自始没有法律约束力，但不影响合同中独立存在的有关解决争议方法的条款的效力。

第六章　附　　则

第六十一条　不属于工程建设项目，但属于固定资产投资的货物招标投标活动，参照本办法执行。

第六十二条　使用国际组织或者外国政府贷款、援助资金的项目进行招标，贷款方、资金提供方对货物招标投标活动的条件和程序有不同规定的，可以适用其规定，但违背中华人民共和国社会公共利益的除外。

第六十三条　本办法由国家发展和改革委员会会同有关部门负责解释。

第六十四条　本办法自 2005 年 3 月 1 日起施行。

11.2.7　《标准施工招标资格预审文件》和《标准施工招标文件》试行规定

中华人民共和国国家发展和改革委员会
中华人民共和国财政部
中华人民共和国建设部
中华人民共和国铁道部
中华人民共和国交通部
中华人民共和国信息产业部
中华人民共和国水利部
中国民用航空总局
中华人民共和国广播电影电视总局

（第 56 号）

为了规范施工招标资格预审文件、招标文件编制活动，促进招标投标活动的公开、公平和公正，国家发展和改革委员会、财政部、建设部、铁道部、交通部、信息产业部、水利部、民用航空总局、广播电影电视总局联合制定了《〈标准施工招标资格预审文件〉和〈标准施工招标文件〉试行规定》及相关附件，现予发布，自 2008 年 5 月 1 日起施行。

二〇〇七年十一月一日

《标准施工招标资格预审文件》和《标准施工招标文件》试行规定

第一条　为了规范施工招标资格预审文件、招标文件编制活动，提高资格预审文件、招标文件编制质量，促进招标投标活动的公开、公平和公正，国家发展和改革委员会、财政部、建设部、铁道部、交通部、信息产业部、水利部、民用航空总局、广播电影电视总局联合编制了《标准施工招标资格预审文件》和《标准施工招标文件》（以下如无特别说明，统一简称为《标准文件》）。

第二条　本《标准文件》在政府投资项目中试行。国务院有关部门和地方人民政府有关部门可选择若干政府投资项目作为试点，由试点项目招标人按本规定使用《标准文件》。

第三条　国务院有关行业主管部门可根据《标准施工招标文件》并结合本行业施工招标特点和管理需要，编制行业标准施工招标文件。行业标准施工招标文件重点对"专用合同条款"、"工程量清单"、"图纸"、"技术标准和要求"作出具体规定。

第四条　试点项目招标人应根据《标准文件》和行业标准施工招标文件（如有），结合招标项目具体特点和实际需要，按照公开、公平、公正和诚实信用原则编写施工招标资格预审文件或施工招标文件。

第五条 行业标准施工招标文件和试点项目招标人编制的施工招标资格预审文件、施工招标文件，应不加修改地引用《标准施工招标资格预审文件》中的"申请人须知"（申请人须知前附表除外）、"资格审查办法"（资格审查办法前附表除外），以及《标准施工招标文件》中的"投标人须知"（投标人须知前附表和其他附表除外）、"评标办法"（评标办法前附表除外）、"通用合同条款"。

《标准文件》中的其他内容，供招标人参考。

第六条 行业标准施工招标文件中的"专用合同条款"可对《标准施工招标文件》中的"通用合同条款"进行补充、细化，除"通用合同条款"明确"专用合同条款"可作出不同约定外，补充和细化的内容不得与"通用合同条款"强制性规定相抵触，否则抵触内容无效。

第七条 "申请人须知前附表"和"投标人须知前附表"用于进一步明确"申请人须知"和"投标人须知"正文中的未尽事宜，试点项目招标人应结合招标项目具体特点和实际需要编制和填写，但不得与"申请人须知"和"投标人须知"正文内容相抵触，否则抵触内容无效。

第八条 "资格审查办法前附表"和"评标办法前附表"用于明确资格审查和评标的办法、因素、标准和程序。试点项目招标人应根据招标项目具体特点和实际需要，详细列明全部审查或评审因素、标准，没有列明的因素和标准不得作为资格审查或评标的依据。

第九条 试点项目招标人编制招标文件中的"专用合同条款"可根据招标项目的具体特点和实际需要，对《标准施工招标文件》中的"通用合同条款"进行补充、细化和修改，但不得违反法律、行政法规的强制性规定和平等、自愿、公平和诚实信用原则。

第十条 试点项目招标人编制的资格预审文件和招标文件不得违反公开、公平、公正、平等、自愿和诚实信用原则。

第十一条 国务院有关部门和地方人民政府有关部门应加强对试点项目招标人使用《标准文件》的指导和监督检查，及时总结经验和发现问题。

第十二条 在试行过程中需要就如何适用《标准文件》中不加修改地引用的内容作出解释的，按照国务院和地方人民政府部门职责分工，分别由选择试点的部门负责。

第十三条 因出现新情况，需要对《标准文件》中不加修改地引用的内容作出解释或调整的，由国家发展和改革委员会会同国务院有关部门作出解释或调整。该解释和调整与《标准文件》具有同等效力。

第十四条 省级以上人民政府有关部门可以根据本规定并结合实际，对试点项目范围、试点项目招标人使用《标准文件》及行业标准施工招标文件作进一步要求。

第十五条 《标准文件》作为本规定的附件，与本规定同时发布。本规定与《标准文件》自 2008 年 5 月 1 日起试行。

11.2.8　住房和城乡建设部关于发布国家标准《建设工程工程量清单计价规范》的公告

中华人民共和国住房和城乡建设部公告

（第 63 号）

住房和城乡建设部关于发布国家标准《建设工程工程量清单计价规范》的公告

现批准《建设工程工程量清单计价规范》为国家标准，编号为 GB 50500—2008，自 2008 年 12 月 1 日起实施。其中，第 1.0.3、3.1.2、3.2.1、3.2.2、3.2.3、3.2.4、3.2.5、3.2.6、3.2.7、4.1.2、4.1.3、4.1.5、4.1.8、4.3.2、4.8.1 条为强制性条文，必须严格执行。原《建设工程工程量清单计价规范》GB 50500—2003 同时废止。

本规范由我部标准定额研究所组织中国计划出版社出版发行。

中华人民共和国住房和城乡建设部

二〇〇八年七月九日

11.2.9　国家计划委员会印发《关于控制建设工程造价的若干规定》的通知

国家计划委员会印发《关于控制建设工程造价的若干规定》的通知

（计标 ［1988］ 30 号）

各省、自治区、直辖市、计划单列省辖市计委、建委（建设厅），国务院各有关部门：

建设工程造价的合理确定和有效控制是工程建设管理的重要组成部分。控制工程造价的目的不仅仅在于控制项目投资不超过批准的造价限额，更积极的意义在于合理使用人力、物力、财力，以取得最大的投资效益。

为有效地控制工程造价，必须建立健全投资主管单位、建设、设计、施工等各有关单位的全过程造价控制责任制。在工程建设的各个阶段认真贯彻艰苦奋斗、勤俭建国方针，充分发挥竞争机制的作用，调动各有关单位和人员的积极性，合理确定适合我国国情的建设方案和建设标准，努力降低工程造价，节约投资，不突破工程造价限额，力求少投入多产出。

现将《关于控制建设工程造价的若干规定》发给你们，请将执行中的情况和经验及时告诉我们。

一九八八年一月八日

关于控制建设工程造价的若干规定

为合理确定和有效地控制建设工程造价，建立健全各有关单位的造价控制责任制，实行对工程建设全过程的造价控制和管理，提高投资效益，特作如下规定：

一、建设项目设计任务书（或可行性研究报告，下同）投资估算应对总造价起控制作用

1. 建设项目设计任务书的投资估算是项目决策的重要依据之一，设计任务书一经批准，其投资估算应作为工程造价的最高限额，不得任意突破，设计任务书的编制单位必须严格按照规定的设计任务书编制的深度，在优化建设方案的基础上，认真地、准确地根据有关规定和估算指标合理确定，以保证投资估算的质量，使其真正起到控制建设项目总造价的作用。

2. 各主管部门应根据国家的统一规定，结合专业特点，对投资估算的准确度、设计任务书的深度和投资估算的编制办法作出具体明确的规定。

3. 报批的建设项目设计任务书的投资估算必须经有资信的咨询单位提出评估意见。大中型建设项目必须经中国国际工程咨询公司或其委托的单位提出评估意见。

4. 投资主管单位在审批设计任务书时要认真审查估算，既要防止漏项少算，又要防止高估多算。

二、必须加强工程设计阶段的造价控制

1. 工程设计阶段是控制工程造价的关键环节。设计单位和设计人员必须树立经济核算的观念，克服重技术轻经济、设计保守浪费、脱离国情的倾向。设计人员和工程经济人员应密切配合，严格按照设计任务书规定的投资估算做好多方案的技术经济比较，要在降低和控制工程造价上下功夫。工程经济人员在设计过程中应及时地对工程造价进行分析对比，反馈造价信息，能动地影响设计，以保证有效地控制造价。

2. 积极推行限额设计。既要按照批准的设计任务书及投资估算控制初步设计及概算；按照批准的初步设计及总概算控制施工图设计及预算；又要在保证工程功能要求的前提下，按各专业分配的造价限额进行设计，保证估算、概算起到层层控制的作用，不突破造价限额。

3. 设计单位必须保证设计文件的完整性。设计概预算是设计文件不可分割的组成部分。初步设计、技术简单项目的设计方案均应有概算；技术设计应有修正概算；施工图设计应有预算。概、预算均应有主要材料表。凡没有设计预算、施工图没有钢材明细表的设计是不完整的设计。不完整的设计文件不得交付建设单位。

设计文件的完整性和概预算的质量应作为评选优秀设计、审定设计单位等级的重要标准之一。

三、投资主管单位、建设单位必须对造价控制负责

1. 投资主管单位应通过项目招标投资，择优选定建设单位（工程总承包单位），签订承包合同。签约双方应严格履行合同，管好用好投资，以保证不突破工程总造价限额。

2. 建设单位（工程总承包单位）应对建设全过程造价控制负责。应认真组织设计方案招标，施工招标和设备采购招标，通过签订承包合同价把设计概预算落到实处，做到投

资估算、设计概算、设计预算和承包合同价之间相互衔接，避免脱节。

工程造价管理力量薄弱的建设单位应委托或聘请有关咨询单位或有经验的工程经济人员，协助做好工程造价控制及管理工作。对重点项目，有条件的可试行总经济师制。

3. 各地区、各部门可积极创造条件，经过批准成立各种形式的工程造价咨询机构，接受建设单位、投资主管单位等的委托或聘请，从事工程造价的咨询业务。受委托的咨询机构和工程经济人员必须立场公正，协助有关单位做好工程造价的控制和管理工作。

4. 要严格控制施工过程的设计变更，健全设计变更审批制度。设计如有变更必须进行工程量及造价增减分析，并经原设计单位同意；如突破总概算必须经设计审批单位审查同意，以切实防止通过变更设计任意增加设计内容、提高设计标准，从而提高工程造价。

四、施工企业应按照与招标单位签订的承包合同价，结合本企业情况建立多层次、多形式的内部经营承包责任制，改进经营管理，搞好经济核算，降低工程造价，落实承包合同价，保证按合同规定的工期、质量完成施工任务。

五、工程造价的确定必须考虑影响造价的动态因素

1. 投资估算、设计概预算的编制，应按当时当地的设备、材料预算价值计算。

在投资估算、设计概算的预备费中应合理预测设备、材料价格的浮动因素，以及其他影响工程造价的动态因素。价差预备费并应在总预备费中单独列出。

应研究确定工程项目设备材料价格指数，可按不同类型的设备和材料价格指数，结合工程特点、建设期限等综合计算。

2. 在施工过程中，由于设备、材料价格变动、设计修改等因素影响工程造价增加的费用，在签订承包合同时，应区别工程特点、工期长短，合理确定包干系数，进行包干。

六、改进工程造价的有关基础工作

1. 国务院各有关部和省、自治区、直辖市主管部门应抓紧估算指标的编制工作，为编制建设项目建议书、设计任务书投资估算提供可靠依据。

2. 为适应招标承包制和简化设计预算的编制工作，预算定额应综合扩大。对现行的地区统一建筑工程预算定额，要在全国统一项目划分、统一工程量计划规划、统一编码等必要的统一性规定的基础上进行全面修订。

3. 为充分发挥市场机制、竞争机制的作用，促使施工企业提高经营管理水平，对于实行招标承包制的工程，将原施工管理费和远地施工增加费、计划利润等费率改为竞争性费率。

4. 适应价格浮动、必须相应改进设备材料预算价格的编制和管理。各地区除编制必要的地区或建设项目材料预算价格外，应编制材料的供应价及运杂费计算标准，以便及时、合理调整材料预算价格。

各主管部门应根据设备价格的不同情况，适当归类，制订各种设备运杂费计算标准。

各部、各地基本建设综合管理部门应会同有关单位建立设备材料价格信息系统，及时提供设备材料价格信息，定期发布材料价格和工程造价指数，以指导工程造价的预测和调整。

七、必须建立工程造价资料积累制度

工程竣工验收后，建设单位应在规定时间内提出工程竣工决算、承包合同价、结算价以及相应的主要材料、设备用量及单价，报主管部门并抄送工程所在省、自治区、直辖市

的基本建设综合管理部门及该建设项目的总体设计单位，大中型建设项目并抄送国家计委。

国务院各有关部和各省、自治区、直辖市的基本建设综合管理部门以及设计单位，应指定专人负责收集、整理、分析各类有代表性的、有重复使用价值的已完工程投资包干协议价、承包合同价等各种造价资料，建立工程造价资料数据库，为有关部门和单位提供工程造价信息资料。

八、认真贯彻国务院及其授权部门发布的在基本建设方面制止摊派和乱收费等有关规定，坚决取缔对基本建设项目的"苛捐杂税"。凡必须列入工程造价的费用项目、内容均应按国家法律、行政法规或国务院及国家计委、财政部正式文件下达的有关规定执行，如有违反，建设单位有权抵制，建设银行有权拒付，必要时可向当地人民法院起诉。

九、加强对工程造价的管理和监督

工程造价管理应由各省、自治区、直辖市基本建设综合管理部门和国务院有关主管部门按本规定的要求，组织协调各有关单位对工程造价进行管理和监督。其主要任务是，在总结经验的基础上，制订发布有关工程造价管理办法；组织规划、制订发布有关确定工程造价的定价、价格等必要的依据并提供信息；研究处理有关工程造价问题；协同建设银行等有关监督部门对于向基建乱取费及不合理的承包合同价和结算价进行监督。对于各部门、各地区的定额管理机构，应当充实干部队伍，提高人员素质，尽快承担起上述各项具体任务。

十、国务院各有关部、各省、自治区、直辖市基本建设综合管理部门可根据本规定制定实施细则或具体办法，并报国家计委备案。

11.2.10　建设部、财政部关于印发《建筑安装工程费用项目组成》的通知

建设部、财政部
关于印发《建筑安装工程费用项目组成》的通知

（建标〔2003〕206号）

各省、自治区建设厅、财政厅，直辖市建委、财政局，国务院有关部门：

为了适应工程计价改革工作的需要，按照国家有关法律、法规，并参照国际惯例，在总结建设部、中国人民建设银行《关于调整建筑安装工程费用项目组成的若干规定》（建标〔1993〕894号）执行情况的基础上，我们制定了《建筑安装工程费用项目组成》（以下简称《费用项目组成》），现印发给你们。为了便于各地区、各部门做好《费用项目组成》发布后的贯彻实施工作，现将《费用项目组成》主要调整内容和贯彻实施有关事项通知如下：

一、《费用项目组成》调整的主要内容：

（一）建筑安装工程费由直接费、间接费、利润和税金组成。

（二）为适应建筑安装工程招标投标竞争定价的需要，将原其他直接费和临时设施费以及原直接费中属工程非实体消耗费用合并为措施费。措施费可根据专业和地区的情况自

行补充。

（三）将原其他直接费项下对建筑材料、构件和建筑安装物进行一般鉴定、检查所发生的检验试验费列入材料费。

（四）将原现场管理费、企业管理费、财务费和其他费用合并为间接费。根据国家建立社会保障体系的有关要求，在规费中列出社会保障相关费用。

（五）原计划利润改为利润。

二、为了指导各部门、各地区依据《费用项目组成》开展费用标准测算等工作，我们统一了《建筑安装工程费用参考计算方法》和《建筑安装工程计价程序》（详见附件一、附件二）。

三、《费用项目组成》自 2004 年 1 月 1 日起施行。原建设部、中国人民建设银行《关于调整建筑安装工程费用项目组成的若干规定》（建标 [1993] 894 号）同时废止。

《费用项目组成》在施行中的有关问题和意见，请及时反馈给建设部标准定额司和财政部经济建设司。

附件一：建筑安装工程费用参考计算方法

附件二：建筑安装工程计价程序

二〇〇三年十月十五日

建筑安装工程费用项目组成

建筑安装工程费由直接费、间接费、利润和税金组成（见附表）。

一、直接费

由直接工程费和措施费组成。

（一）直接工程费：是指施工过程中耗费的构成工程实体的各项费用，包括人工费、材料费、施工机械使用费。

1. 人工费：是指直接从事建筑安装工程施工的生产工人开支的各项费用，内容包括：

（1）基本工资：是指发放给生产工人的基本工资。

（2）工资性补贴：是指按规定标准发放的物价补贴，煤、燃气补贴，交通补贴，住房补贴，流动施工津贴等。

（3）生产工人辅助工资：是指生产工人年有效施工天数以外非作业天数的工资，包括职工学习、培训期间的工资，调动工作、探亲、休假期间的工资，因气候影响的停工工资，女工哺乳时间的工资，病假在六个月以内的工资及产、婚、丧假期的工资。

（4）职工福利费：是指按规定标准计提的职工福利费。

（5）生产工人劳动保护费：是指按规定标准发放的劳动保护用品的购置费及修理费，徒工服装补贴，防暑降温费，在有碍身体健康环境中施工的保健费用等。

2. 材料费：是指施工过程中耗费的构成工程实体的原材料、辅助材料、构配件、零件、半成品的费用。内容包括：

（1）材料原价（或供应价格）。

（2）材料运杂费：是指材料自来源地运至工地仓库或指定堆放地点所发生的全部费用。

（3）运输损耗费：是指材料在运输装卸过程中不可避免的损耗。

（4）采购及保管费：是指为组织采购、供应和保管材料过程中所需要的各项费用。

包括：采购费、仓储费、工地保管费、仓储损耗。

（5）检验试验费：是指对建筑材料、构件和建筑安装物进行一般鉴定、检查所发生的费用，包括自设试验室进行试验所耗用的材料和化学药品等费用。不包括新结构、新材料的试验费和建设单位对具有出厂合格证明的材料进行检验，对构件做破坏性试验及其他特殊要求检验试验的费用。

3. 施工机械使用费：是指施工机械作业所发生的机械使用费以及机械安拆费和场外运费。

施工机械台班单价应由下列七项费用组成：

（1）折旧费：指施工机械在规定的使用年限内，陆续收回其原值及购置资金的时间价值。

（2）大修理费：指施工机械按规定的大修理间隔台班进行必要的大修理，以恢复其正常功能所需的费用。

（3）经常修理费：指施工机械除大修理以外的各级保养和临时故障排除所需的费用。包括为保障机械正常运转所需替换设备与随机配备工具附具的摊销和维护费用，机械运转中日常保养所需润滑与擦拭的材料费用及机械停滞期间的维护和保养费用等。

（4）安拆费及场外运费：安拆费指施工机械在现场进行安装与拆卸所需的人工、材料、机械和试运转费用以及机械辅助设施的折旧、搭设、拆除等费用；场外运费指施工机械整体或分体自停放地点运至施工现场或由一施工地点运至另一施工地点的运输、装卸、辅助材料及架线等费用。

（5）人工费：指机上司机（司炉）和其他操作人员的工作日人工费及上述人员在施工机械规定的年工作台班以外的人工费。

（6）燃料动力费：指施工机械在运转作业中所消耗的固体燃料（煤、木柴）、液体燃料（汽油、柴油）及水、电等。

（7）养路费及车船使用税：指施工机械按照国家规定和有关部门规定应缴纳的养路费、车船使用税、保险费及年检费等。

（二）措施费：是指为完成工程项目施工，发生于该工程施工前和施工过程中非工程实体项目的费用。

包括内容：

1. 环境保护费：是指施工现场为达到环保部门要求所需要的各项费用。

2. 文明施工费：是指施工现场文明施工所需要的各项费用。

3. 安全施工费：是指施工现场安全施工所需要的各项费用。

4. 临时设施费：是指施工企业为进行建筑工程施工所必须搭设的生活和生产用的临时建筑物、构筑物和其他临时设施费用等。

临时设施包括：临时宿舍、文化福利及公用事业房屋与构筑物，仓库、办公室、加工厂以及规定范围内道路、水、电、管线等临时设施和小型临时设施。

临时设施费用包括：临时设施的搭设、维修、拆除费或摊销费。

5. 夜间施工费：是指因夜间施工所发生的夜班补助费、夜间施工降效、夜间施工照明设备摊销及照明用电等费用。

6. 二次搬运费：是指因施工场地狭小等特殊情况而发生的二次搬运费用。

7. 大型机械设备进出场及安拆费：是指机械整体或分体自停放场地运至施工现场或由一个施工地点运至另一个施工地点，所发生的机械进出场运输及转移费用及机械在施工现场进行安装、拆卸所需的人工费、材料费、机械费、试运转费和安装所需的辅助设施的费用。

8. 混凝土、钢筋混凝土模板及支架费：是指混凝土施工过程中需要的各种钢模板、木模板、支架等的支、拆、运输费用及模板、支架的摊销（或租赁）费用。

9. 脚手架费：是指施工需要的各种脚手架搭、拆、运输费用及脚手架的摊销（或租赁）费用。

10. 已完工程及设备保护费：是指竣工验收前，对已完工程及设备进行保护所需费用。

11. 施工排水、降水费：是指为确保工程在正常条件下施工，采取各种排水、降水措施所发生的各种费用。

二、间接费

由规费、企业管理费组成。

（一）规费：是指政府和有关权力部门规定必须缴纳的费用（简称规费）。包括：

1. 工程排污费：是指施工现场按规定缴纳的工程排污费。

2. 工程定额测定费：是指按规定支付工程造价（定额）管理部门的定额测定费。

3. 社会保障费

（1）养老保险费：是指企业按规定标准为职工缴纳的基本养老保险费。

（2）失业保险费：是指企业按照国家规定标准为职工缴纳的失业保险费。

（3）医疗保险费：是指企业按照规定标准为职工缴纳的基本医疗保险费。

4. 住房公积金：是指企业按规定标准为职工缴纳的住房公积金。

5. 危险作业意外伤害保险：是指按照建筑法规定，企业为从事危险作业的建筑安装施工人员支付的意外伤害保险费。

（二）企业管理费：是指建筑安装企业组织施工生产和经营管理所需费用。

内容包括：

1. 管理人员工资：是指管理人员的基本工资、工资性补贴、职工福利费、劳动保护费等。

2. 办公费：是指企业管理办公用的文具、纸张、账表、印刷、邮电、书报、会议、水电、烧水和集体取暖（包括现场临时宿舍取暖）用煤等费用。

3. 差旅交通费：是指职工因公出差、调动工作的差旅费、住勤补助费，市内交通费和误餐补助费，职工探亲路费，劳动力招募费，职工离退休、退职一次性路费，工伤人员就医路费，工地转移费以及管理部门使用的交通工具的油料、燃料、养路费及牌照费。

4. 固定资产使用费：是指管理和试验部门及附属生产单位使用的属于固定资产的房屋、设备仪器等的折旧、大修、维修或租赁费。

5. 工具用具使用费：是指管理使用的不属于固定资产的生产工具、器具、家具、交通工具和检验、试验、测绘、消防用具等的购置、维修和摊销费。

6. 劳动保险费：是指由企业支付离退休职工的易地安家补助费、职工退职金、六个月以上的病假人员工资、职工死亡丧葬补助费、抚恤费、按规定支付给离休干部的各项经费。

7. 工会经费：是指企业按职工工资总额计提的工会经费。

8. 职工教育经费：是指企业为职工学习先进技术和提高文化水平，按职工工资总额计提的费用。

9. 财产保险费：是指施工管理用财产、车辆保险。

10. 财务费：是指企业为筹集资金而发生的各种费用。

11. 税金：是指企业按规定缴纳的房产税、车船使用税、土地使用税、印花税等。

12. 其他：包括技术转让费、技术开发费、业务招待费、绿化费、广告费、公证费、法律顾问费、审计费、咨询费等。

三、利润

是指施工企业完成所承包工程获得的盈利。

四、税金

是指国家税法规定的应计入建筑安装工程造价内的营业税、城市维护建设税及教育费附加等。

附表：建筑安装工程费用项目组成表

附件一：建筑安装工程费用参考计算方法

各组成部分参考计算公式如下：

一、直接费

（一）直接工程费

$$直接工程费 = 人工费 + 材料费 + 施工机械使用费$$

1. 人工费

$$人工费 = \Sigma(工日消耗量 \times 日工资单价)$$

$$日工资单价(G) = \Sigma_1^5 G_i$$

（1）基本工资

$$基本工资(G_1) = \frac{生产工人平均月工资}{年平均每月法定工作日}$$

（2）工资性补贴

$$工资性补贴(G_2) = \frac{\Sigma 年发放标准}{全年日历日 - 法定假日} + \frac{\Sigma 月发放标准}{年平均每月法定工作日} + 每工作日发放标准$$

（3）生产工人辅助工资

$$生产工人辅助工资(G_3) = \frac{全年无效工作日 \times (G_1 + G_2)}{全年日历日 - 法定假日}$$

（4）职工福利费

$$职工福利费(G_4) = (G_1 + G_2 + G_3) \times 福利费计提比例(\%)$$

（5）生产工人劳动保护费

$$生产工人劳动保护费(G_5) = \frac{生产工人年平均支出劳动保护费}{全年日历日 - 法定假日}$$

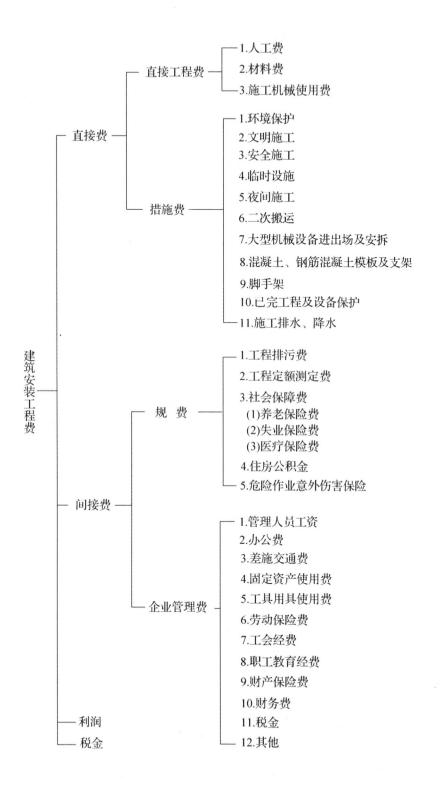

2. 材料费

$$材料费 = \Sigma(材料消耗量 \times 材料基价) + 检验试验费$$

（1）材料基价

$$材料基价 = [(供应价格 + 运杂费) \times (1 + 运输损耗率(\%))] \times (1 + 采购保管管率(\%))$$

（2）检验试验费

$$检验试验费 = \Sigma(单位材料量检验试验费 \times 材料消耗量)$$

3. 施工机械使用费

$$施工机械使用费 = \Sigma(施工机械台班消耗量 \times 机械台班单价)$$

$$机械台班单价 = 台班折旧费 + 台班大修费 + 台班经常修理费 + 台班安拆费及场外运费$$
$$+ 台班人工费 + 台班燃料动力费 + 台班养路费及车船使用税$$

（二）措施费

本规则中只列通用措施费项目的计算方法，各专业工程的专用措施费项目的计算方法由各地区或国务院有关专业主管部门的工程造价管理机构自行制定。

1. 环境保护

$$环境保护费 = 直接工程费 \times 环境保护费费率（\%）$$

$$环境保护费费率(\%) = \frac{本项费用年度平均支出}{全年建安产值 \times 直接工程费占总造价比例(\%)}$$

2. 文明施工

$$文明施工费 = 直接工程费 \times 文明施工费费率（\%）$$

$$文明施工费费率(\%) = \frac{本项费用年度平均支出}{全年建安产值 \times 直接工程费占总造价比例(\%)}$$

3. 安全施工

$$安全施工费 = 直接工程费 \times 安全施工费费率（\%）$$

$$安全施工费费率(\%) = \frac{本项费用年度平均支出}{全年建安产值 \times 直接工程费占总造价比例(\%)}$$

4. 临时设施费

临时设施费有以下三部分组成：

（1）周转使用临建（如，活动房屋）

（2）一次性使用临建（如，简易建筑）

（3）其他临时设施（如，临时管线）

$$临时设施费 = （周转使用临建费 + 一次性使用临建费）$$
$$\times [1 + 其他临时设施所占比例(\%)]$$

其中：

①周转使用临建费

$$周转使用临建费 = \Sigma \left[\frac{临建面积 \times 每平方米造价}{使用年限 \times 365 \times 利用率(\%)} \times 工期（天） \right] + 一次性拆除费$$

②一次性使用临建费

$$一次性使用临建费 = \Sigma 临建面积 \times 每平方米造价 \times [1 - 残值率(\%)] + 一次性拆除费$$

③其他临时设施在临时设施费中所占比例，可由各地区造价管理部门依据典型施工企业的成本资料经分析后综合测定。

5. 夜间施工增加费

$$夜间施工增加费 = \left(1 - \frac{合同工期}{定额工期}\right) \times \frac{直接工程费中的人工费合计}{平均日工资单价} \times 每工日夜间施工费开支$$

6. 二次搬运费

$$二次搬运费 = 直接工程费 \times 二次搬运费费率(\%)$$

$$二次搬运费费率(\%) = \frac{年平均二次搬运费开支额}{全年建安产值 \times 直接工程费占总造价的比例(\%)}$$

7. 大型机械进出场及安拆费

$$大型机械进出场及安拆费 = \frac{一次进出场及安拆费 \times 年平均安拆次数}{年工作台班}$$

8. 混凝土、钢筋混凝土模板及支架

(1) 模板及支架费＝模板摊销量×模板价格＋支、拆、运输费

摊销量 ＝ 一次使用量×(1＋施工损耗)×[1＋(周转次数－1)×补损率/周转次数 －(1－补损率)50%/周转次数]

(2) 租赁费＝模板使用量×使用日期×租赁价格＋支、拆、运输费

9. 脚手架搭拆费

(1) 脚手架搭拆费＝脚手架摊销量×脚手架价格＋搭、拆、运输费

$$脚手架摊销量 ＝ \frac{单位一次使用量 \times (1－残值率)}{耐用期 \div 一次使用期}$$

(2) 租赁费＝脚手架每日租金×搭设周期＋搭、拆、运输费

10. 已完工程及设备保护费

已完工程及设备保护费＝成品保护所需机械费＋ 材料费＋人工费

11. 施工排水、降水费

排水降水费＝Σ排水降水机械台班费×排水降水周期＋排水降水使用材料费、人工费

二、间接费

间接费的计算方法按取费基数的不同分为以下三种：

(一) 以直接费为计算基础

$$间接费 = 直接费合计 \times 间接费费率(\%)$$

(二) 以人工费和机械费合计为计算基础

$$间接费 = 人工费和机械费合计 \times 间接费费率(\%)$$

$$间接费费率(\%) = 规费费率(\%) ＋ 企业管理费费率(\%)$$

(三) 以人工费为计算基础

$$间接费 = 人工费合计 \times 间接费费率(\%)$$

1. 规费费率

根据本地区典型工程发承包价的分析资料综合取定规费计算中所需数据：

(1) 每万元发承包价中人工费含量和机械费含量。

(2) 人工费占直接费的比例。

(3) 每万元发承包价中所含规费缴纳标准的各项基数。

规费费率的计算公式

Ⅰ 以直接费为计算基础

$$规费费率(\%) = \frac{\Sigma 规费缴纳标准 \times 每万元发承包价计算基数}{每万元发承包价中的人工费含量}$$
$$\times 人工费占直接费的比例(\%)$$

Ⅱ   以人工费和机械费合计为计算基础

$$规费费率(\%) = \frac{\Sigma 规费缴纳标准 \times 每万元发承包价计算基数}{每万元发承包价中的人工费含量和机械费含量} \times 100\%$$

Ⅲ   以人工费为计算基础

$$规费费率(\%) = \frac{\Sigma 规费缴纳标准 \times 每万元发承包价计算基数}{每万元发承包价中的人工费含量} \times 100\%$$

2. 企业管理费费率

企业管理费费率计算公式

Ⅰ   以直接费为计算基础

$$企业管理费费率(\%) = \frac{生产工人年平均管理费}{年有效施工天数 \times 人工单价} \times 人工费占直接费比例(\%)$$

Ⅱ   以人工费和机械费合计为计算基础

$$企业管理费费率(\%) = \frac{生产工人年平均管理费}{年有效施工天数 \times (人工单价 + 每一工日机械使用费)} \times 100\%$$

Ⅲ   以人工费为计算基础

$$企业管理费费率(\%) = \frac{生产工人年平均管理费}{年有效施工天数 \times 人工单价} \times 100\%$$

三、利润

利润计算公式

见附件二建筑安装工程计价程序

四、税金

税金计算公式

$$税金 = (税前造价 + 利润) \times 税率(\%)$$

税率

（一）纳税地点在市区的企业

$$税率(\%) = \frac{1}{1 - 3\% - (3\% \times 7\%) - (3\% \times 3\%)} - 1$$

（二）纳税地点在县城、镇的企业

$$税率(\%) = \frac{1}{1 - 3\% - (3\% \times 5\%) - (3\% \times 3\%)} - 1$$

（三）纳税地点不在市区、县城、镇的企业

$$税率(\%) = \frac{1}{1 - 3\% - (3\% \times 1\%) - (3\% \times 3\%)} - 1$$

附件二：建筑安装工程计价程序

根据建设部第 107 号部令《建筑工程施工发包与承包计价管理办法》的规定，发包与承包价的计算方法分为工料单价法和综合单价法，程序为：

一、工料单价法计价程序

工料单价法是以分部分项工程量乘以单价后的合计为直接工程费，直接工程费以人工、材料、机械的消耗量及其相应价格确定。直接工程费汇总后另加间接费、利润、税金生成工程发承包价，其计算程序分为三种：

1. 以直接费为计算基础

序号	费用项目	计算方法	备注
1	直接工程费	按预算表	
2	措施费	按规定标准计算	
3	小计	(1)+(2)	
4	间接费	(3)×相应费率	
5	利润	((3)+(4))×相应利润率	
6	合计	(3)+(4)+(5)	
7	含税造价	(6)×(1+相应税率)	

2. 以人工费和机械费为计算基础

序号	费用项目	计算方法	备注
1	直接工程费	按预算表	
2	其中人工费和机械费	按预算表	
3	措施费	按规定标准计算	
4	其中人工费和机械费	按规定标准计算	
5	小计	(1)+(3)	
6	人工费和机械费小计	(2)+(4)	
7	间接费	(6)×相应费率	
8	利润	(6)×相应利润率	
9	合计	(5)+(7)+(8)	
10	含税造价	(9)×(1+相应税率)	

3. 以人工费为计算基础

序号	费用项目	计算方法	备注
1	直接工程费	按预算表	
2	直接工程费中人工费	按预算表	
3	措施费	按规定标准计算	
4	措施费中人工费	按规定标准计算	
5	小计	(1)+(3)	
6	人工费小计	(2)+(4)	
7	间接费	(6)×相应费率	
8	利润	(6)×相应利润率	
9	合计	(5)+(7)+(8)	
10	含税造价	(9)×(1+相应税率)	

二、综合单价法计价程序

综合单价法是分部分项工程单价为全费用单价，全费用单价经综合计算后生成，其内容包括直接工程费、间接费、利润和税金（措施费也可按此方法生成全费用价格）。

各分项工程量乘以综合单价的合价汇总后，生成工程发承包价。

由于各分部分项工程中的人工、材料、机械含量的比例不同，各分项工程可根据其材料费占人工费、材料费、机械费合计的比例（以字母"C"代表该项比值）在以下三种计算程序中选择一种计算其综合单价。

（一）当 $C > C_0$（C_0 为本地区原费用定额测算所选典型工程材料费占人工费、材料费、和机械费合计的比例）时，可采用以人工费、材料费、机械费合计为基数计算该分项的间接费和利润。

以直接费为计算基础

序号	费用项目	计算方法	备注
1	分项直接工程费	人工费+材料费+机械费	
2	间接费	(1)×相应费率	
3	利润	((1)+(2))×相应利润率	
4	合计	(1)+(2)+(3)	
5	含税造价	(4)×(1+相应税率)	

（二）当 $C < C_0$ 值的下限时，可采用以人工费和机械费合计为基数计算该分项的间接费和利润。

以人工费和机械费为计算基础

序号	费用项目	计算方法	备注
1	分项直接工程费	人工费+材料费+机械费	
2	其中人工费和机械费	人工费+机械费	
3	间接费	(2)×相应费率	
4	利润	(2)×相应利润率	
5	合计	(1) + (3) + (4)	
6	含税造价	(5) × (1+相应税率)	

（三）如该分项的直接费仅为人工费，无材料费和机械费时，可采用以人工费为基数计算该分项的间接费和利润。

以人工费为计算基础

序号	费用项目	计算方法	备注
1	分项直接工程费	人工费+材料费+机械费	
2	直接工程费中人工费	人工费	
3	间接费	(2)×相应费率	
4	利润	(2)×相应利润率	
5	合计	(1)+(3)+(4)	
6	含税造价	(5)×(1+相应税率)	

11.2.11 建设部关于印发《建筑工程安全防护、文明施工措施费用及使用管理规定》的通知

建设部
关于印发《建筑工程安全防护、文明施工措施费用及使用管理规定》的通知

（建办［2005］89号）

各省、自治区建设厅，直辖市建委，江苏省、山东省建管局，新疆生产建设兵团建设局：

现将《建筑工程安全防护、文明施工措施费用及使用管理规定》印发给你们，请结合本地区实际，认真贯彻执行。贯彻执行中的有关问题和情况及时反馈建设部。

二○○五年六月七日

建筑工程安全防护、文明施工措施费用及使用管理规定

第一条 为加强建筑工程安全生产、文明施工管理，保障施工从业人员的作业条件和生活环境，防止施工安全事故发生，根据《中华人民共和国安全生产法》、《中华人民共和国建筑法》、《建设工程安全生产管理条例》、《安全生产许可证条例》等法律法规，制定本规定。

第二条 本规定适用于各类新建、扩建、改建的房屋建筑工程（包括与其配套的线路管道和设备安装工程、装饰工程）、市政基础设施工程和拆除工程。

第三条 本规定所称安全防护、文明施工措施费用，是指按照国家现行的建筑施工安全、施工现场环境与卫生标准和有关规定，购置和更新施工安全防护用具及设施、改善安全生产条件和作业环境所需要的费用。安全防护、文明施工措施项目清单详见附表。

建设单位对建筑工程安全防护、文明施工措施有其他要求的，所发生费用一并计入安全防护、文明施工措施费。

第四条 建筑工程安全防护、文明施工措施费用是由《建筑安装工程费用项目组成》（建标［2003］206号）中措施费所含的文明施工费，环境保护费，临时设施费，安全施工费组成。

其中安全施工费由临边、洞口、交叉、高处作业安全防护费，危险性较大工程安全措施费及其他费用组成。危险性较大工程安全措施费及其他费用项目组成由各地建设行政主管部门结合本地区实际自行确定。

第五条 建设单位、设计单位在编制工程概（预）算时，应当依据工程所在地工程造价管理机构测定的相应费率，合理确定工程安全防护、文明施工措施费。

第六条 依法进行工程招投标的项目，招标方或具有资质的中介机构编制招标文件时，应当按照有关规定并结合工程实际单独列出安全防护、文明施工措施项目清单。

投标方应当根据现行标准规范，结合工程特点、工期进度和作业环境要求，在施工组

织设计文件中制定相应的安全防护、文明施工措施，并按照招标文件要求结合自身的施工技术水平、管理水平对工程安全防护、文明施工措施项目单独报价。投标方安全防护、文明施工措施的报价，不得低于依据工程所在地工程造价管理机构测定费率计算所需费用总额的 90%。

第七条　建设单位与施工单位应当在施工合同中明确安全防护、文明施工措施项目总费用，以及费用预付、支付计划，使用要求、调整方式等条款。

建设单位与施工单位在施工合同中对安全防护、文明施工措施费用预付、支付计划未作约定或约定不明的，合同工期在一年以内的，建设单位预付安全防护、文明施工措施项目费用不得低于该费用总额的 50%；合同工期在一年以上的（含一年），预付安全防护、文明施工措施费用不得低于该费用总额的 30%，其余费用应当按照施工进度支付。

实行工程总承包的，总承包单位依法将建筑工程分包给其他单位的，总承包单位与分包单位应当在分包合同中明确安全防护、文明施工措施费用由总承包单位统一管理。安全防护、文明施工措施由分包单位实施的，由分包单位提出专项安全防护措施及施工方案，经总承包单位批准后及时支付所需费用。

第八条　建设单位申请领取建筑工程施工许可证时，应当将施工合同中约定的安全防护、文明施工措施费用支付计划作为保证工程安全的具体措施提交建设行政主管部门。未提交的，建设行政主管部门不予核发施工许可证。

第九条　建设单位应当按照本规定及合同约定及时向施工单位支付安全防护、文明施工措施费，并督促施工企业落实安全防护、文明施工措施。

第十条　工程监理单位应当对施工单位落实安全防护、文明施工措施情况进行现场监理。对施工单位已经落实的安全防护、文明施工措施，总监理工程师或者造价工程师应当及时审查并签认所发生的费用。监理单位发现施工单位未落实施工组织设计及专项施工方案中安全防护和文明施工措施的，有权责令其立即整改；对施工单位拒不整改或未按期限要求完成整改的，工程监理单位应当及时向建设单位和建设行政主管部门报告，必要时责令其暂停施工。

第十一条　施工单位应当确保安全防护、文明施工措施费专款专用，在财务管理中单独列出安全防护、文明施工措施项目费用清单备查。施工单位安全生产管理机构和专职安全生产管理人员负责对建筑工程安全防护、文明施工措施的组织实施进行现场监督检查，并有权向建设主管部门反映情况。

工程总承包单位对建筑工程安全防护、文明施工措施费用的使用负总责。总承包单位应当按照本规定及合同约定及时向分包单位支付安全防护、文明施工措施费用。总承包单位不按本规定和合同约定支付费用，造成分包单位不能及时落实安全防护措施导致发生事故的，由总承包单位负主要责任。

第十二条　建设行政主管部门应当按照现行标准规范对施工现场安全防护、文明施工措施落实情况进行监督检查，并对建设单位支付及施工单位使用安全防护、文明施工措施费用情况进行监督。

第十三条　建设单位未按本规定支付安全防护、文明施工措施费用的，由县级以上建设行政主管部门依据《建设工程安全生产管理条例》第五十四条规定，责令限期整改；逾期未改正的，责令该建设工程停止施工。

第十四条　施工单位挪用安全防护、文明施工措施费用的，由县级以上建设主管部门依据《建设工程安全生产管理条例》第六十三条规定，责令限期整改，处挪用费用20％以上50％以下的罚款；造成损失的，依法承担赔偿责任。

第十五条　建设行政主管部门的工作人员有下列行为之一的，由其所在单位或者上级主管机关给予行政处分；构成犯罪的，依照刑法有关规定追究刑事责任：

（一）对没有提交安全防护、文明施工措施费用支付计划的工程颁发施工许可证的；

（二）发现违法行为不予查处的；

（三）不依法履行监督管理职责的其他行为。

第十六条　建筑工程以外的工程项目安全防护、文明施工措施费用及使用管理可以参照本规定执行。

第十七条　各地可依照本规定，结合本地区实际制定实施细则。

第十八条　本规定由国务院建设行政主管部门负责解释。

第十九条　本规定自2005年9月1日起施行。

附件：

建设工程安全防护、文明施工措施项目清单

类别	项目名称	具体要求
文明施工与环境保护	安全警示标志牌	在易发伤亡事故（或危险）处设置明显的、符合国家标准要求的安全警示标志牌
	现场围挡	（1）现场采用封闭围挡，高度不小于1.8m； （2）围挡材料可采用彩色、定型钢板，砖、混凝土砌块等墙体
	五板一图	在进门处悬挂工程概况、管理人员名单及监督电话、安全生产、文明施工、消防保卫五板；施工现场总平面图
	企业标志	现场出入的大门应设有本企业标识或企业标识
	场容场貌	（1）道路畅通； （2）排水沟、排水设施通畅； （3）工地地面硬化处理； （4）绿化
	材料堆放	（1）材料、构件、料具等堆放时，悬挂有名称、品种、规格等标牌； （2）水泥和其他易飞扬细颗粒建筑材料应密闭存放或采取覆盖等措施； （3）易燃、易爆和有毒有害品分类存放
	现场防火	消防器材配置合理，符合消防要求
	垃圾清运	施工现场应设置密闭式垃圾站，施工垃圾、生活垃圾应分类存放。施工垃圾必须采用相应容器或管道运输

续表

类别	项目名称		具体要求
临时设施		现场办公生活设施	(1) 施工现场办公、生活区与作业区分开设置，保持安全距离。 (2) 工地办公室、现场宿舍、食堂、厕所、饮水、休息场所符合卫生和安全要求
	施工现场临时用电	配电线路	(1) 按照 TN-S 系统要求配备五芯电缆、四芯电缆和三芯电缆； (2) 按要求架设临时用电线路的电杆、横担、瓷夹、瓷瓶等，或电缆埋地的地沟； (3) 对靠近施工现场的外电线路，设置木质、塑料等绝缘体的防护设施
		配电箱开关箱	(1) 按三级配电要求，配备总配电箱、分配电箱、开关箱三类标准电箱。开关箱应符合一机、一箱、一闸、一漏。三类电箱中的各类电器应是合格品； (2) 按两级保护的要求，选取符合容量要求和质量合格的总配电箱和开关箱中的漏电保护器
		接地保护装置	施工现场保护零线的重复接地应不少于三处
安全施工	临边洞口交叉高处作业防护	楼板、屋面、阳台等临边防护	用密目式安全立网全封闭，作业层另加两边防护栏杆和18cm高的踢脚板
		通道口防护	设防护棚，防护棚应为不小于5cm厚的木板或两道相距50cm的竹笆。两侧应沿栏杆架用密目式安全网封闭
		预留洞口防护	用木板全封闭；短边超过1.5m长的洞口，除封闭外四周还应设有防护栏杆
		电梯井口防护	设置定型化、工具化、标准化的防护门；在电梯井内每隔两层（不大于10m）设置一道安全平网
		楼梯边防护	设1.2m高的定型化、工具化、标准化的防护栏杆，18cm高的踢脚板
		垂直方向交叉作业防护	设置防护隔离棚或其他设施
		高空作业防护	有悬挂安全带的悬索或其他设施；有操作平台；有上下的梯子或其他形式的通道
其他（由各地自定）			

11.2.12 财政部关于印发《中央基本建设投资项目预算编制暂行办法》的通知

财政部
关于印发《中央基本建设投资项目预算编制暂行办法》的通知

(财建〔2002〕338号)

党中央有关部门，国务院各部委、各直属机构，全国人大常委会办公厅，全国政协办公厅，高检院，高法院，总参谋部，总政治部，总后勤部，武警总部，有关人民团体，有关中央企业集团，新疆生产建设兵团财务局，各省、自治区、直辖市财政厅（局）：

为了加强中央基本建设投资项目预算管理，将基本建设支出按经济性质划分具体用途并编制细化预算，逐步实行基本建设支出国库集中支付和政府采购，我部研究制定了《中央基本建设投资项目预算编制暂行办法》（试行），现予印发。我部将选择部分项目在编制2003年预算时试点，并请各部门、各地区参照试行。

附件：中央基本建设投资项目预算编制暂行办法（试行）

二〇〇二年九月一日

附件：

中央基本建设投资项目预算编制暂行办法
（试行）

第一章 总 则

第一条 为了加强中央基本建设投资项目预算管理，逐步实行基本建设支出国库集中支付和政府采购，依据《中华人民共和国预算法》、《中华人民共和国政府采购法》、《中华人民共和国预算法实施条例》、第九届全国人民代表大会常务委员会《关于加强中央预算审查监督的决定》、《财政部关于印发〈中央本级项目支出预算管理办法〉的通知》（财预〔2002〕356号）以及基本建设财务制度规定，制定本办法。

第二条 中央基本建设投资项目预算是指各部门或单位（以下统称"主管部门"）根据财政部下达的基本建设支出预算指标（控制数），将基本建设支出按经济性质划分具体用途编制的细化预算。中央基本建设投资项目预算是部门预算的重要组成部分，各主管部门在编制年度预算时应将中央基本建设投资项目预算一并编入部门预算。

第三条 财政部依据有关规定审核批复中央基本建设投资项目预算，办理基本建设项目拨款，确定实行政府采购项目，对基本建设项目实施情况进行监督、检查。

第四条 中央预算内基本建设资金（含国债专项建设资金）、纳入中央预算管理的专项建设基金、中央财政专项基建支出均应按本办法编制中央基本建设投资项目预算。

第二章　基本建设支出按经济性质分类及内涵

第五条　按照经济性质，将基本建设支出划分为项目前期费用、征地费、建筑工程费、安装工程费、设备等购置费、其他各种费用。

第六条　项目前期费用指项目建设单位在项目施工前发生的管理性支出，主要包括：

1. 可行性研究费。反映项目建设单位编制项目建议书和可行性研究报告阶段发生的各种合理支出。

2. 勘察设计费。指项目建设单位自行或委托勘察设计单位进行工程水文地质勘察、设计所发生的各项支出。

3. 其他费用。指建设项目筹建过程中发生的其他费用。

第七条　征地费指项目建设单位办理征地、拆迁安置等发生的支出。包括：

1. 土地征用费。反映项目建设单位为取得土地使用权而支付的出让金等支出。

2. 迁移补偿费。反映项目建设单位征用土地中支付的土地补偿费、附着物和青苗补偿费、安置补偿费、土地征收管理费等支出。

第八条　建筑工程费指构成建筑产品实体的土建工程、建筑物附属设施安装工程和装饰工程支出。包括：

1. 土建工程费用。反映各种房屋、各种构筑物的结构工程、设备基础工程、矿井工程、桥梁工程、隧道工程等发生的费用。

2. 建筑物附属设施安装工程费。反映建筑物附属的卫生、给排水、采暖、电气照明、通风及空调、消防、信息网络等安装工程发生的费用。

3. 装饰工程费用。反映各种房屋、各种构筑物二次装饰发生的费用。

第九条　安装工程费。反映各种机械设备、电气设备、热力设备、化学工业设备等专业设备安装发生的支出。

第十条　设备等购置费。指项目建设单位购置的各种直接使用并能够独立计价的资产发生的支出。

1. 设备购置费。反映项目建设单位采购各种工程设备的费用。

2. 房屋购置费。反映项目建设单位为购置在建设期间使用的办公用房屋或为使用单位提供各种现成房屋而发生的支出。

3. 无形资产、递延资产购置费。反映项目建设单位购置各种无形资产、递延资产所发生的支出。

4. 其他购置费。反映项目建设单位购置办公用家具、器具、基本畜禽、林木等支出。

第十一条　其他各种费用。指项目建设单位在建设期内发生的不能列入上述项目的其他各种支出。包括：

1. 项目建设单位管理费。指项目建设单位按规定在项目建设过程中为管理项目所发生的必要支出。包括：工资性支出、社会保障费支出、公用经费、房屋租赁费等。

2. 招标费。反映项目建设单位在招标过程中发生的标底编制和招标代理费等支出。

3. 监理费。指项目建设单位按照规定的标准或合同协议约定支付给工程监理单位的费用。

4. 其他费用。指项目建设单位在建设期内发生的其他费用。

第十二条 基本建设支出用于项目资本金或归还基本建设贷款的，在上述分类的基础上，增设"项目资本金"、"归还基本建设贷款"细类。

第十三条 基本建设支出内容因项目不同而差别很大，主管部门或项目建设单位在本办法分类的基础上，可结合项目具体情况再细分，保证直接支付到最终的用款单位（供应商），保证实行政府采购的项目都能体现出来。

第三章 中央基本建设投资项目预算的编报程序

第十四条 主管部门应按照财政部关于编报部门预算的统一部署和要求，编制、审查、报送本部门或本单位当年的基本建设投资项目预算。

第十五条 财政部根据编报部门预算的时间要求，与有关部门协商确定各部门当年基本建设投资项目的预算控制数，及时下达给主管部门。

第十六条 主管部门收到财政部下达的基本建设项目投资预算控制数后，应及时将预算控制数下达项目建设单位。

第十七条 项目建设单位应在主管部门下达的预算控制数内，以批准的项目概算和签订的施工、采购合同等为具体依据，编制《中央基本建设投资项目预算表》及说明，并按有关规定上报主管部门。

第十八条 编制基本建设投资项目预算时，对于出包工程的直接支出要按照中标价和签订的施工合同分项编制（自行施工的工程直接支出严格按照工程建设各种取费和定额标准分项编制）；对于其他各种购置要按照采购合同价分项编制；对于各种费用性支出要按照规定的收费标准以及财务制度允许列支的内容编制。

第十九条 对尚未进行招投标、未签订有关合同的新建项目，在预算控制数内，按经批准的项目概算的有关内容和当年项目进度需要，编制投资项目预算。项目进行施工、采购招投标并签订有关合同、协议后，跨年度项目可在编制下一年度预算时按照有关合同、协议的内容，并结合上年预算安排的情况，调整和编制投资项目细化预算；当年完工的项目预算不再调整，项目建设过程中按有关合同、协议执行，按有关财务会计制度进行管理和核算。

第二十条 主管部门负责本部门或单位的基本建设投资项目预算的汇总编报工作。要按照部门预算编制的要求，统一布置本部门基本建设投资项目预算的编制工作；对所属各项目建设单位上报的《基本建设投资项目预算表》及说明认真审查汇总后，编入部门预算并及时报送财政部。

第二十一条 财政部对主管部门报送的基本建设投资项目预算进行审核，并确定政府采购项目，在批复部门预算时一并批复基本建设投资项目预算。

第二十二条 主管部门应及时向财政部报送项目可行性研究报告、项目概算及批复文件等项目相关资料。如审查预算时需要，应按财政部的要求及时提供以下项目资料：

1. 项目征地拆迁等相关合同或协议；
2. 项目勘察、设计、监理等相关合同资料；
3. 工程招投标承包合同、设备、材料采购及房屋购置合同等资料；
4. 工程项目建设形象进度情况说明；
5. 财政部要求提供的其他资料。

第四章   中央基本建设投资项目预算的执行和调整

第二十三条   财政部根据审核批复的基本建设投资项目预算和项目用款计划，按照有关规定拨付项目基本建设资金。实行国库集中支付的项目资金按财政部有关规定执行。

第二十四条   年度预算执行中，建设项目如发生重大设计变更或其他不可预见因素，确需增加投资的，按原申报程序审批后，项目建设单位重新编制《基本建设投资项目预算表》及说明，由主管部门上报财政部，财政部审核批复调整预算。

第二十五条   年度预算执行中，财政部经审核调减项目当年投资预算的，财政部及时通知主管部门。主管部门应在 5 个工作日内将财政部通知的预算调减数下达给项目建设单位。项目建设单位根据预算调减数，在 10 个工作日内编制调整后的《基本建设投资项目预算表》及说明，由主管部门上报财政部，财政部于 10 个工作日内予以审核批复。

第二十六条   项目建设单位应按照财政部审核批复的基本建设投资项目预算调整文件，在 10 个工作日内调整本单位原上报的季度分月用款计划，由主管部门上报财政部核批。

第二十七条   基本建设投资项目纳入国库集中支付范围的，其资金拨付按照财政部有关国库集中支付的管理办法执行。

第二十八条   基本建设项目投资纳入政府采购范围的，按照财政部有关规定执行。

第二十九条   对跨年度的项目，主管部门应在财政年度末向财政部提交投资项目进度报告。投资项目进度报告一般应包括以下内容：

1. 项目简述；
2. 项目的总体进展情况；
3. 项目资金的筹措和使用情况；
4. 项目的组织管理情况；
5. 项目执行中出现的问题及处理意见的建议；
6. 根据实际情况对项目进度的调整情况。

第五章 监 督 检 查

第三十条   主管部门应严格按国库集中支付和政府采购的有关政策规定编报细化的投资预算，不得隐瞒政府采购和国库集中支付的相关内容，确保投资项目细化预算的真实、准确。

第三十一条   主管部门对收到的项目资金拨款要及时拨付项目建设单位，无特殊理由不得缓拨，不得截留占用。

第三十二条   基本建设投资项目预算的资金要保证专款专用，任何部门和单位在项目实施过程中，未经批准，均不得随意扩大或缩小建设规模，不得擅自提高建设标准，不得改变资金的使用性质。

第三十三条   财政部对投资项目实施追踪问效制度，负责对项目的实施过程进行监督、检查，负责委托相关机构对投资项目支出进行重点审查。对违反有关规定情节严重的，按国家有关法律法规进行处理。

第六章 附 则

第三十四条 目前尚未纳入部门预算管理、在年度中安排的基本建设项目，可参照本办法编制细化预算。

第三十五条 地方财政可参照本办法，结合本地区实际情况，制定本地区基本建设投资项目预算办法。

第三十六条 本办法由财政部负责解释。

第三十七条 本办法自 2002 年 10 月 1 日起试行。

11. 2. 13 国务院关于固定资产投资项目试行资本金制度的通知

（1996 年 8 月 23 日国发 [1996] 35 号）

为了深化投资体制改革，建立投资风险约束机制，有效地控制投资规模，提高投资效益，促进国民经济持续、快速、健康发展，国务院决定对固定资产投资项目（以下简称"投资项目"）试行资本金制度。现就有关事项通知如下：

一、从 1996 年开始，对各种经营性投资项目，包括国有单位的基本建设、技术改造、房地产开发项目和集体投资项目，试行资本金制度，投资项目必须首先落实资本金才能进行建设。个体和私营企业的经营性投资项目参照本通知的规定执行。

公益性投资项目不实行资本金制度。外商投资项目（包括外商投资、中外合资、中外合作经营项目）按现行有关法规执行。

二、在投资项目的总投资中，除项目法人（依托现有企业的扩建及技术改造项目，现有企业法人即为项目法人）从银行或资金市场筹措的债务性资金外，还必须拥有一定比例的资本金。投资项目资本金，是指在投资项目总投资中，由投资者认缴的出资额，对投资项目来说是非债务性资金，项目法人不承担这部分资金的任何利息和债务；投资者可按其出资的比例依法享有所有者权益，也可转让其出资，但不得以任何方式抽回。

本通知中作为计算资本金基数的总投资，是指投资项目的固定资产投资与铺底流动资金之和，具体核定时以经批准的动态概算为依据。

三、投资项目资本金可以用货币出资，也可以用实物、工业产权、非专利技术、土地使用权作价出资。对作为资本金的实物、工业产权、非专利技术、土地使用权，必须经过有资格的资产评估机构依照法律、法规评估作价，不得高估或低估。以工业产权、非专利技术作价出资的比例不得超过投资项目资本金总额的 20%，国家对采用高新技术成果有特别规定的除外。投资者以货币方式认缴的资本金，其资金来源有：

（一）各级人民政府的财政预算内资金、国家批准的各种专项建设基金、"拨改贷"和经营性基本建设基金回收的本息、土地批租收入、国有企业产权转让收入、地方人民政府按国家有关规定收取的各种规费及其他预算外资金；

（二）国家授权的投资机构及企业法人的所有者权益（包括资本金、资本公积金、盈余公积金和未分配利润、股票上市收益资金等）、企业折旧资金以及投资者按照国家规定从资金市场上筹措的资金；

（三）社会个人合法所有的资金；

（四）国家规定的其他可以用作投资项目资本金的资金。

四、投资项目资本金占总投资的比例，根据不同行业和项目的经济效益等因素确定，具体规定如下：

交通运输、煤炭项目，资本金比例为35%及以上；

钢铁、邮电、化肥项目，资本金比例为25%及以上；

电力、机电、建材、化工、石油加工、有色、轻工、纺织、商贸及其他行业的项目，资本金比例为20%及以上。

投资项目资本金的具体比例，由项目审批单位根据投资项目的经济效益以及银行贷款意愿和评估意见等情况，在审批可行性研究报告时核定。经国务院批准，对个别情况特殊的国家重点建设项目，可以适当降低资本金比例。

五、对某些投资回报率稳定、收益可靠的基础设施、基础产业投资项目，以及经济效益好的竞争性投资项目，经国务院批准，可以试行通过发行可转换债券或组建股份制公司发行股票方式筹措资本金。

六、为扶持不发达地区的经济发展，国家主要通过在投资项目资本金中适当增加国家投资的比重，在信贷资金中适当增加政策性贷款比重以及适当延长政策性贷款的还款期等措施增强其投融资能力。

七、投资项目的资本金一次认缴，并根据批准的建设进度按比例逐年到位。

八、试行资本金制度的投资项目，在可行性研究报告中要就资本金筹措情况作出详细说明，包括出资方、出资方式、资本金来源及数额、资本金认缴进度等有关内容。上报可行性研究报告时须附有各出资方承诺出资的文件，以实物、工业产权、非专利技术、土地使用权作价出资的，还须附有资产评估证明等有关材料。

对投资项目概算要实行静态控制、动态管理。凡实际动态概算超过原批准动态概算的，投资项目资本金应按本通知规定的比例，以经批准调整后的概算为基数，相应进行调整，并按照国家有关规定，确定各出资方应增加的资本金。实际动态概算超过原批准动态概算10%的，其概算调整须报原概算审批单位批准。

九、主要使用商业银行贷款的投资项目，投资者应将资本金按分年应到位数量存入其主要贷款银行；主要使用国家开发银行贷款的投资项目，应将资本金存入国家开发银行指定的银行。投资项目资本金只能用于项目建设，不得挪作他用，更不得抽回。有关银行承诺贷款后，要根据投资项目建设进度和资本金到位情况分年发放贷款。

有关部门要按照国家规定对投资项目资本金到位和使用情况进行监督。对资本金未按照规定进度和数额到位的投资项目，投资管理部门不发给投资许可证，金融部门不予贷款。对将已存入银行的资本金挪作他用的，在投资者未按规定予以纠正之前，银行要停止对该项目拨付贷款。

对资本金来源不符合有关规定，弄虚作假，以及抽逃资本金的，要根据情节轻重，对有关责任者处以行政处分或经济处罚，必要时停缓建有关项目。

十、对在本通知印发前已批准项目建议书，尚未批准可行性研究报告的投资项目，要按本通知的要求，编报可行性研究报告或补报有关资本金方面的材料；对已批准可行性研究报告尚未批准开工报告的投资项目，要按本通知的要求落实资本金，并补报有关资本金落实情况的材料，重新编报开工报告；凡资本金不落实的投资项目，一律不得开工建设。

十一、本通知由国家计委负责解释（涉及技术改造项目资本金的有关问题，由国家经贸委负责解释）。国家计委、国家经贸委在资本金制度试行期间要检查监督资本金制度执行情况，认真总结经验，以便在试行一段时间后，进一步修改完善，正式发布施行。

11.2.14　中国国际工程咨询公司关于统一项目资本金计算口径的通知

（1996 年 10 月 30 日咨发〔1996〕14 号）

为了更好地贯彻《国务院关于固定资产投资项目试行资本金制度的通知》精神，规范我公司项目咨询评估工作，高质量地为国家投资决策和项目投资管理服务，经与国家计委投资司协商同意，现将《通知》中有关项目资本金的计算口径统一如下，请评估人员按此执行：

《通知》第二款规定的计算项目资本金基数的总投资，是指固定资产投资与铺底流动资金之和，并按照下列口径进行计算：

项目总投资＝固定资产投资＋铺底流动资金；

固定资产投资＝固定资产投资静态部分＋固定资产投资动态部分；

固定资产投资静态部分＝建筑工程费用＋安装工程费用＋设备购置费用（含工器具购置费）＋其他工程费用＋基本预备费；

固定资产投资动态部分＝涨价预备费＋固定资产投资方向调节税及国家批准新开征的税费＋建设期借款利息＋汇率变动部分；

铺底流动资金＝流动资金×30％；

流动资金＝流动资产－流动负债；

项目资本金最低限额＝（固定资产投资＋铺底流动资金）×国家规定的最低资本金比例；

项目资本金比例＝资本金总额／（固定资产投资＋铺底流动资金）。

11.2.15　国务院关于调整固定资产投资项目资本金比例的通知

国务院关于调整固定资产投资项目资本金比例的通知

国发〔2009〕27 号

各省、自治区、直辖市人民政府，国务院各部委、各直属机构：

固定资产投资项目资本金制度既是宏观调控手段，也是风险约束机制。该制度自1996 年建立以来，对改善宏观调控、促进结构调整、控制企业投资风险、保障金融机构稳健经营、防范金融风险发挥了积极作用。为应对国际金融危机，扩大国内需求，有保有压，促进结构调整，有效防范金融风险，保持国民经济平稳较快增长，国务院决定对固定资产投资项目资本金比例进行适当调整。现就有关事项通知如下：

一、各行业固定资产投资项目的最低资本金比例按以下规定执行：

钢铁、电解铝项目，最低资本金比例为40％。

水泥项目，最低资本金比例为35％。

煤炭、电石、铁合金、烧碱、焦炭、黄磷、玉米深加工、机场、港口、沿海及内河航运项目，最低资本金比例为30％。

铁路、公路、城市轨道交通、化肥（钾肥除外）项目，最低资本金比例为25％。

保障性住房和普通商品住房项目的最低资本金比例为20％，其他房地产开发项目的最低资本金比例为30％。

其他项目的最低资本金比例为20％。

二、经国务院批准，对个别情况特殊的国家重大建设项目，可以适当降低最低资本金比例要求。属于国家支持的中小企业自主创新、高新技术投资项目，最低资本金比例可以适当降低。外商投资项目按现行有关法规执行。

三、金融机构在提供信贷支持和服务时，要坚持独立审贷，切实防范金融风险。要根据借款主体和项目实际情况，参照国家规定的资本金比例要求，对资本金的真实性、投资收益和贷款风险进行全面审查和评估，自主决定是否发放贷款以及具体的贷款数量和比例。

四、自本通知发布之日起，凡尚未审批可行性研究报告、核准项目申请报告、办理备案手续的投资项目，以及金融机构尚未贷款的投资项目，均按照本通知执行。已经办理相关手续但尚未开工建设的投资项目，参照本通知执行。

五、国家将根据经济形势发展和宏观调控需要，适时调整固定资产投资项目最低资本金比例。

六、本通知自发布之日起执行。

二〇〇九年五月二十五日

11.2.16 国家发展改革委关于加强中央预算内投资项目概算调整管理的通知

国家发展改革委关于加强中央预算内投资项目概算调整管理的通知

（发改投资〔2009〕1550号）

国务院各部门、直属机构，各省、自治区、直辖市及计划单列市、新疆生产建设兵团发展改革委，各中央管理企业：

为严格执行财经纪律，加强和规范中央预算内投资项目概算管理，现就概算调整管理有关事项通知如下：

一、依现行规定由国家发展改革委核定批准初步设计概算的中央预算内投资项目，在建设过程中由于价格上涨、政策调整、地质条件发生重大变化等原因导致原批复概算不能满足工程实际需要的，应向国家发展改革委申请调整概算。

二、申请调整概算时，应提交以下材料：

（一）原初步设计文件及初步设计批复文件；

（二）由具备相应资质单位编制的调整概算书，调整概算与原批复概算对比表，并分类定量说明调整概算的原因、依据和计算方法；

（三）与调整概算有关的招标及合同文件，包括变更洽商部分；

（四）调整概算所需的其他材料。

三、申请调整概算的项目，凡概算调增幅度超过原批复概算 10％及以上的，国家发展改革委原则上先商请审计机关进行审计，待审计结束后，再视具体情况进行概算调整。

四、对于申请调整概算的项目，国家发展改革委将按照静态控制、动态管理的原则，区别不可抗因素和人为因素对概算调整的内容和原因进行审查。对于使用基本预备费可以解决问题的项目，不予调整概算。对于确需调整概算的项目，须经国家发展改革委组织专家评审后方予核定批准。

五、对由于价格上涨、政策调整等不可抗因素造成调整概算超过原批复概算的，经核定后予以调整。调增的价差不作为计取其他费用的基数。

六、对由于勘察、设计、施工、设备材料供应、监理单位过失造成调整概算超过原批复概算的，根据违约责任扣减有关责任单位的费用，超出的投资不作为计取其他费用的基数。对过失情节严重的责任单位，建议相关资质管理部门依法给予处罚并公告。

七、对由于项目单位管理不善、失职渎职，擅自扩大规模、提高标准、增加建设内容，故意漏项和报小建大等造成调整概算超过原批复概算的，将给予通报批评。对于超概算严重、性质恶劣的，将向国务院报告并追究项目单位的法律责任。

八、上述规定自本通知自发布之日起执行。

国家发展改革委

二〇〇九年六月十五日

11.2.17　国家计委关于加强对基本建设大中型项目概算中"价差预备费"管理有关问题的通知

关于加强对基本建设大中型项目概算中"价差预备费"管理有关问题的通知

计投资〔1999〕1340号

国务院各部委、各直属机构，各省、自治区、直辖市及计划单列市计委（计经委），各计划单列企业集团：

1996年，我委针对当时通货膨胀比较严重的特殊情况，发布了《国家计委关于核定在建基本建设大中型项目概算等问题的通知》（计建设〔1999〕1154号），规定编制和核定基本建设大中型项目初步设计概算时，价差预备费按投资价格指数6％计算。近年来，物价趋于平稳，实际投资价格指数逐年下降，1998年已降至－0.2％。根据物价形势变化趋势，需要重新调整概算有关内容的核定方法，以严格控制工程造价，防止建设资金流失。现将有关事项通知如下：

一、自本通知发布之日起，编制和核定基本建设大中型项目初步设计概算时，投资价格指数按零计算。今后，我委将根据物价变动形势，适时调整和发布投资价格指数。

二、已批复初步设计概算但尚未开工的基本建设大中型项目，要按照本通知的精神，重新核定价差预备费，报原概算批准单位审批，并相应调整概算。

三、已开工建设但尚未竣工的基本建设大中型项目，也要重新核定价差预备费。对已经支出的价差预备费，按照实际发生额纳入工程造价；对尚未支出的价差预备费，要按照本通知精神重新核定，经原核算批准单位审批后严格执行。

四、已经竣工但尚未进行决算的基本建设大中型项目，在进行决算时要按实际情况确定价差因素。实际支出的价差预备费低于原批准概算中价差预备费的，节余部分应优先用于归还银行贷款等债务性资金。全部使用国家财政性资金的项目，节余部分由投资计划部门予以收回，不得作为工程包干节余分成，不得截留或挪作他用。

五、各有关单位要严格执行本通知所作规定。国家计委重大项目稽查特派员办公室将依据本通知的规定对基本建设大中型项目概算执行情况进行监督检查。

六、基本建设小型项目概算中"价差预备费"的管理，参照本通知执行。

中华人民共和国国家发展计划委员会
一九九九年九月二十日

11.2.18 国家发展改革委关于印发中央政府投资项目后评价管理办法（试行）的通知

国家发展改革委关于印发中央政府投资项目后评价管理办法（试行）的通知

（发改投资［2008］2959号）

中央政府投资项目后评价管理办法（试行）

第一章 总 则

第一条 为加强和改进中央政府投资项目的管理，建立和完善政府投资项目后评价制度，规范项目后评价工作，提高政府投资决策水平和投资效益，根据《国务院关于投资体制改革的决定》要求，制定本办法。

第二条 由国家发展改革委审批可行性研究报告的中央政府投资项目，适用本办法。国际金融组织和外国政府贷款项目后评价管理办法另行制定。

第三条 中央政府投资项目后评价（以下简称项目后评价）应当在项目建设完成并投入使用或运营一定时间后，对照项目可行性研究报告及审批文件的主要内容，与项目建成后所达到的实际效果进行对比分析，找出差距及原因，总结经验教训，提出相应对策建议，以不断提高投资决策水平和投资效益。根据需要，也可以针对项目建设的某一问题进行专题评价。

第四条 项目后评价应当遵循独立、公正、客观、科学的原则，建立畅通快捷的信息反馈机制，为建立和完善政府投资监管体系和责任追究制度服务。

第五条 国家发展改革委建立项目后评价信息管理系统，负责项目后评价的组织管理工作。

第二章 后评价工作程序

第六条 国家发展改革委每年年初研究确定需要开展后评价工作的项目名单，制定项目后评价年度计划，印送有关项目主管部门和项目单位。

第七条 开展项目后评价工作应主要从以下项目中选择：

（一）对行业和地区发展、产业结构调整有重大指导意义的项目；

（二）对节约资源、保护生态环境、促进社会发展、维护国家安全有重大影响的项目；

（三）对优化资源配置、调整投资方向、优化重大布局有重要借鉴作用的项目；

（四）采用新技术、新工艺、新设备、新材料、新型投融资和运营模式，以及其他具有特殊示范意义的项目；

（五）跨地区、跨流域、工期长、投资大、建设条件复杂，以及项目建设过程中发生重大方案调整的项目；

（六）征地拆迁、移民安置规模较大，对贫困地区、贫困人口及其他弱势群体影响较大的项目；

（七）使用中央预算内投资数额较大且比例较高的项目；

（八）社会舆论普遍关注的项目。

第八条 列入项目后评价年度计划的项目单位，应当在项目后评价年度计划下达后 3 个月内，向国家发展改革委报送项目自我总结评价报告。项目自我总结评价报告的主要内容包括：

（一）项目概况：项目目标、建设内容、投资估算、前期审批情况、资金来源及到位情况、实施进度、批准概算及执行情况等；

（二）项目实施过程总结：前期准备、建设实施、项目运行等；

（三）项目效果评价：技术水平、财务及经济效益、社会效益、环境效益等；

（四）项目目标评价：目标实现程度、差距及原因、持续能力等；

（五）项目建设的主要经验教训和相关建议。

第九条 在项目单位完成自我总结评价报告后，国家发展改革委根据项目后评价年度计划，委托具备相应资质的甲级工程咨询机构承担项目后评价任务。

国家发展改革委不得委托参加过同一项目前期工作和建设实施工作的工程咨询机构承担该项目的后评价任务。

第十条 承担项目后评价任务的工程咨询机构，在接受委托后，应组建满足专业评价要求的工作组，在现场调查和资料收集的基础上，结合项目自我总结评价报告，对照项目可行性研究报告及审批文件的相关内容，对项目进行全面系统地分析评价。必要时应参照初步设计文件的相关内容进行对比分析。

第十一条 承担项目后评价任务的工程咨询机构，应当按照国家发展改革委的委托要求，根据业内应遵循的评价方法、工作流程、质量保证要求和执业行为规范，独立开展项目后评价工作，按时、保质地完成项目后评价任务，提出合格的项目后评价报告。

第十二条　工程咨询机构在开展项目后评价的过程中，应重视公众参与，广泛听取各方面意见，并在后评价报告中予以客观反映。

第三章　后评价管理和监督

第十三条　工程咨询机构应对项目后评价报告质量及相关结论负责，并承担对国家秘密、商业秘密等的保密责任。工程咨询机构在开展项目后评价工作中，如有弄虚作假行为或评价结论严重失实等情形的，根据情节和后果，依法追究相关单位和人员的行政和法律责任。

第十四条　列入项目后评价年度计划的项目单位，应当根据项目后评价需要，认真编写项目自我总结评价报告，积极配合承担项目后评价任务的工程咨询机构开展调查工作，准确完整地提供项目前期及实施阶段的各项正式文件、技术经济资料和数据。如有虚报瞒报有关情况和数据资料等弄虚作假行为，根据情节和后果，依法追究相关单位和人员的行政和法律责任。

第十五条　国家发展改革委将委托中国工程咨询协会，定期对承担项目后评价任务的工程咨询机构和人员进行执业检查，并将检查结果作为工程咨询单位资质和个人资质管理及工程咨询成果质量评定的重要依据。

第十六条　国家发展改革委委托的项目后评价所需经费由国家发展改革委支付，取费标准按照国家有关规定执行。承担项目后评价任务的工程咨询机构及其人员，不得收受国家发展改革委支付经费之外的其他任何费用。

第四章　后评价成果应用

第十七条　国家发展改革委通过项目后评价工作，认真总结同类项目的经验教训，将后评价成果作为规划制定、项目审批、投资决策、项目管理的重要参考依据。

第十八条　国家发展改革委将后评价成果及时提供给相关部门和机构参考，加强信息引导，确保信息反馈的畅通和快捷。

第十九条　对于通过项目后评价发现的问题，国家发展改革委会同有关部门和地方认真分析原因，提出改进意见。

第二十条　国家发展改革委会同有关部门，大力推广通过项目后评价总结出来的成功经验和做法，不断提高投资决策水平和政府投资效益。

第五章　附　　则

第二十一条　各行业主管部门和各级地方政府投资主管部门可参照本办法，制定本部门、本地区的政府投资项目后评价实施办法和细则。

第二十二条　本办法由国家发展改革委负责解释。

第二十三条　本办法自 2009 年 1 月 1 日起施行。

11.3　特许经营有关文件及示范文本

11.3.1　市政公用事业特许经营管理办法

市政公用事业特许经营管理办法

第一条　为了加快推进市政公用事业市场化，规范市政公用事业特许经营活动，加强市场监管，保障社会公共利益和公共安全，促进市政公用事业健康发展，根据国家有关法律、法规，制定本办法。

第二条　本办法所称市政公用事业特许经营，是指政府按照有关法律、法规规定，通过市场竞争机制选择市政公用事业投资者或者经营者，明确其在一定期限和范围内经营某项市政公用事业产品或者提供某项服务的制度。

城市供水、供气、供热、公共交通、污水处理、垃圾处理等行业，依法实施特许经营的，适用本办法。

第三条　实施特许经营的项目由省、自治区、直辖市通过法定形式和程序确定。

第四条　国务院建设主管部门负责全国市政公用事业特许经营活动的指导和监督工作。

省、自治区人民政府建设主管部门负责本行政区域内的市政公用事业特许经营活动的指导和监督工作。

直辖市、市、县人民政府市政公用事业主管部门依据人民政府的授权（以下简称主管部门），负责本行政区域内的市政公用事业特许经营的具体实施。

第五条　实施市政公用事业特许经营，应当遵循公开、公平、公正和公共利益优先的原则。

第六条　实施市政公用事业特许经营，应当坚持合理布局，有效配置资源的原则，鼓励跨行政区域的市政公用基础设施共享。

跨行政区域的市政公用基础设施特许经营，应当本着有关各方平等协商的原则，共同加强监管。

第七条　参与特许经营权竞标者应当具备以下条件：

（一）依法注册的企业法人；

（二）有相应的注册资本金和设施、设备；

（三）有良好的银行资信、财务状况及相应的偿债能力；

（四）有相应的从业经历和良好的业绩；

（五）有相应数量的技术、财务、经营等关键岗位人员；

（六）有切实可行的经营方案；

（七）地方性法规、规章规定的其他条件。

第八条　主管部门应当依照下列程序选择投资者或者经营者：

（一）提出市政公用事业特许经营项目，报直辖市、市、县人民政府批准后，向社会公开发布招标条件，受理投标；

（二）根据招标条件，对特许经营权的投标人进行资格审查和方案预审，推荐出符合条件的投标候选人；

（三）组织评审委员会依法进行评审，并经过质询和公开答辩，择优选择特许经营权授予对象；

（四）向社会公示中标结果，公示时间不少于 20 天；

（五）公示期满，对中标者没有异议的，经直辖市、市、县人民政府批准，与中标者（以下简称"获得特许经营权的企业"）签订特许经营协议。

第九条 特许经营协议应当包括以下内容：

（一）特许经营内容、区域、范围及有效期限；

（二）产品和服务标准；

（三）价格和收费的确定方法、标准以及调整程序；

（四）设施的权属与处置；

（五）设施维护和更新改造；

（六）安全管理；

（七）履约担保；

（八）特许经营权的终止和变更；

（九）违约责任；

（十）争议解决方式；

（十一）双方认为应该约定的其他事项。

第十条 主管部门应当履行下列责任：

（一）协助相关部门核算和监控企业成本，提出价格调整意见；

（二）监督获得特许经营权的企业履行法定义务和协议书规定的义务；

（三）对获得特许经营权的企业的经营计划实施情况、产品和服务的质量以及安全生产情况进行监督；

（四）受理公众对获得特许经营权的企业的投诉；

（五）向政府提交年度特许经营监督检查报告；

（六）在危及或者可能危及公共利益、公共安全等紧急情况下，临时接管特许经营项目；

（七）协议约定的其他责任。

第十一条 获得特许经营权的企业应当履行下列责任：

（一）科学合理地制定企业年度生产、供应计划；

（二）按照国家安全生产法规和行业安全生产标准规范，组织企业安全生产；

（三）履行经营协议，为社会提供足量的、符合标准的产品和服务；

（四）接受主管部门对产品和服务质量的监督检查；

（五）按规定的时间将中长期发展规划、年度经营计划、年度报告、董事会决议等报主管部门备案；

（六）加强对生产设施、设备的运行维护和更新改造，确保设施完好；

（七）协议约定的其他责任。

第十二条 特许经营期限应当根据行业特点、规模、经营方式等因素确定，最长不得超过 30 年。

第十三条 获得特许经营权的企业承担政府公益性指令任务造成经济损失的，政府应当给予相应的补偿。

第十四条 在协议有效期限内，若协议的内容确需变更的，协议双方应当在共同协商的基础上签订补充协议。

第十五条 获得特许经营权的企业确需变更名称、地址、法定代表人的，应当提前书面告知主管部门，并经其同意。

第十六条 特许经营期限届满，主管部门应当按照本办法规定的程序组织招标，选择特许经营者。

第十七条 获得特许经营权的企业在协议有效期内单方提出解除协议的，应当提前提出申请，主管部门应当自收到获得特许经营权的企业申请的 3 个月内作出答复。在主管部门同意解除协议前，获得特许经营权的企业必须保证正常的经营与服务。

第十八条 获得特许经营权的企业在特许经营期间有下列行为之一的，主管部门应当依法终止特许经营协议，取消其特许经营权，并可以实施临时接管：

（一）擅自转让、出租特许经营权的；

（二）擅自将所经营的财产进行处置或者抵押的；

（三）因管理不善，发生重大质量、生产安全事故的；

（四）擅自停业、歇业，严重影响到社会公共利益和安全的；

（五）法律、法规禁止的其他行为。

第十九条 特许经营权发生变更或者终止时，主管部门必须采取有效措施保证市政公用产品供应和服务的连续性与稳定性。

第二十条 主管部门应当在特许经营协议签订后 30 日内，将协议报上一级市政公用事业主管部门备案。

第二十一条 在项目运营的过程中，主管部门应当组织专家对获得特许经营权的企业经营情况进行中期评估。

评估周期一般不得低于两年，特殊情况下可以实施年度评估。

第二十二条 直辖市、市、县人民政府有关部门按照有关法律、法规规定的原则和程序，审定和监管市政公用事业产品和服务价格。

第二十三条 未经直辖市、市、县人民政府批准，获得特许经营权的企业不得擅自停业、歇业。

获得特许经营权的企业擅自停业、歇业的，主管部门应当责令其限期改正，或者依法采取有效措施督促其履行义务。

第二十四条 主管部门实施监督检查，不得妨碍获得特许经营权的企业正常的生产经营活动。

第二十五条 主管部门应当建立特许经营项目的临时接管应急预案。

对获得特许经营权的企业取消特许经营权并实施临时接管的，必须按照有关法律、法规的规定进行，并召开听证会。

第二十六条 社会公众对市政公用事业特许经营享有知情权、建议权。

直辖市、市、县人民政府应当建立社会公众参与机制，保障公众能够对实施特许经营情况进行监督。

第二十七条 国务院建设主管部门应当加强对直辖市市政公用事业主管部门实施特许经营活动的监督检查，省、自治区人民政府建设主管部门应当加强对市、县人民政府市政公用事业主管部门实施特许经营活动的监督检查，及时纠正实施特许经营中的违法行为。

第二十八条 对以欺骗、贿赂等不正当手段获得特许经营权的企业，主管部门应当取消其特许经营权，并向国务院建设主管部门报告，由国务院建设主管部门通过媒体等形式向社会公开披露。被取消特许经营权的企业在三年内不得参与市政公用事业特许经营竞标。

第二十九条 主管部门或者获得特许经营权的企业违反协议的，由过错方承担违约责任，给对方造成损失的，应当承担赔偿责任。

第三十条 主管部门及其工作人员有下列情形之一的，由对其授权的直辖市、市、县人民政府或者监察机关责令改正，对负主要责任的主管人员和其他直接责任人员依法给予行政处分；构成犯罪的，依法追究刑事责任：

（一）不依法履行监督职责或者监督不力，造成严重后果的；

（二）对不符合法定条件的竞标者授予特许经营权的；

（三）滥用职权、徇私舞弊的。

第三十一条 本办法自 2004 年 5 月 1 日起施行。

11.3.2 国家计委、电力部、交通部关于试办外商投资特许权项目审批管理有关问题的通知

国家计委、电力部、交通部关于试办外商投资特许权项目审批管理有关问题的通知

（2003 年 4 月 23 日）

各省、自治区、直辖市及计划单列市计委（计经委）、电力局、交通厅（局）：

长期以来，交通、能源等基础设施和基础产业一直是我国国民经济发展的"瓶颈"。为改善这种状况，按照国家的产业政策，需要积极引导外商投资的投向，将外商投资引导到我国急需发展的基础设施和基础产业上来。对此，国家除继续鼓励外商采用中外合资、合作和独资建设经营我国基础设施和基础产业项目外，在借鉴国外经验的基础上，拟采用建设——运营——移交的投资方式（通称 BOT 投资方式），试办外商投资的基础设施项目。为了做好试点工作，现将有关事项通知如下：

一、本通知所称外商投资特许权项目，是指外商建设——运营——移交的基础设施项目。政府部门通过特许权协议，在规定的时间内，将项目授予外商为特许权项目成立的项目公司，由项目公司负责该项目的投融资、工程设计、施工建设、设备采购、运营管理和合理收费的权利，并承担对特许权项目的设施进行维修保养的义务。政府部门具有对特许权项目监督、检查、审计以及如发现项目公司有不符合特许权协议规定的行为，予以纠正

并依法处罚的权力。

二、为保证特许权项目在我国的顺利实施，在特许期内，如因受我国政策调整因素影响使项目公司受到重大经济损失的，允许项目公司合理提高收费标准或延长项目公司的特许期；对于项目公司偿还贷款本金、利息和红利汇出所需要的外汇，国家保证兑换和汇出境外。但是，项目公司也要承担投融资、建造、采购、运营、维护等方面的风险，政府不提供固定投资回报率的保证，国内金融机构和非金融机构也不为其融资提供担保。

三、鉴于在我国举办特许权项目是一项新的工作，故必须积极稳妥地进行。为防止一哄而起，需要先进行试点，待取得经验后，再逐步推广。在试点期间，其范围暂定为：建设规模为 2×30 万千瓦及以上火力发电厂、25 万千瓦以下水力发电厂、$30 \sim 80$ 公里高等级公路、1000 米以上独立桥梁和独立隧道及城市供水厂等项目。

四、特许权试点项目的筛选采取自下而上的方式进行，原则上是国家中长期规划内的项目。被选定的试点项目，由所在省（区、市）的计划部门会同行业主管部门按现行计划管理体制提出项目预可行性研究报告，经行业主管部门初审后由国家计委审批，必要时由国家计委初审后报国务院审批。特许权项目的预可行性研究报告除包括项目概况、工程、技术、环保等方面的内容外，应重点阐述以下内容：市场需求分析、总投资规模、外部条件的落实、经济及财务分析、预收费标准和调价原则、特许权期限、风险分担原则、政府拟提供的配套条件及承担的义务等。

五、特许权试点项目的预可行性研究报告获得批准后，地方政府负责编制资格预审及标书文件，通过公开招标的方式选择境外投资者。国家计委将组织由行业主管部门、地方政府部门及技术、经济、法律顾问参加的评标委员会，负责标书的审查、投资者资格预审、评标、定标及授标的工作。

六、特许权试点项目所在省（区、市）政府要协助中标者凭中标批准文件到外经贸部办理项目公司章程的报批手续，以及工商注册登记手续。

七、特许权协议经国家计委批准后（必要时，由国家计委报国务院批准），授权省（区、市）政府或行业部门与项目公司正式签署，并从签字之日起开始生效。

八、为使特许权项目试点工作顺利进行，国家计委将设立常设机构，负责特许权项目试点的组织、日常联系、协调等方面的工作。

目前，国家计委正在牵头制定《外商投资特许权项目的暂行规定》，待报国务院批准后公布实施。

请各地方及国务院有关部门结合本地区、本行业的实际情况，按本通知的具体要求，切实做好试办外商投资特许权项目的各项工作。

11.3.3 城市供水特许经营协议示范文本

城市供水特许经营协议（示范文本）

目　　录

第一章　总则

第二章　定义与解释

第三章　协议的应用

第四章　供水工程项目

第五章　供水工程设计和建设

第六章　供水工程的运营与维护

第七章　供水服务

第八章　收费

第九章　特许经营权的终止与变更

第十章　特许经营权终止后的移交

第十一章　违约与赔偿

第十二章　文件

第十三章　不可抗力和法律变更

第十四章　保险

第十五章　通知

第十六章　争议解决

第十七章　适用法律及标准语言

第十八章　附件

第一章　总　　则

鉴于，为加强城市供水企业管理，保证城市用水安全和供水企业的合法权益；（注：请根据项目具体情况，简单介绍本协议签署的目的、原则、过程，及本协议的主要内容）

第一条　根据（注：请填入本协议的法律依据），和本协议第二条所述双方于　年　月　日在中国　省（自治区）　市（县）签署本协议。

第二条　协议双方分别为：经中国　省（自治区）　市（县）人民政府授权（注：该授权可以通过以下两种形式：1. 该人民政府发布规范性文件；2. 该人民政府就本协议事项签发授权书），中国　省（自治区）　市（县）人民政府　局（委）（下称甲方），法定地址：　，法定代表人：　，职务：　；和　公司（下称乙方），注册地点：　，注册号：　，法定代表人：　，职务：　，国籍：　。

第二章　定　义　与　解　释

第三条　名词解释：

中国：指中华人民共和国，仅为本协议之目的，不包括香港特别行政区、澳门特别行政区和台湾地区。

　　法律：指所有适用的中国法律、行政法规、地方性法规、自治条例和单行条例、规章、司法解释及其他有法律约束力的规范性文件。

　　供水工程：是指以管道及其附属设施向单位和居民的生活、生产及其他各项建设提供用水的工程设施，包括：专用水库、引水渠道、取水口、泵站、井群、输（配）水管网、净（配）水厂、水站、进户总水表等，详见本协议第十二条和十三条的规定。（注：本定义是假设乙方负责取水、净水、送水和出厂输水给终端用户而规定的，请根据具体情况进行相应修改）

　　特许经营权：是指本协议中甲方授予乙方的、在特许的经营期限和经营区域范围内设计、融资、建设、运营、维护供水工程、向用水户提供服务并收取费用（注：请根据乙方是否负责向终端用户供水而相应修改）的权利。

　　生效日：指本协议条款中双方约定的本协议生效日期。

　　特许经营期：是指从本协议生效日开始的　　年期间，可根据本协议延长。

　　特许经营区域范围：是指实施本协议时附件《工程和特许经营区域范围》规定的经营和服务区域范围。

　　不可抗力：是指在签订本协议时不能合理预见的、不能克服和不能避免的事件或情形。以满足上述条件为前提，不可抗力包括但不限于：

　　（1）雷电、地震、火山爆发、滑坡、水灾、暴雨、海啸、台风、龙卷风或旱灾；

　　（2）流行病、瘟疫；

　　（3）战争行为、入侵、武装冲突或外敌行为、封锁或军事力量的使用，暴乱或恐怖行为；

　　（4）全国性、地区性、城市性或行业性罢工；

　　（5）由于不能归因于乙方的原因引起的供水工程供电中断；

　　（6）由于不能归因于乙方的原因造成的原水水质恶化或供应不足。

　　日、月、季度、年：均指公历的日、月份、季度和年。

　　建设期：是指从本协议生效日至最终完工日的期间。

　　运营期：是指从最终完工日（注：适用于新建项目）或开始运营日（注：适用于已经投产项目）起至移交日的期间。

　　工程综合设计供水能力：是指按供水设施取水、净化、送水、出厂输水干管等环节设计能力计算的综合生产能力。计算时，以四个环节中能力最小的环节确定工程综合设计供水能力。

　　移交：是指乙方根据本协议的规定向甲方或其指定机构移交供水工程。

　　移交日：是指特许经营期届满之日（适用于本协议期满终止）或根据本协议第一百二十七条规定确定的移交日期（适用于本协议提前终止）。

　　营业日：是指中国除法定节、假日之外的日期，若支付到期日为非营业日，则应视支付日为下一个营业日。

　　批准：指乙方为履行本协议需从政府部门获得的许可、执照、同意、批准、核准或备案。

　　法律变更：指中国立法机关或政府部门颁布、修订、修改、废除、变更和解释的任何法律；或者甲方的任何上级政府部门在本协议签署日之后修改任何批准的重要条件或增加任何重要的额外条件，并且上述任何一种情况导致：

(1) 适用于乙方或由乙方承担的税收、税收优惠或关税发生任何变化；及

(2) 对供水工程的融资（包括有关外汇兑换和汇出）、设计、建设、运营、维护和移交的要求发生任何变化。

建设：指按本协议建设供水工程。（注：适用于包含或将来可能发生的新建项目或工程）

环境污染：指供水工程、供水工程用地或其任何部分之上、之下或周围的空气、土地、水或其他方面的污染，且该等污染违背或不符合有关环境的适用法律或国际惯例。

最终完工证书：指根据第　　条颁发或视为颁发的证书。

最终完工日：指最终完工证书颁发或视为颁发之日。

计划最终完工日：详见附件　　《工程进度》。

最终性能测试：指第　　条所述的确认供水工程具有安全、可靠、稳定性能的测试。

融资交割：当下述条件具备时，为完成融资交割：

(1) 乙方与贷款人已签署并递交所有融资文件，融资文件要求的获得首笔资金的每一前提条件已得到满足或被贷款人放弃，并且，

(2) 乙方收到融资文件要求的股权投资人的认股书或股权出资。

融资文件：指经有关政府部门依适用法律批准的并报甲方备案的、与项目的融资或再融资相关的贷款协议、票据、契约保函、外汇套期保值协议和其他文件，及担保协议，但不包括：（注：如乙方的水价或提前终止补偿条款与贷款文件有密切联系，则应规定"贷款文件应取得甲方同意"）

(1) 与股权投资者的认股书或股权出资相关的任何文件，或

(2) 与提供履约保函和维护保函相关的文件。

贷款人：指融资文件中的贷款人。

维护保函：指乙方根据第　　条向甲方提供的维护保函。

进度日期：指附件　　《工程进度》中所述的日期。

终止通知：指根据第　　条发出的通知。

计划开始运营日：指双方确定的、预计供水工程可以开始运营的日期，即　年　月　日。（注：适用于已经投产的项目，对于新建项目，该日期应与计划最终完工日为同一日期）

开始运营日：指乙方根据第　　条向甲方发出供水工程已准备就绪可以开始运营的书面通知中明确之日。（注：适用于已经投产的项目，对于新建项目，该日期应与最终完工日为同一日期）

履约保函：指乙方按照第　　条向甲方提供的履约保函。

前期工作：指第　　条所述的工作。

初步完工通知：指根据第　　条发出的通知。

初步完工证书：指根据第　　条颁发或视为颁发的证书。

初步性能测试：指第　　条所述的确保项目设施达到技术标准、规范和要求及设计标准的测试。

谨慎运营惯例：指在熟练和有经验的中国的供水企业在运营类似于本供水工程的项目中所采用或接受的惯例、方法和作法以及国际惯例和方法。

担保协议：指由乙方与贷款人签订的、有关政府部门依适用法律批准、并经甲方同意的向贷款人提供的在乙方股东持有的乙方公司股权或乙方拥有的任何财产、权利或权益之上设置抵押、质押、债权负担或其他担保权益的任何协议。

项目合同：指本协议、融资文件、与本供水工程项目的设计、重要设备原材料采购、施工建设、监理、运营维护及其他相关合同。

允许供水通知：指根据第　　条发出或视为发出的通知。

允许供水日：指允许供水通知发出或视为发出之日。

项目：指乙方根据本协议设计、融资、建设、运营、维护供水工程，向用水户提供服务并收取费用。

第三章 协 议 的 应 用

第四条　各方同意本协议是乙方在特许经营期内进行项目融资、设计、建设、运营、维护、服务的依据之一，也是甲方按照本协议对乙方在特许经营期内的经营行为实施监管的依据之一。

第五条　本协议并不构成甲方和乙方之间的合营或合伙关系。

第六条　本协议并不限制或以其他方式影响甲方行使其法定权力。

第七条　当以下先决条件满足或被甲方书面放弃时，甲方开始履行本协议项下义务：

（1）乙方已向甲方提交了符合本协议要求的履约保函；

（2）融资交割完成；

（3）有关项目合同依适用法律获得批准。

（4）乙方已经按第十四章购买保险；

（5）已营运的城市供水企业还应当：

①依法清产核资、产权界定、资产评估、产权登记，并依适用法律获本城市人民政府相关部门批准；

②职工安置方案按法定程序获得批准；

③按附件　　《项目和企业相关批准文件》的约定交割完资产资金，须担保、质押等文件依适用法律获得批准；

④已经取得依法应当取得的其他批准文件。

如果因乙方原因未能在生效日后　　日内满足前述先决条件，则甲方有权提取履约保函项下的所有款项，并有权终止本协议。

第八条　甲方和乙方声明和保证如下：

（1）他们有权签署本协议并按本协议履行义务，所有为授权其签署和履行本协议所必需的组织或公司内部行动和其他行动均已完成；

（2）本协议构成甲方和乙方的有效、合法、有约束力的义务，按其条款依适用法律对其有强制执行力；

（3）签署和履行本协议不违反甲方或乙方应遵守的任何适用法律或对甲方或乙方有约束力的其他任何协议或安排。

第九条　未经甲方书面同意，乙方不得：

（1）从事本协议规定特许经营权以外的任何经营活动；

（2）将依本协议所取得的土地使用权用于供水工程以外的任何其他用途。

第十条　乙方有义务且必须就由于建设、运营和维护供水工程设施而造成的环境污染及因此而导致的任何损害、费用、损失或责任，对甲方予以赔偿。但若所要求的损害、费用、损失或责任是由甲方违约所致或依本协议乙方不承担责任的环境污染除外。

第十一条　本协议自双方法定代表人或授权代表人签字并加盖公章之日起生效，特许经营期限为　年，即自　年　月　日起至　年　月　日止。如果出现下述情况影响到本协议的执行，有关的进度日期应相应延长，同时，甲方应选择支付补偿金，或调整供水价格，或相应延长特许经营期：

（1）不可抗力事件；

（2）因甲方违约而造成延误；

（3）在供水工程建设用地上发现考古文物、化石、古墓及遗址、艺术历史遗物及具有考古学、地质学和历史意义的任何其他物品；

（4）因法律变更导致乙方的资本性支出每年增加　元人民币或收益性支出每年增加　元人民币。

第四章　供水工程项目

第十二条　供水工程名称为　　　，规模为　　　万立方米/日。

第十三条　供水工程项目包括（净（配）水厂、管网及相关附属设施等）。工程位于　国　省　市　地区，其确切位置见附件《工程和经营服务范围》。（注：该表述是假设乙方负责取水、净水、送水和出厂输水给终端用户而规定的，请根据具体情况进行相应修改）

第十四条　工程项目最终批复的施工设计文件为工程建设和竣工的依据。（注：只适用于新建项目）

第十五条　工程造价为　　万元人民币，建设期利息为　　万元人民币，工程总造价为　　万元人民币，见附件《工程和特许经营区域范围》，如有追加，应经甲方批准。（注：只适用于新建项目）

第十六条　除本协议规定的其他义务外，乙方在特许期内负责：

（1）工程项目的设计与工程技术服务、采购、建造、和运营和维护；（注：本项只适用于新建项目）

（2）建设工程项目的所有费用及所有必要的融资安排；（注：本项只适用于新建项目）

（3）承担供水工程前期工作和永久性市政设施建设和其他工作的费用。（注：请根据具体情况进行相应修改）

第十七条　除本协议规定的其他义务外，在遵守、符合中国法律要求的前提下，甲方负责协助、监督、检查乙方实施以下工作，但甲方并不因其承担有关协助、监督、检查工作而承担任何责任，且并不解除或减轻乙方应承担的任何义务或责任：

（1）监督和检查供水工程的设计、建造、运营和维护；

（2）协助乙方获得设计、建造、运营和维护供水工程所需的所有批准；

（3）协助乙方取得供水工程场地的土地使用权；

（4）协助乙方完成前期工作和永久性市政设施建设和其他工作，包括：

①安置受建设影响的居民和其他人，拆除需要建设供水工程的场地上的任何建筑物或障碍物；

②供水工程建设所需的临时或永久用电、供水、排水、排污和道路。（注：本条只适用于新建项目）

第十八条　在生效日后七（7）个营业日内，乙方必须向甲方提交格式为附件。

《履约保函和维护保函格式》的或甲方同意的其他格式的履约保函。

履约保函必须由甲方可接受的金融机构出具，金额为　　　　万元人民币。（注：本条只适用于新建项目）

第十九条　乙方必须确保于生效日后七（7）个营业日之内实现融资交割，并在融资交割时向甲方交付所有已签署的融资文件复印件，以及甲方可能合理要求的表明融资交割已实现的任何其他文件。

第五章　供水工程设计和建设

（注：本章只适用于新建工程）

第二十条　乙方必须按照经投资管理部门核准的项目申请报告、附件　《工程和特许经营区域范围》所述项目范围、附件　《技术规范和要求》所述技术标准、规范和要求、附件　《设施维护方案》所述维护方案、附件　《工程技术方案》所述技术方案，自费完成供水工程的初步设计。

第二十一条　未经有关政府部门书面批准，不对经批准的初步设计进行实质性修改。

第二十二条　乙方必须按照初步设计和初步设计批复文件、附件　《工程和特许经营区域范围》所述项目范围、附件　《技术规范和要求》所述技术标准、规范和要求、附件　《设施维护方案》所述维护方案、附件　《工程技术方案》所述技术方案，自费完成供水工程设施的施工图设计。

第二十三条　乙方必须随时将施工图设计已编制的部分提交甲方审查，并且在提交施工图设计之后的　　工作日内未经甲方批准，不得将施工图设计文件用于建设。

第二十四条　乙方必须按照提交给甲方的施工图设计、附件　《工程和特许经营区域范围》所述项目范围、附件　《技术规范和要求》所述技术标准、规范和要求、附件　《设施维护方案》所述维护方案、附件《工程技术方案》所述技术方案，自费建设供水工程设施。

乙方可以将供水工程设计和施工分包给具有相应资质的设计、施工机构，完成供水工程设施的建设。但乙方在本协议项下的任何义务不因分包行为而免除、减轻或受其他影响。

第二十五条　乙方必须按附件　《工程进度》规定的日期开始工程建设和实现最终完工并向甲方提交工程建设方案，工程建设方案应合理、详细地反映为实现最终完工日而计划的活动、活动次序和期限。

乙方若修改工程建设方案，则必须将修改稿提交给甲方，修改稿应合理详细地反映对活动、活动次序和期限的修改。

　　第二十六条　对用于建设的材料和主要设备在离开制造厂前，乙方必须按适用法律安排测试和检验。

　　乙方应在对材料和主要设备进行每次测试和检验前合理的时间内通知甲方。

　　甲方的代理人或代表有权参加测试和检验，但是如果甲方未提出书面反对，或未对乙方通知予以答复，并且在通知测试和检验的时间没有到场，则测试和检验可以在甲方的代理人或代表缺席的情况下进行。

　　乙方在完成测试和检验后，应立即向甲方提交关于测试和检验程序和结果的报告。

　　甲方在收到上款所述报告后，可书面通知乙方：

　　(1) 对测试和检验结果满意；或者

　　(2) 说明测试和检验的程序或结果的不符合规定或要求的情形。

　　甲方检验并接受用于建设的材料和主要设备的任何部分，并不解除或减轻乙方在供水工程设施建设过程中应承担的所有义务或责任。

　　第二十七条　乙方必须将有关供水工程设计和建设的所有技术数据，包括设计报告、计算和设计文件，随进度在编制完成后立即提交给甲方，以使甲方能监督项目设施的设计和建设进度。

　　乙方向甲方保证，乙方对其用于供水工程设施的设计、建设且作为知识产权客体的初步设计、施工图设计和任何其他文件，拥有所有权或使用权。

　　乙方给予甲方不可撤销的、非独占的许可，使用本条第二款所述的任何文件：

　　(1) 用于供水工程的目的，包括但不限于本协议因任何原因终止、移交后，甲方继续对供水项目进行建设、运营和维护；

　　(2) 参加与本供水工程类似的供水工程的设计和建设方面的会议。

　　第二十八条　工程开工之日的下一月起，每月的第一天（如遇节假日顺延），乙方应向甲方供水工程建设进度报告。报告应详述：上一个月已完成的和在建的供水工程情况；预计本月完成建设情况；距离计划最终完工日期的进展情况；预计完成建设的时间；以及甲方合理要求的其他事宜。

　　第二十九条　除政府部门依照适用法律进行的监督检查以外，甲方的代理人或代表可在建设期间经合理的通知，在乙方代理人或代表参加的情况下对建设进行监督检查。

　　甲方的代理人或代表监督和检查的费用由甲方承担，除非监督和检查的结果表明建设、材料、设备或机器存在任何重大缺陷，在此情况下，乙方应承担监督和检查的费用。

　　第三十条　乙方必须：

　　(1) 确保甲方的代理人或代表可以进入供水工程设施、供水工程设施用地，但该等进入不应妨碍建设；并且

　　(2) 应甲方的代理人或代表要求，提供图纸和设计资料。

　　第三十一条　甲方有权在最终完工日之前的任何时候，要求乙方改正或更换不符合下列条件的任何建设工程、材料或机器设备：

　　(1) 提交给甲方的施工图设计；

　　(2) 附件　《工程和特许经营区域范围》所述的项目范围；

　　(3) 附件　《技术规范和要求》所述的技术标准、规范和要求；或

　　(4) 附件　《设施维护方案》所述的维护方案。

并且，甲方必须书面通知乙方，并说明理由。

第三十二条 在收到第三十一条所述通知后，乙方必须在合理期限内采取所有必要措施改正建设工作或更换合适的材料和机器设备，并且乙方必须承担费用和支出，并对改正措施造成的工期延误负责。

第三十三条 乙方必须在建设初步完工前合理时间内提前向甲方发出初步完工通知，告知预计可以开始初步性能测试的日期（并且初步性能测试日期必须在发出通知后的 工作日后）。

第三十四条 乙方必须按照附件 《技术规范和要求》在出具初步完工通知后，进行初步性能测试。

甲方的代理人或代表有权参加初步性能测试，但如果甲方未对初步完工通知提出书面异议或作出回复，并且在通知的初步性能测试的时间没有到场，则初步性能测试可在甲方的代理人或代表缺席的情况下进行。

第三十五条 初步性能测试完成之后，乙方必须立即向甲方提交一份报告，列明初步性能测试的程序和结果。

第三十六条 甲方收到第三十五条所述报告之后：

（1）如初步性能测试的结果符合本协议要求，应发出初步完工证书；或者

（2）如初步性能测试的结果不符合本协议要求，应书面通知初步性能测试的程序或结果不符合规定或要求的情形。

如果甲方在收到第三十五条所述报告之后 工作日之内不向乙方发出上述有关不符合情况的通知，应视为甲方对初步性能测试结果表示满意（或认可）。

第三十七条 如果供水工程设施未通过初步性能测试，乙方必须：

（1）采取所有必要的改正措施补救不符合情况；并

（2）至少提前 工作日向甲方发出书面通知，重复初步性能测试。

乙方必须承担费用和支出并对因上述改正措施和重复初步性能测试而发生的延误负责。

第三十八条 以有关政府部门和机构依适用法律完成项目工程各项验收为前提，在甲方发出初步完工证书或按第三十六条测试结果被视为满意（或认可）之后 工作日内，乙方必须书面通知甲方有关完工检查的日期和时间（完工检查日期应在发出初步完工通知 工作日后）。

甲方的代理人或代表有权参加完工检查，但如果甲方未对通知提出书面异议或作出回复，并且在通知的完工检查的时间没有到场，则完工检查可在甲方的代理人或代表缺席的情况下进行。

第三十九条 在完工检查之后 工作日内，甲方应将供水工程的建设工作、材料、设备或机器中存在的所有缺陷详细列明并书面通知乙方。

如果甲方不参加完工检查，或者未在完工检查结束后 工作日之内向发出有关缺陷的通知，则应视为供水工程的建设工作、材料、设备和机器已令甲方满意（或认可）。

第四十条 如果甲方向乙方发出上述有关缺陷的通知且乙方无异议，乙方必须改正所有缺陷。

甲方可对有关缺陷通知中列明的缺陷进行进一步的完工检查。

第四十一条 在完工检查后的工作日内，如果初步性能测试和完工检查的结果令甲方满意（或认可）或视为令甲方满意（或认可），甲方应发出允许供水通知。

第四十二条 只有在以下各项均已发生之后，乙方方可向甲方和有关政府部门发出供水工程可以开始试运营的书面通知：

（1）甲方已发出允许供水通知；

（2）甲方书面通知乙方其已收到或放弃收取以下各项：

①运营供水工程所需的所有批准均充分有效的书面证明；

②证明运营保险完全有效并符合本协议要求的证明的复印件；

③乙方已签署项目设施运营维护所需的化学品和零件供应合同的书面证明。

第四十三条 在开始试运营日后 日内，乙方必须按照附件 《技术规范和要求》进行最终性能测试。

甲方的代理人或代表有权参加最终性能测试，但如果甲方不提出书面反对，或未作回复并且在通知的最终性能测试的时间没有到场，则最终性能测试也可在甲方代理人或代表不参加的情况下进行。

第四十四条 在完成最终性能测试且办理完毕竣工验收备案手续后，乙方必须立即向甲方提交有关最终性能测试的程序和结果的报告（包括但不限于竣工验收备案文件）。

收到上款所述报告后，甲方可以书面通知乙方，表示最终性能测试的结果符合本协议要求并发出最终完工证书，或认为与报告中所述的最终性能测试的程序或结果不符合规定或要求的情形。

如果甲方未在收到报告后 工作日内向乙方发出上述不符合通知，则最终性能测试结果视为符合本协议要求。

第四十五条 如果供水工程未通过最终性能测试，则乙方必须采取所有必要的改正措施来补救不符合情况，并应在至少提前 工作日向甲方发出书面通知后，重复最终性能测试。

乙方必须承担上述改正措施和重复最终性能测试的费用和支出，并对因上述改正措施和重复最终性能测试而发生的延误负责。

第四十六条 如果最终性能测试符合本协议要求且乙方办理完毕竣工验收备案手续，但甲方不按照第四十四条第二款发出最终完工证书，则最终完工证书在上述 工作日期满时视为发出。

第四十七条 如果甲方①检查和验收供水工程建设工作、材料、机器或设备的全部或任何部分；②颁发允许供水证书；或③颁发最终完工证书，这些行为均不得解除乙方对供水工程的设计和建设所应承担的任何义务或责任。

第四十八条 供水工程最终完工后，乙方应当将供水工程项目外所受工程影响的地上和地下建构筑物恢复到工程施工前的相应状态；乙方不能实施的，甲方可指定机构代为实施，所需费用由乙方承担。

第四十九条 在最终完工日后一个月内，乙方必须向甲方提交下列资料（并按照适用法律归档）：

（1）供水工程有关的图纸（包括打印件和电脑磁盘）一式三份；

（2）所有设备的技术资料和图纸（包括设备随机图纸、文件、说明书、质量保证书、安装记录、质量监督和验收记录）一式三份；

（3）甲方合理要求的与本供水工程有关的其他技术文件或资料一式三份。

第五十条 甲方和乙方承认政府有关部门可依适用法律参加供水工程的测试和检查。

第五十一条 如果由于乙方违约造成的延误，使供水工程开始运营日或最终完工日延误，则乙方必须按　　　元人民币/日向甲方支付预定违约金直至开始运营日或最终完工日或本协议终止日（以先发生者为准）。

甲方获得这些预定违约金的权利，并不影响其终止本协议的权利。

第五十二条 如果除甲方违约事件或不可抗力事件以外的任何原因，乙方出现下列情况之一，则建设应视为已被放弃：

（1）书面通知甲方其终止建设，且并不打算重新开始建设的决定；

（2）未在生效日期后　　日内开始建设；

（3）未在任何不可抗力事件结束后　　日内恢复建设；

（4）停止建设连续或累计达　　日；

（5）在允许供水日前直接或通过建设承包商从供水工程设施用地撤走全部或大部分的工作人员，并且在建设停止之日后　　日内未更换建设承包商；

（6）未在允许供水日后　　日内达到最终完工日；及

（7）未在计划最终完工日后　　日内实现最终完工。

第五十三条 如果由于除甲方违约事件或不可抗力以外的任何原因，乙方放弃或被视为放弃建设，乙方必须向甲方支付第五十一条项下应付的金额，且甲方有权提取履约保函项下未提取的金额，作为乙方放弃或被视为放弃建设的预定违约金。

甲方行使该等权利不影响其终止本协议的权利。

第五十四条 为获取预定违约金的支付，甲方可以从履约保函中提款，直至履约保函金额全部提取完。

在履约保函的金额全部提取完后，乙方就延误到达最终完工日或开始运营日或放弃建设，对甲方不再有进一步的责任。

第五十五条 在下述日期中较迟的日期到来时，甲方应解除尚未提取的履约保函项下的金额：

（1）最终完工日后的　　个月届满之时；

（2）乙方根据第　　条向甲方提交维护保函之日。

如果在解除履约保函之前本协议终止，则履约保函应在本协议终止后　　个月期限内保持有效。

第五十六条 乙方对于为移走在供水工程设施用地上发现的考古文物、化石、古墓及遗址、艺术历史遗物及具有考古学、地质学和历史意义的任何物品而发生的任何额外费用不承担责任。

第六章 供水工程的运营与维护

第五十七条 在特许经营期内，

（1）乙方享有以下权利和义务：

①依据适用法律独家向特许经营区域范围内用户供水，合法经营并取得合理回报；

②根据社会和经济发展的情况，保障特许经营区域范围内水厂的运行、供水管网的正常维护以及特许经营区域范围内用户供水服务；

③根据中国法律和本协议的要求满足用户用水水质、水量、水压、供水服务需求；

④履行协议双方约定的社会公益性义务；

⑤除本协议另有规定外，应当将项目合同报甲方备案；

⑥法律和本协议规定的其他权利和义务。

（2）甲方享有以下权利和义务：

①对乙方的供水服务进行监督检查；

②结合经济社会发展需要，制订供水服务标准和近、远期目标，包括水质、水量、水压以及维修、投诉处理等各项服务标准；

③制定年度供水水质监督检查工作方案，对乙方的供水水源、出厂水及管网水质进行抽检和年度综合评价；

④受理用户对乙方的投诉；

⑤维护特许经营权的完整；

⑥法律、规章和本协议规定的其他权利和义务。

第五十八条 乙方经营的供水工程目前净（配）水能力为　　　万立方米/日。见附件　《工程和特许经营区域范围》。

第五十九条 乙方应按照城市规划和供水规划的要求制定经营计划（包括供水计划、投资计划），并经甲方同意后方可实施。经营计划的修改须经甲方同意。

第六十条 乙方于开始运营日起　　日内向甲方呈报第一个五年和年度经营计划。每个五年计划执行到期前六个月应向甲方提交下一个五年经营计划，每年十月底以前向甲方提交下一年度的经营计划。

甲方在收到乙方五年经营计划后三个月内、在收到年度经营计划后一个月内作出审查实施决定。

第六十一条 乙方应在每年第一季度向甲方提交上一年度的经营情况报告并保证报告内容准确真实。报告内容应包括投资和经营计划的执行情况、运营状况、财务报告、规范化服务和供水服务承诺实施以及本年度服务目标等。

乙方应将经营报告的主要内容以适当方式向社会公布。

第六十二条 在履约保函到期或解除之前，乙方必须向甲方提交不可撤销的、独立于本协议的有效的维护保函。其格式应为附件　《履约保函和维护保函格式》规定的格式，或可为甲方接受的其他格式。

第六十三条 维护保函的出具人为可为甲方接受的金融机构，并且保函金额为　　　万元，作为乙方履行本协议项下义务的保证。

第六十四条 如果甲方在特许经营期提取维护保函项下的款项，乙方必须在提取后　　工作日内将维护保函的数额恢复到第六十三条所述之金额，并向甲方提供维护保函已恢复至该数额的证据。

乙方必须在特许经营期结束前　　个月将维护保函增加至　　　万元。

第六十五条 如果乙方没有遵守第六十四条的规定，并且乙方在收到甲方有关未遵守的书面通知后　　个营业日内未予以纠正，甲方有权提取维护保函下的剩余款额和终止本协议。

第六十六条　甲方行使提取维护保函金额的权利不损害其在本协议项下的其他权利，并且不应解除乙方不履行本协议义务而对甲方所负的任何进一步的责任和义务。

第六十七条　乙方应对取水设施、净水厂、加压泵站、主干供水管网等主要供水工程的状况及性能进行定期检修保养，并于每年　月和　月向甲方提交设施运行情况报告。

第六十八条　乙方必须在特许经营期内按照附件　《设施维护方案》所述维护方案和附件　《工程技术方案》所述技术方案运营维护供水工程设施。

第六十九条　在运营期内如供水工程设施的任何部分需要替换，乙方必须支付必要的额外金额用以购买和安装替换部分，并将替换情况说明报甲方备案。

第七十条　在特许经营期内如乙方需要建造新的供水工程时，必须经　市政府书面批准，其建设费用应由乙方承担。并应由双方根据本协议下第五章所述条款规定的原则签署补充协议。

第七十一条　乙方必须保证水净化处理设备、设施满足净水工艺的要求。在净化处理各工序（车间），应配备相应的水质检测手段。

第七十二条　乙方必须制定保障设备、设施正常运行及保证人身安全的技术操作规程、岗位责任制以及相关的安全制度，并负责组织实施。

第七十三条　乙方的运行操作人员必须按国家有关规定持证上岗。

第七十四条　乙方必须具备保证供水设施设备完好的定期检查、维护和故障抢修程序及手段。

第七十五条　乙方必须保证从事制水的人员按国家规定经过严格体检，无任何传染疾病。

第七十六条　乙方必须建立完整齐全的主要设备、设施档案并与实物相符。管网应具有大比例区切块网图，有完整阀门卡。

第七十七条　乙方必须建立生产、经营、服务全过程规范的原始记录、统计报表及台账。

第七十八条　乙方保证出厂水量、电耗、物耗准确计量，并按适用法律及时校准相关计量器具。

第七十九条　为确保乙方履行本协议的义务，在不妨碍乙方正常运营和维护项目设施的情况下，甲方的代理人或代表有权在任何时候进入供水工程用地和接近相关设备进行监督检查。

第八十条　甲方或其代理人或代表可要求乙方提供下列资料：

（1）净水和原水质量的检测分析报告；

（2）设备和机器的状况及设备和机器的定期检修情况的报告；

（3）财务报表；

（4）重大事故报告；

（5）计量器具校核证明文件；

（6）甲方认为需要提供的其他资料。

第八十一条　如果乙方违反其在本协议项下运营和维护供水工程的义务，甲方可就该违反行为向乙方发出书面通知。乙方在接到上述通知后应：

（1）对供水工程设施进行必要的纠正性维护；或者

（2）书面通知甲方其对通知内容有异议，争议应按照补偿与争议解决程序的规定解决。

第八十二条　如果根据争议解决程序，认定乙方未能按照本协议维护供水工程和履行本协议项下其他义务（包括但不限于第一百一十四条所规定的情形），并且乙方在补偿与争议解决程序规定的期限内未能补救，则甲方可以自行或指定第三方进行维护和运营供水工程，与维护和运营有关的风险和费用由乙方承担。乙方必须允许甲方及其指定的第三方的雇员、代理人和/或承包商及必要的工具、设备和仪器进入供水工程用地。

甲方应确保维护和运营工作尽量减少对供水工程运营的干扰。

第八十三条　如果乙方违反其运营维护供水工程的义务，则有关费用和开支必须由乙方承担。甲方有权提取维护保函金额，但是需将所发生的费用和开支的详细记录提交给乙方。

第八十四条　甲方有权对城市供水工程安全保护范围内危害供水工程安全的活动实施处罚。

第八十五条　经甲方同意，需要改装、拆除或迁移乙方经营的城市供水设施，甲方需与乙方进行协商并达成共识方可进行。

第八十六条　乙方应按照甲方的要求，制定保证在紧急情况下的基本供水的应急预案。并在供水紧急情况下，严格执行供水应急预案，服从甲方的调度。

第八十七条　乙方有权因启动供水应急预案而增加的合理成本向甲方提出补偿要求，甲方应选择支付补偿金，或调整水价，或延长特许经营期限给予补偿。

第八十八条　乙方应按照适用法律定时向甲方提供生产以及经营的统计数据。为了核实某些情况，甲可要求乙方对供水系统的性能和运转情况提供统计资料。

第八十九条　乙方应无条件地向甲方提供有关供水服务和成本的信息和相关解释。并应按甲方的要求，在甲方或其代理人或代表在场的情况下，对设备进行试验和检测，以核实设备的实际运转状况。

第七章　供　水　服　务

第九十条　乙方应按照适用法律在特许经营区域范围从事供水服务。

第九十一条　由于城市规划要求，甲方需要乙方提供另外供水服务，甲、乙双方应进行协商，努力就修改本协议达成共识。

第九十二条　乙方应保障每日 24 小时的连续供水服务，在因扩建及设施检修需停止供水服务时，应提前 24 小时通知用水户，因发生紧急事故或不可抗力，不能提前通知的，应在抢修的同时通知用水单位和个人，尽快恢复正常供水。停水时间必须在附件　《供水服务标准》规定的期限内。出现或可能出现下列情况时：

（1）一次暂停供水时间超过十二小时的，应当提前　日报告并取得甲方同意；

（2）需要对直径　毫米以上市政主干管进行维修、造成供水影响较大的，应当提前日报告并取得甲方同意；

（3）直接影响供水的重要设施、设备发生事故的，应当在发生事故后一小时内报告；

（4）由于不可抗力或者突发事故造成临时停水超过十二小时的，应当在发生事故后一小时内报告并采取临时供水措施。

第九十三条 乙方应按照本协议附件《供水服务标准》，实施规范化供水服务，向社会公开水质、水量、水压等涉及供水服务的各项服务指标，接受社会的监督。

第九十四条 乙方必须建立、健全水质监测制度，保证城市供水水质符合中国国家标准和其他相关标准。

第九十五条 乙方应建立原水水质监测制度。对取用地表水原水的浊度、pH 值、温度、色度等项目应每　日进行检测；对取用地下水的原水水质应每　日进行检测。对本地区原水需要特别监测的项目，也可列入检测范围，根据需要增加监测次数。

第九十六条 乙方应对出厂水和管网水进行检测。水质的检测项目、检测频率及采样点的设置应符合中国国家标准和其他相关标准。

第九十七条 乙方发现水质问题，应及时通知甲方。

第九十八条 甲方对乙方的供水水质进行全面监督检查并进行评估。乙方必须允许甲方代理人或代表进入供水工程，并配合甲方代理人或代表进行水质监督和检查活动。

第九十九条 乙方必须按照适用法律设置管网测压点，保证供水管网压力符合相应标准。

第一百条 乙方提供的供水服务，必须全部按表计量收费。乙方可以委托物业管理单位对用户实行抄表服务，但不免除自己应承担的供水责任。在同一供水服务范围内，乙方应保证同类用户交纳同一水费、接受同一供水服务。

第一百零一条 乙方应按有关规定与用户签订《城市供水用水合同》。

第一百零二条 中国法律另有规定的除外，乙方不得拒绝或停止向特许经营区域范围内符合城市规划及用水地点具备供水条件的用户供水。

第一百零三条 按照适用法律，乙方应向社会公布用水申请程序，并有义务向办理用水申请手续的用户提供咨询服务。

第一百零四条 除水费及政府明文规定的收费外，乙方不得向用户收取其他任何费用。

第一百零五条 乙方须建立营业规章并报甲方备案。

第一百零六条 按照甲方的要求，乙方应随时向甲方提供有关供水服务的书面报告，并作详细的说明。

第八章 收 费

第一百零七条 乙方向公众用户供水的价格实行政府定价。乙方按照　　市人民政府批准的收费标准向其服务范围内的用水户收取费用。

本协议生效日时的综合水价是每立方米　元。生活用水每立方米　元，行政事业用水每立方米　元，工业用水每立方米　元，经营服务用水每立方米　元，特种行业用水每立方米　元。（注：本条适用于乙方直接向公众供水的情况）

第一百零八条 不同用水性质的用水共用一只计量水表时，除另有规定外，按从高使用水价计收水费。（注：本条适用于乙方直接向公众供水的情况）

第一百零九条 水费结算方式按照适用法律，实行周期抄验水表并结算水费。

第一百一十条 按照适用法律，双方同意水价调整原则、程序、时限在附件

《水价调整协议》具体约定。

第一百一十一条   甲方协助有关部门按照适用法律制定城市供水收费标准、收费监督政策的调整计划。调整计划作为本协议的组成部分。

第一百一十二条   甲方有权对乙方经营成本进行监管，并对乙方的经营状况进行评估。（注：具体监管协议，各地根据实际情况在附件　《水价调整协议》中约定）

乙方因非乙方原因造成的经营成本发生重大变动时，可提出城市供水收费标准调整申请。甲方核实后应向有关部门提出调整意见。

第九章　特许经营权的终止与变更

第一百一十三条   特许经营期满，甲方授予乙方的特许经营权终止。

第一百一十四条   在特许经营期内，乙方有下列行为之一且未在收到甲方通知后日内纠正的，甲方有权提前通知乙方提前终止本协议：

（1）擅自转让、抵押、出租特许经营权的；

（2）擅自将所经营的财产进行处置或者抵押的；

（3）因管理不善，发生重大质量、生产安全事故的；

（4）未根据本协议规定提供、更新、恢复履约保函或维护保函的；

（5）擅自停业、歇业，严重影响到社会公共利益和安全的；

（6）乙方出现第五十二条规定的放弃建设或视为放弃建设；及

（7）严重违反本协议或法律禁止的其他行为。

第一百一十五条   在特许经营期内，乙方拟提前终止本协议时，应当提前向甲方提出申请。甲方应当自收到乙方申请的 3 个月内作出答复。在甲方同意提前终止协议前，乙方必须保证正常的经营与服务。

第一百一十六条   甲方有权在乙方没有任何违约行为的情况下提前　日通知乙方提前终止本协议，但是应按照本协议支付补偿款项。

第一百一十七条   在特许经营期内，如甲方严重违反本协议规定且未在收到乙方通知后　日内纠正，则乙方有权通知甲方提前终止本协议。

第一百一十八条   未经乙方事先的书面同意，甲方不得转让或让与其在本协议项下的全部或任何部分权利或义务。但前述规定不得妨碍甲方的分立、或其同中国政府部委、部门、机构，或代理机构，或其中国的任何行政下属机构，或任何中国国有企业或国有控股企业联合、兼并或重组，并且只要受让方或继承实体具有履行甲方在本协议项下义务的能力，并接受对履行甲方在本协议项下的权利和义务承担全面责任，不得妨碍甲方将其权利和义务移交给上述机构和公司。

第一百一十九条   未经甲方书面同意的情况下，乙方不得转让其在本协议下的全部或任何部分权利和义务。

第一百二十条   除下述第一百二十一条外，乙方不得对下列各项进行抵押、质押、设置任何留置权或担保权益，或以其他类似方式加以处置：

（1）供水工程用地的土地使用权；

（2）供水工程设施；

（3）本协议项下权利；

（4）供水服务所需的乙方的任何其他资产和权利。

第一百二十一条　为安排供水工程项目融资，乙方有权依适用法律以其在本协议项下的权利给贷款人提供担保，并且为贷款人的权利和利益在供水工程用地的土地使用权、供水工程设施或供水工程和服务所需的乙方的任何其他资产和权利上设抵押、质押、留置权或担保权益。但此类抵押、质押、担保权益设置（包括此类权益设置的变更）均须取得甲方书面同意，甲方不得不合理地拒绝同意。

第一百二十二条　乙方在开始运营日起　年后才能进行股东变更。（注：请协议各方根据具体情况协商确定，建议一般为5年）

第一百二十三条　如因任何原因乙方主要股东发生变更（实际持股数列前2位的股东变更，包括通过关联方持股使列前2位的股东发生变更），乙方必须书面通知甲方。

第十章　特许经营权终止后的移交

第一百二十四条　在第一百一十三条所述情况下，乙方在移交日应向甲方或其指定机构移交其全部固定资产、权利、文件和材料和档案，并确保该等固定资产、权利附件　《技术规范和要求》和附件　《工程技术方案》规定的功能标准要求。乙方在未正式完成交接前，应善意履行看守职责，保障正常生产和服务。

如本协议根据第一百一十四条和第一百一十五条终止，甲方应在乙方完成第一百二十七条规定的移交后　日内按照乙方在融资文件项下尚未偿还的贷款人的本金、利息、罚息和其他债务的金额补偿乙方，在任何情况下，该补偿金额应不超过按照甲方、乙方共同委托的资产评估机构对乙方移交的全部固定资产、权利所做评估的评估值。（注：1. 甲方应视项目情况要求乙方的注册资本金应达到一定的比例；2. 如项目公司是外商投资企业，其外资比例应符合国家外资准入政策。）

如本协议根据第一百一十六条或第一百一十七条终止，甲方应在乙方完成第一百二十七条规定的移交后　日内按照甲方、乙方共同委托的资产评估机构对乙方移交的全部固定资产、权利所做评估的评估值和乙方从移交日起　年的预期利润补偿乙方。（注：评估时应考虑乙方已经提取的固定资产折旧等因素）

第一百二十五条　在特许经营期满之前不早于　个月，乙方应对供水工程进行一次最后恢复性大修，并应在甲方在场时进行供水工程性能测试，测试所得性能数据应符合附件　《技术规范和要求》和附件　《工程技术方案》规定的功能标准要求。

第一百二十六条　乙方保证在移交日后十二个月内，修复由乙方责任而造成供水工程任何部分出现的缺陷或损坏。如果修理达不到附件　《技术规范和要求》和附件　《工程技术方案》规定的功能标准要求。甲方有权就供水设施性能降低而从维护保函中提取相应金额获得赔偿。

除非乙方的行为构成严重不当，乙方对甲方在上述保证期承担的责任应限于维护保函。

第一百二十七条　因法律变更导致任何一方根据第十三章提前终止本协议，甲方应在乙方完成第一百二十七条规定的移交后　日内按照下述金额或标准向乙方支付补偿：（注：双方根据项目具体情况公平合理地确定补偿金额或标准）

因不可抗力导致任何一方根据第十三章提前终止本协议，甲方应在乙方完成第一百二

十七条规定的移交后日内按照下述金额或标准向乙方支付补偿：（注：双方根据项目具体情况公平合理地确定补偿金额或标准）

第一百二十八条   如本协议提前终止，乙方应在收到甲方通知后   工作日内向甲方或其指定机构移交其全部固定资产、权利、文件和材料和档案，并确保这些固定资产和权利处于提前终止发生日的状态。乙方在未正式完成交接前，应善意履行看守职责，保障正常生产和服务。

因第一百一十四条和第一百十五条所述情况下的本协议提前终止给甲方增加的任何合理成本或费用，乙方应给予补偿。

第十一章   违 约 与 赔 偿

第一百二十九条   除本协议另有规定外，当协议一方发生违反本协议的行为而使非违约方遭受任何损害、损失、增加支出或承担额外责任，非违约方有权获得赔偿，该项赔偿由违约方支付。

上款所述赔偿不应超过违约方在签订本协议时预见或应当预见到的损害、损失、支出或责任。

如果违反本协议是由于不可抗力事件造成的，则甲方和乙方对此种违反不承担责任。

第一百三十条   对于是否发生违反本协议的情况有争议，应按照在补偿与争议解决程序中规定的争议解决程序解决。

第一百三十一条   非违约方必须采取合理措施减轻或最大程度地减少违反本协议引起的损失，并有权从违约方获得为谋求减轻和减少损失而发生的任何合理费用。

如果非违约方未能采取上款所述措施，违约方可以请求从赔偿金额中扣除本应能够减轻或减少的损失金额。

第一百三十二条   如果损失是部分由于非违约方的作为或不作为造成的，或产生于应由非违约方承担风险的另一事件，则应从赔偿的数额中扣除这些因素造成的损失。

第十二章   文   件

第一百三十三条   甲方和乙方对获取的有关本协议和供水工程的所有资料和文件，必须保密。保密期至本协议期满或终止后   年。

第一百三十四条   对以下情况，第一百三十二条不适用：

（1）已经公布的或按本协议可以其他方式公开取得的信息；

（2）一方以不违反保密义务的方式已经取得的信息；

（3）以不违反保密义务的方式从第三方取得的信息；

（4）按照适用法律要求披露的信息；

（5）为履行一方在本协议项下义务而披露的行为。

第十三章   不可抗力和法律变更

第一百三十五条   由于不可抗力事件或法律变更不能全部或部分履行其义务时，任一方可中止履行其在本协议项下的义务（在不可抗力事件或法律变更发生前已发生的应付且未付义务除外）。

如果甲方或乙方按照上款中止履行义务，其必须在不可抗力事件或法律变更结束后尽快恢复履行这些义务。

第一百三十六条 声称受到不可抗力或法律变更影响的一方必须在知道不可抗力事件或法律变更发生之后尽可能立即书面通知另一方，并详细描述有关不可抗力事件或法律变更的发生和可能对该方履行在本协议义务产生的影响和预计影响结束的时间。同时提供另一方可能合理要求的任何其他信息。

第一百三十七条 发生不可抗力事件时，任一方必须各自承担由于不可抗力事件造成的支出和费用。

第一百三十八条 受到不可抗力事件影响或法律变更的一方必须尽合理的努力减少不可抗力事件或法律变更的影响，包括：

（1）根据合理判断采取适当措施并为此支付合理的金额；

（2）与另一方协商制定并实施补救计划及合理的替代措施以消除不可抗力的影响，并确定为减少不可抗力事件或法律变更带来的损失应采取的合理措施；

（3）在不可抗力事件或法律变更结束之后必须尽快恢复履行本协议义务。

第一百三十九条 如果不可抗力事件是由于不可抗力定义中第（6）项原水恶化或供应不足，且该不可抗力事件全部或部分阻止乙方按本协议履行义务的时间，

（1）从第一个原水恶化或供应不足之日起计算的连续　个月期间内连续或累计超过　日，并且

（2）如在紧接着的　个月期间该情形再次阻止乙方按本协议履行其义务超过　个连续或累计日，则甲方和乙方应通过协商决定继续履行本协议的条件或双方同意终止本协议。

如果甲方和乙方不能按上款所述就终止条件达成协议，甲方或乙方的任何一方可在上款（2）所述的　之后不少于　日后的任何时间给予另一方书面通知后终止本协议。

第一百四十条 如果不可抗力事件是由于不可抗力定义中第（6）项原水供应不足，且该不可抗力事件全部或部分阻止乙方按本协议履行义务的时间，从第一个原水恶化或供应不足之日起计算的连续　个月期间内连续或累计超过　日，则，如果融资文件要求，乙方可以在　日期满后不少于　日后的任何时间书面通知甲方终止本协议。

第一百四十一条 如果任何其他不可抗力事件或法律变更全部或部分阻止甲方或乙方履行其在本协议义务的时间，在某一连续　个月期间连续或累计超过　日，双方必须协商决定继续履行本协议的条件。

第一百四十二条 如果甲方和乙方不能按第一百四十条所述就继续履行本协议的条件达成协议，则甲方或乙方可在第一百四十条所述的　日期满后不少于　日的任何时间，给予另一方书面通知后终止本协议。

第十四章　保　　　险

第一百四十三条 在特许经营期内，乙方必须自费购买和维持附件　《保险》所述的

保险。

未经甲方书面同意，乙方不得变更该等保险。

乙方必须使甲方列为保险单上的共同被保险人（受益人）和使所有保险单均注明保险商在取消保险或对之进行重大改变之前至少 日书面通知甲方。

第一百四十四条 乙方必须促使其保险公司或代理人向甲方提供保险证明，以证实按照第一百四十二条获得的保险及相关文件。

第一百四十五条 乙方未能按第一百四十二条、第一百四十三条要求投保或获得保险证明，不得减轻或以其他方式影响乙方依本协议应承担的义务和责任。

第一百四十六条 如果乙方不购买或维持根据第一百四十二条、第一百四十三条所要求的保险，则甲方有权购买该保险，并且有权根据本协议从履约保函或维护保函款项中提取需支付的保险费金额。

第十五章 通   知

第一百四十七条 本协议的任何通知应以中文书面形式给予，应派人送达或挂号邮寄、电传或传真发送，地址如下：甲方地址：   ，电话：   ，传真：   ，邮政编码：   ，收件人：   ；乙方地址：   ，电话：   ，传真：   ，邮政编码：   ，收件人：   。

任何一方如需改变上述通讯方式应提前 天书面通知另一方，另一方收到这种通知后这种改变即生效。

第十六章 争 议 解 决

第一百四十八条 在本协议有效期限内，双方代表应至少每半年开会一次讨论供水工程的建设、运行以便保证双方的安排在互相满意的基础上继续进行。

第一百四十九条 对于甲方可能在任何司法管辖区主张的其自身、其资产或其收益对诉讼、执行、扣押或其他法律程序享有的主权豁免，甲方同意不主张该等豁免并且在法律允许的最大限度内不可撤销地放弃该等豁免。

第一百五十条 双方同意，如在执行本协议时产生争议或歧义，双方应通过协商努力解决这种争议，如不能解决，双方同意按下述第 种方式解决：（注：只能选择一种方式）

（1）任何一方应将该争议提交中国国际经济贸易仲裁委员会由其根据其届时有效的仲裁规则在（注：可在北京、上海、深圳中选择）进行仲裁；或

（2）任何一方应就该争议向人民法院提起诉讼。

第十七章 适用法律及标准语言

第一百五十一条 本协议用中文书写，一式 份，双方各执 份。所有协议附件与本协议具有同等效力。

第一百五十二条 本协议受中华人民共和国法律管辖，并根据中华人民共和国法律解释。

第十八章 附 件

附件一、《工程和特许经营区域范围》（注：根据项目情况，分别确定工程情况和范围、经营服务范围）

附件二、《工程进度》

附件三、《履约保函和维护保函格式》

附件四、《项目和企业相关批准文件》（建设用地规划许可证、土地使用证、初步设计审批、建设工程规划许可证、外国设计商的资质审查及设计合同、设计承包合同的批准、外国建设承包商资格审批和资质证书、建设施工合同备案、建设工程施工许可证、环保设施的验收、竣工验收、卫生许可证、土地复垦验收、供水设施产权登记及其他权利登记、公司登记和营业执照、税务登记、财政登记、统计登记、海关登记备案、劳动管理有关事项、项目融资的批准和登记等）（注：请协议各方根据项目具体情况相应修改）

附件五、《技术规范和要求》（注：对于新建项目，应考虑包括初步性能测试和最终性能测试的要求）

附件六、《设施维护方案》

附件七、《保险》

附件八、《工程技术方案》

附件九、《原水供应协议或取水协议》

附件十、《水价调整协议》（注：各地可根据实际情况，考虑在财政监管和水价调整方面具体约定）

附件十一、《供水服务标准》

双方各自授权代表于　　年　月　日签署本协议，以兹为证。

甲方：　　　　　　　　　　　乙方：

————————————　　　　————————————

签字：　　　　　　　　　　　签字：

法定代表人/授权代表　　　　　法定代表人/授权代表

11.4　间断复利与年金系数表

$i=1\%$ 的间断复利因子

N	一次偿付 复利因数 $(F/P,1,N)$	一次偿付 现值因数 $(P/F,1,N)$	资金回 收因数 $(A/P,1,N)$	定额序列 现值因数 $(P/A,1,N)$	资金储 存因数 $(A/F,1,N)$	定额序列 复利因数 $(F/A,1,N)$	等差级 数因素 $(A/G,1,N)$	N
1	1.0100	0.99010	1.0100	0.9900	1.0000	1.0000	0.0000	1
2	1.0201	0.98030	0.50757	1.9701	0.49757	2.0097	0.4864	2
3	1.0303	0.97059	0.34006	2.9406	0.33006	3.0297	0.9813	3
4	1.0406	0.96099	0.25631	3.9014	0.24631	4.0598	1.4751	4
5	1.0510	0.95147	0.20606	4.8528	0.19607	5.1003	1.9675	5
6	1.0615	0.94205	0.17257	5.7947	0.16257	6.1512	2.4581	6
7	1.0721	0.93273	0.14865	6.7273	0.13865	7.2125	2.9469	7
8	1.0828	0.92349	0.13071	7.6507	0.12071	8.2845	3.4349	8
9	1.0936	0.91435	0.11675	8.5649	0.10675	9.3672	3.9209	9
10	1.1046	0.90530	0.10560	9.4701	0.09560	10.460	4.4047	10
11	1.1156	0.89634	0.09647	10.366	0.08647	11.565	4.8872	11
12	1.1268	0.88746	0.08886	11.253	0.07886	12.680	5.3682	12
13	1.1380	0.87868	0.08242	12.132	0.07242	13.807	5.8476	13
14	1.1494	0.86998	0.07691	13.002	0.06691	14.945	6.3253	14
15	1.1609	0.86137	0.07213	13.863	0.06213	16.094	6.8010	15
16	1.1725	0.85284	0.06795	14.716	0.05795	17.255	7.2754	16
17	1.1842	0.84440	0.06427	15.560	0.05427	18.427	7.7483	17
18	1.1961	0.83604	0.06099	16.396	0.05099	19.611	8.2192	18
19	1.2080	0.82776	0.05806	17.223	0.04806	20.807	8.6883	19
20	1.2201	0.81957	0.05542	18.043	0.04542	22.015	9.1560	20
21	1.2323	0.81145	0.05304	18.854	0.04304	23.235	9.6222	21
22	1.2446	0.80342	0.05087	19.658	0.04087	24.467	10.086	22
23	1.2571	0.79547	0.04889	20.453	0.03889	25.712	10.549	23
24	1.2696	0.78759	0.04708	21.240	0.03708	26.969	11.010	24
25	1.2823	0.77979	0.04541	22.020	0.03541	28.238	11.469	25
26	1.2952	0.77207	0.04387	22.792	0.03387	29.521	11.927	26
27	1.3081	0.76443	0.04245	23.556	0.03245	30.816	12.383	27
28	1.3212	0.75686	0.04113	24.313	0.03113	32.124	12.838	28
29	1.3344	0.74937	0.03990	25.062	0.02990	33.445	13.291	29
30	1.3478	0.74195	0.03875	25.804	0.02875	34.779	13.742	30
31	1.3612	0.73461	0.03768	26.539	0.02768	36.127	14.191	31
32	1.3748	0.72733	0.03667	27.266	0.02667	37.488	14.640	32
33	1.3886	0.72013	0.03573	27.986	0.02573	38.863	15.086	33
34	1.4025	0.71301	0.03484	28.699	0.02484	40.251	15.531	34
35	1.4165	0.70595	0.03401	29.405	0.02401	41.653	15.973	35
40	1.4887	0.67169	0.03046	32.831	0.02046	48.878	18.164	40
45	1.5647	0.63909	0.02771	36.090	0.01771	56.471	20.314	45
50	1.6445	0.60808	0.02552	39.192	0.01552	64.452	22.423	50
55	1.7284	0.57857	0.02373	42.142	0.01373	72.839	24.491	55
60	1.8165	0.55049	0.02225	44.950	0.01225	81.655	26.520	60
65	1.9092	0.52378	0.02100	47.622	0.01100	90.920	28.508	65
70	2.0065	0.49836	0.01993	50.163	0.00993	100.65	30.457	70
75	2.1089	0.47418	0.01902	52.582	0.00902	110.89	32.366	75
80	2.2164	0.45117	0.01822	54.883	0.00822	121.64	34.236	80
85	2.3295	0.42927	0.01752	57.072	0.00752	132.95	36.067	85
90	2.4483	0.40844	0.01690	59.156	0.00690	144.83	37.859	90
95	2.5732	0.38862	0.01636	61.138	0.00636	157.32	39.614	95
100	2.7044	0.36976	0.01587	63.024	0.00587	170.44	41.330	100

$i=1\frac{1}{2}\%$的间断复利因子

N	一次偿付 复利因数 $(F/P,1\frac{1}{2},N)$	一次偿付 现值因数 $(P/F,1\frac{1}{2},N)$	资金回 收因数 $(A/P,1\frac{1}{2},N)$	定额序列 现值因数 $(P/A,1\frac{1}{2},N)$	资金储 存因数 $(A/F,1\frac{1}{2},N)$	定额序列 复利因数 $(F/A,1\frac{1}{2},N)$	等差级 数因素 $(A/G,1\frac{1}{2},N)$	N
1	1.0150	0.98522	1.0150	0.9852	1.0000	1.0000	0.0000	1
2	1.0302	0.97066	0.51131	1.9557	0.49631	2.0148	0.4917	2
3	1.0456	0.95632	0.34340	2.9120	0.32840	3.0450	0.9857	3
4	1.0613	0.94219	0.25946	3.8540	0.24446	4.0905	1.4760	4
5	1.0772	0.92827	0.20910	4.7823	0.19410	5.1518	1.9653	5
6	1.0934	0.91455	0.17554	5.6967	0.16054	6.2290	2.4511	6
7	1.1098	0.90103	0.15157	6.5977	0.13657	7.3223	2.9351	7
8	1.1264	0.88772	0.13359	7.4853	0.11859	8.4320	3.4161	8
9	1.1433	0.87460	0.11962	8.3598	0.10462	9.5585	3.8952	9
10	1.1605	0.86168	0.10844	9.2214	0.09344	10.701	4.3716	10
11	1.1779	0.84894	0.09930	10.070	0.08430	11.862	4.8456	11
12	1.1956	0.83640	0.09169	10.906	0.07669	13.039	5.3169	12
13	1.2135	0.82404	0.08525	11.730	0.07025	14.235	5.7863	13
14	1.2317	0.81186	0.07973	12.542	0.06473	15.448	6.2524	14
15	1.2502	0.79987	0.07495	13.342	0.05995	16.680	6.7165	15
16	1.2689	0.78805	0.07077	14.130	0.05577	17.930	7.1781	16
17	1.2879	0.77640	0.06708	14.906	0.05208	19.199	7.6374	17
18	1.3073	0.76493	0.06381	15.671	0.04881	20.487	8.0939	18
19	1.3269	0.75363	0.06088	16.424	0.04588	21.794	8.5482	19
20	1.3468	0.74249	0.05825	17.167	0.04325	23.121	8.9998	20
21	1.3670	0.73152	0.05587	17.898	0.04087	24.468	9.4493	21
22	1.3875	0.72071	0.05371	18.619	0.03871	25.834	9.8959	22
23	1.4083	0.71006	0.05173	19.329	0.03673	27.222	10.340	23
24	1.4294	0.69957	0.04993	20.028	0.03493	28.630	10.782	24
25	1.4509	0.68923	0.04827	20.718	0.03327	30.059	11.221	25
26	1.4726	0.67904	0.04674	21.397	0.03174	31.510	11.658	26
27	1.4947	0.66901	0.04532	22.066	0.03032	32.983	12.093	27
28	1.5171	0.65912	0.04400	22.725	0.02900	34.477	12.525	28
29	1.5399	0.64938	0.04278	23.374	0.02778	35.994	12.955	29
30	1.5630	0.63979	0.04164	24.014	0.02664	37.534	13.382	30
31	1.5864	0.63033	0.04058	24.644	0.02558	39.097	13.807	31
32	1.6102	0.62102	0.03958	25.265	0.02458	40.683	14.229	32
33	1.6344	0.61184	0.03864	25.877	0.02364	42.293	14.649	33
34	1.6589	0.60280	0.03776	26.479	0.02276	43.928	15.067	34
35	1.6838	0.59389	0.03694	27.073	0.02194	45.586	15.482	35
40	1.8139	0.55129	0.03343	29.913	0.01843	54.261	17.522	40
45	1.9541	0.51174	0.03072	32.550	0.01572	63.606	19.501	45
50	2.1051	0.47504	0.02857	34.997	0.01357	73.673	21.422	50
55	2.2677	0.44096	0.02683	37.269	0.01183	84.518	23.283	55
60	2.4430	0.40933	0.02539	39.378	0.01039	96.201	25.087	60
65	2.6318	0.37997	0.02419	41.335	0.00919	108.78	26.833	65
70	2.8351	0.35271	0.02317	43.152	0.00817	122.34	28.523	70
75	3.0542	0.32741	0.02200	44.839	0.00730	136.95	30.157	75
80	3.2903	0.30392	0.02155	46.405	0.00655	152.68	31.737	80
85	3.5445	0.28212	0.02089	47.858	0.00589	169.63	33.262	85
90	3.8185	0.26188	0.02032	49.207	0.00532	187.89	34.734	90
95	4.1135	0.24310	0.01982	50.460	0.00482	207.57	36.155	95
100	4.4314	0.22566	0.01937	51.622	0.00437	228.76	37.524	100

$i=2\%$的间断复利因子

N	一次偿付复利因数	一次偿付现值因数	资金回收因数	定额序列现值因数	资金储存因数	定额序列复利因数	等差级数因素	N
	$(F/P,2,N)$	$(P/F,2,N)$	$(A/P,2,N)$	$(P/A,2,N)$	$(A/F,2,N)$	$(F/A,2,N)$	$(A/G,2,N)$	
1	1.0200	0.98039	1.0200	0.9804	1.0000	1.0000	0.0000	1
2	1.0404	0.96117	0.51507	1.9415	0.49507	2.0199	0.4934	2
3	1.0612	0.94232	0.34677	2.8837	0.32677	3.0603	0.9851	3
4	1.0824	0.92385	0.26263	3.8075	0.24263	4.1214	1.4733	4
5	1.1040	0.90573	0.21217	4.7132	0.19217	5.2038	1.9584	5
6	1.1261	0.88798	0.17853	5.6012	0.15853	6.3078	2.4401	6
7	1.1486	0.87056	0.15452	6.4717	0.13452	7.4339	2.9189	7
8	1.1716	0.85350	0.13651	7.3252	0.11651	8.5826	3.3940	8
9	1.1950	0.83676	0.12252	8.1619	0.10252	9.7541	3.8659	9
10	1.2189	0.82035	0.11133	8.9822	0.09133	10.949	4.3347	10
11	1.2433	0.80427	0.10218	9.7865	0.08218	12.168	4.8001	11
12	1.2682	0.78850	0.09456	10.574	0.07456	13.411	5.2622	12
13	1.2935	0.77304	0.08812	11.347	0.06812	14.679	5.7209	13
14	1.3194	0.75788	0.08261	12.105	0.06261	15.973	6.1764	14
15	1.3458	0.74302	0.07783	12.848	0.05783	17.292	6.6288	15
16	1.3727	0.72846	0.07365	13.577	0.05365	18.638	7.0778	16
17	1.4002	0.71417	0.06997	14.291	0.04997	20.011	7.5236	17
18	1.4282	0.70017	0.06670	14.991	0.04670	21.411	7.9660	18
19	1.4567	0.68644	0.06378	15.677	0.04378	22.839	8.4052	19
20	1.4859	0.67298	0.06116	16.350	0.04116	24.296	8.8412	20
21	1.5156	0.65979	0.05879	17.010	0.03879	25.781	9.2739	21
22	1.5459	0.64685	0.05663	17.657	0.03663	27.297	9.7033	22
23	1.5768	0.63417	0.05467	18.291	0.03467	28.843	10.129	23
24	1.6084	0.62173	0.05287	18.913	0.03287	30.420	10.552	24
25	1.6405	0.60954	0.05122	19.522	0.03122	32.028	10.972	25
26	1.6733	0.59759	0.04970	20.120	0.02970	33.669	11.388	26
27	1.7068	0.58588	0.04829	20.706	0.02829	35.342	11.802	27
28	1.7409	0.57439	0.04699	21.280	0.02699	37.049	12.212	28
29	1.7758	0.56313	0.04578	21.843	0.02578	38.790	12.619	29
30	1.8113	0.55208	0.04465	22.395	0.02465	40.565	13.023	30
31	1.8475	0.54126	0.04360	22.937	0.02360	42.377	13.423	31
32	1.8844	0.53065	0.04261	23.467	0.02261	44.224	13.821	32
33	1.9221	0.52024	0.04169	23.987	0.02169	46.108	14.215	33
34	1.9606	0.51004	0.04082	24.497	0.02082	48.031	14.606	34
35	1.9998	0.50004	0.04000	24.997	0.02000	49.991	14.994	35
40	2.2079	0.45291	0.03656	27.354	0.01656	60.398	16.886	40
45	2.4377	0.41021	0.03391	29.489	0.01391	71.888	18.701	45
50	2.6914	0.37154	0.03182	31.422	0.01182	84.573	20.440	50
55	2.9715	0.33652	0.03014	33.174	0.01014	98.579	22.103	55
60	3.2808	0.30480	0.02877	34.760	0.00877	114.04	23.694	60
65	3.6223	0.27607	0.02763	36.196	0.00763	131.11	25.212	65
70	3.9993	0.25004	0.02667	37.497	0.00667	149.96	26.661	70
75	4.4155	0.22647	0.02586	38.676	0.00586	170.77	28.041	75
80	4.8751	0.20512	0.02516	39.743	0.00516	193.75	29.355	80
85	5.3824	0.18579	0.02456	40.710	0.00456	219.12	30.604	85
90	5.9426	0.16827	0.02405	41.586	0.00405	247.13	31.791	90
95	6.5611	0.15241	0.02360	42.379	0.00360	278.05	32.917	95
100	7.2440	0.13804	0.02320	43.097	0.00320	312.20	33.984	100

$i=2\frac{1}{2}\%$的间断复利因子

N	一次偿付 复利因数 $(F/P,2\frac{1}{2},N)$	一次偿付 现值因数 $(P/F,2\frac{1}{2},N)$	资金回 收因数 $(A/P,2\frac{1}{2},N)$	定额序列 现值因数 $(P/A,2\frac{1}{2},N)$	资金储 存因数 $(A/F,2\frac{1}{2},N)$	定额序列 复利因数 $(F/A,2\frac{1}{2},N)$	等差级 数因素 $(A/G,2\frac{1}{2},N)$	N
1	1.0250	0.97561	1.0250	0.9756	1.0000	1.0000	0.0000	1
2	1.0506	0.95182	0.51884	1.9273	0.49384	2.0243	0.4930	2
3	1.0768	0.92860	0.35014	2.8559	0.32514	3.0755	0.9827	3
4	1.1038	0.90595	0.26582	3.7618	0.24082	4.1524	1.4681	4
5	1.1314	0.88386	0.21525	4.6457	0.19025	5.2562	1.9496	5
6	1.1596	0.86230	0.18155	5.5079	0.15655	6.3875	2.4269	6
7	1.1886	0.84127	0.15750	6.3492	0.13250	7.5472	2.9002	7
8	1.2184	0.82075	0.13947	7.1699	0.11447	8.7358	3.3695	8
9	1.2488	0.80073	0.12546	7.9707	0.10046	9.9542	3.8346	9
10	1.2800	0.78120	0.11426	8.7518	0.08926	11.203	4.2955	10
11	1.3120	0.76215	0.10511	9.5140	0.08011	12.483	4.7524	11
12	1.3448	0.74356	0.09749	10.257	0.07249	13.795	5.2052	12
13	1.3785	0.72543	0.09105	10.982	0.06605	15.140	5.6539	13
14	1.4129	0.70773	0.08554	11.690	0.06054	16.518	6.0985	14
15	1.4482	0.69047	0.08077	12.381	0.05577	17.931	6.5391	15
16	1.4844	0.67363	0.07660	13.054	0.05160	19.379	6.9756	16
17	1.5216	0.65720	0.07293	13.711	0.04793	20.864	7.4081	17
18	1.5596	0.64117	0.06967	14.353	0.04467	22.385	7.8365	18
19	1.5986	0.62553	0.06676	14.978	0.04176	23.945	8.2609	19
20	1.6386	0.61028	0.06415	15.588	0.03915	25.543	8.6813	20
21	1.6795	0.59539	0.06179	16.184	0.03679	27.182	9.0976	21
22	1.7215	0.58087	0.05965	16.765	0.03465	28.861	9.5100	22
23	1.7645	0.56671	0.05770	17.331	0.03270	30.583	9.9183	23
24	1.8087	0.55288	0.05591	17.884	0.03091	32.347	10.322	24
25	1.8539	0.53940	0.05428	18.424	0.02928	34.156	10.723	25
26	1.9002	0.52624	0.05277	18.950	0.02777	36.010	11.119	26
27	1.9477	0.51341	0.05138	19.463	0.02638	37.910	11.512	27
28	1.9964	0.50089	0.05009	19.964	0.02509	39.858	11.900	28
29	2.0463	0.48867	0.04889	20.453	0.02389	41.854	12.285	29
30	2.0975	0.47675	0.04778	20.929	0.02278	43.901	12.665	30
31	2.1499	0.46512	0.04674	21.395	0.02174	45.998	13.042	31
32	2.2037	0.45378	0.04577	21.848	0.02077	48.148	13.415	32
33	2.2588	0.44271	0.04486	22.291	0.01986	50.352	13.784	33
34	2.3152	0.43191	0.04401	22.723	0.01901	52.610	14.149	34
35	2.3731	0.42138	0.04321	23.144	0.01821	54.926	14.511	35
40	2.6850	0.37244	0.03984	25.102	0.01484	67.399	16.261	40
45	3.0378	0.32918	0.03727	26.832	0.01227	81.512	17.917	45
50	3.4370	0.29095	0.03526	28.361	0.01026	97.480	19.483	50
55	3.8886	0.25716	0.03365	29.713	0.00865	115.54	20.959	55
60	4.3996	0.22729	0.03235	30.908	0.00735	135.98	22.351	60
65	4.9777	0.20089	0.03128	31.964	0.00628	159.11	23.659	65
70	5.6318	0.17756	0.03040	32.897	0.00540	185.27	24.887	70
75	6.3719	0.15694	0.02965	33.722	0.00465	214.87	26.038	75
80	7.2092	0.13871	0.02903	34.451	0.00403	248.36	27.115	80
85	8.1565	0.12260	0.02849	35.095	0.00349	286.26	28.122	85
90	9.2283	0.10836	0.02804	35.665	0.00304	329.13	29.062	90
95	10.441	0.09578	0.02765	36.168	0.00265	377.63	29.937	95
100	11.813	0.08465	0.02731	36.613	0.00231	432.51	30.751	100

$i=3\%$的间断复利因子

N	一次偿付 复利因数 $(F/P,3,N)$	一次偿付 现值因数 $(P/F,3,N)$	资金回 收因数 $(A/P,3,N)$	定额序列 现值因数 $(P/A,3,N)$	资金储 存因数 $(A/F,3,N)$	定额序列 复利因数 $(F/A,3,N)$	等差级 数因素 $(A/G,3,N)$	N
1	1.0300	0.97087	1.0300	0.9709	1.0000	1.0000	0.0000	1
2	1.0609	0.94260	0.52262	1.9134	0.49262	2.0299	0.4920	2
3	1.0927	0.91514	0.35354	2.8285	0.32354	3.0908	0.9795	3
4	1.1255	0.88849	0.26903	3.7170	0.23903	4.1835	1.4622	4
5	1.1592	0.86261	0.21836	4.5796	0.18836	5.3090	1.9401	5
6	1.1940	0.83749	0.18460	5.4170	0.15460	6.4682	2.4129	6
7	1.2298	0.81310	0.16051	6.2301	0.13051	7.6622	2.8809	7
8	1.2667	0.78941	0.14246	7.0195	0.11246	8.8920	3.3440	8
9	1.3047	0.76642	0.12844	7.7859	0.09844	10.158	3.8022	9
10	1.3439	0.74410	0.11723	8.5300	0.08723	11.463	4.2555	10
11	1.3842	0.72243	0.10808	9.2524	0.07808	12.807	4.7040	11
12	1.4257	0.70139	0.10046	9.9537	0.07046	14.191	5.1475	12
13	1.4685	0.68096	0.09403	10.634	0.06403	15.617	5.5863	13
14	1.5125	0.66113	0.08853	11.295	0.05853	17.085	6.0201	14
15	1.5579	0.64187	0.08377	11.937	0.05377	18.598	6.4491	15
16	1.6046	0.62318	0.07961	12.560	0.04961	20.156	6.8732	16
17	1.6528	0.60502	0.07595	13.165	0.04595	21.760	7.2926	17
18	1.7024	0.58740	0.07271	13.753	0.04271	23.413	7.7072	18
19	1.7534	0.57030	0.06982	14.323	0.03982	25.115	8.1169	19
20	1.8060	0.55369	0.06722	14.877	0.03722	26.869	8.5219	20
21	1.8602	0.53756	0.06487	15.414	0.03487	28.675	8.9221	21
22	1.9160	0.52190	0.06275	15.936	0.03275	30.535	9.3176	22
23	1.9735	0.50670	0.06082	16.443	0.03082	32.451	9.7084	23
24	2.0327	0.49194	0.05905	16.935	0.02905	34.425	10.094	24
25	2.0937	0.47762	0.05743	17.412	0.02743	36.457	10.475	25
26	2.1565	0.46370	0.05594	17.876	0.02594	38.551	10.852	26
27	2.2212	0.45020	0.05457	18.326	0.02457	40.707	11.224	27
28	2.2878	0.43709	0.05329	18.763	0.02329	42.929	11.592	28
29	2.3565	0.42436	0.05212	19.188	0.02212	45.217	11.954	29
30	2.4272	0.41200	0.05102	19.600	0.02102	47.573	12.313	30
31	2.5000	0.40000	0.05000	20.000	0.02000	50.000	12.666	31
32	2.5750	0.38835	0.04905	20.388	0.01905	52.500	13.016	32
33	2.6522	0.37704	0.04816	20.765	0.01816	55.075	13.360	33
34	2.7318	0.36606	0.04732	21.131	0.01732	57.727	13.700	34
35	2.8137	0.35539	0.04654	21.486	0.01654	60.459	14.036	35
40	3.2619	0.30657	0.04326	23.114	0.01326	75.397	15.649	40
45	3.7814	0.26445	0.04079	24.518	0.01079	92.715	17.154	45
50	4.3837	0.22812	0.03887	25.729	0.00887	112.79	18.556	50
55	5.0819	0.19678	0.03735	26.774	0.00735	136.06	19.859	55
60	5.8913	0.16974	0.03613	27.675	0.00613	163.04	21.066	60
65	6.8296	0.14642	0.03515	28.452	0.00515	194.32	22.183	65
70	7.9173	0.12630	0.03434	29.123	0.00434	230.57	23.213	70
75	9.1783	0.10895	0.03367	29.701	0.00367	272.61	24.162	75
80	10.640	0.09398	0.03311	30.200	0.00311	321.33	25.034	80
85	12.334	0.08107	0.03265	30.630	0.00265	377.82	25.834	85
90	14.299	0.06993	0.03226	31.002	0.00226	443.21	26.566	90
95	16.576	0.06033	0.03193	31.322	0.00193	519.22	27.234	95
100	19.217	0.05204	0.03165	31.598	0.00165	607.23	27.843	100

$i=4\%$的间断复利因子

N	一次偿付复利因数	一次偿付现值因数	资金回收因数	定额序列现值因数	资金储存因数	定额序列复利因数	等差级数因素	N
	$(F/P,4,N)$	$(P/F,4,N)$	$(A/P,4,N)$	$(P/A,4,N)$	$(A/F,4,N)$	$(F/A,4,N)$	$(A/G,4,N)$	
1	1.0400	0.96154	1.0400	0.9615	1.0000	1.0000	0.0000	1
2	1.0816	0.92456	0.53020	1.8860	0.49020	2.0399	0.4900	2
3	1.1248	0.88900	0.36035	2.7750	0.32035	3.1215	0.9736	3
4	1.1698	0.85481	0.27549	3.6293	0.23549	4.2464	1.4506	4
5	1.2166	0.82193	0.22463	4.4517	0.18463	5.4162	1.9213	5
6	1.2653	0.79032	0.19076	5.2420	0.15076	6.6328	2.3853	6
7	1.3159	0.75992	0.16661	6.0019	0.12661	7.8981	2.8429	7
8	1.3685	0.73069	0.14853	6.7326	0.10853	9.2140	3.2940	8
9	1.4233	0.70259	0.13449	7.4352	0.09449	10.582	3.7387	9
10	1.4802	0.67557	0.12329	8.1108	0.08329	12.005	4.1769	10
11	1.5394	0.64958	0.11415	8.7603	0.07415	13.486	4.6086	11
12	1.6010	0.62460	0.10655	9.3849	0.06655	15.025	5.0339	12
13	1.6650	0.60058	0.10014	9.9855	0.06014	16.626	5.4529	13
14	1.7316	0.57748	0.09467	10.563	0.05427	18.291	5.8655	14
15	1.8009	0.55527	0.08994	11.118	0.04994	20.023	6.2717	15
16	1.8729	0.53391	0.08582	11.652	0.04582	21.824	6.6716	16
17	1.9478	0.51338	0.08220	12.165	0.04220	23.697	7.0652	17
18	2.0257	0.49363	0.07899	12.659	0.03899	25.644	7.4526	18
19	2.1068	0.47465	0.07614	13.133	0.03614	27.670	7.8338	19
20	2.1911	0.45639	0.07358	13.590	0.03358	29.777	8.2087	20
21	2.2787	0.43884	0.07128	14.029	0.03128	31.968	8.5775	21
22	2.3698	0.42196	0.06920	14.450	0.02920	34.247	8.9402	22
23	2.4646	0.40573	0.06731	14.856	0.02731	36.617	9.2969	23
24	2.5632	0.39013	0.06559	15.246	0.02559	39.081	9.6475	24
25	2.6658	0.37512	0.06401	15.621	0.02401	41.644	9.9921	25
26	2.7724	0.36069	0.06257	15.982	0.02257	44.310	10.330	26
27	2.8833	0.34682	0.06124	16.329	0.02124	47.083	10.663	27
28	2.9986	0.33348	0.06001	16.662	0.02001	49.966	10.990	28
29	3.1186	0.32066	0.05888	16.983	0.01888	52.964	11.311	29
30	3.2433	0.30832	0.05783	17.291	0.01783	56.083	11.627	30
31	3.3730	0.29647	0.05686	17.588	0.01686	59.326	11.936	31
32	3.5079	0.28506	0.05595	17.873	0.01595	62.699	12.240	32
33	3.6483	0.27410	0.05510	18.147	0.01510	66.207	12.539	33
34	3.7942	0.26356	0.05432	18.411	0.01432	69.855	12.832	34
35	3.9460	0.25342	0.05358	18.664	0.01358	73.650	13.119	35
40	4.8009	0.20829	0.05052	19.792	0.01052	95.022	14.476	40
45	5.8410	0.17120	0.04826	20.719	0.00826	121.02	15.704	45
50	7.1064	0.14072	0.04655	21.482	0.00655	152.66	16.811	50
55	8.6460	0.11566	0.04523	22.108	0.00523	191.15	17.806	55
60	10.519	0.09506	0.04420	22.623	0.00420	237.98	18.696	60
65	12.798	0.07814	0.04339	23.046	0.00339	294.95	19.490	65
70	15.570	0.06422	0.04275	23.394	0.00275	364.27	20.195	70
75	18.944	0.05279	0.04223	23.680	0.00223	448.60	20.820	75
80	23.048	0.04339	0.04181	23.915	0.00181	551.21	21.371	80
85	28.042	0.03566	0.04148	24.108	0.00148	676.05	21.856	85
90	34.117	0.02931	0.04121	24.267	0.00121	827.93	22.282	90
95	41.508	0.02409	0.04099	24.397	0.00099	1012.7	22.654	95
100	50.501	0.01980	0.04031	24.504	0.00081	1237.5	22.979	100

$$i=5\%的间断复利因子$$

N	一次偿付复利因数	一次偿付现值因数	资金回收因数	定额序列现值因数	资金储存因数	定额序列复利因数	等差级数因素	N
	$(F/P,5,N)$	$(P/F,5,N)$	$(A/P,5,N)$	$(P/A,5,N)$	$(A/F,5,N)$	$(F/A,5,N)$	$(A/G,5,N)$	
1	1.0500	0.95238	1.0500	0.9524	1.0000	1.0000	0.0000	1
2	1.1025	0.90703	0.53781	1.8593	0.48781	2.0499	0.4874	2
3	1.1576	0.86384	0.36722	2.7231	0.31722	3.1524	0.9671	3
4	1.2155	0.82271	0.28202	3.5458	0.23202	4.3100	1.4386	4
5	1.2762	0.78353	0.23098	4.3294	0.18098	5.5255	1.9021	5
6	1.3400	0.74622	0.19702	5.0756	0.14702	6.8017	2.3575	6
7	1.4070	0.71069	0.17282	5.7862	0.12282	8.1418	2.8048	7
8	1.4774	0.67684	0.15472	6.4631	0.10472	9.5488	3.2441	8
9	1.5513	0.64461	0.14069	7.1077	0.09069	11.026	3.6753	9
10	1.6288	0.61392	0.12951	7.7216	0.07951	12.577	4.0986	10
11	1.7103	0.58469	0.12039	8.3062	0.07039	14.206	4.5140	11
12	1.7958	0.55684	0.11283	8.8631	0.06283	15.916	4.9214	12
13	1.8856	0.53033	0.10646	9.3934	0.05646	17.712	5.3211	13
14	1.9799	0.50507	0.10103	9.8985	0.05103	19.598	5.7128	14
15	2.0789	0.48102	0.09634	10.379	0.04634	21.577	6.0969	15
16	2.1828	0.45812	0.09227	10.837	0.04227	23.656	6.4732	16
17	2.2919	0.43630	0.08870	11.273	0.03870	25.839	6.8418	17
18	2.4065	0.41553	0.08555	11.698	0.03555	28.131	7.2029	18
19	2.5269	0.39574	0.08275	12.085	0.03275	30.538	7.5565	19
20	2.6532	0.37690	0.08024	12.462	0.03024	33.064	7.9025	20
21	2.7859	0.35895	0.07800	12.821	0.02800	35.718	8.2412	21
22	2.9252	0.34186	0.07597	13.162	0.02597	38.503	8.5725	22
23	3.0714	0.32558	0.07414	13.488	0.02414	41.429	8.8966	23
24	3.2250	0.31008	0.07247	13.798	0.02247	44.500	9.2135	24
25	3.3862	0.29531	0.07095	14.093	0.02095	47.725	9.5234	25
26	3.5555	0.28125	0.06956	14.375	0.01957	51.111	9.8261	26
27	3.7333	0.26786	0.06829	14.642	0.01829	54.667	10.122	27
28	3.9200	0.25510	0.06712	14.898	0.01712	58.400	10.411	28
29	4.1160	0.24295	0.06605	15.140	0.01605	62.320	10.693	29
30	4.3218	0.23138	0.06505	15.372	0.01505	66.436	10.968	30
31	4.5379	0.22037	0.06413	15.592	0.01413	70.757	11.237	31
32	4.7647	0.20987	0.06328	15.802	0.01328	75.295	11.500	32
33	5.0030	0.19988	0.06249	16.002	0.01249	80.060	11.756	33
34	5.2531	0.19036	0.06176	16.192	0.01176	85.063	12.005	34
35	5.5158	0.18130	0.06107	16.374	0.01107	90.316	12.249	35
40	7.0397	0.14205	0.05828	17.158	0.00828	120.79	13.277	40
45	8.9846	0.11130	0.05626	17.773	0.00626	159.69	14.364	45
50	11.466	0.08721	0.05478	18.255	0.00478	209.33	15.223	50
55	14.634	0.06833	0.05367	18.633	0.00367	272.69	15.966	55
60	18.678	0.05354	0.05283	18.929	0.00283	353.56	16.605	60
65	23.838	0.04195	0.05219	19.161	0.00219	456.76	17.153	65
70	30.424	0.03287	0.05170	19.342	0.00170	588.48	17.621	70
75	38.829	0.02575	0.05132	19.484	0.00132	756.59	18.017	75
80	49.557	0.02018	0.05103	19.596	0.00103	971.14	18.352	80
85	63.248	0.01581	0.05080	19.683	0.00080	1244.9	18.634	85
90	80.723	0.01239	0.05063	19.752	0.00063	1594.4	18.871	90
95	103.02	0.00971	0.05049	19.805	0.00049	2040.4	19.068	95
100	131.43	0.00761	0.05038	19.847	0.00038	2609.7	19.233	100

$i=6\%$的间断复利因子

N	一次偿付复利因数	一次偿付现值因数	资金回收因数	定额序列现值因数	资金储存因数	定额序列复利因数	等差级数因素	N
	$(F/P,6,N)$	$(P/F,6,N)$	$(A/P,6,N)$	$(P/A,6,N)$	$(A/F,6,N)$	$(F/A,6,N)$	$(A/G,6,N)$	
1	1.0600	0.94340	1.0600	0.9434	1.0000	1.0000	0.0000	1
2	1.1236	0.89000	0.54544	1.8333	0.48544	2.0599	0.4852	2
3	1.1910	0.83962	0.37411	2.6729	0.31411	3.1835	0.9610	3
4	1.2624	0.79210	0.28860	3.4650	0.22860	4.3745	1.4269	4
5	1.3382	0.74726	0.23740	4.2123	0.17740	5.6370	1.8833	5
6	1.4185	0.70496	0.20337	4.9172	0.14337	6.9751	2.3301	6
7	1.5036	0.66506	0.17914	5.5823	0.11914	8.3936	2.7673	7
8	1.5938	0.62742	0.16104	6.2097	0.10104	9.8972	3.1949	8
9	1.6894	0.59190	0.14702	6.8016	0.08702	11.491	3.6130	9
10	1.7908	0.55840	0.13587	7.3600	0.07587	13.180	4.0217	10
11	1.8982	0.52679	0.12679	7.8867	0.06679	14.971	4.4210	11
12	2.0121	0.49698	0.11928	8.3837	0.05928	16.869	4.8109	12
13	2.1329	0.46884	0.11296	8.8525	0.05296	18.881	5.1917	13
14	2.2608	0.44231	0.10759	9.2948	0.04759	21.014	5.5632	14
15	2.3965	0.41727	0.10296	9.7121	0.04296	23.275	5.9257	15
16	2.5403	0.39365	0.09895	10.105	0.03895	25.671	6.2791	16
17	2.6927	0.37137	0.09545	10.477	0.03545	28.212	6.6237	17
18	2.8542	0.35035	0.09236	10.827	0.03236	30.904	6.9594	18
19	3.0255	0.33052	0.08962	11.158	0.02962	33.759	7.2864	19
20	3.2070	0.31181	0.08719	11.469	0.02719	36.784	7.6048	20
21	3.3995	0.29416	0.08501	11.763	0.02501	39.991	7.9148	21
22	3.6034	0.27751	0.08305	12.041	0.02305	43.390	8.2163	22
23	3.8196	0.26180	0.08128	12.303	0.02128	46.994	8.5096	23
24	4.0488	0.24698	0.07968	12.550	0.01968	50.814	8.7948	24
25	4.2917	0.23300	0.07823	12.783	0.01823	54.862	9.0719	25
26	4.5492	0.21982	0.07690	13.003	0.01690	59.154	9.3412	26
27	4.8222	0.20737	0.07570	13.210	0.01570	63.703	9.6027	27
28	5.1115	0.19564	0.07459	13.406	0.01459	68.525	9.8565	28
29	5.4182	0.18456	0.07358	13.590	0.01358	73.637	10.102	29
30	5.7433	0.17412	0.07265	13.764	0.01265	79.055	10.341	30
31	6.0879	0.16426	0.07179	13.929	0.01179	84.798	10.573	31
32	6.4531	0.15496	0.07100	14.083	0.01100	90.886	10.798	32
33	6.8403	0.14619	0.07027	14.230	0.01027	97.339	11.016	33
34	7.2507	0.13792	0.06960	14.368	0.00960	104.17	11.227	34
35	7.6858	0.13011	0.06897	14.498	0.00897	111.43	11.431	35
40	10.285	0.09723	0.06646	15.046	0.00646	154.75	12.358	40
45	13.764	0.07265	0.06470	15.455	0.00470	212.73	13.141	45
50	18.419	0.05429	0.06344	15.761	0.00344	290.32	13.796	50
55	24.649	0.04057	0.06254	15.900	0.00254	394.14	14.340	55
60	32.985	0.03032	0.06188	16.161	0.00188	533.09	14.790	60
65	44.142	0.02265	0.06139	16.289	0.00139	719.03	15.160	65
70	59.071	0.01693	0.06103	16.384	0.00103	967.86	15.461	70
75	79.051	0.01265	0.06077	16.455	0.00077	1300.8	15.705	75
80	105.78	0.00945	0.06057	16.509	0.00057	1746.4	15.903	80
85	141.56	0.00706	0.06043	16.548	0.00043	2342.7	16.061	85
90	189.44	0.00528	0.06032	16.578	0.00032	3140.7	16.189	90
95	253.52	0.00394	0.06024	16.600	0.00024	4208.7	16.290	95
100	339.26	0.00295	0.06018	16.617	0.00018	5637.8	16.371	100

$i=7\%$的间断复利因子

N	一次偿付复利因数 $(F/P,7,N)$	一次偿付现值因数 $(P/F,7,N)$	资金回收因数 $(A/P,7,N)$	定额序列现值因数 $(P/A,7,N)$	资金储存因数 $(A/F,7,N)$	定额序列复利因数 $(F/A,7,N)$	等差级数因素 $(A/G,7,N)$	N
1	1.0700	0.93458	1.0700	0.9346	1.0000	1.0000	0.0000	1
2	1.1449	0.87344	0.55310	1.8080	0.48310	2.0699	0.4830	2
3	1.2250	0.81630	0.38105	2.6242	0.31105	3.2148	0.9548	3
4	1.3107	0.76290	0.29523	3.3871	0.22523	4.4398	1.4153	4
5	1.4025	0.71299	0.24389	4.1001	0.17389	5.7506	1.8648	5
6	1.5007	0.66635	0.20980	4.7665	0.13980	7.1531	2.3030	6
7	1.6057	0.62275	0.18555	5.3892	0.11555	8.6539	2.7302	7
8	1.7181	0.58201	0.16747	5.9712	0.09747	10.259	3.1463	8
9	1.8384	0.54394	0.15349	6.5151	0.08349	11.977	3.5515	9
10	1.9671	0.50835	0.14238	7.0235	0.07238	13.816	3.9459	10
11	2.1048	0.47510	0.13336	7.4986	0.06336	15.783	4.3294	11
12	2.2521	0.44402	0.12590	7.9426	0.05590	17.888	4.7023	12
13	2.4098	0.41497	0.11965	8.3576	0.04965	20.140	5.0647	13
14	2.5785	0.38782	0.11435	8.7454	0.04435	22.550	5.4165	14
15	2.7590	0.36245	0.10980	9.1078	0.03980	25.128	5.7581	15
16	2.9521	0.33874	0.10586	9.4466	0.03586	27.887	6.0895	16
17	3.1587	0.31658	0.10243	9.7631	0.03243	30.839	6.4108	17
18	3.3798	0.29587	0.09941	10.059	0.02941	33.998	6.7223	18
19	3.6164	0.27651	0.09675	10.335	0.02675	37.378	7.0240	19
20	3.8696	0.25842	0.09439	10.593	0.02439	40.994	7.3161	20
21	4.1404	0.24152	0.09229	10.835	0.02229	44.864	7.5988	21
22	4.4303	0.22572	0.09041	11.061	0.02041	49.004	7.8723	22
23	4.7404	0.21095	0.08871	11.272	0.01871	53.434	8.1367	23
24	5.0722	0.19715	0.08719	11.469	0.01719	58.175	8.3922	24
25	5.4273	0.18425	0.08581	11.653	0.01581	63.247	8.6389	25
26	5.8072	0.17220	0.08456	11.825	0.01456	68.674	8.8772	26
27	6.2137	0.16093	0.08343	11.986	0.01343	74.481	9.1070	27
28	6.6486	0.15041	0.08239	12.137	0.01239	80.695	9.3288	28
29	7.1140	0.14057	0.08145	12.277	0.01145	87.344	9.5425	29
30	7.6120	0.13137	0.08059	12.409	0.01059	94.458	9.7485	30
31	8.1449	0.12278	0.07980	12.531	0.00980	102.07	9.9469	31
32	8.7150	0.11474	0.07907	12.646	0.00907	110.21	10.137	32
33	9.3250	0.10724	0.07841	12.753	0.00841	118.92	10.321	33
34	9.9778	0.10022	0.07780	12.853	0.00780	128.25	10.498	34
35	10.676	0.09367	0.07723	12.947	0.00723	138.23	10.668	35
40	14.973	0.06678	0.07501	13.331	0.00501	199.62	11.423	40
45	21.001	0.04762	0.07350	13.605	0.00350	285.73	12.035	45
50	29.455	0.03395	0.07246	13.800	0.00246	406.51	12.528	50
55	41.313	0.02421	0.07174	13.939	0.00174	575.90	12.921	55
60	57.943	0.01726	0.07123	14.039	0.00123	813.47	13.232	60
65	81.268	0.01230	0.07087	14.109	0.00087	1146.6	13.475	65
70	113.98	0.00877	0.07062	14.160	0.00062	1614.0	13.666	70
75	159.86	0.00626	0.07044	14.196	0.00044	2269.5	13.813	75
80	224.21	0.00446	0.07031	14.222	0.00031	3188.8	13.927	80
85	314.47	0.00318	0.07022	14.240	0.00022	4478.2	14.014	85
90	441.06	0.00227	0.07016	14.253	0.00016	6286.7	14.081	90
95	618.62	0.00162	0.07011	14.262	0.00011	8823.1	14.131	95
100	867.64	0.00115	0.07008	14.269	0.00008	12381.7	14.170	100

$i=8\%$的间断复利因子

N	一次偿付 复利因数 $(F/P,8,N)$	一次偿付 现值因数 $(P/F,8,N)$	资金回 收因数 $(A/P,8,N)$	定额序列 现值因数 $(P/A,8,N)$	资金储 存因数 $(A/F,8,N)$	定额序列 复利因数 $(F/A,8,N)$	等差级 数因素 $(A/G,8,N)$	N
1	1.0800	0.92593	1.0800	0.9259	1.0000	1.0000	0.0000	1
2	1.1664	0.85734	0.56077	1.7832	0.48077	2.0799	0.4807	2
3	1.2597	0.79383	0.38803	2.5770	0.30804	3.2463	0.9487	3
4	1.3604	0.73503	0.30192	3.3121	0.22192	4.5060	1.4038	4
5	1.4693	0.68059	0.25046	3.9926	0.17046	5.8665	1.8463	5
6	1.5868	0.63017	0.21632	4.6228	0.13632	7.3358	2.2762	6
7	1.7138	0.58349	0.19207	5.2063	0.11207	8.9227	2.6935	7
8	1.8509	0.54027	0.17402	5.7466	0.09402	10.636	3.0984	8
9	1.9989	0.50025	0.16008	6.2468	0.08008	12.487	3.4909	9
10	2.1589	0.46820	0.14903	6.7100	0.06903	14.486	3.8713	10
11	2.3316	0.42889	0.14008	7.1389	0.06008	16.645	4.2394	11
12	2.5181	0.39712	0.13270	7.5360	0.05270	18.976	4.5956	12
13	2.7196	0.36770	0.12642	7.9037	0.04652	21.495	4.9401	13
14	2.9371	0.34046	0.12130	8.2442	0.04130	24.214	5.2729	14
15	3.1721	0.31524	0.11683	8.5594	0.03683	27.151	5.5943	15
16	3.4259	0.29189	0.11298	5.8513	0.03298	30.323	5.9045	16
17	3.6999	0.27027	0.10963	9.1216	0.02963	33.749	6.2036	17
18	3.9959	0.25025	0.10670	9.3718	0.02670	37.449	6.4919	18
19	4.3156	0.23171	0.10413	9.6035	0.02413	41.445	6.7696	19
20	4.6609	0.21455	0.10185	9.8181	0.02185	45.761	7.0368	20
21	5.0337	0.19866	0.09983	10.016	0.01983	50.422	7.2939	21
22	5.4364	0.18394	0.09803	10.200	0.01803	55.455	7.5411	22
23	5.8713	0.17032	0.09642	10.371	0.01642	60.892	7.7785	23
24	6.3410	0.15770	0.09498	10.528	0.01498	66.763	8.0065	24
25	6.8483	0.14602	0.09368	10.674	0.01363	73.104	8.2253	25
26	7.3962	0.13520	0.09251	10.809	0.01251	79.953	8.4351	26
27	7.9879	0.12519	0.09145	10.935	0.01145	87.349	8.6362	27
28	8.6269	0.11592	0.09049	11.051	0.01049	95.337	8.8288	28
29	9.3171	0.10733	0.08962	11.158	0.00962	103.96	9.0132	29
30	10.062	0.09938	0.08883	11.257	0.00883	113.28	9.1896	30
31	10.867	0.09202	0.08811	11.349	0.00811	123.34	9.3583	31
32	11.736	0.08520	0.08745	11.434	0.00745	134.21	9.5196	32
33	12.675	0.07889	0.08685	11.513	0.00685	145.94	9.6736	33
34	13.689	0.07305	0.08630	11.586	0.00630	158.62	9.8207	34
35	14.785	0.06764	0.08580	11.654	0.00580	172.31	9.9610	35
40	21.724	0.04603	0.08386	11.924	0.00386	259.05	10.569	40
45	31.919	0.03133	0.08259	12.108	0.00259	386.49	11.044	45
50	46.900	0.02132	0.08174	12.233	0.00174	573.75	11.410	50
55	68.911	0.01451	0.08118	12.318	0.00118	848.89	11.690	55
60	101.25	0.00988	0.08080	12.376	0.00080	1253.1	11.901	60
65	148.77	0.00672	0.08054	12.416	0.00054	1847.1	12.060	65
70	218.59	0.00457	0.08037	12.442	0.00037	2719.9	12.178	70
75	321.19	0.00311	0.08025	12.461	0.00025	4002.3	12.265	75
80	471.93	0.00212	0.08017	12.473	0.00017	5886.6	12.330	80
85	693.42	0.00144	0.08012	12.481	0.00012	8655.2	12.377	85
90	1018.8	0.00098	0.08008	12.487	0.00008	12723.9	12.411	90
95	1497.0	0.00067	0.08005	12.491	0.00005	18701.5	12.436	95
100	2199.6	0.00045	0.08004	12.494	0.00004	27484.5	12.454	100

$i=9\%$ 的间断复利因子

N	一次偿付 复利因数 $(F/P,9,N)$	一次偿付 现值因数 $(P/F,9,N)$	资金回 收因数 $(A/P,9,N)$	定额序列 现值因数 $(P/A,9,N)$	资金储 存因数 $(A/F,9,N)$	定额序列 复利因数 $(F/A,9,N)$	等差级 数因素 $(A/G,9,N)$	N
1	1.0900	0.91743	1.0900	0.9174	1.0000	1.0000	0.0000	1
2	1.1881	0.84168	0.56847	1.7591	0.47847	2.0899	0.4784	2
3	1.2950	0.77219	0.39506	2.5312	0.30506	3.2780	0.9425	3
4	1.4115	0.70843	0.30867	3.2396	0.21867	4.5730	1.3923	4
5	1.5386	0.64993	0.25709	3.8896	0.16709	5.9846	1.8280	5
6	1.6770	0.59627	0.22292	4.4858	0.13292	7.5232	2.2496	6
7	1.8280	0.54704	0.19869	5.0329	0.10869	9.2002	2.6572	7
8	1.9925	0.50187	0.18068	5.5347	0.09068	11.028	3.0510	8
9	2.1718	0.46043	0.16680	5.9952	0.07680	13.020	3.4311	9
10	2.3673	0.42241	0.15582	6.4176	0.06582	15.192	3.7976	10
11	2.5804	0.38754	0.14695	6.8051	0.05695	17.559	4.1508	11
12	2.8126	0.35554	0.13965	7.1606	0.04965	20.140	4.4909	12
13	3.0657	0.32618	0.13357	7.4868	0.04357	22.952	4.8180	13
14	3.3416	0.29925	0.12843	7.7861	0.03843	26.018	5.1325	14
15	3.6424	0.27454	0.12406	8.0606	0.03406	29.360	5.4345	15
16	3.9702	0.25187	0.12030	8.3125	0.03030	33.002	5.7243	16
17	4.3275	0.23108	0.11705	8.5435	0.02705	36.972	6.0022	17
18	4.7170	0.21200	0.11421	8.7555	0.02421	41.300	6.2685	18
19	5.1415	0.19449	0.11173	8.9500	0.02173	46.017	6.5234	19
20	5.6043	0.17843	0.10955	9.1285	0.01955	51.158	6.7673	20
21	6.1086	0.16370	0.10762	9.2922	0.01762	56.763	7.0004	21
22	6.6584	0.15018	0.10591	9.4423	0.01591	62.871	7.2231	22
23	7.2577	0.13778	0.10438	9.5801	0.01438	69.530	7.4356	23
24	7.9109	0.12641	0.10302	9.7065	0.01302	76.787	7.6383	24
25	8.6228	0.11597	0.10181	9.8225	0.01181	84.698	7.8315	25
26	9.3989	0.10640	0.10072	9.9289	0.01072	93.321	8.0154	26
27	10.244	0.09761	0.09974	10.026	0.00974	102.72	8.1905	27
28	11.166	0.08955	0.09885	10.116	0.00885	112.96	8.3570	28
29	12.171	0.08216	0.09806	10.198	0.00806	124.13	8.5153	29
30	13.267	0.07537	0.09734	10.273	0.00734	136.30	8.6655	30
31	14.461	0.06915	0.09669	10.342	0.00669	149.57	8.8082	31
32	15.762	0.06344	0.09610	10.406	0.00610	164.03	8.9435	32
33	17.181	0.05820	0.09556	10.464	0.00556	179.79	9.0717	33
34	18.727	0.05340	0.09508	10.517	0.00508	196.97	9.1932	34
35	20.413	0.04899	0.09464	10.566	0.00464	215.70	9.3082	35
40	31.408	0.03184	0.09296	10.757	0.00296	337.86	9.7956	40
45	48.325	0.02069	0.09190	10.881	0.00190	525.83	10.160	45
50	74.353	0.01345	0.09123	10.961	0.00123	815.04	10.429	50
55	114.40	0.00874	0.09079	11.014	0.00079	1260.0	10.626	55
60	176.02	0.00568	0.09051	11.047	0.00051	1944.6	10.768	60
65	270.82	0.00369	0.09033	11.070	0.00033	2998.0	10.870	65
70	416.70	0.00240	0.09022	11.084	0.00022	4618.9	10.942	70
75	641.14	0.00156	0.09014	11.093	0.00014	7112.7	10.993	75
80	986.47	0.00101	0.09009	11.099	0.00009	10950.6	11.029	80
85	1517.8	0.00066	0.09006	11.103	0.00006	16854.8	11.055	85
90	2335.3	0.00043	0.09004	11.106	0.00004	25939.2	11.072	90
95	3593.1	0.00028	0.09002	11.108	0.00003	39916.6	11.084	95
100	5528.4	0.00018	0.09002	11.109	0.00002	61422.7	11.093	100

$i=10\%$的间断复利因子

N	一次偿付复利因数	一次偿付现值因数	资金回收因数	定额序列现值因数	资金储存因数	定额序列复利因数	等差级数因素	N
	$(F/P,10,N)$	$(P/F,10,N)$	$(A/P,10,N)$	$(P/A,10,N)$	$(A/F,10,N)$	$(F/A,10,N)$	$(A/G,10,N)$	
1	1.1000	0.90909	1.1000	0.9091	1.0000	1.0000	0.0000	1
2	1.2100	0.82645	0.57619	1.7355	0.47619	2.0999	0.4761	2
3	1.3310	0.75132	0.40212	2.4868	0.30212	3.3099	0.9365	3
4	1.4641	0.68302	0.31547	3.1698	0.21547	4.6409	1.3810	4
5	1.6105	0.62092	0.26380	3.7907	0.16380	6.1050	1.8100	5
6	1.7715	0.56448	0.22961	4.3552	0.12961	7.7155	2.2234	6
7	1.9487	0.51316	0.20541	4.8683	0.10541	9.4870	2.6215	7
8	2.1435	0.46651	0.18745	5.3349	0.08745	11.435	3.0043	8
9	2.3579	0.42410	0.17364	5.7589	0.07364	13.579	3.3722	9
10	2.5937	0.38555	0.16275	6.1445	0.06275	15.937	3.7253	10
11	2.8530	0.35050	0.15396	6.4950	0.05396	18.530	4.0639	11
12	3.1384	0.31863	0.14676	6.8136	0.04676	21.383	4.3883	12
13	3.4522	0.28967	0.14078	7.1033	0.04078	24.522	4.6987	13
14	3.7974	0.26333	0.13575	7.3666	0.03575	27.974	4.9954	14
15	4.1771	0.23940	0.13147	7.6060	0.03147	31.771	5.2788	15
16	4.5949	0.21763	0.12782	7.8236	0.02782	35.949	5.5492	16
17	5.0544	0.19785	0.12466	8.0215	0.02466	40.543	5.8070	17
18	5.5598	0.17986	0.12193	8.2013	0.02193	45.598	6.0524	18
19	6.1158	0.16351	0.11955	8.3649	0.01955	51.158	6.2860	19
20	6.7273	0.14865	0.11746	8.5135	0.01746	57.273	6.5080	20
21	7.4001	0.13513	0.11562	8.6486	0.01562	64.001	6.7188	21
22	8.1401	0.12285	0.11401	8.7715	0.01401	71.401	6.9188	22
23	8.9541	0.11168	0.11257	8.8832	0.01257	79.541	7.1084	23
24	9.8495	0.10153	0.11130	8.9847	0.01130	88.495	7.2879	24
25	10.834	0.09230	0.11017	9.0770	0.01017	98.344	7.4579	25
26	11.917	0.08391	0.10916	9.1609	0.00916	109.17	7.6185	26
27	13.109	0.07628	0.10826	9.2372	0.00826	121.09	7.7703	27
28	14.420	0.06935	0.10745	9.3065	0.00745	134.20	7.9136	28
29	15.862	0.06301	0.10673	9.3696	0.00673	148.62	8.0488	29
30	17.448	0.05731	0.10608	9.4269	0.00608	164.48	8.1761	30
31	19.193	0.05210	0.10550	9.4790	0.00550	181.93	8.2961	31
32	21.113	0.04736	0.10497	9.5263	0.00497	201.13	8.4090	32
33	23.224	0.04306	0.10450	9.5694	0.00450	222.24	8.5151	33
34	25.546	0.03914	0.10407	9.6085	0.00407	245.46	8.6149	34
35	28.101	0.03559	0.10369	9.6441	0.00369	271.01	8.7085	35
40	45.257	0.02210	0.10226	9.7790	0.00226	442.57	9.0962	40
45	72.887	0.01372	0.10139	9.8628	0.00139	718.87	9.3740	45
50	117.38	0.00852	0.10086	9.9148	0.00086	1163.8	9.5704	50
55	189.04	0.00529	0.10053	9.9471	0.00053	1880.4	9.7075	55
60	304.46	0.00328	0.10033	9.9671	0.00033	3034.6	9.8022	60
65	490.34	0.00204	0.10020	9.9796	0.00020	4893.4	9.8671	65
70	789.69	0.00127	0.10013	9.9873	0.00013	7886.9	9.9112	70
75	1271.8	0.00079	0.10008	9.9921	0.00008	12709.0	9.9409	75
80	2048.2	0.00049	0.10005	9.9951	0.00005	20474.0	9.9609	80
85	3298.7	0.00030	0.10003	9.9969	0.00003	32979.7	9.9742	85
90	5312.5	0.00019	0.10002	9.9981	0.00002	53120.2	9.9830	90
95	8555.9	0.00012	0.10001	9.9988	0.00001	85556.8	9.9889	95
100	13780.6	0.00007	0.10001	9.9992	0.00001	137796.1	9.9927	100

i＝11%的间断复利因子

N	一次偿付 复利因数 $(F/P,11,N)$	一次偿付 现值因数 $(P/F,11,N)$	资金回 收因数 $(A/P,11,N)$	定额序列 现值因数 $(P/A,11,N)$	资金储 存因数 $(A/F,11,N)$	定额序列 复利因数 $(F/A,11,N)$	等差级 数因素 $(A/G,11,N)$	N
1	1.1100	0.90090	1.1100	0.9009	1.0000	1.000	0.0000	1
2	1.2321	0.81162	0.58394	1.7125	0.47394	2.1099	0.4739	2
3	1.3676	0.73119	0.40922	2.4437	0.29922	3.3420	0.9305	3
4	1.5180	0.65873	0.32233	3.1024	0.21233	4.7097	1.3698	4
5	1.6850	0.59345	0.27057	3.6958	0.16057	6.2277	1.7922	5
6	1.8704	0.53464	0.23638	4.2305	0.12638	7.9128	2.1975	6
7	2.0761	0.48166	0.21222	4.7121	0.10222	9.7831	2.5862	7
8	2.3045	0.43393	0.19432	5.1461	0.08432	11.859	2.9584	8
9	2.5580	0.39093	0.18060	5.5370	0.07060	14.163	3.3143	9
10	2.8394	0.35219	0.16980	5.8892	0.05980	16.721	3.6543	10
11	3.1517	0.31729	0.16112	6.2065	0.05112	19.561	3.9787	11
12	3.4984	0.28584	0.15403	6.4923	0.04403	22.712	4.2878	12
13	3.8832	0.25752	0.14815	6.7498	0.03815	26.211	4.5821	13
14	4.3104	0.23200	0.14323	6.9818	0.03323	30.094	4.8618	14
15	4.7845	0.20901	0.13907	7.1908	0.02907	34.404	5.1274	15
16	5.3108	0.18829	0.13552	7.3791	0.02552	39.189	5.3793	16
17	5.8950	0.16963	0.13247	7.5487	0.02247	44.500	5.6180	17
18	6.5434	0.15282	0.12984	7.7016	0.01984	50.395	5.8438	18
19	7.2632	0.13768	0.12756	7.8392	0.01756	56.938	6.0578	19
20	8.0622	0.12404	0.12558	7.9633	0.01558	64.201	6.2589	20
21	8.9490	0.11174	0.12384	8.0750	0.01384	72.264	6.4490	21
22	9.9334	0.10067	0.12231	8.1757	0.01231	81.213	6.6282	22
23	11.026	0.09069	0.12097	8.2664	0.01097	91.146	6.7969	23
24	12.238	0.08171	0.11979	8.3481	0.00979	102.17	6.9554	24
25	13.585	0.07361	0.11874	8.4217	0.00874	114.41	7.1044	25
26	15.079	0.06631	0.11781	8.4880	0.00781	127.99	7.2442	26
27	16.738	0.05974	0.11699	8.5478	0.00699	143.07	7.3753	27
28	18.579	0.05382	0.11626	8.6016	0.00626	159.81	7.4981	28
29	20.623	0.04849	0.11561	8.6501	0.00561	178.39	7.6130	29
30	22.891	0.04368	0.11502	8.6937	0.00502	199.01	7.7205	30
31	25.409	0.03935	0.11451	8.7331	0.00451	221.90	7.8209	31
32	28.204	0.03545	0.11404	8.7686	0.00404	247.31	7.9146	32
33	31.307	0.03194	0.11363	8.8005	0.00363	275.52	8.0020	33
34	34.751	0.02878	0.11326	8.8293	0.00326	306.83	8.0835	34
35	38.573	0.02592	0.11293	8.8552	0.00293	341.58	8.1594	35
40	64.999	0.01538	0.11172	8.9510	0.00172	581.81	8.4659	40
45	109.52	0.00913	0.11101	9.0079	0.00101	986.60	8.6762	45
50	184.55	0.00542	0.11060	9.0416	0.00060	1668.7	8.8185	50

$i=12\%$ 的间断复利因子

N	一次偿付复利因数	一次偿付现值因数	资金回收因数	定额序列现值因数	资金储存因数	定额序列复利因数	等差级数因素	N
	$(F/P,12,N)$	$(P/F,12,N)$	$(A/P,12,N)$	$(P/A,12,N)$	$(A/F,12,N)$	$(F/A,12,N)$	$(A/G,12,N)$	
1	1.1200	0.89286	1.1200	0.8929	1.0000	1.0000	0.0000	1
2	1.2544	0.79719	0.59170	1.6900	0.47170	2.1200	0.4717	2
3	1.4049	0.71178	0.41635	2.4018	0.29635	3.3743	0.9246	3
4	1.5735	0.63552	0.32924	3.0373	0.20924	4.7793	1.3588	4
5	1.7623	0.56743	0.27741	3.6047	0.15741	6.3528	1.7745	5
6	1.9738	0.50663	0.24323	4.1114	0.12323	8.1151	2.1720	6
7	2.2106	0.45235	0.21912	4.5637	0.09912	10.088	2.5514	7
8	2.4759	0.40388	0.20130	4.9676	0.08130	12.299	2.9131	8
9	2.7730	0.36061	0.18768	5.3282	0.06768	14.775	3.2573	9
10	3.1058	0.32197	0.17698	5.6502	0.05698	17.548	3.5846	10
11	3.4785	0.28748	0.16842	5.9376	0.04842	20.654	3.8952	11
12	3.8959	0.25668	0.16144	6.1943	0.04144	24.132	4.1896	12
13	4.3634	0.22918	0.15568	6.4235	0.03568	28.028	4.4682	13
14	4.8870	0.20462	0.15087	6.6281	0.03087	32.392	4.7316	14
15	5.4735	0.18270	0.14682	6.8108	0.02682	37.279	4.9802	15
16	6.1303	0.16312	0.14339	6.9739	0.02339	42.752	5.2146	16
17	6.8659	0.14565	0.14046	7.1196	0.02046	48.883	5.4352	17
18	7.6899	0.13004	0.13794	7.2496	0.01794	55.749	5.6427	18
19	8.6126	0.11611	0.13576	7.3657	0.01576	63.439	5.8375	19
20	9.6462	0.10367	0.13388	7.4694	0.01388	72.051	6.0201	20
21	10.803	0.09256	0.13224	7.5620	0.01224	81.698	6.1913	21
22	12.100	0.08264	0.13081	7.6446	0.01081	92.501	6.3513	22
23	13.552	0.07379	0.12956	7.7184	0.00956	104.60	6.5009	23
24	15.178	0.06588	0.12846	7.7843	0.00846	118.15	6.6406	24
25	16.999	0.05882	0.12750	7.8431	0.00750	133.33	6.7708	25
26	19.039	0.05252	0.12665	7.8956	0.00665	150.33	6.8920	26
27	21.324	0.04689	0.12590	7.9425	0.00590	169.37	7.0049	27
28	23.883	0.04187	0.12524	7.9844	0.00524	190.69	7.1097	28
29	26.749	0.03738	0.12466	8.0218	0.00466	214.58	7.2071	29
30	29.959	0.03338	0.12414	8.0551	0.00414	241.32	7.2974	30
31	33.554	0.02980	0.12369	8.0849	0.00369	271.28	7.3810	31
32	37.581	0.02661	0.12328	8.1116	0.00328	304.84	7.4585	32
33	42.090	0.02376	0.12292	8.1353	0.00292	342.42	7.5302	33
34	47.141	0.02121	0.12260	8.1565	0.00260	384.51	7.5964	34
35	52.798	0.01894	0.12232	8.1755	0.00232	431.65	7.6576	35
40	93.049	0.01075	0.12130	8.2437	0.00130	767.07	7.8987	40
45	163.98	0.00610	0.12074	8.2825	0.00074	1358.2	8.0572	45
50	288.99	0.00346	0.12042	8.3045	0.00042	2399.9	8.1597	50

$i=13\%$的间断复利因子

N	一次偿付 复利因数 $(F/P,13,N)$	一次偿付 现值因数 $(P/F,13,N)$	资金回 收因数 $(A/P,13,N)$	定额序列 现值因数 $(P/A,13,N)$	资金储 存因数 $(A/F,13,N)$	定额序列 复利因数 $(F/A,13,N)$	等差级 数因素 $(A/G,13,N)$	N
1	1.1300	0.88496	1.1300	0.8850	1.0000	1.0000	0.0000	1
2	1.2769	0.78315	0.59949	1.6680	0.46949	2.1299	0.4694	2
3	1.4428	0.69305	0.42352	2.3611	0.29353	3.4068	0.9187	3
4	1.6304	0.61332	0.33620	2.9744	0.20620	4.8497	1.3478	4
5	1.8424	0.54276	0.28432	3.5172	0.15432	6.4802	1.7570	5
6	2.0819	0.48032	0.25015	3.9975	0.12015	8.3226	2.1467	6
7	2.3525	0.42506	0.22611	4.4225	0.09611	10.404	2.5170	7
8	2.6584	0.37616	0.20839	4.7987	0.07839	12.757	2.8684	8
9	3.0040	0.33289	0.19487	5.1316	0.06487	15.415	3.2013	9
10	3.3945	0.29459	0.18429	5.4262	0.05429	18.419	3.5161	10
11	3.8358	0.26070	0.17584	5.6869	0.04584	21.813	3.8133	11
12	4.3344	0.23071	0.16899	5.9176	0.03899	25.649	4.0935	12
13	4.8979	0.20417	0.16335	6.1217	0.03335	29.984	4.3572	13
14	5.5346	0.18068	0.15867	6.3024	0.02867	34.882	4.6049	14
15	6.2541	0.15989	0.15474	6.4623	0.02474	40.416	4.8374	15
16	7.0672	0.14150	0.15143	6.6038	0.02143	46.670	5.0551	16
17	7.9859	0.12522	0.14861	6.7290	0.01861	53.737	5.2588	17
18	9.0240	0.11081	0.14620	6.8399	0.01620	61.723	5.4490	18
19	10.197	0.09807	0.14413	6.9379	0.01413	70.747	5.6264	19
20	11.522	0.08678	0.14235	7.0247	0.01235	80.944	5.7916	20
21	13.020	0.07680	0.14081	7.1015	0.01081	92.467	5.9453	21
22	14.713	0.06796	0.13948	7.1695	0.00948	105.48	6.0880	22
23	16.626	0.06015	0.13832	7.2296	0.00832	120.20	6.2204	23
24	18.787	0.05323	0.13731	7.2828	0.00731	136.82	6.3430	24
25	21.229	0.04710	0.13643	7.3299	0.00643	155.61	6.4565	25
26	23.989	0.04168	0.13565	7.3716	0.00565	176.84	6.5613	26
27	27.108	0.03689	0.13498	7.4085	0.00498	200.83	6.6581	27
28	30.632	0.03265	0.13439	7.4412	0.00439	227.94	6.7474	28
29	34.614	0.02889	0.13387	7.4700	0.00387	258.57	6.8295	29
30	39.114	0.02557	0.13341	7.4956	0.00341	293.18	6.9052	30
31	44.199	0.02262	0.13301	7.5182	0.00301	332.30	6.9747	31
32	49.945	0.02002	0.13266	7.5383	0.00266	376.50	7.0385	32
33	56.438	0.01772	0.13234	7.5560	0.00234	426.44	7.0970	33
34	63.775	0.01568	0.13207	7.5717	0.00207	482.88	7.1506	34
35	72.065	0.01388	0.13183	7.5855	0.00183	546.65	7.1998	35
40	132.77	0.00753	0.13099	7.6343	0.00099	1013.6	7.3887	40
45	244.62	0.00409	0.13053	7.6608	0.00053	1874.0	7.5076	45
50	450.71	0.00222	0.13029	7.6752	0.00029	3459.3	7.5811	50

$i=14\%$的间断复利因子

N	一次偿付复利因数 $(F/P,14,N)$	一次偿付现值因数 $(P/F,14,N)$	资金回收因数 $(A/P,14,N)$	定额序列现值因数 $(P/A,14,N)$	资金储存因数 $(A/F,14,N)$	定额序列复利因数 $(F/A,14,N)$	等差级数因素 $(A/G,14,N)$	N
1	1.1400	0.87719	1.1400	0.8772	1.0000	1.0000	0.0000	1
2	1.2996	0.76947	0.60729	1.6466	0.46729	2.1399	0.4672	2
3	1.4815	0.67497	0.43073	2.3216	0.29073	3.4395	0.9129	3
4	1.6889	0.59208	0.34321	2.9137	0.20321	4.9211	1.3369	4
5	1.9254	0.51937	0.29128	3.4330	0.15128	6.6100	1.7308	5
6	2.1949	0.45559	0.25716	3.8886	0.11716	8.5355	2.1217	6
7	2.5022	0.39964	0.23319	4.2882	0.09319	10.730	2.4831	7
8	2.8525	0.35056	0.21557	4.6388	0.07557	13.232	2.8245	8
9	3.2519	0.30751	0.20217	4.9463	0.06217	16.085	3.1462	9
10	3.7071	0.26975	0.19171	5.2161	0.05171	19.337	3.4489	10
11	4.2261	0.23662	0.18339	5.4527	0.04339	23.044	3.7332	11
12	4.8178	0.20756	0.17667	5.6602	0.03667	27.270	3.9997	12
13	5.4923	0.18207	0.17116	5.8423	0.03116	32.088	4.2490	13
14	6.2612	0.15971	0.16661	6.0020	0.02661	37.580	4.4819	14
15	7.1378	0.14010	0.16281	6.1421	0.02281	43.841	4.6990	15
16	8.1371	0.12289	0.15962	6.2650	0.01962	50.979	4.9010	16
17	9.2763	0.10780	0.15692	6.3728	0.01692	59.116	5.0888	17
18	10.574	0.09456	0.15462	6.4674	0.01462	68.392	5.2629	18
19	12.055	0.08295	0.15266	6.5503	0.01266	78.967	5.4242	19
20	13.748	0.07276	0.15099	6.6231	0.01099	91.022	5.5734	20
21	15.667	0.06383	0.14954	6.6869	0.00955	104.76	5.7111	21
22	17.860	0.05599	0.14830	6.7429	0.00830	120.43	5.8380	22
23	20.361	0.04911	0.14723	6.7920	0.00723	138.29	5.9549	23
24	23.211	0.04308	0.14630	6.8351	0.00630	158.65	6.0623	24
25	26.461	0.03779	0.14550	6.8729	0.00550	181.86	6.1609	25
26	30.165	0.03315	0.14480	6.9060	0.00480	208.32	6.2514	26
27	34.388	0.02908	0.14419	6.9351	0.00419	238.49	6.3342	27
28	39.203	0.02551	0.14366	6.9606	0.00366	272.88	6.4039	28
29	44.691	0.02238	0.14320	6.9830	0.00320	312.08	6.4791	29
30	50.948	0.01963	0.14280	7.0026	0.00280	356.77	6.5422	30
31	58.081	0.01722	0.14245	7.0198	0.00245	407.72	6.5997	31
32	66.212	0.01510	0.14215	7.0349	0.00215	465.80	6.6521	32
33	75.482	0.01325	0.14188	7.0482	0.00188	532.01	6.6998	33
34	86.049	0.01162	0.14165	7.0598	0.00165	607.49	6.7480	34
35	98.096	0.01019	0.14144	7.0700	0.00144	693.54	6.7824	35
40	188.87	0.00529	0.14075	7.1050	0.00075	1341.9	6.9299	40
45	363.66	0.00275	0.14039	7.1232	0.00039	2590.4	7.0187	45
50	700.19	0.00143	0.14020	7.1326	0.00020	4994.2	7.0713	50

$i=15\%$的间断复利因子

N	一次偿付 复利因数 $(F/P,15,N)$	一次偿付 现值因数 $(P/F,15,N)$	资金回 收因数 $(A/P,15,N)$	定额序列 现值因数 $(P/A,15,N)$	资金储 存因数 $(A/F,15,N)$	定额序列 复利因数 $(F/A,15,N)$	等差级 数因素 $(A/G,15,N)$	N
1	1.1500	0.86957	1.1500	0.8696	1.0000	1.0000	0.0000	1
2	1.3225	0.75614	0.61512	1.6257	0.46512	2.1499	0.4651	2
3	1.5208	0.65752	0.43798	2.2832	0.28798	3.4724	0.9071	3
4	1.7490	0.57175	0.35027	2.8549	0.20027	4.9933	1.3262	4
5	2.0113	0.49718	0.29832	3.3521	0.14832	6.7423	1.7227	5
6	2.3130	0.43233	0.26424	3.7844	0.11424	8.7536	2.0971	6
7	2.6600	0.37594	0.24036	4.1604	0.09036	11.066	2.4498	7
8	3.0590	0.32690	0.22285	4.4873	0.07285	13.726	2.7813	8
9	3.5178	0.28426	0.20957	4.7715	0.05957	16.785	3.0922	9
10	4.0455	0.24719	0.19925	5.0187	0.04925	20.303	3.3831	10
11	4.6523	0.21494	0.19107	5.2337	0.04107	24.349	3.6549	11
12	5.3502	0.18691	0.18448	5.4206	0.03448	29.001	3.9081	12
13	6.1527	0.16253	0.17911	5.5831	0.02911	34.351	4.1437	13
14	7.0756	0.14133	0.17469	5.7244	0.02469	40.504	4.3623	14
15	8.1369	0.12290	0.17102	5.8473	0.02102	47.579	4.5649	15
16	9.3575	0.10687	0.16795	5.9542	0.01795	55.716	4.7522	16
17	10.761	0.09293	0.16537	6.0471	0.01537	65.074	4.9250	17
18	12.375	0.08081	0.16319	6.1279	0.01319	75.835	5.0842	18
19	14.231	0.07027	0.16134	6.1982	0.01134	88.210	5.2307	19
20	16.366	0.06110	0.15976	6.2593	0.00976	102.44	5.3651	20
21	18.821	0.05313	0.15842	6.3124	0.00842	118.80	5.4883	21
22	21.644	0.04620	0.15727	6.3586	0.00727	137.62	5.6010	22
23	24.891	0.04018	0.15628	6.3988	0.00628	159.27	5.7039	23
24	28.624	0.03493	0.15543	6.4337	0.00543	184.16	5.7978	24
25	32.918	0.03038	0.15470	6.4641	0.00470	212.78	5.8834	25
26	37.856	0.02642	0.15407	6.4905	0.00407	245.70	5.9612	26
27	43.534	0.02297	0.15353	6.5135	0.00353	283.56	6.0318	27
28	50.064	0.01997	0.15306	6.5335	0.00306	327.09	6.0959	28
29	57.574	0.01737	0.15265	6.5508	0.00265	377.16	6.1540	29
30	66.210	0.01510	0.15230	6.5659	0.00230	434.73	6.2066	30
31	76.141	0.01313	0.15200	6.5791	0.00200	500.94	6.2541	31
32	87.563	0.01142	0.15173	6.5905	0.00173	577.08	6.2970	32
33	100.69	0.00993	0.15150	6.6004	0.00150	664.65	6.3356	33
34	115.80	0.00864	0.15131	6.6091	0.00131	765.34	6.3705	34
35	133.17	0.00751	0.15113	6.6166	0.00113	881.14	6.4018	35
40	267.85	0.00373	0.15056	6.6417	0.00056	1779.0	6.5167	40
45	538.75	0.00186	0.15028	6.6543	0.00028	3585.0	6.5829	45
50	1083.6	0.00092	0.15014	6.6605	0.00014	7217.4	6.8204	50

i=20%的间断复利因子

N	一次偿付 复利因数 (F/P,20,N)	一次偿付 现值因数 (P/F,20,N)	资金回 收因数 (A/P,20,N)	定额序列 现值因数 (P/A,20,N)	资金储 存因数 (A/F,20,N)	定额序列 复利因数 (F/A,20,N)	等差级 数因素 (A/G,20,N)	N
1	1.2000	0.83333	1.2000	0.8333	1.0000	1.0000	0.0000	1
2	1.4400	0.69445	0.65455	1.5277	0.45455	2.1999	0.4545	2
3	1.7280	0.57870	0.47473	2.1064	0.27473	3.6399	0.8791	3
4	2.0736	0.48225	0.38629	2.5887	0.18629	5.3679	1.2742	4
5	2.4883	0.40188	0.33438	2.9906	0.13438	7.4415	1.6405	5
6	2.9859	0.33490	0.30071	3.3255	0.10071	9.9298	1.9788	6
7	3.5831	0.27908	0.27742	3.6045	0.07742	12.915	2.2901	7
8	4.2998	0.23257	0.26061	3.8371	0.06061	16.498	2.5756	8
9	5.1597	0.19381	0.24808	4.0309	0.04808	20.798	2.8364	9
10	6.1917	0.16151	0.23852	4.1924	0.03852	25.958	3.0738	10
11	7.4300	0.13459	0.23110	4.3270	0.03110	32.150	3.2892	11
12	8.9160	0.11216	0.22527	4.4392	0.02527	39.580	3.4840	12
13	10.699	0.09346	0.22062	4.5326	0.02062	48.496	3.6596	13
14	12.839	0.07789	0.21689	4.6105	0.01689	59.195	3.8174	14
15	15.406	0.06491	0.21388	4.6754	0.01388	72.034	3.9588	15
16	18.488	0.05409	0.21144	4.7295	0.01144	87.441	4.0851	16
17	22.185	0.04507	0.20944	4.7746	0.00944	105.92	4.1975	17
18	26.623	0.03756	0.20781	4.8121	0.00781	128.11	4.2975	18
19	31.947	0.03130	0.20646	4.8435	0.00646	154.73	4.3860	19
20	38.337	0.02608	0.20536	4.8695	0.00536	186.68	4.4643	20
21	46.004	0.02174	0.20444	4.8913	0.00444	225.02	4.5333	21
22	55.205	0.01811	0.20369	4.9094	0.00369	271.02	4.5941	22
23	66.246	0.01510	0.20307	4.9245	0.00307	326.23	4.6474	23
24	79.495	0.01258	0.20255	4.9371	0.00255	392.47	4.6942	24
25	95.394	0.01048	0.20212	4.9475	0.00212	471.97	4.7351	25
26	114.47	0.00874	0.20176	4.9563	0.00176	567.36	4.7708	26
27	137.36	0.00728	0.20147	4.9636	0.00147	681.84	4.8020	27
28	164.84	0.00607	0.20122	4.9696	0.00122	819.21	4.8291	28
29	197.81	0.00506	0.20102	4.9747	0.00102	984.05	4.8526	29
30	237.37	0.00421	0.20085	4.9789	0.00085	1181.8	4.8730	30
31	284.84	0.00351	0.20070	4.9824	0.00070	1419.2	4.8907	31
32	341.81	0.00293	0.20059	4.9853	0.00059	1704.0	4.9061	32
33	410.17	0.00244	0.20049	4.9878	0.00049	2045.8	4.9193	33
34	492.21	0.00203	0.20041	4.9898	0.00041	2456.0	4.9307	34
35	590.65	0.00169	0.20034	4.9915	0.00034	2948.2	4.9406	35
40	1469.7	0.00068	0.20014	4.9966	0.00014	7343.6	4.9727	40
45	3657.1	0.00027	0.20005	4.9986	0.00005	18281.3	4.9876	45
50	9100.1	0.00011	0.20002	4.9994	0.00002	45497.2	4.9945	50

$i=25\%$的间断复利因子

N	一次偿付复利因数	一次偿付现值因数	资金回收因数	定额序列现值因数	资金储存因数	定额序列复利因数	等差级数因素	N
	$(F/P,25,N)$	$(P/F,25,N)$	$(A/P,25,N)$	$(P/A,25,N)$	$(A/F,25,N)$	$(F/A,25,N)$	$(A/G,25,N)$	
1	1.2500	0.80000	1.2500	0.8000	1.0000	1.0000	0.00000	1
2	1.5625	0.64000	0.69444	1.4400	0.44444	2.2500	0.44444	2
3	1.9531	0.51200	0.51230	1.9520	0.26230	3.8125	0.85246	3
4	2.4414	0.40960	0.42344	2.3616	0.17344	5.7656	1.2249	4
5	3.0518	0.32768	0.37185	2.6893	0.12185	8.2070	1.5631	5
6	3.8147	0.26214	0.33882	2.9514	0.08882	11.259	1.8683	6
7	4.7684	0.20972	0.31634	3.1661	0.06634	15.073	2.1424	7
8	5.9605	0.16777	0.30040	3.3289	0.05040	19.842	2.3872	8
9	7.4506	0.13422	0.28876	3.4631	0.03876	25.802	2.6048	9
10	9.3132	0.10737	0.28007	3.5705	0.03007	33.253	2.7971	10
11	11.642	0.08590	0.27349	3.6564	0.02349	42.566	2.9663	11
12	14.552	0.06872	0.26845	3.7251	0.01845	54.208	3.1145	12
13	18.190	0.05493	0.26454	3.7801	0.01454	68.760	3.2437	13
14	22.737	0.04398	0.28150	3.8241	0.01150	86.949	3.3559	14
15	28.422	0.3518	0.25912	3.8593	0.00912	109.687	3.4530	15
16	35.527	0.02815	0.25724	3.8874	0.00724	138.109	3.5366	16
17	44.400	0.02252	0.25576	3.9099	0.00576	173.636	3.6084	17
18	55.511	0.01801	0.25459	3.9279	0.00459	218.045	3.6698	18
19	69.389	0.01441	0.25366	3.9424	0.00366	273.556	3.7222	19
20	86.736	0.01153	0.25292	3.9539	0.00292	342.945	3.7667	20
21	108.420	0.00922	0.25233	3.9631	0.00233	429.681	3.8045	21
22	135.525	0.00738	0.25186	3.9705	0.00186	538.101	3.8365	22
23	169.407	0.00590	0.25148	3.9764	0.00148	673.626	3.8634	23
24	211.758	0.00472	0.25119	3.9811	0.00119	843.033	3.8861	24
25	264.698	0.00378	0.25095	3.9849	0.00095	1054.791	3.9052	25
26	330.872	0.00302	0.25076	3.9879	0.00076	1319.489	3.9212	26
27	413.590	0.00242	0.25061	3.9903	0.00061	1650.361	3.9346	27
28	516.988	0.00193	0.25048	3.9923	0.00048	2063.952	3.9457	28
29	646.235	0.00155	0.25039	3.9938	0.00039	2580.939	3.9551	29
30	807.794	0.00124	0.25031	3.9950	0.00031	3227.174	3.9628	30
31	1009.742	0.00099	0.25025	3.9960	0.00025	4034.968	3.9693	31
32	1262.177	0.00079	0.25020	3.9968	0.00020	5044.710	3.9746	32
33	1577.722	0.00063	0.25016	3.9975	0.00016	6306.887	3.9791	33
34	1972.15	0.00051	0.25013	3.9980	0.00012	7884.609	3.9828	34
35	2465.19	0.00041	0.25010	3.9984	0.00010	9856.761	3.9858	35

$i=30\%$的间断复利因子

N	一次偿付复利因数	一次偿付现值因数	资金回收因数	定额序列现值因数	资金储存因数	定额序列复利因数	等差级数因素	N
	$(F/P,30,N)$	$(P/F,30,N)$	$(A/P,30,N)$	$(P/A,30,N)$	$(A/F,30,N)$	$(F/A,30,N)$	$(A/G,30,N)$	
1	1.3000	0.76923	1.3000	0.7692	1.0000	1.0000	0.0000	1
2	1.6900	0.59172	0.73478	1.3609	0.43478	2.2999	0.4348	2
3	2.1969	0.45517	0.55063	1.8161	0.25063	3.9899	0.8277	3
4	2.8560	0.35013	0.46163	2.1662	0.16163	6.1869	1.1782	4
5	3.7129	0.26933	0.41058	2.4355	0.11058	9.0430	1.4903	5
6	4.8267	0.20718	0.37839	2.6427	0.07839	12.755	1.7654	6
7	6.2748	0.15937	0.35687	2.8021	0.05687	17.582	2.0062	7
8	8.1572	0.12259	0.34192	2.9247	0.04192	23.857	2.2155	8
9	10.604	0.09430	0.33124	3.0190	0.03124	32.014	2.3962	9
10	13.785	0.07254	0.32346	3.0915	0.02346	42.619	2.5512	10
11	17.921	0.05580	0.31773	3.1473	0.01773	56.404	2.6832	11
12	23.297	0.04292	0.31345	3.1902	0.01345	74.326	2.7951	12
13	30.287	0.03302	0.31024	3.2232	0.01024	97.624	2.8894	13
14	39.373	0.02540	0.30782	3.2486	0.00782	127.91	2.9685	14
15	51.185	0.01954	0.30598	3.2682	0.00598	167.28	3.0344	15
16	66.540	0.01503	0.30458	3.2832	0.00458	218.46	3.0892	16
17	86.503	0.01156	0.30351	3.2948	0.00351	285.01	3.1345	17
18	112.45	0.00889	0.30269	3.3036	0.00269	371.51	3.1718	18
19	146.18	0.00684	0.30207	3.3105	0.00207	483.96	3.2024	19
20	190.04	0.00526	0.30159	3.3157	0.00159	630.15	3.2275	20
21	247.06	0.00405	0.30122	3.3198	0.00122	820.20	3.2479	21
22	321.17	0.00311	0.30094	3.3229	0.00094	1067.2	3.2646	22
23	417.53	0.00240	0.30072	3.3253	0.00072	1388.4	3.2781	23
24	542.79	0.00184	0.30055	3.3271	0.00055	1805.9	3.2890	24
25	705.62	0.00142	0.30043	3.3286	0.00043	2348.7	3.2978	25
26	917.31	0.00109	0.30033	3.3297	0.00033	3054.3	3.3049	26
27	1192.5	0.00084	0.30025	3.3305	0.00025	3971.6	3.3106	27
28	1550.2	0.00065	0.30019	3.3311	0.00019	5164.1	3.3152	28
29	2015.3	0.00050	0.30015	3.3316	0.00015	6714.4	3.3189	29
30	2619.9	0.00038	0.30011	3.3320	0.00011	8729.7	3.3218	30
31	3405.9	0.00029	0.30009	3.3323	0.00009	11350.0	3.3242	31
32	4427.6	0.00023	0.30007	3.3325	0.00007	14756.0	3.3261	32
33	5755.9	0.00017	0.30005	3.3327	0.00005	19184.0	3.3276	33
34	7482.7	0.00013	0.30004	3.3328	0.00004	24940.0	3.3287	34
35	9727.5	0.00010	0.30003	3.3329	0.00003	32423.0	3.3297	35

主要参考文献

[1] 王德仁. 给水排水设计手册－技术经济. 北京：中国建筑工业出版社，2000.
[2] 国家发展改革委，建设部. 建设项目经济评价方法与参数. 第三版. 北京：中国计划出版社，2006.
[3] 住房和城乡建设部. 市政公用设施建设项目经济评价方法与参数. 北京：中国计划出版社，2008.
[4] 住房和城乡建设部. 市政工程投资估算指标. 北京：中国计划出版社，2008.
[5] 住房和城乡建设部，国家质量监督检验检疫总局发布. 建设工程工程量清单计价规范. 北京：中国计划出版社，2008.
[6] 住房和城乡建设部发布. 市政工程投资估算编制办法. 北京：中国计划出版社，2007.
[7] 住房和城乡建设部发布. 市政公用工程设计文件编制深度规定. 北京，2004.
[8] 中国建设工程造价管理协会编. 建设工程造价管理相关文件汇编. 北京：中国计划出版社，2009.
[9] 王玲主编. 资产评估学理论与实务. 北京：清华大学出版社，北京交通大学出版社，2010.
[10] 全国注册资产评估师考试用书编写组. 建筑工程评估基础. 北京：经济科学出版社，2009.
[11] 全国注册资产评估师考试用书编写组. 机电设备评估基础. 北京：经济科学出版社，2009.
[12] 王梅，刘运，陆勇雄等. 市政工程公私合作项目（PPP）投融资决策研究. 北京：经济科学出版社，2008.
[13] 中国建设工程造价管理协会. 建设项目全过程造价咨询规程. 北京：中国计划出版社，2009.
[14] 住房和城乡建设部. 市政工程设计概算编制办法. 北京：中国计划出版社，2011.